**해커스자격증**

## 이번 시험 합격, 불합격? 1분 자가 진단 테스트

테스트 바로가기 ▶

| | | |
|---|---|---|
| **응시 분야 및 시험 종류 선택** | 1분 만에 내 수준 알아보는 **자가 진단 테스트 응시** | **나의 공부 내공 결과 확인!** |

## 자격증 재도전 & 환승으로, 할인받고 합격!

이벤트 바로가기 ▶

| | | |
|---|---|---|
| 자격증 시험 응시 이력 타사 강의 수강 이력 해커스자격증 수강 이력 경험이 하나라도 있다면? | 응시 이력 및 수강 이력 해커스자격증에 제출! | 50% 할인 받고 자격증 단기합격하기 |

# 해커스 **전기기사 합격생**
# 평균 4개월 내 **최종 합격!**
# 해커스가 제안하는 합격 플랜

## 필기

### 기본
초보합격가이드+
기초특강 3종으로
전기기사 기초정립

### 심화
이론과 문제 풀이
동시 진행 & 핵심
요약노트로 복습

### 마무리
CBT모의고사로
시험 전 취약 파트 보완

## 실기

### 기본
암기오디오북으로
간편하게 이론
학습&복습

### 심화
실기 적중단답형으로
기출 반복&실전대비

### 합격 후
선생님의 노하우가 담긴
직무고시 특강으로
실무 완벽 대비

[평균 4개월 내 합격] 해커스 전기기사 수험기간 공개 합격후기 작성자 기준 (2021.01~2022.12)

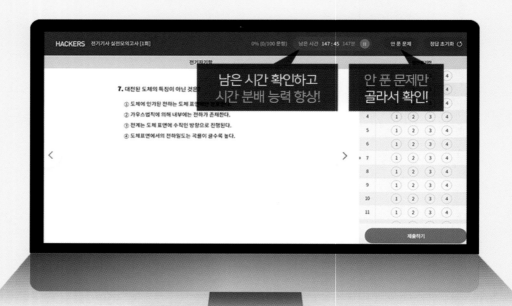
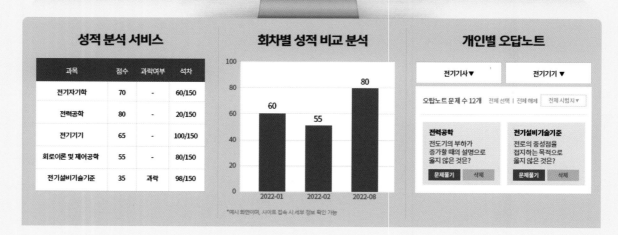

2025 최신개정판

해커스

# 전기기사

## 필기

## 한권완성 기본이론

해커스

# 목차

## 기본이론

# 기출문제

# 책의 구성 및 특징

## 01 전략적인 학습을 위한 학습 방향 잡기!

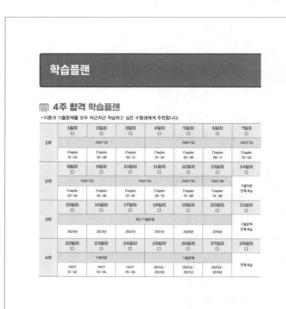

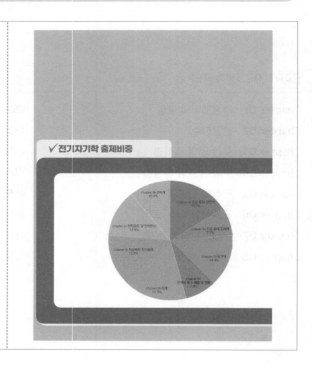

### [단기 합격 학습플랜]

- 전기기사 필기 단기합격을 위해 다양한 형태의 학습플랜을 제시하였습니다.
- 학습자의 상황에 맞는 다양한 학습플랜을 통해 전공 여부에 관계없이 모두 효율적으로 학습할 수 있습니다.

### [출제비중]

- 기출문제 분석을 통한 출제경향을 반영하여 각 PART별 출제비중을 수록하였습니다.
- 이론 학습의 길잡이이자, 중요도에 따른 학습방향을 제시하는 PART별 출제비중을 통해 보다 전략적이고 효과적으로 학습할 수 있습니다.

## 02 다양한 학습장치로 이론 완성하기!

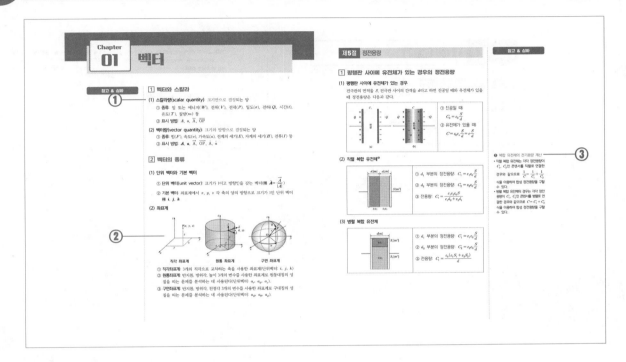

### ① 체계적인 필수이론
- 전기기사 필기 시험에 출제되는 기본이론을 체계적으로 정리하여 구성하였습니다.
- 이를 통해 전기기사의 주요 이론을 자연스럽게 이해할 수 있으며, 시험에 나오는 이론을 중심으로 보다 효과적인 학습이 가능합니다.

### ② 그림 및 사진자료
- 내용의 이해를 돕기 위해 다양한 그림 및 사진 자료를 함께 수록하였습니다.
- 이를 통해 복잡하고 어렵게 느껴질 수 있는 전기기사 이론 내용을 쉽고 빠르게 이해하고 학습할 수 있습니다.

### ③ 참고 & 심화
- 전기기사 이론을 이해하는 데에 꼭 필요한 개념 또는 배경이 되는 내용과 더불어 보다 고득점을 위한 심화 내용까지 학습할 수 있도록 관련 내용을 '참고 & 심화'에 정리하여 구성하였습니다.
- 이를 통해 이론 학습을 보다 효율적으로 할 수 있으며, 보다 깊이 있는 학습도 함께 할 수 있습니다.

# 책의 구성 및 특징

## 03 최신 기출문제를 통한 실전 감각 키우기!

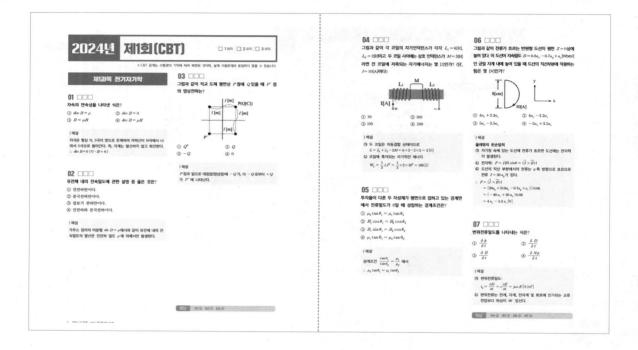

## [최신 기출문제]

- 6개년(2019~2024) 최신 기출문제를 통하여 출제경향의 흐름을 알 수 있으며, 실전 감각을 키울 수 있습니다.
- 교재 내 수록된 모든 문제에 자세한 해설을 수록하여 쉽고 빠르게 이해할 수 있도록 하였습니다.
- 기출문제의 회독 수를 체크하며 반복학습을 할 수 있습니다.

# 자격증 취득 절차

※ 원서접수부터 자격증 취득까지는 다음 과정에 따라 진행되며, 필기 합격부터 실기 시험까지는 4~8주 정도의 기간이 있습니다.

## 필기원서 접수 및 필기시험

- Q-net(www.Q-net.or.kr)을 통해 인터넷으로 원서접수를 합니다.
- 필기접수 기간 내 수험원서를 제출해야 합니다.
- 접수 시 사진(6개월 이내에 촬영한 사진)을 첨부하고, 수수료를 결제합니다(전자결제).
- 시험장소는 본인이 직접 선택합니다(선착순).
- 시험 시 수험표, 신분증, 필기구, 공학용계산기를 지참하도록 합니다.

## 필기 합격자 발표

- Q-net을 통해 합격을 확인합니다(마이페이지 등).
- 응시자격 제한종목은 공지된 시행계획의 서류제출 기간 내에 반드시 졸업증명서, 경력증명서 등 응시자격 서류를 제출해야 합니다.

## 실기원서 접수 및 실기시험

- 실기접수 기간 내 수험원서를 인터넷을 통해 제출합니다.
- 접수 시 사진(6개월 이내에 촬영한 사진)을 첨부하고 수수료를 결제합니다(전자결제).
- 시험 일시와 장소는 본인이 직접 선택합니다(선착순).
- 시험 시 수험표, 신분증, 흑색 볼펜류 필기구, 공학용계산기를 지참하도록 합니다.

## 최종 합격자 발표

Q-net을 통해 합격을 확인합니다(마이페이지 등).

## 자격증 발급

- 인터넷 발급: 공인인증 등을 통한 발급 또는 택배 발급이 가능합니다.
- 방문수령: 사진(6개월 이내에 촬영한 사진) 및 신분확인 서류를 지참하여 방문합니다.

# 전기기사 시험 소개

## ■ 전기기사란

- 전기기사란 전기설비의 운전 및 조작·유지·보수에 관한 전문 자격제도로, 전기로 인한 재해를 방지하고 안전성을 높이기 위한 자격제도입니다. 전기를 합리적으로 사용하는 것은 전력부문의 투자효율성을 높이는 것은 물론 국가 경제의 효율성 측면에도 중요하지만 자칫 전기를 소홀하게 다룰 경우 큰 사고의 위험이 있기에 전기기사 자격제도의 중요성은 날이 갈수록 높아지고 있습니다.
- 전기기사 자격증 취득 시 한국전력공사를 비롯한 전기기기제조업체, 전기공사업체, 전기설계전문업체, 전기기기 설비업체, 전기안전관리 대행업체, 환경시설업체 등에 취업할 수 있으며, 전기부품·장비·장치의 디자인 및 제조, 실험과 관련된 연구를 담당하기 위한 연구실 및 개발실에 종사하기도 합니다.
- 발전, 변전설비가 대형화되고 초고속·초저속 전기기기의 개발 및 신소재 발달로 에너지 절약형 자동화 기기의 개발, 또 내선 설비의 고급화, 초고속 송전, 자연에너지 이용 확대 등 신기술이 급격히 개발되고 있어 안전하게 전기를 관리할 수 있는 전문인의 수요는 꾸준할 것으로 예상됩니다. 또한 전기사업법 등 여러 법에서 전기의 이용과 설비 시공 등에서 안전관리를 위해 자격증 소지자를 고용하도록 하고 있어 자격증 취득 시 취업이 유리합니다.

### ▦ 가산점 제도

| 공무원 | • 6급 이하 및 기술직공무원 채용시험 필기시험의 그 시험과목 만점의 5% 이내를 최고점으로, 각 과목별 득점에 5%의 가산점 부여<br>• 경찰공무원 채용 시 가산점 4점 부여 |
| --- | --- |
| 공공기관 | 한국전력공사, 한국철도공사 등 공공기관 채용 시 우대 및 가산점 부여 |

## ■ 전기기사 시험제도 및 과목

### ▦ 시험 제도

| 응시자격 | 대학의 전기공학, 전기제어공학, 전기전자공학 등 관련학과 졸업 |
| --- | --- |
| 검정기준 | 전기기사에 관한 공학적 기술이론 지식을 가지고 설계·시공·분석 등의 업무를 수행할 수 있는 능력을 보유하고 있는지를 검정합니다. |
| 검정방법 | • 필기: 객관식 4지 택일형이며, CBT 방식으로 시행됩니다(150분).<br>• 실기: 필답형으로 출제됩니다(2시간 30분). |
| 합격기준 | • 필기: 과목당 40점 이상, 전과목 평균 60점 이상을 받으면 합격입니다(100점 만점 기준).<br>• 실기: 60점 이상 받으면 합격입니다(100점 만점 기준). |

### ▦ 시험 과목

| 필기 | 실기 |
|---|---|
| 전기자기학 | |
| 전력공학 | |
| 전기기기 | 전기설비설계 및 관리 |
| 회로이론 및 제어공학 | |
| 전기설비기술기준 | |

\* 본 교재에는 학습의 편의를 위해 회로이론과 제어공학 과목을 각각 나누어 수록하였습니다.

## ▣ 전기기사 최근 6년간 검정현황

| 구분 | | 2019 | 2020 | 2021 | 2022 | 2023 | 2024 |
|---|---|---|---|---|---|---|---|
| 필기 | 응시자 | 49,815 | 56,376 | 60,500 | 52,187 | 51,630 | 57,417 |
| | 합격자 | 14,512 | 15,970 | 13,365 | 11,611 | 11,477 | 15,045 |
| | 합격률 | 29.1% | 28.3% | 22.1% | 22.2% | 22.2% | 26.2% |
| 실기 | 응시자 | 31,476 | 42,416 | 33,816 | 32,640 | 23,643 | 22,527 |
| | 합격자 | 12,760 | 7,151 | 9,916 | 12,901 | 8,774 | 8,273 |
| | 합격률 | 40.5% | 16.9% | 29.3% | 39.5% | 37.1% | 36.7% |

 더 많은 내용이 알고 싶다면?

> 시험일정 및 자격증에 대한 더 자세한 사항은 해커스자격증(pass.Hackers.com) 또는 Q-net(www.Q-net.or.kr)에서 확인할 수 있습니다.

> 모바일의 경우 QR코드로 접속이 가능합니다.

**모바일 해커스자격증 (pass.Hackers.com) 바로가기 ▲**

# 출제기준

※ 한국산업인력공단에 공시된 출제기준으로, [**해커스 전기기사 필기** 한권완성 기본이론+기출문제] 교재의 전체 내용은 모두 아래 출제기준에 근거하여 제작되었습니다.

| 과목명 | 주요항목 | 세부항목 |
|---|---|---|
| 1과목 전기자기학 (20문제) | 1. 진공 중의 정전계 | (1) 정전기 및 정전유도    (2) 전계<br>(3) 전기력선    (4) 전하<br>(5) 전위    (6) 가우스의 정리<br>(7) 전기쌍극자 |
| | 2. 진공 중의 도체계 | (1) 도체계의 전하 및 전위분포    (2) 전위계수, 용량계수 및 유도계수<br>(3) 도체계의 정전에너지    (4) 정전용량<br>(5) 도체 간에 작용하는 정전력    (6) 정전차폐 |
| | 3. 유전체 | (1) 분극도와 전계    (2) 전속밀도<br>(3) 유전체 내의 전계    (4) 경계조건<br>(5) 정전용량    (6) 전계의 에너지<br>(7) 유전체 사이의 힘    (8) 유전체의 특수현상 |
| | 4. 전계의 특수 해법 및 전류 | (1) 전기영상법    (2) 정전계의 2차원 문제<br>(3) 전류에 관련된 제현상    (4) 저항률 및 도전율 |
| | 5. 자계 | (1) 자석 및 자기유도<br>(2) 자계 및 자위<br>(3) 자기쌍극자<br>(4) 자계와 전류 사이의 힘<br>(5) 분포전류에 의한 자계 |
| | 6. 자성체와 자기회로 | (1) 자화의 세기    (2) 자속밀도 및 자속<br>(3) 투자율과 자화율    (4) 경계면의 조건<br>(5) 감자력과 자기차폐    (6) 자계의 에너지<br>(7) 강자성체의 자화    (8) 자기회로<br>(9) 영구자석 |
| | 7. 전자유도 및 인덕턴스 | (1) 전자유도 현상    (2) 자기 및 상호유도작용<br>(3) 자계에너지와 전자유도    (4) 도체의 운동에 의한 기전력<br>(5) 전류에 작용하는 힘    (6) 전자유도에 의한 전계<br>(7) 도체 내의 전류 분포    (8) 전류에 의한 자계에너지<br>(9) 인덕턴스 |
| | 8. 전자계 | (1) 변위전류    (2) 맥스웰의 방정식<br>(3) 전자파 및 평면파    (4) 경계조건<br>(5) 전자계에서의 전압    (6) 전자와 하전입자의 운동<br>(7) 방전현상 |

| | | |
|---|---|---|
| 2과목<br>전력공학<br>(20문제) | 1. 발·변전 일반 | (1) 수력발전<br>(2) 화력발전<br>(3) 원자력 발전<br>(4) 신재생에너지발전<br>(5) 변전방식 및 변전설비<br>(6) 소내전원설비 및 보호계전방식 |
| | 2. 송·배전선로의 전기적 특성 | (1) 선로정수<br>(2) 전력원선도<br>(3) 코로나 현상<br>(4) 단거리 송전선로의 특성<br>(5) 중거리 송전선로의 특성<br>(6) 장거리 송전선로의 특성<br>(7) 분포정전용량의 영향<br>(8) 가공전선로 및 지중전선로 |
| | 3. 송·배전방식과 그 설비 및 운용 | (1) 송전방식<br>(2) 배전방식<br>(3) 중성점접지방식<br>(4) 전력계통의 구성 및 운용<br>(5) 고장계산과 대책 |
| | 4. 계통보호방식 및 설비 | (1) 이상전압과 그 방호<br>(2) 전력계통의 운용과 보호<br>(3) 전력계통의 안정도<br>(4) 차단보호방식 |
| | 5. 옥내배선 | (1) 저압 옥내배선<br>(2) 고압 옥내배선<br>(3) 수전설비<br>(4) 동력설비 |
| | 6. 배전반 및 제어기기의 종류와 특성 | (1) 배전반의 종류와 배전반 운용<br>(2) 전력제어와 그 특성<br>(3) 보호계전기 및 보호계전방식<br>(4) 조상설비<br>(5) 전압조정<br>(6) 원격조작 및 원격제어 |
| | 7. 개폐기류의 종류와 특성 | (1) 개폐기<br>(2) 차단기<br>(3) 퓨즈<br>(4) 기타 개폐장치 |

# 출제기준

| 3과목<br>전기기기<br>(20문제) | 1. 직류기 | (1) 직류발전기의 구조 및 원리<br>(2) 전기자 권선법<br>(3) 정류<br>(4) 직류발전기의 종류와 그 특성 및 운전<br>(5) 직류발전기의 병렬운전<br>(6) 직류전동기의 구조 및 원리<br>(7) 직류전동기의 종류와 특성<br>(8) 직류전동기의 기동, 제동 및 속도제어<br>(9) 직류기의 손실, 효율, 온도상승 및 정격<br>(10) 직류기의 시험 | |
|---|---|---|---|
| | 2. 동기기 | (1) 동기발전기의 구조 및 원리<br>(3) 동기발전기의 특성<br>(5) 여자장치와 전압조정<br>(7) 동기전동기 특성 및 용도<br>(9) 동기기의 손실, 효율, 온도상승 및 정격 | (2) 전기자 권선법<br>(4) 단락현상<br>(6) 동기발전기의 병렬운전<br>(8) 동기조상기<br>(10) 특수 동기기 |
| | 3. 전력변환기 | (1) 정류용 반도체 소자<br>(3) 제어정류기 | (2) 정류회로의 특성 |
| | 4. 변압기 | (1) 변압기의 구조 및 원리<br>(3) 전압강하 및 전압변동률<br>(5) 상수의 변환<br>(7) 변압기의 종류 및 그 특성<br>(8) 변압기의 손실, 효율, 온도상승 및 정격<br>(9) 변압기의 시험 및 보수<br>(10) 계기용변성기<br>(11) 특수변압기 | (2) 변압기의 등가회로<br>(4) 변압기의 3상 결선<br>(6) 변압기의 병렬운전 |
| | 5. 유도전동기 | (1) 유도전동기의 구조 및 원리<br>(3) 유도전동기의 기동 및 제동<br>(5) 특수 농형유도전동기<br>(7) 단상유도전동기<br>(9) 원선도 | (2) 유도전동기의 등가회로 및 특성<br>(4) 유도전동기제어<br>(6) 특수유도기<br>(8) 유도전동기의 시험 |
| | 6. 교류정류자기 | (1) 교류정류자기의 종류, 구조 및 원리<br>(3) 단상반발 전동기<br>(5) 3상 직권 정류자 전동기<br>(7) 정류자형 주파수 변환기 | (2) 단상직권 정류자 전동기<br>(4) 단상분권 전동기<br>(6) 3상 분권 정류자 전동기 |
| | 7. 제어용 기기 및 보호기기 | (1) 제어기기의 종류<br>(3) 제어기기의 특성 및 시험<br>(5) 보호기기의 구조 및 원리<br>(7) 제어장치 및 보호장치 | (2) 제어기기의 구조 및 원리<br>(4) 보호기기의 종류<br>(6) 보호기기의 특성 및 시험 |

| 4과목<br>회로이론<br>및<br>제어공학<br>(20문제) | 1. 회로이론 | (1) 전기회로의 기초<br>(3) 교류회로<br>(5) 다상교류<br>(7) 4단자 및 2단자<br>(9) 라플라스변환<br>(11) 과도현상 | (2) 직류회로<br>(4) 비정현파교류<br>(6) 대칭좌표법<br>(8) 분포정수회로<br>(10) 회로의 전달 함수 |
|---|---|---|---|
| | 2. 제어공학 | (1) 자동제어계의 요소 및 구성<br>(3) 상태공간해석<br>(5) 안정도판별법<br>(7) 샘플값제어 | (2) 블록선도와 신호흐름 선도<br>(4) 정상오차와 주파수응답<br>(6) 근궤적과 자동제어의 보상<br>(8) 시퀀스제어 |
| 5과목<br>전기설비<br>기술기준<br>(20문제) | 전기설비기술기준 및 한국전기설비규정 | | |
| | 1. 총칙 | (1) 기술기준 총칙 및 KEC 총칙에 관한 사항<br>(2) 일반사항<br>(3) 전선<br>(4) 전로의 절연<br>(5) 접지시스템<br>(6) 피뢰시스템 | |
| | 2. 저압전기설비 | (1) 통칙<br>(2) 안전을 위한 보호<br>(3) 전선로<br>(4) 배선 및 조명설비<br>(5) 특수설비 | |
| | 3. 고압, 특고압 전기설비 | (1) 통칙<br>(2) 안전을 위한 보호<br>(3) 접지설비<br>(4) 전선로<br>(5) 기계, 기구 시설 및 옥내배선<br>(6) 발전소, 변전소, 개폐소 등의 전기설비<br>(7) 전력보안통신설비 | |
| | 4. 전기철도설비 | (1) 통칙<br>(3) 전기철도의 변전방식<br>(5) 전기철도의 전기철도차량 설비<br>(7) 전기철도의 안전을 위한 보호 | (2) 전기철도의 전기방식<br>(4) 전기철도의 전차선로<br>(6) 전기철도의 설비를 위한 보호 |
| | 5. 분산형 전원설비 | (1) 통칙<br>(3) 태양광발전설비<br>(5) 연료전지설비 | (2) 전기저장장치<br>(4) 풍력발전설비 |

# 학습플랜

## 📅 4주 합격 학습플랜

• 이론과 기출문제를 모두 차근차근 학습하고 싶은 수험생에게 추천합니다.

| | 1일차 ☐ | 2일차 ☐ | 3일차 ☐ | 4일차 ☐ | 5일차 ☐ | 6일차 ☐ | 7일차 ☐ |
|---|---|---|---|---|---|---|---|
| **1주** | PART 01 | | | | PART 02 | | PART 03 |
| | Chapter 01~04 | Chapter 05~08 | Chapter 09~12 | Chapter 01~04 | Chapter 05~08 | Chapter 09~11 | Chapter 01~02 |
| | **8일차** ☐ | **9일차** ☐ | **10일차** ☐ | **11일차** ☐ | **12일차** ☐ | **13일차** ☐ | **14일차** ☐ |
| **2주** | PART 03 | | PART 04 | | PART 05 | PART 06 | 기본이론 전체 복습 |
| | Chapter 03~04 | Chapter 05~06 | Chapter 01~05 | Chapter 06~10 | Chapter 01~08 | Chapter 01~06 | |
| | **15일차** ☐ | **16일차** ☐ | **17일차** ☐ | **18일차** ☐ | **19일차** ☐ | **20일차** ☐ | **21일차** ☐ |
| **3주** | 최신 기출문제 | | | | | | 기출문제 전체 복습 |
| | 2024년 | 2023년 | 2022년 | 2021년 | 2020년 | 2019년 | |
| | **22일차** ☐ | **23일차** ☐ | **24일차** ☐ | **25일차** ☐ | **26일차** ☐ | **27일차** ☐ | **28일차** ☐ |
| **4주** | 기본이론 | | | 기출문제 | | | 전체 복습 |
| | PART 01~02 | PART 03~04 | PART 05~06 | 2024년~ 2023년 | 2022년~ 2021년 | 2020년~ 2019년 | |

# 📅 3주 합격 학습플랜

- 이론을 빠르게 학습하고 기출문제를 반복학습하고 싶은 수험생에게 추천합니다.

| | 1일차 ☐ | 2일차 ☐ | 3일차 ☐ | 4일차 ☐ | 5일차 ☐ | 6일차 ☐ | 7일차 ☐ |
|---|---|---|---|---|---|---|---|
| 1주 | 기본이론 | | | | | | 기본이론 전체 복습 |
| | PART 01 | PART 02 | PART 03 | PART 04 | PART 05 | PART 06 | |
| | **8일차** ☐ | **9일차** ☐ | **10일차** ☐ | **11일차** ☐ | **12일차** ☐ | **13일차** ☐ | **14일차** ☐ |
| 2주 | 기출문제 | | | | | | 기출문제 전체 복습 |
| | 2024년 | 2023년 | 2022년 | 2021년 | 2020년 | 2019년 | |
| | **15일차** ☐ | **16일차** ☐ | **17일차** ☐ | **18일차** ☐ | **19일차** ☐ | **20일차** ☐ | **21일차** ☐ |
| 3주 | 기본이론 | | | 기출문제 | | | 전체 복습 |
| | PART 01~02 | PART 03~04 | PART 05~06 | 2024년~ 2023년 | 2022년~ 2021년 | 2020년~ 2019년 | |

# 📅 2주 합격 학습플랜

- 기출문제를 위주로 학습하고 싶은 수험생에게 추천합니다.

| | 1일차 ☐ | 2일차 ☐ | 3일차 ☐ | 4일차 ☐ | 5일차 ☐ | 6일차 ☐ | 7일차 ☐ |
|---|---|---|---|---|---|---|---|
| 1주 | 기본이론 | | | 기본이론 전체 복습 | 기출문제 | | |
| | PART 01~02 | PART 03~04 | PART 05~06 | | 2024년 | 2023년 | 2022년 |
| | **8일차** ☐ | **9일차** ☐ | **10일차** ☐ | **11일차** ☐ | **12일차** ☐ | **13일차** ☐ | **14일차** ☐ |
| 2주 | 기출문제 | | | 기출문제 전체 복습 | 기출문제 | | 전체 복습 |
| | 2021년 | 2020년 | 2019년 | | 2024년~ 2022년 | 2021년~ 2019년 | |

## ✓ 전기자기학 출제비중

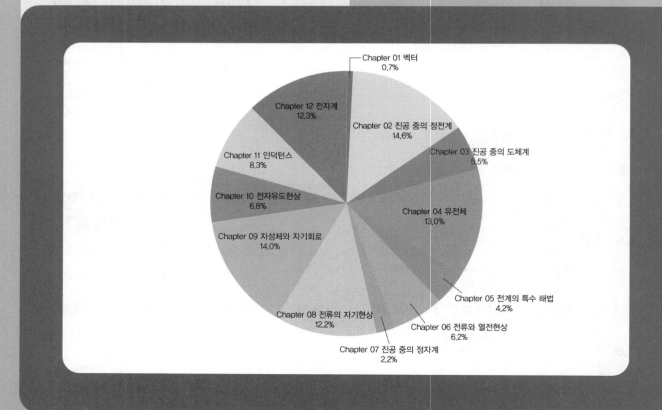

Chapter 01 벡터
0.7%

Chapter 12 전자계
12.3%

Chapter 02 진공 중의 정전계
14.6%

Chapter 03 진공 중의 도체계
5.5%

Chapter 11 인덕턴스
8.3%

Chapter 04 유전체
13.0%

Chapter 10 전자유도현상
6.8%

Chapter 09 자성체와 자기회로
14.0%

Chapter 05 전계의 특수 해법
4.2%

Chapter 08 전류의 자기현상
12.2%

Chapter 06 전류와 열전현상
6.2%

Chapter 07 진공 중의 정자계
2.2%

# PART 01
# 전기자기학

참고 & 심화

## 1 벡터와 스칼라

(1) 스칼라량(scalar quantity): 크기만으로 결정되는 양

　① 종류: 일 또는 에너지($W$), 전위($V$), 전력($P$), 밀도($\sigma$), 전하($Q$), 시간($t$),
　　온도($T$), 질량($m$) 등

　② 표시 방법: $A$, $a$, $\overline{\mathrm{A}}$, $\overline{\mathrm{OP}}$

(2) 벡터량(vector quantity): 크기와 방향으로 결정되는 양

　① 종류: 힘($F$), 속도($v$), 가속도($a$), 전계의 세기($E$), 자계의 세기($H$), 전류($I$) 등

　② 표시 방법: $\boldsymbol{A}$, $\boldsymbol{a}$, $\overrightarrow{\mathrm{A}}$, $\overrightarrow{\mathrm{OP}}$, $\dot{\mathrm{A}}$, $\dot{a}$

## 2 벡터의 종류

(1) 단위 벡터와 기본 벡터

　① 단위 벡터(unit vector): 크기가 1이고 방향만을 갖는 벡터(예 $\hat{\boldsymbol{A}} = \dfrac{\vec{A}}{|\vec{A}|}$)

　② 기본 벡터: 좌표계에서 $x$, $y$, $z$ 각 축의 양의 방향으로 크기가 1인 단위 벡터
　　예 $\boldsymbol{i}$, $\boldsymbol{j}$, $\boldsymbol{k}$

(2) 좌표계

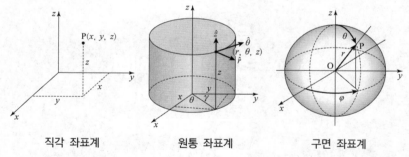

| 직각 좌표계 | 원통 좌표계 | 구면 좌표계 |

　① **직각좌표계**: 3개의 직각으로 교차하는 축을 사용한 좌표계(단위벡터: $i$, $j$, $k$)

　② **원통좌표계**: 반지름, 방위각, 높이 3개의 변수를 사용한 좌표계로 원통대칭의 성
　　질을 띠는 문제를 분석하는 데 사용된다(단위벡터: $a_r$, $a_\phi$, $a_z$).

　③ **구면좌표계**: 반지름, 방위각, 천정각 3개의 변수를 사용한 좌표계로 구대칭의 성
　　질을 띠는 문제를 분석하는 데 사용된다(단위벡터: $a_R$, $a_\theta$, $a_\phi$).

# ③ 벡터의 연산

## (1) 벡터의 가감: 방향 성분의 합과 차로 계산한다.

$$\boldsymbol{A} \pm \boldsymbol{B} = (A_x \pm B_x)\boldsymbol{i} + (A_y \pm B_y)\boldsymbol{j} \pm (A_z \pm B_z)\boldsymbol{k}$$

## (2) 스칼라와 벡터의 곱

$$\boldsymbol{F} = Q\boldsymbol{E} = Q(E_x\boldsymbol{i} + E_y\boldsymbol{j} + E_z\boldsymbol{k}) = QE_x\boldsymbol{i} + QE_y\boldsymbol{j} + QE_z\boldsymbol{k}$$

## (3) 벡터의 내적(스칼라곱): 벡터 $\boldsymbol{A}$와 $\boldsymbol{B}$의 스칼라곱 또는 내적은 $\boldsymbol{A} \cdot \boldsymbol{B}$로 표시하며 아래와 같이 주어진다.

$$\boldsymbol{A} \cdot \boldsymbol{B} = A_x B_x + A_y B_y + A_z B_z = AB\cos\theta$$

## (4) 벡터의 외적(벡터곱): 벡터 $\boldsymbol{A}$와 $\boldsymbol{B}$의 벡터곱 또는 외적은 $\boldsymbol{A} \times \boldsymbol{B}$로 표시하며 아래와 같이 주어진다.

$$\boldsymbol{A} \times \boldsymbol{B} = \begin{vmatrix} \boldsymbol{i} & \boldsymbol{j} & \boldsymbol{k} \\ A_x & A_y & A_z \\ B_x & B_y & B_z \end{vmatrix}$$
$$= (A_y B_z - A_z B_y)\boldsymbol{i} + (A_z B_x - A_x B_z)\boldsymbol{j} + (A_x B_y - A_y B_x)\boldsymbol{k}$$

## (5) 벡터의 미분연산

① 미분 연산자 $\nabla$: $x,, y, z$ 방향으로의 변화율과 방향을 표시한다[$\nabla$은 나블라(nabla) 또는 델(del)이라 읽는다].

$$\nabla = \left( \frac{\partial}{\partial x}\boldsymbol{i} + \frac{\partial}{\partial y}\boldsymbol{j} + \frac{\partial}{\partial z}\boldsymbol{k} \right)$$

② 기울기(gradient): 나블라 연산자가 스칼라량의 기울기 벡터를 구할 때

$$\mathrm{grad}V = \nabla V = \left( \frac{\partial}{\partial x}\mathbf{i} + \frac{\partial}{\partial y}\mathbf{j} + \frac{\partial}{\partial z}\mathbf{k} \right)V = \frac{\partial V}{\partial x}\mathbf{i} + \frac{\partial V}{\partial y}\mathbf{j} + \frac{\partial V}{\partial z}\mathbf{k}$$

③ 발산(divergence): 나블라 연산자가 벡터량의 국소영역 내 유출·유입량을 수치화할 때

$$\mathrm{div}\boldsymbol{A} = \nabla \cdot \boldsymbol{A} = \left( \frac{\partial}{\partial x}\boldsymbol{i} + \frac{\partial}{\partial y}\boldsymbol{j} + \frac{\partial}{\partial z}\boldsymbol{k} \right) \cdot (A_x\boldsymbol{i} + A_y\boldsymbol{j} + A_z\boldsymbol{k})$$
$$= \frac{\partial A_x}{\partial x} + \frac{\partial A_y}{\partial y} + \frac{\partial A_z}{\partial z}$$

④ 회전(curl 또는 rotation): 나블라 연산자가 벡터량의 국소영역 내 선속의 회전량을 수치화할 때

$$\text{rot}\boldsymbol{A} = \nabla \times \boldsymbol{A} = \begin{vmatrix} \boldsymbol{i} & \boldsymbol{j} & \boldsymbol{k} \\ \dfrac{\partial}{\partial x} & \dfrac{\partial}{\partial y} & \dfrac{\partial}{\partial z} \\ A_x & A_y & A_z \end{vmatrix}$$

$$= \left( \frac{\partial A_z}{\partial y} - \frac{\partial A_y}{\partial z} \right)\boldsymbol{i} + \left( \frac{\partial A_x}{\partial z} - \frac{\partial A_z}{\partial x} \right)\boldsymbol{j} + \left( \frac{\partial A_y}{\partial x} - \frac{\partial A_x}{\partial y} \right)\boldsymbol{k}$$

⑤ 라플라시안(laplacian): 나블라 연산자가 어떤 스칼라의 기울기 벡터에 대해 국소영역 내 유출입량을 수치화할 때

$$\text{div grad } V = \nabla \cdot \nabla V = \nabla^2 V = \frac{\partial^2 V}{\partial x^2} + \frac{\partial^2 V}{\partial y^2} + \frac{\partial^2 V}{\partial z^2}$$

**(6) 원통좌표계에서의 미분연산**

① $\text{grad } V = \nabla V = \dfrac{\partial V}{\partial \rho}a_\rho + \dfrac{1}{\rho}\dfrac{\partial V}{\partial \phi}a_\phi + \dfrac{\partial V}{\partial z}a_z$

② $\text{div } \vec{E} = \nabla \cdot \vec{E} = \dfrac{1}{\rho}\dfrac{\partial}{\partial \rho}(\rho E_\rho) + \dfrac{\partial E_\phi}{\rho\partial \phi} + \dfrac{\partial E_z}{\partial z}$

③ $\text{rot } \vec{H} = a_\rho\left( \dfrac{\partial H_z}{\rho\partial \phi} - \dfrac{\partial H_\phi}{\partial z} \right) + a_\phi\left( \dfrac{\partial H_\rho}{\partial z} - \dfrac{\partial H_z}{\partial \rho} \right) + a_z\dfrac{1}{\rho}\left[ \dfrac{\partial H}{\partial \rho}(\rho H_\phi) - \dfrac{\partial H_\rho}{\partial \phi} \right]$

④ $\nabla^2 V = \dfrac{1}{r}\dfrac{\partial}{\partial r}\left( r\dfrac{\partial V}{\partial r} \right) + \dfrac{1}{r^2}\dfrac{\partial^2 V}{\partial \phi^2} + \dfrac{\partial^2 V}{\partial z^2}$

**(7) 구면좌표계에서 미분연산**

① $\text{grad } V = \nabla V = \dfrac{\partial V}{\partial R}a_R + \dfrac{\partial V}{R\partial \theta}a_\theta + \dfrac{1}{R\sin\theta}\dfrac{\partial V}{\partial \phi}a_\phi$

② $\text{div } \vec{E} = \nabla \cdot \vec{E} = \dfrac{1}{r^2}\dfrac{\partial}{\partial r}(r^2 E_r) + \dfrac{1}{r\sin\theta}\dfrac{\partial}{\partial \theta}(E_\theta\sin\theta) + \dfrac{1}{r\sin\theta}\dfrac{\partial E_\phi}{\partial \phi}$

③ $\text{rot } \vec{H} = \nabla \times \vec{H}$

$$= a_r\frac{1}{r\sin\theta}\left[ \frac{\partial}{\partial \theta}(H_\phi\sin\theta) - \frac{\partial H_\theta}{\partial \phi} \right] + \frac{1}{r}a_\theta\left[ \frac{1}{\sin\theta}\frac{\partial H_r}{\partial \phi} - \frac{\partial}{\partial r}(rH_\phi) \right] \Big\}$$

$$+ \frac{1}{r}a_\phi\left[ \frac{\partial}{\partial r}(rH_\theta) - \frac{\partial H_r}{\partial \theta} \right] \Big\}$$

④ $\nabla^2 V = \dfrac{1}{r^2}\dfrac{\partial}{\partial r}\left( r^2\dfrac{\partial V}{\partial r} \right) + \dfrac{1}{r^2\sin\theta}\dfrac{\partial}{\partial \theta}\left( \sin\theta\dfrac{\partial V}{\partial \theta} \right) + \dfrac{1}{r^2\sin^2\theta}\dfrac{\partial^2 V}{\partial \phi^2}$

**(8) 발산 정리와 스토크스 정리**

① 발산 정리: $\oint_S \vec{A}\,dS = \int_V \text{div}\,\vec{A}\,dV$

② 스토크스 정리: $\oint_c \vec{A} \cdot dl = \int_S (\text{rot}\,\vec{A}) \cdot \text{d}\vec{S}$

# Chapter 02 진공 중의 정전계

## 제1절 정전기 및 전자유도

참고 & 심화

### 1 정전기의 개념

(1) 전하

자연에서 일어나는 전기 현상의 원인이 되는 성질로서 양(+)전하와 음(-)전하가 있다.

① 양(+)전하: 두 종류의 전하 중 양성자가 가진 특성을 나타내는 전하이며, 어떤 물체가 물체 내의 자유 전자를 잃게 되면 양전하를 띠게 된다.

② 음(-)전하: 두 종류의 전하 중 전자가 가진 특성을 나타내는 전하이며, 어떤 물체가 자유 전자를 과잉하여 얻게 되면 음전하를 띠게 된다.

(2) 정전기: 전하가 정지 상태로 있어 전하의 분포가 시간적으로 변화하지 않는 전기이다.

### 2 대전 현상

(1) 대전 현상과 대전체

① 대전 현상: 어떤 원인에 의해 물체에 전하의 불균형이 일어나 물체가 전기를 띠게 되는 현상이다.

② 대전체: 대전에 의해 전기를 띠게 된 물체이다.

(2) 대전 현상의 원리

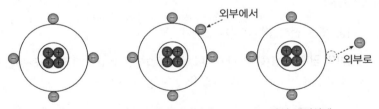

A : 전기적 중성상태    B : 음의 대전상태    C : 양의 대전상태

① 모든 물질은 원자로 이루어져 있는데 기본적으로 원자는 그림 A와 같이 양성자의 수와 전자의 수가 같아 전기적 중성 상태를 띠게 된다.

② 어떤 원인에 의해 B와 같이 전자의 개수가 양성자보다 많아지면 음(-)전하량이 양(+)전하량보다 많아져서 음(-)의 대전 상태가 된다.

③ 어떤 원인에 의해 C와 같이 양성자의 수가 전자의 수보다 많아지면 양(+)전하량이 음(-)전하량보다 많아져서 양(+)의 대전상태가 된다.

(3) **물체가 대전되는 원인**

　① **마찰 대전**: 두 물체 사이에 마찰이 일어날 때 전하 분리가 생기면서 대전될 수 있다.

　② **박리 대전**: 상호 밀착해 있던 두 물체가 떨어지면서 전하 분리가 생겨 대전될 수 있다.

　③ **유동 대전**: 액체류 등이 수송될 때 파이프 등과 접촉하여 대전될 수 있다.

　④ **분출 대전**: 분체류, 액체류, 기체류가 단면적이 작은 개구부를 통해 분출할 때 마찰로 인해 대전될 수 있다.

　⑤ **충돌 대전**: 분체류에 의한 입자끼리 충돌, 접촉, 분리 등에 의해 대전될 수 있다.

　⑥ **유도 대전**: 어떤 도체가 대전된 물체 가까이 있을 경우 전하의 분리에 의해 대전될 수 있다.

　⑦ **비말 대전**: 액체류가 공간으로 분출될 경우 미세하게 비산(飛散)하면서 분리되어 대전될 수 있다.

## ③ 도체와 부도체

(1) **도체(conductor)**

　① 전기를 전달할 수 있는 물질을 도체 또는 전도체라고 한다.

　② 철과 구리 같은 대부분의 금속은 전도체이며 일부 탄소 동소체(흑연, 그래핀)도 전도체가 될 수 있다.

(2) **부도체(non-conductor)**

　① 전기에 대한 전도율이 매우 적어 전기가 거의 통하지 않는 물질로 절연체라고도 한다.

　② 대부분의 비금속은 부도체이다.

(3) **반도체(semiconductor)**: 도체와 부도체의 중간의 성질을 갖는 물질이다.

## ④ 전기량

(1) **전기량 또는 전하량**[1]: 대전된 물체가 갖는 전기의 양이다.

(2) **전기량의 단위**: 쿨롬(C)을 사용하며 1쿨롬은 1A(암페어)의 전류가 1초 동안 이동했을 때 움직인 전하의 양으로 쿨롬을 고쳐 쓰면 A·s가 된다.

## ⑤ 정전 유도

(1) **정전 유도(electrostatic induction)**: 물체에 대전체를 가까이 했을 때 자유 전자가 이동하여 대전체와 가까운 쪽에는 대전체와 다른 부호의 전하, 먼 쪽에는 같은 부호의 전하가 유도되는 현상

---

[1] 양성자와 전자의 전하량
- 양성자의 전하량:
　$+1.602 \times 10^{-19}$C
- 전자의 전하량:
　$-1.602 \times 10^{-19}$C

## (2) 도체의 정전 유도

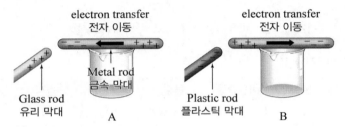

① 그림 A에 있는 금속 막대와 같이 도체에 양(+)으로 대전된 물체를 가까이 하면 전기적 인력에 의해 대전체와 가까운 쪽으로 자유 전자가 이동하여 가까운 쪽은 (-)전하, 먼 쪽은 (+)전하를 띠게 된다.
② 그림 B에 있는 금속 막대와 같이 도체에 음(-)으로 대전된 물체를 가까이 하면 전기적 인력에 의해 대전체와 먼 쪽으로 자유 전자가 이동하여 가까운 쪽은 (+)전하, 먼 쪽은 (-)전하를 띠게 된다.

## (3) 부도체의 정전 유도

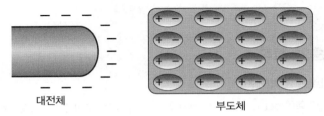

대전체                부도체

① 부도체 내에서는 (-)전하가 이동할 수 없으므로 그림과 같이 부도체에 (-)대전체를 가까이 하면 부도체를 구성하고 있는 분자들이 외부 전계의 방향으로 전부 재배열하므로 (-)대전체와 가까운 쪽은 (+)를 띠고 먼 쪽은 (-)를 띠게 된다.
② 부도체에서 일어나는 정전 유도 현상을 유전 분극이라고 한다.

---

## 제2절 쿨롱의 법칙

### 1 유전율(permittivity)

#### (1) 유전율의 정의

외부의 전계, 자계 변화에 대해 부도체 내부의 극성 분자들이 얼마나 민감하게 반응하여 정렬되는지를 수치화한 것

#### (2) 유전율과 비유전율

① 진공의 유전율을 $\epsilon_0$라고 나타내며 그 크기는 $8.855 \times 10^{-12}[\mathrm{F/m}]$이다.
② 유전율 $\epsilon$은 다음과 같이 주어진다.

$$\varepsilon = \varepsilon_0 \times \varepsilon_s$$

\* 여기서 $\epsilon_s$는 비유전율이며 $\epsilon_r$로 나타내기도 함

③ 비유전율 표

| 물질 | 비유전율 | 물질 | 비유전율 | 물질 | 비유전율 |
|------|---------|------|---------|------|---------|
| 진공 | 1 | 폴리에틸렌 | 2.25 | 유리 | 5 |
| 공기(1기압) | 1.00059 | 벤젠 | 2.28 | 저마늄 | 16 |
| 액체질소 | 1.454 | 종이 | 3 | 글리세린 | 42.5 |
| 테플론 | 2.1 | PVC | 3.4 | 물 | 80.4 |

### (3) 쿨롱 상수

$$K = \frac{1}{4\pi\varepsilon_0} = 9 \times 10^9$$

## 2 쿨롱의 법칙

### (1) 전기력의 크기(스칼라)

① 전기력(Electric Force): 전하를 가진 입자들 사이에 작용하는 힘

② 쿨롱의 법칙: 두 점전하 사이에 작용하는 힘(전기력)은 두 전하의 곱에 비례하고, 두 전하 사이의 거리의 제곱에 반비례한다.

$$F = k\frac{Q_1 Q_2}{r^2} = \frac{1}{4\pi\varepsilon_0}\frac{Q_1 Q_2}{r^2} = 9 \times 10^9 \frac{Q_1 Q_2}{r^2}[\text{N}]$$

여기서, $k$: 쿨롱 상수, $r$: 두 전하 사이의 거리[m]

③ 이때 힘의 부호가 (+)이면 반발력(척력)이고 힘의 부호가 (−)이면 흡인력(인력)이다.

### (2) 전기력(벡터)

① 전기력은 벡터이므로 힘의 크기(전기력)와 방향(단위벡터)을 가지고 있다.

$$\vec{F} = F \cdot \vec{r_0} = \frac{Q_1 Q_2}{4\pi\varepsilon_0 r^2} \cdot \frac{\vec{r}}{r} = \frac{(Q_1 Q_2)\,\vec{r}}{4\pi\varepsilon_0 r^3}[\text{N}]$$

여기서, $\vec{r_0}$: 단위 벡터, $\vec{r}$: 거리 벡터, $r$: 거리의 크기(스칼라)

② 거리 벡터 $\vec{r} = ai + bj$인 경우 거리의 크기는 $r = \sqrt{a^2 + b^2}$ 이 된다.

## 제3절 전계와 전기력선

### 1 전계의 정의

**(1) 전계**: 전기력이 미치는 공간 속에 1C의 전하를 놓았을 때 그 전하가 받는 힘

**(2) 전계를 나타내는 기호**: $E$

**(3) 전계의 세기**: 전계 내의 임의의 한 점에 단위전하 +1 [C]을 놓았을 때, 이에 작용하는 전기력

$$E = \frac{Q}{4\pi\varepsilon_0 r^2} = 9 \times 10^9 \frac{Q}{r^2}[\text{V/m}]$$

여기서, $E$: 전계의 세기[V/m], $Q$: 전하량[C],
$r$: 전하 간의 거리[m], $\varepsilon_0$: 진공의 유전율

**(4) 전계와 전기력의 관계**

① 전계의 세기는 단위전하에 작용하는 전기력으로 정의되므로 전계 내에 놓인 전하의 전하량을 $q$라고 정의하면 $E = \dfrac{F}{q}$ 로 정의된다.

② 전계와 전기력은 벡터량이므로 다음과 같이 나타낼 수 있다.

$$\boldsymbol{F} = q\boldsymbol{E}$$

### 2 전기력선

**(1) 전기력선의 정의**

전계에 (+)전하를 놓으면 전기력을 받아 이동하는데 이때 옮겨가는 경로를 그린 선

**(2) 전기력선의 성질**

① 전기력선의 방향은 그 점에서 전계의 방향과 같으며, 전기력선의 밀도는 그 점에서 전계의 세기와 같다.

② 전기력선은 정전하(+)에서 시작하여 부전하(−)에서 끝나거나 무한원까지 퍼진다.

③ 전하가 없는 곳에서는 전기력선의 발생, 소멸이 없다. 즉, 연속적이다.

④ $Q$[C]의 전하에서는 $N = \dfrac{Q}{\varepsilon_0}$ 개의 전기력선이 발생한다.

⑤ 전기력선은 전위가 낮아지는 방향으로 향한다.

⑥ 전기력선은 그 자신만으로 폐곡선을 만들지 않는다.

⑦ 전계가 0이 아닌 곳에서는 2개의 전기력선은 교차하지 않는다.

⑧ 전기력선은 등전위면과 직교한다.

⑨ 도체 내부에는 전기력선이 존재하지 않는다.

**(3) 전기력선 방정식**

① 전기력선의 접선 $l$의 방향과 전계의 세기 $E$의 방향은 항상 일치하므로 $E /\!/ l$ 이다.

② 서로 평행한 두 벡터의 외적은 0이므로 다음의 식을 얻는다.

$$E_y dz - E_z dy = 0, \ E_z dx - E_x dz = 0, \ E_x dy - E_y dx = 0$$

③ 따라서 다음과 같은 전기력선 방정식을 얻을 수 있다.

$$\frac{dx}{E_x} = \frac{dy}{E_y} = \frac{dz}{E_z}$$

## ③ 전속과 전속밀도

**(1) 전속(electric flux)**

① **전속의 정의**: 전하 $Q$[C]으로부터 발산되어 나가는 전기력선의 수가 무수히 많고 또 유전율에 따라 달라지는 불편함이 있으므로 유전율에 상관없이 1[C]의 전하에서 1개의 전속이 발생한다고 가정하여 사용한다.

② **전속 $\Psi$**: 점전하 $Q$[C]을 포함하고 있는 폐곡면 위로 나오는 전속선 $\Psi = Q$[C] 이다.

③ 전속과 전하의 크기는 같지만 전속은 벡터, 전하는 스칼라량이다.

**(2) 전속밀도 $D$**

① 단위면적 1[m²]을 지나는 전속선 개수를 전속 밀도(dielectric flux density)라고 한다.

$$D = \frac{\Psi}{S} = \frac{Q}{S} [C/m^2]$$

② 전속밀도 $D$와 전계의 세기 $E$의 관계

$$D = \epsilon_0 E [C/m^2] \ \text{또는} \ E = \frac{D}{\epsilon_0} [V/m]$$

**(3) 도체 구(점전하)에서의 전속밀도**

① 진공 중에 점전하 $Q$[C]가 있을 때, 거리 $r$[m]만큼 떨어진 도체구 표면 위에서 전속밀도

$$D = \frac{Q}{S} = \frac{Q}{4\pi r^2} [C/m^2]$$

② 전계는 $\dfrac{D}{\varepsilon_0}$이므로 다음과 같다.

$$E = \dfrac{Q}{4\pi\varepsilon_0 r^2}[\text{V/m}]$$

## 제4절 | 전하와 전하밀도

### 1 전하의 성질과 검전기

(1) 전하의 성질

    ① 전하는 도체 표면에만 분포한다.

    ② 전하는 곡률이 커서 뾰족한 곳으로 모이려는 특성을 지니고 있다.

    $\left(\text{곡률} = \dfrac{1}{\text{곡률반경}}\right)$

(2) 검전기

    정전기 유도를 이용하여 물체의 대전 상태를 알아내는 데 이용되는 도구이다.

### 2 전하밀도 및 전하의 특징

(1) 전하밀도: 단위부피, 단위면적, 단위길이당 전하의 밀도

| 구분 | 전하밀도 | 총 전하량 |
|---|---|---|
| 부피 전하밀도 | $\rho = \dfrac{Q}{v}[\text{C/m}^3] = \rho_v$ | $Q = \displaystyle\int_v \rho dv$ |
| 면 전하밀도 | $\sigma = \dfrac{Q}{s}[\text{C/m}^2] = \rho_s$ | $Q = \displaystyle\int_s \sigma ds$ |
| 선 전하밀도 | $\lambda = \dfrac{Q}{l}[\text{C/m}] = \rho_l$ | $Q = \displaystyle\int_l \lambda dl$ |

(2) 전하의 특징

    ① 도체에서 전하는 표면에만 분포한다.

    ② 전하는 뾰족한 곳이나 곡률반경이 작은 곳, 즉 곡률이 큰 곳으로 모이려는 특성을 가지고 있다.

## 제5절 가우스 법칙과 입체각

### 1 가우스 법칙

#### (1) 가우스 법칙

전하가 임의의 분포(선, 면, 체적 등)를 하고 있을 때, 전하와 전하를 둘러싸고 있는 폐곡면을 통과하는 전기력선의 수 또는 전속과의 관계를 수학적으로 표현한 식이다.

#### (2) 발산정리를 전속 $D$에 적용

① **미분형**: 임의의 점에서 전속선의 발산량은 그 점에서의 공간 전하밀도 크기와 같다.

$$\text{div}\boldsymbol{D} = \nabla \cdot \boldsymbol{D} = \rho$$

② **적분형**: 폐곡면에서 나오는 전체 전속선 수는 폐곡면 내에 있는 전체 전하량과 같다.

$$\oint_S \boldsymbol{D} \cdot d\boldsymbol{S} = Q$$

#### (3) 발산정리를 전계 $E$에 적용

① **미분형**: 임의 점에서 전기력선의 발산량은 그 점에서의 공간 전하밀도의 $\frac{1}{\epsilon_0}$배와 같다.

$$\text{div}\boldsymbol{E} = \nabla \cdot \boldsymbol{E} = \frac{\rho}{\epsilon_0}$$

② **적분형**: 폐곡면에서 나오는 전체 전기력선 수는 폐곡면 내에 있는 전체 전하량의 $\frac{1}{\epsilon_0}$배와 같다.

$$\text{div}\boldsymbol{E} = \nabla \cdot \boldsymbol{E} = \frac{\rho}{\epsilon_0} \leftrightarrow \oint_S \boldsymbol{E} \cdot d\boldsymbol{S} = \frac{Q}{\varepsilon_0}$$

### 2 입체각

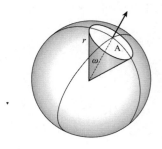

① 각을 3차원으로 확장한 개념으로, 구면이 공간상에서 펴진 정도를 나타내는 물리량

② 반지름이 $r$인 구면 위 한 영역의 면적이 $A$일 때 입체각 $\omega$는 다음과 같이 정의된다.

$$\omega = \frac{A}{r^2}$$

## 제6절 전위

### 1 전위 및 전위차, 보존장

#### (1) 전위

① 무한 원점을 0전위로 하고 무한 원점에서 단위 점전하($+1[\text{C}]$)을 어떤 임의의 점 P까지 이동시키는 데 필요한 일

② 무한 원점에 대하여 임의의 한 점에 놓인 단위 전하가 갖는 전기적인 위치 에너지

$$V_P[\text{V}] = -\int_{\infty}^{\text{P}} \boldsymbol{E} \cdot dl$$

#### (2) 전위차(전압)

① 전계 내의 임의의 한 점에서 다른 한 점까지 단위 전하($+1[\text{C}]$)을 이동시키는 데 필요한 일

② 두 점 사이의 단위전하가 갖는 전기적인 위치에너지의 차

③ 점전하에 의한 두 점 A, B의 전위차

$$
\begin{aligned}
V_{\text{AB}} = V_{\text{A}} - V_{\text{B}} &= -\frac{Q}{4\pi\epsilon_0}\int_{r_{\text{B}}}^{r_{\text{A}}} \frac{1}{r^2}dr \\
&= -\frac{Q}{4\pi\epsilon_0}\left[-\frac{1}{r}\right]_{r_{\text{B}}}^{r_{\text{A}}} \\
&= \frac{Q}{4\pi\epsilon_0}\left(\frac{1}{r_{\text{A}}} - \frac{1}{r_{\text{B}}}\right)
\end{aligned}
$$

④ 전계 내에서 전하 $Q$를 점 B에서 점 A까지 이동시킬 때의 일 $W_{\text{AB}}$

$$W_{\text{AB}} = -\int_{\text{B}}^{\text{A}} \boldsymbol{F} \cdot dl = -Q\int_{\text{B}}^{\text{A}} \boldsymbol{E} \cdot dl$$

⑤ 전계 내의 한 점 A에서 전하 $Q$가 갖는 전기적인 위치에너지

$$W_A = -\int_\infty^A \boldsymbol{F} \cdot dl, \ \therefore \ W = QV$$

### (3) 보존장

① $V_{AB} = -\int_B^A \boldsymbol{E} \cdot dl$이므로 전위차 $V_{AB}$는 경로에 관계없이 종점 A와 시점 B의 위치만으로 결정된다. 이러한 경우를 보존적이라고 하고 전계와 같은 벡터장을 보존장이라고 한다.

② 보존장의 조건: 폐회로에 대한 선적분이 0이 되어야 한다.

$$\oint \boldsymbol{E} \cdot dl = 0 \Leftrightarrow \int_S (\mathrm{rot}\boldsymbol{E}) \cdot dS = 0 \textbf{❶}$$

❶
스토크스 정리에 따라 rotE = 0으로 나타낼 수도 있다.

## ② 등전위면

### (1) 등전위면의 정의
전계 중에서 전위가 같은 점끼리 이어서 만들어진 하나의 면

### (2) 등전위면의 특징
① 등전위면은 폐곡면이다.
② 전기력선은 등전위면과 항상 직교한다.
③ 두 개의 서로 다른 등전위면은 서로 교차하지 않는다.

## ③ 전위경도

### (1) 전위경도의 정의: 단위 길이당 전위가 변화하는 정도

$$V = -\int E dr \text{에서 } E = -\frac{dV}{dr}$$

### (2) 전위경도와 전계의 관계: 전위경도는 전계의 세기와 크기는 같고, 방향은 반대이다.

$$\boldsymbol{E} = -\mathrm{grad}V = -\nabla V \ [\mathrm{V/m}]$$

## ④ 푸아송, 라플라스의 방정식

### (1) 푸아송 방정식: 전하밀도를 $\rho$, 유전율을 $\epsilon_0$라고 하면 다음의 관계식이 성립한다.

$$\nabla^2 V = -\frac{\rho}{\epsilon_0}$$

### (2) 라플라스 방정식

① 전하분포 영역 이외의 영역에서 한 점의 전위는 0이므로 다음의 식이 성립한다.

$$\nabla^2 V = 0$$

② 라플라스 방정식의 **차분근사해법(반복법)**: 다음과 같은 격자점이 있을 때 한 점의 전위는 인접한 4개의 등거리 점의 전위의 평균값과 같다.

$$V_① = \frac{1}{4}(V_② + V_③ + V_④ + V_⑤) = \frac{1}{4}(V_⑥ + V_⑦ + V_⑧ + V_⑨)$$

---

## 제7절 도체계의 전하 및 전위분포

### 1 도체계의 대전 현상

#### (1) 도체계의 대전 현상의 특징

① 도체 표면은 등전위면이다.
② 도체 내부에서 전계의 세기는 0이다.
③ 전하는 도체 내부에는 분포하지 않고, 도체 표면에만 분포한다.
④ 도체 표면에서의 전계의 방향은 항상 도체 표면에 수직인 방향이다.

#### (2) 중공 도체의 전하 분포

① 그림 (가)의 은박 풍선처럼 속이 빈 도체를 중공(中空) 도체라고 한다.
② 그림 (나)처럼 중공부에 전하가 없는 대전 도체라면 모든 전하는 도체 외부의 표면에만 분포한다.
③ 그림 (다)처럼 중공부에 $+Q$의 전하를 두면 도체 내부 표면에 $-Q$, 도체 외부 표면에 $+Q$의 전하가 분포한다.

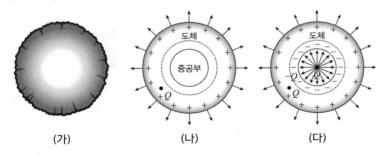

(가)　　　　　(나)　　　　　(다)

## 2 전하 및 전위분포의 일의성과 중첩의 원리

### (1) 전하 및 전위분포의 일의성

① 전하분포의 일의성: 도체계의 각 도체에 전위가 주어지면 도체상의 전하분포는 한 가지만 존재한다.

② 전위분포의 일의성: 도체계의 각 도체에 전하가 주어지면 도체상의 전위분포는 한 가지만 존재한다.

### (2) 중첩의 원리

도체계의 각 도체에 전하가 $Q_1$일 때의 전위를 $V_1$이라고 하고, 전하가 $Q_2$일 때의 전위를 $V_2$라고 하면, 전하가 $Q_1 + Q_2$일 때의 전위는 $V_1 + V_2$가 된다.

## 3 도체계의 전하분포에 따른 전계의 세기 및 전위

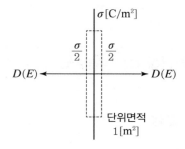

### (1) 한 장의 무한 평면 도체

그림과 같이 한 장의 무한 평판이 면전하 밀도 $+\sigma$로 대전되어 있을 때 전계의 세기는 $E = \dfrac{\sigma}{2\varepsilon_0}$이다.

### (2) 두 장의 무한 평면 도체: 거리 $d$만큼 떨어져 서로 마주보는 무한 평판의 면전하 밀도가 각각 $+\sigma$, $-\sigma$일 때

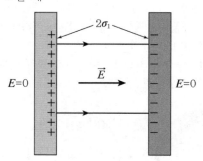

① 전계의 세기: $E = \dfrac{\sigma}{\varepsilon_0}$

② 두 평판 도체의 전위차: $V = -\displaystyle\int_d^0 \dfrac{\sigma}{\varepsilon_0} dl = \dfrac{\sigma}{\varepsilon_0} d$   (cf. $V = Ed$)

(3) **무한장 직선 도체**: 무한장 직선이 선전하 밀도 $\lambda$로 대전되어 있을 때

① 전계의 세기(도체로부터의 거리: $r$): $E = \dfrac{\lambda}{2\pi\varepsilon_0 r}$

② 직선 도체에서 $r_1$만큼 떨어진 점 A와 $r_2$만큼 떨어진 점 B 사이의 전위차:

$$V_{AB} = -\int_{r_2}^{r_1} E dr = -\int_{r_2}^{r_1} \frac{\lambda}{2\pi\varepsilon_0 r} dr = \frac{\lambda}{2\pi\varepsilon_0} \ln\frac{r_2}{r_1}$$

(4) **원형 선도체**

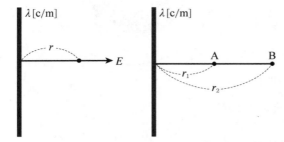

반지름이 $R$인 선도체가 선전하 밀도 $\lambda$로 대전되어 있을 때 전계의 세기(선도체의 중심으로부터의 거리: $z$): $E = \dfrac{Qz}{4\pi\varepsilon_0 (z^2 + R^2)^{3/2}}$

(5) **무한장 원주형 대전체**: 반지름이 $a$인 무한장 원주형 대전체가 선전하밀도 $\lambda$로 대전되어 있을 때

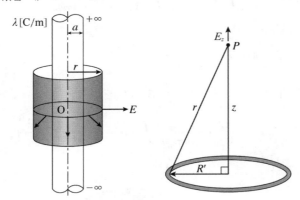

① 원주 외부($r > a$)에서의 전계의 세기: $E = \dfrac{\lambda}{2\pi\varepsilon_0} r$

② 원주 표면($r = a$)에서의 전계의 세기: $E_a = \dfrac{\lambda}{2\pi\varepsilon_0 a}$

③ 원주 내부($r < a$)에서의 전계의 세기: $E_i = \dfrac{\lambda}{2\pi\varepsilon_0 a^2} r$

**(6) 구체상의 균일 전하분포**: 반지름 $a$인 구체 내에 전하량 $Q$의 전하가 균일 분포하고 있을 때

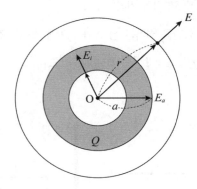

① 구체 외부$(r > a)$

   ⊙ 전계의 세기: $E = \dfrac{Q}{4\pi\varepsilon_0 r^2}$

   ⓛ 전위: $V = -\displaystyle\int_{\infty}^{r} \boldsymbol{E} \cdot dl = -\int_{\infty}^{r} \dfrac{Q}{4\pi\varepsilon_0 r^2} dr = \dfrac{Q}{4\pi\varepsilon_0 r}$

② 구체 표면$(r = a)$

   ⊙ 전계의 세기: $E = \dfrac{Q}{4\pi\varepsilon_0 a^2}$

   ⓛ 전위: $V = -\displaystyle\int_{\infty}^{a} \boldsymbol{E} \cdot dl = -\int_{\infty}^{a} \dfrac{Q}{4\pi\varepsilon_0 r^2} dr = \dfrac{Q}{4\pi\varepsilon_0 a}$

③ 구체 내부$(r < a)$

   ⊙ 전계의 세기: $E_i = \dfrac{r}{4\pi\varepsilon_0 a^3} Q$

   ⓛ 전위: $V = -\displaystyle\int_{\infty}^{a} \boldsymbol{E} \cdot dl - \int_{a}^{r} \boldsymbol{E_i} \cdot dl$

$$= \dfrac{Q}{4\pi\varepsilon_0} a - \dfrac{Q}{4\pi\varepsilon_0 a^3} \int_{a}^{r} r dr = \dfrac{Q}{4\pi\varepsilon_0 a}\left(\dfrac{3}{2} - \dfrac{r^2}{2a^2}\right)$$

**(7) 동심 도체구**

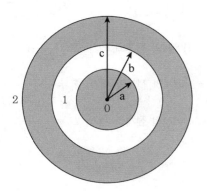

① 안쪽의 도체구 1에 전하 $Q$를 주고, 바깥쪽의 도체구 2의 전하가 0인 경우

   ㉠ 전계의 세기

- 도체 2의 외측$(r \geq c)$: $E = \dfrac{Q}{4\pi\varepsilon_0 r^2}$

- 도체 1와 도체 2 사이$(a \leq r \leq b)$: $E = \dfrac{Q}{4\pi\varepsilon_0 r^2}$

   ㉡ 전위

- 도체 2의 표면전위: $V_c = -\displaystyle\int_{\infty}^{c} E dr = \dfrac{Q}{4\pi\varepsilon_0 c}$

- 도체 1과 2의 전위차: $V_{ab} = -\displaystyle\int_{b}^{a} E dr = \dfrac{Q}{4\pi\varepsilon_0}\left(\dfrac{1}{a} - \dfrac{1}{b}\right)$

- 도체 1의 표면전위: $V_a = V_{ab} + V_{bc} + V_c = \dfrac{Q}{4\pi\varepsilon_0}\left(\dfrac{1}{a} - \dfrac{1}{b} + \dfrac{1}{c}\right)$

② 안쪽의 도체구 1의 전하가 0이고, 바깥쪽의 도체구 2에 전하 $Q$를 준 경우

   ㉠ 전계의 세기

- 도체 2의 외측$(r \geq c)$: $E = \dfrac{Q}{4\pi\varepsilon_0 r^2}$

- 도체 1와 도체 2 사이$(a \leq r \leq b)$: $E = 0$

   ㉡ 전위

- 도체 2의 표면전위: $V_c = -\displaystyle\int_{\infty}^{c} E dr = \dfrac{Q}{4\pi\varepsilon_0 c}$

- 도체 1과 2의 전위차: $V_{ab} = -\displaystyle\int_{b}^{a} E dr = 0$

   ㉢ 도체 1의 표면전위: $r = b$와 $r = c$ 사이의 전위차 $V_{bc}$는 도체 내부이므로 0

   이다. 따라서 $V_a = V_{ab} + V_{bc} + V_c = \dfrac{Q}{4\pi\varepsilon_0 c}$

③ 안쪽의 도체구 1에 전하 $Q$, 바깥쪽의 도체구 2에 전하 $-Q$를 준 경우

   ㉠ 전계의 세기

- 도체 2의 외측$(r \geq c)$: $E = 0$

- 도체 1와 도체 2 사이$(a \leq r \leq b)$: $E = \dfrac{Q}{4\pi\varepsilon_0 r^2}$

   ㉡ 전위

- 도체 2의 표면전위: $V_c = 0$

- 도체 1과 2의 전위차: $V_{ab} = -\displaystyle\int_{b}^{a} E dr = \dfrac{Q}{4\pi\varepsilon_0}\left(\dfrac{1}{a} - \dfrac{1}{b}\right)$

- 도체 1의 표면전위: $V_a = V_{ab} + V_{bc} + V_c = \dfrac{Q}{4\pi\varepsilon_0}\left(\dfrac{1}{a} - \dfrac{1}{b}\right)$

## 제8절 전기 쌍극자

### 1 전기 쌍극자

**(1) 전기 쌍극자의 정의**

(+), (−)의 점전하 $+Q$, $−Q$가 미소거리 $d$만큼 떨어져 있을 때 이 전하쌍

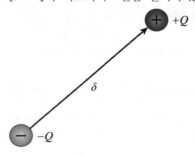

**(2) 전기 쌍극자 모멘트** $M$: 전기쌍극자는 벡터량이므로 크기와 방향이 중요하다.

① 크기: $M = Q\delta[\text{C·m}]$
② 방향: $−Q$에서 $+Q$로 향하는 방향

**(3) 전기 쌍극자에 의한 전위 및 전계**

❷ 전기쌍극자에 의한 전위 식의 유도
• 전기 쌍극자의 중심으로부터 관측점까지 거리를 $r$이라 하면 $r \gg d$인 경우에 대해 다음과 같이 근사할 수 있다.

$$r_2 - r_1 \approx \delta\cos\theta, \ r_2 r_1 \approx r^2$$

• 관측점에서의 전위는 각 전하에 의한 전위의 합이므로 다음과 같이 주어진다.

$$V = \frac{Q}{4\pi\varepsilon_0 r_1} - \frac{Q}{4\pi\varepsilon_0 r_2}$$
$$= \frac{Q}{4\pi\varepsilon_0}\left(\frac{1}{r_1} - \frac{1}{r_2}\right)$$
$$= \frac{Q}{4\pi\varepsilon_0}\frac{r_2 - r_1}{r_1 r_2}$$
$$\approx \frac{1}{4\pi\varepsilon_0}\frac{Q\delta\cos\theta}{r^2}$$

① 전기 쌍극자에 의한 전위[❷]: $V = \dfrac{Q}{4\pi\epsilon_0} \cdot \dfrac{r_2 - r_1}{r_1 r_2} = \dfrac{Q}{4\pi\epsilon_0} \cdot \dfrac{d\cos\theta}{r^2} = \dfrac{M\cos\theta}{4\pi\epsilon_0 r^2}[\text{V}]$

② 전기 쌍극자에 의한 전계: $E = -\nabla V = \dfrac{M\sqrt{1+3\cos^2\theta}}{4\pi\epsilon_0}r^3[\text{V/m}]$

### 2 전기 이중층

**(1) 전기 이중층의 정의**

극히 얇은 판의 양면에 (+), (−)의 전하, 즉 전기쌍극자가 무수히 많이 분포되어 있는 것

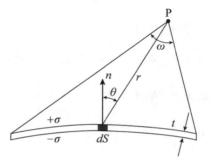

(2) 전기 이중층의 세기

$$M = \sigma t \, [\text{C/m}]$$

* 여기서 $\sigma$: 면전하 밀도$[\text{C/m}^2]$, $t$: 판의 두께$[\text{m}]$

(3) 전기 이중층에 의한 전위

$$V = \pm \frac{M}{4\pi\epsilon_0}\omega \, [\text{V}]$$

* (+)부호: 판의 (+)전하측, (−)부호: 판의 (−)전하측, $\omega$: 입체각

(4) 전기 이중층 양면의 전위차

$$V_{pQ} = V_p - V_Q = \frac{M}{4\pi\epsilon_0}\omega - \left(-\frac{M}{4\pi\epsilon_0}\omega\right)$$

$$\therefore V_{pQ} = \frac{M}{\epsilon_0} \, [\text{V}]$$

## 제1절 콘덴서의 정전용량 및 정전차폐

### 1 정전용량(capacitance)

(1) 정전용량(靜電容量)의 정의 및 단위

① 콘덴서(커패시터): 전자/전기 회로에서 전하를 모으고 저장하는 장치
② 정전용량의 정의: 콘덴서와 같이 두 극판 사이를 절연시킨 장치의 두 극판에 얼마나 많은 (+), (−) 전하를 축적할 수 있는지를 나타내는 매개변수, 혹은 비례상수이다.

$$C = \frac{Q}{V}$$

③ 정전용량의 단위: 1[V]의 전위를 주었을 때 1[C]의 전하를 축적하는 용량을 1[F]이라고 한다.

(2) 정전용량의 계산

① 도체구의 정전용량

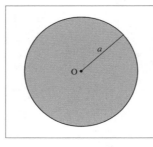

㉠ 전위 $V = \dfrac{Q}{4\pi\varepsilon_0 a}$

㉡ 정전용량 $C = \dfrac{Q}{V} = 4\pi\varepsilon_0 a$

② 동심 도체구의 정전용량

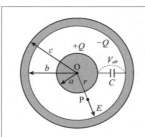

㉠ 도체구 사이의 전위차

$$V = -\int_b^a E dr = \frac{Q}{4\pi\varepsilon_0}\left(\frac{1}{a} - \frac{1}{b}\right)$$

㉡ 정전용량 $C = \dfrac{Q}{V} = \dfrac{4\pi\varepsilon_0}{\left(\dfrac{1}{a} - \dfrac{1}{b}\right)}$

③ 평행평판 도체에서의 정전용량

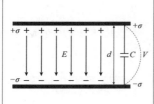

ㄱ 두 극판 사이의 전위차  $V = Ed = \dfrac{\sigma}{\varepsilon_0}d$

ㄴ 단위면적당 정전용량  $C_0 = \dfrac{\sigma}{V} = \dfrac{\varepsilon_0}{d}$

ㄷ 면적  $S$ 의 정전용량  $C = C_0 S = \dfrac{\varepsilon_0}{d}S$

④ 동축 원통 도체의 정전용량

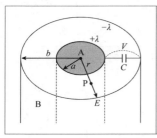

ㄱ 원통 사이의 전위차  $V = \dfrac{\lambda}{2\pi\varepsilon_0}\ln\dfrac{b}{a}$

ㄴ 동축 원통 사이의 단위길이당 정전용량

$$C = \dfrac{\lambda}{V} = \dfrac{2\pi\varepsilon_0}{\ln\dfrac{b}{a}}$$

⑤ 평행 원통 도체에서의 정전용량

ㄱ 두 도체 사이의 전위차  $V = \dfrac{\lambda}{\pi\varepsilon_0}\ln\dfrac{d-a}{a}$

ㄴ 평행 원통 도체 사이의 정전용량  $C = \dfrac{\lambda}{V} = \dfrac{\pi\varepsilon_0}{\ln\dfrac{d-a}{a}}$

$(d \gg a$ 인 경우  $C = \dfrac{\pi\varepsilon_0}{\ln\dfrac{d}{a}})$

## (3) 여러 가지 도체계의 정전용량

| 구분 | | 정전용량 |
|---|---|---|
| 평행판 축전기 (두 유전체) (직렬) | $\varepsilon_1$ $\varepsilon_2$ $O_1$ $O_2$ $s$ $d_1$ $d_2$ | $C = \dfrac{1}{\dfrac{1}{C_1} + \dfrac{1}{C_2}} = \dfrac{\varepsilon_1\varepsilon_2 S}{\varepsilon_1 d_2 + \varepsilon_2 d_1}$ |
| 평행판 축전기 (두 유전체) (병렬) | $\varepsilon_1$ $S_1$ $\varepsilon_2$ $S_2$ $d$ | $C = C_1 + C_2 = \dfrac{1}{d}(\varepsilon_1 S_1 + \varepsilon_2 S_2)$ |

| 구분 | | 정전용량 |
|---|---|---|
| 반도체구 | | $C = 2\pi\varepsilon a$ |
| 동축 케이블 (두 유전체) | | $C_{ab} = \dfrac{2\pi}{\dfrac{1}{\varepsilon_1}\ln\dfrac{b}{a} + \dfrac{1}{\varepsilon_2}\ln\dfrac{c}{b}}$ |
| 외부가 접지된 동심구 | | $C_{ab} = \dfrac{4p\varepsilon}{\dfrac{1}{a} - \dfrac{1}{b}}$ |
| 내부가 접지된 동심구 | | $C_{ab} = 4\pi\varepsilon c + \dfrac{4\pi\varepsilon}{\dfrac{1}{a} - \dfrac{1}{b}}$ |
| 평행 도선 | | $C_{ab} = \dfrac{\pi\varepsilon}{\ln\dfrac{d-a}{a}} \simeq \dfrac{\pi\varepsilon}{\ln\dfrac{d}{a}}$ |
| 평행 도체구 | | $C_{ab} = \dfrac{4p\varepsilon}{\dfrac{1}{a} + \dfrac{1}{b}}$ |
| 가공 전선과 대지 | | $C_a = \dfrac{2\pi\varepsilon_0}{\ln\dfrac{2h}{a}} = \dfrac{0.02416}{\log\dfrac{2h}{a}}$ |
| 원판도체 | | $C = 8\varepsilon a$ |

## 2 콘덴서의 접속

### (1) 콘덴서(커패시터)와 등가용량

① **콘덴서의 구성**: 두 도체인 전극과 그 사이에 절연물로 구성된다.

② **등가용량**: 직렬이나 병렬로 여러개 연결된 축전기들의 합성 효과를 고려해 1개의 단일 축전기로 치환시켰을 때 이 축전기의 전기용량

### (2) 콘덴서의 직렬 접속

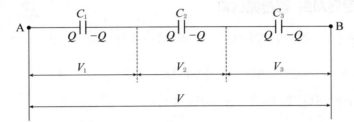

① 직렬 접속 조건

ㄱ 직렬연결하면 콘덴서에 저장되는 전하량은 모두 같으므로 $Q = Q_1 = Q_2 = Q_3$

ㄴ 직렬연결 하면 전압이 나뉘어 인가되므로 $V = V_1 + V_2 + V_3$

② 직렬연결의 등가용량 $C$

ㄱ $V = \dfrac{Q}{C}$이므로, $\dfrac{Q}{C} = \dfrac{Q_1}{C_1} + \dfrac{Q_2}{C_2} + \dfrac{Q_3}{C_3}$ ⇒ $\dfrac{1}{C} = \dfrac{1}{C_1} + \dfrac{1}{C_2} + \dfrac{1}{C_3}$이다.

ㄴ 합성 정전용량은 각 콘덴서의 정전용량보다 작아진다.

### (3) 콘덴서의 병렬 접속

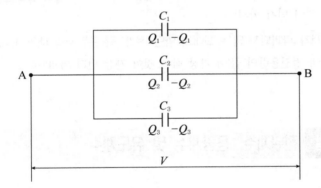

① 병렬 접속 조건

ㄱ 병렬연결 하면 같은 크기의 전압이 인가되므로 $V = V_1 = V_2 = V_3$

ㄴ 전하량는 분기점에서 나뉘었다 다시 합쳐지므로 $Q = Q_1 + Q_2 + Q_3$

② 병렬연결의 등가용량 $C$

ㄱ $Q = CV$이므로 $CV = C_1 V + C_2 V + C_3 V$ ⇒ $C = C_1 + C_2 + C_3$이다.

ㄴ 합성 정전용량은 각 콘덴서의 정전용량보다 커진다.

| $R$ vs $C$ | 직렬연결 | 병렬연결 |
|---|---|---|
| 레지스턴스의 합성 저항값 | $R_{합성} = R_1 + R_2$ | $\dfrac{1}{R_{합성}} = \dfrac{1}{R_1} + \dfrac{1}{R_2}$ |
| 콘덴서의 등가 정전용량 | $\dfrac{1}{C_{합성}} = \dfrac{1}{C_1} + \dfrac{1}{C_2}$ | $C_{합성} = C_1 + C_2$ |

## 3 콘덴서의 정전에너지

(1) 콘덴서에 전하 $Q$를 축적시키는 데 필요한 에너지를 콘덴서의 정전에너지라고 한다.

(2) 도체계의 정전에너지는 $W = \dfrac{1}{2}QV$이고 콘덴서에서 $Q = CV$이므로 콘덴서의 정전에너지는 다음과 같이 주어진다.

$$W = \frac{1}{2}CV^2 = \frac{1}{2}\frac{Q^2}{C}$$

## 4 직렬로 접속된 콘덴서에 직류 전압 인가 시 제일 먼저 파괴되는 콘덴서

(1) 콘덴서가 파괴되지 않는 최대의 양단 전압, 즉 내압이 서로 같은 경우
「Q = CV = 일정」에 의해 정전 용량이 작을수록 더 큰 전압이 걸리므로 C가 제일 작은 것이 먼저 파괴된다.

(2) 콘덴서가 파괴되지 않는 최대의 양단 전압, 즉 콘덴서의 내압이 다른 경우
'내압과 정전용량의 곱'이 가장 작은 것이 가장 먼저 파괴된다.

## 제2절 전위계수, 용량계수 및 유도계수

## 1 전위계수

(1) 전위계수의 정의: 도체 1, 도체 2, 도체 3, … 도체 $n$이 있을 때
① 도체 1에만 전하 $Q_1$을 주면

$$V_1 = P_{11}Q_1, \quad V_2 = P_{21}Q_1, \quad V_3 = P_{31}Q_1, \quad \cdots, \quad V_n = P_{n1}Q_1$$

② 도체 2에만 전하 $Q_2$를 주면

$$V_1 = P_{12}Q_2, \quad V_2 = P_{22}Q_2, \quad V_3 = P_{32}Q_2, \quad \cdots, \quad V_n = P_{n2}Q_2$$

③ 도체 $n$에만 전하 $Q_n$을 주면

$$V_1 = P_{1n}Q_n, \quad V_2 = P_{2n}Q_n, \quad V_3 = P_{3n}Q_n, \quad \cdots, \quad V_n = P_{nn}Q_n$$

④ 따라서 각 도체에 전하를 동시에 주면 아래의 식이 성립한다.

$$\begin{cases} V_1 = P_{11}Q_1 + P_{12}Q_2 + \ldots + P_{1n}Q_n \\ V_2 = P_{21}Q_1 + P_{22}Q_2 + \ldots + P_{2n}Q_n \\ \ldots \\ V_n = P_{n1}Q_1 + P_{n2}Q_2 + \ldots + P_{nn}Q_n \end{cases} \Rightarrow V_i = \sum_{j=1}^{n} P_{ij}Q_j$$

여기서 $P_{ij}$를 전위계수(coefficient of potential)이라고 한다.

⑤ 전위계수는 도체 $j$에만 단위전하 $+1[\mathrm{C}]$를 주었을 때 도체 $i$의 전위를 의미한다.

## (2) 전위계수의 성질

① 일반적으로 $P_{ii} > 0$

② 일반적으로 $P_{ii} \geq P_{ji}$

③ 일반적으로 $P_{ji} \geq 0$

④ 일반적으로 $P_{ij} = P_{ji}$

## (3) 전위계수의 단위

정전용량의 단위인 패럿의 역수이며 단위의 스펠링도 패럿의 역순이다.

$$전위계수 = \frac{[\mathrm{V}]}{[\mathrm{C}]} = \frac{1}{[\mathrm{F}]}(\mathrm{daraf})$$

## ② 정전차폐

### (1) 외부 도체관의 접지

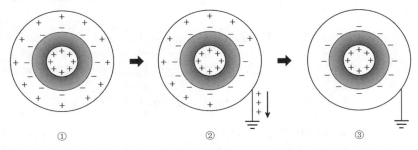

① ② ③

① 외부 도체관의 바깥쪽 면은 正(+)전하로, 안쪽 면은 副(−)전하로 대전되어 있다.

② 외부 도체관을 접지시키면 외부 도체관 바깥쪽 면의 정(+)전하들은 모두 땅속으로 흡수된다.

③ 따라서 외부 도체관의 전위는 지구와 같게 된다.

## (2) 정전차폐

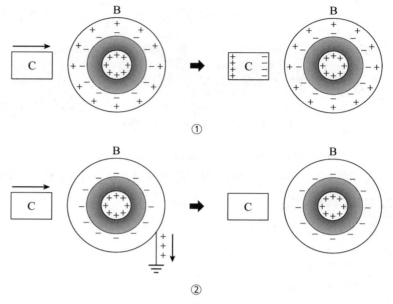

① 일반적으로 정전 유도된 도체 B에 도체 C를 놓으면 도체 C에는 정전 유도 현상이 일어난다.

② 접지된 도체 B에 도체 C를 가까이 하면 도체 B는 접지되어 있으므로 도체 C에는 정전 유도가 일어나지 않는다. 이 상태를 정전차폐되었다, 또는 쉴드 (shield)되었다고 한다.

# 3 용량계수

## (1) 용량계수와 유도계수의 정의: 도체 1, 도체 2, 도체 3, … 도체 $n$이 있을 때

① 도체 1에만 단위전위 1[V]를 주면

$$Q_1 = q_{11} V_1, \quad Q_2 = q_{21} V_1, \quad Q_3 = q_{31} V_1, \quad \cdots, \quad Q_n = q_{n1} V_1$$

② 도체 2에만 단위전위 1[V]를 주면

$$Q_1 = q_{12} V_2, \quad Q_2 = q_{22} V_2, \quad Q_3 = q_{32} V_2, \quad \cdots, \quad Q_n = q_{n2} V_2$$

③ 도체 $n$에만 단위전위 1[V]를 주면

$$Q_1 = q_{1n} V_n, \quad Q_2 = q_{2n} V_n, \quad Q_3 = q_{3n} V_n, \quad \cdots, \quad Q_n = q_{nn} V_n$$

④ 따라서 각 도체에 전위를 동시에 주면 아래의 식이 성립한다.

$$\begin{cases} Q_1 = q_{11} V_1 + q_{12} V_2 + \ldots + q_{1n} V_n \\ Q_2 = q_{21} V_1 + q_{22} V_2 + \ldots + q_{2n} V_n \\ \cdots \\ Q_n = q_{n1} V_1 + q_{n2} V_2 + \ldots + q_{nn} V_n \end{cases} \Rightarrow Q_i = \sum_{j=1}^{n} q_{ij} V_j$$

⑤ **용량계수❶**(coefficient of capacity): 위 식에서 $q_{ii}$를 용량계수라고 하고 도체 $i$은 단위전위로 하고, 다른 도체를 영전위(접지)로 하였을 때, 도체 $i$의 전하를 의미한다.

⑥ **유도계수❷**(coefficient of induction): 위 식에서 $q_{ij}$를 유도계수라고 하고 도체 $i$은 단위전위로 하고, 다른 도체를 영전위(접지)로 하였을 때 다른 도체 $j$에 유도되는 전하를 의미한다.

**(2) 전위계수의 성질**

① 용량계수 $q_{ii} > 0$

② 유도계수 $q_{ij} \leqq 0$

③ $q_{11} \geqq -(q_{21} + q_{31} + \cdots\cdots + q_{nq})$ 또는 $q_{11} + q_{21} + q_{31} + \cdots\cdots + q_{n1} \geqq 0$이다.

④ 일반적으로 $q_{ij} = q_{ji}$

**(3) 용량계수와 유도계수의 단위**: 정전용량의 단위인 패럿을 쓴다.

$$용량계수(유도계수) = \frac{[C]}{[V]} = [F](farad)$$

**참고 & 심화**

❶ 용량계수가 항상 0보다 큰 이유
용량계수는 자기 자신의 전위를 $+1[V]$ (단위전위)로 하기 위한 전하이기 때문이다.

❷ 유도계수가 0보다 작거나 같은 이유
유도 계수의 경우 도체 1에 전하가 있을 때 도체 2, 도체 3 등은 정전 유도에 의해 반대 극성의 전하가 유도되기 때문이다.

## 제3절  도체계의 정전에너지

### 1 도체계의 정전에너지

**(1) 점전하 분포에 의한 정전에너지**

① 전하량이 $Q$인 전하를 무한대부터 전위가 $V$인 지점까지 이동시키는 데 필요한 에너지는 $W = QV$이다.

② 점전하 분포에 의한 정전에너지는 다음과 같은 과정을 거쳐 구할 수 있다.

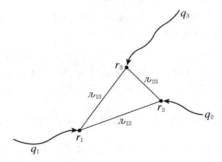

㉠ 진공 중에 $q_1$을 배치하기 위해 필요한 에너지는 0이다.

㉡ $q_1$이 존재하는 공간에 점전하 $q_2$를 배치하기 위해 필요한 에너지는

$q_2 V_1 = \dfrac{q_2}{4\pi\varepsilon_0}\left(\dfrac{q_1}{r_{12}}\right)$로 주어진다.

© $q_1$, $q_2$가 존재하는 공간에 점전하 $q_3$를 배치하기 위해 필요한 에너지는

$$q_3 V_1 + q_3 V_2 = \frac{q_3}{4\pi\varepsilon_0}\left(\frac{q_1}{r_{13}} + \frac{q_2}{r_{23}}\right)$$ 로 주어진다.

② 따라서 $q_1$, $q_2$, $q_3$의 점전하 분포를 이루기 위해서 필요한 에너지는

$$W = \frac{1}{4\pi\varepsilon_0}\left(\frac{q_1 q_2}{r_{12}} + \frac{q_1 q_3}{r_{13}} + \frac{q_2 q_3}{r_{23}}\right)$$ 로 주어진다.

◎ 이를 일반화하면 점전하 분포에 의한 정전에너지 $W = \frac{1}{2}\frac{1}{4\pi\varepsilon_0}\sum_{i=1}^{n}\sum_{j\neq i}^{n}\frac{q_i q_j}{r_{ij}}$

로 나타낼 수 있다. ($\frac{1}{2}$를 곱해주는 까닭은 $i$와 $j$의 순서에 의한 중복을 고려하였기 때문이다.)

⊎ 식을 정리하면 $W = \frac{1}{2}\sum_{i}^{n}q_i\left(\sum_{j\neq i}^{n}\frac{1}{4\pi\varepsilon_0}\frac{q_j}{r_{ij}}\right)$이다.

위 식에서 $\left(\sum_{j\neq i}^{n}\frac{1}{4\pi\varepsilon_0}\frac{q_j}{r_{ij}}\right)$는 특정 지점 $r_i$의 전위이므로 $W = \frac{1}{2}\sum_{i=1}^{n}q_i V(r_i)$ 로 나타낼 수 있다.

## (2) 도체계의 정전에너지

① 도체계에서 전하는 연속분포를 이루므로 점전하에 의한 정전에너지를 적분 형태로 바꿔줄 수 있다.

$$W = \frac{1}{2}\int_V \rho_v V dv$$

② 도체계의 정전에너지는 다음과 같은 과정을 거쳐 구할 수 있다.

㉠ 가우스 정리에 의해 $\rho = \nabla \cdot \boldsymbol{D}$이므로 적분 형태의 식을 다음과 같이 나타낼 수 있다.

$$W = \frac{1}{2}\int_v (\nabla \cdot \boldsymbol{D}) V dv$$

㉡ $\nabla$의 정의에 의해 $(\nabla \cdot \boldsymbol{A})B = \nabla \cdot (\boldsymbol{A}B) - \boldsymbol{A} \cdot (\nabla B)$가 성립하므로 다음과 같이 나타낼 수 있다.

$$W = \frac{1}{2}\int_V (\nabla \cdot \boldsymbol{D}) V dv = \frac{1}{2}\int_V \nabla \cdot (\boldsymbol{D}V) dv - \int_V (\nabla V) \cdot \boldsymbol{D} dv$$

㉢ 발산 정리에 의해 $\int_V \nabla \cdot (\boldsymbol{D}V) dv = \int_S (\boldsymbol{D}V) \cdot d\boldsymbol{S}$로 바꾸어 주고 면적분을 해 주는 부피를 무한대로 설정해 주면 무한대의 전위는 0이므로 다음과 같은 식이 성립한다.

$$W = -\int_V (\nabla V) \cdot \boldsymbol{D} dv = \int_V \boldsymbol{E} \cdot \boldsymbol{D} dv$$

ⓔ $D = \varepsilon_0 E$이므로 도체계의 정전에너지는 최종적으로 다음과 같이 주어진다.

$$W = \frac{1}{2} \int_V \varepsilon_0 E^2 \, dv$$

## 2 도체 표면에 작용하는 힘

### (1) 정전응력의 정의

① 도체에 전하가 분포하면 전계는 표면에만 분포하게 되어 대전도체면에는 외부로 밀리는 응력이 작용한다.

② 이 힘을 정전응력이라고 하며 **단위면적당의 힘으로 정의한다.**

### (2) 정전응력의 크기

① 면전하밀도가 $\sigma$인 도체의 미소 면적을 $\Delta S$라고 하면 이 미소 면적이 받는 힘은 $F = (\sigma \Delta S) E$로 주어진다.

② 미소 면적에 대하여 $E = \dfrac{\sigma}{2\varepsilon_0}$이므로 대입하면, $F = \dfrac{1}{2} \dfrac{\sigma^2}{\varepsilon_0} \Delta S$이다.

③ 따라서 대전 도체표면의 단위면적당 받는 정적응력은 $f = \dfrac{1}{2} \dfrac{\sigma^2}{\varepsilon_0} = \dfrac{1}{2} \varepsilon_0 E^2$으로 주어진다.

## 제1절 분극도와 전계

### 1 유전체의 유전율 및 비유전율

**(1) 유전체와 분극의 정의**

① 유전체: 유전체는 전계 안에서 극성을 띠는 절연체이다.

② 분극: 유전체를 전계 안에 두었을 때 정전 유도에 의해 유전체 안의 전하분포가 재배열되는 현상이다.

**(2) 분극의 원리**: 유전체가 전계 안에서 극성을 띠게 되는(분극되는) 과정은 다음과 같다.

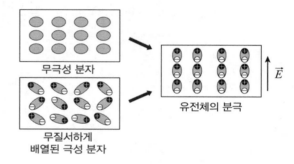

① 극성 분자

㉠ 물 분자와 같이 분자 구조상 극성을 띠는 분자도 있다.

㉡ 극성 분자는 평상시에 무질서하게 배열되어 전체 전계는 0이 된다.

㉢ 양극에서 전압을 가하면 극성 분자들이 일정하게 배열되어 분극된다.

② 무극성 분자

㉠ 무극성분자는 어느 한쪽으로 치우치지 않고 전기적 극성을 가지지 않는다.

㉡ 하지만 양극단에 전압을 가해주면 전자가 한쪽으로 치우치게 된다.

### (3) 유전율과 비유전율

① **유전율**: 외부에서 전계를 가했을 때 분극이 얼마나 잘 일어나는지 나타내는 정도이다. 유전율의 기호는 $\varepsilon$으로 나타낸다.

② **비유전율**

    ㉠ 비유전율은 어떤 물체가 진공과 비교해서 분극이 얼마나 더 잘 일어나는지 비율을 나타내는 값이다.

    ㉡ 유전율 $\varepsilon$은 진공에서의 유전율과 비유전율의 곱으로 나타내어진다.

$$\varepsilon = \varepsilon_0 \times \varepsilon_s$$

③ 여러 가지 물체의 비유전율

| 물질 | 비유전율($\varepsilon_r$) | 물질 | 비유전율($\varepsilon_r$) |
|---|---|---|---|
| 진공 | 1.000 | 운모 | 6.7 |
| 공기 | 1.00058 | 유리 | 3.5 ~ 10 |
| 종이 | 1.2 ~ 1.6 | 물(증류수) | 80 |
| 폴리에틸렌 | 2.3 | 산화티탄 | 100 |
| 변압기 유 | 2.2 ~ 2.4 | 로셀염 | 100 ~ 1000 |
| 고무 | 2.0 ~ 3.5 | 티탄산바륨 자기 | 1000 ~ 3000 |

## ② 전기분극

### (1) 전기 분극

① 외부의 전계 작용에 의해 원자 또는 분자 중의 양전하와 음전하는 극히 미소한 거리만큼 변위를 일으켜 전기 쌍극자를 형성한다.

② 이 작용에 의해 유전체 표면에 나타나는 전하를 분극 전하라고 한다.

③ 분극 전하에 의해 유전체 양단에 전하 $Q$가 생성되는 현상을 전기분극(electric polarization)이라고 하고 $P[C/m^2]$으로 표시한다.

### (2) 분극의 종류

① **전자분극**: 유전체에 전계가 가해졌을 때 각 원자의 전기구름의 중심이 이동하면서 나타나는 분극

② **이온분극**: 전계가 가해졌을 때 이온 결합의 결합 길이가 늘어나게 되면서 위치 변화가 일어나 쌍극자 모멘트를 가지는 분극

③ **배향분극**: 영구 쌍극자 모멘트를 가지고 있느 물질에 전계를 가했을 때 영구 쌍극자가 모멘트가 외부 전계의 방향으로 회전하여 형성된 분극

④ **공간전하분극**: 전극의 근방에 이온이 모여 공간전하를 형성함으로서 일종의 분극이 일어나는 경우의 분극

### ③ 분극의 세기와 방향

#### (1) 분극의 세기

전계의 방향에 대하여 수직인 단위 면적에 나타나는 분극전하량(분극전하밀도)을 분극의 세기라고 하며 다음과 같은 식으로 나타낸다.

$$P = \varepsilon_0(\varepsilon_s - 1)E = (\varepsilon_0 \varepsilon_s - \varepsilon_0)E$$
$$= (\varepsilon - \varepsilon_0)E = \chi E$$

여기서 $\chi = \varepsilon - \varepsilon_0$를 분극률이라고 한다.

#### (2) 분극의 방향

분극의 방향은 부(-)의 분극전하 → 정(+)의 분극전하 방향이다.

---

## 제2절 전속밀도

### ① 분극의 세기와 전속밀도

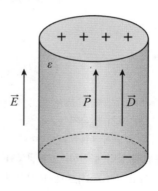

#### (1) 유전체 내의 전속밀도

유전체 내부의 전속밀도 $D$는 유전체 내에서 단위면적을 통과하는 전속선 개수이다.

#### (2) 유전체 내의 전속밀도의 표현식

① 분극의 세기 $P$는 chapter01에서 다음과 같이 정의되었다.

$$P = (\varepsilon - \varepsilon_0)E = \varepsilon E - \varepsilon_0 E$$

② 전속밀도의 정의에 따라 $\varepsilon_0 E = D$이다. 따라서 $P = D - \varepsilon_0 E$와 같이 주어지고 유전체 내부의 전속밀도 $D$의 표현식은 다음과 같다.

$$D = \varepsilon_0 E + P$$

## ② 평행전극 사이에 유전체를 삽입한 경우

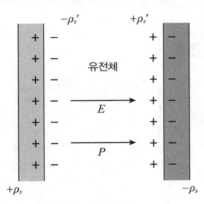

### (1) 유전체 삽입 후의 정전용량

① 평행전극 콘덴서 사이에 유전율이 $\varepsilon$인 유전체를 삽입한 경우 정전용량은 다음과 같이 주어진다.

$$C = \varepsilon \frac{S}{d}$$

② 평행전극 콘덴서 사이가 진공일 경우 콘덴서의 정전용량은 $C_0 = \varepsilon_0 \dfrac{S}{d}$와 같이 주어지므로 다음과 같은 식이 성립한다.

$$\frac{C}{C_0} = \frac{\varepsilon}{\varepsilon_0} = \varepsilon_r, \quad \therefore C = \varepsilon_r C_0$$

### (2) 유전체 삽입 후 전속밀도

① 서로 마주보는 무한평판도체 사이에 유전체가 부분적으로 삽입되어 있고, 양극 판의 진전하밀도를 $+\rho_S$, $-\rho_S$, 유전체에 나타나는 분극전하를 $+\rho_S{}'$, $-\rho_S{}'$ 이라고 하면 이때 유전체 내의 전계의 세기는 다음과 같이 구할 수 있다.

$$\boldsymbol{E} = \frac{\rho_S - \rho_S{}'}{\varepsilon_0}, \quad \varepsilon_0 \boldsymbol{E} = \rho_S - \rho_S{}'$$

② 서로 마주보는 무한평판도체에서는 $\boldsymbol{D} = \rho_S$이고, 분극전하밀도 $\rho_S{}' = \boldsymbol{P}$이므로

$\varepsilon_0 \boldsymbol{E} = \rho_S - \boldsymbol{P}$

$\boldsymbol{D} = \varepsilon_0 \boldsymbol{E} + \boldsymbol{P}$

$\boldsymbol{P} = \boldsymbol{D} - \varepsilon_0 \boldsymbol{E}$이므로 다음과 같이 정리된다.

$$\boldsymbol{D} = \varepsilon \boldsymbol{E}$$

## 제3절 유전체 내의 전계

### 1 유전체 내의 전계

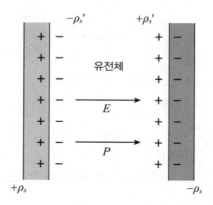

**(1) 전계 중에서 유전체가 존재할 때 분극전하의 분포**

전계 중에서 유전체가 존재할 때 균일한 분극이 생기므로 분극전하는 유전체의 표면에만 생성된다.

**(2) 유전체 내의 전계**

① 유전체 삽입시 양극판 사이의 전계는 알짜 전하밀도에 따라 정해진다.

$$E = \frac{\rho_S - \rho_S{}'}{\varepsilon_0}$$

② 유전체 내의 전계는 진공일 때의 $\frac{1}{\varepsilon_s}$ 배가 된다.

$$E = \frac{E_0}{\varepsilon_s}$$

**(3) 유전체 내의 쿨롱의 법칙**

① 유전체 중의 전계는 진공일 때의 $\frac{1}{\varepsilon_s}$ 배가 되므로 점전하에 의한 유전체 중의 전계는 다음과 같다.

$$E = \frac{1}{\varepsilon_s} E_0 = \frac{1}{4\pi\varepsilon_0\varepsilon_s}\frac{Q}{r^2} = \frac{1}{4\pi\varepsilon}\frac{Q}{r^2}$$

② 따라서 유전체 내의 쿨롱 법칙은 다음과 같다.

$$F = \frac{1}{4\pi\varepsilon}\frac{Q_1 Q_2}{r^2}$$

## ② 유전체 내의 가우스 법칙

### (1) 적분형

① **전계**: 유전체 내의 전계는 진공일 때의 $\dfrac{1}{\varepsilon_r}$ 배가 되므로 가우스 법칙의 적분형은 다음과 같이 나타내어진다.

$$\oint_S \boldsymbol{E} \cdot \boldsymbol{n} = \oint_S \frac{\boldsymbol{E_0}}{\varepsilon_s} \cdot \boldsymbol{n} = \frac{Q}{\varepsilon_0 \varepsilon_s} = \frac{Q}{\varepsilon}$$

② **전속**: 유전체 내에서 전속밀도 $\boldsymbol{D} = \varepsilon \boldsymbol{E}$ 이므로 전속밀도에 대한 식은 아래와 같다.

$$\oint_S \boldsymbol{D} \cdot \boldsymbol{n}\, dS = Q$$

### (2) 미분형: 가우스 법칙의 적분형을 미분하면 유전체 내의 전계와 전속밀도에 대한 다음 식을 얻을 수 있다.

① 전계: $\mathrm{div}\boldsymbol{E} = \nabla \cdot \boldsymbol{E} = \dfrac{\rho}{\varepsilon}$

② 전속밀도: $\mathrm{div}\boldsymbol{D} = \nabla \cdot \boldsymbol{D} = \rho$

## ③ 유전체의 절연파괴

### (1) 절연파괴 및 절연파괴전압

① **절연파괴**: 절연재료에 인가되는 전계의 크기가 커지다가 일정한 값에 도달하면 갑자기 대전류가 흘러 도체와 같이 되는 현상

② **절연파괴전압**: 절연파괴를 일으키는 전위 $V$

### (2) 절연내력: 절연파괴전압을 시료의 두께 $d$로 나눈 값($\dfrac{V}{d}$)을 절연파괴 강도 또는 절연내력이라고 한다.

## ④ 패러데이관

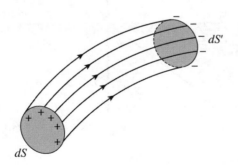

(1) 패러데이관의 정의: 단위전하로부터 발생하는 미소면적 $dS$를 지나는 전속선 $D$는 하나의 관 형태를 이루게 되는데 이를 패러데이관이라고 한다.

(2) 패러데이관의 성질

① 패러데이관의 양쪽 끝에는 $\pm 1[\mathrm{C}]$의 전하가 존재한다.

② 패러데이 관 수 = 전속선 수이다.(패러데이 관의 밀도는 전속밀도와 같다.)

③ 패러데이관은 정전하에서 나와 부전하에서 끝난다.

## 제4절 경계조건

### 1 전속밀도의 경계조건

(1) 경계면에서의 전속선

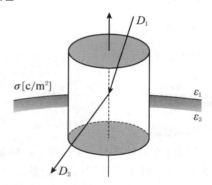

유전율이 서로 다른 유전체가 서로 인접하고 있을 때 전속선은 경계면에서 굴절한다.

(2) 전속밀도의 경계 조건

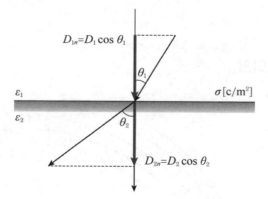

① 경계면 양쪽의 전속밀도를 가우스 법칙을 이용하여 계산하면 다음과 같다.

$$\int \boldsymbol{D} \cdot \boldsymbol{n}\, dS = \int D_n\, dS = -\int D_{1n}\, dS + \int D_{2n}\, dS = \int \sigma\, dS,$$
$$\therefore D_{1n} - D_{2n} = \sigma$$

② 유전체에는 자유전하가 없기 때문에 $\sigma = 0$이므로 다음의 경계조건이 성립한다.

$$D_{1n} = D_{2n}$$
$$D_1 \cos\theta_1 = D_2 \cos\theta_2$$
$$\varepsilon_1 E_1 \cos\theta_1 = \varepsilon_2 E_2 \cos\theta_2$$

③ 즉, 두 유전체의 경계면에 진전하가 존재하지 않을 때 경계면에 대한 전속밀도의 법선성분은 서로 같고 연속이다.

## 2 전계의 경계조건

### (1) 경계면에서의 전계

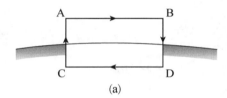

(a)

유전율이 서로 다른 유전체가 서로 인접하고 있을 때 전계는 경계면에서 굴절한다.

### (2) 전계의 경계 조건

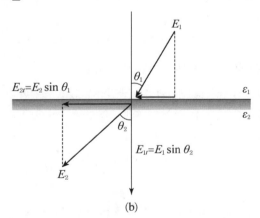

(b)

① 단위 정전하가 있다고 가정하고 경계면에 접하도록 순환시키는 일은 다음과 같다.

$$\oint_{\mathrm{ABCDA}} \boldsymbol{E} \cdot dl$$

② 전기력은 보존력이므로 순환하는 동안 해 준 일은 0이다. 이때 경로 AC, BD 는 극히 짧으므로 다음과 같은 식이 성립한다.

$$\oint_{ABCDA} \boldsymbol{E} \cdot dl = \int_A^B \boldsymbol{E} \cdot dl - \int_C^D \boldsymbol{E} \cdot dl = \int E_{1t}dl - \int E_{2t}dl = 0$$

③ 따라서 다음의 경계조건이 성립한다.

$$E_{1t} = E_{2t}$$
$$E_1\sin\theta_1 = E_2\sin\theta_2$$

④ 즉, 두 유전체의 경계면에 진전하가 존재하지 않을 때 경계면에 대한 전계의 세기의 접선성분은 서로 같고 연속이다.

## ③ 전속 및 전기력선의 굴절

유전율이 $\varepsilon_1$인 매질에서 유전율이 $\varepsilon_2$인 매질로 전속선이 입사하고 $\varepsilon_1 > \varepsilon_2$일 경우 다음과 같은 관계가 성립한다.

### (1) 비스듬히 입사하는 경우
① 입사각 $\theta_1$ > 굴절각 $\theta_2$
② $D_1 > D_2$: 전속밀도는 불연속적이다.
③ $E_1 < E_2$: 전계는 불연속적이다.

### (2) 경계면에 수직으로 입사하는 경우($\theta_1 = 0$)
① $\theta_2 = 0$: 전속선 및 전기력선은 굴절하지 않고 직진한다.
② $D_1 = D_2$: 전속밀도는 연속적이다.
③ $E_1 < E_2$: 전계는 불연속적이다.

### (3) 경계면에 평행으로 입사하는 경우($\theta_1 = 90°$)
① $\theta_2 = 90°$: 전속선 및 전기력선은 굴절하지 않고 직진한다.
② $D_1 > D_2$: 전속밀도는 불연속적이다.
③ $E_1 = E_2$: 전계는 연속적이다.

정전용량

## 1 평행판 사이에 유전체가 있는 경우의 정전용량

### (1) 평행판 사이에 유전체가 있는 경우

전극판의 면적을 $S$, 전극판 사이의 간격을 $d$라고 하면 진공일 때와 유전체가 있을 때 정전용량은 다음과 같다.

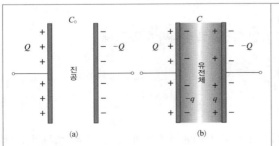

① 진공일 때:
$$C_0 = \varepsilon_0 \frac{S}{d}$$

② 유전체가 있을 때:
$$C = \varepsilon_0 \varepsilon_s \frac{S}{d} = \varepsilon \frac{S}{d}$$

### (2) 직렬 복합 유전체❶

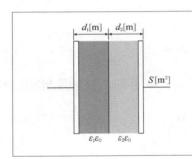

① $d_1$ 부분의 정전용량: $C_1 = \varepsilon_1 \varepsilon_0 \dfrac{S}{d}$

② $d_2$ 부분의 정전용량: $C_2 = \varepsilon_2 \varepsilon_0 \dfrac{S}{d}$

③ 전용량: $C_t = \dfrac{\varepsilon_1 \varepsilon_2 \varepsilon_0 S}{\varepsilon_1 d_2 + \varepsilon_2 d_1}$

### (3) 병렬 복합 유전체

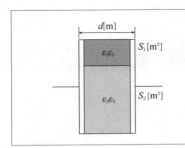

① $d_1$ 부분의 정전용량: $C_1 = \varepsilon_1 \varepsilon_0 \dfrac{S}{d}$

② $d_2$ 부분의 정전용량: $C_2 = \varepsilon_2 \varepsilon_0 \dfrac{S}{d}$

③ 전용량: $C_t = \dfrac{\varepsilon_0 (\varepsilon_1 S_1 + \varepsilon_2 S_2)}{d}$

❶ 복합 유전체의 전기용량 계산
- 직렬 복합 유전체는 각각 정전용량이 $C_1$, $C_2$인 콘덴서를 직렬로 연결한 경우와 같으므로 $\dfrac{1}{C} = \dfrac{1}{C_1} + \dfrac{1}{C_2}$ 식을 이용하여 합성 정전용량을 구할 수 있다.
- 병렬 복합 유전체의 경우는 각각 정전용량이 $C_1$, $C_2$인 콘덴서를 병렬로 연결한 경우와 같으므로 $C = C_1 + C_2$ 식을 이용하여 합성 정전용량을 구할 수 있다.

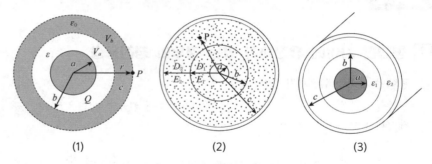

## ② 기타 유전체를 가진 도체계의 정전용량

(1)　　　　　　(2)　　　　　　(3)

(1) 구도체가 비유전율이 $\varepsilon_s$인 유전체로 둘러싸여 있을 때

$$C = \frac{4\pi\varepsilon}{\dfrac{1}{a} + \dfrac{1}{b}(\varepsilon_s - 1)}$$

(2) 반경 $a$와 반경 $c$인 동심 도체구 사이에 유전율이 $\varepsilon_1$, $\varepsilon_2$인 두 종류의 유전체를 넣어준 경우

$$C = \frac{4\pi}{\dfrac{1}{\varepsilon_1}\left(\dfrac{1}{a} - \dfrac{1}{c}\right) + \dfrac{1}{\varepsilon_2}\left(\dfrac{1}{b} - \dfrac{1}{c}\right)}$$

(3) 무한히 긴 동축원통 사이에 유전율이 $\varepsilon_1$, $\varepsilon_2$인 두 종류의 유전체를 넣어준 경우

$$C = \frac{4\pi}{\dfrac{1}{\varepsilon_1}\ln\dfrac{b}{a} + \dfrac{1}{\varepsilon_2}\ln\dfrac{c}{b}}$$

## 제6절 유전체에 관한 여러 현상들

### ① 유전체 중의 정전에너지 밀도

도체계의 정전 에너지 밀도 $w = \dfrac{1}{2}\boldsymbol{E} \cdot \boldsymbol{D}$로 주어지고 유전체 내에서 $\boldsymbol{D} = \varepsilon\boldsymbol{E}$로 주어지므로 유전체 중의 정전 에너지 밀도식은 다음과 같다.

$$w = \frac{\varepsilon E^2}{2} = \frac{D^2}{2\varepsilon}$$

## ② 유전체에 작용하는 힘

유전율이 각각 $\varepsilon_1$, $\varepsilon_2$인 두 유전체가 있고 $\varepsilon_1 > \varepsilon_2$일 때 두 유전체 사이에 작용하는 힘은 다음과 같다.

### (1) 두 유전체의 경계면에 전계가 수직일 때

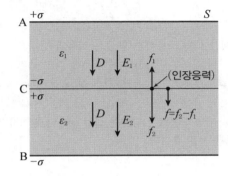

① 두 경계면에서 작용하는 단위면적당 힘 $f_1$, $f_2$는 다음과 같다.
(경계조건에 의해 $D_1 = D_2 = D$이므로)

$$f_1 = \frac{1}{2}DE_1 = \frac{1}{2}\frac{D^2}{\varepsilon_1} = \frac{1}{2}\frac{\sigma^2}{\varepsilon_1}$$

$$f_2 = \frac{1}{2}DE_2 = \frac{1}{2}\frac{D^2}{\varepsilon_2} = \frac{1}{2}\frac{\sigma^2}{\varepsilon_2}$$

② 따라서 경계면 C에 작용하는 힘 $f$는 다음과 같다.(인장응력)

$$f = f_2 - f_1 = \frac{1}{2}(E_2 - E_1)D = \frac{1}{2}\left(\frac{1}{\varepsilon_2} - \frac{1}{\varepsilon_1}\right)D^2$$

$$= \frac{1}{2}\left(\frac{1}{\varepsilon_2} - \frac{1}{\varepsilon_1}\right)\sigma^2$$

③ 두 유전체 사이에 작용하는 힘에는 법선 성분만 존재하고 힘의 방향은 유전율이 큰 쪽에서 작은 쪽이다.

### (2) 두 유전체의 경계면에 전계가 평행일 때

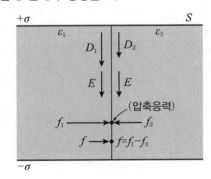

① 두 경계면에서 작용하는 단위면적당 힘 $f_1$, $f_2$는 다음과 같다.
(경계조건에 의해 $E_1 = E_2 = E$이므로)

$$f_1 = \frac{1}{2} D_1 E = \frac{1}{2} \varepsilon_1 E^2$$

$$f_2 = \frac{1}{2} D_2 E = \frac{1}{2} \varepsilon_2 E^2$$

② 따라서 경계면 C에 작용하는 힘 $f$는 다음과 같다.(압축응력)

$$f = f_1 - f_2 = \frac{1}{2} (D_1 - D_2) E = \frac{1}{2} (\varepsilon_1 - \varepsilon_2) E^2$$

③ 두 유전체 사이에 작용하는 힘에는 접선 성분만 존재하고 힘의 방향은 유전율이 큰 쪽에서 작은 쪽이다.

## ③ 유전체의 특수현상

### (1) 접촉전기

① 도체나 유전체를 상호 접촉시키면 자유 전자가 다른 쪽으로 이동하면서 전위차가 발생한다. 이때의 전기를 접촉전기라고 하고 이 현상을 볼타효과(Volta effect)라고 한다.
② 접촉전기에 의해 일어나서 두 도체 사이에 생긴 전위차를 접촉 전위차라고 한다.

### (2) 파이로전기

① 전기석이나 티탄산바륨 혹은 수정 등의 강유전체 결정을 가열하거나 냉각시키면 한 면에 정(+)의 전기, 다른 면에 부(-)의 전기가 나타나 분극을 일으킨다. 이 전기를 파이로전기라고 한다.
② 가열했을 때와 냉각했을 때 분극의 방향은 반대이다.

### (3) 압전기

① 파이로전기를 나타내는 수정이나 로셀염, 전기석 같이 어떤 특수한 결정을 가진 물체에 기계적 변형력을 가하면 표면에 전기 분극이 발생한다. 이 전기를 압전기라고 한다.
② 결정에 가한 기계적 변형력과 전기 분극이 동일 방향으로 발생할 경우 종효과, 수직 방향으로 발생하는 경우 횡효과라고 한다.

## ⬚1 전기영상법(電氣影像法, electric image method)

참고 & 심화

### (1) 전기영상법의 정의
도체의 전하 분포와 경계 조건을 교란시키지 않는 가상의 전하를 가정하여 전기력이나 전계, 전위 등을 구하는 해법

### (2) 도체평면과 점전하

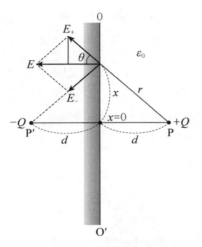

① 기본 가정: 무한 평판 도체로부터 거리 $d$ 떨어진 지점에 점전하 $Q$가 존재
② 해법: 무한 평판 도체면에 대하여 대칭인 영상점 $P'$에 영상 전하 $-Q$를 가정
  ㉠ 전계
  • $+Q$로부터 $r$만큼 떨어진 점에서 $+Q$에 의한 전계를 $E_+$, $-Q$에 의한 전계를 $E_-$라고 하면 다음과 같은 식이 성립한다.

  $$E_+ = E_- = \frac{Q}{4\pi\varepsilon_0 r^2} = \frac{Q}{4\pi\varepsilon_0 (d^2 + x^2)}$$

  • 수직 성분은 상쇄되고 수평 성분은 남으므로 합성 전계의 세기는 다음과 같다.

  $$E = 2E_+\cos\theta = \frac{Q}{2\pi\varepsilon_0(d^2+x^2)} \cdot \frac{d}{\sqrt{d^2+x^2}} = \frac{Qd}{2\pi\varepsilon_0(d^2+x^2)^{3/2}}$$

ⓒ 도체 표면의 전하 밀도 $\sigma$, 최대 전하 밀도 $\sigma_{max}$

- 전속밀도 $D$의 정의는 $\frac{Q}{S} = \sigma$이고 $D = \varepsilon_0 E$이므로 $\sigma = \varepsilon_0 E$이다.

- 따라서 방향까지 고려한 도체 표면의 전하 밀도 $\sigma$는 다음과 같이 주어진다.

$$\sigma = -\frac{Qd}{2\pi(d^2 + x^2)^{3/2}}$$

- 최대 전하 밀도는 $x = 0$일 때이므로 다음과 같이 주어진다.

$$|\sigma|_{max} = \frac{Q}{2\pi d^2}$$

ⓒ 영상력

- 도체 표면에 유도되는 총 전하는 영상 전하 $-Q$와 같기 때문에 유도 전하 $-Q$와 점전하 $Q$에 서로 작용하는 힘은 다음과 같이 주어진다.

$$F = \frac{Q \times (-Q)}{4\pi\varepsilon_0(2d)^2} = -\frac{Q}{16\pi\varepsilon_0 d^2}$$

- 이 힘을 영상력(影像力, image force)라고 하고 전하의 종류에 관계없이 항상 흡인력이 작용한다.

## (3) 접지 도체구와 점전하

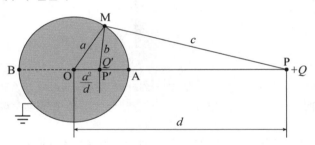

① **기본 가정**: 반지름이 $a$인 접지된 도체구로부터 $d$만큼 떨어진 지점에 점전하 $Q$ 가 존재한다.

② **해법**: 도체구의 중심으로부터 $\frac{a^2}{d}$ 떨어진 지점에 영상 전하 $Q' = -\frac{a}{d}Q$을 가 정한다.

③ **영상력**: $F = -\dfrac{adQ^2}{4\pi\varepsilon_0(d^2 - a^2)^2}$

## (4) 비접지 도체구와 점전하

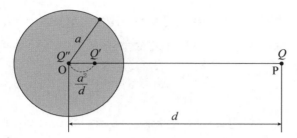

① **기본 가정**: 반지름이 $a$인 접지된 도체구로부터 $d$만큼 떨어진 지점에 지점에 점전하 $Q$가 존재한다.

② **해법**: 도체구의 중심으로부터 $\dfrac{a^2}{d}$만큼 떨어진 지점에 영상전하 $Q' = -\dfrac{a}{d}Q$를

가정하고 도체구의 중심에 영상전하 $Q'' = \dfrac{a}{d}Q$를 가정한다.

③ **영상력**: $F = -\dfrac{a^3 Q^2 (2d^2 - a^2)}{4\pi \varepsilon_0 d^3 (d^2 - a^2)^2}$

## (5) 평판 도체와 선전하

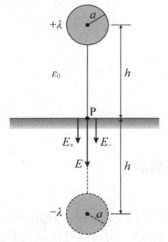

① **기본 가정**: 무한 평판 도체로부터 높이 $h$만큼 떨어진 지점에 선전하밀도가 $\lambda$이고 반지름이 $a$인 무한 직선도체가 평행으로 놓여 있다.

② **해법**: 평판에 대한 대칭점에 $-\lambda$의 선전하밀도를 갖는 영상 도선을 가정한다.

   ⊙ 전계

     • $+\lambda$에 의한 전계와 $-\lambda$에 의한 전계는 아래와 같다.

$$E_+ = E_- = \frac{\lambda}{2\pi\varepsilon_0 h}$$

     • 따라서 합성 전계의 세기는 다음과 같다.

$$E = E_+ + E_- = \frac{\lambda}{\pi\varepsilon_0 h}$$

ⓒ 도체 표면의 전하 밀도 $\sigma$, 최대 전하 밀도 $\sigma_{max}$

- 전속밀도 $D$의 정의는 $\dfrac{Q}{S} = \sigma$이고 $D = \varepsilon_0 E$이므로 $\sigma = \varepsilon_0 E$이다.

- 따라서 방향까지 고려한 도체 표면의 전하 밀도 $\sigma$는 다음과 같이 주어진다.

$$\sigma = -\frac{\lambda}{\pi h}$$

- 최대 전하 밀도는 다른 변수에 영향을 받지 않으므로 다음과 같이 주어진다.

$$|\sigma|_{max} = \frac{\lambda}{\pi h}$$

ⓒ 직선 도체의 위치에서 영상 도선에 의한 전계의 세기

$$E_h = \frac{\lambda}{2\pi\varepsilon_0(2h)}$$

ⓔ 직선 도체가 단위길이당 받는 힘

$$F_h = \lambda E = -\frac{\lambda^2}{4\pi\varepsilon_0 h}$$

ⓜ 정전용량

$$C = \frac{2\pi\varepsilon_0}{\ln\dfrac{2h}{a}}$$

## ② 2차원 전계의 성질

### (1) 벡터의 성질

① 하나의 벡터는 서로 수직인 두 성분으로 분해할 수 있다.
② 서로 수직인 두 성분은 서로에 영향을 미치지 않는다.
③ 두 개 이상의 벡터를 합성하는 경우 합성 벡터는 각각의 벡터를 수평 성분과 수직 성분으로 분해하고 수평 성분과 수직 성분을 각각 더한 후 이를 합성한 것과 같다.

### (2) 2차원 전계의 기본 원리

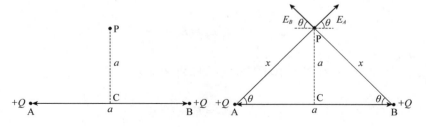

① **가정**: 거리 $a$만큼 떨어진 지점 A와 B에 각각 전하 $+Q$가 존재

② **해법**

  ㉠ AB의 중점으로부터 거리 $a$만큼 떨어진 지점 P에서의 전계를 구하기 위해서는 A의 전하와 B의 전하에 의한 전계를 각각 구해서 더해 주어야 한다. (중첩의 원리)

  ㉡ 각각의 전계를 더해줄 때는 벡터의 성질을 이용하여 수직인 성분과 수평인 성분으로 분해해서 합성을 진행한다.

  ㉢ A의 전하에 의한 전계의 세기와 수평 성분과 수직 성분은 다음과 같다.

$$\bullet\ E_{\mathrm{A}} = \frac{1}{4\pi\varepsilon_0}\frac{Q}{x^2} = \frac{\varepsilon_0 Q}{5a^2} \left(\because x = \frac{\sqrt{5}}{2}a\right)$$

$$\bullet\ E_{\mathrm{A}x} = E_{\mathrm{A}}\cos\theta = +\frac{\varepsilon_0 Q}{5a^2}\cos\theta = +\frac{\varepsilon_0 Q}{5\sqrt{5}\,a^2}$$

$$\bullet\ E_{\mathrm{A}y} = E_{\mathrm{A}}\sin\theta = +\frac{\varepsilon_0 Q}{5a^2}\sin\theta = +\frac{2\varepsilon_0 Q}{5\sqrt{5}\,a^2}$$

  ㉣ B의 전하에 의한 전계의 세기와 수평 성분과 수직 성분은 다음과 같다.

$$\bullet\ E_{\mathrm{B}} = \frac{1}{4\pi\varepsilon_0}\frac{Q}{x^2} = \frac{\varepsilon_0 Q}{5a^2} \left(\because x = \frac{\sqrt{5}}{2}a\right)$$

$$\bullet\ E_{\mathrm{B}x} = E_{\mathrm{B}}\cos\theta = -\frac{\varepsilon_0 Q}{5a^2}\cos\theta = -\frac{\varepsilon_0 Q}{5\sqrt{5}\,a^2}$$

$$\bullet\ E_{\mathrm{B}y} = E_{\mathrm{B}}\sin\theta = +\frac{\varepsilon_0 Q}{5a^2}\sin\theta = +\frac{2\varepsilon_0 Q}{5\sqrt{5}\,a^2}$$

  ㉤ 따라서 합성 전계는 다음과 같이 주어진다.

$$\therefore E_x = 0,\ \ E_y = +\frac{4\varepsilon_0 Q}{5\sqrt{5}\,a^2}$$

# CHAPTER 06 전류와 열전현상

❶
전류의 세기를 통상적으로 전류라고
말한다.

## 제1절 전류에 관련된 제현상

### 1 전류

#### (1) 전류❶ 및 순시전류

① 전위가 높은 곳에서 낮은 곳으로 전하가 도선을 따라 이동할 때 전류가 흐른다고 한다.

② 전류의 세기는 도체를 통과하는 단위 시간당 전하량을 말한다.

$$I = \frac{Q}{t}[\text{C/s}] = \frac{Q}{t}[\text{A}]$$

③ 순시전류: $dt$의 시간 동안 $dq$의 전하가 이동하였을 때 순간적으로 흐르는 전류

$$i = \frac{dq}{dt}[\text{A}]$$

#### (2) 전류 밀도

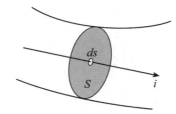

① 전류 밀도: 단위면적당 전류

$$i_c = \frac{I}{S}[\text{A/m}^2]$$

② 전류 밀도와 전류는 제반 물리량을 사용하여 다음과도 같이 표현할 수 있다.
  ㉠ $i_c = nqv = \rho v$
  ㉡ $I = nqSv = \rho Sv$ ($n$: 단위체적당 전하의 수, $q$: 한 개 입자의 전하량, $v$: 전하의 이동 속도, $S$: 단면적, $\rho$: 체적전하밀도)

③ 도전율(coductivity) $\sigma$는 다음과 같이 정의된다.

$$\sigma = nq\mu = \rho\mu$$

여기서 $\mu$는 도전율과 체적전하밀도의 비례상수로 하전입자의 이동도(mobility)라고 한다.

③ 정상전류(전류의 세기가 일정하고 방향도 한 방향으로 일정하게 흐르는 이상적인 전류)에 대하여 다음 식이 성립한다.

$$i_c = \sigma E$$

## (3) 정전계와 전류계의 대비

| 정전계 | 전류계 |
|---|---|
| · $D = \varepsilon E$ | · $i_c = \sigma E$ |
| · $E = -\operatorname{grad} V$ | · $i_c = -\sigma\operatorname{grad} V$ |
| · $\nabla^2 V = 0$ | · $\nabla^2 V = 0$ |
| · $\operatorname{div} D = \rho$ | · $\operatorname{div} i_c = 0$ |

## 2 옴의 법칙과 키르히호프의 법칙

### (1) 옴의 법칙

전위차(전압)과 전류의 관계를 나타내 주는 법칙

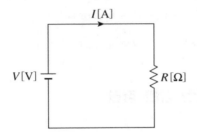

① 회로에 흐르는 전류는 전압에 비례하고 회로의 저항에 반비례한다.

$$I = \frac{V}{R}[\mathrm{A}]$$

② 저항 $R$의 양단에는 $V = IR[\mathrm{V}]$만큼의 전압 강하가 발생한다.
③ 옴의 법칙의 미분형은 다음과 같다.

$$\nabla \cdot i_c = 0$$

PART 01
전기자기학 해커스 전기기사 필기 한권완성 기본이론 + 기출문제

CHAPTER 06 전류와 열전현상 **67**

(2) 키르히호프의 법칙

① 제1법칙(키르히호프의 전류 법칙)

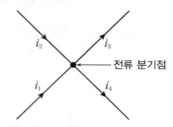

ⓐ 회로 내의 어떤 지점에서든지 들어온 전류합과 나가는 전류합은 같다.

ⓑ 위 그림에서 $i_1 + i_2 = i_3 + i_4$이다.

ⓒ 일반식: $\sum_k I_k = 0$

② 제2법칙(키르히호프의 전압 법칙)

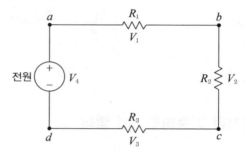

ⓐ 닫힌 하나의 회로에서 전원의 기전력의 합은 회로 소자의 전압 강하의 합과 같다.

ⓑ 그림에서 $V_1 + V_2 + V_3 - V_4 = 0$이다.

ⓒ 일반식: $\sum_j V_{\text{source},j} = \sum_j V_{\text{device},j}$

## ③ 중첩의 정리와 상반 정리

### (1) 중첩의 정리

둘 이상의 전압원이나 전류원 또는 전압원과 전류원이 혼합된 회로망에서 회로 내어느 한 지로에 흐르는 전류는 각 전원이 단독으로 존재할 때의 전류를 합하여 구할 수 있다.

### (2) 상반 정리

내부에 전원을 갖지 않는 임의의 쌍향 회로가 있는 경우 한쪽 회로에 $V_1$의 전압을 가했을 때 반대쪽 회로에 $I_1$의 전류가 흐른다고 하면 반대쪽 회로에 $V_2$의 전압을 가했을 때 원 회로에 흐르는 전류 $I_2$에 대해 $\dfrac{I_1}{V_1} = \dfrac{I_2}{V_2}$가 성립한다. 특별히 $V_1 = V_2$이면 $I_1 = I_2$이다.

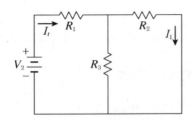 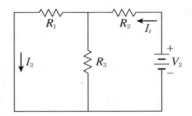

## 4 등가 전원 정리

### (1) 등가 전원 정리

복잡한 회로를 하나의 전압원과 저항 또는 하나의 전류원과 저항이 연결된 등가 회로로 대체할 수 있다.

### (2) 테브난의 정리(Thevenin's theorem)

복잡한 전기 회로를 전압원 1개와 저항 1개가 직렬로 연결된 등가 회로로 대체할 수 있다.(전기회로 링크 걸어줄 예정)

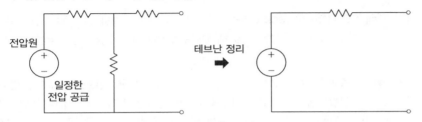

### (3) 노턴의 정리(Norton's therorem): 복잡한 전기 회로를 전류원 1개와 저항 1개가 병렬로 연결된 등가 회로로 대체할 수 있다.

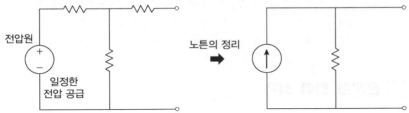

## 5 전력과 줄열

### (1) 전력

① 정의: 도체의 두 점 사이에 전위차 $V$를 가하고 시간 $t$ 동안 전하 $Q$를 이동시켜 전류 $I$를 흘릴 때 도체 내에서 소비되는 단위 시간 동안의 에너지

$$P = \frac{W}{t} = V\frac{Q}{t} = VI[\mathrm{J/s}]$$

② 전력의 단위: 전력의 단위는 watt[W]를 사용한다. 1[W] = 1[J/s]이다.

**(2) 줄열**

① **정의**: 저항의 크기가 $R$인 도선에 $t$초 동안 전류가 흐를 때 전류의 일로 인해 생긴 열

② **전력량**: $P$의 일정한 전력이 공급되었을 때 시간 $t$ 동안 소비되는 일

$$W = P \cdot t = VIt[\text{J}]$$

③ 도선에 발생한 줄열 $Q$와 전력량 사이에는 아래와 같은 관계식이 성립한다.

$$Q = 0.24\,W[\text{cal}]$$

## 6 열전현상

**(1) 열전현상의 정의**: 두 개의 서로 다른 금속 도선 양끝을 접합하여 폐회로를 구성하고 양끝 접합 부위에 서로 다른 온도를 가하여 온도차를 주면 전위차가 발생하는 현상. 이때 발생한 전위차를 열기전력이라고 한다.

**(2) 제베크 효과(Seebeeck effect)**: 두 개의 금속선을 접합하여 폐회로를 만든 후 두 접합점의 온도를 달리하였을 때 폐회로에 열기전력이 발생하여 열전류가 흐르는 현상

**(3) 펠티에 효과(Peltier effect)**: 서로 다른 두 종류의 금속선으로 폐회로를 만들고 온도를 일정하게 유지하면서 전류를 흘리면 금속선의 접속점에서 열이 흡수되거나 열이 발생하는 현상. 이때 전류의 방향을 반대로 하면 흡열과 발열이 반대로 된다.

**(4) 톰슨 효과(Thomson effect)**: 동일한 금속 도선의 두 점간에 온도차를 주고 고온 쪽에서 저온 쪽으로 전류를 흘리면 도선 속에서 열이 발생되거나 흡수가 일어나는 현상. 이때 전류의 방향을 반대로 하면 발열과 흡열이 반대로 된다.

## 7 전류의 화학 작용

**(1) 전류의 화학 작용**: 흐르는 전류에 의해 물질에 다양한 화학 변화가 일어나는 것

**(2) 전기분해**

① **전해액**: 전류가 흐르면 화학적 변화가 나타나 양이온과 음이온으로 전리되는 수용액

② **전기분해**: 전해액에 전류를 흘려 화학적인 변화를 일으키는 현상

③ **패러데이의 법칙**: 전기 분해에 의해 석출되는 물질의 양은 전해액을 통과한 총 전기량에 비례한다.

$$w[\text{kg 또는 g}] = kQ = kIt$$

($k$: 전기 화학당량, 1[C]의 전하에 의해 석출되는 물질의 양)

## (3) 전지

① **전지**: 화학 변화에 의하여 생기는 에너지 또는 빛, 열 등의 물리적인 에너지를 전기 에너지로 변환하는 장치. 한 번 방전하면 재차 사용할 수 없는 1차 전지❶ 와 방전 방향과 반대 방향으로 충전하여 몇 번이고 계속 사용할 수 있는 2차 전지❷ 등이 있다.

② **전지의 직렬접속**: $V_0 = nE$ ($n$: 전지의 개수, $E$: 전지 하나의 기전력)

③ **전지의 병렬접속**: $V_0 = E$ ($n$: 전지의 개수, $E$: 전지 하나의 기전력)

## 제2절 전기 저항

## 1 전기 저항

### (1) 저항: 전류의 흐름을 방해하는 정도

$$R = \rho \frac{l}{S} [\Omega]$$

① $l$은 도선의 길이, $S$는 도선의 단면적이다.

② 비례상수 $\rho$는 물질마다 고유한 값을 갖는 물질의 고유 성질인 저항률(resistivity)로 물질이 전류의 흐름에 얼마나 세게 맞서는지를 측정하는 물리량이다. (단위: $[\Omega \cdot m]$)

③ 저항률 $\rho$와 도전율 $\sigma$는 서로 역수 관계이다. $\left( \rho = \dfrac{1}{\sigma} \right)$

④ 여러 가지 금속의 저항률(20[℃])

| 금속 | 저항률$[\Omega \cdot m]$ | 금속 | 저항률$[\Omega \cdot m]$ | 금속 | 저항률$[\Omega \cdot m]$ |
|---|---|---|---|---|---|
| 은 | $1.6 \times 10^{-8}$ | 동 | $1.79 \times 10^{-8}$ | 텅스텐 | $5.48 \times 10^{-8}$ |
| 금 | $2.40 \times 10^{-8}$ | 철 | $10.0 \times 10^{-8}$ | 니크롬 | $(100 \sim 110) \times 10^{-8}$ |
| 알루미늄 | $2.62 \times 10^{-8}$ | 수은 | $98.5 \times 10^{-8}$ | 망간 | $(30 \sim 100) \times 10^{-8}$ |
| 크롬 | $2.6 \times 10^{-8}$ | 납 | $21.9 \times 10^{-8}$ | 인청동 | $(2 \sim 6) \times 10^{-8}$ |

### (2) 컨덕턴스(conductance): 물체가 전기를 얼마나 잘 통하는지 나타내는 물리량

$$G = \frac{1}{R} = \sigma \frac{S}{l} = \frac{S}{\rho l} [\mho] \text{ 또는 } [S]$$

① 컨덕턴스는 저항의 역수이다.

② 단위 $[\mho]$는 mho, $[S]$는 지멘스(siemens)라고 읽는다.

(3) **전기 저항과 정전 용량**: 정전 용량이 $C$일 때 전기 저항과 정전 용량에 대해 다음 식이 성립한다.

$$RC = \frac{\varepsilon}{\sigma} = \varepsilon\rho (\text{저항률 } \rho \text{와 도전율 } \sigma)$$

## 2 온도계수와 저항

### (1) 금속에서 온도와 저항의 관계

① 금속은 온도가 높아지면 구성하고 있는 입자들의 열운동이 증가한다.
② 입자들의 열운동이 증가하면 자유 전자의 충돌 횟수가 증가한다.
③ 자유 전자의 충돌 횟수가 많아지면 저항이 증가한다.

### (2) 온도계수

① 온도 $t_1$에서 $R_1$의 저항을 가지는 도체의 온도가 $t_2$로 변화하였을 때의 저항은 다음과 같이 주어진다.

$$R_2 = R_1\{1 + \alpha_1(t_2 - t_1)\}$$

  ㉠ 여기서 $\alpha$는 저항의 온도계수로 임의의 온도에서 온도가 $1[\text{℃}]$ 상승할 때 저항 증가율을 의미한다.
  ㉡ 임의의 온도 $t[\text{℃}]$에서의 온도계수는 $\alpha_t$로 나타낸다.
② $0[\text{℃}]$에서의 온도계수 $\alpha_0$와 온도 $t_1$에서의 온도계수 $\alpha_1$ 사이에는 다음과 같은 관계식이 성립한다.

$$\alpha_1 = \frac{1}{\frac{1}{\alpha_0} + t_1} = \frac{\alpha_0}{1 + \alpha_0 t_1}$$

③ $0[\text{℃}]$에서의 동선의 온도계수는 $\alpha_0 = \frac{1}{234.5}$이다.
④ 여러 가지 도체의 온도계수($0[\text{℃}]$)

| 금속 | 온도계수 | 금속 | 온도계수 |
|---|---|---|---|
| 금 | $3.4 \times 10^{-3}$ | 청동 | $1.7 \times 10^{-3}$ |
| 은 | $3.8 \times 10^{-3}$ | 인청동(청동 + 인) | $3.5 \times 10^{-3}$ |
| 동 | $3.9 \times 10^{-3}$ | 니크롬(니켈 + 크롬) | $2.0 \times 10^{-4}$ |
| 알루미늄 | $3.9 \times 10^{-3}$ | 콘스탄탄(구리 + 니켈) | $2.0 \times 10^{-5}$ |
| 텅스텐 | $4.5 \times 10^{-3}$ | 망간 | $1.0 \times 10^{-5}$ |
| 수은 | $9.0 \times 10^{-4}$ | 서미스터 | $-4.0 \times 10^{-2}$ |

# ③ 저항의 직렬접속과 병렬접속

## (1) 저항의 직렬접속

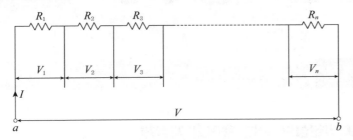

임의의 저항 $R_1$, $R_2$, $R_3$, $\cdots$ $R_n$이 직렬로 연결되었을 때 회로 전체의 전위차는
저항의 각각의 전위차의 합과 같고 각각의 저항에 흐르는 전류는 모두 같다.

① $V_1 = IR_1$, $V_2 = IR_2$, $\cdots$, $V_n = IR_n$

② $V = V_1 + V_2 + \cdots + V_n = I(R_1 + R_2 + \cdots R_n)$

③ $R = \dfrac{V}{I} = \dfrac{I(R_1 + R_2 + \cdots R_n)}{I}$

$\quad \therefore \ R = R_1 + R_2 + \cdots + R_n = \displaystyle\sum_{i=1}^{n} R_i \, [\Omega]$

## (2) 저항의 병렬접속

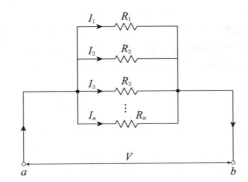

임의의 저항 $R_1$, $R_2$, $R_3$, $\cdots$ $R_n$이 병렬로 연결되었을 때 각각의 저항의 전위차는
모두 같고 회로 전체에 흐르는 전류는 각각의 저항에 흐르는 전류의 합과 같다.

① $I_1 = \dfrac{V}{R_1}$, $I_2 = \dfrac{V}{R_2}$, $\cdots$, $I_n = \dfrac{V}{R_n}$

② $I = I_1 + I_2 + \cdots + I_n = V\left(\dfrac{1}{R_1} + \dfrac{1}{R_2} + \cdots + \dfrac{1}{R_n}\right)$

③ $R = \dfrac{V}{I} = \dfrac{V}{V\left(\dfrac{1}{R_1} + \dfrac{1}{R_2} + \cdots + \dfrac{1}{R_n}\right)}$

$\quad \therefore \ \dfrac{1}{R} = \dfrac{1}{R_1} + \dfrac{1}{R_2} + \cdots + \dfrac{1}{R_n} = \displaystyle\sum_{i=1}^{n} \dfrac{1}{R_i} \left[\dfrac{1}{\Omega}\right]$

## 제1절 자석 및 자기유도

### 1 자기현상의 기본 용어와 자성체

#### (1) 기본 용어

① **자기력**: 같은 극성의 자극은 서로 반발하고, 반대 극성의 자극은 서로 흡인력이 작용한다. 자극 사이에 작용하는 이 힘을 전기력과 구분하여 자기력(磁氣力, magnetic force)라고 한다.

② **자계**: 자석 주위에서 자기력을 매개하는 벡터장을 전계와 구분하여 자계(磁界, magnetic field)라고 한다.

③ **정자계**(停磁界, static magnetic field): 영구자석 또는 정상전류에 의해 형성된 자계

④ **자하**(磁荷, magnetic charge): 전기력선의 양 끝에 전하가 있듯이 자력선에도 자하가 존재한다. 자하에는 항상 N극과 S극이 동시에 같은 양으로 존재한다.

⑤ **자성체**(磁性體): 자석 주변에서 자석에 반응하여 자성을 갖는 물체

⑥ **자화**(磁化, magnetization): 자계에 의해 자석화되는 것

⑦ **자기유도**(磁氣誘導, magnetic induction): 자석에 의하여 자회되는 현상

#### (2) 자성체

① 강자성체

   ㉠ 자성체 중에서 외부 자계와 같은 방향으로 강하게 자화되는 자성체

   ㉡ 외부 자계를 제거해도 자성을 유지한다.

   ㉢ 니켈, 코발트, 망간, 텅스텐, 철 등이 있다.

㉮ 외부 자기장을 가하기 전    ㉯ 외부 자기장을 가했을 때    ㉰ 외부 자기장을 제거했을 때

② 상자성체

   ㉠ 자성체 중에서 외부 자계와 같은 방향으로 약하게 자화되는 자성체

   ㉡ 외부 자계를 제거하면 곧 자성을 잃어버린다.

   ㉢ 산소, 알루미늄, 질소, 주석 등이 있다.

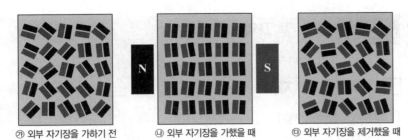

㉮ 외부 자기장을 가하기 전      ㉯ 외부 자기장을 가했을 때      ㉰ 외부 자기장을 제거했을 때

③ 반자성체
　　㉠ 자성체 중에서 외부 자계와 반대 방향으로 자화되는 자성체
　　㉡ 외부 자계를 제거하면 곧 자성을 잃어버린다.
　　㉢ 비스무트, 은, 구리, 실리콘, 안티모니, 아연 등이 있다.

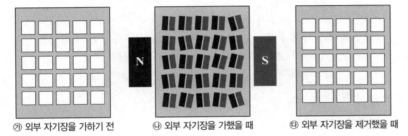

㉮ 외부 자기장을 가하기 전      ㉯ 외부 자기장을 가했을 때      ㉰ 외부 자기장을 제거했을 때

## 2 쿨롱의 법칙

### (1) 표현식

① 쿨롱의 법칙은 다음과 같이 나타낼 수 있다.

$$F = \frac{m_1 m_2}{4\pi \mu_0 r^2} [\text{N}]$$

* $F$: 상호간에 작용하는 자기력[N], $r$: 자극간의 거리[m],
  $m_1$, $m_2$: 자하량 = 자극의 세기[Wb]

② 진공의 투자율: $\mu_0 = 4\pi \times 10^{-7} [\text{H/m}]$

### (2) 의미

① **점자극**: 자석이 매우 가늘고 길어서 자석의 두 극이 서로 영향을 미치지 않는다
고 가정하였을 때 이 조건을 만족하는 가상의 자극
② 두 점자극 사이에 작용하는 자기력의 세기는 두 점자극의 자극의 세기의 곱에
비례한다.
③ 두 점자극 사이에 작용하는 자기력의 세기는 두 점자극 사이의 거리의 제곱에
반비례한다.
④ 같은 극성의 자극 사이에는 반발력, 반대 극성의 자극 사이에는 흡인력이 작용
한다.
⑤ 힘의 방향은 두 점자극을 연결한 직선상에 존재한다.

## 제2절 자계 및 자위

### 1 자계, 자위, 자하

#### (1) 자계와 자계의 세기

① **자계**: 자석 주위에서 자기력을 매개하는 벡터장

② **자계의 세기**: 자계 중의 한 점에 단위자하($+1[\text{Wb}]$)를 놓았을 때, 이에 작용하는 힘의 크기 및 방향

$$H = \frac{m}{4\pi\mu_0 r^2} = 6.33 \times 10^4 \times \frac{m}{r^2}[\text{N/Wb}] \text{ 또는 } [\text{AT/m}^2]$$

③ **쿨롱력과 자계**: 쿨롱력을 $\boldsymbol{F}$ 라고 하고 자계의 세기를 $\boldsymbol{H}$, 쿨롱력을 받는 자극의 세기를 $m$이라고 하면 다음의 관계식이 성립한다.

$$\boldsymbol{F} = m\boldsymbol{H}[\text{N}]$$

#### (2) 자위와 자위차

① **자위**: 자계 내에서 단위자하를 무한원점에서 임의의 한 점까지 이동하는 데 필요한 일

$$U = -\int_\infty^{\text{P}} \boldsymbol{H} \cdot dl \, [\text{A}]$$

② 점자극 $m$에서 $r$만큼 떨어진 점의 자위

$$U_m = -\int_\infty^{r} \boldsymbol{H} \cdot dl = -\int_\infty^{r} \frac{m}{4\pi\mu_0 r^2} dr = \frac{m}{4\pi\mu_0 r}[\text{A}]$$

② **자위차**: 자계 내에서 두 점 사이의 자위의 차

$$U_{\text{AB}} = -\int_{\text{B}}^{\text{A}} \boldsymbol{H} \cdot dl \, [\text{A}] = U_{\text{A}} - U_{\text{B}}$$

#### (3) 자하: 전기의 전하에 대응되는 자기의 기본단위

① 자하는 항상 N극과 S극이 같은 양으로 존재한다.

② '자하량'을 '자극의 세기'로 표현하는 것이 일반적이며 자극의 세기의 단위는 Weber[Wb]이다.

# 2 자기력선과 자속밀도, 자계에너지

## (1) 자기력선

① **자력선(자기력선)**: 자계 내에서 단위 자하가 아무 저항 없이 자기력에 따라 이동할 때 그려지는 가상선

② **자력선 밀도**: 단위 면적당의 자력선 수를 자력선 밀도라고 하며 자력선 밀도는 자계의 세기와 같다.

③ 자기력선의 성질

⊙ 자기력선의 방향은 해당 위치에 나침반을 두었을 때 나침반 바늘의 북쪽 끝이 가리키는 방향으로 정의된다.

ⓒ 자기력선은 N극에서 **나와서** S극으로 들어간다.

ⓒ 자계의 방향은 임의의 점에서 자력선의 접선 방향과 같다.

ⓔ 자기력선은 서로 교차할 수 없으며 이는 공간의 임의의 점에서의 자계는 유일함을 의미한다.

ⓜ 자기력선은 연속이고, 시작도 끝도 없는 **폐루프를 형성**한다. 이 특성은 N극과 S극이 분리될 수 없음을 의미한다.

ⓗ $m$[Wb]의 점자극에서 나오는 자력선 수는 $N = \dfrac{m}{\mu} = \dfrac{m}{\mu_0 \mu_s}$으로 주어진다.

## (2) 자속밀도

① **자속 $\phi$**: 자기력선의 묶음을 의미한다. 1[Wb]의 점자극에서 1개의 자속선이 발생한다. 따라서 $m$[Wb]의 자극에서 나오는 자속 $\phi = m$[Wb]이다.

② **자속밀도 $B$**: 단위면적당 자속선 수를 의미한다. 단위로는 [Wb/m²], 테슬라(tesla, [T])를 사용하고 다음과 같은 관계식이 성립한다.

⊙ **균일한 계(평면)**: $B = \dfrac{\phi}{S} = \dfrac{m}{S}$ [Wb/m²] 또는 $\phi = \boldsymbol{B} \cdot \boldsymbol{S}$

ⓒ **불균일한 계(곡면)**: $d\phi = \boldsymbol{B} \cdot d\boldsymbol{S}, \quad \therefore \phi = \displaystyle\int_S \boldsymbol{B} \cdot d\boldsymbol{S}$

③ $B$와 $H$의 관계

$$B = \mu H [\text{Wb/m}^2]$$

## (3) 자계에너지

① 자속밀도가 $B$, 자계의 세기가 $H$일 때 자계에 저장되는 에너지

$$W_m = \frac{1}{2} \int_v \boldsymbol{B} \cdot \boldsymbol{H} \, dv [\text{J}]$$

② 자계의 에너지 밀도

$$\frac{dW_m}{dv} = \frac{1}{2} \boldsymbol{B} \cdot \boldsymbol{H} = \frac{\mu}{2} H^2 = \frac{1}{2\mu} B^2 [\text{J/m}^2]$$

## ③ 정전계와 정자계의 대응표

| 정전계 | 정자계 |
|---|---|
| 전하량, $Q[\text{C}]$ | 자하량 = 자극의 세기, $m[\text{Wb}]$ |
| 전속, $Q[\text{C}]$ | 자속, $\phi[\text{Wb}]$ |
| 진공 또는 공기의 유전율 $\varepsilon_0 = 8.855 \times 10^{-12}[\text{F/m}]$ | 진공 또는 공기의 투자율 $\mu_0 = 4\pi \times 10^{-7}[\text{H/m}]$ |
| 쿨롱의 법칙(정전력) $F = \dfrac{1}{4\pi\varepsilon_0} \dfrac{Q_1 Q_2}{r^2}[\text{N}]$ | 쿨롱의 법칙(자기력) $F = \dfrac{1}{4\pi\mu_0} \dfrac{m_1 m_2}{r^2}[\text{N}]$ |
| 전계의 세기 $E = \dfrac{Q}{4\pi\varepsilon_0 r^2}[\text{V/m}]$ | 자계의 세기 $H = \dfrac{m}{4\pi\mu_0 r^2}[\text{AT/m}]$ |
| 힘과 전계와의 관계식 $F = QE[\text{N}]$ | 힘과 자계와의 관계식 $F = mH[\text{N}]$ |
| 전위 $V = \dfrac{Q}{4\pi\varepsilon_0 r}[\text{V}]$ | 자위 $U_m = \dfrac{m}{4\pi\mu_0 r}[\text{AT}]$ |
| 전속밀도 $D = \dfrac{Q}{S} = \dfrac{Q}{4\pi r^2}[\text{C/m}^2]$ | 자속밀도 $B = \dfrac{\phi}{S} = \dfrac{m}{4\pi r^2}[\text{Wb/m}^2]$ |
| 전계에너지 $W = \displaystyle\int_v \boldsymbol{E} \cdot \boldsymbol{D} dv[\text{J}]$ | 자계에너지 $W_m = \dfrac{1}{2}\displaystyle\int_v \boldsymbol{B} \cdot \boldsymbol{H} dv[\text{J}]$ |
| 단위체적당 전계 에너지 $W = \dfrac{1}{2}ED = \dfrac{1}{2}\varepsilon_0 E^2 = \dfrac{D^2}{2\varepsilon_0}[\text{J/m}^3]$ | 단위체적당 자계 에너지 $W = \dfrac{1}{2}BH = \dfrac{1}{2}\mu_0 H^2 = \dfrac{B^2}{2\mu_0}[\text{J/m}^3]$ |

## 제3절 자기쌍극자

### ① 자기쌍극자

(1) 자기쌍극자 자위와 자계의 세기

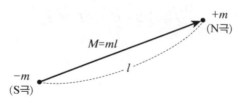

① **자기쌍극자**: 자석은 아무리 작은 것이라도 정, 부의 두 자극을 분리할 수 없다. 따라서 항상 쌍극자의 형태를 이루기 때문에 정전계에서 전기쌍극자에 대응하여 자극간의 거리가 매우 짧은 소자석을 생각할 수 있고 이것을 자기 쌍극자라고 한다.

② **자기 모멘트**

　ⓐ 크기: $M = ml[\text{Wb} \cdot \text{m}]$

　ⓑ 방향: $-m(\text{S극})$에서 $+m(\text{N극})$으로 향하는 방향으로 정하며 단위 $\vec{l}$ 의 방향이다.)

## (2) 자기쌍극자 자위와 자계의 세기

① 자기쌍극자에서 거리 $r$만큼 떨어진 임의의 한 점에서의 자위 $U$

$$U = \frac{M\cos\theta}{4\pi\mu_0 r^2}[\text{AT}]$$

* $M$: 자기 모멘트($=ml$), $\theta$: 변위 $r$과 자기 모멘트 $M$이 이루는 각

② 자기쌍극자에서 자계의 세기

$$\begin{cases} H_r = -\dfrac{\partial U}{\partial r} = \dfrac{M\cos\theta}{2\pi\mu_0 r^3}[\text{AT/m}] \\ H_\theta = -\dfrac{\partial U}{r\partial \theta} = \dfrac{M\sin\theta}{4\pi\mu_0 r^3}[\text{AT/m}] \end{cases}$$

$$\therefore H = \sqrt{H_r^2 + H_\theta^2} = \frac{M\sqrt{1+3\cos^2\theta}}{4\pi\mu_0 r^3}[\text{AT/m}]$$

## ② 자기2중층(판자석)

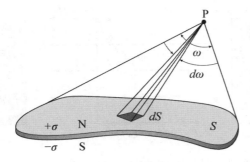

## (1) 판자석: 정전계의 전기2중층에 대응하여 얇은 판면에 무수한 자기쌍극자의 집합을 이루고 있는 판상의 자석

① 자기2중층(판자석)의 세기: 단위면적당의 자기모멘트

$$M = \sigma t[\text{Wb/m}]$$

② 자기2중층에 의한 전위

$$U_m = \pm \frac{M}{4\pi\mu_0}\omega[\text{AT}] \begin{cases} (+): \text{ N극 측} \\ (-): \text{ S극 측} \end{cases}$$

\* $M$: 판자석의 세기[Wb/m], $\sigma$: 면자하밀도[Wb/m$^2$], $t$: 판의 두께[m], $\omega$: 입체각

(2) 자기2중층의 양면(판간)의 자위차

$$U_{\text{NS}} = U_{\text{N}} - U_{\text{S}} = \frac{M\omega}{4\pi\mu_0} - \left(-\frac{M\omega}{4\pi\mu_0}\right)$$

$$\therefore U_{\text{NS}} = \frac{M}{\mu_0}[\text{AT}]$$

(3) 전기2중층과 자기2중층의 비교

| 전기2중층 | 자기2중층 |
|---|---|
| 전기2중층의 세기: $M = \sigma t[\text{C/m}]$ | 자기2중층의 세기: $M = \sigma t[\text{Wb/m}]$ |
| 전기2중층에 의한 전위:<br>$V = \pm \frac{M}{4\pi\epsilon_0}\omega[\text{V}]$ | 자기2중층에 의한 자위:<br>$U_m = \pm \frac{M}{4\pi\mu_0}\omega[\text{AT}]$ |
| 전기2중층 양면의 전위차:<br>$V_{\text{PQ}} = \frac{M}{\varepsilon_0}[\text{V}]$ | 자기2중층에 양면의 자위차:<br>$U_{\text{NS}} = \frac{M}{\mu_0}[\text{AT}]$ |

## ③ 자기쌍극자에 작용하는 회전력

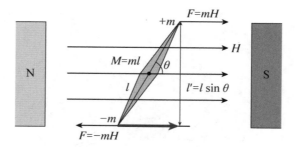

(1) 회전력: 자계 속에 놓인 자기 쌍극자가 받는 회전력

$$\vec{T} = \vec{F} \times \vec{l} \text{ (힘 벡터와 길이 벡터 } \vec{l} \text{의 외적)}$$

(2) 회전력의 크기

$$T = |\vec{F} \times l| = Fl\sin\theta \text{인데, } F = mH \text{이므로 대입,}$$
$$\therefore T = mHl\sin\theta$$

# CHAPTER 08 전류의 자기현상

## 제1절 전류에 의한 자계

### 1 전류에 의한 자계

#### (1) 전류의 자기작용

① 전류가 흐르고 있는 직선 도체 부근에 자침을 가까이하면 자침이 회전하고 전류의 방향이 반대가 되었을 때 자침의 회전 방향은 반대가 된다.

② 이와 같이 자침이 회전하는 까닭은 전류에 의해 또다른 자계가 형성되기 때문이다.

③ 따라서 전류에 대해 자계를 발생하는 원천이라는 해석이 가능하다.

#### (2) 암페어의 오른나사 법칙

직선 도체에 전류가 흐를 때 형성되는 자계의 방향을 해석하는 법칙으로 도체에 수직인 평면상에서 전류의 방향을 오른나사가 진행하는 방향으로 두었을 때 자계의 방향은 나사를 돌리는 방향과 같다. 또는 오른손 엄지를 세우고 네 손가락을 감아쥘 때 오른손 엄지를 전류의 방향과 일치시켰을 때 자계의 방향은 나머지 네 손가락이 감아쥐는 방향과 같다는 오른손 법칙으로도 해석 가능하다.

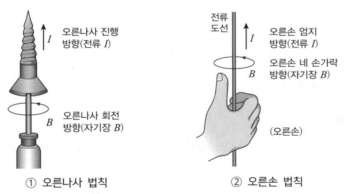

① 오른나사 법칙       ② 오른손 법칙

#### (3) 암페어 주회적분 법칙: 임의의 폐곡선에 대한 자계의 선적분은 이 폐곡선을 관통하는 전류와 같다.

$$\oint_c H \cdot dl = I$$

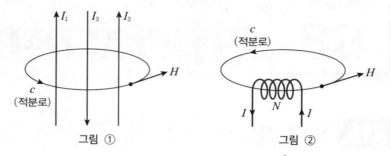

그림 ①              그림 ②

① 그림 ①: 적분로 $c$를 전류 $I_1$, $I_2$, $I_3$가 가로지를 때 $\oint \boldsymbol{H} \cdot dl = I_1 - I_2 + I_3$의 관계가 성립한다.

② 그림 ②: 적분로 $c$를 $N$회 감은 전류코일이 통과할 때 발생하는 자계는 1회 전류코일의 $N$배가 되어 $\oint_c \boldsymbol{H} \cdot dl = NI$의 관계가 성립한다.

## 2 전류에 의한 자계의 계산

### (1) 무한직선전류

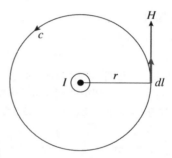

① 암페어 주회적분 법칙: $\oint_c \boldsymbol{H} \cdot dl = \oint H dl = 2\pi r H = I$

② 자계의 세기: $H = \dfrac{I}{2\pi r}[\text{AT/m}]$

### (2) 무한원주도체

길이가 무한하고 반지름이 $a[\text{m}]$인 원통형 도체에 전류가 균일하게 흐르는 경우

① 외부 자계

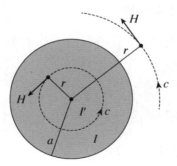

$$\oint_c \boldsymbol{H} \cdot dl = \oint Hdl = 2\pi r H = I$$

$$\therefore H = \frac{I}{2\pi r}[\text{AT/m}]$$

② 내부 자계

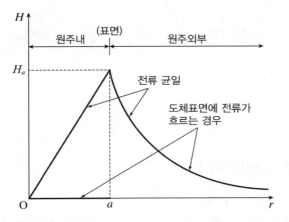

$$\oint_c \boldsymbol{H} \cdot dl = \oint Hdl = 2\pi r H = I'$$

$$H = \frac{I'}{2\pi r}[\text{AT/m}]\left(I' = \frac{r^2}{a^2}I\right)$$

$$\therefore H = \frac{r}{2\pi a^2}I[\text{AT/m}]$$

(전류가 도체 표면에서만 흐르는 경우 도체 내부의 자계는 0이다.)

(3) 무한장 솔레노이드

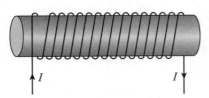

① 내부 자계

$$H_i = nI[\text{AT/m}]$$

($n$: 1[m]당의 권선수)

② 외부 자계

$$H = 0$$

## (4) 환상 솔레노이드

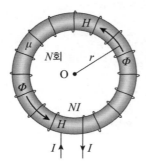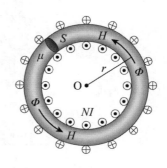

① 내부: $H = \dfrac{NI}{2\pi r}$

② 외부: $H = 0$

## 3 비오 - 샤바르의 법칙

### (1) 비오 – 샤바르의 법칙

임의의 형상의 도선에 전류 $I[\text{A}]$가 흐를 때 임의의 점에서의 자계의 세기를 구하는 법칙

### (2) 자계의 세기

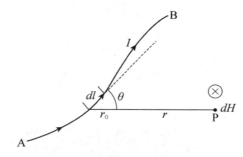

① 도선상의 미소길이 $dl$ 부분에 흐르는 전류에 의하여 거리 $r$만큼 떨어진 점 P에서의 자계의 세기는 다음과 같다.

$$d\boldsymbol{H} = \frac{I d\boldsymbol{l} \times \boldsymbol{r_0}}{4\pi r^2} = \frac{I d\boldsymbol{l} \times \boldsymbol{r}}{4\pi r^3}$$

② 따라서 자계의 세기는 다음과 같이 주어진다.

$$H = \frac{I}{4\pi} \int \frac{d\boldsymbol{l} \times \boldsymbol{r_0}}{r^2} = \frac{I}{4\pi} \int \frac{d\boldsymbol{l} \times \boldsymbol{r}}{r^3}$$

❶ 원형전류에 의한 자계 구하기
유한직선전류에 의한 자계는 아래 부분에 의한 자계와 위 부분에 의한 자계의 합으로 구할 수 있다.
• 아래 부분의 자계의 세기

$$d\boldsymbol{H} = \frac{I d\boldsymbol{l} \times \boldsymbol{r_0}}{4\pi r^2}$$

$$dH = \frac{I \sin\theta}{4\pi r^2} dl = \frac{Ia}{4\pi r^3} dl$$

이때 $\sin\theta = \dfrac{a}{r}$, $r = \sqrt{a^2 + l^2}$ 이므로 길이 $l_m$에 대한 자계는 다음과 같이 구할 수 있다.

$$
\begin{aligned}
H_{\text{아래}} &= \int^{l_m} dH \\
&= \int^{l_m} \frac{Ia}{4\pi r^3} dl \\
&= \frac{Ia}{4\pi} \int^{l_m} \frac{1}{r^3} \\
&= \frac{Ia}{4\pi} \int^{l_m} \frac{1}{(a^2 + l^2)^{\frac{3}{2}}} dl \\
&= \frac{Ia}{4\pi} \times \frac{l_m}{a^2 \sqrt{a^2 + l_m^2}} \\
&= \frac{I}{4\pi a} \cos\alpha_2
\end{aligned}
$$

• 위 부분의 자계는 $\dfrac{I}{4\pi a} \cos\alpha_1$로 주어지므로

$$\frac{1}{4\pi a} I(\cos\alpha_1 + \cos\alpha_2)[\text{AT/m}]$$

## (3) 원형 전류[1]

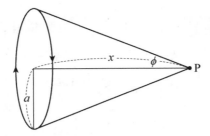

① 원형 전류 중심의 자계의 세기 $H_0$

$$H_0 = \frac{I}{2a}[\text{AT/m}]$$

② 원형 전류 중심축상 점 P에서의 자계의 세기 $H_x$

$$H_x = \frac{I}{2a}\sin^3\phi = \frac{a^2 I}{2(a^2 + x^2)^{3/2}}[\text{AT/m}]$$

## (4) 유한직선전류[2]

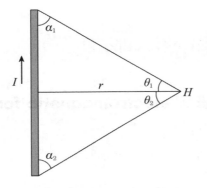

① $H = \dfrac{I}{4\pi r}(\sin\theta_1 + \sin\theta_2) = \dfrac{1}{4\pi r}(\cos\alpha_1 + \cos\alpha_2)[\text{AT/m}]$

② $\theta_2 = 0\,^\circ$일 때는 $H = \dfrac{I}{4\pi r}[\text{AT/m}]$이다.

[2] 유한직선전류에 의한 자계 구하기
$xy$위에 전류 $I$가 흐르는 원형도선이 있다고 가정하고 원형 전류의 중심에서 $z$축 방향으로 $h$만큼 떨어진 지점에서 자계의 세기를 구하면 된다.
우선 비오–샤바르 법칙에 의해 미소 부분에 의한 자계의 세기는 다음과 같이 주어진다.

$$d\boldsymbol{H} = \frac{I}{4\pi}\frac{d\boldsymbol{l}\times\boldsymbol{r}_0}{r^2} = \frac{I}{4\pi}\frac{d\boldsymbol{l}\times\boldsymbol{r}}{r^3}$$

이때 원통좌표계에서 $d\boldsymbol{l} = (\rho d\phi)\hat{\phi}$, $\boldsymbol{r} = h\hat{z} - \rho\hat{\rho}$로 주어지므로 $d\boldsymbol{l}\times\boldsymbol{r} = (\rho h d\phi)\hat{\rho} + \rho^2 d\phi\hat{z}$로 주어진다.
이때 $\hat{\rho} = \cos\phi\hat{x} + \sin\phi\hat{y}$이므로 전항의 적분은 0이 된다.
따라서 $H = \dfrac{1}{4\pi}\displaystyle\int_0^{2\pi}\dfrac{\rho^2 d\phi}{(\rho^2 + h^2)^{3/2}}$
이므로 원형도선에 의한 자계의 세기는

$$H = \frac{I}{4\pi}\frac{\rho^2 2\pi}{(\rho^2 + h^2)^{3/2}}$$

$$= \frac{\rho^2 I}{2(\rho^2 + x^2)^{3/2}}[\text{AT/m}]$$

로 주어진다.

## 4 정전계와 정자계의 적분형과 미분형

| 구분 | | 적분형 | 미분형 | 비고 |
|------|------|--------|--------|------|
| 정전계 | 가우스 정리 | $\oint_S \boldsymbol{D} \cdot d\boldsymbol{S} = Q$ <br> $\oint_S \boldsymbol{E} \cdot d\boldsymbol{S} = \dfrac{Q}{\varepsilon_0}$ | $\mathrm{div}\,\boldsymbol{D} = \nabla \cdot \boldsymbol{D} = \rho$ <br> $\mathrm{div}\,\boldsymbol{E} = \nabla \cdot \boldsymbol{E} = \dfrac{\rho}{\varepsilon_0}$ | 발산 정리 |
| | 보존장 조건 | $\oint_c \boldsymbol{E} \cdot dl = 0$ <br> $(\boldsymbol{E} = -\,\mathrm{grad}\,V)$ | $\mathrm{rot}\,\boldsymbol{E} = \nabla \times \boldsymbol{E} = 0$ | 스토크스 정리 |
| 정자계 | 암페어 주회적분법칙 | $\oint_c \boldsymbol{H} \cdot dl = I$ <br> $(\boldsymbol{H} = -\,\mathrm{grad}\,U)$ | $\mathrm{rot}\,\boldsymbol{H} = \nabla \times \boldsymbol{H} = i$ | 스토크스 정리 |
| | 자속 관계식 | $\oint_S \boldsymbol{B} \cdot d\boldsymbol{S} = 0$ | $\mathrm{div}\,\boldsymbol{B} = \nabla \cdot \boldsymbol{B} = 0$ | 발산 정리 |
| 정상 전류계 | 옴의 법칙 | $\oint_S \boldsymbol{i} \cdot d\boldsymbol{S} = I$ | $\mathrm{div}\,\boldsymbol{i} = \nabla \cdot \boldsymbol{i} = 0$ | 발산 정리 |

## 제2절  자계와 전류 사이의 힘

## 1 전자력(電磁力, electromagnetic force)

### (1) 전자력의 정의 및 원리

① **전자력의 정의:** 자계 내에서 전류가 받는 힘

② **전자력의 원리**

㉠ 외부 자석이 존재할 경우 그림과 같이 자력선이 발생한다.

㉡ 전류가 흐르는 도체 주위에는 점선과 같이 자력선이 발생한다.

㉢ 자석과 전류 도체에 의해 합성 자력선은 도체의 위쪽에는 적게 되고, 아래 부분은 많아지게 되므로 도체는 위로 힘을 받는다.

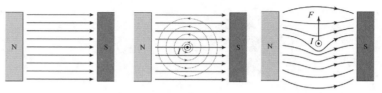

㉠ 외부 자석에 의한 자력선    ㉡ 전류 도체의 자력선    ㉢ 합성 자속선

## (2) 자계 내에서 전류 도체가 받는 힘

① 전자력의 벡터식: 자속밀도가 $B$인 자계 내에 전류 $I$가 흐르는 길이 $l$인 도체가 있을 때 자계 내에서 도체가 받는 힘은 다음과 같이 주어진다.

　㉠ 단위길이당 받는 힘: $f = I \times B \,[\text{N/m}]$

　㉡ 도체 전체가 받는 힘: $F = (I \times B)l \,[\text{N}]$

② 힘의 크기는 $F = BIl \sin\theta \,[\text{N}]$로 주어진다.

③ 힘의 방향은 플레밍의 왼손법칙에 의해 주어진다.

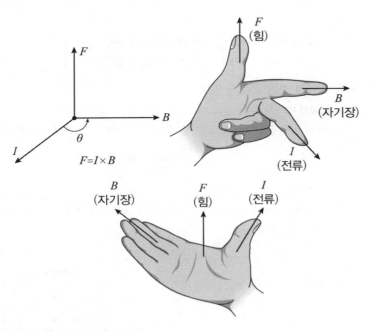

$$F = I \times B$$

## (3) 평행도체 상호간에 작용하는 힘

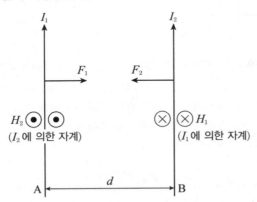

그림과 같이 거리 $r\,[\text{m}]$ 떨어진 두 개의 평행도체 A, B에 전류 $I_1$, $I_2$가 흐를 경우 각각의 전류 도체에 의해 자계가 발생해 서로에게 힘을 작용한다.

① 전류 $I_1$에 의한 전류 $I_2$가 있는 지점에서의 자계의 세기

$$H_1 = \frac{I_1}{2\pi d}[\text{AT/m}]$$

② 도체 B가 단위길이당 받는 힘

$$F_2 = B_1 I_2 = \mu_0 H_1 I_2 = \frac{\mu_0 I_1 I_2}{2\pi d}[\text{N/m}]$$

③ 힘의 방향
  ㉠ 양쪽 도체에 전류가 동일 방향으로 흐를 경우: 흡인력
  ㉡ 양쪽 도체에 전류가 반대 방향으로 흐를 경우: 반발력

### (4) 자계 내에서 운동 전하가 받는 힘

① 전자력의 벡터식: 전하 $q$가 자속밀도 $\boldsymbol{B}$인 평등자계 내를 평등자계에 대해 $\theta$의 각을 이루며 속도 $\boldsymbol{v}$로 운동할 때 전하에는 다음과 같은 전자력 $\boldsymbol{F}$가 작용한다.

$$\boldsymbol{F} = q(\boldsymbol{v} \times \boldsymbol{B})[\text{N}]$$

② 힘의 크기는 $F = Bqv\sin\theta[\text{N}]$으로 주어진다.

③ 전하가 평등자계 내에 수직으로 들어가는 경우 운동 방향과 직각으로 힘을 받아 등속 원운동을 한다.

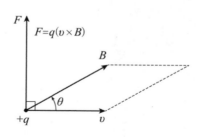

[자계 내에서 운동 전하가 받는 힘의 벡터도]    [운동 전하의 원운동]

④ 전하가 자계에 비스듬히 들어가게 되는 경우 등속 나선운동을 한다.

⑤ 로런츠의 힘(Lorentz's force): 운동 전하 $q$에 전계 $\boldsymbol{E}$와 자속밀도가 $\boldsymbol{B}$인 자계가 동시에 작용하고 있을 때 운동 전하가 받는 힘을 로런츠의 힘이라고 하고 아래와 같이 나타낸다.

$$\boldsymbol{F} = q(\boldsymbol{E} + \boldsymbol{v} \times \boldsymbol{B})[\text{N}]$$

## 2 핀치 효과, 홀 효과, 스트레치 효과

### (1) 핀치 효과(Pinch effect)

① 원통 단면을 갖는 액체 도체에 전류를 흘리면 전류의 방향과 수직 방향으로 원형 자계가 생겨서 전류가 흐르는 액체에는 구심력의 전자력이 작용한다. 그 결과 액체 단면은 수축하여 저항이 커지기 때문에 전류의 흐름은 작아지게 된다.

② 전류의 흐름이 작아지면 수축력이 감소하여 액체 단면은 원상태로 복귀하고 다시 전류가 흐르게 되어 수축력이 작용한다.

### (2) 홀 효과(Hall effect)

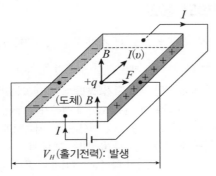

[홀 효과(Hall effect) 모식도]

도체나 반도체의 물질에 전류를 흘리고 이것과 직각 방향으로 자계를 가하면, 전류와 자계가 이루는 면에 직각 방향으로 기전력이 발생한다. 이 현상을 홀 효과라고 한다.

### (3) 스트레치 효과(stretch effect)

자유로이 구부릴 수 있는 가는 직사각형의 도선에 대전류를 흘리면 평행 도선에서 전류가 반대로 흐를 때와 마찬가지로 도선 상호간에 반발력이 작용하여 최종적으로 도선이 원의 형태를 이루게 된다. 이 현상을 스트레치 효과라고 한다.

## 제1절 자성체와 자화

### 1 자화 및 자화의 원인

(1) **자화**: 물질을 자계 내에 놓았을 때 자기적 성질, 즉 자성을 나타내는 현상

(2) **자화의 원인**: 전자의 운동에 따른 전류에 의한 자기장

　① **전자의 궤도 운동에 의한 궤도 자기모멘트**: 그림 ⓛ과 같이 전자가 원자핵 주변을 원운동하면 그림 ㉠처럼 원형 도선에 전류가 흐르는 것과 같은 효과가 나타난다. 따라서 전자의 궤도 운동에 의한 궤도 자기모멘트가 발생한다.

　② **전자의 자전 운동에 의한 스핀 자기모멘트**: 그림 ⓒ과 같이 전자가 자전하면 전류가 흐르는 것과 같은 효과가 나타난다. 따라서 전자의 자전 운동에 의한 스핀 자기모멘트가 발생한다.

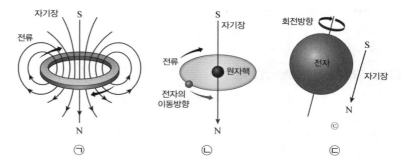

### 2 자화의 세기

(1) **정의**

　　외부 자계($H_0$)가 주어졌을 때 일정한 체적($V$) 안에 얼마만큼의 자기모멘트가 존재하는지 나타낸 물리량

(2) **크기와 방향**

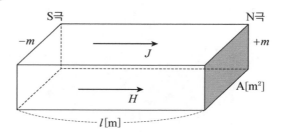

① 크기($J$)

　　㉠ 단위면적당의 자화된 자하량$\left(=\dfrac{m}{S}\right)$

　　㉡ 단위체적당의 자기모멘트$\left(=\dfrac{M}{V}\right)$

　　　(여기서, $M=ml[\text{Wb·m}]$로 자기모멘트를 의미하고 $V=Sl$로 자성체의 체적을 의미한다)

② **방향**: S극($-m$)에서 N극($+m$)을 향하는 방향

③ **표현식**: 자화의 세기는 자계에 비례하며 비례상수는 $\chi$이다.

$$J=\chi H[\text{Wb/m}^2]$$

## ③ 자성체와 자속밀도

### (1) 감자력

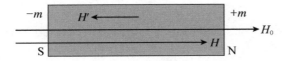

① 자성체를 그림과 같이 외부평등자계 $H_0$내에 놓으면 자기유도 작용에 의해 자화가 일어나 N극과 S극이 발생한다.

② 이때 자성체에 형성된 N극과 S극에 의해 자성체 내부에 자기력선이 발생한다 (N극→S극 방향).

③ 이때 자성체의 자화에 의해 발생한 자계 $H'$를 감자력이라고 하며 다음과 같은 식이 성립한다.

$$H=H_0-H'$$

④ 감자력은 자성체 양단에 나타나는 자화의 세기에 비례하며 자성체의 형상에 따라 다르다. 비례상수를 $N$(감자율; $0 \leqq N \leqq 1$)이라고 하면 다음의 식이 성립한다.

$$H'=N\dfrac{J}{\mu_0}$$

⑤ 여러 가지 물체의 감자율

　　㉠ 환상의 솔레노이드는 자극이 존재하지 않으므로 감자율이 0이고 따라서 감자력도 0이다.

　　㉡ 가늘고 긴 막대 자성체가 자계와 평행으로 놓여 있으면 감자율은 거의 0에 가깝다.

　　㉢ 가늘고 긴 막대 자성체가 자계와 수직으로 놓여 있으면 감자율은 거의 1에 가깝다.

## (2) 자성체가 있는 자계

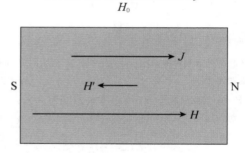

① 외부자계 $H_0$를 가하면 자성체는 자화되며, 자화의 세기 $J$는 외부 자계와 같은 방향이다.

② 자성체 내부에는 외부 자계와 반대 방향으로 감자력 $H'$가 존재하므로 자성체 내의 합성 자계 $H$는 다음과 같이 주어진다.

$$H = H_0 - H'$$

③ 자성체에는 자성체 내부합성자계 $H$에 의한 자기력선과 자화에 의한 자기력선 이 모두 존재하므로 다음의 식이 성립한다.

$$B = \mu_0 H + J \, [\text{Wb/m}^2]$$

④ 이때 $J = \chi H \, [\text{Wb/m}^2]$이므로 다음의 식이 성립한다.

$$B = \mu_0 H + \chi H = (\mu_0 + \chi) H$$

⑤ $\mu = \mu_0 + \chi$로 정의하면 다음과 같이 비례관계를 정립할 수 있다.

$$B = \mu H \, [\text{Wb/m}^2]$$

이때의 비례상수 $\mu$를 자성체의 투자율이라고 한다.

## (3) 투자율과 자화율

① **투자율**: 어떤 매질에 임의의 자계가 주어졌을 때 얼마나 자화되는지를 나타낸 정도

　㉠ **진공 중의 투자율**: $\mu_0$로 나타내며 $\mu_0 = 4\pi \times 10^{-7} [\text{H/m}]$이다.

　㉡ **임의의 매질 중에서의 투자율**: $\mu$로 나타낸다.

　㉢ **비투자율**: 매질에서의 투자율과 진공에서의 투자율의 비. $\mu_s$로 나타내며 $\mu_s = \dfrac{\mu}{\mu_0}$이다.

② **자화율**: 어떤 자성체의 자계와 자화의 세기 사이의 비례 상수

ⓐ **자화율과 투자율의 관계**: 자화율은 $\chi$으로 나타내며 투자율과의 관계식은 다음과 같다.

$$\chi = \mu - \mu_0 = \mu_s\mu_0 - \mu_0 = \mu_0(\mu_s - 1)[\text{H/m}]$$

ⓑ **비자화율**: $\chi_s = \dfrac{\chi}{\mu_0} = \mu_s - 1$

③ **자화의 세기**: 투자율과 자화율을 이용하면 자화의 세기를 다음과 같이 표현할 수도 있다.

$$J = \chi H = (\mu - \mu_0)H = \mu_0(\mu_s - 1)H$$

### (4) 자화의 세기와 분극의 세기의 대응

| 분극의 세기(유전체 내부) | 자화의 세기(자성체 내부) |
|---|---|
| $P = \chi E$<br>분극률: $\chi = \varepsilon - \varepsilon_0 = \varepsilon_0(\varepsilon_s - 1)$ | $J = \chi H$<br>자화율: $\chi = \mu - \mu_0 = \mu_0(\mu_s - 1)$ |
| $D = \varepsilon_0 E + P$ | $B = \mu_0 H + J$ |

### (5) 자성체와 투자율, 비자화율

| 자성체 종류 | 자화율(비자화율) | 비투자율 |
|---|---|---|
| 상자성체 | $\chi(\chi_s) > 0$ | $\mu_s > 1$ |
| 반자성체 | $\chi(\chi_s < 0)$ | $\mu_s < 1$ |
| 강자성체 | $\chi(\chi_s) \gg 0$ | $\mu_s \gg 1$ |

## 4 자속분포의 법칙

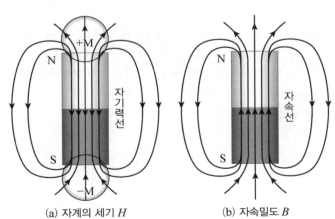

(a) 자계의 세기 $H$　　(b) 자속밀도 $B$

### (1) 자속밀도의 적분형

자석은 아무리 세분하여도 N, S극의 두 자극이 반드시 나타나므로 폐곡면을 관통하는 자속선 수는 항상 0이다.

$$\int_S \boldsymbol{B} \cdot d\boldsymbol{S} = 0$$

### (2) 자속밀도의 미분형

$\int_S \boldsymbol{B} \cdot d\boldsymbol{S} = \int_v \mathrm{div}\boldsymbol{B}\,dv = 0$이므로 다음의 식이 성립한다.

$$\mathrm{div}\boldsymbol{B} = 0$$

① 자속선은 발산의 원천이 없고 연속의 폐곡선을 형성한다.
② 전하는 단독으로 존재할 수 있지만 고립된 자하는 존재하지 않고 항상 두 자극이 존재한다.

## 제2절 강자성체의 자화

### 1 강자성체의 특징, 자기포화 및 자화곡선

#### (1) 강자성체의 특징

① 자구가 존재한다.
② 히스테리시스 현상이 있다.
③ 자기포화 특성이 있다.
④ 투자율이 높다.

#### (2) 자기포화

① 강자성체에서는 자화의 현상이 매우 복잡하며 투자율이나 자화율은 상수가 아니다.
② **자기포화**: 강자성체에 자계 $H$를 가하면 자화의 세기 $J$도 증가하나, 자계 $H$가 어느 정도 이상 증가하면 자기모멘트가 모두 자계의 방향으로 변해 버려 $J$는 더 이상 증가하지 않는다.

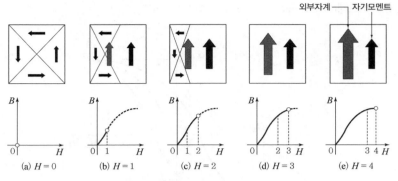

외부자계의 증가에 따른 자구 및 $B-H$ 곡선

## (3) 자화곡선

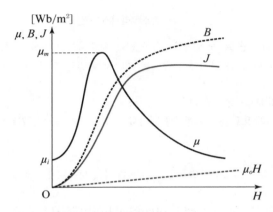

투자율, 자계의 세기, 자화의 세기와 자속밀도의
관계를 나타내는 곡선($B=\mu_0 H + J$)

① $\mu_0 H$는 매우 작은 값이므로 자속밀도 $B$와 자화의 세기 $J$는 거의 동일한 변화
양상을 나타낸다.
② 자속밀도 $B$와 자계의 세기 $H$는 비례관계가 아니므로 투자율 $\mu$도 일정하지
않다.

## 2 히스테리시스 곡선 및 히스테리시스 손실

### (1) 용어정리

① **자기이력현상(히스테리시스현상):** 강자성체를 변화시킬 때 $B$와 $H$가 비례하지
않고 자화의 세기가 과거의 이력에 관계되는 현상
② **잔류자기(residual magnetism, $B_r$):** 외부에서 가한 자계 세기를 0으로 해도
자성체에 남는 자속밀도 크기
③ **보자력(coercive force, $H_c$):** 자화된 자성체 내부의 $B$를 0으로 하기 위하여
외부에서 자화와 반대 방향으로 가하는 자계의 세기

(2) 히스테리시스 곡선: $B-H$의 관계를 나타내는 곡선

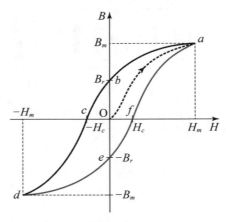

히스테리시스 곡선

(3) **히스테리시스 손실**: 히스테리시스 곡선을 일주시키면 항상 처음과 동일하기 때문에 히스테리시스의 면적에 해당하는 에너지는 열로 소비된다. 이것을 히스테리시스 손실이라고 한다.

① 히스테리시스 손실의 계산

ⓖ 자화에 필요한 단위체적당 에너지: 자화곡선과 세로축($B$축) 사이에 둘러싸인 면적

$$\omega_h = \oint H dB = \text{히스테리시스 곡선의 면적}[\text{J/m}^3]$$

ⓛ 단위 체적당 $1[\text{s}]$ 동안 $f[\text{Hz}]$에서의 히스테리시스 손실

$$P = f\omega_h [\text{W/m}^3]$$

ⓒ 체적이 $v$일 때, $1[\text{s}]$ 동안 $f[\text{Hz}]$에서의 히스테리시스 총 손실

$$P_v = fvw_h [\text{W}]$$

② 스테인메츠의 실험식

ⓖ 스테인메츠는 히스테리시스 손실을 히스테리시스 상수와 최대자속밀도의 실험식으로 나타내었다.

$$\omega_h = \eta B_m^{1.6} [\text{J/m}] (\eta: \text{히스테리시스 상수}, B_m: \text{최대자속밀도})$$

ⓛ $1[\text{s}]$ 동안 단위체적당 히스테리시스 손실

$$P_h = \eta f B_m^{1.6} [\text{W/m}^3]$$

(4) **자석 재료 조건**

① 영구자석 재료: 잔류자기($B_r$) 및 보자력($H_c$)이 커야 한다.

② 전자석 재료: 히스테리시스 곡선 면적 및 보자력($H_c$)이 작아야 한다.

## (5) 바크하우젠 효과(Barkhausen effect)

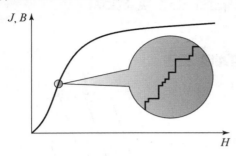

① $B-H$ 곡선을 자세히 관찰하면 매끈한 곡선이 아니라 $B$가 계단적으로 증가 또는 감소한다.

② 이는 강자성체의 자기화가 외부자계의 증가에 따라 연속적으로 이루어지지 않고 불연속적으로 자속(磁束)이 변화하여 유도 전압이 발생하기 때문이다.

③ 이 효과를 바크하우젠 효과라고 한다.

## ③ 소자법(消磁法)

### (1) 정의

강자성체에 일단 자계를 가하면 강자성체가 자화되어 잔류자기의 형태로 항상 자성을 보유하게 된다. 이 자화에 의한 자성을 제거하여 소실시키는 방법을 소자법이라고 한다.

### (2) 소자법의 종류

① **직류법**: 처음에 준 자계와 같은 정도의 직류 자계를 반대 방향으로 가하는 조작을 반복하여 감소시킨다.

② **교류법**: 자화할 때와 같은 정도의 교류자계를 가하고 그 값이 0이 될 때까지 점차로 감소시킨다.

③ **가열법**: 강자성체는 특정 온도 이상으로 가열하면 강자성을 잃고 자기적 특성이 급격히 변하여 상자성체가 된다. 이 온도를 임계온도(퀴리점)이라고 하며 가열법은 강자성체의 온도를 퀴리점 이상이 될 때까지 상승시켜 자성을 제거하는 방법이다.

# 제3절 경계면의 조건 및 에너지

## 1 자계의 경계면 조건

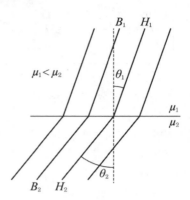

(1) **기본 가정**: 투자율이 $\mu_1$, $\mu_2$인 두 자성체가 맞붙어 있을 때

　① $\mu_1$인 매질에서 자계의 세기 $H_1$, 자속밀도 $B_1$이 $\theta_1$의 각도로 경계면에 입사한다.

　② $\mu_2$인 매질 속을 $\theta_2$의 각도로 굴절하여 자계의 세기 $H_2$, 자속밀도 $B_2$로 변화하며 통과한다.

(2) **경계면 조건**

　① 자계의 세기의 경계면에 평행한 성분은 경계면의 양측에서 서로 같다.

$$H_1\sin\theta_1 = H_2\sin\theta_2$$

　② 자속밀도의 경계면에 수직한 성분은 경계면의 양측에서 서로 같다.

$$B_1\cos\theta_1 = B_2\cos\theta_2$$

(3) **자속선의 굴절 법칙**

　① 경계면 조건으로부터 다음의 조건이 성립한다.

$$\frac{\tan\theta_1}{\tan\theta_2} = \frac{\mu_1}{\mu_2} \quad (\theta : \text{자계와 법선이 이루는 각}, \ \mu : \text{매질의 투자율})$$

　② $\mu_1 < \mu_2$인 경우 $\theta_1 < \theta_2$이다. 즉, 자속은 투자율이 작은 자성체에서 확산되어 투자율이 큰 자성체로 모이는 성질을 갖는다.

## ② 자기차폐

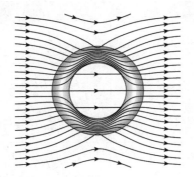

(1) **자기차폐(磁氣遮蔽, magnetic shielding)**

어떤 물체를 투자율이 높은 강자성체로 둘러싸면 외부 자계의 영향을 어느 정도 줄일 수 있다. 이와 같이 투자율이 큰 강자성체를 사용하여 외부 자계의 영향을 작게 하는 자기적 차단을 자기 차폐라고 한다.

(2) **정전차폐와 자기차폐의 비교**

① **정전차폐(완전차폐)**: 도체를 접지하여 외부 전계의 영향을 완전히 차폐할 수 있다.

② **자기차폐(불완전차폐)**: 자계에서는 투자율이 무한대인 자성체가 존재하지 않기 때문에 자계를 완전히 차단하는 것은 불가능하다. 따라서 자기 차폐는 비투자율이 큰 자성체인 중공의 철구로 겹겹이 둘러싸 효과적으로 차단할 수 있다.

## ③ 자성체 내의 에너지 밀도

(1) **진공중에서 자계의 에너지 밀도**

$$w_m = \frac{1}{2}\boldsymbol{B} \cdot \boldsymbol{H} = \frac{\mu_0}{2}H^2 = \frac{1}{2\mu_0}B^2 \,[\mathrm{J/m^2}]$$

(2) **자성체 내의 자계의 에너지 밀도**

자성체에서 자속밀도 $B = \mu H$이므로 자성체 내의 자계의 에너지 밀도는 다음과 같다.

$$w_m = \frac{1}{2}\boldsymbol{B} \cdot \boldsymbol{H} = \frac{\mu}{2}H^2 = \frac{1}{2\mu}B^2 \,[\mathrm{J/m^2}]$$

(3) 정전계와 정자계의 대응

| 구분 | 대응 관계 | 공식 |
|---|---|---|
| 정전계 | 정전에너지 밀도 | $w_e = \dfrac{1}{2}DE = \dfrac{1}{2}\varepsilon E^2 = \dfrac{D^2}{2\varepsilon}[\text{J/m}^3]$ |
| | 정전응력 | $f = \dfrac{1}{2}DE = \dfrac{1}{2}\varepsilon E^2 = \dfrac{D^2}{2\varepsilon}[\text{N/m}^2]$ |
| 정자계 | 자계에너지 밀도 | $w_m = \dfrac{1}{2}BH = \dfrac{1}{2}\mu H^2 = \dfrac{B^2}{2\mu}[\text{J/m}^3]$ |
| | 흡인력 | $f = \dfrac{1}{2}BH = \dfrac{1}{2}\mu H^2 = \dfrac{B^2}{2\mu}[\text{N/m}^2]$ |

# 제4절 자기회로 및 영구자석

## 1 영구자석

### (1) 자석 및 영구자석
① 자석(磁石): 자계를 발생시켜 쇳조각을 잡아당길 수 있는 물질
② 영구자석(永久磁石, permanent magnet): 전자석 등의 일시적인 자석에 대비하여 외부로부터의 전기 에너지의 공급이 없어도 안정된 자계를 스스로 발생하여 자성이 유지되는 자석

### (2) 영구자석의 형성

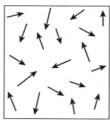
비자성 물질

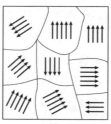
강자성 물질

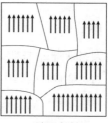
영구자석

① 일반적인 비자성 물질 내의 원자 자석은 무질서하게 배열되어 있다.
② 자연계에 존재하는 강자성 물질은 크기가 0.01m 정도의 매우 작은 자구로 나뉘어져 있고 이들 자구의 자극의 방향이 서로 다른 방향을 향해서 그 효과를 합하면 전체적으로 상쇄된다. 따라서 자성을 띠지 않는다.
③ 외부에서 강한 자계를 강자성체에 가해 주면 자구들이 합쳐져 자석이 되고 이 자성이 유지되면 영구자석이 된다.

### (3) 영구자석의 자화율
① 자화의 세기는 $J = \chi_m H$로 주어진다.
② 영구자석에서 $\chi_m$은 무한대에 가까울 정도로 매우 큰 값을 가진다.

### (4) 영구자석의 성능

① 히스테리시스 곡선에서 자기화되지 않은 강자성체는 자속밀도 $B$가 0이다.

② 외부에서 자계 $H$를 가하면 자기구역의 자극 방향이 자계 방향으로 정렬되면서 $B$가 서서히 증가하고, 일정 크기 이상의 자계 $H_m$에서는 최대로 포화된다.

③ 이후 자계 $H$를 줄이면 자기화도 줄어들지만 $H$를 0으로 하더라도 자기화는 0이 되지 않고 잔류자기가 남아 영구자석이 된다.

④ 따라서 $(BH)_{max}$의 값이 클수록 영구자석으로서의 성능이 우수하다고 할 수 있다.

### (5) 영구자석의 재료

영구자석은 자석의 재료가 되기 위해서는 잔류자기 및 보자력이 큰 특성을 가져야 한다. 강자성 물질에는 전이금속에 해당하는 철, 코발트, 니켈 등과 희토류 물질인 네오디뮴, 가돌리움, 디스프로슘 등이 있다.

## 2 자기회로

### (1) 전기회로와 자기회로의 대비

① 전기회로(electrical circuit): 전류가 흐르는 통로를 전기회로 또는 전로라 한다.

② 자기회로(magnetic circuit): 자속의 통로를 자기회로 또는 자로라 한다.

### (2) 자기회로와 옴의 법칙

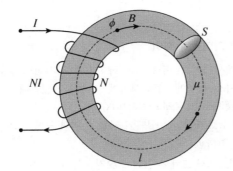

① 기자력: 자속을 발생시키는 힘

$$F_m = NI[\mathrm{AT}]$$

② 자계와 자속: $\phi = BS = \mu HS$이므로

$$H = \frac{\phi}{\mu S}$$

③ 자기저항

㉠ 암페어의 주회적분 법칙 식에서 다음과 같다.

$$F = \oint \boldsymbol{H} \cdot dl = H \oint dl = Hl = \frac{\phi l}{\mu S}$$

ⓒ 이때 전기저항을 기전력을 전류로 나눠준 것으로 정의한 것과 같이 자기저항 $R_m = \dfrac{l}{\mu S}$[AT/Wb]으로 정의하면 기자력을 다음과 같이 나타낼 수 있다.

$$F = \phi R_m$$

ⓒ 자기저항에 대한 옴의 법칙은 다음과 나타난다.

$$\phi = \frac{F}{R_m} = \frac{NI}{R_m}[\text{Wb}]$$

### (3) 전기회로와 자기회로의 대응

| 전기회로 | | 자기회로 | |
|---|---|---|---|
| 기전력 | $E$[V] | 기자력 | $F_m$[AT] |
| 전류 | $I$[A] | 자속 | $\phi$[Wb] |
| 전계 | $E$[V/m] | 자계 | $H$[AT/m] |
| 전기저항 | $R$[Ω] | 자기저항 | $R_m$[AT/Wb] |
| 도전율 | $\sigma$[S/m] | 투자율 | $\mu$[H/m] |
| 옴의 법칙 | $E = IR$[V] $\therefore I = \dfrac{E}{R}$[A] | 옴의 법칙 | $F_m = \phi R_m$[AT] $\therefore \phi = \dfrac{NI}{R_m}$[Wb] |

### (4) 자기회로와 전기회로의 차이

① 전기회로에서 전압은 전류에 비례하지만 자기회로에서 기자력은 자기포화, 히스테리시스 특성에 의해 자속에 비례하지 않는다.

② 누설자속(漏洩磁束, leakaage flux)

ⓐ 자성체의 표면에서 누설되어 자로 이외의 곳을 통과하는 자속을 누설자속 이라고 한다.

ⓑ 전기 회로에서 도체와 절연체 도전율의 비는 $10^{10}$ 이상이므로 전류가 도체 밖으로 새어나가지 않으나, 자기 회로에서는 자성체와 공기 중의 투자율의 비가 $10^3$ 정도로 적으므로 자로 이외를 통하는 자속의 비율도 크다. 누설자 속이 크면 여분의 기자력이 필요하기 때문에 누설자속은 작을수록 좋다.

③ 전하는 정(+)과 부(−)로 분리되는 실제의 입자가 존재하지만 자하는 실존하지 않는 가상의 입자이다.

### (5) 자기회로에 있어서 키르히호프의 법칙: 전기회로와 같이 키르히호프의 법칙이 성립한다.

① 자기회로에서 임의의 결합점에 유출입하는 자속의 합은 0이다.

$$\sum_{i=1}^{n} \phi_i = 0$$

② 임의의 폐자로에서 각 부분의 자기저항과 자속의 곱의 대수합은 그 폐자로에 있는 기자력의 대수합과 같다.

$$\sum_{i=1}^{n} V_{mi} = \sum_{j=1}^{n} R_j \phi_j$$

## (6) 자기저항의 직렬 및 병렬연결

### ① 직렬연결

$$R = \sum_{i=1}^{n} R_{mi}$$

### ② 병렬연결

$$\frac{1}{R} = \sum_{i=1}^{n} \frac{1}{R_{mi}}$$

## ③ 공극이 있는 자기회로

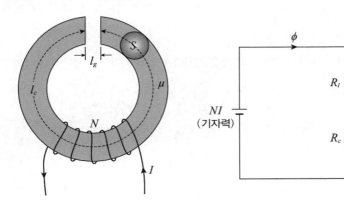

### (1) 등가 자기회로

공극이 있는 자기회로는 등가하는 자기저항이 있는 자기회로로 나타낼 수 있다.

### (2) 합성 자기저항

① $R_c = \dfrac{l}{\mu S} = \dfrac{l}{\mu_0 \mu_s S}[\mathrm{AT/Wb}]$

② $R_g = \dfrac{l_g}{\mu_0 S}[\mathrm{AT/Wb}]$

③ $R_m = R_c + R_g = \dfrac{l_c}{\mu S} + \dfrac{l_g}{\mu_0 S} = \dfrac{l_c}{\mu S}\left(1 + \dfrac{l_g}{l_c}\mu_s\right)[\mathrm{AT/Wb}]$

(3) **자기저항의 비**: 공극이 없는 경우와 공극이 있는 경우 자기저항의 비

$$\frac{R_m}{R} = 1 + \frac{\mu l_g}{\mu_0 l_c} = 1 + \frac{l_g}{l_c}\mu_s$$

(4) **자속($\phi$)**

$$\phi = \frac{NI}{R_m} = \frac{\mu SNI}{l_c\left(1 + \dfrac{l_g}{l_c}\mu_s\right)}[\mathrm{Wb}]$$

(5) **철심과 공극에서의 자계의 세기**

① $H_c = \dfrac{\phi}{\mu S} = \dfrac{NI}{l_c\left(1 + \dfrac{l_g}{l_c}\mu_s\right)}[\mathrm{AT/m}]$

② $H_g = \dfrac{\phi}{\mu_0 S} = \dfrac{\mu_s NI}{l_c\left(1 + \dfrac{l_g}{l_c}\mu_s\right)}[\mathrm{AT/m}]$

③ $\dfrac{H_g}{H_c} = \mu_s$: 공극부분의 자계의 세기는 철심부의 자계의 세기에 비해 $\mu_s$만큼 커진다.

(6) 기자력에 대해 식을 정리하면 **합성 기자력은 철심 기자력과 공극 기자력의 합**이다.

$$F = NI = \phi R_m = \frac{\phi l_c}{\mu S}\left(1 + \frac{l_g}{l_c}\mu_s\right) = H l_c\left(1 + \frac{l_g}{l_c}\mu_s\right)$$
$$= H_c l_c + \mu_s H_c l_g = H_c l_c + H_g l_g[\mathrm{AT}]$$

# 전자유도현상

## 1 전자유도현상

### (1) 용어 정리

① 전자유도현상(電磁誘導懸象, electromagnetic induction): 자석과 코일의 상
   대적인 운동 또는 스위치 개폐에 의해 독립적인 코일에 전류가 발생하는 현상.
② 유도기전력: 전자유도현상에 의해 발생한 기전력
③ 유도전류: 전자유도현상에 의해 발생한 전류

### (2) 관련 법칙

① 렌츠의 법칙(Lenz's law): 유도전류의 방향을 결정하는 법칙으로 렌츠의 법칙에
   따르면 전자유도에 의해 발생하는 기전력은 자속 변화를 방해하는 방향으로
   유도전류를 흐르게 한다.

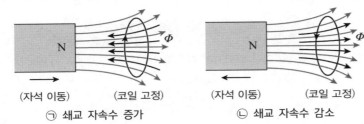

㉠ 쇄교 자속수 증가     ㉡ 쇄교 자속수 감소

㉠ 쇄교 자속수가 증가하면 자속을 약화시키는 방향으로 유도전류가 흐른다.
㉡ 쇄교 자속수가 감소하면 자속을 강화시키는 방향으로 유도전류가 흐른다.
㉢ 렌츠의 법칙은 뉴턴의 관성 법칙에서 물체가 처음의 운동 상태를 유지하려
   는 성질과 같은 현상을 설명해 주는 법칙이다.
② 패러데이 법칙(Faraday's law): 유도기전력의 크기를 결정하는 방향으로 패러
   데이의 법칙에 따르면 유도기전력의 크기는 폐회로에 쇄교하는 자속의 시간
   적 변화율에 비례한다.

$$e = -\frac{d\Phi}{dt} = -N\frac{d\phi}{dt}[\text{V}]$$

㉠ $\Phi$는 쇄교 자속으로 코일의 감은 수와 자속의 곱으로 주어진다($\Phi = N\phi$).
㉡ 음(−)의 부호는 기전력의 방향이 쇄교 자속의 변화를 방해하는 방향으로
   발생한다는 렌츠 법칙을 의미한다.

### (3) 전자유도법칙의 적분형과 미분형

① 적분형: $e = \oint \boldsymbol{E} \cdot dl = -\frac{d}{dt}\int_{S} \frac{\partial \boldsymbol{B}}{\partial t} \cdot d\boldsymbol{S} = -\frac{d\phi}{dt}$

② 미분형: $\text{rot}\,\boldsymbol{E} = \nabla \times \boldsymbol{E} = -\frac{\partial \boldsymbol{B}}{\partial t}$

## 2 도체의 운동에 의한 기전력

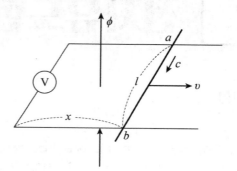

### (1) 개념

그림과 같이 길이 $l$[m]인 도체 $ab$가 속도 $v$[m/s]로 자계 속을 운동하고 있을 때, 도체에는 $a$에서 $b$ 방향으로 유도기전력 $e$가 발생한다. 이를 운동기전력이라고 한다.

### (2) 자계가 일정할 경우 운동기전력의 유도

① 미소시간 $dt$[s] 동안 변화된 면적 $dS = lvdt$[m²]이다.
② 따라서 $dt$[s] 동안 변화하는 쇄교자속은 다음과 같다.

$$d\phi = BdS = Blvdt$$

③ 따라서 운동기전력의 크기는 다음과 같다.

$$|e| = \left| \frac{d\phi}{dt} \right| = vBl \, [\text{V}]$$

④ 만약 도체가 자계와 $\theta$의 각도를 이루며 이동한다면 표현식은 다음과 같다.

$$|e| = vBl \sin\theta \, [\text{V}]$$

### (3) 플레밍의 오른손 법칙

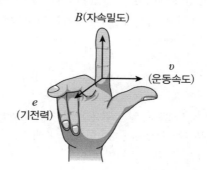

① 도체의 운동에 의한 유도기전력의 방향을 결정하는 법칙
② 자속밀도, 운동속도, 유도기전력의 방향은 그림과 같다.

## (4) 운동기전력의 벡터 표현식

① 운동기전력의 크기와 방향을 모두 고려한 벡터 표현식은 다음과 같다.

$$e = (\boldsymbol{v} \times \boldsymbol{B}) \cdot \boldsymbol{l}\,[\text{V}]$$

② 이때 미소부분에 의한 전체 운동 기전력은 다음과 같다.

$$e = \oint_c (\boldsymbol{v} \times \boldsymbol{B}) \cdot d\boldsymbol{l}\,[\text{V}]$$

# ③ 전자력(電磁力)

## (1) 전자력의 발생

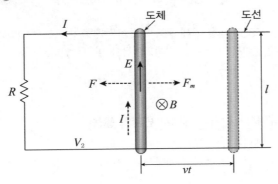

① 그림과 같이 자속밀도 $B[\text{Wb/m}^2]$인 평등자계 내에 직각으로 길이 $l[\text{m}]$인 도체를 놓고, 이 도체를 오른쪽 방향으로 $v[\text{m/s}]$로 운동시키면 도체의 윗방향으로 다음과 같은 기전력이 발생한다.

$$e = vBl\,[\text{V}]$$

② 도체의 양 끝단에 부하저항 $R[\Omega]$가 연결되어 있을 경우 회로에 흐르는 전류는 다음과 같이 주어진다.

$$I = \frac{e}{R}\,[\text{A}]$$

③ 전류가 발생하므로 플레밍의 왼손 법칙에 따라 도체의 운동을 방해하는 방향으로 힘이 발생한다.

$$F = IBl\,[\text{N}]$$

이 힘을 전자력(電磁力)이라고 한다.

**(2) 역학적 에너지와 전기적 에너지의 전환**

① 전자력을 이겨내고 도체가 오른쪽 방향으로 $v$의 속도로 등속도 운동을 계속하려면, 전자력 $F$와 크기가 같고 방향이 반대인 힘 $F_m$을 가해 주어야 한다.

$$F_m = F = IBl\,[\mathrm{N}]$$

② 힘 $F_m$을 가해 준 거리가 $vt$이므로 가해 준 힘에 의한 역학적 에너지는 다음과 같다.

$$W_m = F_m vt = IBlvt\,[\mathrm{J}]$$

③ 전기적 에너지는 다음과 같이 주어진다.

$$W_e = EIt = vBlIt\,[\mathrm{J}]$$

④ 따라서 도체에 힘을 가해 등속도로 이동해 주었을 경우 외력에 의한 역학적 에너지가 전기적 에너지로 전환되었음을 알 수 있다.

$$W_m = W_e\,[\mathrm{J}]$$

**(3) 역학적 에너지 – 전기적 에너지 변환의 활용**

① 전기적 에너지를 역학적 에너지로 변환하는 장치를 전동기라고 한다.
② 기계적 에너지를 전기적 에너지로 변환하는 장치를 발전기라고 한다.

## ④ 패러데이 법칙의 일반식

**(1) 패러데이 법칙에서 유도기전력이 발생되는 경우**

① 고전된 폐곡로를 쇄교하는 자속이 시간에 따라 변화하는 경우(변압기 기전력)
② 자속은 일정하지만 폐곡로가 움직이는 경우(운동 기전력)
③ 자속이 시간적으로 변화하면서 폐곡로가 동시에 움직이는 경우
  (변압기 기전력 + 운동 기전력)

**(2) 정지폐곡선과 시간에 따라 변하는 자계**; 변압기 기전력

① 시간에 따라 변화하는 전계나 자계가 있는 경우 표현식은 다음과 같다.

  ㉠ 자속: $\phi = \displaystyle\int_S \boldsymbol{B} \cdot d\boldsymbol{S}$

  ㉡ 유도기전력: $e = \displaystyle\oint \boldsymbol{E} \cdot dl = -\dfrac{d\phi}{dt}$

② 폐곡로는 고정되어 있고, 자속밀도가 시간에 따라 변화하는 경우 편미분은 자속밀도에만 적용된다.

$$e = \oint \boldsymbol{E} \cdot dl = -\frac{d\phi}{dt} = -\frac{d}{dt}\int_S \boldsymbol{B} \cdot d\boldsymbol{S} = -\int_S \frac{\partial \boldsymbol{B}}{\partial t} \cdot d\boldsymbol{S}$$

$$e = \oint \boldsymbol{E} \cdot dl = \int_S (\nabla \times \boldsymbol{E}) \cdot d\boldsymbol{S} = -\int_S \frac{\partial \boldsymbol{B}}{\partial t} \cdot d\boldsymbol{S}$$

④ 따라서 다음의 식이 성립하며 패러데의 법칙의 미분형을 얻을 수 있다.

    ㉠ 표현식: $\nabla \times E = -\dfrac{dB}{dt}$

    ㉡ 의미: 공간내의 한 점에 대한 자계의 시간적 변화는 그 변화를 방해하는 방향으로 전계의 회전과 같다.

**(3) 일정한 자계 내에서 일정한 자계**: 운동 기전력

① 일정한 자계 내에서 폐곡선이 이동하는 경우 표현식은 다음과 같다.

    ㉠ 자속: $\phi = BS = Bldy$

    ㉡ $e = -\dfrac{d\phi}{dt} = -Bl\dfrac{dy}{dt} = -Blv$

② 따라서 일정한 자속밀도 $B$와 이동속도 $v$에 따른 유도기전력은 다음과 같다.

$$e = (v \times B) \cdot l$$
$$e = \oint E \cdot dl = \oint (v \times B) \cdot dl$$

**(4) 폐곡선이 이동하면서 자속이 시간에 따라 변화할 때**

이때의 유도 기전력의 합은 변압기 기전력의 합과 운동 기전력의 합과 같으므로 다음의 식이 성립한다.

$$e = \int_S \frac{\partial B}{\partial t} \cdot dS + \oint (v \times B) \cdot dl$$

## 5 와전류 및 표피효과

**(1) 와전류(渦電流, eddy current)**

① **정의**: 도체 내의 자속이 시간적인 변화를 일으키면 도체 내에 국부적으로 형성되는 임의의 폐회로에 유도 전류가 흐르는 현상

② **와전류손실**: 와전전류는 정상 전류분포에 영향을 주며 줄열이 발생하여 전력의 손실을 유발한다.

③ 철심의 전도도를 $k$, 자계의 진동수를 $f$, 자계의 최댓값을 $B_m$이라고 하면 단위 체적당 와전류손실은 다음과 같다.

$$P_e \propto kf^2 B_m^2 [\text{W/m}^2]$$

④ **와전류손실을 감소시키는 법**: 서로 절연한 얇은 철판을 겹쳐서 사용한다(성층철심).

**(2) 표피효과(表皮效果, skin effect)**: 전류의 주파수가 증가할수록 도체 내부의 전류가 표면으로 밀려나 도체 내부의 전류밀도가 지수 함소적으로 감소되는 현상

① **표피효과가 발생하는 과정**

    ㉠ 원주형 도선에 직류전류가 흐를 때 자속선은 도선축을 중심으로 동심원을 그린다.

    ㉡ 중심부의 전류는 외측 전류에 비하여 보다 많은 자속선과 쇄교한다.

  © 전류가 시간적으로 변화하면 유도기전력이 전류와 반대 방향으로 발생한다.
  ② 전류가 자계에 의해 힘을 받아 표면으로 밀려나게 된다.
② 표피효과는 고주파일수록, 도체의 도전율과 투자율이 클수록 커진다.
③ **침투깊이**: 표면전류밀도의 $1/e = e^{-1} = 0.368$배가 되는 표피에서부터의 침투깊이

$$\delta = \sqrt{\frac{2}{\omega\sigma\mu}} = \frac{1}{\sqrt{\pi f \sigma\mu}}[\text{m}]$$

  * $\omega$; 각주파수, $f$: 주파수, $\sigma$: 도전율, $\mu$: 투자율

④ **표피효과를 줄이는 방법**
  ⊙ **전기회로**: 가는 도선 혹은 중공도선을 사용한다.
  © **자기회로**: 가는 철선을 접속한 철심 혹은 철분을 압축 성형한 압분철심을 사용한다.
⑤ **표피효과의 역이용**: 전자차폐

# CHAPTER 11 인덕턴스

## 1 자기유도(自己誘導, self induction)

### (1) 자기유도의 정의

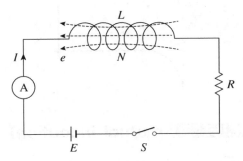

① 그림과 같이 코일이 연결된 회로에서 스위치를 닫으면 전류계는 즉시 일정한 값을 가리키지 않고 서서히 증가하여 일정한 값에 도달한다.

② 코일에 전류가 일정하게 흐르면 일정한 쇄교 자속이 발생하고 전류가 변화하면 자기 자신의 회로에 쇄교하는 자속도 시간에 따라 변화한다.

③ 스위치를 개폐하는 순간 전류가 변화하여 쇄교 자속도 변화하므로 코일 자체에 전자유도 작용으로 인한 역기전력이 유도된다. 이와 같은 현상을 자기유도라고 한다.

### (2) 자기유도에 의한 기전력

① 자기유도에 의한 기전력은 다음과 같이 주어진다.

$$e = -L\frac{dI}{dt}$$

\* $e$: 기전력, $L$: 비례상수, $I$: 전류의 세기

② 자기인덕턴스

  ㉠ ①의 식에서 비례상수 $L$을 자기인덕턴스라고 표현하며 $N\phi = LI$의 관계가 성립한다. 따라서 다음의 식이 성립한다.

$$L = \frac{N\phi}{I}[\text{Wb/A}] \text{ 또는 } [\text{H}]$$

  ㉡ 자기인덕턴스는 다음과 같이 구할 수도 있다.

$$L = \frac{N\phi}{I} = \frac{1}{I^2}\int_v \boldsymbol{B} \cdot \boldsymbol{H}dv = \frac{1}{I^2}\int_v \boldsymbol{A} \cdot \boldsymbol{J}dv$$

③ 회로에 흐르는 전류와 유도기전력 그래프는 다음과 같다.

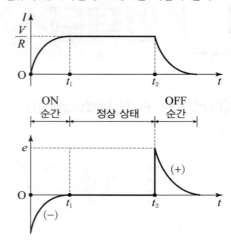

## ② 상호유도(相互誘導, mutual indcution)

### (1) 상호유도의 정의

① 2개의 코일을 접근시키고 한쪽의 코일에 전류를 흘려 전류의 변화가 발생하면 자속이 변화한다.

② 이때 발생하는 자속이 다른 코일에도 영향을 미쳐 기전력이 발생한다. 이와 같은 현상을 상호유도라고 한다.

### (2) 자기유도에 의한 기전력

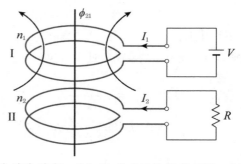

① 전류의 변화에 의해 생기는 자속 중 상대 코일에 쇄교하는 자속은 다음과 같다.

㉠ Ⅰ의 코일에 전류 $I_1$이 흘러서 발생하는 자속 중 Ⅱ의 코일에 쇄교하는 자속을 $\lambda_{21}$이라고 하면

$$\lambda_{21} = N_2\phi_{21} = M_{21}I_1$$

㉡ Ⅱ의 코일에 전류 $I_2$가 흘러서 발생하는 자속 중 Ⅰ의 코일에 쇄교하는 자속을 $\lambda_{12}$라고 하면

$$\lambda_{12} = N_1\phi_{12} = M_{12}I_2$$

ⓒ 따라서 다음의 관계식이 성립한다.

$$M_{12} = \frac{N_2\phi_1}{I_1}, \ M_{21} = \frac{N_1\phi_2}{I_2}$$

\* $\lambda$: 쇄교 자속수, $\phi$: 자속, $N$: 감은수, $M$: 비례상수

② **상호인덕턴스**: ①의 식에서 비례상수 $M$을 상호인덕턴스라고 한다.

③ 상호인덕턴스에 의해 유도되는 기전력은 다음과 같다.

　ⓐ Ⅱ의 코일에 유도되는 유도기전력: $e_2 = -M_{12}d\dfrac{I_1}{dt}$[V]

　ⓑ Ⅰ의 코일에 유도되는 유도기전력: $e_1 = -M_{21}d\dfrac{I_2}{dt}$[V]

④ **상호인덕턴스의 상반성**: 두 코일의 상호인덕턴스에 대해 다음 관계식이 성립한다.

$$M_{12} = M_{21}[\mathrm{H}]$$

⑤ **상호인덕턴스와 자기인덕턴스의 관계**

　ⓐ $M_1M_2 = \left(\dfrac{N_2\phi_1}{I_1}\right)\left(\dfrac{N_1\phi_2}{I_2}\right) = \dfrac{N_1N_2\phi_1\phi_2}{I_1I_2}$ 이다.

　ⓑ $L = \dfrac{N\phi}{I}$ 이므로 $L_1L_2 = M_1M_2$이다,

　ⓒ $M_{12} = M_{21}$이므로 $M_{12} = M_{21} = M$이라고 두면 다음의 식이 성립한다.

$$M = \sqrt{L_1L_2}$$

## ③ 자계에 축적되는 에너지

### (1) 전자에너지(자계에너지)

인덕턴스를 갖는 회로에 전류를 증가시키려면 기전력이 유도되는데 역기전력에 대하여 전류를 증가시키려면 일을 해야 한다. 이때 해 준 일에 의해 자계에 축적되는 에너지를 자계에너지라고 한다.

### (2) 자계에너지의 표현식

① 인덕턴스에 의한 역기전력은 $e = -L\dfrac{di}{dt}$[V]이다.

② 기전력 $e$에 대하여 전하 $dq$[C]를 옮기는 데 필요한 단위 일은 다음과 같다.

$$dW = -edq = L\frac{di}{dt}dq = L\frac{dq}{dt}di[\mathrm{J}]$$

이때, $\dfrac{dq}{di} = i$[A]이므로 단위 일은 다음과 같이 표현할 수도 있다.

$$dW = Lidi$$

③ 자기인덕턴스 $L$에 전류를 $0[\mathrm{A}]$부터 $i[\mathrm{A}]$까지 증가시키는 데 필요한 일(자계 에너지)

$$W = \int_0^i dW = \int_0^i Lidi = \frac{1}{2}LI^2$$

④ 자기인덕턴스에 대해 자계에너지를 표현하면 다음과 같다.

$$L = \frac{2W}{I^2}$$

### (3) 자계에너지와 전계에너지의 비교

① 전계에서 정전 에너지는 $\frac{1}{2}CV^2$이고 자계에서의 에너지는 $\frac{1}{2}LI^2$이다.

② 자계에너지는 전계에너지와 유사하나 전류가 흐르는 동안만 에너지를 보유한다.

③ 자계에너지에 의해 전류가 끊어질 때 에너지가 방출되므로 대전류는 천천히 방전해야 한다(방전회로).

## 4 자기 및 상호인덕턴스

### (1) 자기인덕턴스의 표현식: 자기인덕턴스의 표현식은 다음과 같다.

$$L = \frac{N\phi}{I} = \frac{1}{I^2}\int_v \boldsymbol{B} \cdot \boldsymbol{H}dv = \frac{1}{I^2}\int_v \boldsymbol{A} \cdot \boldsymbol{J}dv\,[\mathrm{H}]$$

### (2) 여러 가지 경우의 자기인덕턴스

\* $L$: 자기인덕턴스$[\mathrm{H}]$, $\mu$: 투자율, $N$: 권수, $I$: 전류$[\mathrm{A}]$, $S$: 단면적$[\mathrm{m}^2]$, $a$: 반지름 $[\mathrm{m}]$, $l$; 길이$[\mathrm{m}]$, $d$: 선간거리$[\mathrm{m}]$

① 환상 솔레노이드: $L = \dfrac{\mu SN^2}{l}[\mathrm{H}]$

② 직선 솔레노이드: $L = \dfrac{\mu SN^2}{l}[\mathrm{H}]$

③ 원형 코일: $L = \dfrac{\pi a\mu N^2}{2}[\mathrm{H}]$

④ 동축 케이블

㉠ 내부 인덕턴스: $L_i = \dfrac{\mu}{8\pi}[\mathrm{H/m}]$

㉡ 외부 인덕턴스: $L_e = \dfrac{\mu_0}{2\pi}\ln\dfrac{b}{a}[\mathrm{H/m}]$

㉢ 전 인덕턴스: $L = L_e + L_i = \dfrac{\mu_0}{2\pi}\ln\dfrac{b}{a} + \dfrac{\mu}{8\pi}[\mathrm{H/m}]$

⑤ 평행 왕복도체: $L = \dfrac{\mu_0}{\pi}\ln\dfrac{d}{a} + \dfrac{\mu}{4\pi}[\mathrm{H/m}]$

### (3) 자기인덕턴스와 상호인덕턴스의 관계식

① 누설자속이 없는 경우 자기인덕턴스와 상호인덕턴스의 관계식은 다음과 같다.

$$M = \sqrt{L_1 L_2}$$

② 자기회로에서는 누설자속이 있기 때문에 다음과 같이 $0 \leq k \leq 1$의 결합계수 $k$를 이용하여 상호인덕턴스가 구해진다.

$$M = k\sqrt{L_1 L_2}$$

③ 결합계수의 크기에 따른 경우는 다음과 같다.

  ㉠ $k = 0$: 자기적 결합이 전혀 되지 않음($M = 0$)

  ㉡ $0 < k < 1$: 일반적인 자기 결합 상태($M = k\sqrt{L_1 L_2}$)

  ㉢ $k = 1$: 완전한 자기 결합($M = \sqrt{L_1 L_2}$)

### (4) 노이만의 공식: 원형 코일 $C_1$과 $C_2$가 있을 때 두 코일 사이의 상호인덕턴스는 다음과 같은 노이만의 공식에 의해 구할 수 있다.

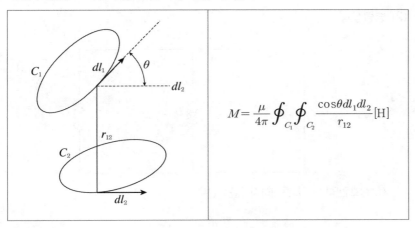

$$M = \frac{\mu}{4\pi} \oint_{C_1} \oint_{C_2} \frac{\cos\theta \, dl_1 dl_2}{r_{12}} \, [\text{H}]$$

## 5 인덕턴스의 접속

### (1) 직렬접속

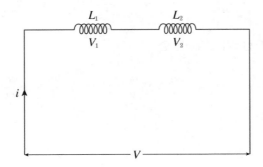

① 상호인덕턴스가 존재하지 않는 경우

$$V_1 = L_1 \frac{di}{dt}, \quad V_2 = L_2 \frac{di}{dt}$$

$$V = L \frac{di}{dt} = V_1 + V_2 = L_1 \frac{di}{dt} + L_2 \frac{di}{dt} = (L_1 + L_2) \frac{di}{dt}$$

$$\therefore L = L_1 + L_2$$

② 상호인덕턴스가 존재하는 경우

$$V_1 = L_1 \frac{di}{dt} \pm M \frac{di}{dt}, \quad V_2 = L_2 \frac{di}{dt} \pm M \frac{di}{dt}$$

$$V = L \frac{di}{dt} = L_1 \frac{di}{dt} + L_2 \frac{di}{dt} \pm 2M \frac{di}{dt}$$

$$\therefore L = L_1 + L_2 \pm 2M$$

\* (+): 두 코일에서 생기는 자속이 합쳐지는 방향일 때
  (−): 두 코일에서 생기는 자속이 반대 방향일 때

## (2) 병렬접속

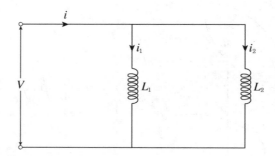

① 상호인덕턴스가 존재하지 않는 경우

$$V = L_1 \frac{di_1}{dt} = L_2 \frac{di_2}{dt}, \quad i = i_1 + i_2$$

$$\frac{V}{L} = \frac{di}{dt} = \frac{di_1}{dt} + \frac{di_2}{dt} = \frac{V}{L_1} + \frac{V}{L_2}$$

$$\therefore \frac{1}{L} = \frac{1}{L_1} + \frac{1}{L_2} \quad \text{또는} \quad L = \frac{L_1 L_2}{L_1 + L_2}$$

② 상호인덕턴스가 존재하는 경우

$$V = L_1 \frac{di_1}{dt} \pm M \frac{di_2}{dt} [\text{V}], \quad V = L_2 \frac{di_2}{dt} \pm M \frac{di_1}{dt} [\text{V}]$$

○ 상호자속에 의해 합성 자속이 감소될 때:

$V = L_1 \dfrac{di_1}{dt} - M\dfrac{di_2}{dt}$, $\ V = L_2 \dfrac{di_2}{dt} - M\dfrac{di_1}{dt}$ 이므로

$$\therefore\ L_d = \frac{L_1 L_2 - M^2}{L_1 + L_2 + 2M}$$

○ 상호자속에 의해 합성 자속이 증가될 때:

$V = L_1 \dfrac{di_1}{dt} + M\dfrac{di_2}{dt}$, $\ V = L_2 \dfrac{di_2}{dt} + M\dfrac{di_1}{dt}$ 이므로

$$\therefore\ L_d = \frac{L_1 L_2 + M^2}{L_1 + L_2 - 2M}$$

## 6 자기인덕턴스와 상호인덕턴스가 결합된 회로의 자계에너지

$$dW = -e\,dq = \frac{d\phi}{dt}dq = d\phi\frac{dq}{dt} = i\,d\phi$$

① $I_1$의 전류가 흐르는 코일 1에서, 코일 2의 전류 $I_2$에 의한 자속에 의해 발생하는 자계에너지

$$dW = I_1 d\phi_{12} = I_1 B_{12} dS_2$$
$$W_1 = I_1 \int_{S_2} B_{12} dS_2 = I_1 \phi_{12} = M_{12} I_1 I_2$$

② $I_2$의 전류가 흐르는 코일 2에서, 코일 1의 전류 $I_1$에 의한 자속에 의해 발생하는 자계에너지

$$dW = I_2 d\phi_{21} = I_2 B_{21} dS_1$$
$$W_2 = I_2 \int_{S_2} B_{21} dS_1 = I_2 \phi_{21} = M_{21} I_1 I_2$$

③ 두 회로는 서로 영향을 힘을 미치므로 상호자기유도에 의한 자계에너지는 다음과 같다.

$$W_M = \frac{1}{2}(W_1 + W_2) = \frac{1}{2}(I_1\phi_{12} + I_2\phi_{21}) = M I_1 I_2$$

④ 따라서 전체 자계에너지는 다음과 같다.

$$W = \frac{1}{2}L_1 I_1^2 + \frac{1}{2}L_2 I_2^2 \pm M I_1 I_2 [\text{J}]$$

# CHAPTER 12 전자계

## 제1절 변위전류 및 맥스웰의 방정식

### 1 변위전류

(1) 변위전류의 정의

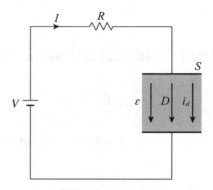

**변위전류가 흐르는 회로**

① **전도전류**: 도체 내에서 자유 전자의 이동에 의해 흐르는 전류
② **변위전류**: 유전체에서 구속 전자의 변위에 의해 나타나는 전류

$$I_d = \frac{dQ}{dt} = S\frac{\partial D}{\partial t}[\text{A}]$$

(2) 변위전류밀도

① **정의**: 변위전류를 면적 $S$로 나누어준 값. 전속밀도의 시간적 변화율에 의한 전류
② **표현식**

$$i_d = \frac{\partial \boldsymbol{D}}{\partial t} = \varepsilon\frac{\partial \boldsymbol{E}}{\partial t} = \varepsilon_0\frac{\partial \boldsymbol{E}}{\partial t} + \frac{\partial \boldsymbol{P}}{\partial t}[\text{A/m}^2]$$

$$(\because \boldsymbol{D} = \varepsilon\boldsymbol{E} = \varepsilon_0\boldsymbol{E} + \boldsymbol{P})$$

③ **식의 의미**: 유전체 중의 변위전류는 진공 중의 전계 변화에 의한 변위전류와 구속 전자의 변위에 의한 분극전류의 합이다.

(3) **일반 매질에서의 변위전류**: 전도전류와 변위전류의 합

$$i = i_c + i_d = \sigma \boldsymbol{E} + \frac{\partial \boldsymbol{D}}{\partial t}$$

$$= \sigma \boldsymbol{E} + \varepsilon \frac{\partial \boldsymbol{E}}{\partial t}$$

$$= \sigma \boldsymbol{E} + \varepsilon_0 \frac{\partial \boldsymbol{E}}{\partial t} + \frac{\partial \boldsymbol{P}}{\partial t} [\text{A/m}^2]$$

## 2 맥스웰의 전자방정식

### (1) 정상계와 비정상계

① **정상계(불시변계)**: 정전계 및 직류가 흐를 때 발생하는 자계(정자계) 등을 지칭하는 말로, 정전계와 정자계는 독립적으로 존재할 수 있다. 즉, 시간이 변화하지 않을 때 전계와 자계는 상호 관련이 없다.

② **비정상계(시변계)**: 시간적으로 변화하는 전계와 자계에 대하여 다음과 같은 실험적 사실이 밝혀져 있다.
  ㉠ 자계가 변화하면 전계가 발생한다.
  ㉡ 전계가 변화하면 자계를 발생한다.

③ 따라서 전계와 자계는 독립되어 있지 않고 상호 관련성이 있다. 이를 기술하는 방정식을 맥스웰의 전자방정식이라고 한다.

### (2) 맥스웰의 전자방정식

① 전자계에서 성립하는 맥스웰 전자방정식

| 맥스웰 전자방정식 | | 의미 |
|---|---|---|
| 미분형 | 적분형 | |
| $\nabla \times \boldsymbol{E} = -\dfrac{\partial \boldsymbol{B}}{\partial t}$ | $\oint_c \boldsymbol{E} \cdot dl = -\int_S \dfrac{\partial \boldsymbol{B}}{\partial t} \cdot d\boldsymbol{S}$ | 패러데이 법칙 |
| $\nabla \times \boldsymbol{H} = i_c + \dfrac{\partial \boldsymbol{D}}{\partial t}$ | $\oint_c \boldsymbol{H} \cdot dl = I + \int_S \dfrac{\partial \boldsymbol{D}}{\partial t} \cdot d\boldsymbol{S}$ | 암페어 주회적분 법칙 |
| $\nabla \cdot \boldsymbol{D} = \rho$ | $\oint_S \boldsymbol{D} \cdot d\boldsymbol{S} = \int_v \rho \, dv = Q$ | 가우스 정리 |
| $\nabla \cdot \boldsymbol{B} = 0$ | $\oint_S \boldsymbol{B} \cdot d\boldsymbol{S} = 0$ | 가우스 정리 |

② 맥스웰의 전자방정식의 물리적 의미
  ㉠ **맥스웰 전자방정식의 변형**: 진공 중에 전도전류 $i_c = 0$인 안테나와 같은 도체가 있고, 도체에서 전류가 변화하고 있을 때, 전계 및 자계 주위의 진공 매질에 관한 식은 다음과 같이 주어진다.

$$\nabla \times \boldsymbol{E} = -\mu_0 \frac{\partial \boldsymbol{H}}{\partial t}, \ \nabla \times \boldsymbol{H} = \varepsilon_0 \frac{\partial \boldsymbol{E}}{\partial t}$$

ⓒ 식의 의미
- 공간내의 한 점에서 시변전계 $\boldsymbol{E}$는 주위에 회전하는 자계 $\boldsymbol{H}$를 발생시키고, 그 자계도 시변자계이므로 다시 그 주위에 회전하는 전계를 발생시킨다. 따라서 전계와 자계가 진공 중에서 순차적으로 서로를 유도해 나가기 때문에 전계와 자계는 도체의 전류로부터 차례로 진공 중을 전파해 간다.
- 변위전류를 고려하지 않으면 $\nabla \times \boldsymbol{E} = 0$이므로 전계가 변해도 그 주위에 자계가 발생하지 않아 더 이상 전파될 수 없다. 즉, 변위전류를 고려하지 않으면 전류 주위에 전계와 자계가 발생하지만 파동으로 전파할 수 없으므로 변위전류를 도입함으로써 순차적으로 반복되어 파동으로 전파되는 것을 설명할 수 있다.

## 제2절  전자파 및 평면파

### 1 전자계의 파동방정식

#### (1) 전자계의 파동방정식의 유도

① 유전율 $\varepsilon$, 투자율 $\mu$, 도전율 $\sigma$가 어느 곳이나 일정하고, 전하를 포함하지 않는 공간, 즉 진공 또는 완전 유전체와 같은 공간의 비도전성 균질 매질($i = 0$, $\rho = 0$)에서 성립하는 맥스웰의 전자 방정식은 다음과 같이 주어진다.

$$\begin{cases} \nabla \times \boldsymbol{E} = -\mu \dfrac{\partial \boldsymbol{H}}{\partial t} \\[2mm] \nabla \times \boldsymbol{H} = \varepsilon \dfrac{\partial \boldsymbol{H}}{\partial t} \\[2mm] \nabla \cdot \boldsymbol{D} = 0 \;\rightarrow\; \nabla \cdot \boldsymbol{E} = 0 \\[2mm] \nabla \cdot \boldsymbol{B} = 0 \;\rightarrow\; \nabla \cdot \boldsymbol{H} = 0 \end{cases}$$

② $\nabla \cdot \boldsymbol{v} = 0$인 임의의 벡터 $\boldsymbol{v}$에 대해 다음의 사실이 성립한다.

$$\nabla \times (\nabla \times \boldsymbol{v}) = \nabla(\nabla \cdot \boldsymbol{v}) - \nabla^2 \boldsymbol{v}$$
$$\therefore\; \nabla \times (\nabla \times \boldsymbol{v}) = -\nabla^2 \boldsymbol{v}$$

③ 따라서 다음과 같이 전자계에 대하여 2계 벡터 미분방정식인 파동방정식을 얻을 수 있다.

ⓒ 전계: $\nabla^2 \boldsymbol{E} = -\nabla \times (\nabla \times \boldsymbol{E}) = -\nabla \times \left(-\mu \dfrac{\partial \boldsymbol{H}}{\partial t}\right),$

$$\nabla \times \left(-\mu \dfrac{\partial \boldsymbol{H}}{\partial t}\right) = -\mu \dfrac{\partial}{\partial t}(\nabla \times \boldsymbol{H}) = -\mu \dfrac{\partial}{\partial t}\left(\varepsilon \dfrac{\partial \boldsymbol{E}}{\partial t}\right) = -\varepsilon\mu \dfrac{\partial^2 \boldsymbol{E}}{\partial t^2}$$

이므로

$$\therefore\; \nabla^2 \boldsymbol{E} = \varepsilon\mu \dfrac{\partial^2 \boldsymbol{E}}{\partial t^2}$$

ⓒ 자계: $\nabla^2 \boldsymbol{H} = -\nabla \times (\nabla \times \boldsymbol{H}) = -\nabla \times \left( \varepsilon \dfrac{\partial \boldsymbol{E}}{\partial t} \right)$,

$\nabla \times \left( \varepsilon \dfrac{\partial \boldsymbol{E}}{\partial t} \right) = \varepsilon \dfrac{\partial}{\partial t} (\nabla \times \boldsymbol{E}) = \varepsilon \dfrac{\partial}{\partial t} \left( -\mu \dfrac{\partial \boldsymbol{H}}{\partial t} \right) = -\varepsilon \mu \dfrac{\partial^2 \boldsymbol{H}}{\partial t^2}$ 이므로

$\therefore \ \nabla^2 \boldsymbol{H} = \varepsilon \mu \dfrac{\partial^2 \boldsymbol{H}}{\partial t^2}$

### (2) 파동방정식을 풀기 위한 제한 조건

① 전계 $\boldsymbol{E}$는 $x$성분 $E_x$만 존재한다. ($E_y = E_z = 0$)

$$\boldsymbol{E} = E_x \boldsymbol{i} = E_x(x, \ y, \ z, \ t)\boldsymbol{i}$$

② $E_x$는 $x$, $y$축 변화에 대하여 일정(균일)하다.

$$\dfrac{\partial E_x}{\partial x} = \dfrac{\partial E_y}{\partial y} = 0$$

즉, 전계 $\boldsymbol{E}$는 $z$성분과만 관계되므로 다음과 같이 나타낼 수 있다.

$$\boldsymbol{E} = E_x \boldsymbol{i} = E_x(z, \ t)\boldsymbol{i}$$

③ 전계는 시간 $t$에 대하여 각주파수 $\omega$의 정현적으로 변화한다.

$$\boldsymbol{E} = E_x(z, \ t)\boldsymbol{i} = E_x(z)\cos\omega t \boldsymbol{i}$$

## ② 평면파

파동 에너지가 파 진행 방향으로 전 공간에 걸쳐 무한 평면 형태로 퍼져나가는 파동을 평면파라고 하며 파동방정식을 단순화시켜 평면파로 가정하면 구하면 다음과 같이 해를 구할 수 있다.

### (1) 제한 조건에 따른 파동방정식

① 세 가지 제한 조건을 적용한 파동 방정식은 다음과 같이 주어진다.

$$\dfrac{\partial^2 E_x}{\partial z^2} = -\omega^2 \varepsilon \mu E_x$$

② 이를 이항하여 다음의 2계 동차 미분방정식❶을 얻는다.

$$d^2 \dfrac{E_x(z)}{dz^2} + \omega^2 \varepsilon \mu E(z) = 0$$

❶ 2계 동차 미분방정식의 해법
• 특성방정식으로 변환한 다음, 특성근을 구한다.

$\dfrac{d^2}{dx^2} \to \lambda^2, \ \dfrac{d}{dx} \to \lambda$

특성방정식:
$\lambda^2 + a\lambda + b = 0$(특성근: $\lambda_1, \ \lambda_2$)
• 일반해의 표현 방법
$y = A_1 e^{\lambda_1 x} + A_2 e^{\lambda_2 x}$
이때, 미정계수 $A_1$, $A_2$는 초기조건 및 경계 조건에 의하여 구한다.

(2) 제한 조건에 따는 파동방정식의 풀이

① 특성방정식과 특성근

$$\lambda^2 + \omega^2 \varepsilon \mu = 0, \ \therefore \lambda = \pm j\omega\sqrt{\varepsilon\mu}$$

② 전계의 일반해

$$E_x(z) = A_1 e^{-j\omega\sqrt{\varepsilon\mu}\,z} + A_2 e^{j\omega\sqrt{\varepsilon\mu}\,z}$$

③ 전계는 시간 $t$에 대하여 각주파수 $\omega$의 정현적으로 변하고, 실수부만 따져주므로 다음과 같다.

$$E_{x1}(z, \ t) = E_{m1}\cos(\omega t - \omega\sqrt{\varepsilon\mu}\,z) = E_{m1}\cos\omega(t - \sqrt{\varepsilon\mu}\,z)$$

(3) 평면파의 전파속도

① 전계의 함수는 전형적인 파동방정식의 형태이다.

$$E_{x1}(z, \ t) = E_{m1}\cos\omega(t - \sqrt{\varepsilon\mu}\,z) = E_{m1}\cos\omega\left(t - \frac{z}{v}\right)$$

② 따라서 평면파의 전파속도는 다음과 같이 주어진다.

$$v = f\lambda = \frac{1}{\sqrt{\varepsilon\mu}}[\mathrm{m/s}]$$

③ 진공 중에서 전파속도는 다음과 같다.

$$v_0 = \frac{1}{\sqrt{\varepsilon_0\mu_0}} = 3 \times 10^8 = c[\mathrm{m/s}](\text{광속})$$

## ③ 전계와 자계의 상호 관계 및 전자파의 성질

(1) $\nabla \times \boldsymbol{E} = -\mu_0 \dfrac{\partial \boldsymbol{H}}{\partial t}$ 이므로 다음의 관계식이 성립한다.

$$\begin{cases} E_x = E_{01} e^{j\omega t - j\omega\sqrt{\varepsilon\mu}\,z} \\ H_y = \sqrt{\dfrac{\varepsilon}{\mu}}\, E_{01} e^{j\omega t - j\omega\sqrt{\varepsilon\mu}\,z} \end{cases}$$

(2) **전자파의 성질**: 전파(電波, electric wave)와 자파(磁波, magnetic wave)는 항상 공존하기 때문에 전자파(電磁波, electromagnetic wave)라고 하며 그 특징은 다음과 같다.

① 전계 $E_x$와 자계 $H_y$는 공존하면서 **상호 직각 방향으로 진동**을 한다.

② 진공 또는 완전유전체에서 **전계와 자계의 파동의 위상차는 없다.**

③ 전자파 전달 방향은 $\boldsymbol{E} \times \boldsymbol{H}$ 방향이다.

④ 전자파 전달 방향의 $E$, $H$ 성분은 없다.

⑤ 전계 $E$와 자계 $H$의 비는 $\dfrac{E_x}{H_y} = \sqrt{\dfrac{\mu}{\varepsilon}}$ 이다.

(3) **매질의 고유 임피던스**: 전자파가 진행할 때 전계와 자계 사이의 진폭의 비

① 고유 임피던스

$$\eta = \frac{E}{H} = \sqrt{\frac{\mu}{\varepsilon}} \, [\Omega]$$

② 고유 임피던스(진공, 자유공간)

$$\eta_0 = \frac{E}{H} = \sqrt{\frac{\mu_0}{\varepsilon_0}} = 377 \, [\Omega]$$

## 4 도체 내의 전자파

### (1) 도체 내의 전자파

① 도체내의 맥스웰 전자방정식은 다음과 같이 주어진다.

$$\nabla \times E = -j\omega\mu H, \ \nabla \times H = \sigma E$$

② 위 두 식을 정리하면 다음과 같은 벡터 파동방정식을 얻는다.

$$\nabla^2 E = j\omega\sigma\mu E$$
$$\therefore \nabla^2 E - j\omega\sigma\mu E = 0$$

③ 이는 다음과 같은 형식의 벡터 파동방정식과 같다.

$$\nabla^2 E - \gamma^2 E = 0$$

④ 위 식에서 $\gamma = \alpha + j\beta(\alpha, \ \beta$는 양의 정수$)$를 전파정수(propagation constant)라고 하며 $\alpha$를 감쇠정수, $\beta$를 위상정수라고 한다.

㉠ $\gamma^2 = j\omega\sigma\mu$이므로

$$\therefore \gamma = \pm \sqrt{j\omega\sigma\mu} = \pm \sqrt{\omega\sigma\mu} \sqrt{j}$$

㉡ 한편, $\sqrt{j} = (e^{j\pi/2})^{1/2} = e^{j\pi/4} = \cos\dfrac{\pi}{4} + j\sin\dfrac{\pi}{4} = \dfrac{1}{\sqrt{2}} + j\dfrac{1}{\sqrt{2}}$ 이다.

㉢ 따라서 전파정수는 다음과 같다.

$$\gamma = \sqrt{\omega\sigma\mu/2} + j\sqrt{\omega\sigma\mu/2}$$

㉣ 감쇠정수와 위상정수는 다음과 같다.

$$\alpha = \beta = \sqrt{\omega\sigma\mu/2} = \sqrt{\pi f\sigma\mu} \ (단, \ \omega = 2\pi f)$$

⑤ 전파속도

$$v = \frac{\omega}{\beta} = \frac{\omega}{\sqrt{\omega\sigma\mu/2}} = \sqrt{\frac{2\omega}{\sigma\mu}}\,[\text{m/s}]$$

⑥ 도체의 고유 임피던스

$$\eta = \sqrt{\frac{j\omega\mu}{\sigma + j\omega\varepsilon}}$$

$$\therefore \eta = \sqrt{\frac{j\omega\mu}{\sigma}} = \sqrt{\frac{\omega\mu}{\sigma}}\, \angle 45^\circ$$

⑦ 전계와 자계
 ㉠ 표현식

$$\boldsymbol{E} = E_x \boldsymbol{i} = E_0 e^{-\alpha z}\cos(\omega t - \beta z)\boldsymbol{i},$$

$$\boldsymbol{H} = H_y \boldsymbol{j} = \frac{1}{\eta}E_0 e^{-\alpha z}\cos(\omega t - \beta z - \frac{\pi}{4})\boldsymbol{j}$$

 ㉡ 의미: 도체내의 전자파는 속도 $\sqrt{2\omega/\sigma\mu}$ 로 $+z$방향으로 진행하면서 진폭이 $-e^{\alpha z}$만큼 감쇠하고, 전계는 자계보다 위상이 $45^\circ$ 앞선다.

## (2) 표피효과 및 도체내의 전자파의 성질

① 표피효과: 전자파가 도체내를 진행하면서 진폭이 감쇠하는 효과
② 침투깊이(표피두께): 전자파가 물질 내부로 침투하는 평균 깊이

$$\delta = \frac{1}{\alpha} = \frac{1}{\sqrt{\omega\sigma\mu/2}} = \frac{1}{\sqrt{\pi f \sigma\mu}} \quad (\text{단, } \omega = 2\pi f)$$

③ 도체내의 전자파 성질
 ㉠ 도체내에 전자파는 진입하기 어렵다.
 ㉡ 도체에서 전자파의 속도는 매우 늦다.

## 5 전자파의 에너지와 포인팅 벡터

### (1) 전자계 에너지

① 전계와 자계가 존자하는 전자계에서 단위체적당 축적되는 에너지는 다음과 같다.

$$\begin{cases} w_e = \dfrac{1}{2}\boldsymbol{D}\cdot\boldsymbol{E} = \dfrac{1}{2}\varepsilon E^2[\text{J/m}^3] \\ w_m = \dfrac{1}{2}\text{B}\cdot\text{H} = \dfrac{1}{2}\mu\text{H}^2[\text{J/m}^3] \end{cases}$$

$$\therefore w = w_e + w_m = \frac{1}{2}(\varepsilon E^2 + \mu H^2)[\text{J/m}^3]$$

② 전자파에서 고유 임피던스($\eta = \sqrt{\dfrac{\mu}{\varepsilon}}$)를 적용하면 $E = \sqrt{\dfrac{\mu}{\varepsilon}} H = \eta H$이므로 다음의 식이 성립한다.

$$w_e = w_m, \ w = 2w_e = 2w_m$$
$$\therefore \ w = \varepsilon E^2 = \mu H^2$$

## (2) 포인팅벡터

① 단위면적당의 전력(전력밀도): 평면파에서 $E$와 $H$의 전자에너지가 전파속도 $v$로 진행 방향에 수직인 단면을 통과하므로 단위 시간 동안 단위 면적을 통과하는 전자계 에너지는 다음과 같다.

$$P = wv\left[\dfrac{\text{J}}{\text{m}^3} \cdot \dfrac{\text{m}}{\text{s}}\right] = wv\left[\dfrac{\text{J}}{\text{s}} \cdot \dfrac{1}{\text{m}^2}\right] = wv\left[\dfrac{\text{W}}{\text{m}^2}\right]$$

② 전력밀도 $P$의 크기는 다음과 같이 주어진다.

$$P = wv = \varepsilon E^2 \cdot \dfrac{1}{\sqrt{\varepsilon\mu}} = \mu H^2 \cdot \dfrac{1}{\sqrt{\varepsilon\mu}} = EH[\text{W/m}^2]$$

③ 포인팅 벡터(Poynting vector): 전자계 내의 한 점을 통과하는 에너지 흐름의 단위 면적당 전력 또는 전력 밀도를 표시하는 벡터

$$\boldsymbol{P} = \boldsymbol{E} \times \boldsymbol{H}$$

## 6 자기 벡터 포텐셜

### (1) 도입 배경

① 정전계 문제에서 전기 스칼라 포텐셜(전위) $V$를 전계의 세기 $E$와 연관지어 ($E = -\nabla V$) 간단히 취급할 수 있다.
② 자계에서도 이와 마찬가지로 퍼텐셜을 정의할 수 있다.
③ $\boldsymbol{B} = \nabla \times \boldsymbol{A}$가 되도록 하는 $\boldsymbol{A}$를 자기 벡터 포텐셜이라고 한다.

### (2) 자기 벡터 포텐셜 $A$

① 전위에 대한 정의식은 다음과 같다.

$$V = \int dV = \int \dfrac{dQ}{4\pi\varepsilon_0 r}$$

② 이와 유사하게 자기 벡터 포텐셜을 다음과 같이 정의한다.

㉠ 선전류 $I$에 대해서: $A = \displaystyle\int_L \dfrac{\mu_0 I dl}{4\pi R}$

㉡ 면전류 $K$에 대해서: $A = \displaystyle\int_S \dfrac{\mu_0 K dS}{4\pi R}$

© 체적전류 $J$에 대해서: $A = \int_v \dfrac{\mu_0 J dv}{4\pi R}$

## 제3절 전자계의 경계조건

### 1 전자파의 반사와 투과

**(1) 전자파의 반사와 투과**

① **기본 가정**: 도체에서 서로 다른 매질의 경계면에서 균일 평면파의 전자파가 입사되었을 때 반사와 투과가 일어나는 경우

② **경계면에서 전자파의 구분**

  ㉠ **입사파(入射波, incident wave)**: 경계면에 입사하여 들어오는 전자파

  ㉡ **반사파(反射波, reflected wave)**: 경계면에서 반사하여 되돌아가는 전자파

  ㉢ **투과파(透過波, transmitted wave)**: 경계면에서 다른 매질로 통과하여 진행하는 전자파

③ **경계조건**: 유전체 및 자성체의 경계조건과 마찬가지로 전자파인 전계 $E$와 자계 $H$는 경계면에서 접선성분이 같다. 즉, 경계면에서 연속이다.

**(2) 유전체의 경계면에 수직 입사하는 경우**

① 경계면에서 입사파, 반사파, 투과파의 관계

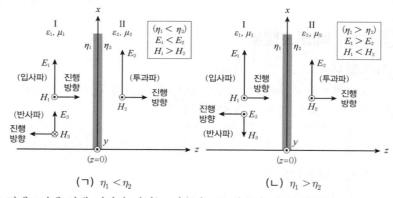

(ㄱ) $\eta_1 < \eta_2$  (ㄴ) $\eta_1 > \eta_2$

② 경계조건에 의해 전파와 자파는 연속이므로 다음의 식이 성립한다.

$$E_1 + E_3 = E_2, \ \ H_1 - H_3 = H_2$$

③ 매질 Ⅰ과 Ⅱ의 고유임피던스는 다음과 같다.

$$\eta_1 = \frac{E_1}{H_1} = \sqrt{\frac{\mu_1}{\varepsilon_1}}, \ \eta_2 = \frac{E_2}{H_2} = \sqrt{\frac{\mu_2}{\varepsilon_2}}, \ \eta_3 = \frac{E_3}{H_3} = \sqrt{\frac{\mu_1}{\varepsilon_1}}$$

④ 따라서 다음의 식이 성립한다.

$$E_1 = \eta_1 H_1, \ E_2 = \eta_2 H_2, \ E_3 = \eta_1 H_3$$

⑤ 경계조건을 도입하면 다음의 관계식을 얻을 수 있다.

㉠ 투과파: $E_2 = \dfrac{2\eta_2}{\eta_1 + \eta_2} E_1 = \dfrac{2\sqrt{\dfrac{\mu_2}{\varepsilon_2}}}{\sqrt{\dfrac{\mu_1}{\varepsilon_1}} + \sqrt{\dfrac{\mu_2}{\varepsilon_2}}}$, $H_2 = \dfrac{2\eta_1}{\eta_1 + \eta_2} H_1$

㉡ 반사파: $E_3 = \dfrac{\eta_2 - \eta_1}{\eta_1 + \eta_2} E_1 = \dfrac{\sqrt{\dfrac{\mu_2}{\varepsilon_2}} - \sqrt{\dfrac{\mu_1}{\varepsilon_1}}}{\sqrt{\dfrac{\mu_1}{\varepsilon_1}} + \sqrt{\dfrac{\mu_2}{\varepsilon_2}}} E_1$, $H_3 = \dfrac{\eta_1 - \eta_2}{\eta_1 + \eta_2} H_1$

⑥ 이때 투과계수와 반사계수는 다음과 같이 정의된다.

㉠ 투과계수: $T = \dfrac{E_2}{E_1} = \dfrac{2\eta_2}{\eta_1 + \eta_2}$

$$\therefore E_2 = TE_1$$

㉡ 반사계수: $R = \dfrac{E_3}{E_1} = \dfrac{\eta_2 - \eta_1}{\eta_1 + \eta_2}$

$$\therefore E_3 = RE_1$$

## 2 전자파의 반사파와 투과의 성질

(1) 두 매질의 고유임피던스는 항상 $\eta \geqq 0$이므로 $E_2 \geqq 0$, $H \geqq 0$이다. 즉 투과파는 존재하지 않거나 모두 입사파 $E_1$, $H_1$과 같은 방향이다.

(2) $\eta_1 = \eta_2$일 때, $R = 0$, $T = 1$이므로 입사파는 반사되는 성분 없이 모두 투과한다.

(3) $\eta_1 < \eta_2$일 때, 반사파는 $E_3 > 0$, $H_3 < 0$이므로 $E_3$는 $E_1$과 같은 방향이고, $H_3$는 $H_1$과 반대 방향이다.

(4) $\eta_1 > \eta_2$일 때, 반사파는 $E_3 < 0$, $H_3 > 0$이므로 $E_3$는 $E_1$과 반대 방향이고, $H_3$는 $H_1$과 같은 방향이다.

(5) $\eta_2 = 0$일 때, $R = -1$, $T = 0$이므로 입사파는 투과되는 성분없이 모두 반사된다. 이 경우 반사파 $E_3$는 $E_3 = -E_1$이므로 입사파와 반대 방향이고, $H_3$는 $H_3 = H_1$이 므로 입사파와 같은 방향이며 전반사를 일으킨다.

## 3 입사파와 투과파(반사파)의 크기 관계

| 매질의 관계 | 입사파와 투과파 | 입사파와 반사파 |
|---|---|---|
| $\eta_1 < \eta_2$ | $E_1 < E_2, \ H_1 > H_2$ | $E_1 > E_3, \ H_1 > H_3$ |
| $\eta_1 > \eta_2$ | $E_1 > E_2, \ H_1 < H_2$ | |

## ✓ 전력공학 출제비중

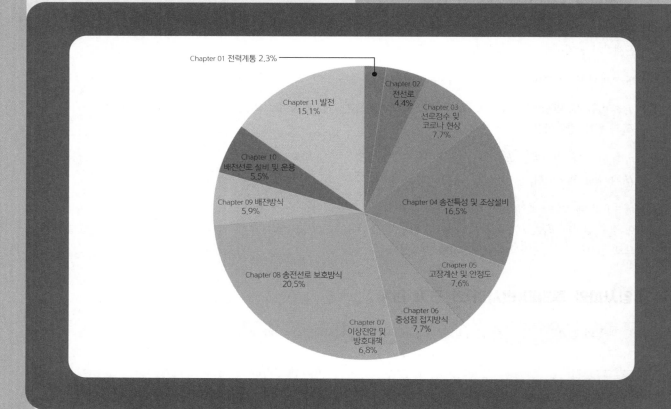

# PART 02
# 전력공학

참고 & 심화

## ① 직류 송전과 교류 송전

### (1) 직류 송전의 장점

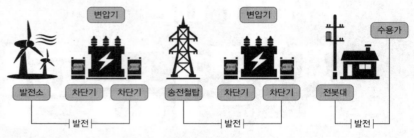

① 리액턴스나 위상각을 고려할 필요가 없어서 안정도가 좋다.
② 비동기 연계가 가능하므로 교류 계통을 연계시킬 수 있다.
③ 코로나손(Corona 損), 전력 손실이 적어서 송전 효율이 높다.
④ 선로 전압이 교류 전압의 최댓값보다 낮아서 절연계급이 낮아진다.

### (2) 직류 송전의 단점

① 전압의 승압, 강압이 불리하다.
② 직교 변환 장치가 필요하다.
③ 고주파 억제 대책, 직류용 차단기의 개발이 필요하다.

### (3) 교류 송전의 장점

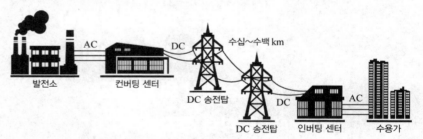

① 전압을 승압하거나 강압하기가 쉬워서 고압 송전에 유리하다
② 전류의 영점이 있어서 고전압, 대전류의 차단이 용이하다.
③ 전동기에 필요한 화전자계를 쉽게 얻을 수 있다.

## 2 승압 효과와 스틸 식

### (1) 승압 효과

① $P_{loss} = \dfrac{P^2 R}{V^2 \cos^2 \theta}$ 에서 전력 손실은 송전 전압의 제곱에 반비례하므로, 승압하면 전력 손실을 줄일 수 있다.

② $\epsilon = \dfrac{P(R + X \tan \theta_r)}{V_r^2}$ 에서 전력 손실률은 전압의 제곱에 반비례하므로, 승압을 하면 전압 강하율이 개선된다.

③ $\epsilon = \dfrac{PR}{V^2 \cos^2 \theta}$ 이므로 같은 손실률로 송전한다고 가정하면 $P$와 $V^2$이 비례관계이므로, 승압하면 더 많은 전력을 송전할 수가 있다.

④ 전압 변동률은 $\dfrac{\text{무부하전압} - \text{정격전압}}{\text{정격전압}}$ 이므로, 승압을 하면 전압 변동률이 줄어든다.

⑤ 송전 전압을 높이면 전류가 감소하므로 전선의 굵기를 줄일 수 있다(즉, 전선 비용은 줄어든다).

⑥ 송전 전압을 높이면 절연 레벨이 상승하므로 애자 지지물 등 절연 비용이 늘어난다.

### (2) 스틸 식

① 미국의 알프레드 스틸은 경제적인 전력 전송을 위한 송전 전압을 실험에 의해 다음과 같이 제시하였다.

$$V_s[\text{kV}] = 5.5 \sqrt{0.6L + \frac{P}{100}} \quad (L[\text{km}]\text{는 송전 거리}, \; P[\text{kW}]\text{는 송전 전력})$$

② 송전 전력이 4000kW, 송전 거리가 40km인 경우 경제적 송전 전압은 다음과 같다.

$$5.5 \sqrt{0.6 \times 40 + \frac{4000}{100}} = 44[\text{kV}]$$

## 3 계통 연계

① 우리나라의 에너지원별 설비용량은 표와 같은데 전력 계통의 경제적 운용을 위해서는 에너지원별 비중을 어떻게 변화시켜갈 것인지, 송배전 시설을 어떻게 확충할 것인지에 대한 중장기적 계획마련이 중요하다.

| 구분 | 원자력 | 석탄 | 유류 | LNG | 양수 | 신재생 | 기준 |
|---|---|---|---|---|---|---|---|
| 설비용량(%) | 20.9 | 29.6 | 3.8 | 32.7 | 4.3 | 8.7 | 11천만kW |

② 전력 품질의 유지를 위한 계통 제어는 전압과 무효전력 제어, 그리고 주파수와 유효전력 제어로 구분된다. 전력 공급신뢰도 유지, 계통 안정도 향상, 단락용량에 대한 대책 등이 함께 필요하다.

③ 전력 계통 연계에 따른 장단점

| 장점 | 단점 |
|---|---|
| • 전력의 융통으로 설비용량이 저감된다.<br>• 운전 경비가 절감되어 경제 급전이 용이하다.<br>• 각 전력 계통의 신뢰도가 증가한다.<br>• 부하 변동이 있더라도 주파수 유지가 가능하다. | • 계통 연계를 위한 설비를 신설해야 한다.<br>• 사고 시 타계통으로 파급될 우려가 있다.<br>• 병렬 선로가 많아져서 선로 임피던스의 감소로 단락 전류가 증대되고 전자 유도 장해가 커진다. |

④ 계통을 연계하더라도 단락 전류가 줄어들거나 단락 용량이 줄어들지는 않는다.

## 4 전력 조류와 주파수 변동

### (1) 용어에 대한 이해

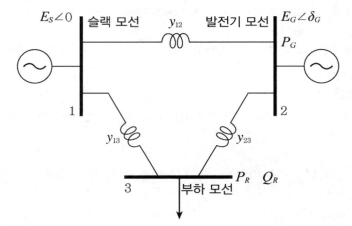

① **모선**: 송 · 배전선, 발전기, 변압기, 조상설비 등이 접속되어 있는 공동 도체. 전체 모선의 15%는 발전기 모선이고, 나머지 85%는 부하 모선이다.
② **슬랙 모선**: 위상각을 0°로 지정하여 다른 모선들의 위상각을 표현하는 기준이 되는 모선. 계통의 운전상태를 파악하여 계통의 확충, 운용안을 수립하고 사고를 미연에 예방한다.
③ **전력 조류**: 유효전력과 무효전력을 아우르는 전력의 흐름

## (2) 전력 조류 계산(Power Flow Calculation)

① 발전기에서 생겨난 유효전력과 무효전력이 어떤 상태로 계통 내를 흐르는지, 각 지점에서의 전압과 전력의 흐름이 어떤 분포를 나타내는지를 조사하기 위한 계산이 전력 조류 계산이다.

② 컴퓨터로 전력 조류를 계산할 때는 슬랙 모선의 지정값이 모선 전압의 크기와 모선 전압의 위상각이다.

| 모선 종류 | 기지값(미리 지정해주는 값) | 미지값(계산해서 알아내는 값) |
|---|---|---|
| 발전기 모선 | 유효전력, 모선전압의 크기 | 무효전력, 모선전압의 위상각 |
| 부하 모선 | 유효전력, 무효전력 | 모선전압의 크기, 위상각 |
| 슬랙 모선 | 모선전압의 크기, 위상각 | 유효전력, 무효전력, 손실 전력 |

③ **전력 조류 계산의 목적**: 계통의 확충 계획 입안, 계통의 운용방안 수립, 사고 예방 제어

## (3) 주파수 변동

① 전 세계 85%의 지역은 50Hz의 교류를 생산하여 사용하고 있지만 우리나라는 60Hz를 사용하고 있다.

  ㉠ 60Hz의 주파수는 50Hz에 비해 전동기 회전속도가 빨라서 기기 소형화에 적합하다.

  ㉡ 50Hz에 비해 변압기의 철손(무부하손)이 작다.

② 60Hz의 주파수는 50Hz에 비해 단점도 있다.

  ㉠ 전압 변동률, 리액턴스 강하, 충전전류가 크므로 경부하 시 페란티 효과가 커진다.

  ㉡ 부하 측의 유효전력이 변하면 주파수 변동을 야기한다. 예를 들면 스팀터빈 발전기의 거버너 밸브를 여닫을 때 주파수 변동이 야기된다.

③ 수력, 화력, 원자력 등 발전의 에너지원에 상관 없이 표준 주파수가 유지되도록 하는 주파수 제어 기술이 매우 중요하다.

## 1 가공 전선로

### (1) 가공전선로(架空電線路)의 구성

케이블, 철탑, 애자로 구성된다.

### (2) 전선의 종류

① 전선 구조에 따라 단선과 연선으로 나뉘는데, 가공 전선로에는 주로 연선 (stranded wire)을 쓴다. 얇은 소선 여러 가닥을 꼬아서 만든 연선은 표피효과 가 적고 코로나 발생도 억제해 준다.

② 피복의 유무에 따라 나전선과 절연전선으로 나뉘는데, 가공 전선로에는 주로 나전선이 사용된다.

③ 재질에 따라 경동선, 연동선, 알루미늄선, 강심 알루미늄 연선으로 나뉘는데 가 공 전선로에는 ACSR을 주로 사용한다. ACSR(Aluminum Condcutor Steel Reinforced)은 코로나 방지에 효과적이며 경동연선보다 가볍지만 저항률이 높 아서 동일한 전기저항을 갖는 경동연선에 비해 바깥지름이 크다.

### (3) 전선의 구비 조건

① 도전율이 높아서 전압 강하가 적고 허용 전류가 클 것
② 비중이 작으면서도 기계적 강도가 클 것
③ 신장률이 크고 유연성이 좋을 것

### (4) 전선의 굵기 선정

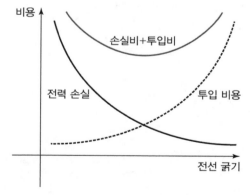

① 그림과 같이 전선 굵기가 클수록 전력 손실은 감소하지만 투입비용(재료구입, 시공, 유지관리)은 증가하기 때문에 두 가지 변수를 함께 고려하여 합이 최소가 되는 전선 굵기를 선정하면 경제적이다.

② **켈빈의 법칙**: 전선의 경제적 전류 밀도를 전력도, 전선비, 금리 및 상각비 등의 계수로 결정할 수 있다는 것이 켈빈의 법칙이다.

### (5) 송전탑

송전탑은 그 모양에 따라 A, B, C, D, E형으로 나눈다. 일반적으로 현수애자를 설치하기 용이한 A형 철탑이 많이 이용되며, 연속하는 10기의 A형 철탑마다 1기의 비율로 내장형 또는 보강형 철탑을 사용한다.

### (6) 이도(弛度)와 평균 높이

① 지지물 간의 길이를 경간 $S$, 가공전선이 밑으로 처진 정도를 이도라고 하는데 이도가 크면 이웃 전선이나 식물에 접촉할 염려가 있고, 이도가 너무 작으면 전선 장력 과다로 단선 사고가 발생할 수 있다.

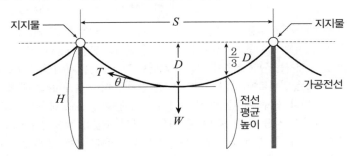

② 이도: 그림에서 장력 $T$[kg중]의 수직 성분이 전선의 단위길이당 무게 $w$[kg/m]와 평형을 이루므로 $\tan\theta \propto \dfrac{w}{T}$이고 직각삼각형에서 $\tan\theta \approx \dfrac{D}{S/2}$이므로 이도 $D$는 다음 수식으로 계산할 수 있다.

$$D[\mathrm{m}] = \frac{wS^2}{8T} \times 안전율$$

*이도가 클수록 안전하다.

③ 평균 높이: 철탑의 높이가 $H$, 이도가 $D$이면, 전선의 평균 높이는 다음과 같다.

$$h_{평} = H - \frac{2}{3}D$$

☞ 전선의 평균 높이를 일정하게 유지한다는 전제하에서 이도가 클수록 지지물도 더 높게 세워야 한다.

### (7) 전선 실제 길이

① 지지물에 걸쳐진 전선은 원호 모양으로 늘어져 있기 때문에 실제 길이는 경간 $S$보다 더 길며 이도 $D$의 영향을 많이 받는다.

② 경간과 이도가 주어질 때 전선의 실제 길이 $L$은 다음 수식으로 계산할 수 있다.

$$L[\mathrm{m}] = S + \frac{8D^2}{3S}$$

## ② 가공선로의 애자

**(1) 애자의 종류:** 대표적으로 핀애자와 현수애자가 있다.

핀 애자                현수 애자                애자련

① 핀 애자는 2~4층 갓 모양 자기편을 시멘트로 접착하고 그 자기를 주철제 베이스로 지지하는 구조이며 66kV 미만의 전선로에만 사용한다.

② 현수 애자는 원형 절연체 상하에 시멘트로 금구류를 부착한 것으로 66kV 이상의 모든 전선로에 사용 중이다. 연결 방법에 따라 클래비스형과 볼소켓형으로 세분된다. 현수 애자는 송전 전압의 크기에 따라 필요 개수만큼 2연, 3연으로 연결해서 사용이 가능하며 둘 이상의 애자 조합을 '애자련'이라고 부른다.

③ 애자련의 상하부에 소호각 또는 소호환을 부착하여 섬락에 의해 애자련이 파손되는 것을 방지한다.

**(2) 애자의 전압 분담**

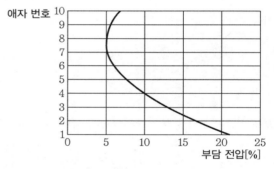

① 10연짜리 애자의 경우 맨 아래 1연의 전압 분담이 가장 크고, 7번째 애자의 전압 분담이 가장 작다.

② 전압 분담이 가장 큰 애자는 전선에서 가장 가까운 애자, 전압 분담이 가장 작은 애자는 전선에서 지지물 쪽으로 약 3/4 지점에 위치한 애자이다.

**(3) 현수 애자련의 연면섬락**

① 상하 금구 사이에 인가된 전압이 일정값 이상이 되었을 때 애자련의 표면에 지속적 아크가 발생하는 현상을 연면 섬락이라고 한다.

② 연면 섬락을 방지하기 위해서는 애자련 개수를 증가시키거나 주기적으로 애자련 표면을 닦아내야 한다.

③ 애자련의 표면에서 아크가 생기는 것이 연면 섬락, 가공지선이 뇌격을 받아서 애자에 아크가 생기는 것이 역섬락이다.

### (4) 애자의 특성이 나빠지는 원인

① 각 부분의 열팽창률 차이로 인한 파열
② 애자를 통해 흐르는 누설 전류에 의한 부분 균열
③ 금구류를 부착시킨 시멘트의 화학팽창 또는 동결팽창

### (5) 애자의 구비 조건

① 절연 내력이 커서 누설 전류가 적을 것
② 악기상 조건에도 필요한 표면 저항을 갖출 것
③ 자기 정전용량이 작아서 용량 리액턴스가 클 것
④ 열화가 적고 기계적 강도가 크며 습기를 흡수하지 않을 것

## ③ 가공 전선로의 기타 부속물

### (1) 스페이서와 댐퍼

① 바람에 의해 전선이 계속 진동을 일으키면 지지물의 기계적 강도가 약해지거나 단선 사고가 발생할 수 있어서, 선로 간격을 유지하는 스페이서, 바람에 의한 진동을 흡수하는 댐퍼를 설치한다.
② 일반적으로 2도체용은 스페이서, 4도체 이상은 간격 유지와 진동 방지 기능이 결합된 제품을 쓰므로 스페이서 댐퍼라고 부른다.

### (2) 가공지선(架空地線; overhead ground wire)

공중을 가로지르는 접지선이라는 뜻으로, 최상단에 송전선과 나란히 가설하여 송전선을 뇌의 직격으로부터 보호하는 피뢰침 역할을 하며, 접지선을 통해 지면과 이어져 있다.

## ④ 지중 전선로

### (1) 지중 전선로 채택의 사유

① 도시의 경관을 중요시하는 경우
② 전력의 수용밀도가 아주 높을 경우
③ 자연재해에 의한 사고를 미연에 방지해야 하는 경우
④ 보안상의 문제로 가공선로를 건설할 수 없는 경우

### (2) 지중 전선로의 장단점

| 장점 | 단점 |
| --- | --- |
| ① 경과지 확보, 다회선 설치가 용이하다. | ① 같은 굵기의 도체로는 가공 전선로에 비해 송전 용량이 적고 공사비가 비싸다. |
| ② 타시설물에 대한 유도장해가 적다. | ② 선로사고 시 고장발견 및 보수가 어렵다. |
| ③ 외부 기상 여건 등의 영향을 받지 않는다. | |

(3) 전력 케이블에 의한 전력 손실

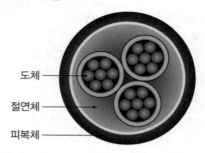

도체

절연체

피복체

전력 케이블은 중심에 연선의 도체들이 있고, 절연체와 피복체(sheath)가 도체를 감싸고 있는 구조인데 도체의 열작용에 의한 저항손이 가장 크지만 절연체에 의한 유전체손, 외피에 의한 시스손도 줄이려는 경감 대책이 필요하다.

(4) 지중 전선로 고장점 찾아내는 방법

① 선로 정전용량은 선로 길이에 비례하기 때문에 단선 사고가 나면 정전용량이 줄어든다.

② 즉, 건전상의 정전용량을 $C_0$, 선로 길이를 $l$, 고장점까지의 거리를 $x$라 하면

$l : x = C_0 : C_x$로부터 고장점까지의 거리 $x = \dfrac{C_x}{C_0}l$이다.

# CHAPTER 03 선로정수 및 코로나 현상

## 1 선로정수

### (1) 선로정수 개요

① 선로 자체가 가지는 전기저항, 작용 인덕턴스, 작용 정전용량, 누설 컨덕턴스 등의 매개변수들을 전력공학에서는 선로정수라고 부른다.

② 선로정수는 전선의 종류, 굵기, 배치에 따라 정해진다.

③ 송전전압, 주파수, 전류, 역률 등에는 영향을 받지 않는 상수이므로 영어로는 line constant라고 쓴다.

④ 리액턴스, 임피던스는 주파수에 따라 변하므로 선로정수에 포함되지 않는다.

### (2) 저항

① 도선에 전류가 흐르면 전류의 열작용에 의해 도체내의 어떤 성분이 전류의 흐름을 방해하는데 이것을 수치화한 것이 바로 전기 저항이다. 고유저항(또는 비저항) $\rho$, 단면적 $S$, 길이 $l$인 도선의 저항 R는 다음 식으로 표현된다.

$$R(\Omega) = \rho \frac{l}{S}$$

② 구리도선의 고유저항이 $\frac{1}{58}(\Omega \cdot \text{㎟}/\text{m})$이므로 다른 금속의 고유저항 $\rho$는 도전율 c(%)이라는 물리량을 도입하여 다음과 같이 고쳐쓸 수 있다.❶

$$\text{고유저항 } \rho(\Omega \cdot \text{㎟}/\text{m}) = \frac{1}{58} \times \frac{100}{c}$$

③ **표피 효과**: 도체에 교류가 흐르면 도체의 중심축과 표피 사이에 기전력이 생기면서 전류의 분포가 달라지는데, 중심축에 가까울수록 전류밀도는 낮아지고 도체 표피 쪽으로 전류가 몰리는 현상을 표피 효과라고 한다. 다음 그림처럼 교류의 주파수가 클수록 침투 깊이가 작아지면서 표피 효과는 심화된다.❷

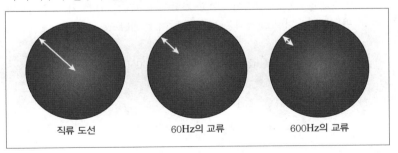

| 직류 도선 | 60Hz의 교류 | 600Hz의 교류 |

**참고 & 심화**

❶
예 구리의 도전율 = 100%,
경동선의 도전율 = 95%,
알루미늄의 도전율 = 63%,
은의 도전율 = 106%

❷
교류의 주파수가 $f$, 도체의 도전율이 $\sigma$, 투자율이 $\mu$일 때
침투 깊이 = $\sqrt{\dfrac{1}{\pi f \sigma \mu}}$ 이다.

PART 02

전력공학 해커스 전기기사 · 필기 한권완성 기본이론 + 기출문제

④ **근접 효과:** 두 가닥의 도체를 나란히 배치하고 교류를 같은 방향으로 흘려주면 바깥쪽으로 전류가 몰리고, 교류를 반대 방향으로 흘려주면 안쪽으로 전류가 몰리는 현상을 근접효과라고 한다.

⑤ 표피 효과와 근접 효과는 전류가 실제로 흐를 수 있는 유효면적을 줄여서 전력 손실이 커지게 한다.

## (3) 등가 선간거리와 작용 인덕턴스

① 전력공학 과목에서 다루는 송전선은 3상 교류를 전제로 하고 있기 때문에 3가닥의 전선이 일렬 배열되어 있거나 정삼각형 형태로 배열되어 있다. 또 다도체는 정사각형 배열도 많다. 이와 같이 두 도선 간의 거리가 하나의 값만 가지지 않을 경우에는 기하학적 평균 선간 거리를 구해 주어야 한다.

② 기하학적 평균 선간거리를 줄여서 등가 선간거리라고도 하며 셋 중 두 도선 사이의 거리가 $D_1$, $D_2$, $D_3$이면 등가선간 거리는 $D=\sqrt[3]{D_1, D_2, D_3}$이고 넷 중 두 도선 사이의 거리가 $D_1$, $D_2$, $D_3$, $D_4$, $D_5$, $D_6$이면 등가선간 거리는 $D=\sqrt[6]{D_1 \cdot D_2 \cdot D_3 \cdot D_4 \cdot D_5 \cdot D_6}$이다.

| 구분 | 일직선 등간격 | 정삼각형 배열 | 정사각형 배열 |
|------|---------------|---------------|----------------|
| 배열 | | | |
| 등가선간 거리 | $D=\sqrt[3]{D \cdot D \cdot 2D}$ $=\sqrt[3]{2}\,D$ | $D=\sqrt[3]{D \cdot D \cdot D}$ $=D$ | $D$ $=\sqrt[6]{D^4 \sqrt{2}\,D \cdot \sqrt{2}\,D}$ $=D=\sqrt[6]{2}\,D$ |

③ 도선에 교류가 흐르면 전자기 유도의 원리에 의해 도체내의 어떤 성분이 전류의 흐름을 방해하는데 이것을 수치화한 것이 바로 인덕턴스이다. 변압기 권선처럼 송전 도선도 자체 인덕턴스와 상호 인덕턴스 값을 가지며 송전 도선의 자체 인덕턴스와 상호 인덕턴스 합을 작용 인덕턴스라고 부른다.

④ 반지름이 $r$로 같은 2가닥 이상의 도선에 교류가 흐르고 등가 선간거리가 $D$이면 단도체 도선 1상의 전선에 나타나는 작용 인덕턴스 $L$은 다음 식으로 표현된다.

$$L(\mathrm{mH/km}) = 0.05 + 0.4605\log_{10}D/r$$

⑤ 소도체들 사이의 간격이 $s$이고 가닥수가 $n$개인 $n$다도체 송전선로의 경우라면, 작용 인덕턴스 공식은 다음과 같이 바뀐다.

$$L(\mathrm{mH/km}) = \frac{0.05}{n} + 0.4605\log_{10}D/\sqrt[n]{rs^{n-1}}$$

## (4) 대지를 귀로(歸路)로 하는 1선의 전체 인덕턴스

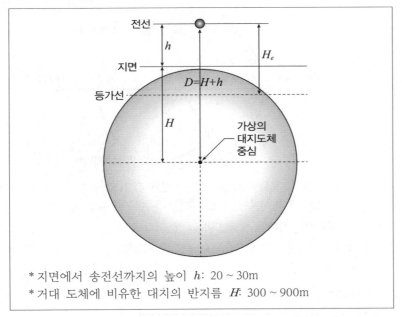

* 지면에서 송전선까지의 높이 $h$: $20 \sim 30\text{m}$
* 거대 도체에 비유한 대지의 반지름 $H$: $300 \sim 900\text{m}$

① 그림과 같이 반지름 $r$인 한 가닥의 전선을 통해 흐른 전류가 대지를 통해 되돌아오는 경우에, 대지를 거대 도체(반지름 H)로 간주하고 주로(도선)와 귀로(대지)의 작용 인덕턴스를 각각 구한 다음에 더해 주면 전체 인덕턴스가 된다.

② 왕로의 작용 인덕턴스 $L = 0.05 + 0.4605\log_{10}(H+h)/r$

등가선(등가 대지면)이 주어지면 $H_e = \dfrac{H+h}{2}$ 인데,

$H+h = 2H_e$ 를 이용하면, $L = 0.05 + 0.4605\log_{10}2H_e/r$ 이다.

③ 귀로의 작용 인덕턴스 $L' = 0.05 + 0.4605\log_{10}(H+h)/H$

거대 도체의 반지름이 송전선의 높이에 비해 충분히 크므로

$(H+h)/H \fallingdotseq 1$ 을 대입하면 $L' = 0.05$

④ 따라서 전체 인덕턴스 $L + L' = 0.1 + 0.4605\log_{10}2H_e/r$

⑤ 등가선의 깊이는 $H_e - h$ 이지만 $h$ 는 $H_e$ 에 비해 충분히 작으므로 $H_e$ 를 등가 대지면의 깊이라고 표현할 때도 있다.

## (5) 3상3선식에서 대지를 귀로로 하는 1선의 자기 인덕턴스와 상호 인덕턴스

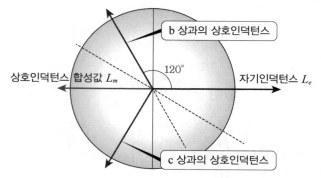

① $a$, $b$, $c$상을 담당하는 세 가닥 전선이 있는데 그중 $a$상 1선 입장에서 보면 자기 인덕턴스는 $L_e$뿐이지만, 상호인덕턴스는 이웃한 $b$상 1선과의 상호인덕턴스 $L_{a-b}$와 $c$상 1선과의 상호인덕턴스 $L_{a-c}$가 있다.

② 셋의 위상차를 고려하면 $L_{a-b}$와 $L_{a-c}$의 벡터합 $L_m$은 $L_{a-b}$과 크기가 같고, 방향이 $L_e$의 반대쪽이므로 전체 작용 인덕턴스의 크기는 $L_e - L_m$이다.

## (6) 정전용량

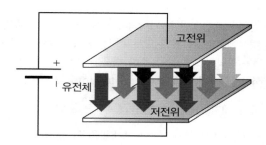

① 두 극판 사이에 절연성이 좋은 유전체를 채우고 전압을 인가하면 그림과 같이 두 극판에는 +Q의 전하와 −Q의 전하가 각각 쌓이는데 이러한 전력 장치를 콘덴서라 하고, 전위차와 전하량의 비를 정전용량이라고 한다. 즉, 정전용량 $C[\text{F}]$는 콘덴서의 고유 특성이다.

② 3상 송전선에 전류가 흐르면 각 도선과 대지 사이를 가득 채운 공기는 일종의 유전체이고 도선과 대지 사이에 전위차가 존재하므로 각 도선과 대지는 거대한 콘덴서를 형성한다. 이때의 비례상수를 대지(surface) 정전용량 $C_s[\mu\text{F/km}]$라고 정의한다.

$$C_s[\mu\text{F/km}] = \frac{0.02413}{\log_{10}8h^3/rD^2}$$

\* $h$: 송전탑높이, $D$: 등가 선간거리, $r$: 송전선 반지름

③ 3상 송전선에 전류가 흐르면 도선과 도선 사이를 가득 채운 공기는 일종의 유전체이고 120°의 위상차를 가지는 두 도선 사이에 전위차가 존재하므로 도선과 이웃도선은 길다란 콘덴서를 형성한다. 이때의 비례상수를 선간(mutual) 정전용량 $C_m[\mu\mathrm{F}/\mathrm{km}]$라고 정의한다.

$$C_m[\mu\mathrm{F}/\mathrm{km}] = \frac{0.02413}{\log_{10}D/r}$$

④ 복도체의 작용 정전용량은 $\dfrac{0.02413}{\log_{10}D/\sqrt[n]{rs^{n-1}}}$ 이다.

⑤ 복도체를 쓰면 등가반경이 커져서 작용 정전용량이 증가하고 작용 인덕턴스는 감소한다(송전 용량 증가).

⑥ 3상3선식에서는 대지 정전용량(= 자기 정전용량) 이외에도 상호 정전용량(= 선간 정전용량)을 고려해 주어야 한다. 도선 간의 콘덴서 3개는 델타결선이므로 Y결선으로 바꾸고 중심점을 대지에 연결하면 정전용량이 3배가 되므로 다음 그림과 같은 등가회로가 구성된다. 따라서 a상 도선의 입장에서 보면 대지 정전용량이 각각 $C_s$, $3C_m$인 콘덴서 2개가 병렬연결된 셈이므로 1선당 작용 정전용량은 $C_s + 3C_m$이다.

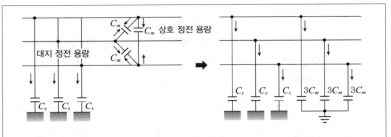

※ 저항 3개의 델타결선을 와이결선으로 바꾸면 $R_Y = \dfrac{1}{3}R_\triangle$, 콘덴서 3개의 델타결선을 와이결선으로 바꾸면 $C_Y = 3C_\triangle$가 된다.

⑦ 단상2선식에서 두 도선 사의 콘덴서를 2개로 분리하고 중심점을 대지에 연결하면 정전용량은 2배가 되므로 다음 그림과 같은 등가회로가 구성된다. 따라서 a상 도선의 입장에서 보면 대지 정전용량이 각각 $C_s$, $2C_m$인 콘덴서 2개가 병렬연결된 셈이므로 1선당 작용 정전용량은 $C_s + 2C_m$이다.

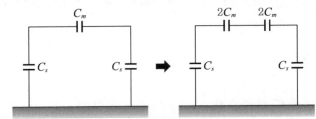

**(7) 누설 컨덕턴스**

① 송전선과 대지 사이에는 공기라는 절연체로 채워져 있어서 전류가 흐를 수 없지만, 송전선 전류의 일부가 애자 표면을 타고 송전탑으로 건너가고 접지선을 통해 땅으로 스며들기도 하는데 이것을 누설전류라고 부른다.

② 송전선을 철탑에 매달아주는 애자의 전기 저항이 실제로 약 1,000MΩ으로 매우 커서 송전선로와 대지 간의 누설 전류는 0에 가까우며, 누설 컨덕턴스 $G[\Omega^{-1}]$는 무시하는 것이 보통이다.

☞ 병렬 접속의 합성 저항은 $\dfrac{1}{n}$로 감소하므로, 절연저항이 $R_0$인 현수애자 1련이 4개이고 표준 경간이 200m이면 1km당 누설 컨덕턴스는 $\left(\dfrac{4R_0}{5}\right)^{-1}$이다.

## ② 선로정수 파생 개념들

### (1) 3상 충전 전류

① 3상 송전선로의 1선이 나머지 두 상선 및 대지와의 상호작용 때문에 작용 정전용량($C_w = C_s + 3C_m$)을 가진 거대한 콘덴서를 형성한다는 사실을 앞에서 학습하였다.

② $C_w[\mu F/km]$를 단위가 패럿인 비례상수로 바꾸려면 송전선 길이를 곱하고 μF을 $10^{-6}$F으로 고치는 과정을 거쳐야 하지만 계산 편의상 $C_w$가 비례상수라고 가정하면, 송전선과 대지 사이에는 대지전압, 즉 상전압 $E[V]$가 걸려 있기 때문에 송전선 1가닥과 대지 사이에 흐르는 1상 충전 전류 $I_c$는

$$\frac{전압}{용량리액턴스} = \frac{E}{1/2\pi fC}$$가 된다.

③ 또한 3상(1회선) 충전 전류의 크기는 $3 \times 2\pi fCE = 6\pi fCE$이다. (여기서 $f$는 교류 진동수)

### (2) 콘덴서의 3상 충전용량

3상 송전선로가 만든 가상의 콘덴서에 대해 무효전력을 정의할 수 있다.

① 전력은 전압 × 전류 ⇒ 콘덴서에 의한 무효전력
   = 극판간 전압 × (3상)충전 전류 = $E \times 6\pi fC_wE$가 된다.

② 3상(1회선)에서 콘덴서의 무효전력, 즉 충전용량의 크기는 $6\pi fC_wE^2$이다.

③ 충전용량 $Q$는 정전용량 $C$에 비례하고 전압 $E$의 제곱에 비례한다.

## (2) 연가와 선로정수 평형

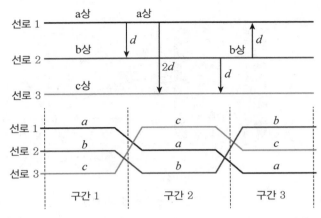

① 3상 송전선로의 배열이 그림 (가)와 같다면 a상 입장에서 나머지 두 전선까지
의 평균 거리가, b상 입장에서 나머지 두 전선까지의 평균 거리보다 커서 상호
인덕턴스를 포함한 선로정수의 불평형이 발생한다.

② 3상 송전선을 구간별로 엇갈리게 배치하면 구간별로는 불평형이지만 구간 1 ~
3을 통틀어서 보면 평형을 만족하여 a상의 선로정수와 b상의 선로정수가 동일
한 값을 가지게 된다.

③ 앞에서 구한 작용 인덕턴스 공식 $L(\mathrm{mH/km}) = 0.05 + 0.4605 \log_{10} D/r$은 완전
연가를 전제로 유도한 공식이며, 연가의 효과로는 선로정수 평형 외에도 통신
선 유도장해 경감, 소호 리액터 접지 시 직렬 공진에 의한 이상 전압 방지가
있다.

## ③ 코로나 현상

### (1) 코로나 방전

전선로 주변 공기의 절연이 파괴되면서 부분적 방전에 의해 빛과 소리가 발생하는
현상을 말한다.

① 유전체의 표면에서 생기는 코로나를 연면(連綿) 코로나라고 부른다.

② 코로나 방전은 지중선로와 가공전선로가 맞닿는 부분에서 잘 생긴다.

### (2) 코로나 임계 전압

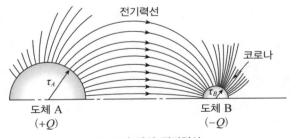

**두 도선 간의 전기력선**

그림과 같이 두 송전선이 서로 $D$만큼씩 떨어져 있을 때 반지름이 $r$인 a상 송전선
의 표면에 나타나는 전계의 크기를 구하면 다음과 같다.

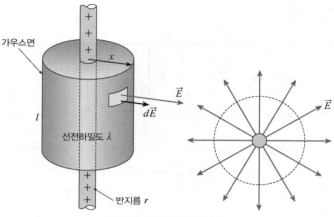

**도선 주변의 전계(전기장)**

① 선밀도 $\lambda$인 무한 원기둥 대전체 주변에는 그림과 같은 전계 $E$가 사방으로 뻗어나가므로 가우스 법칙 $\oint EdS = \dfrac{q}{\epsilon_0} \Rightarrow E \cdot 2\pi x \cdot l = \dfrac{\lambda l}{\epsilon_0} \Rightarrow$ 도선 축으로부터 수직거리 $x$만큼 떨어진 곳의 전계 $E_x$는 $\dfrac{\lambda}{2\pi\epsilon_0 x}$이고, 도체 표면$(x=r)$에서 전계 $E_r = \dfrac{\lambda}{2\pi\epsilon_0 r}$ …… ㉠식이다.

이웃한 b상 송전선과의 전위차는

$$V_{표면} = -\int_D^r Edx = -\int_D^r \dfrac{\lambda}{2\pi\epsilon_0}\dfrac{dx}{x} = \dfrac{\lambda}{2\pi\epsilon_0}\int_r^D \dfrac{dx}{x} = \dfrac{\lambda}{2\pi\epsilon_0}\ln D/r \cdots \text{㉡식}$$

㉠식을 대입하면, $V_{표면} = E_r r\ln D/r$이고, $\dfrac{V_{표면}}{r\ln D/r} = E_r$이다.

② 실험에 의하면 표면 전계가 일정 수준을 넘어서면 코로나 방전을 일으키는데, 도체표면 거칠기, 기상 조건(습도), 기압, 기온이 표준 상태일 때는 표면 전계가 21.1kV/cm를 넘어서는 순간에 도체 주변의 공기 절연이 파괴되면서 코로나 방전이 시작된다는 사실이 실험으로 입증되었기에 21.1kV/cm을 '표준 조건에서의 파열극한 전위경도'라고 부른다.

그런데 파열극한 전위경도는 도체표면계수 $m_0$, 기상계수 $m_1$, 상대 공기밀도 $\delta$의 곱에 비례한다는 사실도 실험을 통해 입증되었기에, 현상을 일반화하면 표면 전계가 $m_0 m_1 \delta \times 21.1[\text{kV/cm}]$일 때 코로나 방전이 발생한다. ㉡식을 변형한 $\dfrac{V_{표면}}{r\ln D/r} = E_r$의 우변이 $m_0 m_1 \delta \times 21.1[\text{kV/cm}]$일 때 전계(전기장)가 임계점을 넘어서면서 코로나 방전이 시작되므로 좌변의 $V_{표면}$을 '코로나 임계전압'이라고 명명하는 것은 합리적이다.

즉, $E_0 = 21.1 m_0 m_1 \delta \times r\ln D/r$임이 증명되었다.

③ 도선의 반지름 $r$을 $\dfrac{d}{2}$로 바꾸고 밑이 2.718인 자연로그를 밑이 10인 상용로그로 바꾸면

$$E_0 = \dfrac{21.1}{2\log_{10}e}m_0 m_1 \delta d\log_{10}D/r = 24.3 m_0 m_1 \delta d\log_{10}D/r$$

최종적으로, $E_0[\text{kV}] = 24.3 m_0 m_1 \delta d\log_{10}D/r$이다.

## (3) 코로나 임계전압에 영향을 주는 요소

① 날씨 계수: 날씨가 맑으면 $m_1 = 1$, 흐리면 $m_1 = 0.8$이다. 날씨가 맑을수록 임계 전압이 높아진다.

② 표면 계수: 매끈한 단선의 $m_0 = 1 \sim 0.93$, 거친 단선의 $m_0 = 0.9$, 연선의 $m_0 = 0.87 \sim 0.8$이므로 전선의 표면이 매끈할수록 임계전압이 높아지고, 연선 보다 단선을 써야 임계전압이 높아진다.

③ 상대 공기밀도 $\delta = \dfrac{기압[\text{mmHg}]}{760} \times \dfrac{273+20}{273+온도[℃]}$ 이다. 기압이 높을수록, 온도가 낮을수록 임계전압이 높아진다.

## (4) 코로나 영향

① 전력 손실이 발생하게 된다.

② 오존($O_3$)이 발생하여 선로가 부식하기 쉽다.

③ 방전 및 소음이 발생한다.

④ 고주파로 인한 유도 장해가 생긴다.

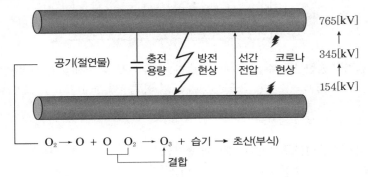

## (5) 코로나손실

① 코로나 방전이 일어나면 송전 전압의 피크 부분이 짤려나가고 파형이 찌그러지 면서 전력의 손실이 발생한다.

② 코로나로 인한 1선당 전력 손실은 1920년 Peek라는 미 전기기술자가 실험을 통해 다음 식을 알아냈다.

$$P[\text{kW/km}] = \frac{241}{\delta}(f+25)\sqrt{d/2D}(E-E_0)^2 \times 10^{-5}$$

* $\delta$: 상대 공기밀도, $f$: 주파수, $d$: 송전선 직경,
$D$: 3상 선간거리, $E$: 대지전압(상전압), $E_0$: 임계전압

## (6) 코로나 방지 대책

① 굵은 전선을 사용하여 코로나 임계 전압을 높이면 코로나 발생 확률이 낮아진다.

② 애자 주변의 가선금구(架線金釦)를 개량하여 표면계수를 높이면 코로나 임계 전압이 높아진다.

③ 3상 송전선으로 단선 대신 복도체를 사용하면 코로나 임계 전압이 20% 가량 높아진다.

## ① 송전선로의 종류

**(1) 단거리 송전선로**: 수km 내외의 송전선로를 다룰 때는 R, L만 고려하므로 집중정수회로 모델을 주로 이용하며 단거리 송전선로의 등가회로는 다음 그림과 같다.
⇒ RL 집중정수회로

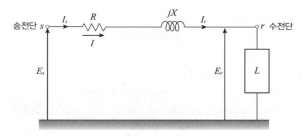

**(2) 중거리 송전선로**: 수십km 내외의 송전선로를 다룰 때는 작용 정전용량까지 고려하여 R, L, C로 구성된 집중정수회로(직렬 회로, T형 등가회로, Π형 등가회로) 모델을 주로 이용한다.
⇒ RLC 집중정수회로

**(3) 장거리 송전선로**: 수백km 내외의 송전선로를 다룰 때는 선로정수(R, L, C, G)가 모두 포함된 분포정수회로 모델을 이용한다. ⇒ RLCG 분포정수회로

## ② 단거리 송전방식

**(1) 전압 강하 식의 유도**

| 단거리 송전선로의 벡터도 | $IZ$를 대각선으로 가지는 직각삼각형 |
|---|---|
| | |

① 송전단 전압과 수전단 전압 사이의 상차각 $\delta$때문에 $E_s$와 $E_r$의 벡터 차이를 구하면 전압 강하분이다.

② 그림에서 전압 강하분은 밑변 $IR\cos\theta_r + IX\sin\theta_r$, 높이 $IX\cos\theta_r - IR\sin\theta_r$인 직각삼각형의 빗변이다.

③ 즉, $\dot{IZ} = \dot{E}_s - \dot{E}_r = (IR\cos\theta_r + IX\sin\theta_r) + j(IX\cos\theta_r - IR\sin\theta_r)$인데 실수부에 비해 허수부는 매우 작은 값이므로 이 항을 무시하면
$e_{단상선로} = E_s - E_r = IR\cos\theta_r + IX\sin\theta_r$이다.

## (2) 전압 강하 공식

① $|\dot{e}| = V_s - V_r = k(IR\cos\theta_r + IX\sin\theta_r)$

| 단상2선식 | 3상3선식 | 3상4선식 |
|---|---|---|
| $k = 2$ | $k = \sqrt{3}$ | $k = \sqrt{3}$ 또는 1 |

② 3상을 전제로, 식을 변형하면

$$\frac{\sqrt{3}\,V(IR\cos\theta + IX\sin\theta)}{V} = \frac{\sqrt{3}\,VI\cos\theta(R + X\tan\theta)}{V}$$

$$= \frac{P(R + X\tan\theta)}{V}$$

\* 송전단 전압과 수전단 전압의 차이, 즉 전압강하 $\dot{e}_1 + \dot{e}_2$의 크기를 구할 때는 배전선로 방식을 따져주어야 한다. 단상2선식은 왕복이므로 위상차가 없어서 $\dot{e}_1 + \dot{e}_2 = 2\dot{e}$이고, 3상3선식은 120°의 위상차가 있어서 $|\dot{e}_1 + \dot{e}_2| = \sqrt{3}\,e$이며, 3상4선식은 중성선에 전류가 없으므로 $\dot{e}_1 + \dot{e}_2 = \dot{e}$이다.

## (3) 전압 강하율

수전단 전압의 크기에 대해 전압 강하분이 차지하는 비율

① $\epsilon = \dfrac{E_s - E_r}{E_r} = \dfrac{I(R\cos\theta_r + X\sin\theta_r)}{E_r}$ 또는

$\epsilon = \dfrac{V_s - V_r}{V_r} = \dfrac{\sqrt{3}\,I(R\cos\theta_r + X\sin\theta_r)}{V_r}$

② 수전단 유효전력을 이용하여 전압 강하율을 표현할 수도 있다.

$$\epsilon = \frac{\sqrt{3}\,V_r I(R\cos\theta_r + X\sin\theta_r)}{V_r^2} = \frac{\sqrt{3}\,V_r I\cos\theta_r(R + X\sin\theta_r/\cos\theta_r)}{V_r^2}$$

$$= \frac{P(R + X\tan\theta_r)}{V_r^2}$$

## (4) 전압 변동률

전부하시 수전단 전압의 크기에 대해 無부하시 전압 변동분이 차지하는 비율

$$\frac{V_{0r} - V_r}{V_r}$$

\* $V_{0r}$: 무부하 시 수전단 전압

## ③ 중거리 송전선로

### (1) 중거리 송전선로: 수십km 내외의 송전선로를 다룰 때는 작용정전용량까지 고려하여 $R$, $L$, $C$로 구성된 집중정수회로(직렬 회로, T형 등가회로, Π형 등가회로) 모델을 주로 이용한다. (선로 길이가 50~100km인 중거리 송전선로를 분석할 때 이용하는 집중정수회로 모델)

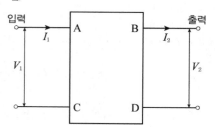

① 그림의 회로도는 4단자 정수를 이용한 4단자망이며, 입력측 전압과 전류는
$V_1 = AV_2 + BI_2$, $I_2 = CV_2 + DI_2$의 관계식을 만족한다.❶

② 2원1차 방정식을 행렬로 나타내면 더 편리하다.

$$E_S = AE_R + BI_R \qquad \Leftrightarrow \qquad \begin{bmatrix} E_S \\ I_S \end{bmatrix} = \begin{bmatrix} A & B \\ C & D \end{bmatrix} \begin{bmatrix} E_R \\ I_R \end{bmatrix}$$
$$I_S = CE_R + DI_R$$

4단자망의 $AD - BC = 1$이 항상 성립한다. 무부하 조건이 제시되면 $I_R = 0$이다.

### (2) T형 등가회로에서 4단자 정수 구하기

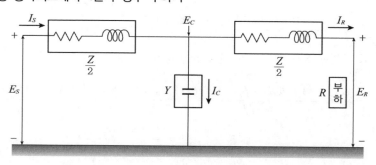

4단자 정수 행렬

$$\begin{bmatrix} 1+\dfrac{ZY}{2} & Z(1+\dfrac{ZY}{4}) \\ Y & 1+\dfrac{ZY}{2} \end{bmatrix}$$

\* 단, AD – BC = 1이 성립

❶ 1, 2 대신에 S, R을 이용하면 더욱 편리하다. S는 송전단측(Send) 혹은 전원측(Supply)의 이니셜이고 하부자 R는 수전단측(Receive) 혹은 부하측(Resistor)의 이니셜이다.

송전선로의 저항, 인덕터 성분에 의한 임피던스 $Z$를 절반으로 나누어 $\frac{Z}{2}$로 표현하였고, 어드미턴스 성분에 의한 콘덴서는 선로 중앙과 지면 사이에 걸쳐져 있다고 간주한 뒤 송전단 전압 $E_S$ 및 송전단 전류 $I_S$를 구하면 다음과 같다.

① 선로에는 부하 전류 $I_R$가 선로와 부하 $R$을 관통하므로 중앙점의 전위

$E_C = E_R + \frac{Z}{2}I_R$이고,

콘덴서 쪽으로 흐르는 충전 전류 $I_C = YE_C = YE_R + \frac{ZY}{2}I_R$이다.

② 따라서 송전단 전류 $I_S = I_C + I_R = YE_R + (1 + \frac{ZY}{2})I_R \Rightarrow I_S = CE_R + DI_R$와 비교하면 $C$, $D$가 행렬과 동일함이 증명된다.

③ 왼쪽 선로에는 송전단 전류 $I_S$가 $\frac{Z}{2}$를 관통하므로 $E_S = \frac{Z}{2}I_S + E_C$인데 위에서 구한 $I_S$와 $E_C$를 우변에 대입하여 정리하면

$\frac{Z}{2}(YE_R + R_R + \frac{ZYI_R}{2}) + (E_R + \frac{Z}{2}I_R) = (1 + \frac{ZY}{2})E_R + Z(1 + \frac{ZY}{4})I_R$이다.

④ 위 식의 계수와 $E_S = AE_R + BI_R$식의 계수를 비교하면 A, B를 알 수 있다.

### (3) Π형 등가회로에서 4단자 정수 구하기

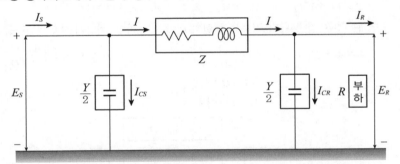

4단자 정수 행렬

$$\begin{bmatrix} 1 + \dfrac{ZY}{2} & Z \\ Y(1 + \dfrac{ZY}{4}) & 1 + \dfrac{ZY}{2} \end{bmatrix}$$

* 단, AD − BC = 1이 성립

송전선로의 작용 정전용량에 의한 어드미턴스 Y를 절반으로 나누어 선로 임피던스 좌우에 똑같이 $\frac{Y}{2}$씩 그려넣은 Π형 회로에서 송전단 전압 $E_S$ 및 송전단 전류 $I_S$를 구하면 다음과 같다.

① 부하와 병렬연결된 오른쪽 $\frac{Y}{2}$에는 $E_R$의 전압이 걸리므로 충전 전류

$I_{CR} = \frac{Y}{2}E_R$이고 $I = I_{CR} + I_R = \frac{Y}{2}E_R + I_R$이다.

② 따라서 송전단 전압

$$E_S = E_R + ZI = E_R + Z(\frac{Y}{2}E_R + I_R) = (1 + \frac{ZY}{2})E_R + ZI_R$$

⇒ 이 식의 계수와 $E_S = AE_R + BI_R$식의 계수를 비교하면 A, B를 알 수 있다.

③ 왼쪽 어드미턴스의 충전 전류 $I_{CS} = \frac{Y}{2}E_S = \frac{Y}{2}(1 + \frac{ZY}{2})E_R + \frac{ZY}{2}I_R$이고

$I$와 $I_{CS}$의 합이 $I_S$이므로, 다음과 같다.

$$I_S = \frac{Y}{2}E_R + I_R + \frac{Y}{2}(1 + \frac{ZY}{2})E_R + \frac{ZY}{2}I_R$$

$$= Y(1 + \frac{ZY}{4})E_R + (1 + \frac{ZY}{2})I_R$$

⇒ 이 식의 계수와 $I_S = CE_R + DI_R$식의 계수를 비교하면 C, D를 알 수 있다.

### (4) 4단자 정수의 합성

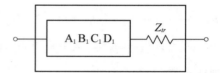

① 중거리 송전선로의 기본 회로에 $Z_{tr}$의 임피던스를 가지는 변압기가 직렬 연결된 경우, 합성4단자 정수는 행렬의 곱을 이용한다. 변압기의 임피던스를 Π형 등가회로로 바꾸면 행렬이 $\begin{bmatrix} 1 & Z_r \\ 0 & 1 \end{bmatrix}$이고, 송전선로 기본 회로가 $\begin{bmatrix} A_1 & B_1 \\ C_1 & D_1 \end{bmatrix}$이므로 두 행렬의 곱은 $\begin{bmatrix} A_1 & B_1 \\ C_1 & D_1 \end{bmatrix}\begin{bmatrix} 1 & Z_r \\ 0 & 1 \end{bmatrix}$이다.

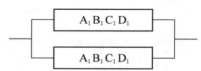

② 그림과 같이 2회선의 송전선로가 병렬 연결된 경우에는 두 행렬의 곱으로 간단히 해결할 수는 없으므로 전류값을 절반씩 나누고 수식을 다시 세워서 연립방정식을 풀어야 한다.

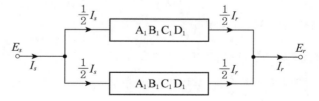

$E_s = A_1 E_r + B_1 \frac{1}{2}I_r$이므로

$[A \ B] = \begin{bmatrix} A_1 & \frac{1}{2}B_1 \end{bmatrix}$ $\frac{1}{2}I_s = C_1 E_r + D_1 \frac{1}{2}I_r \Rightarrow I_s = 2C_1 E_r + D_1 I_r$이므로

$[C \ D] = \begin{bmatrix} 2C_1 & D_1 \end{bmatrix}$이다.

## [4] 장거리 송전선로

### (1) 집중 정수회로와 분포 정수회로의 비교

| 구분 | 집중 정수회로 | | 분포 정수회로 |
|---|---|---|---|
| 회로도 | 집중 정수회로 (T형) | 집중 정수회로 (Π형) | 분포 정수회로 |
| 모델의 특징 | 중거리 송전선로에 적용하는 모델이며, 분포되어 있는 각종 회로 요소가 한군데 집중되어 있는 것으로 가정한다. | | 240km 이상의 장거리 송전선로에 대해서는 단위길이마다 $R$, $L$, $G$, $C$성분이 블록을 형성하고 이 블록이 반복적으로 나타난다고 가정한다. |
| 회로에 표시되는 정수 | 송전선로의 길이에 따라 T형 등가회로, Π형 등가회로가 있으며 단위길이당 저항, 단위길이당 인덕턴스, 단위길이당 정전용량에 선로 길이를 곱한 값이 이용된다. | | $R$, $L$, $G$, $C$뿐만 아니라 이로부터 파생된 특성 임피던스, 전파 정수, 반사계수, 투과계수 값이 회로 분석에 이용된다. |

### (2) 분포정수회로의 1차 정수: 선로정수와 종류가 같다.

① 전기저항 $R$: 도체의 단위 길이당 직렬 저항을 의미하며 단위는 $\Omega$/km이다.

② 인덕턴스 $L$: 자체 인덕턴스와 상호 인덕턴스의 합이지만 장거리 송전선로에서는 자체 인덕턴스를 무시하고 계산한다. 단위는 $\mu$H/km이다.

③ 컨덕턴스 $G$: 송전선과 대지 사이의 누설 전류에 대응되는 개념이며 단위는 S/km 또는 mho/km이다.

④ 정전용량 $C$: 대지 정전용량과 상호 정전용량의 합이지만, 장거리 송전선로에서는 대지 인덕턴스를 무시할 때가 많다. 단위는 $\mu$F/km이다.

### (3) 분포정수회로의 2차 정수

① 2차 정수는 1차 정수에서 유도 또는 파생된 물리량으로, 주로 전압파의 파동적 특성을 나타낸다.

② 2차 정수의 예로는 특성 임피던스, 감쇠 정수, 위상 정수, 전파 정수 등이 있다.

## 5 특성 임피던스

### (1) 특성 임피던스의 정의

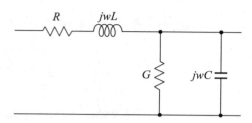

① 옴의 법칙 $Z = \dfrac{V}{I}$에서 전압 대 전류의 비가 임피던스이다.

$\dfrac{\text{송전선양단 전압강하}}{\text{송전선의 전류}}$를 의미하는 임피던스는 $\dfrac{\text{송전선의 대지전압}}{\text{송전선의 전류}}$과 다른 개념이지만 차원이 [Volt per Ampere]로 같고, 선로상의 어느 지점에서도 일정한 값을 가지는 고유 물리량이므로 특성 임피던스라고 명명하기로 한다.

② 선로의 특성 임피던스 $Z_0$는 다음과 같다.

$$\text{특성 임피던스 } Z_0 = \sqrt{\frac{Z}{Y}} = \sqrt{\frac{R + j\omega L}{G + j\omega C}}$$

* 단, $Z$의 단위는 Ω/km, Y의 단위는 Ω⁻¹/km

### (2) 특성 임피던스 공식의 유도

① 4단자망 회로에서 입력 전압, 입력 전류, 출력 전압, 출력 전류를 각각 $V_1$, $I_1$, $V_2$, $I_2$라 하면, 행렬 방정식 $\begin{bmatrix} V_1 \\ I_1 \end{bmatrix} = \begin{bmatrix} A & B \\ C & D \end{bmatrix} \begin{bmatrix} V_2 \\ I_2 \end{bmatrix}$을 만족하는 4단자 정수 A, B, C, D를 구할 수 있다.

② 중거리 송전 선로는 Π형 또는 T형으로 등가변환할 수 있는데, Π형에서 $B = Z_2$ T형에서 $B = \dfrac{Z_1 Z_2}{Z_3} + Z_2 + Z_3$이므로 4단자 정수의 B는 임피던스 차원이고, Π형에서 $C = \dfrac{1}{Z_1} + \dfrac{1}{Z_3} + \dfrac{Z_2}{Z_1 Z_3}$ T형에서 $C = \dfrac{1}{Z_3}$이므로 4단자 정수의 C는 어드미턴스 차원이다.

③ 집중 정수 회로 여러 개를 직렬로 이어놓은 것이 분산 정수 회로이며, 장거리 송전 선로에 분산 정수 회로 모델을 적용하기 위해 기본 Π형 또는 T형 회로의 좌우에 영상 임피던스 $Z_{01}$, $Z_{02}$를 접속하면

$$Z_{01} = \frac{V_1}{I_1} = \sqrt{\frac{AB}{CD}}, \quad Z_{02} = \frac{V_2}{I_2} = \sqrt{\frac{DB}{CA}} \text{ 임을 증명할 수 있다.}$$

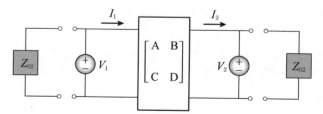

④ 장거리 송전 선로는 좌우 대칭형으로 간주할 수 있어서

A = D $\Rightarrow$ $Z_{01} = Z_{02} = \sqrt{\dfrac{B}{C}}$ 이므로 장거리 송전 선로상의 임의의 위치에서 전류와 전압의 비를 '특성 임피던스'라고 정의하면 $Z_0 = Z_{01} = Z_{02} = \sqrt{\dfrac{B}{C}}$ 이다.

그런데 B는 임피던스 차원의 상수, C는 어드미턴스 차원의 상수이므로 송전 선로의 합성 임피던스 $Z = R + j\omega L$와 합성 어드미턴스 $Y = G + j\omega C$를 대입하면 $Z_0 = \sqrt{\dfrac{Z}{Y}} = \sqrt{\dfrac{R + j\omega L}{G + j\omega C}}$ 가 유도된다.

## (3) 무손실 선로의 파동 임피던스

① 가공 송전선의 레지스턴스 R과 컨덕턴스 G가 0에 가까우므로 파동 임피던스는 다음과 같다.

$$\text{파동 임피던스} = Z_0 = \sqrt{\dfrac{0 + j\omega L}{0 + j\omega C}} = \sqrt{\dfrac{L}{C}} = 138\log_{10}D/r$$

② 무왜형 선로 조건은 $RC = LG$이며, 무손실 선로 조건과 다름에 유의한다.

## 6 전파 정수와 반사 계수

### (1) 전파 정수(propagation constant)

① **감쇠 정수**: 장거리 송전 시 송전전력의 크기가 감소하게 되는데 이를 감쇠 정수($\alpha$)라고 한다.
② **위상 정수**: 장거리 송전에서 전력의 위상이 변하게 되는데 이를 위상 정수($\beta$)라고 한다.
③ **전파 정수**: 감쇠 정수($\alpha$)와 위상 정수($\beta$)의 벡터합을 전파 정수($\gamma$)라고 한다.

$$\gamma = \alpha + j\beta$$

④ 전파 정수는 공식이 $\gamma = \sqrt{Z \cdot Y}$인데, 회로 임피던스와 회로 어드미턴스의 단위는 역수 관계이므로 전파 정수는 무차원이다.

$$\text{전파 정수 } \gamma = \sqrt{Z \cdot Y} = \sqrt{(R + j\omega L) \cdot (G + j\omega C)}$$

⑤ 수전단을 개방시키는 무부하시험으로 Y를 실측하고, 수전단을 단락시키는 단락시험으로 Z를 실측하여 전파 정수를 구한다.

### (2) 반사 계수

① 전원측의 특성 임피던스가 $Z_i$, 부하측의 특성 임피던스가 $Z_L$ 일 경우 반사 계수 식은 다음과 같다.

$$\text{반사 계수 } \rho = \dfrac{Z_L - Z_i}{Z_L + Z_i}$$

② 총 임피던스가 일정할 경우 부하 임피던스와 입력 임피던스의 차이값이 클수록 반사 계수는 크다.

③ 단락 부하이면 반사 계수 식의 $Z_L$에 0을 대입, 반사 계수는 -1이 된다.

④ 정합 부하이면 반사 계수 식의 $Z_L$에 $Z_i$를 대입, 반사 계수는 0이 된다.
  ⇒ 무반사 조건

⑤ 개방 부하이면 반사 계수 식의 $Z_L$에 ∞를 대입, 반사 계수는 +1이 된다.

(3) 입력 임피던스가 $Z_i$, 부하 임피던스가 $Z_L$로 주어진 회로에서 전압파의 투과 계수는 $\dfrac{2Z_L}{Z_L + Z_i}$이다. 따라서 투과파 전압 = $\dfrac{2Z_L}{Z_L + Z_i}$ × 입사파 전압이다.

## 7 전력원선도

### (1) 수전원과 송전원

유효전력, 무효전력, 송·수전단 전압의 관계는 원의 방정식 꼴로 표현되며 2차원의 좌표 평면에 나타낸 것이 전력원선도이다. 이때 수전단 관계 그래프를 수전원, 송전단 관계 그래프를 송전원이라고 부른다.

### (2) 전력원선도 방정식

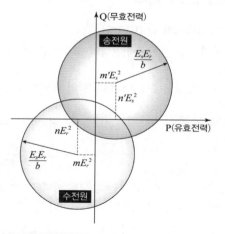

① 수전단 전력원선도의 원의 방정식

$$(P_r - mE_r^2)^2 + j(Q_r - nE_r^2)^2 = (\frac{E_s E_r}{b})^2$$

$P_r$(Power_receive): 수전단 유효전력

$Q_r$: 수전단의 무효전력

$m, n$: 임의의 상수

$b = \sqrt{R^2 + X^2}$: 4단자정수(임피던스)

$E_s$(Emf_send): 송전단의 전압

$E_r$(Emf_receive): 수전단의 전압

② 송전단 전력원선도의 원의 방정식

$$(P_s - m'E_s^2)^2 + j(Q_s - n'E_s^2)^2 = (\frac{E_s E_r}{b})^2$$

$P_s$(Power_send): 송전단의 유효전력

$Q_s$: 송전단의 무효전력

$m', n'$: 임의의 상수

$b = \sqrt{R^2 + X^2}$: 4단자정수(임피던스)

$E_s$(Emf_send): 송전단의 전압

$E_r$(Emf_receive): 수전단의 전압

## (3) 원선도로부터 알 수 있는 사항

① **송, 수전단 전압 간의 상차각**: 원의 중심 좌표
② **송·수전할 수 있는 최대 전력**: 원점에서 가장 멀리 떨어진 원주상의 점
③ **선로 손실**: 전력 손실이라고도 하며, 송전단 전력과 수전단 최대 전력의 차이값
④ 송전 효율
⑤ 수전단의 역률
⑥ 조상 용량

## (4) 원선도만으로는 구할 수 없는 물리량

① 과도 안정 극한 전력
② 코로나 손실

## (5) 전력원 방정식 해석의 실제 사례

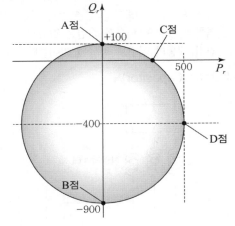

① 원선도 방정식이 $P_r^2 + (Q_r + 400)^2 = 500^2$일 때 원선도의 중심점 좌표는 $(P_r = 0, Q_r = -400)$이고, A점 좌표$(P_r = 0, Q_r = 100)$는 무(無)부하 조건을 만족하는 점이다. (유효전력 zero)
② B점 좌표$(P_r = 0, Q_r = -900)$는 무효전력 최대 조건을 만족하는 점이다.
③ C점 좌표$(P_r = 300, Q_r = 0)$는 무(無)조상설비 조건을 만족하는 점이다. (무효전력 zero)
④ D점 좌표$(P_r = 500, Q_r = -400)$는 유효전력 최대 조건을 만족하는 점이다.

(6) 수전단 전력원선도와 부하 직선

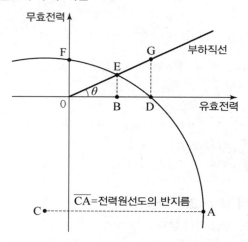

① 부하 직선과 전력원의 교점인 E가 운전점이고 역률이 $\cos\theta$이다.
② 진상의 무효전력을 추가하면 E점에서 B점으로 이동시킬 수 있고, G점에서 D점으로 이동시킬 수도 있다.
③ 무효전력과 유효전력을 추가하여 F점을 E점으로 이동시킬 수 있다.
④ A점은 유효 전력이 최대인 점이므로 이론상의 극한 수전 전력을 표시한다.

## 8 조상설비

### (1) 조상 설비의 역할

① 조상(調相)이란 상을 조정한다는 뜻이므로, 선로에 무효전력을 공급하여 송수전단 전압이 일정하게 유지되도록 조정 역할을 하는 장비가 조상 설비이다.
② 조상 설비는 역률의 개선으로 송전 손실을 경감시키는 역할을 한다.
③ 조상 설비는 전력 계통의 안정도 향상에 기여한다.

### (2) 전력용 콘덴서(Static Capacitor)

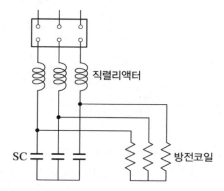

① 부하와 병렬로 연결하여 지상 전류를 보상함으로써 역률을 개선한다. 병렬 콘덴서라고도 부른다.
② 전력용 콘덴서는 계단식으로 무효전력을 생산하므로 역률 개선이 불연속적이다.

③ 전력용 콘덴서를 단독으로 사용하지 않고 방전코일과 직렬 리액터를 부속으로 설치해야 한다.

　㉠ 직렬 리액터는 5고조파로부터 전력용 콘덴서를 보호하고 파형을 개선해 준다.

　㉡ 5고조파를 제거하려면 두 리액턴스 $X_L$, $X_C$가 같은 크기이면서 반대 위상이 되도록 직렬 리액터의 용량을 선정해 주어야 한다. 즉, $j\omega L = \dfrac{1}{j\omega C}$로부터 $L = \dfrac{1}{\omega^2 C}$이므로 기본주파수 $f_0$가 주어지면 $\omega = 10\pi f_0$이므로 다음과 같이 고쳐 쓸 수 있다. 리액터의 인덕턴스 $L = \dfrac{1}{(10\pi f_0)^2 C}$이다.

④ 전력용 콘덴서의 결선법과 합성 정전용량

　㉠ 아래 왼쪽 그림과 같이 정전용량이 각각 $C_\Delta$인 3개의 콘덴서를 △결선하면 양단에 걸리는 전압이 $V$이므로 $Q = 3VI_\Delta = 6\pi f C_\Delta V^2$이고, 아래 오른쪽 그림과 같이 정전용량이 각각 $C_Y$인 3개의 콘덴서를 Y결선하면 양단에 걸리는 전압이 $E$이므로
$$Q = 3EI_Y = 6\pi f C_Y E^2$$이다.

　㉡ $V = \sqrt{3}\,E$이므로 3상 충전용량 $Q$가 같다면
$$6\pi f C_\Delta (\sqrt{3}\,E)^2 = 6\pi f C_Y E^2 \;\Rightarrow\; 3C_\Delta = C_Y$$이다.

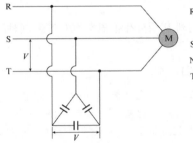
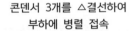
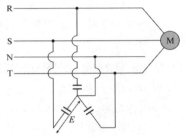

콘덴서 3개를 △결선하여　　　　콘덴서 3개를 Y결선하여
부하에 병렬 접속　　　　　　　부하에 병렬 접속

## (3) 분로 리액터

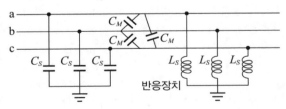

① 그림과 같이 부하와 병렬로 선로에 연결하기 때문에 병렬 리액터라고도 한다.
② 진상 전류와 자기 인덕턴스에 의한 기전력 때문에 수전단 전압이 송전단 전압보다 높아지는 현상을 페란티라고 하는데, 분로 리액터를 사용하게 되면 지상 전류가 선로의 진상 성분을 상쇄하여 수전단 전압 상승을 억제해 준다.

## (4) 동기 조상기

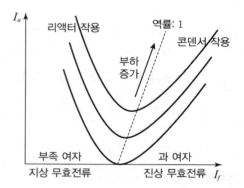

① 동기 전동기와 같은 구조이지만 회전력을 얻기 위함이 아니라 무효전력을 조정하는 역할을 수행한다.
② 동기 전동기는 **계자 전류가 증가할수록 전기자 전류가 감소하다가 다시 증가**하는 특성을 보인다. ⇒ V특성
③ 무부하 운전 중인 동기 전동기를 부족여자 운전하면 리액터로 작용하고, 과여자 운전하면 콘덴서로 작용한다.
④ 송전선로를 시송전할 때 선로를 충전할 수 있다.
⑤ 무부하 모터를 회전시키므로 전력 손실이 많고 소음이 크고 제작비가 비싼 것이 단점이다.
⑥ 진상 전류와 지상 전류를 함께 발생시켜서 연속적인 역률 개선을 가능하게 한다.

## (5) 정지형 무효전력 보상장치(SVC)

① 사이리스터를 이용하여 무효전력 및 전압을 제어하는 장치이다.
② 직류측 부하에 콘덴서를 사용하는 전압형, 리액터를 사용하는 전류형이 있다.
③ SVC를 수전단에 설치하고 정전압 제어를 실시하면 계통의 안정도가 향상된다.

## (6) 조상 설비의 특징 비교

| 전력용 콘덴서<br>(병렬 콘덴서) | 분로 리액터<br>(병렬 리액터) | 동기 조상기 |
|---|---|---|
| • 전력 손실이 적음<br>• 진상 무효전력 專用<br>• 전압 조정이 단계적임<br>• 단락 시 고장전류 차단해 줌<br>• 시충(송)전 때 사용 불가<br>• 배전 계통에 사용함 | • 전력 손실이 적음<br>• 지상 무효전력 專用<br>• 전압 조정이 단계적임<br>• 단락 시 고장전류 차단해 줌<br>• 시충(송)전 때 사용 불가<br>• 배전 계통에 사용함 | • 전력 손실이 많음<br>• 진상, 지상 兩用<br>• 전압 조정이 연속적임<br>• 단락 시 고장전류 차단 못함<br>• 시충(송)전 때 사용 가능<br>• 송전 계통에 사용함 |

① 동기 조상기와 전력용 콘덴서를 비교하면 전력용 콘덴서는 단락 고장 시 고장전류를 차단해 준다.
② 동기 조상기와 전력용 콘덴서를 비교하면 동기 조상기는 진상·지상 양용에 전압 조정이 연속적이다.

## 9 자기여자(自己勵磁: self excitation) 현상

**(1) 의미**: 선로의 충전 전류 때문에 선로에 전력을 공급하는 발전기의 단자 전압이 정격 전압 이상으로 순식간에 증가하여 절연이 파괴되는 현상을 말한다.

① 동기 발전기의 주(main)자속을 0°로 기준잡으면 유기 기전력의 위상은 90°, 진상 전류에 의한 전기자 반작용의 기전력은 0°이기 때문에 커패시터 부하는 주자속을 증대시키는 효과를 가져온다.

② 전기자 반작용의 기전력은 커패시터 부하, 즉 선로의 작용 정전용량 $C_w$가 클수록 커지는데 단거리 또는 중거리 송전선의 대지 정전용량은 크지 않기 때문에 발전기의 자기여자 현상은 주로 장거리 송전선에서 문제가 된다.

**(2) 자기여자 방지대책**

① 최소한 장거리 송전선로에 의한 3상 충전용량 값보다 더 큰 용량의 발전기를 이용한다.

② 단락비가 큰 발전기를 사용한다.

③ 정격전압의 80%로 시운전한다.

④ 수전단에 분로 리액터, 변압기 등을 설치하여 무효전력(콘덴서 충전 용량)을 흡수한다.

## 10 페란티(Ferranti) 현상

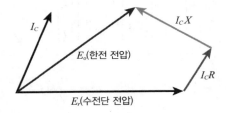

**(1) 의미**: 영국의 전기공학자 페란티가 발견하였으며, 송전선로의 정전용량과 자기 인덕턴스에 의한 기전력 때문에 수전단 전압이 오히려 송전단 전압보다 높아지는 현상을 말한다.

① 송전선로의 저항에 의한 열작용 때문에 수전단의 전압이 송전단의 전압보다 낮아지는 것이 일반적이다.

② 충전 전류가 큰 장거리 송전선로를 통해 전력을 보내는 경우, 한전에서 보낸 전압보다 수용가에 인가되는 전압이 더 커져서 부하에 악영향을 끼치는 페란티 현상이 나타날 수 있다.

③ 기본적으로 $\dot{E}_s = \dot{E}_r + \dot{I}Z$이지만 무부하 또는 경부하 시에는 $\dot{I}Z$가 사라지고 $\dot{E}_s = \dot{E}_r + \dot{I}_c R + \dot{I}_c X$가 되므로 $E_r$이 $E_s$보다 더 커질 수 있다.

**(2) 페란티 방지 대책**

① 지상(遲相) 조상설비를 추가하여 선로에 흐르는 진상 전류를 줄여 준다.

② 수전단에 분로 리액터를 설치한다.

③ 동기 조상기를 부족 여자 운전한다.

# CHAPTER 05 고장계산 및 안정도

참고 & 심화

## 1 대칭 좌표법

### (1) 대칭 좌표법의 수학적 의미

① 크기와 방향을 가지는 벡터는 성분 분해하여 나타낼 수 있는데, 3개의 좌표축이 서로 수직을 이루는 직교좌표가 가장 익숙하지만 상황에 따라 구면좌표, 극좌표가 더 편리할 때도 있다.

② 3상 교류 전압과 전류는 비대칭 벡터로 볼 수 있는데 다음과 같은 행렬 변환식을 활용하면 영상, 정상, 역상이라는 3개의 대칭 성분으로 분해할 수가 있으며, 이때 사용된 회전연산자 $a$는 다음 식을 만족한다.

| 좌측 행렬과 우측 행렬은 상호 역행렬 관계 | 회전 연산자 $a = e^{j120°}$ |
|---|---|
| $\begin{vmatrix} V_a \\ V_b \\ V_c \end{vmatrix} = \begin{bmatrix} 1 & 1 & 1 \\ 1 & a^2 & a \\ 1 & a & a^2 \end{bmatrix} \begin{vmatrix} V_0 \\ V_1 \\ V_2 \end{vmatrix}$  $\begin{vmatrix} V_0 \\ V_1 \\ V_2 \end{vmatrix} = \dfrac{1}{3} \begin{bmatrix} 1 & 1 & 1 \\ 1 & a & a^2 \\ 1 & a^2 & a \end{bmatrix} \begin{vmatrix} V_a \\ V_b \\ V_c \end{vmatrix}$ | 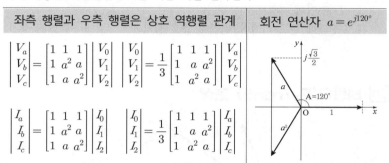 |
| $\begin{vmatrix} I_a \\ I_b \\ I_c \end{vmatrix} = \begin{bmatrix} 1 & 1 & 1 \\ 1 & a^2 & a \\ 1 & a & a^2 \end{bmatrix} \begin{vmatrix} I_0 \\ I_1 \\ I_2 \end{vmatrix}$  $\begin{vmatrix} I_0 \\ I_1 \\ I_2 \end{vmatrix} = \dfrac{1}{3} \begin{bmatrix} 1 & 1 & 1 \\ 1 & a & a^2 \\ 1 & a^2 & a \end{bmatrix} \begin{vmatrix} I_a \\ I_b \\ I_c \end{vmatrix}$ | |

$$a = -\frac{1}{2} + j\frac{\sqrt{3}}{2} = e^{j120°}, \ a^2 = -\frac{1}{2} - j\frac{\sqrt{3}}{2} = e^{-j120°},$$
$$a^2 + a + 1 = 0, \ a^3 = 1, \ a^4 = a$$

③ $a$를 곱하면 시계방향으로 120° 회전하고, $a^2$을 곱하면 반시계방향으로 120° 회전하므로 $aV_b$는 $V_a$방향, $a^2 V_c$도 $V_a$방향이 된다. (각도는 반시계 방향으로 증가하므로 $a$를 곱하면 −120° 회전함)

### (2) 대칭 좌표법의 효용성

① 전력계통에 사고가 났을 때 발생한 고장 전압과 고장 전류는 비대칭 벡터이기 때문에 복잡한 계산을 거쳐야 사고의 원인을 분석할 수 있다.

② 고장 전압과 고장 전류를 대칭 성분으로 분해하면 계산이 간단해져서 사고의 원인을 빠르게 파악하여 대처할 수가 있다.

## ② 대칭 좌표법을 활용한 고장 계산

### (1) 1선 지락 시(전류의 비대칭분, 대칭분)

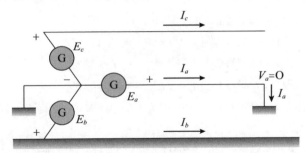

① $I_a = I_0 + I_1 + I_2$, $I_b = I_0 + a^2 I_1 + a I_2$, $I_c = I_0 + a I_1 + a^2 I_2$

$a$선 지락 시 $I_b = I_c = 0$이므로 $I_0 + a^2 I_1 + a I_2 = I_0 + a I_1 + a^2 I_2$로부터

$I_1 = I_2$이다.

또 $I_b = I_0 + a^2 I_1 + a I_2 = I_0 + (a^2 + a) I_1 = I_0 + (-1) I_1 = 0$으로부터

$I_0 = I_1$이라서 $I_0 = I_1 = I_2$이다.

② $a$선 지락, $V_a = 0$이므로 역행렬변환식 $V_a = V_0 + V_1 + V_2$과 발전기 기본식을
대입하면 $-I_0 Z_0 + E_a - I_1 Z_1 - I_2 Z_2 = 0$이고, $I_0 = I_1 = I_2$을 대입하면
$E_a = I_0 (Z_0 + Z_1 + Z_2)$가 유도된다.

③ 그림에서 지락 전류는 $I_a$와 같고, $I_a = I_0 + I_1 + I_2 = 3 I_0$이므로

$$I_g = 3 I_0 = \frac{3 E_a}{Z_0 + Z_1 + Z_2} \text{이다.}$$

### (2) 2선 단락 시(전류의 비대칭분, 대칭분)

① 그림과 같이 $b$상 - $c$상 단락사고가 발생하면 $E_a - E_b$를 포함하는 폐회로에 대
해 단락선과 $Z_{bc}$가 병렬연결이므로 전류 $I_b$와 $I_c$는 전부 단락선으로만 흐른다.
따라서 둘은 서로 크기가 같고 방향이 반대이다. $I_b = -I_c$

② 단락선에 의한 전압강하가 없으므로 $V_b = V_c$

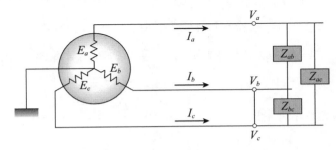

③ $I_a$는 부하 $Z_{ab}$를 거쳐서 $b$선을 타고 $E_b$로 돌아오거나 부하 $Z_{ac}$를 거쳐서 $c$선을 타고 $E_c$로 돌아와야 하는데 $b$점과 $c$점을 기준으로 오른쪽 선로에는 전류가 없으므로 $I_a = 0$이다.

$V_b$와 $V_c$를 대칭성분으로 변환해서 $V_b = V_c$에 대입,

$V_0 + a^2 V_1 + a V_2 = V_0 + a V_1 + a^2 V_2 \Rightarrow \text{⊙} \ V_1 = V_2$

$I_b$와 $I_c$를 대칭성분으로 변환해서 $I_b = -I_c$에 대입,

$I_0 + a^2 I_1 + a I_2 = -(I_0 + a I_1 + a^2 I_2) \Rightarrow \text{ⓒ} \ I_1 = -I_2$

그런데 $I_a = I_0 + I_1 + I_2 = 0$이고 $I_1 + I_2 = 0$이므로 영상전류 $\text{ⓒ} \ I_0 = 0$임을 알 수 있다.

④ 발전기 기본식 $V_0 = 0 - I_0 Z_0$와 ⓒ식에 의해 $V_0 = 0 - I_0 Z_0 = 0$, $V_1 = E_a - I_1 Z_1$

$V_2 = 0 - I_2 Z_2$와 ⊙, ⓒ식에 의해 $E_a - I_1 Z_1 = I_1 Z_1$이 성립하므로

$\text{ⓔ} \ I_1 = \dfrac{E_a}{Z_1 + Z_2} = -I_2$

⑤ $I_b = I_0 + a^2 I_1 + a I_2$에 ⓔ식을 대입하면 $I_b = (a^2 - a)\dfrac{E_a}{Z_1 + Z_2} = -I_c$

## (3) 3상 단락 시(전류의 비대칭분, 대칭분)

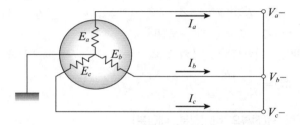

① 그림과 같이 3상 단락사고가 발생하면 $a$, $b$, $c$점이 하나로 묶이므로
$V_a = V_b = V_c$이고 $E_a$, $E_b$, $E_c$가 $120°$의 위상차이를 가지므로 단락지점까지의 전압강하를 무시하면
$E_a + E_b + E_c = 0 = V_a = V_b = V_c$이다. 따라서 영상/정상/역상 전압도 0이다.
즉, $V_0 = V_1 = V_2 = 0$ …… ⊙식

② 발전기 기본식 $V_0 = 0 - I_0 Z_0$와 ⊙식과 $Z_0 \neq 0$에 의해 $I_0 = 0$

$V_1 = E_a - I_1 Z_1$과 ⊙식에 의해 $I_1 = \dfrac{E_a}{Z_1}$, $V_2 = 0 - I_2 Z_2$와 ⊙식과 $Z_2 \neq 0$에 의해

$I_2 = 0$이다.

③ 전류의 비대칭분 $I_a = I_0 + I_1 + I_2 = 0 + \dfrac{E_a}{Z_1} + 0$,

$I_b = I_0 + a^2 I_1 + a I_2 = 0 + \dfrac{a^2 E_a}{Z_1} + 0$

$I_c = I_0 + a I_1 + a^2 I_2 = 0 + \dfrac{a E_a}{Z_1} + 0$

## (4) 대칭좌표법을 활용한 임피던스 등가회로

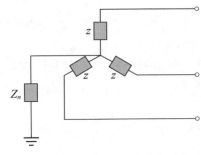

① 그림과 같이 Y결선 후 중성점을 저항기로 접지한 경우, 1선 임피던스와 저항기 $Z_n$에 대해 3가지 등가회로를 만들 수 있다.

② (가)는 임피던스의 영상분에 대한 등가회로이며 하나의 $Z_n$은 3개의 $3Z_n$이 병렬 연결된 것과 같으므로 $a$상 임피던스는 $Z_a = Z + 3Z_n$이다.

따라서 $Z_0 = \dfrac{1}{3}(Z_a + Z_b + Z_c) = \dfrac{1}{3}(3Z + 9Z_n) = Z + 3Z_n$이 된다.

③ 정상 임피던스 $Z_1$은 회전에 관여하는데 송전선은 회전력이 없고, 역상 임피던스 $Z_2$는 제동에 관여하는데 송전선은 제동력이 없으므로 중성점과 지면 사이의 neutral Impedence $Z_n$을 무시하면 임피던스의 정상분 및 역상분에 대한 등가회로는 (나)로 표현되며, $Z_1 = Z_2 = Z$이다.

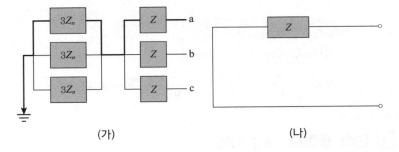

(가)                              (나)

## 3 %임피던스

### (1) %임피던스의 정의

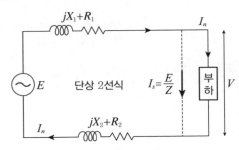

부하 양단에 걸리는 기준 선간 전압이 $V$이고, 3상 정격 용량이 $P_n$이고, 정격 전류가 $I_n$인 전력 계통에 접속된 어떤 전력 설비(송전선로, 발전기, 변압기 등)의 **임피던스 Z로 인한 전압 강하가 회로의 정격 전압에서 차지하는 비율**을 의미한다.❶

❶
Z의 비율이 아님에 주의하여야 한다.

**(2) 전류값을 알 때 사용하는 $\%Z$ 공식**

① $\%Z = \dfrac{Z\text{로 인한 전압 강하}}{\text{상전압}} \times 100 = \dfrac{I_n Z}{E} \times 100[\%]$이다.

($Z$: 한相분의 임피던스)

② 임피던스가 $Z$인 전력설비의 바로 옆에서 단락 사고가 생겼을 때 형성되는 단락

전류가 $I_s = \dfrac{E}{Z}$임을 이용하여 ①식을 변형하면

$\%Z = \dfrac{I_n Z}{E} \times 100 = \dfrac{I_n Z}{I_s Z} \times 100 = \dfrac{I_n}{I_s} \times 100[\%]$이다.

**(3) 전류값을 모를 때 사용하는 $\%Z$ 공식**

① 3상 전력 $P_n = \sqrt{3}\, V I_n$을 이용하여 $\dfrac{I_n Z}{E} \times 100$를 변형하면,

$\dfrac{(P_n/\sqrt{3}\,V)Z}{V/\sqrt{E}} \times 100 = \dfrac{P_n Z}{V^2} \times 100[\%]$이다.

위 공식을 적용할 때 물리량 $P_n$, $Z$, $V$의 단위는 각각 VA, $\Omega$, V이다.

② 3상정격용량의 단위를 kVA로, 기준 선간전압의 단위를 kV로 대입할 때는 다음 공식을 적용한다.

$$\%Z = \dfrac{P_n Z}{10\,V^2}[\%]$$

\* 물리량 $P_n$, $Z$, $V$의 단위는 각각 kVA, $\Omega$, kV이다.

※ 3상1회선, 66kV, 26$\Omega$, 300A이면

$\%Z = \dfrac{P_n Z}{10\,V^2} = \dfrac{\sqrt{3}\,V I_n}{10\,V^2} = \dfrac{\sqrt{3} \times 66 \times 300}{10 \times 66^2} = 20.5\%$이다.

## 4 단락 용량과 차단 용량

**(1) 단락 전류, 단락 용량**

① 단락 사고 시 흐르는 대전류를 단락 전류라고 한다.

② 단락 전류와 선간전압에 의해 결정되는 교류 3상 피상전력을 단락 용량이라고 한다.

$$단락\ 용량 = \sqrt{3}\,V_{공칭}I_s$$

\* $V_{공칭}$: 공칭 선간전압, $V_s$: 단락 전류

## (2) 차단 용량과 정격 차단 전류

① 단락 사고가 발생하여 차단기에 대전압이 인가되고 대전류가 흘러도 차단기가 파손됨 없이 전류를 차단하는 능력을 발휘하여야 하므로 차단기는 단락 용량을 견뎌 내고, 고장이 해결된 후에는 차단기를 재투입할 수 있어야 한다. 이 정격 전압과 단락 전류에 의해 결정되는 교류 3상 피상전력을 차단 용량이라고 한다. 정격 전압이 공칭 전압보다 더 크기 때문에 차단 용량이 단락 용량보다 더 크다.

$$\text{차단 용량} = \sqrt{3}\, V_n I_s$$

* $V_n$: 정격 전압, $V_s$: 단락 전류

② **단락 용량과 %Z와의 관계**: 단락 시의 전력(Short-circuit Power)을 $P_s$, 정격 전력(Normal rating Power)을 $P_n$이라고 할 때, Ⅲ-5. 고장계산과 대책 챕터에서 유도한 공식 $\%Z[\%] = \dfrac{I_n}{I_s} \times 100$으로부터

$$\%Z[\%] = \frac{\sqrt{3}\, VI_n}{\sqrt{3}\, VI_s} \times 100 = \frac{P_n}{P_s} \times 100$$이므로 단락 용량 $P_s = \dfrac{100}{\%Z} \times P_n$이다.

③ 차단 용량이 단락 용량보다 큰 것처럼, 정격 차단 전류가 단락 전류보다 더 크다. 하지만 공칭 전압과 정격 전압의 차이가 크지 않으므로 단락 용량과 차단 용량을 구분하지 않으며, 단락 전류와 정격 차단 전류를 구분하지 않는 경우도 많다.

$$\text{차단 용량} \ \ P_s = \frac{100}{\%Z} \times P_n = \sqrt{3}\, VI_s \text{이므로}$$

$$\text{차단 전류} = \text{단락 전류} \ \ I_s = \frac{100 P_n}{\sqrt{3}\, V \times \%Z}$$

## 5 단락 전류 억제 대책

(1) $I_s = \dfrac{100 P_n}{\sqrt{3}\, V \times \%Z}$에서 $I_s \propto \dfrac{1}{V}$이므로 계통 전압 $V$를 높이면 단락 전류가 줄어든다.

(2) $I_s \propto \dfrac{1}{Z}$이므로 고(高)임피던스 기기를 채용하여 $Z$를 높이면 단락 전류가 줄어든다.

(3) $I_s \propto \dfrac{1}{Z}$ 이므로 아래 그림과 같이 차단기 1차측에 한류 리액터를 직렬로 설치하여 선로 임피던스를 높이면 단락 전류가 줄어든다.

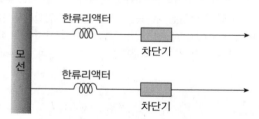

(4) $I_s \propto P_n$ 이므로 계통 분할 방식을 채용하여 $P_n$을 줄이면 단락 전류가 줄어든다.

(5) 교류계통을 직류계통을 통해 연계하면 무효 전력의 전달이 없어서 단락 용량이 경감된다.

## 6 안정도

### (1) 안정도의 의미
① **안정도**: 전력계통이 주어진 운전조건 하에서 안정하게 운전을 계속할 수 있는 능력을 $0 \sim 100$
까지의 수치로 나타낸 것
② 계통의 안정도를 평가하거나 해설하는 자료로 쓰인다.

### (2) 안정도의 종류
① **정태 안정도**: 송전 계통이 극히 서서히 증가하는 부하에 대하여 계속적으로 송전할 수 있는 능력을 말하며, 부하가 증가해도 안정을 유지할 수 있는 극한의 송전 전력을 정태 안정 극한전력이라고 한다.
② **과도 안정도**: 계통에 갑자기 고장 사고와 같은 급격한 외란이 발생하였을 때에도 탈조하지 않고 새로운 평형 상태를 회복하여 송전을 계속할 수 있는 능력을 말하며, 과도기에도 안정을 유지할 수 있는 극한 전력을 과도 안정 극한 전력이라고 한다.
③ **동태 안정도**: 정태 안정도에서 파생되었으며, 부하가 완만하게 변하면서 AVR을 사용할 때 계통이 안정을 유지할 수 있는 능력을 말한다.

## 7 송전계통의 안정도 증진 대책

### (1) 계통의 직렬 리액턴스를 작게 한다.
① 발전기, 변압기의 리액턴스를 줄여서 송전 용량을 높이면 안정도가 증대된다.
② 선로의 병행 회선수를 늘리거나 복도체를 사용하면 선로 인덕턴스가 감소한다.
③ 선로에 직렬 콘덴서를 삽입하여 선로의 유도성 리액턴스를 상쇄시킨다.

**(2) 전압 변동을 작게 한다.**

① 속응 여자방식의 여자기를 채용한다.

② 계통을 연계시키고 단락비를 크게 한다.

③ 선로 중간에 동기 조상기를 연결하는, 중간 조상방식을 채용한다.

**(3) 고장 발생에 신속하게 대응한다.**

① 고속도 차단 방식을 채택하여 고장 구간을 신속히 차단한다.

② 자동 재폐로 방식을 채택하여 빠른 복구를 달성한다.

③ 고장 시 발전기 입출력의 불평형을 작게 한다.

**(4)** 역률을 조정하거나 리액턴스를 증가시키거나 회선수를 줄이거나 계통을 분리하거나 조속기 작동을 느리게 하거나 병렬 콘덴서를 설치하는 것은 안정도 증진대책이 될 수 없다.

## 8 송전계통의 송전 용량

**(1)** 송전선로를 통해 보낼 수 있는 최대 송전 전력을 송전 용량이라고 한다.

**(2)** 송전 용량을 구하는 3가지 방법이 있다.

① **상차각, 리액턴스 이용법**: 송전단 전압 $V_s(\mathrm{kV})$, 수전단 전압 $V_r(\mathrm{kV})$, 둘 사이의 상차각 $\sin\delta$과 선로 리액턴스 $X(\mathrm{k}\Omega)$를 알면 송전 용량 $P(\mathrm{MW})$을 구할 수 있다.

즉, $P(\mathrm{MW}) = \dfrac{V_s V_r}{X}\sin\delta$이다.

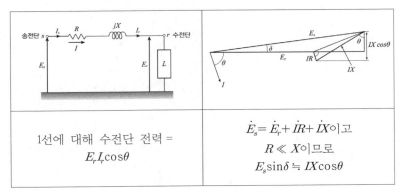

| | |
|---|---|
| 1선에 대해 수전단 전력 = $E_r I_r \cos\theta$ | $\dot{E_s} = \dot{E_r} + \dot{I}R + \dot{I}X$이고<br>$R \ll X$이므로<br>$E_s \sin\delta \fallingdotseq IX\cos\theta$ |

$I\cos\theta = \dfrac{E_s\sin\delta}{X}$를 수전단 1선 전력 공식에 대입하면, 1선 전력 $= \dfrac{E_s E_r \sin\delta}{X}$

3상 전력 = 3배의 1선 전력이므로

수전단 전력 $P(\mathrm{MW}) = \dfrac{3E_s E_r\sin\delta}{X} = \dfrac{\sqrt{3}E_s\sqrt{3}E_r\sin\delta}{X} = \dfrac{V_s V_r\sin\delta}{X}$

② **고유부하법**: 선로의 특성 임피던스 $Z_0(\Omega) = \sqrt{L/C}$와 수전단 전압 $V_r(\mathrm{kV})$을 알면 송전 용량 $P(\mathrm{MW/회선})$을 구할 수 있다. 즉,

$P(\mathrm{MW/회선}) = \dfrac{V_r^2}{\sqrt{L/C}}$이다.

송전 전압 60,100,140,154kV에 대해
송전 계수 $k$ = 600,800,1200,1300

③ **송전용량계수법**: 송전 전압에 의해 정해지는 송전용량계수 $k$(VA)를 알고, 송전 거리 $l$(km)와 수전단 전압 $V_r$(kV)을 알면 송전 용량 $P$(kW/회선)을 구할 수 있다.❶

즉, $P$(MW/회선) $= k\dfrac{V_r^2}{l}$ 이다.

# 1 중성점 접지의 정의 및 목적

참고 & 심화

**(1) 중성점**: 다음 그림에서 변압기 2차측의 중성점을 말한다.

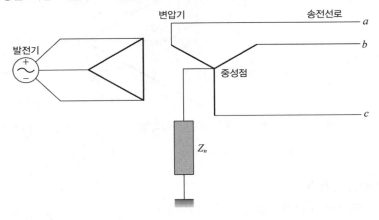

**(2) 중성점 접지의 목적**

① 지락 고장 시 건전상 대지전위 상승을 억제하여 기기나 선로의 절연레벨을 경감시킨다.
② 뇌, 아크지락 등에 의한 이상전압을 경감시키거나 억제한다.
③ 지락 고장 시 접지계전기의 확실한 동작이 가능하게 한다.
④ 외란이 발생한 과도기에 안정적인 송전이 유지되도록, 과도 안정도를 증진시킨다.
⑤ 코로나를 방지하거나 송전 용량을 증가시키는 것은 중성점 접지의 목적이 아니다.

# 2 중성점 접지의 종류

**(1) 비접지 방식**

① 선로의 길이가 짧거나 전압이 낮은 계통에 한하여 적용한다.
② 장점과 단점

| 장점 | 단점 |
|---|---|
| ㉠ 지락 전류가 작아서 유도장해가 감소한다. | ㉠ 지락 전류가 작아서 보호계전기 동작이 불확실하다. |
| ㉡ 근접 통신선에 대한 유도장해가 작다. | ㉡ 1선지락시 대지 전압이 $\sqrt{3}$ 배까지 상승한다. |
| ㉢ 변압기를 3고조파 없는 △ - △ 결선으로 연결할 수 있다. | ㉢ 계통의 기기 절연을 높여야 한다. |

③ 비접지 방식에서 a상 지락사고가 발생하면 $\dot{V}_a$가 0이 되면서 그림에서처럼 평상시의 중성점이 지락시의 중성점으로 이동하면서 각 상의 대지 전압은 다음과 같이 바뀐다.

$$V_a' = 0, \quad V_b' = \sqrt{3}\,V_b, \quad V_c' = \sqrt{3}\,V_c$$

즉, 고장상(相)의 대지 전압은 0이 되고 건전相의 대지 전압은 둘 다 $\sqrt{3}$ 배로 커진다.

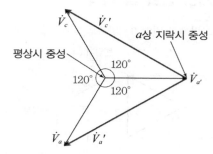

☞ 세 각이 30°, 30°, 120°인 이등변삼각형: $q^2 = p^2 + p^2 - 2p^2\cos 120°$

$$\Rightarrow q^2 = 2p^2(1 + \frac{1}{2}), \quad q = \sqrt{3}\,p$$

## (2) 직접 접지 방식

지락 전류의 크기가 최대인 접지 방식이다.

① 변압기의 중성점을 저항이 거의 없는 금속선으로 직접 접지한다.

② 154kV 이상의 초고압 송전선로에서는 절연레벨 저감에 따른 경제적 이익이 크므로 직접 접지 방식을 채택한다.

③ 1선 지락 시 지락지점의 대지 전압은 상전압 E와 같아서 그에 따른 지락 전류가 흐른다.

④ 장점과 단점

| 장점 | 단점 |
|---|---|
| ㉠ 지락 전류가 커서 계전기 동작이 확실하고 고속차단기와의 조합도 가능하다. | ㉠ 지락 시 대전류가 흘러서 기기 손상을 초래하고, 과도 안정도가 나빠진다. |
| ㉡ 1선지락 시 건전상의 대지전압은 거의 상승하지 않아서 기기의 절연레벨을 낮춰도 된다. | ㉡ 대용량 차단기가 필요하며, 계통의 기기 절연을 높여야 한다. |
| ㉢ 단절연(graded insulation)이 가능해서 절연비용이 적게 들고, 정격 피뢰기 사용이 가능하다. | ㉢ 평상시 3고조파 발생하여 유도장해를 줄 우려가 있다. |

## (3) 저항 접지 방식

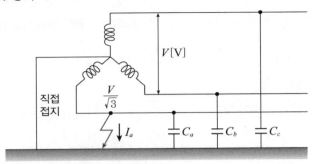

① 중성점과 지면 사이에 저항을 삽입하는 방식이며, 저항의 크기가 100 ~ 1000Ω 이면 고저항 접지라고 부른다.

② 직접 접지에 비해 지락 전류가 줄어들어서 유도 장해가 경감되고 과도 안정도 가 향상된다.

③ 정격전압(선간 전압)이 $V$인 3상 발전기의 중심점을 저항값 $R_g$의 저항기로 접지하게 되면 지락 전류 $I_g$의 크기는 $I_g = \dfrac{V/\sqrt{3}}{R_g}$ 가 된다.

## (4) 소호 리액터 접지 방식(지락 전류의 크기가 최소인 접지 방식)

① 중성점과 지면 사이에 리액터를 삽입하는 방식이며, 소호(消弧 Arc-suppression) 는 아크를 없앤다는 의미이고, 1916년 W. 피터슨이 처음 발명하였다.

② 소호 리액터에는 용량 $X_L$을 변경할 수 있는 탭이 달려 있어서, 선로의 대지 정전용량과 소호 리액터의 용량이 같으면 1선 지락 시 선로 콘덴서와 리액터가 병렬 공진하여 지락 전류와 지락 아크가 소멸된다.

③ **소호 리액터의 공진탭 리액턴스**: 일반적으로 Y결선된 3상 변압기의 리액턴스는 무시한다.

| 소호 리액터 접지 회로 | 등가 회로 |
|---|---|
| 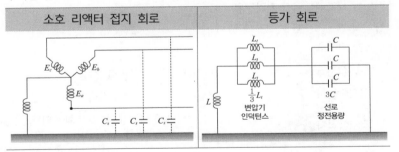 | |

공진탭의 리액턴스 $X_L$

☞ 3상 정전용량의 합성값은 $= 3C$ 변압기의 인덕턴스를 무시하면,

공진 조건 $X_L = X_C \Rightarrow \omega L = \dfrac{1}{\omega \times 3C}$ 또는 $X_L = \dfrac{1}{2\pi f \times 3C}$ 이다.

④ 위 등가 회로에서 변압기의 인덕턴스까지 고려하면 3상 변압기(transformer)의 합성 인덕턴스가 $\frac{L_t}{3}$ 이므로 $L$, $L_t/3$, $3C$가 직렬 연결된 상황이다.

따라서 공진 조건 $X_L + X_t = X_C \Rightarrow \omega(L + L_t/3) = \dfrac{1}{\omega \times 3C}$

⑤ 장점과 단점

| 장점 | 단점 |
|---|---|
| ㉠ 지락 전류가 가장 작아서 차단기의 차단능력이 가장 가볍다.<br>㉡ 지락 전류가 소전류라서 유도 장해가 적고 과도 안정도가 높다.<br>㉢ 지락 사고 시 자연 소호하여 고장 회복이 가능하다. | ㉠ 지락 전류가 작아서 보호계전기의 동작이 확실하지 않다.<br>㉡ 소호 리액터의 설치 비용이 비싸다. |

### (5) 중성선 다중접지 방식

① 전원의 중성점과 주상변압기의 1차 및 2차를 공통의 중성선으로 연결하여 접지하는 방식으로서, 고저압 혼촉 시에는 수용가에 침입하는 상승전압을 억제해 준다.

② 1선 지락 시 직접 접지 방식에 버금가는 대전류가 흘러서 유도장해 크지만 계전기 동작이 확실해진다.

③ 배전선로에서는 Recloser(R) - Sectionalizer(S) - Line fuse(F) 순으로 배열하여 보호 협조를 채택한다.

## ③ 중성점 접지 방식에 따른 특성비교

| 접지 방식 | 지락전류 크기 | 영상전류 검출 방법 |
|---|---|---|
| 소호 리액터 | 가장 작다 | |
| 비접지 | | GPT + ZCT + SGR를 적용 |
| 고저항접지 | | 3권선CT + 영상분로접속 + OCGR를 적용 |
| 저저항접지 | | 각 상에 OCR을 설치, 잔류회로의 결선을 통해 OCGR을 적용 |
| 직접접지 | 가장 크다 | 각 상에 OCR을 설치, 잔류회로의 결선을 통해 OCGR을 적용 |

# CHAPTER 07 이상전압 및 방호대책

## 1 이상전압의 구분

### (1) 내부 이상전압

① 계통을 조작할 때, 혹은 고장이 발생했을 때 이상전압이 발생한다. 개폐서지는 투입할 때보다 개방할 때가 더 높다.

② 개방 서지의 경우 무부하 회로를 개방할 때가 부하 회로를 개발할 때보다 더 높다. 이는 선로의 정전용량에 의한 페란티 효과 때문이다. (무부하 선로의 충전전류를 차단할 때 이상전압이 가장 높다)

### (2) 외부 이상전압

① **직격뢰**: 건물, 장비, 송전 케이블에 직접 낙뢰가 떨어져서 직접적 피해를 입히는 것

ㄱ **섬락 현상**: 송전선에 뇌격이 가해지면 뇌전류가 송전선로상을 전파해 가면서 애자의 절연을 파괴하는 섬락 현상이 나타난다. (탑각: 땅에 묻혀 있는 송전탑의 다리 부분)

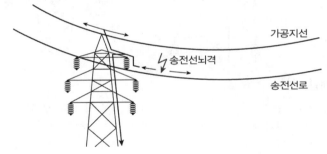

ㄴ **역섬락 현상**: 철탑 주변의 가공지선에 뇌격이 가해지면 철탑과 송전선 간의 전위차가 애자련의 절연전압보다 높아서 뇌전류가 철탑에서 송전선 쪽으로 흐르면서 애자의 절연을 파괴하는 역삼락이 나타난다.

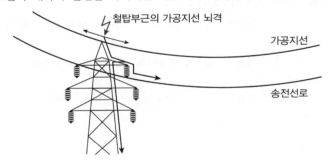

② 유도뢰: 건물이나 장비나 송전탑 근처에 벼락이 떨어져서 통신 장애 등 간접적 피해를 주는 것

③ 타 계통, 타 전선과의 혼촉 시에도 이상전압이 발생할 수 있다.

## ② 가공지선과 매설지선을 이용한 이상전압 방호

### (1) 가공지선

① 가공지선은 ACSR로 만들며, 직격뢰 및 유도뢰에 대한 송전선로의 차폐 효과가 있다.

② 가공지선은 진행파의 감쇄를 도모하여 통신선에 대한 전자 유도장해 경감효과가 있다.

③ 가공지선과 송전선을 잇는 선이 연직선과 이루는 차폐각은 35 ~ 40°이며 가공지선을 그림과 같이 2선으로 하면 차폐각이 작아져서 송전선이 직격뢰로부터 보호받는 효과가 더 커지지만 건설비가 비싸다.

④ 섬락 현상과 1선 지락 사고를 방지하기 위해 가공지선, 아킹혼(소호환), 아킹링(소호각)을 설치한다.

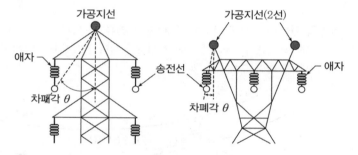

### (2) 매설지선

① 아연도금의 절연전선을 송전탑 주변 땅 밑에 방사상으로 설치한 것이 매설지선이며, 철탑의 탑각 접지저항을 줄이고 철탑 전위를 낮춤으로써 역섬락이 방지된다.

② 탑각 접지저항을 줄이는 가장 효과적인 방법은 매설지선 설치이며, 이보다 효과는 적지만 접지봉을 땅에 묻어서 탑각과 도선으로 잇기도 한다.

### (3) 그밖의 이상전압 방호장치들

① 서지흡수기(SA)는 진공차단기(VCB) 2차측에 설치하여 고압 부하설비를 이상전압으로부터 보호한다.

② 서지보호기(SPD)는 분전함 메인 MCCB의 하부에 설치하여 저압 부하설비를 보호한다.

③ 개폐저항기는 초고압용 차단기에 병렬로 설치하여 계통의 이상전압을 효과적으로 차단한다.

## ③ 피뢰기

### (1) 피뢰기 설치 목적과 정격 전압

① 발전소나 변전소의 전력 설비를 보호하기 위해 가공전선로가 지중전선과 접속되는 곳에 피뢰기를 설치하면 내습하는 뇌 서지, 개폐 서지와 같은 이상전압의 파고값을 대지로 방전시키고 속류를 차단한다.

② **피뢰기의 충격방전 개시전압**: 피뢰기에 충격전압이 인가될 때 방전을 개시하는 전압

③ **피뢰기의 정격 전압**: 피뢰기가 속류를 차단할 수 있는 교류 최고전압

④ **피뢰기의 제한 전압**: 피뢰기 동작 중 단자전압의 파고값

### (2) 피뢰기의 작동 원리

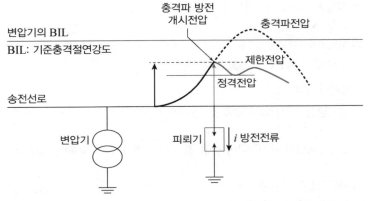

① 뇌격으로 위로 볼록한 포물선 형태의 충격파전압이 가공전선로에 인가되면, 충격파전압이 '피뢰기의 정격전압'을 넘어서서 '충격방전 개시전압'에 도달하는 순간이 온다.

② 이때 피뢰기가 방전을 시작하여 지면 쪽으로 충격파 전압의 일부를 방전시키고 가공전선로에는 '충격파 전압 – 방전 전압', 즉 '제한 전압'만큼만 인가된다.

③ 이 제한 전압은 전력 설비의 기준충격절연강도보다 낮아서 기기는 이상전압으로부터 보호받는다.

④ 따라서 전력 계통의 충격파 전압 최대치와 피뢰기의 충격방전 개시전압이 서로 연동된다.

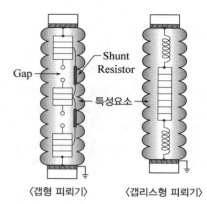

**(3) 피뢰기의 구조**

〈갭형 피뢰기〉　　　〈갭리스형 피뢰기〉

Gap

Shunt Resistor

특성요소

① **직렬 갭**: 평소에는 절연상태를 유지하며 이상전압 발생 시에는 신속하게 방전하고 정격전압 이하의 전압 인가 시에는 속류를 차단한다.

② **특성요소**: 탄화규소(SiC)와 산화아연(ZnO)을 혼합된 밀봉체이며, 피뢰기의 제한전압을 낮추면서 직렬 갭의 속류 차단 기능을 돕는 작용을 한다.

**(4) 피뢰기의 구비 조건**

① **충격방전 개시전압이 낮을 것**: 충격파에 대한 방전은 적정순간에 신속하게 개시되어야 한다.

② **상용주파방전 개시전압이 높을 것**: 상용주파에 대한 방전이 쉽게 개시되면 안된다.

③ **제한전압이 낮을 것**: 피뢰기 방전하는 동안 선로에 인가되는 제한전압이 낮아야 전력기기가 보호된다.

④ **방전내량이 크고 속류 차단 능력이 충분할 것**

**(5) 유효 접지 계통에서 피뢰기 정격전압**

① 중성점 접지방식 중에서 1선 지락 시 건전상의 전위상승이 대지전위의 1.3배 이하가 되도록 임피던스를 조절하여 접지하는 방식을 유효접지라고 부르며, 일종의 직접 접지로 볼 수 있다.

② 정격 선간전압에 대한 1선 지락 시 건전상의 대지전위를 접지계수라고 하며, 계통에 설치할 피뢰기의 정격 전압을 결정할 때에 1선 지락 시 건전상의 대지전위를 보고 판단한다.

> 피뢰기 정격전압 = 접지계수 × 여유도 × 허용 최고전압

## 4 절연 협조

(1) 절연 협조란, 전력계통에서 피뢰기 제한전압을 기준으로 설비의 절연강도를 순차적으로 높여 나감으로써 사고 발생시에 피해 범위를 최소화하여 계통의 신뢰도를 높이는 방안이다.

(2) 전력설비 상호간에 절연의 협조를 잘 도모해야 계통 보호 비용이 최소화된다.

① 절연 협조의 기본은 피뢰기 제한전압이다. 따라서 변압기를 보호하는 피뢰기의 절연 레벨이 가장 낮다.

② 기준충격절연강도(Basic impulse Insulation Level): 그림은 154kV 송전계통을 나타낸 것으로, $\mathrm{BIL} = 5 \times \dfrac{공칭전압}{1.1} + 50 = 750(\mathrm{kV})$이다.

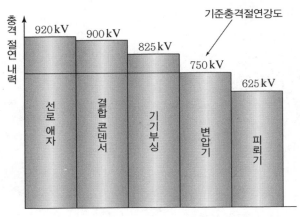

③ 송전계통에서 보면 선로애자는 보호 우선순위에서 가장 끝자리이기 때문에 절연레벨(충격절연내력)이 가장 높다.

## 5 유도장해

(1) 유도장해의 뜻

전력선에 의해 인접 통신선에 장해가 발생하는 현상

① **전자 유도장해**: 영상전류가 흐르는 전력선과 인접 통신선 사이의 상호 인덕턴스에 의해 발생

② **정전 유도장해**: 영상전압이 인가된 전력선과 인접 통신선 사이의 상호 정전용량에 의해 발생

③ **고조파 유도장해**: 영상분을 가지는 3배수 고조파에 의해 발생

(2) 전자 유도 전압

① 상시: 통신선과 $I_a$과 흐르는 전력선 사이의 상호 인덕턴스가 $L_m$이면 1선당 전자 유도 전압 $E_m = X_L I_a = \omega L_m I_a$인데, 3상 1회선이면 $E_m = \omega L_m (I_a + I_b + I_c)$이고, $I_a + I_b + I_c = 0$이므로 $E_m = 0$

② 1선 지락시 $I_a + I_b + I_c = 3I_0$이므로 $E_m = 3\omega L_m I_0$이다.

## (3) 유도장해 방지 대책

### ① 전력선측 대책

㉠ 이격거리를 크게 하여 상호인덕턴스를 줄인다.

㉡ 연가를 충분히 하여 중성점 잔류전압을 줄인다.

㉢ 송전선과 통신선 사이에 차폐선을 설치하고, 고속도 차단기를 사용한다.

㉣ 소호 리액터 접지 또는 고저항기 접지로 지락 전류를 줄인다.

### ② 통신선측 대책

㉠ 통신선을 전력선에 수직이 되도록 교차시킨다.

㉡ 배류코일을 사용한다.

㉢ 절연 변압기, 피뢰기 등 절연 성능을 강화한다.

㉣ 연피 케이블 통신선을 사용한다.

## 제1절 보호계전기

참고 & 심화

### 1 보호 계전기의 특성

**(1) 보호 계전기의 구비 조건**

① **신속성**: 고장 발생 시 계통의 안정을 위해, 설비손상과 고장구간을 최소화할 수 있어야 한다.

② **검출 감도**: 센서의 성능이 우수하여 미미한 고장 신호도 놓치지 않고 잡아낼 수 있어야 한다.

③ **선택성**: 고장 구간만 선택적으로 차단하여 다른 건전 구간에 사고가 파급되지 않도록 해야 한다.

④ **신뢰성**: 보호 구간의 사고에 대해서는 한도내 작동시한을 가지고 확실하게 동작하여야 한다.

⑤ **자동재폐로**: 자동복구 혹은 사고 수습이 끝난 뒤 필요에 따라 재폐로를 실시할 수 있어야 한다.

⑥ **후비 보호성**: 변압기를 보호 협조하는 거리 계전기(DR)처럼 주보호 기기에 문제가 발생해도 사고 파급을 제한하는 백업 기능을 갖추어야 한다.

⑦ **경제성과 단순성**: 가격이 저렴하고 취급 및 정비가 용이하여야 한다.

**(2) 보호 계전기의 동작 특성**

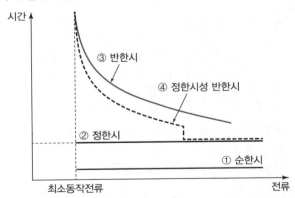

① **순한시 특성 계전기**: 입력전류의 크기에 관계 없이 동작전류가 감지되면 순식간에(0.3초) 동작한다.

② **정한시 특성 계전기**: 입력전류의 크기에 관계 없이 동작전류가 감지되면 미리 설정해둔 지연시간 경과 후에 동작한다.

③ **반한시 특성 계전기**: 동작지연 시간이 유동적인 계전기로서, 입력 전류의 크기가 클수록 더 빨리 동작한다.

④ 정 · 반한시 특성 계전기: 정한시 특성과 반한시 특성을 함께 갖춘 계전기로서, 입력 크기가 커질수록 짧은 한시에 동작하나, 입력이 어느 범위를 넘으면 미리 설정해둔 지연 시간 경과 후에 동작한다.

## (3) 보호계전기의 목적에 따른 분류

### ① 단락 사고 보호용 계전기

| 계전기(약어) | 계전기의 역할과 기능 |
|---|---|
| 과전류 계전기(OCR) | 일정값 이상의 전류가 흐르면 동작하여 차단기 쪽으로 신호를 보낸다.(트립코일을 여자시킨다) |
| 부족전류 계전기(UCR) | 일정값 이하의 전류가 흐르면 동작하여 정전 경보기 쪽으로 신호를 보낸다. |
| 부족전압 계전기(UVR) | 전압이 일정값 이하로 떨어지면 동작하여 저전압 알람장치 쪽으로 신호를 보낸다. |
| 방향 과전류 계전기(DOCR) | 루프 계통의 단락 사고 보호용으로 사용된다. |

### ② 지락 사고 보호용 계전기

| 계전기(약어) | 계전기의 역할과 기능 |
|---|---|
| 지락 계전기(GR)<br>지락 방향 계전기(DG)<br>누전 계전기(GFR) | 영상전류를 검출하여 지락 사고가 확인되면 차단기나 누전경보기 쪽으로 신호를 보낸다. |
| 선택 지락 계전기(SGR) | 2개 이상의 급전선을 가진 비접지 배전계통에 설치하여 영상전압 + 영상전류를 검출하고, 지락 사고가 발생한 회선만 선택하여 차단하도록 신호를 보낸다. |
| 거리 지락 계전기(DGR) | 지락 사고가 발생한 고장점까지의 거리까지 표시해 준다. |
| 지락 과전류 계전기(OCGR) | 일정값 이상의 지락 전류가 흐르면 이를 감지하여 누전경보기 등의 연동 계기 쪽으로 신호를 보낸다. |
| 방향성 지락 과전류 계전기(DOCGR) | OCGR은 영상전류만으로 지락 사고를 검출하지만, DOCGR(directional over current ground relay)은 영상전압과 영상전류로 동작한다. |

③ 과전압 계전기(OVR): 전력 회로 보호용, 발전기가 무부하로 되었을 때 발전기 보호용으로 쓰인다.

④ 비율차동 계전기(RDfR)

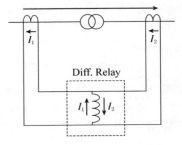

Diff. Relay

㉠ 발전기 및 주변압기의 내부고장 보호용으로 이용된다.
㉡ 변류기에 유입하는 전류와 유출하는 전류의 차가 일정 비율 이상이 되면 동
   작하여 전력기기에 전기 신호를 보낸다.
⑤ **방향성을 가지는 계전기**: 전력 계전기, 비율차동 계전기, 선택지락 계전기
⑥ **기타 특수 계전기**

| 계전기 | 계전기의 역할과 기능 |
| --- | --- |
| 결상 계전기(OPR) | 3상 결선의 변압기 선로에서 1상 또는 2상이 단선이 되거나 일정값 이하의 전압이 유입되거나 역상이 유입되면 동작하여 차단기를 트립시켜서 소손을 방지한다. 결상 계전기는 결상이 생기면 나타나는 역상분 전류를 검출하므로 역상 계전기라고도 부른다. |
| 주파수 계전기(FR) | 교류의 주파수에 따라 반응하며 일정값보다 높을 경우에 동작한다. 고속의 회전기기 보호용으로 주로 사용된다. |
| 거리 계전기 | 고장점까지의 거리에 따라 임피던스값이 달라지는 원리를 이용하므로 임피던스 계전기라고도 부른다. 모선보호용 계전기로 사용되며, 임피던스는 절대치만 표시되므로 방향 특성은 없다. 고장점까지의 거리가 멀수록 동작 및 차단기 오픈 시간이 늦어지기 때문에 동작 속도가 가장 느리다. |
| Mho형 거리 계전기 | 모선보호용 계전기로 사용되며, 거리 계전기에 방향 특성을 추가한 것이다. |

## ② 보호 계전방식의 구성 및 특성

### (1) 보호 계전방식의 목적

① 전력계통에서 발생한 고장을 신속하게 검출하고 제거함으로써 전선로 및 전력
   설비의 손상을 최소화한다.
② 불필요한 정전시간을 줄여서 전력 계통의 안정도를 향상시킨다.

**(2) 모선보호 계전방식**

① 송, 배전선, 발전기, 변압기, 조상설비 등이 접속되어 있는 공동도체를 모선(bus)이라고 한다.

$$가공전선 > 모선 > 간선 > 분기선$$

② 송전선로 보호 계전방식으로는 전류차동 계전방식, 전압차동 계전방식, 위상비교 계전방식, 방향거리 계전방식이 있다. 이 중에 방향거리 계전방식이 모선보호에 가장 유리한 방식이며, 방향거리 계전기는 전원이 양단에 있는 환상선로의 단락보호에 사용된다.

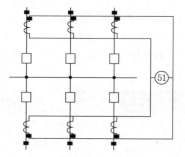

**(3) 과전류 계전방식**: 정한시 과전류 계전기 또는 반한시 과전류 계전기를 이용한다.

**(4) 방향 거리 계전방식**: 사고점까지의 선로 임피던스를 측정하며, 단락보호 및 직접접지 방식의 지락보호에 적용된다. 거리 계전방식은 동작 속도가 가장 느린 계전방식이다.

**(5) 표시선 계전방식**

① 표시선은 고장상황 연락수단이며, 고장점 위치에 관계없이 양단을 동시에 고속차단 성능을 발휘한다.

② 표시선 계전방식은 방향비교 방식과 전류순환 방식, 전압반향 방식으로 세분화할 수 있다.

**(6) 2개 이상의 계전기 조합 방식**: 전원이 2군데 이상인 방사상(수지식) 선로의 단락보호용으로는 방향단락 계전기와 과전류 계전기를 조합하여 사용한다.

## ③ 변전소내 전원설비와 변전소 모선방식

**(1) 전원설비**

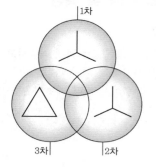

① 변·발전소의 소내 전원설비로는 보조변압기, 기동용변압기, 연축전지, 분전반 등이 있다.
② 1차 변전소 전원용 3권선 변압기로는 3고조파 피해가 없고 조상설비의 설치가 원활한 Y–Y–△결선법을 채용한다. 3권선 변압기에서 △결선한 3차 권선을 '안정 권선'이라고 부른다.
③ **변전소 내 접지의 목적**: 송전시스템의 중성점 접지로 이상전압 발생 방지, 고장전류로부터 기기 보호, 근무자의 감전사고 방지, 보호계전기의 확실한 동작 확보

## (2) 모선방식

① 변전소에는 고압계통의 인입설비와 저압계통의 모선, 고압Feeder, MCC설비, 전동기 보호를 위해 각종 보호계전기들이 설치되어 있다.
② 변전소 모선방식은 크게 단모선(radial bus), 환상모선(ring bus), 2중모선(double bus) 방식으로 분류할 수 있다.
  ㉠ 환상모선 방식은 차단기 점검이 편리하고 전력 손실이 적지만 차단기 고장 시 2개의 선로가 정전되는 단점이 있다.
  ㉡ 이중모선 방식은 신뢰도가 높고 유지보수도 편리해서 현재 변전소에서 가장 많이 쓰이는 방식이다.

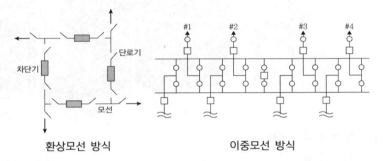

환상모선 방식                    이중모선 방식

---

## 제2절  차단기

## ① 차단기의 역할과 정격 전압, 정격 차단시간

### (1) 차단기의 역할

① 설비의 점검 및 수리 작업 시에 해당 설비를 정전시키기 위해 차단기 핸들을 내린다.
② 고장 시에 발생하는 대전류를 빠르고 안전하게 차단하여 고장구간을 건전구간으로부터 분리시켜 준다.

### (2) 정격 차단시간
트립코일 여자부터 소호까지의 시간을 말한다. 즉, 차단기가 보호계전기로부터 명령을 받고 접점이 열리는 순간 아크가 발생했다가 완전히 소호될 때까지 걸리는 시간이며 $\frac{3}{60}$ 내지 $\frac{5}{60}$ 초이다.

# 2 차단기의 종류별 특징

## (1) 고압/특고압용

① 가스 차단기(GCB): 절연 성능과 소호 능력이 뛰어난 SF6 기체를 아크에 분사하여 소호하며, 근거리 차단에 유리하고, 특고압 계통에서 주로 사용된다.

② 진공 차단기(VCB): 아크가 진공에서 급격히 확산되는 성질을 이용하며, 고압 계통에서 주로 사용된다.

③ 유입 차단기(OCB): 절연유의 분해가스 흡부력에 의해 아크가 제거되며, 폭발과 누유의 가능성 때문에 최근에는 VCB로 대체되는 추세이다.

## (2) 저압용

① 기중 차단기(ACB): 대기 중에서 아크를 냉각 제거하며, 저압 간선의 메인 스위치로 쓰인다.

② 배선용 차단기(MCCB)

③ 누전차단기(ELCB)

④ 용량과 신뢰성은 ACB > MCCB > ELCB의 순서이다.

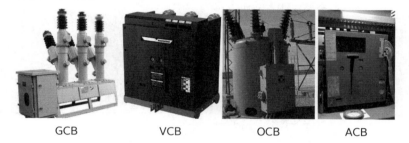

GCB          VCB          OCB          ACB

## (3) 그 밖의 차단기들

① 공기 차단기(AAB): 15 ~ 30[kg/cm²]으로 압축시킨 공기를 아크에 불어넣어 소호시킨다. 압축 공기의 압력이 높을수록 절연 내력이 증가하며, 압축공기가 방출될 때 폭발음을 발생하는 단점이 있다.

② 자기 차단기(MBB): 대기 중에서 전자력을 이용하여 아크를 소호실로 유도해서 냉각 차단한다.

③ 차단기들의 소호 원리 비교

| 차단기 | 약어 | 소호 원리 |
|---|---|---|
| 가스 차단기 | GCB | $SF_6$ 기체를 아크에 분사하여 소호시킨다. |
| 진공 차단기 | VCB | 아크가 진공에서 급격히 확산되는 성질을 이용하여 소호시킨다. |
| 유입 차단기 | OCB | 절연유의 분해가스 흡부력에 의해 아크를 제거한다. |
| 기중 차단기 | ACB | 대기 중에서 아크를 냉각하여 제거한다. |
| 공기 차단기 | AAB | 압축된 공기를 아크에 불어넣어 소호시킨다. |
| 자기 차단기 | MBB | 대기 중에서 전자력을 이용하여 아크를 소호실로 유도해서 냉각 차단한다. |

## (4) 회로를 차단할 때 나타나는 특성

① $R-L$ 회로 차단
② $L$ 회로 차단
③ $C$ 회로 차단: 콘덴서에는 진상 전류가 흐르기 때문에 재점화 현상이 나타난다.

## 제3절 개폐기

### 1 전력용 개폐장치

#### (1) 단로기(Disconnecting Switch)❶

① 회로를 분리하거나 계통의 접속을 바꿀 때 사용한다.
② 소호 장치가 없어서 고장 전류나 부하 전류의 개폐에는 사용할 수 없고 무부하 시 선로의 충전전류 또는 변압기의 여자전류를 개폐할 때만 사용한다.
③ 배전용 단로기는 단로기 조작봉(hook bar)으로 개폐한다.

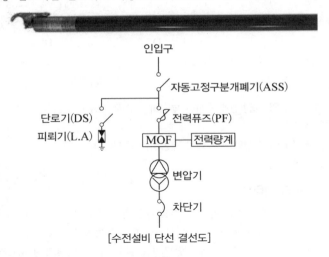

[수전설비 단선 결선도]

(인입구 / 자동고정구분개폐기(ASS) / 단로기(DS) / 피뢰기(L.A) / 전력퓨즈(PF) / MOF / 전력량계 / 변압기 / 차단기)

#### (2) 부하 개폐기(Load Breaker Switch)❷

① 22.9kV 배전계통에서 부하 개폐기능을 가진 장치이다.
② 변전실 큐비클 내에 설치하여 변압기, 콘덴서 뱅크 등에 사용된다.

#### (3) 자동고장구분 개폐기(Automatic Section Switch)❸

① 800A 미만의 고장전류는 즉시 자동 개방되고, 800A 초과의 고장전류가 흐르면 후비보호장치(리클로저, 변전소의 CB 등)와 협조하여 동작한다.
② 트립된 리클로저가 2초후 재투입되어도 ASS는 개방상태를 유지하기 때문에 고장 수용가는 분리되어 계속 전력을 공급할 수 있다.

참고 & 심화

PART 02

❶

단로기(DS)

❷

부하 개폐기(LBS)

❸

자동고장구분 개폐기(ASS)

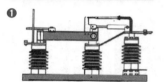

**❶**

선로 개폐기(LS)

**❷**

유입 개폐기(OS)

**❸**

자동부하전환 개폐기(ALTS)

**(4) 선로 개폐기(Line Switch)❶**

단로기와 구조와 기능이 비슷하지만 3상 동시개폐를 원칙으로 하며, 배전선로가 아닌 66kV 이상의 변전소나 송전계통에서 사용한다.

**(5) 유입 개폐기(Oil Switch)❷**

전로의 개폐가 절연유 속에서 이루어지므로 부하 전류 정도의 전류를 차단할 수 있으나 기름의 가연성 때문에 고장 전류를 차단하는 기능은 없다.

**(6) 자동부하전환 개폐기(Automatic Load Transfer Switch)❸**

주전원 정전 시에 예비전원으로 자동 전환되어 무정전 전원 공급을 수행하는 개폐기이다.

## 2 단로기와 인터록

**(1) 단로기의 특성에 따른 투입·개방의 순서**

① 단로기는 투입 서지를 흡수하는 소호 능력이 없기 때문에 전원을 투입할 때는 단로기 먼저 닫고 차단기를 닫아야 CB가 폐쇄 서지를 흡수한다.

② 단로기는 개방 서지를 흡수하는 소호 능력이 없기 때문에 회로를 개방할 때는 차단기를 먼저 개방하고 단로기를 나중에 개방해야 CB가 개방 서지를 흡수한다.

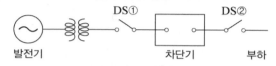

발전기      차단기      부하

㉠ 셋 다 열린 상태에서 전원 투입하는 순서: DS② 투입 ⇒ DS① 투입 ⇒ CB 투입

㉡ 셋 다 닫힌 상태에서 회로 개방하는 순서: CB 개방 ⇒ DS② 개방 ⇒ DS① 개방

**(2) 전력 계통의 인터록**

① 차단기가 닫힌 상태에서 단로기를 투입하면 투입 서지가, 차단기가 닫힌 상태에서 단로기를 개방하면 개방 서지가 발생하여 단로기 손상을 초래한다. 따라서 차단기기 닫혀 있을 때는 단로기를 실수로라도 여닫지 못하도록 해야 한다.

② 차단기와 단로기는 전기적 및 기계적으로 인터록(interlock, 내부 잠금 기능)을 설치하여 연계 운전하고 있다. 즉, 차단기가 열려 있어야만 인터록이 풀린다.

# 제4절 기타 개폐장치

## ① 전력 퓨즈

(1) 전력 퓨즈(Power Fuse)는 단락 사고 시 단락 전류를 차단하여 고압 및 특고압 기기를 보호한다. 비포장 퓨즈는 정격 전류의 1.25배에 견디고, 2배의 전류에 2분 안에 용단되어야 한다.

(2) 전력 퓨즈의 장단점
　　① 장점: 고속도 차단이 가능, 소형 경량, 저렴한 가격, 큰 차단 용량, 차단 시 무음
　　② 단점: 동작 시간을 조정할 수 없고 한번 용단이 되면 재투입이 불가능

## ② 가스 절연 개폐기와 구분 개폐기

(1) 가스 절연 개폐 설비(Gas Insulated Switch Gear): 차단기, 단로기, 피뢰기, 변성기, 변류기, 접지 장치 등을 금속제 함에 수납하고 $SF_6$ 가스를 충전한 것

(2) GIS의 장점
　　① 충전부가 노출되지 않아 안정성과 신뢰성이 우수하다.
　　② 감전 사고 위험이 적고 보수와 점검이 용이하다.
　　③ 소형화가 가능하고 밀폐형이라서 배기 소음이 없다.

구분 개폐기

### (3) GIS의 단점

① SF$_6$ 가스에 대한 세심한 주의가 필요하며 내부 점검이나 부품 교환이 번거롭다.

② 고장 발생 시 조기 복구 및 임시 복구가 불가능하다.

③ 한랭지와 산악 지방에서는 SF$_6$ 가스의 액화 및 산화 방지 대책이 필요하다.

### (4) 구분 개폐기(Sectionalizing Switch)❶

① 배전선로의 고장 또는 보수 점검 시 정전구간을 축소하기 위하여 계통을 분리하는 장치

② 환상식 배전선로의 분기점에 적당한 간격으로 설치하여 사고 범위의 확대를 방지한다.

③ 자동 구분 개폐기는 차단기 또는 리클로저와 협조하여 사고 발생 시 자동 분리한다.

## 3 리클로저와 섹셔널라이저

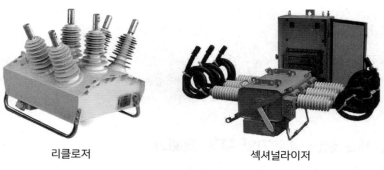

리클로저                    섹셔널라이저

### (1) 리클로저

배전선로에 지락, 단락 사고 발생 시 고장을 검출하여 순시 동작으로 고속 차단하고, 일정시간이 경과하면 자동으로 재투입 동작을 반복하여 순간 고장을 제거한다.

### (2) 섹셔널라이저

선로가 정전상태일 때 자동으로 회로 개방시켜 고장 구간을 분리하므로 고장 전류가 차단된다. 부하 전류의 차단 능력이 없으므로 리클로저와 같이 차단 기능이 있는 후비(back-up)보호장치와 함께 설치한다. primary protection 장비가 실패하면 back-up protection 장비가 동작한다.

### (3) 보호 협조

2개 이상의 보호 장비가 상호 협조 방식을 통해 선로를 보호하는 시스템

① 섹셔널라이저는 항상 리클로저 후단에 설치하여야 한다. 즉, 전원 ⇒ 리클로저 ⇒ 섹셔널라이저 ⇒ 부하

② 비율차동 계전기(주보호)와 과전류 계전기(후비보호)의 보호 협조

③ 과전류 계전기(주보호)와 차단기(후비보호)의 보호 협조

④ 누전 계전기와 영상 변류기의 보호 협조

⑤ 전력용 콘덴서와 직렬 리액터의 보호 협조

⑥ 차단기와 자동 구분 개폐기의 보호 협조

## 제5절 계기용 변성기

### 1 계기용 변압기

(1) 전기실의 전압계, 전력계, 역률계, 보호계전기, 부족전압 계전기 등에 저전압의 전력을 공급할 목적으로 사용한다. 원리는 같지만 일반 변압기와 구분하기 위해 계기용 변압기라고 부른다.

(2) 계기용 변압기의 1차측과 2차측에는 반드시 퓨즈를 부착하여 고장 발생 시 고압 회로로부터 분리하여 사고 확대를 방지해야 한다.

(3) 계기용 변압기의 2차측 정격 전압은 110V이다.

### 2 변류기

(1) 변류기의 특성

① 배전반의 전압계, 전력계, 역률계, 보호계전기 및 차단기 트립 코일의 전원으로 사용한다.
② 변류기 2차측을 개방하면 1차 전류가 모두 여자 전류가 되어 1차측에 과전압을 유기시키므로 CT 2차측 기기를 교체하고자 할 때는 반드시 단락시켜야 한다.
③ 변류기의 2차측 정격 전류는 5A이다.

(2) 변류기 결선법

① 변류기 3대를 Y결선 하고 단락지락 선택계전기를 활용하면 영상전류를 측정할 수 있다.
② 변류기 3대를 △결선 하고 SGR을 활용하면 각 상간(相間) 차전류를 측정하여 3상 평형상태 여부를 판단할 수 있다.
③ 변류기 2대를 V결선 하면 단락 전류의 3상모드 측정이 가능하다.
④ 비율차동 계전기를 사용하여 △ - Y 결선의 변압기를 보호하려고 할 때는 변압기 1, 2차측에 변류기를 변압기와 반대인 Y - △ 방식으로 결선해야 1, 2차측 전류의 위상차이 30°가 보정된다.

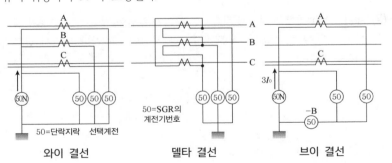

와이 결선      델타 결선      브이 결선

**(3) 변류기의 변류비(CT ratio) 선정**

① CT의 1차측 전류와 2차측 전류의 비를 변류비라고 하며 2차측 정격 전류가 5A로 고정값이므로 변류비는 10/5, 15/5, 20/5, 30/5, 40/5, 75/5 등이 된다. CT는 주문 제조품이 아니므로 모든 1차전류값에 대응되는 CT를 제작할 수는 없으므로 11/5, 12.5/5인 제품은 구입이 불가능하다.

② 예를 들어 수용가의 선간전압이 22.9kV, 부하 용량이 300kVA이면 1차측 정격 전류는 $\dfrac{P_a}{\sqrt{3}\,V} = \dfrac{300 \times 10^3}{\sqrt{3} \times 22900} = 7.6A$이고, 정격 전류의 1.25배는 9.5A이므로 변류비 10/5인 CT를 선정하면 된다.

③ 용량 30MVA, 33/11[kV], △ - Y 결선의 변압기에 차동계전기 설치되어 있다면 Y결선 1차측 정격 전류는 $\dfrac{30 \times 10^6}{\sqrt{3} \times 11000} = 1575A$이고, 정격 전류의 1.25배는 1969A이므로 변류비 2000/5인 CT를 선정하면 된다.

그런데 CT는 △결선이므로 CT 2차측에는 차전류가 측정되므로

2차측 CT전류 $= 1575 \times \dfrac{5}{2000} \times \sqrt{3}$ [A]이다.

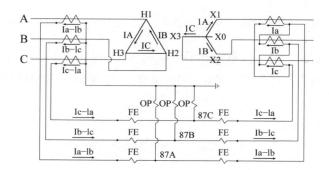

## ③ 계기용 변성기의 특성

**(1)** 전기계기 또는 측정장치와 함께 사용되는 전류 및 전압의 변성용 기기로서 계기용 변압기와 변류기의 총칭이다. 특히 변류기와 계기용 변압기를 하나의 외함에 넣어 결선한 장비를 MOF라고 부른다.

**(2)** 계기용 변성기 2차 회로에 접속되는 부하를 부담이라고 하며, 변성기 성능을 보증할 수 있는 부하의 최대 피상전력을 정격부담이라고 한다. 따라서 정격부담을 표시하는 단위는 VA이다.

## ④ 영상 변류기

### (1) 영상 변류기의 용도

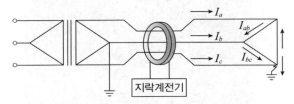

① 비접지 계통의 지락 사고 시 지락 전류를 검출하는 목적으로 사용된다.
② 영상 변류기는 영상전류를 공급하므로, 지락(G)이라는 단어가 포함된 모든 계전기(GR, SGR, OCGR)는 영상 변류기와 조합하여 사용된다.
③ 누전 경보기의 영상전류 검출용으로도 사용된다.
  ※ GPT는 영상전압을 공급한다.

### (2) 영상 변류기의 구조: 3상 회로의 전류 도선 3가닥을 베이글 형태의 철심 속을 통과하게 하고, 2차 권선은 철심의 둘레에 균일하게 감겨 있다.

### (3) 영상 변류기의 원리: 부하평형 상태에서는 각 상 전류의 벡터합이 0이므로 자계의 벡터합도 0이 되어 ZCT의 2차 코일에 전압이 유기되지 않는다. 그러다가 지락 또는 누전에 의해 3상 전류 벡터합이 0이 되지 않으면 2차 코일에 전압이 유기되면서 코일에 직렬 연결된 지락 계전기와 협조하여 차단기의 트립 코일을 동작시킨다.

## 제6절  차단보호 방식

## ① 사고의 종류에 따른 차단보호 방식

### (1) 단락 사고 보호 방식

① **선택 차단 방식**: 사고전류를 차단할 때 동작시간에 차이를 두어 사고회로만 차단하는 방식
② **캐스케이드 보호 방식**: 사고전류를 차단할 때 분기차단기 용량이 부족할 때는 주차단기가 백업보호하는 방식
③ **전정격 차단 방식**: 각 차단점에서 단락 전류 이상의 정격으로 후비보호하는 방식, 경제성이 떨어진다.

### (2) 지락 사고 보호 방식

① **보호 접지방식**: 기구의 외함이나 배선용 금속함을 저저항기로 접지하여 지락 시 접촉전압을 허용치 이하로 억제하는 방식
② **과전류 차단방식**: 접지 전용선을 설치하여 지락 시 배선용차단기가 전로를 자동 차단하는 방식

## 2 자동 재폐로 방식

### (1) 의미

사고 발생 시 보호계전기로 고장을 검출 ⇒ 선로 양단의 차단기를 트립 ⇒ 일정시간 경과후 자동으로 차단기를 재투입

**(2)** 자동복구 위주의 저속도 재폐로 방식은 배전선로에서 주로 채택한다. 이에 반해, 과도 안정도 향상을 우선시하는 고속도 재폐로 방식은 송전선로에서 주로 채택한다.

### (3) 고속도 재폐로 방식의 장점

① 고속도 재투입으로 계통의 과도안정도가 향상된다.
② 기기나 선로의 과부하가 감소된다.
③ 계통의 자동복구로 운전원의 노력이 감소된다.
④ 공급지장 시간의 단축으로 신뢰도가 향상된다.

# CHAPTER 09 배전방식

## 1 고압 배전방식

참고 & 심화

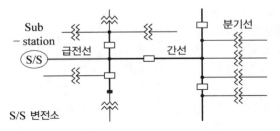

S/S 변전소

### (1) 수지식(가지식, 방사상식)

① 배전 간선에서 지선의 뻗어나가는 모양이 나뭇가지와 닮아서 이렇게 명명되었으며 방사상식이라고도 부른다. 발·별전소로부터 인출된 배전선이 부하의 분포에 따라서 나뭇가지 모양으로 분기하여 각 수용가(需用家)에 이른다. (변전소 ⇒ 급전선 ⇒ 간선 ⇒ 분기선)

② 농·어촌 지역 등의 부하가 적은 지역에 주로 사용된다.

③ 수지식의 장단점

| 장점 | 단점 |
|---|---|
| • 설비가 간단하고 공사비가 저렴하다.<br>• 수요 증가에 따른 부하 증설이 용이하다.<br>• 경제적이다. | • 전압 변동 및 전력 손실이 크다.<br>• 플리커(깜박거림) 현상이 심하다.<br>• 사고에 의한 정전 범위가 확대되기 때문에 신뢰성이 낮다. |

### (2) 환상식(루프식)

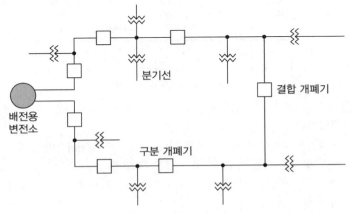

① 배전 간선이 고리 모양이라서 이렇게 명명되었으며 루프식이라고도 부른다.

② 수요 분포에 따라 임의의 각 장소에서 분기선을 끌어서 공급하는 방식이며, 비교적 수용 밀도가 큰 지역의 고압 배전선으로 많이 사용된다.

PART 02 전력공학 해커스 전기기사 필기 한권완성 기본이론 + 기출문제

③ 환상식은 사고 범위의 확대를 좀더 효과적으로 방지하기 위해 선택접지 배전방식을 함께 채용한다.

④ 환상(Loop)식의 장단점

| 장점 | 단점 |
|---|---|
| • 고장이 발생하면 구분 개폐기가 열려서 사고범위의 확대를 방지한다. <br> • 고장이 발생하면 결합 개폐기가 닫혀서 고장이 없는 모선으로부터 전력을 공급받을 수 있다. <br> • 전력 손실과 전압 강하가 수지식보다 작아서 플리커 현상이 감소된다. | 보호 방식이 복잡해지며 설비비가 비싸진다. |

⑤ 진상 콘덴서를 설치하면 사고 시 사고범위가 확대될 수 있으므로 전력계통은 지상운전을 해야 한다.

## (3) 망상식(네트워크방식)

① 2회선 이상의 고압 배전선을 2차측 저압선에 다시 연결하여 하나의 그물망을 형성하는 방식이다.

② 무정전 공급의 신뢰도가 높아 고압 네트워크 방식은 유럽이나 미국의 대도시에서 채택한다.

③ 망상식이 저압 배전에 이용될 시는 저압 네트워크 방식이라고 부른다.

## ② 저압 배전방식

### (1) 저압 뱅킹 방식

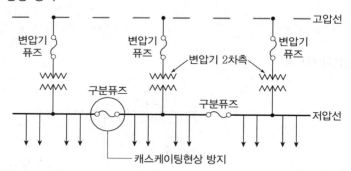

① 변압기들의 2차측(380V 저압)을 서로 접속시켜 사용하는 배전 방식이다. 즉, 변압기들이 병렬로 운전되는 방식이다.

② 에너지 뱅킹이란 잉여 에너지를 부족 기기 측으로 전달한다는 의미이므로, 이 배전 방식을 저압 뱅킹이라고 부르게 되었다.

③ 저압선의 중간에 구분퓨즈를 설치하는 이유는 캐스케이딩 현상을 방지하기 위함이다.

④ 저압 뱅킹 방식의 장단점

| 장점 | 단점 |
|---|---|
| • 전압 변동이 적어서 플리커 현상이 줄어든다.<br>• 전압 강하와 전력 손실이 적다.<br>• 부하 증가에 대한 융통성이 있기 때문에 변압기 용량을 줄일 수 있다.<br>• 공급 신뢰성이 좋다. | • 변압기나 선로의 고장으로 건전한 변압기들이 연쇄적으로 차단되는 캐스케이딩(폭포처럼 위에서 아래로 내려오는) 현상이 있다.<br>• 건설비가 높다.<br>※ 변압기 사이에 퓨즈나 차단기를 설치하여 캐스케이딩 현상을 방지할 수 있다. |

## (2) 저압 네트워크 방식

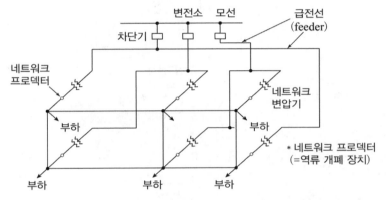

① 변압기가 연결된 배선 모양이 그물과 같아서 저압 망상식(網狀式)이라고도 부르며 동일 모선으로부터 2회선 이상의 급전선으로 전력을 공급하는 방식이다. 2대 이상의 배전용 변압기로부터 저압측을 망상으로 구성한 것으로 각 수용가는 망상 네트워크로부터 분기하여 공급받는 방식이다. 주로 부하가 밀집된 시가지에 사용된다.

② 이 네트워크 방식을 간소화한 것으로 스포트 네트워크 방식이 있다.

③ 저압 네트워크 방식의 장단점

| 장점 | 단점 |
|---|---|
| • 무정전 공급이 가능하여 배전 신뢰도가 높다.<br>• 플리커 현상[1]이 적고 전압 변동률이 적다.<br>• 전력 손실이 감소된다.<br>• 기기의 이용률이 향상된다.<br>• 부하 증가에 대한 적응성이 좋다.<br>• 변전소의 수를 줄일 수 있다. | • 건설비가 비싸다.<br>• 인축(사람, 가축)의 접촉 사고가 증가한다.<br>• 고장전류가 역류할 수 있어서 보호장치가 필요하다. |

## ③ 배전 선로 방식(단상2선식, 단상3선식, 3상3선식, 3상4선식)

### (1) 배전 선로 방식별 결선도와 그 특징

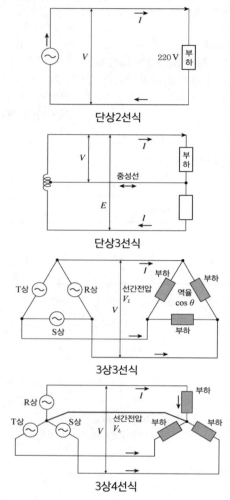

단상2선식

단상3선식

3상3선식

3상4선식

❶ 플리커 현상을 줄이는 대책
1) 공급자측
  • 전용 계통으로 전력 공급
  • 전용 변압기로 전력 공급
  • 단락 용량이 큰 계통에서 공급
  • 공급 전압을 승압
2) 수용가측
  • 부스터 사용
  • 동기 조상기와 리액터 사용
  • 3권선 보상 변압기 사용

① 단상2선식과 단상3선식의 공급 전력은 $P = P_a \cos\theta = VI\cos\theta$로 동일하다. (1대의 변압기)

② 단상3선식에서 평형부하일 경우 중성선에는 전류가 흐르지 않지만 부하가 불평형일 때는 중성선에 약전류가 흘러 열손실이 생기므로 <밸런서>를 설치하는 것이 좋다. 또, 부하 불평형 상태에서 중성선이 단선되면 부하에 정격보다 훨씬 큰 전압이 걸리므로 기기 손상을 초래한다. 단상3선식은 선간전압이 110V가 될 수도 있고 220V(직류2선식 기준)가 될 수도 있음에 유의한다.

③ 3상3선식은 중성선이 없으므로 감전 사고에 유의해야 한다. 선간 전압과 상전압이 같다.

④ 「공급전력 = 부하 개수 × 양단전압 × 부하전류 × 역률」인데, 3상4선식의 공급 전력 = 3 × 양단전압 × 부하전류 × 역률 각 상과 중성선 사이에 단상부하를 연결하고, 3개의 상선은 3상부하에 연결한다.
따라서 공급 전력은 단상부하 $3 \times EI\cos\theta = 3EI\cos\theta = \sqrt{3}\,VI\cos\theta$이다. ( $V$: 3상부하 선간전압)

(2) 배전 선로 방식별 총중량과 전력 손실 비교(3상4선식에서 $E \neq V$)

| 배전 선로 방식 | 단상2선 | 단상3선 | 3상3선 | 3상4선 (우리나라) |
|---|---|---|---|---|
| 배전전력(공급전력) | $VI\cos\theta$ | $2VI\cos\theta$ | $\sqrt{3}\,VI\cos\theta$ | $\sqrt{3}\,VI\cos\theta$ |
| 가닥 수 | $2(V=E)$ | $3(V=1/2E)$ | $3(V=E)$ | $4(V=\sqrt{3}\,E)$ |
| 1선당 공급 전력 | $VI\cos\theta/2$ | $2VI\cos\theta/3$ | $\sqrt{3}\,VI\cos\theta/3$ | $\sqrt{3}\,VI\cos\theta/4$ |
| 소요 전선량 [$V,\cos\theta,P,l$ : 동일] | 100% | $\dfrac{3}{8}\times100\%$ | $\dfrac{3}{4}\times100\%$ | $\dfrac{1}{3}\times100\%$ |
| 전력 손실 | $2I^2R$ | $2I^2R$ (중성선 제외) | $3I^2R$ | $3I^2R$ (중성선 제외) |

※ 표에서 E는 변압기 상전압, V는 부하 측 선간전압, I는 선전류(3상4선식에서 3 상 부하)

## 4 전력수요와 공급

### (1) 수용률

어떤 수용가(需用家)의 조명부하, 전열부하, 동력부하가 각각 1000kW, 1500kW, 2000kW이면 총부하 설비용량은 4500kW이고, 시간대별 사용전력이 그래프와 같 다면 이 수용가의 최대 수요전력은 4000kW이다. 수용률이란 총 설비에 대한 최대 수요전력을 비율을 의미한다.

즉, 수용률[%] = $\dfrac{\text{최대 수요전력}}{\text{설비 용량합계}}\times100$이다.

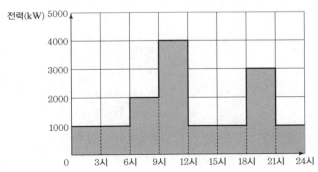

① $TR_1$그룹에 속한 수용가들의 설비용량이 $a_1, a_2, a_3, \dots$이고, 수용률이 $b_1, b_2, b_3, \dots$ 이면 각 수용가들의 최대 수요전력은 $a_1b_1, a_2b_2, a_3b_3, \dots$이기 때문에 최대 수요전 력의 합계는 $\displaystyle\sum_{k=1}^{n} a_k b_k$가 된다.

② $TR_1$그룹에 속한 수용가들의 설비용량이 $a_1, a_2, a_3, \dots$이고, 수용률이 $b$로 일정하 다면 각 수용가들의 최대 수요전력은 $a_1b, a_2b, a_3b, \dots$이기 때문에 최대 수요전력 의 합계는 $\displaystyle b\sum_{k=1}^{n} a_k$가 된다.

③ 최대수요전력[kW] 대신에 수전설비용량[kVA]과 역률이 제시된 경우에는 단위 를 kW로 통일해야 한다.

## (2) 부하율

① 설비용량이 4500kW이고, 최대 수요전력이 4000kW인 이 수용가의 평균수요전력을 구해 보면,

$$\frac{1000\mathrm{kW} \times 15\mathrm{h} + 2000\mathrm{kW} \times 3\mathrm{h} + 3000\mathrm{kW} \times 3\mathrm{h} + 4000\mathrm{kW} \times 3\mathrm{h}}{24\mathrm{h}} = 1750\mathrm{kW}$$

이다. 부하율이란 최대 수요전력에 대한 평균 수요전력의 비율을 의미한다.

즉, 부하율[%] = $\dfrac{평균\ 수요전력}{최대\ 수요전력} \times 100$이다.

② 사용 전력이 시간대별로 다른 하나의 수용가에 대해서는 위 공식을 적용하고, 둘 이상의 수용가에 대해서는 다음 공식을 적용하도록 한다.

즉, 종합부하율[%] = $\dfrac{\Sigma\ (각\ 수용가의\ 평균전력)}{합성\ 최대전력} \times 100$이다.

## (3) 부등률

① 2곳 이상의 수용가에 대하여 개개의 최대 수요전력을 합한 값이 실시간으로 합한 수요전력의 최댓값의 몇배인지를 나타내는 지표이다.

즉, 부등률[%] = $\dfrac{최대전력의\ 합계}{합성\ 최대전력} \times 100$이다.

합성 최대전력을 기준으로 변압기 용량을 선정하며, 역률이 주어지면 변압기의 용량[kVA] $\times \cos\theta = \dfrac{최대전력의\ 합계[kW]}{부등률} \times 100$이다.

② 부등률이 크다는 것은 부하의 최대전력 시간대가 고르게 분산되어 있다는 의미이므로 동일한 용량의 변압기라도 부등률이 큰 계통에는 더 많은 부하를 담당할 수 있다. 즉, 부등률이 클수록 설비이용률이 높다.

## (4) 수용률, 부하율, 부등률은 %단위로 제시될 때도 있지만, 단위가 없는 숫자로 제시될 때도 많다.

$$수용률 = \frac{최대\ 수요전력}{설비\ 용량합계}$$

$$부하율 = \frac{평균\ 수요전력}{최대\ 수요전력}$$

$$부등률 = \frac{최대전력의\ 합계}{합성\ 최대전력}$$

(5) 배전 선로 방식별 소요전선량 비교(배전거리 $l$, 배전전력 $P$, 전력손실 $P_l$, 배전 전압 $V$가 같을 때)

| 단상2선식(a) 기준 | 단상3선(b) | 3상3선(c) | 3상4선(d) |
|---|---|---|---|
| 배전전력이 같으므로 | $E_aI_a\cos\theta$ $=2E_bI_b\cos\theta$ | $V_aI_a\cos\theta$ $=\sqrt{3}\,V_dI_c\cos\theta$ | $V_aI_a\cos\theta$ $=3E_dI_d\cos\theta$ |
| 주어진 전압 조건 | $E_a=E_b$라는 조건, $I_a:I_b=2:1$ | $V_a=V_c$라는 조건, $I_a:I_c=\sqrt{3}:1$ | $V_a=E_d$라는 조건, $I_a:I_d=3:1$ |
| 전력손실이 같으므로 | $2I_a^2R_a=2I_b^2R_b$ $2\times2^2R_a=2\times1^2R_b$ $R_a:R_b=1:4$ | $2I_a^2R_a=3I_c^2R_c$ $2\times3R_a=3\times1R_c$ $R_a:R_c=1:2$ | $2I_a^2R_a=3I_d^2R_d$ $2\times3^2R_a=3\times1^2R_d$ $R_a:R_d=1:6$ |
| 배전거리가 같으므로 (비저항 : 상수) | $R=\rho\dfrac{l}{S}$에서 $S_a:S_b=4:1$ | $R=\rho\dfrac{l}{S}$에서 $S_a:S_c=2:1$ | $R=\rho\dfrac{l}{S}$에서 $S_a:S_d=6:1$ |
| 소요전선량 = 가닥수 $\times\,S$($\because$ 1선 질량$\propto$단면적) | $2$가닥$\times S_a$ $:3$가닥$\times S_b$ $2\times4:3\times1=8:3$ | $2$가닥$\times S_a$ $:3$가닥$\times S_c$ $2\times2:3\times1=4:3$ | $2$가닥$\times S_a$ $:4$가닥$\times S_d$ $2\times6:4\times1=3:1$ |

① 송배전거리, 송배전전력, 전력손실, 송배전전압이 같다면 3상4선식의 소요전선 량이 가장 적다.
② 3상4선식의 경우, 「단상부하 선간전압 ≠ 3상부하 선간전압」이므로 어떤 선간 전압인지 구분해야 한다.

# 배전선로 설비 및 운용

참고 & 심화

## 1 변압기 설비

### (1) 변압기의 종류

① 1차 코일과 2차 코일의 혼촉을 방지하기 위한 절연방식에 따라 건식 변압기, 유입 변압기, 몰드 변압기, 가스절연 변압기 등이 있다.

② 사용장소와 목적에 따라 체승 변압기(승압변압기), 체강 변압기(강압변압기)로 나뉜다.

| 사용 장소 | 송전소(승압) | 변전소(강압) | 전신주 |
|---|---|---|---|
| 변압기 | 체승 변압기<br>(Step-up) | 체강 변압기<br>(Step-down) | 주상 변압기<br>(Pole TR) |
| 1차 ⇒ 2차 | 11 ~ 25kV<br>⇒ 154 ~ 345kV | 154 ~ 345kV<br>⇒ 23 ~ 154kV | 23 ~ 154kV<br>⇒ 220 ~ 380V |

③ 1차측과 2차측의 코일 권선이 하나로 이어져 있는 단권 변압기, 철심 하나에 3개의 권선이 감겨 있는 3권선 변압기가 있다. 3권선 변압기는 1차 측의 전력을 두 계통으로 공급할 때 사용한다.

④ 상(phase) 수에 따라 단상 변압기, 3개의 단상 변압기가 조합된 3상 변압기가 있다.

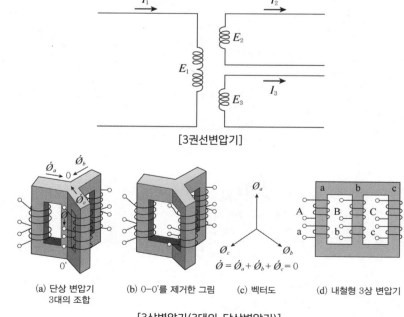

[3권선변압기]

[3상변압기(3대의 단상변압기)]

(a) 단상 변압기 3대의 조합
(b) 0-0'를 제거한 그림
(c) 벡터도
(d) 내철형 3상 변압기

$$\dot{\varnothing} = \dot{\varnothing}_a + \dot{\varnothing}_b + \dot{\varnothing}_c = 0$$

## (2) 변압기의 결선과 운전

### ① 3상 변압기 결선 방법에 따른 장단점

| 결선법 | Y - Y결선 | △ - △결선 |
|---|---|---|
| 결선도 | | |
| 장점 | • 중성점 인출이 가능<br>• 대지전압이 선간전압의 $1/\sqrt{3}$ | • 대전류와 저전압의 변압기에 적합<br>• 전류의 내부순환, 3고조파 전압이 소멸 |
| 단점 | • 1차측 3고조파가 2차측 외부로 나타남<br>• 1상고장 시 3상전원 공급이 불가능 | • 중성점 인출, 지락사고 검출이 불가능<br>• 선간전압 높아서 절연비용이 큼 |
| 결선법 | Y - △결선 | △ - Y결선 |
| 결선도 | | |
| 장점 | • 2차측 △결선내 3고조파 전류가 순환함<br>• 1차측 중성점 접지가 가능 | • 1차측 △결선내 3고조파 전류가 순환함<br>• 2차측 중성점 접지가 가능, 4선식 공급가능 |
| 단점 | 1상 고장 발생 시 운전이 불가능 | 1상 고장 발생 시 운전이 불가능 |

### ② 2대의 변압기로 V - V결선

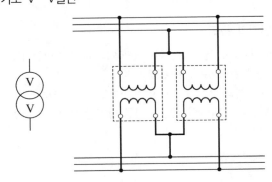

㉠ 3대의 변압기를 △ – △결선으로 사용하다가 1대 고장난 경우에 2대의 변압기를 V – V결선 하면 3상부하에 전력공급이 가능하다. 이 경우 부하 각 상의 전위는 변압기 상전압 $V_p$와 동일하다.

㉡ △ – △결선 시 부하측 1선에는 위상이 다른 변압기 측 상전류 2개가 합쳐지므로 $\sqrt{3}\,I_p$의 전류가 흐른다. V – V결선 시 부하측 1선에는 변압기 상전류 $I_p$가 그대로 흐른다. 따라서 3상부하 총전력의 비는 $P_\triangle : P_V = \sqrt{3} : 1$이다. 고장 나기 전과 비교하면 출력이 $\dfrac{1}{\sqrt{3}}$로 줄었으므로 출력비는 57.7%이다.

㉢ 용량이 동일한 변압기 2대를 단상부하용으로 사용하면 전류를 3상용의 $\sqrt{3}$배로 증가한다. 변압기 2대를 단상용으로 쓸 때와 V결선 하여 3상용으로 쓸 때의 총전력의 비는

$$P_{2대,단상용} : P_{2대,3상용} = 2 \times V_p,\ \sqrt{3}\,I_p : 3 \times V_p \cdot I_p$$이다. 출력이 $\dfrac{\sqrt{3}}{2}$로 줄었으므로 이용률은 86.6%이다.

㉣ 만약 4대의 변압기를 3상용으로 이용하고자 할 때는 2대씩 V – V결선 하여 2뱅크를 운용해야 하므로 최대공급전력 = 최대부하는 $2 \times \sqrt{3}\,P$이다.

## [2] 단권 변압기

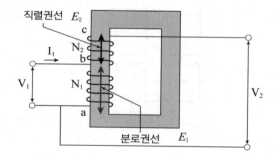

### (1) 단권 변압기의 구조

① 권선이 하나인 변압기이며, 아래쪽 분로권선(공동권선)에 1차측 입력 전원이 연결되어 있다.

② $V_1 = E_1$(1차측 전압 = 분로권선 전압)

③ $V_2 \neq E_2$(2차측 전압 ≠ 직렬권선 전압 = 정격 전압)

### (2) 단권 변압기의 용도

① 전압을 $V_1$에서 $V_2$로 승압하는 용도이므로 단권 변압기를 지칭할 때는 승압기 또는 단상 승압기라고도 한다.

② 단권 변압기는 초고압 전력용 변압기로도 사용된다.

③ 단권 변압기는 말단의 전압 강하를 방지할 목적으로 고압 배전선로의 중간에 설치한다.

### (3) 자기 용량과 부하 용량

① 공유하지 않는, 위쪽 직렬권선의 용량을 자기 용량(self power) 또는 등가 용량이라고 부른다.
즉, 단권 변압기의 자기 용량 = $(V_2 - V_1)I_2 = E_2 I_2$이다.

② 권선 전체 길이(분로권선 + 직렬권선)가 2차측 부하와 연결되어 있고, 부하 용량은 $V_2 I_2$이다.

### (4) 단권 변압기의 장단점

| 장점 | 단점 |
| --- | --- |
| ① %임피던스와 전압변동률이 작다. <br> ② 권선 동량을 줄일 수 있어서 경제적이다. <br> ③ 동손이 감소하여 변압기 효율이 높다. | ① 권선의 누설 임피던스가 작아서 단락 사고 시 단락 전류가 크다. <br> ② 1, 2차 권선의 절연이 불가능해서 1차측 이상전압이 2차측으로 파급된다. |

☞ 단권 변압기는 일반 변압기에 비해 권선 동량이 작아서 누설 임피던스가 작은 대신, 단락 전류가 크다.

## ③ 전압 조정 설비

### (1) 유도전압 조정기

부하용량 변동폭이 큰 급전선을 가진 배전·변전소에서 가장 많이 사용하는 조정장치

### (2) 선로 전압강하 보상기(LDC)

부하 용량에 연동하여 모선의 전압을 조정한다.

### (3) 배전 변압기의 탭 선정 방법

탭 변경점 직전의 수용가 전압은 허용전압변동의 하한값보다 커야 하고, 탭 변경점 직후의 수용가 전압은 허용전압변동이 상한값보다 작아야 한다.

| 부하 크기 | 말단 수용가 전압 |
| --- | --- |
| 중부하 시 | 탭 변경점 직전의 말단 수용가 전압 > 허용전압변동의 하한값 |
| | 탭 변경점 직후의 수용가 전압 < 허용전압변동의 상한값 |
| 경부하 시 | 최초의 탭 변경점 직전의 수용가 전압 > 허용전압변동의 하한값 |
| | 최초의 탭 변경점 직후의 수용가 전압 < 허용전압변동의 상한값 |

## 4 전력 손실과 전력 손실률(선로 손실과 선로 손실률)

### (1) 단상 선로

수전단 전력은 $P_r = E_r I \cos\theta_r$이고, 단상 송전단 전력은 $P_s = E_s I \cos\theta_s$이므로 (단상)전력 손실은 다음의 수식으로 표현된다.

① 송전단 전력과 수전단 전력의 차이가 전력 손실이므로

$$P_{loss} = P_s - P_r = I(E_s\cos\theta_s - E_r\cos\theta_r) \text{이다.}$$

② 전력 손실의 원인은 송전선 저항 $R$에 의한 전류의 열작용이므로

전선 가닥수 × 전류$^2$ × (1선 저항) $= 2I^2R$ 식에 $P_r = E_r I \cos\theta_r$을 대입하면

$$P_{loss} = 2\left(\frac{P_r}{E_r\cos\theta_r}\right)^2 R = \frac{2P_r^2 R}{E_r^2\cos^2\theta_r} \text{이다.}$$

(단, $\cos\theta_r$ = 수전단 피상전력과 유효전력의 비 = 부하 역률)

③ $2I^2R$ 식에 $P_s = E_s I \cos\theta_s$을 대입하면,

$$P_{loss} = 2\left(\frac{P_s}{E_s\cos\theta_s}\right)^2 R = \frac{2P_s^2 R}{E_s^2\cos^2\theta_s} \text{이다.}$$

### (2) 3상 선로

수전단 전력은 $P_r = \sqrt{3}\, V_r I \cos\theta_r$이고, 송전단 전력은 $P_s = \sqrt{3}\, V_s I \cos\theta_s$이므로 (3상)전력 손실은 다음의 수식으로 표현된다.

① 송전단 전력과 수전단 전력의 차이가 전력 손실이므로

$$P_{loss} = P_s - P_r = \sqrt{3}\, I(V_s\cos\theta_s - V_r\cos\theta_r)$$

② 전력 손실의 원인은 송전선 저항 $R$에 의한 전류의 열작용이므로

전선 가닥수 × 전류$^2$ × (1선 저항) $= 3I^2R$ 식에 $P_r = \sqrt{3}\, V_r I \cos\theta_r$을 대입하면,

$$P_l = 3\left(\frac{P_r}{\sqrt{3}\, V_r\cos\theta_r}\right)^2 R = \frac{P_r^2 R}{V_r^2\cos^2\theta_r} \text{이다.}$$

③ $3I^2R$ 식에 $P_s = \sqrt{3}\, V_s I \cos\theta_s$을 대입하면,

$$P_{loss} = 3\left(\frac{P_s}{\sqrt{3}\, V_s\cos\theta_s}\right)^2 R = \frac{P_s^2 R}{V_s^2\cos^2\theta_s} \text{이다.}$$

### (3) 전력 손실률의 2가지 공식

송전단 전력의 크기에 대해 전력 손실분이 차지하는 비율을 의미한다.

① 정의에 의해 전력 손실률은 $\dfrac{P_l}{P_s} = \dfrac{P_s - P_r}{P_s}$이다.

② 전력 손실 식 $P_{loss} = \dfrac{P_s^2 R}{V_s^2\cos^2\theta_s}$을 활용하면 전력 손실률은

$$\frac{P_l}{P_s} = \frac{P_s^2 R}{V_s^2\cos^2\theta_s}\frac{1}{P_s} = \frac{P_s R}{V_s^2\cos^2\theta_s} \text{이다.}$$

③ 역률이 일정하다면 전력 손실률은 송전단전압의 제곱에 반비례한다. 따라서 송전선로의 전압을 2배로 높이면 전력 손실률은 1/4배로 감소한다.

## (4) 설치 장소별 전압 조정 설비

| 구분 | 발전소 | 변전소 | 배전소 | 배전선로 |
|------|--------|--------|--------|----------|
| 전압<br>조정<br>설비 | 여자기 | 유도전압 조정기<br>정지형전압 조정기<br>탭 절환장치 | 자동전압 조정기<br>고정 승압기<br>병렬 콘덴서<br>직렬 콘덴서 | 유도전압 조정기<br>승압기<br>탭 절환장치<br>선로 전압강하 보상기 |

## (5) 직렬 콘덴서 설치에 따른 장단점

| 장점 | 단점 |
|------|------|
| • 유도 리액턴스(= 각속도 × 인덕턴스)를 보상하여 전압강하를 감소시킨다.<br>• 송전 용량(= 최대 송전 전력)이 증대되어, 정태 안정도가 증가한다.<br>• 용량이 작아서 설치비가 저렴하다.<br>• 부하 역률이 나쁠수록 설치 효과가 커진다. | • 단락 고장 시 콘덴서 양단에 대전압이 걸린다.<br>• 무부하 변압기에 직렬 콘덴서를 투입하면 선로 전류가 증대된다.<br>• 고압 배전선로에 직렬 콘덴서를 투입하면 자기 여자 현상이 나타날 수 있다.<br>• 유도 리액턴스 보상이 지나치면 난조·탈조 현상이 나타날 수 있다. |

① 직렬 콘덴서는 진상 전류에 의한 무효전력을 발생시킨다는 측면에서 보면 전력용 콘덴서와 동일하지만 전압 조정용 직렬 콘덴서는 용량 리액턴스가 작아서 역률 개선의 기능은 하지 못한다.

② $0 \leq \theta < 90°$ $\cos\theta$가 작을수록 $\tan\theta$가 커진다.

전압 강하 식 $\epsilon = \dfrac{P(R + X\tan\theta)}{V}$에서, $X\tan\theta$가 커진다.

따라서 부하 역률이 나쁠수록 전압 강하 효과가 더 커진다.

## 5 말단집중부하와 분산부하

(1) **전압 강하 비교**: 총길이 $L$이고 단위길이당 저항이 $\dfrac{R}{L}$인 선로에 송전단 전류가 $I$를 흘려주면, 전압 강하는 말단집중부하의 경우 $I_0R$이고 평등분산부하의 경우는 $\dfrac{I_0R}{2}$이다.

① **말단집중부하**: 말단에 이를 때까지 $I_0$의 일정한 전류가 흐르므로 도선에 의한

전압강하 = 전류 × 도선의 총저항 = $I_0 \times \dfrac{L}{L}R = I_0R$이다.

**❶ 증명**

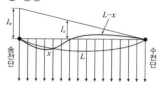

$n$개의 부하 $Z_1$, $Z_2$, ... $Z_n$가 총길이 $L$의 도선에 연결되어 $I_1$, $I_2$, ... $I_n$의 전류를 소비한다면 총 전류 감소량은 $\sum_{i=1}^{n} I_i = I_0$을 놓을 수 있고 도선의 단위길이당 저항이 일정하다면 송전단(출발점)에서 $x$까지의 저항은 $\frac{x}{L} \times$ 도선의 총저항 = $\frac{x}{L}R$이 된다.

② 평등분산부하: 말단에 이를 때까지 전류가 조금씩 줄어들고 삼각형 닮음비

$I_0 : L = I_x : L-x$로부터 $I_x = \frac{I_0}{L}(L-x)$이므로

전압강하 = $\int I_x dR = \int_0^L \frac{I_0}{L}(L-x)\frac{Rdx}{L} = \frac{I_0 R}{L^2}\int_0^L (L-x)dx$

$= \frac{I_0 R}{L^2}[Lx - \frac{x^2}{2}]_0^L = \frac{I_0 R}{2}$

∴ 말단집중부하와 평등분산부하의 전압강하의 비 = $1 : \frac{1}{2}$ ❶

## (2) 전력 손실 비교

총길이 $L$이고 단위길이당 저항이 $r$인 선로에 송전단 전류가 $I$를 흘려주면, 전력 손실은 말단집중부하의 경우 $I^2 rL$이고 평등분산부하의 경우는 $\frac{1}{3}I^2 rL$이다. 따라서 전력 손실의 비는 $3:1$이다.

## 6 역률의 의미와 조정

### (1) 역률의 정의

① 교류 피상전력 중에서 유효전력(Power)이 차지하는 비율, 즉

$\frac{유효전력}{피상전력} = \frac{P}{P_a}$을 역률이라고 하며, 영어로는 Power Factor라고 쓴다.

② 빗면이 피상전력인 직각 삼각형에서 $\cos\theta$가 바로 역률이다. $I^2$을 약분시키면

$\frac{R}{Z}$로 고쳐쓸 수 있다.

### (2) 역률 개선 방법

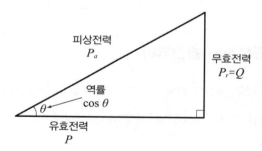

① 피상전력이 빗변 길이인 직각삼각형에서, PF = $\cos\theta = \frac{P}{P_a} = \frac{P}{\sqrt{P^2 + P_r^2}}$이므로 무효전력 $P_r$를 줄이면 분모가 작아져서 역률이 증가한다.

② 밑변 길이 $P$가 일정한 상황에서 $\cos\theta$를 증가시키려면 $\theta$가 감소해야 하고 이 과정에서 빗면 $P_a$와 높이 $P\tan\theta$도 함께 줄어든다. 순서를 뒤집어서 말하면, 높이가 $P\tan\theta_1 \rightarrow P\tan\theta_2$로 변함에 따라 각도는 $\theta_1 \rightarrow \theta_2$로 감소하고 역률은 $\cos\theta_1 \rightarrow \cos\theta_2$로 증가한다.

③ $P\tan\theta_1$은 지상전류에 의한 무효전력이므로 직각삼각형의 높이를 줄이려면 진상전류에 의한 무효전력을 발생시키는 설비, 즉 콘덴서를 설치해 주어야 한다.

④ 부하에 병렬로 연결하면 전력용 콘덴서, 선로에 직렬로 연결하면 직렬 콘덴서이다. 둘 다 진상전류에 의한 무효전력을 발생시키지만 직렬 콘덴서는 용량이 작아서 전압 조정용으로만 쓰인다.

⑤ 직각삼각형의 줄어든 높이, 즉 $P\tan\theta_1 - P\tan\theta_2$가 바로 병렬연결하는 전력용 콘덴서의 용량 $Q_c$이다.

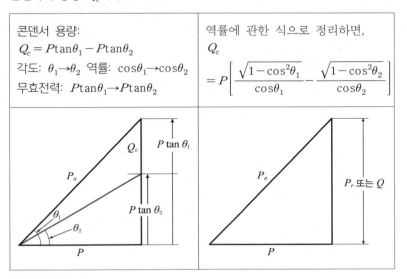

| 콘덴서 용량:<br>$Q_c = P\tan\theta_1 - P\tan\theta_2$<br>각도: $\theta_1 \rightarrow \theta_2$ 역률: $\cos\theta_1 \rightarrow \cos\theta_2$<br>무효전력: $P\tan\theta_1 \rightarrow P\tan\theta_2$ | 역률에 관한 식으로 정리하면,<br>$Q_c$<br>$= P\left[ \dfrac{\sqrt{1-\cos^2\theta_1}}{\cos\theta_1} - \dfrac{\sqrt{1-\cos^2\theta_2}}{\cos\theta_2} \right]$ |
|---|---|

### (3) 종합 역률(합성 역률)

① 역률(뒤짐) $\cos\theta_1$, 유효전력 $P_1$[kW]의 부하와 역률(뒤짐) $\cos\theta_1$, 유효전력 $P_1$[kW]의 부하가 병렬 접속된 경우 종합 역률은

$$\cos\theta = \frac{P_1 + P_2}{\sqrt{(P_1 + P_2)^2 + (Q_1 + Q_2)^2}}$$ 인데, $\tan\theta_i = \dfrac{Q_i}{P_i}$ 임을 이용하면 종합 역률은 다음과 같이 고쳐 쓸 수 있다.

$$\cos\theta = \frac{P_1 + P_2}{\sqrt{(P_1 + P_2)^2 + (P_1\tan_1 + P_2\tan_2)^2}}$$

② 역률(뒤짐) $\cos\theta$, 유효전력 $P$[kW]의 평형 3상부하에 의한 지상 무효전력은 $Q = P\tan\theta$이므로 같은 용량의 전력용 콘덴서를 병렬 접속하면 종합 역률을 1로 만들어서 선로손실을 최소화할 수 있다.

즉, 진상 무효전력의 크기는 $Q'$[kW] $= P\dfrac{\sqrt{1-\cos^2\theta}}{\cos\theta}$ 이다.

③ 역률 $\cos\theta = \dfrac{P}{\sqrt{P^2 + Q^2}}$ 이므로 무효전력 $Q$가 역률에 영향을 준다. 유도 전동기 경부하 운전 시 여자 전류에 의한 (지상)무효전력은 부하의 종합 역률을 낮추는 역할을 한다.

(4) 역률 개선에 따른 효과

① 전력 손실 $P_l = \dfrac{RP^2}{V^2\cos^2\theta}$ 에서 $P_l$은 $\cos^2\theta$에 반비례하므로 역률을 개선하면 (증가시키면) 변압기 및 배전선에서의 전력 손실이 경감된다.

② 전압 강하 $V_s - V_r = \dfrac{P(R+X\tan\theta)}{V}$ 에서 $V_s - V_r$은 $\theta$가 작아질수록, $\cos\theta$ 가 커질수록 감소하므로 역률을 개선하면 선로에 의한 전압 강하가 경감된다.

③ 역률을 $\cos\theta_1 \rightarrow \cos\theta_2$으로 개선하면 무효전력이 $P\tan\theta_1 \rightarrow P\tan\theta_2$로 감소하고 피상전력이 $P_a \rightarrow P_a{}'$으로 감소하므로 변압기 용량을 줄일수 있고 결국 설비 이용률이 증대된다.

# 발전

## 제1절 수력발전

### 1 유체의 성질

(1) 수두(水頭)

① 압력 수두

㉠ 정지한 물을 담고 있는 용기의 바닥이 받는 압력은 $P = \rho g h$인데, 이 관계식으로부터 구한 수심 $h$를 압력 수두라고 한다. 압력 수두는 수압을 수심으로 표현한 것으로 볼 수 있다.

㉡ $P[\mathrm{N/m^2}] = 10^3[\mathrm{kg/m^3}] \times 9.8[\mathrm{m/s^2}] \times h[\mathrm{m}]$인데 압력의 단위가 kg중/cm²(흔히 '중'을 생략함)으로 주어지는 경우 압력 수두

$H[\mathrm{m}] = 10 \times P[\mathrm{kg/cm^2}]$이 성립한다.

② 속도 수두

㉠ 높이가 h인 수조에서 넘쳐 흐른 물이 수조 바닥에 도달했을 때 유속이 생기는 이유는 물의 위치 에너지가 운동 에너지로 전환되었기 때문이다.

$mgh = \dfrac{1}{2}mv^2$이라는 관계식으로부터 구한 높이 $h$를 속도 수두라고 한다.

㉡ 속도 수두는 유속 또는 유체의 운동 에너지를 낙차(높이)로 표현한 것으로 볼 수 있다. $h[\mathrm{m}] = \dfrac{v^2[(\mathrm{m/s})^2]}{2g[\mathrm{m/s^2}]}$인데 중력가속도는 9.8이므로 대입하면 속

도 수두 $H[\mathrm{m}] = \dfrac{(v[\mathrm{m/s}])^2}{19.6}$이 성립한다.

③ 이밖에도 위치 수두, 손실 수두, 흡출 수두가 있으며 물이 가진 다양한 형태의 에너지를 높이 단위로 환산한 것이다.

(2) 연속의 법칙 또는 연속 방정식

단면적이 $A_1$인 관을 따라 물이 $v_1$의 속력으로 연속적으로 흐르다가 단면적이 $A_2$인 부분을 통과하면 물의 속력은 $v_2$로 바뀐다. 즉, $A_1 v_1 = A_2 v_2$가 성립하는데 이것을 연속 방정식이라고 부른다.

$$\frac{\text{이동하는 물의 양}}{\text{시간}} = \frac{\text{단면적} \times \text{이동거리}}{\text{시간}} = \text{단면적} \times \text{유속} = \mathrm{const.}$$

## ② 하천과 댐

### (1) 댐 상류 하천의 유량곡선과 적산유량곡선

① 유량곡선: 유량도를 기준으로 매일매일 발생된 유량을 크기 순으로 배열하여 하천의 유량 변동 상태를 보여주는 곡선

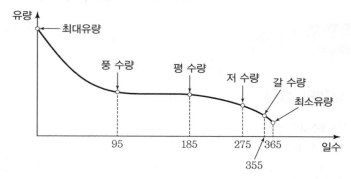

② 적산유량곡선: 풍수기 시작 시점을 기준으로 매일 사용 유량을 적산하여 나타낸 것(저수 용량 결정에 이용된다)

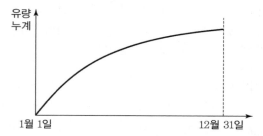

③ **풍수량**: 1년을 통하여 95일간 이보다 내려가지 않는 하천 수위
④ **평수량**: 1년을 통하여 185일간 이보다 내려가지 않는 하천 수위
⑤ **저수량**: 1년을 통하여 275일간 이보다 내려가지 않는 하천 수위
⑥ **갈수량**: 1년을 통하여 355일간 이보다 내려가지 않는 하천 수위

### (2) 수력 발전소의 종류

① 낙차를 얻는 방법에 따라 수로식, 댐식, 댐수로식, 유역 변경식으로 나눈다.
　　㉠ **수로식 발전소**: 하천 상류의 물을 취수하여 수로를 통해 수차에 유입
　　㉡ **댐식 발전소**: 하천 중류, 하류에 댐을 건설하여 물을 막음
② 운용방식에 따라 자주식, 저수지식, 조정지식, 양수식으로 나눈다.

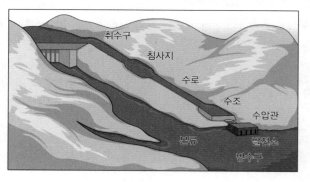

## (3) 수로식 댐

① 댐 부속설비로 취수구, 침사지, 수로, 수조, 수압관이 있다.

② 댐의 물은 취수구, 침사지, 수로, 수조, 수압관, 수압철관을 거쳐 터빈으로 유입 된다.

③ 수로와 수압관 사이에 설치된 것이 수조이며, 수압관의 수격작용을 흡수하여 수압관의 파손을 막는 조압수조(surge tank)를 이용하기도 한다.

# ③ 수력 발전 설비

## (1) 발전기의 수차

① 수차는 물이 가진 운동 에너지에 의해 회전하며, 러너, 케이싱, 조속기, 흡출관 등으로 구성되어 있다.

② 수차의 종류로는 프로펠러수차, 카플란수차, 펠톤수차[1], 튜블러수차, 프란시스 수차가 있다. 카플란수차는 효율이 최대이고, 튜블러(원통형)수차는 낙차가 15m 이하인 조력발전용으로 알맞다.

③ 고낙차 전용의 펠톤수차를 제외한 수차에는 출구부터 방수로까지 이어진 흡출 관이 있어서 유효 낙차를 늘리는 효과를 준다.

④ 이때 흡출관이 너무 높으면 흡출관의 중심부 압력이 너무 낮아져서 캐비테이션 (空洞 현상)이 발생하므로 흡출 수두가 7m를 넘지 않도록 제작하는 것이 좋다.

⑤ 유효 낙차 H(m), 회전수 N(rpm), 출력 P(kW)인 수차에게 유효 낙차 1m의 물을 공급하여 1kW의 출력을 발생시키기 위한 분당 회전수(rpm)을 수차의 특유 속 도 Ns라고 한다.

$$\text{Ns} = N\frac{\sqrt{P}}{H^{5/4}}$$

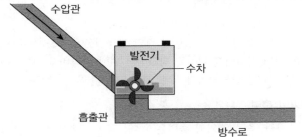

⑥ 프란시스수차의 특유 속도(비속도) 한계는 $\dfrac{20000}{H+20}+30$ (rpm)이다.

| 수차의 회전수 | 수차에 공급된 유량 | 수차의 출력 | 수차의 특유속도 |
|---|---|---|---|
| $H^{1/2}$에 비례 | $H^{1/2}$에 비례 | $H^{3/2}$에 비례 | $H^{-5/4}$에 비례 |

참고 & 심화

① 펠톤수차

PART 02

전력공학 해커스 전기기사 한권완성 기본이론 + 기출문제

## (2) 수차의 조속기

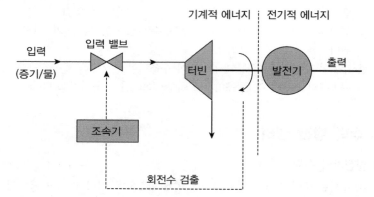

① 조속기는 물의 운동 에너지에 의해 회전하며, 이때 수차에 병렬 연결된 발전기 터빈도 함께 돌아가면서 전력을 생산한다.

② 실시간으로 변동하는 전력 부하로 인해 수차의 부하도 변동되므로 수차의 회전 수가 줄어들면 조속기는 밸브를 더 열어 유입되는 물의 양을 늘려서 수차가 원래의 회전수를 회복하도록 해 주어야 한다. 이와 같이 조절기는 수차의 회전수를 일정한 범위 안에 머물도록 하여 발전량의 변동을 최소화해 준다.

③ 조속기의 폐쇄 시간(조절 주기)이 짧을수록 수차의 속도 변동률이 작아지지만, 조속기가 너무 예민하면 수차가 돌지 않고 제자리에서 진동만 하는 탈조 현상을 일으키기도 한다.

## (3) 조압 수조의 설치 목적

① 부하의 변동으로 생기는 수격 작용을 흡수한다.

② 수격압이 압력 수로에 영향을 주는 것을 방지한다.

③ 수차의 사용 유량 변동에 의한 서징 작용을 흡수한다.

## (4) 발전기 안정도 향상 대책

① 난조 방지를 위해 제동권선을 설치한다.

(회전자가 동기속도를 벗어날 때만 제동권선에 유도 전류가 흐름)

② 발전기의 자기여자 현상을 방지하기 위해 단락비를 크게 한다.

③ 정상 리액턴스를 줄이기 위해 정태극한전력을 크게 한다.

## (4) 발전기의 출력

① 발전용량, 즉 발전기의 출력은 '(초당 물의 위치에너지 변화량) × (수차의 효율) × (발전기의 효율)'이다.

물의 양이 ㎥ 단위로 제시된 경우 반드시 관계식 '물의 질량(kg) = 물의 밀도 (1000kg/㎥) × 부피(㎥)'을 이용하여 kg 단위로 환산해야 한다.

② 발전기의 연간 발전 전력량(kWh)는 발전기의 출력(kW) × 365 × 24(h)이다.

## 제2절 화력발전

### 1 열역학

#### (1) 열량과 온도

① 표준기압하에서 물 1kg의 온도를 1℃만큼 상승시키는 데 필요한 열량은 1kcal이다.

② 열의 일당량은 4.186kJ/kcal이므로 1kWh = 3600kJ = $\dfrac{3600\text{kJ}}{4.186\text{kJ/kcal}}$ = 860kcal

이다.(1kW = 860kcal/h)

③ 증기 1g이 보유한 열량을 증기의 엔탈피라고 한다. 즉, $\triangle H = Q + P\triangle V$

④ 증기압의 단위는 [kg/㎠]이며 1atm = 760mmHg = 1.033kg/㎠을 이용하여 단위를 환산할 수 있다.

#### (2) 엔트로피와 T - S선도

① 기체의 엔트로피 변화는 열량 변화를 절대온도로 나눈 값이다. 즉,

$\triangle S = \dfrac{\triangle Q}{T}$ 기체의 엔트로피가 증가하면 무질서도가 증가한다.

② 기체의 절대온도 T와 엔트로피 S의 관계를 나타내는 T - S선도 4가지는 다음과 같다.

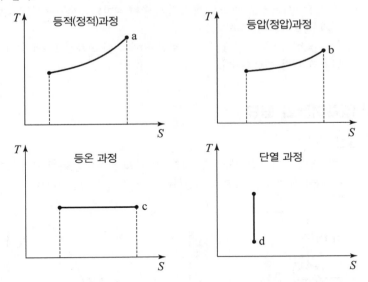

㉠ 등적과정보다 등압과정의 곡선 기울기가 완만하다.

㉡ 등온과정은 S축에 평행한 직선이고, 단열과정은 엔트로피 변화가 없으므로 T축에 평행한 직선이다.

## ② 화력 발전 방식과 발전 효율

### (1) 화력 발전의 대표적인 두가지 방식

① **기력 발전**: 화석 연료를 연소시켜서 얻은 열로 물을 가열, 수증기를 발생시켜서 터빈을 돌려서 전기를 얻는 방식이다. 생성된 증기는 과열기를 통해 과열증기로 바뀌고 터빈을 돌리고 남은 증기는 복수기로 와서 냉각되어 물로 바뀌어 절탄기로 이동한다. 절탄기에서는 화석연료 배기가스의 남은 열로 급수를 예열시킨다. 증기 및 급수가 흐르는 순서는 절탄기 ⇒ 보일러 ⇒ 과열기 ⇒ 터빈 ⇒ 복수기이다.

② **가스터빈 발전**: 수증기를 사용하지 않고 화석연료의 연소가스로 직접 터빈을 돌려서 전기를 얻는 방식이다. 장치가 간단하고 유지관리가 쉬우며 급속 기동이 가능하다.

### (2) 화력 발전의 효율(%) 공식은 다음과 같다.

$$\frac{출력}{입력} \times 100 = \frac{860[kcal/kWh] \times 발전전력[kW]}{시간당\ 연료소비량[kg/h] \times kg당\ 발열량[kcal/kg]} \times 100$$

* 단, 1kW = 860kcal/h

### (3) 증기터빈

① 배기가스 사용 방법에 따라 배압 터빈, 추기 터빈으로 나뉘며 배압 터빈은 복수기가 필요 없는 방식이다.

② 증기 터빈의 임계속도란 발전기 회전자(rotor)의 고유진동수와 일치하는 회전 날개의 위험 회전수이다.

## ③ 열사이클의 종류

### (1) 랭킨 사이클

① 기력 발전소의 기본 사이클인 랭킨 사이클의 모식도는 아래 왼쪽 그림과 같고 절대온도에 따른 엔트로피의 변화는 아래 오른쪽 그림과 같다.

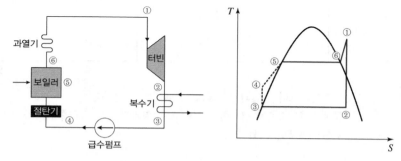

㉠ 복수기에서는 냉각수에 의해 증기가 액화되어 물로 되돌아가므로 열손실이 가장 크게 일어난다.

㉡ 절탄기는 배가 가스의 남은 열을 급수에 전달시키는 장치로, 급수 예열로 연료(석탄)가 절약된다.

© 과열기는 보일러에서 빠져나온 포화증기를 한번 더 가열하여 더 높은 온도의 과열 증기로 만든다.

② 랭킨 사이클은 두개의 등압과정과 두개의 단열과정으로 이루어져 있다.

## (2) 재열 사이클(Reheat Cycle)

① 고압 터빈에서 팽창 도중의 증기를 추기하여 보일러 재열기로 되돌려서 재가열한 다음 저압 터빈으로 보내는 방식이며, 수증기가 터빈을 두 단계로 회전시키므로 랭킨 사이클보다 효율이 더 높다.

☞ 증기를 추기하게 되면 증기 소비량은 증가하고, 효율의 증가로 연료 소비량은 감소한다.

② 재열기로 보내진 팽창 증기는 다시 가열되어 저압터빈으로 되돌아간다.

③ 터빈 출구의 증기 습도가 증가하기 때문에 회전날개의 부식도가 증가하는 단점이 있다.

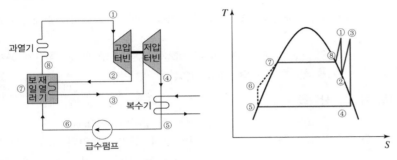

## (3) 재생 사이클(Regenerative Cycle)

① 터빈에서 팽창 도중의 증기를 추기하여 보일러에 공급되는 급수를 예열하는 방식이며, 터빈을 돌리고난 증기를 바로 복수기로 보내지 않고 보일러 공급수를 가열하는 데에 사용하므로 랭킨 사이클보다 효율이 더 높다.

② 재열 사이클의 추출 증기는 한번 더 가열되어 터빈을 돌린 다음에 복수기로 보내지는 반면에, 재생 사이클의 추출 증기는 복수기로 가지 않고 되살아나서(再生) 급수에 합쳐진다.

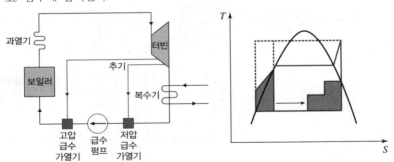

### (4) 재열 · 재생 사이클

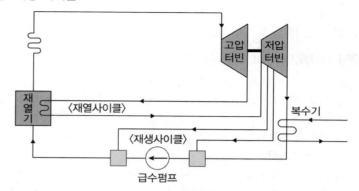

① 재열 사이클과 재생 사이클을 조합한 열사이클이며 효율이 40% 이상으로 가장 높다.
② 재열 · 재생 사이클은 고온고압의 증기를 사용하는 기력 발전소에서 주로 채택한다.
　☞ 화력 발전소에서는 열사이클의 효율 향상을 위해 과열기, 절탄기, 공기 예열기를 설치하고 재열 · 재생 사이클을 채용한다.

### (5) 카르노 사이클

① 최고의 효율을 발휘하는 가장 이상적인 열사이클이다.
② 고열원의 절대온도가 $T_h$, 저열원의 절대온도가 $T_l$이라면 이 두 온도 사이에서 움직이는 카르노 사이클의 이론 열효율은 $\dfrac{T_h - T_l}{T_h}$ 이다.

## 4 보일러

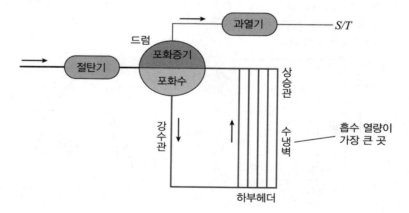

## (1) 자연 순환식과 강제 순환식의 비교

| 구분 | 자연 순환식 | 강제 순환식 |
|---|---|---|
| 특징 | 포화수와 포화증기의 밀도차를 이용해서 순환하는 방식 | 순환 펌프를 채용하여 순환력을 얻는 방식 |
| 장점 | 구조가 간단하고 운전이 용이하며 경제적이다. | 증발관의 과열의 우려가 낮으며, 수관의 스케일 생성 가능성이 낮다. |
| 단점 | • 염류가 굳어서 수관 내벽에 부착되는 스케일 현상이 생긴다.<br>• 기동 정지 특성이 느리고 순환력이 낮은 편이다. | • 순환 펌프 고장 시 유지 보수가 어렵다.<br>• 순환 펌프 설치로 발전소 내 소비 전력이 증가한다. |

## (2) 자연 순환식 보일러의 순환력을 높이는 방법

① 강수관을 노의 외부에 설치하여 밀도차를 증가시킨다.
② 드럼의 위치를 높게 설치하여 압력차를 증가시킨다.
③ 수관의 직경을 크게 하여 마찰 손실을 감소시킨다.

## 제3절 원자력발전

### 1 원자력 발전

#### (1) 원자력 발전의 특성

① 원자력 발전은 원자로 내에서 우라늄을 핵분열시켜서 발생하는 열을 이용하는 방식이므로 연료가 화력 발전에 비해 훨씬 적게 들지만 수력·화력 발전에 비해 초기 건설비용이 많이 든다.
② 보일러 대신 열교환기를 사용하며 대형의 터빈과 복수기가 필요하다.
③ 지진, 해일 발생 시에 방사능 유출을 막기 위한 차폐 시설이 필요하다.
④ 핵분열 발전 이외에 핵융합 발전도 있으며 ITER 프로젝트가 2006년부터 추진 중이나 아직 실용화 단계에 이르지는 못했다.
⑤ 수력 발전은 첨두부하용, 화력 발전은 중간부하용, 원자력 발전은 기저부하용으로 주로 이용된다.

(2) 원자로의 구성

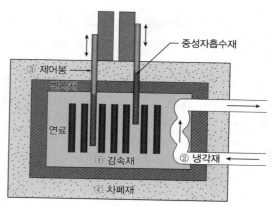

① **감속재**: 핵분열 시 발생한 고속 중성자의 속도를 떨어뜨려 열중성자로 바꾸는 작용을 한다. 감속재로 물을 이용하는 경수로 방식과 중수를 이용하는 중수로 방식이 있다.

② **냉각재**: 핵연료의 과열을 방지하고 열을 2차 계통으로 전달하는 역할을 한다.

③ **제어봉**: 원자로 내의 중성자 개수를 조절하는 역할을 한다.

④ **차폐재**: 원자로 내부의 방사능이 유출되는 것을 막는 역할을 한다. 방열의 효과도 준다.

(3) 원자로의 종류

| 원자로 | 특징 | 연료 | 감속재 | 냉각재 |
|---|---|---|---|---|
| 비등수형 원자로 | • 원자로 내부에서 비등한, 방사능 띤 증기가 터빈으로 들어가므로 방호 설비를 강화해야 한다.<br>• 열교환기와 증기 발생기가 불필요하다.<br>• 노심의 출력밀도가 낮은 편이다. | 저농축 우라늄 | 경수 | 경수 |
| 가압수형 원자로 | 물에 압력을 가하여 비등(沸騰)을 억제했다가 2차측에서 증기를 발생시며, 냉각재로 중수를 사용한다. | 저농축 우라늄 | 경수 | 경수 |
| 가스 냉각로 | 방서선에 안정적인 기체를 냉각재로 사용하므로 취급이 쉽다. | 천연 우라늄 | 흑연 | 이산화 탄소 |
| 고속 증식로 | 고속 중성자를 감속 없이 그대로 활용하므로 연료의 활용도가 매우 높고, 액화 금속을 냉각재로 사용한다. | 농축 우라늄 | × | 나트륨 |

① **감속재 조건[1]**: 원자 질량이 작아서 중성자와 충돌 시 탄성 산란의 효과가 클 것, 감속능과 감속비의 값이 클 것, 중성자와의 충돌 확률은 높되, 중성자를 흡수해 버리면 안 되므로 흡수 단면적은 작을 것
② **냉각재 조건**: 쉽게 뜨거워지지 않아야 하므로 비열과 열전도율이 클 것, 열용량이 클 것, 냉각재가 바닷물이면 바다로 흘려보내므로 방사성 중성자를 흡수하는 단면적이 적고 유도 방사능이 적을 것

**참고 & 심화**

**[1]**
감속재의 온도가 1℃ 변할 때 반응도가 변하는 정도의 크기를 온도계수라고 한다. 즉, $\alpha = \dfrac{d\rho}{dT}$

## 제4절 신재생 에너지

### 1 신에너지와 재생에너지

**(1) 신에너지**

① 연료전지
② 수소전지
③ 석탄액화

**(2) 재생에너지**

① 태양광
② 태양열
③ 풍력
④ 바이오
⑤ 지열 에너지

### 2 신재생 에너지의 중요성

**(1)** 화석연료의 고갈에 대비한 에너지 공급방식의 다양화 필요

**(2)** 기후변화협약, 온실가스배출권거래제 등 국제적인 환경규제에 대응하는 청정에너지의 비중 확대가 필요

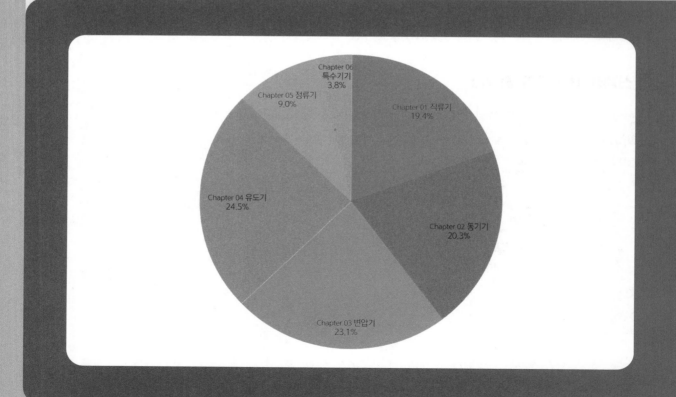

✓ **전기기기 출제비중**

# PART 03
# 전기기기

# CHAPTER 01 직류기

### 참고 & 심화

## 제1절 직류 발전기의 구조와 원리

### 1 발전기의 대분류

#### (1) 직류 발전기[1]

❶ 계자, 전기자, 정류자는 직류기의 3대 요소이다. 구조와 원리가 동일한 직류 전동기는 산업 현장에서 많이 쓰이지만 직류 발전기는 거의 쓰이지 않는다.

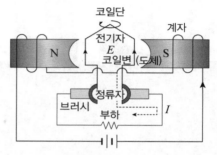

① 그림은 전기자가 회전하면서 생산한 교류(A.C.,Alternating Current) 전력을 정류자에 의해 직류(D.C. Direct Current) 전력으로 바꿔서 부하로 전달하는 직류 발전기의 회로도를 나타낸 것이다.

② 기계적 동력이 전기자 도체에 흐르는 전류와 유기 기전력의 곱으로 전환된다.

$$P = I_a V_a$$

#### (2) 동기 발전기

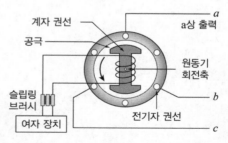

① 그림은 계자가 회전하면서 생산한 교류 전력을 정류 없이 부하로 전달하는 동기 발전기의 회로도를 나타낸 것이다. 전세계 발전기 시장의 대부분을 차지하며 전기자가 회전하는 방식도 있지만 소용량에 국한된다.

② 계자의 회전수(round per sec)와 교류의 주파수가 동기화되어 있기 때문에 동기 발전기(synchronous generator)라고 부르며 전자석의 일종인 계자와, 계자에 전원을 공급하는 여자(勵磁) 장치, 계자를 회전시키는 원동기, 계자의 회전속도를 일정하게 유지시키는 조속기, 3상 교류 기전력이 인가되는 전기자 등이 동기기의 5대 구성 요소이다.

## (3) 유도 발전기

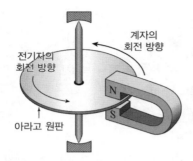

① 그림은 1820년에 Arago가 만든 실험 장치를 모식화한 것으로 말굽자석 사이에 자성체 원판을 끼우고 자석을 돌리면 원판이 좀더 느린 속도로 따라 움직이는데, 이것이 바로 유도 전동기의 원리이다.

② 실제의 유도 전동기는 자석 대신에 3상 교류 권선을 사용하여 전기자의 회전력을 얻는다. 만약에 원판을 외부 원동기에 연결하여 회전 자계 H의 주파수보다 더 빠른 속도로 돌리면 고정자 권선에 교류 전력이 유도되면서 전동기가 발전기로 바뀐다. 유도 발전기는 공극 치수가 작고, 효율과 역률이 낮아서 자동 수력 발전 또는 풍력 발전 분야에만 이용될 뿐 쓰임새가 그리 많지는 않다.

③ 유도 발전기의 장점
  ㉠ 병렬 접속된 동기 발전기가 여자 장치로 이용되므로 **선로에 단락이 생기면 여자의 상실로 단락 전류 지속 시간이 짧다.**
  ㉡ **동기 발전기에 비해 고장이 적고 가격이 싸다.**

④ 유도 발전기의 단점: 효율과 역률이 낮으며, 교류 주파수를 증가시키려면 별도의 주파수 조정장치가 필요하다.

## ② 직류기의 권선법

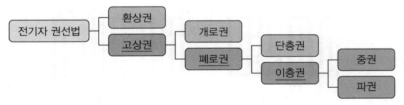

### (1) 환상권과 고상권

① 환상권(環象捲, ring winding): 코일을 반지 모양으로 감는 방식이며, 원통형 전기자 철심의 안쪽으로도 코일이 들어가기 때문에 무효 코일이 되어 효율이 낮다.

② 고상권(鼓象捲, drum winding): 북의 상하면 가죽을 끈으로 당겨 묶을 때처럼 코일을 감는 방식이며, 이 방식이 환상권보다 효율이 높아서 직류기는 고상권을 채택한다.

## (2) 개로권과 폐로권

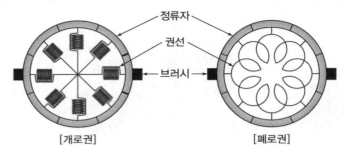

[개로권]　　　　　　　　[폐로권]

① **개로권(開路捲, Open-circuit winding)**: 여러 개의 독립된 코일을 전기자 철심에 감고 중앙을 한꺼번에 묶은 방식이다. 동기 발전기 및 동기 전동기는 주로 개로권을 채택한다.

② **폐로권(閉路捲, Closed-circuit winding)**: 하나의 코일이 끊김 없이 이어져서 하나의 폐회로를 구성하는 방식이다. 직류 발전기 및 직류 전동기는 주로 폐로권을 채택한다.

## (3) 단층권과 이층권

한 슬롯에 코일변이 한 개이면 단층권, 코일변이 2개이면 이층권이다. 직류기는 제작이 간편한 이층권을 채택하며, 이층권은 다시 중권과 파권으로 나뉜다.

## (4) 단중 중권과 단중 파권

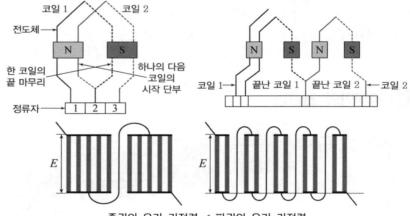

중권의 유기 기전력 < 파권의 유기 기전력

① **중권(重捲, lap winding)**
　㉠ 전기자 철심에 패인 슬롯을 따라 전기자 권선을 병렬 형태로 중첩되게 감는 방식이다.
　㉡ 중권 방식에서는 극수, 병렬 회로수, 브러시 수가 모두 같다. 저전압·대전류에 이용된다.
　㉢ 중권에는 횡류가 흘러 불꽃이 발생하기도 하는데 이를 방지하기 위해 균압환을 설치한다.

② **파권(波捲, wave winding)**: 전기자 철심에 패인 슬롯을 따라 전기자 권선을 직렬로 지그재그 감는 방식이다. 고전압·소전류에 이용된다.

## ③ 직류 발전기의 유기 기전력과 특성 곡선

### (1) 균일 자계 속에서 움직이는 도선과 유기 기전력

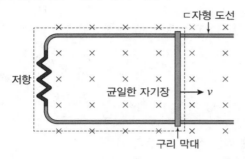

① 그림과 같이 종이면을 뚫고 들어가는 일정한 자계 $B$가 형성된 공간에서 디귿자형 도선 레일 위의 놓인 길이 $l$의 도체 막대를 속력 $v$로 당기면 도선 레일과 도선 막대가 만드는 Loop(코일)를 관통하는 자속이 증가하므로 이러한 변화를 방해하기 위해 코일에는 반시계 방향의 전류가 흐른다.

② 점선으로 표시한 코일의 저항이 $R$, 구리 막대 양단의 유기 기전력(= 유도 기전력)이 $E$이면, 점선으로 표시한 코일에 흐르는 전류의 세기는 $I = \dfrac{E}{R}$이며, 유기 기전력의 크기는 다음과 같다.

$$E = \frac{\Delta \Phi}{\Delta t} = \frac{\Delta BS}{\Delta t} = B\frac{d(lx)}{dt} Bl\frac{dx}{dt} = Blv$$

### (2) 도체 1개당 유기 기전력

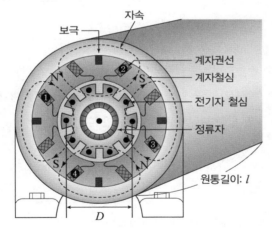

① 그림은 p = 4극, Z = 10개로 구성된 원통 모양의 직류 발전기를 도식화한 것이다.

② 지름이 $D$인 전기자 원통 속에서 회전하는 길이 $l$의 전기자 철심(●)이 휩쓸고 지나가는 표면적이 $2\pi rl$ 또는 $\pi Dl$이므로 자속 밀도 $B = \dfrac{\text{총자속}}{\text{표면적}} = \dfrac{p\phi}{\pi Dl}$이고, 도체의 분당 회전수가 $N$[rpm]이면 전기자 철심 1개는 60초마다 $2\pi rN$ 또는 $\pi DN$만큼 이동하므로 1개의 도체 양단에 유도되는 기전력은 다음과 같다.

$$Blv = \frac{p\phi}{\pi Dl} \cdot l \cdot \frac{\pi DN}{60} = \frac{p\phi N}{60}$$

\* $p$:극수, $\phi$: 극당 자속, $N$: 회전수

### (3) 권선 방식에 따른 직류기의 유기 기전력

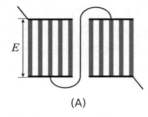
(A)

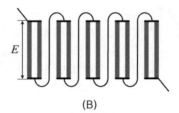
(B)

① 그림 (A)는 5극 10도체 전기자의 단중 중권(重捲)을 나타낸 것인데, 병렬 회로 수가 극수와 같기 때문에 총 유기 기전력은 $\dfrac{10}{5} \times E = 2E$이다. 따라서 극수 $p$, 도체수 $Z$인 단중 중권의 유기 기전력은 다음과 같다.

$$E_{중권} = \frac{Z}{a} \times \frac{p\phi N}{60} = \frac{p}{a}\frac{Z\phi N}{60}$$

\* 단, $a = p$

☞ 다중도 m의 다중 중권이면 $a = mp$

② 그림 (B)는 5극 10도체 전기자의 단중 파권(波捲)을 나타낸 것인데, 병렬 회로 수가 항상 2이기 때문에 총 유기 기전력은 $\dfrac{10}{2} \times E = 5E$이다. 따라서 극수 $p$, 도체수 $Z$인 단중 파권의 유기 기전력은 다음과 같다.

$$E_{파권} = \frac{Z}{a} \times \frac{p\phi N}{60} = \frac{p}{a}\frac{Z\phi N}{60}$$

\* 단, $a = 2$

☞ 극수 4, 도체수 250, 회전수 1200, 기전력 600인 파권 직류 발전기의 1극당 자속은 $E_{파권} = \dfrac{p}{a}\dfrac{Z\phi N}{60}$ ⇒ $600 = \dfrac{4}{2}\dfrac{250 \times \phi \times 1200}{60}$ 으로부터 0.06[Wb]이다.

## (4) 직류기의 단자 전압과 유기 기전력

① $E = I_a R_a + V \Rightarrow E = (I_f + I) R_a + V$에서 무부하 시 전기자 전류 $I_a = 0$이기 때문에 유기 기전력 $E$와 단자 전압 $V$가 같다.

② 계자 저항을 줄이면 계자가 만들어내는 주자속이 커지고 유기 기전력도 커진다.

③ 병렬 회로수 $a$, 극수 $p$, 도체수 $Z$는 기계적 상수이므로 $E = \dfrac{p}{a} \dfrac{Z\phi N}{60} = \dfrac{k\phi N}{60}$ 에서 유기 기전력(단자 전압)의 크기를 바꾸려면 극당 자속 $\phi$ 또는 회전수 $N$ 을 변경시켜야 한다.

## (5) 직류 발전기의 특성 곡선

① 부하 특성 곡선   ② 무부하 특성 곡선 ③ 외부 특성 곡선   ④ 내부 특성 곡선

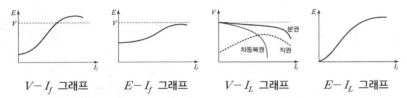

$V - I_f$ 그래프     $E - I_f$ 그래프     $V - I_L$ 그래프     $E - I_L$ 그래프

- 부하/무부하 곡선의 가로축은 계자 전류이고 내부/외부 곡선의 가로축은 부하 전류이다.
- 무부하 특성 곡선을 무부하 포화 곡선이라고도 한다.
- 무부하 시 '부하 전류' = 0이고 '전압 강하' = 0이므로, '유기 기전력 = 단자 전압'이다.

## 4 정류자 편간 전압과 전기자 반작용

## (1) 정류자 편간 전압

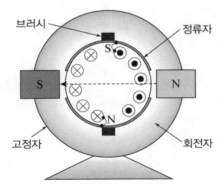

① 1개의 도체 양단에 유도되는 기전력은 $\dfrac{p\phi N}{60}$임을 앞에서 보였다. 전기자 도체의 개수가 Z이면 도체 개수 × 도체당 기전력 $= Z \times \dfrac{p\phi N}{60}$ 이 $= \dfrac{p}{p} \dfrac{Zp\phi N}{60}$ 이다.

권선 방식이 단중 중권이라고 가정하면 $a = p$이므로

$\dfrac{p}{a} \left( \dfrac{Z\phi N}{60} \times p \right) = \dfrac{p}{a} \dfrac{Z\phi N}{60} \times p = E_{중권} \times p$가 되어,

(도체 수) × (도체당 기전력) = (극 수) × (유기기전력 = 단자전압)이 된다.

② 그림에서 브러시 사이에 걸리는 전압 = (도체 수) × (도체당 기전력)이고, 이 전압이 정류자에 걸리는 총전압과 같으므로 (정류자 조각의 개수)로 나누면 정류자 편간 전압을 구할 수 있다.

$$정류자\ 편간\ 전압 = \frac{(도체수) \times (도체당\ 기전력)}{정류자\ 편수}$$

$$= \frac{(극\ 수) \times (중권의\ 유도\ 기전력)}{정류자\ 편수} = \frac{E \times p}{k}$$

* 단, k = 정류자 편수(number of commutator segments)

③ 유기 기전력 230V, 극수 4, 편수 162인 중권 직류 발전기의 정류자 편간 전압은
$\frac{E \times p}{k} = \frac{230 \times 4}{162} = 5.68[V]$이다.

### (2) 전기자 반작용

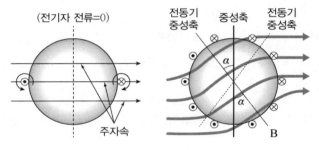

① 영구자석은 자계의 세기 조절이 용이하지 않기 때문에 자계의 원천으로 전자석을 사용하면 편리하다. 전자석이란, 전류가 흐르는 솔레노이드 코일을 지칭하며, 자계를 만드는 이 전류를 여자 전류(勵磁 電流, Exciting Current) 혹은 계자 전류라 하고, 여자 전류가 만드는 자속을 주자속이라고 한다.

② 전기자 권선에 전류가 흐르지 않을 때에는 계자가 만드는 주자속만 고려하면 되므로 위 왼쪽 그림처럼 주자속의 방향과 중성축이 직교하지만, 전기자 전류가 자속을 만들게 되면 중성축이 α만큼 회전 방향과 반대로 이동한다. (발전기는 중성축이 -α만큼 이동함)

③ 이와 같이 전기자 권선에 유도된 자속(磁束)이 주자속을 방해하는 현상을 전기자 반작용이라고 한다. 전기자 반작용의 영향과 결과는 다음과 같다.
   ㉠ 전기적 중성축이 이동한다.
   ㉡ 감자 자속과 교차 자속 때문에 주자속이 감소한다.
   ㉢ 부하 급변에 따른 정류자 편간 전압의 불균일로 국부 섬락이 발생한다.
   ㉣ 정류 작용에 악영향을 준다.

④ 보극을 설치하거나 보상권(선)을 감아주면 중성축 이동이 방지되며, 보극이 없을 경우에는 브러시를 옮겨간 중성축에 맞춰서 이동시키면 전기자 반작용이 줄어들면서 정류 작용이 개선된다.

**(3) 감자 기자력과 교차 기자력**

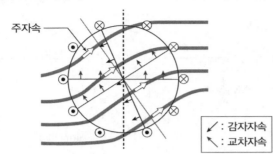

주자속

↙ : 감자자속
↖ : 교차자속

① 전기자 권선 전류가 만들어낸 자속 중에서 전동기 중성축과 수직 중성축 사이에 형성된 자속(↙)은 주자속과 방향이 반대이므로 감자 자속이라 부르고, 그 밖의 영역에 형성된 자속(↖)은 주자속과 직교하거나 어긋나 있으므로 교차 자속이라 부른다.

② 병렬 회로수가 $a$, 극수가 $p$, 도체 수가 $Z$, 전기자 전류가 $I_a$이면 전류는 병렬에서 나뉘므로 병렬 회로의 권선 하나에 흐르는 전류는 $\dfrac{I_a}{a}$이고, 권선수는 $\dfrac{\text{도체수}}{2}$이므로 「전기자 기자력」은 전류 × 권선수 = $\dfrac{I_a}{a} \times \dfrac{Z}{2} = \dfrac{I_a Z}{2a}$이다.

③ 감자 자속에 의한 감자 기자력은

「전기자 기자력」 $\times \dfrac{2\alpha}{180} = \dfrac{I_a}{a} \times \dfrac{Z}{2} = \dfrac{I_a Z}{2a} \times \dfrac{2\alpha}{180}$이다.

따라서, 극당 감자 기자력[AT/극]은 $\dfrac{I_a Z}{2ap} \times \dfrac{2\alpha}{180}$이다.

(단, $\alpha$ : 브러시 이동각)

④ 교차 자속에 의한 교차 기자력은 「전기자 기자력」 $\times \dfrac{\beta}{180} = \dfrac{I_a Z}{2a} \times \dfrac{\beta}{180}$이다.

따라서, 극당 교차 기자력[AT/극]은 $\dfrac{I_a Z}{2ap} \times \dfrac{\beta}{180}$이다. (단, $\beta = 180° - 2\alpha$)

## 제2절 직류 발전기의 분류와 운전

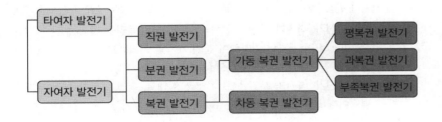

# 1 직류 발전기의 대분류

## (1) 타여자 발전기

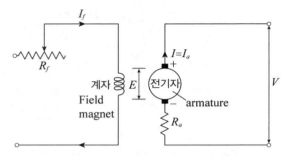

① 그림과 같이 독립된 외부 전원을 이용해서 계자 전류 $I_f$를 흘리는 발전기이다. 부하에 따른 전압 변동률이 없다.

② 전기자의 유기 기전력은 전기자 저항 $R_a$에 의한 전압 강하 + 단자 전압이다. 즉, $E = IR_a + V$가 성립한다. 브러시의 전압강하분 $e_a$가 주어진 경우, $E = IR_a + e_a + V$이다.

③ 잔류 자기가 없어도 발전이 가능하고, 원동기를 반대로 회전시켜도 발전이 가능하다.

## (2) 자여자 발전기

   직류 직권 발전기   직류 분권 발전기   가동 복권 발전기   차동 복권 발전기

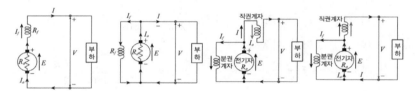

① **직류 직권 발전기**: 계자 권선과 전기자가 직렬 접속이므로 $I_f = I_a = I$이고, $E = I_a R_a + I_f R_f + V$이다. 직류 발전기는 부하에 따른 전압 변동률이 크고 무부하 운전 시 계자 전류가 0이 된다.

② **직류 분권 발전기**: 계자 권선과 전기자가 병렬 접속이므로 $I_a = I_f + I$이고, 유기 기전력은 $E = I_a R_a + V$ 또는 $E = I_a R_a + I_f R_f$이다.

   ㉠ 무부하 운전 시 $I = 0$이고, 전압 강하가 없으므로 $E = V$이다. 즉, 무부하 단자 전압 = 유기 기전력이다.

   ㉡ 전기자 반작용에 의한 전압강하분 $e_a$가 주어진 경우, $E = I_a R_a + e_a + V$이다.

③ **가동 복권 발전기**: 직권과 분권을 합쳐 놓은 형태로, 직권 계자와 분권 계자가 가동결속이다. 직권 계자의 기자력이 분권 계자의 기자력보다 크면 과복권, 같으면 평복권, 작으면 부족복권이라고 부른다.

④ **차동 복권 발전기**: 직권과 분권을 합쳐 놓은 형태로, 직권 계자와 분권 계자가 차동 결속이다.

## 2 과복권 발전기와 차동 복권 발전기

### (1) 과복권 발전기

① 자여자 방식이면서 가동 복권 방식이면서 직권 계자의 기자력이 분권 계자의 기자력보다 더 큰 직류 발전기를 과복권 발전기라고 한다.

② 일반적인 발전기의 경우, 무부하 단자 전압이 유기 기전력 E와 같고 전부하 단자 전압은 'E - 전압강하분'이기 때문에 무부하 단자 전압이 항상 전부하 단자 전압보다 더 높다. 즉, $E > E - I_a R_a \Leftrightarrow V_0 > V$이다.

③ 과복권 발전기의 경우 부하가 커짐에 따라 직권 계자의 기자력 효과로 유기 기전력도 같이 커져서 전압 강하를 보상하기 때문에 전부하 단자 전압이 무부하 단자 전압보다 높다.

즉, $E - I_a R_a > E \Leftrightarrow V > V_0 \Leftrightarrow$ 전압 변동률이 (−)값을 가진다.

### (2) 외분권 차동 복권 발전기

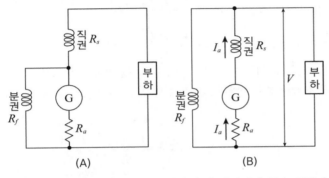

(A)　　　　　(B)

① 분권 계자에서 만들어내는 자속이 전기자 유기 기전력의 주요 원천이며, 직권(series) 계자의 자속이 분권 계자의 자속과 반대 방향이면 차동 복권 발전기라고 부른다.

② 분권 계자를 먼저 전기자와 병렬 연결한 뒤에 직권 계자와 직렬 접속하면 내분권(short-shunt)이다. [그림 (A) 참고]

③ 전기자와 직권 계자를 직렬 접속한 뒤 분권 계자를 나중에 병렬 연결하면 외분권(long-shunt)이다.

④ 오른쪽 (B) 회로도와 같은 외분권 차동 복권 발전기에서, 전기자 저항 $R_a$에 의한 전압강하분, 직권 계자의 저항 $R_s$에 의한 전압강하분을 고려하면 유기 기전력 $E = I_a R_a + I_a R_s + V$인데 $E = \dfrac{pZ}{a}\phi\dfrac{N}{60} = k\phi n$으로 고쳐 쓸수 있고, 분권 계자의 자속과 직권 계자의 자속이 반대라서 $E = k(\phi_f - \phi_s)n$이 된다. 따라서 $k(\phi_f - \phi_s)n = I_a(R_a + R_s) + V$가 성립한다.

⑤ 차동 복권 발전기에서 직권 계자의 양쪽 단자를 단락(short)시키면 직류 분권 발전기로 바뀐다.

⑥ 차동 복권 발전기는 전류가 증가함에 따라 전압이 감소하는 수하(垂下) 특성을 지닌다.

## ③ 직류기의 특성과 정류 개선

### (1) 직류기 특성 비교

| 비교<br>항목 | 직류 직권 발전기 | 직류 분권 발전기 | 가동 복권 발전기 | 차동 복권 발전기 |
|---|---|---|---|---|
| 전압<br>변동률 | (-)값을 가진다. | 전압 변동률이<br>작다.<br>(타여자보다는 큼) | (-)값을 가진다.<br>(과복권에 한함) | 전압 변동률이<br>크다. |
| 균압선 | 필요함 | 불필요 | 필요함 | 필요함 |
| 主용도 | 전압강하 보상용 | 축전지 충전용 | 전압강하 보상용 | 용접기 전원용 |
| 위험<br>속도 | 무부하 상태 | 무여자 상태 | 전동기로 사용하면 가동<br>⇔ 차동 뒤바뀜 |

① 직권의 초당 회전수 $n = K\dfrac{V - I_a(R_a + R_s)}{I}$

분권의 초당 회전수 $n = K\dfrac{V - R_a I_a}{\phi}$

② 무부하 운전 시 전압 강하가 없어서 단자 전압이 유기 기전력과 같아진다. 무부하 전압과 정격 전압의 차이를 정격 전압으로 나눠준 값을 전압 변동률이라고 한다.

$$\text{전압 변동률} = \frac{V_0 - V_n}{V_n} = \frac{E - V_n}{V_n}$$

### (2) 직류 발전기에서 전기를 얻는 과정

① 계자 전류가 만든 자계 속에서 전기자를 회전시킴 ▶ ② 전기자 권선에 유기 기전력이 인가되어 교류가 발생함

▶ ③ 브러시와 정류자편을 거치면서 교류가 직류로 변환됨 ▶ ④ 전기자 저항에 의한 전압강하를 뺀 단자전압이 부하에 인가됨

☞ $P = VI$이므로 전기자에 가한 동력이 「(도체수 × 도체당 유기기전력) × 전기자 전류」로 바뀐다.

### (3) 리액턴스 전압

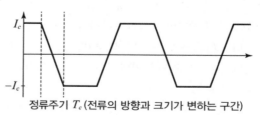

정류주기 $T_c$ (전류의 방향과 크기가 변하는 구간)

$$e_L = L\frac{2I_c}{T_c} \quad (e_L \text{은 } T_c \text{에 반비례})$$

① 코일의 교류에 대한 저항 성분을 리액턴스라고 하며, 전기자 코일의 자기 인덕턴스 $L$로 인해 유기 기전력과 반대 방향으로 인가되는 역전압을 리액턴스 전압이라고 한다.

② 리액턴스 전압은 (2)의 ② ~ ③ 과정의 정류를 방해하므로 리액턴스 전압 $e_L$을 낮추기 위한 노력이 필요하다.

참고 & 심화

## (4) 양호한 정류를 얻기 위한 조건

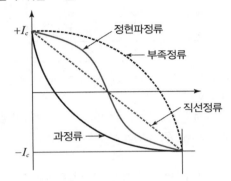

① 보극을 설치하여 리액턴스 전압을 상쇄시킨다($e_L$).

② 극 간격보다 코일 간격이 짧은 단절권 채택으로 전기자 코일의 자기 인덕턴스를 작게 한다(∵ $e_L$은 $L$에 비례).

③ 원동기 회전을 늦춰서 정류 주기를 길게 한다($e_L$은 $T_c$에 반비례).

④ 접촉 저항이 큰 탄소 브러시를 사용하여 접촉면 전압 강하가 리액턴스 전압보다 크게 한다($e_L$).❶

## 4 직류 발전기의 병렬 운전

### (1) 병렬 운전의 목적

① 부하에 안정된 전력 공급이 가능하다.

② 과부하를 분산하는 효과가 있어서 발전기 고장이나 사고의 예방이 가능하다.

### (2) 병렬 운전의 조건

① 극성이 서로 같을 것

② 정격 전압, 즉 단자 전압이 서로 같을 것(병렬 운전하는 목적이 발전 용량을 늘리려는 것이므로 발전 용량이 서로 달라도 병렬 운전이 가능)

③ 외부 특성 곡선이 일치할 것

④ 직권 발전기 및 복권 발전기의 경우에는 발전기들 사이의 전위차를 없애주기 위해 균압(모)선을 설치할 것(직권 계자가 없는 분권 발전기의 경우에는 균압 모선이 필요 없음)

❶
직류 발전기는 정류 초기에 브러시 전단부에서 불꽃이 발생하여 과정류 곡선을 그린다.

## (3) 병렬 운전 시 부하 분담

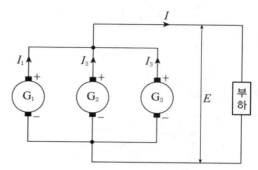

① 부하 용량이 커지면 부하 전류 $I$가 증가한다. 따라서 각 발전기의 전기자 전류를 증가시켜야 한다.

② $E = I_a R_a + V$에서 단자 전압이 일정하므로 유기 기전력을 높여야 전기자 전류가 증가한다. 그런데 $E \propto I_f \times N$이므로 계자 전류가 커져야 유기 기전력이 커진다.

③ 계자 전류를 증가시키면 유기 기전력↑ $\propto$ 부하 전류↑ $\Rightarrow$ 결국 부하 분담이 증가한다.

## 5 직류기 운전법

## (1) 발전기 회전 방향과 잔류 자기

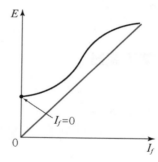

① $E \propto I_f \times N$에서 계자 전류가 클수록 유기 기전력이 커지는데, 전기자 철심은 강자성체이기 때문에 계자 전류가 사라져도 철심에는 '잔류 자기'가 존재한다. ❶

② 타여자 발전기를 제외한 직권, 분권, 복권 발전기는 잔류 자기의 영향을 받는다. 만약 발전기를 반대 방향으로 회전시키면 그때 생성되는 계자 전류는 잔류 자기와 반대 방향이라서 잔류 자기가 소멸된다. $\Rightarrow$ 유기 기전력도 0V가 된다.

❶
그래프에서 $I_f = 0$일 때 $E \neq 0$

## (2) 부하율에 따른 발전기 효율

① 부하율에 따라 회로 전류가 달라지는데 전류가 $\frac{1}{m}$로 감소하면 출력도 $\frac{1}{m}$로 감소하고 (전류)$^2$에 비례하는 동손은 $\left(\frac{1}{m}\right)^2$로 감소한다. 전부하 출력(정격 출력)을 $P$, 철손(고정손)을 $P_i$, 동손(부하손)을 $P_c$라 하면, 부하율이 $\frac{1}{m}$일 때 발전기의 효율은 $\dfrac{\left(\frac{1}{m}\right)P}{\left(\frac{1}{m}\right)P + P_i + \left(\frac{1}{m}\right)^2 P_c}$이다.

② 효율 공식에서 $\left(\frac{1}{m}\right)P$는 주어지는 값이고 고정손과 부하손은 변수이므로 $P_i + \left(\frac{1}{m}\right)^2 P_c$이 최소이면 효율은 최대가 된다. 다시 말해, $P_i = \left(\frac{1}{m}\right)^2 P_c$이면 효율이 최대가 된다.

## (3) 분권 발전기 단락에 따른 회로 전류

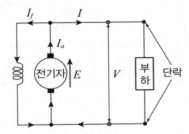

① 분권 발전기에서는 $I_a = I + I_f$가 성립하는데, 부하 측 용량을 서서히 줄여서 단락시키면 전기자 전류가 전부 저항 없는 쪽으로만 흘러서 계자 전류 $I_f$가 0으로 줄어든다.
② 이렇게 되면 전기자 철심에 의한 잔류 자기 효과로 유기 기전력이 작은 크기로 유지되므로 회로에는 소전류가 흐르게 된다.

## 제3절 직류 전동기의 종류와 특성

### 1 전동기의 원리

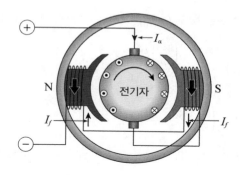

#### (1) 자계 속에서 전류 도선이 받는 힘

① 전하 $q$가 자속 밀도 $B$가 형성된 공간 속에서 $v$의 속도로 움직일 때 받은 힘의 크기를 로런츠 힘이라고 하며, 그 크기는 $qvB$, 방향은 플레밍 오른손 법칙으로 알아낼 수 있다.

② 그림과 같이 계자 전류에 의해 오른쪽 방향의 자속이 형성된 공간에 전기자 도체들을 수직으로 배치하고 전류 $I_a$를 흘려 주면 도체 속의 전하가 힘을 받기 때문에 도체가 회전력을 얻는다. 왼쪽 절반 도선(⊙로 표시)은 위로, 오른쪽 절반 도선(⊗로 표시)은 아래로 힘을 받기 때문에 전기자는 시계 방향으로 회전한다.

③ 전기자가 받는 힘

$$F = BIl = \left( \frac{극수 \times 극당자속}{휩쓰는 곡면면적} \right) \cdot (도체당\ 전류 \times 도체수) \cdot (도체\ 길이)$$

$$= \frac{p\phi}{2\pi rl}(i_a Z)l$$

#### (2) 역기전력

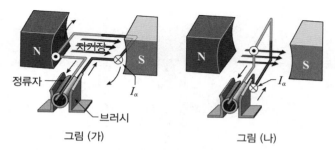

그림 (가)　　　　　　　　　　　　그림 (나)

① 그림은 두 도체 막대로 이루어진 전기자 권선에 $I_a$의 전류를 흘려주어서 시계 방향으로 회전하는 모습을 나타낸 것이다. 그림 (가)에서 (나) 위치까지 회전하는 동안에 루프를 통과하는 자속이 증가하므로 이러한 변화에 저항하기 위해 전기자권선에는 $I_a$와 반대 방향의 전류가 흘러서 전기자 전류가 감소하게 된다 (속도가 느려지면 $I_a$는 증가).

② 역기전력의 크기 $E_0$는 발전기의 유기 기전력 유도 과정에서 보였듯이

$$E_0 = \frac{pZ\phi}{60a}N \propto \phi N \text{이다.}$$

③ 외부 전원의 단자 전압이 $V$라면 $E_0$는 역기전력 현상에 의한 전압강하분(降下分)이고 나머지는 전기자 저항 $R_a$에 의한 전압강하분이다.

즉, $V = E_0 + I_a R_a$이다.

### (3) 발전기와 유기 기전력과 전동기의 역기전력

| 비교 항목 | 발전기 | 전동기 |
|---|---|---|
| 에너지 전환 | 기계 에너지 ⇒ 전기 에너지 | 전기 에너지 ⇒ 기계 에너지 |
| 전환의 매개체 | $E = \dfrac{\Delta\Phi}{\Delta t}$라는 유기 기전력 | $E_0 = \dfrac{\Delta\Phi'}{\Delta t}$라는 역기전력 |
| 물리적 의미 | 유기 기전력이 발생하지 않는다면 전기자의 회전 속도는 점점 커지면서 마찰열로 녹아버릴 것이다. 선이 잘린 코일을 자계 속에서 돌릴 때와 같은 결과이다. | 자계 속의 전기자가 로렌츠 힘에 의해 회전하는 동안에 역기전력이 안 생긴다면 단자 전압이 전부 전기자 권선에 걸리면서 코일이 줄열로 타버릴 것이다. $E_0$는 전동기라는 부하에 인가된 전압이다. |

## ② 직류 전동기의 토크

### (1) 전동기의 전기자 전류와 토크

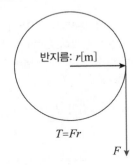

반지름: $r$[m]

$T = Fr$

$F$

① 전동기는 회전 토크를 이용하는 전기 장치이므로 회전력보다는 회전력과 회전 반지름의 곱, 즉 토크로 성능을 표시하는 것이 편리하다.

② $T = Fr = \dfrac{p\phi}{2\pi rl}(i_a Z)l \times r = \dfrac{pZ\phi}{2\pi}i_a$인데, 도체당 전류는 전기자 전류를 병렬 회로수로 나눈 값이므로 $i_a$ 대신에 $\dfrac{I_a}{a}$를 대입하면 $T = \dfrac{pZ\phi I_a}{2\pi a} \propto \phi I_a$이다.

따라서 전기자 전류 $I_a = \dfrac{2\pi aT}{pZ\phi}$이다(토크 식에서 기계적 상수 $k = \dfrac{pZ}{2\pi a}$).

## (2) 전동기의 기계적 출력과 토크

① 전기자에 인가된 전압과 전기자 전류의 곱을 기계적 출력이라고 하며, P라고 표시한다. 즉, $P = E_0 I_a$ 이다.

위 식을 변형하면, $(\dfrac{pZ\phi N}{60a}) \times (\dfrac{2\pi a T}{pZ\phi}) = \dfrac{2\pi NT}{60}$ 이므로,

전동기의 토크 $T = \dfrac{60P}{2\pi N} = \dfrac{60 E_a I_a}{2\pi N}$ 이다.

② 토크 정의식($T = Fr$)으로부터 유도할 수도 있다. 즉,

$$T = Fr = \dfrac{P}{v}r = \dfrac{P}{r2\pi f}r = \dfrac{P}{2\pi(N/60)}$$ 이다.

③ 부하에 전달되는 순수 출력 = 기계적 출력 - 전기자 철심에 의한 철손 - 마찰에 의한 기계손

## 3 직류 전동기의 종류

### (1) 타여자 전동기

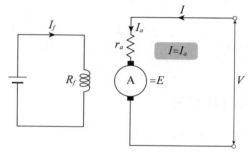

① 계자 권선과 전기자 권선이 분리되어 있어서 공급 전원의 극을 반대로 하면 계자 전원에 의한 자속 방향은 그대로이기 때문에 전동기 회전 방향이 바뀐다.

② 부하 변동에 따른 속도 변화가 적어서 정속도(定速度) 전동기라고 볼 수 있으며 압연기, 승강기에 사용된다.

③ 토크 $T = \dfrac{pZ}{2\pi a}\phi I_a = k\phi I_a$, 역전압 $E = V - I_a r_a$

### (2) 직류 직권 전동기

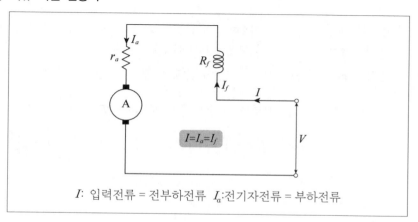

$I$: 입력전류 = 전부하전류  $I_a$: 전기자전류 = 부하전류

① 계자 권선과 전기자 권선이 직렬 접속되어 있어서 계자와 전기자에서 큰 자속이 발생하고, 공급 전원의 극을 바꿔도 회전 방향은 변하지 않는다.

② 속도 특성: $E = V - I_a(r_a + R_f) \Rightarrow I_f N \propto V - I_a(r_a + R_f)$

   회전수 $N \propto \dfrac{V - I_a(r_a + R_f)}{I_a}$, 무부하 운전 시 $\phi \to 0$이 되어 위험하다.

③ 토크 특성

   ㉠ $T = k\phi I_a$인데, 직권에서는 $\phi \propto I_a$이므로 $T \propto I_a^2$ (토크가 전기자 전류 제곱에 비례)

   ㉡ $T \propto I_a^2$인데, 직권의 속도 특성에서 $N \propto \dfrac{1}{I_a}$이므로 $T \propto \dfrac{1}{N^2}$ (토크가 회전수 제곱에 반비례)

④ 기동 토크 크고 속도가 작아서 전차 구동용, 기중기(크레인), 권상기 등에 두루 사용된다.

## (3) 직류 분권 전동기

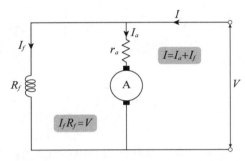

① 계자 권선과 전기자 권선이 병렬 접속되어 있어서 정격 전압이 일정하면 계자 전류도 일정하다. 공급 전원의 극을 바꿔도 회전 방향은 변하지 않는다.

② 속도 특성: $E = V - I_a r_a \Rightarrow \phi N \propto V - I_a r_a$

   회전수 $N \propto \dfrac{V - I_a r_a}{\phi} \propto \dfrac{V - I_a r_a}{I - I_a}$, 분권 계자 단선 시 $\phi \to 0$되어 위험하다.

③ 토크 특성

   ㉠ $T = k\phi I_a \propto I_f I_a$인데 $I_f R_f = V$라서 단자 전압과 $I_f$가 일정. 따라서 토크는 전기자 전류에 비례

   ㉡ 또 $T \propto \dfrac{E I_a}{N}$이므로 토크는 회전수(속도)에 반비례함

④ 정출력 운전이 가능하고 계자 저항기로 속도 조절 가능해서 공작기계, 컨베이어용으로 적당하다.

   ☞ 저항을 통해 속도를 제어할 수 있다는 사항은 권선형 유도 전동기와 유사한 점이다.

## (4) 가동 복권 전동기

① 직권과 분권의 조합이므로 중간적 특성을 가지며 기동 토크의 크기는 분권과 직권 사이이다.

② 속도 특성: 회전수 $N \propto \dfrac{V-I_a(r_a+R_s)}{\phi_f+\phi_s}$ 이고, 분권 계자가 있어서 무부하에도 위험하지 않다.

③ 토크 특성: 가동 복권의 토크 특성은 직권 전동기의 그것과 비슷하다.

④ 승강기, 기중기(크레인) 등에 쓰인다.

**(5) 차동 복권 전동기**

① 직권과 분권의 조합이므로 중간적 특성을 가지며, 직권보다 분권 전동기에 더 가깝다.

② 속도 특성: 회전수가 부하 전류의 제곱에 비례한다.

③ 토크 특성: 차동 복권의 토크 특성은 분권 전동기의 그것과 비슷하다.

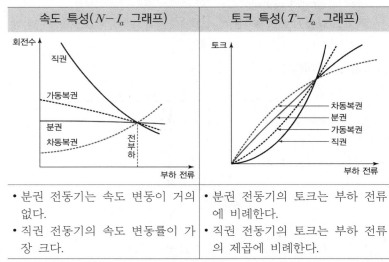

| 속도 특성($N-I_a$ 그래프) | 토크 특성($T-I_a$ 그래프) |
|---|---|
| • 분권 전동기는 속도 변동이 거의 없다.<br>• 직권 전동기의 속도 변동률이 가장 크다. | • 분권 전동기의 토크는 부하 전류에 비례한다.<br>• 직권 전동기의 토크는 부하 전류의 제곱에 비례한다. |

**(6) 발전기와 전기자 전류와 전동기의 전기자 전류**

① 발전기에서는 전기자 전류가 전자기 유도 현상 때문에 유도되지만, 전동기에서는 전기자 전류를 외부 전원이 공급해 준다는 점이 다르다.

② 발전기에서는 계자 전류와 원동기의 회전수를 높일수록 유기 기전력이 높아지지만, 전동기에서는 계자 전류와 전기자 전류를 높일수록 회전자의 토크(회전력)가 증가한다.

**(7) 전동기의 특성 비교❶**

❶ 역기전력 $E_0$에서 0은 생략하고 쓰기도 한다.

| 전동기 종류 | 타여자 전동기 | 직류 직권 전동기 | 직류 분권 전동기 |
|---|---|---|---|
| 상호 관계식 | $E=V-I_ar_a$<br>$I=I_a$ | $E=V-I_a(r_a+R_f)$<br>$I=I_a=I_f$ | $E=V-I_ar_a$<br>$I=I_a+I_f$ |
| 역기전력<br>$(\dfrac{pZ}{60a}\phi N)$ | $E \propto I_f \times N$ | $I_f=I_a,\ E \propto I_a \times N$ | $E \propto I_f \times N$ |
| 전기적 입력<br>(= 단자전압<br>× 입력전류) | $VI=EI+I^2r_a$ | $VI$<br>$=EI+I^2(r_a+R_f)$ | $VI$<br>$=EI+(I_a+I_f)I_ar_a$ |

| | | | |
|---|---|---|---|
| 기계적 출력<br>(= 역기전력<br>× 전기자전류) | $EI_a = (V - I_a r_a)I_a$ | $EI_a = EI$ | $EI_a = (V - I_a r_a)I_a$ |
| 출력을 알 때,<br>토크<br>($= \dfrac{\text{기계적 출력}}{2\pi \times}$<br>초당 회전수) | $\dfrac{EI_a}{2\pi f} = \dfrac{EI}{2\pi N/60}$ | $\dfrac{EI_a}{2\pi f} = \dfrac{EI}{2\pi N/60}$ | $\dfrac{EI_a}{2\pi f} = \dfrac{VI_a - I_a^2 r_a}{2\pi N/60}$ |
| 부하 전류를<br>알 때, 토크<br>($T = \dfrac{pZ\phi I_a}{2\pi a}$) | $I_f$와 $I_a$는<br>별개이므로<br>$T \propto I_a$ | $I_f = I_a$이므로<br>$T \propto I_a^2$ | $I_a$가 $x$배,<br>$I_f$ 불변이면<br>$T$는 $x$배가 됨 |
| 효율<br>($= \dfrac{\text{순부하 출력}}{\text{전기적 입력}}$) | $\dfrac{EI_a - \text{철손} - \text{기계손}}{VI}$ | $\dfrac{EI_a - \text{철손} - \text{기계손}}{VI}$ | $\dfrac{EI_a - \text{철손} - \text{기계손}}{VI}$ |
| 속도 특성<br>($N - I_a$<br>그래프) | 자속과 계자<br>전류가 $I_a$의 영향<br>안 받음 | $N \propto \dfrac{V}{I_a} - (r_a + R_f)$<br>회전수가 $I_a$에<br>반비례 | $N \propto \dfrac{V - I_a r_a}{I - I_a}$<br>$I_a$의 영향 거의<br>없음 |
| 토크 특성<br>($T - I_a$<br>그래프) | $T = \dfrac{pZ}{2\pi a}\phi I_a$<br>$I_a$에 비례함. | $T = k\phi I_a \propto I_a^2$<br>$I_a$의 제곱에<br>비례함. | $T \propto I_f I_a$, $I_f$: 일정<br>$I_a$에 비례함. |
| 용도 | 압연기, 승강기 | 전동차, 기중기 | 공작기계,<br>컨베이어 |

① 가동 복권의 토크 특성은 직권 전동기와 비슷하고, 차동 복권의 토크 특성은 분권 전동기와 비슷하다.

② 엘리베이터가 승객을 가득 싣고 올라갈 때와 비어 있는 채로 올라갈 때를 비교하면 전자(前者)는 부하 증가로 권상기 내부 회전자의 속도가 감소하므로 역기전력 $E = \dfrac{pZ\phi}{60a}N$가 감소하고 이에 따라 전기자 전류 $I_a = \dfrac{V - E}{R_a}$가 증가한다.

후자(後者)는 부하 감소로 전기자 전류가 감소한다. 즉, 전동기의 입력은 부하의 증감에 연동되어 자동적으로 증감한다.❷

❷ 승강기의 운행 속도는 승객 수나 회전자 속도에 관계 없이 일정하도록 별도의 장치가 기능을 발휘한다.

## 제4절 직류 전동기의 운전과 효율

### 1 직류 전동기의 기동과 제동

#### (1) 직류 전동기의 기동법

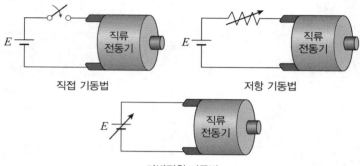

직접 기동법　　　　　　　　　저항 기동법

가변전원 기동법

① **직접 기동법**: 처음부터 정격 전압을 인가하면 전동기의 회전 속도가 빨라지면서 역기전력이 증가하여 전기자 전류가 감소하게 되므로 소형 전동기에 국한해서 채택한다($E_0 = \dfrac{pZ\phi}{60a}N$, $I_a = \dfrac{V - E_0}{R_a}$).

② **저항 기동법**: 기동 시 대전류로 인해 기기가 소손되는 것을 방지하기 위해 가변 저항을 직렬로 연결하여 기동 전류를 줄인다.

③ **가변 전원 기동법**: 전동기 회전 속도에 연동하여 단자 전압을 증감시키는 방법 이며 전압 제어 기동법이라고도 한다.

#### (2) 직류 분권 전동기의 계자 저항값과 기동 전류

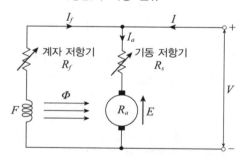

① 기동시킬 때에는 회전자에 운전 시보다 더 큰 부하가 걸리므로 토크가 커야 한다. 토크 표현 식 2개 $T = \dfrac{60P}{2\pi N}$, $T = \dfrac{pZ\phi I_a}{2\pi a}$ 중에 두 번째 식을 보면 자속이 토크를 결정하고 자속은 계자 전류가 결정한다. 따라서 기동 시에는 계자 저항 기 저항값을 0으로 해 두어야 한다.

② 그림은 저항 기동법을 위한 분권 전동기 회로도를 나타낸 것이며, 운전 시 전기자 전류 $= \dfrac{V-E}{R_a}$ 이지만, 기동 시 역기전력 $E = 0$이고 기동 저항기 저항값이 0이 아니므로 기동 시 전기자 전류, 즉 기동 전류 $= \dfrac{V}{R_a + R_s}$ 이다.

### (3) 직류 전동기의 제동법

① **발전 제동**: 전동기의 전원을 차단하면 전기자는 관성에 의해 계속 돌아가려 하지만 발전기로 변하면서 유기 기전력에 의한 역방향 회전력 때문에 멈추는데 이때 발생하는 전력은 외부 저항에서 줄열 형태로 소비한다. 직권 전동기 또는 복권 전동기의 경우 직권 계자의 권선을 반대로 하면 역방향 회전력이 생긴다.

② **회생 제동**: 전동기의 전원을 차단하여 발전기 모드로 바꾸는 것은 발전 제동 때와 동일하지만 이때 발생하는 전력을 줄열로 소비하지 않고 축전지에 저장하는 것이 차이점이다.

③ **역상 제동**: 전기자 회로의 극성을 반대로 접속하면 역방향 회전력 때문 멈추며, 멈추는 순간에 전원이 차단되도록 설계하는데, 직권이나 분권이 아닌 타여자 방식에 적합한 제동 방식이다. 반대 극성의 전원 연결을 위해 콘센트의 구멍을 코드로 막는다는 의미에서 플러깅(plugging)이라고도 한다.

## 2 직류 전동기의 속도 제어

### (1) 전압 제어법

전압을 이용하여 속도를 제어하면 제어 범위가 넓고 효율이 좋지만 비용이 많이 든다.

① **워드 레오나드 방식**: 입력 단자가 전동기 – 발전기 세트의 출력 단자에 연결되어 있다. 권상기, 압연기, 엘리베이터에 이용된다.

② **일그너 방식**: 플라이휠을 이용하는 방식이며 전동기의 부하 변동이 심해도 안정적 속도 제어가 가능하다. 대용량 압연기, 승강기에 이용된다. (사이리스터로 제어할 수 없다.)

③ **초퍼 제어법**: 반도체 사이리스터를 이용하며 전철에 많이 이용된다.

### (2) 계자 제어법

① 계자 권선에 병렬 접속시킨 가변저항기에 의한 자속 변화를 통해 속도를 조정하는 방법이다.

② 손실이 적고 정출력(출력: 일정) 제어가 가능하다.

### (3) 저항 제어법(직렬 저항법)

① 전기자 회로의 가변저항으로 속도를 조정하는 방법으로 효율이 낮다.

② 점검이 쉽고 가격이 저렴하지만, 전력 손실 크고 속도 변동률이 크다.

# ③ 직류 전동기의 손실

## (1) 무부하손

① 부하 없이 공회전시킬 때에도 발생하는 손실이라는 의미에서 무부하손이다.

② 부하의 크기, 즉 부하 전류의 크기가 달라져도 고정되어 있는 손실이라는 의미에서 고정손이다.

③ 전기자(armature)가 회전함에 따라 발생하는 손실이며 철손과 기계손으로 나뉜다.

  ㉠ 철손 중 히스테리시스손(hysteresis loss) 저감 대책으로는 규소 강판의 사용이 있다.

  ㉡ 철손 중 와류손(eddy current loss) 저감 대책으로는 성층 철심의 사용이 있다.

  ㉢ 기계손 중 마찰열은 베어링이나 브러시가 부속품과 직접 닿아 회전하면서 발생하는 손실이고, 기계손 중 풍손은 베어링이나 브러시가 고속 회전하면서 주변 공기를 진동시키기 때문에 발생하는 손실이다.

## (2) 부하손

① 부하가 있어야만 발생하는 손실이며, 부하 전류의 크기가 달라지면 손실의 크기도 변한다는 의미에서 가변손이다.

② 줄열(Joule's heat) = $I^2R$이므로 부하손은 부하 전류의 제곱에 비례하며, 동손과 표유부하손으로 나뉜다.

| 무부하손(損) | 철손($P_i$) | • 히스테리시스손($P_h$): 자속변화에 의한 철심 가열 <br> • 와류손($P_e$): 소용돌이 전류에 의한 철심 가열 |
|---|---|---|
| | 기계손($P_m$) | 베어링마찰열, 풍손, 브러시마찰열 |
| 부하손 | 동손($P_c$) | 전기자 권선과 계자 권선에 의한 저항손 |
| | 표류부하손 | 누설자속 등 권선 이외의 모든 부하손 |

# ④ 직류 전동기의 효율과 출력

## (1) 실측 효율

① 효율의 정의는 $\frac{출력}{입력} \times 100$이다.

② 전기 에너지는 전력계를 이용하면 실측이 용이하지만 기계 에너지(운동 에너지)를 실측하는 것은 현실적으로 어렵다.

## (2) 규약 효율

① **발전기의 규약 효율**: 발전기는 입력이 기계 에너지, 출력이 전기 에너지이므로 입력을 다음과 같이 고쳐 쓴 것을 발전기의 규약 효율이라고 한다.

$$\eta_\text{발전기} = \frac{\text{출력}}{\text{출력} + \text{손실}} \times 100$$

② **전동기의 규약 효율**: 전동기는 입력이 전기 에너지, 출력이 기계 에너지이므로 출력을 다음과 같이 고쳐 쓴 것을 전동기의 규약 효율이라고 한다.

$$\eta_\text{전동기} = \frac{\text{입력} + \text{손실}}{\text{입력}} \times 100$$

## (3) 직류 전동기의 출력

① 전동기는 출력이 기계 에너지이므로 그냥 출력이라고 하면 기계적 출력을 의미하며, 「입력 − 손실」이다.

② 전부하 시 정격 전압이 $V$, 전류가 $I$, 역률이 $\cos\theta$, 전기자 저항이 $R_a$, 계자 저항이 $R_f$, 기계손이 $P_m$, 철손이 $P_i$인 직권 전동기의 효율은 다음과 같다.

$$\eta_\text{전동기} = \frac{VI\cos\theta - I^2(R_a + R_f) - P_m - P_i}{VI\cos\theta}$$

## 5 직류기의 시험과 교류용 전환

### (1) 특성 곡선을 얻기 위한 시험

① **부하 시험**: 부하를 연결한 상태에서 계자 전류를 변화시키면서 단자 전압의 크기를 측정한다.

② **무부하 시험**: 부하측을 개방하고 계자 전류를 변화시키면서 유기 기전력의 크기를 측정한다.

### (2) 토크 측정 시험

| 측정 방법 | 세부 설명 | 비고 |
|---|---|---|
| 프로니 브레이크법 | 일종의 양팔 저울이며 암(arm)이 수평을 이룰 때의 저울 수치를 읽으면 토크가 측정된다. | 소형 전동기의 토크 측정 |
| 와전류 제동기 | 전기자 자속과 와전류의 상호 작용으로 마찰 없이 제동되는 원리를 이용한다. | 소형 전동기의 토크 측정 |
| 전기 동력계 이용 | 계자 프레임을 멈추는 데 드는 힘을 측정하여 토크 크기를 계산한다. | 대형 전동기의 토크 측정 |

### (3) 온도 상승 시험

손실 전력을 공급했을 때 기기의 온도 상승이 규정치 이내인지 여부를 확인하는 시험이다.

① **실부하법**: 실부하에 해당하는 전력을 공급하면서 권선이나 절연유의 온도 상승을 측정하는 것으로 소용량에 한정하여 실시한다.

② **반환 부하법**(loading back method): 동일 정격의 발전기와 전동기를 연결하여 철손과 동손에 해당하는 전력만을 공급하면서 온도 상승을 측정한다.

　㉠ **카프법**: 전기적 손실만 기기에 공급

　㉡ **홉킨스법**: 기계적 손실만 기기에 공급

　㉢ **블론델법**: 전기적 손실과 기계적 손실의 합을 기기에 공급

### (4) 직류 직권 전동기의 교류용 전환 대책

① 얇은 철편 여러개를 겹쳐서 만든 성층 철심을 사용함으로써 철손을 줄인다.

② 계자 권선수를 줄이고 전기자 권선수를 늘려서 역률을 개선한다.

③ 전기자 크기 및 정류자 편 개수를 늘려서 역률을 개선한다.

④ 보상 권선을 설치하고 브러시 접촉 저항을 높여서 정류를 개선한다.

# CHAPTER 02 동기기

## 제1절 동기 발전기의 원리와 권선법

### 1 동기 발전기의 원리

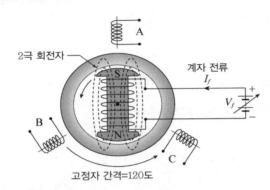

고정자 간격=120도

(1) **회전 계자형 동기 발전기**: 그림과 같이 장치하고 중앙의 계자에 전류를 흘려주면 아래쪽이 N극인 전자석이 되고, 이 전자석의 중심을 원동기 축에 연결하여 회전시키면 전자석 주변에는 회전 자계(rotating magnetic field)가 형성된다.

(2) 전기자 코일 A, B, C를 등간격으로 배치해 두면 코일에는 계자의 회전 속도에 연동되는 유도 기전력이 인가되므로 3상의 교류 전류를 얻게 된다.

### 2 동기 발전기의 종류

(1) 회전자에 의한 분류

  ① **회전 계자형**: 고정된 전기자 속에서 계자가 회전하며, 구조가 간단하며 고전압·대전류용으로 제작하기 쉬워서 대부분의 교류 발전기가 택하는 방식이다.

  ② **회전 전기자형**: 전기자가 회전자 역할을 하는 방식이며, 저전압 소용량 또는 특수 용도로만 사용된다.

  ③ **유도자형**: 계자와 전기자가 둘 다 고정되어 있고 권선 없는 유도자(inductor)가 회전하면서 계자에 자속을 유도한다. 수백~수만 Hz의 고주파 발전기가 택하는 방식이다.

(2) 회전 속도에 따른 분류

  ① **돌극형 회전자**: 극수가 많아서 동기 속도가 저속이며 수차 발전기, 엔진 발전기에 주로 사용한다.

  ② **비돌극형 회전자**: 공극이 균일하며 극수가 2 또는 4라서 고속도로 회전하는 터빈 발전기에 적용된다.

### (3) 원동기에 의한 분류

① **수차 발전기**: 수차를 이용하여 발전기의 회전자를 돌리며 저속형이다.

② **터빈 발전기**: 증기 터빈이나 가스 터빈을 이용하여 발전기의 회전자를 돌리며 고속형이다.

③ **엔진 발전기**: 엔진의 회전력이 회전자를 돌리며, 고립된 지역이나 선박 등에 비상용으로 사용된다.

### (4) 냉각 방식에 의한 분류

① **공기 냉각 방식**: 발전기를 개방형, 반개방형으로 하여 외부 공기를 발전기 내부에 순환시키는 방식이다. 단점으로는 먼지와 소음이 많이 발생한다.

② **수소 냉각 방식**: 전밀폐형으로 하여 공기 대신 수소를 냉각 매체로 사용하는 방식이다. 풍손이 1/10로 줄어들고 열전도율이 좋고 절연물의 수명이 길어지는 장점 때문에 대용량의 터빈 발전기가 채택한다.

## ③ 동기 속도

### (1) 회전자(회전하는 계자)의 분당 회전수

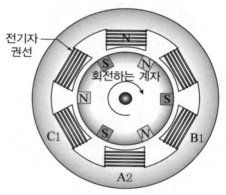

① 그림처럼 6개의 극으로 이루어진 계자가 1바퀴 회전하는 동안 전기자 권선이 경험하는 "N극 → S극 → N극의 자계 변화"는 3회이다. 즉, 자계의 회전수를 $\frac{p}{2}$로 나눈 값이 계자의 회전수가 된다. 주파수가 f인 동기 발전기에서는 전기자 권선이 초당 f번 "N극 → S극 → N극의 자계 변화"를 경험한다는 의미이므로 계자의 회전수는 이보다 적은 초당 $\frac{f}{p/2}$이고 여기에 60을 곱하면 계자의 분당 회전수가 된다. 이것을 동기 속도라고 부른다.

② 회전 계자의 분당 회전수 = 동기 속도 $N_s = \dfrac{60f}{p/2} = \dfrac{120f}{p}$

### (2) 회전자 주변 속도

회전자 반경이 2배로 커지면 회전자 둘레도 2배로 커지고 선속도도 2배가 된다.

---

**❶ 전기각과 기계각**

- 전기각과 기계각의 관계는 「전기각 $\times \dfrac{2}{p}$ = 기계각」이다.

  예를 들어 12극 3상 동기 발전기의 기계각 15°에 대응하는 전기각은 90°이다.

- 자계 H의 극성이 1번 바뀌어 원래대로 돌아왔을 때 전기각이 360°이고, 회전자가 기하학적으로 1바퀴 돌아 원래 위치로 되돌아왔을 때 기계각이 360°이다.

## 4 전기자 권선법

### (1) 집중권(Concenterated Winding)과 분포권(Distributed Winding)

① 매극매상당 슬롯수를 $q$로 표시하며 $q = \dfrac{\text{총 슬롯수}}{\text{상수} \times \text{극수}}$ 로 계산한다.

② 집중권: $q$가 1이 되게 감은 권선법을 말하며, 기전력 간 위상차 없어서 유도 기전력이 분포권보다 높다.

③ 분포권(分布捲): $q > 1$이 되게 감은 권선법을 말하며, 1극 1상의 전기자 코일이 2개 이상의 슬롯에 분포되어 있어서 누설 리액턴스가 작고 과열이 방지되며 기전력의 파형률이 개선된다.

### (2) 분포권 계수 식의 유도

① 집중권의 유도 기전력에 대한 분포권의 유도 기전력 비를 분포권 계수라고 한다.

② 아래 그림은 2극3상18슬롯($q = 3$)인 전기자를 도식화한 것으로 $q$개의 기전력을 각각 $e_1^-$, $e_1^0$, $e_1^+$이라 하면, 위상차를 고려한 벡터합은 초록색 화살표의 길이 $2r\sin\dfrac{q\alpha}{2}$ 이고 이것이 분포권의 유기 기전력이다.

③ 집중권의 유기 기전력은 $q \times e_1^0 = 2qr\sin\dfrac{\alpha}{2}$ 이다. 따라서

기본파 분포권 계수 $= \dfrac{\text{분포권의 유기 기전력}}{\text{집중권의 유기 기전력}} = 2r\sin\dfrac{q\alpha}{2} \div 2qr\sin\dfrac{\alpha}{2}$ 이다.

그런데 $\alpha = \dfrac{180°}{mq}$ 이므로 대입하면, $K_d = \dfrac{2r\sin\dfrac{\pi}{2m}}{2qr\sin\dfrac{\pi}{2mq}} = \dfrac{\sin\dfrac{\pi}{2m}}{q\sin\dfrac{\pi}{2mq}}$ 이다.

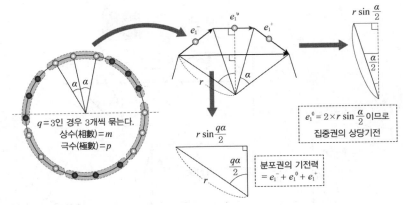

$q = 3$인 경우 3개씩 묶는다.
상수(相數)$= m$
극수(極數)$= p$

$e_1^0 = 2 \times r\sin\dfrac{\alpha}{2}$ 이므로 집중권의 상당기전

분포권의 기전력 $= e_1^- + e_1^0 + e_1^+$

④ n고조파 분포권 계수는 기본파 분포권 계수 공식의 $\pi$에 $n\pi$를 대입하면 된다.

즉, $\dfrac{\sin\dfrac{n\pi}{2m}}{q\sin\dfrac{n\pi}{2mq}}$ 이다.

## (3) 전절권(Full Pitch winding)과 단절권(Short Pitch winding)

① **전절권(全節捲)**: 권선 인입점과 인출점 사이의 간격이 극 간격과 같아서 인입 권선과 인출 권선의 사잇각이 정확히 180°이며, 두 권선에 유도된 기전력의 위상차가 $\pi$라서 합성 기전력이 단절권보다 높다.

② **단절권(短節捲)**: 권선 인입점과 인출점 사이의 간격이 극 간격보다 약간 짧아서 동량(銅量)이 절약되며 기전력 파형이 좋아진다. 기전력이 전절권에 비해 낮다는 단점이 있다.

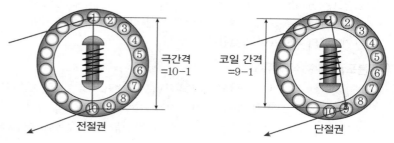

극간격
=10-1

전절권

코일 간격
=9-1

단절권

## (4) 단절권 계수 식의 유도

① 전절권의 유도 기전력에 대한 단절권의 유도 기전력 비를 단절권 계수라고 한다.

② 아래 그림을 보면 전절권의 기전력은 $2e$이지만 인입 권선과 인출 권선의 사잇각이 180°보다 작은 단절권의 기전력이 $2e\sin\dfrac{\beta\pi}{2}$가 됨을 알 수 있다.

(권선 피치 $\beta$ = 코일 간격/극 간격)

③ 따라서 기본파 단절권 계수[1]

$$K_p = \frac{\text{단절권의 유기 기전력}}{\text{전절권의 유기 기전력}} = 2e\sin\frac{\beta\pi}{2} \div 2e = \sin\frac{\beta\pi}{2} \text{이다.}$$

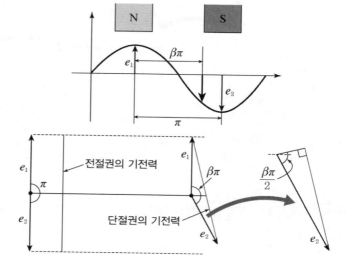

**❶**
단절권 계수를 $K_p$로 쓰는 것이 일반적이나, $K_s$로 써도 된다(Short Pitch winding에서 short의 이니셜).

## (5) 단층권과 2층권

① **단층권**: 1개의 슬롯에 코일변 1개를 넣은 것
② **2층권**: 1개의 슬롯에 코일변 2개를 넣은 것

$$총\ 코일\ 수 = \frac{총\ 슬롯수 \times 층수}{2}$$

*코일 1가닥은 인입 슬롯과 인출 슬롯을 거치므로 2로 나눠줌

## (6) 상간 접속

① 1상의 권선을 2조로 나누었을 때 그 1조의 권선 전압을 $E$, 각 권선에 흐르는 전류를 $I$라 하면 6가지 상간 접속법에 따른 선간 전압, 선전류, 피상 전력 ($P_a = \sqrt{3}\,V_l I_l$)은 아래 표와 같다.
② 발전기의 전기자 권선법에는 아래 6가지 접속법 중에 주로 성형, 2중 성형 결선이 사용된다.

| 성형 = Y형 | 3각형 | 지그재그 성형 |
|---|---|---|
| | | |
| $V_l = 2\sqrt{3}\,E\ \ I_l = I$ $P_a = 6EI$ | $V_l = 2E\ \ I_l = \sqrt{3}\,I$ $P_a = 6EI$ | $V_l = 3E\ \ I_l = I$ $P_a = 3\sqrt{3}\,EI$ |
| **2중 성형** | **2중 3각형** | **지그재그 3각형** |
| | | |
| $V_l = \sqrt{3}\,E\ \ I_l = 2I$ $P_a = 6EI$ | $V_l = E\ \ I_l = 2\sqrt{3}\,I$ $P_a = 6EI$ | $V_l = \sqrt{3}\,E\ \ I_l = \sqrt{3}\,I$ $P_a = 3\sqrt{3}\,EI$ |

## 5 Y결선과 고조파 방지

### (1) 동기 발전기의 Y결선

① 3상 전기자 권선을 그림 (가)와 같이 Y결선 하면 중성점 접지가 가능하고 3고 조파 제거에 유리하다. 또 선간 전압이 상전압의 $\sqrt{3}$배인 $\sqrt{3}\,E$가 되므로 고 전압 얻기에 유리한 결선법이다.

② 3상 전기자 권선을 2개 조로 나누고 그림 (나)와 같이 지그재그 Y결선 하면 선 간 전압이 상전압의 3배인 $3E$가 되고 피상 전력도 더 커진다. 영상분(3차, 9차) 고조파 제거에 효과적인 결선법이라서 접지 변압기의 경우에도 채택한다.

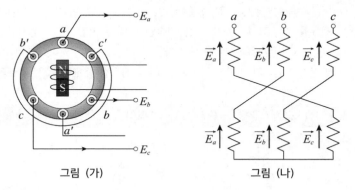

그림 (가)                그림 (나)

### (2) 교류 발전기의 고조파 발생 방지 대책

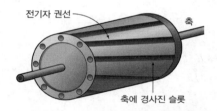

① 전기자 권선을 감는 방식은 분포권 및 단절권을 채택한다.
② 매극 매상의 슬롯수 $q$를 크게 한다.
③ 전기자 슬롯을 스큐(skewed) 슬롯으로 한다.
④ 전기자 권선을 지그재그 와이 결선으로 한다.

# 제2절 동기 발전기의 특성과 특성 곡선

## 1 동기 발전기의 특성

### (1) 유도 기전력(유기 기전력)

① 직류 발전기의 유도 기전력 공식 $E = \dfrac{p}{a}\dfrac{Z\phi N}{60}$임을 앞 챕터에서 유도하였다. 공식의 N은 원동기의 rpm이며 코일의 권선수는 a, p, Z값 속에 녹아들어가 있다.

② 동기 발전기의 유도 기전력 공식은 $E = N\dfrac{\Delta\Phi}{\Delta t}$에서 출발하며, 이때의 N은 회전수가 아니라 기전력을 만드는 전기자 코일의 권선수(integer number)이다. 동기 발전기는 주파수가 정해져 있는 교류 발전기이며, 따라서 원동기의 회전수 대신 회전 자계의 각속도를 사용하면 더 편리하다.

③ 회전 자계는 정현파 sin함수로 표현되므로 $\phi = \phi_m \sin\omega t$를 위 식에 대입하면,

$$E = N\frac{d}{dt}\phi_m \sin\omega t = 2\pi f N\phi_m \cos\omega t\text{이 되며}$$

$\phi_m \cos\omega t$의 실횻값(rms)은 $\sqrt{\dfrac{1}{T}\displaystyle\int_0^T \phi_m^2 \cos^2\omega t\; dt} = \dfrac{\phi_m}{\sqrt{2}}$이므로

유도 기전력의 실횻값 $E_{\text{rms}} = \dfrac{2\pi}{\sqrt{2}}fN\phi_m = 4.44fN\phi_m$이다.

(단, 권선 방식은 전절권이면서 집중권이라는 전제)

④ **전기자 권선법에 따른 유도 기전력 보정**: 동기 발전기는 대개 단절권 + 분포권을 채택함에 따라 기전력이 감소하므로 권선 계수를 곱해 주어야 한다. $E_{\text{rms}} = 4.44fN\phi_m(K_d \times K_p)$이다.

⑤ 3상 교류 발전기의 경우, 각 상 기전력을 만드는 코일은 독립적이므로 총 코일 수를 3으로 나눈 값을 N으로 택해 주어야 한다. 통상, 기전력의 rms와 최대 자속의 m은 생략하고 쓴다.

### (2) 전기자 반작용(armature reaction)

① 전기자 전류가 유기 기전력과 위상차 없는 동상(同相)이면 교차 자화 작용이 일어난다.

② **L부하**: 전기자 전류가 유기 기전력보다 90° 뒤질 때는 감자 작용으로 주자속과 기전력이 감소한다.

③ **C부하**: 전기자 전류가 유기 기전력보다 90° 앞설 때는 증자 작용으로 주자속과 기전력이 증가한다.

④ 수식 전개에 의한 증명

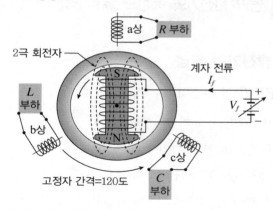

⊙ 그림은 3상 동기 발전기를 모식화한 것이다. 계자 전류가 흐르는 전자석(회전자)을 원동기에 기계적으로 연결하여 각속도 $\omega$로 회전시키면 주변 고정자에는 $E_a = E_0 \sin\omega t$의 기전력이 형성된다. 이때 만약 b상 전기자 권선에 $L$부하가 연결되어 있으면 전류는 전압보다 위상이 $90°$ 뒤진다.

이 지상 전류를 삼각함수로 표현하면, $I_a' = I_0 \sin(\omega t - \pi/2)$이고 $I_a'$에 의한 그 자속의 변화를 방해하는 기전력(전기자 반작용)을 구해 보면,

$$E_a' = -\frac{d}{dt}I_a' = -I_0\cos(\omega t - \pi/2) = -I_0\sin\omega t$$

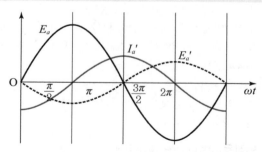

☞ 그래프에 나타낸 것처럼 $E_a = E_0 \sin\omega t$와 $E_a' = -I_0\sin\omega t$은 부호가 서로 다른 sin파이므로 상쇄&감자 작용을 한다.

ⓒ 만약 c상 전기자 권선에 C부하가 연결되어 있으면 전류는 전압보다 위상이 $90°$ 앞선다. 이 진상 전류를 삼각함수로 표현하면, $I_a'' = I_0 \sin(\omega t + \pi/2)$이고 $I_a''$에 의한 그 자속의 변화를 방해하는 기전력(전기자 반작용)을 구해 보면,

$$E_a'' = -\frac{d}{dt}I_a'' = -I_0\cos(\omega t + \pi/2) = +I_0\sin\omega t$$

☞ $E_a = E_0 \sin\omega t$와 $E_a'' = +I_0\sin\omega t$은 부호가 서로 같은 sin파이므로 보강&증자 작용을 한다.

## (3) 등가회로와 동기 리액턴스(synchronous reactance)

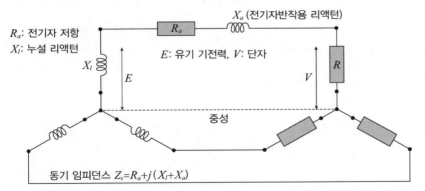

$R_a$: 전기자 저항
$X_l$: 누설 리액턴

$X_a$ (전기자반작용 리액턴)

$E$: 유기 기전력, $V$: 단자

동기 임피던스 $Z_s = R_a + j(X_l + X_a)$

① 계자 전류는 주자속을 말들고 전기자에 유도된 전류는 전기자 반작용 자속을 만든다.

② 누설 리액턴스 $X_l$과 전기자 반작용 리액턴스 $X_a$의 합을 동기 리액턴스라고 한다.

③ 아래 벡터도에서 $R_a \ll X_l$이므로 $IR_a$를 무시하면,

$I(X_s + X_a)\cos\theta = E\sin\delta$임을 알 수 있고, 양변에 $\dfrac{V}{X_s}$를 곱하면,

$VI\cos\theta = \dfrac{VE}{X_s}\sin\delta \;\Rightarrow\; P = \dfrac{EV}{X_s}\sin\delta$ (단, 비돌극형)

위 식의 양변을 $P_n$, 즉 $VI$로 나누면

$\dfrac{P}{P_n} = \dfrac{E}{IX_s}\sin\delta \;\Rightarrow\; \dfrac{P}{P_n} = \dfrac{E/V}{IX_s/V}\sin\delta \;\Rightarrow\; \dfrac{P}{P_n} = \dfrac{E}{V}\dfrac{\sin\delta}{x spu}$

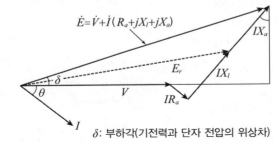

$\dot{E} = \dot{V} + \dot{I}(R_a + jX_l + jX_a)$

$\delta$: 부하각(기전력과 단자 전압의 위상차)

④ 아래 벡터도의 직각삼각형에서

$E^2 = (V + IX_s\sin\theta)^2 + (IX_s\cos\theta)^2$

$\Rightarrow (\dfrac{E}{V})^2 = (1 + \dfrac{IX_s}{V}\sin\theta)^2 + (\dfrac{IX_s}{V}\cos\theta)^2$

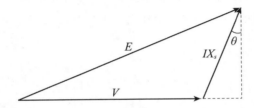

$\dfrac{IX_s}{V} = x_s[\text{pu}]$이므로, 단위법 적용,

$$\frac{E}{V} = \sqrt{(1 + x_s \sin\theta)^2 + (x_s \cos\theta)^2} = \sqrt{1 + 2x_s \sin\theta + x_s^2}$$

⑤ 비돌극형(= 원통형) 동기 발전기의 3상 출력

$$P_3 = 3\frac{EV}{X_s}\sin\delta$$

\* $E$: 기전력, $V$: 단자전압 = $E_r$

### (4) 돌극형 동기 발전기의 특징

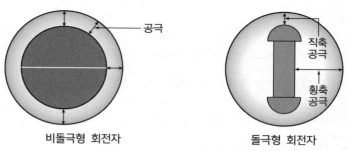

비돌극형 회전자      돌극형 회전자

① 직축과 횡축의 공극이 달라서 직축 동기 리액턴스가 횡축 동기 리액턴스보다 크다($X_d > X_q$).

② 내부 유기 기전력과 관계 없는 리액션 토크가 존재한다.

③ 발전기 1상 출력

$P = VI_q\cos\delta \cdot VI_d\sin\delta$

$= V\cos\delta \cdot \dfrac{V\sin\delta}{x_q} + V\sin\delta \cdot \dfrac{E - V\cos\delta}{x_d}$

$= \dfrac{V^2}{x_q}\sin\delta \cdot \cos\delta + \dfrac{EV\sin\delta}{x_d} - \dfrac{V^2\sin\delta\cos\delta}{x_d}$

$= \dfrac{EV\sin\delta}{x_d} - \dfrac{V^2(x_d - x_q)}{x_d x_q}\sin\delta \cdot \cos\delta = \dfrac{EV}{x_d}\sin\delta + \dfrac{V^2(x_d - x_q)}{2x_d x_q}\sin2\delta$

부하각이 60° 부근일 때 최대 출력이 됨을 알 수 있다.

### (5) 단락 전류

① 동기 발전기에서 동기 임피던스 $Z_s$는 발전기 고유값이다. 부하 측을 단락시킨 상태에서는 유기 기전력 $E$가 $Z_s$에만 인가되므로 단락 시 흐르는 전류는 다음과 같다.

$$I_s = \frac{E}{Z_s} = \frac{E}{x_a + x_l}$$

\* $I_s$의 s는 short의 이니셜, $Z_s$의 s는 synchronous의 이니셜

② 갑자기 단락시키면 전기자 반작용이 생기기 전에는 전기자 코일의 누설 리액턴스만 존재하므로 더 큰 단락 전류가 흐르게 되는데 이것을 돌발 단락 전류라고 한다. 즉, 돌발 단락 전류 $= \dfrac{E}{X_l}$이며, 누설 리액턴스로 제한된다. 수초 지나면 전기자 반작용이 나타나면서 단락 전류가 점차 감소하여 일정 크기의 지속 단락 전류에 도달한다.

∴ 지속 단락 전류 $I_s = \dfrac{E}{Z_s} = \dfrac{V_n}{\sqrt{3}\,Z_s}$이다.

※ 3상 3300[V] 동기 발전기의 용량이 100[kVA]이면 $P = \sqrt{3}\,VI$로부터 정격 전류는 17.5[A]이다.

## (6) 전압 변동률

① 전압 변동률 $= \dfrac{\text{무부하 전압} - \text{정격 전압}}{\text{정격 전압}} = \dfrac{E-V}{V} = \dfrac{E}{V} - 1$

(단위법: $\dfrac{E}{V} = \sqrt{1 + 2x_s \sin\theta + x_s^2}$ )

② L 부하이면 전기자 전류에 의한 감자 자속 ⇒ 기전력과 단자 전압이 감소 ⇒ 전압 변동률은 (+)

③ C 부하이면 전기자 전류에 의한 증자 자속 ⇒ 기전력과 단자 전압이 증가 ⇒ 전압 변동률은 (−)

## (7) 단락비

$$\%Z = \dfrac{I_n}{I_s} \times 100 \ \cdots\cdots \text{(i)식}$$
$$(\text{전류의 단위는 A})$$

① 정격 전류에 대한 단락 전류의 비를 단락비라고 한다. ⇒ $K_s = \dfrac{I_s}{I_n}$

② 위 (i)식을 변형하면 $\dfrac{I_s}{I_n} = \dfrac{100}{\%Z}$이고 Z에 동기 임피던스 $Z_s$를 대입해도 수식이 성립한다.

⇒ $K_s = \dfrac{100}{\%Z_s}$

## (8) $\%Z_s$(퍼센트 동기 임피던스)

$$\%Z = \dfrac{I_n}{I_s} \times 100 \ \cdots\cdots \text{(i)식}$$
$$(\text{전류의 단위는 A})$$

$$\%Z = \dfrac{P_n Z}{10\,V^2} \ \cdots\cdots \text{(ii)식}$$
$$(\text{단위는 kVA, }\Omega\text{, kV})$$

① (i)식의 Z에 동기 임피던스 $Z_s$를 대입한다. ⇒ $\%Z_s = \dfrac{I_n}{I_s} \times 100$

② 단락비 두 번째 식을 변형한다. ⇒ $\%Z_s = \dfrac{1}{K_s} \times 100$

③ 단락 전류 $I_s = \dfrac{E}{Z_s}$를 (i)식에 대입하면 $\Rightarrow$ $\%Z_s = \dfrac{I_n Z_s}{E} \times 100$

④ 위 (ii)식의 Z에 동기 임피던스 $Z_s$를 대입해도 수식이 성립한다.

$$\Rightarrow \%Z_s = \dfrac{P_n Z_s}{10 V^2} \ \text{(kVA, } \Omega, \text{ kV)}$$

⑤ 위 ②식과 ④식을 결합하면 $K_s$와 $Z_s$의 관계식을 얻게 된다.

$$\Rightarrow \dfrac{100}{K_s} = \dfrac{P_n Z_s}{10 V^2} \ \text{(kVA, } \Omega, \text{ kV)}$$

### (9) 단락비가 큰 기계의 특징

① 동기 임피던스가 작고 전압 변동률이 작아서 안정도가 높다.
② 전기자 반작용이 작다.
③ 과부하 내량 커서 선로 충전 용량이 증대된다.
④ 극수가 많은 저속 기계에 적합하다.
⑤ 출력이 크고 가격이 비싸다.

## 2 동기 발전기의 특성 곡선

### (1) 무부하 특성 곡선

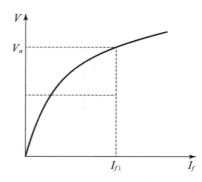

① 부하 측을 개방시킨 상태에서 계자 전류를 변화시키면서 단자 전압을 측정하여 나타낸 $V - I_f$ 그래프가 무부하 특성 곡선이다.

② 기울기$\left(\dfrac{V}{I_f}\right)$가 처음에는 거의 일정하다가 단자전압이 더 이상 증가하지 않는 이유는 계자 전류의 과다로 철심이 포화되었기 때문이다. 무부하 특성 곡선을 무부하 포화 곡선으로 부르기도 한다.

③ 세로축의 $V$값이 정격 전압 $V_n$일 때 이에 해당하는 가로축 $I_f$값은 $I_{f1}$이다.

④ 무부하 시험을 통해 철손과 개방 시 여자 전류($I_{f1}$)를 알아낼 수 있다.

## (2) 단락 특성 곡선

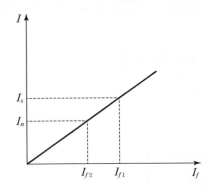

① 부하 측을 단락시킨 상태에서 계자 전류를 변화시키면서 전류를 측정하여 나타낸 $I-I_f$ 그래프가 단락 특성 곡선이다. 기울기 $\left(\dfrac{I}{I_f}\right)$가 일정한 이유는 전기자 반작용 전류가 만들어내는 감자 자속이 주자속을 상쇄하여 철심이 포화되지 않기 때문이다.

② 세로축의 $I$값이 $I_s$일 때 이에 해당하는 가로축 $I_f$값은 $I_{f1}$이다.

③ 세로축의 $I$값이 $I_n$일 때 이에 해당하는 가로축 $I_f$값은 $I_{f2}$이다.

④ 단락비 $= \dfrac{I_s}{I_n}$ 인데, $I-I_f$ 그래프에서

단락비 $= \dfrac{I_{f1}}{I_{f2}} = \dfrac{\text{개방시 정격 잔압에 대응하는 여자 전류}}{\text{단락시 정격 잔류에 대응하는 여자 전류}}$ 임을 알 수 있다.

☞ 개방시(무부하) 정격 전압이 인가될 때 회로에는 단락 전류가 흐른다.

⑤ 3상 단락 시험을 통해 동기 임피던스, 동기 리액턴스, 동손, 단락 시 여자 전류 ($I_{f2}$)를 알 수 있다.

## (3) 위상 특성 곡선

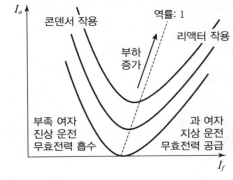

① 공급 전압과 부하(출력)가 일정한 조건에서 계자 전류와 전기자 전류의 관계를 나타낸 곡선이다.

② 계자 전류 $I_f$가 커짐에 따라 전기자 전류 $I_a$가 감소하다가 다시 증가하므로 V자 개형이 되며, V곡선이라고도 한다.

③ 계자 전류를 조정하여 전기자 전류가 최소로 될 때 역률이 1이다.

④ 과여자 상태로 지상 운전하면 무효전력이 공급된다.

⑤ 부족 여자 상태로 진상 운전을 하면 무효전력이 흡수된다.❶

❶ 동기 전동기의 위상 특성 곡선에서는 과(過)여자 시 진상(進相) 전류, 부족(不足)여자 시 지상(遲相) 전류가 흐른다.

## 제3절 동기 발전기의 병렬 운전

### 1 병렬 운전의 목적과 조건

**(1) 병렬 운전의 목적**

① 둘 중 한 대의 고장에 대비할 수 있다.
② 전력 공급의 안정성과 신뢰성이 높아진다.

**(2) 동기 발전기 병렬 운전의 조건**

① 기전력의 파형이 같을 것

② 기전력의 주파수가 같을 것 $\left(N=\dfrac{120f}{p}\right)$

③ 기전력의 크기가 같을 것: 여자 전류∝기전력

④ **기전력의 위상이 같을 것**: 위상이 다르면 동기화 전류가 발생하고 과열 우려가 있다

| 직류 발전기 병렬 운전의 조건 |
| --- |
| ㉠ 극성이 서로 같을 것 |
| ㉡ 단자 전압이 서로 같을 것 |
| ㉢ 외부 특성 곡선이 일치할 것 |
| ㉣ 직권, 복권의 경우 균압(모)선을 설치할 것 |

⑤ **3상 발전기는 상 회전 방향과 각변위가 같을 것**: 상 회전 방향이 다르면 단락 상태가 된다.
⑥ 회전수, 용량은 서로 같지 않아도 된다.

**(3) 병렬 운전 조건이 충족되지 않은 경우**

| 두 발전기 비교 항목 | 두 발전기의 그것이 서로 다를 때 나타나는 현상 |
| --- | --- |
| 기전력의 파형 | 파형 다르면 고주파 무효 순환 전류가 발생함. |
| 기전력의 주파수 | 주파수가 다르면 동기화 전류가 주기적으로 흐름. |
| 기전력의 크기 | 크기가 다르면 무효횡류(= 무효 순환 전류)가 흐름. 기전력 높은 쪽이 지상전류 |
| 기전력의 위상 | 위상이 다르면 유효횡류(= 동기화 전류)가 흐름. 위상 빠른 쪽의 속도 느려지고 동손 증가로 과열 발생의 원인이 됨 |

## ② 무효 순환전류와 동기화 전류

**(1) 무효 순환전류(= 무효횡류):** 병렬 운전 중 $G_1$의 여자 전류를 높인 경우

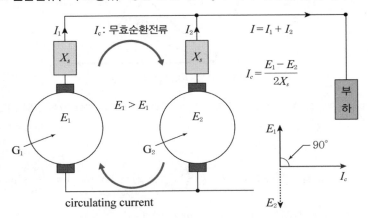

① 발전기 $G_1$의 $X_s$를 통과하는 무효전류 $I_c$는 $E_1$보다 위상이 90° 뒤지는 지상 전류이므로 감자 작용을 한다. 즉, 자속이 줄고 유기 기전력 $E_1$가 감소한다.

② 발전기 $G_2$의 $X_s$를 통과하는 무효전류 $I_c$는 $E_2$보다 위상이 90° 앞서는 진상 전류이므로 증자 작용을 한다. 즉, 자속이 늘고 유기 기전력 $E_2$가 증가한다.

 ☞ 결국 $E_1 = E_2$가 되면서 무효 순환전류 $I_c$가 사라진다.

③ 무효전력 $P_r$이 커지면 역률 $\dfrac{P}{\sqrt{P^2 + P_r^2}}$은 작아지는데, 발전기 $G_1$에서는 무효 전류가 증가하므로 역률이 감소하고, $G_2$에서는 무효전류가 감소하므로 역률이 증가한다.

**(2) 유효 순환전류(= 유효횡류 = 동기화 전류):** 병렬 운전 중인 두 발전기의 위상이 다를 경우

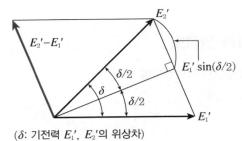

($\delta$: 기전력 $E_1'$, $E_2'$의 위상차)

① 그림은 2번 발전기의 회전수를 변화시켜서 기전력 벡터 $E_2$가 $E_2'$으로 바뀐 상황을 나타낸 벡터도이다.

② 기전력 차이 $\Delta E = |E_2' - E_1'| = 2E_1' \sin(\delta/2)$인데, 기전력 크기는 $E$로 일정하므로 유효횡류의 크기는 다음과 같다.

$$I_c = \frac{E_c}{2X_s} = \frac{2E\sin(\delta/2)}{2X_s} = \frac{E}{X_s}\sin(\delta/2)$$

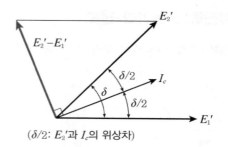

$(\delta/2: E_2'$과 $I_c$의 위상차)

③ 리액턴스 $X_s$에 흐르는 전류는 차전압 $\Delta E$와 $90°$의 위상 차이가 있으므로 유효 횡류 $I_c$는 그림과 같이 $E_1'$보다 $\delta/2$앞서고 $E_2'$보다 $\delta/2$만큼 앞선다. 따라서 발전기 $G_1$의 유효전력

$$P_1 = 전압 \times 전류 \times \cos\theta = E \cdot \frac{E}{X_s}\sin(\delta/2) \times \cos(\delta/2) = \frac{E^2}{2X_s}\sin\delta 이고$$

$G_2$의 유효전력 $P_2$는 $-\dfrac{E^2}{2X_s}\sin\delta$가 된다.

이 두 유효전력을 수수 전력 또는 동기화력(synchronizing power)이라고 한다.

④ **동기화력의 공급과 수용**: 위상이 빠른 발전기 $G_1$이 동기화력을 $G_2$에게 공급하면서 속도가 느려지고, 위상이 느린 발전기 $G_2$가 동기화력을 $G_1$으로부터 받아 속도가 빨라진다.

☞ 두 회전수가 동기화될 때까지 동기화 전류가 흐른다.

**(3) 동기 리액턴스와 동기기의 동작 특성**

① $\dfrac{E}{V} = \sqrt{1 + 2x_s\sin\theta + x_s^2}$, $\epsilon = \dfrac{E}{V} - 1$에서 동기 리액턴스가 커지면 단자 전압은 ↓, 전압 변동률은 ↑

② $P_s = \dfrac{E^2}{2X_s}\sin\delta$에서 동기 리액턴스 $X_s$가 커지면 동기화력 $P_s$는 감소(↓)

## 3 동기 검정과 안정도

**(1) 동기 검정등(Synchroscope)의 원리**

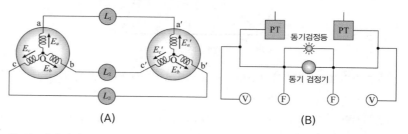

(A)                                    (B)

① 두 발전기의 중성점을 등전위로 하고 램프 $L_1$은 a상과 a'상 사이에, $L_2$, $L_3$는 위상을 교차하여 연결한다(그림 A).

② 두 발전기 $G_1$, $G_2$의 주파수와 위상이 일치할 경우에는 $L_1$이 소등되고, $L_2$, $L_3$는 같은 밝기로 켜진다.

③ 발전기 $G_2$의 위상이 $G_1$보다 앞설 경우에는 $L_1$이 점등되고, $L_2$의 밝기는 약간 감소, $L_3$의 밝기는 약간 증가한다.

④ 두 발전기의 주파수가 다를 경우에는 $L_1$, $L_3$, $L_2$의 순서로 점멸을 반복한다. 이때 주파수 차이가 클수록 깜빡임이 빨라진다.

⑤ 그림 (B)는 상 회전 방향을 검정하기 위한 동기 검정등 결선도이다. 3개의 동기 검정등을 각 상에 연결했을 때 회전 방향이 일치한 경우에는 세 램프 밝기가 모두 같고, 반대일 경우에는 램프들의 밝기가 서로 다르다.

## (2) 난조 현상

① 부하 급변 시 부하각과 부하 속도가 진동하는 현상을 난조(亂調)라고 한다.

② **난조의 원인**: 부하가 급변하거나 조속기 감도가 지나치게 민감하거나 원동기에 고조파 토크가 포함되어 있거나 전기자 저항이 큰 경우에 난조가 발생한다(자속의 분포 및 크기는 난조 현상의 원인이 아니다).

③ **난조 방지 대책**: 부하의 급변을 피하고, 원동기의 조속기를 예민하지 않게 하고, 제동권선을 설치하고, 회전자에 플라이 휠을 부착한다(제동권선은 파형 개선, 이상 전압 방지의 효과도 있다).

## (3) 동기 발전기의 안정도

① 부하 급변 시 안정이 유지되는 정태 안정도, 고장 사고 시 평형을 회복하는 과도 안정도가 있으며, 안정적인 전력 공급의 척도가 된다.

② 안정도 증진법

| 조치 | 결과 |
|---|---|
| 단락비를 크게 한다. | 단락비가 커지면 전압 변동률이 줄어들어서 안정도가 향상된다. |
| 동기 임피던스를 작게 한다. | 동기 임피던스가 작아지면 단락비가 커져서 전압 변동률이 줄어든다. |
| 속응 여자 방식을 채용한다. | 고장 시 여자 전류를 즉시 높여서 과도 안정도가 향상된다. |
| 정상 임피던스는 작게 하고, 역상 및 영상 임피던스를 크게 한다. | 1선 지락, 2선 단락 시 고장 전류를 줄여서 과도 안정도가 향상된다. |
| 회전자에 플라이 휠을 설치한다. | 플라이 휠 효과로 관성 모멘트가 커진다. |
| 조속기 성능을 개선한다. | 탈조 현상이 방지되어 정태 안정도가 향상된다. |

## 제4절 동기 전동기의 원리와 특성

### 1 동기 전동기의 원리와 기동법

#### (1) 동기 전동기의 원리

① 발전기는 도체자 회전하면서 자속을 끊을 때 그 도체에 기전력이 유도되는 전자기 유도 원리를 이용하는 기구이고, 전동기는 자속이 형성된 공간에 놓인 전류 도선(= 전자석)이 로런츠 힘을 받아 회전하는 원리를 이용하는 기구이다.

② 그림과 같이 3상 교류의 일부는 정류기를 거쳐 회전자 권선에 직류를 공급함으로써 회전자를 전자석으로 만들고, 3상 교류의 대부분은 전자석 주변의 고정자 권선에 교류를 공급함으로써 회전 자계를 형성한다. 회전 자계 속에 놓인 전자석은 자기 척력에 의해 반바퀴 회전하는 순간에 인력을 받아 정지하고 만다. 따라서 안정적 속도에 도달할 때까지는 여자 코일에 투입되는 직류를 끊고 별도의 기동용 직류를 공급해 주어야 하는 단점이 있다.

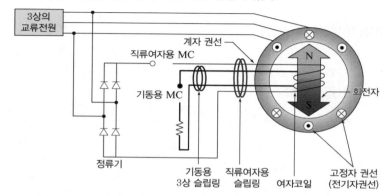

#### (2) 동기 전동기의 기동법: 기동 토크가 없어서 별도의 기동 장치가 필요하다.

① 3상 기동권선 이용법: 기동 때는 직류 여자용 전원을 끊고 외부 저항기를 이용하여 회전자 권선에 기동용 직류 전원을 인가한다.

② 자기 기동법 기동 때는 계자 권선에 투입되던 직류 여자용 전원을 끊고 권선을 단락시켜서 고전압 유도를 방지한다. 이 상태에서 2차 도체 역할을 하는 제동 권선에 직류 전원을 인가하여 기동 토크를 얻게 되며, 회전자가 동기 속도에 도달하면 직류 여자용 전원을 투입한다.

③ 기동 전동기법(유도 전동기법): 회전자와 기계적으로 결합된 유도 전동기를 이용하여 기동시키는 방법이며 이때는 동기 전동기 전기자의 극수보다 2극이 적은 유도 전동기를 사용해야 한다.

☞ 60[Hz], 600[rpm]의 동기 전동기는 $N_s = \dfrac{120f}{p}$ 로부터 극수 = 12이므로 기동용 유도기는 극수 = 10

## ② 동기 전동기의 장단점과 부하각

### (1) 동기 전동기의 장단점

① 장점: 속도가 일정하다, 계자 전류를 조정하면 역률 1을 유지할 수 있다, 유도 전동기보다 효율이 좋다.

② 단점: 기동 토크가 작아서 별도의 기동 장치가 필요하다, 여자용 직류 전원이 필요하다, 난조를 일으킬 염려가 있다.

### (2) 동기 전동기의 무부하 운전과 부하 운전

① 무부하 운전: 기동 토크를 가해서 정지 관성을 극복하고 나면 회전자는 회전 자기장의 속도와 동일한 빠르기로 회전하며 일정 방향의 토크가 유지된다. 이때 유기 기전력과 단자 전압의 위상차이는 0이다.

② 부하 운전: 회전자 축에 부하를 연결하면 유기 기전력과 단자 전압 사이에 위상 차이가 생기는데, 이 값은 부하 크기에 따라 증감하므로 부하각 δ라고 부른다.

③ 동기 전동기는 계자 전류를 조정하여 역률을 항상 1로 운전할 수 있다.
　☞ 위상 특성 곡선(= V곡선)에서 과여자이거나 부족여자이면 역률이 1보다 작아짐

### (3) 동기 전동기의 회전 방향

① 회전 계자 권선과 고정 전기자 권선이 똑같은 3상 교류 전원에 연결되어 있어서 계자 전류의 방향을 바꾸면 전기자 전류의 방향도 바뀐다. 따라서 계자 전류의 방향을 바꿔도 회전 방향은 그대로이다.

② 3상 중 2상의 전원 단자를 서로 바꿔서 결선하면 회전 방향이 바뀐다.

## ③ 동기 전동기의 위상 특성 곡선과 전기자 반작용

### (1) 위상 특성 곡선

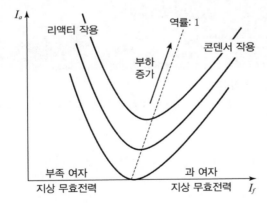

① 동기 전동기의 공급 전압과 출력(또는 부하)이 일정하다는 조건하에서 계자 전류 $I_f$와 전기자 전류 $I_a$ 사이의 관계를 나타낸 곡선으로, V자 모양이라서 V곡선이라고도 부른다.

② 역률 = 1에서 $I_f$를 높여서 과여자 상태로 운전하면 역기전력이 증가하고 전체 전류 $I$가 진상 전류로 바뀌면서 동기 전동기는 콘덴서 작용을 하게 된다.
　즉, 과여자 ⇔ 진상 전류 ⇔ 앞선 역률

## (2) 전기자 반작용

① 전동기에 $C$부하를 연결하여 진상 전류가 흐를 때 감자 작용이 나타난다.

② 전동기에 $L$부하를 연결하여 지상 전류가 흐를 때 증자 작용이 나타난다.

③ 전기자 전류와 유기 기전력이 동상(同相)일 때는 교차 자화 작용이 나타난다.

| 구분 | 진상 전류<br>($C$부하 연결) | 지상 전류<br>($L$부하 연결) |
|---|---|---|
| 발전기에서<br>전기자 반작용 | 증자 작용 | 감자 작용 |
| 전동기에서<br>전기자 반작용 | 감자 작용 | 증자 작용 |

## (3) 난조 현상

① 난조 현상은 동기 발전기뿐 아니라 동기 전동기에도 나타난다.

② 제동권선을 설치하거나 플라이 휠을 설치하면 난조가 방지된다(제동권선은 기동 토크를 발생시킴).

③ 동기 발전기의 제동권선은 불평형 부하 시 파형 개선 및 고조파 이상 전압의 방지에도 도움을 준다.

# 4 특수 동기기

## (1) 동기 조상기

① 동기 조상기의 구조

ㄱ 고정자는 수차 발전기의 고정자와 구조가 같고, 계자 코일이나 자극이 대단히 크다.

ㄴ 안전 운전용 제동권선이 설치된다.

ㄷ 무부하로 회전하므로 축의 굵기는 중요하지 않다.

② 동기 조상기 운전

ㄱ 동기 전동기를 무부하 상태로 운전시켜서 무효 전력을 제어하므로 회전수가 동기 속도와 같고, 계자 전류와 전기자 전류의 관계는 V곡선을 따른다.

ㄴ 과여자 운전 시에는 콘덴서로 작용한다. 즉, 과여자 운전 ⟷ 진상 전류 ⟷ 앞선 역률(역률 개선)

ㄷ 부족여자 운전 시에는 리액터로 작용한다. 즉, 부족여자 운전 ⟷ 지상 전류 ⟷ 뒤진 역률(역률 저하)

② 장거리 송전선로에서 동기 발전기의 자기여자 현상 때문에 발전기의 단자 전압이 급증하면 절연이 파괴될 수 있으므로 동기 조상기를 설치하여 부족여자 운전한다. ⇔ 지상 전류가 흘러서 충전 전류를 감소시켜 준다.

## (2) 리니어 모터

① 동기 전동기의 전기자를 평판형으로 설치하여 마찰을 거치지 않고 바로 직선 형태의 추진력을 얻는다.

② 회전형 전동기에 비해 부하 관성의 영향이 커서 역률과 효율이 낮다.

참고 & 심화

## 제1절 변압기의 원리와 구성물

### ① 변압기의 원리

#### (1) 전자기 유도와 패러데이 법칙

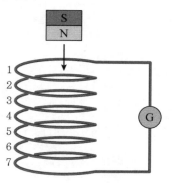

① 그림과 같이 7번 감은 솔레노이드에 검류계를 연결하고 막대자석을 접근시키거나 멀리하면 검류계 바늘이 움직이는데 이때 코일에 유도되는 전류의 방향은 막대자석이 만든 자속 $\phi$의 변화를 방해하는 방향이며, 이때 유도되는 전류의 크기는 막대자석의 움직이는 속도가 빠를수록 더 커진다.

② "유기 기전력은 자속의 시간 변화율에 비례한다."라는 패러데이 법칙을 수식으로 표현하면 $\epsilon = -N\dfrac{d\phi}{dt}$ 이다.

③ $v$의 등속도로 움직이는 질량이 $m$인 물체에 외력을 가해서 $\Delta t$의 시간 동안 $\Delta v$의 속도 변화를 일으켰다면 그 물체는 외력에 저항하는 관성력을 외력과 반대 방향으로 받는다. 관성력은 속도의 시간 변화율에 비례한다.

즉, $f = -m\dfrac{dv}{dt}$ 이다. 유기 기전력과 관성력은 적용 상황과 단위(차원)가 다르지만 외부에서 주어진 변화에 저항하는 우주의 특성을 보여준다는 관점에서 보면 매우 흡사하다.

## (2) 변압기의 유기 기전력 공식 유도

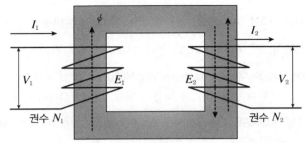

① 철심의 양쪽에 각각 코일을 감고 왼쪽 코일에 교류 전압을 인가하면 코일을 관통하는 자속 $\phi$의 변화가 생기고 이러한 자속의 변화를 방해하는 유기 기전력이 오른쪽 코일에 생기는데 그 크기는 $E(t) = -N\dfrac{d\phi}{dt}$으로 주어진다.

② $\phi(t) = \phi_m \sin\omega t$를 위 식에 대입하면,

$E(t) = -\omega N\phi_m \cos\omega t = -2\pi f N\phi_m \cos\omega t$가 되고 변수 $\cos\omega t$의 실횻값이 $\dfrac{1}{\sqrt{2}}$이므로 유기 기전력의 실횻값

$E = \dfrac{2\pi}{\sqrt{2}}fN\phi_m = 4.44fN\phi_m = 4.44fN\cdot B_m A$이다.

③ 1차 코일의 권선수와 2차 코일의 권선수가 각각 $N_1$, $N_2$이므로

$E_1 = 4.44fN_1\phi_m$, $E_2 = 4.44fN_2\phi_m$이다.

## 2 변압기의 재료

### (1) 철심

철심은 투자율과 저항률이 크고 히스테리시스손이 작아야 한다. 따라서 규소가 4~4.5% 함유된 강판을 쓰고, 두께는 0.3mm의 얇은 철편 여러 개를 적층시킨 성층 방식을 따른다.

### (2) 권선

① 소전류에는 둥근 동선(銅線)을 사용하고, 대전류에는 주로 평각 동선을 사용한다.
② 저압 권선을 먼저 철심에 감고 절연체로 감싼 뒤에 고압 권선을 동일 철심에 감아주면 누설 자속을 줄일 수 있다.
③ 권선을 분할하여 조립해도 누설 자속을 줄일 수 있다.

### (3) 부싱❶

변압기의 외함에서 권선을 끌어내는 절연 단자를 부싱(bushing)이라고 하는데 전압의 크기에 따라 단일형, 콘덴서형, 유입 부싱이 있다.

### (4) 절연물

철심과 권선 사이를 채우는 절연물은 플라스틱, 운모, 석면 등으로 제조하며 최고 사용 온도에 따라 Y, A, E, B, F, H, C종의 7등급으로 구분된다.

❶ 부싱

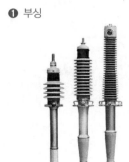

## ③ 냉각 방식

(1) **건식 자냉식(AN, Air Natural)**: 공기의 자연대류에 의해 방열하는 방식

(2) **건식 풍냉식(AF, Air Forced)**: 강제 송풍 방식으로 변압기의 열을 뺏는 방식

(3) **유입 자냉식(ONAN, Oil Natural Air Natural)**: 외함 속을 절연유(= 변압기유)로 채우고 외함 주변의 대기가 외함의 열을 뺏는 방식이며 가장 널리 채용됨

(4) **유입 풍냉식(ONAF, Oil Natural Air Forced)**: 외함 속을 절연유로 채우고 송풍기로 바람을 일으켜 외함을 식히는 방식

## ④ 변압기 건조법

(1) **진공법**: 대용량 변압기를 밀폐 탱크에 집어넣고 고열 증기를 분사하여 가열한 뒤에 진공 펌프를 이용하여 증발된 수분을 펌프로 빼낸다.

(2) **단락법**: 변압기 1차 또는 2차측 권선의 한쪽을 단락시킨 뒤 임피던스 전압의 20%를 가하여 단락 전류를 흐르게 함으로써 동손열로 건조시킨다.

(3) **열풍법**: 송풍 기능이 있는 전열기를 이용하여 건조하면 절연이 향상된다.

## ⑤ 변압기유

(1) **변압기유(油)의 구비 조건**

① 비열, 열전도율과 커서 냉각 효과가 좋을 것
② 절연 내력 크고, 인화점 높고, 응고점 낮을 것
③ 점도가 낮아서 유동성이 좋을 것
④ 화학적으로 안정되어 있어서 주변 물질과 쉽게 반응하지 않을 것

(2) **변압기의 호흡 작용과 절연유 열화 방지대책**

① 철손과 동손으로 발생한 열이 변압기 외함 속의 공기를 가열하면 공기가 밖으로 빠져나오고, 인위적 냉각 작용으로 외부의 공기가 외함 속으로 들어가는 과정이 반복되는 현상을 말하며, 공기 속 수분이 절연유와 혼합되면 열화되면서 절연 성능이 저하된다.
② 콘서베이터를 설치하면 수분이 차단되고, 브리더는 수분을 걸러 주므로 절연유 열화가 방지된다.

(3) **절연유 내의 가스 발생**

① 아크 방전으로 절연유 연소 시 발생하는 가스 중에서 수소($H_2$) 기체의 비율이 가장 높다.
② 아세틸렌($C_2H_2$)은 1000℃ 이상의 고온 조건에서 발생하므로 위험 신호가 된다.

## 제2절 변압기의 특성과 등가회로

### ① 변압기의 특성

#### (1) 권수비와 변압비

① 2차 권선수에 대한 1차 권선수의 비율을 권수비라고 하며 $a$로 표시한다. 즉,
$a = \dfrac{N_1}{N_2}$ 이다.

② 변압기의 기전력 $E = \dfrac{2\pi}{\sqrt{2}} f N \phi_m$ 이고, 주파수와 최대 자속은 1차, 2차의 공통
값이므로 기전력은 권수에 비례한다. $\Rightarrow \dfrac{N_1}{N_2} = \dfrac{E_1}{E_2}$

③ 철심의 철손 저항과 권선의 저항과 누설 리액턴스를 무시하면 기전력과 단자
전압은 거의 같다.

$\Rightarrow$ 권수비 관계식 $a = \dfrac{N_1}{N_2} = \dfrac{E_1}{E_2} = \dfrac{V_1}{V_2}$

#### (2) 권수비와 변류비

① 다음 그림은 철심에 의한 여자 회로, 내부 임피던스(권선 저항 + 누설 리액턴
스), 부하 임피던스를 고려한 실제 변압기 회로도이다.

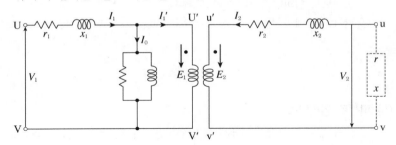

1차 임피던스 $\dot{Z}_1 = r_1 + jx_1$
2차 임피던스 $\dot{Z}_2 = r_2 + jx_2$
부하 임피던스 $\dot{Z} = R + jX$
여자 어드미턴스 $\dot{Y}_0 = g_0 - jb_0$

② $\dot{I}_1 = \dot{I}_0 + \dot{I}_1' = \dot{I}_0 - \dfrac{N_2}{N_1}\dot{I}_2$ 이고 위상차이를 고려하여 수식을 대입하면

전압비 $\dfrac{\dot{V}_1}{\dot{V}_2} = -\dfrac{a(1 + \dot{Z}_1\dot{Y}_0 + \dfrac{\dot{Z}_1\dot{Y}}{a})}{1 - \dot{Z}_2\dot{Y}}$

보통의 변압기는 $\dot{Z}_1\dot{Y}_0$와 $\dot{Y}$를 무시할 수 있으므로 $\dfrac{\dot{V}_1}{\dot{V}_2} = -a(1 + \dot{Z}_1\dot{Y}_0) \fallingdotseq -a$

③ 변류비 $\dfrac{\dot{I}_1}{\dot{I}_2} = -\dfrac{1}{a}(1 + a^2\dfrac{\dot{Y}_0}{\dot{Y}})$인데 부하 전류가 큰 경우에는

$\dfrac{\dot{I}_1}{\dot{I}_2} = -\dfrac{1}{a}(1 + a^2\dfrac{\dot{Y}_0}{\dot{Y}}) \fallingdotseq -\dfrac{1}{a}$

### (3) 권수비와 내부 임피던스 비

$$a^2 = \dfrac{Z_1}{Z_2}$$

### (4) 임피던스 전압

① 변압기의 2차측을 단락시키고 1차측의 전압을 서서히 증가시켰더니 1차측에 정격 전류 $I_{1n}$이 흘렀다면 그때의 전압은 변압기 내부 임피던스에 의한 전압 강하이므로 임피던스 전압이라고 부른다.

② 단락 시험에서 반드시 측정해야 하는 전압이므로 단락 전압이라고도 부른다.

$$Z_0 = \dfrac{V_s}{I_{1n}}$$

### (5) 퍼센트 임피던스

① **정의**: 전체 임피던스 중에서 특정 임피던스가 차지하는 비중을 퍼센트 임피던스라고 한다. 선로에 관한 %$Z$는 $\dfrac{\text{선로 임피던스}}{\text{전체 임피던스}} \times 100$이고 변압기에 관한 %$Z$는 $\dfrac{\text{내부 임피던스}}{\text{전체 임피던스}} \times 100$이다.

② **공식**: $\dfrac{\text{내부 임피던스}}{\text{전체 임피던스}}$의 분모 분자에 정격전류를 곱하면 $\dfrac{I_n Z_0}{I_n Z}$가 된다. 따라서 %$Z = \dfrac{Z_0 I_n}{E} \times 100$이다. 즉, %임피던스는 기준 전압(= 상전압)에 대한 임피던스 전압 강하의 비를 백분율로 나타낸다.

③ 임피던스 전압 $V_s$와 변압기 1차측 기전력 $E_1$을 알 때는

%$Z = \dfrac{Z_0 I_n}{E_1} \times 100 = \dfrac{V_s}{E_1} \times 100$이 유용하다.

④ 단락 전류 $I_s$와 정격 전류 $I_n$이 주어졌을 때는 %$Z = \dfrac{I_n Z}{I_s Z} \times 100 = \dfrac{I_n}{I_s} \times 100$이 유용하다(3상 변압기의 경우 변압기 용량이 $\sqrt{3}\,EI$임에 유의해야 한다).

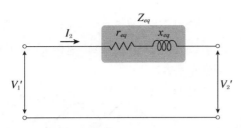

⑤ 위 회로도는 2차측 기준으로 1차측을 환산한 변압기 등가회로이다. $Z_{eq}$는 내부 임피던스이며, $Z_{eq} = \sqrt{R_{eq}^2 + X_{eq}^2}$이다. 정격 전류 $I_2$를 흘려주면 2차측에 정격 전압 $V_2$가 걸리게 되며 임피던스 강하는 $I_2 Z_{eq}$이므로 %$Z$는 $\dfrac{I_2 Z_{eq}}{V_2} \times 100$이다. $I_2$가 정격 전류이므로 위 식에서 분자 $I_2 Z_{eq}$이 바로 임피던스 전압이다.

⑥ $x_{eq}$는 $r_{eq}$에 비해 매우 작은 값이므로 무시하면 $P = I_n^2 r_{eq}$이고, 전력계가 가리키는 수치는 동손 $P_c$에 해당한다. 변압기에 임피던스 전압을 인가할 때의 입력은 $P_c$이다.

## 2 여자 전류와 변압기 등가회로

### (1) 여자 전류, 자화 전류, 철손 전류

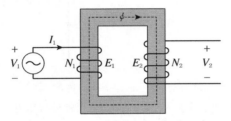

① 그림과 같이 변압기의 1차 권선에 흐르는 전류를 $I_1$로 표기하고, 1차측 단자 전압을 $V_1$으로 표기한다. 특별히 2차측을 개방한 상태에서 1차 권선에 흐르는 전류를 여자 전류(Exciting current) 또는 무부하 전류라고 명명하며, 부하가 0일 때도 흐른다는 뜻에서 $I_0$으로 표기한다.

② 1차 코일에 흐르는 전류의 일부는 철손에 기여하지만 철손을 무시하면 여자 전류 $I_0$은 자화에만 기여하므로 여자 전류 $I_0$과 자화 전류 $I_\phi$의 크기 및 위상은 같다. 즉, $I_1 = I_0 = I_\phi$이다.

### (2) 전압, 전류, 자속의 위상 관계

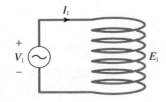

① 교류 전원과 1차측 코일이 폐회로를 구성하는데 코일의 저항 $R$을 무시한다면 코일에 의한 전압 강하는 0이다. 즉, 순수 L부하를 가진 회로에서는 지상 전류가 흐르므로 $V_1$이 $I_1$보다 위상이 90° 앞선다.

② $I_1$과 $\phi$는 인덕턴스의 정의식 $L = \dfrac{N\phi}{I}$으로부터 권수 $N$과 인덕턴스 $L$은 위상이 없는 상수이므로 1차 코일에 흐르는 전류 $I_1$과 1차 코일 내부를 쇄교하는 자속 $\phi$는 위상이 동일하다.

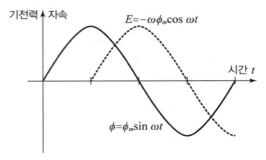

③ $\phi$와 $E_1$은 패러데이 법칙 $E = -\dfrac{d\phi}{dt}$으로부터 위상 차이를 입증할 수 있는데 $\phi$에 $\phi_m \sin\omega t$을 대입하면 $E_1 = -\omega\phi_m \cos\omega t$이 되고 $\phi$에 $\phi_m \cos\omega t$을 대입하면 $E_1 = +\omega\phi_m \sin\omega t$이 되어, 어떤 경우든지 자속 $\phi$가 유기 기전력 $E_1$보다 위상이 90° 앞선다.

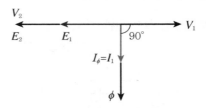

④ $E_1$과 $V_1$의 위상차이는 180°가 된다. 왜냐하면 $E_1$이 $\phi$보다 90° 뒤처지고 $V_1$이 $\phi$보다 90° 앞선다는 사실을 ③과 ①, ②에서 보였기 때문이다.

⑤ $E_1$과 $E_2$는 위상이 동일하다. 왜냐하면 1차 코일과 2차 코일이 철심이라는 폐쇄 자로(磁路)와 자속 $\phi$를 공유하고 권선의 방향이 감극성임을 전제하기 때문이다.

## (3) 변압기 여자 전류의 벡터 표현과 이상적인 변압기의 근사 등가회로

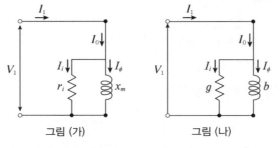

1차 코일에 전류 $I_1$이 흘러서 코일 내부의 철심이 자화될 때는 히스테리시스 현상과 맴돌이 전류 현상이 나타나면서 철손열을 발생시키는데 여자 전류 중 일부가 이 철손에 이용되고 나머지가 순수하게 자화에 이용되므로 $I_1$은 분기선을 따라 $I_i$와 $I_\phi$로 나뉜다.

① 그림 (나)에서 컨덕턴스 $g = \dfrac{1}{r_i}$, 서셉턴스 $b = \dfrac{1}{x_m}$ 이고, 자화 전류(magnetizing current)를 $I_m$으로 표기하면 최대 전류(maximum current)와 혼동될 수 있어서 $I_\phi$로 표기하는 경우가 더 많다. 여자 전류의 크기는 $I_0 = \sqrt{I_i^2 + I_\phi^2}$ 이고, 철손 전류 $I_i = \dfrac{P_i}{V_1}$ 이며, 자화 전류 $I_\phi = \dfrac{V_1}{x_m}$ 이다.

② 그림 (가)에서 철손 저항 $r_i = \dfrac{V_1}{I_i}$, 여자 리액턴스(유도성 리액턴스) $x_m = \dfrac{V_1}{I_\phi}$ 이고, 회로도 (나)에서 여자 컨덕턴스 $g = \dfrac{I_i}{V_1}$ , 여자 서셉턴스 $b = \dfrac{I_\phi}{V_1}$ 이다.

### (4) 여자 전류($I_\phi + I_i$)의 파형

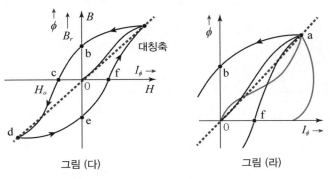

그림 (다)　　　　　　그림 (라)

① 코일에 흐르는 $I_\phi$가 철심을 관통하는 $\phi$을 만드는데 철심의 자기 포화 특성 때문에 $\phi - I_\phi$ 그래프는 선형이 아니고 그림 (다)처럼 히스테리시스 곡선이 된다.

② 그림 (라)는 (가)를 대칭 변환하여 $I_\phi - \phi$의 관계를 나타낸 것인데 $\phi(t) = \phi_m \sin\omega t$로 주어지면 시간 $t$에 따른 $I_\phi(t)$의 그래프가 3고조파 성분이 포함된 '왜형파'임을 푸리에 변환으로 밝혀냈다. $I_\phi \gg I_i$ 이므로 $(I_\phi + I_i) - t$의 개형은 $I_\phi(t) - t$와 같다.

### (5) 실제 변압기의 정확한 등가회로

① 실제 변압기는 권선의 전기 저항 때문에 동손(銅損)이 발생하는데 아래 회로도의 $r_1$은 1차 권선의 전기 저항을 의미하고 $r_2$는 2차 권선의 전기 저항을 의미한다.

② 실제 변압기는 자속의 일부가 철심 바깥으로 누설(leakage)되므로 여자 자속을 $\phi_0 = \phi_m + \phi_l$꼴로 고쳐 쓸 수 있고 양변에 $\dfrac{\omega}{I_o}$를 곱하면

$$\omega \frac{\phi_0}{I_0} = \omega \frac{\phi_m}{I_0} + \omega \frac{\phi_l}{I_0} \Rightarrow \omega L = \omega L_m + \omega L_l \Rightarrow x_0 = x_m + x_l$$ 이 되므로 철심과 권선에 의한 리액턴스를 자화 리액턴스 $x_m$과 누설 리액턴스 $x_l$의 합으로 볼 수 있다.

아래 회로도의 $x_1$은 1차 권선의 누설 리액턴스를 의미하고 $x_2$는 2차 권선의 누설 리액턴스를 의미한다.

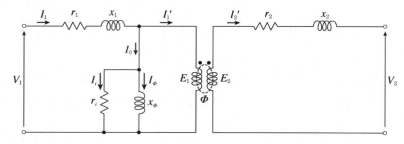

### (6) 근사 등가회로

① 권수비 관계식($aN_2 = N_1$, $\frac{1}{a}I_2 = I_1$, $a^2 Z_2 = Z_1$, $aV_2 = V_1$)을 이용하면 기전력, 전류, 저항, 리액턴스, 단자 전압을 환산할 수 있다. 전원이 연결된 1차측을 기준삼고 싶다면 1차측 수치는 그대로 두고 2차측을 환산하면 된다.

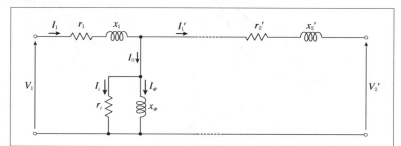

▶ 2차측의 환산값

$$E_2' = aE_2, \quad I_2' = \frac{1}{a}I_2$$
$$r_2' = a^2 r_2, \quad x_2' = a^2 x_2$$
$$V_2' = aV_2$$

※ 공급 전력 최대 조건: $Z_{내부} = Z_{부하}$, 변압기 1차측 내부 저항 $Z_1$과 2차측 부하 저항 $Z_L$이 주어지고, 공급 전력을 최대로 만드는 권수비를 구하라고 하면, 권수비 $a = \sqrt{\dfrac{Z_1}{Z_2}} = \sqrt{\dfrac{Z_1}{Z_L}}$ 이다.

② 실제 변압기에서는 전류 $I_1$이 $r_1 + x_1$을 지나서 $I_0$와 $I_1'$으로 분리되지만 $I_0$는 소전류이므로 $r_1 + x_1$을 지나기 전에 분리된다고 간주해도 무방하다. 따라서 다음과 같이 회로도를 고쳐 그릴 수 있다.

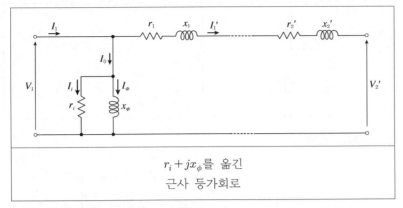

$r_i + jx_\phi$를 옮긴
근사 등가회로

③ 직렬 연결된 권선의 저항과 누설 리액턴스를 합치면 회로도가 다음과 같이 더 간단해진다.

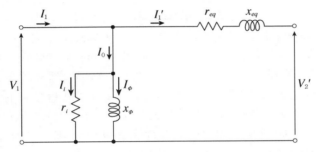

등가 권선 저항 $r_{eq} = r_1 + r_2$이고, 등가 누설 리액턴스 $x_{eq} = x_1 + x_2$이다.

④ 만약 부하가 연결된 2차측을 기준삼고 싶다면 2차측 수치는 그대로 두고 1차측을 환산하면 된다. 다음 회로도는 1차측 기준의 근사 등가회로이다.

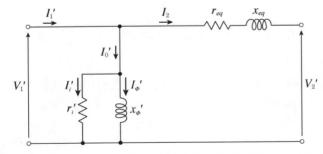

⑤ 1, 2차 권선에 의한 전기 저항과 누설 리액턴스의 백터합(vector合), 즉 $(r_1 + r_2) + j(x_1 + x_2)$가 누설 리액턴스를 포함한다는 의미에서 '누설 임피던스'라고 부른다. 또 이 값이 내부 전압 강하를 일으킨다는 의미에서 '내부 임피던스'라고도 부른다.

## 3 무부하 시험과 단락 시험

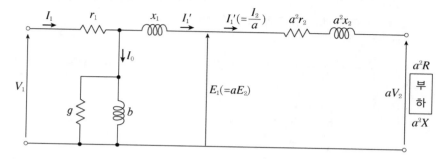

### (1) 무부하 시험과 철손

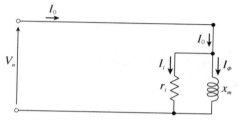

① 1차 전압과 여자 전류의 순시값이 주어지면 무부하손을 계산할 수 있지만 시험을 통해 실측할 수도 있다. 1차측에 전압계, 전류계, 전력계를 설치하고 2차측 부하를 개방하면 저항이 무한대인 분기선 쪽으로 흐르는 전류 $I_1' = 0$으로 볼 수 있으므로 실제 변압기 등가회로는 다음과 같이 변형이 가능하다.

② 1차측에 연결한 전압계가 가리키는 수치는 정격 전압 $V_n$이고 전류계가 가리키는 수치는 여자 전류 $I_0$이며 전력계가 가리키는 수치는 무부하손(= 철손)이고 수식은 $P_i = V_1 I_0 \cos\theta$이다.

$P_i$를 $V_n$으로 나누면 $I_i$이 얻어지고 $I_0$는 철손 전류와 자화 전류의 벡터합이므로 $I_\phi = \sqrt{I_0^2 - I_i^2}$으로부터 $I_\phi$가 얻어지며, 옴의 법칙 $r_i = \dfrac{V_n}{I_i}$으로부터 철손 저항 $r_i$도 얻어진다. 마찬가지로 옴의 법칙 $x_m = \dfrac{V_n}{I_m}$으로부터 유도성 리액턴스 $x_m$도 얻어진다.

③ [무부하 시험]으로 철손 $P_i$, 정격 전압 $V_n$, 여자 전류 $I_0$를 측정하기만 하면 간단한 계산식을 통해 철손 전류 $I_i$, 자화 전류 $I_\phi$, 여자 컨덕턴스 $g$, 여자 서셉턴스 $b$를 알아낼 수 있다(단, 자화 전류 $I_\phi$를 $I_m$으로 표기하기도 함).

## (2) 단락 시험과 동손

① 그림 (가)와 같이 1차측에 전압계, 전류계, 전력계를 설치하고 2차측 전로를 단락시키면 리액턴스 $x_m$이 매우 커서 병렬부 분기선으로 흐르는 여자 전류 $I_0 = 0$으로 볼 수 있으므로 실제 변압기 등가회로는 그림 (나)와 같이 변형이 가능하다. 단락 시험에서는 1차측 코일에 정격 전류를 흘려준다.

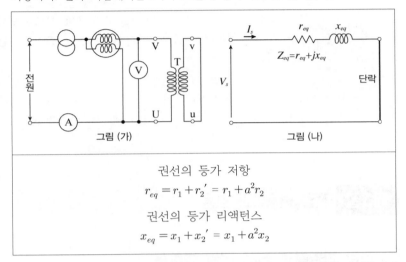

그림 (가)                    그림 (나)

권선의 등가 저항
$$r_{eq} = r_1 + r_2{}' = r_1 + a^2 r_2$$

권선의 등가 리액턴스
$$x_{eq} = x_1 + x_2{}' = x_1 + a^2 x_2$$

② 단락 시험 시 1차측에 곧바로 정격 전압 $V_n$을 가하면 회로에 과전류가 흘러서 기기 파손을 초래할 수 있다. 그래서 전압을 아주 조금씩 올려가면서 전류계 수치가 $I_{1n}$이 되는 순간에 1차측의 전압계 수치를 읽으면 그것이 단락 전압(= 임피던스 전압) $V_s$이고 $\dfrac{V_s}{I_{1n}}$로부터 등가 임피던스 $Z_{eq}$가 구해진다. 또 전력계가 가리키는 수치는 동손(= 임피던스 와트)이고 $\dfrac{P_c}{I_{1n}^2}$로부터 등가 저항 $r_{eq}$가 구해진다.

③ [단락 시험]으로 동손 $P_c$, 단락 전압 $V_s$, 정격 전류 $I_n$를 측정하기만 하면 간단한 나눗셈만으로 등가 임피던스 $Z_{eq}$, 등가 저항 $r_{eq}$를 구할 수 있고, 등가 리액턴스 $x_{eq} (= \sqrt{Z_{eq}^2 - r_{eq}^2})$도 계산할 수 있다.

④ 만약 단락 시험에서 측정된 전압과 전류가 $V_s$, $I_{1n}$가 아니라 $V_{1s}$, $I_{1s}$인 경우 등가회로 해석상 $Z_{eq} = \dfrac{V_{1s}}{I_{1s}}$이고, 고쳐 쓰면 $Z_{eq} = \dfrac{V_{1s}}{I_{2s}/a}$이므로 등가 임피던스를 구한 뒤 $I_{1n}$을 곱하면 $V_s$를 알 수 있다.

(3) 무부하 시험과 단락 시험의 방법, 측정량 비교

| 구분 | 무부하 시험 | 단락 시험 |
|---|---|---|
| 시험 방법 | 권선수 많은 쪽을 개방하고 권선수 적은 쪽에 전원을 연결한다. | 권선수 적은 쪽을 단락하고 권선수 많은 쪽에 전원을 연결한다. |
| 세팅해야 하는 물리량 | 철손은 $V_n I_0 \cos\theta$이므로 무부하 시험에서는 $V_n$을 세팅하는 것이 중요함. | 동손은 $I_n^2 Z_{eq}$이므로 단락 시험에서는 $I_n$을 세팅하는 것이 중요함. |
| 측정 물리량 | 1차측에 정격 전압(V)을 걸어주고 철손(W)과 여자 전류(A)를 측정한다. | 1차측에 정격 전류(A)를 흘려주고 동손(W)과 단락 전압(V)을 측정한다. |

## 제3절  전압 변동률과 효율

### 1  전압 변동률과 최대 전압 변동률

(1) 정격 전압과 무부하 전압

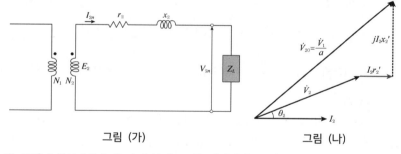

그림 (가)                    그림 (나)

① 그림 (가)의 2차측에 정격 부하 $Z_L$를 연결하면 2차측에 정격 전류 $I_{2n}$이 흘러서 철손 저항 $r_i$와 여자 리액턴스 $x_m$에 의한 전압 강하뿐 아니라 2차측 권선 저항 $r_2$와 권선의 누설 리액턴스 $x_2$에 의한 전압 강하도 발생하므로
$V_{2n} = E_2 -$ '철심의 전압 강하' - '권선의 전압 강하'가 된다.

② 부하 용량을 점차 감소시켜서 무부하 상태로 만들면, 다시 말해서 부하의 임피던스를 점점 증가시켜 가면 $I_2$가 점점 줄어들다가 0이 되어 권선의 전압 강하도 사라진다. 즉, $V_{20} = E_2 -$ '철심의 전압 강하'이다.

## (2) 전압 변동률

① 무부하 상태에서 측정한 2차측 단자 전압과 정격 부하를 연결하고 측정한 2차측 단자 전압의 크기 차이를 정격 단자 전압으로 나눈 값을 전압 변동률이라고 정의한다.

$$\epsilon = \frac{V_{20} - V_{2n}}{V_{2n}} \times 100$$

② 그림 (나)의 벡터도에서, $V_{20}$과 전부하 시 2차 정격 전압 $V_2$($V_{2n}$의 n을 생략)은 위상이 같지 않으며 두 전압의 크기만 취하여 전압 변동률을 구해 보면

$$\epsilon = \frac{I_{2n}r_2\cos\theta + I_{2n}x_2\sin\theta}{V_{2n}} \times 100$$임을 증명할 수 있다.

③ 퍼센트 저항강하 %R $= \dfrac{I_{2n}r_2}{V_{2n}} \times 100$을 $p$라 하고, 퍼센트 리액턴스강하 %x $= \dfrac{I_{2n}x_2}{V_{2n}} \times 100$를 $q$라 하면 %Z $= \sqrt{p^2+q^2}$이 되고 전압 변동률은 다음과 같이 간단히 표현할 수 있다.

$$\epsilon = p\cos\theta \pm q\sin\theta \ (\text{진상역률이면 } -\text{부호})$$

## (3) 최대 전압 변동률

① $\dfrac{d\epsilon}{d\theta} = 0$를 만족하는 $\theta'$에 대해서

$$\Rightarrow \frac{q}{p} = \tan\theta' \Rightarrow \cos\theta' = \frac{p}{\%Z}, \ \sin\theta' = \frac{q}{\%Z}$$

따라서 최대 전압 변동률 $\epsilon_{max} = p\cos\theta' + q\sin\theta' = \dfrac{p^2+q^2}{\%Z} = \%Z$이다.

② 전압 변동률이 최대일 때의 역률은 $\cos\theta'$이므로 고쳐 쓰면

역률 $= \dfrac{p}{\sqrt{p^2+q^2}}$이다.

③ 역률이 1일 때의 전압 변동률을 구해 보면, $\cos\theta = 1$, $\sin\theta = 0$이라서 $\epsilon = p\cos\theta \pm q\sin\theta = p$이다.

그런데 퍼센트 저항강하 $p = \%R = \dfrac{I_{2n}r_2}{V_{2n}} \times 100$을 고쳐쓰면

전압 변동률 $= \dfrac{I_{2n}^2 r_2}{V_{2n}I_{2n}} \times 100 = \dfrac{P_c}{P_n} \times 100$이다. ❶

④ 무부하 시 2차 전압의 측정은 무부하 시험으로 가능하고, 전부하 시 2차 정격 전압은 단락 시험으로 가능하다.

❶ 예시
무(無)유도 순(純)저항 부하는 역률이 1이므로 무유도 변압기의 전압 변동률은 $\epsilon = \dfrac{P_c}{P_n} \times 100$이다.

CHAPTER 03 변압기 283

# 2 변압기의 손실

$$
\text{무부하손(損)} \begin{cases} \text{철손(損)}(P_i) \begin{cases} \text{히스테리시스손(損)}(P_h)\text{: 자속 변화에 의한 철심 가열} \\ \text{와류손(損)}(P_e)\text{: 소용돌이 전류에 의한 철심 가열} \end{cases} \\ \text{유전체손(損): 절연물의 정전 용량에 의한 전력 손실} \end{cases}
$$

$$
\text{부하손(損)} \begin{cases} \text{동손(損)}(P_c)\text{: 임피던스 와트라고도 하며 변압기 권선에서 발생하는 유효 전력} \\ \text{포류(漂遊)부하손(損)}(P_c)\text{: 누설자속 등 권선 이외의 모든 부하손} \end{cases}
$$

## (1) 히스테리시스손($P_h$)

① 슈타인메츠(Steinmetz) 교수가 만든 실험식 $P_h = k_h f B_m^2$ ($k_h$: 히스테리시스 계수)이 사용된다. 주파수 $f$와 최대 자속밀도 $B_m$의 제곱에 비례하므로 자속밀도가 일정한 조건하에서는 히스테리시스손이 주파수에 비례한다.

② $E = 4.44 f N \cdot B_m A \Rightarrow f B_m = \dfrac{E}{4.44 NA}$ 를 $P_h = \dfrac{k f^2 B_m^2}{f}$ 에 대입하면,

$P_h = \dfrac{k}{f}(\dfrac{E}{4.44 NA})^2 = \dfrac{k}{(4.44 NA)^2}\dfrac{E^2}{f}$ 이고 k, N, A는 고정값이므로 히스테리시스손은 주파수에 반비례하고 기전력의 제곱에 비례한다.

③ 히스테리시스손이 철손의 대부분을 차지하므로 근사적으로는 다음 식이 성립한다.

$\Rightarrow P_i \propto \dfrac{E^2}{f}$ 변압기의 철손은 교류 전원의 주파수에 반비례하고 기전력의 제곱에 비례한다.

## (2) 와류손($P_e$)

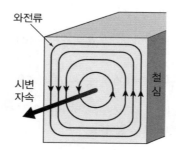

와전류

시변
자속

철
심

① $P_e = k_e(t f k_f B_m)^2$ ($k_h$: 히스테리시스 계수, $k_f$: 파형률, $t$: 철심의 두께)라는 실험식이 사용된다. 자속밀도가 일정한 조건하에서는 와류손(eddy current loss)은 주파수 제곱에 비례한다.

② $f \cdot B_m = \dfrac{E}{4.44NA}$ 을 대입하면 $P_e = k_e \left( \dfrac{tk_f E}{4.44NA} \right)^2$ 이므로 철손은 철심두께의 제곱에 비례하고, 기전력의 제곱에 비례한다. 주파수에는 무관.

③ 패러데이 법칙 $E = -d\phi/dt$에 따라, 철심을 관통하는 시변(時變) 자속이 와전류를 유도하며, 와류손은 코일 단면적 제곱에 반비례하고 와전류의 밀도에 비례한다.

### (3) 유전체손

① 변압기 외함 속의 각종 절연물에 교류 전압이 가해질 때 유전체의 정전 용량 $C$ 때문에 유전체 내부에서 소비되는 전력이 유전체손이다.

② $2\pi f CE^2 \tan\delta$ ($\tan\delta = \dfrac{I_C}{I_R}$)에서 정전 용량 $C$가 워낙 작아서 무부하손 중에 유전체손이 차지하는 비율은 매우 작다. 유전체손은 고압 조건하에서 손실 기여도가 있으며 온도 상승과 관계가 적다.

### (4) 부하손

① **동손(= 임피던스 와트)**: 변압기 권선의 저항 $R$에 전류 $I$가 흐를 때 발생하는 줄열이며 $P_c = I^2 R$로 표현된다.

② **표류부하손**: 전류가 흐를 때, 권선에 의한 손실 이외의 측정하기 어려운 부하손을 의미한다.

## ③ 변압기의 효율

### (1) 전부하와 부분 부하

① 주어진 변압기 용량을 100% 사용할 때가 전부하 상태이다. 즉, 2차측에 부하를 최대한 연결하여 정격 전류가 2차측에 흐르는 상태이다.

② 변압기의 용량이 10000VA이고 2차측 전압이 500V이라면 2차 정격 전류 $I_{2n}$은 20A이므로 전부하 시 변압기 2차측에는 20A의 전류가 흐른다.

③ 만약 10000VA의 부하를 연결하였다면 2A의 $I_2$가 흐르고 이때의 부하율 $m$은 $\dfrac{\text{부하용량}}{\text{정격용량}} = \dfrac{I_2}{I_{2n}} = \dfrac{1}{10}$ 이다.

④ 부하의 용량에 관계 없이 변압기 2차측 전압은 항상 $V_{2n}$이므로 출력 $P_2$은 $V_{2n} \cdot I_2 \cos\theta_2$이다.

### (2) 실측 효율과 규약 효율

① 실측 효율은 $\dfrac{\text{출력}}{\text{입력}} \times 100$이지만 변압기의 효율을 논할 때는 발전기 규약 효율 공식을 이용한다.

② 규약 효율 산출 시 파형은 정현파, 역률은 100%, 부하손 적용 온도는 75℃를 기준으로 삼는다.

③ **변압기의 규약 효율**: $\eta_{\text{변압기}} = \dfrac{\text{출력}}{\text{출력} + \text{손실}} \times 100$

④ 변압기 효율 $\eta = \dfrac{V_{2n}I_2\cos\theta_2}{V_{2n}I_2\cos\theta_2 + P_i + I_2^2 r} \times 100 = \dfrac{mP_2\cos\theta_2}{mP_2\cos\theta_2 + m^2 P_c} \times 100$이

다. 여기서 $\cos\theta_2$는 부하 역률, $r(=\dfrac{r_1}{a^2} + r_2)$는 동손 저항, $m(=\dfrac{I_2}{I_{2n}})$은 부하율, $P_c(= I_{2n}^2 r)$는 전부하 동손이다.

## (3) 최대 효율

### ① 부하율과 최대 효율

효율 공식을 간단히 쓰면 $\dfrac{mVI\cos\theta}{mVI\cos\theta + P_i + m^2 P_c} \times 100$이므로

손실 $P_i + m^2 P_c$가 최소일 때 효율이 최대이다.

산술평균 ≥ 기하평균 $\Leftrightarrow P_i + m^2 P_c \geq 2\sqrt{P_i \cdot m^2 P_c}$이고, $P_i = m^2 P_c$일 때 등호

가 성립하여 최소가 된다. 따라서 $P_i = m^2 P_c$일 때 효율이 최대이다.

최대 효율이 되는 부하율을 구해 보면, $m = \sqrt{\dfrac{P_i}{P_c}}$ 이다.

예 변압기의 철손이 1.6[kW], 동손이 3.2[kW]이면 $m = \dfrac{1}{\sqrt{2}}$일 때 최대 효율이

된다.

### ② 역률과 최대 효율

역률 공식 $\dfrac{mVI\cos\theta}{mVI\cos\theta + P_i + m^2 P_c} = 1 - \dfrac{(P_i + m^2 P_c)}{(mVI)\cos\theta + (P_i + m^2 P_c)}$에서

$(mVI)$와 $(P_i + m^2 P_c)$가 상수이므로 $\cos\theta$가 최댓값 1이 되었을 때 효율도 최

대가 됨을 알 수 있다.

## (4) 전일 효율

① 하루 동안의 출력 전력량에 대한 출력 전력량의 비를 백분율로 나타낸 것이 전

일 효율(all day efficiency)이다.

② 변압기의 부하는 매순간 변화하므로 전류도 매순간 변한다. 다만 철손은 전류

에 무관한 상수이다. 따라서 전일 효율은 다음과 같다.

$$\eta_{\text{전일}} = \dfrac{\sum hmVI\cos\theta}{\sum hmVI\cos\theta + 24P_i + \sum h(m^2 P_c)} \times 100$$

③ $24P_i = \sum h(m^2 P_c)$, 즉 하룻동안의 무부하손 합과 하룻동안의 부하손 합이

같을 때 전일 효율이 최대이다.

# 제4절 변압기 결선법

## 1 변압기의 극성

### (1) 감극성과 가극성 비교

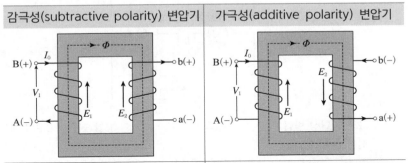

| 감극성(subtractive polarity) 변압기 | 가극성(additive polarity) 변압기 |
|---|---|
| 1차 코일의 위쪽 단자 극성과 2차 코일의 위쪽 단자 극성이 동일한 변압기 | 1차 코일의 위쪽 단자 극성과 2차 코일의 위쪽 단자 극성이 반대인 변압기 |

### (2) 건전지 비유

아래 그림에서 건전지 2개가 같은 방향으로 세워져서 위쪽이 양극이면 전압계 수치가 차이값이 되듯이, 코일 2개가 같은 방향으로 감겨져서 위쪽이 둘 다 고전위이면 감극성이라고 부른다.

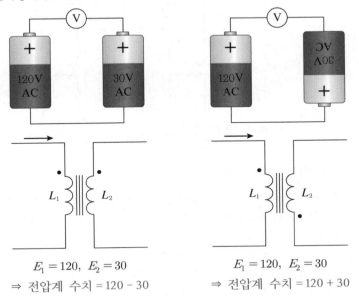

$$E_1 = 120, \ E_2 = 30$$
⇒ 전압계 수치 = 120 − 30

$$E_1 = 120, \ E_2 = 30$$
⇒ 전압계 수치 = 120 + 30

### (3) 극성 실험

1차 코일과 2차 코일의 하단을 단락시키고, 상단에 교류 전압계를 연결하였을 때 전압계 수치가 두 유기 기전력의 차(差)를 가리키면 감극성이고, 전압계 수치가 두 유기 기전력의 합(合)을 가리키면 가극성이다.

## ② 단상 결선과 3상 결선

### (1) 단상 결선

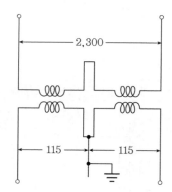

① 표준용 단상 변압기의 경우 1개의 외함 속에 2개의 고압 권선과 2개의 저압 권선이 들어 있다.

② 2300/230[V]의 경우 그림과 같이 1차측은 1150V의 기전력을 가지는 2개의 권선이 직렬 연결되어 있고, 2차측은 115V의 기전력을 가지는 2개의 권선이 직렬 연결되어 있다.

③ 2차측에서 중성선을 인출하게 되면 230V의 동력과 115V의 전등을 겸용할 수 있다.

### (2) 3상 Y - Y 결선

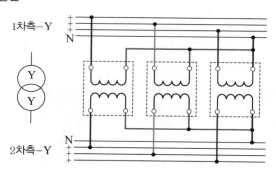

① 대지 전압이 선간 전압의 $\dfrac{1}{\sqrt{3}}$ 이다.

② 중성점 인출이 가능하며, 중성점 접지를 통해 이상 전압의 발생이 억제되고 단절연(graded insulation)이 가능하며, 지락 사고 검출이 쉽다.

③ 1차측 3고조파가 2차측 외부로 나타난다.

④ 1상 고장 시 3상 전원의 공급이 불가능하다.

⑤ 상전압 $E$인 평형 3상 u, v, w의 Y결선에서 w상만 반대로 연결하게 되면 선간 전압 $V_{u-v} = \sqrt{3}\,E$이고, 선간 전압 $V_{v-w} = V_{w-u} = E$가 된다.

## (3) 3상 △-△ 결선

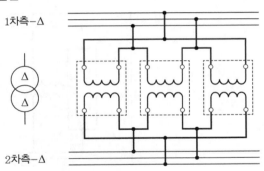

1차측-△

2차측-△

① 각 상의 전류가 선전류의 $\dfrac{1}{\sqrt{3}}$ 이므로 대전류에 적합하다.

② 중성점 인출이 불가하며, 1선 지락 시 건전상 대지 전위의 상승이 커지고 지락 사고의 검출이 어렵다.

③ 3고조파 성분이 △결선 내를 순환한다.

④ 1상 고장 시 V-V 결선으로 3상 전원의 공급이 가능하다.

## (4) 3상 Y-△ 결선 또는 △-Y 결선

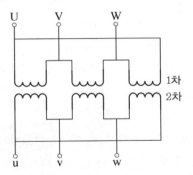

U    V    W

1차
2차

u    v    w

① Y-△ 결선은 강압용, △-Y 결선은 승압용으로 적합하다.

② Y결선의 중성점 접지를 통해 이상 전압의 발생이 억제되고 지락 사고 검출이 쉽다.

③ △결선이 있어서 3고조파가 선로에 나타나지 않는다.

④ 단상 변압기 3대 중에 한 대 고장 시 전원 공급이 불가능하다.

⑤ Y-△ 결선에서는 1차측 선간 전압의 위상이 2차측 선간 전압의 위상보다 30° 뒤진다. 따라서 1차 선간 전압과 2차 선간 전압의 각변위(위상차)는 30°이다. △-Y 결선에서 각변위는 150°이다.

## (5) 3상 V – V 결선

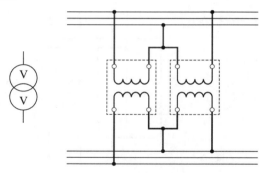

① 그림과 같이 2대의 변압기를 V – V 결선 하여 1뱅크를 구성하면 뱅크 용량은 변압기 1대 용량의 $\sqrt{3}$배가 된다.

　　즉, V – V 결선의 용량 $P_V = \sqrt{3}\,VI$이다.

② $P_V$를 △ – △ 결선의 3상 정상 사용 출력과 비교한 것을 출력비라고 한다.

　　출력비 $= \dfrac{\sqrt{3}\,VI}{3\,VI} = 57.7\%$이다.

③ $P_V$를 단상 변압기 2대 사용 출력과 비교한 것을 이용률이라고 한다.

　　이용률 $= \dfrac{\sqrt{3}\,VI}{2\,VI} = 86.6\%$이다.

④ △결선이 있어서 3고조파가 선로에 나타나지 않는다.

⑤ 단상 변압기 3대 중에 한 대 고장 시 송전이 불가능하다.

## (6) V결선과 역V결선의 비교

| 명칭 | V결선<br>(open △ – connection) | 역V결선<br>(open Y – connection) |
|---|---|---|
| 중성선 유무 | △결선의 한 상이 열린 것으로 처음부터 중성선이 없었다. | Y결선의 한 상이 열린 것으로 처음부터 중성선이 있었고, 그 중성선이 역V결선에서는 상선으로 기능하게 된다. |
| △결선과 Y결선 | △ – △결선에서 1상 고장 시 V – V결선으로 바꿀 수 있다. | △ – Y결선 또는 Y – △결선에서 1상 고장 시 Y결선을 역V결선으로 바꿀 수 있다. |
| 특징 | 1차측과 2차측을 전부 V결선으로 바꾸면 3상 평형 전압이 부하에 공급되지만 선전류와 출력이 △결선 시의 $\dfrac{1}{\sqrt{3}}$배가 된다. | 1차측을 역V결선 하게 되면 중성선에 큰 불평형 전류가 흐르게 되고, 2차측을 역V결선 하게 되면 3상 부하에 불평형 3상 전압이 걸리게 된다. |

# ③ 상(phase)수 변환 결선법

## (1) 3상을 2상으로 바꿔주는 결선법

① 스코트 결선(T결선)
② 메이어 결선
③ 우드브리지 결선

## (2) 3상을 6상으로 바꿔주는 결선법

① 환상 결선
② 2중 △결선, 2중 Y결선
③ **대각 결선**: 회전 변류기용
④ **포크 결선**: 수은 정류기용

## (3) 스코트 결선

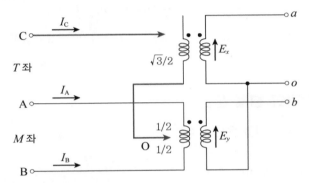

① 스코트(Scott)씨에 의해 고안된 결선법으로, T좌 변압기의 1차 권선 $\frac{\sqrt{3}}{2}$ 지점에 탭을 내어 양단의 한쪽은 전원에, 다른 한쪽은 주좌(M좌) 변압기의 1차 권선 중앙점에 접속한다.

② 2차측 각 상의 상전압 크기는 같고 위상차는 90° 생긴다.

③ 2대의 변압기를 따로 쓸 때는 출력이 $2VI$이고, T결선하면 출력이 $\sqrt{3}\,VI$로 감소하므로 뱅크 이용률은 $\frac{\sqrt{3}\,VI}{2\,VI} = 86.6\%$이다.

④ **2차측 상전압의 크기**: T좌 변압기의 2차측에 형성되는 상전압을 $\dot{E}_x$, 주좌 변압기의 2차측에 형성되는 상전압을 $\dot{E}_y$라고 하면, 오른쪽 그림과 같은 페이저도(phasor圖)에서 $E_x$의 크기는 정삼각형의 높이에 해당하고 $E_y$의 크기는 정삼각형의 한변 길이에 해당한다. 즉, 1차측 상전압의 $\dfrac{1}{a}$배가 되어야 하는 $E_y$는 $\dfrac{E_1}{a}$이고,

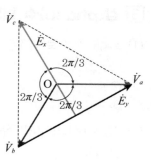

높이가 변의 $\dfrac{\sqrt{3}}{2}$배라서 $E_x$는 $\dfrac{\sqrt{3}}{2} \times \dfrac{E_1}{a}$이다. 그런데 T좌 변압기는 권수비 $a'$이 $\dfrac{\sqrt{3}}{2}a$이므로 이를 반영하면

$$E_x = \frac{\sqrt{3}}{2} \times \frac{E_1}{(\sqrt{3}/2)a} = \frac{E_1}{a}$$ 이다. 즉, $E_x = E_y$임이 증명되었다.

⑤ 스코트 결선법은 분상 기동형 단상 유도 전동기에 2상의 교류 전원을 투입할 때 이용되기도 한다.

## 4 변압기의 병렬 운전

### (1) 단상 변압기 병렬 운전의 조건

① 극성이 일치하고
② 권수비(변압비)가 같고,
③ %임피던스 강하가 같고,
④ 누설 리액턴스와 내부 저항의 비가 같아야 한다.

### (2) 3상 변압기 병렬 운전의 조건

① 단상 변압기 조건 4가지가 같으면서
② 상회전 방향과 위상각(위상 변위)이 같아야 한다.
③ 두 변압기의 1차측, 2차측 결선법 4개 중에 3개가 같으면 병렬 운전이 불가능하다.❶

### (3) 병렬 운전 시 부하 분담

❶ 불가능 조합
• △ − △와 △ − Y
• △ − △와 Y − △
• △ − Y와 Y − Y
• Y − △와 Y − Y

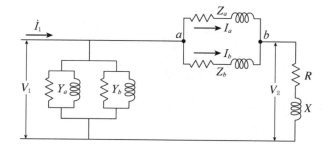

① 간이 등가회로에서 ab 사이의 전압 강하를 고려하면

$$V_1 = V_2 + I_a Z_a, \quad V_1 = V_2 + I_b Z_b$$

여자 전류를 무시하면 $I_1 = I_a + I_b$이고 $\dfrac{I_a}{I_b} = \dfrac{Z_b}{Z_a}$가 성립한다. 변압기 A, B의 전

부하 전류 $I_A$, $I_B$와 전압 $V$에 대해, $(\%Z_a) = \dfrac{I_A Z_a}{V} \times 100$, $(\%Z_b) = \dfrac{I_B Z_a}{V} \times 100$

이므로 전류 분담(= 부하 분담)식에 대입하면 다음과 같다.

② $\dfrac{I_a}{I_b} = \dfrac{(\%Z_b)\,V}{I_B} \times \dfrac{I_A}{(\%Z_a)\,V} = \dfrac{(\%Z_b)\,V I_A}{(\%Z_a)\,V I_B}$ 부하 분담은 %Z에 반비례하고 변압

기 용량에 비례한다.

③ A, B의 용량이 같고 %임피던스 강하는 A > B이면 B에 변압기 용량만큼의 부
하를 걸 수 있다.

## 제5절 특수 변압기와 시험

### 1 단권 변압기

#### (1) 구조

1차 권선과 2차 권선이 독립되어 있지 않고 권선의 일부를 공유한다.

① 강압용은 직렬 권선이 1차 권선에 해당하고 그 중 일부인 분로 권선에 부하가
연결되어 있으므로 2차 권선에 해당한다.

② 승압용은 권선 전체에 해당하는 직렬 권선에 2차측 부하를 접속하고, 아래쪽
분로 권선(공동 권선)에 1차측 입력 전원이 연결되어 있다.

#### (2) 자기 용량과 부하 용량

① 2차측 부하에 인가되는 전압과 부하에 흐르는 전류의 곱, 즉 $V_2 I_2$를 부하 용량
이라고 한다.

② 직렬 권선을 일반 변압기의 1차 권선으로, 분로 권선을 일반 변압기의 2차 권선
으로 간주했을 때, 직렬 권선(또는 분로 권선)의 기전력과 전류 곱을 단권 변압
기의 자기 용량으로 정의한다.

| 장점 | 강압 단권 변압기 | 체승 단권 변압기 |
|---|---|---|
| 회로도 | 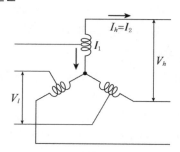 강압 $V_1 > V_2$이므로 $I_1 < I_2$ | 승압 $V_1 < V_2$이므로 $I_1 > I_2$ |
| 부하 용량 | 부하 용량은 $V_2 I_2$이고, 전력 보존 법칙에 의해 $V_2 I_2 = V_1 I_1$ | 부하 용량은 $V_2 I_2$이고, 전력 보존 법칙에 의해 $V_2 I_2 = V_1 I_1$ |
| 자기 용량 | 직렬 권선 용량 = 분로 권선 용량 $(V_1 - V_2)I_1 = V_2(I_2 - I_1)$ | 직렬 권선 용량 = 분로 권선 용량 $(V_2 - V_1)I_2 = V_1(I_1 - I_2)$ |
| 자기 용량 부하 용량 | $\dfrac{(V_1 - V_2)I_1}{V_1 I_1} = \dfrac{V_1 - V_2}{V_1}$ | $\dfrac{(V_2 - V_1)I_2}{V_2 I_2} = \dfrac{V_2 - V_1}{V_2}$ |
| 공식 통일 | $V_1 > V_2$이므로 $\dfrac{P}{P_L} = \dfrac{\Delta V}{V_h}$ | $V_1 < V_2$이므로 $\dfrac{P}{P_L} = \dfrac{\Delta V}{V_h}$ |
| 용도 | 동기기와 유도기의 기동 보상기용, 가정용 변압기, 초고압 전력용 ||

### (3) 단권 변압기의 3상 결선

① 단권 변압기 3대를 Y결선 하면 상전압의 $\sqrt{3}$배가 선간 전압이므로
$\sqrt{3}\, V_1 = V_l,\ \sqrt{3}\,(V_1 + V_2) = V_h$이다. 즉,
$V_1 = V_l / \sqrt{3},\ V_1 + V_2 = V_h / \sqrt{3}$이므로 $V_2 = (V_h - V_l)/\sqrt{3}$이다. 따라서
자기 용량을 부하 용량 $\sqrt{3}\, V_h I_h$으로 나눠주면,

$\dfrac{\text{자기 용량}}{\text{부하 용량}} = \dfrac{\sqrt{3}\,(V_h - V_l)I_2}{\sqrt{3}\, V_h I_2} = \dfrac{V_h - V_l}{V_h}$이다.

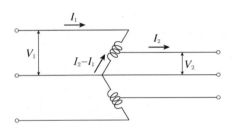

② 단권 변압기 2대를 V결선 했을 때의 $\dfrac{\text{자기 용량}}{\text{부하 용량}}$ : 위 회로도에서 $V_1 > V_2$이므

로 $I_1 < I_2$이다. 3상 부하 용량은 $\sqrt{3}\, V_2 I_2$인데, 전력 보존 법칙에 의해

$\sqrt{3}\, V_2 I_2 = \sqrt{3}\, V_1 I_1$이고, 직렬 권선 하나당 용량은 $(V_1 - V_2)I_1$인데 V결선에

서는 직렬 권선이 2개이므로 자기 용량은

$2(V_1 - V_2)I_1$이다. 따라서

$$\frac{\text{자기 용량}}{\text{부하 용량}} = \frac{2(V_1 - V_2)I_1}{\sqrt{3}\, V_1 I_1} = \frac{2}{\sqrt{3}}\,\frac{V_1 - V_2}{V_1} \Rightarrow \frac{P}{P_L} = \frac{2}{\sqrt{3}}\,\frac{\Delta V}{V_h}$$

③ 결선 방식에 따른 등가 용량과 부하 용량의 비는 다음 표와 같다.

| 결선 방식 | Y결선 | △결선 | V결선 |
|---|---|---|---|
| $\dfrac{\text{자기 용량}}{\text{부하 용량}}$ $\dfrac{P}{P_L}$ | $\dfrac{V_h - V_l}{V_h}$ | $\dfrac{V_h^2 - V_l^2}{\sqrt{3}\, V_h V_l}$ | $\dfrac{2}{\sqrt{3}}\,\dfrac{V_h - V_l}{V_h}$ |

### (4) 단권 변압기의 장단점

| 장점 | 단점 |
|---|---|
| ① %임피던스와 전압 변동률이 작다. <br> ② 권선 동량을 줄일 수 있어서 경제 적이다. <br> ③ 동손이 감소하여 변압기 효율이 높다. <br> ④ 단상, 3상에 모두 사용이 가능하다. | ① 권선의 누설 임피던스가 작아서 단 락 사고 시 단락 전류가 크다. <br> ② 1, 2차 권선의 절연이 불가능해서 1 차측 이상전압이 2차측으로 파급 된다. |

## 2 계기용 변압기와 변류기

### (1) 계기용 변압기

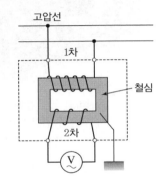

① PT(Potential Transformer)의 2차측 전압은 110V가 표준이며, 1차측의 대전압을 2차측의 소전압으로 변성하여 전기실의 각종 계기류에 저전압의 전력을 공급한다.

② 전력용 변압기와 구조상 차이는 없으나 비투자율이 크고 철손이 작은 규소 강판을 쓰고 임피던스 강하가 적은 권선을 사용한 것이 특징이다. 1차측과 2차측에 반드시 퓨즈를 부착하여 사고 확대를 방지한다.

## (2) 변류기

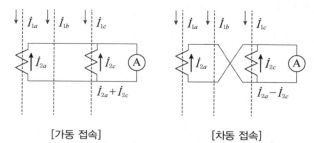

[가동 접속]          [차동 접속]

① CT(Current Transformer)의 2차측 전류는 5A가 표준이며, 1차측의 대전류를 2차측의 소전류로 변성하여 전기실의 각종 계기류에 저전류의 전력을 공급한다.

② **변류기 결선법**: 가동 접속하면 전류계의 지시가 $|\dot{I}_{2a} + \dot{I}_{2c}| = I_2$이고 , 차동 접속하면 전류계의 지시가 $|\dot{I}_{2a} - \dot{I}_{2c}| = \sqrt{3}\,I_2$이다.   CT비 $= \dfrac{I_1}{I_2}$를 이용하면 1차측 전류 $I_1$의 크기를 알 수 있다.

③ CT를 수리하고자 할 때는 2차 회로를 개로하면 안 되고 단락시켜 놓은 상태에서 계기를 떼내어 수리하고 다시 접속하여 복귀한다(2차 개로 시 1차 전류가 모두 여자 전류로 바뀌면서 2차 권선의 절연이 파괴될 수 있기 때문이다).

## ③ 몰드 변압기

### (1) 몰드 변압기의 특징

① 코일을 직접 에폭시 수지로 몰딩하여 난연성과 내습성이 우수한 변압기이다.
② 건식 변압기에 비해 소음이 적고 유입 변압기에 비해 절연 레벨이 낮다.
③ 옥외에 설치하는 것이 불가하며 기준충격 절연강도가 약한 편이다.

## (2) 몰드 변압기의 탭 조정

① 변압기 탭(tap)이란 1차 권선의 turn수를 조정하여 2차 전압의 크기를 바꾸는 장치이다.

② **탭 조정의 필요성**: 전원 전압이나 부하의 변동에 따라 변압기 2차측 전압 변동을 보상하고 일정 전압을 유지시키기 위해 변압기 권수비의 변경이 필요하다.

③ 권수비 관계식 $V_1 = \dfrac{N_1}{N_2} \times V_2$ 이므로 6300/110인 변압기의 2차측 전압을 120V로 높이기 위해서는 1차측 탭을 바꿔서 $V_1 = \dfrac{6300}{110} \times 120 = 6872[\mathrm{V}]$로 택해 주어야 한다.

## 4 유도 전압 조정기

### (1) 단상 유도 전압 조정기

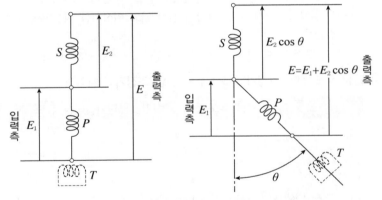

[$P$: 분로 권선, $S$: 직렬 권선, $T$: 단락 권선]

① 기본적으로는 단권 변압기와 같은 구조이며, 그림과 같이 분로 권선을 $\theta$만큼 회전시키면 직렬 권선을 쇄교하는 자속이 처음의 $\cos\theta$배로 감소하기 때문에 직렬 권선에 유기되는 기전력 $E_2'$는 처음의 $\cos\theta$배, 즉 $E_2\cos\theta$로 감소한다.

> 입력전압 $V_1 = E_1$ 부하 전압 $V_2 = E$

② 부하 전압 $= V_2 = E_1 + E_2\cos\theta = V_1 + E_2\cos\theta\,(V_1:$ 전원 전압)이므로 부하 전압의 조정 범위는 $V_1 - E_2$부터 $V_1 + E_2$까지이다. 따라서 정격 용량(= 자기 용량 = 분로 권선의 용량)은 전압 변화폭 × 2차전류 $= E_2 I_2$이다.

③ 분로 권선과 직각으로 배치한 단락 권선 $T$는 축방향 기자력($I_2\sin\theta$에 의한 기자력)을 상쇄하도록 작용하며, 따라서 직렬 권선의 누설 리액턴스를 감소시켜 전압 강하를 줄이는 데 효과적이다.

## (2) 3상 유도 전압 조정기

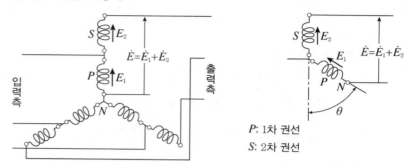

$P$: 1차 권선
$S$: 2차 권선

① 권선형 3상 유도 전동기의 1차 권선과 2차 권선을 그림과 같이 Y결선의 단권 변압기 형태로 접속하고 회전자는 구속 상태로 두고 사용하는 것과 같다.

② P에 3상 전압을 인가하면 $E_1$의 회전 자계에 의해 $E_2$가 형성된다. 따라서 단권 변압기를 응용한 것이 3상 유도 전압 조정기이고, 3상 유도 전압 조정기의 원리를 응용한 것이 3상 유도 전동기라고 말할 수 있다.

③ 단상 전압 조정기와 달리 단락 권선이 없고 위상차를 이용하여 부하 전압을 조정한다.

④ 3상의 조정 범위, 정격 용량, 부하 용량은 단상의 $\sqrt{3}$배이다.

## (3) 단상 유도 전압 조정기와 3상 유도 전압 조정기의 차이점

| 구분 | 단상 유도 전압 조정기 | 단가살이상 유도 전압 조정기 |
|---|---|---|
| 자계 | 교번 자계 | 회전 자계 |
| 입출력간 위상 | 동위상 | 위상차 발생 |
| 단락 권선 | 필요 | 불필요 |
| 전압 조정 범위 | $E_1 \pm E_2$ ($V_1 = E_1$) | $\sqrt{3}(E_1 \pm E_2)$ ($V_1 = E_1$) |
| 정격 용량 | $E_2 I_2$ | $\sqrt{3} E_2 I_2$ |
| 부하 용량 | $V_2 I_2$ | $\sqrt{3} V_2 I_2$ |

## 5 변압기 시험

### (1) 극성 시험

시험 대상 변압기와 권수비가 동일한 표준 변압기를 고압측에 병렬로 접속하고 저압측은 서로 반대로 접속했을 때 전압계의 지시가 0이면 감극성이다.

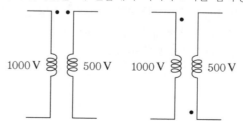

## (2) 온도 상승 시험

변압기 사용 중에 절연유나 권선의 온도 상승이 규격치 이내인지를 확인하는 시험
① **실 부하법**: 소용량기에 해당하며 물 저항, 금속 저항기, 전등 상자를 부하로 연결한다.
② **반환 부하법**: 변압기가 2대일 경우 그림 (가)와 같이 $T_1$, $T_2$의 저전압측을 병렬로 해서 철손을 공급하고 고압측은 극성을 반대로 접속한다. 전류계 및 동손 공급용 변압기 T도 필요하다. 3상일 경우 그림 (나)와 같이 저전압측은 델타 결선의 1각을 개방하여 철손 공급용 변압기 T를 삽입한다.

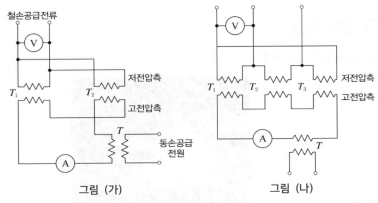

그림 (가)        그림 (나)

③ **등가 부하법**: 1차 권선에 전압을 가하고 2차 권선은 단락시키고 전류를 흘려서 부하 손실분을 공급하는 방법

## (3) 절연 내력 시험

변압기의 외함, 권선, 충전 부분 상호간의 절연 강도를 확인하는 시험으로 유입 변압기는 절연 내력 시험에 앞서서 30[kV] 이상의 전압을 가하여 절연 파괴 시험을 행한다.
① 가압 시험
② 유도 시험
③ 충격 전압 시험

## 6 변압기 보호

### (1) 내부 고장 검출용 계전기

① 비율 차동 계전기(상간 단락 보호)
② 부흐홀츠 계전기(고장 시 발생하는 가스에 의해 작동)
③ 과전류 계전기
④ 온도 계전기
⑤ 압력 계전기

### (2) 변압기 보호 장치

① 콘서베이터(절연재력 저하 방지)
② 전력 퓨즈와 COS(다른 부분으로의 사고 확산 방지)

# CHAPTER 04 유도기

참고 & 심화

## 제1절 유도 전동기의 원리와 구조

### 1 동작 원리

**(1) 플레밍의 왼손 법칙**

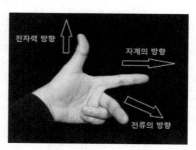

① 자계 속에 놓인 전류 도선이 받는 힘의 방향을 나타내는 법칙이다.
② 전류 도선이 자계 속에서 받는 회전력은 도선 속에서 움직이는 전자가 로런츠 힘을 받기 때문이며 왼손의 엄지, 검지, 중지가 서로 직교하도록 만들었을 때 왼손 엄지가 가리키는 방향이 바로 전자력(= 로런츠 힘)의 방향이다.

**(2) 아라고 원판의 원리**

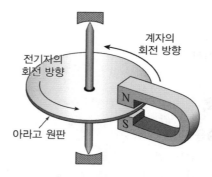

① 그림과 같이 알루미늄 원판 위에서 자석을 돌리면 전자기 유도 현상에 의해 원판에 기전력이 발생하여 맴돌이 전류가 형성되고 이 전류와 자속 사이에 작용하는 전자기력에 의해 원판이 회전한다. 이것이 바로 유도 전동기의 원리이다.
② 이때 원판이 자석이 만드는 자속에 유도되어 회전하려면 원판과 자석 간에 상대 속도가 있어야 하므로 반드시 자석보다는 원판이 느리게 회전해야 한다. 실제의 유도 전동기는 3상 권선에 3상 교류 전압을 공급하여 회전 자계를 만듦으로써 실물 자석을 돌려준 것과 같은 효과를 만들어낸다.

## (3) 회전 자계

① 1상의 교류가 2개의 코일로 구성되며, 4극의 경우 자계는 1사이클에 대해 전기 각으로 360° 회전하고, 기하학적 각으로는 180° 회전한다.

즉, 전기각 = $\frac{p}{2}$ × 기하각이다.

② 자계의 주기는 전류의 주기와 같고 크기는 각 코일이 만드는 최대 자계의 $\frac{3}{2}$배 이며, 동기 속도 $N_s = \frac{120f}{p}$로 시계 방향으로 회전한다.

## ② 고정자와 회전자

### (1) 고정자(Stator)
외부에서 3상 교류 전력을 받아 회전 자계를 만들어내는 부분이며, 틀, 철심, 1차 권선의 3부분으로 이루어져 있다.

① 철심은 두께 0.3 ~ 0.5mm의 규소 강판을 사용하며 니스 처리하여 와류손을 줄인다.

② 1차 권선이 들어가는 슬롯은 수평보다 약간 경사지게 만든 스큐 슬롯을 사용하여 시동 중의 이상 현상을 줄인다.[1]

③ 고정자의 1차 권선은 이층권, 중권, 단절권을 채택한다.[2]

### (2) 회전자(Rotor)

처음에는 서서히 돌다가 전동기 토크에 의해 회전 속도가 점점 빨라지며 고정자의 동기 속도 근처에 도달하여 전동기 토크와 부하 토크가 같아지는 시점 이후에는 일정한 속도 N으로 회전한다. 농형 회전자는 축, 실린더, 도체 바, 단락환(end ring)으로 이루어져 있고 권선형 회전자는 훨씬 더 복잡한 구조로 이루어져 있다.

| 종류 | 농형 회전자 | 권선형 회전자 |
|---|---|---|
|  | 고정자 / 농형 회전자 | 고정자 / 권선형 회전자 |
| 구조 | 슬롯에 권선이 아닌 도체 바가 들어가 있고 단락환이 도체 바들을 이어준다. 간단 구조 | 철심과 회전축을 둘러싼 슬롯에 코일이 감겨 있으며 슬립링, 브러시, 2차 저항기가 있다. |
| 특징 | 기동 전류가 크고 토크가 작아서 소용량으로 적합하다. | 속도 제어가 가능하고 토크가 커서 대용량으로 적합하다. |
| 역률 | 농형 유도기가 권선형보다 역률이 크다. | 슬롯이 깊고 누설 자속이 커서 역률이 작다. |

참고 & 심화

❶
동기 발전기에서도 스큐 슬롯을 사용하여 고조파 발생을 억제한다.

❷
직류 발전기에서 주로 사용하는 권선법은 고상권, 폐로권, 이층권이고, 동기 발전기는 파형을 좋게 하기 위해 단절권, 분포권을 채택한다.

# 제2절 유도 전동기에 관한 이론

## 1 슬립과 회전 자계

### (1) 슬립의 뜻과 범위

① 교류 전원이 공급되는 고정자의 극수가 $p$이면 교류 전류가 매초 $f$번 회전할 때 합성 기자력은 매초 $\dfrac{f}{p/2}$ 만큼 회전하므로 고정자에 대한 자계의 분당 회전 수는 $\dfrac{60f}{p/2}$ 이고 동기 속도 $N_s$라고 부른다.

② 유도기에서는 고정자 자계의 회전 속도와 회전자의 실제 회전 속도의 차이가 발생하는데 그 차이값을 동기 속도로 나눈 값을 슬립이라고 한다.

$$s = \frac{N_s - N}{N_s} \quad (N_s[\text{rpm}]: \text{동기 속도}, \ N[\text{rpm}]: \text{회전자 속도})$$

③ 슬립은 단위가 없지만 $N_s - N/N_s$에 100을 곱하게 되면 $s[\%]$로 표기해야 한다.

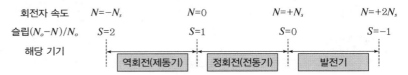

| 회전자 속도 | $N=-N_s$ | $N=0$ | $N=+N_s$ | $N=+2N_s$ |
|---|---|---|---|---|
| 슬립$(N_o-N)/N_o$ | $S=2$ | $S=1$ | $S=0$ | $S=-1$ |
| 해당 기기 | 역회전(제동기) | 정회전(전동기) | 발전기 | |

### (2) 슬립과 부하의 크기

① $s = \dfrac{N_s - N}{N_s}$ 으로부터 회전자의 속도 $N=(1-s)N_s$ 이다.

② 무부하 상태에서는 회전자가 동기 속도와 거의 같은 속도로 회전하므로 $N=N_s$이고 슬립은 0이다. 부하가 점점 커지면 회전자의 속도는 느려지고 슬립은 증가한다. 슬립이 1에 도달하면 $(1-s)N_s = 0 \times N_s$, 전동기는 정지한다. 권선형의 슬립은 0.05 정도이다.❶

### (3) 회전자에 대한 자계의 속도

① $s = \dfrac{N_s - N}{N_s}$ 으로부터 회전자에 대한 회전 자계의 상대 속도는 $N_s - N = sN_s$ 이다. 회전자가 고정자와 함께 정지해 있을 때 회전 자계의 속도인 $N_s$의 s배임을 알 수 있다.

② 따라서 회전자(2차 권선)에 유도되는 기전력의 주파수를 2차 주파수(= 슬립 주파수)라고 하면, $f_2 = \dfrac{p}{120}N_{slip} = \dfrac{p}{120}sN_s$가 되어 $f_2 = sf_1$로 쓸 수 있다.

❶
부하(road)가 커지면 부하 전류가 증가하고, 회전자 속도가 느려지면서, 운전점 슬립은 증가한다.

## ② 유도 전동기의 등가 변압기 회로

### (1) 전동기가 정지하고 있을 때

① 회전 자계가 만드는 여자 전류에 의해 1, 2차 권선에 기전력이 유도되는 원리는 변압기와 동일하므로 1차 유도 기전력은 $E_1 = (2\pi/\sqrt{2})K_{w1}n_1f\phi = 4.44K_{w1}n_1f\phi$이다. 여기서 $f$는 공급 전압의 주파수이고, $n_1$은 1차 권선 1상의 감긴 수이고, $K_{w1}$은 1차 권선의 권선 계수이고, $\phi$는 1극의 평균 자속이다.

② $E_1$은 전동기의 역기전력이므로
단자 전압 = 역기전력 + 한 상의 임피던스 강하($V_1 = E_1 + I_1 Z_1$ )이다.

③ 회전자가 정지해 있으면 회전자의 회전 자계는 1,2차 권선에 동일한 영향을 주므로 2차 유도 기전력은 $E_2 = 4.44K_{w2}n_2f\phi$이다. 여기서 $n_2$는 2차 권선 1상의 감긴 수이고, $K_{w2}$은 2차 권선의 권선 계수이다.

④ 권선이 없는 농형 회전자에서는 $n_2 = 0.5p$, $K_{w2} = 1$이다.

⑤ 유도 전동기는 공극과 철손이 커서 정격 전류에 대한 여자 전류의 비율이 상당히 크며 같은 용량이라면 극수가 많을수록 매극 매상의 도체수가 증가하여 여자 전류의 비율이 커진다.

### (2) 전동기가 회전하고 있을 때

① 슬립이 $s$인 유도 전동기의 2차측 회전자는 슬립 주파수 $f'(= sf)$에 의해 기동되므로 2차 기전력 $E_2' = 4.44f'N\phi_m = sE_2$이고, 2차 권선의 리액턴스 $x_2' = 2\pi f'L = sx_2$이고 $r_2$는 변화가 없다.

② 2차 전류 $I_2 = \dfrac{sE_2}{\sqrt{r_2^2+(sx_2)^2}} = \dfrac{E_2}{\sqrt{(\dfrac{r_2}{s})^2+x_2^2}}$ 이므로 정지 상태의 2차 기전력

이 그대로 인가되면서 2차 저항 $r_2$가 $r_2/s$로 교체되었다고 생각해도 무방하다. 즉, 합성된 등가 저항 $r_2/s$는 2차 저항 $r_2$와 기계적 출력에 상응하는 저항 $r$의 직렬 연결로 보게 되면 $\dfrac{r_2}{s} = r_2 + r$로부터 $r = \dfrac{1-s}{s}r_2$라는 식을 얻을 수 있다.

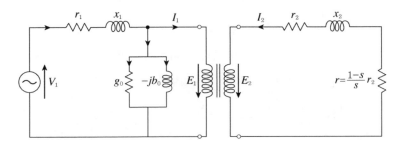

❷
실제는 $sE_2$의 기전력이 $r_2 + jsx_2$에 인가된 것이 맞지만, $E_2$의 기전력이 $\dfrac{r_2}{s} + jx_2$에 인가된 것으로 간주하면 회로분석이 간편해진다.

③ 2차측에 입력된 공급 전력 $P_2 = I_2^2 \times$ 2차측 총저항 $= I_2^2 \times \dfrac{r_2}{s}$이고, 2차측 권선

저항에 의한 전력 손실 $P_{c2} = I_2^2 \times r_2$이므로 회전자의 기계적 출력 $P_0$는

$I_2^2 \times \dfrac{r_2}{s} - I_2^2 \times r_2$이다. 정리하면, $P_0 = (\dfrac{1-s}{s})r_2 I_2^2 = rI_2^2$이다.

따라서 2차 입력 : 2차 동손 : 기계적 출력

$= P_2 : P_{c2} : P_0 = \dfrac{I_2^2 r_2}{s} : I_2^2 r_2 : (\dfrac{1-s}{s})I_2^2 r_2 = 1 : s : 1-s$이다.

### (3) 물리량 비교표

| 2차측 물리량 | 2차 저항 | 2차 기전력 | 2차 리액턴스 |
|---|---|---|---|
| 정지 중인 유도 전동기 | $r_2$ | $E_2$ | $x_2$ |
| 회전 중인 유도 전동기 | $r_2{}' = r_2$ | $E_2{}' = sE_2$ | $x_2{}' = sx_2$ |

| 2차측 물리량 | 2차 1상 임피던스 | 2차 전류 = $\dfrac{\text{기전력}}{\text{임피던스}}$ |
|---|---|---|
| 정지 중인 유도 전동기 | $\sqrt{r_2^2 + x_2^2}$ | $\dfrac{E_2}{\sqrt{r_2^2 + x_2^2}}$ |
| 회전 중인 유도 전동기 | $\sqrt{r_2^2 + (sx_2)^2}$ | $\dfrac{sE_2}{\sqrt{r_2^2 + (sx_2)^2}} \fallingdotseq \dfrac{E_2}{r_2/s}$ |

## 3 토크

### (1) 토크와 2차 기전력의 관계

① 2차측 권선에 순시 전류 $i_2$가 흐를 때 자속 밀도 $B$ 속에 놓인 길이 $l$의 도체
bar가 받는 힘은 $Bi_2l$이고 회전자의 반지름이 $r$이면 회전자 토크의 순시값은
$Bi_2l \times r \times$ (상수 × 권수)이고 전류 실횻값을 대입하면 토크

$\tau = \dfrac{2I_2}{\sqrt{2}} B_m m_2 n_2 lr \cos\theta_2$이다.

② 도체bar가 회전축으로부터 $r$만큼 떨어져 있고 회전자의 지름이 $2r$, 도체bar가

휩쓰는 면적이 $2\pi rl$, 정현파 자속밀도의 평균값이 $\dfrac{2}{\pi}B_m$이므로 극당 자속은

$\dfrac{(\text{평균 자속밀도})(\text{휩쓰는 면적})}{2p} = \dfrac{(2B_m/\pi)(2\pi rl)}{2p}$

$\Leftrightarrow 2rB_m l = p\phi$, 토크 식에 대입하면 $\tau = \dfrac{1}{\sqrt{2}}I_2 m_2 n_2 \cos\theta_2 \times p\phi$이다.

⇒ 토크는 1극당 자속에 비례하고, 2차 도체에 흐르는 전류에 비례한다.

$$\tau \propto \phi \times I_2$$

③ $I_2 = \dfrac{sE_2}{\sqrt{r_2^2 + (sx_2)^2}}$, $\quad \cos\theta_2 = \dfrac{r_2}{\sqrt{r_2^2 + (sx_2)^2}}$,

2차 기전력 $E_2 = \dfrac{2\pi}{\sqrt{2}}k_{w2}n_2 f\phi(k_{w2}=1$로 가정$)$으로부터 $\phi = \dfrac{\sqrt{2}\,E_2}{2\pi n_2 f}$를 토크

식에 대입하면 $\tau[\text{N·m}] = \dfrac{m_2 p}{2\pi f}\dfrac{sE_2^2 r_2}{r_2^2 + (sx_2)^2}$이다.

⇒ 토크는 2차 기전력의 제곱에 비례한다. $\tau \propto E_2^2$

④ $\tau = \dfrac{m_2 p}{2\pi f}\dfrac{sE_2^2 r_2}{r_2^2 + (sx_2)^2}$에서 $r_2 \gg (sx_2)^2$를 감안하면 $\tau = \dfrac{m_2 p}{2\pi f r_2}sE_2^2 \propto sE_2^2$이

되어, 부하가 일정해서 토크가 일정하다는 조건하에서는 $s$와 $E_2^2$이 반비례 관

계이다. 기전력이 2배로 증가하면 슬립은 1/4배가 된다.

## (2) 토크와 2차 입력(= 동기 와트)의 관계

① 토크 = 힘 × 회전 길이 ⇒ $Fr = \dfrac{Fl}{l}r = \dfrac{W/t}{l/t}r = \dfrac{P}{v}r = \dfrac{P}{r\omega}r = \dfrac{P}{\omega}$이므로

출력이 $P_0$, 회전수 $N$인 유도 전동기의 토크는 $\tau = \dfrac{P_0}{2\pi N/60} = \dfrac{60P_0}{2\pi N}$이고,

$N = (1-s)N_s$, $P_0 = (1-s)P_2$를 대입하면

$\tau[\text{N·m}] = \dfrac{60P_2}{2\pi N_s} = 9.549\dfrac{P_2}{N_s}$이다.

② $1\text{N} = (1/9.8)\text{kg}$ 중, $\dfrac{1}{9.8}\dfrac{60}{2\pi} = 0.975$이므로 $\tau[\text{kg·m}] = 0.975\dfrac{P_2}{N_s}$이다.

고쳐 쓰면, $\tau[\text{kg·m}] = 0.975\dfrac{p \times P_2}{120f}$

⇒ 토크는 극수와 2차 입력에 비례한다.

$$\tau \propto P_2$$

# 제3절 유도 전동기의 특성

## 1 최대 토크와 효율

### (1) 최대 토크

① 테브난 등가회로에서 전류는 전압 나누기 임피던스이므로

$$I_2 = \frac{V_{th}}{\sqrt{(r_{th}+\frac{r_2}{s})^2+(x_{th}+x_2)^2}}, \quad \tau = \frac{P_0}{\omega} = \frac{(1-s)P_2}{(1-s)\omega_s} = \frac{I_2^2(r_2/s)}{\omega_s}$$

$$\tau = \frac{V_{th}^2}{(r_{th}+\frac{r_2}{s})^2+(x_{th}+x_2)^2}\frac{r_2}{s}\frac{1}{\omega_s} = \frac{V_{th}^2}{A}\frac{r_2}{\omega_s}$$

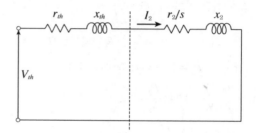

② $s$에 관한 식 $A \equiv s[(r_{th}+r_2/s)^2+(x_{th}+x_2)^2]$가 최소일 조건을 구해 보면, $\alpha s + \frac{\beta}{s} \geq 2\sqrt{\alpha s \cdot \frac{\beta}{s}}$ 이고 $\alpha s = \frac{\beta}{s}$, 즉 $s = \sqrt{\frac{\beta}{\alpha}}$ 일 때 $A$가 최소, 토크가 최대이다.

토크를 최대로 만드는 슬립 $s_m = \frac{r_2}{\sqrt{r_{th}^2+(x_{th}+x_2)^2}}$ 이고, $\tau$ 식에 대입하면,

$$\tau_m = \frac{\sqrt{r_{th}^2+(x_{th}+x_2)^2}}{(r_{th}+\sqrt{r_{th}^2+(x_{th}+x_2)^2})^2+(x_{th}+x_2)^2}\frac{V_{th}^2}{\omega_s}, \quad r_2$$ 가 약분으로 소거되어 최대 토크 $\tau_m$은 $r_2$에 무관하다.

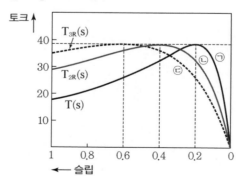

③ 외부 저항을 추가하여 2차 저항을 $r_2 \rightarrow 2r_2 \rightarrow 3r_2$로 증가시키면 전동기 토크는 ㉠ → ㉡ → ㉢으로 바뀐다.

④ $r_2$를 변화시켜서 $s_m$이 점점 커져서 1이 된다면 회전수가 0일 때의 토크값, 즉 기동 토크값이 최대 토크가 됨을 위 토크 특성 곡선을 통해 알 수 있다. 이것이 비례추이(Proportional shifting)이다.

$$\frac{r_2}{s_m} = \frac{r_2 + r}{s_m{'}}$$

\* 2차 저항 $r_2$를 증가시키면 $s_m$도 정비례적으로 커지며 최대토크는 불변

⑤ $s_m = 1 \Rightarrow r_2 = \sqrt{r_{th}^2 + (x_{th} + x_2)^2}$ 권선형 유도 전동기는 슬립링을 통해 외부 저항을 추가할 수 있어서 $r_2$의 변경이 가능하다.

## (2) 최대 토크와 전부하 슬립

전동기 토크를 최대로 만드는 슬립과 전동기가 정상 운전 중일 때의 슬립은 다른 개념이지만 전원 전압을 $\frac{1}{n}$로 낮추면 최대 토크가 $\frac{1}{n^2}$로 감소하고 최대 토크 슬립은 그대로이지만 전부하 슬립이 $n^2$배로 커진다.

## (3) 출력을 최대로 만드는 슬립

$$P_0 = \frac{2\pi N}{60}\tau = \frac{2\pi(1-s)N_s}{60} \times \frac{V_{th}^2}{A}\frac{r_2}{\omega_s} = \frac{2\pi N_s}{60}\frac{V_{th}^2 r_2}{\omega_s} \cdot \frac{1-s}{A} \text{이므로}$$

$\dfrac{1-s}{A} \equiv \dfrac{1-s}{s[(r_{th} + r_2/s)^2 + (x_{th} + x_2)^2]}$가 최대일 때, 즉 $s = s_P$일 때 출력 $P_0$도 최대가 되며, $s_P$는 토크를 최대로 만드는 슬립 $s_m$보다 항상 작은 값을 가진다.

## (4) 효율 = $\dfrac{\text{2차 출력}}{\text{1차 입력}} = \dfrac{P_0}{P_1}$

① 효율은 $\dfrac{\text{1차 출력}}{\text{1차 입력}}$이 아니고 $\dfrac{\text{2차 출력}}{\text{1차 입력}}$이다.

② 효율 85%, 역률 90%, 출력 10[kW] 3상 380[V]의 유도 전동기에서 전부하 전류를 구해 보면, 기계손이 따로 주어지지 않았으므로

$$I_1 = \frac{P_0}{\sqrt{3}\,V_1\cos\theta_1\eta_1} = \frac{10^4}{\sqrt{3} \times 380 \times 0.9 \times 0.85} = 19.86\text{[A]이다.}$$

(5) 유도 전동기 등가회로에서 입력, 손실, 출력

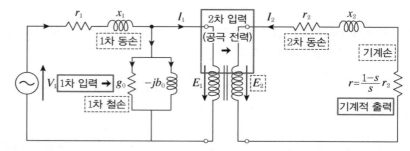

① 1차 입력 = 1차 철손 + 1차 동손 + 1차 출력(2차 입력) $P_1 = P_{i1} + P_{c1} + P_2$

② 2차 입력 = 2차 동손 + 기계적 출력 $P_2 = P_{c2} + P_0$

③ 기계적 출력 = 전동기 출력 + 기계손

$P_0 = P + P_m$, 따라서, 2차 효율 $\eta_2 = \dfrac{P_0}{P_2} = \dfrac{P + P_m}{P_2}$ 이다.

※ 기계손에 대한 언급 없이 유도 전동기의 정격 출력[kW]이 제시되면 그 값을 $P_0$로 봐도 되지만, 정격 출력과 기계손이 함께 제시된 경우 두 값의 합을 $P_0$로 봐야 한다.

④ 비례 관계 $P_2 : P_{c2} : P_0 = 1 : s : 1 - s$ 이므로 2차 효율 $\dfrac{P_0}{P_2} = \dfrac{1-s}{1} = 1 - s$ 이다.

(6) 2차 효율 = $\dfrac{2차\ 출력}{2차\ 입력} = \dfrac{P_0}{P_2} = \dfrac{(1-s)P_2}{P_2} = 1 - s = \dfrac{N}{N_s} = \dfrac{\omega}{\omega_s}$

(단, $N_s = \dfrac{60\omega_s}{2\pi}$, $N = \dfrac{60\omega}{2\pi}$)

① 유도 전동기의 슬립이 6%로 주어지면 2차 효율 $\eta_2 = 1 - s$ 로부터
$1 - 0.06 = 0.94$ 이다.

② 회전수의 비 = 각속도의 비 $\Rightarrow \eta_2 = \dfrac{N}{N_s} = \dfrac{\omega}{\omega_s}$ 로부터 2차 효율은

$\dfrac{회전자\ 각속도}{동기\ 각속도}$ 이다.

## ② 비례추이 물리량과 속도 특성 곡선

(1) 비례추이 물리량

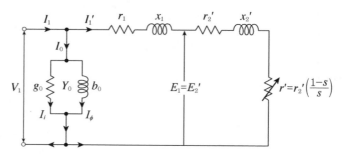

① 1차로 환산한 간이 등가회로에서 $Z_2' = \dfrac{r_2'}{s} + x_2'$  $I_1 = V_1\left(Y_0 + \dfrac{1}{Z_1 + Z_2'}\right)$이므로 1차 전류는 $\dfrac{r_2}{s}$의 함수이다.

② $\dfrac{r_2}{s}$의 함수로 표현되는 토크, 1차 전류, 2차 전류, 역률, 1차 입력은 비례추이를 하는 물리량이다.

③ 기계적 출력, 효율, 2차 효율 등은 비례추이의 성질이 없다.

## (2) 속도 특성 곡선

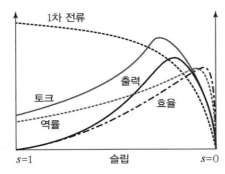

① 1차 전류, 토크, 역률, 출력, 효율은 모두 슬립 s의 함수로 표시되며 이들의 개형을 나타낸 그래프가 '속도 특성 곡선'이다.

② 회전자 속도가 커짐에 따라, 즉 슬립 s가 0에 가까워짐에 따라 1차 전류는 서서히 감소하다가 급격히 감소하며, 토크와 출력은 특정 슬립에서 최대값을 가진다.

③ 출력과 효율은 s = 0인 동기 속도 부근에서 최대가 된다.

## ③ 원선도(Heyland circle diagram)

### (1) 원선도 그리기

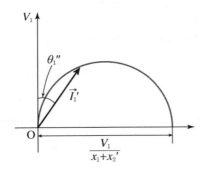

1차 환산 간이 등가회로에서 $I_1' = \dfrac{V_1}{\sqrt{(r_1+r_2'+r')^2+(x_1+x_2')^2}}$ 이고 $V_1$과 $I_1'$

의 위상차 $\theta_1''$에 대한 $\sin\theta_1'' = \dfrac{x_1+x_2'}{\sqrt{(r_1+r_2'+r')^2+(x_1+x_2')^2}}$ 이므로 위 식에

대입하면 $I_1' = \dfrac{V_1}{x_1+x_2'}\sin\theta_1$ 이 되어 $\overrightarrow{I_1'}$의 궤적은 $\dfrac{V_1}{x_1+x_2'}$ 을 지름으로 가지는

반원의 원주상에 있다.

즉, [원선도의 지름]은 [1차 전압] 나누기 [합성 리액턴스]이다.

### (2) 원선도 작성 준비와 원선도 자료 분석

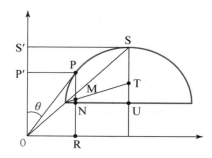

① 저항 측정 시험으로 $r_1$을 측정해야 하고, 무부하 시험으로 $I_0$, $P_0$를 측정해야 하며, 구속 시험으로 $r_2'$을 구해야 한다.

② 위 원선도에서 $\cos\theta$는 역률, $\overline{OP}$는 1차 전류, $\overline{OS}$는 기동 전류이며, $\overline{S'S}$은 1차 입력, $\overline{PM}$은 2차 입력, $\overline{MN}$은 1차 동손, $\overline{NR}$은 무부하손이다. 원선도를 분석하면 효율, 슬립, 토크, 최대 출력, 최대 토크도 알 수 있다.

## 4 농형 유도 전동기의 기동법

### (1) 전전압 기동법(line starting)

① 별도의 기동 장치 없이 직접 정격 전압을 가하는 방식으로, 기동 시에 역률이 좋지 않다.

② 정격 전류의 4~6배인 기동 전류가 흐르지만 기동 시간이 짧고 용량이 작은 5[kW] 이하의 소용량 농형 유도 전동기에는 적용이 가능하다.

### (2) Y - △ 기동법

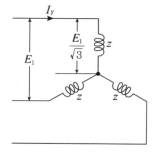
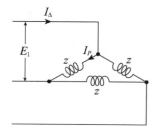

① 3상의 전기자 권선을 Y결선 한 단자와 △결선 한 단자를 교류 개폐기에 미리 접속시켜 놓고 전원을 투입하면 Y결선의 2차측 3권선에 $E_1$의 선간 전압이 인가되다가 몇초 후에는 △결선의 2차측 3권선에 $E_1$의 선간 전압이 인가되도록 하는 기동법이다. 그림에 나타냈듯이, 각 권선의 양단에 인가되는 전압은 $E_1/\sqrt{3}$에서 $E_1$으로 바뀐다.

② Y기동 시 정격 전압의 $1/\sqrt{3}$ 배가 인가되며, Y결선과 △결선의 선전류를 비교해 보면 $I_Y = I_p = \dfrac{E_1/\sqrt{3}}{Z}$ 이고, $I_{\triangle} = \sqrt{3}\,I_p = \dfrac{\sqrt{3}\,E_1}{Z}$ 이므로 $I_Y : I_{\triangle} = 1 : 3$ 이다.

### (3) 리액터 기동법

유도 전동기의 1차측에 리액터를 직렬 접속하여 유도 전동기를 기동시키고 기동이 끝나면 리액터를 단락하여 전전압 운전으로 전환시킨다.

### (4) 기동 보상기법

① 유도 전동기의 1차측에 기동 보상기(tarting compensator)를 연결하여 낮은 전압으로 유도 전동기를 기동시키고 기동이 끝나면 탭을 옮겨서 전전압 운전으로 전환시킨다.

② 탭 전환으로 출력 전압의 하향 조정이 가능한 3상 단권 변압기가 기동 보상기로 이용된다.

## 5 권선형 유도 전동기의 기동법

### (1) 2차 저항기법

① $r_2$를 변화시켜서 $s_m$이 점점 커져서 1이 된다면 기동 전류가 억제되면서 기동 토크값이 최대 토크가 됨을 앞에서 배웠다. 2차 권선 저항을 크게 하면 운전 특성이 나빠지므로, 대신에 외부 저항을 삽입하여 기동 시 큰 토크를 얻은 다음에 외부 저항을 점차 감소시키다가 단락한다.

② 농형 유도 전동기의 기동법은 기동 전류와 기동 토크를 둘 다 감소시키지만 권선형의 2차 저항기법은 기동 전류만 감소시키고 기동 토크를 오히려 증대시키는 장점이 있다.

### (2) 게르게스 기동법

2차측 회전자에 권수가 적은 코일 2개를 준비하였다가 기동 시에 병렬 접속한다.

### (3) 2차 임피던스법

2차측 회전자에 외부 저항을 직렬 접속하는 것과 더불어 리액터를 병렬 접속한다.

## 6 그밖의 특성들

### (1) 이상 기동 현상

① 게르게스 현상(Gerges phenomenon): 2차 회로 중 한 개 단선된 경우에 단상 전류가 흐르므로 슬립이 0.5인 곳에서 더 이상 가속되지 않는 현상을 말한다.

② 크로우링 현상(Crawling phenomenon): 고정자의 자속에 섞인 고조파 성분 때문에 특정 슬립에서 농형 회전자가 더 이상 가속되지 않고 정격 속도보다 낮은 속도에서 안정 운전이 되는 현상을 말한다. 경사 슬롯을 채용하면 어느 정도 예방이 된다.

### (2) 3상 유도 전동기에서 고조파의 회전자계

① 고조파 차수가 3의 배수이면 회전 자계를 발생하지 않는다.

② 고조파 차수가 $h = 6n + 1$이면 기본파와 같은 방향의, $h = 6n - 1$이면 기본파와 반대 방향의 회전 자계를 발생한다.

例 제7고조파, 제13고조파 등은 같은 방향이고 제5고조파, 제11고조파 등은 반대 방향이다.

### (3) 운전 중 단선 사고로 단상 전동기가 된 경우

① 경부하 운전 시: 회전수 감소 및 슬립 증가하면서 1차 전류가 증가하여 운전이 얼마 동안 지속된다.

② 전부하 운전 시: 최대 토크 슬립이 0에 가까워지고 최대 토크가 정상값의 절반으로 줄어든다.

### (4) 유도 전동기로 동기 전동기를 기동하는 경우

① 동기 전동기의 기동법 중에는 3상 기동권선 이용법, 자기 기동법, 기동 전동기법이 있는데 유도 전동기를 기동 전동기법으로 활용할 때는 유도 전동기의 2차측을 동기 전동기의 회전자와 기계적으로 결합하여 동력을 전달한다.

② 극수가 $p'$인 동기 전동기 회전자의 분당 회전수는 $\frac{120f}{p'}$이고 이 속도가 유도기 2차측 회전자의 분당 회전수와 같은데, 유도기의 특성상 1차측 동기 속도($= \frac{120f}{p}$)는 회전자보다 더 빨라야 하므로 유도 전동기의 극수 $p$는 $p'$보다 작아야 한다.

### (5) 유도 전동기로 직류 발전기를 구동하는 경우

① 유도 전동기의 회전자가 직류 발전기의 계자를 회전시켜서 전기를 얻는 과정이므로 전동기의 출력이 발전기의 입력과 같다.

② 전동기의 출력과 효율이 주어지면 입력 $= \frac{P_0}{\eta}$이고, 전동기 1차측 전류 $I_1$은 $\frac{P_0}{\eta}\frac{1}{\sqrt{3}\,V_1\cos\theta_1}$ 이다.

### (6) 3상 유도 전동기를 주파수 1.2배, 단자 전압 1.1배의 전원으로 구동하는 경우

① 철손은 $P_i \propto \frac{E^2}{f}$이므로 $\frac{(1.1E)^2}{1.2f} \fallingdotseq \frac{E^2}{f}$로 불변이다.

② 여자 전류는 $I_0 \propto \frac{V}{f}$이므로 $\frac{(1.1V)^2}{1.2f} = 0.9\frac{V}{f}$로 감소한다.

③ 유효 전류는 $I_0 \propto \frac{1}{V}$이므로 $\frac{1}{1.1V} = 0.9\frac{1}{V}$로 감소한다.

④ 동기 속도는 주파수에 비례하고 회전 속도 $N = (1-s)N_s$인데, 주파수가 1.2배로 커지면 냉각fan의 성능이 좋아지므로 철손과 동손에 의한 온도 상승은 감소하게 된다.

## 제4절 속도 제어와 제동

### 1 농형 유도 전동기의 속도 제어

#### (1) 극수 제어(= 극수 변환)
① 하나의 홈에 극수 다른 2개의 독립 권선을 넣거나 하나뿐인 권선의 접속을 바꾸게 되면 극수가 달라진다.
② 잦은 속도 변경 또는 단계적인 속도 변경에 효과적이므로 가장 많이 이용되는 속도 제어법이다.

#### (2) 주파수 제어(= 주파수 변환)
① 인버터 장치(inverter device) 또는 사이클로 컨버터(cyclo converter)를 이용하여 공급 주파수를 바꿔주는 방법이며, 속도와 출력과 효율이 주파수에 비례하여 커진다. VVVF라는 장치가 이용된다.
② $\phi \propto \dfrac{V_1}{f}$ 이므로 1차 전압과 주파수를 동시에 한 방향으로 바꿔야 자속이 일정하게 유지된다.
③ 연속적인 속도 변경에 효과적인 제어법이며 선박 추진용 모터, 인견 공장의 포트 모터에 사용된다.

#### (3) 1차전압 제어

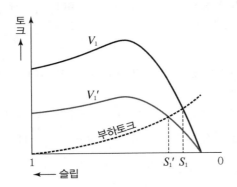

① $\tau = \dfrac{V_1^2}{A}\dfrac{r_2}{\omega_s}$ 에서 토크가 1차 전압의 제곱에 비례하는 성질을 이용한다.
② 공급 전압을 $V_1$에서 $V_1'$으로 낮추면 전동기 토크가 그래프와 같이 낮아지면서 부하 토크와의 교점이 $s_1$에서 $s_1'$으로 커진다. 즉, 부하가 걸린 상태에서 전압을 낮추면 회전자 속도 $N$이 감소한다.
③ 1차전압 제어는 속도 제어의 범위가 매우 좁은 편이며 세분하면 2가지로 나뉜다.
   ㉠ **사이리스터 이용법**: 1차측에 사이리스터를 접속하여 위상각을 제어함으로써 1차 전압을 변경
   ㉡ **과포화 리액터 이용법**: 1차측에 과포화 리액터를 접속하여 1차측 임피던스를 변경

# 2 권선형 유도 전동기의 속도 제어

## (1) 2차 저항 제어(저항 제어)

① $\tau = \dfrac{V_1^2}{A}\dfrac{r_2}{\omega_s}$ 에서 토크가 2차 저항에 비례하는 성질을 이용한다.

② 외부 저항을 삽입하여 2차 저항을 $r_2$에서 $r_2{}'$으로 바꾸면 기동 토크, 최대 토크 슬립, 회전자 속도가 달라진다. 부하가 적을 때는 속도 조정의 범위가 좁으며 부하가 클 때는 부하에 대한 속도 변동이 크다.

③ 2차 저항 제어는 조작이 간단하고 동기 속도 이하로 속도 제어를 원활하게 할 수 있다.

④ 권선형 전동기의 속도를 2차 저항을 통해 제어할 수 있다는 점은 직류 분권 전동기와의 유사점이다.

## (2) 2차 여자 제어

① 2차 회로에 슬립링을 통하여 주파수는 같고 크기와 위상이 다른 외부 전원을 연결함으로써, 동기 속도보다 느리게 또는 빠르게 제어할 수 있다.

② $sE_2$와 주파수는 같고 위상이 90° 앞서는 외부 전압을 가하면 진상 전류가 흘러 역률이 개선된다.

③ 2차 여자 제어법을 세분하면 크레머 방식과 세르비우스 방식으로 나눈다.
　㉠ **크레머 방식**: 유도기 2차측 출력이 직류 전동기의 입력으로 기능하도록 두 전동기를 직결한다.
　㉡ **세르비우스 방식**: 2차 동손에 해당하는 전력을 전원에 반환하는 방식으로 사이리스터를 사용한다.

## (3) 종속법

① 2대 이상의 유도 전동기를 사용하여 한쪽 고정자와 다른쪽 회전자를 축으로 연결하는 방법이다.

② 종속법을 세분하면 직렬 종속, 차동 종속, 병렬 종속으로 나뉜다.
　㉠ **직렬 종속**: 각각의 무부하 속도가 같아서 $\dfrac{120f}{p_1}(1-s) = \dfrac{120 \cdot sf}{p_2}$

　　⇒ 전체 속도 $N = \dfrac{120f}{p_1 + p_2}$
　㉡ **차동 종속**: 2대를 접속시키면 회전 자계의 방향이 반대가 되어 극수가 줄어드는 효과가 있다. 이때 전체 속도 $N = \dfrac{120f}{p_1 - p_2}$ 가 된다.
　㉢ **병렬 종속**: 회전자 권선의 상회전 방향이 서로 반대가 되어 전체 속도는 $N = \dfrac{120f}{(p_1 + p_2)/2}$ 가 된다.

## ③ 제동법

### (1) 전기적 제동

① **회생 제동**: 회전자가 동기 속도 이상으로 가속될 때 유도 발전기로 동작시켜서 그 발생 전력을 전원에 반환하면서 제동하는 방법

② **발전 제동**: 1차측의 교류 전원을 끊고 직류 전압을 가하여 회전 전기자형 교류 발전기로 동작시켜서 이때 발생한 전원을 저항기 또는 농형 권선 내에서 소비시킨다.

③ **역전 제동**: 1차 권선의 3상 중 2상의 접속을 바꿔서 토크 방향을 역전시키고 전동기가 정지하기 직전에 전원을 끊는다.

④ **단상 제동**: 1차측을 단상 교류로 여자하고 2차측에 적당한 크기의 외부 저항을 삽입하면 역방향의 토크가 발생하여 제동된다.

### (2) 기계적 제동

① 스프링을 이용하여 제동을 조작하고 전자석 또는 전동 유압 압상기를 이용하여 제동을 해제한다.

② 전자 브레이크의 마찰 부분 구조체로는 디스크형, 슈형이 있다.

## ④ 유도 전동기의 시험

### (1) 슬립의 측정

① **직류 밀리볼트계법**: 슬립이 5% 이하일 때는 슬립링 사이에 직류 밀리볼트계를 연결하여 1분간 지침이 흔들리는 횟수를 측정한 뒤 $60f_1$으로 나눠준다.

② **수화기법**: 슬립링 사이에 수화기를 갖다대고 1분간 소리의 횟수를 세고 $2f_1$으로 나눠준다.

③ **스트로보스코프법**: 전동기와 동일한 전원에 접속시킨 네온램프로 전동기 극수 만큼의 부채꼴 조각이 그려진 원판에 비추면서 부채 모양이 전동기의 반대 방향으로 회전하는 듯한 횟수를 측정한다.

④ **회전계법**: 회전계를 설치하여 직접 회전수를 측정한다.

### (2) 온도 시험

정격 출력으로 지정 시간 동안 운전한 뒤에 권선, 철심, 베어링의 최고 온도를 측정한다.

### (3) 원선도 작성에 필요한 시험

① 권선 저항 측정
② 무부하 시험
③ 구속 시험

## 제5절 특수 유도기와 소형 전동기

### ① 단상 유도 전동기에 관한 2가지 이론

**(1) 2회전 자계 이론(Double rebolving field theory)**

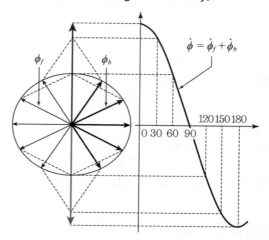

① **개념**: 1차 권선의 단상 교류는 양방향이면서 크기가 주기적으로 변하기 때문에 단상 교류에 의한 자속 $\phi$는 교번 자계이지만 이것을 반시계 방향으로 회전하는 forward flux $\phi_f$와 시계 방향으로 회전하는 backward flux $\phi_b$의 벡터합으로 간주해도 수학적으로 모순이 없다. 이러한 가설을 2회전 자계 이론 또는 2전동기설(tow motor theory)이라고 부르며, 토크 특성 분석에 도움이 된다.

② **2차측 회전자의 정방향 슬립과 역방향 슬립**

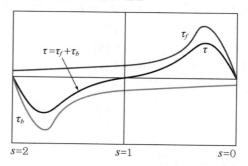

 &#9659; 정방향(forward) 회전자계 측면에서 본 슬립은 3상의 경우처럼 다음과 같이 정의된다.

$$s_f = \frac{N_s - N}{N_s} = s$$

ⓒ 역방향(backward) 회전자계 측면에서 본 슬립은, 고정자 자계의 회전 방향이 반대이므로 $-N_s$로 표현해야 한다.

따라서 $s_b = \dfrac{-N_s - N}{-N_s}$ 이고 고쳐 쓰면

$$s_b = \frac{N_s + N}{N_s} = \frac{(2N_s - N_s) + N}{N_s} = 2 - \frac{N_s - N}{N_s} = 2 - s \text{ 이다.}$$

## (2) 직교 자계 이론(Cross-field Theory)

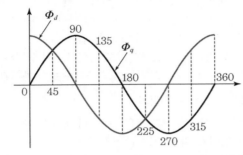

① 고정자 권선에 단상 교류를 가한 상태에서 회전자에 살짝 힘을 가해주면 회전자 권선에 속도 기전력 $\int (\vec{v} \times \vec{B}) \cdot dl$ 이 유도되어 고정자 자계와 90° 뒤지는 자계가 형성되고 회전자의 회전 운동이 지속된다.

② 고정자 자속을 직축(direct-axis)의 이니셜 d를 따서 $\phi_d$, 회전자 자속을 횡축(quadrature-axis)의 이니셜 q를 따서 $\phi_q$라 하면 공간적으로 직교하면서 시간적으로 $\dfrac{주기}{4}$ 차이나는 두 자속의 벡터합은 회전 자계를 형성한다. 이것이 바로 직교 자계 이론이며, 단상 유도기의 토크 특성을 분석할 때 더 자주 이용되는 가설이다.

## 2 단상 유도 전동기의 종류

### (1) 분상(phase split) 기동형 단상 유도 전동기

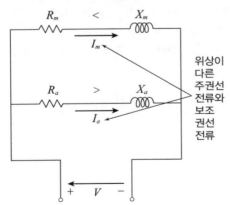

① 위상이 다른 두 전류를 만들기 위해서 리액턴스가 크고 저항이 작은 주권선과 리액턴스가 작고 저항이 큰 보조 권선이 병렬로 접속되어 있다. 구조가 간단한 대신에 기동 토크가 작고 토크의 품질도 좋지 않다.

② 전원이 투입되면 1차 기자력과 2차 기자력의 위상 차이 $\theta$가 20 ~ 30° 정도 달라서 회전을 시작한다. 회전자 속도가 정격의 75%에 도달하면 원심력 개폐기에 의해 기동 권선이 분리된다.

③ 토크 $\tau = k\phi_d\phi_q\sin\theta$($\phi_d$: 직축 자속, $\phi_q$: 횡축 자속)이므로 보조 권선에 저항을 직렬로 삽입하면 위상차이 $\theta$가 더 커져서 기동 토크가 기존보다 개선된다.

④ 임피던스가 동일한 주권선과 보조 권선에 단상 교류를 입력하면 위상 차이가 생겨나지 않으므로 이때에는 2상 교류를 입력해 주어야 한다. 스코트 결선으로 3상을 2상으로 바꾼 뒤 주권선과 보조 권선에 각각 연결하면 위상차이 $\theta = 90°$의 교류 전류가 입력되므로 기동 토크가 기존보다 개선된다.

## (2) 콘덴서 기동형 단상 유도 전동기

① 기본적으로는 분상 기동형과 같은 구조이나, 두 권선에 흐르는 전류의 위상 차이를 90°로 높이기 위해 기동 권선에 직렬 콘덴서를 추가한 형태이다.

② 분상 기동형보다 더 큰 기동 토크를 얻을 수 있고, 단상 유도 전동기 중에서 효율과 역률이 가장 좋다.

## (3) 셰이딩 코일형 단상 유도 전동기❶

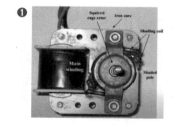

① 권선을 분리하는 대신에 고정자 철심의 두 군데 홈을 파서 무전원 코일을 숨겨 넣어 둠으로써 shading coil에 유도되는 전류에 의한 회전 자계를 얻게 되며, 토크 크기는 작지만 구조가 간단하고 소형화에 유리한 방식이다.

② 셰이딩 코일은 정상 운전 시에도 반발 기자력을 만들어내므로 내부 손실이 크고 효율이 낮아서 정격 출력이 100W 이하로 제한된다.

## (4) 반발 기동형 단상 유도 전동기

① 고정자에 단상의 주권선이 감겨져 있고, 회전자는 직류 전동기의 그것처럼 권선이 브러시와 정류자에 연결되어 있다. 고정자의 직축과 회전자의 브러시 축이 이루는 각이 45°일 때 토크가 최대이다.

② 단락된 브러시 축이 직축과 45°이면 최대 토크가 생기므로 기동 시에는 브러시 위치를 이동시켜서 최대 토크를 조성하며, 따라서 반발 기동형의 기동 토크가 단상 유도 전동기 중에서 가장 크다.

③ 도체로 단락된 브러시축의 위치를 반대로 하면 회전 방향이 바뀌고 속도가 제어된다.

## (5) 반발 유도형 단상 유도 전동기

① 반발 기동형의 회전자 권선에 농형의 보조 권선이 병렬로 접속되어 있다.

② 두 권선에서 발생하는 합성 토크로 기동하기 때문에 기동 토크는 반발 기동형 다음으로 크다. 기동 이후 운전 중에도 두 권선을 그대로 이용한다.

## (6) 모노사이클릭형 단상 유도 전동기

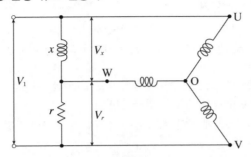

① 1차측 고정자는 그림과 같이 3개의 권선이 Y결선법으로 연결되어 있어서 U, V, W로 표시한 세 개의 단자가 있다.

② 3권선의 각 단자는 저항의 말단, 저항과 리액턴스의 접속점, 그리고 리액턴스의 말단에 연결하고, 저항의 말단과 리액턴스의 말단에 외부 단상 교류를 인가한다.

③ 2차측 회전자는 농형이며 기동 토크가 작고 효율이 나빠서 주로 저용량 소형 선풍기에 이용된다.

## ③ 2중 농형 전동기

### (1) 회전자의 구조

외측 슬롯에는 저항이 큰 도체bar와, 내측 슬롯에는 저항이 작은 도체bar가 병렬로 연결되어 있다.

### (2) 토크 – 속도 특성

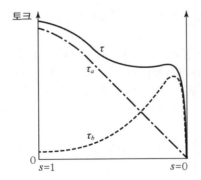

① 외측 도체는 속도가 빨라짐에 따라 토크가 $\tau_a$와 같이 급격히 감소하고, 내측 도체는 일반적인 농형 도체와 같은 토크 특성을 보이므로 $\tau_b$와 같은 형태로 토크가 변한다. 이 두 곡선을 합성한 $\tau$가 바로 2중 농형 유도 전동기의 토크 특성 곡선이다.

② 기동 토크가 전부하 토크의 1~2.5배로 이를 정도로 크고, 정격 회전 속도에서는 농형 회전자 상태가 되어 효율과 역률이 높다.

# 4 소형 특수 전동기

## (1) 릴럭턴스 전동기(Synchronous Reluctance Motor)

자계 내의 자성체는 자기적 위치 에너지가 최소로 되는 방향으로 힘을 받는데, 이러한 자기 저항 토크를 이용한 전동기가 바로 릴럭턴스 전동기이다.

## (2) 히스테리시스 전동기

① 고정자는 유도 전동기의 그것과 동일하다.

② 회전자는 권선이 감겨져 있지 않고 자성체 고리와 비자성체 고리가 접합된 원통 형태이다.

③ 유도 전동기의 회전자 속도가 동기 속도에 뒤지는 것처럼, 회전자 극은 고정자 극에 비하여 항상 각도 $\delta_h$만큼 뒤진다.

④ 히스테리시스손에 의한 토크 $\tau_h$는 주파수 및 속도와 무관하게 일정한 크기를 가진다.

## (3) 스텝 모터(Step Moter)

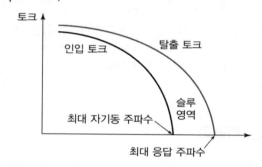

① 펄스 구동 방식의 동기 전동기이며, 초당 입력 펄스 수, 즉 스테핑 주파수에 정비례하여 정회전 또는 역회전 하기 때문에 위치 제어할 때 각도 오차가 적고, 디지털 기기와 인터페이스가 쉽다.

$$축의 \ 회전 \ 속도[rps] = \frac{스텝각}{360°} \times 스테핑 \ 주파수$$

② 토크 – 주파수 특성 곡선에서 인입 토크와 탈출 토크로 둘러싸인 영역을 슬루(slew) 영역이라고 하며 자기 스스로 회전하기 어려운 불안정 영역이다. 슬루 영역의 최대 구동 주파수가 최대 응답 주파수이다.

③ 무부하 상태에서 최대 자기동 주파수 이상의 펄스 주파수를 입력하면 기동시킬 수가 없다.

④ 스텝 모터는 피드백 루프가 필요 없고 브러시나 슬립링이 없어서 유지 보수가 쉽다. 릴럭턴스 전동기의 주파수 제어에 사용된다.

### (4) 선형 유도 전동기(LIM)

① 3상 농형 유도 전동기에서 회전기의 한 끝을 열고 직선으로 펼친 플랫형과 둥글게 만든 로드형이 있다.

② 1차 권선이 만들어낸 이동 자계를 따라 2차측은 수평으로 운동한다. 반대로 2차측을 고정시키면 2차 권선이 만들어낸 이동 자계를 따라 1차측이 수평으로 운동한다.

③ 선형 유도 전동기의 최대 속도는 모선 전압과 제어 전자 장치의 속도로 인해 제한된다.

## 5 서보 모터

### (1) 서보 모터(Servo Moter)의 특징

① 90°의 위상차를 가지는 2상 교류 전원을 2개의 계자 권선에 투입하며, 목표값에 도달할 때까지 제어량이 목표값을 추종하는 전동기이다. 전류와 속도와 위치를 제어할 수 있어서 자동 제어장치에 이용된다.
  ⊙ 직류기의 전압 제어
  ⓒ 릴럭턴스기의 주파수 제어
  ⓒ 유도기의 전압 제어
  ⓔ 동기기의 주파수 제어

② 회전자가 정격 회전수의 63.3%까지 도달하는 데 걸리는 시간을 기계적 시정수라고 하는데 서보 모터의 권선 저항, 관성 모멘트, 유기전압 정수, 도체 정수를 각각 $J$, $R$, $K_e$, $K_f$라 할 때 기계적 시정수는 $\dfrac{JR}{K_e K_f}$ 이다.

### (2) 직류 서보 모터와 교류 서보 모터

① DC 서보 모터와 브러시리스 DC 서보 모터를 비교하면 후자가 기계적 접점이 없고 신뢰성이 높다.

② DC 서보 모터와 AC 서보 모터를 비교하면 전자가 짧은 기계적 시정수를 갖고 있어서 응답이 빠르며 기동 토크도 DC쪽이 더 크다.

③ DC 서보 모터는 직류기의 전압 제어에 주로 사용된다.

### (3) 2상 교류 서보 모터와 3상 교류 서보 모터

① 2상 교류 서보 모터의 구동에 필요한 2상 전압은 증폭기 내에서 위상을 조정하여 얻는다.

② 2상 교류 서보 모터는 유도기의 전압 제어에 이용된다.

③ 3상 교류 서보 모터에서 최대 토크를 만드는 슬립의 범위는 $0.2 < s < 0.8$이다.

### (4) 유도기형 서보 모터와 동기기형 서보 모터

① 유도기형 서보 모터는 유도기의 주파수 제어에 이용된다.

② 동기기형 서보 모터는 동기기의 주파수 제어에 이용된다.

(5) 브러시리스 DC 모터

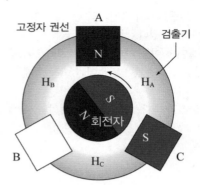

① 일반적인 DC모터는 고정자 권선에 전류를 흘려주어 일정 방향의 자계를 만들어내고, 슬립링(정류자편과 브러시)을 이용하여 회전자 권선에 반주기마다 전류의 방향을 바꿔주기 때문에 정류자편의 전기적 아크와 브러시의 기계적 마찰이 불가피하다.
② BLDC 모터는 권선이 없는 영구자석으로 회전자를 대체하고 그림과 같이 3개 고정자 권선이 만들어내는 자계를 순차적으로 바꿔주는 방식이기 때문에 아크와 마찰 소음이 발생하지 않는다.
③ 회전 검출기(hall sensor) $H_A$, $H_B$, $H_C$가 영구자석 회전자의 위치를 실시간으로 검출하여 고정자 권선 A, B, C에게 신호를 줌으로써 고정자가 N극, S극, 또는 무극성이 되도록 하여 회전자의 회전 운동을 견인하는 방식이다.

## 제1절 정류용 반도체 소자

### ① 반도체와 트랜지스터

**(1) n형 반도체와 p형 반도체**

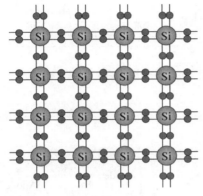

① 순수 규소(Silicon) 결정체인 진성 반도체에 불순물을 넣어주면 도체와 절연체의 중간적 성질을 띠게 되는데 이것을 반도체(Semiconductor)라고 한다.

② 규소 결정에 15족(최외각전자 = 5개)의 인, 비소, 안티모니를 첨가하면 2쌍의 공유결합 이외에 전자가 하나 남아도는 n형 반도체가 만들어진다.

③ 규소 결정에 13족(최외각전자 = 3개)의 갈륨, 붕소, 알루미늄을 첨가하면 2쌍의 공유결합을 이루기에는 전자가 하나 부족하여 p형 반도체가 만들어진다.

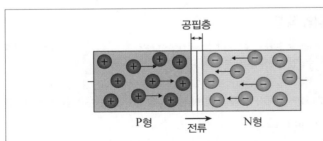

※ 다이오드: n형 반도체와 p형 반도체를 접합시킨 구조이며, p형에서 n형 쪽으로만 전류를 흘려준다.

## (2) 트랜지스터

① BJT: 쌍극성 접합 트랜지스터이며 pnp형과 npn형이 있다. 스위칭 작용과 증폭 작용을 한다.

② IGBT

㉠ GTO처럼 역방향 전지 전압 특성을 가진다.

㉡ 입력 임피던스가 매우 높고 구동 전력이 낮아서 BJT보다 구동하기가 쉽다.

㉢ 도통 상태의 전압 강하, 즉 On-drop이 낮고 MOSFET보다 훨씬 큰 전류를 흘릴 수 있다.

| 이름 | 구조 | 특징 |
|---|---|---|
| MOSFET | 3단자 트랜지스터 (드레인, 게이트, 소스) | 금속 산화막 반도체 전계효과 트랜지스터 |
| BJT | 3단자 트랜지스터 (베이스, 컬렉터, 에미터) | 전류로써 전류를 제어하는 전류 구동형 트랜지스터 |
| IGBT | 2방향성 트랜지스터 | MOSFET과 BJT 장점을 조합한 소자 주로 인버터에 사용됨 |

## 2 사이리스터

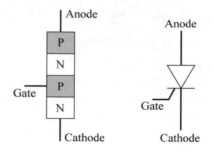

### (1) 사이리스터의 특징

① n형 반도체와 p형 반도체가 반갈아 층을 이룬 구조이며, 사용자가 On/Off를 제어할 수 있는 정류용 반도체이다.

② 게이트 전류가 흐르면 순방향의 저지 상태에서 On 상태로 된다.

③ 교류 부하뿐 아니라 직류 부하에서도 제어가 가능하다(인버터).

### (2) 사이리스터 관련 용어

① 래칭 전류(latching current): 사이리스터가 턴온하기 시작하는 양극 전류

② 유지 전류(holding current): ON 상태에 있는 사이리스터의 양극 전류를 점점 줄였을 때 OFF 상태로 옮아가기 직전의 전류이다. 유지 전류는 항상 래칭 전류보다 작은 값을 가진다.

③ 턴온 시간: 게이트 전류를 가하여 도통 완료까지 소요되는 시간. 턴온 시간이 길면 스위칭 시의 전력 손실이 많아져서 소자가 파괴될 수도 있다. SCR은 턴온 시간이 짧다.

### (3) 사이리스터의 장점

① 적은 게이트 신호로써 고전압 대전류의 제어가 용이하다. 서지 전압과 전류에도 강하다.

② 제어이득 높고 게이트 신호가 소멸해도 On상태가 유지된다.

③ 소형에 경량이라서 설치가 용이하다. 수명이 반영구적이고 신뢰성 높다.

### (4) SCR과 GTO

#### ① SCR 사이리스터

㉠ 도통 시점을 임의로 조절할 수 있지만 소호 시점을 제어할 수는 없다.

㉡ 게이트 전류로써 통전 전압을 가변시키며, 일단 통전이 시작되면 게이트 전류를 차단하거나 게이트 전압을 (-)로 하여도 애노드의 주전류(부하 전류)는 차단되지 않는다.

㉢ SCR을 차단 상태로 만들려면 애노드 전압을 0 또는 (-)로 하여 전원전압의 극성이 반대가 되게 한다.

㉣ 과전압 및 고온에 약하지만, 도통 상태의 양극 전압 강하가 작고 턴온 시간이 짧다.

#### ② GTO 사이리스터

㉠ 도통 시점과 소호 시점을 임의로 제어할 수 있다. (턴온 제어, 턴오프 제어가 둘 다 가능하다.)

㉡ 도통 상태의 양극 전압 강하, 즉 On Drop은 2 ~ 4[V]이며, 1.5[V]인 SCR보다 약간 크다.

㉢ On 상태에서는 SCR과 같이 단방향 전류 특성을 보인다.

㉣ Off 상태에서는 SCR과 같이 양방향 전압 저지 능력을 지닌다.

㉤ 게이트 조작에 의해 부하 전류 이상으로 유지 전류를 높일 수 있으며, 가장 높은 전압용으로 개발된 전력용 반도체이다.

### (5) 사이리스터의 종류❶

| 이름 | 구조 | 특징 |
|---|---|---|
| DIAC(다이액) (Diode for AC) | 2방향성 2단자 사이리스터 | |
| SSS(Silicon Symmetrical Switch) | 2방향성 2단자 사이리스터 | PNPNP의 5층 접합에 Gate를 없애버린 구조 |
| SCR(Silicon Controlled Rectifier) | 단방향성 3단자 사이리스터 | 통칭 사이리스터를 의미할 때도 있음. 턴온 제어만 됨 |
| TRIAC(트라이액) (Triode for AC) | 2방향성 3단자 사이리스터 | 2개의 SCR을 역병렬 접속한 것교류전력 제어용 |
| GTO(Gate Turn Off thyristor) | 단방향성 3단자 사이리스터 | 게이트 조작에 의해 부하 전류 이상으로 유지 전류를 높일 수 있어서 턴온, 턴오프 둘 다 가능함 |
| SCS(Silicon Controlled Switch) | 단방향성 4단자 사이리스터 | 소자를 소호시킬 수 있으며 고전압, 대전류 계통에 사용함. |

PART 03

정기기기 해가스 정기기사 뿔기 한권완성 기본이론 + 기출문제

❶
- BJT, SCR, GTO, TRIAC은 큰 구동 전력이 필요한 전류 구동형이고, SSS, IGBT, MOSFET은 전압 구동형이다.
- DIAC, SSS는 2단자 사이리스터이고 SCR, TRIAC, GTO는 3단자 사이리스터이다.

CHAPTER 05 정류기  325

# 3 전력 변환기의 구분

## (1) AC – AC 변환기

① 사이클로 컨버터: 교류의 크기와 주파수를 변환한다.❶
② 반도체 사이리스터: 교류의 위상각을 변환하여 전압의 크기를 제어한다.❷
③ 변압기: 교류 전압과 전류의 크기를 변환한다.

## (2) AC – DC 변환기

① 다이오드 정류기: 교류를 일정 세기의 직류로 변환한다.
② 위상제어 정류기: 교류를 가변 세기의 직류로 변환한다.
③ 정류기 설계 조건
　㉠ 출력 전압 직류 평활성
　㉡ 출력 전압 최소 고조파 함유율
　㉢ 입력 역률 1 유지

## (3) DC – AC 변환기

① 단상 인버터: 직류를 단상의 교류로 변환한다.❸
② 3상 인버터: 직류를 3상의 교류로 변환한다.❹
③ 동작 방식에 따른 인버터의 분류
　㉠ 자려식 인버터: 회로 자체의 진상 장치를 이용하며 직류를 교류로 바꾼다. 자려식 인버터는 펄스폭 변조 방식(pulse-width modulation)으로 출력 전압을 제어한다. 펄스폭 변조 방식은 신호파와 반송파를 변화시켜 특정 고조파를 제거할 수 있다라는 장점을 가진다.
　㉡ 타려식 인버터: 외부로부터 무효 전력을 보상받아서 직류를 교류로 바꾼다.
④ 등가 회로 그리기

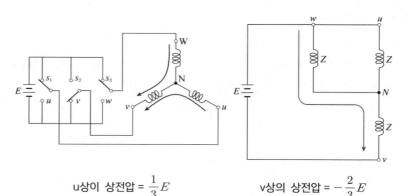

u상이 상전압 = $\dfrac{1}{3}E$　　　　　v상의 상전압 = $-\dfrac{2}{3}E$

❶ 예시
유도 전동기의 속도 제어

❷ 예시
유도 전동기의 속도 제어

❸ 예시
솔라 판넬의 인버터

❹ 예시
무정전 교류 전원 장치

## (4) DC – DC 변환기

① DC 초퍼: 일종의 직류 변압기이며, 직류의 크기를 변환한다.[5]

② 부스트 컨버터(직류 승압用)

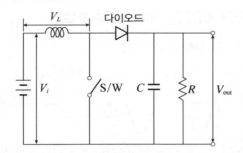

**참고 & 심화**

[5] 예시
직류 전동기의 속도 제어

㉠ 그림은 부스트 컨버터의 원리를 알기 위한 회로도이다. (가)의 스위치는 스위칭 주기에 따라 단속을 반복하며, 듀티비가 $D$이면 $0 \sim DT$ 동안 닫혔다가 $DT \sim T$ 동안 열리는 동작을 반복한다.

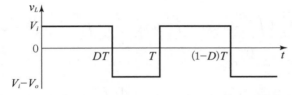

㉡ 그림은 인덕터(코일)에 인가되는 전압을 시간에 따라 나타낸 것이다. 스위치가 닫히면 전류가 다이오드 쪽으로는 흐르지 않고 「직류 전원 – 코일 – S/W」로 이루어진 루프에 시계 방향의 직류 전류가 흐르면서 인덕터에는 $V_L = V_i$의 전압이 걸리고 자기 에너지가 저장된다.

㉢ 스위치가 열리면 「직류 전원 – 코일 – 다이오드 – 커패시터」로 이루어진 루프에 전류가 흘러서 출력 전압 $V_o$가 부하에 걸린다. 인덕터에는

$V_L = V_i - V_o(<0)$의 전압이 걸리는데 주기 $T$ 동안 인덕터의 평균 전압은 0이어야 하므로 다음과 같이 나타낼 수 있다.

$$\overline{V_L} = \frac{1}{T} \int_0^T V_L(t)dt = 0 \;\Rightarrow\; \frac{1}{T}[V_i DT + (V_i - V_o)(T - DT)] = 0$$

$$\Rightarrow\; V_i T = V_o(T - DT) \;\Rightarrow\; V_o = \frac{V_i}{1-D}$$

예 $D = 0.6$, $V_i = 45[V]$이면 $V_o$는 112.5[V]이다.

## 제2절   여러가지 정류 회로

### 1   다이오드를 이용한 단상 정류 회로

**(1) 단상 반파(半波) 정류 회로:** 1개의 다이오드

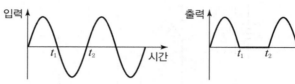

① 입력 전압 $V_{in} = E_m \sin\omega t = \sqrt{2}\,E \sin\omega t$에 대해 부하 $R_L$에 흐르는 출력 전류 는 $I_{out}$는 $0 \sim t_1$ 구간에서만 출력이 있고, $t_1 \sim t_2$ 구간에서는 출력이 0이다.

② 실효치의 정의식 $E_{rms} = \sqrt{\dfrac{1}{T}\displaystyle\int_0^T e^2(t)dt}$, 근호 속에 반파 sin함수를 대입,

$$\frac{E_m^2}{T}\left(\int_0^{T/2}\sin^2\omega t\,dt + \int_{T/2}^{T}0\,dt\right) = \frac{E_m^2}{T}\left(\int_0^{T/2}\frac{1-\cos2\omega t}{2}dt\right),\ \text{루트 취하면}$$

$E_{rms} = \dfrac{E_m}{2}$ 이다.

③ 반파 정류의 평균값 정의식 $v_{av} = \dfrac{1}{T}\displaystyle\int_0^T v(t)dt$에서 반파 sin함수를 구간별로

대입하면, $\dfrac{1}{T}\left(\displaystyle\int_0^{T/2}\sqrt{2}\,E\sin\omega t\,dt + \int_{T/2}^{T}0\,dt\right) = \dfrac{\sqrt{2}\,E}{\omega T}[-\cos\omega t]_0^{T/2}$

$$= \frac{\sqrt{2}\,E}{\omega T}(-\cos\pi + \cos0)$$

$$= \frac{\sqrt{2}\,E}{\pi} = \frac{E_m}{\pi}\ \text{이다.}$$

⇒ 직류 평균치 $E_d = \dfrac{E_m}{\pi} = \dfrac{\sqrt{2}\,E}{\pi} \fallingdotseq 0.45E$ (단, 전압 강하분을 고려하면,

$E_d = \dfrac{\sqrt{2}\,E}{\pi} - e$ )

④ 맥동률(Ripple Factor)의 정의식 $\text{RF} = \dfrac{\sqrt{E_{rms}^2 - E_{dc}^2}}{E_{dc}}$ 이고

반파 정류의 $E_{rms}$(출력 전압 실효치) $= \dfrac{E_m}{2}$, $E_{dc}$(출력 전압 평균값) $= \dfrac{E_m}{\pi}$ 을

대입하면 맥동률 $= \dfrac{\sqrt{(E_m/2)^2 - (E_m/\pi)^2}}{E_m/\pi} \fallingdotseq 1.21$이다.

⑤ 첨두 역전압(= 최대 역전압)은 AC입력의 최대치와 같으므로 $\text{PIV} = E_m = \pi E_d$이다.

**(2) 단상 전파(全波) 정류 회로:** 2개의 다이오드

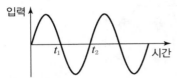
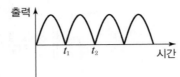

① 입력 전압 $V_{in} = V_m \sin\omega t$에 대해 부하 $R_L$에 인가되는 출력 전압 $V_{out}$은 0 $\sim t_1$ 구간에서 $V_m \sin\omega t$이고, $t_1 \sim t_2$ 구간에서 $-V_m \sin\omega t$이다.

② $0 \sim T/2$ 구간에서 $v(t) = V_m \sin\omega t$, $T/2 \sim T$ 구간에서 $v(t) = -V_m \sin\omega t$인 데, 실효치는 전구간 $V_m \sin\omega t$인 경우와 동일하므로 $E_{rms} = \dfrac{E_m}{\sqrt{2}}$ 이다.

③ 전파 정류는 출력이 0인 구간이 없으므로 직류 평균치는 반파 정류의 2배이어 야 한다.

⇒ 직류 평균치 $E_d = \dfrac{2\sqrt{2}\,E}{\pi} = \dfrac{2E_m}{\pi} = 0.9E$

(단, 전압 강하분을 고려하면, $E_d = \dfrac{2\sqrt{2}\,E}{\pi} - e$)

④ 맥동률 $= \dfrac{\sqrt{E_{rms}^2 - E_d^2}}{E_d} = \dfrac{\sqrt{(E_m/\sqrt{2})^2 - (E_m/\pi)^2}}{E_m/\pi} \fallingdotseq 0.48$이다.

⑤ 동일 방향으로 병렬 연결된 다이오드가 없으므로 첨두 역전압은 $PIV = 2E_m = \pi E_d$이다.

**(3) 맥동률 공식**

① 정류기를 거친 출력값은 직류 성분과 교류 성분이 섞여 있는데, 출력값에서 직 류 성분을 뺀 값 $E(\omega t) - E_d$를 리플 전압, 또는 교류분의 진폭, 또는 간단히 교류분이라고 말한다.

② 정류 효율을 논할 때는 '직류 전압의 평균치'에 대한 '리플 전압의 평균치'가 중 요한데, 주기 함수인 리플 전압은 그냥 평균을 취하면 0이 나오므로 root mean square를 구해야 한다.

③ 맥동률(리플률) $= \dfrac{\text{리플 전압의 실효치}}{\text{직류 전압의 평균치}}$

$$= \dfrac{\sqrt{<(E(\omega t) - E_d)^2>}}{E_d} = \dfrac{\sqrt{E_{rms}^2 - E_d^2}}{E_d}$$

④ 어떤 정류기의 부하 전압이 2000V이고, 교류분의 진폭이 60V이면 맥동률은 $\dfrac{60}{2000} = 0.03$이다.

**(4) 맥동률 저감 대책**

① 정류기 출력측에 커패시터를 부하 저항과 병렬로 접속하여 평활 회로를 구성 하면 맥동률이 줄어든다.

② 정류기 출력측에 인덕터(코일)를 부하 저항과 직렬로 접속하면 인덕터가 교 류 성분을 흡수한다.

③ 커패시터의 용량을 크게 한다. 단, 용량이 커지면 고조파 발생으로 정류 효율 이 떨어진다.

### (5) 단상 브리지 전파 정류 회로

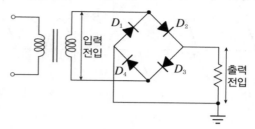

① 출력 전압 $V_{out}$의 개형은 다이오드 정류 회로와 동일하므로 직류 평균치

$E_d = \dfrac{2E_m}{\pi} = \dfrac{2\sqrt{2}\,E}{\pi}$ 이다.(E: 변압기 2차 전압의 실효치)

② 전압강하를 고려하면, 평균치 $E_d = \dfrac{2\sqrt{2}\,E}{\pi} - e = 0.9E - e$이다.

③ 입력 전류가 윗방향일 때 직렬 연결된 $D_2$, $D_4$에 순방향 전류가 흐르고 직렬 연결된 $D_1$, $D_3$에는 역방향 전압이 반씩 나뉘어 인가되므로 브리지 정류 회로의 첨두 역전압은 일반 정류 회로의 $\dfrac{1}{2}$배이다. 즉, 첨두 역전압은 $\dfrac{E_m}{2} = \dfrac{\pi}{2}E_d$ 이다. 다이오드를 병렬로 추가 연결하면 과전류가 방지된다.

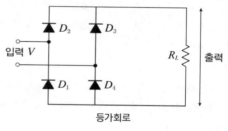

등가회로

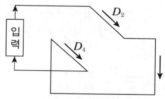

입력 전류가 윗방향일 때

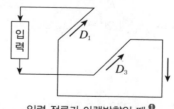

입력 전류가 아랫방향일 때 ❶

❶ 평활 회로

• 다이오드만으로 이뤄진 정류 회로는 교류를 방향이 일정한 직류로 만들 수 있을 뿐 크기를 일정하게 만들 수는 없다. 충·방전 기능을 가진 커패시터를 활용하여 평활 회로를 구성하면 맥동 전류를 평평하게 만들 수 있다. 평활 회로(smoothing circuit)에는 2배 전압 정류 회로, 3배 전압 정류 회로 등이 있다.

• 평활 회로를 사용하면 출력 전압의 맥류분(맥류분의 실효치/직류분의 평균치)이 감소되어 맥동률이 낮아진다.

## ② 다이오드를 이용한 3상 정류 회로

### (1) 3상 반파(半波) 정류 회로: 3개의 다이오드

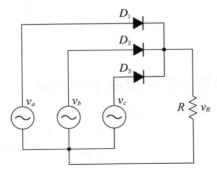

① 직류 전압 평균치 $E_d = \dfrac{1}{2\pi/3} \displaystyle\int_{\pi/6}^{5\pi/6} E_m \sin\omega t \cdot d(\omega t)$

$= \dfrac{1}{2\pi/3} \displaystyle\int_{\pi/6}^{5\pi/6} \sqrt{2}\,E\sin\omega t \cdot d(\omega t) = \dfrac{3\sqrt{6}\,E}{2\pi} = 1.1695\,E \fallingdotseq 1.17\,E$

② 직류 전류 평균치 $I_d = \dfrac{3\sqrt{6}\,E}{2\pi R} = 1.17\dfrac{E}{R}$

③ $E_{rms} = \sqrt{1 + \dfrac{3\sqrt{3}}{4\pi}}\,E = 1.1889E$ 이므로,

맥동률 $= \dfrac{\sqrt{E_{rms}^2 - E_d^2}}{E_d} = \dfrac{\sqrt{1.1889^2 - 1.1695^2}}{1.1695} \fallingdotseq 0.18$ 이다.

### (2) 3상 전파(全波) 정류 회로: 3개의 다이오드

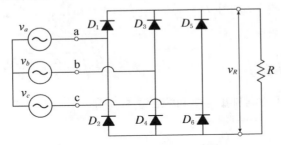

① 직류 전압 평균치 $E_d = \dfrac{1}{\pi/3} \displaystyle\int_{-\pi/6}^{\pi/6} E_m \sin\omega t \cdot d(\omega t)$

$= \dfrac{1}{\pi/3} \displaystyle\int_{-\pi/6}^{\pi/6} \sqrt{6}\,E\sin\omega t \cdot d(\omega t) = \dfrac{3\sqrt{6}\,E}{\pi} = 2.339\,E \fallingdotseq 2.34\,E$

② 직류 전류 평균치 $I_d = \dfrac{3\sqrt{6}\,E}{\pi R} = 2.34\dfrac{E}{R}$

③ $E_{rms} = \sqrt{3 + \dfrac{9\sqrt{3}}{2\pi}}\,E = 2.3411E$ 이므로,

맥동률 $= \dfrac{\sqrt{E_{rms}^2 - E_d^2}}{E_d} = \dfrac{\sqrt{2.3411^2 - 2.339^2}}{2.339} \fallingdotseq 0.0423$ 이다.

④ 직류 전력 $P_d = E_d I_d = 2.34^2 \dfrac{E^2}{R}$ 이다. (선전압과 상전압 관계: $V = \sqrt{3}\,E$)

**(3) 다상 반파 정류 회로**

상의 수가 m이면 $\dfrac{\text{직류 전압}}{\text{상 전압}} = \dfrac{E_d}{E} = \sqrt{2}\sin\dfrac{\pi}{m} / \dfrac{\pi}{m}$이다. 따라서 6상 반파 정류 회로에서는 $\dfrac{E_d}{E}$ $\dfrac{\sqrt{2}\times 0.5}{\pi/6} = 1.35$이다.

## ③ 사이리스터를 이용한 단상 정류 회로

### (1) 단상 반파 위상제어 정류 회로

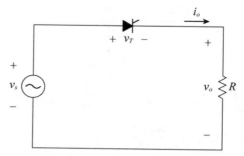

① 다이오드 대신 SCR을 설치하면 도통 순간을 임의로 결정할 수 있고 직류의 크기도 조절이 가능하다. 점호각 α는 SCR을 도통시키는 위상을 의미한다.

② 출력 전압 평균치

$$E_d = \frac{1}{2\pi}\int_{\alpha}^{\pi} E_m \sin\omega t \, d(\omega t) = \frac{E_m}{2\pi}(-\cos\pi + \cos\alpha) = \frac{\sqrt{2}E}{2\pi}(1+\cos\alpha)$$

③ 출력 전류 평균치 $I_d = \dfrac{E_d}{R} = \dfrac{\sqrt{2}E}{2\pi R}(1+\cos\alpha)$, 첨두 역전압 $PIV = E_m$

④ 출력 전류 실효치

$$I = \sqrt{\frac{1}{2\pi}\int_{\alpha}^{\pi}\left(\frac{E_m \sin\omega t}{R}\right)^2 d(\omega t)} = \frac{\sqrt{2}E}{2R}\sqrt{1-\frac{\alpha}{\pi}+\frac{\sin 2\alpha}{2\pi}}$$

### (2) 단상 전파 위상제어 정류 회로(혼합 브리지)

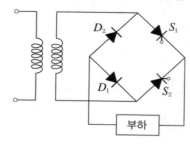 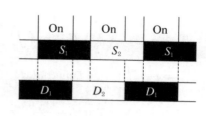

① 다이오드 2개, SCR 2개로 정류 회로를 구성하여 SCR의 점호각 α를 변화시키면 출력 크기와 출력 시간의 조절이 가능하다. 그림의 입력 전류가 위쪽이면 $D_1$과 $S_1$의 도통이 겹치는 시간 동안만, 입력 전류가 아래쪽이면 $D_2$와 $S_2$의 도통이 겹치는 시간 동안만 부하에 출력 전류가 흐른다.

② For 저항 부하 $E_d = \dfrac{1}{\pi}\displaystyle\int_\alpha^\pi E_m \sin\omega t\, d(\omega t) = \dfrac{\sqrt{2}\,E}{\pi}(1+\cos\alpha)$

⇒ 위 식을 변형하여 $E_d = \dfrac{2\sqrt{2}\,E}{\pi}\left(\dfrac{1+\cos\alpha}{2}\right)$로 나타내면 점호각이 0일 때

$E_d = \dfrac{2\sqrt{2}\,E}{\pi}$가 되어 편리하다.

③ For 유도성 부하 $E_d = \dfrac{1}{\pi}\displaystyle\int_\alpha^{\pi+\alpha} E_m \sin\omega t\, d(\omega t) = \dfrac{2\sqrt{2}\,E}{\pi}\cos\alpha$

④ For 저항 부하 $I = \sqrt{\dfrac{1}{\pi}\displaystyle\int_\alpha^\pi \left(\dfrac{E_m \sin\omega t}{R}\right)^2 d(\omega t)} = \dfrac{E_m}{\sqrt{2}\,R}\sqrt{1-\dfrac{\alpha}{\pi}+\dfrac{\sin 2\alpha}{2\pi}}$

## (3) 환류 다이오드가 적용된 위상 제어 정류 회로

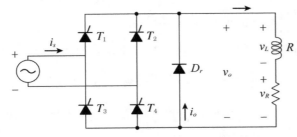

① 인덕터의 충전 전류로 인한 기기의 손상을 방지하기 위해 부하와 병렬로 연결해 주는 다이오드를 환류 다이오드(free wheeling diode)라고 한다.

② 그림은 L + R 부하 정류 회로에 환류 다이오드를 적용한 단상 전파 위상제어 정류 회로도이다.

③ 환류 다이오드가 순방향 바이어스되면 그림의 별색 표시한 루프 내에서만 전류가 흐르며, L + R의 양단에 인가되는 부하 출력 전압은 0V가 된다. 인덕터에 축적되었던 에너지는 모두 저항 R에서 열에너지로 방출된다.

④ 출력 전압의 평균값은 환류 다이오드가 미적용된 회로와 마찬가지로,

$\dfrac{2\sqrt{2}}{\pi}E\left(\dfrac{1+\cos\alpha}{2}\right)$이다.

⑤ 만약 다이오드 1개를 직렬 2개로 대체하면 과전압으로 인한 기기 손상을 방지할 수 있다.

# 4 사이리스터를 이용한 3상 정류 회로

## (1) 3상 반파 위상제어 정류 회로

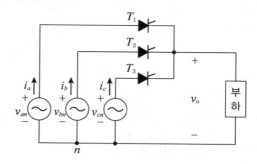

① $\omega t < \dfrac{\pi}{6}(\alpha < 0)$일 때. $E_{dc} = \dfrac{3\sqrt{6}}{2\pi}E$

 ⇒ $\omega t < 30°$ 시각에는 SCR제어가 되지 않는다.

② $\dfrac{\pi}{6} \leq \omega t \leq \dfrac{\pi}{3}(0 \leq \alpha \leq \dfrac{\pi}{6})$일 때. $E_{dc} = \dfrac{3\sqrt{6}}{2\pi}E\cos\alpha$

③ $\dfrac{\pi}{6} \leq \omega t \leq \pi(\dfrac{\pi}{6} \leq \alpha \leq \dfrac{5\pi}{6})$일 때, $E_{dc} = \dfrac{3\sqrt{2}}{2\pi}E[1 + \cos(30 + \alpha)]$

 ∴ 출력이 불연속적

 ⇒ 3상 반파 점호각이 0 ~ 30°일 때에만 출력이 연속적이므로

 $E_{dc} = \dfrac{3\sqrt{6}}{2\pi}E\cos\alpha$만 기억하면 됨.

## (2) 3상 전파 위상제어 정류 회로

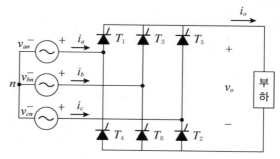

① $\omega t < \dfrac{\pi}{3}(\alpha < 0)$일 때. $E_{dc} = \dfrac{3\sqrt{6}}{\pi}E$

 ⇒ $\omega t < 60°$ 시각에는 SCR제어가 되지 않는다.

② $\dfrac{\pi}{3} \leq \omega t \leq \dfrac{2\pi}{3}(0 \leq \alpha \leq \dfrac{\pi}{3})$일 때. $E_{dc} = \dfrac{3\sqrt{6}}{\pi}E\cos\alpha$

③ $\dfrac{2\pi}{3} \leq \omega t \leq \pi(\dfrac{\pi}{3} \leq \alpha \leq \dfrac{2\pi}{3})$일 때, $E_{dc} = \dfrac{3\sqrt{2}}{2\pi}E[1 + \cos(60 + \alpha)]$

 ∴ 출력이 불연속적

 ⇒ 3상 전파 점호각이 0 ~ 60°일 때에만 출력이 연속적이므로

 $E_{dc} = \dfrac{3\sqrt{6}}{\pi}E\cos\alpha$만 기억하면 됨.

## ⑤ 다이오드 정류 회로와 위상제어 정류회로 비교 보기

**(1) 각 정류 회로별 직류 전압 평균치**

| 회로 구분 | 단상 반파 | 단상 전파 |
|---|---|---|
| diode 정류회로 | $\dfrac{\sqrt{2}}{\pi}E$ | $\dfrac{2\sqrt{2}}{\pi}E$ |
| SCR 위상제어 | $\dfrac{\sqrt{2}}{\pi}E\left(\dfrac{1+\cos\alpha}{2}\right)$ | $\dfrac{2\sqrt{2}}{\pi}E\left(\dfrac{1+\cos\alpha}{2}\right)$ |
| **회로 구분** | **3상 반파** | **3상 전파** |
| diode 정류회로 | $\dfrac{3\sqrt{6}}{2\pi}E$ | $\dfrac{3\sqrt{6}}{\pi}E$ |
| SCR 위상제어 | $\dfrac{3\sqrt{6}}{2\pi}E\cos\alpha$ | $\dfrac{3\sqrt{6}}{\pi}E\cos\alpha$ |

① 표에서 $E$는 입력 전압의 실효치이고, $E_d$는 출력 전압의 평균치이다. (교류는 평균치를 사용 안 함)

② 직류 전압의 크기는 전파(全波) 회로가 반파(半破) 회로의 2배이고, 3상 회로가 단상 회로의 $\dfrac{3\sqrt{3}}{2}$배이다.

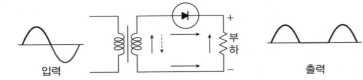

반파 정류 회로(다이오드 1개)

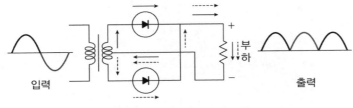

전파 정류 회로(다이오드 2개)

(2) 출력 전압의 그래프 개형을 통한 맥동 주기 비교

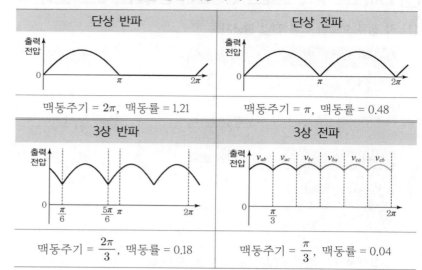

| 단상 반파 | 단상 전파 |
|---|---|
| 맥동주기 = $2\pi$, 맥동률 = 1.21 | 맥동주기 = $\pi$, 맥동률 = 0.48 |
| 3상 반파 | 3상 전파 |
| 맥동주기 = $\dfrac{2\pi}{3}$, 맥동률 = 0.18 | 맥동주기 = $\dfrac{\pi}{3}$, 맥동률 = 0.04 |

① 맥동 주기의 역수인 맥동 주파수는 단상보다 3상이 더 크고, 반파보다 전파가 더 크다.

② 맥동률은 단상보다 3상이 더 낮고, 반파보다 전파가 더 낮다. 즉, 상 수가 많을 수록 더 직류에 가깝다.

# CHAPTER 06 특수기기

## 1 교류 정류자기 개요

**(1)** 정류자를 갖고 있는 교류기의 총칭이며 유도 전동기의 그것처럼 회전자와 고정자 사이의 갭이 균일하다.

**(2)** 분류

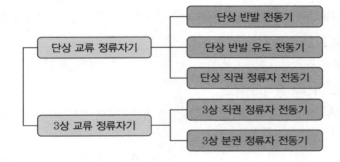

**(3)** 장단점

① 교류 정류자기는 대부분 전동기로 사용되며, 광범위한 속도 제어가 가능하다.
② 교류 정류자기를 발전기로 사용할 경우 전압, 주파수, 위상의 제어가 가능하다.
③ 기동 토크가 크고 역률이 양호하며 별도의 기동 장치가 없어도 된다.
④ 구조가 복잡하고 유지비가 많이 들며 가격이 높다.

## 2 단상 반발 전동기

**(1)** 특징

회전자 회로는 전기적으로 전원에 연결되어 있지 않기 때문에 반발 전동기는 높은 전압에서 사용할 수 있다.
① 구조가 간단하고 기동 토크가 크다.
② 브러시의 이동으로 속도 및 회전 방향이 제어된다.
③ 역률이 나쁘며 동기 속도에서 50% 이탈 시에는 정류 작용이 약화된다.

**(2)** 종류

단상 반발 전동기의 종류로는 아트킨손형, 데리형, 톰슨형이 있다.

참고 & 심화

PART 03

전기기기 해커스 전기기사·전기산업기사 필기 한권완성 기본이론 + 기출문제

# ③ 단상 직권 정류자 전동기

## (1) 특징[약(弱)계자 강(强)전기자형 전동기)]

① 전기자 권선과 계자 권선이 직렬 접속되어 있어서 직류 전압의 극성을 바꾸거나 교류 전원을 인가해도 회전 방향은 바뀌지 않고 한 방향으로만 돌아간다.

② 단상 직권 정류자 전동기는 직류 직권 전동기에 그 구조가 비슷하며, 전기자와 정류자편 사이에 고저항을 집어넣어서 단락 사고 시의 단락 전류를 작게 해 준다.

③ 계자의 권선 수를 작게 하여 리액턴스를 줄이는 대신에 전기자의 권선 수를 크게 하여 출력 저하를 방지한다.

## (2) 보상권선과 저항 도선

① **보상권선**: 역률 개선, 전기자 기자력 상쇄, 누설 리액턴스 저감

② **저항 도선**: 변압기의 기전력에 의한 단락 전류를 감소시켜서 정류 작용을 개선함.

## (3) 종류

단상 직권 정류자 전동기의 종류로는 직권형, 보상 직권형, 유도보상 직권형이 있다.

## (4) 속도 기전력 공식의 유도

① **속도 기전력**: 교류 전원에서 공급되는 교류 자속을 전기자가 회전하면서 쇄교할 때 발생하는 기전력

② 직류 발전기의 기전력 공식 $E = \dfrac{pZ\phi}{60a} \times N$에서 브러시축과 자극축의 사잇각 $\theta$가 $90°$라서 $\sin 90°$을 생략하였지만 속도 기전력을 구할 때는 $\sin\theta$를 곱해 주어야 한다.

③ 직류 발전기의 기전력 공식 $E = \dfrac{pZ\phi}{60a} \times N$에서 $\phi$는 최대 자속이지만, 속도 기전력(실횻값)을 구할 때는 $\phi$ 대신에 $\phi_{rms}$ 또는 $\dfrac{\phi_m}{\sqrt{2}}$를 대입해야 한다. 즉, 속도 기전력(실횻값)

$$E_{rms} = \frac{1}{\sqrt{2}} \frac{pZ\phi_m}{60a} \times N\sin\theta \text{이다.}$$

④ 입력 = 출력 + 손실

$\Leftrightarrow VI\cos\theta = P + I^2(R_a + R_f)$로부터 $P = IE_{rms} = VI\cos\theta - I^2(R_a + R_f)$이다.

## (5) 속도 제어

전압 변화법, 가버너에 의한 정속도 운전, 계자권선의 탭 절환법

## (6) 용도

믹서기, 재봉틀, 진공 청소기, 치과용 드릴 등과 같은 소형 공구에 적합

# ④ 3상 직권 정류자 전동기

## (1) 구조

고정자 권선과 전기자 권선이 교류 전원에 대해 직렬 접속되어 있으며, 한 극에 대해 3개의 브러시가 120도씩 떨어져 설치되어 있고 고정자 권선과 회전자 권선 사이에 중간 변압기가 설치되어 있다.

## (2) 특징

① 기동 토크가 크며 토크는 거의 전류 제곱에 비례한다.
② 역률은 동기 속도 근처나 그 이상에서 매우 양호하며 100%에 가깝다.
③ 효율은 고속으로 회전할 때 거의 일정하며 동기 속도 근처에서 효율이 가장 높다.

## (3) 중간 변압기(직렬 변압기)

① 공급 전압이 변해도 정류자에 일정 전압을 공급할 수 있고, 회전자 전압을 선택할 수 있다.
② 중간 변압기의 권수비를 바꾸어 전동기의 특성 조정이 가능하다.
③ 변압기 철심을 포화시키면 경부하 연결 시에도 위험 속도를 방지할 수 있다.

## (4) 용도

송풍기, 펌프, 공작기계 등과 같이 기동 토크가 크고 속도의 제어범위가 넓은 곳에 사용함

## ⑤ 3상 분권 정류자 전동기(시라게 전동기)

### (1) 특징

① 시라게 전동기는 1차 권선을 회전자에 둔 3상 권선형 유도 전동기라고 볼 수 있다. 고정자는 3상 전원에 직접 접속되어 있고, 전기자 권선은 브러시를 통해 전원을 공급받는다.
② 브러시의 위치 이동으로 속도를 제어할 수 있다.
③ 구조상 저전압, 대전류에 적합하며 변압기를 통해 이용 전압을 저하시킨다.

### (2) 용도

실로 천을 만드는 정방기, 목재로 종이를 만드는 제지기

## ⑥ 정류자형 주파수 변환기

### (1) 구조

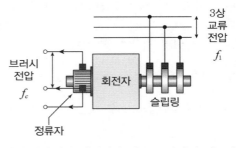

① 회전자는 3상 회전 변류기의 전기자와 같은 구조이며 정류자와 3개의 슬립링이 있다.
② 고정자는 소용량이고 보상권선, 보극이 설치되는 경우가 많다.
③ 정류자 위에는 한 자극마다 3개의 브러시가 전기각 120°의 간격으로 설치되어 있다.

### (2) 원리

① 회전 자계 $\phi$가 시계 방향일 때, 외력으로 회전자를 반시계 방향으로 동기 속도$(n = n_s)$로 회전시키면, 브러시에 대한 자속의 상대속도는 0이 되므로 정류자 위의 브러시 사이에 나타나는 전압 $E_c$의 주파수 $f_c$는 0Hz, 즉 직류 전압이 된다. 슬립 s가 생기도록 느리게 회전시키면 $f_c = sf_1$이 된다.

② 외력으로 회전자를 시계 방향으로 $n$으로 회전시키면 브러시에 대한 자속의 상
대속도는 $n_s + n$이 되므로 $f_c = (n_s + n)\frac{p}{2} = f_1 + f$가 된다. 즉, 전원 주파수
$f_1$을 임의의 주파수 $f_1 + f$로 변환할 수 있다.

③ 회전자의 회전 방향과 속도는 사용자가 임의 조정할 수 있으며 자계의 회전 방
향과는 무관하다.

## (3) 용도

주파수를 변환시킬 수 있어서 권선형 유도 전동기의 2차 여자용 교류 여자기로
사용된다.

## ⑦ 회전 변류기(rotary converter)

### (1) 구조

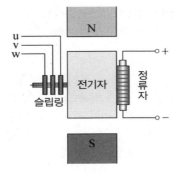

① 회전 변류기는 동기 전동기와 직류 발전기를 동일 축상에 접속시킨 구조이며
3상 교류가 만드는 회전 자계의 회전과 반대 방향으로 전기자가 회전한다. 이
때 극수가 $p$이면 동기 속도는 $N_s = 120f/p$이다.

② 회전하는 전기자 권선에 유도되는 역기전력이 정류자와 브러시를 통해 직류로
전환되므로 그림의 오른쪽 절반은 직류 발전기에 해당한다.

### (2) 특징

① 기계적 출력을 발생하지 않으므로 축과 베어링이 작아도 된다.

② 직류측 전압을 변경하려면 교류측 전압을 변화시켜야 한다. 직렬 리액터, 유도
전압 조정기, 동기 승압기, 부하 전압 조정기 등을 이용하여 교류측 전압을 바
꾼다.

### (3) 교류 전압 실효치와 직류 전압 평균치의 관계

$$\frac{E_d}{E} = \frac{\sqrt{2}}{\sin\frac{\pi}{m}}$$

* 단, m은 상수이며 3상의 경우 직류 $E_d$: 교류 $E = 1.6 : 1$이 된다.

## 8 수은 정류기(mercury vapor rectifier)

### (1) 구조

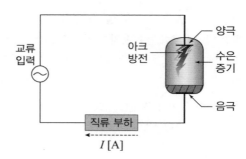

① 그림과 같이 진공관의 음극판은 액체 수은과 접촉, 양극판은 수은 증기와 접촉시킨 뒤 고압의 교류 전원을 투입하면 양극판의 전위가 더 높을 때 아크 방전이 일어나고, 양극판의 전위가 더 낮을 때는 방전 현상이 중단된다.

② 이와 같이 한쪽 방향으로만 방전이 일어나는 현상을 밸브 작용이라 하며, 수은 증기의 이러한 특성을 활용한 반파(半破) 정류기가 수은 정류기이다.

### (2) 이상 현상

① 방전해야 하는 순간에 전류를 못 흘리는 것이 실호(失弧), 방전하지 말아야 할 순간에 전류를 흘리는 것이 통호(通弧), 방전의 방향이 음극 ⇒ 양극으로 역전되어 밸브 작용이 없어지는 것이 역호(逆弧)이다.

② **역호 방지 대책**: 과부하, 과열, 과냉각을 피하고, 진공도를 충분히 높이고, 양극에 수은 증기가 부착하지 않도록 한다.

pass.Hackers.com

## ✓ 회로이론 출제비중

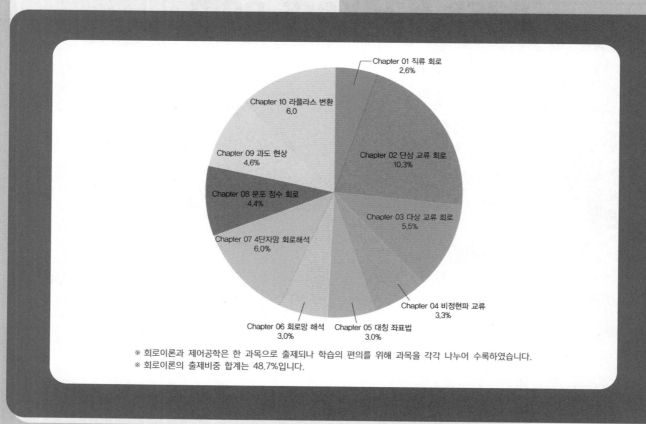

Chapter 01 직류 회로
2.6%

Chapter 10 라플라스 변환
6.0

Chapter 02 단상 교류 회로
10.3%

Chapter 09 과도 현상
4.6%

Chapter 08 분포 정수 회로
4.4%

Chapter 03 다상 교류 회로
5.5%

Chapter 07 4단자망 회로해석
6.0%

Chapter 04 비정현파 교류
3.3%

Chapter 06 회로망 해석
3.0%

Chapter 05 대칭 좌표법
3.0%

※ 회로이론과 제어공학은 한 과목으로 출제되나 학습의 편의를 위해 과목을 각각 나누어 수록하였습니다.
※ 회로이론의 출제비중 합계는 48.7%입니다.

# PART 04
# 회로이론

# 직류 회로

## ① 회로의 기본 개념

### (1) 기본 물리량

① **전압**: $Q[C]$의 전하를 a점에서 b점까지 운반할 때 $W[J]$만큼의 에너지가 소비되었다면 두 점의 전위차 $V = \dfrac{W}{Q}$이다. 대지와의 전위차를 전압이라고 부른다.

② **전류**: 그림과 같이 도체의 수직 단면을 $t[sec]$ 동안 지나가는 전하량이 $q[C]$이면 전류의 세기는 $I[A] = \dfrac{q}{t}$이다.

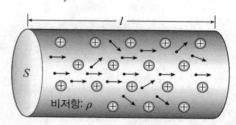

③ **전기 저항**: 길이 $l$, 단면적 $S$, 비저항 $\rho$인 도선의 전기 저항은 $R[\Omega] = \rho\dfrac{l}{S}$이다.

④ **전하량**: 전류의 세기가 $I$로 일정하면 $t$초 동안 흐르는 전하량 $q = I\,t$이고, 전류의 세기가 $I(t)$로 시간에 따라 변하면 $q = \displaystyle\int_{0}^{t} I(t)dt$로 구한다.

### (2) 옴의 법칙과 온도 계수

① 옴의 법칙은 전압과 전류의 관계를 설명해 주는 법칙으로 도체에 흐르는 전류 $I[A]$는 도체의 양단에 걸린 전위차가 $V[V]$에 비례하고 도체의 전기 저항 $R[\Omega]$에 반비례한다.

즉, $I = \dfrac{V}{R}$가 성립한다.

② 금속성 도체는 온도 상승에 따라 전기 저항값이 증가하는데 그 증가폭은 도체의 재질마다 다르다. 만약 온도 계수가 $\alpha$인 어떤 도체가 $t_0[℃]$일 때의 전기 저항이 $R_0$이었다면 $t[℃]$ 때의 전기 저항값 $R_t$는 다음 식으로 나타낼 수 있다.

$$R_t = R_0[1 + \alpha(t - t_0)]$$

## (3) 소비 전력과 줄열(Joule's heat)

① **소비 전력**: 단위 시간 동안 소비하는 전기 에너지를 전력이라고 하며, 어떤 전기 제품이 $t$[초] 동안 $W$[J]의 전기 에너지를 소비한다면 소비 전력은 다음 식으로 나타낼 수 있다.

$$P[\text{W}] = \frac{W}{t}$$

소비전력은 평균전력 또는 유효전력이라 부른다.

② 전압은 단위 양전하가 가진 전기적 위치 에너지인데, $V = \dfrac{W}{q}$라는 전압의 정의식을 이용하면 소비 전력 공식은 $P = \dfrac{W}{t} = \dfrac{qV}{t}$로 고쳐쓸 수 있다.

여기서 $q = It$를 대입하면 $P = VI$이고, 옴의 법칙을 이용하면

$P = I^2R$, $P = \dfrac{V^2}{R}$이 된다.

③ **줄열**: 전열기 열선과 같은 순수 저항 부하에 전류를 흘려주면 열선이 가열되면서 주변으로 열을 방출하는데 이것이 바로 줄열이다. 소비 전력[W = J/s]에 시간(s)을 곱하면 전기 에너지(J)가 되며 전기 에너지에 0.24cal/J을 곱하면 줄열[cal]이 된다.

$$H[\text{cal}] = 0.24VIt = 0.24I^2Rt = 0.24\frac{V^2t}{R}$$

☞ 전열기의 열선 길이를 $n$배, 전압 크기를 $m$배로 바꾸면 전열기에 의한 줄열은 처음의 $\dfrac{m^2}{n}$배가 된다.

## ② 전기 회로의 기본 법칙

### (1) 키르히호프 전기 회로 법칙

① 키르히호프 전류 법칙(KCL: Kirchhof's Current Law)

㉠ 임의의 마디(node)에 유입되는 전류의 총합은 마디에서 유출되는 전류의 총합과 같다.

$$I_1 + I_2 + I_3 = I_4 + I_5 + I_6 \Rightarrow I_1 + I_2 + I_3 + (-I_4) + (-I_5) + (-I_6) = 0$$

$$\therefore \sum_{i=1}^{n} I_i = 0$$

ⓒ KCL은 전하량 보존 법칙의 다른 표현으로 볼 수 있다.

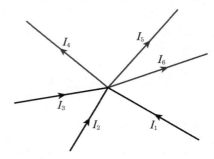

② 키르히호프 전압 법칙(KVL: Kirchhof's Voltage Law)

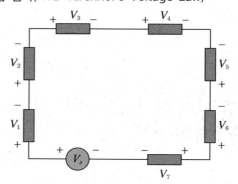

㉠ 임의의 폐회로(loop) 내 기전력의 총합은 저항에 의한 전압 강하의 총합과
같다.

$$V_s = V_1 + V_2 + V_3 + V_4 + V_5 + V_6 + V_7$$
$$\sum 기전력 = \sum 전압강하$$

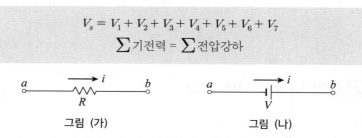

그림 (가)                                        그림 (나)

ⓒ 저항의 경우에 그림 (가)와 같이 전류 방향으로 이동하면서 전위가 낮아지
고 전류의 반대 방향으로 이동하면서 전위가 높아진다.

ⓒ 기전력의 경우에는 그림 (나)와 같이 전류 방향으로 이동하면서 전위가 높
아지고, 전류의 반대 방향으로 이동하면서 전위가 낮아진다.

③ 아래 그림과 같이 폐회로 내에 전압원(전지)이 2개이면서 극성이 반대일 경우,
기전력이 더 큰 전압원인 50V전지의 (+)극에서 (−)극으로 전류가 흐른다. 따라
서 망전류는 반시계 방향으로 흐른다.

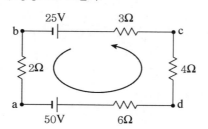

## (2) 저항의 병렬 접속과 직렬 접속

① 저항 $n$개를 병렬로 접속하면 KCL에 의해 전류가 나뉘어 흐르고 각 저항에는 똑같은 전압이 걸리므로 다음과 같다.

$$I_1 + I_2 + \cdots\cdots + I_n = I \Rightarrow \frac{V}{R_1} + \frac{V}{R_2} + \cdots\cdots + \frac{V}{R_n} = \frac{V}{R}$$

$$\Rightarrow 합성\ 저항\ R = \frac{1}{\dfrac{1}{R_1} + \dfrac{1}{R_2} + \cdots + \dfrac{1}{R_n}} = \frac{1}{\displaystyle\sum_{i=1}^{n} \dfrac{1}{R_i}}$$

병렬 접속의 경우에는 저항의 역수인 컨덕턴스를 이용해서 나타내면 편리하다.

$$합성\ 컨덕턴스\ G = G_1 + G_2 + \cdots + G_n = \sum_{i=1}^{n} G_i$$

② 저항 $n$개를 직렬로 접속하면 KVL에 의해 전압이 나뉘어 인가되고 각 저항에는 똑같은 전류가 흐르므로 다음과 같다.

$$V_1 + V_2 + \cdots\cdots + V_n = V \Rightarrow IR_1 + IR_2 + \cdots\cdots + IR_n = IR$$

$$\Rightarrow 합성\ 저항\ R = R_1 + R_2 + \cdots + R_n = \sum_{i=1}^{n} R_i$$

③ **저항의 직병렬 접속**: 아래 회로도와 같이 직렬과 병렬이 혼재되어 있을 경우에는 $R_1$과 $R_2$의 합성 저항 $R'$을 먼저 구한 다음에 직렬 접속 등가(equivalent) 회로상에서 합성 저항 $R_{eq}$를 구하면 된다.

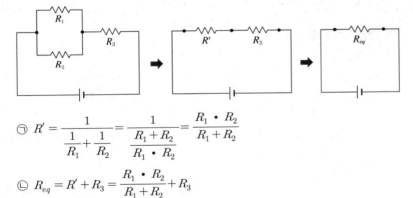

㉠ $R' = \dfrac{1}{\dfrac{1}{R_1} + \dfrac{1}{R_2}} = \dfrac{1}{\dfrac{R_1 + R_2}{R_1 \cdot R_2}} = \dfrac{R_1 \cdot R_2}{R_1 + R_2}$

㉡ $R_{eq} = R' + R_3 = \dfrac{R_1 \cdot R_2}{R_1 + R_2} + R_3$

(3) 분배 법칙

① 전압 분배 법칙: 직렬 접속된 저항들의 합성값을 $R_{eq}$라고 하면 전체 전류 $I_s = \dfrac{V_s}{R_{eq}}$이고 $R_w$에 인가되는 전압은 $I_s R_w = \dfrac{R_w}{R_{eq}} V_s$이다. 즉, 전체 전압이 저항값에 비례하여 분배됨을 알 수 있다.

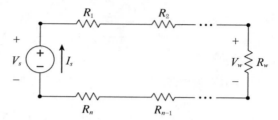

② 전류 분배 법칙: 병렬 접속된 저항들의 합성값을 $R_{eq}$라고 하면 전체 전류 $I_s = \dfrac{V_s}{R_{eq}}$이고, 병렬 접속된 모든 저항에는 전체 전압 $V_s$가 각각 걸리므로 $I_w = \dfrac{V_s}{R_w}$이다. $V_s$에 $I_s R_{eq}$를 대입하면 $I_w = \dfrac{R_{eq}}{R_w} I_s$이다. 즉, 전체 전류는 저항값에 반비례하여 분배됨을 알 수 있다.

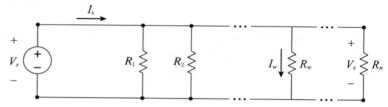

(4) 배율기와 분류기

① 배율기
  ㉠ 전압계의 측정범위를 $m$배 만큼 확대하기 위하여 전압계와 직렬로 접속한 저항을 말한다.
  ㉡ 전압계와 배율기를 직렬 연결하여 전압의 비가 $V_0 : m V_0 - V_0$이 되게 하면 전압계 측정 범위가 $m$배로 커진다. 전압 분배 법칙에 따라 $r : R = 1 : m - 1$ 이므로 배율기의 내부저항 $R$는 $r(m-1)[\Omega]$이면 된다.

② 분류기
  ㉠ 전류계의 측정범위를 $m$배 만큼 확대하기 위하여 전류계와 병렬로 접속한 저항을 말한다.
  ㉡ 내부 저항이 $r/(m-1)[\Omega]$인 분류기를 병렬 연결하면 전류계의 측정 범위가 $m$배로 커진다.

## (5) 휘트스톤 브리지 평활 회로

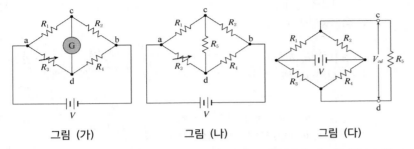

그림 (가)　　　　　그림 (나)　　　　　그림 (다)

① 그림 (가)와 같이 4개의 저항을 정사각형 형태로 접속시킨 회로를 휘트스톤 브리지라고 하며, 일반적으로 미지 저항 $R_x$의 저항값을 구하기 위해 이용한다.

② 가변 저항 $R_3$을 조정하여 검류계 눈금이 0을 가리키게 하면 G의 양단 전위차가 0이므로 비례식 $R_1 : R_2 = R_3 : R_x$로부터 $R_x$를 구할 수 있다.

③ 그림 (나)에서 $R_5$의 양단 전압을 구하기 위해 그림 (다)와 같은 등가회로로 변환하면, c점의 전위 $V_c$는 $V_c = \dfrac{R_2}{R_1 + R_2} \times V$이고 d점의 전위 $V_d$는

$$V_d = \frac{R_4}{R_3 + R_4} \times V \text{이므로} \quad V_{cd} = \frac{R_2 R_3 - R_1 R_4}{(R_1 + R_2)(R_3 + R_4)} \times V \text{이다.}$$

④ $R_2 R_3 \neq R_1 R_4$의 경우에는 테브난 정리를 이용하여 회로를 해석한다.

⑤ 휘트스톤 브리지 등가회로

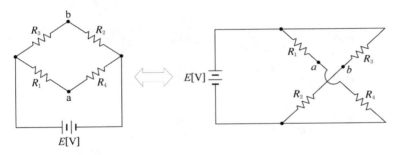

## (6) △ – Y 결선의 등가 변환

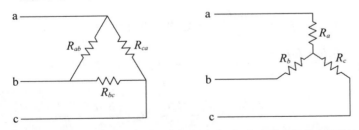

① 3개의 저항 $R_{ab}$, $R_{bc}$, $R_{ca}$로 이루어진 △결선 회로는 필요에 따라 3개의 저항 $R_a$, $R_b$, $R_c$로 이루어진 Y결선으로 등가변환할 수 있고 마찬가지로 Y결선을 △결선으로 등가변환할 수도 있다.

② △결선을 Y결선으로 바꾸기

선간 전압을 인가했을 때 $a$, $b$, $c$ 각 도선에 흐르는 전류의 크기가 변환 이전과 이후에 동일해야 하므로

| △결선의 $a$, $b$단자에서 바라본 합성 저항<br>=Y결선의 $a$, $b$단자에서 바라본 합성 저항 | $\dfrac{R_{ab}(R_{bc}+R_{ca})}{R_{ab}+(R_{bc}+R_{ca})}=R_a+R_b$ ...... (i)식 |
|---|---|
| △결선의 $b$, $c$단자에서 바라본 합성 저항<br>=Y결선의 $b$, $c$단자에서 바라본 합성 저항 | $\dfrac{R_{bc}(R_{ca}+R_{ab})}{R_{bc}+(R_{ca}+R_{ab})}=R_b+R_c$ ...... (ii)식 |
| △결선의 $c$, $a$단자에서 바라본 합성 저항<br>=Y결선의 $c$, $a$단자에서 바라본 합성 저항 | $\dfrac{R_{ca}(R_{ab}+R_{bc})}{R_{ca}+(R_{ab}+R_{bc})}=R_c+R_a$ ...... (iii)식 |

세 식을 변끼리 더해서 정리하면,

$$R_a = \frac{R_{ca}R_{ab}}{R_{ab}+R_{bc}+R_{ca}}, \quad R_b = \frac{R_{ab}R_{bc}}{R_{ab}+R_{bc}+R_{ca}}, \quad R_c = \frac{R_{bc}R_{ca}}{R_{ab}+R_{bc}+R_{ca}}$$

만약 △결선의 세 저항이 $R_{ab}=R_{bc}=R_{ca}=R$이면,

Y결선 변환 후 등가저항은 $R_a=R_b=R_c=\dfrac{R}{3}$이다.

③ Y결선을 △결선으로 바꾸기

위에서 구한 3가지 식을 둘씩 짝을 지어 좌변은 좌변끼리, 우변은 우변끼리 곱하면,

$$R_a R_b = \frac{R_{ab}^2 R_{bc} R_{ca}}{(R_{ab}+R_{bc}+R_{ca})^2} \;\cdots\cdots \text{㉠식,}$$

$$R_b R_c = \frac{R_{bc}^2 R_{ca} R_{ab}}{(R_{ab}+R_{bc}+R_{ca})^2} \;\cdots\cdots \text{㉡식,}$$

$$R_c R_a = \frac{R_{ca}^2 R_{ab} R_{bc}}{(R_{ab}+R_{bc}+R_{ca})^2} \;\cdots\cdots \text{㉢식}$$

세 식을 변끼리 더하면, $R_a R_b + R_b R_c + R_c R_a = \dfrac{R_{ab}R_{bc}R_{ca}}{R_{ab}+R_{bc}+R_{ca}}$ 이 되고 ②에

서 구한 $R_c = \dfrac{R_{bc}R_{ca}}{R_{ab}+R_{bc}+R_{ca}}$ 를 변끼리 나누어 주면

$\dfrac{R_a R_b + R_b R_c + R_c R_a}{R_c} = R_{ab}$ 가 유도된다. 따라서 변환식 3개는 다음과 같다.❶

$$R_{ab} = \frac{R_a R_b + R_b R_c + R_c R_a}{R_c}, \quad R_{bc} = \frac{R_a R_b + R_b R_c + R_c R_a}{R_a},$$

$$R_{ca} = \frac{R_a R_b + R_b R_c + R_c R_a}{R_b}$$

❶
만약 Y결선의 세 저항이
$R_a = R_b = R_c = R'$이면,
△결선 변환 후 등가저항은
$R_{ab}=R_{bc}=R_{ca}=3R'$이다.

④ 그림 (가)와 같이 40Ω, 40Ω, 120Ω인 3개의 순저항을 △결선하고 대칭 3상 전압을 인가했을 때 각 선에 흐르는 선전류의 세기가 같으려면 a상 도선에 저항 R을 추가로 접속하여야 한다. 이때 △결선을 Y결선으로 바꾸고 등가저항을 계산하면 R를 쉽게 구할 수 있다.

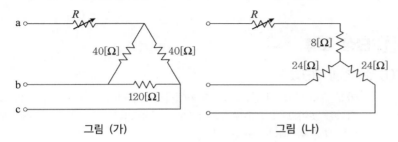

그림 (가)                    그림 (나)

# CHAPTER 02 단상 교류 회로

## ① 단상 교류

### (1) 순시값과 평균값

① 아래 그림 (A)는 발전기의 계자 속에서 3상 권선이 감긴 전기자의 3도체를 모식화한 것이고 그림 (B)는 그 중 1개 권선에 의한 교류 정현파 출력을 각속도 (각주파수)에 따라 나타낸 것이다.

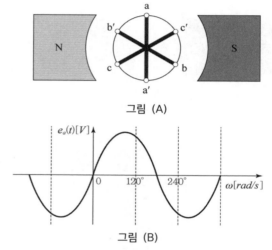

그림 (A)

그림 (B)

② 기전력의 순시값: $e_1[V] = E_m \sin\omega t = E_m \sin 2\pi f t$

③ $e_1(t) = 141\sin(120\pi t - 30°)$, $e_2(t) = 150\sin(120\pi t + 60°)$이면 각속도는 $w = 2\pi f = 120\pi[\text{rad/sec}]$이고 주파수는 60Hz이다. 두 교류 전압의 위상차가 $\theta = |-30° - 60°| = 90° = \dfrac{\pi}{2}[\text{rad}]$이므로 시간으로 표시하면

$$w = \frac{\theta}{t}, \ t = \frac{\theta}{w} = \frac{\frac{\pi}{2}}{120\pi} = \frac{1}{240} \ \text{초이다.}$$

### (2) 평균값과 실횻값

① 정현파는 한 주기 동안 (+)와 (−)의 값을 대칭적으로 가지므로 평균값을 구할 때는 반주기(위상 0~180) 구간에 대해서 적분한다.

따라서 기전력의 평균값은

$$\frac{1}{\pi}\int_0^\pi E_m \sin\omega t \cdot d(\omega t) = \frac{E_m}{\pi/2} \ \text{이고 전류의 평균값은} \ \frac{I_m}{\pi/2} \ \text{이다.}$$

② 어떤 발열체에 $E_m\sin\omega t$의 교류 전압을 t초 동안 인가하여 줄열을 측정하고, 동일한 발열체에 $E_{dc}$의 직류 전압을 t초 동안 인가하여 줄열을 측정하였더니 두 측정값이 같았다면 $E_{dc}$가 바로 rms값이다.

정현파 $E_m\sin\omega t$의 실횻값(rms)은

$$\sqrt{\frac{1}{T}\int_0^T E_m^2\sin^2\omega t\ dt} = \sqrt{\frac{E_m^2}{T}\int_0^T \left(\frac{1-\cos2\omega t}{2}\right)dt}$$

$$= \sqrt{\frac{E_m^2}{T}\left[\frac{t}{2}-\frac{\sin2\omega t}{4}\right]_0^T} = \sqrt{\frac{E_m^2}{T}\left[\frac{T}{2}\right]}$$

$$= \frac{E_m}{\sqrt{2}}\ \text{이다.}$$

③ 반파 정류에 의한 출력 전압은 그래프와 같이 위상 $\pi \sim 2\pi$ 구간에서 값이 0이므로, 실횻값은

$$\sqrt{\frac{1}{T}\int_0^T V^2\ dt} = \sqrt{\frac{1}{T}\int_0^{T/2} E_m^2\sin^2\omega t\ dt + \frac{1}{T}\int_{T/2}^T 0\ dt}$$

$$= \sqrt{\frac{E_m^2}{T}\left[\frac{t}{2}-\frac{\sin2\omega t}{4}\right]_0^{T/2}} = \sqrt{\frac{E_m^2}{T}\left[\frac{T}{4}\right]} = \frac{E_m}{2}\ \text{이다.}$$

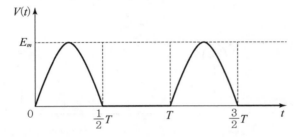

### (3) 파형률과 파고율

| 평균값 | 실횻값 | 최댓값 |
|---|---|---|
| $\dfrac{2E_m}{\pi}$ | $\dfrac{E_m}{\sqrt{2}}$ | $E_m$ |
| 1 | $\dfrac{\pi}{2\sqrt{2}}$ | $\dfrac{\pi}{2}$ |

1.11배　　　　1.11배

① 정현파는 실횻값(rms)이 평균값보다 약 1.1배 더 크다. 이와 같이 평균값과 비교한 실횻값의 상대적 크기를 파형률이라고 한다.
② 정현파의 최댓값은 실횻값보다 $\sqrt{2}$배 더 크다. 이와 같이 실횻값과 비교한 최댓값의 상대적 크기를 파고율이라고 한다.

③ 다음 표는 대표적인 파동의 파형률과 파고율을 나타낸 것이다.

| 구분 | | 정현전파 | 정현반파 | 삼각파 | 구형전파 | 구형반파 |
|---|---|---|---|---|---|---|
| 평균값 | | $\frac{2}{\pi}E_m$ | $\frac{1}{\pi}E_m$ | $\frac{E_m}{2}$ | $E_m$ | $\frac{E_m}{2}$ |
| 실횻값 | | $\frac{E_m}{\sqrt{2}}$ | $\frac{E_m}{2}$ | $\frac{E_m}{\sqrt{3}}$ | $E_m$ | $\frac{E_m}{\sqrt{2}}$ |
| 파형률 $=\frac{실횻값}{평균값}$ | | 1.11 | 1.157 | 1.155 | 1 | 1.155 |
| 파고율 $=\frac{최댓값}{실횻값}$ | | $\sqrt{2}$ | 2 | $\sqrt{3}$ | 1 | $\sqrt{2}$ |

## 2 인덕터 회로와 콘덴서 회로

### (1) 인덕터 회로

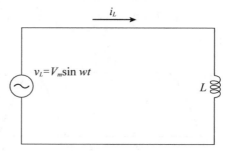

① 인덕턴스가 $L$[H]인 인덕터 양단에 $v_L = V_m\sin\omega t$의 교류 전압을 인가하면 패러데이 법칙과 인덕턴스의 정의에 의해 $v_L = L\frac{di}{dt} \Rightarrow \frac{1}{L}v_L dt = di$가 성립하므로 양변 적분을 취하면, $\frac{1}{L}\int V_m\sin\omega t dt = \int di$

$\Rightarrow i_L = -\frac{V_m}{\omega L}\cos\omega t \Rightarrow i_L = \frac{V_m}{\omega L}\sin(\omega t - \frac{\pi}{2})$가 되어 **전류의 위상이 전압보다 90° 뒤진다.**

② 전류 $i_L$의 크기는 $\frac{V_m}{\omega L}$에 의해 결정되며 인덕터의 교류 저항 성분, 즉 유도 리액턴스는 $\omega L$이다.

③ 인덕터만의 회로에서 전력 소모는 없고(평균 전력 = 0), 한 주기 동안 축적되는 에너지는 $\frac{1}{2}LI^2$이다.

④ 전압의 순시값 $v_L(t)$가 주어지면 $i_L = \dfrac{1}{L}\displaystyle\int v_L dt$를 이용하여 전류의 순시값을 구하면 되고 전압의 실횻값이 주어지면 옴의 법칙 $I = \dfrac{E}{\omega L}$를 이용하여 전류의 실횻값을 구하면 된다.

⑤ 한 주기 동안 인덕터에 축적되는 평균 에너지는 $\dfrac{1}{2}LI^2$이다.

## (2) 콘덴서(커패시터) 회로

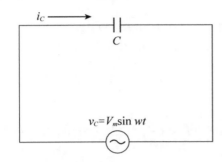

$i_C \longrightarrow$

$C$

$v_C = V_m \sin wt$

① 정전 용량이 $C$[F]인 콘덴서의 양단에 $v_C = V_m \sin\omega t$의 교류 전압을 인가하면 전류의 정의에 의해 $i_C = \dfrac{dQ}{dt}$가 되며, $Q(t) = C \times v_C(t)$를 대입하면,

$i_C = C\dfrac{dv}{dt} = \omega C V_m \cos\omega t = \dfrac{V_m}{1/\omega C}\sin\left(\omega t + \dfrac{\pi}{2}\right)$가 되어 **전류의 위상이 전압보다 90° 앞선다.**

② 전류 $i_C$의 크기는 $\dfrac{V_m}{1/\omega C}$에 의해 결정되며 콘덴서의 교류 저항 성분, 즉 용량 리액턴스는 $\dfrac{1}{\omega C}$이다.

③ 전류 $i_C$의 크기는 $\dfrac{V_m}{1/\omega C}$에 의해 결정되며 콘덴서의 교류 저항 성분, 즉 용량 리액턴스는 $\dfrac{1}{\omega C}$이다.

④ 콘덴서만의 회로에서 전력 소모는 없고(평균 전력 = 0), 한 주기 동안 축적되는 에너지는 $\dfrac{1}{2}CV^2$이다.

⑤ 전압의 순시값 $v_C(t)$가 주어지면 $i_C = C\dfrac{dv}{dt}$를 이용하여 전류의 순시값을 구하면 되고 전압의 실횻값이 주어지면 옴의 법칙 $I = \dfrac{E}{1/\omega C}$를 이용하여 전류의 실횻값을 구하면 된다.

⑥ 한 주기 동안 콘덴서에 축적되는 평균 에너지는 $\dfrac{1}{2}CV^2$이다.

(3) 인덕터 회로와 콘덴서 회로의 비교

| 구분 | 인덕터 회로 | 콘덴서 회로 |
|---|---|---|
| 전류의 순시값 | $i_L = \dfrac{1}{L}\displaystyle\int v_L dt$ | $i_C = C\dfrac{dv}{dt}$ |
| 전류의 실횻값 | $I = \dfrac{E}{\omega L}$ | $I = \dfrac{E}{1/\omega C}$ |
| 교류 저항 성분 (리액턴스) | $X_L = \omega L$ | $X_C = \dfrac{1}{\omega C}$ |
| 전류의 위상과 전압의 위상 | 전류가 전압에 뒤진다. 코일에는 지相 전류가 흐른다. | 전류가 전압에 앞선다. 콘덴서에는 진相 전류가 흐른다. |

① 인덕터 회로에서 $v_L = L\dfrac{di}{dt}$이므로 전류를 급격히 변화시키면 전압이 무한대가 된다.

② 콘덴서 회로에서 $i_C = C\dfrac{dv}{dt}$이므로 전압을 급격히 변화시키면 전류가 무한대가 된다.

## ③ 정현파 표현과 합성 임피던스

### (1) 페이저 표현과 복소수 표현

① 그림 (가)는 전류의 순시값을 시간에 따라 나타낸 것이고, 그림 (나)는 전류의 실횻값과 위상각을 복소수 평면에 나타낸 것이다.

② 순시값이 $i(t) = I_m \sin(\omega t + \theta)$이면, 정현파의 실횻값이 $I_m/\sqrt{2}$이므로 (나)에서 원의 반지름 $I$는 $I_m/\sqrt{2}$이다.

③ 순시값이 $i(t) = I_m \sin(\omega t + \theta)$이면, $t = 0$인 순간의 phase가 $\theta$이므로 (나)에서 막대기의 회전각이 $\theta$이다. $i(t) = I_m \sin(\omega t + \theta)$의 페이저 표현은 $\dot{I} = I \angle \theta$이고 복소수 표현은 $I(\cos\theta + j\sin\theta)$이다.

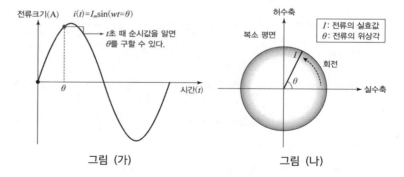

그림 (가)          그림 (나)

④ 4가지 표현식(순시값, 극형식, 직교형식, 지수형식) 중에 하나만 제시되어도 나머지 셋을 알 수 있다.

| 함수 표현(순시값) | 페이저 표현(극형식) |
|---|---|
| $I_m \sin(\omega t + \theta)$ | $I \angle \theta$ |
| $3\sqrt{2}\sin(\omega t - 60°)$ | $3 \angle -60°$ |
| $100\sqrt{2}\sin(\omega t + \dfrac{\pi}{3})$ | $100 \angle 60°$ |
| $\sqrt{6}\sin(\omega t + 30°)$ | $\sqrt{3} \angle 30°$ |
| $50\sqrt{2}\sin[\omega t + \tan^{-1}(\dfrac{-4}{3})]$ | $50 \angle \arctan(-\dfrac{4}{3})$ |

| 복소수 표현(직교형식) | 지수 표현(지수형식) |
|---|---|
| $I(\cos\theta + j\sin\theta)$ | $Ie^{j\theta}$ |
| $\dfrac{3}{2} - j\dfrac{3\sqrt{3}}{2}$ | $3e^{-j60°}$ |
| $50 + j50\sqrt{3}$ | $100e^{j60°}$ |
| $\dfrac{3}{2} + j\dfrac{\sqrt{3}}{2}$ | $\sqrt{3}\,e^{j30°}$ |
| $30 - j40$ | $50e^{-j53.13}$ |

⑤ 페이저 계산법

㉠ 두 극형식 $I_1 \angle \theta_1$, $I_2 \angle \theta_2$의 곱은 실횻값끼리 곱하고 위상값끼리 더한다. 즉, $I_1 I_2 \angle (\theta_1 + \theta_2)$이다.

㉡ 두 극형식 $I_1 \angle \theta_1$, $I_2 \angle \theta_2$의 비는 실횻값끼리 나누고 위상값끼리 빼준다. 즉, $\dfrac{I_1}{I_2} \angle (\theta_1 - \theta_2)$이다.

㉢ 두 극형식의 합 또는 차를 구할 때는 직교형식으로 바꿔야 한다.

## (2) 합성 임피던스 구하기

① 순수 저항은 직류와 교류에서 동일한 전기 저항 $R$를 가진다.

② 콘덴서는 직류에 대한 저항이 무한대이고 교류에 대한 저항 성분이 $\dfrac{1}{\omega C}$인데 이 값을 '용량 리액턴스'라고 부르며 위상을 고려한 용량 리액턴스의 복소수 표현은 $-j\dfrac{1}{\omega C}$ 또는 $\dfrac{1}{j\omega C}$이다.

③ 인덕터는 직류에 대한 저항이 0이고 교류에 대한 저항 성분이 $\omega L$인데 이 값을 '유도 리액턴스'라고 부르며 위상을 고려한 유도 리액턴스의 복소수 표현은 $+j\omega L$이다.

④ 따라서 $R - L - C$ 직렬 접속 회로에서 합성 임피던스 $\dot{Z} = R - j\dfrac{1}{\omega C} + j\omega L$이고 $Z = \sqrt{R^2 + (\omega L - 1/\omega C)^2}$ 이다.

**①**

직렬 회로에서는 $Z = \sum_i Z_i$,

병렬 회로에서는 $Y = \sum_i Y_i$

## (3) 어드미턴스

① 여러 개의 임피던스가 병렬로 접속된 회로를 분석할 때는 어드미턴스를 도입하면 계산이 쉬워진다.

② 어드미턴스와 임피던스의 상호 관계를 표시하면 다음 표와 같다.**①**

| 기호 | 물리량 | 상호 관계 | 기호 | 물리량 |
|---|---|---|---|---|
| G | Conductance | $G = \dfrac{1}{R}$ | R | Resistance |
| B | Susceptance | $B = \dfrac{1}{X}$ | X | Reactance |
| Y | Admittance | $Y = \dfrac{1}{Z}$ | Z | Impedance |

| 주어진 형식 | 예시 | 곱셈과 나눗셈 | 덧셈과 뺄셈 |
|---|---|---|---|
| 극형식 $I \angle \theta$ | $V_p = 100 \angle -30°$, $I_p = 20 \angle -120°$ | 실횻값끼리 곱하거나 나누고 위상각끼리 더하거나 빼준다. | 직교형식으로 변환한다. |
| 지수형식 $Ie^{j\theta}$ | $I_1 = 2e^{-j\frac{\pi}{6}}$, $I_2 = 5e^{j\frac{\pi}{6}}$, $I_3 = 5$ | | |
| 직교형식 $I(\cos\theta + j\sin\theta)$ | $E = 100 + j50$, $I = 3 + j4$ | 극형식으로 변환하면 편리하다. | 실수부끼리 가감하고 허수부끼리 가감한다. |
| 순시값 $V_m \sin(\omega t + \theta)$ | 최댓값을 $\sqrt{2}$ 로 나누면 실횻값이 된다. 곱셈은 극형식이라야 편리하고 덧셈은 직교형식이라야 편리하다. | | |

## (4) 등가회로 이용해서 합성 임피던스 구하기

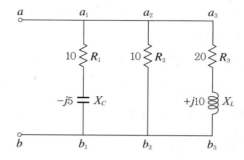

① 그림과 같은 회로도에서 합성 임피던스를 구하기 위해 각 단자 간 임피던스를 구하면 $Z_{a_1 b_1} = 10 - j5$, $Z_{a_2 b_2} = 10$, $Z_{a_3 b_3} = 20 + j10$이고,

역수를 취하면 $Y_{a_1 b_1}$, $Y_{a_2 b_2}$, $Y_{a_3 b_3}$의 병렬 접속으로 볼 수 있고,

$Y_{a_1 b_1} = \dfrac{2}{25} + j\dfrac{1}{25}$, $Y_{a_2 b_2} = \dfrac{1}{10}$, $Y_{a_3 b_3} = \dfrac{1}{25} - j\dfrac{1}{50}$ 이므로 $Y = \sum_i Y_i$에 의해

$Y = \dfrac{11}{50} + j\dfrac{1}{50}$ 이다.

② 마지막 단계로서,

$Z = [(\dfrac{11}{50})^2 + (\dfrac{1}{50})^2]^{-1}(\dfrac{11}{50} - j\dfrac{1}{50}) = \dfrac{275}{61} - j\dfrac{25}{61}$ 가 되어 합성 임피던스의 복

소수 표현이 도출되며 크기는 $\sqrt{\alpha^2 + \beta^2} = \sqrt{275^2 + 25^2}/61$ 이다.

**(5) $R-L$ 직렬 회로에서 옴 법칙 적용하여 임피던스 구하기**

① $R-L$ 직렬 회로에 정현파 전압 $\dot{V}$을 인가하면 합성 임피던스 $\dot{Z} = R + j\omega L$이 므로 전류 $\dot{I}$는 $\dfrac{\dot{V}}{\dot{Z}}$이다.

② $\dot{V} = 100 + j20$인 전압을 인가하여 $\dot{I} = 4 + j3$인 전류가 흐른다면 이 회로의 임 피던스 $\dot{Z}$는 $\dfrac{\dot{V}}{\dot{I}} = \dfrac{100 + j20}{4 + j3} = \dfrac{(100 + j20)(4 - j3)}{(4 + j3)(4 - j3)} = 18.4 - j8.8[\Omega]$이다. 직교 형식의 전압과 전류를 극형식으로 변환하면

$\dot{V} = \sqrt{100^2 + 20^2} \angle \tan^{-1}(\dfrac{1}{5})$, $\dot{I} = \sqrt{4^2 + 3^2} \angle \tan^{-1}(\dfrac{3}{4})$,

$\dot{Z} = \dfrac{20\sqrt{26} \angle 11.3°}{5 \angle 36.9°} = 4\sqrt{26} \angle -25.6$

$\quad = 4\sqrt{26} \cos(-25.6°) + j4\sqrt{26}\sin(-25.6°)$

$\quad = 18.4 - j8.8$로 결과는 같지만 훨씬 복잡하다.

③ 순시값 $\dot{V}$와 $\dot{I}$를 극형식으로 고쳐야 계산이 편리해지지만, 직교형식의 $\dot{V}$와 $\dot{I}$ 를 극형식으로 고치면 계산이 더 복잡해질 수 있다.

| 순시값 $\dot{V}$와 $\dot{I}$를 극형식으로 고치기 | 순시값 $\dot{V}$와 직교형식 $\dot{Z}$를 극형식으로 고치기 |
|---|---|
| R-L 직렬 회로에서 $v = 100\sin(120\pi t)$, $i = 2\sin(120\pi t - 45°)$이면 $\dot{Z} = \dfrac{\dot{V}}{\dot{I}} = \dfrac{100/\sqrt{2} \angle 0°}{2/\sqrt{2} \angle -45°} = 50 \angle 45°$ R를 구하기 위해 극형식을 다시 직교형식으로 바꾸면 $Z = 50\cos 45° + j50\sin 45° = R + jX$ | R-L 직렬 회로에서 $v = 311\sin(1377t + 30°)$, $\dot{Z} = 40 + j30$이면 $\dot{I} = \dfrac{\dot{V}}{\dot{Z}} = \dfrac{311/\sqrt{2} \angle 30°}{50 \angle 36.87°}$ $= 4.4 \angle -6.87°[A]$ |

## 4 피상전력과 복소전력

### (1) 피상전력

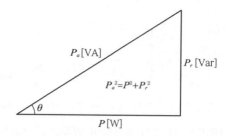

① 전압의 실횻값과 전류의 실횻값을 알면, 두 값을 곱한 값이 피상전력의 크기이다.

$$P_a = VI = I^2Z = V^2/Z$$

② 유효전력과 무효전력을 알면 피상전력 $P_a = P + jP_r$이다. (단, $P_a^2 = P^2 + P_r^2$)

  ☞ 전압 115V 인가하여 유효전력 230W, 무효전력 345Var이면,

$$I = \frac{P_a}{V} = \frac{\sqrt{230^2 + 345^2}}{115} = 3.6[A]이다.$$

### (2) 복소전력

① $\dot{I} = a + jb$로 주어지면 실횻값은 $I = \sqrt{a^2 + b^2} = (a+jb)(a-jb) = \sqrt{\dot{I} \cdot \dot{I}^*}$ 이므로 $P_a = I^2Z = \dot{I}\,\dot{I}^*Z = \dot{V}\,\dot{I}^*$이다. 8 + j6의 임피던스에 13 + j20의 전압을 인가하면 $P_a = \frac{V^2}{Z} = \frac{569}{8+j6} = 45.52 + j34.14$이다.

② 피상전력이 복소수 형태이면 역률을 구하기도 쉽다.

$$\cos\theta = 45.52/\sqrt{45.52^2 + 34.14^2}$$

### (3) $R - X$ 직렬 회로

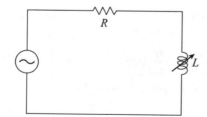

$L = 0$일 때의 전류의 세기가 $\frac{V}{R}$이고, R에 의한 전력 손실은 $(\frac{V}{R})^2R$이다. 인덕턴스를 높이면 전류의 세기가 $\frac{V}{\sqrt{R^2 + (\omega L)^2}}$로 감소하고, R에 의한 전력 손실은 $\frac{V^2}{R^2 + (\omega L)^2}R$로 감소한다.

## 5 역률

### (1) 정의

① 역률은 회로에 공급되는 전압과 전류의 실횻값의 곱(피상전력)에 대해서 실제 소비되고 있는 전력(유효전력)의 비율을 말한다.

② 역률 $PF = \cos\theta = \dfrac{P}{P_a} = \dfrac{유효전력}{피상전력}$

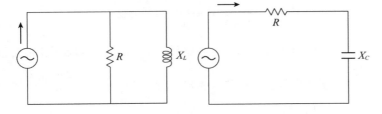

### (2) 회로 역률 계산

① $R - X_L$ 직렬 회로에서 역률 $= \dfrac{R}{Z} = \dfrac{R}{\sqrt{R^2+(\omega L)^2}} = \dfrac{1}{\sqrt{1+(R\omega L)^2}}$

② $R - X_C$ 직렬 회로에서 역률 $= \dfrac{R}{Z} = \dfrac{R}{\sqrt{R^2+(1/\omega C)^2}} = \dfrac{1}{\sqrt{1+(R/\omega C)^2}}$

③ $R - X_L$ 병렬 회로에서 역률 $= \dfrac{G}{Y} = \dfrac{1/R}{\sqrt{(1/R)^2+(1/\omega L)^2}} = \dfrac{1}{\sqrt{1+(R/\omega L)^2}}$

④ $R - X_C$ 병렬 회로에서 역률 $= \dfrac{G}{Y} = \dfrac{1/R}{\sqrt{(1/R)^2+(\omega C)^2}} = \dfrac{1}{\sqrt{1+(R\omega C)^2}}$

### (3) 병렬 콘덴서를 이용한 전동기의 역률 개선

① 무효전력을 줄이면 역률이 개선되고, 코일과 콘덴서의 위상차가 $180°$이므로 유도성의 전동기에 콘덴서를 병렬로 연결하면 무효전력이 감소하고 역률이 증가한다.

② 역률을 $\cos\theta_1$에서 $\cos\theta_2$로 줄이기 위한 콘덴서의 용량 $Q_c$는 $P\tan\theta_1 - P\tan\theta_2$이다.

## 6 $R-L-C$ 직렬 회로 vs $R-L-C$ 병렬 회로

### (1) $R-L-C$ 직렬 회로

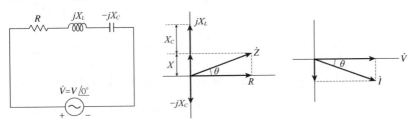

① $I = \dfrac{V}{Z}$에서 $Z$가 최소이면 $I$가 최대가 된다. $Z = \sqrt{R^2+X^2}$에서 $R$는 주파수에 무관하고 $X$는 주파수에 따라 달라진다.

② $\omega L = \dfrac{1}{\omega C}$이면 최대 전류가 흐르며, RLC 직렬 공진의 주파수는

$f = \dfrac{1}{2\pi \sqrt{LC}}$ 이다.

☞ $10^4[\Omega]$, $10[\text{mH}]$, $1[\mu\text{F}]$의 RLC 직렬 회로에 $100[\text{V}]$의 교류 전압 인가 시 최대 전류는 $\dfrac{100[\text{V}]}{10^4[\Omega]}$ 이고, 전류를 최대로 만드는 교류 전원의 주파수는

$f = \dfrac{1}{2\pi \sqrt{LC}} = \dfrac{1}{2\pi \sqrt{10^{-2} \times 10^{-6}}} = 1591\text{Hz}$이다.

③ $\omega L > \dfrac{1}{\omega C}$이면 유도 성분이 지배적이므로 회로에는 지상 전류가 흐른다.

만약 전압의 위상이 $\theta$이면 전류의 위상은 $\theta - \tan^{-1} \dfrac{\omega L - 1/\omega C}{R}$이다.

④ $\omega L < \dfrac{1}{\omega C}$이면 용량 성분이 지배적이므로 회로에는 진상 전류가 흐른다.

만약 전압의 위상이 $\theta$이면 전류의 위상은 $\theta + \tan^{-1} \dfrac{\omega L - 1/\omega C}{R}$이다.

⑤ RLC 직렬 회로의 역률은 $\dfrac{R}{Z} = \dfrac{R}{\sqrt{R^2 + (X_L - X_C)^2}}$ 이다.

## (2) $R - L - C$ 병렬 회로

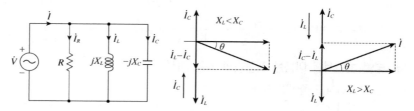

① 병렬 회로에서 합성 임피던스를 구하고자 할 때에는 어드미턴스를 거쳐야 수식이 간편해진다.

$$\dot{Y} = \dfrac{1}{R} + \dfrac{1}{j\omega L} + j\omega C = \dfrac{1}{R} + j\left(\dfrac{1}{X_C} - \dfrac{1}{X_L}\right)$$

$$\Rightarrow Z = \dfrac{1}{Y} = \dfrac{\dfrac{1}{R} - j\left(\dfrac{1}{X_C} - \dfrac{1}{X_L}\right)}{\left(\dfrac{1}{R}\right)^2 + \left(\dfrac{1}{X_C} - \dfrac{1}{X_L}\right)^2} \equiv \dfrac{G}{G^2 + B^2} - j\dfrac{B}{G^2 + B^2}$$

$V = \dfrac{I}{Y}$에서 어드미턴스 $Y = \sqrt{G^2 + B^2}$ 가 최소이면 전류는 최소로 진동한다.

이것이 병렬 공진이며 허수부 서셉턴스 $B = 0$, 즉 $\dfrac{1}{X_C} - \dfrac{1}{X_L} = 0$이 공진 조건이다. ☞ 혼합 연결 시 공진 조건은 Y의 허수부 = 0이다.

② $2\pi fC = \dfrac{1}{2\pi fL}$ 로부터 $R - L - C$ 병렬 공진의 주파수는 $f = \dfrac{1}{2\pi \sqrt{LC}}$ 이다.

(3) $R-L-C$ 직렬 회로와 $R-L-C$ 병렬 회로의 비교

| 구분 | | $R-L-C$ 직렬 회로 | $R-L-C$ 병렬 회로 |
|---|---|---|---|
| Z의 페이저 표현 | | $\dot{Z}=\sqrt{R^2+X^2}\angle\tan^{-1}\dfrac{X}{R}$ | $\dot{Z}=\dfrac{1}{\sqrt{G^2+B^2}}$ $\angle\tan^{-1}(-\dfrac{B}{G})$ |
| Z의 복소수 표현 | | $\dot{Z}=R+j(X_L-X_C)$ | $\dot{Z}=\dfrac{G}{G^2+B^2}-j\dfrac{B}{G^2+B^2}$ |
| Z의 실훗값 | | $Z=\sqrt{R^2+X^2}$ $=\sqrt{R^2+(\omega L-1/\omega C)^2}$ | $Z=\dfrac{1}{\sqrt{G^2+B^2}}$ |
| 상차각 | | $\theta=\tan^{-1}\dfrac{X}{R}$ | $\theta=\tan^{-1}(-\dfrac{B}{G})$ |
| 전류의 페이저 표현 | | $\dot{I}=\dfrac{V}{Z}\angle\tan^{-1}\dfrac{X}{R}$ | $\dot{I}=V\sqrt{G^2+B^2}$ $\angle\tan^{-1}(-\dfrac{B}{G})$ |
| 리액턴스 크기에 따른 전류 특성 | $X_L>X_C$ | 유도성 회로가 되어 지상 전류가 흐른다. | 용량성 회로가 되어 진상 전류가 흐른다. |
| | $X_L<X_C$ | 용량성 회로가 되어 진상 전류가 흐른다. | 유도성 회로가 되어 지상 전류가 흐른다. |
| | $X_L=X_C$ | 무유도성 회로가 되어 직렬 공진 상태가 된다. | 무유도성 회로가 되어 병렬 공진 상태가 된다. |
| 공진 조건 | | $X_L=X_C$ | $\dfrac{1}{X_C}-\dfrac{1}{X_L}=0$ |
| 공진 주파수 | | $f=\dfrac{1}{2\pi\sqrt{LC}}$ | $f=\dfrac{1}{2\pi\sqrt{LC}}$ |
| 역률 | | $\dfrac{R}{Z}=\dfrac{R}{\sqrt{R^2+X^2}}$ | $\dfrac{G}{Y}=\dfrac{X}{\sqrt{R^2+X^2}}$ |

(4) 전압 확대율 = 양호도(quality factor) = 선택도(selectivity)

① 전압 확대율 $Q$: 인가 전압에 대한 단자 전압의 비를 전압 확대율이라고 한다. 직렬 회로에 흐르는 전류가 $I$이면 $R$, $L$, $C$에 동일한 전류가 흐르므로 인덕터

의 전압 확대율 $Q_L=\dfrac{V_L}{V}=\dfrac{X_L I}{RI}=\dfrac{\omega L}{R}$ 이고, 콘덴서의 전압 확대율

$Q_C=\dfrac{V_C}{V}=\dfrac{X_C I}{RI}=\dfrac{1}{\omega CR}$ 이다(선택도를 각속도가 포함한 식으로 표현).

② $R-L-C$ 직렬 공진 시 $\omega L=\dfrac{1}{\omega C}$ 이고 $V_L=V_C$이므로

$Q=\dfrac{V_L}{V}$ 또는 $Q=\dfrac{V_C}{V}$ 이다.

③ $R-L-C$ 직렬 공진 시

$$Q^2 = Q_L Q_C \Rightarrow Q = \sqrt{Q_L Q_C} = \sqrt{\frac{\omega L}{R} \frac{1}{\omega C R}} = \frac{1}{R}\sqrt{\frac{L}{C}} \text{ 이다.}$$

## 7 최대 전력 전달 조건

### (1) 부하가 순수 저항일 때 최대 전력 전달 조건

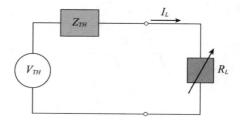

① 전원측 내부 임피던스가 $Z_{th} = R_g + jX_g$이고 부하 저항이 $R_L$이므로 부하 전류 $I_L = \dfrac{V_{th}}{Z_{th} + R_L}$이고 소비 전력 $P_L$이 $\dfrac{dP_L}{dR_L} = 0$을 만족할 때 최대 전력이 부하로 전달된다.

$$\frac{d}{dR_L} \frac{V_{th}^2 R_L}{(Z_{th} + R_L)^2} = \frac{V_{th}^2 (Z_{th} + R_L)^2 - V_{th}^2 R_L \cdot 2(Z_{th} + R_L)}{(Z_{th} + R_L)^4} = 0$$
$$\Rightarrow (Z_{th} + R_L) - 2R_L = 0$$

② 최대 전력 전달 조건 $\Rightarrow R_L = Z_{th}$, 즉 부하 저항 $R_L = \sqrt{R_g^2 + X_g^2}$일 때 최대 전력이 전달된다.

### (2) 부하가 리액턴스를 포함한 임피던스일 때 최대 전력 전달 조건

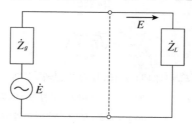

① 부하 임피던스가 $Z_L = R + jX$이고 내부 임피던스가 $Z_g = R_g + jX_g$이면,

부하 전류 $\dot{I}_L = \dfrac{\dot{E}}{(R_g + R) + j(X_g + X)}$이고,

크기는 $\dfrac{E}{\sqrt{(R_g + R)^2 + (X_g + X)^2}}$이다.

소비 전력 $P_L = I_L^2 R$이므로 고쳐 쓰면, $P_L = \dfrac{E^2 R}{(R_g + R)^2 + (X_g + X)^2}$이다.

$Z_L$이 $R$와 $X$의 함수이므로 $\dfrac{\partial P_L}{\partial X} = 0$과 $\dfrac{\partial P_L}{\partial R} = 0$을 동시에 만족해야 최대 전력이 부하로 전달된다.

$$\frac{\partial P_L}{\partial X}=0 \ \Rightarrow \ \therefore \ X=-X_g 를 \ P_L 에 \ 대입하면 \ P_L = \frac{E^2 R}{(R_g + R)^2} 이 \ 되므로$$

$$\frac{\partial P_L}{\partial R}=0 \ \Rightarrow \ \therefore \ R=R_g$$

② 최대 전력 전달 조건 $\Rightarrow Z_L = Z_{th}^*$ (공액 복소수), 즉 $R+jX=R_g-jX_g$일 때 최대 전력이 전달된다.

(3) 권수비가 $a$, 전원측 저항이 $R_1$, 부하측 저항이 $R_2$인 변압기의 경우, 1차 기준 등가 변환식이 $R_2{}'=a^2 R_2$이고 정합 조건이 $R_1 = R_2{}'$이므로 결국 $R_1 = a^2 R_2$이라야 최대 전력이 전달된다.

## ⑧ 단상 교류 전력의 측정

### (1) 3전압계법

① L성분, 혹은 C성분의 어떤 부하를 단상 교류에 연결했을 때의 전력을 측정하기 위해서는 1개의 저항과 3개의 전압계가 필요하다.

② 그림 (가)에서 순수 저항 $R$에 걸리는 전압을 $V_2$라 하면 부하에 걸리는 전압 $V_3$는 $\theta$의 위상차를 이룰 것이다. 만약 L성분의 부하라면 회로에 진상 전류가 흘러야 해서 $V_3$는 $V_2$ 또는 $I$에 비해 $\theta$만큼 뒤처질 것이다. 그런데 직렬 연결된 "$R$ + 부하"의 양단 전압 $V_1$은 $V_2$와 $V_3$의 벡터합이므로 3개의 전압 벡터를 평행사변형으로 표현하면 그림 (나)와 같다.

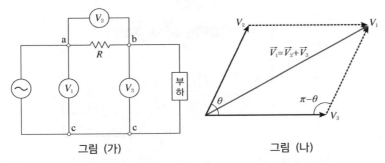

그림 (가)        그림 (나)

(나)에서 $\overline{OV_3}$와 $\overline{V_3 V_1}$이 이루는 각이 $\pi-\theta$이므로 세 변의 길이가 $V_1$, $V_2$, $V_3$인 삼각형에 대해 코사인 제2정리를 적용하면 역률을 구할 수 있다.

③ $V_1^2 = V_2^2 + V_3^2 - 2V_2 V_3 \cos(\pi-\theta) = V_2^2 + V_3^2 + 2V_2 V_3 \cos\theta$가 되어 전압계의 수치를 대입하면 역률은 다음과 같다. $\Rightarrow$ 역률 $\cos\theta = \dfrac{V_1^2 - V_2^2 - V_3^2}{2V_2 V_3}$

④ 부하에 걸리는 전압이 $V_3$이고, 저항과 직렬 접속된 부하에는 $\dfrac{V_2}{R}$의 전류가 흐르므로 유효전력 $P$는 다음과 같다.

$$유효전력 \ P=VI\cos\theta=V_3 \cdot \frac{V_2}{R} \cdot \frac{V_1^2 - V_2^2 - V_3^2}{2V_2 V_3} = \frac{V_1^2 - V_2^2 - V_3^2}{2R}$$

**(2) 3전류계법**

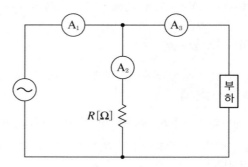

① 회로도와 같이 순수 저항 $R$를 부하에 병렬로 연결하고 저항에 흐르는 전류, 부하에 흐르는 전류, 합성 전류를 각각 측정하면, 전류 페이저그램을 이용하여 역률과 유효 전력을 구할 수 있다($A_1$은 $A_2$와 $A_3$의 벡터합).

② 역률 $\cos\theta = \dfrac{A_1^2 - A_2^2 - A_3^2}{2A_2A_3}$

③ 유효전력 $P = VI\cos\theta = RA_2 \cdot A_3 \cdot \dfrac{A_1^2 - A_2^2 - A_3^2}{2A_2A_3} = \dfrac{R}{2}(A_1^2 - A_2^2 - A_3^2)$

## 9 인덕터의 접속

### (1) 직렬 접속에 따른 합성 인덕턴스

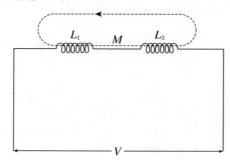

① 인덕턴스가 각각 $L_1$, $L_2$인 두 개의 코일을 그림과 같이 직렬 접속하면 합성 인덕턴스는 $L_1 + L_2$가 되며, 극성이 같고 상호 인덕턴스가 존재하면 합성 인덕턴스는 $L = L_1 + L_2 + 2M$이 된다.

② 두 코일의 극성이 반대이고 상호 인덕턴스가 0이 아니면 합성 인덕턴스는 $L = L_1 + L_2 - 2M$이 된다.

## (2) 병렬 접속에 따른 합성 인덕턴스

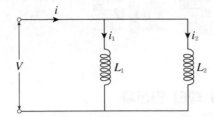

① 인덕턴스가 각각 $L_1$, $L_2$인 두 개의 코일을 그림과 같이 병렬 접속하면 합성

인덕턴스는 $\dfrac{L_1 L_2}{L_1 + L_2}$가 되며, 둘의 극성이 같고 상호 인덕턴스가 있으면 합성

인덕턴스는 $L = \dfrac{L_1 L_2 - M^2}{L_1 + L_2 - 2M}$이 된다.

② 두 코일의 극성이 반대이고 상호 인덕턴스가 0이 아니면 합성 인덕턴스는

$L = \dfrac{L_1 L_2 - M^2}{L_1 + L_2 + 2M}$이 된다.

## 1 3상 교류와 벡터 연산자

### (1) 3상 교류

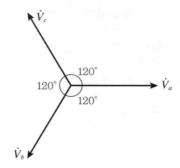

① 3상 교류 발전기에 의해 만들어진 3상 교류는 그림과 같이 $\frac{2\pi}{3}(=120°)$의 위상 차를 가진 3개의 정현파 전압 $\dot{V}_a$, $\dot{V}_b$, $\dot{V}_c$가 3가닥의 송전선을 통해 공급된다.

② 3상 교류는 단상에 비해 전력 손실이 적을 뿐만 아니라, 등간격으로 배치한 고정자 권선에 3상 교류를 공급하면 회전자계를 발생시키므로 3상 유도 전동기의 전원으로 이용되며, 운전 시 소음과 진동이 적은 편이다.

③ $\frac{2\pi}{n}$의 각도를 두고 배치한 n개의 고정자 코일에 n상 교류를 흘려주어도 회전 자계가 발생한다.

### (2) 벡터 연산자

① 벡터 연산자의 성질: 크기가 1이고 방향이 (+)의 실수축에 대해 반시계 방향으로 120°를 가리키는 벡터 연산자 $a$를 정의하고 그 성질을 이용하면 위상과 크기를 가진 물리량을 다루기가 편리해진다.

$$a=1\angle 120° = -\frac{1}{2}+j\frac{\sqrt{3}}{2}, \ a^2 = 1\angle 240° = -\frac{1}{2}-j\frac{\sqrt{3}}{2},$$
$$a^3 = 1\angle 360° = 1, \ a+a^2+1=0$$

② 3상 평형 전압과 벡터 연산자: 3상 전압
$\dot{V}_a= V\angle 0°$, $\dot{V}_b= V\angle -120° = V\angle +240°$, $\dot{V}_c= V\angle 120° = V\angle -240°$인데,
$\dot{V}_b$와 $\dot{V}_c$를 벡터 연산자로 나타내면 $\dot{V}_b = a^2 V$, $\dot{V}_c = a V$이다.
따라서 $\dot{V}_b + \dot{V}_c = (a^2 + a) V = - V = - \dot{V}_a$이다.

③ 3상 평형 전류도 마찬가지 방식으로 표현이 가능하므로 $\dot{I}_a + \dot{I}_b + \dot{I}_c = 0$이 성립한다.

## ② 다상 교류의 성형 결선과 환형 결선

### (1) 3상 교류의 성형 결선

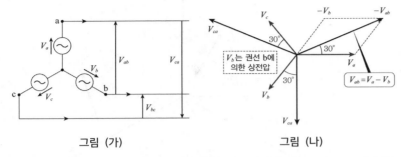

| 그림 (가) | 그림 (나) |
| --- | --- |

① 그림 (가)는 3상 교류 전원을 와이형(星型)으로 결선한 회로도이고, 그림 (나)는 전압 페이저도(phasor diagram)이다. $a$상 전압 $V_a$와 $b$상 전압 $V_b$에 대해 선간전압 $\dot{V}_{ab} = \dot{V}_a - \dot{V}_b = V_a\sqrt{3} \angle 30°$이다.

② Y결선을 취하면 선간전압은 상전압보다 크기는 $\sqrt{3}$배, 위상은 30˚도 앞서게 된다. 선간 전류와 상전류는 같은 상이다.

③ 대칭n상 교류를 성형 결선 하면, 선간전압의 크기는 상전압의 $2\sin\dfrac{\pi}{n}$배, 위상은 상전압보다 $\dfrac{\pi}{2}\left(1 - \dfrac{2}{n}\right)$만큼 앞선다.

④ 선간전압 $V$, 선전류 $I$에 대해 피상전력은 $\sqrt{3}\,VI$이다.

### (2) 3상 교류의 환형 결선[1]

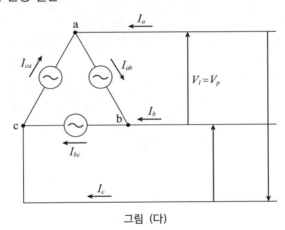

그림 (다)

KCL에 의해, $a$점으로 들어간 전류의 합 = a점에서 나가는 전류
⇔ $a$점: $I_{ca} + I_a = I_{ab}$
마찬가지로, $b$점: $I_{ab} + I_b = I_{bc}$  c점: $I_{bc} + I_c = I_{ca}$

**❶**
선간전압 $V_l$의 아래첨자 $l$은 line의 이니셜이고 상전압 $V_p$의 아래첨자 p는 phase의 이니셜이다.

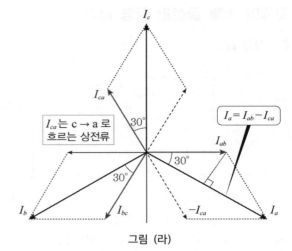

그림 (라)

① 그림 (다)는 3상 교류 전원을 델타형(환형)으로 결선한 회로도이고, 그림 (라)는 전류 페이저도(phasor diagram)이다. 2개의 상전류 $I_{ab}$, $I_{ca}$에 대해 선전류 $\dot{I_a} = \dot{I_{ab}} - \dot{I_{ca}} = I_{ab}\sqrt{3} \angle -30°$이다.

② △결선을 취하면 선전류는 상전류보다 크기는 $\sqrt{3}$배, 위상은 30°도 뒤처지게 된다.

③ 대칭n상 교류를 환형 결선 하면, 선전류의 크기는 상전류의 $2\sin\dfrac{\pi}{n}$배, 위상은 상전압보다 $\dfrac{\pi}{2}(1-\dfrac{2}{n})$만큼 뒤처진다.

④ 선간전압 $V$, 선전류 $I$에 대해 피상전력은 $\sqrt{3}\ VI$이다.

> 대칭4상 성형 결선 시 $V_l = \sqrt{2}\ V_p \angle 45°$이고, 대칭6상 성형 결선 시 $V_l = V_p \angle 60°$이다.

# ③ 3상 부하의 Y결선과 △결선

## (1) 부하 결선법에 따른 전압, 전류, 전력

| 비교 항목 | Y결선 3상 부하 | △결선 3상 부하 |
|---|---|---|
| 회로도 | | |
| 전압 공식㉠ | 선간전압 $V_l = \sqrt{3}\,V_p \angle +30°$ | 선간전압 $V_l = V_p \angle 0°$ |
| 전류 공식㉡ | 선전류 $I_l = I_p \angle 0°$ | 선전류 $I_l = \sqrt{3}\,I_p \angle -30°$ |
| 전압·전류 공식㉢ | $I_l = I_p = \dfrac{V_p}{Z} = \dfrac{V_l \angle -30°}{\sqrt{3}\,Z}$ | $I_l = \sqrt{3}\,I_p \angle -30°$ $= \sqrt{3}\,\dfrac{V_p}{Z} \angle -30°$ |
| 피상전력 | 3개 × (부하전압 × 부하전류)이므로 $P_a = 3V_pI_p$, ㉠, ㉡을 적용하면 $P_a = \sqrt{3}\,V_lI_l$ | |
| 유효전력 | 피상전력 × 역률이므로 $P = 3V_pI_p\cos\theta$, ㉠, ㉡을 적용하면 $P = \sqrt{3}\,V_lI_l\cos\theta$ | |
| 무효전력 | $P_r = \sqrt{3}\,VI\sin\theta = \sqrt{3}\,I^2X$ | $P_r = \sqrt{3}\,VI\sin\theta = \sqrt{3}\,I^2X$ |

① Y결선에서 선간전압이 상전압의 $\sqrt{3}$배가 되는 이유는 120°의 위상차를 가지는 두 상전압의 vector difference이기 때문이다. 마찬가지로 △결선에서 선전류가 상전류의 $\sqrt{3}$배가 되는 이유는 120°의 위상차를 가지는 두 상전류의 vector difference이기 때문이다.

② 똑같은 크기의 선간 전압을 인가한 상태에서 3상 부하를 Y결선에서 △결선으로 바꾸면 선전류는 3배가 되고, 3상 유효전력도 3배가 된다.

③ 전원 전압 = 200[V]이고 △결선의 한 상 임피던스

$Z = 4 + j3$(극형식으로는 $5\angle 36.87°$)이면

선전류 $I_l = \sqrt{3}\,\dfrac{V_p}{Z} \angle -30° = \dfrac{\sqrt{3} \times 200 \angle -30°}{4 + j3}$

$= \dfrac{200\sqrt{3} \angle -30°}{5\angle 36.87°} = 40\sqrt{3} \angle -66.87°$이다.

(2) 부하 결선법에 따른 3상 유효전력 공식 3가지

① 유효전력 = 피상전력 × 역률이므로 $P = \sqrt{3}\,V_l I_l \cos\theta$이다. 결선의 종류가 무엇이든지간에 선간전압, 선전류, 역률을 알 때에는 이 공식을 이용한다.

② 유효전력은 $R$의 소비 전력이므로 3개 × (상전류)$^2$ × 저항 ⇒ $P = 3I_p^2 R$이다. 부하의 Y결선에서 $I_l = I_p$이므로 $P_Y = 3I_l^2 R$이고, 부하의 △결선에서 $I_l = \sqrt{3}\,I_p$이므로 $P_\triangle = I_l^2 R$이다. 결선의 종류, 한 상의 임피던스 $Z = R + jX$, 선전류가 주어지면 이 공식을 이용한다.

③ 위의 $P_Y = 3I_l^2 R$에 ⓒ식 $I_l = \dfrac{V_l}{\sqrt{3}\,Z}$을 대입하여 선전류를 소거하면

$$P_Y = 3\left(\frac{V_l}{\sqrt{3}\,Z}\right)^2 R = \frac{V_l^2 R}{Z^2}\ \text{이고,}$$

위의 $P_\triangle = I_l^2 R$에 ⓒ식 $I_l = \dfrac{\sqrt{3}\,V_l}{Z}$을 대입하여 선전류를 소거하면

$$P_\triangle = \left(\frac{\sqrt{3}\,V_l}{Z}\right)^2 R = \frac{3V_l^2 R}{Z^2}\ \text{이다.}$$

결선의 종류, 한 상의 임피던스 $Z = R + jX$, 선간 전압이 주어지면 이 공식을 이용한다.❶

| 아는 값 | | | | 부하의 결선 상태 | |
|---|---|---|---|---|---|
| $V_l$ | $I_l$ | $R+jX$ | $\cos\theta$ | 평형 Y부하 | 평형 △부하 |
| ○ | ○ | | ○ | $P = \sqrt{3}\,V_l I_l \cos\theta$ | $P = \sqrt{3}\,V_l I_l \cos\theta$ |
| | ○ | ○ | | $P = 3I_l^2 R$ | $P = I_l^2 R$ |
| ○ | | ○ | | $P = \dfrac{V_l^2 R}{Z^2}$ | $P = \dfrac{3V_l^2 R}{Z^2}$ |

(3) 3상 부하의 임피던스와 부하 전압

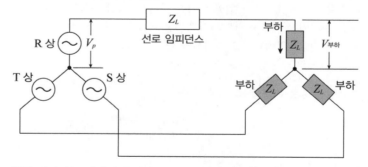

① 교류를 전달하는 장거리 송전선로는 저항 성분 외에 리액턴스 성분도 가진다는 사실을 전력공학 과목에서 배웠다. 회로도와 같이 평형3상 Y결선의 전원과 Y결선의 3상 부하를 도선으로 연결하면 전원의 상전압이 도선과 3상 부하에 나뉘어 걸린다.

❶ 첫 번째 공식에서 $\cos\theta$를 $\sin\theta$로 바꾸거나 두 번째, 세 번째 공식에서 $R$를 $X$로 바꾸면 무효전력이 된다.

② 따라서 부하에 걸리는 선전압은 다음 식으로 구할 수 있다.

$$V_{부하} = V_p \times \frac{Z_L}{Z_l + Z_L}$$

③ $E = 120\text{V}$, 선로 임피던스 $= 1 + j$, 부하 임피던스 $= 20 + j10$이면

부하 전압 $= 120 \times \dfrac{20 + j10}{21 + j11}$ 이다.

### (4) 3상 교류와 변류기 접속

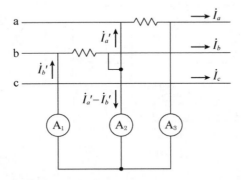

① a, b, c 도선에 평형 3상 전류가 흐르고 있다면, 각 상의 전류는
$\dot{I}_a = I\angle 0°$, $\dot{I}_b = I\angle\text{-}120°$, $\dot{I}_c = I\angle +120°$이다.

② 그림과 같이 V결선한 변류기의 1차측에 평형 3상 교류가 흐르면 2차측에 흐르는 전류의 세기는 모두 같다. 따라서 $\dot{I}_a{}' = I{}'\angle 0°$, $\dot{I}_b = I{}'\angle\text{-}120°$이고 A3와 A1에서 각각 측정된다.

③ 120°의 위상차를 감안하면 전류계 A2에 흐르는 전류의 크기는
$|\dot{I}_b{}' - \dot{I}_a{}'| = I{}'\sqrt{3}$이며, CT비가 주어지면 1차측 선전류의 크기
$I = \text{CT비} \times I{}'$이다.

## 4 다상 교류 전력의 측정

### (1) 3전력계법

① 단상 전력계 3개를 이용하는 방식이며, 주로 Y결선 3상 부하에 활용한다.
② 각 전력계가 가리키는 수치를 각각 $W_1$, $W_2$, $W_3$이라고 하면 3상 전력은
$W_1 + W_2 + W_3$이다.

### (2) 2전력계법

① 그림 (가)와 같이 단상 전력계 2개를 이용하는 방식이며, 영상분이 존재하지 않는 △결선 3상 부하에 주로 활용한다. 순수 저항 부하이면 Y결선에도 적용 가능한 방식이다.

② 그림 (나)와 같은 페이저도를 그려서 분석하면, 피상전력

$P_a = 2\sqrt{W_1^2 + W_2^2 - W_1 W_2}$,

유효전력 $P = W_1 + W_2$, 무효전력 $P_r = \sqrt{3}\,(W_2 - W_1)$,

역률 $\cos\theta = \dfrac{P}{P_a} = \dfrac{W_1 + W_2}{2\sqrt{W_1^2 + W_2^2 - W_1 W_2}}$ 이 유도된다.

③ $W_1 = 0$이면 역률 = 0.5이고, $W_1 = W_2$이면 역률 = 1이고,

$W_1 = 2W_2$이면 역률 = 0.866이고, $W_1 = 3W_2$이면 역률 = 0.756이다.

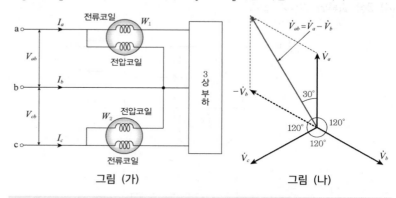

그림 (가)                  그림 (나)

$$W_1 = V_{ab}I_a\cos\phi_1 = VI\cos(30° + \theta)$$
$$= VI(\cos30°\cos\theta - \sin30°\sin\theta)$$

$$W_2 = V_{bc}I_c\cos\phi_2 = VI\cos(30° - \theta)$$
$$VI(\cos30°\cos\theta + \sin30°\sin\theta)$$

# CHAPTER 04 비정현파 교류

## ① 개요

**(1) 고조파의 발생**

① 주파수가 60Hz의 정수배인 성분을 함유한 왜형파를 고조파라고 부른다.

② 고조파 전류의 발생원은 전력 변환 장치, 비선형 부하기기, 자기포화 특성기기, 콘덴서 등이 있다.

**(2) 고조파의 크기와 성분**

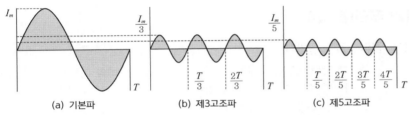

(a) 기본파　　　(b) 제3고조파　　　(c) 제5고조파

① n고조파의 크기는 기본의 1/n배이고 주파수와 위상은 기본파의 n배이다.

② 즉, 제n고조파의 전류 순시값은 $i_n(t) = \frac{I_m}{n}\sin n(\omega t \pm \theta)$ 이다.

기본파와 비교하면 n고조파의 크기(진폭)는 $1/n$배, 주파수는 $n$배, 상간(a상, b상, c상) 위상차는 $n$배이다.

**(3) 고조파의 차수에 따른 분류**

| 3, 5, 7 고조파 | $a$상, $b$상, $c$상 | 회전연산자 취한 값 | 대칭 성분 | 결론 |
|---|---|---|---|---|
| 3고조파<br>(위상차<br>$=3\times120°$) | $\dot{I_a}=I\angle 0°$<br>$\dot{I_b}=I\angle -360°$<br>$\dot{I_c}=I\angle +360°$ | $aI_b=I\angle +120°$<br>$a^2I_b=I\angle -120°$<br>$aI_c=I\angle +120°$<br>$a^2I_c=I\angle -120°$ | $3\dot{I_1}=\dot{I_a}+a\dot{I_b}+a^2\dot{I_c}$<br>$0°,+120°,-120°$<br>⇒ 등간격<br>$3\dot{I_2}=\dot{I_a}+a^2\dot{I_b}+a\dot{I_c}$<br>$0°,-120°,+120°$<br>⇒ 등간격 | a, b, c상이 모두 동위상<br>→ 영상분 |
| 5고조파<br>(위상차<br>$=5\times120°$) | $\dot{I_a}=I\angle 0°$<br>$\dot{I_b}=I\angle -600°$<br>$\dot{I_c}=I\angle +600°$ | $aI_b=I\angle -120°$<br>$a^2I_b=I\angle 0°$<br>$aI_c=I\angle 0°$<br>$a^2I_c=I\angle +120°$ | $3\dot{I_1}=\dot{I_a}+a\dot{I_b}+a^2\dot{I_c}$<br>$0°,-120°,+120°$<br>⇒ 등간격<br>$3\dot{I_2}=\dot{I_a}+a^2\dot{I_b}+a\dot{I_c}$<br>$=I(\angle 0°+\angle 0°+\angle 0°)$ | 상회전 방향이 기본파와 반대<br>→ 역상분 |

| 7고조파<br>(위상차<br>$=7\times120°$) | $\dot{I_a}=I\angle 0°$<br>$\dot{I_b}=I\angle -840°$<br>$\dot{I_c}=I\angle +840°$ | $a\dot{I_b}=I\angle 0°$<br>$a^2\dot{I_b}=I\angle +120°$<br>$a\dot{I_c}=I\angle -120°$<br>$a^2\dot{I_c}=I\angle 0°$ | $3\dot{I_1}=\dot{I_a}+a\dot{I_b}+a^2\dot{I_c}$<br>$=I(\angle 0°+\angle 0°+\angle 0°)$<br>$3\dot{I_2}=\dot{I_a}+a^2\dot{I_b}+a\dot{I_c}$<br>$0°,+120°,-120°$<br>$\Rightarrow$ 등간격 | 상회전<br>방향이<br>기본파와<br>동일<br>→ 정상분 |
| --- | --- | --- | --- | --- |

① 3고조파를 비롯한 차수가 3의 배수인 고조파를 대칭성분으로 분해하면 영상분 전류 $I_0$만 존재한다.

② 5고조파를 비롯한 차수가 $3n+2$인 고조파를 대칭성분으로 분해하면 역상분 전류 $I_2$만 존재한다.

③ 7고조파를 비롯한 차수가 $3n+1$인 고조파를 대칭성분으로 분해하면 정상분 전류 $I_1$만 존재한다.

## 2 푸리에 급수

### (1) 푸리에 급수 일반식

① 주기를 갖는 비정현파(왜형파), 여러 개의 정현파(sin)와 여현파(cos)의 합성으로 나타낼 수 있고 주파수가 60Hz인 파형을 기본파, 이에 정수배의 주파수를 갖는 파를 고조파(hamonics)라 한다.

② 비정현파를 주기적인 여러 정현파로 분해하여 해석하는 것을 푸리에 급수라 한다.

③ 푸리에 급수 일반식

$$f(t)=a_0+\sum_{n=1}^{\infty}a_n\cos n\omega t+\sum_{n=1}^{\infty}b_n\sin n\omega t=a_0+f_e(t)+f_o(t)$$

(여기서 $a_0$는 직류분, $a_1\cos\omega t+b_1\sin\omega t$는 기본파, 나머지는 $n$차 고조파이다.)

### (2) 푸리에 급수로 나타낸 3가지 왜형파

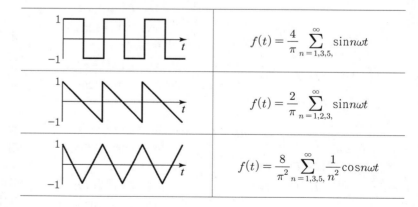

| | |
| --- | --- |
| | $f(t)=\dfrac{4}{\pi}\displaystyle\sum_{n=1,3,5,}^{\infty}\sin n\omega t$ |
| | $f(t)=\dfrac{2}{\pi}\displaystyle\sum_{n=1,2,3,}^{\infty}\sin n\omega t$ |
| | $f(t)=\dfrac{8}{\pi^2}\displaystyle\sum_{n=1,3,5,}^{\infty}\dfrac{1}{n^2}\cos n\omega t$ |

## ③ 비정현파의 회로 해석

### (1) 전압과 전류의 실횻값

① 기전력의 순시값이 $e(t) = E_0 + \sum_{n=1}^{\infty} \sqrt{2}\, E_n \sin(n\omega t + \theta_n)$꼴이면 전압의 실횻

값은 $E = \sqrt{E_0^2 + \sum_{n=1}^{\infty} E_n^2}$ 이고, $e(t) = E_0 + \sum_{n=1}^{\infty} (E_m)_n \sin n\omega t$꼴이면 전압의 실

횻값은 $E = \sqrt{E_0^2 + \sum_{n=1}^{\infty} (\frac{1}{\sqrt{2}} E_m)_n^2}$ 이다.

② 전류의 순시값이 $i(t) = I_0 + \sum_{n=1}^{\infty} \sqrt{2}\, I_n \sin(n\omega t + \theta_n)$꼴이면 전류의 실횻값은

$I = \sqrt{I_0^2 + \sum_{n=1}^{\infty} I_n^2}$ 이고, $i(t) = I_0 + \sum_{n=1}^{\infty} (I_m)_n \sin(n\omega t + \theta_n)$이면

전류의 실횻값은 $I = \sqrt{I_0^2 + \sum_{n=1}^{\infty} (\frac{1}{\sqrt{2}} I_m)_n^2}$ 이다.

### (2) 비정현파의 실횻값

비정현파(왜형파) 그래프가 주어지면 $V(t)$를 구하고 실횻값의 정의식에 대입하여 전압의 실횻값을 구하면 된다.

$$(전압의\ 실횻값)^2 = \frac{1}{\pi} \int_0^{\pi} V(t)^2 dt = \frac{1}{\pi} \int_0^{\pi/2} (\frac{10t}{\pi})^2 dt + \frac{1}{\pi} \int_{\pi/2}^{\pi} (-5)^2 dt$$

$$= \left[ \frac{1}{\pi} \frac{100}{\pi^2} \frac{t^3}{3} \right]_0^{\pi/2} + \left[ \frac{1}{\pi} 25t \right]_{\pi/2}^{\pi} = \frac{100}{3\pi^3}(\frac{\pi}{2})^3 + \frac{25}{\pi}(\frac{\pi}{2})$$

$$= \frac{400}{24}$$ 이므로

전압의 실횻값 $= \sqrt{\frac{400}{24}} = 5\frac{\sqrt{6}}{3}$ 이다.

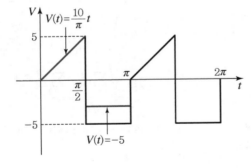

(3) 비정현파의 전력과 역률

① 피상전력은 전압의 실효값과 전류의 실효값을 곱해서 구한다. 즉, $P_a = EI$이다.

② 전력 $= \sum E_i \sum I_j$이므로 모든 「전압 × 전류」항을 더해야 하지만,

$$\sum_{n=1}^{\infty} (E_m)_n \sin n\omega t$$

$$\sum_{n=1}^{\infty} (I_m)_n \sin(n\omega t + \theta_n) = \sum_{a=1}^{\infty}\sum_{b=1}^{\infty} V_a \sin(a\omega t + \theta_a) I_b \sin(b\omega t + \theta_b)$$ 중에서 주파

수가 다른 「전압 × 전류」항은 0이므로 제외시키면 유효전력은

$P = E_0 I_0 + \sum_{n=1}^{\infty} V_n I_n \cos\theta_n$이고, 무효전력은 $P_r = \sum_{n=1}^{\infty} V_n I_n \sin\theta_n$이다.

☞ 예를 들어, $i = 100\sin\omega t - 50\sin(3\omega t + 30°) + 20\sin(5\omega t + 45°)$이고,

$v = 20\sin\omega t + 10\sin(3\omega t - 30°) + 5\sin(5\omega t - 45°)$이면 직류 성분이 없으

므로 $E_0 I_0 = 0$, 유효전력은

$$P = 0 + \sum_{n=1}^{\infty} V_n I_n \cos\theta_n$$

$$= \frac{100}{\sqrt{2}}\frac{20}{\sqrt{2}}\cos 0° + \frac{-50}{\sqrt{2}}\frac{10}{\sqrt{2}}\cos 60° + \frac{20}{\sqrt{2}}\frac{5}{\sqrt{2}}\cos 90°$$이다.

③ 비정현파의 역률은

$$\frac{\text{유효전력}}{\text{피상전력}} = \frac{E_0 I_0 + \sum_{n=1}^{\infty} V_n I_n \cos\theta_n}{\sqrt{E_0^2 + \sum_{n=1}^{\infty}\left(\frac{1}{\sqrt{2}}E_m\right)_n^2}\sqrt{I_0^2 + \sum_{n=1}^{\infty}\left(\frac{1}{\sqrt{2}}I_m\right)_n^2}}$$이다.[●]

$$\begin{pmatrix} m : \text{maximum} \\ n = 1, 2, 3, \dots \end{pmatrix}$$

❶ 유효전력과 소비전력
'유효전력'과 '소비전력'은 동의어로 쓰이며, 간단히 '전력'이라고도 칭한다. 특히 $V(t)$와 $I(t)$가 기본파와 고조파의 합성으로 주어지는 경우에는 '평균 전력'이라는 명칭을 더 많이 쓴다.

(4) 비정현파의 왜형율

① 왜형률 $= \dfrac{\text{고조파 성분의 실횻값}}{\text{기본파 성분의 실횻값}} = \dfrac{\sqrt{\sum_{n=2}^{\infty}(a_n/\sqrt{2})^2 + \sum_{n=2}^{\infty}(b_n/\sqrt{2})^2}}{\sqrt{(a_1/\sqrt{2})^2 + (b_1/\sqrt{2})^2}}$

$$= \frac{\sqrt{\sum_{n=2}^{\infty}a_n^2 + \sum_{n=2}^{\infty}b_n^2}}{\sqrt{a_1^2 + b_1^2}}$$이다.

② 예를 들어, $i = 30\sin\omega t + 10\cos 3\omega t + 5\sin 5\omega t$이면 전류의 왜형률은

$\dfrac{\sqrt{10^2 + 5^2}}{30} = 0.373$이다.

(5) 고조파의 흡수 원리와 공진 주파수

① 직렬 공진을 일으키면 임피던스가 최소로 되는 특성을 이용하면 특정 차수의 고조파 전류를 선택적으로 흡수할 수 있는 수동 필터의 설계가 가능하다.

② 공진 조건은 $(X_n)_L = (X_n)_C \Rightarrow 2\pi(nf)L = \dfrac{1}{2\pi(nf)C}$로부터 $n$고조파의 공

진 주파수는 $f = \dfrac{1}{2\pi n\sqrt{LC}}$이다.

## (6) n고조파의 임피던스와 n고조파 전류 실횻값

① RLC 직렬 회로에 주파수가 일정한 기본파 전압이 인가되면
$Z = \sqrt{R^2 + (\omega L - 1/\omega C)^2}$ 이지만 2차 ~ $m$차 고조파 성분을 포함하는 비정현
파 전압이 인가되면 $X_L$은 $n$배로 커지고 $X_C$은 $\dfrac{1}{n}$배로 작아진다.

② 기전력의 순시값이 $e(t) = E_0 + \displaystyle\sum_{n=1}^{\infty} \sqrt{2}\, E_n \sin(n\omega t + \theta_n)$ 꼴이면 RL 직렬 회로
의 전류 순시값 $i(t)$는 $\displaystyle\sum_{n=1}^{m} \dfrac{\sqrt{2}\, E_n}{\sqrt{R^2 + (n\omega L)^2}} \sin\left(n\omega t + \theta_n - \tan^{-1}\dfrac{n\omega L}{R}\right)$ 이고,
$n$고조파 전류의 실횻값은 $\dfrac{E_n}{\sqrt{R^2 + (n\omega L)^2}}$ 이다.

③ 기전력의 순시값이 $e(t) = E_0 + \displaystyle\sum_{n=1}^{\infty} \sqrt{2}\, E_n \sin(n\omega t + \theta_n)$ 꼴이면 RC 직렬 회로
의 전류 순시값 $i(t)$는 $\displaystyle\sum_{n=1}^{m} \dfrac{\sqrt{2}\, E_n}{\sqrt{R^2 + (1/n\omega C)^2}} \sin\left(n\omega t + \theta_n - \tan^{-1}\dfrac{1}{n\omega C R}\right)$
이고, $n$고조파 전류의 실횻값은 $\dfrac{V_n}{\sqrt{R^2 + (1/n\omega C)^2}}$ 이다.

# CHAPTER 05 대칭 좌표법

**참고 & 심화**

## 1 대칭 좌표법

### (1) 불평형 3상의 성분 분해

① 위상차이가 120°이고 크기가 $I$로 똑같은 3상 전류를 평형 3상 전류라고 한다. 이에 반해 다음 그림처럼 위상차이가 등간격이 아니면서 그 크기도 제각각인 3상 전류를 불평형 3상 전류라고 한다. 임의의 3상 전류 $I_a$, $I_b$, $I_c$에 대한 대칭 성분 $I_0$, $I_1$, $I_2$를 영상, 정상, 역상 성분이라고 부르며, 성분 분해 규칙은 다음 과 같다.

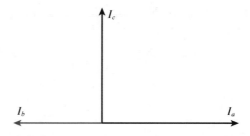

$$I_0 = \frac{1}{3}(I_a + I_b + I_c) \quad I_1 = \frac{1}{3}(I_a + aI_b + a^2 I_c) \quad I_2 = \frac{1}{3}(I_a + a^2 I_b + aI_c)$$

$I_0$은 3상 전류의 벡터합을 대수 평균낸 것이고, $I_1$은 $I_a$와 +120° 회전한 $I_b$와 -120° 회전한 $I_c$를 벡터를 합하고 대수 평균을 취한 것이다. 위에 예시한 불평형 3상 전류 $I_a$, $I_b$, $I_c$에 대해 대칭 성분 $I_0$, $I_1$, $I_2$을 구해서 표시하면 다음 그림과 같다.

영상분      정상분      역상분

② 대칭 성분이 주어지면 역으로 원래의 불평형 3상을 구할 수도 있는데 그 관계식은 다음과 같다.

$$\dot{I_a} = \dot{I_0} + \dot{I_1} + \dot{I_2}, \quad \dot{I_b} = \dot{I_0} + a^2 \dot{I_1} + a^1 \dot{I_2}, \quad \dot{I_c} = \dot{I_0} + a\dot{I_1} + a^2 \dot{I_2}$$

다음 그림은 이 규칙을 작용하여 $\dot{I}_b$를 구하는 과정을 예시한 것이다. $\dot{I}_a$와 $\dot{I}_c$를 구하는 과정도 크게 다르지 않다.

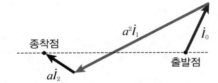

③ 다음 그림은 또다른 대칭 성분($I_0$, $I_1$, $I_2$)과 불평형 3상 전류($I_a$, $I_b$, $I_c$)를 나타 낸 것이며, $b$상과 $c$상이 같은 크기이면서 $a$상과의 위상차가 120°, –120°이면 대칭 성분은 셋 다 $a$상과 같은 상이 된다.

## (2) 전압과 전류의 대칭 성분 및 성분 분해

| 전류의 대칭 성분 | 3상 전류의 성분 분해 |
|---|---|
| $\dot{I}_0 = \dfrac{1}{3}(\dot{I}_a + \dot{I}_b + \dot{I}_c)$ <br> $\dot{I}_1 = \dfrac{1}{3}(\dot{I}_a + a\dot{I}_b + a^2\dot{I}_c)$ <br> $\dot{I}_2 = \dfrac{1}{3}(\dot{I}_a + a^2\dot{I}_b + a\dot{I}_c)$ | $\dot{I}_a = \dot{I}_0 + \dot{I}_1 + \dot{I}_2$ <br> $\dot{I}_b = \dot{I}_0 + a^2\dot{I}_1 + a^1\dot{I}_2$ <br> $\dot{I}_c = \dot{I}_0 + a\dot{I}_1 + a^2\dot{I}_2$ |

| 전압의 대칭 성분 | 3상 전압의 성분 분해 |
|---|---|
| $\dot{V}_0 = \dfrac{1}{3}(\dot{V}_a + \dot{V}_b + \dot{V}_c)$ <br> $\dot{V}_1 = \dfrac{1}{3}(\dot{V}_a + a\dot{V}_b + a^2\dot{V}_c)$ <br> $\dot{V}_2 = \dfrac{1}{3}(\dot{V}_a + a^2\dot{V}_b + a\dot{V}_c)$ | $\dot{V}_a = \dot{V}_0 + \dot{V}_1 + \dot{V}_2$ <br> $\dot{V}_b = \dot{V}_0 + a^2\dot{V}_1 + a^1\dot{V}_2$ <br> $\dot{V}_c = \dot{V}_0 + a\dot{V}_1 + a^2\dot{V}_2$ |

회전 연산자 $a$의 극 형식(페이저 표현)과 복소수 형식은 다음과 같다.

$$a = 1\angle 120° = -\dfrac{1}{2} + j\dfrac{\sqrt{3}}{2} \qquad a^2 = 1\angle -120° = -\dfrac{1}{2} - j\dfrac{\sqrt{3}}{2}$$

## 2 평형 3상과 불평형 3상

### (1) 평형 3상의 대칭 성분

① 그림에 나타냈듯이 발전기에서 생산된 3상 전류는 $I_a$가 가장 빠르고 $I_b$가 a상에 비해 120° 뒤지고 $I_b$는 $a$상에 비해 240° 뒤진다.

② 평형 3상 전류는 $\dot{I}_a = I\angle 0°$, $\dot{I}_b = I\angle -120°$, $\dot{I}_c = I\angle +120°$이고 다음 그림과 같다($\dot{I}_b$는 $a\dot{I}_a$가 아니고 $a^2\dot{I}_a$임에 유의한다). $\dot{I}_b = a^2\dot{I}_a$, $\dot{I}_c = a\dot{I}_a$가 성립하므로 대칭 성분($I_0$, $I_1$, $I_2$)을 구해 보면,

$$\dot{I}_0 = \frac{1}{3}(\dot{I}_a + \dot{I}_b + \dot{I}_c) = \frac{1}{3}(\dot{I}_a + a^2\dot{I}_a + a\dot{I}_a) = \frac{1}{3}(1 + a^2 + a)\dot{I}_a = 0$$

$$\dot{I}_1 = \frac{1}{3}(\dot{I}_a + a\dot{I}_b + a^2\dot{I}_c) = \frac{1}{3}(\dot{I}_a + a^3\dot{I}_a + a^3\dot{I}_a) = \frac{1}{3}(1 + 1 + 1)\dot{I}_a = \dot{I}_a$$

$$\dot{I}_2 = \frac{1}{3}(\dot{I}_a + a^2\dot{I}_b + a\dot{I}_c) = \frac{1}{3}(\dot{I}_a + a^4\dot{I}_a + a^2\dot{I}_a) = \frac{1}{3}(1 + a + a^2)\dot{I}_a = 0$$

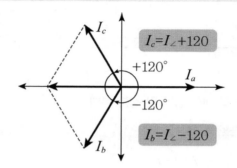

$I_c = I\angle +120$

$+120°$

$I_a$

$-120°$

$I_b = I\angle -120$

③ 평형 3상(정상 상태)에는 영상분과 역상분은 존재하지 않고, 정상분만 존재한다.
  ㉠ $I_0 = I_2 = 0$
  ㉡ $I_1 = I_a$

## (2) 불평형 3상의 상전압

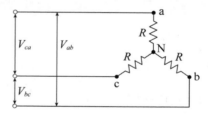

그림과 같이 Y결선된 3상 저항에 비대칭 3상 전압을 가했을 때 중성점이 비접지이므로 영상전류 = 0, 즉 $\dot{V}_a + \dot{V}_b + \dot{V}_c = 0$이다.

만약 선간 전압이

$\dot{V}_{ab} = \dot{V}_a - \dot{V}_b = 210$ ······ (i)식

$\dot{V}_{bc} = \dot{V}_b - \dot{V}_c = -90 - j180$ ······ (ii)식

$\dot{V}_{ca} = \dot{V}_c - \dot{V}_a = -120 + j180$ ······ (iii)

으로 주어진다면 $\dot{V}_b$와 $\dot{V}_c$를 $\dot{V}_a$에 관한 식으로 나타낸 뒤 $\dot{V}_a + \dot{V}_b + \dot{V}_c = 0$에 대입할 수 있다.

$\dot{V}_a + (\dot{V}_a - 210) + (\dot{V}_a - 120 + j180) = 0 \Rightarrow \dot{V}_a = 110 - j60$이 되므로 a점과 중성점 사이에 걸리는 전압의 크기는 $\sqrt{110^2 + (-60)^2} = 125[V]$임을 알 수 있다.

### (3) 불평형율

① 분석 대상이 되는 특정 회로의 상 회전 방향이 발전기와 동일하면 정상 전류(positive sequence current)가 존재하고, 분석 대상이 되는 특정 회로의 상 회전 방향이 발전기와 반대이면 역상 전류(negative sequence current)가 존재한다. 즉, $I_1$은 전동기에 정방향의 회전 토크를 주는 성분이고, $I_2$는 전동기에 역방향의 제동력을 주는 성분이다. 이때 정상분에 대한 역상분의 비를 불평형률이라고 한다.

$$\text{전압의 불평형률} = \frac{\text{역상분}}{\text{정상분}} = \frac{V_2}{V_1}, \quad \text{전류의 불평형률} = \frac{\text{역상분}}{\text{정상분}} = \frac{I_2}{I_1}$$

② 분석 대상이 되는 특정 회로에 대지와 접지된 도선이 포함되어 있다면 0상 전류($I_0$)가 존재한다. 즉, $I_0$은 중성선에 흐르는 전류값을 가리킨다. 접지선이 없는 비접지 회로이면 무조건 $I_0 = 0$이고, 접지선이 있더라도 3상 평형이면 $\dot{I}_a + \dot{I}_b + \dot{I}_c = 3\dot{I}_0 = 0$이다.

## 3 교류 발전기 기본식

### (1) 행렬 변환식을 이용하여 영상, 정상, 역상을 a상, b상, c상으로 표현

| ㉠식: 단자전압 | ㉡식: 선전류 |
|---|---|
| $V_0 = \frac{1}{3}(V_a + V_b + V_c)$ | $I_0 = \frac{1}{3}(I_a + I_b + I_c)$ |
| $V_1 = \frac{1}{3}(V_a + aV_b + a^2V_c)$ | $I_1 = \frac{1}{3}(I_a + aI_b + a^2I_c)$ |
| $V_2 = \frac{1}{3}(V_a + a^2V_b + aV_c)$ | $I_2 = \frac{1}{3}(I_a + a^2I_b + aI_c)$ |
| ㉢식: 상전압 | ㉣식: 전압강하 |
| $E_0 = \frac{1}{3}(E_a + E_b + E_c)$ | $\epsilon_0 = \frac{1}{3}(\epsilon_a + \epsilon_b + \epsilon_c)$ |
| $E_1 = \frac{1}{3}(E_a + aE_b + a^2E_c)$ | $\epsilon_1 = \frac{1}{3}(\epsilon_a + a\epsilon_b + a^2\epsilon_c)$ |
| $E_2 = \frac{1}{3}(E_a + a^2E_b + aE_c)$ | $\epsilon_2 = \frac{1}{3}(\epsilon_a + a^2\epsilon_b + a\epsilon_c)$ |

### (2) 발전기 기본식 유도하기(옴의 법칙 $\epsilon_0 = I_0 Z_0$, $\epsilon_1 = I_1 Z_1$, $\epsilon_2 = I_2 Z_2$)

① 발전기의 상전압이 $E$라면 선로 임피던스에 의한 전압강하분 $\epsilon$을 제외한 전압이 부하에 걸리므로 단자 전압 $V$는 $E - \epsilon$이다. 그런데 ㉠식에서

$V_0 = \frac{1}{3}(V_a + V_b + V_c)$이므로 각 상의 단자 전압을 고쳐 쓰면

상전압 - 전압강하 꼴로 고쳐 쓰면,

$$V_0 = \frac{1}{3}(E_a - \epsilon_a + E_b - \epsilon_b + E_c - \epsilon_c) = \frac{1}{3}[E_a + E_b + E_c - (\epsilon_a + \epsilon_b + \epsilon_c)]$$

ⓔ식에서 $\epsilon_a + \epsilon_b + \epsilon_c = 3\epsilon_0$ 이므로

$$V_0 = \frac{1}{3}[(E_a + a^2 E_a + a E_a) - (3\epsilon_0)] = 0 - \epsilon_0 = -I_0 Z_0 \text{이다.}$$

② 마찬가지로 ⓐ식에서

$$V_1 = \frac{1}{3}(V_a + a V_b + a^2 V_c) = \frac{1}{3}(E_a - \epsilon_a + a E_b - a\epsilon_b + a^2 E_c - a^2 \epsilon_c)$$

$$= \frac{1}{3}[E_a + a^3 E_a + a^3 E_a - (\epsilon_a + a\epsilon_b + a^2 \epsilon_c)] \text{인데}$$

$a^3 = 1$ 이고, ⓔ식에서 $\epsilon_a + a\epsilon_b + a^2 \epsilon_c = 3\epsilon_1$ 이므로 $V_1 = E_a - \epsilon_1 = E_a - I_1 Z_1$ 이다.

③ 같은 방법으로 ⓐ식에서

$$V_2 = \frac{1}{3}(V_a + a^2 V_b + a V_c) = \frac{1}{3}(E_a - \epsilon_a + a^2 E_b - a^2 \epsilon_b + a E_c - a\epsilon_c)$$

$$= \frac{1}{3}[E_a + a^4 E_a + a^2 E_a - (\epsilon_a + a^2 \epsilon_b + a\epsilon_c)] \text{인데}$$

$a^4 = a$, $1 + a + a^2 = 0$ 이고, ⓔ식에서 $\epsilon_a + a^2\epsilon_b + a\epsilon_c = 3\epsilon_2$ 이므로

$$V_2 = \frac{1}{3}(0 - 3\epsilon_c) = 0 - \epsilon_2 = -I_2 Z_2 \text{이다.}$$

$$V_1 = E_a - I_1 Z_1 \qquad V_2 = 0 - I_2 Z_2 \qquad V_0 = 0 - I_0 Z_0$$

### (3) 발전기 기본식의 물리적 의미

① 상전압 = 단자전압 − 선로상 전압강하이므로 $V = E - IZ$ 식에 아래첨자만 a,b,c 로 바꿔넣으면 다음 3가지 식을 세울 수 있다. $V_a = E_a - I_a Z_a$, $V_b = E_b - I_b Z_b$, $V_c = E_c - I_c Z_c$ 그렇지만 수학적으로 고안해 낸 숫자 0, 1, 2를 $V = E - IZ$ 식에 대입할 수는 없고, 대칭좌표법의 행렬변환식을 이용했더니 $V_1 = E_a - I_1 Z_1$ $V_2 = 0 - I_2 Z_2$ $V_0 = 0 - I_0 Z_0$ 라는 3가지 식을 얻을 수 있었다. 그런데 결과식을 놓고 보면 $V = E - IZ$ 식에 아래첨자만 1, 2, 0으로 바꿔넣되, 상전압의 대칭성 분($E_1$, $E_2$, $E_0$)만 변형해 주면 발전기 기본식이 완성된다.

② 결론적으로 발전기의 상전압은 정상분만 존재하며 그 값은 a상 상전압 $E_a$와 같고, 상전압의 역상분과 영상분은 둘 다 0이다. 운동 방정식을 다룰 때 x, y, z축에 대한 성분별로 분해하여 식을 세워 해를 구한 뒤 나중에 합성하면 편리 한 것처럼, 복잡한 비대칭 3상 회로의 경우에도 3가지 단순 형태의 등가회로를 그려서 정상분·역상분·역상분을 구한 뒤 행렬변환식에 대입하면 고장 전압 과 고장 전류의 산출이 쉬워진다.

# CHAPTER 06 회로망 해석

## 1 등가변환과 중첩의 원리

### (1) 전압원과 전류원

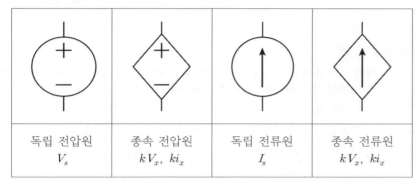

| 독립 전압원 $V_s$ | 종속 전압원 $kV_x$, $ki_x$ | 독립 전류원 $I_s$ | 종속 전류원 $kV_x$, $ki_x$ |
|---|---|---|---|

### (2) 전압원과 전류원의 등가 변환

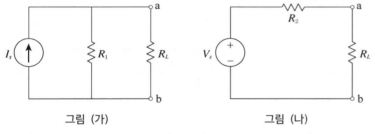

그림 (가)                     그림 (나)

① 그림 (가)와 같이 저항 $R$와 전류원이 병렬로 연결되어 있는 회로는 그림 (나)
  와 같이 저항 $R$와 전압원이 직렬로 연결되어 있는 회로로 등가변환이 가능하
  며 그 역도 성립한다.

② (가)의 전류원 회로를 등가변환할 때는 $V_s = I_s R_1$, $R_2 = R_1$의 관계를 이용하
  고, (나)의 전압원 회로를 등가변환할 때는 $I_s = \dfrac{V_s}{R_1}$, $R_1 = R_2$의 관계를 이용
  한다.❶

---

**참고 & 심화**

❶
(가)의 a - b 사이에 부하를 연결했
을 때 부하에 흐르는 전류를 $I_가$,
(나)의 a - b 사이에 부하를 연결했
을 때 부하에 흐르는 전류를 $I_나$라고
하면, 두 전류값이 같아야 한다는 조
건으로부터 ②의 등가변환 관계식을
증명할 수 있다.

PART 04

해커스 전기기사 필기 한권완성 기본이론 + 기출문제

③ (가)의 a와 b 사이에 임의의 저항 $R_L$을 연결하고 전류 분배 법칙을 적용하면

$I_가 = \dfrac{R_1}{R_1 + R_L} \times I_s$이고, (나)의 a와 b 사이에 임의의 저항 $R_L$을 연결하고 옴

법칙을 적용하면 $I_나 = \dfrac{V_s}{R_2 + R_L}$ 이다. 임의의 $R_L$에 대해 항상 $I_가 = I_나$를 만족

시키려면 분모의 $R_1 = R_2$, 분자의 $R_1 I_s = V_s$이어야 한다.

④ 이상적인 전압계(voltmeter)의 내부 저항은 무한대이고 이상적인 전류계 (ammeter)의 내부 저항은 0이다. 반면에, 이상적인 전압원(voltage source)의 내부 저항은 0이고 이상적인 전류원(current source)의 내부 저항은 무한대 이다.

### (3) 중첩의 원리

① 하나 이상의 독립 전원을 가진 회로에서 회로내 특정 요소에 대한 전류 응답 은 각각의 독립 전원에 의한 개별 응답의 합과 같다. 이것이 중첩의 원리이다. 특정 저항에 흐르는 전류를 알고자 할 때는 $i$번째 전압원만 남기고 나머지 전 압원과 전류원을 모두 제거한 상태의 전류 $I_i$을 구한 뒤, $\sum_i I_i$를 구하면 된다.

② 전압원을 제거할 때는 그 전압원의 양단을 단락시키면 되고, 전류원을 제거할 때는 그 전류원의 양단을 개방시키면 된다.

③ 아래 회로도에서 4Ω에 흐르는 전류의 세기는 중첩의 원리를 이용하면 쉽게 구 할 수 있다. 즉, 전압원을 단락시키면 3A의 전류가 병렬 접속된 두 저항에 나뉘 어 흐르고 그 크기는 저항에 반비례하므로 $I' = \dfrac{8}{8+4} \times 3\text{A} = 2\text{A}$가 4Ω에 흐 른다. 이제 전류원을 개방시키면 6V의 전압이 직렬 접속된 두 저항에 나뉘어 걸리며 전체 전류 $= I'' = \dfrac{6}{8+4} = 0.5\text{A}$가 4Ω에 흐른다. 따라서 중첩시키면 실 제 4Ω에 흐르는 전류는 only 전압원 전류 + only 전류원 전류 $= I' + I'' = 2 + 0.5 = 2.5\text{[A]}$이다.

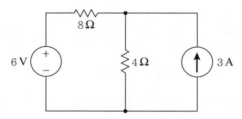

## ② 테브난 정리와 전압 분배 법칙

### (1) 테브난 정리(Thevenin's theorem)

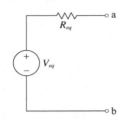

① 전압원과 전류원과 저항의 조합으로 이루어진 임의의 회로에서 2개의 특정 단자 ab를 기준으로 테브난 등가회로를 구성할 수 있으며 그렇게 해서 구성된 등가회로는 위 회로도에서 나타냈듯이 등가저항 $R_{eq}$와 특정 저항 $R_{ab}$가 등가전압 $V_{eq}$에 직렬 접속된 형태이다. 등가저항과 등가전압을 $R_T$와 $V_T$로 표기하기도 한다.

② 등가전압 $V_{eq}$는, 노드a와 b 사이를 개방시켰다고 가정했을 때 a와 b 사이의 전압이다. 등가저항 $R_{eq}$는, 회로내 전압원을 단락, 전류원을 개방시킨 상태에서 회로쪽을 바라본 전체 저항이다.

③ **테브난 등가회로 적용 사례**: 그림 (가)와 같이 복잡한 회로도에서 2Ω에 흐르는 전류와 걸리는 전압을 구하고자 할 때, 그림 (나)와 같이 노드a와 b 사이를 개방하고 $V_{eq}$를 구하면 70 – 40 = 30[V]이다.

그림 (다)와 같이 노드c와 d 사이의 전압원을 단락시키면 합성 저항은 $\frac{6 \times 4}{6+4} + \frac{9 \times 21}{9+21} = 8.7[\Omega]$이다.

결과적으로, 30V의 전원에 8.7Ω과 2Ω을 직렬 접속한 것이 테브난 등가회로이므로 2Ω에 흐르는 전류 $I$는 $\frac{V_{th}}{R_{th}+R} = \frac{30}{8.7+2}$[A]이고, 2Ω에 걸리는 전압은

$$\frac{V_{th}}{R_{th}+R} \times R = \frac{30 \times 2}{10.7} \text{[V]이다.}$$

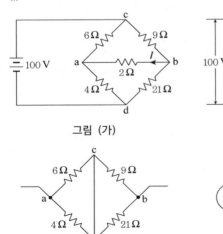

그림 (가)                    그림 (나)

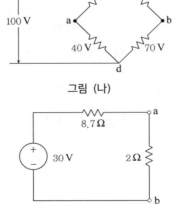

그림 (다)                테브난 등가회로

④ 2개의 특정 단자 ab가 회로의 중앙에 있고 전압원 및 전류원이 양쪽에 놓여 있을 때는 좌우 분리하여 2개의 테브난 등가회로를 구성한 뒤에 다시 두 회로를 합쳐주면 단자 a, b 사이에 흐르는 전류와 걸리는 전압을 쉽게 구할 수가 있다.

## (2) 교류 회로의 전압 분배 법칙

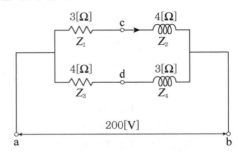

① 위 회로도와 같이 $R$와 $L$이 직·병렬 접속되어 있고 실횻값 200V의 교류 전압이 양단에 인가되었을 때 전압 분배 법칙을 적용하면 c점과 d점 사이의 전위차를 구할 수 있다.

② 교류의 방향은 시시각각 변하므로 b점이 접지점이라고 가정하면, c점의 전위는 4Ω의 인덕터에 걸리는 전압과 같다.

따라서, $V_c = \dfrac{Z_2}{Z_1 + Z_2} \times 200 = \dfrac{j4}{3 + j4} \times 200 = 128 + j96$ 이고

$V_d = \dfrac{Z_4}{Z_3 + Z_4} \times 200 = \dfrac{j3}{4 + j3} \times 200 = 72 + j96$ 이다.

③ 따라서, $V_{cd} = V_c - V_d = 56[\text{V}]$ 이다.

## (3) 등가 임피던스

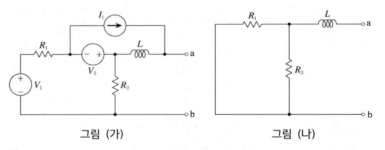

| 그림 (가) | 그림 (나) |

① 등가저항 $R_{eq}$나 등가 임피던스 $Z_{eq}$를 구할 때에는 회로내 전압원을 단락시키고 전류원을 개방시켜야 한다.

② 그림 (가)에서 전압원을 단락, 전류원을 개방시키면 그림 (나)로 바뀌므로

$Z_{eq} = \dfrac{R_1 R_2}{R_1 + R_2} + j\omega L$ 이다.

## ③ 노튼 정리와 쌍대 관계 비교표

### (1) 노튼 정리(Norton's theorem)

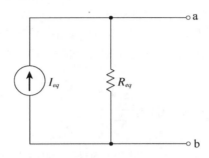

① 전압원과 전류원과 저항의 조합으로 이루어진 임의의 회로에서 2개의 특정 단
  자 ab를 기준으로 노튼 등가회로를 구성할 수 있으며 그렇게 해서 구성된 등가
  회로는 회로도에서 나타냈듯이 등가저항 $R_{eq}$와 특정 저항 $R_{ab}$가 등가전류원
  $I_{eq}$에 병렬 접속된 형태이다. 노튼 등가회로의 등가저항과 등가전류를 $R_N$과 $I_N$
  으로 표기하기도 한다.

② 등가전류 $I_{eq}$는 노드a와 b 사이를 단락시켰다고 가정했을 때 a와 b 사이에 흐
  르는 전류이다. 등가저항 $R_{eq}$는 회로내 모든 전압원을 단락시켰다고 가정했을
  때 회로쪽을 바라본 전체 저항이다.

### (2) 테브난 정리와 노튼 정리의 쌍대 관계 비교

| 구분 | 테브난 정리 | 노튼 정리 |
|---|---|---|
| 회로도와<br>구성 요소 | 등가전압 $V_T$<br>등가저항 $R_T$ | 등가전류 $I_N$<br>등가저항 $R_N$ |
| $V_T$, $I_N$, $R_{eq}$ | $V_T$: 두 단자 사이를 개방 시<br>걸리는 전압<br>$R_{eq}$: 전압원 단락, 전류원 개<br>방 시의 합성 저항 | $I_N$: 두 단자 사이를 단락 시<br>흐르는 전류<br>$R_{eq}$: 전압원 단락, 전류원 개<br>방 시의 합성 저항 |
| 상호 관계 | $I_N = \dfrac{V_T}{R_T}$, $R_T = R_N$이 성립한다.<br>테브난 정리와 노튼 정리는 서로 쌍대 관계이므로 테브난<br>등가회로를 이용해서 구한 $I_{ab}$, $V_{ab}$는 노튼 등가회로를 이<br>용해서 구한 $I_{ab}$, $V_{ab}$와 항상 동일하다. | |

## 4 밀만 정리

### (1) 밀만 정리(Millman's theorem)

동일 주파수의 전압원이 병렬로 여러 개 접속되어 있고, 각 회로의 전압과 어드미턴스가 $E_i$, $Y_i$이면 a, b 단자 사이의 개방 전압은 단락 전류 $Y_i E_i$의 총합을 어드미턴스 $Y_i$의 총합으로 나눈 값과 같다. 이것이 밀만 정리이다.

### (2) 밀만 정리의 일반 식은, $V_{ab} = \dfrac{\displaystyle\sum_{i=1}^{n} Y_i E_i}{\displaystyle\sum_{i=1}^{n} Y_i} = \dfrac{\displaystyle\sum_{i=1}^{n} \dfrac{E_i}{Z_i}}{\displaystyle\sum_{i=1}^{n} \dfrac{1}{Z_i}}$ 이며, 6개의 전압원 + 임피던스

가 병렬 접속된 회로도에 대해 밀만 정리를 적용하면 다음과 같다.

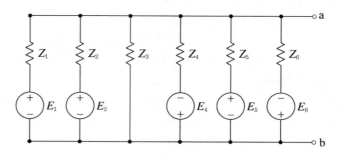

$$V_{ab} = \dfrac{\dfrac{E_1}{Z_1} + \dfrac{E_2}{Z_2} + \dfrac{1}{Z_3} - \dfrac{E_4}{Z_4} + \dfrac{E_5}{Z_5} - \dfrac{E_6}{Z_6}}{\dfrac{1}{Z_1} + \dfrac{1}{Z_2} + \dfrac{1}{Z_3} + \dfrac{1}{Z_4} + \dfrac{1}{Z_5} + \dfrac{1}{Z_6}}$$

($E_3 = 0$이며, 각 전압원의 극성은 부호로 표시한다.)

## 1 단자망의 종류와 구동점 임피던스

### (1) 2단자망(Two-terminal network)과 4단자망(Four-terminal network)

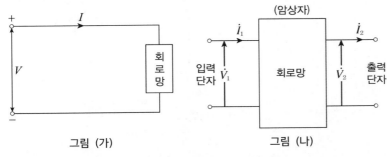

그림 (가)                그림 (나)

① 그림 (가)는 2단자망을 모식화한 것으로, $R$, $L$, $C$로 이루어진 수동 회로망, 전류원이나 전압원을 포함하는 능동 회로망으로 구분된다.
② 그림 (나)는 4단자망을 모식화한 것으로 2개의 입력 단자와 2개의 출력 단자를 가지며, 4단자망 해석법이 적용되는 사례로는 전송선로, 변압기, 증폭기, 필터 등이 있다.
③ 그림 (다)는 수동 회로망, (라)는 능동 회로망의 예를 나타낸 것이다.

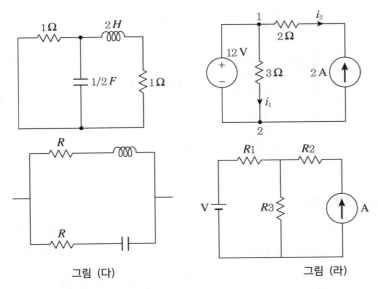

그림 (다)                그림 (라)

## (2) 구동점 임피던스

① 전원을 포함하지 않는 수동 회로망에 대하여 전원측에서 바라본 합성 임피던스를 '구동점 임피던스'라고 부른다.

② $RLC$ 회로의 합성 임피던스는 $j\omega$에 관한 함수이므로 $j\omega$를 변수 s로 치환하면 구동점 임피던스로 바뀐다. 아래 회로의 합성 임피던스와 구동점 임피던스는 다음과 같고, $RLC$ 직렬 및 병렬 회로에 대한 합성 임피던스는 다음 표와 같다.

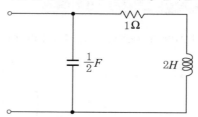

$$합성\ 임피던스 = \frac{(R+j\omega L)\dfrac{1}{j\omega C}}{(R+j\omega L)+\dfrac{1}{j\omega C}}$$

$$Z(s) = \frac{(1+2s)\dfrac{1}{0.5s}}{(1+2s)+\dfrac{1}{0.5s}} = \frac{4s+2}{2s^2+s+2}$$

| 변수 | 임피던스 | RLC 직렬 회로의 합성 저항 | RLC 병렬 회로의 합성 저항 |
|---|---|---|---|
| $j\omega$ | 합성 임피던스 $\dot{Z}(j\omega)$ | $\dot{Z}=R+j\omega L+\dfrac{1}{j\omega C}$ | $\dot{Y}=\dfrac{1}{R}+\dfrac{1}{j\omega L}+j\omega C$ |
| $s$ | 구동점 어드미턴스 $Y(s)$ 구동점 임피던스 $Z(s)$ | $Z(s)=R+Ls+\dfrac{1}{Cs}$ | $Y(s)=\dfrac{1}{R}+\dfrac{1}{Ls}+Cs$ $Z(s)=\dfrac{1}{\dfrac{1}{R}+\dfrac{1}{Ls}+Cs}$ |

③ $Z(s)=\dfrac{s+20}{s^2+5RLs+1}$인 2단자 회로에 직류 전원을 인가하면 $f=0$,

$f=0,\ j\omega=s=0 \Rightarrow Z(s)=20$이다.

## (3) 영점과 극점

① 구동점 임피던스 $Z(s)$는 s에 관한 함수이며, $Z(s)$를 0이 되게 하는 s값을 영점, $Z(s)$를 $\infty$가 되게 하는 s값을 극점이라 한다. 만약 $Z(s)=\dfrac{(s+1)(s-2)}{(s+2)(s-1)}$이면 영점은 $s=-1$ 또는 $s=2$이고, 극점은 $s=-2$ 또는 $s=1$이다.

② 회로가 단락 상태이면 임피던스가 0이므로 영점에 해당한다. 또 회로가 개방 상태이면 임피던스가 $\infty$이므로 극점에 해당한다.

③ $s = \sigma + jw$를 복소 평면에 나타낼 때는 영점을 ○로, 극점을 ×로 표시한다. 아래 복소 평면 그래프에서 $s_1 = -2 + j10$은 영점, $s_3 = +2$는 영점이고, $s_2 = 1 + j10$은 극점이다.

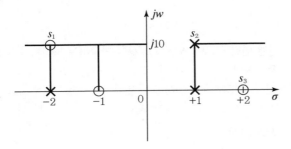

## ② 정저항 회로와 역회로

### (1) 정저항 회로

① 합성 임피던스는 s의 함수이나, 저항과 정전 용량과 인덕턴스가 특별한 관계식을 만족할 때에는 합성 임피던스가 주파수($\omega = s/j$)에 관계 없이 일정한 값 $R$이 되는데 이와 같은 회로를 정저항 회로라고 부른다.

② 그림 (가)와 (나)는 정저항 회로의 2가지 사례를 나타낸 것이다.

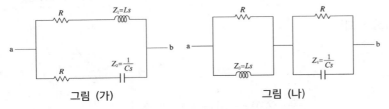

그림 (가)                                    그림 (나)

(가)의 합성 저항 $= Z(s) = \dfrac{(R + Z_1)(R + Z_2)}{(R + Z_1 + R + Z_2)}$

$\qquad = R\dfrac{(1 + Z_1/R)(R + Z_2)}{(2R + Z_1 + Z_2)} = \dfrac{R(R + Z_1 + Z_2 + Z_1 Z_2 / R)}{(2R + Z_1 + Z_2)}$

$Z(s) = R \Rightarrow \dfrac{R(R + Z_1 Z_2 / R + Z_1 + Z_2)}{(2R + Z_1 + Z_2)} = R$

$\Rightarrow R + Z_1 Z_2 / R = 2R \Rightarrow Z_1 Z_2 = R^2$

$\therefore R = \sqrt{\dfrac{L}{C}}$

(나)의 합성 저항 $= Z(s) = \dfrac{RZ_3}{R + Z_3} + \dfrac{RZ_4}{R + Z_4}$

$\qquad = \dfrac{RZ_3(R + Z_4) + RZ_4(R + Z_3)}{(R + Z_3)(R + Z_4)}$

$\qquad = R\dfrac{R(Z_3 + Z_4) + 2Z_3 Z_4}{R^2 + R(Z_3 + Z_4) + Z_3 Z_4}$

$$Z(s) = R \;\Rightarrow\; R \frac{R(Z_3 + Z_4) + 2Z_3 Z_4}{R(Z_3 + Z_4) + R^2 + Z_3 Z_4} = R$$

$$\Rightarrow\; 2Z_3 Z_4 = R^2 + Z_3 Z_4 \;\Rightarrow\; Z_3 Z_4 = R^2$$

$$\therefore\; R = \sqrt{\frac{L}{C}}$$

③ $LC$ 병렬 연결 회로에 $R = \sqrt{L/C}$를 만족하는 저항 2개를 $L$과 $C$에 각각 직렬로 연결하면 정저항 회로가 되어 과도분을 포함하지 않는다. 마찬가지로 $LC$ 직렬 연결 회로에 $R = \sqrt{L/C}$를 만족하는 저항 2개를 $L$과 $C$에 각각 병렬로 연결하면 정저항 회로가 되어 과도분을 포함하지 않는다.

**(2) 전기의 쌍대 관계**

| 분류 | 쌍대 관계 |
|---|---|
| 정리, 법칙 | 테브난 정리와 노튼 정리, KVL과 KCL |
| 전기 회로 | 직렬 회로와 병렬 회로, 테브난 회로와 노튼 회로, 단락 회로와 개방 회로 |
| 결선법 | Y결선과 △결선 |
| 전기 소자 | 인덕터와 콘덴서, 전압원과 전류원 |
| 물리량 | 임피던스와 어드미턴스, 인덕턴스와 커패시턴스 |

**(3) 역회로**

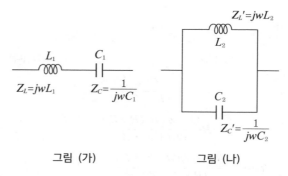

그림 (가)        그림 (나)

① LC 직렬 회로 (가)의 $Z_L$과 LC 병렬 회로 (나)의 $Z_C{}'$을 곱한 값이 $K^2$이고, LC 직렬 (가)의 $Z_C$와 LC 병렬 (나)의 $Z_L{}'$을 곱한 값이 $K^2$이라면 "(가)회로와 (나)회로는 $K$에 관하여 역회로 관계에 있다"라고 말한다.

② $Z_L \times Z_C{}' = j\omega L_1 \cdot \dfrac{1}{j\omega C_2} = \dfrac{L_1}{C_2}$ 과 $Z_C \times Z_L{}' = \dfrac{1}{j\omega C_1} \cdot j\omega L_2 = \dfrac{L_2}{C_1}$ 가 같아야 하므로 $\dfrac{L_1}{C_2} = \dfrac{L_2}{C_1} \Rightarrow L_1 C_1 = L_2 C_2$

☞ (가)와 (나)가 $K$에 관하여 역회로 관계이면 직렬 (가) 회로에서 L과 C의 곱은 병렬 (나)회로에서 L과 C의 곱과 같다. 그렇지만 $L_1 C_1 = L_2 C_2$이 성립한다고 해서 (가)와 (나)가 $K$에 관하여 역회로 관계가 성립하는 것은 아니다. 유도 리액턴스와 용량 리액턴스의 곱이 주어진 $K^2$과 일치하는지 확인해야만 한다.

## ③ 4단자망 회로

### (1) 기본 회로도와 4단자 정수

① 2개의 입력 단자와 2개를 출력 단자를 포함하는 4단자망 회로도에서 $V_1$, $I_1$은 입력 전압 및 입력 전류를 의미하고, $V_2$, $I_2$는 출력 전압 및 출력 전류를 의미한다. 대칭 성분의 정상분($V_1$, $I_1$) 및 역상분($V_2$, $I_2$)과 혼동하지 말아야 한다.

② 임피던스 정합과 함께 배우게 될 '영상 임피던스'라는 용어는 거울의 상(image)에서 유래된 것이므로 대칭 성분의 영상분($V_0$, $I_0$)과 혼동하지 말아야 한다. 영상분은 영어로 zero phase sequence component이다.

### (2) 기본 회로도

① 4단자망의 왼편에는 입력 전압과 입력 전류를 표시하고, 4단자망의 오른편에는 출력 전압과 출력 전류를 표시한다. $V_1$, $I_1$와 $V_2$, $I_2$의 관계를 행렬의 곱으로 나타내게 되면 4단자 정수 A, B, C, D는 2 × 2 행렬의 성분에 해당하고, $V_1$, $I_1$와 $V_2$, $I_2$의 관계를 방정식으로 나타내게 되면 4단자 정수 A, B, C, D는 계수에 해당한다. 4단자 정수를 '전송 파라미터'라고 부르기도 한다. 행렬의 곱:

$$\begin{bmatrix} V_1 \\ I_1 \end{bmatrix} = \begin{bmatrix} A & B \\ C & D \end{bmatrix} \begin{bmatrix} V_2 \\ I_2 \end{bmatrix}$$

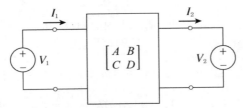

| 위 행렬꼴은 다음과 같이 기본방정식으로 고쳐 쓸 수 있다.<br><br>$V_1 = AV_2 + BI_2$ …… (i)식<br>$I_1 = CV_2 + DI_2$ …… (ii)식 | $I_2 = 0$이면 (i)식은<br>$V_1 = AV_2$가 되므로 ⇒ | $A = \dfrac{V_1}{V_2}\Big|_{I_2=0}$ 이다. |
| | $V_2 = 0$이면 (i)식은<br>$V_1 = BI_2$가 되므로 ⇒ | $B = \dfrac{V_1}{I_2}\Big|_{V_2=0}$ 이다. |
| | $I_2 = 0$이면 (ii)식은<br>$I_1 = CV_2$가 되므로 ⇒ | $C = \dfrac{I_1}{V_2}\Big|_{I_2=0}$ 이다. |
| | $V_2 = 0$이면 (ii)식은<br>$I_1 = DI_2$가 되므로 ⇒ | $D = \dfrac{I_1}{I_2}\Big|_{V_2=0}$ 이다. |

② A는 $\dfrac{\text{입력 전압}}{\text{출력 전압}}$이므로 전압 이득 차원의 정수에 해당하며 D는 $\dfrac{\text{입력 전류}}{\text{출력 전류}}$이므로 전류 이득 차원의 정수에 해당한다.

③ B는 $\dfrac{\text{전압}}{\text{전류}}$이므로 출력측 단락 시 임피던스 차원의 정수에 해당하고, C는 $\dfrac{\text{전류}}{\text{전압}}$이므로 출력측 개방 시 어드미턴스 차원의 정수에 해당한다.

T형 회로에서는 어드미턴스 요소인 ⌇를 $Z_3$으로 표기하거나 $Y_3$로 표기하기도 한다. Π형 회로에서는 임피던스 요소인 ⌇를 $Z_2$(또는 $Y_2$)로 표기하고 어드미턴스 요소를 $Z_1$, $Z_3$ (또는 $Y_1$, $Y_3$)으로 표기한다.

## 4 전송 파라미터(= 4단자 정수)

### (1) T형 회로의 4단자 정수 구하기❶

① 그림 (가)의 T형 회로는 (나)와 같이 3개의 작은 회로로 분리하여 3개의 2 × 2행렬을 곱해주면 된다.

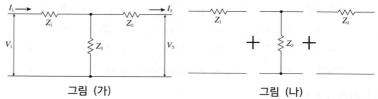

그림 (가)            그림 (나)

$$\begin{bmatrix} 1 & Z_1 \\ 0 & 1 \end{bmatrix} \times \begin{bmatrix} 1 & 0 \\ \dfrac{1}{Z_3} & 1 \end{bmatrix} \times \begin{bmatrix} 1 & Z_2 \\ 0 & 1 \end{bmatrix}$$

$$\Rightarrow \begin{bmatrix} A & B \\ C & D \end{bmatrix} = \begin{bmatrix} 1 + \dfrac{Z_1}{Z_3} & \dfrac{Z_1 Z_2 + Z_2 Z_3 + Z_3 Z_1}{Z_3} \\ \dfrac{1}{Z_3} & 1 + \dfrac{Z_2}{Z_3} \end{bmatrix}$$

임의의 회로 $AD - BC = 1$
좌우대칭이면, $A = D$

② 기본방정식을 이용해도 T형 회로의 4단자 정수를 구할 수 있다.

$$V_1 = AV_2 + BI_2 \qquad I_1 = CV_2 + DI_2$$

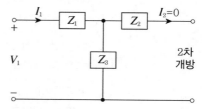

그림과 같이 (가)의 2차측을 개방시켜서 $I_2 = 0$으로 만들면 $Z_2$에는 전류가 흐르지 않고 $Z_3$에 걸리는 전압 = $V_2$인데, 전압 분배 법칙을 적용하면

$V_2 = \dfrac{Z_3}{Z_1 + Z_3} \times V_1$, $A = \dfrac{V_1}{V_2}\Big|_{I_2=0}$ 의 분모에 대입하면

$A = \dfrac{Z_1 + Z_3}{Z_3} = 1 + \dfrac{Z_1}{Z_3}$ 이다.

$Z_3$에 걸리는 전압 = $V_2$, $Z_3$에 흐르는 전류 = $I_1$이므로 $V_2 = Z_3 I_1$을

$C = \dfrac{I_1}{V_2}\Big|_{I_2=0}$ 의 분모에 대입하면 $C = \dfrac{1}{Z_3}$ 이다.

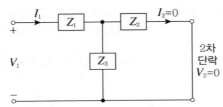

그림과 같이 (가)의 2차측을 단락시켜서 $V_2 = 0$으로 만들고 전류 분배 법칙을 적용하면 $Z_2$에 흐르는 전류 $I_2 = \dfrac{Z_3}{Z_2 + Z_3} \times I_1 = \dfrac{Z_3}{Z_2 + Z_3} \times \dfrac{V_1}{Z}$이므로

$B = \dfrac{V_1}{I_2}\bigg|_{V_2 = 0}$ 의 분모에 대입하면 $B = \dfrac{(Z_2 + Z_3)}{Z_3}Z$인데, 전원측에서 바라본

합성 임피던스 $Z = Z_1 + \dfrac{Z_2 Z_3}{Z_2 + Z_3} = \dfrac{Z_1 Z_2 + Z_2 Z_3 + Z_3 Z_1}{Z_2 + Z_3}$ 를 대입하면

$B = \dfrac{Z_1 Z_2 + Z_2 Z_3 + Z_3 Z_1}{Z_3}$ 이다.

$I_2 = \dfrac{Z_3}{Z_2 + Z_3} \times I_1$을 $D = \dfrac{I_1}{I_2}\bigg|_{V_2 = 0}$ 의 분모에 대입하면 $D = \dfrac{Z_2 + Z_3}{Z_3}$ 이다.

## (2) Π형 회로의 4단자 정수 구하기

① 그림 (다)와 같은 Π형 회로는 (라)와 같이 3개의 작은 회로로 분리하여 3개의 $2 \times 2$행렬을 곱해주면 된다.

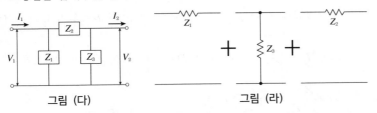

그림 (다)　　　　　　　그림 (라)

$$\begin{bmatrix} 1 & 0 \\ \dfrac{1}{Z_1} & 1 \end{bmatrix} \times \begin{bmatrix} 1 & Z_2 \\ 0 & 1 \end{bmatrix} \times \begin{bmatrix} 1 & 0 \\ \dfrac{1}{Z_3} & 1 \end{bmatrix} \Rightarrow \begin{bmatrix} A & B \\ C & D \end{bmatrix} = \begin{bmatrix} 1 + \dfrac{Z_2}{Z_3} & Z_2 \\[3mm] \dfrac{Z_1 + Z_2 + Z_3}{Z_1 Z_3} & 1 + \dfrac{Z_2}{Z_1} \end{bmatrix}$$

임의의 회로 $AD - BC = 1$
좌우대칭이면, $A = D$

② 기본방정식을 이용해도 $\Pi$형 회로의 4단자 정수를 구할 수 있다.

다음 그림과 같이 (다)의 2차측을 개방시켜서 $I_2 = 0$으로 만들면 $Z_3$에 걸리는

전압 $= V_2$인데, 전압 분배 법칙을 적용하면 $V_2 = \dfrac{Z_3}{Z_2 + Z_3} \times V_1$, $A = \dfrac{V_1}{V_2}\bigg|_{I_2 = 0}$

의 분모에 대입하면, $A = \dfrac{Z_2 + Z_3}{Z_3} = 1 + \dfrac{Z_2}{Z_3}$ 이다. $V_2 = \dfrac{Z_3}{Z_2 + Z_3} \times I_1 Z$이므로

$C = \dfrac{I_1}{V_2}\bigg|_{I_2 = 0}$ 의 분모에 대입하면 $C = \dfrac{Z_2 + Z_3}{Z_3}\dfrac{1}{Z}$데, 전원측에서 바라본 합성

임피던스 $Z = \dfrac{Z_1(Z_2 + Z_3)}{Z_1 + (Z_2 + Z_3)}$ 를 대입하면,

$C = \dfrac{Z_2 + Z_3}{Z_3}\dfrac{1}{Z} = \dfrac{Z_1 + Z_3 + Z_3}{Z_1 Z_3}$ 이다.

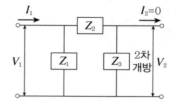

아래 그림과 같이 (다)의 2차측을 단락시켜서 $V_2 = 0$으로 만들면 $Z_3$에는 전류

가 흐르지 않고 $Z_2$에 걸리는 전압 $= V_1$, $Z_2$에 흐르는 전류 $= I_2$이므로

$V_1 = Z_2 I_2$를 $B = \dfrac{V_1}{I_2}\bigg|_{V_2 = 0}$ 의 분자에 대입하면 $B = Z_2$이다. 전류 분배 법칙에

의해 $I_2 = \dfrac{Z_1}{Z_1 + Z_2} \times I_1$이므로 $D = \dfrac{I_1}{I_2}\bigg|_{V_2 = 0}$ 의 분모에 대입하면

$D = \dfrac{Z_1 + Z_2}{Z_1} = 1 + \dfrac{Z_2}{Z_1}$ 이다.

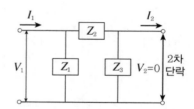

### (3) 이상적인 변압기와 중거리 송전선로

① 권수비가 $a$인 이상적인 변압기에서 4단자 방정식을 세우면,

$V_1 = a V_2 + 0 I_2$, $I_1 = 0 V_2 + \dfrac{1}{a} I_2$이므로 행렬의 곱으로 나타내면

$\begin{bmatrix} V_1 \\ I_1 \end{bmatrix} = \begin{bmatrix} a & 0 \\ 0 & \dfrac{1}{a} \end{bmatrix} \begin{bmatrix} V_2 \\ I_2 \end{bmatrix}$ 을 만족한다. 아래 그림과 같이 권수비가 $a = \dfrac{1}{n}$이면

$A = \dfrac{1}{n}$, $B = 0$, $C = 0$, $D = n$이다.

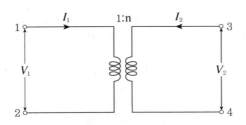

② 중거리 송전선로를 등가변환하면 그림❶과 같은 T형 4단자 회로망이 되고, 4단
자정수는 다음과 같고 AD − BC = 1이 성립한다.

$$\begin{bmatrix} 1+\dfrac{Z_1}{Z_3} & \dfrac{Z_1Z_2+Z_2Z_3+Z_3Z_1}{Z_3} \\ \dfrac{1}{Z_3} & 1+\dfrac{Z_2}{Z_3} \end{bmatrix} \Rightarrow \begin{bmatrix} 1+\dfrac{ZY}{2} & Z(1+\dfrac{ZY}{4}) \\ Y & 1+\dfrac{ZY}{2} \end{bmatrix}$$

참고 & 심화

❶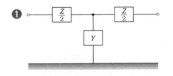

## ⑤ 임피던스 파라미터와 어드미턴스 파라미터

### (1) 임피던스 파라미터

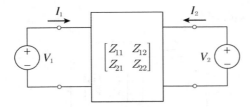

① 그림과 같은 4단자망에서 $V_1$, $V_2$와 $I_1$, $I_2$의 관계를 행렬의 곱

$\begin{bmatrix} V_1 \\ V_2 \end{bmatrix} = \begin{bmatrix} Z_{11} & Z_{12} \\ Z_{21} & Z_{22} \end{bmatrix} \begin{bmatrix} I_1 \\ I_2 \end{bmatrix}$ 으로 나타내면 편리할 때가 있다.

$V = ZI$식과 유사한 형태이므로 행렬의 네 성분 $Z_{11}, Z_{12}, Z_{21}, Z_{22}$를 임피던스 파
라미터라고 부른다.

| 위 행렬의 곱은 다음처럼 기본방정식으로 고쳐 쓸 수 있다.<br><br>$V_1 = Z_{11}I_1 + Z_{12}I_2$ ······ (i)식<br>$V_2 = Z_{21}I_1 + Z_{22}I_2$ ······ (ii)식 | $I_2 = 0$이면 (i)식은<br>$V_1 = Z_{11}I_1$이 되므로 ⇒ $Z_{11} = \dfrac{V_1}{I_1}\Big\vert_{I_2=0}$ 이다. |
| --- | --- |
| | $I_1 = 0$이면 (i)식은<br>$V_1 = Z_{12}I_2$가 되므로 ⇒ $Z_{12} = \dfrac{V_1}{I_2}\Big\vert_{I_1=0}$ 이다. |
| | $I_2 = 0$이면 (ii)식은<br>$V_2 = Z_{21}I_1$이 되므로 ⇒ $Z_{21} = \dfrac{V_2}{I_1}\Big\vert_{I_2=0}$ 이다. |
| | $I_1 = 0$이면 (ii)식은<br>$V_2 = Z_{22}I_2$가 되므로 ⇒ $Z_{22} = \dfrac{V_2}{I_2}\Big\vert_{I_1=0}$ 이다. |

② 출력측 단자를 개방하여 $I_2 = 0$이라는 전제가 동일한 경우에 임피던스 파라미터와 4단자 정수 사이에는 다음의 관계식이 성립한다.

$$Z_{11} = \frac{V_1}{I_1} = \frac{V_1/V_2}{I_1/V_2} = \frac{A}{C}, \quad Z_{21} = \frac{V_2}{I_1} = \frac{1}{I_1/V_2} = \frac{1}{C}$$

③ 기본방정식을 이용하여 T형 회로의 임피던스 파라미터를 구해 보면,

$Z_{11} = \left.\dfrac{V_1}{I_1}\right|_{I_2=0}$ 으로부터 $Z_{11} = Z_1 + Z_3$이고, $Z_{21} = \left.\dfrac{V_2}{I_1}\right|_{I_2=0}$ 로부터 $Z_{21} = Z_3$

이다. $Z_{12} = \left.\dfrac{V_1}{I_2}\right|_{I_1=0}$ 로부터 $Z_{11} = Z_3$이고, $Z_{22} = \left.\dfrac{V_2}{I_2}\right|_{I_1=0}$ 로부터

$Z_{22} = Z_2 + Z_3$이다.

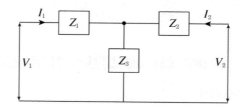

## (2) 어드미턴스 파라미터

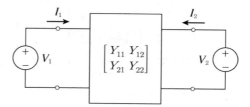

① 그림과 같은 4단자망에서 $V_1$, $V_2$와 $I_1$, $I_2$의 관계를 행렬의 곱

$\begin{bmatrix} I_1 \\ I_2 \end{bmatrix} = \begin{bmatrix} Y_{11} & Y_{12} \\ Y_{21} & Y_{22} \end{bmatrix} \begin{bmatrix} V_1 \\ V_2 \end{bmatrix}$ 으로 나타내면 편리할 때가 있다. $I = YV$식과 유사한 형

태이므로 행렬의 네 성분 $Y_{11}, Y_{12}, Y_{21}, Y_{22}$을 어드미턴스 파라미터라고 부른다.

| | | |
|---|---|---|
| 위 행렬식의 곱은 다음처럼 기본방정식으로 고쳐 쓸 수 있다.<br><br>$I_1 = Y_{11}V_1 + Y_{12}V_2$<br>...... (i)식<br><br>$I_2 = Y_{21}V_1 + Y_{22}V_2$<br>...... (ii)식 | $V_2 = 0$이면 (i)식은<br>$I_1 = Y_{11}V_1$이 되므로 ⇒ | $Y_{11} = \left.\dfrac{I_1}{V_1}\right\|_{V_2=0}$ 이다. |
| | $V_1 = 0$이면 (i)식은<br>$I_1 = Y_{12}V_2$가 되므로 ⇒ | $Y_{12} = \left.\dfrac{I_1}{V_2}\right\|_{V_1=0}$ 이다. |
| | $V_2 = 0$이면 (ii)식은<br>$I_2 = Y_{21}V_1$이 되므로 ⇒ | $Y_{21} = \left.\dfrac{I_2}{V_1}\right\|_{V_2=0}$ 이다. |
| | $V_1 = 0$이면 (ii)식은<br>$I_2 = Y_{22}V_2$가 되므로 ⇒ | $Y_{22} = \left.\dfrac{I_2}{V_2}\right\|_{V_1=0}$ 이다. |

② 기본방정식을 이용하여 Π형 회로의 어드미턴스 파라미터를 구할 수 있다.
아래 그림의 2차측을 단락시켜 $V_2 = 0$으로 만들면 $Y_3$에는 전류가 흐르지 않고

$I_1 = Y_1 V_1 + Y_2 V_1$을 $Y_{11} = \left. \dfrac{I_1}{V_1} \right|_{V_2 = 0}$ 의 분자에 대입하면 $Y_{11} = Y_1 + Y_2$이다.

또 $I_2 = - Y_2 V_1$을 $Y_{21} = \left. \dfrac{I_2}{V_1} \right|_{V_2 = 0}$ 의 분자에 대입하면 $Y_{21} = - Y_2$이다. 1차측을

단락시켜서 $V_1 = 0$으로 만들고 $I_1 = Y_{12} V_2$를 이용하면 $Y_{12} = - Y_2$임을 알 수

있고, $I_2 = Y_{22} V_2$를 이용하면 $Y_{22} = Y_2 + Y_3$이다.

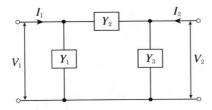

## $\boxed{6}$ 영상 파라미터와 하이브리드 파라미터

### (1) 영상 파라미터

① 그림과 같이 4단자 회로망의 입력 단자 쪽에 임피던스 $Z_{01}$을 접속하고 출력 단자
쪽에 임피던스 $Z_{02}$를 접속하였더니 임피던스 정합을 이루면서 최대 전력 전달
조건을 만족하였다면 이때의 $Z_{01}$과 $Z_{02}$를 영상 임피던스라고 한다($Z_{01}$, $Z_{02}$, $\theta$를
합쳐서 영상 파라미터라고 함).

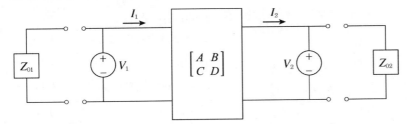

② $\begin{bmatrix} V_1 \\ I_1 \end{bmatrix} = \begin{bmatrix} A\ B \\ C\ D \end{bmatrix} \begin{bmatrix} V_2 \\ I_2 \end{bmatrix}$ ⇒ 행렬곱 $\begin{bmatrix} V_2 \\ -I_2 \end{bmatrix} = \begin{bmatrix} D\ -B \\ -C\ A \end{bmatrix} \begin{bmatrix} V_1 \\ -I_1 \end{bmatrix}$과 영상 임피던스 정

의식 $Z_{01} = \dfrac{V_1}{I_1}$, $Z_{02} = \dfrac{V_2}{I_2}$를 연립하면 $Z_{01} Z_{02} = \dfrac{B}{C}$, $\dfrac{Z_{01}}{Z_{02}} = \dfrac{A}{D}$라는 관계식을

유도할 수 있고 두 식을 곱하거나 나누어서

$Z_{01} = \sqrt{\dfrac{AB}{CD}}$, $Z_{02} = \sqrt{\dfrac{DB}{CA}}$, $\dfrac{Z_{01}}{Z_{02}} = \dfrac{A}{D}$가 유도된다.

☞ 루트 속의 A, D를 자리바꿈하면 $Z_{01}$이 $Z_{02}$로 변함

③ 다음 식을 이용하여 영상 임피던스를 구하면 더 편리할 때도 있다.

$$Z_{01} = \sqrt{(\text{1차측에서 바라본 개방임피던스}) \times (\text{1차측에서 바라본 단락임피던스})}$$
$$Z_{02} = \sqrt{(\text{2차측에서 바라본 개방임피던스}) \times (\text{2차측에서 바라본 단락임피던스})}$$

④ 전송 효율을 나타내는 영상 전달 상수 $\theta$에 대해, $e^\theta = \sqrt{\dfrac{V_1}{V_2} \cdot \dfrac{I_1}{I_2}}$ 로 정의하면, $e^\theta = \sqrt{AD} + \sqrt{BC}$, $e^{-\theta} = \sqrt{AD} - \sqrt{BC}$로부터 $\theta = \log_e(\sqrt{AD} + \sqrt{BC})$, $\cosh\theta = \sqrt{AD}$, $\sinh\theta = \sqrt{BC}$가 성립한다.

⑤ 영상 파라미터와 쌍곡선 함수를 이용하면 4단자 정수를 다음과 같이 고쳐 쓸 수 있다.

$$A = \sqrt{\frac{A}{D}} \cdot \sqrt{AD} = \sqrt{\frac{Z_{01}}{Z_{02}}} \cosh\theta, \ B = \sqrt{Z_{01}Z_{02}} \sinh\theta,$$
$$C = \frac{1}{\sqrt{Z_{01}Z_{02}}} \sinh\theta, \ D = \sqrt{\frac{Z_{02}}{Z_{01}}} \cosh\theta$$

## (2) 하이브리드 파라미터

$$\begin{bmatrix} V_1 \\ I_2 \end{bmatrix} = \begin{bmatrix} h_{11} & h_{12} \\ h_{21} & h_{22} \end{bmatrix} \begin{bmatrix} I_1 \\ V_2 \end{bmatrix}$$

① 하이브리드 파라미터를 구성하는 4개의 성분은 차원이 제각각이라서 $h_{11}$은 입력 임피던스, $h_{12}$는 역방향 전압 이득, $h_{21}$은 순방향 전류 이득, $h_{22}$는 출력 어드미턴스 차원이다. 트랜지스터의 동작 특성을 연구할 때는 하이브리드 파라미터($h_{11}, h_{12}, h_{21}, h_{22}$)가 활용된다.

| 위 행렬의 곱은 다음처럼 기본방정식으로 고쳐 쓸 수 있다. $V_1 = h_{11}I_1 + h_{12}V_2$ ...... (i)식 $I_2 = h_{21}I_1 + h_{22}V_2$ ...... (ii)식 | $V_2 = 0$이면 (i)식은 $V_1 = h_{11}I_1$이 되므로 ⇒ $h_{11} = \left.\dfrac{V_1}{I_1}\right|_{V_2=0}$ 이다. |
|---|---|
| | $I_1 = 0$이면 (i)식은 $V_1 = h_{12}V_2$가 되므로 ⇒ $h_{12} = \left.\dfrac{V_1}{V_2}\right|_{I_1=0}$ 이다. |
| | $V_2 = 0$이면 (ii)식은 $I_2 = h_{21}I_1$이 되므로 ⇒ $h_{21} = \left.\dfrac{I_2}{I_1}\right|_{V_2=0}$ 이다. |
| | $I_1 = 0$이면 (ii)식은 $I_2 = h_{22}V_2$가 되므로 ⇒ $h_{22} = \left.\dfrac{I_2}{V_2}\right|_{I_1=0}$ 이다. |

② Π형 회로의 2차측을 단락하면 $V_1 = Z_1 \dfrac{Z_2 I_1}{Z_1 + Z_2}$ 이므로 $h_{11} = \dfrac{Z_1 Z_2}{Z_1 + Z_2}$ 이고, $Z_3$에는 전류가 흐르지 않고 전류 분배 법칙에 의해 $Z_2$에 흐르는 전류 $I_2 = \dfrac{Z_1}{Z_1 + Z_2} \times I_1$이므로 $h_{21} = \left.\dfrac{I_2}{I_1}\right|_{V_2=0}$ 의 분자에 대입하면 $h_{21} = \dfrac{Z_1}{Z_1 + Z_2}$ 이다. 1차측을 개방하면 $Z_1$에 걸리는 전압 $= V_1 = \dfrac{Z_1}{Z_1 + Z_2} \times V_2$이고 $h_{12} = \left.\dfrac{V_1}{V_2}\right|_{I_1=0}$ 의 분자에 대입하면 $h_{12} = \dfrac{Z_1}{Z_1 + Z_2}$ 이고, $Z_3$에 걸리는

전압 $= V_2 = \dfrac{Z_1 + Z_2}{Z_1 + Z_2 + Z_3} \times I_2 Z_3$ 이고 $h_{22} = \dfrac{I_2}{V_2}\bigg|_{I_1=0}$ 의 분모에 대입하면

$h_{22} = \dfrac{Z_1 + Z_2 + Z_3}{Z_1 Z_3 + Z_2 Z_3}$ 이다.

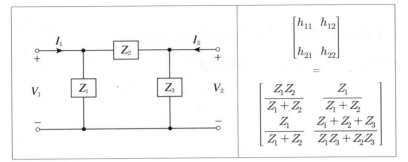

$$\begin{bmatrix} h_{11} & h_{12} \\ h_{21} & h_{22} \end{bmatrix} = \begin{bmatrix} \dfrac{Z_1 Z_2}{Z_1 + Z_2} & \dfrac{Z_1}{Z_1 + Z_2} \\ \dfrac{Z_1}{Z_1 + Z_2} & \dfrac{Z_1 + Z_2 + Z_3}{Z_1 Z_3 + Z_2 Z_3} \end{bmatrix}$$

## (3) 5종의 파라미터 비교 도표

| 종류 | 행렬의 곱 | 방정식 | 파라미터 수치 예시 |
|---|---|---|---|
| 전송 파라미터 (4단자정수) | $\begin{bmatrix} V_1 \\ I_1 \end{bmatrix} = \begin{bmatrix} A & B \\ C & D \end{bmatrix}\begin{bmatrix} V_2 \\ I_2 \end{bmatrix}$ | $V_1 = A V_2 + B I_2$ <br> $I_1 = C V_2 + D I_2$ | 이상적 변압기에서, $\begin{bmatrix} a & 0 \\ 0 & \dfrac{1}{a} \end{bmatrix}$ |
| 임피던스 파라미터 | $\begin{bmatrix} V_1 \\ V_2 \end{bmatrix} = \begin{bmatrix} Z_{11} & Z_{12} \\ Z_{21} & Z_{22} \end{bmatrix}\begin{bmatrix} I_1 \\ I_2 \end{bmatrix}$ <br> (단, $Z_{12} = Z_{21}$) | $V_1 = Z_{11} I_1 + Z_{12} I_2$ <br> $V_2 = Z_{21} I_1 + Z_{22} I_2$ | T형 회로에서, $\begin{bmatrix} Z_1 + Z_3 & Z_3 \\ Z_3 & Z_2 + Z_3 \end{bmatrix}$ |
| 어드미턴스 파라미터 | $\begin{bmatrix} I_1 \\ I_2 \end{bmatrix} = \begin{bmatrix} Y_{11} & Y_{12} \\ Y_{21} & Y_{22} \end{bmatrix}\begin{bmatrix} V_1 \\ V_2 \end{bmatrix}$ <br> (단, $Y_{12} = Y_{21}$) | $I_1 = Y_{11} V_1 + Y_{12} V_2$ <br> $I_2 = Y_{21} V_1 + Y_{22} V_2$ | Π형 회로에서, $\begin{bmatrix} Y_1 + Y_2 & -Y_2 \\ -Y_2 & Y_2 + Y_3 \end{bmatrix}$ |
| 영상 파라미터 | $\begin{bmatrix} V_2 \\ -I_2 \end{bmatrix} = \begin{bmatrix} D & -B \\ -C & A \end{bmatrix}\begin{bmatrix} V_1 \\ -I_1 \end{bmatrix}$ | $Z_{01} = \dfrac{V_1}{I_1}$ <br> $Z_{02} = \dfrac{V_2}{I_2}$ | $Z_{01} = \sqrt{\dfrac{AB}{CD}}$, <br> $Z_{02} = \sqrt{\dfrac{DB}{CA}}$ <br> $\theta = \ln(\sqrt{AD} + \sqrt{BC})$ <br> $\theta = \cosh^{-1}\sqrt{AD}$ <br> $= \sinh^{-1}\sqrt{BC}$ |
| 하이브리드 파라미터 | $\begin{bmatrix} V_1 \\ I_2 \end{bmatrix} = \begin{bmatrix} h_{11} & h_{12} \\ h_{21} & h_{22} \end{bmatrix}\begin{bmatrix} I_1 \\ V_2 \end{bmatrix}$ <br> (단, $h_{12} = h_{21}$) | $V_1 = h_{11} I_1 + h_{12} V_2$ <br> $I_2 = h_{21} I_1 + h_{22} V_2$ | Π형 회로, $\begin{bmatrix} \dfrac{Z_1 Z_2}{Z_1 + Z_2} & \dfrac{Z_1}{Z_1 + Z_2} \\ \dfrac{Z_1}{Z_1 + Z_2} & \dfrac{Z_1 + Z_2 + Z_3}{Z_1 Z_3 + Z_2 Z_3} \end{bmatrix}$ |

# CHAPTER 08 분포 정수 회로

## 1 장거리 송전 선로의 특성 임피던스

### (1) 송전 선로를 해석하는 2가지 모델

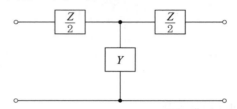

① 송전 선로의 길이가 100km 미만이면 그림과 같이 $R$, $L$, $C$가 한 두군데에 집중되어 있는 것처럼 등가변환하여 해석하는데, 이와 같은 모델을 집중 정수 회로라고 부른다.

② 송전선로의 길이가 100km 이상이면 다음 그림과 같이 단위길이마다 $R$, $L$, $C$, $G$가 놓여 있는 연속적 회로망으로 등가변환하여 해석하는데, 이와 같은 모델을 분포 정수 회로라고 부른다.

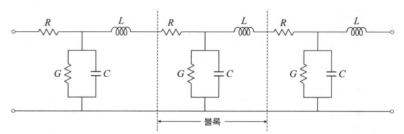

블록

③ 장거리 송전선로의 경우, 블록이라고 표시한 부분이 무한 반복되므로 분포 정수 회로는 좌우 대칭을 이루며, 4단자 정수 $\begin{bmatrix} A & B \\ C & D \end{bmatrix}$에서 A = D이다. 따라서 입력측의 영상 임피던스와 출력측의 영상 임피던스가 동일한 값을 가진다.

즉, $Z_{01} = \dfrac{V_1}{I_1} = \sqrt{\dfrac{AB}{CD}} = \sqrt{\dfrac{B}{C}}$, $Z_{02} = \dfrac{V_2}{I_2} = \sqrt{\dfrac{DB}{CA}} = \sqrt{\dfrac{B}{C}}$ 이고,

$Z_{01} = Z_{02}$ 이다.

### (2) 특성 임피던스

① 장거리 송전 선로에서 「입력 전류와 입력 전압의 비 = 출력 전류와 출력 전압의 비」이고, $Z_{01} = Z_{02} = \sqrt{\dfrac{B}{C}}$ 인데, 4단자 정수의 B는 회로의 직렬 임피던스 $Z$로 대치시키고 C는 회로의 병렬 어드미턴스 $Y$로 대치시킬 수 있으므로 $Z_{01} = Z_{02} = \sqrt{\dfrac{Z}{Y}}$ 이며, 특성 임피던스 $Z_0$는 다음과 같이 정의한다.

$$\text{선로상의 임의의 위치에서 전류와 전압의 비} = \text{특성 임피던스}$$
$$= Z_0 = \sqrt{\frac{Z}{Y}} = \sqrt{\frac{R+j\omega L}{G+j\omega C}}$$

② 직류 회로에 대한 특성 임피던스는 $\sqrt{\dfrac{R+j\omega L}{G+j\omega C}}$ 식의 $\omega$에 0을 대입하면

$Z_0 = \sqrt{\dfrac{R}{G}}$ 이다.

☞ Π형에서 $B = Z_2$, T형에서 $B = \dfrac{Z_1 Z_2}{Z_3} + Z_2 + Z_3$,

Π형에서 $C = \dfrac{1}{Z_1} + \dfrac{1}{Z_3} + \dfrac{Z_2}{Z_1 Z_3}$, T형에서 $C = \dfrac{1}{Z_3}$

## (3) 전파 정수(propagation constant)와 위상 속도(phase velocity)

① 송전선로상에서 전원측(송전단)으로부터 x만큼 떨어진 지점의 전류는
$\dot{I} = A_1 e^{-\gamma x} - A_2 e^{\gamma x}$, 전압은 $\dot{E} = Z_0 (A_1 e^{-\gamma x} + A_2 e^{\gamma x})$ 형태로 주어지는데 지수 $\gamma x$의 계수 $\gamma$를 전파 정수라고 한다.

② 전파 정수 $\gamma$는 송전단에서 멀어짐에 따른 진폭과 위상의 변화에 관여하는 복소수이며, 직렬 임피던스와 병렬 어드미턴스의 곱으로 표현된다.

$$\text{전파 정수 } \gamma = \sqrt{ZY}$$

$\gamma = \sqrt{(R+j\omega L)(G+j\omega C)} = \alpha + j\beta$ 에서 실수부 $\alpha$를 감쇠 정수, 허수부 $\beta$를 위상 정수라고 부르며, $+x$ 방향으로 진행하는 전압 파동만 고려하면
$E_x^+(x,t) = E_0^+ \cos(\omega t - \beta x)$ 이며 전압 파동의 위상이 일정하므로
$\omega t - \beta x = \text{constant}$ 이다.

$$\text{양변을 전미분하면 } \omega dt - \beta dx = 0 \Rightarrow \text{위상 속도 } v = \frac{dx}{dt} = \frac{\omega}{\beta}$$

☞ $\beta = \dfrac{\pi}{8}$[rad/m]인 선로에 $f = 1$[MHz]인 전압파를 전송하면 위상 속도는

$\dfrac{2\pi f}{\beta} = 16 \times 10^6$ m/s가 된다.

③ 전파 정수와 특성 임피던스를 곱해 보면 $Z_0 \cdot \gamma = \sqrt{\dfrac{Z}{Y}} \cdot \sqrt{ZY} = Z$가 되고,

전파 정수를 특성 임피던스로 나눠 보면 $\dfrac{\gamma}{Z_0} = \sqrt{ZY} \cdot \sqrt{\dfrac{Y}{Z}} = Y$가 된다.

☞ 분포 정수 회로의 직렬 임피던스 $Z = \gamma \cdot Z_0$이고, 분포 정수 회로의 병렬 어드미턴스 $Y = \dfrac{\gamma}{Z_0}$이다.

# ② 무손실 선로와 무왜형 선로

## (1) 무손실 선로

① 선로의 저항과 어드미턴스가 0이라서 송전단에서 멀어져도 신호의 감쇠가 없는 선로를 무손실 선로라고 한다.

② 특성 임피던스 $Z_0 = \sqrt{\dfrac{R+j\omega L}{G+j\omega C}}$ 인데 무손실 선로 조건

$R = G = 0$을 대입하면, $\sqrt{\dfrac{0+j\omega L}{0+j\omega C}} = \sqrt{\dfrac{L}{C}}$ 이고,

$\gamma = \sqrt{(R+j\omega L)(G+j\omega C)}$ 인데, $R = G = 0$을 대입하면

$\sqrt{j\omega L j\omega C} = 0 + j\omega\sqrt{LC} = \alpha + j\beta$ 이다.

③ 무손실 선로에서 $\beta = \omega\sqrt{LC}$가 성립하므로, 진행파의 위상 속도

$v = \dfrac{\omega}{\beta} = \dfrac{1}{\sqrt{LC}}$[m/s]이다.

## (2) 무왜형 선로

① 임피던스 요소인 $R$과 $L$의 비, $R:L$과 어드미턴스 요소인 $G$와 $C$의 비, $G:C$ 가 같아서 주파수에 관계 없이 신호의 파형이 일그러짐 없이 전파되는 선로를 무왜형 선로라고 한다.

$$R:L \;\Rightarrow\; G:C \;\Rightarrow\; RC = LG$$

② 특성 임피던스 $Z_0 = \sqrt{\dfrac{R+j\omega L}{G+j\omega C}}$ 인데 무왜형 선로 조건

$R = \dfrac{LG}{C}$를 대입하면, $\sqrt{\dfrac{LG+j\omega LC}{C(G+j\omega C)}} = \sqrt{\dfrac{L}{C}}$ 이고,

$\gamma = \sqrt{(R+j\omega L)(G+j\omega C)} = \sqrt{RG + j\omega(LG + RC) + (j\omega)^2 LC}$ 인데, 루트 속의 수식을 고쳐 쓰면

$(\sqrt{RG})^2 + j\omega 2\sqrt{RCLG} + (j\omega)^2 LC = (\sqrt{RG} + j\omega\sqrt{LC})^2$ 이므로

$\gamma = \sqrt{RG} + j\omega\sqrt{LC}$ 이다.

③ 진행파의 위상 속도는 $v = \dfrac{\omega}{\beta} = \dfrac{1}{\sqrt{LC}}$[km/s]이다. 무손실 선로이든, 무왜형 선로이든 위상 속도는 같다($L$의 단위를 H/km, $C$의 단위를 F/km로 대입하면 위상 속도의 단위는 km/s이다).

## (3) 무손실 선로와 무왜형 선로의 비교표

| 선로 | 조건 | 특성 임피던스 | 감쇠 정수와 위상 정수 | 전파 속도 |
|---|---|---|---|---|
| 분포정수 선로 | 4단자 정수 A=D | $Z_0 = \sqrt{\dfrac{Z}{Y}}$ | $\alpha = \gamma$의 실수부, $\beta = \gamma$의 허수부 | $v = \dfrac{\omega}{\beta}$ |
| 무손실 선로 | $R = G = 0$ | $Z_0 = \sqrt{\dfrac{L}{C}}$ | $\alpha = 0$, $\beta = \omega\sqrt{LC}$ | $v = \dfrac{1}{\sqrt{LC}}$ |
| 무왜형 선로 | $RC = LG$ | $Z_0 = \sqrt{\dfrac{L}{C}}$ | $\alpha = \sqrt{RG}$, $\beta = \omega\sqrt{LC}$ | $v = \dfrac{1}{\sqrt{LC}}$ |

① 무손실 선로의 감쇠 정수는 0이다.

② 무왜형 선로의 감쇠 정수는 $\sqrt{RG}$로 0은 아니지만 파형의 왜곡이 없어서 감쇠량이 최소이다.

③ 분포정수 선로에서 파장과 위상 정수의 관계: $v = f\lambda$와 $v = \dfrac{2\pi f}{\beta}$를 등치시키면 $\lambda = \dfrac{2\pi}{\beta}$가 유도된다.

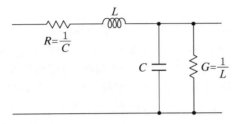

**무왜형 선로의 예 ($RC = LG$)**

## ③ 무반사 조건과 정재파비

### (1) 투과 계수와 반사 계수

① 빛이 성질 다른 두 매질의 경계면에서 일부는 투과하고 일부는 반사하듯이, 일정한 주파수를 가진 교류 전압도 임피던스가 다른 두 전송선로의 경계면에서 일부는 투과하고 일부는 반사한다.

그림은 특성 임피던스가 $Z_1$인 전송선에서 특성 임피던스가 $Z_2$인 전송선으로 입사한 전압파와 전류파를 나타낸 것이다.

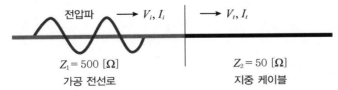

입사파(in), 반사파(reflected), 투과파(transmitted) 전압에 대해
KVL을 적용하면 $V_i + V_r = V_t$ …… (i)식

입사파(in), 반사파(reflected), 투과파(transmitted) 전류에 대해
KCL을 적용하면 $I_i = I_r + I_t$ …… (ii)식

(ii)식에 $Z_1$을 곱하고 옴 법칙을 적용하면

$$V_i = V_r + \frac{V_t}{Z_2} Z_1 \Rightarrow V_i - V_r = \frac{Z_1}{Z_2} V_t \text{ …… (iii)식}$$

(i)식과 (iii)식을 더하면 $2V_i = \frac{Z_2 + Z_1}{Z_2} V_t \Rightarrow V_t = \frac{2Z_2}{Z_1 + Z_2} V_i$, 따라서

투과 계수는 $\frac{2Z_2}{Z_1 + Z_2}$ 이다.

② 반사파 전압 $V_r = V_t - V_i = (\frac{2Z_2}{Z_1 + Z_2} - 1) V_i = \frac{Z_2 - Z_1}{Z_1 + Z_2} V_i$, 따라서

반사 계수는 $\frac{Z_2 - Z_1}{Z_1 + Z_2}$ 이다.

③ $Z_1 = Z_2$이면 반사 계수 = 0이 되어 반사가 생기지 않는다. 따라서
$Z_1 = Z_2$는 무반사 조건이다.

### (2) 정재파비

① 바이올린 현을 튕기면 입사파와 반사파가 서로 중첩되면서 제자리에서 진동하는 듯한 정상파가 생기듯이, 특성 임피던스가 다른 두 선로의 경계점 부근에서도 입사파 전압과 반사파 전압의 중첩에 의해 정재파(standing wave)가 생긴다. 이때 입사파의 진폭에 대한 정재파의 진폭을 정재파비라고 한다.

② 정재파비 $S = \frac{1 + \rho}{1 - \rho}$ (단, $\rho$는 반사 계수이고 $\frac{Z_2 - Z_1}{Z_1 + Z_2}$ 이다.)

# 과도 현상

## 1 과도 현상과 시정수

### (1) 과도 현상(transient phenomena)

① 회로의 스위치를 열거나 닫았을 때, 또는 단락이나 지락 사고가 생겼을 때 전압·전류가 <정상 상태> ⇒ <과도 상태> ⇒ <정상 상태>로 전이하는 과정을 거치는데 이 과정에서 나타나는 현상이 과도 현상이다.

② 과도 현상은 미분방정식의 해(解)를 통해 해석할 수 있다.

### (2) 시정수

① 그림 (가)와 같이 초기값 0에서 최종값 $y_m$까지 지수함수적으로 증가하는 곡선 $y = y_m(1 - e^{-ax})$에 대해서, 접점$(0, y_m)$에서 그은 접선 $y = ay_m x$과 직선 $y = y_m$이 만나는 교점의 $x$좌표를 시정수라고 정의한다. $x$ = 시정수 때 $y = y_m(1 - e^{-1}) = 0.632 y_m$이므로 총 변화량의 63.2%에 도달하는 시각이 시정수이다.

② 그림 (나)와 같이 초기값 $y_m$에서 최종값 0까지 지수함수적으로 감소하는 곡선 $y = y_m e^{-ax}$에 대해서, 접점$(0, 0)$에서 그은 접선 $y = ay_m x + y_m$과 직선 $y = 0$이 만나는 교점의 $x$좌표를 시정수라고 정의한다. $x$ = 시정수일 때 $y = y_m e^{-1} = 0.368 y_m$이므로 총 변화량의 63.2%에 도달하는 시각이 시정수이다.

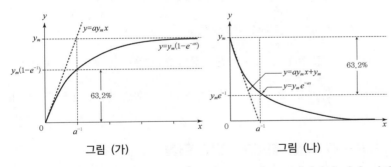

그림 (가)  그림 (나)

③ 시정수(time constant)는 $e^{-ax}$를 $e^{-1}$로 만드는 $x$값으로 기억하면 된다. 시정수가 작을수록 정상 상태에 빨리 도달하므로 과도 현상이 짧다.

## 2 $R-L$ 직렬 회로의 과도 현상

### (1) 전원 투입 시 과도 전류와 시정수

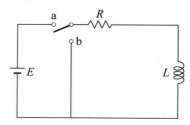

① 회로도와 같이 $R-L$ 직렬 회로에서 스위치를 a쪽으로 닫아서 크기가 일정한 직류 전압을 인가하면 코일의 자체 유도에 의한 역기전력 때문에 저항 $R$의 양 단에는 $E$보다 더 작은 $E-L\dfrac{di}{dt}$의 전압이 걸린다. 미분 방정식

$Ri(t)=E-L\dfrac{di(t)}{dt}$의 해를 구하면 $i(t)=\dfrac{E}{R}(1-e^{-\frac{R}{L}t})$임을 알 수 있다.

② 전류의 초기값은 0, 최종값은 $\dfrac{E}{R}$이며, 시정수 $\tau=\dfrac{L}{R}$일 때

최종값의 $(1-e^{-1})$배가 된다. ⇒ 과도 변화량의 63.2%가 증가
③ 직류 전원 투입 순간에는 L을 개방으로 간주하면 $i(t)$식을 몰라도 $i(t=0)=0$임을 쉽게 알 수 있다.

### (2) 전원 차단 시 과도 전류와 시정수

① 스위치를 b쪽으로 닫아서 전원이 없는 폐회로를 만들면
$L\dfrac{di(t)}{dt}+Ri(t)=0$의 방정식이 성립한다. 미분 방정식의 해를 구하면

$i(t)=\dfrac{E}{R}e^{-\frac{R}{L}t}$임을 알 수 있다.

② 스위치를 b쪽으로 투입하면 전류의 초기값은 $\dfrac{E}{R}$, 최종값은 0이며

$\tau=\dfrac{L}{R}$일 때 초기값의 $e^{-1}$배가 된다. ⇒ 과도 변화량의 63.2%가 감소

## 3 $R-C$ 직렬 회로의 과도 현상

### (1) 전원 투입 시 과도 전류와 시정수

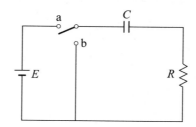

① 회로도와 같이 R - C 직렬 회로에서 스위치를 a쪽으로 닫아서 크기가 일정한 직류 전압을 인가하면 콘덴서에 충전 전류가 흘러서 충전이 진행되는 동안에는 저항 R의 양단에 $E - \dfrac{1}{C}\displaystyle\int i(t)dt$의 전압이 걸리고 충전이 완료되면 콘덴서의 직류에 대한 저항이 무한대가 되어 회로에는 더 이상 전류가 흐르지 않게 된다. 미분 방정식 $Ri(t) + \dfrac{1}{C}\displaystyle\int i(t)dt = E + V_C(0)$의 해를 구하면

$$i(t) = \dfrac{E}{R} e^{-\frac{1}{RC}t}$$임을 알 수 있다.

② 스위치를 a쪽으로 투입하면 충전 전류(감쇠 전류)가 흐르게 되며, 전류의 초기 값은 $\dfrac{E}{R}$, 최종값은 0이며 $\tau = RC$일 때 $e$의 지수는 -1이 되어 전류는 초기값 의 $e^{-1}$배가 된다. ⇒ 과도 변화량의 63.2%가 감소

③ 직류 전원 투입 순간에는 C를 단락으로 간주하면 $i(t=0) = \dfrac{E}{R}$이다.

## (2) 전원 차단 시 과도 전류와 시정수

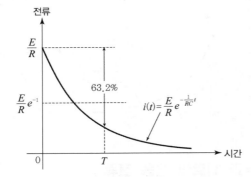

① 스위치를 b쪽으로 닫아서 전원이 없는 폐회로를 만들면 콘덴서에 충전되어 있 던 전하가 방전되면서 역방향으로 흐르게 되는데 완전 방전 시까지 $R\dfrac{dq(t)}{dt} + \dfrac{1}{C}q(t) = 0$의 방정식이 성립한다. 미분 방정식의 해를 구하면

$$q(t) = Q\, e^{-\frac{1}{RC}t} \Rightarrow i(t) = -\dfrac{Q}{RC} e^{-\frac{1}{RC}t}$$임을 알 수 있다.

② 스위치를 b쪽으로 투입하면 전류의 초기값은 $-\dfrac{Q}{RC}$, 최종값은 0이며 $\tau = RC$일 때 초기값의 $e^{-1}$배가 된다. ⇒ 과도 변화량의 63.2%가 증가

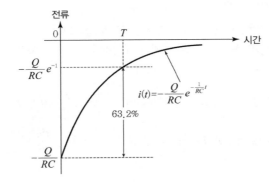

(3) $R-L$ 직렬 회로 vs $R-C$ 직렬 회로

| 회로 종류 | 전원 투입 시<br>과도 전류와 시정수 | 전원 차단 시<br>과도 전류와 시정수 |
|---|---|---|
| $R-L$ 직렬 회로<br>(닫는 순간 $L$은 개방, 여는 순간 $L$은 단락 상태로 간주) | $i(t)=\dfrac{E}{R}(1-e^{-\frac{R}{L}t}),\ \tau=\dfrac{L}{R}$<br>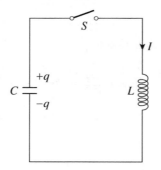 | $i(t)=\dfrac{E}{R}e^{-\frac{R}{L}t},\ \tau=\dfrac{L}{R}$ |
| $R-C$ 직렬 회로<br>(닫는 순간 $C$는 단락, 여는 순간 $C$는 개방 상태로 간주) | 충전 전류(감쇠 전류)<br>$i(t)=\dfrac{E}{R}e^{-\frac{1}{RC}t}$<br>시정수 $\tau=RC$ | 방전 전류(감쇠 전류)<br>$i(t)=-\dfrac{Q}{RC}e^{-\frac{1}{RC}t}$<br>시정수 $\tau=RC$ |

## 4 $L-C$ 직렬 회로의 진동 전류

(1) 회로도와 같이 완전 충전된 콘덴서를 코일과 직렬로 연결하고 스위치를 닫으면 콘덴서가 방전되는 동안 코일에 자기 에너지가 축적되고 충전과 방전을 반복하면서 회로에는 진동 전류가 흐르게 된다.

(2) $L-C$ 직렬 회로에 KVL를 적용하면 $-\dfrac{q}{C}-L\dfrac{di}{dt}=0$의 방정식이 성립한다.

양변을 $L$로 나누고 $i=\dfrac{dq}{dt}$를 대입하면 방정식은 $\dfrac{d^2q}{dt^2}+\dfrac{1}{LC}q=0$으로 바뀐다.

미분 방정식의 해를 구하면 $q(t)=Q\,e^{j\omega t} \Rightarrow i(t)=\omega Q\cos\omega t$임을 알 수 있다.

$i(t)$는 크기와 방향이 주기적으로 변하는 진동 전류이며, $\omega=\dfrac{1}{\sqrt{LC}}$ 또는

$f=\dfrac{1}{2\pi\sqrt{LC}}$ 이다.

## 5 $R-L-C$ 직렬 회로의 과도 현상

### (1) 전원 투입 시 과도 전류와 특성방정식

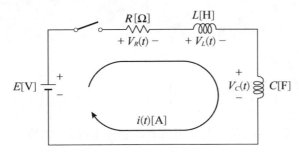

① 로도에 KVL를 적용하면 $v_R+v_L+v_C=E$

$\Rightarrow Ri(t)+L\dfrac{di(t)}{dt}+\dfrac{1}{C}\displaystyle\int i(t)dt=E \Rightarrow \dfrac{d^2i(t)}{dt^2}+\dfrac{R}{L}\dfrac{di(t)}{dt}+\dfrac{1}{LC}i(t)=0$

의 방정식이 성립한다. 미분 방정식의 해는 $i(t)=A_1e^{s_1t}+A_2e^{s_2t}$이고

$s_1,\ s_2$는 특성방정식 $s^2+\dfrac{R}{L}s+\dfrac{1}{LC}=0$의 두 근이다.

② 특성방정식의 두 근은

$s=-\dfrac{R}{2L}\pm\sqrt{(\dfrac{R}{2L})^2-\dfrac{1}{LC}}=-\dfrac{R}{2L}\pm\dfrac{1}{L}\sqrt{R^2-\dfrac{4L}{C}}$

$\quad=-\zeta\omega_n\pm j\omega_n\sqrt{1-\zeta^2}$ 이고

판별식 $D=R^2-\dfrac{4L}{C}$ 는 0, 음수, 또는 양수가 될 수 있다.

### (2) 특성근에 따른 과도 전류의 형태

① $D>0$, 즉 $R^2>\dfrac{4L}{C}(\zeta>1)$이면 서로 다른 두 실근(음의 실수)이 존재하므로

$i(t)=A_1e^{-\alpha_1t}+A_2e^{-\alpha_2t}$꼴이다. 전류는 진동 없이 지나치게 빨리 감쇠하므로 과제동(over damping)이라고 부른다.

② $D<0$, 즉 $R^2<\dfrac{4L}{C}(\zeta<1)$이면 $s$가 복소수,

$i(t)=A_1e^{(-\alpha+j\omega_d)t}+A_1e^{(-\alpha-j\omega_d)t}=e^{-\alpha t}(A_1e^{+j\omega_d t}+A_2e^{-j\omega_d t})$

$\quad=e^{-\alpha t}(A_1+A_2)\cos\omega_d t+e^{-\alpha t}(A_1-A_2)\sin\omega_d t=Ae^{-\alpha t}\cos(\omega_d t-\theta)$

꼴이다. 전류의 방향과 크기가 $\omega_d$(고유 주파수)로 진동하면서 천천히 감쇠하므로 부족 제동(under damping)이라고 부른다.

③ $D=0$, 즉 $R^2 = \dfrac{4L}{C}(\zeta=1)$이면 1개의 중근($s_1 = s_2 = -\alpha$)을 가지므로

$i(t) = A_1 e^{s_1 t} + A_2 e^{s_2 t}$ 식에 대입하면 $(A_1 + A_2)e^{-\alpha t}$ 꼴이 되어야겠지만 미분하기 이전의 방정식 $L\dfrac{di(t)}{dt} + \dfrac{1}{C}\displaystyle\int i(t)dt = E$의 solution으로는 초기 조건에 연동되는 상수가 부족하기 때문에 Sal Khan의 제안에 따라

$i(t) = A_1 e^{-\alpha t} + A_2 t e^{-\alpha t}$로 보완해야 완전한 해가 된다. 과제동과 부족 제동의 경계이므로 임계 제동(critical damping)이라고 부른다.

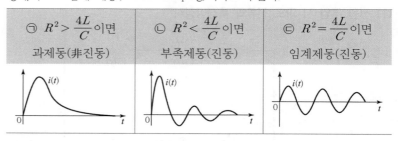

| ⊙ $R^2 > \dfrac{4L}{C}$ 이면 | ⓒ $R^2 < \dfrac{4L}{C}$ 이면 | ⓒ $R^2 = \dfrac{4L}{C}$ 이면 |
|---|---|---|
| 과제동(非진동) | 부족제동(진동) | 임계제동(진동) |

## (3) R–L–C 직렬 회로에서 초기 조건과 전류의 시간 변화율

① 스위치를 닫은 직후에는 전류 크기가 0이므로 $v_R = Ri(t)\big|_{t=0} = 0$이다. 만약 콘덴서 양단 전압 $v_C\big|_{t=0} = 0$으로 주어진다면 KVL에 의한 방정식

$Ri(t) + L\dfrac{di(t)}{dt} + \dfrac{1}{C}\displaystyle\int i(t)dt = E$이 간단해진다.

② $0 + L\dfrac{di(t)}{dt}\bigg|_{t=0} + 0 = E$

⇒ 스위치를 닫은 직후에 전류의 시간 변화율 $\dfrac{di(t)}{dt}\bigg|_{t=0} = \dfrac{E}{L}$[A/sec]

## ① 라플라스 변환의 효용성과 실제

### (1) 라플라스 변환의 효용성

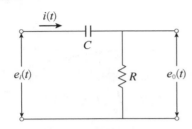

① 회로도와 같이 $R-C$ 직렬 회로 양단에 교류 전압을 걸어주면 같은 크기의 전류가 콘덴서와 저항에 흐르고, 전압은 나뉘어 걸린다. 이때 $R$에 걸리는 전압을 출력 전압으로 정한다면 입력 전압에 대한 출력 전압의 비를 구하기 위해서는 다음과 같은 미분 방정식을 풀어야 한다.

$$e_i(t) = \frac{1}{C}\int i(t)dt + Ri(t) \cdots \text{(i)식} \qquad e_o(t) = Ri(t) \cdots \text{(ii)식}$$

② $e_i(t)$가 $E_m \sin(\omega t + \theta)$와 같은 정현파 형태로 주어지더라도 복잡한 미분 방정식 2개를 풀어야 한다. 그런데 '라플라스 변환'을 활용하면 입력 전압에 대한 출력 전압의 비를 쉽고 빠르게 구할 수 있다. (i)식의 양변을 라플라스 변환하면,

$£[e_i(t)] = \frac{1}{C}[£\int i(t)dt] + R \cdot £[i(t)]$이 된다. 보통 초기값 $e_i(t=0$초$)$은 0으로 제시되므로 위 식은 다음과 같이 변형된다.

$$E_i(s) = \frac{1}{C}\frac{1}{s}I(s) + RI(s) \cdots \text{(iii)식}$$

(ii)식의 양변을 라팔라스 변환하고 초기값 = 0을 적용하면

$$E_o(s) = RI(s) \cdots \text{(iv)식}$$

따라서 (iii), (iv)식으로부터

$$\frac{E_o(s)}{E_i(s)} = \frac{RI(s)}{I(s)/Cs + RI(s)} = \frac{R}{1/Cs + R} = \frac{CsR}{1 + CsR} \text{임이 증명된다.}$$

③ 회로 해석에 자주 등장하는 계단함수, 지수함수, 경사함수, 정현파함수 및 쌍곡선함수에 대한 라플라스 변환을 익혀 두면 복잡한 미분방정식을 풀지 않고도 '입력 신호에 대한 출력 신호의 비'를 구할 수 있다.

### (2) 라플라스 변환의 수학적 의미

① 라플라스 변환을 거치면 $f(t)$가 $F(s)$로 바뀐다. 즉, $t$에 관한 함수가 $s$에 관한 함수로 바뀐다. 이때 $t$는 시간이고 $s$는 구동점 임피던스를 도입할 때 배웠던 복소 변수이다.

② $f(t)$가 주어지면 $e^{-st}$라는 감쇠함수를 곱해서 생겨난 $f(t)e^{-st}$를 $t$에 관해 적분하는 과정이 라플라스 변환이다. 이때 $t$는 (-)값이 존재할 수 없는 변수이므로 적분 구간은 0부터 무한대까지이다. 그래프와 같이 무한 증가 함수 $f(t)=t$에 $e^{-st}$를 곱하여 $0 \sim \infty$ 구간에서 적분하면 면적은 $F(s)$라는 유한값을 가진다.

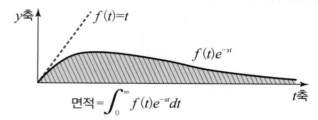

③ 라플라스 변환을 적분 방정식으로 표현하면

$$\mathcal{L}[f(t)] = F(s) = \int_0^\infty f(t)e^{-st}dt$$

이며 $F(s)$의 대문자 $F$는 $f(t)$의 소문자 $f$와 무관하다. 즉, $f(t)$의 적분함수 $F(t)$에 $t$ 대신 $s$를 대입했다는 의미가 아니다.

## ② 여러 가지 함수의 라플라스 변환

### (1) 계단함수, 델타함수, 경사함수, 지수함수

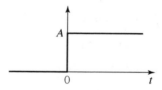

① 그래프는 계단함수이며, $A=1$이면 단위계단함수 $u(t)$이다. 계단함수 $f(t)=A$를 라플라스 변환하면,

$$\mathcal{L}[f(t)] = F(s) = \int_0^\infty Ae^{-st}dt = A\left[-\frac{1}{s}e^{-st}\right]_0^\infty = -\frac{A}{s}(0-1) = \frac{A}{s}$$

이다.

$t=0$에서 $f(t)=\infty$이고, $t>0$인 모든 구간에서 $f(t)=0$를 만족하는 함수가 델타함수(단위 임펄스 함수)이며, $\delta(t)$를 라플라스 변환하면 $\mathcal{L}[\delta(t)]=1$이 된다.

② 경사함수 $f(t)=At$의 라플라스 변환은 $F(s)=\int_0^\infty Ate^{-st}dt$인데, 부분적분법 $FG=\int FdG + \int GdF$를 적용하여 적분식을 변형한다.

$$\int_0^\infty At \cdot d\left(-\frac{1}{s}e^{-st}\right) = \left[At \cdot \left(-\frac{1}{s}e^{-st}\right)\right]_0^\infty - \int_0^\infty \left(-\frac{1}{s}e^{-st}\right)Adt = \frac{A}{s^2}$$

이다.

③ 지수감쇠함수 $f(t) = Ae^{-at}$를 라플라스 변환하면,

$$\mathcal{L}\,[f(t)] = F(s) = \int_0^\infty Ae^{-at}e^{-st}dt = A\int_0^\infty Ae^{-(s+a)t}dt$$

$$= A\left[-\frac{1}{s+a}e^{-(s+a)t}\right]_0^\infty = \frac{A}{s+a}$$

이다. 지수발산함수 $f(t) = Ae^{at}$를 라플라스 변환하면,

$$F(s) = \int_0^\infty Ae^{at}e^{-st}dt = \frac{A}{s-a}\,\text{이다.}$$

## (2) 삼각함수

① 삼각함수 $f(t) = \sin\omega t$를 라플라스 변환하면,

$$F(s) = \int_0^\infty \sin\omega t\, e^{-st}dt = \frac{1}{j2}\int_0^\infty [e^{-(s-j\omega)t} - e^{-(s+j\omega)t}]dt$$

$$= \frac{1}{j2}\left[\frac{1}{s-j\omega} - \frac{1}{s+j\omega}\right] = \frac{\omega}{s^2+\omega^2}\,\text{이다.}$$

② 삼각함수 $f(t) = \cos\omega t$를 라플라스 변환하면,

$$F(s) = \int_0^\infty \cos\omega t\, e^{-st}dt = \frac{1}{2}\int_0^\infty [e^{-(s-j\omega)t} + e^{-(s+j\omega)t}]dt$$

$$= \frac{1}{2}\left[\frac{1}{s-j\omega} + \frac{1}{s+j\omega}\right] = \frac{s}{s^2+\omega^2}\,\text{이다.}$$

> 오일러 공식
> $$e^{j\theta} = \cos\theta + j\sin\theta$$
> $$\sin\omega t = \frac{1}{j2}(e^{j\omega t} - e^{-j\omega t})$$
> $$\cos\omega t = \frac{1}{2}(e^{j\omega t} + e^{-j\omega t})$$

③ 삼각함수 $\sin t\cos t$를 라플라스 변환하면,

$$\mathcal{L}\,[\sin t\cdot\cos t] = \mathcal{L}\,[\frac{1}{2}\sin 2t] = \frac{1}{2}\cdot\frac{2}{s^2+2^2}\,\text{이다.}$$

## (3) 지수감쇠 삼각함수

① 지수감쇠 $\sin$함수 $f(t) = e^{-at}\sin\omega t$를 라플라스 변환하면,

$$F(s) = \frac{1}{2j}\int_0^\infty (e^{j\omega t} - e^{-j\omega t})e^{-(a+s)t}dt$$

$$= \frac{1}{j2}\left[\frac{1}{s+a-j\omega} - \frac{1}{s+a+j\omega}\right] = \frac{\omega}{(s+a)^2+\omega^2}\,\text{이다.}$$

② 지수감쇠 $\cos$함수 $f(t) = e^{-at}\cos\omega t$를 라플라스 변환하면,

$$F(s) = \frac{1}{2}\int_0^\infty (e^{j\omega t} + e^{-j\omega t})e^{-(a+s)t}dt$$

$$= \frac{1}{2}\left[\frac{1}{s+a-j\omega} + \frac{1}{s+a+j\omega}\right] = \frac{s+a}{(s+a)^2+\omega^2}\,\text{이다.}$$

## (4) 쌍곡선함수

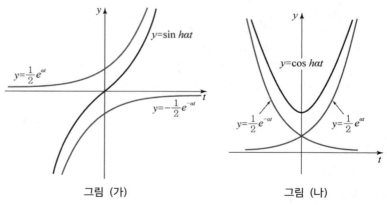

그림 (가)　　　　　　그림 (나)

① 그림 (가)와 같은 쌍곡선함수
$f(t) = \sinh\alpha t$를 라플라스 변환하면,

$$F(s) = \int_0^\infty \sinh\alpha t \cdot e^{-st}dt = \int_0^\infty (\frac{1}{2}e^{\alpha t} - \frac{1}{2}e^{-\alpha t})e^{-st}dt$$

$$= \frac{1}{2}\int_0^\infty e^{\alpha t}e^{-st}dt - \frac{1}{2}\int_0^\infty e^{-\alpha t}e^{-st}dt$$

$$= \frac{1}{2}[\frac{1}{s-\alpha} - \frac{1}{s+\alpha}] = \frac{\alpha}{s^2-\alpha^2}$$ 이다.

② 그림 (나)와 같은 쌍곡선함수 $f(t) = \cosh\alpha t$를 라플라스 변환하면,

$$F(s) = \int_0^\infty \cosh\alpha t \cdot e^{-st}dt = \int_0^\infty (\frac{1}{2}e^{\alpha t} + \frac{1}{2}e^{-\alpha t})e^{-st}dt$$

$$= \frac{1}{2}\int_0^\infty e^{\alpha t}e^{-st}dt + \frac{1}{2}\int_0^\infty e^{-\alpha t}e^{-st}dt$$

$$= \frac{1}{2}[\frac{1}{s-\alpha} + \frac{1}{s+\alpha}] = \frac{s}{s^2-\alpha^2}$$ 이다.

## ③ 라플라스 변환의 특성

### (1) 복소 추이 정리(complex shifting theorem)

① $\mathcal{L}[e^{-at}f(t)] = \int_0^\infty f(t)e^{-(s+a)t}dt = \int_0^\infty f(t)e^{-s't}dt = F(s')$가 성립한다.

$\int_0^\infty f(t)e^{-st}dt = F(s)$라는 라플라스 변환의 정의식을 참조하면

$\mathcal{L}[e^{-at}f(t)] = F(s+a)$가 되는데 s가 복소수이므로 복소 추이라고 하며, s가 $\omega$와 같은 차원이므로 주파수 추이(frequency shifting)라고도 한다.
② 어떤 시간 의존 함수 $f(t)$의 라플라스 변환이 $F(s)$이면 지수감쇠함수를 곱한 $e^{-at}f(t)$의 라플라스 변환은 $F(s+a)$이고, 지수발산함수를 곱한 $e^{at}f(t)$의 라플라스 변환은 $F(s-a)$이다.

## (2) 시간 추이 정리(time shifting theorem)

① 그림 (가)와 같은 단위계단함수는 물리적으로 해석하면 $t=0$초 때 스위치를 닫은 것과 같다. 그림 (나)는 수학적으로 그래프를 $t$축 방향으로 $+a$만큼 평행 이동시킨 것이지만 물리적으로 해석하면 스위치 닫는 시간을 $a$초만큼 지연시 켰다는 의미이다. 이와 같이 해석하는 것을 시간 추이 정리라고 한다.

② $a<t<b$ 구간에서만 1의 값을 가지는 그림 (다)는 $a$초만큼 지연시킨 단위계단 함수에서 $b$초만큼 지연시킨 단위계단함수를 뺀 결과이므로 $f(t)$는 $u(t-a)-u(t-b)$이다.

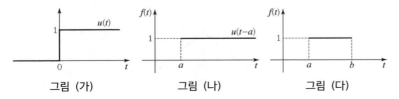

그림 (가)            그림 (나)            그림 (다)

③ $f(t)=u(t-a)$를 라플라스 변환하면

$$\int_0^\infty u(t-a)e^{-st}dt = \int_0^a 0 \cdot e^{-st}dt + \int_a^\infty 1 \cdot e^{-st}dt = \frac{1}{s}e^{-sa}$$

## (3) 시간 추이의 활용

① 톱니파의 라플라스 변환을 구하기 위해 다음의 두 단계를 거친다. 아래 그림과 같이 기울기가 $\frac{k}{b-a}$, 시작점이 $t=a$인 경사함수에서 크기 $k$, 시작점 $t=b$인 계단함수를 빼면 「톱니파 + 경사함수」가 된다.

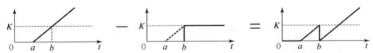

「톱니파 + 경사함수」에서 기울기 $\frac{k}{b-a}$, 시작점 $t=b$인 경사함수를 빼면 크기 $k$, 시작점 $t=a$, 끝점 $t=b$인 톱니파가 된다. 따라서 톱니파의 시간 함수 $f(t)$ 는 $\frac{k}{b-a}(t-a)-k \cdot u(t-b) - \frac{k}{b-a}(t-b)$이고, 톱니파의 라플라스 변환은

$$\frac{k}{b-a}\frac{1}{s^2}e^{-as} - k\frac{1}{s}e^{-bs} - \frac{k}{b-a}\frac{1}{s^2}e^{-bs}$$이다.

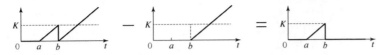

② 아래 그래프는 밑변 $2a$, 기울기 $\dfrac{b}{a}$인 삼각파를 나타낸 것이며, 세 경사함수의

합차로 표현하면 삼각파의 시간 함수 $f(t)$는

$\dfrac{b}{a}t\cdot u(t) - \dfrac{2b}{a}(t-a)\cdot u(t-a) + \dfrac{b}{a}(t-2a)\cdot u(t-2a)$이다. $a=b=1$인 삼각

파의 $f(t)$는 $t\cdot u(t) - 2(t-1)\cdot u(t-1) + (t-2)\cdot u(t-2)$이므로 삼각파의 라

플라스 변환은 $\dfrac{1}{s^2} - \dfrac{2}{s^2}e^{-s} + \dfrac{1}{s^2}e^{-2s}$이다. ☞ 구형파 = 두 계단함수의 차

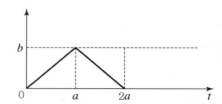

### (4) 복소 추이와 시간 추이 비교표

① $\mathcal{L}\left[f(t)\right] = F(s)$이면, 지수감쇠함수를 곱한 $f(t)e^{-at}$의 라플라스 변환은
$F(s+a)$이고, 시간축 양의 방향으로 평행이동한 $f(t-a)$의 라플라스 변환은
$F(s)e^{-as}$이다. 시간 추이는 항상 $t$가 커지는 방향이지만, 복소 추이 함수는
$f(t)e^{+at}$가 될 수도 있음에 유의한다.

② $f(t) \rightarrow f(t)e^{-at}$이면 $F(s) \rightarrow F(s+a)$이고, $f(t) \rightarrow f(t-a)$이면
$F(s) \rightarrow F(s)e^{-as}$이다.

③ 복소 추이 정리와 시간 추이 정리의 핵심 원리와 예제를 표로 정리하면 다음과
같다.

| 원함수 | $f(t)$ | 삼각함수 | 계단함수 | 경사함수 | 다항식 |
|---|---|---|---|---|---|
| | | $\sin\omega t$ | $u(t)$ | $A\cdot t\cdot u(t)$ | $t^2$ |
| 원함수의<br>라플라스 변환 | $F(s)$ | $\dfrac{\omega}{s^2+\omega^2}$ | $\dfrac{1}{s}$ | $\dfrac{A}{s^2}$ | $\dfrac{2!}{s^3}$ |
| 원함수<br>× 지수감쇠 | $f(t)e^{-at}$ | $\sin\omega t\cdot e^{-at}$ | $u(t)\cdot e^{-at}$ | $A\cdot t\cdot u(t)e^{-at}$ | $t^2\cdot e^{-at}$ |
| 라플라스 변환<br>= 복소 추이 | $F(s+a)$ | $\dfrac{\omega}{(s+a)^2+\omega^2}$ | $\dfrac{1}{s+a}$ | $\dfrac{A}{(s+a)^2}$ | $\dfrac{2}{(s+a)^3}$ |
| 원함수의<br>평행이동 | $f(t-a)$ | $\sin\omega(t-a)$ | $u(t-a)$ | $A(t-a)u(t$ | $(t-a)^2$ |
| 라플라스 변환<br>= 시간 추이 | $F(s)e^{-as}$ | $\dfrac{\omega}{s^2+\omega^2}e^{-as}$ | $\dfrac{1}{s}e^{-as}$ | $\dfrac{A}{s^2}e^{-as}$ | $\dfrac{2}{s^3}e^{-as}$ |

## (5) 복소 미분 정리와 복소 적분 정리

① 원함수에 $e^{-at}$를 곱한 뒤 라플라스 변환하면 원 변환함수의 복소수 $s$가 평행 이동함을 앞에서 배웠다. 원함수에 $t^n$을 곱한 뒤 라플라스 변환하면 원 변환함 수를 복소수 $s$에 관해 $n$번 미분한 것과 같다. 즉, $\mathcal{L}[f(t)] = F(s)$이면, $\mathcal{L}[t^n f(t)] = (-1)^n \dfrac{d^n}{ds^n} F(s)$이다. (단, $n = 1, 2, 3, \cdots\cdots$)

② 원함수에 $\dfrac{1}{t}$을 곱한 뒤 라플라스 변환하면 원 변환함수를 복소수 $s$에 관해 한 번 적분한 것과 같다. 즉, $\mathcal{L}[f(t)] = F(s)$이면, $\mathcal{L}[\dfrac{f(t)}{t}] = \displaystyle\int_s^\infty F(s)ds$이다.

## (6) 실 미분 정리와 실 적분 정리

① 원함수를 실수 $t$에 관해 미분한 뒤 라플라스 변환하면 $F(s)$와 $f(s)$의 도함수 로 표현된다. 즉, $\mathcal{L}[f(t)] = F(s)$이면, $\mathcal{L}[\dfrac{d}{dt}f(t)] = sF(s) - f(0)$이고, $\mathcal{L}[\dfrac{d^2}{dt^2}f(t)] = s^2 F(s) - sf(0) - f'(0)$이다.

② 원함수를 실수 $t$에 관해 적분한 뒤 라플라스 변환하면 $F(s)$와 $f(s)$의 도함수 로 표현된다. 즉, $\mathcal{L}[f(t)] = F(s)$이면, $\mathcal{L}[\displaystyle\int_0^t f(t)dt] = \dfrac{1}{s}\mathcal{L}[f(t)] = \dfrac{1}{s}F(s)$ 이다.

## (7) 라플라스 변환 공식

| $f(t)$ | $\mathcal{L}[f(t)]$ | $f(t)$ | $\mathcal{L}[f(t)]$ |
|---|---|---|---|
| $1$ | $\dfrac{1}{s}$ | $e^{at}$ | $\dfrac{1}{s-a}$ |
| $t$ | $\dfrac{1}{s^2}$ | $te^{at}$ | $\dfrac{1}{(s-a)^2}$ |
| $t^2$ | $\dfrac{2!}{s^3}$ | $t^2 e^{at}$ | $\dfrac{2!}{(s-a)^3}$ |
| $t^n$ | $\dfrac{n!}{s^{n+1}}$ | $t^n e^{at}$ | $\dfrac{n!}{(s-a)^{n+1}}$ |
| $f(t)$ | $\mathcal{L}[f(t)]$ | $f(t)$ | $\mathcal{L}[f(t)]$ |
| $\sin\omega t$ | $\dfrac{\omega}{s^2+\omega^2}$ | $\sin\omega t \cdot e^{at}$ | $\dfrac{\omega}{(s-a)^2+\omega^2}$ |
| $\cos\omega t$ | $\dfrac{s}{s^2+\omega^2}$ | $\cos\omega t \cdot e^{at}$ | $\dfrac{s-a}{(s-a)^2+\omega^2}$ |
| $\sinh\alpha t$ | $\dfrac{\alpha}{s^2-\alpha^2}$ | $\sinh\alpha t \cdot e^{at}$ | $\dfrac{\alpha}{(s-a)^2-\alpha^2}$ |
| $\cosh\alpha t$ | $\dfrac{s}{s^2-\alpha^2}$ | $\cosh\alpha t \cdot e^{at}$ | $\dfrac{s-a}{(s-a)^2-\alpha^2}$ |

| 기본 공식 | | 시간 추이 | |
|---|---|---|---|
| $f(t)$ | 변환식 | $f(t-a)$ | 변환식 |
| $u(t)$ | $\dfrac{1}{s}$ | $u(t-a)$ | $\dfrac{1}{s}e^{-as}$ |
| $t \cdot u(t)$ | $\dfrac{1}{s^2}$ | $(t-a) \cdot u(t-a)$ | $\dfrac{1}{s^2}e^{-as}$ |
| $\sin\omega t$ | $\dfrac{\omega}{s^2+\omega^2}$ | $\sin\omega(t-a)$ | $\dfrac{\omega}{s^2+\omega^2}e^{-as}$ |
| $\cos\omega t$ | $\dfrac{s}{s^2+\omega^2}$ | $\cos\omega(t-a)$ | $\dfrac{s}{s^2+\omega^2}e^{-as}$ |
| $\delta(t)$ | $1$ | | |

| 복소 추이 by $e^{-at}$ | | 복소 추이 by $e^{at}$ | |
|---|---|---|---|
| $f(t)e^{-at}$ | 변환식 | $f(t)e^{at}$ | 변환식 |
| $u(t) \cdot e^{-at}$ | $\dfrac{1}{s+a}$ | $u(t) \cdot e^{at}$ | $\dfrac{1}{s-a}$ |
| $t \cdot u(t) \cdot e^{-at}$ | $\dfrac{1}{(s+a)^2}$ | $t \cdot u(t) \cdot e^{at}$ | $\dfrac{1}{(s-a)^2}$ |
| $\sin\omega t \cdot e^{-at}$ | $\dfrac{\omega}{(s+a)^2+\omega^2}$ | $\sin\omega t \cdot e^{at}$ | $\dfrac{\omega}{(s-a)^2+\omega^2}$ |
| $\cos\omega t \cdot e^{-at}$ | $\dfrac{s}{(s+a)^2+\omega^2}$ | $\cos\omega t \cdot e^{at}$ | $\dfrac{s}{(s-a)^2+\omega^2}$ |

## 4 라플라스 역변환

### (1) 기본형의 라플라스 역변환

① 주어진 $s$에 관한 함수 $F(s)$가 기본형이면 $\mathcal{L}^{-1}[F(s)] = f(t)$의 관계를 이용하여 $f(t)$를 구한다.

② $F(s) = \dfrac{k}{s-a}$, $\dfrac{k}{(s-a)^2}$, $\dfrac{k\omega}{(s-a)^2+\omega^2}$ 등으로 주어진 경우 상수 $k$는 제외시키고 복소 추이 $(s \rightarrow s-a)$에 의해 원함수에 $e^{at}$가 곱해진 형태임을 간파하게 되면 $f(t) = ke^{at}$, $kt \cdot e^{at}$, $k\sin\omega t \cdot e^{at}$임을 알 수 있다.

### (2) 분수식의 라플라스 역변환

① 주어진 변환 함수 $F(s)$가 $\dfrac{s에\ 관한\ 1차식}{s에\ 관한\ 2차식}$이면서 분모가 두 개의 1차식으로 인수분해될 때는 $\dfrac{k_1}{s에\ 관한\ 1차식} + \dfrac{k_2}{s에\ 관한\ 1차식}$ 꼴로 바꾸고 상수 $k_1$, $k_2$를 결정한 뒤 $k \cdot e^{-at}$꼴의 $f(t)$를 구한다.

예 $\dfrac{1}{s^2+4s+3} \Rightarrow \dfrac{1}{(s+1)(s+3)} \Rightarrow \dfrac{1/2}{s+1} - \dfrac{1/2}{s+3}$

예 $\dfrac{s+1}{s^2+2s} \Rightarrow \dfrac{s+1}{s(s+2)} \Rightarrow \dfrac{1/2}{s} + \dfrac{1/2}{s+2}$

② 주어진 변환 함수 $F(s)$가 $\dfrac{s에\ 관한\ 1차식}{s에\ 관한\ 2차식}$이면서 분모가 인수분해되지 않을

때는 $\dfrac{k_1(s+\alpha)+k_2\beta}{(s+\alpha)^2+\beta^2}$ 꼴로 바꾸고 상수 $k_1$, $k_2$를 결정한 뒤 $\sum k\cdot\cos\beta t\cdot e^{-\alpha t}$

꼴의 $f(t)$를 구한다.

예 $\dfrac{s}{(s+a)^2+b^2}$ $\Rightarrow$ $\dfrac{(s+a)-a}{(s+a)^2+b^2}$ $\Rightarrow$ $\dfrac{s+a}{(s+a)^2+b^2}-\dfrac{a}{b}\cdot\dfrac{b}{(s+a)^2+b^2}$

예 $\dfrac{s+2}{s^2+4s+9}$ $\Rightarrow$ $\dfrac{(s+2)}{(s+2)^2+3^2}$ $\therefore$ $\dfrac{s}{s^2+3^2}$의 복소 추이

③ 주어진 변환 함수 $F(s)$가 $\dfrac{s에\ 관한\ 1차식}{s에\ 관한\ 3차식}$ 또는 $\dfrac{상수항}{s에\ 관한\ 3차식}$이고 분모가

인수분해될 때는 부분 분수식으로 바꾸고 각 분수식의 분자(상수)를 결정한 뒤

각 분수식을 역변환한다.

## (3) 라플라스 역변환 공식

① $\mathcal{L}^{-1}[F(s)]=f(t)$

② $\mathcal{L}^{-1}[\dfrac{1}{s}F(s)]=\displaystyle\int_0^t f(t)dt$

③ $\mathcal{L}^{-1}[sF(s)]=\dfrac{d}{dt}f(t)$  (단, $f(0)=0$)

④ $\mathcal{L}^{-1}[s^2F(s)]=\dfrac{d^2}{dt^2}f(t)$  (단, $f(0)=f'(0)=0$)

## 5 초기값·최종값 정리와 푸리에 변환

### (1) 초기값 정리와 최종값 정리

① 원함수 $f(t)$의 초기값 $\lim\limits_{t\to 0^+}f(t)$는 라플라스 변환식에 복소 s를 곱한 최종값

$\lim\limits_{s\to\infty}sF(s)$와 같다.

시간은 음의 값을 가질 수 없으므로 0초 기준, 우극한값$(t\to 0^+)$이어야 한다.

② 라플라스 정의식에 의해 $\mathcal{L}[\dfrac{df(t)}{dt}]=\displaystyle\int_0^\infty \dfrac{df(t)}{dt}e^{-st}dt$이고 실 미분 정리에

의해 $sF(s)-f(0)=\displaystyle\int_0^\infty \dfrac{df(t)}{dt}e^{-st}dt$인데, 양변 극한을 취하면

$\lim\limits_{s\to 0}sF(s)-f(0)=\lim\limits_{s\to 0}\displaystyle\int_0^\infty \dfrac{df(t)}{dt}e^{-st}dt$이 된다.

우변의 $\lim\limits_{s\to 0}e^{-st}=0$이므로 $\lim\limits_{s\to 0}sF(s)-f(0)=f(t)]_0^\infty=f(\infty)-f(0)$ $\Rightarrow$

$\therefore f(\infty)=\lim\limits_{s\to 0}sF(s)$

초기값 정리: $\lim\limits_{t\to 0^+}f(t)=f(0^+)=\lim\limits_{s\to\infty}sF(s)$

최종값(정상값) 정리: $\lim\limits_{t\to\infty}f(t)=f(\infty)=\lim\limits_{s\to 0}sF(s)$

## (2) 푸리에 변환

① 라플라스 변환의 변수는 복소수($s = \sigma + j\omega$)인 반면에, 푸리에 변환의 변수는 순허수($j\omega$)이다.

② 푸리에 변환의 정의식은 $F[f(t)] = F(j\omega) = \int_0^\infty f(t)e^{-j\omega t}dt$이다.

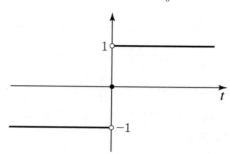

③ 푸리에 변환에 자주 이용되는 함수는 계단 함수, 델타 함수, 시그널 함수가 있다. 위 그림과 같은 시그널 함수는 세로축으로 1만큼 평행이동하고 1/2을 곱하면 계단 함수로 바뀐다.

$$u(t) = \frac{1}{2}[1 + sgn(t)]$$

④ 아래 그림과 같은 구형파 함수를 푸리에 변환하면,

$$\int_{-T/2}^{T/2} 1 \cdot e^{-j\omega t}dt = \left[\frac{1}{-j\omega}e^{-j\omega t}\right]_{-T/2}^{+T/2}$$

$$= \frac{1}{-j\omega}(e^{-j\omega T/2} - e^{+j\omega T/2}) = \frac{1}{-j\omega}(-2j\sin\omega T/2)$$

$$= \frac{2}{\omega}\sin\omega T/2 = \frac{1}{\omega/2}\sin\omega T/2$$

인데, 분모와 분자에 $T$를 곱하면 $T\dfrac{\sin\left(\dfrac{\omega T}{2}\right)}{\dfrac{\omega T}{2}}$가 된다.

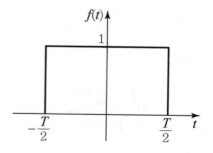

pass.Hackers.com

## ✔ 제어공학 출제비중

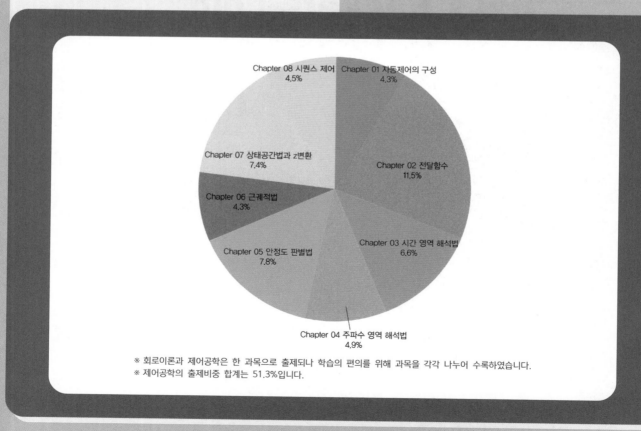

Chapter 08 시퀀스 제어
4.5%

Chapter 01 자동제어의 구성
4.3%

Chapter 07 상태공간법과 z변환
7.4%

Chapter 02 전달함수
11.5%

Chapter 06 근궤적법
4.3%

Chapter 05 안정도 판별법
7.8%

Chapter 03 시간 영역 해석법
6.6%

Chapter 04 주파수 영역 해석법
4.9%

※ 회로이론과 제어공학은 한 과목으로 출제되나 학습의 편의를 위해 과목을 각각 나누어 수록하였습니다.
※ 제어공학의 출제비중 합계는 51.3%입니다.

# PART 05
# 제어공학

# 자동제어의 구성

## 1 제어계(제어장치)의 분류

### (1) 입출력 비교 장치의 유무에 따른 분류

① **개루프 제어계**: 입출력을 비교할 수 있는 검출부가 없어서 구조가 간단하고 설치비가 저렴하다.

② **폐루프 제어계**: 궤환(feed back) 제어계라고도 하며, 검출부가 있어서 외란에 대비할 수 있으며, 감쇠폭이 증가하고 계의 특성 변화에 대한 입력 대 출력비의 감도가 감소한다. 아래는 구성도이다.

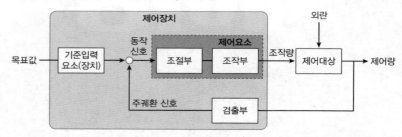

- 입력 = 조작량
- 출력 = 제어량

㉠ 입력을 조작량, 출력을 제어량이라고 한다. 조작량은 제어 장치의 출력이면서 제어 대상의 입력이다.

㉡ 제어계의 동작을 일으키는 원인이 되는 신호가 동작 신호이며, 기준 입력과 주궤환량의 차이값이다.

㉢ 목표값을 장치가 제어할 수 있는 디지털 신호 등으로 변환하는 장치가 기준 입력 요소이다.

㉣ 조절부와 조작부를 합쳐서 제어 요소라고 하며, 동작 신호를 조작량으로 변화시키는 역할을 한다.

### (2) 제어량의 종류에 의한 분류

① **서보 기구(servo mechanism)**: 위치, 방위, 자세, 거리, 각도가 제어량이다. 서보 모터, 추적용 레이저, 공작기계 등이 서보 제어 장치이다.

② **프로세스 제어(process control)**: 온도, 유량, 압력, 농도, 습도 등이 제어량이다. 플랜트, 공업 공정에 적용된다.

③ **자동 조정(auto regrlating)**: 전압, 전류, 주파수와 같은 전기적인 양을 제어하거나 속도, 장력, 회전력과 같은 기계적인 양을 제어하는 장치이다.

## (3) 목표값에 따른 분류

① 정치 제어계(constant value control system): 시간이 변해도 목표값이 일정한 제어계이다. 프로세스기구 제어계와 자동조정기구 제어계는 정치제어계에 속한다.

② 추치 제어계(variable value control system): 시간적 변화에 따라 목표값이 변하는 제어계이다. 서보기구 제어계는 추치 제어계에 속한다. 추치 제어계는 다시 추종 제어, 프로그램 제어, 비율 제어로 세분화된다.
  ㉠ 추종 제어(추적레이저)
  ㉡ 프로그램 제어(엘리베이터, 무인열차)
  ㉢ 비율 제어(자동연소장치)

## (4) 조절부 동작 방식에 의한 분류

① 비례(Proportional) 제어계: 에어컨의 실내 온도 제어처럼 측정값과 목표값의 편차를 검출하여 편차에 비례하는 조작량을 가하는 제어 방식을 의미한다.

② 적분(Integral) 제어계: 편차의 누적량에 연동하여 조작량을 가하는 방식이며, 계속성을 중시하고 정상 상태의 오차를 줄인다. 적분 제어는 단독으로 사용되지 않고 비례 제어와 함께 사용된다.

③ 미분(Derivative) 제어계: 편차의 변화율, 즉 오차가 변하는 속도에 연동하여 조작량을 가하는 방식이며, 예견성을 중시하고 응답 속응성을 높인다. 미분 제어는 대부분의 경우 비례 제어와 함께 사용된다.

## (5) 선형성에 따른 분류

비례성과 중첩의 원리가 성립하면 선형 제어계, 성립하지 않으면 비선형 제어계이다.

## (6) 4가지 제어계의 조작량과 특징 ❶

| 연속동작<br>제어계 | 조작량의 구성 | 특징 |
|---|---|---|
| 비례 제어계<br>(P제어) | 조작량 $y(t)$가 동작 신호 $z(t)$에 비례한다.<br>$y(t) = k \cdot z(t)$, 단, $k$: 비례감도 | 안정화까지 시간이 걸리고 잔류 편차가 발생한다. |
| 비례적분<br>제어계<br>(PI제어) | 조작량 = 비례량과 적분량의 합<br>$y(t) = k \cdot \left[ z(t) + \dfrac{1}{T_i} \displaystyle\int_0^t z(t)dt \right]$ | 안정화까지 시간이 더 걸리지만 잔류 편차가 제거된다. |
| 비례미분<br>제어계<br>(PD제어) | 조작량 = 비례량과 미분량의 합<br>$y(t) = k \cdot \left[ z(t) + T_d \dfrac{dz(t)}{dt} \right]$ | 오차가 변하는 속도에 비례하여 오차가 변하는 것을 방지한다. |
| 비례적분미분<br>제어계<br>(PID제어) | 조작량<br>= 비례량 + 적분량 + 미분량<br>단, $T_i$: 적분 시간, $T_d$: 미분 시간 | 적분 제어로 잔류 편차를 줄이고, 미분 제어로 속응성을 개선한다. |

참고 & 심화

❶
불연속 동작 제어계를 on-off 제어계라고 하며, 이진값 신호, 즉 디지털 신호를 사용하여 제어한다.

## ② 조작기기와 검출기기

### (1) 조작기기

① 전기식 조작기기: 전자밸브, 전동밸브, 서보전동기, 펄스전동기
② 기계식 조작기기: 클러치, 다이어프램 밸브, 포지셔너, 유압 장치

### (2) 검출기기

| 변환량 | 변환 요소<br>(검출기기) | 변환량 | 변환 요소<br>(검출기기) |
|---|---|---|---|
| 온도 ⇒ 전압 | 열전대 | 전압 ⇒ 변위 | 전자석 |
| 온도 ⇒ 임피던스 | 측온저항기 | 변위 ⇒ 전압 | 차동 변압기 |
| 빛 ⇒ 전압 | 광전지 | 압력 ⇒ 변위 | 다이어프램,<br>벨로스 |
| 빛 ⇒ 임피던스 | 광전관,<br>광전트랜지스터 | 변위 ⇒ 압력 | 유압분사관,<br>노즐플래퍼 |

### (3) 제어장치에 사용되는 검출기기

① 서보 기구: 전위차계, 차동 변압기, 싱크로
② 프로세스 제어: 압력계, 유량계, 액면계, 온도계, 습도계
③ 자동 조정(auto regrlating): 증폭기, 스피더, 주파수 검출기, 회전계 발전기

## 제1절 제어계의 전달함수

### 1 라플라스 변환과 전달함수

#### (1) 라플라스 변환의 효용성

① 복잡한 미분 방정식의 해($r(t)$, $c(t)$)를 구하는 대신에 라플라스 변환을 이용하면 $R(s)$, $C(s)$를 구할 수 있다.

② 라플라스 역변환을 이용하면 $R(s)$, $C(s)$로부터 $r(t)$, $c(t)$를 구할 수 있다.

#### (2) 전달함수의 뜻과 중요성

① 입력신호의 라플라스 변환값에 대한 출력신호의 라플라스 변환값의 비를 전달함수라고 한다.

즉, $G(s) = \dfrac{\mathcal{L}\,[c(t)]}{\mathcal{L}\,[r(t)]} = \dfrac{C(s)}{R(s)}$

② $s$에 관한 함수인 $G(s)$가 어떤 형태를 띠는지만 봐도 입력과 출력의 상호 관계를 파악할 수 있고, 제어 요소의 종류도 알 수 있으므로 전달함수는 제어시스템 분석에 매우 중요하다.

### 2 제어 요소의 종류와 그에 상응하는 전달함수

#### (1) 비례 요소

① 입력신호 $x(t)$와 출력신호 $y(t)$ 사이에 비례 관계가 성립하는 제어 요소이다.

② $y(t) = k \cdot x(t)$ ⇒ 라플라스 변환하면 $Y(s) = k \cdot X(s)$이므로 $G(s) = k$이다.

#### (2) 미분 요소

① 입력신호 $x(t)$를 시간에 대해 미분한 값이 출력신호 $y(t)$와 비례하는 제어 요소이다.

② $y(t) = k \cdot \dfrac{dx(t)}{dt}$ ⇒ 라플라스 변환하면 $Y(s) = ks \cdot X(s)$이므로 $G(s) = ks$이다.

#### (3) 적분 요소

① 입력신호 $x(t)$를 시간에 대해 적분한 값이 출력신호 $y(t)$와 비례하는 제어 요소이다.

② $y(t) = k \cdot \displaystyle\int x(t)dt$ ⇒ 라플라스 변환하면 $Y(s) = \dfrac{k}{s} \cdot X(s)$이므로 $G(s) = \dfrac{k}{s}$이다.

### (4) 1차 지연 요소

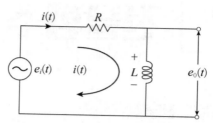

① 입력신호 $x(t)$가 출력신호의 미분값과 출력신호의 합으로 주어지는 제어 요소이다. 위 그림과 같은 $RL$ 직렬 회로가 1차 지연 요소에 해당한다.

② $Ri(t) + L\dfrac{di(t)}{dt} = e_i(t)$ 라플라스 변환하면 $(R + Ls)I(s) = E_i(s)$ 이므로

$G(s) = \dfrac{I(s)}{E(s)} = \dfrac{1}{R + Ls}$ 이다.

☞ 전달함수가 s에 관한 1차식의 역수꼴

### (5) 2차 지연 요소

① 입력신호 $x(t)$가 출력신호의 2차 미분값 + 1차 미분값 + 출력신호로 주어지는 제어 요소이다. RLC 직렬 회로가 2차 지연 요소에 해당한다.

$$R \cdot i(t) + L\frac{di(t)}{dt} + \frac{1}{C}\int i(t)dt = \frac{1}{C}\int e(t)dt$$

⇒ 양변을 $L$로 나누고 미분하면 $\dfrac{R}{L}\dfrac{di(t)}{dt} + \dfrac{d^2i(t)}{dt^2} + \dfrac{1}{LC}i(t) = \dfrac{e(t)}{LC}$

⇒ 라플라스 변환하면 $\left(\dfrac{R}{L}s + s^2 + \dfrac{1}{LC}\right)I(s) = \dfrac{E(s)}{LC}$

⇒ 전달함수 $G(s) = \dfrac{I(s)}{E(s)} = \dfrac{1/LC}{s^2 + (R/L)s + 1/LC}$

$\omega_n = \dfrac{1}{\sqrt{LC}}$, $\zeta = \dfrac{R}{2}\sqrt{\dfrac{C}{L}}$ 로 놓으면 2차 제어계의 전달함수

$G(s) = \dfrac{\omega_n^2}{s^2 + 2\zeta\omega_n s + \omega_n^2}$ ($\omega_n$: 고유 주파수)

② 어떤 전기 회로가 미분방정식 $\dfrac{d^2y(t)}{dt^2} + 5\dfrac{dy(t)}{dt} + 6y(t) = x(t)$을 만족하는 경우, 라플라스 변환을 취하면, $(s^2 + 5s + 6)Y(s) = X(s)$이므로

전달함수 $G(s) = \dfrac{1}{s^2 + 5s + 6} = \dfrac{1}{s + 2} + \dfrac{-1}{s + 3}$ 이다. ☞ 2차식의 역수꼴

### (6) 부동작 시간 요소

① 입력신호에 변화가 생겨도 특정 시간까지는 출력신호에 영향을 주지 않는 제어 요소이다.

② $y(t) = kx(t - T)$로 표시되며 라플라스 변환하여 전달함수를 구하면, $G(s) = ke^{-Ts}$이다.

## ③ 회로도에 상응하는 전달함수

### (1) $R-C$ 직렬 회로의 전달함수

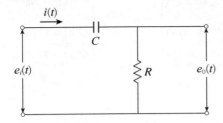

① 입력 전압과 출력 전압을 각각 $i(t)$에 관한 식으로 표현한다. 직렬 연결하면
   C와 R에 전압이 나뉘어 걸리므로, $e_i(t) = \dfrac{1}{C}\displaystyle\int i(t)dt + Ri(t)$ 이고 양변을
   라플라스 변환하면 $E_i(s) = \dfrac{1}{Cs}I(s) + RI(s)$ 이다.

② 출력 전압 $e_o(t) = Ri(t)$를 라플라스 변환하면 $E_o(s) = RI(s)$ 이다.

③ 전달함수 $G(s) = \dfrac{E_o(s)}{E_i(s)} = \dfrac{R}{1/Cs + R} = \dfrac{CRs}{1 + CRs}$

### (2) $R-C$ 직·병렬 회로의 전달함수

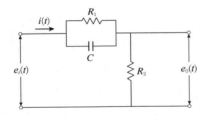

① 입력 전압을 $i(t)$에 관한 식으로 표현할 수 없으므로 전류를 전압에 관한 식으로 표현해야 한다. 병렬부에 걸리는 전압이 $e_i - e_o$ 이므로

$$i(t) = \frac{1}{R_1}[e_i(t) - e_o(t)] + C\frac{d}{dt}[e_i(t) - e_o(t)]$$ 이고 라플라스 변환하면

$$I(s) = \frac{1}{R_1}[E_i(s) - E_o(s)] + Cs[E_i(s) - E_o(s)] \cdots\cdots \text{(i)식이다.}$$

② 출력 전압 $e_o(t) = R_2 i(t)$를 라플라스 변환하면 $E_o(s) = R_2 I(s)$ $\cdots\cdots$ (ii)식이다.

③ (i)식과 (ii)식에서 $I(s)$를 소거하면, 전달함수

$$G(s) = \frac{E_o(s)}{E_i(s)} = \frac{1/R_1 + Cs}{1/R_1 + 1/R_2 + Cs}$$

④ 출력전압과 입력전압의 비를 구해도 되지만 출력측 임피던스와 입력측 임피던스의 비를 구해도 된다.

☞ 출력측 임피던스 $Z_o = R_2$ 이고, 입력측 임피던스

$$Z_i = \frac{R_1 \cdot 1/Cs}{R_1 + 1/Cs} + R_2 = \frac{R_1 + R_2 + R_1 R_2 Cs}{1 + R_1 Cs}$$ 이므로

전달함수 $= R_2 \dfrac{1 + R_1 Cs}{R_1 + R_2 + R_1 R_2 Cs} = \dfrac{R_2 + R_1 R_2 Cs}{R_1 + R_2 + R_1 R_2 Cs}$,

분모와 분자를 $R_1 R_2$ 나눠주면 된다.

## 4 제어요소, 제어기, 전달함수

| 제어 요소의 종류 | 입력과 출력의 관계 | 전달함수(s에 관한 함수) | 해당 제어기 |
|---|---|---|---|
| 비례 요소 | $Y(s) = k \cdot X(s)$ | $G(s) = k$ (상수) | 비례 제어기 |
| 미분 요소 | $Y(s) = ks \cdot X(s)$ | $G(s) = ks$ (1차식) | 미분 제어기 |
| 적분 요소 | $Y(s) = \dfrac{k}{s} \cdot X(s)$ | $G(s) = \dfrac{k}{s}$ (s의 역수) | 적분 제어기 |
| 1차 지연 요소 | $(R + Ls)I(s) = E_i(s)$ | $G(s) = \dfrac{1}{R + Ls}$ (1차식의 역수) | 1차 지연 제어기 |
| 2차 지연 요소 | $I(s)\left(Ls^2 + R + \dfrac{1}{Cs}\right) = E_i(s)$ | $G(s) = \dfrac{K \cdot \omega_n^2}{s^2 + 2\zeta\omega_n s + \omega_n^2}$ | 2차 지연 제어기 |
| 부동작 시간 요소 | $Y(s) = k \cdot e^{-Ts} X(s)$ | $G(s) = ke^{-Ts}$ | |

## 5 보상 회로의 종류

### (1) 진상 보상 회로[1]

① 그림 (가)와 같이 회로를 구성하면 진상 전류인 $\dot{I}_C$의 위상이 $\dot{V}_C$의 위상보다 90° 앞서고, 병렬 연결인 $\dot{V}_C$와 $\dot{V}_{R_1}$의 위상이 같다. 전류 $\dot{I}_C$와 $\dot{I}_{R_2}$는 동상이고 $R_2$에 걸리는 전압과도 동상이므로 그림 (나)와 같이 출력 전압 $\dot{V}_O$의 위상이 입력 전압 $\dot{V}_i$보다 앞선다. 따라서 출력이 앞서는 진상 보상 회로이다.

② (가)에서 병렬부의 임피던스 $= \dfrac{R_1 \cdot 1/sC}{R_1 + 1/sC} = \dfrac{R_1}{sCR_1 + 1}$ 이고 합성 임피던스는 $\dfrac{R_1}{sCR_1 + 1} + R_2$이다.

[1] 안정도와 속응성 개선이 목표이다.

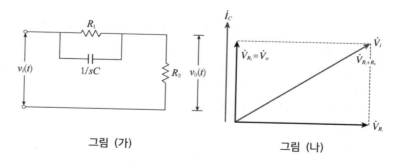

그림 (가)　　　　　그림 (나)

$$\text{전달함수 } G(s)$$

$$G(s) = \frac{V_0(s)}{V_i(s)} = \frac{R_2}{R_{\text{합성}}} = \frac{s + R_2/CR_1R_2}{s + (R_1+R_2)/CR_1R_2} = \frac{s+b}{s+a}$$

*단, $a > b$

## 참고 & 심화

## (2) 지상 보상 회로❷

① 그림 (다)와 같이 회로를 구성하면 진상 전류인 $\dot{I}_C$의 위상이 $\dot{V}_C$의 위상보다 90° 앞서고, 전류 $\dot{I}_C$와 $\dot{I}_{R_2}$는 동상이고 저항 $R_1$, $R_2$에서는 전류와 전압이 동상이므로 그림 (라)와 같이 출력 전압 $\dot{V}_o$의 위상이 입력 전압 $\dot{V}_i$보다 뒤진다. 따라서 출력이 뒤지는 지상 보상 회로이다.

② (다)에서 직렬부의 임피던스 $= R_2 + 1/sC$이고 합성 임피던스는 $R_1 + R_2 + 1/sC$이다.

❷
정상 상태의 오차(= 편차)를 줄이는 것이 목표이다.

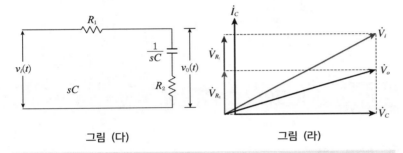

그림 (다)                    그림 (라)

$$\text{전달함수 } G(s)$$

$$G(s) = \frac{V_0(s)}{V_i(s)} = \frac{R_2 + 1/sC}{R_{\text{합성}}}$$

$$= \frac{sCR_2 + 1}{sC(R_1+R_2)+1} = \frac{sT_2+1}{sT_1+1}$$

*단, $T_1 > T_2$

## (3) 진상 · 지상 보상 회로

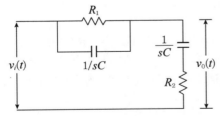

① 안정도, 속응성, 정상편차를 동시에 개선하는 것이 목표이다.
② 2개의 영점과 극성을 가지며, 위상 특성이 정/부로 변한다.

## 6 물리계와 전기계의 대응 관계

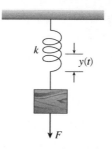

| 물리계 | 전기계 |
|---|---|
| 스프링 상수 $k$ | 정전 용량 $C$ |
| 질량 $m$ | 인덕턴스 $L$ |
| 속도 $v$ | 전류 $i$ |
| 힘 $F$ | 전압 $E$ |

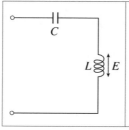

방정식 $m\dfrac{dv}{dt}+ky=0$과 $L\dfrac{di}{dt}+\dfrac{1}{C}q=0$을 비교하면 $m \leftrightarrow L,\ k \leftrightarrow 1/C,\ v \leftrightarrow i$, 힘 $F \leftrightarrow$ 전압 $E$가 대응함

## 제2절 블록선도와 신호흐름 선도

## 1 블록 선도

### (1) 용어 설명

① 블록 선도는 블록과 선(화살표)으로 이루어져 있으며 블록 속에 전달요소를 적는다.

② 정보의 흐름은 화살표 방향이며, 도중에 하나의 신호가 인출되기도 하고 가산되기도 한다.

③ 2개의 전달요소가 직렬 연결된 것의 등가변환은 두 전달요소의 곱이다.

$$X(s) \rightarrow \boxed{G_1(s)} \xrightarrow{Z(s)} \boxed{G_2(s)} \rightarrow Y(s) \quad = \quad X(s) \rightarrow \boxed{G_1(s)G_2(s)} \rightarrow Y(s)$$

④ 2개의 전달요소가 병렬 연결된 것의 등가변환은 두 전달요소의 합이다.

⑤ 합산점을 전달요소 $G_1(s)$의 앞쪽 또는 뒤쪽으로 이동시킬 때는 등가변환이 만족되도록 신호값에 이득 $G_1$을 곱하거나 나눠주어야 한다.

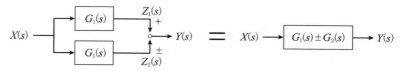

## (2) 기본적인 궤환제어계 블록 선도의 전달함수

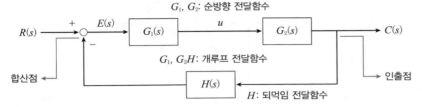

① 블록 속의 $B_1(s)$, $B_2(s)$, $H(s)$는 전달요소이고, 화살표 위의 $E(s)$는 신호이다.

② 블록 선도에서는 흔히 입력(reference)을 $R(s)$, 출력(controlled)을 $C(s)$로 표기한다.

③ 합산점의 부호가 (−)이므로 부궤환이며, 되먹임 H(s) = 1이면 '단위 부궤환 제어 시스템'이라고 한다.

④ 블록 선도 전체의 전달함수, 즉 $M(s) = \dfrac{C(s)}{R(s)}$ 를 계산하는 과정은 다음과 같다.

$E(s) = R(s) - E(s) \cdot G_1(s) G_2(s) H(s)$ 이므로 입력

$R(s) = (1 + G_1 G_2 H) E$ 이고, 출력 $C(s) = E \cdot G_1 G_2$ 이다.

따라서, 전달함수 $M(s) = \dfrac{E \cdot G_1 G_2}{(1 + G_1 G_2 H) E} = \dfrac{G_1 G_2}{1 + G_1 G_2 H}$ 이다.

합산점의 부호를 되먹임 전달함수 쪽으로 합쳐버리고 일반화시키면,

$M(s) = \dfrac{G_1 G_2}{1 - G_1 G_2 \cdot (-H)}$

⑤ $M(s)$를 폐루프 전달함수, 또는 제어계의 전달함수라고 부르며, 분모가 0이 되는 조건식을 특성방정식이라고 한다. 즉, **특성방정식은 $1 + G_1 G_2 H = 0$이다.**

## (3) 복잡한 블록 선도의 전달함수

① 블록 속의 $G_1(s)$, $G_2(s)$, $H(s)$는 전달요소이고, 화살표 위의 $E(s)$는 신호이다.

② 블록 선도에서는 흔히 입력(reference)을 $R(s)$, 출력(controlled)을 $C(s)$로 표기한다.

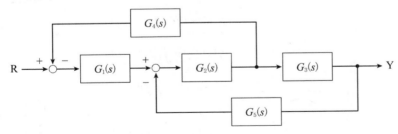

$$G(s) = \frac{\Sigma \text{순방향 전달함수}}{1 - \Sigma \text{개루프 전달함수}}$$

③ 위 블록 선도의 전달 함수를 구하면, $G(s) = \dfrac{G_1 G_2 G_3}{1 + G_1 G_2 G_4 + G_2 G_3 G_5}$ 이다.

## (4) 블록 선도와 미분 방정식

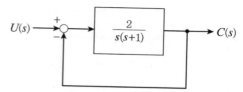

① 어떤 제어 시스템에 대한 블록 선도의 전달함수를 라플라스 역변환하면 그 계의 미분 방정식을 구할 수 있다.

② 위 블록 선도의 $\dfrac{C(s)}{U(s)} = \dfrac{2/s(s+1)}{1+2/s(s+1)} \Rightarrow (s^2+s+2)C(s) = 2U(s) \Rightarrow$

라플라스 역변환 $\dfrac{d^2}{dt^2}c(t) + \dfrac{d}{dt}c(t) + 2c(t) = 2u(t)$

③ 전기 소자에 대한 블록 선도

| 전기 소자 | 출력전압과 입력전류 | 라플라스 변환 | 블록 선도 |
|---|---|---|---|
| $i(t)$ —/\/\/— $R$ | $v(t)$ $= R \cdot i(t)$ | $V(s)$ $= R \cdot I(s)$ | $I(s) \rightarrow \boxed{R} \rightarrow V(s)$ |
| $i(t)$ —ℓℓℓ— $L$ | $v(t)$ $= L \cdot \dfrac{d}{dt}i(t)$ | $V(s)$ $= sL \cdot I(s)$ | $I(s) \rightarrow \boxed{sL} \rightarrow V(s)$ |
| $i(t)$ —┤├— $C$ | $v(t)$ $= \dfrac{1}{C}\int i(t)dt$ | $V(s)$ $= \dfrac{1}{sC} \cdot I(s)$ | $I(s) \rightarrow \boxed{\dfrac{1}{Cs}} \rightarrow V(s)$ |

④ 전기 회로에 대한 블록 선도

| 전기 회로 | 미분방정식과 라플라스 변환식 | 블록 선도 |
|---|---|---|
| $I$ —$R$—$L$— $E$ | $e(t)$ $= R \cdot i(t) + L\dfrac{d}{dt}i(t)$ $\Rightarrow$ $E(s) = (R+Ls) \cdot I(s)$ | $I(s) \rightarrow \boxed{R},\ \boxed{L_s} \rightarrow E(s)$ |
| $v_i(t)$ $R$ $C$ $v_0(t)$ $i(t)$ | $v_o(t) = \dfrac{1}{C}\int i(t)dt$ $\Rightarrow V_o(s) = \dfrac{1}{Cs}I(s)$ 전달함수 $= \dfrac{V_o(s)}{RI(s)} = \dfrac{I(s)/Cs}{RI(s)}$ $= \dfrac{1}{R}\dfrac{1}{Cs}$ | $I(s) \rightarrow \boxed{\dfrac{1}{Cs}} \rightarrow V(s)$ |

## 2 신호흐름 선도

### (1) 신호흐름 선도와 블록 선도의 관계

① 블록 선도를 간략히 나타낸 것이 신호흐름 선도이다.

② 신호흐름 선도는 선형 제어 시스템에만 적용된다. 신호가 전달될 때 가지이득이 곱해진다.

> 간단한 신호흐름 선도에서 전달함수 공식
>
> $$G(s) = \frac{\Sigma 전향경로의\ 이득}{1 - \Sigma 루프의\ 이득}$$

③ 루프의 정의는 동일하며, 블록 선도와 신호흐름 선도의 대응 관계를 표로 정리하면 아래와 같다.

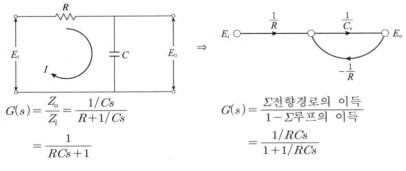

| 구분 | 블록 선도 | 신호흐름 선도 |
|---|---|---|
| 직렬 결합 | | |
| 병렬 결합 | | |
| 되먹임 결합 | | |

### (2) 전기회로를 신호흐름 선도로 등가변환하기

$$G(s) = \frac{Z_o}{Z_i} = \frac{1/Cs}{R + 1/Cs}$$

$$= \frac{1}{RCs + 1}$$

$$G(s) = \frac{\Sigma 전향경로의\ 이득}{1 - \Sigma 루프의\ 이득}$$

$$= \frac{1/RCs}{1 + 1/RCs}$$

### (3) 간이 전달함수법

① 메이슨 공식이라고도 하며 계통의 이득은 $\dfrac{\Sigma G_k \Delta_k}{1 - \Sigma l_1 + \Sigma l_2 \ldots + (-1)^n \Sigma l_k}$ 이다.

② 분자의 $G_k$는 k번째 전향경로(forward path)의 이득이고, $\Delta_k$는 k번째 전향경로와 만나지 않는 루프에 대해서 구한 '1 - 루프이득'이다.

③ 루프이득이 ab, ac, bd인 3개의 루프 중에 ab와 bd가 접하는 루프라고 가정하면, $\Sigma l_1$은 각 루프의 이득을 합한 값이므로 ab + ac + bd이고 $\Sigma l_2$는 서로 만나지 않는 루프쌍에 대한 이득의 곱을 전부 더한 값이므로 ab · ac + ac · bd이고 $\Sigma l_3$은 서로 만나지 않는 루프 3개를 골라서 이득의 곱을 구한 값이므로 0이다. 따라서 메이슨 공식의 분모 = 1 - (ab + ac + bd) + (ab · ac + ac · bd)이다.

### (4) 메이슨 공식의 적용 사례

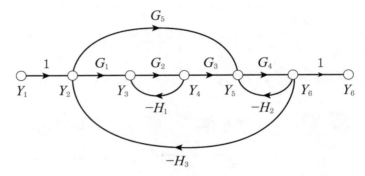

① 합성 전달함수의 분자 = $\Sigma G_k \Delta_k$를 구하기 위해 전향경로를 찾아보면 2개이다.
   $1 \times G_1 \times G_2 \times G_3 \times G_4 \times 1$과 만나지 않는 루프는 없으므로 $\Delta_1 = 1 - 0$이다.
   $1 \times G_5 \times G_4 \times 1$과 만나지 않는 루프는 $-G_2 \times H_1$뿐이므로
   $\Delta_2 = 1 - (-G_2 H_1)$이다. 따라서 $\Sigma G_k \Delta_k = G_1 G_2 G_3 G_4 + G_5 G_4 (1 + G_2 H_1)$이다.

② 합성 전달함수의 분모 = $1 - \Sigma l_1 + \Sigma l_2 \dots +$를 구하기 위해 루프를 찾아보면 총 3개이므로 이득을 모두 합하면 $\Sigma l_1 = -G_2 H_1 - G_4 H_2 - G_1 G_2 G_3 G_4 H_3$이고,
   Y6에서 만나는 작은 루프와 큰 루프의 이득 곱을 제외하면
   $\Sigma l_2 = G_2 H_1 \cdot G_4 H_2 + G_2 H_1 \cdot G_1 G_2 G_3 G_4 H_3$이다.
   서로 만나지 않는 루프는 최대 2개이므로 $\Sigma l_3 = 0$

## ③ 연산 증폭기

### (1) 연산 증폭기(Op amp)의 특성

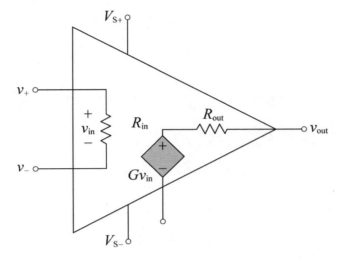

① 연산 증폭기는 2개의 차동 입력 단자와 1개의 단일 출력 단자로 구성된 전자 부품으로서, 이상적인 연산 증폭기는 입력 저항이 ∞, 출력 저항이 0이고 전 압이득 및 전류이득이 ∞이다.

② 연산 증폭기의 종류로는, 입력 신호의 부호를 바꿔주는 부호 변환기, 출력이 입력 신호의 변화율에 비례하는 미분기, 출력이 입력 신호의 적분값에 비례하는 적분기가 있다.

### (2) 부호 변환기

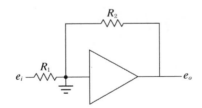

① 저항 $R_1$에 흐르는 전류는 $\dfrac{e_i - 0}{R_1}$이고 저항 $R_2$에 흐르는 전류는 $\dfrac{0 - e_o}{R_2}$인데,

직렬 연결이므로 $\dfrac{e_i}{R_1} = -\dfrac{e_o}{R_2}$이다.

② 출력 전압 $e_o = -\dfrac{R_2}{R_1}e_i$이다.

**(3) 미분기**

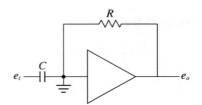

① 콘덴서에 흐르는 전류는 $C\dfrac{de_i}{dt}$ 이고 저항에 흐르는 전류는 $\dfrac{0-e_o}{R}$ 인데, 직렬 연결이므로 $C\dfrac{de_i}{dt}=\dfrac{0-e_0}{R}$ 이다.

② 출력 전압 $e_o=-RC\dfrac{de_i}{dt}$ 이다.

**(4) 적분기**

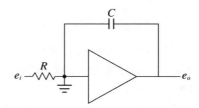

① 저항에 흐르는 전류는 $\dfrac{e_i-0}{R}$ 이고 콘덴서에 흐르는 전류는 $C\dfrac{d(0-e_o)}{dt}$ 인데, 직렬 연결이므로 $\dfrac{e_i}{R}=-C\dfrac{de_o}{dt}$ 이다.

② 출력 전압 $e_o=-\dfrac{1}{RC}\displaystyle\int e_i dt$ 이다.

## 1 제어 시스템의 특성에 대한 2가지 해석법

### (1) 시간 영역 해석

제어 시스템의 과도 응답과 정상 응답을 비교하기 위해 시험용 신호를 가하여 출력의 변화를 알아보는 것이 시간 영역 해석이다. 시간 영역 해석은 과도 응답, 정상 응답 해석으로 나뉜다.

### (2) 주파수 영역 해석

제어 시스템의 시간 영역을 라플라스 변환하면 주파수 영역으로 바뀌며 입력 신호의 크기와 위상 변화를 알아보는 데 매우 유용한 해석법이다.

## 2 시간 영역 해석의 도식화

| 전달함수의 형태 | | | | |
|---|---|---|---|---|
| $G(s) = k$ | $G(s) = ks$ | $G(s) = \dfrac{k}{s}$ | $G(s) = \dfrac{1}{1+Ts}$ | $G(s) = \dfrac{\omega_n^2}{s^2 + 2\zeta\omega_n s + \omega_n^2}$ |
| 비례 제어계 | 미분 제어계 | 적분 제어계 | 1차 지연 제어계 | 2차 지연 제어계 |

| 입력신호의 형태 | | | |
|---|---|---|---|
| $r(t) = \delta(t)$, $R(s) = 1$ | $r(t) = u(t)$, $R(s) = \dfrac{1}{s}$ | $r(t) = t$, $R(s) = \dfrac{1}{s^2}$ | $r(t) = \dfrac{t^2}{2}$, $R(s) = \dfrac{1}{s^3}$ |
| 임펄스함수 | 인디셜함수 | 경사함수 | 포물선함수 |

### (1) 제어계 선택과 입력 신호 선택

① 5가지 제어계에 대해 입력신호를 4가지 형태로 변화시킬 수 있으므로 20가지 조합이 가능하다. 2차 지연 제어계에 단위계단 함수를 입력했을 때 과도 응답이 어떠한지 학습하는 것이 가장 중요하다.

② 시험용 입력 신호가 임펄스 함수일 때 나타나는 출력을 임펄스 응답, 단위계단 함수일 때 나타나는 출력을 인디셜 응답이라고 부른다.

③ 1차 지연 제어계에 속하는 RC 직렬 회로에 임펄스 신호를 가했을 때의 임펄스 응답과 단위계단 신호를 가했을 때의 인디셜 응답에 대해 알아보도록 한다.

## (2) $RC$ 직렬 회로의 임펄스 응답과 인디셜 응답

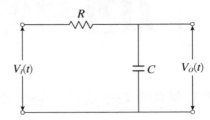

① 입력이 $\delta(t)$이면 $V_i(s) = 1$이고 $V_o(s) = G(s)V_i(s)$에 대입하면 $V_o(s)$는

$\dfrac{1}{RCs+1}$이다. 라플라스 역변환하면, 임펄스 응답은 $v_o(t) = \dfrac{1}{RC}e^{-t/RC}$이다.

② 입력이 $u(t)$이면 $V_i(s) = \dfrac{1}{s}$이고 $V_o(s) = G(s)V_i(s)$에 대입하면 $V_o(s)$는

$\dfrac{1}{s}\dfrac{1}{RCs+1} = \dfrac{1}{s} - \dfrac{1}{s+1/RC}$이다. 라플라스 역변환하면, 인디셜 응답은

$V_o(t) = 1 - e^{-t/RC}$이다. 인디셜 응답은 0부터 상승하여 계단 전압에 이르는

것이다.

$$전달함수 \ G(s) = \frac{Z_o(s)}{Z_i(s)} = \frac{1/Cs}{R + 1/Cs} = \frac{1}{RCs+1}$$

## (3) 과도 응답의 종류[1]

❶
제어계의 종류에 따라 $G(s)$가 달라지고 임펄스 응답도 달라지만 안정한 제어계라면 $\lim\limits_{t\to\infty} c(t) = 0$이다.

| 입력 함수 $r(t)$ | $\mathcal{L}[f(t)]$ | 출력 = 응답 = $c(t)$ $= L^{-1}[G(s)R(s)]$ | 주어진 $G(s)$를 이용, 응답 구하기 |
|---|---|---|---|
| $r(t) = u(t)$ 단위계단 입력 | $R(s) = \dfrac{1}{s}$ | 인디셜 응답 $c(t) = L^{-1}[G(s)\dfrac{1}{s}]$ | $G(s) = \dfrac{1}{s+1} \Rightarrow c(t) = 1 - e^{-t}$ <br> $G(s) = \dfrac{2}{s+2} \Rightarrow c(t) = 1 - e^{-2t}$ |
| $r(t) = \delta(t)$ 임펄스 입력 | $R(s) = 1$ | 임펄스 응답 $c(t) = L^{-1}[G(s)]$ | $G(s) = \dfrac{1}{(s+a)^2} \Rightarrow c(t) = te^{-at}$ <br> $G(s) = \dfrac{1}{s+2} \Rightarrow c(t) = e^{-2t}$ |
| $r(t) = tu(t)$ 경사 입력 | $R(s) = \dfrac{1}{s^2}$ | 경사(램프) 응답 $c(t) = L^{-1}[G(s)\dfrac{1}{s^2}]$ | $G(s) = \dfrac{s+1}{s+2} \Rightarrow$ <br> $c(t) = \dfrac{1}{2}tu(t) + \dfrac{1}{4}u(t) - \dfrac{1}{4}e^{-2t}$ |
| $r(t) = \dfrac{1}{2}t^2u(t)$ 포물선 입력 | $R(s) = \dfrac{1}{s^3}$ | 포물선 응답 $c(t) = L^{-1}[G(s)\dfrac{1}{s^3}]$ | 예제 없음 |

## ③ 시간 영역 해석에서의 정상 응답

### (1) 정상 편차

① 입력을 가한 직후의 출력을 과도 응답이라 하고, 시간이 충분히 흐른 이후 ()의 출력을 정상 응답이라고 한다. 입력과 정상 응답의 차이를 정상 편차 또는 정상 오차라고 부른다. $e_o(t)$로부터 정상 편차 $e_s$를 구할 때는 최종값 정리를 이용한다.

$$e_s = \lim_{t \to \infty} e_o(t) = \lim_{s \to 0} sE(s)$$

② 개루프 전달함수가 $G(s)$, 되먹임 전달함수가 $H(s)$, 입력 함수가 $R(s)$인 부 궤환 제어계(negative Feedback Control System)의 편차 $E(s)$는 $\dfrac{R}{1+GH}$이 므로 정상 편차 $e_s$는 $\lim\limits_{s \to 0} \dfrac{sR}{1+GH}$이다.

### (2) 제어계의 3가지 유형

입력 신호가 단위계단 함수일 때 정상 응답의 편차가 유한하면 0형, 입력 신호가 램프 함수일 때 정상 응답의 편차가 유한값이면 1형, 입력 신호가 포물선 함수일 때 정상 응답의 편차가 유한값이면 2형 제어계로 분류한다.

| 형별 | 제어계의 특성 | 입력 신호 | 정상 편차 $e_s$와 정상편차 상수 $K$ |
|---|---|---|---|
| 0형 제어계 | 정상 위치 편차 $e_{sp}$가 유한한 제어계 | 계단 함수(위치함수) $r(t) = u(t),\ R(s) = \dfrac{1}{s}$ | $e_{sp} = \lim\limits_{s \to 0} \dfrac{1}{1+G(s)H(s)}$ $= \dfrac{1}{1+\lim\limits_{s \to 0} G} = \dfrac{1}{1+K_p}$ |
| 1형 제어계 | 정상 속도 편차 $e_{sv}$가 유한한 제어계 | 램프 함수(속도함수) $r(t) = t,\ R(s) = \dfrac{1}{s^2}$ | $e_{sv} = \lim\limits_{s \to 0} \dfrac{1}{s+sG(s)H(s)}$ $= \dfrac{1}{\lim\limits_{s \to 0} sG} = \dfrac{1}{K_v}$ |
| 2형 제어계 | 정상 가속도 편차 $e_{sa}$가 유한한 제어계 | 포물선 함수 (= 가속도함수) $r(t) = \dfrac{t^2}{2},\ R(s) = \dfrac{1}{s^3}$ | $e_{sa} = \lim\limits_{s \to 0} \dfrac{1}{s^2+s^2G(s)H(s)}$ $= \dfrac{1}{\lim\limits_{s \to 0} s^2G} = \dfrac{1}{K_a}$ |

☞ 블록 선도의 개루프 전달함수 $G(s)H(s)$가 $\dfrac{\text{상수항}}{s\text{에 관한 2차식}}$이거나 $\dfrac{s\text{에 관한 1차식}}{s\text{에 관한 3차식}}$이면 1형 제어계이다. 1형 제어계의 개루프

전달함수: $G(s)H(s) = \dfrac{1}{s(s+1)}$, 다른 예: $G(s)H(s) = \dfrac{(s+1)}{s(s+3)(s+2)}$

**(3) 외란이 가해졌을 때의 정상 편차**

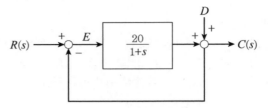

① 단위계단의 외란 $d(t) = u(t)$, 즉 $D(s) = \dfrac{1}{s}$로 주어진 경우,

블록 선도에서 출력 $C = E(\dfrac{20}{1+s}) - \dfrac{1}{s}$, 편차 $E = R - C$

② 두 식의 $C$를 소거하고 정리하면, $E = \dfrac{1+s}{21+s}(R + \dfrac{1}{s})$

정상상태 편차

$$e_s = \lim_{t \to \infty} e_o(t) = \lim_{s \to 0} sE(s) = \lim_{s \to 0} \frac{1+s}{21+s}(sR+1) = \frac{1}{21}(0+1) \text{이다.}$$

**(4) A의 B에 대한 감도**

① 감도: 어떤 전달요소의 작은 변화가 제어계 전체에 미치는 영향을 수치화한 것

② 폐루프 전달함수 $T(s) = \dfrac{G}{1+GH}$의 전달 요소 $K$에 대한 감도를 구해보면

$$S_K^T = \frac{dT/dK}{T/K} \text{의 분자와 분모가 둘 다 } \frac{G}{1+GH} \text{이므로}$$

감도(sensitivity)는 1이다.

## 4 표준 피드백 제어계의 특성방정식

**(1) 폐루프 전달함수의 발산과 특성방정식**

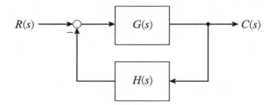

① 위 블록 선도에 대한 전체 전달함수는 다음과 같다.

$$M(s) = \frac{C(s)}{R(s)} = \frac{G(s)}{1 + G(s)H(s)}$$

② 구동점 임피던스 $Z(s)$를 ∞로 발산하게 만드는 s값을 극점이라 정의하였듯이, 폐루프 전달함수 $M(s)$를 ∞로 발산하게 만드는 s값을 특성근이라 부르는데, 특성근은 $M(s)$의 분모를 0으로 만드는 s값이다. 즉, $1 + G(s)H(s) = 0$이 제어계의 특성방정식이다.

(2) **특성근의 형태와 계의 안정도**

① 특성방정식은 s에 관한 n차식이고 입력 신호 $R(s)$는 다양한 형태가 될 수 있지만 특별히 특성방정식이 s에 관한 2차식이면서 입력 신호 $R(s)$가 계단 함수로 주어지는 경우에 대해 살펴보기로 한다.

② $1+G(s)H(s)=A(s-a)(s-b)$이고, $R(s)=\dfrac{1}{s}$인 경우에 대해,

출력 $C(s)=\dfrac{G(s)}{A(s-a)(s-b)}\cdot\dfrac{1}{s}$이고 부분분수로 전개하면

$C(s)=\dfrac{k_1}{s}+\dfrac{k_2}{s-s_1}+\dfrac{k_3}{s-s_2}$ ⇒ 라플라스 역변환하면,

$c(t)=k_1+k_2 e^{s_1 t}+k_3 e^{s_2 t}$

(단, $t$의 계수 $s_1$, $s_2$는 이차방정식 $A(s-a)(s-b)=0$의 두 근이다.)

③ $s=\dfrac{-b\pm\sqrt{D}}{2a}$인데 RLC 직렬 회로의 과도 응답을 다룰 때에는

$-\dfrac{b}{2a}=-\dfrac{R}{2L}<0$이었지만 피드백 제어계에서는 $-\dfrac{b}{2a}$가 0이 될 수도 있다.

④ 특성근 $(s_1,\ s_2)$가 $(-1+j,\ -1-j)$이면 $c(t)=k_1+k_2 e^{-t}e^{jt}+k_3 e^{-t}e^{-jt}$가 되는데 $e^{-t}$는 감쇠 요소로 작용하고 $e^{jt}$와 $e^{-jt}$는 진동 요소로 작용하기 때문에 아래 그래프상의 「부족 제동」에 해당한다. 특성근 $(s_1,\ s_2)$가 $(-1,\ -2)$이면 $c(t)=k_1+k_2 e^{-t}+k_3 e^{-2t}$가 되어 진동 없이 감쇠하므로 그래프상의 과제동에 해당한다.

특성근 $(s_1,\ s_2)$가 $(1, 3)$이면, $c(t)=k_1+k_2 e^t+k_3 e^{3t}$가 되어 시간이 경과함에 따라 출력 $c(t)$는 무한대로 발산한다.

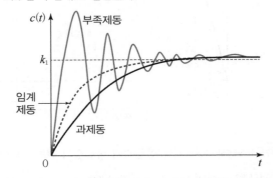

⑤ 특성근 s가 복소 평면의 좌반면에 위치하면 계는 안정, 복소 평면의 우반면에 위치하면 계는 불안정이고 j축은 안정과 불안정의 경계, 즉 **임계 안정**이다.

⑥ s평면의 우반면에 극이나 영점을 가지지 않는 안정 계의 전달함수를 **최소위상(전달)함수**라고 한다.

## 5 2차 지연 제어계의 인디셜 응답

### (1) 전달함수와 특성방정식

① 2차 지연 제어계에 대해 폐루프 전달함수는

$$M(s) = \frac{G(s)}{1 + G(s)H(s)} = \frac{\omega_n^2}{s^2 + 2\zeta\omega_n s + \omega_n^2}$$ 이므로 특성방정식은

$s^2 + 2\zeta\omega_n s + \omega_n^2 = 0$ 이다.

② 근의 방정식을 이용하면, 특성근

$$s = -\zeta\omega_n \pm \omega_n\sqrt{\zeta^2 - 1} = -\zeta\omega_n \pm j\omega_n\sqrt{1 - \zeta^2} = -\zeta\omega_n \pm \omega_d \ (\omega_n: 고유\ 주파수)$$

인데, 감쇠 진동 주파수 $\omega_d$와 제동비 $\zeta$값에 따라 과도 응답의 특성이 달라진다.

㉠ $\zeta < 0$이면 불안정(발산)

㉡ $\zeta = 0$이면 임계 안정(무한 진동)

㉢ $0 < \zeta < 1$이면 부족 제동(감쇠 진동)

㉣ $\zeta = 1$이면 임계 제동

㉤ $\zeta > 1$이면 과제동(비진동)

### (2) 2차계의 과도 응답에 관한 상수

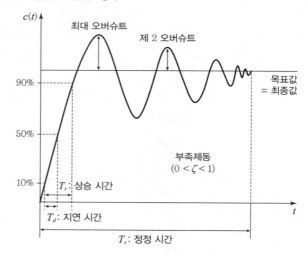

① 오버슈트(overshoot): 과도 응답값과 목표값의 편차, 감쇠비 $= \dfrac{2차\ 오버슈트}{최대\ 오버슈트}$

② 지연 시간 $T_d$(delay time): 목표값의 50%에 도달하는 데 걸리는 시간

③ 상승 시간 $T_r$(rising time): 목표값의 10%에서 90%로 증가하는 데 걸리는 시간, 이론적으로는 $T_r = \dfrac{0.8 + 2.5\zeta}{\omega_n}$이다.

④ 정정 시간 $T_s$(setting time): 목표값과의 편차가 5%가 될 때까지 걸리는 시간

☞ 1차계의 $T_d$, $T_r$, $T_s$도 정의는 같다.

# CHAPTER 04 주파수 영역 해석법

## 1 개요

### (1) 주파수 이득과 위상

① $G(s)$는 전달함수이고, $G(j\omega)$는 주파수 전달함수이다. 전자는 복소수 s의 함수이며, 후자는 주파수 $\omega$의 함수이다. 각속도 또는 각주파수 $\omega$를 제어공학에서는 '주파수'로 통칭한다.

② 제어계의 주파수 특성은 $G(j\omega)$의 크기와 위상을 통해 파악할 수 있다.

즉, $G(j\omega) = \dfrac{C(j\omega)}{R(j\omega)} = \alpha + j\beta$에서 $|G(j\omega)| = \sqrt{\alpha^2 + \beta^2}$가 주파수 이득이고

$\tan^{-1}\dfrac{\beta}{\alpha}$가 위상각이다. $\sqrt{\alpha^2 + \beta^2}$는 입력 진폭과 출력 진폭의 비에 해당하고,

$\tan^{-1}\dfrac{\beta}{\alpha}$는 입력 신호와 출력 신호의 위상 차이다.

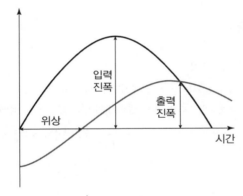

☞ $G(s) = 10/(s^2 + 3s + 2)$의 직류 이득은 s에 0을 대입, $|G(j\omega)| = |10/2| = 5$이다.

### (2) 주파수응답 특성에 관한 상수

① 이득 $g$: 주파수 전달함수의 크기에 상용로그를 취한 뒤 20을 곱한 값, 즉 $g[\mathrm{dB}] = 20\log_{10}|G(j\omega)|$이다.

② 영주파수 이득 $M_0$: $s = 0$일 때의 이득, 즉 정상 상태의 이득

③ 대역폭 B.W.: $|G(j\omega)| = \dfrac{1}{\sqrt{2}}M_0$가 되는 순간의 주파수, $g[\mathrm{dB}] = -3\mathrm{dB}$가 되는 순간의 주파수를 의미하며, 대역폭이 넓을수록 속응성과 응답 속도가 빨라진다. 대역폭과 상승시간은 반비례 관계이다.

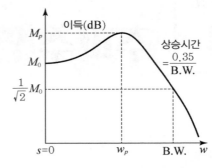

④ 공진 정점 $M_p$(resonance peak): $|G(j\omega)|$의 최댓값으로 정의하며, 공진 첨두
값이 커지면 오버슈트도 커진다. ⇒ 안정도↓

⑤ 공진 주파수 $\omega_p$

 ㉠ $|G(j\omega)|$가 최대인 순간의 주파수이므로 $d|G(j\omega)|/d\omega = 0$을 만족한다.

 ㉡ 분모의 크기 $|-\omega^2 + j2\zeta\omega_n\omega + \omega_n^2| = \sqrt{(\omega^2 - \omega_n^2)^2 + 4\zeta^2\omega_n^2\omega^2}$ 가 최소일 때
 $|G(j\omega)|$는 최댓값을 가진다.

 ㉢ $\omega^4 + 2\omega_n^2(2\zeta^2 - 1)\omega^2 + \omega_n^4$을 $\omega$에 대해 미분하면 $4\omega^3 + 4\omega_n^2(2\zeta^2 - 1)\omega = 0$
 이므로, 따라서 $\omega_p = \omega_n\sqrt{1 - 2\zeta^2}$ 이다.

## ② 벡터 궤적

### (1) 벡터 궤적 작도 요령

① x－y평면에서 (1,2)는 복소 평면에서 $1+j2$에 해당하고 x－y평면에서 (1,0)은 복소
평면에서 1에 해당하며, x－y평면에서 (0,∞)는 복소 평면에서 j∞에 해당한다.

② 주파수 전달함수가 $G(j\omega) = \dfrac{1}{1 + j\omega T}$로 주어지는 1차 지연 요소의 벡터 궤적

을 그리기 위해 $\omega$에 0, $\dfrac{1}{T}$, ∞를 대입해 보면

$G(j\omega)$가 1, $\dfrac{1}{1+j}(= 1/2 - j1/2)$, 0이 되므로 복소 평면에 그리면 아래 그림과
같다. 비례 요소, 미분 요소, 적분 요소 등에 대한 벡터 궤적도 같은 요령으로
복소 평면에 그릴 수 있다.

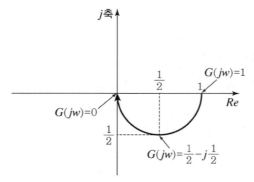

(2) 제어요소의 따른 벡터궤적

| 제어 요소의 종류 | 종류 = 비례 요소<br>(전달함수 = $k$) | 종류 = 미분 요소<br>(전달함수 = $ks$) | 종류 = 적분 요소<br>(전달함수 = $\dfrac{k}{s}$ ) |
|---|---|---|---|
| 주파수 전달함수 | $G(j\omega) = k$ | $G(j\omega) = j\omega$ | $G(j\omega) = \dfrac{k}{j\omega}$ |
| 주파수 전달함수의 벡터 궤적 | <br>실수축상의 한 점 | <br>허수축상<br>0에서 ∞까지 직선 | <br>허수축상<br>−∞에서 0까지 |
| 제어 요소의 종류 | 전달함수<br>$= \dfrac{1}{1+Ts}$<br>종류<br>= 1차 지연 요소 | 전달함수<br>$= \dfrac{\omega_n^2}{s^2+2\zeta\omega_n s+\omega_n^2}$<br>종류<br>= 2차 지연 요소 | 전달함수<br>$= e^{-Ts}$<br>종류<br>= 부동작 시간 요소 |
| 주파수 전달함수 | $G(j\omega) = \dfrac{1}{1+j\omega T}$ | $G(j\omega)$<br>$= \dfrac{\omega_n^2}{-\omega^2+j2\zeta\omega_n\omega+\omega_n^2}$ | $G(j\omega) = e^{-j\omega t}$ |
| 주파수 전달함수의 벡터 궤적 | <br>반지름 1인 반원 | <br>비대칭의 반원 | <br>반지름 1인 완전원 |

(3) 벡터궤적 시험패턴

전달함수가 $G(s) = \dfrac{k}{s^n(s+1)(s+2)}$ 처럼 $n = 0$이면 +실축에서 출발하고 s에 관한 2차식이므로 2개의 면을 통과하고, $G(s) = \dfrac{k}{s^n(s+1)(s+2)(s+3)}$ 처럼 $n = 0$이면 +실축에서 출발하고 s에 관한 3차식이므로 3개의 면을 통과한다.

$n = 1$이면 출발점이 –j축 상에, $n = 2$이면 출발점이 –실축상에, $n = 3$이면 출발점이 +j축상에 있게 된다.

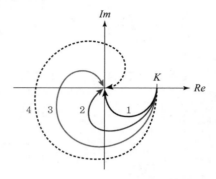

# CHAPTER 05 안정도 판별법

## 1 안정도의 뜻과 기준

### (1) 안정도

시스템이 유한한 입력에 대해 유한한 출력을 얻으면 안정 조건을 충족한다.

### (2) 안정도의 구분

안정도는 절대 안정도, 상대 안정도로 구분한다.

① **절대 안정도**: 안정과 불안정을 판정하며 특성근의 위치, 루스표, 후르비츠 행렬을 이용한다. 이중에서 가장 기본이 되는 특성근의 위치에 따른 안정도 판정은 다음과 같다.

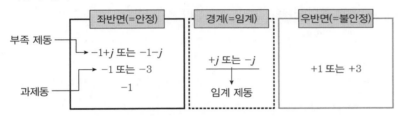

② **상대 안정도**: 시스템이 안정하다면 얼마나 안정한지를 가늠하는 것이 상대 안정도이며, 나이퀴스트 선도, 보드 선도, 근궤적법을 이용한다.

## 2 루스표

### (1) 안정 조건

① 특성방정식 $F(s) = 1 + G(s)H(s) = a_0 s^n + a_1 s^{n-1} + a_2 s^{n-2} + \ldots = 0$의 모든 차수가 존재할 것

② 특성방정식의 계수와 상수항 부호가 전부 동일할 것

③ 루스(Routh)표의 제1열 부호가 동일할 것

☞ ①, ②는 계가 안정될 필요 조건이고 ①, ②, ③은 계가 안정될 필요 충분 조건이다.

## (2) 루스표 만들기

$$F(s) = 1 + G(s)H(s) = a_0 s^4 + a_1 s^3 + a_2 s^2 + a_3 s + a_4 = 0$$

| | | | |
|---|---|---|---|
| $s^4$ | $a_0$ | $a_2$ | $a_4$ |
| $s^3$ | $a_1$ | $a_3$ | $0$ |
| $s^2$ | $\dfrac{a_1 a_2 - a_0 a_3}{a_1} = b_1$ | $\dfrac{a_1 a_4 - a_0 \cdot 0}{a_1} = a_4$ | $0$ |
| $s^1$ | $\dfrac{b_1 a_3 - a_4 a_1}{b_1} = c_1$ | $\dfrac{b_1 \cdot 0 - a_1 \cdot 0}{b_1} = 0$ | |
| $s^0$ | $\dfrac{c_1 a_4}{c_1} = d_1$ | | |

① 차수가 4차이면 상수 $a_4$를 포함하여 계수가 5개이므로 왼쪽의 규칙대로 계수들을 적고 마지막 칸에는 0을 쓴다.

② $\dfrac{a_1 a_2 - a_0 a_3}{a_1}$의 규칙대로 $b_1$을 구하여 $a_1$의 아래에 적는다.

③ $\dfrac{a_1 a_4 - a_0 \cdot 0}{a_1}$의 규칙대로 $a_4$을 구하여 $a_3$의 아래에 적는다. 0위의 숫자와 0의 대각선 방향에 적힌 좌측 아래 숫자는 늘 같다.

④ $c_1$과 $d_1$도 동일한 규칙대로 구해서 각각 $b_1$과 $c_1$의 아래에 적으면 박스 표시한 제1열이 완성된다.

⑤ 제1열의 부호가 모두 같아야 제어계가 안정하다. ⇒ 특성근이 전부 s평면의 좌반구에 존재한다.

(3) 루스표 작성 사례

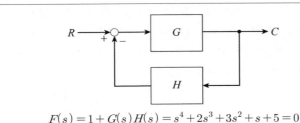

$$F(s) = 1 + G(s)H(s) = s^4 + 2s^3 + 3s^2 + s + 5 = 0$$

| | | | |
|---|---|---|---|
| $S^4$ | 1 | 3 | 5 |
| $S^3$ | 2 | 1 | 0 |
| $S^2$ | $\dfrac{2\times3-1\times1}{2}=2.$ | $\dfrac{2\times5-1\times0}{2}=5$ | $\dfrac{2\times0-1\times0}{2}=0$ |
| $S^1$ | $\dfrac{2.5\times1-2\times5}{2.5}=-$ | $\dfrac{2.5\times0-2\times0}{2.5}=$ | $\dfrac{2.5\times0-2\times0}{2.5}=$ |
| $S^0$ | $\dfrac{-3\times5-2.5\times0}{-3}:$ | $\dfrac{-3\times0-2.5\times0}{-3}:$ | $\dfrac{-3\times0-2.5\times0}{-3}:$ |

제1열의 부호가 (+) → (−) → (+)로 2번 바뀜

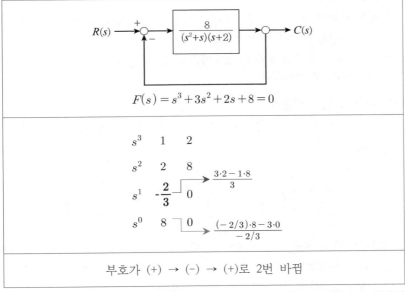

$$F(s) = s^3 + 3s^2 + 2s + 8 = 0$$

| | | | |
|---|---|---|---|
| $s^3$ | 1 | 2 | |
| $s^2$ | 2 | 8 | $\dfrac{3\cdot2-1\cdot8}{3}$ |
| $s^1$ | $-\dfrac{2}{3}$ | 0 | |
| $s^0$ | 8 | 0 | $\dfrac{(-2/3)\cdot8-3\cdot0}{-2/3}$ |

부호가 (+) → (−) → (+)로 2번 바뀜

⇒ 루스표 제1열에서 부호가 바뀐 횟수는 불안정 근의 개수와 동일하다. 불안정 특성근, 즉 양의 실수부를 갖는 근은 s평면의 우반부에 존재한다.

**(4) 보조방정식에 의한 안정도 판별**

① $s^1$행의 1열과 2열이 모두 0인 경우 $s^2$행의 계수를 이용하여 보조방정식을 만든다. 특성방정식 $s^3+9s^2+20s+K=0$의 루스표는 아래와 같고, $s^1$행의 1열을 0으로 만드는 $K$값은 180이므로 $s^2$행의 계수(9와 20)를 이용하여 보조방정식을 만들면, $A(s)=9s^2+180=0$이 된다.

| $s^3$ | 1 | 20 |
|---|---|---|
| $s^2$ | 9 | $K$ |
| $s^1$ | $20-\dfrac{K}{9}$ | 0 |
| $s^0$ | $K$ | 0 |

② 보조방정식의 근을 구하면, $s^2=-20 \Rightarrow s=\pm j\sqrt{20}$이므로 근의 위치가 s평면의 경계이므로 이 제어계는 '임계진동'한다.

③ $s^1$행의 1열 값은 $A(s)$를 s에 관해 미분한 식에서 $s^1$의 계수이므로 18이다.

## ③ 후르비츠 행렬

**(1) 안정 조건**

① 특성방정식 $F(s)=a_0s^n+a_1s^{n-1}+a_2s^{n-2}+\cdots$으로부터 $n\times n$행렬을 만들어서 안정성을 판별한다.

② 행렬식의 값이 모두 양의 정수이면 안정이고, 음의 부호가 하나라도 나오면 불안정으로 판별한다.

**(2) 후르비츠 행렬 만들기**

① 행렬 $H_{nn}$의 대각선 성분은, 특성방정식 최고차항의 계수 $a_0$를 제외한 $a_1$부터 $a_n$까지 차례로 적는다.

$$H_{11}=(a_1) \quad H_{22}=\begin{pmatrix}a_1 & a_3\\ a_0 & a_2\end{pmatrix} \quad H_{33}=\begin{pmatrix}a_1 & a_3 & a_5\\ a_0 & a_2 & a_4\\ 0 & a_1 & a_3\end{pmatrix}$$

② 행렬의 각 행은 대각선 성분을 기준으로 적되, 대각선 성분이 $a_k$이면 앞열은 $a_{k-2}$를 뒷열은 $a_{k-2}$를 적는다. 특성방정식이 s에 관한 $n$차식이면 $H_{11}$, $H_{22}$, $H_{33}$, $\cdots$, $H_{nn}$의 정방 행렬을 만들 수 있다.

$$H_{44}=\begin{pmatrix}a_1 & a_3 & a_5 & a_7\\ a_0 & a_2 & a_4 & a_6\\ 0 & a_1 & a_3 & a_5\\ 0 & a_0 & a_2 & a_4\end{pmatrix}$$

③ $H_{11}$, $H_{22}$, $H_{33}$, …의 행렬식이 전부 (+)이면 제어계는 안정이다. 하나라도 (−)부호이면 제어계는 불안정으로 판정한다.

## ④ 나이퀴스트 선도

### (1) 나이퀴스트 선도 활용법

① 루스 판별법에서는 $1 + G(s)H(s) = 0$이라는 특성방정식의 계수를 이용하여 절대 안정도를 판정하는 반면에, 나이퀴스트 판별법에서는 각주파수 $\omega$의 증감에 따른 개루프 전달함수 $G(j\omega)H(j\omega)$의 벡터 궤적( = 나이퀴스트 선도)을 GH평면에 그려서 상대 안정도를 판정한다.

② 나이퀴스트 선도를 분석하여 안정인지 불안정인지 판정한 다음에 이득 여유를 계산하여 임계안정으로부터 얼마나 가깝고 먼지를 판정한다.

### (2) 사상(mapping) 개념 이해하기

① $s = \sigma + j\omega$라는 어떤 복소수를 $F(s)$에 대입하면 $c + jd$라는 또다른 복소수를 얻을 수 있다. 어떤 점 s에 대응되는 F평면의 함수값을 구할 수 있으므로 s의 궤적에 대응되는 F평면상의 궤적도 구할 수 있다.

② s평면에 표시된 어떤 점이 특성근이라면 이 점의 mapping값은 F평면에서 원점이다. 왜냐 하면 특성근은 $F(s)$를 0으로 만드는 s값이기 때문이다.

③ 아래 그림은 s평면의 특정한 벡터궤적을 F평면에 사상시키고 다시 GH 평면에 사상시킨 결과이다.

만약 $s_1$과 $s_2$가 특성근이고 s평면의 궤적이 $s_1$과 $s_2$을 감싼 채 시계 방향으로 회전하여 폐곡선을 형성하였다면, F평면에 매핑한 경로는 원점을 내부에 포함하면서 시계 반대 방향으로 회전하는 폐곡선이 되고, GH평면에 매핑한 경로는 $-1 + j0$을 내부에 포함하면서 시계 반대 방향으로 회전하는 폐곡선이 된다.

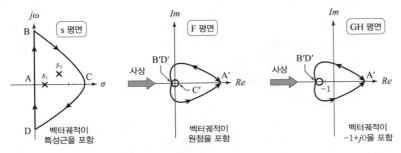

④ 안정도 판별: 개루프 전달함수의 벡터 궤적이 (−1, j0)의 우측을 지나가면 안정한 계이다.

⑤ 특성근이 s평면의 우반부에 위치하므로 불안정 ⇔ 벡터 궤적이 (−1, j0)의 좌측을 지나가면 불안정

## (3) 나이퀴스트 선도에서 이득 여유와 위상 여유

① $H(j\omega) = 1$이면 개루프 전달함수 $G(j\omega)H(j\omega) = G(j\omega)$이므로 주파수 전달함 수의 벡터 궤적이 바로 나이퀴스트 선도와 같다.

아래 그림은 $G(j\omega) = \dfrac{K}{j\omega(j\omega+1)}$의 나이퀴스트 선도이며, 각주파수 $\omega$를

0, 1, ∞로 변화시키면서 $G(j\omega)$를 구해 보면 $\infty$, $-\dfrac{1}{2}+j(-\dfrac{1}{2})$, 0이다.

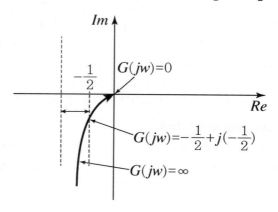

전달함수의 분모가 $s^1 \times$(s에 관한 1차식)이므로 출발점이 $-j$축상에 있고 1개의 면을 통과한다. 전달함수의 분모가 s에 관한 2차식으로 주어지는 2차 미분 제 어계의 벡터 궤적은 임계점의 우측을 지난다.

② 벡터 궤적이 임계점(-1, j0)의 우측을 지나가므로 제어계는 안정이고, 임계점까 지 ↔만큼의 이득 여유가 있다고 말할 수 있다. 이득 여유를 수식으로 나타내면

$g_m = 20\log|-1| - 20\log|G(j\omega)H(j\omega)| = 20\log\dfrac{1}{|G(j\omega)H(j\omega)|}$이다. (단, 허수

부를 0으로 만드는 $\omega$를 대입)

③ 벡터 궤적의 크기가 1일 때의 위상이 -180°과 이루는 각을 위상 여유라고 한다. 아래 그림에서 위상 여유는 단위원과 벡터 궤적이 만나는 교점을 통해 구할 수 있다.

④ 이득 여유 $g_m$(margin of gain)과 위상 여유 $\theta_m$이 양수이면 이 제어계는 안정 하다고 판정한다.

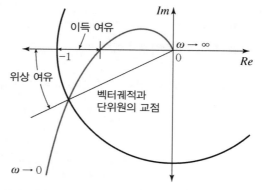

⑤ 이득 여유와 위상 여유를 통해 안정도 개선법을 알 수 있지만 오차 응답과 정 상 오차는 알 수 없다.

## (4) 벡터 궤적의 회전수와 안정도 판정

① $s = \sigma + j\omega$라는 벡터 궤적이 임계점 $(-1, j0)$을 끼고 반시계 방향으로 회전한 횟수 N을 조사한다.

② $G(s)H(s)$의 특성근 중에서 s평면의 우반면에 존재하는 영점의 수 $Z$와 우반면에 존재하는 극점의 수 $P$를 조사한다.

③ 만약 $N = Z - P$가 성립하면 이 제어계는 '안정'으로 판정한다.

  ☞ 전달함수 $G(s) = \dfrac{s+2}{s^2+1}$의 극점은 $s = \pm j$이고, 영점은 $s = -2$, $s = \infty$이다. 분모의 차수가 분자보다 더 높을 때에는 $s \to \infty$ 조건에서 $G(s) \to 0$이 되기 때문이다.

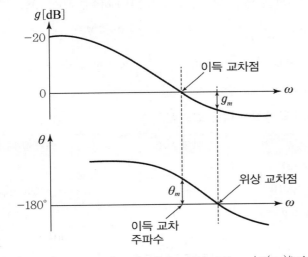 
참고 & 심화

# ⑤ 보드 선도

## (1) 보드 선도에서 이득 곡선과 위상 곡선

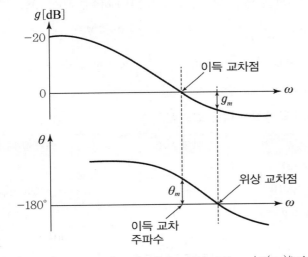

① **이득 곡선**: 가로축은 $\log\omega$이고 세로축은 이득($= 20\log_{10}|G(j\omega)|$)인데, 세로축의 기준값은 0[dB]이다. 이득 곡선이 가로축과 만나는 교점의 주파수 값을 '이득 교차 주파수'라고 부른다. 이득 여유 $g_m$은 위상 곡선이 $-180°$ 축과 교차되는 점에 대응되는 이득의 크기이다.

② **위상 곡선**: 가로축은 $\log\omega$이고 세로축은 위상$\left(= \tan^{-1}\dfrac{b}{a}\right)$인데, 세로축의 기준값은 $-180°$이다. 위상 여유 $\theta_m$은 이득 교차 주파수에서의 위상각에 $180°$를 더한 값이다.

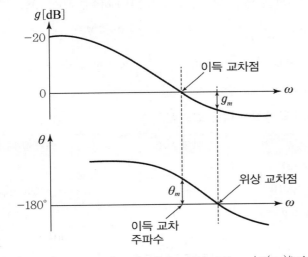

## (2) 안정도 판정

① 이득 곡선에서 안정과 불안정의 경계는 0[dB]이다. 선도가 0[dB]의 상부에 있으면 안정이다.

② 위상 곡선에서 안정과 불안정의 경계는 -180°이다. 선도가 -180°의 상부에 있으면 안정이다.

☞ 나이퀴스트 선도에서의 임계점(-1,j0)에 대응되는 보드 선도에서의 임계 이득과 위상은 0dB, -180°

③ 이득 여유 $g_m$과 위상 여유 $\theta_m$이 양수이면 안정하며 $g_m$과 $\theta_m$이 클수록 안정도가 증가한다.

④ 개루프 전달함수의 극점과 영점이 우반면에 있을 경우 보드 선도에 의한 안정도 판별이 불가하다.

## (3) 절점 주파수(cut-off frequency)

① 이득 곡선의 곡률이 급변하는 지점의 주파수를 절점 주파수라고 한다.

② 절점 주파수에서는 전달함수의 실수부 + 허수부 = 0이 성립한다.

$G(s) = \dfrac{c}{a+jb}$ 이면 실수부 + 허수부 = 0으로부터 $\dfrac{ca}{a^2+b^2} + \dfrac{-cb}{a^2+b^2} = 0$

$\Rightarrow a = b$ 이다. 따라서 $G(s) = \dfrac{1}{5s+1}$ 의 절점 주파수는 $5\omega = 1$를 만족하므로 $\omega = 0.2[\text{rad/sec}]$이다.

## (4) 제어요소의 종류에 따른 보드 선도

| 제어계 | 비례 요소 | n차 미분 요소 |
|---|---|---|
| $G(j\omega)$ | $k$ | $j\omega$ |
| 이득 $g$[dB] | $20\log_{10}k$ | $20\log_{10}\omega$ |
| 위상 $\theta$ | $\angle 0°$ | $\angle 90°$ |
| 보드 선도 (이득 곡선 & 위상 곡선) | | |

| 제어계 | n차 적분 요소 | 1차 지연 요소 |
|---|---|---|
| $G(j\omega)$ | $\dfrac{1}{j\omega}$ | $\dfrac{1}{1+j\omega T}$ |
| 이득 $g$[dB] | $-20\log_{10}\omega$ | $-20\log_{10}\sqrt{1+(\omega T)^2}$ |
| 위상 $\theta$ | $\angle -90°$ | $-\tan^{-1}\omega T$ |
| 보드 선도 (이득 곡선 & 위상 곡선) | | |

## (5) 나이퀴스트 선도 vs 보드 선도

| 비교 항목 | 나이퀴스트 선도(Nyquist diagram) | 보드 선도(Bode Plot) |
|---|---|---|
| 개념 | 주파수 변화에 따른 $G(j\omega)H(j\omega)$의 벡터궤적을 복소 평면에 나타낸 것. 곡선의 화살표 방향으로 주파수가 증가한다. | 주파수를 변화시키면서 $G(j\omega)H(j\omega)$의 이득과 위상을 각각의 그래프로 나타낸 것. 가로축의 주파수 눈금은 0.1, 1.0, 10, 100 등이다. |
| 공식 | 이득 여유 $= g_m = -20\log|G(j\omega)H(j\omega)|$ 위상 여유 $= \theta_m =$ 루프 이득이 1.0일 때 응답의 위상과 $-180°$의 차 | 이득 $= g = 20\log|G(j\omega)H(j\omega)|$ 위상 $= \theta = \angle G(j\omega)H(j\omega)$ |
| 안정도 판정 | 기준점 $(-1, j0)$ $g_m$과 $\theta_m$을 통해 안정도 개선법을 알 수 있다. | 경계선 0dB, $-180°$ $g_m$과 $\theta_m$이 양수이면 안정, 값이 클수록 안정도가 증가한다. |

## 1 간단한 특성방정식의 근궤적

(1) 블록 선도와 신호흐름 선도에서는 폐루프 전달함수 $M(s)$가 중요하지만, 제어계의 안정도를 판정할 때에는 개루프 전달함수 $G(s)H(s)$의 영점, 극점이 활용된다. $M(s)$의 분모를 0으로 만드는 $1+G(s)H(s)=0$의 해를 구하는 대신에, 개루프 전달함수 $G(s)H(s)$의 분자 $k$를 0부터 $\infty$까지 변화시켜가면서 특성근의 궤적을 그려서 해석하면 제어계의 상대 안정도를 알아낼 수 있다. 근궤적법은 시간 영역 제어계 설계에 주로 이용되며, 보드 선도와 나이퀴스트 선도는 주파수 영역 제어계 연구에 유용하다.

(2) 개루프 전달함수의 일반꼴은 $\dfrac{k \cdot N(s)}{D(s)}$이지만 간단히 $\dfrac{k}{s(s+2)}$로 가정하고 특성방정식을 구해 보면,

$$G(s)H(s) = \frac{k}{s(s+2)} \Rightarrow F(s) = 1 + G(s)H(s) = 1 + \frac{k}{s(s+2)}$$

$\Rightarrow$ 특성방정식: $s^2 + 2s + k = 0$이다.

(3) 근의 공식에 대입하면 $s = -1 \pm \sqrt{1-k}$, $k$값의 변화에 따른 특성근 $s$의 궤적은 아래 그림과 같다. $k$가 0에서 1로 커짐에 따라 $s$는 $-2$ 또는 0에서 출발하여 $-1$로 접근하며, $k$가 1에서 $\infty$로 커짐에 따라 $s$는 $-1$에서 출발하여 $-1+j\infty$ 또는 $-1-j\infty$로 멀어진다. $k=0$일 때의 $s$값이 근궤적의 출발점이고, $k=\infty$일 때의 $s$값이 근궤적의 도착점이다.

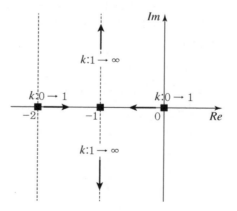

(4) **안정도 판정**: $0 < k < 1$이면 특성근이 음의 실수이므로 제어계는 과제동 상태, $k=1$이면 임계 제동, $k>1$이면 $s = \alpha \pm j\omega_d$가 되어 제어계는 부족 제동(감쇠 진동) 상태이다.

## ② 복잡한 특성방정식의 근궤적

### (1) 근궤적의 출발점과 도착점

① 개루프 전달함수의 일반꼴 $\dfrac{k \cdot N(s)}{D(s)}$에 대해서, 분모 $D(s)$를 0으로 만드는

$s$가 극점이고 분자 $N(s)$를 0으로 만드는 $s$가 영점이다.

$F(s) = 1 + G(s)H(s) = 0 \Rightarrow$ 특성방정식: $D(s) + kN(s) = 0$이다.

② $k = 0$이면 $D(s) = 0 \Rightarrow s$가 극점 $\Rightarrow$ 근궤적의 출발점은 개루프 전달함수의 극점이다.

③ $k \to \infty$이면 $N(s) \to 0$이어야 특성방정식이 성립한다. $\Rightarrow s$가 영점 $\Rightarrow$ 근궤적의 도착점은 개루프 전달함수의 영점이다.

### (2) 근궤적의 수와 범위

① 근궤적의 가지(branch) 수는 극점과 영점의 개수 중에서 더 큰 값과 일치한다. 일반적으로 극점 수가 더 많으며 근궤적의 수는 특성방정식의 차수와 같다.

② 실수축상의 한 점에서 분기한 2개의 근궤적은 항상 실수축에 대하여 대칭을 이룬다.

③ 영점의 개수 + 극점의 개수 = 홀수이면 근궤적은 홀수번째 구간에만 존재한다. 예를 들어, –3, –2, –1이 순서대로 극점, 영점, 극점인 경우 s<–3인 첫 번째 구간과 –2 < s < –1인 세 번째 구간에 근궤적이 존재한다.

### (3) 점근선의 수와 점근선의 실수축 교차점

① 영점 Z의 개수를 m, 극점 p의 개수를 n이라 하면, 근궤적 점근선의 개수는 $n - m$이며 양의 실축과 이루는 점근선 각도 $\theta = \dfrac{(2k+1)\pi}{n-m}$이다. 단, $k = 0, 1, 2, \ldots n - m - 1$이므로 점근선 개수만큼 존재한다.

② 점근선의 실수축 교차점 $\delta$는 실수축상에 있으며 그 값은 $\delta = \dfrac{\sum p - \sum Z}{n - m}$이다.

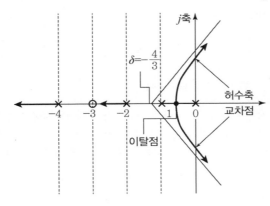

$G(s)H(s) = \dfrac{k(s+3)}{s(s+1)(s+2)(s+4)}$ 으로 개루프 전달함수가 주어진 경우 영점과 그 개수는 $Z=-3, m=1$이고 극점과 그 개수는 $p=0,-1,-2,-4, n=4$ 이다. $\Rightarrow$ $k=0,1,2$이므로 $\theta = 60°, 180°, 300°$이다. $n-m=3$, $\sum p = -7$, $\sum Z = -3$를 대입하면 $\delta = \dfrac{\sum p - \sum Z}{n-m} = -\dfrac{4}{3}$이다. -1과 0 사이에서 출발한 근궤적은 허수축 교차점을 지나 s평면의 우반면으로 접어들기 때문에 불안정이며 그 출발점을 분지점(이탈점)이라고 부른다.

☞ 두 점근선이 만나는 교점은 실수축상에 있으며 이 점이 $\delta$이다. 각각의 점근선은 허수축을 통과하는데 이 점을 허수축 교차점이라고 부르지는 않는다. 즉, 두 점근선은 허수축상에서 교차하지 않는다.

## (4) 근궤적의 허수축 교차점과 분지점

① 허수축 교차점은 좌반면과 우반면의 경계이므로 안정과 불안정의 경계, 즉 임계 안정이다. $\Rightarrow$ 루스표에서 1열의 부호가 모두 같거나 하나가 다른 것의 경계, 즉 0이면 임계 안정이다. $\Rightarrow$ 보조방정식을 이용하면 허수축 교차점을 구할 수 있다. 예를 들어

$G(s)H(s) = \dfrac{k}{s(s+4)(s+5)}$ 일 때 $s^3 + 9s^2 + 20s + k = 0$이고, 루스표를 이용하면 $k=180$이고, 보조방정식 $9s^2 + 180 = 0$으로부터 허수축 교차점 $s = \pm j\sqrt{20}$이다.

② 분지점(이탈점)은 2개의 근궤적이 분기하는 출발점이므로 분지점이라고 명명하였고, s평면의 우반면으로 이탈하여 안정이 깨지는 근궤적의 근원이므로 이탈점이라고도 명명하였다. 분지점 근처에서는 $k$를 조금만 변화시켜도 s가 급변하므로 $\dfrac{dk}{ds}=0$이 성립하는데, 이중에서 홀수번째 구간에 해당하는 $s$를 선택하면 그것이 분지점이다. 예를 들어

$G(s)H(s) = \dfrac{k}{s(s+1)(s+4)}$ 이면 특성방정식 $s(s+1)(s+4) + k = 0$이고, $\dfrac{dk}{ds} = 0$ $\Rightarrow$ $s = \dfrac{-5 \pm \sqrt{13}}{3}$ 중에서 3번째 구간($-1 < s < 0$)에 해당하는 $\dfrac{-5 + \sqrt{13}}{3}$가 바로 분지점이다.

☞ 두 근궤적이 실수축상에서 만났다가 아래위로 분기하는데 실수축과 만나는 점을 교차점이라 명명하지 않고 이탈점이라고 부른다. 각각의 근궤적은 허수축을 통과하는데 이 점을 허수축 교차점이라고 한다.

# CHAPTER 07 상태공간법과 z변환

## 1 상태공간법

### (1) 상태방정식과 출력방정식

① 근궤적법과 보드 선도는 주파수 영역의 해석 및 설계 기법이고, 이 장에서 다룰 상태공간법은 시간 영역의 해석 및 설계 기법이다.

② 전달함수를 이용한 제어계 해석 및 설계 기법은 선형 시불변 시스템에만 적용할 수 있으나, 상태공간법(state-space technique)을 이용한 제어계 해석 및 설계 기법은 선형 시불변 시스템을 포함한 비선형 다중 입출력의 시스템에도 적용할 수 있어서 편리하다.

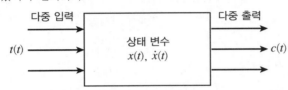

③ 상태공간법에서는 계의 특성을 1차 연립미분방정식으로 표현하며 상태방정식의 기본식은 $\dot{x}(t) = Ax(t) + Bu(t)$이다. 상태방정식은 행렬로 표시하기도 하며, 계수 행렬 $A$를 시스템 행렬, 계수 행렬 $B$를 입력 행렬이라고 부른다.

시스템 행렬      입력 행렬

$$\frac{d}{dt}\underbrace{x(t)}_{\text{상태 벡터}} = \underbrace{[A]}\,x(t) + \underbrace{[B]}\,\underbrace{u(t)}_{\text{입력 벡터}}$$

④ 출력방정식: $y(t) = Cx(t) + Du(t)$ (* 단, $C$는 출력 행렬, $D$는 외란 행렬)

### (2) 상태공간에서의 전달함수와 특성방정식

① $\dfrac{d}{dt}x(t) = Ax(t) + Bu(t)$를 라플라스 변환하면

$sX(s) - X(0) = AX(s) + B \cdot U(s) \Rightarrow$ s에 단위행렬 $I$를 곱하고 이항하면,

$(sI - A)X(s) = X(0) + B \cdot U(s)$

$\Rightarrow X(s) = (sI - A)^{-1}X(0) + (sI - A)^{-1}B \cdot U(s)$이고 초기값 $X(0) = 0$이면

$X(s) = (sI - A)^{-1}B \cdot U(s)$이다. 출력방정식을 라플라스 변환하고 외란 = 0 조건을 적용,

$Y(s) = CX(s)$에 대입, $Y(s) = C \cdot (sI - A)^{-1}B \cdot U(s)$

$\Rightarrow$ 전달함수 $G(s) = \dfrac{Y(s)}{U(s)} = \dfrac{C \cdot \text{adj}(sI - A)B}{|sI - A|}$

② 전달함수의 분모를 0으로 놓으면 특성방정식이 되므로, $F(s) = |sI - A| = 0$가 특성방정식이고, 이 방정식의 근을 고유값이라고 부른다.

$$|sI - A| = 0$$

③ $3 \times 3$ 정방행렬 $F$의 역행렬 구하는 과정: $M_{ij}$는 $F_{ij}$가 속한 행과 열을 제외한 $2 \times 2$소행렬의 행렬식으로 정의되며, 만약 $F$가 다음과 같다면 $M_{ij}$는 $1 \times 5 - 2 \times 4$가 된다. $M_{ij}$을 성분으로가지는 $F$의 여인수 행렬은 다음과 같다.

$$F = \begin{pmatrix} 1 & 2 & 5 \\ 2 & 3 & \boxed{7} \\ 4 & 5 & 6 \end{pmatrix} \longrightarrow F_{23}$$

$$\text{adj}F = \begin{bmatrix} (-1)^{1+1}M_{11} & (-1)^{1+2}M_{12} & (-1)^{1+3}M_{13} \\ (-1)^{2+1}M_{21} & (-1)^{2+2}M_{22} & (-1)^{2+3}M_{23} \\ (-1)^{3+1}M_{31} & (-1)^{3+2}M_{32} & (-1)^{3+3}M_{33} \end{bmatrix}^T$$

$$= \begin{bmatrix} +M_{11} & -M_{21} & +M_{31} \\ -M_{12} & +M_{22} & -M_{32} \\ +M_{13} & -M_{23} & +M_{33} \end{bmatrix}$$

$$\Rightarrow F\text{의 역행렬} = \frac{\text{adj}F}{|F|}$$

④ $2 \times 2$ 정방행렬 $F = \begin{bmatrix} 5 & 4 \\ 3 & 2 \end{bmatrix}$를 공식에 적용해 보면,

$$F^{-1} = \frac{1}{10-12}\begin{bmatrix} +2 & -3 \\ -4 & +5 \end{bmatrix}^T = -\frac{1}{2}\begin{bmatrix} 2 & -4 \\ -3 & 5 \end{bmatrix}$$이다.

### (3) 시스템 행렬(= 상태 행렬) 구하는 방법

① A가 $2 \times 2$행렬이 되는 미분방정식 예제

$$\frac{d^2}{dt^2}c(t) + 3\frac{d}{dt}c(t) + 2c(t) = r(t) \Rightarrow (s^2 + 3s + 2)C(s) = R(s)$$

$$\Rightarrow C(s)/R(s) = 1/(s+1)(s+2)$$

$c(t)$를 $x_1(t)$로 대치시키면 1차 도함수 $\frac{d}{dt}c(t)$는 $\dot{x_1}(t)$인데 $x_2(t)$로 표현하기로 한다.

즉, $\dot{x_1}(t) = 0 \cdot x_1(t) + 1 \cdot x_2(t)$ …… (i)식이고 미분방정식에 적용하면

$\dot{x_2}(t) + 3x_2(t) + 2x_1(t) = r(t)$이므로 이항하면 $\dot{x_2}(t) = -2 \cdot x_1(t) - 3 \cdot x_2(t) + r(t)$ …… (ii)식이다. 두 식을 행렬로 표현하면 아래와 같다.

$$\begin{bmatrix} \dot{x_1} \\ \dot{x_2} \end{bmatrix} = \begin{bmatrix} 0 & 1 \\ -2 & -3 \end{bmatrix}\begin{bmatrix} x_1 \\ x_2 \end{bmatrix} + \begin{bmatrix} 0 \\ 1 \end{bmatrix}r(t)$$

행렬 A의 1행: 항상 0, 1이고

2행: 3, 2의 순서 & 부호를 반대로

따라서 $|sI - A| = 0$에 대입하여 특성방정식을 구하면 $3s + 2 = 0$이다.

② A가 3 × 3행렬이 되는 미분방정식 예제

앞에서 정의한 대로, $\dot{x}_1(t) = 0 \cdot x_1(t) + 1 \cdot x_2(t) + 0 \cdot x_3(t)$ …… (i)식

$x_2(t)$를 미분한 값 $\dot{x}_2(t)$를 $x_3(t)$로 표현해도 되므로

$\dot{x}_2(t) = 0 \cdot x_1(t) + 0 \cdot x_2(t) + 1 \cdot x_3(t)$ …… (ii)식

$$\frac{d^3}{dt^3}c(t) + 3\frac{d^2}{dt^2}c(t) + 2\frac{d}{dt}c(t) + 1c(t) = r(t)$$

⇒ 미분방정식을 상태벡터 $x_k(t)$로 표현하면,

$\dot{x}_3(t) + 3x_3(t) + 2x_2(t) + x_1(t) = r(t)$이고 이항하면

$\dot{x}_3(t) = -x_1(t) - 2x_2(t) - 3x_3(t) + r(t)$ …… (iii)식이 되므로 3개의 방정식을 행렬로 표현하면 아래와 같다. 따라서 $|sI - A| = 0$에 대입하여 특성방정식을 구하면

$s^3 + 3s^2 + 2s + 1 = 0$이다.

$$\begin{bmatrix} \dot{x}_1 \\ \dot{x}_2 \\ \dot{x}_3 \end{bmatrix} = \begin{bmatrix} 0 & 1 & 0 \\ 0 & 0 & 1 \\ -1 & -2 & -3 \end{bmatrix} \begin{bmatrix} x_1 \\ x_2 \\ x_3 \end{bmatrix} + \begin{bmatrix} 0 \\ 0 \\ 1 \end{bmatrix} r(t)$$

## ② 상태 천이행렬과 가제어, 가관측

### (1) 상태 천이행렬

① 어떤 계에 대하여 $r(t) = 0$이라는 초기값만 주어졌을 때 계통의 시간적 추이 상태를 나타내는 식을 상태 천이행렬이라고 한다.❶

② $\dfrac{d}{dt}x(t) = Ax(t) + Bu(t)$에 입력 행렬 $B = 0$을 대입하면

$\dfrac{d}{dt}x(t) = Ax(t)$ …… (i)식이고, 라플라스 변환하면, $sX(s) - x(0) = AX(s)$

⇒ $X(s) = (sI - A)^{-1}x(0)$, 라플라스 역변환하면,

$x(t) = \mathcal{L}^{-1}[(sI - A)^{-1}]x(0)$인데, $\mathcal{L}^{-1}[(sI - A)^{-1}]$를 상태 천이행렬 $\phi(t)$로 정의하면, $x(t) = \phi(t) \cdot x(0)$ …… (ii)식이 성립한다.

(i)식으로부터 $x(t) = 상수 \times e^{At} = x(0)e^{At}$로 놓을 수 있고 (ii)식과 비교하면 $\phi(t) = e^{At}$ …… (iii)식이다.

☞ 출력의 초기값 $x(0)$에 상태 천이행렬를 곱해 주면 시간 t 경과 후의 출력 $x(t)$를 알 수 있다.

참고 & 심화

❶
상태방정식은 선형 시불변 제어계와 비선형 시변 제어계에 둘 다 적용이 가능하며 선형 시불변계의 천이행렬 $\phi(t)$는 정상상태 이전의 과도 응답을 나타낸다.

③ $\dfrac{d}{dt}x(t) - Ax(t) = Bu(t)$의 양변에 $e^{-At}$를 곱하면

$\dfrac{d}{dt}[e^{-At}x(t)] = e^{-At}Bu(t)$이고, $t$대신 $\tau$를 대입, 양변을 $\tau$에 관해 적분하면,

$\displaystyle\int_0^t \dfrac{d}{d\tau}[e^{-A\tau}x(\tau)]d\tau = \int_0^t e^{-A\tau}B \cdot u(\tau)d\tau \Rightarrow$

$e^{-At}x(t) - x(0) = \displaystyle\int_0^t e^{-A\tau}B \cdot u(\tau)d\tau$, $e^{At}$를 곱하면

$\Rightarrow x(t) = e^{At}x(0) + \displaystyle\int_0^t e^{A(t-\tau)}B \cdot u(\tau)d\tau$인데, 앞의 (iii)식에 의해 $e^{At}$ 대신에

$\phi(t)$를, $e^{A(t-\tau)}$ 대신에 $\phi(t-\tau)$를 대입할 수 있다.

> 천이행렬의 적분방정식 $x(t) = \phi(t)x(0) + \displaystyle\int_0^t \phi(t-\tau)Bu(\tau)d\tau$

### (2) 상태 천이행렬의 성질

① $\phi(t) = e^{At}$이므로  $d\phi(t)/dt = A\phi(t)$이고, $\phi(0) = e^0 = I$이다.
② $\phi(t)^{-1} = \phi(-t)$이고, $\phi(t_2 - t_1)\phi(t_1 - t_0) = \phi(t_2 - t_0)$이다.
③ $[\phi(t)]^k = \phi(kt)$이다.

### (3) 가제어, 가관측

① $\dot{x}(t) = Ax(t) + Bu(t)$로 표시되는 어떤 제어 시스템의 초기 상태를 우리가 원하는 임의의 최종 상태로 유한 시간 이내에 변화시킬 수 있다면  그 제어 시스템은 가제어(controllable)하다고 말한다.

② $\dot{x}(t) = Ax(t) + Bu(t)$로 표시되는 어떤 제어 시스템의 출력을 유한 시간 동안 관측하여 초기 상태변수 $x(t_0)$를 알아낼 수 있다면 그 제어 시스템은 가관측 (observable)하다고 말한다.

## ③ 상태공간법 관련 문제의 해결 절차

| 단계 | 단계 설명 | 실제 사례 |
|---|---|---|
| (1) 개루프 전달함수 | $M(s) = \dfrac{G(s)}{1 + G(s)}$ 을 이용, 폐루프 전달함수를 구한다. | 개루프 전달함수 $= \dfrac{5}{s(s+1)}$, 폐루프 전달함수 $G(s) = \dfrac{5}{s^2 + s + 5}$ |
| (2) 입력, 출력에 관한 방정식 | $G(s) = \dfrac{C(s)}{R(s)}$ 을 이용하여 방정식을 세운다. | $\dfrac{C(s)}{R(s)} = \dfrac{5}{s^2 + s + 5}$ $s^2 C(s) + sC(s) + 5C(s) = 5R(s)$ |
| (3) $c(t),\ r(t)$에 관한 미분방정식 | 라플라스 역변환 해서 미분방정식을 세운다. | $\dfrac{d^2}{dt^2}c(t) + \dfrac{d}{dt}c(t) + 5c(t) = 5r(t)$ |

| (4) 상태변수 $\dot{x}_1(t)$, $\dot{x}_2(t)$에 관한 상태방정식 | $c(t) \to x_1(t)$, $\dfrac{d}{dt}c(t) \to x_2(t)$ $\dfrac{d^2}{dt^2}c(t) \to \dot{x}_2(t)$ 치환한다. | $\dot{x}_1(t) = 0 \cdot x_1(t) + 1 \cdot x_2(t)$ $\dot{x}_2(t) = -5 \cdot x_1(t) - 1 \cdot x_2(t) + 5r(t)$ |
|---|---|---|
| (5) 행렬로 표시한 상태방정식 | 행렬을 이용한 상태방 정식으로 표현, 시스템 행렬 A를 구한다. $\dfrac{d}{dt}x(t)$ $= Ax(t) + Bu(t)$ | $\begin{bmatrix} \dot{x}_1 \\ \dot{x}_2 \end{bmatrix} = \begin{bmatrix} 0 & 1 \\ -2 & -3 \end{bmatrix}\begin{bmatrix} x_1 \\ x_2 \end{bmatrix} + \begin{bmatrix} 0 \\ 1 \end{bmatrix}r(t)$ $A = \begin{bmatrix} 0 & 1 \\ -2 & -3 \end{bmatrix}$ $sI-A = \begin{bmatrix} s & -1 \\ 2 & s+3 \end{bmatrix}$ |
| (6) 특성방정식 | $|sI-A| = 0$에 대입하여 특성방정식을 세운다. | 특성방정식 $s(s+3)+2=0$ 특성근이 $-1$, $-2$이므로 계는 안정 |
| (7) 상태 천이행렬 | $\phi(t)$ $= \mathcal{L}^{-1}[(sI-A)^{-1}]$ 을 이용해야 하므로 $sI-A$의 역행렬을 구한 뒤 각 성분을 라플라스 역변환 시킨다. | $(sI-A)^{-1} = \dfrac{1}{(s+1)(s+2)}\begin{bmatrix} s+3 & 1 \\ -2 & s \end{bmatrix}$ $= \begin{bmatrix} \dfrac{2}{s+1}+\dfrac{-1}{s+2} & \dfrac{1}{s+1}+\dfrac{-1}{s+2} \\ \dfrac{-2}{s+1}+\dfrac{2}{s+2} & \dfrac{-1}{s+1}+\dfrac{2}{s+2} \end{bmatrix}$ $\mathcal{L}^{-1}$하면 $2e^{-t}-1e^{-2t}$ 등에 나옴 |
| (8) 전달함수 | $G(s)$ $= \dfrac{C \cdot \text{adj}(sI-A)B}{|sI-A|}$ | $(sI-A)^{-1} \equiv \dfrac{\text{adj}(sI-A)}{|sI-A|}$ 을 이용 |

## 4 Z변환

### (1) 라플라스 변환과 Z변환의 비교

① 라플라스 변환은 입력이 연속적인 연속 동작 제어계에서 사용하고, Z변환은 이산 시간 신호가 사용되는 불연속 동작 제어계(이산 시스템, 디지털 제어계)에서 주로 사용한다.

② 라플라스 변환식은 $\mathcal{L}[f(t)] = F(s) = \displaystyle\int_0^\infty f(t) \cdot e^{-st}dt$에서 $t$는 연속적인 시간이고, Z변환식은 $F(z) = \displaystyle\sum_{k=0}^\infty f(kT) \cdot e^{-skT} = \sum_{k=0}^\infty f(kT) \cdot z^{-k}$에서 $kT$는 샘플링 주기의 정수배를 의미하고 $z = e^{sT}$이다.

## (2) 기본 함수의 Z변환

① 입력이 임펄스 $\delta(t)$이면 $F(s) = 1$이고, $F(z) = 1$이다.

② 입력이 인디셜 $u(t)$이면 $f(kT)$가 항상 1이므로,

$F(z) = \sum_{k=0}^{\infty} z^{-k} = 1 + z^{-1} + z^{-2} + \cdots$이고 무한등비급수 공식을 적용하면

$F(z) = \dfrac{1}{1 - z^{-1}} = \dfrac{z}{z-1}$ 이다.

| $f(t)$ | $F(s)$ | $F(z)$ |
|:---:|:---:|:---:|
| $\delta(t)$ | 1 | 1 |
| $u(t)$ | $\dfrac{1}{s}$ | $\dfrac{z}{z-1}$ |
| $t \cdot u(t)$ | $\dfrac{1}{s^2}$ | $\dfrac{Tz}{(z-1)^2}$ |
| $e^{-at}$ | $\dfrac{1}{s+a}$ | $\dfrac{z}{z-e^{-aT}}$ |

③ 입력이 계단 함수이면 $f(kT) = kT$이므로

$F(z) = 0 \cdot 1 + 1 Tz^{-1} + 2Tz^{-2} + 3Tz^{-3} + \ldots$이고

$z^{-1}F(z) = 1Tz^{-2} + 2Tz^{-3} + 3Tz^{-4} + \ldots$를 변끼리 빼고 정리하면,

$F(z) = \dfrac{Tz}{(z-1)^2}$ 임이 증명된다.

④ 입력이 $f(t) = e^{-at}$이면 $f(kT) = e^{-akT}$이므로

$F(z) = 1 + e^{-aT}z^{-1} + e^{-2T}z^{-2} + e^{-3T}z^{-3} + \ldots,$

무한등비급수 공식을 적용하면 $F(z) = \dfrac{1}{1 - e^{-aT} \cdot z^{-1}} = \dfrac{z}{z - e^{-aT}}$이다.

## (3) 삼각함수의 Z변환

① 오일러 공식과 Z변환의 합차 공식을 이용하면 삼각함수의 Z변환을 구할 수 있

다. 입력이 $f(t) = \sin\omega t = \dfrac{e^{j\omega t} - e^{-j\omega t}}{j2}$이면

$z[\sin\omega t] = \dfrac{1}{j2}(z[e^{j\omega t}] - z[e^{-j\omega t}]) = \dfrac{1}{j2} \left( \dfrac{z}{z - e^{j\omega T}} - \dfrac{z}{z - e^{-j\omega T}} \right)$인데,

통분하면 $\dfrac{z}{j2} \dfrac{e^{j\omega T} - e^{-j\omega T}}{z^2 - z(e^{j\omega T} + e^{-j\omega T}) + 1} = \dfrac{z(\sin\omega T)}{z^2 - z(2\cos\omega T) + 1}$이다.

$$\cos\omega t = \frac{e^{j\omega t} + e^{-j\omega t}}{2}$$

$$\sin\omega t = \frac{e^{j\omega t} - e^{-j\omega t}}{j2}$$

$$z[f_1(t) + f_2(t)] = z[f_1(t)] + z[f_2(t)]$$

② 입력이 $f(t) = \cos\omega t = \dfrac{e^{j\omega t} + e^{-j\omega t}}{2}$ 이면

$z[\cos\omega t] = \dfrac{1}{2}(z[e^{j\omega t}] + z[e^{-j\omega t}]) = \dfrac{1}{2}\left( \dfrac{z}{z - e^{j\omega T}} + \dfrac{z}{z - e^{-j\omega T}} \right)$ 통분하면,

$\dfrac{z}{2} \dfrac{2z - (e^{j\omega T} + e^{-j\omega T})}{z^2 - z(e^{j\omega T} + e^{-j\omega T}) + 1} = \dfrac{z}{2} \dfrac{2z - 2\cos\omega T}{z^2 - z(2\cos\omega T) + 1} = \dfrac{z(z - \cos\omega T)}{z^2 - 2z\cos\omega T + 1}$

이다.

☞ $\dfrac{1}{s - \alpha}$ 을 z변환하면? 주어진 $F(s)$를 라플라스 역변환하여 $f(t)$로 돌아간 뒤 z변환 하면 된다.

### (4) 시간 지연의 z변환

① 라플라스 변환에서는 원함수를 시간축으로 $a$만큼 평행 이동한 시간 추이의 경우 $e^{-as}$라는 성분이 곱해졌다. 즉, $f(t)$의 라플라스 변환이 $F(s)$이면 시간 추이 $f(t - a)$의 라플라스 변환은 $F(s)e^{-as}$가 된다.

② z변환에서는 원함수를 시간축으로 $T$만큼 평행 이동한 시간 추이의 경우 $e^{-Ts}$라는 성분을 곱해야 한다. 즉, $G(s)$라는 전달함수에 <시간 지연>이 직렬로 접속된 경우 전체 전달함수는 $G(s)e^{-Ts}$이다.

### (5) 안정과 불안정의 경계

① 변환법에서 정의된 $z = e^{sT}$을 고쳐보면, $z = e^{j\omega T} = \cos\omega T + j\sin\omega T$이므로 반지름 1의 단위원이 된다.

또 $s < 0$인 음의 실수이면 $|e^{sT}| < 1$이 되고 $s > 0$인 음의 실수이면 $|e^{sT}| > 1$이 된다.

② $s$평면과 $z$평면을 비교해서 정리하면 다음과 같다.

| 특성근 | s평면에서 | z평면에서 | <판정> | 루스표 1열 | GH의 벡터 궤적 |
|---|---|---|---|---|---|
| $s < 0$ | 좌반부 | 단위원 내부 | 안정 | 전부 (+) | (-1, j0)의 우측 |
| $s > 0$ | 우반부 | 단위원 외부 | 불안정 | 하나라도 (-) | (-1, j0)의 좌측 |
| $s = j\beta$ | j축(허수축) | 단위원(원주) | 임계 | 0 | (-1, j0)를 통과 |

### (6) z변환의 초기값과 최종값

① 초기값 정리: $\lim\limits_{t \to 0^+} f(t)$를 라플라스 변환하면 $\lim\limits_{s \to \infty} sF(s)$이고 z변환하면 $\lim\limits_{z \to \infty} F(z)$이다.

② 최종값 정리: $\lim\limits_{t \to \infty} f(t)$를 라플라스 변환하면 $\lim\limits_{s \to 0} sF(s)$이고 z변환하면 $\lim\limits_{z \to 1} (1 - \dfrac{1}{z})F(z)$이다.

## (7) 분수식의 z역변환

① 주어진 변환 함수 $F(z)$가 $\dfrac{\text{상수항} \times z}{(z\text{에 관한 1차식})(z\text{에 관한 1차식})}$꼴이면 $z$를 제외

한 $\dfrac{\text{상수항}}{(z+a)(z+b)}$부분을 $\dfrac{k_1}{z\text{에 관한 1차식}} + \dfrac{k_2}{z\text{에 관한 1차식}}$꼴로 바꾸고 상수

$k_1$, $k_2$를 결정한 뒤 각각을 역변환한다.

② $\dfrac{z}{z-1} - \dfrac{z}{z-e^{-aT}}$를 통분해 보면

$\dfrac{[(z-e^{-aT})-(z-1)]z}{(z-1)(z-e^{-aT})} = \dfrac{(1-e^{-aT})z}{(z-1)(z-e^{-aT})}$가 된다. 따라서 $F(z)$가

$\dfrac{(1-e^{-aT})z}{(z-1)(z-e^{-aT})}$이면 $F(z)$의 z역변환은 $\dfrac{z}{z-1}$의 $z$역변환 $- \dfrac{z}{z-e^{-aT}}$의

$z$역변환 $= 1-e^{-at}$이다.

## 1 제어 회로의 접점과 제어용 기구

### (1) 제어 회로의 접점 종류

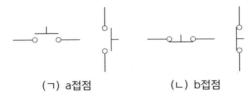

(ㄱ) a접점          (ㄴ) b접점

① **a접점**: 평소에는 열려 있다가 누르고 있는 동안만 닫히며 조작을 멈추면 즉시 복귀한다. 주용도는 기동용이며 NC(Normally Closed)라고도 표시한다.

② **b접점**: 평소에는 닫혀 있다가 누르고 있는 동안만 열리며 조작을 멈추면 즉시 복귀한다. 주용도는 정지용이며 NO(Normally Open)라고도 표시한다.

### (2) 제어용 기구

① 입력 기구

| 누름버튼 스위치 | 셀렉터 스위치 | 리미트 스위치 |
|---|---|---|

② 출력 기구

| 전자 접촉기(MC) | 솔레노이드 밸브 | 파일럿 램프 |
|---|---|---|

③ **보조기구**: 릴레이, 타이머, PLC장치 등

## 2 논리 회로

### (1) 논리게이트 기호와 논리식

| 논리 게이트 기호<br>(logic Gate synbols) | | 논리식 | 진리표 | | |
|---|---|---|---|---|---|

| AND게이트<br>(논리곱) | A — B — ⊐ — X | $X=AB$ | A | B | X |
|---|---|---|---|---|---|
| | | | 0 | 0 | 0 |
| | | | 0 | 1 | 0 |
| | | | 1 | 0 | 0 |
| | | | 1 | 1 | 1 |

| OR게이트<br>(논리합) | A — B — ⊐ — X | $X=A+B$ | A | B | X |
|---|---|---|---|---|---|
| | | | 0 | 0 | 0 |
| | | | 0 | 1 | 1 |
| | | | 1 | 0 | 1 |
| | | | 1 | 1 | 1 |

| NOT게이트<br>(논리부정) | A — ▷o — X | $X=\overline{A}$ | A | X | |
|---|---|---|---|---|---|
| | | | 0 | 1 | |
| | | | 1 | 0 | |

| NAND게이트 | A — B — ⊐o — X | $X=\overline{AB}$ | A | B | X |
|---|---|---|---|---|---|
| | | | 0 | 0 | 1 |
| | | | 0 | 1 | 1 |
| | | | 1 | 0 | 1 |
| | | | 1 | 1 | 0 |

| NOR게이트 | A — B — ⊐o — X | $X=\overline{A+B}$ | A | B | X |
|---|---|---|---|---|---|
| | | | 0 | 0 | 1 |
| | | | 0 | 1 | 0 |
| | | | 1 | 0 | 0 |
| | | | 1 | 1 | 0 |

| XOR게이트<br>(배타적<br>논리합) | A — B — ⊐ — X | $X=A\oplus B$<br>$=\overline{A}B+A\overline{B}$ | A | B | X |
|---|---|---|---|---|---|
| | | | 0 | 0 | 0 |
| | | | 0 | 1 | 1 |
| | | | 1 | 0 | 1 |
| | | | 1 | 1 | 0 |

## (2) 불 대수

| 불 대수 | |
|---|---|
| 기본법칙<br>$X+0=X,\ X\cdot0=0$<br>$X+1=1,\ X\cdot1=X$<br>$X+X=X,\ X\cdot X=X$<br>$X+Y=Y+X,\ X\cdot Y=Y\cdot X$<br><br>결합법칙<br>$(X+Y)+Z=X+(Y+Z)$<br>$X(YZ)=(XY)Z$ | 배분법칙<br>$X(Y+Z)=XY+XZ$<br><br>흡수법칙<br>$X+XY=X$ ····· (i)식<br>$X+\overline{X}Y=X+Y$ ····· (ii)식<br>$X+\overline{X}\,\overline{Y}=X+\overline{Y}$<br>$\overline{X}+XY=\overline{X}+Y$<br>$\overline{X}+X\overline{Y}=\overline{X}+\overline{Y}$ |
| 드모르간 정리<br>$\overline{A+B}=\overline{A}\cdot\overline{B}$<br>$\overline{A\cdot B}=\overline{A}+\overline{B}$ | |

① 영국의 수학자 조지 불(George Boole)이 창안한 논리식이 컴퓨터 회로 설계의 근간을 이룬다.
② 배분 법칙 $X(Y+Z)=XY+XZ$은 숫자에도 성립하지만 $X+YZ=(X+Y)(X+Z)$는 명제에만 성립한다.
③ 흡수 법칙 (i)식 $X+XY=X$은 X대신에 $X\cdot1$을 대입하고 배분 법칙을 이용하면 $X\cdot1+XY=X\cdot(1+Y)=X\cdot1=X$임을 증명할 수 있다.
☞ 앞 항에 같은 X가 있어서 세력이 강한 X가 Y를 흡수한다.
④ 흡수 법칙 (ii)식 $X+\overline{X}Y=X+Y$은 배분 법칙을 이용하면 $X+\overline{X}Y=(X+\overline{X})\cdot(X+Y)=1\cdot(X+Y)=X+Y$임을 증명할 수 있다.
☞ 앞 항에 not-X가 있어서 세력이 약한 X가 Y에 흡수된다.

## (3) 유접점 시퀀스 회로와 무접점 논리 회로(logic circuit diagram)

① 릴레이의 $a$접점과 $b$접점을 이용한 시퀀스 제어 회로를 유접점 회로라고 한다.
② 기계적 접점 장치 없이 반도체 소자를 이용한 시퀀스 제어 회로를 무접점 회로라고 한다.
③ 유접점 회로의 직렬, 병렬, $a$접점, $b$접점은 논리 회로의 곱, 합, A, $\overline{A}$에 대응된다.

| 논리식 | $X=(\overline{A}+B)\cdot\overline{C}+A\cdot\overline{B}$ | $X=A\cdot(BC+\overline{B}\,\overline{C})$ |
|---|---|---|
| 유접점<br>회로<br>(= 시퀀스<br>회로) | | |
| 무접점<br>회로<br>(= 논리<br>회로) | | |

## 3 기본 게이트와 전기 회로

| 게이트 | 논리식 | 전기 회로 |
|---|---|---|
| AND 논리곱 | $X=AB$ | $V_{CC}(5\text{ V})$, $R$, 입력 A — $D_1$, B — $D_2$, 출력 $X$ |
| OR 논리합 | $X=A+B$ | 입력 A, B, 다이오드, 출력 $X$, $R$ |
| NOT 논리부정 | $X=\overline{A}$ | $V_{CC}(5\text{ V})$, $R_C$, 출력 $X$, 입력 A — $R_b$ |
| NAND | $X=\overline{AB}$ | $+V_{cc}$, $R1$, $V_o$, A — $R2$ — $Q1$, B — $R2$ — $Q2$ |

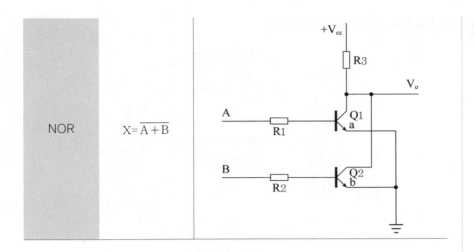

| NOR | $X=\overline{A+B}$ | |

## 4 여러 가지 제어 회로

### (1) 단안정 회로(monostable circuit)

가동 입력을 주면 설정된 시간 동안만 동작하고 입력이 없으면 자동으로 정지하는 회로이다.

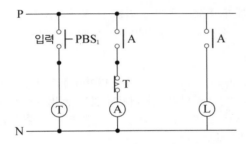

① 위 회로도에서 PBS₁을 닫으면 타이머 ⓣ와 릴레이 ⓐ가 여자되면서 접점A 두 곳이 닫힌다. 왼쪽 접점은 자기 유지를 담당하고, 오른쪽 접점은 램프 ⓛ을 점등시킨다. 설정된 시간 이후에 접점 T가 열리면서 릴레이 ⓐ가 소자되므로 접점 A가 열리고 램프 ⓛ이 꺼진다.

② 단안정, 비안정, 쌍안정의 세 종류가 있으며, 미리 세팅된 시간 동안만 동작하고 정지하는 위 회로는 단안정 회로에 해당한다.

## (2) 쌍안정 회로(bistable circuit)

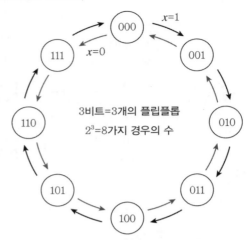

3비트=3개의 플립플롭
$2^3$=8가지 경우의 수

① **카운터**: 미리 정해진 상태천이 순서를 순환하면서 클럭 펄스의 수를 처리하는 논리 회로이다. 모든 플립플롭들이 하나의 공통 클럭에 연결되어 있는 동기식 카운터, 이보다 간단하면서 앞쪽 플립플롭의 출력이 뒤쪽 플립플롭의 클럭으로 사용되는 비동기식 카운터가 있다.

② **플립플롭**: 카운터 장치에 들어가는 1비트 기억소자이다.

그림은 3개의 플립플롭을 가진 카운터가 만들어낼 수 있는 경우의 수를 표시한 것이다. 즉, 플립플롭이 $n$개이면 총 $2^n$개의 상태를 표시할 수 있다.

## (3) 타이머 회로

① **한시**는 delayed time을 의미하므로 **타이머에 의한 동작**이고, **순시**는 prompt time을 의미하므로 **타이머를 거치지 않는 동작**이다.

② 순시동작 순시복귀의 경우, 입력이 주어지면 즉시 동작하고 입력이 차단되면 즉시 출력이 소멸한다.

③ 그림 (가)는 타이머(= 한시 계전기)가 사용된 시퀀스도이고, 그림 (나)는 동작 특성을 보여주는 타임 차트이다.

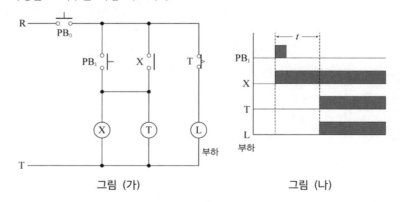

그림 (가)　　　　　　　그림 (나)

| 구분 | 한시동작<br>순시복귀<br>a접점 | 한시동작<br>순시복귀<br>b접점 | 순시동작<br>한시복귀<br>a접점 | 순시동작<br>한시복귀<br>b접점 | 한시동작<br>한시복귀<br>a접점 | 한시동작<br>한시복귀<br>b접점 |
|---|---|---|---|---|---|---|
| 기<br>호 | | | | | | |

## (4) 자기 유지 회로

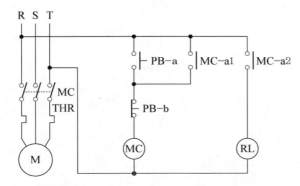

① PB-A를 누르면 ⓂⒸ가 여자되면서 주접점 MC와 보조접점 MC-a1, MC-a2가 닫힌다.

② 손을 떼면 PB-A는 접점이 떨어지지만 MC-a1을 통해 전류가 계속 흐르기 때문에 ⓂⒸ는 여자 상태를 유지한다.

③ MC-a2를 거쳐 흐르는 전류는 RL의 점등 상태를 유지한다. 즉, MC-a1은 자기 유지 역할을 하고, MC-a2는 부하 M에 전원이 공급 중임을 시각적으로 알리는 역할을 한다.

자격증 교육 1위, 해커스자격증
**pass.Hackers.com**

✓ **전기설비기술기준 출제비중**

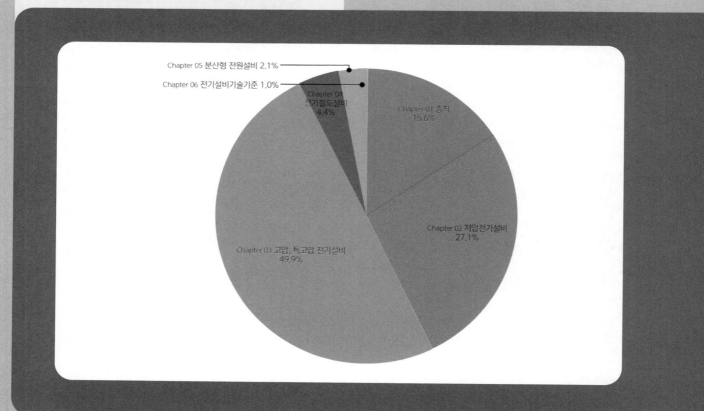

# PART 06
# 전기설비기술기준

## 제1절 통칙

### 1 목적

전기설비의 안전성능과 기술적 요구사항을 구체적으로 정하는 것을 말한다.

### 2 통칙

| 분류 | 전압의 범위 |
|------|-------------|
| 저압 | • 직류: 1.5[kV] 이하<br>• 교류: 1[kV] 이하 |
| 고압 | • 직류: 1.5[kV]를 초과하고, 7[kV] 이하<br>• 교류: 1[kV]를 초과하고, 7[kV] 이하 |
| 특고압 | 7[kV]를 초과 |

### 3 용어의 정의

#### (1) 가공 인입선

가공 전선로의 지지물로부터 다른 지지물을 거치지 아니하고 수용 장소의 붙임점에 이르는 가공 전선

① 50[m] 이하

② 전선의 굵기

| 저압 | 고압 | 특고압 |
|------|------|--------|
| 2.6[mm] | 5.0[mm] | 22[mm²] |

③ 높이

| | 도로 횡단 | 철도 횡단 | 위험 표시 |
|------|-----------|-----------|-----------|
| 저압 | 5[m] | 6.5[m] | – |
| 고압 | 6[m] | 6.5[m] | 3.5[m] |

#### (2) 연접 인입선

한 수용 장소의 인입선에서 분기하여 지지물을 거치지 아니하고 다른 수용 장송의 인입구에 이르는 부분의 전선

(3) **가섭선(架涉線)**: 지지물에 가설되는 모든 선류

(4) **계통 연계(계통 연락)**: 둘 이상의 전력 계통 사이를 전력이 상호 융통될 수 있도록 선로를 통하여 연결하는 것으로 전력 계통 상호간을 송전선, 변압기 또는 직류 – 교류 변환 설비 등에 연결하는 것

(5) **계통 접지(System Earthing)**: 전력 계통에서 돌발적으로 발생하는 이상 현상에 대비하여 대지와 계통을 연결하는 것으로, 중성점을 대지에 접속하는 것

(6) **관등회로**: 방전등용 안정기로 또는 방전등용 변압기로부터 방전관까지의 전로

(7) **기본 보호(직접 접촉에 대한 보호 Protection Against Direct Contact)**: 정상 운전 시 기기의 충전부에 직접 접촉함으로써 발생할 수 있는 위험으로부터 인축을 보호하는 것

(8) **급전선**: 전기철도차량에 사용되는 전기를 변전소로부터 전차선에 공급하는 전선

(9) **단독 운전**: 전력 계통의 일부가 전력 계통의 전원과 전기적으로 분리된 상태에서 분산형 전원에 의해서만 운전되는 상태

(10) **단순 병렬 운전**: 자가용 발전 설비 또는 저압 소용량 일반용 발전설비를 배전 계통에 연계하여 운전하되, 생산한 전력의 전부를 자체적으로 소비하기 위한 것으로 생산한 전력이 연계 계통으로 송전되지 않는 병렬 형태

(11) **동기기의 무 구속 속도**: 전력 계통으로부터 떨어져 나가고, 조속기가 작동하지 않을 때 도달하는 최대 회전속도

(12) **리플 프리(Ripple-free) 직류**: 교류를 직류로 변환할 때 리플 성분의 실횻값이 10[%] 이하로 포함된 직류

(13) **보호 도체(Protective Conductor, PE)**: 감전에 대한 보호 등 안전을 위해 제공되는 도체

(14) **보호 접지(Protective Earthing)**: 고장 시 감전에 대한 보호를 목적으로 기기의 한 점 또는 여러 점을 접지하는 것

(15) **분산형 전원**: 중앙 급전 전원과 구분되는 것으로 전력 소비 지역 부근에 분산하여 배치 가능한 전원, 상용 전원의 정전 시에만 사용하는 비상용 예비 전원은 제외하며, 신·재생 에너지 발전 설비, 전기 저장 장치 등을 포함

(16) **스트레스 전압(Stress Voltage)**: 지락 고장 중에 접지 부분 또는 기기나 장치의 외함과 기기나 장치의 다른 부분 사이에서 나타나는 전압

(17) **외부 피뢰 시스템(External Lightning Protection System)**: 수뢰부 시스템, 인하 도선 시스템, 접지극 시스템으로 구성된 피뢰 시스템의 일종

(18) **제1차 접근 상태**: 가공 전선이 다른 시설물과 접근하는 경우 가공 전선이 다른 시설물의 위쪽 또는 옆쪽에서 수평 거리로 가공 전선로의 지지물의 지표상의 높이에 상당하는 거리 안에 시설됨으로써 가공 전선로의 전선의 절단, 지지물의 도괴 등의 경우에 그 전선이 다른 시설물에 접촉할 우려가 있는 상태

(19) **제2차 접근 상태**: 가공 전선이 다른 시설물과 접근하는 경우에 그 가공 전선이 다른 시설물의 위쪽 또는 옆쪽에서 수평 거리로 3[m] 미만인 곳에 시설되는 상태

(20) **접지 도체**: 계통, 설비 또는 기기의 한 점과 접지극 사이의 도전성 경로 또는 그 경로의 일부가 되는 도체

(21) **접속 설비**: 공용 전력 계통으로부터 특정 분산형 전원 전기 설비에 이르기까지의 전선로와 이에 부속하는 개폐장치, 모선 및 기타 관련 설비

(22) **접촉 범위(Arm's Reach)**: 사람이 통상적으로 서 있거나 움직일 수 있는 바닥 면 상의 어떤 점에서라도 보조 장치의 도움 없이 손을 뻗어서 접촉이 가능한 접근 구역

(23) **정격 전압**: 발전기가 정격 운전 상태에 있을 때 동기기 단자에서의 전압

(24) **지중 관로**: 지중 전선로 · 지중 약전류 전선로 · 지중 광섬유 케이블 선로 · 지중에 시설하는 수관 및 가스관과 이와 유사한 것 및 이들에 부속하는 지중함 등

(25) **충전부(Live Part)**: 통상적인 운전 상태에서 전압이 걸리도록 되어 있는 도체 또는 도전부, 중성선을 포함하나 PEN 도체, PEM 도체, PEL 도체는 포함하지 않는다.

(26) **특별 저압(Extra Low Voltage, ELV)**: 인체에 위험을 초래하지 않을 정도의 저압, 여기서 SELV(Safety Extra Low Voltage)는 비접지 회로이고, PELV(Protective Extra Low Voltage)는 접지 회로이다.

(27) **PEN 도체(Protective earthing conductor and neutral conductor)**: 교류 회로에서 중성선 겸용 보호 도체

(28) **PEM 도체(Protective earthing conductor and a mid-point conductor)**: 직류 회로에서 중성선 겸용 보호 도체

(29) **PEL 도체(Protective earthing conductor and a line conductor)**: 직류 회로에서 선도체 겸용 보호 도체

## 4 안전을 위한 보호

### (1) 감전에 대한 보호

① **기본 보호**: 일반적으로 직접 접촉을 방지하는 것으로, 전기 설비의 충전부에 인축이 접촉하여 일어날 수 있는 위험으로부터 보호되어야 한다. 기본 보호는 다음 중 어느 하나에 적합하여야 한다.
  ㉠ 인축의 몸을 통해 전류가 흐르는 것을 방지
  ㉡ 인축의 몸에 흐르는 전류를 위험하지 않는 값 이하로 제한

② **고장 보호**: 일반적으로 기본 절연의 고장에 의한 간접 접촉을 방지하는 것으로, 노출 도전부에 인축이 접촉하여 일어날 수 있는 위험으로부터 보호되어야 한다. 고장 보호는 다음 중 어느 하나에 적합하여야 한다.
  ㉠ 인축의 몸을 통해 고장 전류가 흐르는 것을 방지
  ㉡ 인축의 몸에 흐르는 고장 전류를 위험하지 않는 값 이하로 제한

© 인축의 몸에 흐르는 고장 전류의 지속 시간을 위험하지 않은 시간까지로 제한

## (2) 과전류에 대한 보호

① 도체에서 발생할 수 있는 과전류에 의한 과열 또는 전기 · 기계적 응력에 의한 위험으로부터 인축의 상해를 방지하고 재산을 보호하여야 한다.

② 과전류에 대한 보호는 과전류가 흐르는 것을 방지하거나 과전류의 지속시간을 위험하지 않는 시간까지로 제한함으로써 보호할 수 있다.

## (3) 고장 전류에 대한 보호

고장전류가 흐르는 도체 및 다른 부분은 고장 전류로 인해 허용온도 상승 한계에 도달하지 않도록 하여야 한다.

## 제2절 전선

## 1 전선의 식별

| 상(문자) | 색상 |
| --- | --- |
| L1 | 갈색 |
| L2 | 흑색 |
| L3 | 회색 |
| N | 청색 |
| 보호도체 | 녹색 – 노란색 |

## 2 전선의 종류

### (1) 절연전선

① 450/750[V] 비닐절연전선
② 450/750[V] 저독성난연 폴리올레핀 절연전선
③ 450/750[V] 저독성난연 가교폴리올레핀 절연전선
④ 450/750[V] 고무절연전선

### (2) 저압케이블

사용전압이 저압인 전로(전기기계기구 안의 전로를 제외한다)의 전선으로 사용하는 케이블
① 0.6/1[kV] 연피케이블
② 클로로프렌외장케이블
③ 비닐외장케이블
④ 폴리에틸렌외장케이블
⑤ 무기물 절연케이블

⑥ 금속외장케이블

⑦ 저독성난연 폴리올레핀 외장케이블

⑧ 300/500[V] 연질 비닐시스케이블

(3) 고압 및 특고압케이블

① 사용전압이 고압인 전로(전기기계기구 안의 전로를 제외한다)의 전선으로 사용하는 케이블

ㄱ 연피케이블

ㄴ 알루미늄피 케이블

ㄷ 클로로프렌외장케이블

ㄹ 비닐외장케이블

ㅁ 폴리에틸렌외장케이블

ㅂ 저독성 난연 폴리올레핀 외장케이블

ㅅ 콤바인 덕트 케이블

② 사용전압이 특고압인 전로(전기기계기구 안의 전로를 제외한다)에 전선으로 사용하는 케이블

ㄱ 절연체가 에틸렌 프로필렌고무혼합물 또는 가교폴리에틸렌 혼합물인 케이블로서 선심 위에 금속제의 전기적 차폐층을 설치한 것

ㄴ 파이프형 압력 케이블 · 연피케이블 · 알루미늄케이블

ㄷ 그 밖의 금속피복을 한 케이블

## 3 전선의 접속

전선을 접속하는 경우에는 전선의 전기저항을 증가시키지 않도록 접속하여야 하며, 또한 다음에 따라야 한다.

(1) 전선의 세기(인장 하중, 기계적 강도)를 20[%] 이상 감소시키지 아니할 것

(2) 접속부분은 접속관 기타의 기구를 사용할 것

(3) 접속부분의 절연전선에 절연전선의 절연물과 동등 이상의 절연효력이 있는 것으로 충분히 피복할 것

(4) 도체에 알루미늄(알루미늄 합금을 포함한다)을 사용하는 전선과 동(동합금을 포함한다)을 사용하는 전선을 접속하는 등 전기 화학적 성질이 다른 도체를 접속하는 경우에는 접속부분에 전기적 부식이 생기지 않도록 할 것

(5) 두 개 이상의 전선을 병렬로 사용하는 경우에는 다음에 의하여 시설할 것

① 병렬로 사용하는 각 전선의 굵기는 동선 50[mm²] 이상 또는 알루미늄 70[mm²] 이상으로 하고, 전선은 같은 도체, 같은 재료, 같은 길이 및 같은 굵기의 것을 사용할 것

② 병렬로 사용하는 전선에는 각각에 퓨즈를 설치하지 말 것

③ 교류회로에서 병렬로 사용하는 전선은 금속관 안에 전자적 불평형이 생기지 않도록 시설할 것

# 제3절 전로의 절연

## 1 전로의 절연 원칙

**(1) 전로는 다음 이외에는 대지로부터 절연하여야 한다.**

저압전로, 전로의 중성점, 계기용변성기의 2차측 전로, 다중 접지, 변압기의 2차측 전로, 직류계통에 접지공사를 하는 경우의 접지점

**(2) 다음과 같이 절연할 수 없는 부분**

① 시험용 변압기, 전력선 반송용 결합 리액터, 전기울타리용 전원장치, 엑스선발생장치, 전기부식방지용 양극, 단선식 전기철도의 귀선 등 전로의 일부를 대지로부터 절연하지 않고 전기를 사용하는 것이 부득이 한 것

② 전기욕조 · 전기로 · 전기보일러 · 전해조 등 대지로부터 절연하는 것이 기술상 곤란한 것

## 2 전로의 절연저항 및 절연내력

**(1)** 사용전압이 저압인 전로에서 정전이 어려운 경우 등 절연저항 측정이 곤란한 경우에는 누설전류를 1[mA] 이하로 유지하여야 한다.

**(2)** 고압 및 특고압의 전로는 표에서 정한 시험전압을 전로와 대지 사이(다심케이블은 심성 상호 간 및 심선과 대지 사이)에 연속하여 10분간 가하여 절연내력을 시험하였을 때에 이에 견디어야 한다. 다만, 전선에 케이블을 사용하는 교류 전로로서 표에서 정한 시험전압의 2배의 직류전압을 전로와 대지 사이에 연속하여 10분간 가하여 절연내력을 시험하였을 때에 이에 견디는 것에 대하여는 그렇지 않다.

| 전로의 정류 | 접지방식 | 시험전압 | 최저시험전압 |
|---|---|---|---|
| ① 7[kV] 이하인 전로 | | 1.5배 | |
| ② 7[kV] 초과 25[kV] 이하 | 다중접지 | 0.92배 | |
| ③ 7[kV] 초과 60[kV] 이하 | | 1.25배 | 10.5[kV] |
| ④ 60[kV] 초과 | 비접지 | 1.25배 | |
| ⑤ 60[kV] 초과 | 접지식 | 1.1배 | 75[kV] |
| ⑥ 60[kV] 초과 | 직접접지 | 0.72배 | |
| ⑦ 170[kV] 초과 | 직접접지 | 0.64배 | |

| | 교류측 및 직류 고전압측에 접속되고 있는 전로는 교류측의 최대사용전압의 1.1배의 직류전압 |
|---|---|
| ⑧ 최대사용전압이 60[kV]를 초과하는 정류기에 접속되고 있는 전로 | 직류측 중성선 또는 귀선이 되는 전로(직류 저합측 전로)의 시험전압값 $$E = V \times \frac{1}{\sqrt{2}} \times 0.5 \times 1.2$$ $E$: 교류 시험 전압[V] $V$: 역변환기의 전류 실패 시 중성선 또는 귀선이 되는 전로에 나타나는 교류성 이상전압의 파고값[V]. 다만, 전선에 케이블을 사용하는 경우 시험전압은 $E$의 2배의 직류전압으로 한다. |

## ③ 회전기 및 정류기의 절연내력

회전기 및 정류기는 표에서 정한 시험방법으로 절연내력을 시험하였을 때에 이에 견디어야 한다. 다만, 회전변류기 이외의 교류의 회전기로 표에서 정한 시험전압의 1.6배의 직류전압으로 절연내력을 시험하였을 때 이에 견디는 것을 시설하는 경우에는 그렇지 않다.

| 종류 | | | 시험 전압 (최대사용 전압의 배수) | 최저 시험 전압 | 시험 방법 |
|---|---|---|---|---|---|
| 회전기 | 발전기·전동기·조상기·기타회전기 | 최대사용전압 7[kV] 이하 | 1.5배 | 500[V] | 권선과 대지 사이에 연속하여 10분간 가한다. |
| | | 최대사용전압 7[kV] 초과 | 1.25배 | 10.5[kV] | |
| | 회전변류기 | | 직류측의 최대사용전압의 1배의 교류전압 | 500[V] | |
| 정류기 | 최대사용전압 60[kV] 이하 | | 직류측의 최대사용전압의 1배의 교류전압 | 500[V] | 충전부분과 외함 간에 연속하여 10분간 가한다. |
| | 최대사용전압 60[kV] 초과 | | 1.1배 | | 교류측 및 직류고전압측 단자와 대지 사이에 연속하여 10분간 가한다. |

## 4 연료전지 및 태양전지 모듈의 절연내력

### (1) 시험전압

최대사용전압의 1.5배의 직류전압 또는 1배의 교류전압(최저 500[V])

### (2) 시험방법

시험전압을 충전부분과 대지 사이에 연속하여 10분간 가하여 절연내력을 시험하였을 때에 이에 견디는 것이어야 한다.

## 5 변압기 전로의 절연내력

변압기의 전로는 표에서 정하는 시험전압을 중성점단자, 권선과 다른 권선, 철심 및 외함 간에 시험전압을 연속하여 10분간 가하여 절연내력을 시험하였을 때에 이에 견디는 것이어야 한다.

| 권선의 종류<br>(최대사용전압) | 접지방식 | 시험 전압<br>(최대사용전압의<br>배수) | 최저<br>시험 전압 |
|---|---|---|---|
| ① 7[kV] 이하 | | 1.5배 | 500[V] |
| | 다중접지 | 0.92배 | 500[V] |
| ② 7[kV] 초과 25[kV] 이하 | 다중접지 | 0.92배 | |
| ③ 7[kV] 초과 60[kV] 이하 | | 1.25배 | 10.5[kV] |
| ④ 60[kV] 초과(전위 변성기를 사용하여 접지하는 것을 포함한다.) | 비접지 | 1.25배 | |
| ⑤ 60[kV] 초과(전위 변성기를 사용하여 접지하는 것을 포함한다.) | 접지식 | 1.1배 | 75[kV] |
| ⑥ 60[kV] 초과 다만, 170[kV]를 초과하는 권선에는 그 중성점에 피뢰기를 시설하는 것에 한한다. | 직접접지 | 0.72배 | |
| ⑦ 170[kV] 초과(8란의 것을 제외한다.) | 직접접지 | 0.64배 | |
| ⑧ 60[kV]를 초과하는 정류기에 접속하는 권선 | 정류기의 교류측의 최대사용전압의 1.1배의 교류전압 또는 정류기의 직류측의 최대사용전압의 1.1배의 직류전압 | | |

## ⑥ 기구 등의 전로의 절연내력

개폐기 · 차단기 · 전력용 커패시터 · 유도전압조정기 · 계기용변성기 기타의 기구의 전로 및 발전소 · 변전소 · 개폐소 또는 이에 준하는 곳에 시설하는 기계기구의 접속선 및 모선은 표에서 정하는 시험전압을 충전 부분과 대지 사이(다심케이블은 심선 상호 간 및 심선과 대지 사이)에 연속하여 10분간 가하여 절연내력을 시험하였을 때에 이에 견디어야 한다.

| 종류 | 접지방식 | 시험 전압 | 최저 시험 전압 |
|---|---|---|---|
| ① 7[kV] 이하 | | 1.5배 | 500[V] |
| ② 7[kV] 초과 25[kV] 이하 | 다중접지 | 0.92배 | |
| ③ 7[kV] 초과 60[kV] 이하 | | 1.25배 | 10.5[kV] |
| ④ 60[kV] 초과 | 비접지 | 1.25배 | |
| ⑤ 60[kV] 초과 | 접지식 | 1.1배 | 75[kV] |
| ⑥ 170[kV] 초과 | 직접접지 | 0.72배 | |
| ⑦ 170[kV] 초과(발전소 또는 변전소) | 직접접지 | 0.64배 | |

## 제4절 접지 시스템

### ① 접지시스템의 구분 및 종류

(1) 접지시스템은 계통접지, 보호접지, 피뢰시스템 접지 등으로 구분한다.

(2) 접지시스템의 시설 종류에는 단독접지, 공통접지, 통합접지가 있다.

### ② 접지시스템의 시설

(1) 접지시스템의 구성요소

　① 접지시스템은 접지극, 접지도체, 보호도체 및 기타 설비로 구성한다.
　② 접지극은 접지도체를 사용하여 주 접지단자에 연결하여야 한다.

## (2) 접지극의 시설 및 접지저항

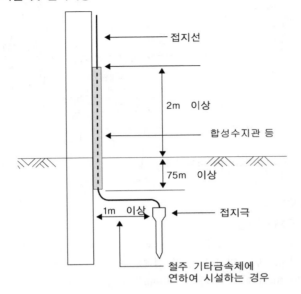

① 접지극의 매설은 다음에 의한다.
　㉠ 접지극은 지표면으로부터 지하 0.75[m] 이상으로 하되 동결 깊이를 감안하여 매설 깊이를 정해야 한다.
　㉡ 접지도체를 철주 기타의 금속체를 따라서 시설하는 경우에는 접지극을 철주의 밑면으로부터 0.3[m] 이상의 깊이에 매설하는 경우 이외에는 접지극을 지중에서 그 금속체로부터 1[m] 이상 떼어 매설하여야 한다.
② 접지극은 다음의 방법 중 하나 또는 복합하여 시설하여야 한다.
　㉠ 콘크리트에 매입된 기초 접지극
　㉡ 토양에 매설된 기초 접지극
　㉢ 토양에 수직 또는 수평으로 직접 매설된 금속전극(봉, 전선, 테이프, 배관, 판 등)
　㉣ 케이블의 금속외장 및 그 밖에 금속피복
　㉤ 지중 금속구조물(배관 등)
　㉥ 대지에 매설된 철근콘크리트의 용접된 금속 보강재(다만, 강화콘크리트는 제외)
③ 가연성 액체나 가스를 운반하는 금속제 배관은 접지설비의 접지극으로 사용할 수 없다. 다만, 보호등전위본딩은 예외로 한다.
④ 수도관 등을 접지극으로 사용하는 경우는 다음에 의한다.
　지중에 매설되어 있고 대지와의 전기저항 값이 3[Ω] 이하의 값을 유지하고 있는 금속제 수도관로가 다음에 따르는 경우 접지극으로 사용이 가능하다.
　㉠ 접지도체와 금속제 수도관로의 접속은 안지름 75[mm] 이상인 부분 또는 여기에서 분기한 안지름 75[mm] 미만인 분기점으로부터 5[m] 이내의 부분에서 하여야 한다. 다만, 금속제 수도관로와 대지 사이의 전기저항 값이 2[Ω] 이하인 경우에는 분기점으로부터의 거리는 5[m]을 넘을 수 있다.
　㉡ 접지도체와 금속제 수도관로의 접속부를 수도계량기로부터 수도 수용가 측에 설치하는 경우에는 수도계량기를 사이에 두고 양측 수도관를 등전위본딩 하여야 한다.

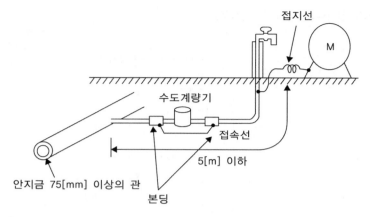

(3) 접지도체

① 접지도체의 선정

ㄱ 접지도체의 최소 단면적은 구리는 6[mm²] 이상, 철제는 50[mm²] 이상

ㄴ 접지도체에 피뢰시스템이 접속되는 경우, 접지도체의 단면적은 구리는 16[mm²] 이상, 철제는 50[mm²] 이상

② 다음과 같이 매입되는 지점에는 "안전 전기 연결" 라벨이 영구적으로 고정되도록 시설하여야 한다.

ㄱ 접지극의 모든 접지도체 연결지점

ㄴ 외부도전성 부분의 모든 본딩도체 연결지점

ㄷ 주 개폐기에서 분리된 주접지단자

③ 접지도체는 지하 0.75[m] 부터 지표 상 2[m] 까지 부분은 합성수지관(두께 2[mm] 미만의 합성수지제 전선관 및 가연성 콤바인덕트관은 제외한다.) 또는 이와 동등 이상의 절연효과와 강도를 가지는 몰드로 덮어야 한다.

④ 절연전선(옥외용 비닐절연전선은 제외) 또는 케이블(통신용 케이블은 제외)을 사용하여야 한다. 다만, 접지도체를 철주 기타의 금속체를 따라서 시설하는 경우 이외의 경우에는 접지도체의 지표상 0.6[m]를 초과하는 부분에 대하여는 절연전선을 사용하지 않을 수 있다.

⑤ 접지도체의 굵기는 고장 시 흐르는 전류를 안전하게 통할 수 있는 것으로서 다음에 의한다.

ㄱ **특고압·고압 전기설비용 접지도체**: 단면적 6[mm²] 이상의 연동선

ㄴ **중성점 접지용 접지도체**: 공칭단면적 16[mm²] 이상의 연동선

다만, 7[kv] 이하의 전로나 사용전압이 [25kV] 이하인 특고압 가공전선로에는 공칭단면적 6[mm²] 이상의 연동선을 사용할 수 있다.

ⓒ 이동하여 사용하는 전기기계기구의 금속제 외함 등의 접지시스템의 경우는 다음의 것을 사용하여야 한다.

| 접지 | 접지도체의 종류 | 접지선의 단면적 |
|---|---|---|
| 특고압 · 고압 전기설비용 접지도체 및 중성점 접지용 접지도체 | • 클로로프렌캡타이어 케이블(3종 및 4종)의 1개 도체<br>• 클로로설포네이트폴리에틸렌캡타이어 케이블(3종 및 4종)의 1개 도체<br>• 다심캡타이어 케이블의 차폐 기타의 금속제 | 10[mm²] |
| 저압 전기설비 | 다심 코드 또는 다심 캡타이어 케이블의 1개 도체 | 0.75[mm²] |
| | 다심코드 및 다심 캡타이어 케이블의 1개 도체 이외의 가요성이 있는 연동연선 | 1.5[mm²] |

## (4) 전기수용가 접지

### ① 저압수용가 인입구 접지

ⓐ 수용장소 인입구 부근에서 지중에 매설되어 있고 대지와의 전기저항 값이 3[Ω] 이하의 값을 유지하고 있는 금속제 수도관로, 대지 사이의 전기저항 값이 3[Ω] 이하인 값을 유지하는 건물의 철골 등은 접지극으로 사용하여 변압기 중성점 접지를 한 저압전선로의 중성선 또는 접지측 전선에 추가로 접지공사를 할 수 있다.

ⓑ ⓐ에 따른 접지도체는 공칭단면적 6[mm²] 이상의 연동선

### ② 주택 등 저압수용장소 접지

저압수용장소에는 계통접지가 TN-C-S 방식인 경우 중성선 겸용 보호도체(PEN)의 단면적이 구리는 10[mm²] 이상, 알루미늄은 16[mm²] 이상이어야 하며, 그 계통의 최고전압에 대하여 절연되어야 한다.

## (5) 변압기 중성점 접지

변압기의 중성점 접지 저항 값은 다음에 의한다.

① 일반적으로 변압기의 고압 · 특고압측 전로 1선 지락전류로 150을 나눈 값과 같은 저항값 이하

$$R = \frac{150}{\text{변압기의 고압측 또는 특고압측의 1선 지락전류}}[\Omega]$$

② 변압기의 고압 · 특고압측 전로 또는 사용전압이 35[kV] 이하의 특고압전로가 저압측 전로와 혼촉하고 저압전로의 대지전압이 150[V]를 초과하는 경우는 저항 값은 다음에 의한다.

ⓐ 1초 초과 2초 이내에 고압 · 특고압 전로를 자동으로 차단하는 장치를 설치할 때는 300을 나눈 값 이하

$$R = \frac{300}{\text{변압기의 고압측 또는 특고압측의 1선 지락전류}}[\Omega]$$

ⓛ 1초 이내에 고압·특고압 전로를 자동으로 차단하는 장치를 설치할 때는 600을 나눈 값 이하

$$R = \frac{600}{\text{변압기의 고압측 또는 특고압측의 1선 지락전류}}[\Omega]$$

### (6) 기계기구의 철대 및 외함의 접지

① 전로에 시설하는 기계기구의 철대 및 금속제 외함(외함이 없는 변압기 또는 계기용 변성기는 철심)에는 접지공사를 하여야 한다.

② 다음의 어느 하나에 해당하는 경우에는 접지를 생략할 수 있다.

ㄱ 사용전압이 직류 300[V] 또는 교류 대지전압이 150[V] 이하인 기계기구를 건조한 곳에 시설하는 경우

ㄴ 저압용의 기계기구를 건조한 목재의 마루 기타 이와 유사한 절연성 물건 위에서 취급하도록 시설하는 경우

ㄷ 저압용이나 고압의 기계기구를 사람이 쉽게 접촉할 우려가 없도록 목주 기타 이와 유사한 것의 위에 시설하는 경우

ㄹ 철대 또는 외함의 주위에 적당한 절연대를 설치하는 경우

ㅁ 외함이 없는 계기용변성기가 고무·합성수지 기타의 절연물로 피복한 것일 경우

ㅂ 2중 절연구조로 되어 있는 기계기구를 시설하는 경우

ㅅ 저압용 기계기구에 전기를 공급하는 전로의 전원측에 절연변압기(2차 전압이 300[V] 이하이며, 정격용량 3[kVA] 이하인 것에 한한다)를 시설하고 또한 그 절연변압기의 부하측 전로를 접지하지 않은 경우

ㅇ 물기 있는 장소 이외의 장소에 시설하는 저압용의 개별 기계기구에 전기를 공급하는 전로에 인체감전보호용 누전차단기(정격감도전류가 30[mA] 이하, 동작시간이 0.03초 이하의 전류동작형에 한한다)를 시설하는 경우

ㅈ 외함을 충전하여 사용하는 기계기구에 사람이 접촉할 우려가 없도록 시설하거나 절연대를 시설하는 경우

## 3 감전보호용 등전위본딩

### (1) 등전위본딩의 적용

건축물·구조물에서 접지도체, 주 접지단자와 다음의 도전성부분은 등전위본딩 하여야 한다. 다만, 이들 부분이 다른 보호도체로 주 접지단자에 연결된 경우는 그렇지 않다.

① 수도관·가스관 등 외보에서 내부로 인입되는 금속배관

② 건축물·구조물의 철근, 철골 등 금속보강재

③ 일상생활에서 접촉이 가능한 금속제 난방배관 및 공조설비 등 계통외 도전부

## (2) 등전위본딩 시설

① 건축물·구조물의 외부에서 내부로 들어오는 각종 금속제 배관은 다음과 같이 하여야 한다.
   ㉠ 1개소에 집중하여 인입하고, 인입구 부근에서 서로 접속하여 등전위본딩 바에 접속하여야 한다.
   ㉡ 대형건축물 등으로 1개소에 집중하여 인입하기 어려운 경우에는 본딩도체를 1개의 본딩 바에 연결한다.
② 수도관·가스관의 경우 내부로 인입된 최초의 밸브 후단에서 등전위본딩을 하여야 한다.
③ 건축물·구조물의 철근, 철골 등 금속보강재는 등전위본딩을 하여야 한다.
④ 절연성 바닥으로 된 비접지 장소에서 다음의 경우 국부등전위본딩을 하여야 한다.
   ㉠ 전기설비 상호 간이 2.5[m] 이내인 경우
   ㉡ 전기설비와 이를 지지하는 금속체 사이

## (3) 등전위본딩 도체

주접지단자에 접속하기 위한 등전위본딩 도체는 설비 내에 있는 가장 큰 보호접지도체 단면적의 1/2 이상의 단면적으로 가져야 하고 다음의 단면적 이상이어야 한다.
① 구리도체 6[mm²]
② 알루미늄 도체 16[mm²]
③ 강철 도체[mm²]

---

## 제5절 | 피뢰 시스템

### 1 피뢰 시스템의 적용범위 및 구성

#### (1) 적용범위

① 전기전자설비가 설치된 건축물·구조물로서 낙뢰로부터 보호가 필요한 것 또는 지상으로부터 높이가 20[m] 이상인 것
② 전기설비 및 전자설비 중 낙뢰로부터 보호가 필요한 설비

#### (2) 피뢰시스템의 구성

① 직격뢰로부터 대상물을 보호하기 위한 외부피뢰시스템
② 간접뢰 및 유도뢰로부터 대상물을 보호하기 위한 내부피뢰시스템

### 2 외부 피뢰시스템

#### (1) 수뢰부시스템의 선정

수뢰부시스템의 선정은 돌침, 수평도체, 메시도체의 요소 중에 한 가지 또는 이를 조합 형식으로 시설하여야 한다.

**(2) 수뢰부시스템의 배치**

① 보호각법, 회전구체법, 메시법 중 하나 또는 조합된 방법으로 배치하여야 한다.
② 건축물·구조물의 뾰족한 부분, 모서리 등에 우선하여 배치한다.

**(3) 건축물·구조물과 분리되지 않은 수뢰부 시스템의 시설**

① 지붕 마감재가 불연성 재료로 된 경우 지붕표면에 시설할 수 있다.
② 지붕 마감재가 높은 가연성 재료로 된 경우 지붕재료와 다음과 같이 이격하여 시설한다.
　　㉠ 초가지붕 또는 이와 유사한 경우 0.15[m] 이상
　　㉡ 다른 재료의 가연성 재료인 경우 0.1[m] 이상

**(4) 인하도선시스템**

① 수뢰부시스템과 접지시스템을 연결하는 것으로 다음에 의한다.
　　㉠ 복수의 인하도선을 병렬로 구성해야 한다. 다만, 건축물·구조물과 분리된 피뢰시스템인 경우 예외로 한다.
　　㉡ 도선경로의 길이가 최소가 되도록 한다.
② 수뢰부시스템과 접지극시스템 사이에 전기적 연속성이 형성되도록 다음에 따라 시설하여야 한다.
　　㉠ 경로는 가능한 한 루프 형성이 되지 않도록 하고, 최단거리로 곧게 수직으로 시설하여야 하며, 처마 또는 수직으로 설치된 홈통 내부에 시설하지 않아야 한다.
　　㉡ 철근콘크리트 구조물의 철근을 자연적구성부재의 인하도선으로 사용하기 위해서는 해당 철근 전체 길이의 전기저항 값은 0.2[Ω] 이하가 되어야 한다.
　　㉢ 시험용 접속점을 접지극시스템과 가까운 인하도선과 접지극시스템의 연결 부분에 시설하고, 이 접속점은 항상 폐로 되어야 하며 측정 시에 공구 등으로만 개방할 수 있어야 한다.

**(5) 접지극시스템**

① 뇌전류를 대지로 방류시키기 위한 접지극시스템은 A형 접지극(수평 또는 수직 접지극) 또는 B형 접지극(환상도체 또는 기초접지극) 중 하나 또는 조합하여 시설할 수 있다.
② 접지극은 다음에 따라 시설한다.
　　㉠ **지표면에서 0.75[m] 이상 깊이로 매설** 하여야 한다. 다만, 필요시는 해당 지역의 동결심도를 고려한 깊이로 할 수 있다.
　　㉡ 대지가 암반지역으로 대지저항이 높거나 건축물·구조물이 전자통신시스템을 많이 사용하는 시설의 경우에는 환상도체접지극 또는 기초접지극으로 한다.
　　㉢ 접지극 재료는 대지에 환경오염 및 부식의 문제가 없어야 한다.

## ③ 내부 피뢰시스템

[전기전자설비 보호]

① 뇌서지 전류를 대지로 방류시키기 위한 접지를 시설하여야 한다.

② 전위차를 해소하고 자계를 감소시키기 위한 본딩을 구성하여야 한다.

③ 전자·통신설비의 접지는 환상도체접지극 또는 기초접지극으로 한다.

④ 개별 접지 시스템으로 된 복수의 건축물·구조물 등을 연결하는 콘크리트덕트·금속제 배관의 내부에 케이블이 있는 경우, 각각의 접지 상호 간은 병행 설치된 도체로 연결하여야 한다. 다만, 차폐케이블인 경우는 차폐선을 양끝에서 각각의 접지시스템에 등전위본딩하는 것으로 한다.

⑤ 전기전자설비 등에 연결된 전선로를 통하여 서지(surge)가 유입되는 경우, 해당 선로에는 서지보호장치를 설치하여야 한다.

⑥ 지중 저압수전의 경우, 내부에 설치하는 전기전자기기의 과전압범주별 임펄스내전압이 규정 값에 충족하는 경우는 서지보호장치(SPD)를 생략할 수 있다.

## 제1절 통칙

### 1 배전방식

#### (1) 교류 회로

① 3상 4선식의 중성선 또는 PEN 도체는 충전도체는 아니지만 운전전류를 흘리는 도체이다.

② 3상 4선식에서 파생되는 단산 2선식 배전방식의 경우 두 도체 모두가 선도체이거나 하나의 선도체와 중성선 또는 하나의 선도체와 PEN 도체이다.

③ 모든 부하가 선간에 접속된 전기설비에서는 중성선의 설치가 필요하지 않을 수 있다.

#### (2) 직류 회로

PEL과 PEM 도체는 충전도체는 아니지만 운전전류를 흘리는 도체이다. 2선식 배전방식이나 3선식 배전방식을 적용한다.

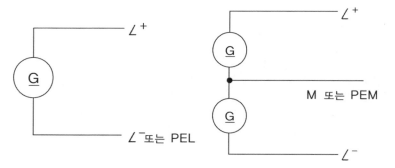

### 2 계통접지의 방식

#### (1) 계통접지 구성

① **접지계통의 분류**: 저압전로의 보호도체 및 중성선의 접속 방식에 따라 접지계통은 다음과 같이 분류한다.

ⓐ TN 계통

ⓑ TT 계통

ⓒ IT 계통

② 계통접지에서 사용되는 문자의 정의

    ⊙ 제1문자 – 전원계통과 대지의 관계

      가. T: 한 점을 대지에 직접 접속

      나. I: 모든 충전부를 대지와 절연시키거나 높은 임피던스를 통하여 한 점을 대지에 직접 접속

    ⓒ 제2문자 – 전기설비의 노출도전부와 대지의 관계

      가. T: 노출도전부를 대지로 직접 접속. 전원계통의 접지와는 무관

      나. N: 노출도전부를 전원계통의 접지점(교류 계통에서는 통상적으로 중성점, 중성점이 없을 경우는 선도체)에 직접 접속

    ⓒ 그 다음 문자(문자가 있을 경우) – 중성선과 보호도체의 배치

      가. S: 중성선 또는 접지된 선도체 외에 별도의 도체에 의해 제공되는 보호 기능

      나. C: 중성선과 보호 기능을 한 개의 도체로 겸용(PEN 도체)

③ 각 계통에서 나타내는 그림의 기호

| 기호 설명 | |
| --- | --- |
| ●╱ | 중성선(N), 중간도체(M) |
| ╱ | 보호도체(PE) |
| ●╱ | 중성선과 보호도체 겸용(PEN) |

## (2) TN 계통

전원측의 한 점을 직접접지하고 설비의 노출도전부를 보호도체로 접속시키는 방식

① TN-S 계통은 계통 전체에 대해 별도의 중성선 또는 PE 도체를 사용한다.

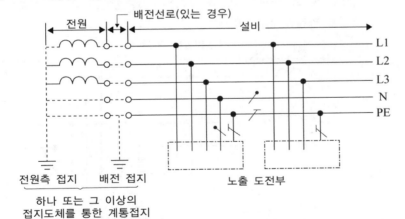

계통 내에서 별도의 중성선과 보호도체가 있는 TN-S 계통

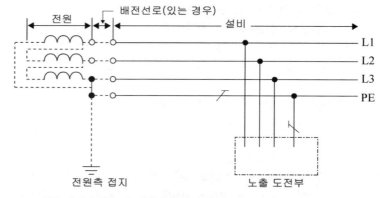

계통 내에서 별도의 접지된 선도체와 보호도체가 있는 TN-S 계통

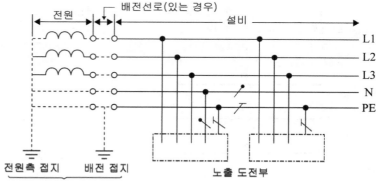

**계통 내에서 접지된 보호도체는 있으나 중성선의 배선이 없는 TN-S 계통**

② TN-C 계통은 그 계통 전체에 대해 중성선과 보호도체의 기능을 동일도체로 겸용한 PEN 도체를 사용한다.

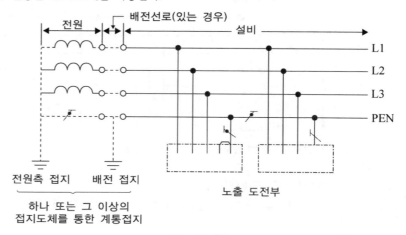

TN-C 계통

③ TN-C-S 계통은 계통의 일부분에서 PEN 도체를 사용하거나, 중성선과 별도의
PE 도체를 사용하는 방식이 있다.

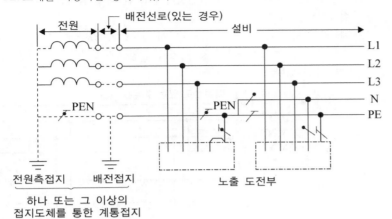

설비의 어느 곳에서 PEN이 PE와 N으로 분리된 3상 4선식 TN-C-S 계통

## (3) TT 계통

전원의 한 점을 직접 접지하고 설비의 노출도전부는 전원의 접지전극과 전기적
으로 독립적인 접지극에 접속시키는 방식

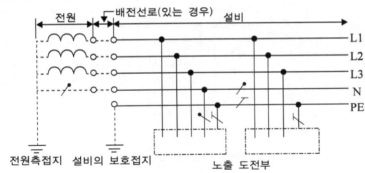

설비 전체에서 별도의 중성선과 보호도체가 있는 TT계통

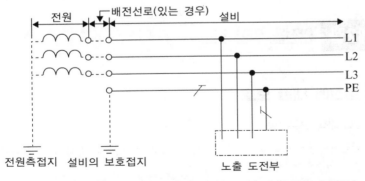

설비 전체에서 접지된 보호도체가 있으나 배전용 중성선이 없는 TT계통

## (4) IT 계통

① 충전부 전체를 대지로부터 절연시키거나, 한 점을 임피던스를 통해 대지에
접속시키는 방식
② 계통은 충분히 높은 임피던스를 통하여 접지할 수 있다. 이 접속은 중성점, 인
위적 중성점, 선도체 등에서 할 수 있다. 중성선은 배선할 수도 있고, 배선하지
않을 수도 있다.

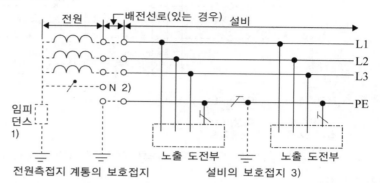

계통 내의 모든 노출도전부가 보호도체에 의해 접속되어 일괄 접지된 IT계통

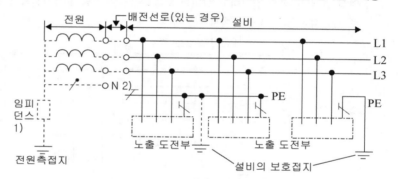

노출도전부가 조합으로 또는 개별로 접지된 IT계통

---

## 제2절 안전을 위한 보호

## 1 감전에 대한 보호

### (1) 보호대책 요구사항

안전을 위한 보호에서 별도의 언급이 없는 한 다음의 전압 규정에 따른다.
① 교류전압은 실횻값으로 한다.
② 직류전압은 리플프리로 한다.

## (2) 전원의 자동차단에 의한 보호대책

### ① 고장보호의 요구사항
다음에 따른 교류계통에서는 누전차단기에 의한 추가적 보호를 하여야 한다.
- ㉠ 일반인이 사용하는 정격전류 20[A] 이하 콘센트
- ㉡ 옥외에서 사용되는 정격전류 32[A] 이하 이동용 전기기기

### ② 누전차단기의 시설
전원의 자동차단에 의한 저압전로의 보호대책으로 누전차단기를 시설해야 할 대상은 다음과 같다.

- ㉠ 금속제 외함을 가지는 사용전압이 50[V]를 초과하는 저압의 기계 기구로서 사람이 쉽게 접촉할 우려가 있는 곳에 시설하는 것에 전기를 공급하는 전로. **다만, 다음의 어느 하나에 해당하는 경우에는 적용하지 않는다.**
  - 가. 기계기구를 발전소·변전소·개폐소 또는 이에 준하는 곳에 시설하는 경우
  - 나. 기계기구를 건조한 곳에 시설하는 경우
  - 다. 대지전압이 150[V] 이하인 기계기구를 물기가 있는 곳 이외의 곳에 시설하는 경우
  - 라. 이중 절연구조의 기계기구를 시설하는 경우
  - 마. 그 전로의 전원측에 절연변압기(2차 전압이 300[V] 이하인 경우에 한한다)를 시설하고 또한 그 절연 변압기의 부하측의 전로에 접지하지 않는 경우
  - 바. 기계기구가 고무·합성수지 기타 절연물로 피복된 경우
  - 사. 기계기구가 유도전동기의 2차측 전로에 접속되는 것일 경우

- ㉡ 다음의 전로에는 자동복구 기능을 갖는 **누전차단기를 시설**할 수 있다.
  - 가. 독립된 무인 통신중계소·기지국
  - 나. 관련법령에 의해 일반인의 출입을 금지 또는 제한하는 곳
  - 다. 옥외의 장소에 무인으로 운전하는 통신중계기 또는 단위기기 전용회로. 단, 일반인이 특정한 목적을 위해 지체하는(머물러 있는) 장소로서 버스 정류장, 횡단보도 등에는 시설할 수 없다.

- ㉢ 일반인이 접촉할 우려가 있는 장소(세대 내 분전반 및 이와 유사한 장소)에는 주택용 누전차단기를 시설하여야 하고, 주택용 누전차단기를 정방향(세로)으로 부착할 경우에는 차단기의 위쪽이 켜짐(on)으로, 차단기의 아래쪽은 꺼짐(off)으로 시설하여야 한다.

### ③ TN 계통
- ㉠ 전원 공급계통의 중성점이나 중간점은 접지하여야 하며, 중성점이나 중간점을 접지할 수 없는 경우에는 선도체 중 하나를 접지하여야 한다. 또한 설비의 노출도전부는 보호도체로 전원공급계통의 접지점에 접속하여야 한다.
- ㉡ 고정설비에서 보호도체와 중성선을 겸하여(PEN 도체) 사용될 수 있다. 이러한 경우에는 PEN 도체에는 어떠한 개폐장치나 단로장치가 삽입되지 않아야 한다.
- ㉢ TN 계통에서 과전류보호장치 및 누전차단기는 고장보호에 사용할 수 있다. 누전차단기를 사용하는 경우 과전류보호 겸용의 것을 사용하여야 한다.

② TN-C 계통에는 누전차단기를 사용해서는 아니 된다. TN-C-S 계통에 누전차단기를 설치하는 경우에는 누전차단기의 부하측에는 PEN 도체를 사용할 수 없다. 이러한 경우 PE 도체는 누전차단기의 전원측에서 PEN 도체에 접속하여야 한다.

④ TT 계통

㉠ 전원계통의 중성점이나 중간점을 접지하여야 한다. 중성점이나 중간점을 이용할 수 없는 경우, 선도체 중 하나를 접지하여야 한다.

㉡ TT 계통은 누전차단기를 사용하여 고장보호를 하여야 한다. 다만, 고장 루프임피던스가 충분히 낮을 때는 과전류보호장치에 의하여 고장보호를 할 수 있다.

⑤ IT 계통

IT 계통은 다음과 같은 감시장치와 보호장치를 사용할 수 있으며, 1차 고장이 지속되는 동안 작동되어야 한다. 절연감시장치는 음향 및 시각신호를 갖추어야 한다.

㉠ 절연감시장치

㉡ 누설전류감시장치

㉢ 절연고장점검출장치

㉣ 과전류보호장치

㉤ 누전차단기

### (3) SELV와 PELV를 적용한 특별저압에 의한 보호

**[보호대책 일반 요구사항]**

① 특별저압에 의한 보호는 다음의 특별저압 계통에 의한 보호대책이다.

㉠ SELV(Safety Extra-Low Voltage): 비접지회로 보호수단

㉡ PELV(Protective Extra-Low Voltage): 접지회로 보호수단

② 보호대책의 요구사항

㉠ 특별저압 계통의 전압한계는 교류 50[V] 이하, 직류 120[V] 이하이어야 한다.

㉡ 특별저압 회로를 제외한 모든 회로로부터 특별저압 계통을 보호 분리하고, 특별저압 계통과 다른 특별 저압 계통 간에는 기본절연을 하여야 한다.

㉢ SELV 계통과 대지간의 기본절연을 하여야 한다.

## ② 과전류에 대한 보호

### (1) 회로의 특성에 따른 요구사항

① 선도체의 보호

㉠ 과전류의 검출은 모든 선도체에 대하여 과전류 검출기를 설치하여 과전류가 발생할 때 전원을 안전하게 차단해야 한다. 다만, 과전류가 검출된 도체 이외의 다른 선도체는 차단하지 않아도 된다.

㉡ 3상 전동기 등과 같이 단상 차단이 위험을 일으킬 수 있는 경우 적절한 보호 조치를 해야 한다.

② 중성선의 보호
　㉠ TT 계통 또는 TN 계통
　　가. 중성선의 단면적이 선도체의 단면적과 동등 이상의 크기이고, 그 중성선의 전류가 선도체의 전류보다 크지 않을 것으로 예상될 경우: 중성선에는 과전류 검출기 또는 차단장치를 설치하지 않아도 된다.
　　나. 중성선의 단면적이 선도체의 단면적보다 작은 경우: 과전류검출기를 설치할 필요가 있다. 또한, 검출된 과전류가 설계전류를 초과하면 선도체를 차단해야 하지만, 중성선을 차단할 필요까지는 없다.
　㉡ IT 계통
　　가. 중성선을 배선하는 경우 중성선에 과전류검출기를 설치하여야 한다.
　　나. 과전류가 검출되면 중성선을 포함한 해당 회로의 모든 충전도체를 차단해야 한다.

### (2) 보호장치의 특성

과전류차단기로 저압전로에 사용하는 범용의 퓨즈는 표에 적합한 것이어야 한다.

| 정격전류 | 시간 | 정격전류의 배수 | |
| --- | --- | --- | --- |
| | | 불용단 전류 | 용단 전류 |
| 4[A] 이하 | 60분 | 1.5배 | 2.1배 |
| 4[A] 초과 16[A] 이하 | 60분 | 1.5배 | 1.9배 |
| 16[A] 초과 63[A] 이하 | 60분 | 1.25배 | 1.6배 |
| 63[A] 초과 160[A] 이하 | 120분 | 1.25배 | 1.6배 |
| 160[A] 초과 400[A] 이하 | 180분 | 1.25배 | 1.6배 |
| 400[A] 초과 | 240분 | 1.25배 | 1.6배 |

### (3) 과부하전류에 대한 보호

① 도체와 과부하 보호장치 사이의 협조

과부하에 대해 케이블(전선)을 보호하는 장치의 동작특성은 다음의 조건을 충족하여야 한다.

$$I_B \leq I_n \leq I_Z$$
$$I_2 \leq 1.45 \leq I_Z$$

$I_B$: 회로의 설계전류
$I_Z$: 케이블의 허용전류
$I_n$: 보호장치의 정격전류
$I_2$: 보호장치가 규약시간 이내에 유효하게 동작하는 것을 보장하는 전류

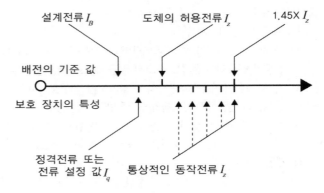

② 과부하 보호장치의 설치 위치

　ⓐ 과부하 보호장치는 분기점에 설치하여야 한다.

　ⓑ 과부하 보호장치는 분기점(O)에 설치해야 하나, 분기점(O)과 분기회로의 과부하 보호장치($P_2$) 설치점 사이의 배선 부분에 다른 분기회로나 콘센트 회로가 접속되어 있지 않고, 다음 중 하나를 충족하는 경우에는 변경이 있는 배선에 설치할 수 있다.

　　가. 분기회로에 대한 단락보호가 이루어지고 있는 경우, $P_2$는 분기회로의 분기점(O)으로부터 부하측으로 거리에 구애 받지 않고 이동하여 설치할 수 있다.

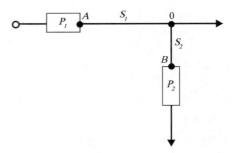

　　나. 단락의 위험과 하재 및 인체에 대한 위험성이 최소화 되도록 시설된 경우, 분기회로의 보호장치($P_2$)는 분기회로의 분기점(O)으로부터 3[m]까지 이동하여 설치할 수 있다.

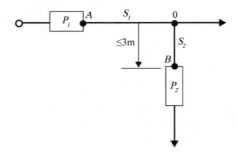

## (4) 단락전류에 대한 보호

① 단락보호장치의 설치 위치

㉠ 단락전류 보호장치는 분기점(O)에 설치하여야 한다.

㉡ 설치 위치의 예외

가. 분기회로의 단락보호장치 설치점(B)과 분기점(O) 사이에 다른 분기회로 또는 콘센트의 접속이 없고 단락, 화재 및 인체에 대한 위험이 최소화될 경우, 분기 회로의 단락 보호장치 $P_2$는 분기점(O)으로부터 3[m]까지 이동하여 설치할 수 있다.

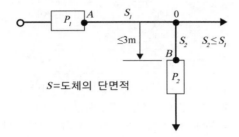

가. 분기회로의 시작점(O)과 이 분기회로의 단락보호장치($P_2$) 사이에 있는 도체가 전원측에 설치되는 보호장치($P_1$)에 의해 단락보호가 되는 경우에, $P_2$의 설치위치는 분기점(O)로부터 거리제한이 없이 설치할 수 있다.

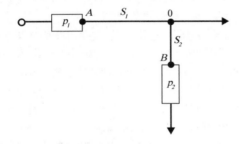

## (5) 저압전로 중의 개폐기 및 과전류차단장치의 시설

① 저압 옥내전로 인입구에서의 개폐기의 시설

㉠ 저압 옥내전로(화약류 저장소에 시설하는 것을 제외한다)에는 인입구에 가까운 곳으로서 쉽게 개폐할 수 있는 곳에 개폐기를 각 극에 시설하여야 한다.

㉡ 사용전압이 400[V] 이하인 옥내 전로로서 다른 옥내전로(정격전류가 16[A] 이하인 과전류 차단기 또는 정격전류가 16[A]를 초과하고 20[A] 이하인 배선용 차단기로 보호되고 있는 것)에 접속하는 길이 15[m] 이하의 전로에서 전기의 공급을 받는 것은 위 ㉠ 규정에 의하지 않을 수 있다.

② 저압전로 중의 전동기 보호용 과전류보호장치의 시설

㉠ 과전류차단기로 저압전로에 시설하는 과부하보호장치(전동기가 손상될 우려가 있는 과전류가 발생했을 경우에 자동적으로 이것을 차단하는 것에 한한다)와 단락보호 전용 차단기 또는 과부하보호장치와 단락보호전용퓨즈를 조합한 장치는 전동기에만 연결하는 저압전로에 사용하고 다음 각각에 적합한 것이어야 한다.

가. 과부하 보호장치로 전자접촉기를 사용할 경우에는 반드시 과부하계전기가 부착되어 있을 것

나. 단락보호전용 차단기의 단락동작설정 전류 값은 전동기의 기동방식에 따른 기동돌입전류를 고려할 것

다. 단락보호전용 퓨즈는 아래 표의 용단 특성에 적합한 것일 것

| 정격전류의 배수 | 불용단 시간 | 용단 시간 |
|---|---|---|
| 4배 | 60초 이내 | – |
| 6.3배 | – | 60초 이내 |
| 8배 | 0.5초 이내 | – |
| 10배 | 0.2초 이내 | – |
| 12.5배 | – | 0.5초 이내 |
| 19배 | – | 0.1초 이내 |

라. 과부하 보호장치와 단락보호 전용 차단기 또는 단락보호 전용 퓨즈를 하나의 전용함 속에 넣어 시설한 것일 것

마. 과부하 보호장치가 단락전류에 의하여 손상되기 전에 그 단락전류를 차단하는 능력을 가진 단락보호 전용 차단기 또는 단락보호 전용 퓨즈를 시설한 것일 것

바. 과부하 보호장치와 단락보호 전용 퓨즈를 조합한 장치는 단락보호 전용 퓨즈의 정격전류가 과부하 보호장치의 설정 전류(setting current) 값 이하가 되도록 시설한 것일 것

ⓒ 옥내에 시설하는 전동기에는 전동기가 손상될 우려가 있는 과전류가 생겼을 때에 자동적으로 이를 저지하거나 이를 경보하는 장치를 하여야 한다. 다만, 다음의 어느 하나에 해당하는 경우에는 그렇지 않다.

가. 전동기를 운전 중 상시 취급자가 감시할 수 있는 위치에 시설하는 경우

나. 전동기의 구조나 부하의 성질로 보아 전동기가 손상될 수 있는 과전류가 생길 우려가 없는 경우

다. 단상전동기로써 그 전원 측 전로에 시설하는 과전류 차단기의 정격전류가 16[A](배선차단기는 20[A]) 이하인 경우

라. 정격 출력이 0.2[kW] 이하인 것

## 제3절 전선로

## ① 구내, 옥측, 옥상, 옥내 전선로의 시설

### (1) 구내인입선

① 저압 인입선의 시설

ㄱ 전선은 절연전선 또는 케이블일 것

ㄴ 전선이 절연전선인 경우

가. **경간이 15[m] 초과**: 인장강도 2.30[kN] 이상의 것 또는 지름 2.6[mm] 이상의 인입용 비닐절연전선일 것

나. **경간이 15[m] 이하:** 인장강도 1.25[kN] 이상의 것 또는 지름 2[mm] 이상의 인입용 비닐절연전선일 것

ⓒ 전선이 옥외용 비닐 절연 전선인 경우에는 사람이 접촉할 우려가 없도록 시설할 것

ⓔ 전선이 케이블인 경우에 길이가 1[m] 이하인 경우에는 조가하지 않아도 된다.

ⓜ 전선의 높이는 다음에 의할 것

　　가. **도로를 횡단하는 경우:** 노면상 5[m](교통에 지장 없을 시 3[m]) 이상

　　나. **철도 또는 궤도를 횡단하는 경우:** 레일면상 6.5[m] 이상

　　다. **횡단보도교 위에 시설하는 경우:** 노면상 3[m] 이상

　　라. **가.에서 다.까지 이외의 경우:** 지표상 4[m](교통에 지장 없을 시 2.5[m]) 이상

② 연전 인입선의 시설

　ⓙ 전선은 절연전선 또는 케이블일 것

　ⓛ 전선이 절연전선인 경우

　　가. **경간이 15[m] 초과:** 인장강도 2.30[kN] 이상의 것 또는 지름 2.6[mm] 이상의 인입용 비닐절연전선일 것

　　나. **경간이 15[m] 이하:** 인장강도 1.25[kN] 이상의 것 또는 지름 2[mm] 이상의 인입용 비닐절연전선일 것

　ⓒ 인입선에서 분기하는 점으로부터 100[m]를 초과하는 지역에 미치지 않을 것

　ⓔ 폭 5[m]를 초과하는 도로를 횡단하지 않을 것

　ⓜ 옥내를 통과하지 않을 것

### (2) 옥측전선로

① 저압 옥측전선로는 다음에 따라 시설하여야 한다.

　ⓙ 애자공사(전개된 장소에 한한다.)

　ⓛ 합성수지관공사

　ⓒ 금속관공사(목조 이외의 조영물에 시설하는 경우에 한한다.)

　ⓔ 버스덕트공사(목조 이외의 조영물에 시설하는 경우에 한한다.)

　ⓜ 케이블공사(연피케이블 · 알루미늄피케이블 또는 미네럴 인슐레이션 케이블을 사용하는 경우에는 목조 이외의 조영물에 시설하는 경우에 한한다.)

② 애자공사에 의한 저압 옥측전선로의 전선과 식물 사이의 이격거리는 0.2[m] 이상이어야 한다. 다만, 저압 옥측전선로의 전선이 고압 절연전선 또는 특고압 절연전선인 경우에 그 전선을 식물에 접촉하지 않도록 시설하는 경우에는 적용하지 않는다.

③ 전선의 지지점 간의 거리는 2[m] 이하일 것

### (3) 옥상전선로

① 저압 옥상전선로는 전개된 장소에 다음에 따르고 또한 위험의 우려가 없도록 시설하여야 한다.

　ⓙ 전선은 인장강도 2.30[kN] 이상의 것 또는 지름 2.6[mm] 이상의 경동선을 사용할 것

　ⓛ 전선은 절연전선(OW전선을 포함한다.) 또는 이와 동등 이상의 절연효력이 있는 것을 사용할 것

ⓒ 전선은 절연성·난연성 및 내수성이 있는 애자를 사용하여 지지하고 또한 그 지지점 간의 거리는 15[m] 이하일 것

ⓔ 전선과 그 저압 옥상 전선로를 시설하는 조영재와의 이격거리는 2[m](전선이 고압절연전선, 특고압절연전선 또는 케이블인 경우에는 1[m]) 이상일 것

② 저압 옥상전선로의 전선은 상시 부는 바람 등에 의하여 식물에 접촉하지 아니하도록 시설하여야 한다.

## 2 저압 가공전선로

### (1) 저압 가공전선의 굵기 및 종류

① 저압 가공전선은 나전선, 절연전선, 다심형 전선 또는 케이블을 사용하여야 한다.

② 전선의 굵기

| 사용전압 | 조건 | 전선의 굵기 및 인장강도 |
|---|---|---|
| 400[V] 이하 | 절연전선 | 인장강도 2.3[kN] 이상의 것 또는 지름 2.6[mm] 이상의 경동선 |
| | 케이블 이외 | 인장강도 3.43[kN] 이상의 것 또는 지름 3.2[mm] 이상의 경동선 |
| 400[V] 초과인 저압 | 시가지에 시설 | 인장강도 8.01[kN] 이상의 것 또는 지름 5[mm] 이상의 경동선 |
| | 시가지 외에 시설 | 인장강도 5.26[kN] 이상의 것 또는 지름 4[mm] 이상의 경동선 |

③ 사용전압이 400[V] 초과인 저압 가공전선에는 인입용 비닐절연전선을 사용하여서는 안 된다.

### (2) 저압 가공전선로의 지지물의 강도

목주인 경우에는 풍압하중의 1.2배의 하중, 기타의 경우에는 풍압하중에 견디는 강도를 가지는 것이어야 한다.

### (3) 저압 보안공사

① 전선은 케이블인 경우 이외에는 저압일 경우, 인장강도 8.01[kN] 이상의 것 또는 지름 5[mm] 이상의 경동선, 사용전압이 400[V] 이하일 경우, 인장강도 5.26[kN] 이상의 것 또는 지름 4[mm] 이상의 경동선이어야 한다.

② 목주는 풍압하중에 대한 안전율은 1.5 이상이며 말구의 지름 0.12[m] 이상일 것

③ 경간은 표에서 정한 값 이하일 것

| 지지물의 종류 | 경간 |
|---|---|
| 목주·A종 철주 또는 A종 철근 콘크리트주 | 100[m] |
| B종 철주 또는 B종 철근 콘크리트주 | 150[m] |
| 철탑 | 400[m] |

## (4) 농사용 저압 가공전선로의 시설

① 저압 가공전선은 인장강도 1.38[kN] 이상의 것 또는 지름 2[mm] 이상의 경동선 일 것

② 저압 가공전선의 지표상의 높이는 3.5[m] 이상일 것. 다만, 사람이 쉽게 출입하지 못하는 곳에 시설하는 경우에는 3[m] 까지로 감할 수 있다.

③ 전선로의 지지점 간 거리는 30[m] 이하일 것

④ 전선로의 경간은 30[m] 이하일 것

## (5) 구내에 시설하는 저압 가공전선로

전선로의 경간은 30[m] 이하일 것

## (6) 저압 직류 가공전선로

사용전압이 1.5[kV] 이하인 직류 가공 전선로는 다음과 같이 시설하여야 한다.

① 전로의 전선 상호간 및 전로와 대지 사이의 절연저항은 표에서 정한 값 이상이어야 한다.

| 전로의 사용전압[V] | DC 시험전압[V] | 절연저항[MΩ] |
|---|---|---|
| SELV 및 PELV | 250 | 0.5 |
| FELV, 500[V] 이하 | 500 | 1.0 |
| 500[V] 초과 | 1,000 | 1.0 |

② 교류 전로와 동일한 지지물에 시설되는 경우 직류 전로를 구분하기 위한 표시를 하고, 모든 전로의 종단 및 접속점에서 극성을 식별하기 위한 표시(양극 – 적색, 음극 – 백색, 중점선/중성선 – 청색)를 하여야 한다.

## 3 지중 전선로

### (1) 케이블의 종류

① CN-CV 케이블
② CV 케이블
③ CD 케이블(콤바인 덕트 케이블)

### (2) 매설 깊이는 압력이 있는 경우 1.2[m], 압력이 없는 경우 0.6[m]로 한다.

### (3) 이격거리

① 저압 – 고압: 15[cm]
② 저·고압 – 특고압: 30[cm]
③ 약전선 – 저·고압: 30[cm]
④ 약전선 – 특고압: 60[cm]
⑤ 특고압 – 유독성관: 1[m]

## 4 특수장소의 전선로

### (1) 터널 전선로

① 저압일 경우: 전선 2.6[mm], 2.5[m] 이상 설치할 것

② 고압일 경우: 전선 4.0[mm], 3[m] 이상 설치할 것

### (2) 수상 전선로

① 접속점이 육상인 경우: 5[m]

② 접속점이 수면인 경우: 저압 4[m], 고압 5[m]

③ 저압인 경우에는 클로로프렌 캡타이어 케이블, 고압인 경우에는 캡타이어 케이블을 사용하여야 한다.


## 제4절 배선 및 조명 설비

## 1 일반사항

### (1) 저압 옥내배선의 사용전선 및 중성선의 굵기

① 저압 옥내배선의 사용전선

㉠ 저압 옥내배선의 전선: 단면적 2.5[mm²] 이상의 연동선

㉡ 옥내배선의 사용 전압이 400[V] 이하인 경우는 다음에 의하여 시설할 수 있다.

가. **전광표시 장치 또는 제어 회로**: 단면적 1.5[mm²] 이상의 연동선, 단면적 0.75[mm²] 이상인 다심케이블 또는 다심 캡타이어 케이블을 사용하고 또한 과전류가 생겼을 때에 자동적으로 전로에서 차단하는 장치를 시설

나. **진열장 또는 이와 유사한 것의 내부 배선**: 단면적 0.75[mm²] 이상인 코드 또는 캡타이어 케이블

다. **엘리베이터 · 덤웨이터 등의 승강로 안의 저압 옥내배선**: 리프트 케이블

② 중성선의 단면적

㉠ 다음의 경우는 중성선의 단면적은 최소한 선도체의 단면적 이상이어야 한다.

가. 2선식 단상회로

나. 선도체의 단면적이 구리선 16[mm²], 알루미늄선 25[mm²] 이하인 다상회로

다. 제3고조파 및 제3고조파의 홀수배수의 고조파 전류가 흐를 가능성이 높고 전류 종합고조파왜형률이 15~33[%]인 3상회로

㉡ 제3고조파 및 제3고조파 홀수배수의 전류 종합고조파왜형률이 33[%]를 초과하는 경우 아래와 같이 중성선의 단면적을 증가시켜야 한다.

가. 다심케이블의 경우 선도체의 단면적은 중성선의 단면적과 같아야 하며, 이 단면적은 선도체의 $1.45 \times I_B$(회로 설계전류)를 흘릴 수 있는 중성선을 선정한다.

나. 단심케이블은 선도체의 단면적이 중성선 단면적보다 작을 수도 있다. 계산은 선은 $I_B$, 중성선은 선도체의 $1.45 I_B$와 동등 이상의 전류와 같다.

## (2) 나전선의 사용 제한

옥내에 시설하는 저압전선에는 나전선을 사용하여서는 안 된다. 다만, 다음 중 어느 하나에 해당하는 경우에는 그렇지 않다.

① 애자공사에 의하여 전개된 곳에 다음의 전선을 시설하는 경우
　ⓐ 전기로용 전선
　ⓑ 전선의 피복 절연물이 부식하는 장소에 시설하는 전선
　ⓒ 취급자 이외의 자가 출입할 수 없도록 설비한 장소에 시설하는 전선
② 버스덕트공사에 의하여 시설하는 경우
③ 라이팅덕트공사에 의하여 시설하는 경우
④ 접촉 전선을 시설하는 경우

## (3) 옥내전로의 대지 전압의 제한

① 백열전등 또는 방전등에 전기를 공급하는 옥내의 전로의 대지전압은 300[V] 이하여야 한다.
② 주택의 옥내전로의 대지전압은 300[V] 이하여야 하며 다음 각 호에 따라 시설하여야 한다. 다만, 대지전압 150[V] 이하의 전로인 경우에는 다음에 따르지 않을 수 있다.
　ⓐ 사용전압 400[V] 이하
　ⓑ 주택의 전로 인입구에는 감전보호용 누전차단기를 시설
　ⓒ 백열전등의 전구소켓은 키나 그 밖에 점멸기구가 없는 것
　ⓓ 정격 소비 전력 3[kW] 이상의 전기기계기구에 전기를 공급하기 위한 전로에는 전용의 개폐기 및 과전류 차단기를 시설하고 그 전로의 옥내배선과 직접 접속하거나 적정 용량의 전용콘센트를 시설
　ⓔ 주택의 옥내를 통과하여 그 주택 이외의 장소에 전기를 공급하기 위한 옥내배선은 사람이 접촉할 우려가 없는 은폐된 장소에 합성수지관공사, 금속관공사 또는 케이블공사에 의하여 시설

## ② 배선설비

## (1) 합성수지관공사

① 시설 조건
　ⓐ 전선은 절연전선(옥외용 비닐 절연전선 제외)일 것
　ⓑ 전선은 연선일 것. 다만, 다음의 것은 적용하지 않는다.
　　가. 짧고 가는 합성수지관에 넣은 것
　　나. 단면적 10[mm²](알루미늄선은 단면적 16[mm²]) 이하의 것
② 합성수지관 및 부속품의 시설
　ⓐ 관 상호 간 및 박스와는 관을 삽입하는 깊이를 관의 바깥지름의 1.2배(접착제를 사용하는 경우에는 0.8배) 이상으로 하고 또한 꽂음 접속에 의하여 견고하게 접속할 것
　ⓑ 관의 지지점 간의 거리는 1.5[m] 이하로 할 것
　ⓒ 콤바인 덕트관은 직접 콘크리트에 매입하여 시설하거나 옥내 전개된 장소에 시설하는 경우 이외에는 불연성 마감재 내부, 전용의 불연성 관 또는 덕트에 넣어 시설할 것
　ⓓ 이중천장내에는 합성수지관공사를 시설할 수 없다.

(2) 금속관공사

① 시설 조건

㉠ 전선은 절연전선(옥외용 비닐 절연전선 제외)일 것

㉡ 전선은 연선일 것. 다만, 다음의 것은 적용하지 않는다.

가. 짧고 가는 금속관에 넣은 것

나. 단면적 10[mm²](알루미늄선은 단면적 16[mm²]) 이하의 것

② 금속관 및 부속품의 선정

㉠ 전선관과의 접속부분의 나사는 5턱 이상 완전히 나사결합이 될 수 있는 길이일 것

㉡ 관의 두께는 콘크리트에 매설할 경우 1.2[mm] 이상, 콘크리트 매설 이외의 경우 1[mm] 이상일 것

③ 금속관 및 부속품의 시설

㉠ 금속관공사로부터 애자공사로 옮기는 경우에는 그 부분의 관의 끝부분에는 절연부싱 또는 이와 유사한 것을 사용하여야 한다.

㉡ 관에는 접지공사를 할 것. 다만, 사용전압이 400[V] 이하로서 다음 중 하나에 해당하면 하지 않아도 된다.

가. 관의 길이가 4[m] 이하인 것을 건조한 장소에 시설하는 경우

나. 옥내배선의 사용전압이 직류 300[V] 또는 교류 대지전압 150[V] 이하로서 그 전선을 넣는 관의 길이가 8[m] 이하인 것을 사람이 쉽게 접촉할 우려가 없도록 시설하는 경우 또는 건조한 장소에 시설하는 경우

(3) 금속제 가요전선관공사

① 전선은 절연전선(옥외용 비닐 절연전선 제외)일 것

② 전선은 연선일 것. 다만, 단면적 10[mm²](알루미늄선은 단면적 16[mm²]) 이하이면 하지 않아도 된다.

③ 가요전선관 안에는 접속점이 없도록 할 것

④ 가요전선관은 2종 금속제 가요전선관 일 것(1종 금속제 가요전선관은 전개된 장소 또는 점검할 수 있는 은폐된 장소에 한함)

⑤ 1종 금속제 가요전선관은 단면적 2.5[mm²] 이상의 나연동선을 전체 길이에 걸쳐 삽입 또는 첨가하여 그 나연동선과 1종 금속제 가요전선관을 양쪽 끝에서 전기적으로 완전하게 접속할 것

(4) 합성수지몰드공사

① 전선은 절연전선(옥외용 비닐 절연전선 제외)일 것

② 합성수지몰드 안에는 접속점이 없도록 할 것. 다만, 합성수지몰드 안의 전선을 합성 수지제의 조인트 박스를 사용하여 접속할 경우는 하지 않아도 된다.

③ 합성수지몰드는 홈의 폭 및 깊이가 35[mm] 이하, 두께는 2[mm] 이상의 것일 것. 다만, 사람이 쉽게 접촉할 우려가 없도록 시설하는 경우에는 폭이 50[mm] 이하, 두께 1[mm] 이상의 것을 사용

(5) 금속몰드공사

① 전선은 절연전선(옥외용 비닐 절연전선 제외)일 것

② 금속몰드 안에는 접속점이 없도록 할 것. 다만, 금속제 조인트 박스를 사용할 경우에는 접속할 수 있다.

③ 금속몰드의 사용전압이 400[V] 이하로 옥내의 건조한 장소로 전개된 장소 또는 점검할 수 있는 은폐장소에 한하여 시설할 수 있다.

## (6) 금속덕트공사

① 시설조건
  ㉠ 전선은 절연전선(옥외용 비닐 절연전선 제외)일 것
  ㉡ 금속덕트에 넣은 전선의 단면적의 합계는 일반적인 경우에는 20[%] 이하, 전광표시장치 기타 이와 유사한 장치 또는 제어회로만의 배선만을 넣는 경우에는 50[%] 이하일 것
  ㉢ 금속덕트 안에는 전선에 접속점이 없도록 할 것. 다만, 전선을 분기하는 경우에는 그 접속점을 쉽게 점검할 수 있는 때에는 하지 않아도 된다.
② 금속덕트의 시설: 덕트를 조영재에 붙이는 경우에는 덕트의 지지점 간의 거리를 3[m](수직 6[m]) 이하로 하고 끝부분은 막을 것

## (7) 플로어덕트공사

① 시설조건
  ㉠ 전선은 절연전선(옥외용 비닐 절연전선 제외)일 것
  ㉡ 전선은 연선일 것. 다만, 단면적 10[mm²](알루미늄선은 단면적 16[mm²]) 이하이면 하지 않아도 된다.
  ㉢ 덕트 안에는 접속점이 없도록 할 것. 다만, 전선을 분기하는 경우 그 접속점을 쉽게 점검할 수 있을 때에는 하지 않아도 된다.
② 플로어덕트의 시설 및 부속품의 시설
  ㉠ 덕트 및 박스 기타의 부속품은 물이 고이는 부분이 없도록 시설하여야 한다.
  ㉡ 박스 및 인출구는 마루 위로 돌출하지 않도록 시설하고 또한 물이 스며들지 않도록 밀봉할 것
  ㉢ 덕트의 끝부분은 막을 것

## (8) 셀룰러덕트공사

① 전선은 절연전선(옥외용 비닐 절연전선 제외)일 것
② 전선은 연선일 것. 다만, 단면적 10[mm²](알루미늄선은 단면적 16[mm²]) 이하이면 하지 않아도 된다.
③ 덕트 안에는 접속점이 없도록 할 것. 다만, 전선을 분기하는 경우 그 접속점을 쉽게 점검할 수 있을 때에는 하지 않아도 된다.

## (9) 케이블트레이공사

① 전선은 연피 케이블, 알루미늄피 케이블 등 난연성 케이블, 기타 케이블 또는 금속관 혹은 합성수지관 등에 넣은 절연전선을 사용
② 케이블 트레이의 안전율은 1.5 이상

## (10) 케이블공사

① 전선은 케이블 및 캡타이어 케이블일 것
② 전선을 조영재의 아랫면 또는 옆면에 따라 붙이는 경우 전선의 지지점 간의 거리
  ㉠ 케이블: 2[m](수직 6[m]) 이하
  ㉡ 캡타이어 케이블: 1[m] 이하

## (11) 애자공사

① 전선은 절연전선(옥외용 비닐 절연전선 제외)일 것
② 이격거리

| 사용전압 | | 전선과 조영재와의 이격거리 | | 전선 상호간격 | 전선 지지점간의 거리 | |
| --- | --- | --- | --- | --- | --- | --- |
| | | | | | 조영재의 윗면 또는 옆면에 따라 시설 | 조영재에 따라 시설하지 않는 경우 |
| 저압 | 400[V] 이하 | 2.5[cm] 이상 | | 6[cm] 이상 | 2[m] 이하 | – |
| | 400[V] 초과 | 건조한 장소 | 2.5[cm] 이상 | | | 6[m] 이하 |
| | | 기타의 장소 | 4.5[cm] 이상 | | | |

## (12) 버스덕트공사

① 덕트를 조영재에 붙이는 경우에는 덕트의 지지점 간의 거리를 3[m](수직 6[m]) 이하로 할 것
② 덕트의 내부에 먼지가 침입하지 않도록 할 것
③ 덕트는 접지공사를 할 것
④ 습기가 많은 장소 또는 물기가 있는 장소에 시설하는 경우에는 옥외용 버스덕트를 사용하고 내부에 물이 침입하여 고이지 않도록 할 것

## (13) 라이팅덕트공사

① 덕트는 조영재에 견고하게 붙일 것
② 덕트의 지지점 간의 거리는 2[m] 이하로 할 것
③ 덕트의 끝부분은 막을 것
④ 덕트의 개구부는 아래로 향하여 시설할 것. 다만, 사람이 쉽게 접촉할 우려가 없는 장소에서 덕트의 내부에 먼지가 들어가지 않는 경우에 한하여 옆으로 향하여 시설할 수 있다.
⑤ 덕트는 조영재를 관통하여 시설하지 않도록 할 것
⑥ 덕트를 사람이 용이하게 접촉할 우려가 있는 장소에 시설하는 경우에는 전로에 지락이 생겼을 때에 자동적으로 전로를 차단하는 장치를 시설할 것

## (14) 옥내에 시설하는 저압 접촉전선 배선

① 이동기중기 · 자동청소기 그 밖에 이동하며 사용하는 저압의 전기기계기구에 전기를 공급하기 위하여 사용하는 접촉전선을 옥내에 시설하는 경우에는 전개된 장소 또는 점검할 수 있는 은폐된 장소에 애자공사 또는 버스덕트공사 또는 절연트롤리공사에 의하여야 한다.
② 저압 접촉전선을 애자공사에 의하여 옥내의 전개된 장소에 시설하는 경우에는 기계기구에 시설하는 경우 이외에는 다음에 따라야 한다.
　㉠ 전선의 바닥에서의 높이는 3.5[m] 이상일 것

  ⓛ 전선은 인장강도 11.2[kN] 이상의 것 또는 지름 6[mm]의 경동선으로 단면적
   이 28[mm²] 이상일 것

  ⓒ 전선의 지지점 간의 거리는 6[m] 이하일 것

## (15) 옥내에 시설하는 저압용 배분전반 등의 시설

 ① 한 개의 분전반에는 한 가지 전원(1회선의 간선)만 공급하여야 한다.

 ② 옥내에 설치하는 배전반 및 분전반은 불연성 또는 난연성이 있도록 시설할 것

## ③ 조명설비

## (1) 등기구

 ① 등기구는 기동전류, 고조파전류, 보상, 누설전류, 최초점화전류, 전압강하를 고
  려하여 설치하여야 한다.

 ② 코드는 조명용 전원코드 및 이동전선으로만 사용할 수 있으며, 고정배선으로
  사용하여서는 안되며 사용전압 400[V] 이하의 전로에 사용한다.

 ③ 옥내에서 조명용 전원코드 또는 이동전선을 습기가 많은 장소에 시설할 경우에
  는 고무코드 또는 0.6/1[kV] EP 고무 절연 클로로프렌캡타이어 케이블로서 단
  면적이 0.75[mm²] 이상인 것이어야 한다.

## (2) 콘센트

 ① 욕조나 샤워시설이 있는 욕실 또는 화장실 등 인체가 물에 젖어있는 상태에서
  전기를 사용하는 장소에 콘센트를 시설하는 경우, 인체감전보호용 누전차단기
  (정격감도전류 15[mA] 이하, 동작시간 0.03[초] 이하의 전류동작형의 것에 한한
  다) 또는 절연변압기(정격용량 3[kVA] 이하인 것에 한한다)로 보호된 전로에
  접속하거나, 인체감전보호용 누전차단기가 부착된 콘센트를 시설하여야 한다.

 ② 콘센트는 접지극이 있는 방적형 콘센트를 사용하여 규정에 준하여 접지하여야
  한다.

## (3) 점멸기

 ① 점멸기는 전로의 비접지측에 시설하고 분기개폐기에 배선용차단기를 사용하는
  경우는 이것을 점멸기로 대용할 수 있다.

 ② 욕실 내에는 점멸기를 시설하지 말 것

 ③ 가정용전등은 매 등기구마다 점멸이 가능하도록 할 것

 ④ 관광숙박업 또는 숙박업에 이용되는 객실의 입구등은 1분 이내, 일반주택 및 아
  파트 각 호실의 현관등은 3분 이내에 소등되는 센서등(타임스위치 포함)을 시
  설하여야 한다.

## (4) 진열장

 ① 사용전압은 400[V] 이하일 것

 ② 단면적 0.75[mm²] 이상의 코드 또는 캡타이어 케이블일 것

## (5) 옥외등

 ① 사용전압은 대지전압 300[V] 이하일 것

 ② 옥외등 또는 그의 점멸기에 이르는 인하선은 사람의 접촉과 전선피복의 손상을
  방지하기 위하여 다음 배선방법으로 시설하여야 한다.

　　　⊙ 애자공사
　　　ⓒ 금속관공사
　　　ⓒ 합성수지관공사
　　　ⓔ 케이블공사

## (6) 전주외등

① 대지전압 300[V] 이하의 형광등, 고압방전등, LED등
② 단면적 2.5[mm²] 이상의 절연전선 또는 이와 동등 이상의 절연효력이 있는 것을 사용하고 다음 배선방법 중에서 시설하여야 한다.
　　⊙ 케이블공사
　　ⓒ 합성수지관공사
　　ⓒ 금속관공사

## (7) 1[kV] 이하 방전등

① 대지전압은 300[V] 이하
② 관등회로의 사용전압이 400[V] 초과인 경우는 방전등용 변압기를 사용하고, 400[V] 이하인 경우의 배선은 전선에 조명용 전원코드 또는 공칭단면적 2.5[mm²] 이상의 연동선과 이와 동등 이상의 세기 및 굵기의 절연전선, 캡타이어 케이블 또는 케이블을 사용하여 시설하여야 한다.
③ 관등회로의 배선방식

| 시설장소의 구분 | | 배선방법 |
|---|---|---|
| 전개된 장소 | 건조한 장소 | 애자공사, 합성수지몰드공사, 금속몰드공사 |
| | 기타의 장소 | 애자공사 |
| 점검할 수 있는 은폐된 장소 | 건조한 장소 | 금속몰드공사 |

④ 진열장 또는 이와 유사한 것의 내부 관등회로 배선에서 전선의 부착점 간의 거리는 1[m] 이하일 것
⑤ 접지를 생략할 수 있는 경우
　　⊙ 관등회로의 사용전압이 대지전압이 150[V] 이하의 것을 건조한 장소에서 시공할 경우
　　ⓒ 관등회로의 사용전압이 400[V] 이하 또는 변압기의 정격 2차 단락전류 혹은 회로의 동작전류가 50[mA] 이하의 것으로 안정기를 외함에 넣고, 조명기구와 전기적으로 접속되지 않도록 시설할 경우

## (8) 네온방전등

① 대지전압은 300[V] 이하
② 관등회로의 배선은 애자공사로서 다음에 따라서 시설해야 한다.
　　⊙ 네온관용전선을 사용할 것
　　ⓒ 전선 상호간의 이격거리는 60[mm] 이상일 것
　　ⓒ 전선지지점간의 거리는 1[m] 이하로 할 것

### (9) 수중조명등

① 수중조명등에 전기를 공급하기 위해서는 절연변압기를 사용하고 1차측 전로의 사용전압은 400[V] 이하, 2차측 전로의 사용전압은 150[V] 이하일 것

② 절연변압기의 2차측 전로는 접지하지 말 것

③ 이동전선은 접속점이 없는 단면적 2.5[mm²] 이상의 0.6/1[kV] EP 고무절연 클로로프렌 캡타이어 케이블일 것

④ 절연변압기의 2차측 전로의 사용전압이 30[V] 이하인 경우는 1차권선과 2차권선 사이에 금속제의 혼촉방지판을 설치해야 한다.

⑤ 절연변압기의 2차측 전로의 사용전압이 30[V]를 초과하는 경우에는 정격감도전류 30[mA] 이하의 누전차단기를 시설하여야 한다.

### (10) 교통신호등

① 교통신호등 제어장치의 2차측 배선의 최대사용전압은 300[V] 이하

② 케이블인 경우 이외에는 **공칭단면적 2.5[mm²] 연동선과 동등 이상의 세기 및 굵기의 450/750[V] 일반용 단심 비닐절연전선** 또는 **450/750[V] 내열성에틸렌아세테이트 고무절연전선**일 것

③ 조가용선으로 조가하여 시설하는 경우 인장강도 3.7[kN]의 금속선 또는 지름 4[mm] 이상의 아연도철선을 2가닥 이상 꼰 금속선을 사용할 것

④ 전선의 지표상의 높이는 2.5[m] 이상일 것

⑤ 사용전압이 150[V]를 넘는 경우는 전로에 지락이 생겼을 때 자동적으로 전로를 차단하는 누전차단기를 시설할 것

## 제5절 특수 설비

## 1 특수 시설

### (1) 전기울타리

① 사용전압은 250[V] 이하

② 시설

　㉠ 사람이 쉽게 출입하지 않는 곳이 시설할 것

　㉡ 전선은 인장강도 1.38[kN] 이상의 것 또는 지름 2[mm] 이상의 경동선일 것

　㉢ 전선과 이를 지지하는 기둥 사이의 이격거리는 25[mm] 이상일 것

　㉣ 전선과 다른 시설물 또는 수목과의 이격거리는 0.3[m] 이상일 것

### (2) 전기온상

① 발열선은 온도가 80[℃]를 넘지 않도록 시설할 것

② 발열선 상호간의 간격은 0.03[m] 이상일 것

③ 발열선과 조영재 사이의 이격거리는 0.025[m] 이상일 것

④ 발열선의 지지점 간의 거리는 1[m] 이하일 것

⑤ 애자는 절연성·난연성 및 내수성이 있는 것일 것

### (3) 전격 살충기

① 전격격자는 지표 또는 바닥에서 3.5[m] 이상의 높은 곳에 시설할 것
② 전격격자와 다른 시설물 또는 식물과의 이격거리는 0.3[m] 이상일 것

### (4) 유희용 전차

① 변압기의 1차 전압은 400[V] 이하
② 전원장치의 2차측 단자의 최대사용전압은 직류일 경우 60[V] 이하, 교류일 경우 40[V] 이하일 것
③ 변압기는 절연변압기를 사용하고 2차 전압은 150[V] 이하일 것

### (5) 아크 용접기

① 용접변압기는 절연변압기일 것
② 용접변압기의 1차측 전로의 대지전압은 300[V] 이하일 것
③ 용접변압기의 1차측 전로에는 용접변압기에 가까운 곳에 쉽게 개폐할 수 있는 개폐기를 시설할 것

### (6) 도로 등의 전열장치

① 발열선에 전기를 공급하는 전로의 대지전압은 300[V] 이하일 것
② 발열선은 미네럴 인슐레이션 케이블 등 규정된 발열선으로서 노출 사용하지 않는 것은 B종 발열선을 사용한다.
③ 발열선은 온도가 80[℃]를 넘지 않도록 시설할 것

### (7) 소세력 회로

전자 개폐기의 조작회로 또는 초인벨 · 경보벨 등에 접속하는 전로
① 최대사용전압 60[V] 이하
② 절연변압기의 사용전압은 대지전압 300[V] 이하

### (8) 전기부식방지 시설

① 사용전압은 직류 60[V] 이하일 것
② 지중에 매설하는 양극의 매설깊이는 0.75[m] 이상일 것

## ② 특수 장소

### (1) 분진 위험장소

① 폭연성 분진 위험장소: 금속관공사 또는 케이블공사에 의할 것
② 가연성 분진 위험장소: 합성수지관공사 · 금속관공사 또는 케이블공사에 의할 것

### (2) 위험물(셀룰로이드 · 성냥 · 석유류 기타 타기 쉬운 위험한 물질) 등이 존재하는 장소

합성수지관공사 · 금속관공사 또는 케이블공사에 의할 것

### (3) 화약류 저장소 등의 위험장소

화약류 저장소 안에는 전기설비를 시설해서는 안 된다. 다만, 조명기구에 전기를 공급하기 위한 전기설비는 금속관공사 또는 케이블공사에 의할 것

## (4) 전시회, 쇼 및 공연장의 전기설비

① 사용전압은 400[V] 이하

② 무대마루 밑에 시설하는 전구선은 300/300[V] 편조 고무코드 또는 0.6/1[kV] EP 고무 절연 클로로프렌 캡타이어 케이블이어야 한다.

## (5) 터널, 갱도 기타 이와 유사한 장소

① 사람이 상시 통행하는 터널 안의 배선은 저압이며 공칭단면적 2.5[mm²]의 연동선과 동등 이상의 세기 및 굵기의 절연전선을 사용하며 높이는 노면상 2.5[m] 이상의 높이로 애자공사로 시설하여야 한다.

② 특고압의 이동전선은 시설하여서는 안 된다.

## (6) 의료장소

① 의료장소별로 다음과 같이 계통접지를 적용한다.

　㉠ 그룹 0: TT 계통 또는 TN 계통

　㉡ 그룹 1: TT 계통 또는 TN 계통

　㉢ 그룹 2: 의료 IT 계통

　㉣ 의료장소에 TN 계통을 적용할 때에는 주배전반 이후의 부하 계통에서는 TN-C 계통으로 시설하지 말 것

② 의료장소의 전로에는 정격감도전류 30[mA] 이하, 동작시간 0.03초 이내의 누전차단기를 설치할 것

## (7) 엘리베이터 · 덤웨이터 등의 승강로 안의 저압 옥내배선 등의 시설

사용전압이 400[V] 이하인 저압 옥내배선, 저압의 이동전선 및 이에 직접 접속하는 리프트 케이블은 비닐 리프트 케이블 또는 고무 리프트 케이블을 사용하여야 한다.

## ③ 저압 옥내 직류전기설비

(1) 다중전원전로의 과전류차단기는 모든 전원을 차단할 수 있도록 시설하여야 한다.

(2) 30[V]를 초과하는 축전지는 비접지측 도체에 쉽게 차단할 수 있는 곳에 개폐기를 시설하여야 한다.

## (3) 저압 옥내 직류전기설비의 접지

직류 2선식의 임의의 한 점 또는 변환장치의 직류측 중간점, 태양전지의 중간점 등을 접지하여야 한다. 다만, 직류 2선식을 다음에 따라 시설하는 경우는 생략 가능하다.

① 사용전압이 60[V] 이하인 경우

② 접지검출기를 설치하고 특정구역내의 산업용 기계기구에만 공급하는 경우

③ 교류전로로부터 공급을 받는 정류기에서 인출되는 직류계통

④ 최대전류 30[mA] 이하의 직류화재경보회로

⑤ 관리자가 확인할 수 있도록 경보장치를 시설하는 경우

참고 & 심화

## 제1절 통칙

### 1 적용범위

교류 1[kV] 초과 또는 직류 1.5[kV]를 초과하는 고압 및 특고압 전기를 공급하거나 사용하는 전기설비에 적용한다.

### 2 기본원칙

#### (1) 전기적 요구사항

① 중성점 접지방식 선정시, 전원공급의 연속성 요구사항, 지락고장에 의한 기기의 손상제한, 고장부위의 선택적 차단, 고장위치의 감지, 접촉 및 보폭전압, 유도성 간섭, 운전 및 유지보수 측면을 고려하여야 한다.

② 단락전류

㉠ 설비는 단락전류로부터 발생하는 열적 및 기계적 영향에 견딜 수 있도록 설치되어야 한다.

㉡ 설비는 단락을 자동으로 차단하는 장치에 의하여 보호되어야 한다.

㉢ 설비는 지락을 자동으로 차단하는 장치 또는 지락상태 자동표시장치에 의하여 보호되어야 한다.

③ 정격주파수

④ 코로나

⑤ 전계 및 자계

⑥ 과전압

⑦ 고조파

#### (2) 기계적 요구사항

① 기기 및 지지구조물

② 인장하중, 빙설하중, 풍압하중

③ 개폐전자기력, 단락전자기력

④ 도체 인장력의 상실

⑤ 지진하중

# 제2절 접지설비

## 1 고압, 특고압 접지계통

### (1) 고압 또는 특고압 전기설비의 접지

① 저압 전기설비의 접지극이 고압 및 특고압 접지극의 접지저항 형성영역에 완전히 포함되어 있다면 위험전압이 발생하지 않도록 이들 접지극을 상호 접속하여야 한다.

② 접지시스템에서 고압 및 특고압 계통의 지락사고시 저압계통에 가해지는 상용 주파 과전압은 일정 값을 초과해서는 안 된다.

### (2) 고압 또는 특고압과 저압 접지시스템이 근접한 경우

고압 또는 특고압 변전소 내에서만 사용하는 저압전원이 있을 때 저압 접지시스템이 고압 또는 특고압 접지시스템의 구역 안에 포함되어 있다면 각각의 접지시스템은 서로 접속하여야 한다. 다만, 고압 또는 특고압 변전소에서 인입 또는 인출되는 저압전원이 있을 때, 접지시스템은 다음과 같이 시공하여야 한다.

① 공통 및 통합접지의 일부분이거나 또는 다중접지된 계통의 중성선에 접속되어야 한다.

② 분리하는 경우, 접지극은 고압또는 특고압 계통의 고장으로 인한 위험을 방지하기 위하여 접촉전압과 보폭전압을 허용값 이내로 하여야 한다.

③ 저압전원의 경우, 기기가 너무 가까이 위치하여 접지계통을 분리하는 것이 불가능한 경우에는 공통 또는 통합접지로 시공하여야 한다.

## 2 혼촉에 의한 위험방지 시설

### (1) 고압 또는 특고압과 저압의 혼촉에 의한 위험방지 시설

① 고압전로 또는 특고압전로와 저압전로를 결합하는 변압기의 저압측의 중성점에는 변압기의 접지저항값이 10[Ω]을 넘을 때에는 접지저항치가 10[Ω] 이하가 되도록 할 것. (단, 사용전압이 35[kV] 이하의 특고압전로로서 전로에 지락이 생겼을 때에 1초 이내에 자동으로 이를 차단하는 장치가 되어 있는 것 및 사용전압이 25[kV] 이하인 특고압 가공전선로로서 중성선 다중접지식의 것으로서 전로에 지락이 생겼을 때 2초 이내에 자동적으로 이를 전로로부터 차단하는 장치가 되어있는 것은 제외한다.)

② 제1의 접지공사는 변압기의 시설장소마다 시행하여야 한다. 다만, 토지의 상황에 의하여 변압기의 시설장소에서 변압기 중성점 접지저항의 규정에 의한 접지저항 값을 얻기 어려운 경우, 인장강도 5.26[kN] 이상 또는 지름 4[mm] 이상의 가공 접지도체를 저압가공전선에 관한 규정에 준하여 시설할 때에는 변압기의 시설장소로부터 200[m]까지 떼어놓을 수 있다.

③ ① 접지공사를 하는 경우에 토지의 상황에 의하여 ②의 규정에 의하기 어려울 때에는 다음에 따라 가공공동지선을 설치하여 2 이상의 시설장소에 접지공사를 할 수 있다.

⊙ 가공공동지선은 인장강도 5.26[kN] 이상 또는 4[mm] 이상의 경동선을 사용하여 저압가공전선에 관한 규정에 준하여 시설할 것

ⓒ 접지공사는 각 변압기를 중심으로 하는 지름 400[m] 이내의 지역에 할 것

ⓒ 가공공동지선과 대지 사이의 합성 전기저항값은 1[km]를 지름으로 하는 지역안마다 각 접지도체를 가공공동지선으로부터 분리하였을 경우의 각 접지도체와 대지 사이의 전기저항값은 300[Ω] 이하로 할 것

## (2) 혼촉방지판이 있는 변압기에 접속하는 저압 옥외전선의 시설 등

고압전로 또는 특고압 전로와 비접지식의 저압전로를 결합하는 변압기로서 그 고압권선 또는 특고압권선과 저압권선 간에 금속제의 혼촉방지판이 있고 또한 그 혼촉방지판에 규정에 의하여 접지공사를 한 것에 접속하는 저압전선을 옥외에 시설할 때에는 다음에 따라 시설하여야 한다.

① 저압전선은 1구내에만 시설할 것

② 저압 가공전선로 또는 저압 옥상전선로의 전선은 케이블일 것

## (3) 특고압과 고압의 혼촉 등에 의한 위험방지 시설

특고압전로에 결합되는 고압전로에는 사용전압의 3배 이하인 전압이 가하여진 경우에 방전하는 장치를 그 변압기의 단자에 가까운 1극에 설치하여야 한다. 다만, 다음의 경우는 그렇지 않아도 된다.

① 사용전압의 3배 이하인 전압이 가하여진 경우에 방전하는 피뢰기를 고압전로의 모선의 각 상에 시설한 경우

② 특고압권선과 고압권선 간에 혼촉방지판을 시설하여 접지저항 값이 10[Ω] 이하인 경우

## (4) 전로의 중성점 접지

① 전로의 보호 장치의 확실한 동작의 확보, 이상 전압의 억제 및 대지전압의 저하를 위하여 전로의 중성점에 접지공사를 할 경우 접지도체는 공칭단면적 16[mm²] 이상의 연동선을 사용하여야 한다.

② 저압전로에 시설하는 보호 장치의 확실한 동작의 확보를 위하여 전로의 중성점에 접지공사를 할 경우 접지도체는 공칭단면적 6[mm²] 이상의 연동선을 사용하여야 한다.

## 제3절 전선로

## ① 전선로 일반 및 구내, 옥측, 옥상 전선로

(1) 가공전선로의 지지물에 취급자가 오르고 내리는데 사용하는 발판 볼트 등을 지표상 1.8[m] 미만에 시설하면 안 된다.

### (2) 풍압하중의 종별과 적용

가공전선로에 사용하는 지지물의 강도 계산에 적용하는 풍압하중은 다음 3종으로 한다.

① 갑종 풍압하중

| 풍압을 받는 구분 | | | 구성재의 수직 투영면적 1m²에 대한 풍압 |
|---|---|---|---|
| 목주 | | | 588Pa |
| 지지물 | 철주 | 원형의 것 | 588Pa |
| | | 삼각형 또는 마름모형의 것 | 1,412Pa |
| | | 강관의 의하여 구성되는 4각형의 것 | 1,117Pa |
| | | 기타의 것 | 복재(腹材)가 전·후면에 겹치는 경우에는 1,627Pa, 기타의 경우에는 1,784Pa |
| | 철근 콘크리트 주 | 원형의 것 | 588Pa |
| | | 기타의 것 | 882Pa |
| | 철탑 | 단주 (완철류는 제외함) 원형의 것 | 588Pa |
| | | 단주 (완철류는 제외함) 기타의 것 | 1,117Pa |
| | | 강관으로 구성되는 것 (단주는 제외함) | 1,255Pa |
| | | 기타의 것 | 2,157Pa |
| 전선 기타 가섭선 | 다도체(구성하는 전선이 2가닥마다 수평으로 배열되고 또한 그 전선 상호간의 거리가 전선의 바깥지름의 20배 이하인 것에 한한다. 이하 같다)를 구성하는 전선 | | 666Pa |
| | 기타의 것 | | 745Pa |
| 애자장치(특고압선 전선용의 것에 한한다) | | | 1,039Pa |
| 목주·철주(원형의 것에 한한다) 및 철근 콘크리트주의 완금류 (특고압 전선로용의 것에 한한다) | | | 단일재로서 사용하는 경우에는 1,196Pa, 기타 경우에는 1,627Pa |

② **을종 풍압하중**: 전선 기타의 가섭선 주위에 두께 6[mm], 비중 0.9의 빙설이 부착된 상태에서 수직 투영면적 372[Pa](다도체를 구성하는 전선은 333[Pa]), 그 이외의 것은 갑종 풍압하중의 2분의 1을 기초로 하여 계산한 것
③ **병종 풍압하중**: 갑종 풍압하중의 2분의 1을 기초로 하여 계산한 것

④ 제1종 풍압하중의 적용은 다음 표에 따른다.

| 지역 | | 고온계절 | 저온계절 |
|---|---|---|---|
| 빙설이 많은 지방 이외의 지방 | | 갑종 | 병종 |
| 빙설이 많은 지방 | 일반지역 | 갑종 | 을종 |
| | 해안지방, 기타 저온 계절에 최대 풍압이 생기는 지역 | 갑종 | 갑종과 을종 중 큰 값 |
| 인가가 많이 연접되어 있는 장소 | | 병종 | 병종 |

⑤ 인가가 많이 연접되어 있는 장소에 시설하는 가공전선로의 구성재 중 다음의 풍압하중에 대해서 병종 풍압하중을 적용한다.
ㄱ 저압 또는 고압 가공전선로의 지지물 또는 가섭선
ㄴ 사용전압이 35[kV] 이하 또는 특고압 가공전선로의 지지물, 가섭선 및 애자 장치 및 완금류

### (3) 가공전선로 지지물의 기초의 안전율

지지물의 기초의 안전율은 2 **이상**(단, 이상시 상정하중에 대한 철탑의 기초에 대하여는 1.33)일 것

### (4) 목주의 강도 계산

$$D_0 = D + 0.9H$$

* $D_0$: 지표면의 목주지름, $D$: 목주의 말구([cm]를 단위로 한다.)

### (5) 지선의 시설

① 철탑은 지선을 사용하여 그 강도를 분담시켜서는 안 된다.
② 지선은 다음에 따라야 한다.
ㄱ 안전율은 2.5 **이상**(허용 인장하중의 최저는 4.31[kN])
ㄴ 지선에 연선을 사용할 경우에는 다음에 의할 것
　가. 소선 3가닥 이상의 연선
　나. 소선의 지름이 2.6[mm] 이상
　다. 지중부분 및 지표상 0.3[m] 까지의 부분에는 내식성이 있는 것 또는 아연도금을 한 철봉을 사용할 것
　라. 지선근가는 지선의 인장하중을 충분히 견디도록 시설할 것
③ 도로를 횡단하여 시설하는 지선의 높이는 지표상 5[m] 이상(단, 기술상 부득이 한 경우로서 교통에 지장을 초래할 우려가 없는 경우에는 지표상 4.5[m] 이상, 보도의 경우에는 2.5[m] 이상)

### (6) 구내인입선

① 고압 가공인입선
ㄱ 인장강도 8.01[kN] 이상의 고압 절연전선, 특고압 절연전선
ㄴ 지름 5[mm] 이상의 경동선
ㄷ 고압 가공인입선의 높이는 지표상 5[m](단, 케이블 이외의 것인 때에는 그 전선의 아래쪽에 위험표시를 하면 지표상 3.5[m])
ㄹ 고압 연접인입선은 시설하면 안 된다.

② 특고압 가공인입선

    ㉠ 사용전압 100[kV] 이하

    ㉡ 사용전압이 35[kV] 이하이고 또한 전선에 케이블을 사용하는 경우에 특고압 가공인입선의 높이는 지표상 4[m]까지 감할 수 있다.

    ㉢ 특고압 연접인입선은 시설하면 안 된다.

### (7) 옥측전선로

① 고압 옥측전선로

    ㉠ 전선은 케이블일 것

    ㉡ 케이블을 조영재의 옆면 또는 아랫면에 따라 붙일 경우에는 케이블의 지지점 간의 거리를 2[m](수직으로 붙일 경우에는 6[m]) 이하

② 특고압 옥측전선로

    특고압 옥측전선로는 시설하여서는 안 된다. 다만, 사용전압이 100[kV] 이하인 경우 가능하다.

### (8) 옥상전선로

① 고압 옥상전선로

    ㉠ 전선은 케이블일 것

    ㉡ 조영재 사이의 이격거리는 1.2[m] 이상

    ㉢ 고압 옥상전선로의 전선은 상시 부는 바람 등에 의하여 식물에 접촉하지 않도록 시설해야 한다.

② 특고압 옥상전선로

    특고압 옥상전선로는 시설하여서는 안 된다.

## 2 가공전선로

### (1) 가공약전류전선로의 유도장해 방지

저압 가공전선로 또는 고압 가공전선로와 기설 가공약전류전선로가 병행하는 경우에는 유도작용에 의하여 통신상의 장해가 생기지 않도록 전선과 기설 약전류전선간의 이격거리는 **2[m] 이상**이어야 한다.

### (2) 가공케이블 시설

① 조가용선에 행거로 시설할 것(사용전압이 고압일 때에는 행거의 간격은 0.5[m] 이하)

② 조가용선은 인장강도 5.93[kN] 이상의 것 또는 단면적 22[mm²] 이상인 아연도강연선일 것

③ 조가용선 및 케이블의 피복에 사용하는 금속체에는 접지공사를 할 것

④ 조가용선을 케이블에 접촉시켜 금속 테이프를 감는 경우에는 20[cm] 이하의 간격으로 한다.

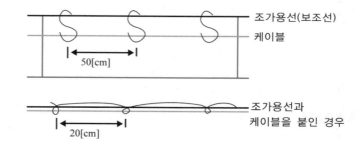

조가용선(보조선)
케이블
50[cm]

조가용선과
케이블을 붙인 경우
20[cm]

### (3) 고압 가공전선의 굵기 및 종류와 안전율

① 인장강도 8.01[kN] 이상의 고압 절연전선, 특고압 절연전선 또는 지름 5[mm] 이상의 경동선의 고압 절연전선, 특고압 절연전선을 사용하여야 한다.

② 안전율
 ㉠ 경동선 또는 내열 동합금선: 2.2 이상
 ㉡ 그 밖의 전선: 2.5

### (4) 저 · 고압 가공전선의 높이

| 설치장소 | | 가공전선의 높이 |
|---|---|---|
| 도로횡단 | | 지표상 6[m] 이상 |
| 철도 또는 궤도 횡단 | | 레일면상 6.5[m] 이상 |
| 횡단보도교 위 | 저압 | 노면상 3.5[m] 이상(단, 절연전선의 경우 3[m] 이상) |
| | 고압 | 노면상 3.5[m] 이상 |
| 일반장소 | | 지표상 5[m] 이상 |
| 다리의 하부 기타 이와 유사한 장소 | | 저압의 전기철도용 급전선은 지표상 3.5[m] |

### (5) 고압 가공전선로의 가공지선은 인장강도 5.26[kN] 이상의 것 또는 지름 4[mm] 이상의 나경동선을 사용하여야 한다.

### (6) 고압 가공전선 등의 병행설치

① 저압 가공전선을 고압 가공전선의 아래로 하고 별개의 완금류에 시설할 것
② 저압 가공전선과 고압 가공전선 사이의 이격거리는 0.5[m] 이상일 것(단, 고압 가공전선에 케이블을 사용하고, 그 케이블과 저압 가공전선 사이의 이격거리를 0.3[m] 이상으로 하여 시설할 수 있다.)

### (7) 고압 가공전선로 경간의 제한

① 고압 가공전선로의 경간은 표에서 정한 값 이하여야 한다.

| 지지물의 종류 | 경간 |
|---|---|
| 목주 · A종 철주 또는 A종 철근 콘크리트주 | 150[m] |
| B종 철주 또는 B종 철근 콘크리트주 | 250[m] |
| 철탑 | 600[m] |

② 경간이 100[m]를 초과하는 경우에는 고압 가공전선은 인장강도 8.01[kN] 이상의 것 또는 지름 5[mm] 이상의 경동선이거나 목주의 풍압하중에 대한 안전율은 1.5 이상일 것

③ 고압 가공전선로의 전선에 인장강도 8.71[kN] 이상의 것 또는 단면적 22[mm²] 이상의 경동연선의 것을 따라 지지물을 시설할 때에의 경간은 다음과 같다.

| 지지물의 종류 | 경간 |
|---|---|
| 목주·A종 철주 또는 A종 철근 콘크리트주 | 300[m] |
| B종 철주 또는 B종 철근 콘크리트주 | 500[m] |
| 철탑 | 600[m] |

참고 & 심화

### (8) 고압 보안공사

① 전선은 케이블인 경우 이외에는 인장강도 8.01[kN] 이상의 것 또는 지름 5[mm] 이상의 경동선이거나 목주의 풍압하중에 대한 안전율은 1.5 이상일 것

② 고압 보안공사 경간

| 지지물의 종류 | 인장강도 8.01[kN] 이상 또는 지름 5[mm] 이상의 경동선 | 인장강도 14.51[kN] 이상 또는 단면적 38[mm²] 이상의 경동연선 |
|---|---|---|
| 목주·A종 철주 또는 A종 철근 콘크리트주 | 100[m] 이하 | 100[m] 이하 |
| B종 철주 또는 B종 철근 콘크리트주 | 150[m] 이하 | 250[m] 이하 |
| 철탑 | 400[m] 이하 | 600[m] 이하 |

### (9) 저·고압 가공전선과 건조물의 접근

① 저·고압 가공전선과 건조물의 조영재 사이의 이격거리는 표에서 정한 값 이상일 것

| 사용 전압 부분 공작물의 종류 | | | 저압 [m] | 고압 [m] |
|---|---|---|---|---|
| 건조물 | 상부 조영재 위쪽 | 일반 | 2 | 2 |
| | | 고압절연전선 | 1 | 2 |
| | | 케이블 | 1 | 1 |
| | 기타 조영재 또는 상부 조영재의 옆쪽 또는 아래쪽 | 일반 | 1.2 | 1.2 |
| | | 고압절연전선 | 0.4 | 1.2 |
| | | 케이블 | 0.4 | 0.4 |
| | | 사람 접촉 X | 0.8 | 0.8 |

② 저·고압 가공전선이 건조물의 아래쪽에 시설될 때에는 저·고압 가공전선과 건조물 사이의 이격거리는 표에서 정한 값 이상일 것

| 가공 전선의 종류 | 이격거리 |
|---|---|
| 저압 가공전선 | 0.6[m](고·특고압 절연전선 또는 케이블인 경우 0.3[m]) |
| 고압 가공전선 | 0.8[m](케이블인 경우 0.4[m]) |

### (10) 저·고압 가공전선과 도로 등의 접근 또는 교차

저·고압 가공전선과 도로 등의 이격거리는 표에서 정한 값 이상일 것(다만, 수평이격거리가 저압에서 1[m] 이상, 고압에서 1.2[m] 이상인 경우는 그렇지 않다.)

| 도로 등의 구분 | | 저압 | 고압 |
|---|---|---|---|
| 도로·횡단보도교·철도 또는 궤도 | | 3[m] | 3[m] |
| 삭도나 그 지주 또는 저압 전차선 | 고압절연 전선 | 0.3[m] | 0.8[m] |
| | 케이블 | 0.3[m] | 0.4[m] |
| | 기타 | 0.6[m] | 0.8[m] |
| 저압 전차선로의 지지물 | 케이블 | 0.3[m] | 0.3[m] |
| | 기타 | 0.3[m] | 0.6[m] |

### (11) 저·고압 가공전선과 가공약전류전선 등의 접근 또는 교차

① 저·고압 가공전선과 가공약전류전선과의 이격거리는 표에서 정한 값 이상일 것

| 가공 약전류 전선 | 저압 가공전선 | | 고압 가공전선 | |
|---|---|---|---|---|
| | 저압 절연전선 | 고압 절연선선 또는 케이블 | 절연전선 | 케이블 |
| 일반 | 0.6[m] | 0.3[m] | 0.8[m] | 0.4[m] |
| 절연전선 또는 통신용 케이블인 경우 | 0.3[m] | 0.15[m] | – | – |

② 가공전선과 약전류전선로 등의 지지물 사이의 이격거리는 저압은 0.3[m] 이상, 고압은 0.6[m](케이블인 경우 0.3[m]) 이상일 것

### (12) 저·고압 가공전선과 안테나의 접근 또는 교차

| | 가공전선로 전선 | 저압 | 고압 |
|---|---|---|---|
| 안테나 | 일반 | 0.6[m] | 0.8[m] |
| | 고압·특고압 절연전선 | 0.3[m] | 0.8[m] |
| | 케이블 | 0.3[m] | 0.4[m] |

### (13) 저·고압 가공전선과 교류전차선 등의 접근 또는 교차

① 저압 가공전선에는 케이블을 사용하고 또한 이를 단면적 35[mm²] 이상인 아연도강연선으로서 인장강도 19.61[kN] 이상인 것으로 조가하여 시설할 것

② 고압 가공전선은 케이블인 경우 이외에는 인장강도 14.51[kN] 이상의 것 또는 단면적 38[mm²] 이상의 경동연선일 것

③ 가공전선로 지지물에 사용하는 목주의 풍압하중에 대한 안전율은 2 이상일 것

## (14) 저·고압 가공전선 등의 접근 또는 교차

① 고압 가공전선과 저압 가공전선 등 또는 그 지지물 사이의 이격거리는 표에서 정한 값 이상일 것

| 저압 가공전선 등 또는 그 지지물의 구분 | 고압 가공전선 | |
| --- | --- | --- |
| | 일반 | 케이블 |
| 저압 가공전선 등 | 0.8[m] | 0.4[m] |
| 저압 가공전선 등의 지지물 | 0.6[m] | 0.3[m] |

② 저압 가공전선과 고압 가공전선 등 또는 그 지지물 사이의 이격거리는 표에서 정한 값 이상일 것

| 고압 가공전선 등 또는 그 지지물의 구분 | 이격거리 |
| --- | --- |
| 고압 전차선 | 1.2[m] |
| 고압 가공전선 등의 지지물 | 0.3[m] |

## (15) 고압 가공전선 상호 간의 접근 또는 교차

| 구분 | 고압 가공전선 | |
| --- | --- | --- |
| | 일반 | 케이블 |
| 고압가공전선 | 0.8[m] | 0.4[m] |
| 고압가공전선로의 지지물 | 0.6[m] | 0.3[m] |

## (16) 고압 가공전선과 다른 시설물의 접근 또는 교차

| 다른 시설물의 구분 | 접근형태 | 이격거리 |
| --- | --- | --- |
| 조영물의 상부 조영재 | 위쪽 | 2[m] (케이블인 경우 1[m]) |
| | 옆쪽 또는 아래쪽 | 0.8[m] (케이블인 경우 0.4[m]) |
| 조영물의 상부 조영재 이외의 부분 또는 조영물 이외의 시설물 | - | 0.8[m] (케이블인 경우 0.4[m]) |

**(17)** 고압 가공전선은 상시 부는 바람 등에 의하여 식물에 접촉하지 않도록 시설해야 한다.

## (18) 저·고압 가공전선과 가공약전류전선 등의 공용설치

① 전선로의 지지물로서 사용하는 목주의 풍압하중에 대한 안전율은 1.5 이상일 것
② 가공전선과 가공약전류전선 등 사이의 이격거리는 저압은 0.75[m] 이상, 고압은 1.5[m] 이상일 것

### ③ 특고압 가공전선로

#### (1) 시가지 등에서 특고압 가공전선로의 시설

① 사용전압이 170[kV] 이하

    ㉠ 특고압 가공전선을 지지하는 애자장치는 50[%] 충격섬락전압 값이 그 전선의 근접한 다른 부분을 지지하는 애자장치 값의 110[%](사용전압이 130[kV]를 초과하는 경우는 105[%]) 이상이거나, 아크 혼을 붙인 현수애자·장간애자 또는 라인포스트애자를 사용하거나, 2련 이상의 현수애자 또는 장간애자를 사용하거나, 2개 이상의 핀애자 또는 라인포스트애자를 사용할 것

    ㉡ 특고압 가공전선로의 경간은 표에서 정한 값 이하일 것

| 지지물의 종류 | 경간 |
|---|---|
| A종 철주 또는 A종 철근 콘크리트주 | 75[m] |
| B종 철주 또는 B종 철근 콘크리트주 | 150[m] |
| 철탑 | 400[m] |

    ㉢ 지지물에는 철주·철근콘크리트주 또는 철탑을 사용할 것

    ㉣ 전선의 단면적은 100[kV] 미만일 경우에는 단면적 55[mm²] 이상의 경동연선, 100[kV] 이상일 경우에는 단면적 150[mm²] 이상의 경동연선 사용할 것

    ㉤ 전선의 높이는 35[kV] 이하인 경우에는 10[m](전선이 특고압 절연전선인 경우 8[m]), 35[kV] 초과하는 경우에는 10[m]에 35[kV]를 초과하는 10[kV] 또는 그 단수마다 0.12[m]를 더한 값일 것

    ㉥ 사용전압이 100[kV]를 초과하는 특고압 가공전선에 지락 또는 단락이 생겼을 때에는 1초 이내에 자동적으로 이를 전로로부터 차단하는 장치를 시설할 것

② 사용전압이 170[kV] 초과

    ㉠ 전선로는 회선수 2 이상일 것

    ㉡ 경간거리는 600[m] 이하일 것

    ㉢ 지지물은 철탑을 사용할 것

    ㉣ 전선은 단면적 240[mm²] 이상의 강심알루미늄선 또는 이와 동등 이상의 인장강도 및 내아크 성능을 가지는 연선을 사용할 것

    ㉤ 전선로에는 가공지선을 시설할 것

    ㉥ 전선은 압축접속에 의하는 경우 이외에는 경간 도중에 접속점을 시설하지 않을 것

    ㉦ 전선로에 지락 또는 단락이 생겼을 때에는 1초 이내에 자동적으로 이를 전로로부터 차단하는 장치를 시설할 것

#### (2) 유도장해의 방지

① 사용전압 60[kV] 이하: 전화선로의 길이 12[km]마다 유도전류가 2[μA]를 넘지 않도록 할 것

② 사용전압 60[kV] 초과: 전화선로의 길이 40[km]마다 유도전류가 3[μA]를 넘지 않도록 할 것

(3) **특고압 가공케이블의 시설**

① 조가용선에 행거에 의하여 시설할 것(행거 간격은 0.5[m] 이하)

② 조가용선에 접촉시키고 그 위에 금속테이프 등을 0.2[m] 이하 간격으로 붙일 것

(4) **특고압 가공전선의 굵기 및 종류**: 케이블인 경우 이외에는 인장강도 8.71[kN] 이상의 연선 또는 단면적 22[mm²] 이상의 경동연선 또는 동등 이상의 인장강도를 갖는 알루미늄 전선이나 절연전선이어야 한다.

(5) **특고압 가공전선과 지지물 등의 이격거리**

| 사용전압 | 이격거리 |
|---|---|
| 15kV 미만 | 15 |
| 15kV 이상 25kV 미만 | 20 |
| 25kV 이상 35kV 미만 | 25 |
| 35kV 이상 50kV 미만 | 30 |
| 50kV 이상 60kV 미만 | 35 |
| 60kV 이상 70kV 미만 | 40 |
| 70kV 이상 80kV 미만 | 45 |
| 80kV 이상 130kV 미만 | 65 |
| 130kV 이상 160kV 미만 | 90 |
| 160kV 이상 200kV 미만 | 110 |
| 200kV 이상 230kV 미만 | 130 |
| 230kV 이상 | 160 |

(기술상 부득이한 경우, 표에서 정한 값의 0.8배까지 감할 수 있다.)

(6) **특고압 가공전선의 높이**

| 사용전압 | 일반장소 | 도로횡단 | 철도 또는 궤도횡단 | 횡단보도교 |
|---|---|---|---|---|
| 35[kV] 이하 | 5[m] | 6[m] | 6.5[m] | 4[m] |
| 35[kV] 초과 160[kV] 이하 | 6[m] | 6[m] | 6.5[m] | 5[m] |
| | 산지 등 사람이 쉽게 들어갈 수 없는 장소: 5[m] 이상 | | | |
| 160[kV] 초과 | 일반 | 6 + 단수 × 0.12[m] | | |
| | 철도 또는 궤도횡단 | 6.5 + 단수 × 0.12[m] | | |
| | 산지 | 5 + 단수 × 0.12[m] | | |

### (7) 특고압 가공전선로의 가공지선

① 인장강도 8.01[kN] 이상의 나선
② 지름 5[mm] 이상의 나경동선
③ 단면적 22[mm²] 이상의 나경동연선
④ 아연도강연선 22[mm²]
⑤ OPGW 전선

### (8) 특고압 가공전선로의 철주·철근 콘크리트주 또는 철탑의 종류

① **직선형**: 전선로의 직선부분(3도 이하 수평 각도)에 사용
② **각도형**: 전선로 중 3도를 초과하는 수평 각도를 이루는 곳에 사용
③ **인류형**: 전 가섭선을 인류하는 곳에 사용
④ **내장형**: 전선로의 지지물 양쪽의 경간의 차가 큰 곳에 사용
⑤ **보강형**: 전선로의 직선부분에 보강을 위하여 사용

### (9) 이상시 상정하중

풍압이 전선로에 직각 방향으로 가하여지는 경우의 하중과 전선로의 방향으로 가하여지는 경우의 수직하중, 수평 횡하중, 수평 종하중을 계산하여 큰 응력이 생기는 쪽의 하중을 채택한다.

### (10) 특고압 가공전선로의 내장형 등의 지지물 시설

직선형의 철탑을 연속하여 10기 이상 사용하는 부분에는 10기 이하마다 장력에 견디는 애자장치가 되어있는 철탑 또는 이와 동등 이상의 강도를 가지는 철탑 1기를 시설하여야 한다.

### (11) 특고압 가공전선과 저·고압 가공전선 등의 병행설치

① **사용전압이 35[kV] 이하**
　㉠ 특고압 가공전선은 저·고압 가공전선 위에 시설하고 별개의 완금류에 시설할 것
　㉡ 특고압 가공전선은 연선일 것
② **사용전압이 35[kV]을 초과하고 100[kV] 미만**
　㉠ 제2종 특고압 보안공사에 의할 것
　㉡ 단면적 50[mm²] 이상인 경동연선일 것
③ 사용전압이 100[kV] 이상인 특고압 가공전선과 저·고압 가공전선은 동일 지지물에 시설하여서는 안 된다.

### (12) 특고압 가공전선과 가공약전류전선 등의 공용설치

① **사용전압이 35[kV] 이하**
　㉠ 제2종 특고압 보안공사에 의할 것
　㉡ 단면적 50[mm²] 이상인 경동연선일 것
　㉢ 특고압 가공전선과 가공약전류전선 등 사이의 이격거리는 2[m] 이상일 것 (케이블인 경우 0.5[m])
② 사용전압이 35[kV]를 초과하는 특고압 가공전선과 가공약전류전선 등은 동일 지지물에 시설하여서는 안 된다.

## (13) 특고압 가공전선로의 경간 제한

| 지지물의 종류 | 표준경간 22[mm²] 이상의 경동연선 | 인장강도 21.67[kN] 이상 또는 단면적 50[mm²] 이상의 경동연선 |
|---|---|---|
| 목주·A종 철주 또는 A종 철근 콘크리트주 | 150[m] 이하 | 300[m] 이하 |
| B종 철주 또는 B종 철근 콘크리트주 | 250[m] 이하 | 500[m] 이하 |
| 철탑 | 600[m] 이하 (단주인 경우 400[m]) | 600[m] 이하 |

## (14) 특고압 보안공사

① 제1종 특고압 보안공사

㉠ 전선은 케이블인 경우 이외에는 표에서 정한 값 이상일 것

| 사용전압 | 전선 |
|---|---|
| 100[kV] 미만 | 단면적 55[mm²] 이상의 경동연선 |
| 100[kV] 이상 300[kV] 미만 | 단면적 150[mm²] 이상의 경동연선 |
| 300[kV] 이상 | 단면적 200[mm²] 이상의 경동연선 |

㉡ B종 철주·B종 철근 콘크리트주 또는 철탑을 사용할 것(목주나 A종은 불가)

㉢ 경간

| 지지물의 종류 | 표준 경간 | 제1종 특고압 보안공사 | 150[mm²] 이상인 경동연선 |
|---|---|---|---|
| B종 철주 또는 B종 철근 콘크리트주 | 250[m] | 150[m] | 250[m] |
| 철탑 | 600[m] (단주인 경우 400[m]) | 400[m] (단주인 경우 300[m]) | 600[m] (단주인 경우 400[m]) |

㉣ 지락 또는 단락이 생겼을 경우에 3초(사용전압이 100[kV] 이상인 경우에는 2초) 이내에 자동적으로 전로로부터 차단하는 장치를 시설할 것

② 제2종 특고압 보안공사

| 지지물의 종류 | 표준 경간 | 제2종 특고압 보안공사 | 95[mm²] 이상인 경동연선 |
|---|---|---|---|
| 목주·A종 철주 또는 A종 철근 콘크리트주 | 150[m] | 100[m] | 100[m] |
| B종 철주 또는 B종 철근 콘크리트주 | 250[m] | 200[m] | 250[m] |
| 철탑 | 600[m] (단주인 경우 400[m]) | 400[m] (단주인 경우 300[m]) | 600[m] |

③ 제3종 특고압 보안공사

| 지지물의 종류 | 제3종 특고압 보안공사 | 전선의 굵기에 따른 경간 | |
|---|---|---|---|
| 목주·A종 철주 또는 A종 철근 콘크리트주 | 100[m] | 38[mm²] 이상인 경동연선 | 150[m] |
| B종 철주 또는 B종 철근 콘크리트주 | 200[m] | 55[mm²] 이상인 경동연선 | 250[m] |
| 철탑 | 400[m] (단주인 경우 300[m]) | | 600[m] 이하 (단주인 경우 400[m]) |

## (15) 특고압 가공전선과 건조물의 접근

① 특고압 가공전선이 건조물과 제1차 접근상태로 시설되는 경우: 제3종 특고압 보안공사

② 사용전압이 35[kV] 이하인 특고압 가공전선이 건조물과 제2차 접근상태로 시설되는 경우: 제2종 특고압 보안공사

③ 사용전압이 35[kV] 초과 400[kV] 미만인 특고압 가공전선이 건조물과 제2차 접근상태로 시설되는 경우: 제1종 특고압 보안공사

④ 사용전압이 400[kV] 이상인 특고압 가공전선이 건조물과 제2차 접근상태로 시설되는 경우: 가공전선과 건조물 상부와의 수직거리가 28[m] 이상이거나 건조물 최상부에서의 전계(3.5[kV/m]) 및 자계(83.3[μT])를 초과하지 않을 것

## (16) 특고압 가공전선과 도로 등의 접근 또는 교차

① 제1차 접근상태로 시설되는 경우
 ㉠ 제3종 특고압 보안공사에 의할 것
 ㉡ 이격거리

| 사용전압 | 이격거리 |
|---|---|
| 35[kV] 이하 | 3[m] |
| 35[kV] 초과 | 3 + 단수 × 0.15 [m]<br>단수 = $\frac{전압[kV]-35}{10}$ |

② 제2차 접근상태로 시설되는 경우
 ㉠ 제2종 특고압 보안공사에 의할 것
 ㉡ 수평거리 3[m] 미만으로 시설되는 부분의 길이가 연속하여 100[m] 이하이고 또한 1경간 안에서의 길이의 합계가 100[m] 이하일 것
 ㉢ 다음에 의하여 보호망을 시설하는 경우에는 제2종 특고압 보안공사에 의하지 않아도 된다.
  가. 외주 및 특고압 가공전선의 직하에 시설하는 금속선에는 인장강도 8.01[kN] 이상의 것 또는 지름 5[mm] 이상의 경동선을 사용하고 그 밖의 부분에 시설하는 금속선에는 인장강도 5.26[kN] 이상의 것 또는 지름 4[mm] 이상의 경동선을 사용할 것
  나. 금속선 상호간의 간격은 가로, 세로 각 1.5[m] 이하일 것

## (17) 특고압 가공전선과 삭도의 접근 또는 교차

### ① 제1차 접근상태로 시설되는 경우

㉠ 제3종 특고압 보안공사에 의할 것

㉡ 이격거리

| 사용전압 | 전선 | 이격거리 |
|---|---|---|
| 35[kV] 이하 | 일반 | 2[m] |
| | 특고압 절연전선 사용 | 1[m] |
| | 케이블 | 0.5[m] |
| 35[kV] 초과 60[kV] 이하 | | 2[m] |
| 60[kV] 초과 | | 2 + 단수 × 0.12 [m] $$단수 = \frac{전압[kV] - 60}{10}$$ |

### ② 제2차 접근상태로 시설되는 경우

㉠ 제2종 특고압 보안공사에 의할 것

㉡ 수평거리 3[m] 미만으로 시설되는 부분의 길이가 연속하여 50[m] 이하이고 또한 1경간 안에서의 길이의 합계가 50[m] 이하일 것

## (18) 특고압 가공전선과 저·고압 가공전선 등의 접근 또는 교차

### ① 제1차 접근상태로 시설되는 경우

㉠ 제3종 특고압 보안공사에 의할 것

㉡ 이격거리

| 사용전압 | 이격거리 |
|---|---|
| 60[kV] 이하 | 2[m] |
| 60[kV] 초과 | 2 + 단수 × 0.12 [m] $$단수 = \frac{전압[kV] - 60}{10}$$ |

### ② 제2차 접근상태로 시설되는 경우

㉠ 제2종 특고압 보안공사에 의할 것(다만, 35[kV] 이하일 경우 제2종 특고압 보안공사를 하지 않아도 된다)

㉡ 수평거리로 3[m] 미만으로 시설되는 부분의 길이가 연속하여 50[m] 이하이고 또한 1경간 안에서의 길이의 합계가 50[m] 이하일 것

### ③ 보호망 규정

㉠ 금속선은 바로 아래에 시설하는 금속선에 인장강도 8.01[kN] 이상의 것 또는 지름 5[mm] 이상의 경동선을 사용하고 기타 부분에 시설하는 금속선에 인장강도 3.64[kN] 이상 또는 지름 4[mm] 이상의 아연도철선을 사용할 것

㉡ 금속선 상호간의 간격은 가로, 세로 각 1.5[m] 이하일 것

## (19) 특고압 가공전선 상호 간의 접근 또는 교차

① 제3종 특고압 보안공사에 의할 것
② 이격거리

| 사용전압 | 이격거리 |
|---|---|
| 35[kV] 이하 | 케이블 + 절연전선 또는 케이블인 경우: 0.5[m] |
| 60[kV] 이하 | 2[m] |
| 60[kV] 초과 | 2 + 단수 × 0.12 [m]<br>단수 = $\dfrac{전압[kV] - 60}{10}$ |

## (20) 특고압 가공전선과 다른 시설물의 접근 또는 교차

| 다른 시설물의 구분 | 접근형태 | 이격거리 |
|---|---|---|
| 조영물의 상부조영재 | 위쪽 | 2[m](케이블인 경우 1.2[m]) |
| | 옆쪽 또는 아래쪽 | 1[m](케이블인 경우 0.5[m]) |
| 조영물의 상부조영재 이외의 부분<br>또는 조영물 이외의 시설물 | | 1[m](케이블인 경우 0.5[m]) |

## (21) 특고압 가공전선과 식물의 이격거리

① 이격거리

| 사용전압 | 이격거리 |
|---|---|
| 60[kV] 이하 | 2[m] |
| 60[kV] 초과 | 2 + 단수 × 0.12 [m]<br>단수 = $\dfrac{전압[kV] - 60}{10}$ |

② 사용전압이 35[kV] 이하인 특고압 가공전선과 식물과의 이격거리는 고압 절연
전선을 사용하는 경우 0.5[m] 이상으로 하고 특고압 절연전선 또는 케이블을
사용하는 특고압 가공전선의 경우는 식물과 접촉하지 않도록 시설한다.

## (22) 25[kV] 이하인 특고압 가공전선로의 시설

① 사용전압이 15[kV] 이하인 중성선의 다중접지 및 중성선의 시설
  ㉠ 6[mm²] 이상의 연동선
  ㉡ 접지한 곳 상호 간의 거리는 300[m] 이하일 것
  ㉢ 다중접지를 한 중성선은 저압 가공전선의 규정에 준하여 시설할 것
  ㉣ 다중접지를 한 중성선은 저압전로의 접지측 전선이나 중성선과 공용할 수
    있다.
② 사용전압이 15[kV] 이하의 특고압 가공전선과 저·고압 가공전선 사이의 이격거
  리는 0.75[m] 이상일 것
③ 사용전압이 15[kV]를 초과하고 25[kV] 이하인 특고압 가공전선로
  ㉠ 특고압 가공전선이 교류 전차선 위에 시설되는 경우
    가. 단면적 38[mm²] 이상의 경동선
    나. 목주의 풍압하중에 대한 안전율은 2 이상

다. 특고압 가공전선로의 경간

| 지지물의 종류 | 경간 |
|---|---|
| 목주 · A종 철주 · A종 철근 콘크리트주 | 60[m] |
| B종 철주 · B종 철근 콘크리트주 | 120[m] |

ⓒ 특고압 가공전선이 다른 특고압 가공전선과 접근 또는 교차

| 사용전선의 종류 | 이격거리 |
|---|---|
| 나전선 | 1.5[m] |
| 절연전선 | 1.0[m] |
| 케이블 | 0.5[m] |

ⓒ 특고압 가공전선과 식물 사이의 이격거리는 1.5[m] 이상일 것

ⓔ 특고압 가공전선로의 중성선의 다중접지

　　가. 공칭단면적 6[mm²] 이상의 연동선

　　나. 접지한 곳 상호 간의 거리는 150[m] 이하일 것

　　다. 접지도체를 중성선으로부터 분리하였을 경우의 각 접지점의 대지 전기
　　　저항값과 1[km]마다 중성선과 대지 사이의 합성전기저항 값

| 사용전압 | 각 접지점의 대지 전기저항 | 1[km]마다의 합성 전기저항 |
|---|---|---|
| 15[kV] 이하 | 300[Ω] | 30[Ω] |
| 15[kV] 초과 25[kV] 이하 | 300[Ω] | 15[Ω] |

ⓜ 다중접지를 한 중성선은 저압 가공전선의 규정에 준하여 시설할 것

④ 특고압 가공전선과 저 · 고압 가공전선을 동일 지지물에 병가하여 시설하는 경
우에는 일반적으로 이격거리는 1[m] 이상이다. (단, 특고압 가공전선이 케이블
이고 저 · 고압 가공전선이 저 · 고압 절연전선 또는 케이블인 경우 0.5[m] 이상)

## 4 지중전선로

### (1) 지중전선로의 시설

① 전선에 케이블을 사용하고 관로식 · 암거식(暗渠式) 또는 직접 매설식에 의해
시설한다.

② 관로식 또는 암거식에 의해 시설하는 경우: 매설깊이 1.0[m] 이상(다만, 중량물
의 압력을 받을 우려가 없는 곳은 0.6[m])

③ 직접 매설식에 의해 시설하는 경우: 매설깊이 1.0[m] 이상(기타 장소에는 0.6[m]),
콤바인덕트 케이블을 사용할 경우 트라프 기타 방호물에 넣지 않아도 된다.

### (2) 지중함의 시설

① 차량 기타 중량물의 압력에 견디는 구조일 것

② 고인 물을 제거할 수 있는 구조일 것

③ 크기가 1[m³] 이상인 것에는 통풍장치 기타 가스를 방산시키기 위한 적당한 장
치를 시설할 것

④ 뚜껑은 시설자 이외의 자가 쉽게 열 수 없도록 할 것

(3) 지중전선로를 기설 지중약전류전선로에 대하여 누설전류 또는 유도작용에 의하여 통신상의 장해를 주지 않도록 충분히 이격시키거나 기타 적당한 방법으로 시설하여야 한다.

(4) **지중전선과 지중약전류전선 등 또는 관과의 접근 또는 교차**

| 조건 | 전압 | 이격거리 |
|---|---|---|
| 지중약전류전선과 접근 또는 교차 | 저압, 고압 | 0.3[m] |
| | 특고압 | 0.6[m] |
| 가연성, 유독성의 유체를 내포하는 관과 접근 또는 교차 | 특고압 | 1[m] |
| | 25[kV] 이하, 다중접지방식 | 0.5[m] |
| 기타의 관과 접근 또는 교차 | 특고압 | 0.3[m] |

(5) **지중전선 상호 간의 접근 또는 교차**

① 저압 지중전선과 고압 지중전선의 경우 0.15[m] 미만
② 저·고압 지중전선과 특고압 지중전선의 경우 0.3[m] 미만

## 5 특수장소의 전선로

(1) **터널 안 전선로의 시설**

① 애자사용 공사시, 저압은 2.5[m], 고압은 3[m] 이상의 높이로 할 것
② 전선의 굵기는 저압은 2.6[mm], 고압은 4[mm] 이상 절연전선 또는 경동선일 것

(2) **터널 안 전선로의 전선과 약전류전선 등 또는 관 사이의 이격거리**

터널 안의 전선로의 저압전선이 그 터널 안의 다른 저압전선·약전류전선 등 또는 수관·가스관이나 이와 유사한 것과 접근하거나 교차하는 경우에는 0.1[m](애자공사에 의하여 시설하는 저압옥내배선이 나전선인 경우 0.3[m]) 이상이어야 한다.

(3) **수상전선로의 시설**

수상전선로의 전선과 가공전선로 접속점의 높이는 육상에 있는 경우 지표상 5[m] 이상, 수면상에 있는 경우 저압4[m], 고압 5[m] 이상일 것

(4) **교량에 시설하는 전선로**

교량의 윗면에 시설하는 것은 다음에 의하는 이외에 전선의 높이를 고량의 노면상 5[m] 이상으로 하여 시설할 것
① 전선은 케이블인 경우 이외에는 인장강도 2.30[kN] 이상의 것 또는 지름 2.6[mm] 이상의 경동선의 절연전선일 것
② 전선과 조영재 사이의 이격거리는 0.3[m](케이블인 경우 0.15[m]) 이상일 것
③ 전선은 케이블 이외의 경우에는 조영재에 견고하게 붙인 완금류에 절연성·난연성 및 내수성의 애자로 지지할 것

## 제4절 기계, 기구 시설 및 옥내배선

### 1 기계 및 기구

(1) 특고압용 변압기는 발전소·변전소·개폐소 또는 이에 준하는 곳에 시설하여야 한다.

(2) **특고압 배전용 변압기의 시설**
  ① 변압기의 1차 전압은 35[kV] 이하, 2차 전압은 저압 또는 고압일 것
  ② 변압기의 특고압측에 개폐기 및 과전류차단기를 시설할 것

(3) **특고압을 직접 저압으로 변성하는 변압기의 시설**
  ① 전기로 등 전류가 큰 전기를 소비하기 위한 변압기
  ② 소내용 변압기
  ③ 25[kV] 이하인 특고압 가공전선로에 접속하는 변압기
  ④ 특고압측 권선과 저압측 권선이 혼촉한 경우 자동적으로 변압기를 전로로부터 차단하기 위한 장치를 설치한 35[kV] 이하인 변압기
  ⑤ 특고압측 권선과 저압측 권선 사이에 접지저항 값이 10[Ω] 이하인 금속제의 혼촉방지판이 있는 100[kV] 이하인 변압기
  ⑥ 교류식 전기철도용 신호회로에 전기를 공급하기 위한 변압기

(4) **특고압용 기계기구의 시설**
  ① 울타리·담 등의 높이: 2[m] 이상
  ② 지표면과 울타리·담 등의 사이 간격: 0.15[m] 이하
  ③ 기계기구를 지표상 5[m] 이상의 높이에 시설하고 충전부분의 지표상의 높이를 표에서 정한 값 이상으로 하고 또한 사람이 접촉할 우려가 없도록 시설하는 경우

| 사용전압 | 울타리·담 등의 높이와 울타리·담 등으로부터 충전 부분까지의 거리의 합계 |
|---|---|
| 35[kV] 이하 | 5[m] |
| 35[kV] 초과 160[kV] 이하 | 6[m] |
| 160[kV] 초과 | 거리의 합계 $= 6 + 단수 \times 0.12$[m] <br> 단수 $= \dfrac{사용전압[kV] - 160}{10}$ |

(5) **고주파 이용 전기설비의 장해방지**: 고주파 전류의 허용 한도는 측정 장치로 2회 이상 연속하여 10분간 측정하였을 때에 각각 측정값의 최댓값에 대한 평균값이 −30[dB]일 것

(6) **아크를 발생하는 기구의 시설**
  ① 고압용: 1[m] 이상
  ② 특고압용: 2[m] 이상

### (7) 고압용 기계기구의 시설

① 울타리·담 등의 높이: 2[m] 이상
② 지표면과 울타리·담 등의 사이 간격: 0.15[m] 이하
③ 기계기구를 지표상 4.5[m](시가지 외에는 4[m]) 이상의 높이에 시설할 것

### (8) 개폐기의 시설

① 고압용 또는 특고압용의 개폐기로서 중력 등에 의하여 자연히 작동할 우려가 있는 것은 자물쇠 장치를 시설하여야 한다.
② 개폐기는 부하전류가 통하고 있을 경우에는 개로할 수 없도록 시설하여야 하지만 다음의 경우에는 예외로 한다.
　㉠ 부하전류의 유무를 표시한 장치
　㉡ 전화기 기타의 지령 장치를 시설한 경우
　㉢ 타블렛 등을 사용

### (9) 고압 및 특고압 전로 중의 과전류차단기의 시설

① 포장 퓨즈는 정격전류의 1.3배의 전류에 견디고 또한 2배의 전류로 120분 안에 용단
② 비포장 퓨즈는 정격전류의 1.25배의 전류에 견디고 또한 2배의 전류로 2분 안에 용단

### (10) 과전류차단기의 시설 제한

접지공사의 접지도체, 다선식 전로의 중성선 및 전로의 일부에 접지공사를 한 저압 가공전선로의 접지측 전선

### (11) 피뢰기의 시설

① 발전소·변전소 또는 이에 준하는 장소의 가공전선 인입구 및 인출구
② 특고압 가공전선로에 접속하는 배전용 변압기의 고압측 및 특고압측
③ 고압 및 특고압 가공전선로로부터 공급을 받는 수용장소의 인입구
④ 가공전선로와 지중전선로가 접속되는 곳

### (12) 피뢰기의 접지

접지저항 값은 10[Ω] 이하로 한다.

### (13) 압축공기계통

① 공기압축기는 최고사용압력의 1.5배의 수압(시험하기 어려울 때에는 최고사용압력의 1.25배의 기압)을 연속하여 10분간 가하여 시험하여 이에 견디고 또한 새지 않을 것
② 사용압력의 1.5배 이상, 3배 이하의 최고 눈금이 있는 압력계 시설할 것
③ 공기의 보급이 없는 상태로 개폐기 또는 차단기의 투입 및 차단을 연속하여 1회 이상 할 수 있는 용량일 것

## 2 고압 · 특고압 옥내 설비의 시설

### (1) 고압 옥내배선 등의 시설

① 애자공사, 케이블공사, 케이블트레이공사 중 하나에 의하여 시설할 것
② 전선은 공칭단면적 6[mm²] 이상의 연동선
③ 애자공사

| 전압 | 전선과 조영재와의 이격거리 | 전선 상호 간격 | 전선 지지점간의 거리 | |
|---|---|---|---|---|
| | | | 조영재의 면을 따라 붙이는 경우 | 조영재에 따라 시설하지 않는 경우 |
| 고압 | 0.05[m] 이상 | 0.08[m] 이상 | 2[m] 이하 | 6[m] 이하 |

④ 수관 · 가스관이나 이와 유사한 것과 접근하거나 교차하는 경우 이격거리: 15[cm]
⑤ 가스계량기 및 가스관의 이음부와 전력량계 및 개폐기와의 이격거리: 60[cm]

### (2) 옥내 고압용 이동전선의 시설

① 전선은 고압용의 캡타이어 케이블일 것
② 이동전선과 전기사용기계기구와는 볼트 조임 기타의 방법에 의하여 견고하게 접속할 것
③ 이동전선에 전기를 공급하는 전로에는 전용 개폐기 및 과전류 차단기를 각 극에 시설하고, 또한 전로에 지락이 생겼을 때에 자동적으로 전로를 차단하는 장치를 시설할 것

### (3) 특고압 옥내 전기설비의 시설

① 사용전압은 100[kV] 이하일 것(다만, 케이블트레이공사에 의하여 시설하는 경우에는 35[kV] 이하일 것)
② 전선은 케이블일 것
③ 케이블은 철재 또는 철근 콘크리트제의 관 · 덕트 기타의 견고한 방호장치에 넣어 시설할 것
④ 관 그 밖에 케이블을 넣는 방호장치의 금속제 부분 · 금속제의 전선 접속함 및 케이블의 피복에 사용하는 금속체에는 규정에 의한 접지공사를 할 것
⑤ 특고압 옥내배선과 저압 옥내전선 · 관등회로의 배선 또는 고압 옥내전선 사이의 이격거리는 0.6[m] 이상일 것
⑥ 특고압 옥내배선과 약전류전선 등 또는 수관 · 가스관이나 이와 유사한 것과 접촉하지 않도록 시설할 것

## 제5절 발전소, 변전소, 개폐소 등의 전기설비

### (1) 발전소 등의 울타리·담 등의 시설

① 높이: 2[m] 이상

② 간격: 0.15[m] 이하

③ 울타리·담 등과 고압 및 특고압의 충전부분이 접근하는 경우에는 울타리·담 등의 높이와 울타리·담 등으로부터 충전부분까지 거리의 합계는 다음 표에서 정한 값 이상으로 할 것

| 사용전압 | 울타리·담 등의 높이와 울타리·담 등으로부터 충전 부분까지의 거리의 합계 |
|---|---|
| 35[kV] 이하 | 5[m] |
| 35[kV] 초과 160[kV] 이하 | 6[m] |
| 160[kV] 초과 | 6[m]에 160[kV]를 초과하는 10[kV] 또는 그 단수마다 0.12[m]를 더한 값 |

### (2) 특고압전로의 상 및 접속 상태의 표시

① 특고압전로에는 보기 쉬운 곳에 **상별(相別)** 표시를 하여야 한다.

② 접속상태를 모의모선의 사용 기타의 방법에 의하여 표시하여야 한다(다만, 특고압전선로의 회선수가 2 이하이고 특고압의 모선이 단일모선일 경우에는 그렇지 않다).

### (3) 발전기 등의 보호장치

[자동적으로 전로로부터 차단하는 장치를 시설해야 하는 경우]

① 발전기에 과전류나 과전압이 생긴 경우

② 용량이 500[kVA] 이상의 발전기를 구동하는 수차의 압유 장치의 유압이 현저히 저하한 경우

③ 용량이 2,000[kVA] 이상인 수차 발전기의 스러스트 베어링의 온도가 현저히 상승한 경우

④ 용량이 10,000[kVA] 이상인 발전기의 내부에 고장이 생긴 경우

### (4) 특고압용 변압기의 보호장치

| 뱅크 용량의 구분 | 동작조건 | 장치의 종류 |
|---|---|---|
| 5,000[kVA] 이상 10,000[kVA] 미만 | 변압기 내부 고장 | 자동차단장치 또는 경보장치 |
| 10,000[kVA] 이상 | 변압기 내부 고장 | 자동차단장치 |
| 타냉식 변압기 (수냉식, 송유 풍냉식, 송유 자냉식) | 냉각 장치에 고장이 생긴 경우 또는 변압기의 온도가 현저히 상승한 경우 | 경보장치 |

### (5) 조상설비의 보호장치

| 설비종별 | 뱅크 용량의 구분 | 자동적으로 전로로부터 차단하는 장치 |
|---|---|---|
| 전력용 커패시터 및 분로리액터 | 500[kVA] 초과 15,000[kVA] 미만 | 내부에 고장이 생긴 경우 과전류가 생긴 경우 |
| | 15,000[kVA] 이상 | 내부에 고장이 생긴 경우 과전류가 생긴 경우 과전압이 생긴 경우 |
| 조상기 | 15,000[kVA] 이상 | 내부에 고장이 생긴 경우 |

### (6) 계측장치

① 발전소에 시설하는 계측 장치: 발전기의 베어링 및 고정자의 온도, 주요 변압기의 전압 및 전류 또는 전력, 특고압용 변압기의 온도

② 동기발전기 및 동기조상기를 시설하는 경우에는 동기검정장치를 시설해야 한다(다만, 용량이 현저히 적은 경우는 그렇지 않다).

### (7) 상주 감시를 하지 않는 변전소의 시설

사용전압이 170[kV] 이하의 변압기를 시설하는 변전소로서 기술원이 수시로 순회하거나 그 변전소를 원격감시 제어하는 제어소에서 상시 감시하는 경우 다음의 경우에는 변전제어소 또는 기술원이 상주하는 장소에 경보장치를 시설할 것

① 운전조작에 필요한 차단기가 자동적으로 차단한 경우

② 제어 회로의 전압이 현저히 저하한 경우

③ 옥내변전소에 화재가 발생한 경우

④ 수소냉각식조상기는 그 조상기 안의 수소의 순도가 90[%] 이하로 저하한 경우, 수소의 압력이 현저히 변동한 경우 또는 수소의 온도가 현저히 상승한 경우

### (8) 수소냉각식 발전기 등의 시설

① 수소의 순도가 85[%] 이하로 저하되는 경우에 경보하는 장치를 시설할 것

② 수소의 압력, 온도를 계측하는 장치를 시설할 것

③ 발전기축의 밀봉부에는 질소 가스를 봉입할 수 있는 장치 또는 누설된 수소 가스를 안전하게 외부에 방출할 수 있는 장치를 시설할 것

---

## 제6절  전력보안통신설비

## 1 전력보안통신설비의 시설

### (1) 요구사항

① 원격감시제어가 되지 않는 발전소·변전소·개폐소, 전선로 및 이를 운용하는 급전소 및 급전분소 간

② 2개 이상의 급전소 상호 간과 이들을 통합 운용하는 급전소 간

③ 수력설비의 안전상 필요한 양수소 및 강수량 관측소와 수력발전소 간
④ 동일 수계에 속하고 안전상 긴급 연락의 필요가 있는 수력발전소 상호 간
⑤ 동일 전력계통에 속하고 또한 안전상 긴급 연락의 필요가 있는 발전소·변전소 및 개폐소 상호 간
⑥ 발전소·변전소 및 개폐소와 기술원 주재소 간
⑦ 발전소·변전소·개폐소·급전소 및 기술원 주재소와 전기설비의 안전상 긴급 연락의 필요가 있는 기상대·측후소·소방서 및 방사선 감시계측 시설물 등의 사이

(2) 전력보안통신설비는 가공전선로로부터의 정전유도작용 또는 전자유도작용에 의해 사람에게 위험을 줄 우려가 없도록 시설해야 한다.

(3) 조가선 시설 기준
조가선은 단면적 38[mm²] 이상의 아연도강연선을 사용할 것

## ② 통신선의 시설

(1) 중량물의 압력 또는 심한 기계적 충격을 받을 우려가 있는 장소에 시설하는 경우 방호장치 또는 보호 피복한 것을 사용하여야 한다.

(2) 가공통신선(가공지선 또는 중성선을 이용하여 광섬유 케이블을 시설하는 경우 제외)의 시설
① 조가용선으로 조가할 것
② 인장강도 2.30[kN]의 것 또는 지름 2.6[mm]의 경동선을 사용하는 경우 조가하지 말 것

## ③ 가공전선과 첨가통신선과의 이격거리

| 가공전선 | | 통신선 | |
| --- | --- | --- | --- |
| | | 그 외 | 첨가통신용 제2종 케이블 또는 광섬유 케이블 |
| 저압 | 일반 | 0.6[m] 이상 | |
| | 절연전선 또는 케이블 | 0.3[m] 이상 | |
| | 인입선 | | 0.15[m] 이상 |
| 고압 | 일반 | 0.6[m] 이상 | |
| | 케이블 | 0.3[m] 이상 | |
| 특고압 | 다중접지 중성선 | 0.6[m] 이상 | |
| | 케이블 | 0.3[m] 이상 | |
| | 25[kV] 이하 | 0.75[m] 이상 | |
| | 그 외 | 1.2[m] 이상 | |

## 4 전력보안통신선의 시설 높이와 이격거리

| 구분 | | 가공통신선 | 첨가통신선 | |
|---|---|---|---|---|
| | | | 고 · 저압 | 특고압 |
| 철도 횡단 | | 6.5[m] 이상 | 6.5[m] 이상 | |
| 도로나 차도 위 또는 횡단 | 일반적인 경우 | 5[m] 이상 | 6[m] 이상 | |
| | 교통에 지장 X | 4.5[m] 이상 | 5[m] 이상 | |
| 횡단보도교의 위 | | 3[m] 이상 | 3.5[m] 이상 | 5[m] 이상 |
| | | | 절연효력: 3[m] 이상 | 광섬유케이블: 4[m] 이상 |
| 그 외 | | 3.5[m] 이상 | 4[m] 이상 | 5[m] 이상 |

## 5 전력선 반송 통신용 결합장치의 보안장치

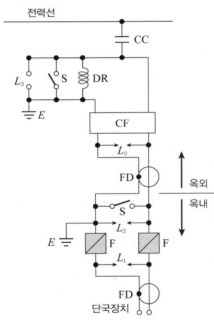

FD: 동축케이블
F: 정격전류 10A 이하의 포장 퓨즈
DR: 전류 용량 2A 이상의 배류 선륜
$L_1$: 교류 300V 이하에서 동작하는 피뢰기
$L_2$: 동작 전압이 교류 1.3kV를 초과하고 1.6kV 이하로 조정된 방전갭
$L_3$: 동작 전압이 교류 2kV를 초과하고 3kV 이하로 조정된 구상 방전갭
S: 접지용 개폐기
CF: 결합 필타
CC: 결합 커패시터(결합 안테나를 포함 한다.)
E: 접지

전력선 반송 통신용 결합장치의 보안장치

## 6 특고압 가공전선로 첨가설치 통신선의 시가지 인입 제한

피뢰기의 동작전압은 교류 1[kV] 이하이다.

## 7 무선용 안테나

무선통신용 안테나 또는 반사판을 지지하는 목주 · 철주 · 철근 콘크리트주 또는 철탑 의 안전율은 1.5 이상이다.

## 제1절 통칙(용어 정의)

① **전기철도**: 전기를 공급받아 열차를 운행하여 여객(승객)이나 화물을 운송하는 철도
② **전기철도설비**: 전기철도설비는 전철 변전설비, 급전설비, 부하설비로 구성
③ **전기철도차량**: 전기적 에너지를 기계적 에너지로 바꾸어 열차를 견인하는 차량으로 전기방식에 따라 직류, 교류, 직·교류 겸용, 성능에 따라 전동차, 전기기관차로 분류
④ **궤도**: 레일·침목 및 도상과 이들의 부속품으로 구성된 시설
⑤ **차량**: 전동기가 있거나 또는 없는 모든 철도의 차량(객차, 화차 등)
⑥ **열차**: 동력차에 객차, 회차 등을 연결하고 본선을 운전할 목적으로 조성된 차량
⑦ **레일**: 철도에 있어서 차륜을 직접 지지하고 안내해서 차량을 안전하게 주행시키는 설비
⑧ **전차선**: 전기철도 차량의 집전장치와 접촉하여 전력을 공급하기 위한 전선
⑨ **전차선로**: 전기철도차량에 전력을 공급하기 위하여 선로를 따라 설치한 시설물로서 전차선, 급전선, 귀선과 그 지지물 및 설비를 총괄한 것
⑩ **급전선**: 전기철도차량에 사용할 전기를 변전소로부터 전차선에 공급하는 전선
⑪ **급전선로**: 급전선 및 이를 지지하거나 수용하는 설비를 총괄한 것
⑫ **급전방식**: 변전소에서 전기철도 차량에 전력을 공급하는 방식
⑬ **합성전차선**: 전기철도차량에 전력을 공급하기 위하여 설치하는 전차선, 조가선, 행어이어, 드로퍼 등으로 구성된 가공전선
⑭ **조가선**: 전차선이 레일면상 일정한 높이를 유지하도록 행어이어, 드로퍼 등을 이용하여 전차선 상부에서 조가하여 주는 전선
⑮ **가선방식**: 전기철도차량에 전력을 공급하는 전차선의 가선방식으로 가공방식, 강체방식, 제3레일방식으로 분류
⑯ **전차선 기울기**: 연접하는 2개의 지지점에서, 레일면에서 측정한 전차선 높이의 차와 경간 길이와의 비율
⑰ **전차선 편위**: 팬터그래프 집전판의 편마모를 방지하기 위하여 전차선을 레일면 중심 수직선으로부터 한쪽으로 치우친 정도의 치수
⑱ **귀선회로**: 전기철도차량에 공급된 전력을 변전소로 되돌리기 위한 귀로
⑲ **누설전류**: 전기철도에 있어서 레일 등에서 대지로 흐르는 전류
⑳ **수전선로**: 전기사업자에서 전철변전소 또는 수전설비 간의 전선로와 이에 부속되는 설비
㉑ **전철변전소**: 외부로부터 공급된 전력을 구내에 시설한 변압기, 정류기 등 기타의 기계기구를 통해 변성하여 전기철도 차량 및 전기철도 설비에 공급하는 장소
㉒ **장기과전압**: 지속시간이 20[ms] 이상인 과전압

## 제2절  전기철도

### 1  전기철도의 전기방식

#### (1) 전력수급조건

부하의 크기 및 특성, 지리적 조건, 환경적 조건, 전력조류, 전압강하, 수전안정도, 회로의 공진 및 운용의 합리성, 장래의 수송수요, 전기사업자 협의 등을 고려하여 공칭전압(수전전압)으로 선정하여야 한다. 수전선로의 계통구성에는 3상 단락전류, 3상 단락용량, 전압강하, 전압불평형 및 전압왜형율, 플리커 등을 고려하여 시설하여야 한다.

| 공칭전압(수전전압) [kV] | 22.9, 154, 345 |
|---|---|

#### (2) 전차선로의 전압

① **직류방식**: 비지속성 최고전압은 지속시간이 5분 이하
② **교류방식**: 비지속성 최저전압은 지속시간이 2분 이하

### 2  전기철도의 변전방식

#### (1) 변전소 등의 구성

① 전기철도 설비는 고장 시 고장의 범위를 한정하고 고장전류를 차단할 수 있어야 하며, 단전이 필요할 경우 단전 범위를 한정할 수 있도록 계통별 및 구간별로 분리할 수 있어야 한다.
② 차량 운행에 직접적인 영향을 미치는 설비 고장이 발생한 경우 고장 부분이 정상 부분으로 파급되지 않게 전기적으로 자동 분리할 수 있어야 하며, 예비설비를 사용하여 정상 운용할 수 있어야 한다.

#### (2) 변전소 등의 계획

① 전기철도 노선, 전기철도차량의 특성, 차량운행계획 및 철도망건설계획 등 부하특성과 연장급전 등을 고려하여 변전소 등의 용량을 결정하고, 급전계통을 구성하여야 한다.
② 변전소의 위치는 가급적 수전선로의 길이가 최소화 되도록 하며, 전력수급이 용이하고, 변전소 앞 절연구간에서 전기철도차량의 타행운행이 가능한 곳을 선정하여야 한다.
③ 변전설비는 설비운영과 안전성 확보를 위하여 원격 감시 및 제어방법과 유지보수 등을 고려하여야 한다.

#### (3) 변전소의 용량

① 급전구간별 정상적인 열차부하조건에서 1시간 최대출력 또는 순시최대출력을 기준으로 결정하고, 연장급전 등 부하의 증가를 고려하여야 한다.
② 변전소의 용량 산정 시 현재의 부하와 장래의 수송수요 및 고장 등을 고려하여 변압기 뱅크를 구성하여야 한다.

(4) 변전소의 설비

① 변전소 등의 계통을 구성하는 각종 기기는 운용 및 유지보수성, 시공성, 내구성, 효율성, 친환경성, 안전성 및 경제성 등을 종합적으로 고려하여 선정하여야 한다.

② 급전용변압기는 직류 전기철도의 경우 3상 정류기용 변압기, 교류 전기철도의 경우 3상 스코트결선 변압기의 적용을 원칙으로 한다.

③ 차단기는 계통의 장래계획을 감안하여 용량을 결정하고, 회로의 특성에 따라 기종과 동작책무 및 차단시간을 선정하여야 한다.

④ 개폐기는 선로 중 중요한 분기점, 고장발견이 필요한 장소, 빈번한 개폐를 필요로 하는 곳에 설치하며, 개폐상태의 표시, 쇄정장치 등을 설치하여야 한다.

⑤ 제어용 교류전원은 상용과 예비의 2계통으로 구성하여야 한다.

⑥ 제어반의 경우 디지털계전기방식을 원칙으로 하여야 한다.

## ③ 전기철도의 전차선로

(1) 전차선의 가선방식은 열차의 속도 및 노반의 형태, 부하전류 특성에 따라 적합한 방식을 채택하여야하며, **가공방식, 강체방식, 제3레일방식**을 표준으로 한다.

(2) 건조물과 전차선, 급전선 및 전기철도차량 집전장치의 공기절연 이격거리는 표에서 제시되어있는 정적 및 동적 최소 절연이격거리 이상을 확보하여야 한다. 동적 절연이격의 경우 팬터그래프가 통과하는 동안의 일시적인 전선의 움직임을 고려하여야 한다.

| 시스템 종류 | 공칭전압 [V] | 동적 [mm] | | 정적 [mm] | |
|---|---|---|---|---|---|
| | | 비오염 | 오염 | 비오염 | 오염 |
| 직류 | 750 | 25 | 25 | 25 | 25 |
| | 1,500 | 100 | 110 | 150 | 160 |
| 단상교류 | 25,000 | 170 | 220 | 270 | 320 |

(3) 차량과 전차선로나 충전부 간의 절연이격은 표에서 제시되어있는 정적 및 동적 최소 절연이격거리 이상을 확보하여야 한다. 동적 절연이격의 경우 팬터그래프가 통과하는 동안의 일시적인 전선의 움직임을 고려하여야 한다.

| 시스템 종류 | 공칭전압 [V] | 동적 [mm] | 정적 [mm] |
|---|---|---|---|
| 직류 | 750 | 25 | 25 |
| | 1,500 | 100 | 150 |
| 단상교류 | 25,000 | 170 | 270 |

(4) 급전선은 나전선을 적용하여 가공식으로 가설을 원칙으로 한다.

(5) 귀선로

① 귀선로는 비절연보호도체, 매설접지도체, 레일 등으로 구성하여 단권변압기 중성점과 공통접지에 접속한다.

② 비절연보호도체의 위치는 통신유도장해 및 레일전위의 상승의 경감을 고려하여 결정하여야 한다.

③ 귀선로는 사고 및 지락 시에도 충분한 허용전류용량을 갖도록 하여야 한다.

## (6) 전차선 및 급전선의 최소 높이

| 시스템 종류 | 공칭전압 [V] | 동적 [mm] | 정적 [mm] |
|---|---|---|---|
| 직류 | 750 | 4,800 | 4,400 |
| | 1,500 | 4,800 | 4,400 |
| 단상교류 | 25,000 | 4,800 | 4,570 |

## (7) 교류 전차선 등 충전부와 식물 사이의 이격거리는 5[m] 이상이어야 한다.

# 4 전기철도의 전기철도차량설비

## (1) 절연구간

① 교류 구간에서는 변전소 및 급전구분소 앞에서 서로 다른 위상 또는 공급점이 다른 전원이 인접하게 될 경우, 전원이 혼촉되는 것을 방지하기 위한 절연구간을 설치하여야 한다.

② 전기철도차량의 교류 – 교류 절연구간을 통과하는 방식은 역행 운전방식, 타행 운전방식, 변압기 무부하 전류방식, 전력소비 없이 통과하는 방식이 있으며, 각 통과방식을 고려하여 가장 적합한 방식을 선택하여 시설한다.

③ 교류 – 직류(직류 – 교류) 절연구간은 교류구간과 직류구간의 경계지점에 시설한다(이 구간에서 전기철도차량은 노치 오프(notch off) 상태로 주행한다).

④ 절연구간의 소요길이는 구간 진입 시의 아크시간, 잔류전압의 감쇄시간, 팬터그래프 배치간격, 열차속도 등에 따라 결정한다.

## (2) 전기철도차량의 역률

① 전기철도차량이 전차선로와 접촉한 상태에서 견인력을 끄고 보조전력을 가동한 상태로 정지해 있는 경우, 가공 전차선로의 유효전력이 200[kW] 이상일 경우에 총 역률은 0.8보다 작아서는 안 된다.

② 역행 모드에서 전압을 제한 범위 내로 유지하기 위하여 용량성 역률이 허용되며, 규정된 비지속성 최저전압에서 비지속성 최고전압까지의 전압범위에서 용량성 역률은 제한받지 않는다.

## (3) 회생제동

① 회생제동의 사용을 중단해야 하는 경우
  ㉠ 전차선로 지락이 발생한 경우
  ㉡ 전차선로에서 전력을 받을 수 없는 경우
  ㉢ 규정된 선로전압이 장기 과전압보다 높은 경우

② 회생전력을 다른 전기장치에서 흡수할 수 없는 경우에는 전기철도차량은 다른 제동 시스템으로 전환되어야 한다.

③ 전기철도 전력공급시스템은 회생제동이 상용제동으로 사용이 가능하고 다른 전기철도차량과 전력을 지속적으로 주고받을 수 있도록 설계되어야 한다.

## 제3절 | 전기철도의 보호

### 1 설비를 위한 보호

**(1)** 가공선로 측에서 발생한 지락 및 사고전류의 파급을 방지하기 위하여 피뢰기를 설치하여야 한다.

**(2) 피뢰기 설치장소**

① 변전소 인입측 및 급전선 인출측

② 가공전선과 직접 접속하는 지중케이블에서 낙뢰에 의해 절연파괴의 우려가 있는 케이블 단말

**(3) 피뢰기의 선정**

① 피뢰기는 밀봉형을 사용하고 유효보호거리를 증가시키기 위하여 방전개시전압 및 제한전압이 낮은 것을 사용한다.

② 유도뢰서지에 대하여 2선 또는 3선 피뢰기 동시동작이 우려되는 변전소 근처의 단락전류가 큰 장소에는 속류차단능력이 크고 또한 차단성능이 회로조건의 영향을 받을 우려가 적은 것을 사용한다.

### 2 안전을 위한 보호

**(1) 레일 전위의 위험에 대한 보호**

① 교류 전기철도 급전시스템의 최대 허용 접촉전압(단, 작업장 및 이와 유사한 장소에서는 최대 허용 접촉전압을 25[V](실횻값)를 초과하지 않아야 한다.)

| 시간 조건 | 최대 허용 접촉전압[V](실횻값) |
|---|---|
| 순시조건($t \leq 0.5$초) | 670 |
| 일시적 조건($0.5$초 $< t \leq 300$초) | 65 |
| 영구적 조건($t > 300$초) | 60 |

② 직류 전기철도 급전시스템의 최대 허용 접촉전압(단, 작업장 및 이와 유사한 장소에서는 최대 허용 접촉전압을 60[V](실횻값)를 초과하지 않아야 한다.)

| 시간 조건 | 최대 허용 접촉전압[V](실횻값) |
|---|---|
| 순시조건($t \leq 0.5$초) | 535 |
| 일시적 조건($0.5$초 $< t \leq 300$초) | 150 |
| 영구적 조건($t > 300$초) | 120 |

## (2) 레일 전위의 접촉전압 감소 방법

| 교류 | 직류 |
|---|---|
| ㉠ 접지극 추가 사용<br>㉡ 등전위 본딩<br>㉢ 전자기적 커플링을 고려한 귀선로의 강화<br>㉣ 전압제한소자 적용<br>㉤ 보행 표면의 절연<br>㉥ 단락전류를 중단시키는데 필요한 트래핑 시간의 감소 | ㉠ 고장조건에서 레일 전위를 감소시키기 위해 전도성 구조물 접지의 보강<br>㉡ 전압제한소자 적용<br>㉢ 귀선 도체의 보강<br>㉣ 보행 표면의 절연<br>㉤ 단락전류를 중단시키는데 필요한 트래핑 시간의 감소 |

## (3) 전식방지대책

| 전기철도 측의 전식방식<br>또는 전식예방을 위한 방법 | 매설금속체 측의 누설전류에 의한<br>전식예방을 위한 방법 |
|---|---|
| ㉠ 변전소 간 간격 축소<br>㉡ 레일본드의 양호한 시공<br>㉢ 장대레일채택<br>㉣ 절연도상 및 레일과 침목 사이에 절연층의 설치 | ㉠ 배류장치 설치<br>㉡ 절연코팅<br>㉢ 매설금속체 접속부 절연<br>㉣ 저준위 금속체 접속<br>㉤ 궤도와의 이격거리 증대<br>㉥ 금속판 등의 도체로 차폐 |

## (4) 누설전류 간섭에 대한 방지

① 직류 전기철도 시스템의 누설전류를 최소화하기 위해 귀선전류를 금속귀선로 내부로만 흐르도록 하여야 한다.

② 단위길이당 컨덕턴스

| 견인 시스템 | 옥외(S/km) | 터널(S/km) |
|---|---|---|
| 철도선로(레일) | 0.5 | 0.5 |
| 개방 구성 | 0.5 | 0.1 |
| 폐쇄 구성 | 2.5 | – |

③ 귀선시스템의 종 방향 전기저항을 낮추기 위해서는 레일 사이에 저저항 레일본드를 접합 또는 접속하여 전체 종 방향 저항이 5[%] 이상 증가하지 않도록 하여야 한다.

④ 직류 전기철도 시스템이 매설 배관 또는 케이블과 인접할 경우 누설전류를 피하기 위해 최대한 이격시켜야하며, 주행레일과 최소 1[m] 이상의 거리를 유지하여야 한다.

## (5) 통신상의 유도 장해방지 시설

교류식 전기철도용 전차선로는 기설 가공약전류 전선로에 대하여 유도작용에 의한 통신상의 장해가 생기지 않도록 시설하여야 한다.

# 분산형 전원설비

## 제1절 통칙

### ① 용어 정의

**(1) 풍력터빈**

바람의 운동에너지를 기계적 에너지로 변환하는 장치

**(2) 풍력발전소**

단일 또는 복수의 풍력터빈을 원동기로 하는 발전기와 그 밖의 기계기구를 시설하여 전기를 발생시키는 곳

**(3) 자동정지**

풍력터빈의 설비보호를 위한 보호장치의 작동으로 인하여 자동적으로 풍력터빈을 정지시키는 것

**(4) MPPT(Maximum Power Point Tracking)**

태양광발전이나 풍력발전 등이 현재 조건에서 가능한 최대의 전력을 생산할 수 있도록 인버터 제어를 이용하여 해당 발전원의 전압이나 회전속도를 조정하는 최대출력추종 기능

### ② 분산형 전원계통 연계설비의 시설

**(1)** 분산형전원설비 사업자의 한 사업장의 설비 용량 합계가 250[kVA] 이상일 경우에는 송·배전 계통과 연계지점의 연결 상태를 감시 또는 유효전력, 무효전력 및 전압을 측정할 수 있는 장치를 시설할 것

**(2)** 분산형전원설비를 인버터를 이용하여 전력판매사업자의 저압 전력계통에 연계하는 경우 인버터로부터 직류가 계통으로 유출되는 것을 방지하기 위하여 접속점과 인버터 사이에 상용주파수 변압기(단권변압기 제외)를 시설하여야 한다. 다만, 인버터의 직류측 회로가 비접지인 경우 또는 고주파 변압기를 사용하는 경우 또는 인버터의 교류출력 측에 직류 검출기를 구비하고 직류 검출 시에 교류출력을 정지하는 기능을 갖춘 경우는 예외로 한다.

**(3) 계통 연계용 보호장치의 시설**

① 다음에 해당하는 이상 또는 고장 발생 시 자동적으로 분산형전원설비를 전력계통으로부터 분리하기 위한 장치 시설 및 해당 계통과의 보호협조를 실시해야 한다.

㉠ 분산형전원설비의 이상 또는 고장

ⓛ 연계한 전력계통의 이상 또는 고장

ⓒ 단독운전 상태

② 단순 병렬운전 분산형전원설비의 경우에는 역전력 계전기를 설치한다.

## 제2절 전기저장장치

### 1 일반사항

#### (1) 시설장소

① 이차전지, 제어반, 배전반의 시설은 기기 등을 조작 또는 보수·점검할 수 있는 충분한 공간을 확보하고 조명설비를 시설하여야 한다.

② 폭발성 가스의 축적을 방지하기 위한 환기시설을 갖추고 적정한 온도와 습도를 유지하도록 시설하여야 한다.

③ 침수의 우려가 없도록 시설하여야 한다.

#### (2) 옥내전로의 대지전압은 직류 600[V]까지 적용할 수 있다.

### 2 전기저장장치의 시설

#### (1) 전선은 공칭단면적 2.5[mm²] 이상의 연동선

#### (2) 제어 및 보호장치 등

① 전기저장장치의 이차전지는 다음에 따라 자동으로 전로로부터 차단하는 장치를 시설하여야 한다.

ⓐ 과전압 또는 과전류가 발생한 경우

ⓑ 제어장치에 이상이 발생한 경우

ⓒ 이차전지 모듈의 내부 온도가 급격히 상승할 경우

② 직류전로에는 지락이 생겼을 때에 자동적으로 전로를 차단하는 장치를 시설하여야 한다.

③ 발전소 또는 변전소 혹은 이에 준하는 장소에 전기저장장치를 시설하는 경우 전로가 차단되었을 때에 경보하는 장치를 시설하여야 한다.

④ **계측장치**: 축전지 출력 단자의 전압, 전류, 전력 및 충방전 상태, 주요 변압기의 전압, 전류 및 전력

#### (3) 옥내전로의 대지전압의 제한

① 전기저장장치를 일반인이 출입하는 건물과 분리된 별도의 장소에 시설하는 경우에는 지표면을 기준으로 높이 22[mm] 이내, 해당 장소의 출구가 있는 바닥면을 기준으로 깊이 9[m] 이내로 하여야 한다.

② 전기저장장치 시설장소는 주변 시설(도로, 건물, 가연물질 등)로부터 1.5[m] 이상 이격하고 다른 건물의 출입구나 피난계단 등 이와 유사한 장소로부터는 3[m] 이상 이격하여야 한다.

## 제3절 태양광발전설비

### 1 일반사항

#### (1) 설치장소

① 인버터, 제어반, 배전반 등의 시설은 기기 등을 조작 또는 보수점검할 수 있는 충분한 공간을 확보하고 필요한 조명설비를 시설하여야 한다.

② 인버터 등을 수납하는 공간에는 실내온도의 과열 상승을 방지하기 위한 환기시설을 갖추어야하며 적정한 온도와 습도를 유지하도록 시설하여야 한다.

③ 배전반, 인버터, 접속장치 등을 옥외에 시설하는 경우 침수의 우려가 없도록 시설하여야 한다.

④ 태양전지모듈의 직렬군 최대개방전압이 직류 750[V] 초과 1,500[V] 이하인 시설장소는 울타리 등의 안전조치를 하여야 한다.

#### (2) 설비의 안전

① 태양전지 모듈, 전선, 개폐기 및 기타 기구는 충전부분이 노출되지 않도록 시설하여야 한다.

② 모든 접속함에는 내부의 충전부가 인버터로부터 분리된 후에도 여전히 충전상태일 수 있음을 나타내는 경고가 붙어있어야 한다.

③ 태양광설비의 고장이나 외부 환경요인으로 인하여 계통연계에 문제가 있을 경우 회로분리를 위한 안전시스템이 있어야 한다.

### 2 태양광설비의 시설

#### (1) 전기배선

① 모듈의 출력배선은 극성별로 확인할 수 있도록 표시할 것

② 전선은 공칭단면적 2.5[mm$^2$] 이상의 연동선

③ 합성수지관공사, 금속관공사, 금속제가요전선관공사, 케이블공사로 시설할 것

#### (2) 시설기준

① 태양전지모듈의 시설

㉠ 태양전지모듈의 각 직렬군은 동일한 단락전류를 가진 모듈로 구성하여야 하며 1대의 인버터에 연결된 모듈 직렬군이 2병렬 이상일 경우에는 각 직렬군의 출력전압 및 출력전류가 동일하게 형성되도록 배열할 것

㉡ 직렬 연결된 태양전지모듈의 배선은 과도과전압의 유도에 의한 영향을 줄이기 위하여 스트링 양극간의 배선간격이 최소가 되도록 배치할 것

② 전력변환장치의 시설

㉠ 인버터는 실내·실외용을 구분할 것

㉡ 각 직렬군의 태양전지 개방전압은 인버터 입력전압 범위 이내일 것

㉢ 옥외에 시설하는 경우 방수등급은 IPX4 이상일 것

③ 모듈을 지지하는 구조물
  ㉠ 자중, 적재하중, 적설 또는 풍압, 지진 및 기타의 진동과 충격에 대하여 안전한 구조일 것
  ㉡ 부식환경에 의하여 부식되지 않도록 용융아연 또는 용융아연 - 알루미늄 - 마그네슘합금 도금된 형강, 스테인리스스틸(STS), 알루미늄합금의 재질로 제작할 것
  ㉢ 모듈 지지대와 그 연결부재의 경우 용융아연도금처리 또는 녹방지 처리를 하여야 하며, 절단가공 및 용접부위는 방식처리를 할 것
  ㉣ 설치시에는 건축물의 방수 등에 문제가 없도록 설치하여야 하고 볼트조립은 헐거움이 없이 단단히 조립하여야 하며 모듈 - 지지대의 고정 볼트에는 스프링 와셔 또는 풀림방지너트 등으로 체결할 것

## (3) 제어 및 보호장치 등

① 태양전지모듈에 접속하는 부하측의 태양전지 어레이에서 전력변환장치에 이르는 전로에는 그 접속점에 근접하여 개폐기 기타 이와 유사한 기구를 시설할 것
② 모듈을 병렬로 접속하는 전로에는 그 주된 전로에 단락전류가 발생할 경우에 전로를 보호하는 과전류차단기 또는 기타 기구를 시설할 것
③ **계측장치**: 전압과 전류 또는 전압과 전력
④ **접지설비**
  ㉠ 태양전지모듈의 프레임은 지지물과 전기적으로 완전하게 접속하여야 한다.
  ㉡ 수상에 시설하는 태양전지모듈 등의 금속제는 접지를 하여야 하고, 접지 시 접지극을 수중에 띄우거나, 수중 바닥에 노출된 상태로 시설하여서는 안 된다.
⑤ **피뢰설비**: 태양광설비는 외부피뢰시스템을 시설한다.

## 제4절 풍력 · 수력발전설비

## 1 일반사항

**(1)** 나셀 등 풍력발전기 상부시설에 접근하기 위한 안전한 시설물을 강구할 것

**(2)** 발전용 풍력설비의 항공장애등 및 주간장애표지를 시설할 것

**(3)** 500[kW] 이상의 풍력터빈은 나셀 내부의 화재 발생 시, 이를 자동으로 소화할 수 있는 화재방호설비를 시설하여야 한다.

## 2 풍력설비의 시설

**(1)** 출력배선에 쓰이는 전선은 CV선 또는 TFR-CV선을 사용

**(2)** 제어 및 보호장치 등

① 요구사항

㉠ 제어장치는 풍속에 따른 출력조절, 출력제한, 회전속도제어, 계통과의 연계, 기동 및 정지, 계통 정전 또는 부하의 손실에 의한 정지, 요잉에 의한 케이블 꼬임 제한 등의 기능을 보유하여야 한다.

㉡ 보호장치는 과풍속, 발전기의 과출력 또는 고장, 이상진동, 계통 정전 또는 사고, 케이블의 꼬임 한계 등으로부터 풍력발전기를 보호하여야 한다.

② 풍력터빈 타워의 기저부에 개폐장치를 시설하여야 한다.

③ 접지설비는 풍력발전설비 타워기초를 이용한 통합접지공사를 하여야 하며, 설비 사이의 전위차가 없도록 등전위본딩을 하여야 한다.

④ 피뢰설비

㉠ 수뢰부를 풍력터빈 선단부분 및 가장자리 부분에 배치하되 뇌격전류에 의한 발열에 용손(溶損)되지 않도록 재질, 크기, 두께 및 형상 등을 고려할 것

㉡ 인하도선은 쉽게 부식되지 않는 금속선으로서 뇌격전류를 안전하게 흘릴 수 있는 충분한 굵기여야하며, 가능한 직선으로 시설할 것

㉢ 계측 센서용 케이블은 금속관 또는 차폐케이블 등을 사용하여 뇌유도과전압으로부터 보호할 것

㉣ 피뢰설비(리셉터, 인하도선 등)의 기능저하로 인해 다른 기능에 영향을 미치지 않을 것

⑤ **계측장치**: 회전속도계, 나셀(nacelle) 내의 진동을 감시하기 위한 진동계, 풍속계, 압력계, 온도계

## 3 수력발전설비의 시설

**(1)** 묽은 진흙으로 되지 않을 것

**(2)** 댐의 안정에 필요한 강도 및 수밀성이 있을 것

**(3)** 댐의 안전에 지장을 줄 수 있는 팽창성 또는 수축성이 없을 것

## 제5절 연료전지설비

### 1 일반사항

(1) 연료전지를 설치할 주위의 벽 등은 화재에 안전하게 시설하여야 한다.

(2) 가연성물질과 안전거리를 충분히 확보하여야 한다.

(3) 침수 등의 우려가 없는 곳에 시설하여야 한다.

(4) 가스 누설 대책

① 연료가스가 통하는 부분은 최고사용 압력에 대하여 기밀성을 가지는 것

② 설치하는 장소는 연료가스가 누설되었을 때 체류하지 않는 구조의 것

③ 누설되는 가스가 체류할 우려가 있는 장소에 해당 가스의 누설을 감지하고 경보하기 위한 설비를 설치할 것

### 2 연료전지설비의 시설

(1) 전기배선

① 전선은 공칭단면적 2.5[mm²] 이상의 연동선

② 합성수지관공사, 금속관공사, 금속제가요전선관공사, 케이블공사로 시설할 것

(2) 단자와 접속

① 단자의 접속은 기계적, 전기적 안전성을 확보할 것

② 단자를 체결 또는 잠글 때 너트나 나사는 풀림방지 기능이 있는 것을 사용할 것

③ 외부터미널과 접속하기 위해 필요한 접점의 압력이 사용기간 동안 유지되어야할 것

④ 단자는 도체에 손상을 주지 않고 금속표면과 안전하게 체결할 것

(3) 구조

① 내압시험은 연료전지설비의 내압 부분 중 최고 사용압력이 0.1[MPa] 이상의 부분은 최고 사용압력의 1.5배의 수압(수압으로 시험을 실시하는 것이 곤란한 경우는 최고 사용압력의 1.25배의 기압)까지 가압하여 압력이 안정된 후 최소 10분간 유지하는 시험을 실시하였을 때 이것에 견디고 누설이 없어야 한다.

② 기밀시험은 연료전지설비의 내압 부분 중 최고 사용압력이 0.1[MPa] 이상의 부분(액체 연료 또는 연료가스 혹은 이것을 포함한 가스를 통하는 부분에 한정)의 기밀시험은 최고 사용압력의 1.1배의 기압으로 시험을 실시하였을 때 누설이 없어야 한다.

③ 안전밸브

㉠ 안전밸브가 1개인 경우에는 그 배관의 최고사용압력 이하의 압력으로 한다. 다만, 배관의 최고사용압력 이하의 압력에서 자동적으로 가스의 유입을 정지하는 장치가 있는 경우에는 최고사용압력의 1.03배 이하의 압력으로 할 수 있다.

ⓛ 안전밸브가 2개 이상인 경우에는 1개는 최고사용압력 이하로 하고, 그 이외의 것은 그 배관의 최고사용압력의 1.03배 이하의 압력이어야 한다.

### (4) 제어 및 보호장치 등

① 연료전지는 다음에 따라 자동으로 전로로부터 차단하고 연료전지에 연료 가스 공급을 자동적으로 차단하며 연료전지 내의 연료가스를 자동적으로 배기하는 장치를 시설하여야 한다.

ㄱ 과전류가 생긴 경우

ㄴ 발전요소의 발전전압에 이상이 생겼을 경우 또는 연료가스 출구에서의 산소 농도 또는 공기 출구에서의 연료가스 농도가 현저히 상승한 경우

ㄷ 온도가 현저하게 상승한 경우

② **계측장치**: 전압과 전류 또는 전압과 전력

③ **접지설비**

ㄱ 공칭단면적 16[mm²] 이상의 연동선

ㄴ 접지도체에 접속하는 저항기·리액터 등은 고장시 흐르는 전류를 안전하게 통할 수 있는 것을 사용할 것

④ 피뢰설비를 시설하여야 한다.

## 1 제2조(안전원칙)

(1) 전기설비는 감전, 화재 및 그 밖에 사람에게 위해(危害)를 주거나 물건에 손상을 줄 우려가 없도록 시설하여야 한다.

(2) 전기설비는 사용목적에 적절하고 안전하게 작동하여야 하며, 그 손상으로 인하여 전기 공급에 지장을 주지 않도록 시설하여야 한다.

(3) 전기설비는 다른 전기설비, 그 밖의 물건의 기능에 전기적 또는 자기적 장해를 주지 않도록 시설하여야 한다.

## 2 제17조(유도장해 방지)

(1) 교류 특고압 가공전선로에서 발생하는 극저주파 전자계는 지표상 1m에서 전계가 3.5kV/m 이하, 자계가 83.3μT 이하가 되도록 시설하고, 직류 특고압 가공전선로에서 발생하는 직류전계는 지표면에서 25kV/m 이하, 직류자계는 지표상 1m에서 400,000μT 이하가 되도록 시설하는 등 상시 정전유도(靜電誘導) 및 전자유도(電磁誘導) 작용에 의하여 사람에게 위험을 줄 우려가 없도록 시설하여야 한다.❶

(2) 특고압의 가공전선로는 전자유도작용이 약전류전선로(전력보안 통신설비는 제외한다.)를 통하여 사람에 위험을 줄 우려가 없도록 시설하여야 한다.

(3) 전력보안 통신설비는 가공전선로로부터의 정전유도작용 또는 전자유도작용에 의하여 사람에 위험을 줄 우려가 없도록 시설하여야 한다.

❶ 다만, 논밭, 산림 그 밖에 사람의 왕래가 적은 곳에서 사람에 위험을 줄 우려가 없도록 시설하는 경우에는 그렇지 않다.

## 3 제18조(통신장해 방지)

전차선로는 무선설비의 기능에 계속적이고 중대한 장해를 주는 전파를 발생할 우려가 없도록 시설하여야 한다.

## 4 제20조(절연유)

(1) 사용전압이 100kV 이상의 중성점 직접접지식 전로에 접속하는 변압기를 설치하는 곳에는 절연유의 구외 유출 및 지하 침투를 방지하기 위한 설비를 갖추어야 한다.

(2) 폴리염화비페닐을 함유한 절연유를 사용한 전기기계기구는 전로에 시설하여서는 안 된다.

## 5 제27조(전선로의 전선 및 절연성능)

저압전선로 중 절연 부분의 전선과 대지 사이 및 전선의 심선 상호 간의 절연저항은 사용전압에 대한 누설전류가 최대 공급전류의 1/2,000을 넘지 않도록 하여야 한다.

**2025 최신개정판**

# 해커스
# 전기기사
## 필기
## 한권완성  기본이론

**개정 2판 1쇄 발행  2025년 01월 10일**

| | |
|---|---|
| 지은이 | 오우진, 문영철, 해커스 자격증시험연구소 |
| 펴낸곳 | ㈜챔프스터디 |
| 펴낸이 | 챔프스터디 출판팀 |

| | |
|---|---|
| 주소 | 서울특별시 서초구 강남대로61길 23 ㈜챔프스터디 |
| 고객센터 | 02-537-5000 |
| 교재 관련 문의 | publishing@hackers.com |
| 동영상강의 | pass.Hackers.com |

| | |
|---|---|
| ISBN | 기본이론: 978-89-6965-597-4 (14560) |
| | 세트: 978-89-6965-596-7 (14560) |
| Serial Number | 02-01-01 |

## 해커스 일반기계기사 시리즈

## 해커스 식품안전기사·산업기사 시리즈

## 해커스 스포츠지도사 시리즈

## 해커스 사회조사분석사

## 해커스 KBS한국어능력시험/실용글쓰기

## 해커스 한국사능력검정

해커스
# 전기기사
## 필기
### 한권완성 기본이론

2025 최신개정판

주간동아 선정 2022 올해의 교육브랜드 파워
온·오프라인 자격증 부문 1위

# 해커스
# 전기기사
# 필기
# 한권완성

해커스 자격증시험연구소

## 기출문제

최신
개정기준
반영

해커스자격증 | pass.Hackers.com

· 본 교재 인강(할인쿠폰 수록)
· 무료 특강
· 필기핵심요약노트
· CBT 모의고사

# 전기기사의 모든 것,
# 해커스자격증이 알려드립니다.

## Q1. 전기기사는 어떤 일을 할까?

전기기사는 전기기계·기구의 설계, 제작, 관리 업무를 수행합니다. 또한, 전기설비 설계, 도면 및 시방서 작성,
점검 및 유지, 시험작동, 운용관리 등 전문적인 역할과 전기안전관리를 담당합니다.
공사현장에서 공사를 시공·감독하거나 제조공정의 관리, 발전, 소전 및 변전시설의 유지관리, 기타 전기시설에
관한 보안관리 업무를 수행하기도 합니다.

## Q2. 전기기사, 어떻게 준비해야 할까?

전기기사의 필기 과목은 총 5가지로 전기자기학, 전력공학, 전기기기, 회로이론 및 제어공학, 전기설비기술기준입니다.
실기 과목은 전기설비설계 및 관리 1과목이며, 필답형으로 진행됩니다.
많은 과목을 효율적으로 학습하기 위해, 해커스 스타강사진의 기출 분석 데이터를 참고하여
연계 내용을 학습하시면 더욱 좋습니다.

## Q3. 전기기사의 진로와 전망?

한국전력공사를 비롯한 전기기기제조업체, 전기공사업체, 전기설계전문업체 등 전기와 관련된
다양한 업체에 종사할 수 있습니다.
또한, 전기설비의 대형화, 신소재 발달, 내선설비의 고급화, 초고속 송전 등 신기술이 급격히 개발되고 있습니다.
이에 따라 안전하게 전기를 관리할 수 있는 전문인의 수요는 꾸준할 것으로 예상됩니다.

# 해커스자격증

## 이번 시험 합격, 불합격? 1분 자가 진단 테스트

테스트 바로가기 ▶

**응시 분야 및 시험 종류 선택**

❯

1분 만에 내 수준 알아보는 **자가 진단 테스트 응시**

❯

**나의 공부 내공 결과 확인!**

## 자격증 재도전 & 환승으로, 할인받고 합격!

이벤트 바로가기 ▶

자격증 시험 응시 이력 타사 강의 수강 이력 해커스자격증 수강 이력 경험이 하나라도 있다면?

❯

응시 이력 및 수강 이력 해커스자격증에 제출!

❯

**50% 할인 받고 자격증 단기합격하기**

# 해커스 **전기기사 합격생**
# 평균 4개월 내 **최종 합격!**
# 해커스가 제안하는 합격 플랜

## 필기

### 기본
초보합격가이드+
기초특강 3종으로
전기기사 기초정립

### 심화
이론과 문제 풀이
동시 진행 & 핵심
요약노트로 복습

### 마무리
CBT모의고사로
시험 전 취약 파트 보완

## 실기

### 기본
암기오디오북으로
간편하게 이론
학습&복습

### 심화
실기 적중단답형으로
기출 반복&실전대비

### 합격 후
선생님의 노하우가 담긴
직무고시 특강으로
실무 완벽 대비

[평균 4개월 내 합격] 해커스 전기기사 수험기간 공개 합격후기 작성자 기준 (2021.01~2022.12)

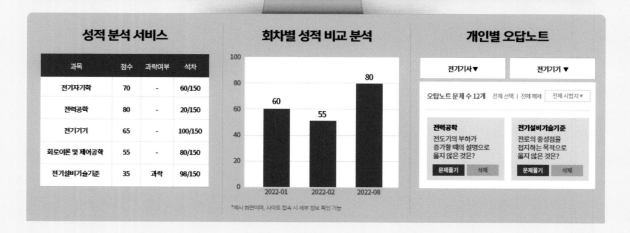

2025 최신개정판

# 해커스
# 전기기사
## 필기
# 한권완성 기출문제

해커스

# 목차

## 기출문제

## 제1과목 전기자기학

### 01 ☐☐☐

**자속의 연속성을 나타낸 식은?**

① $div\ B = \rho$    ② $div\ B = 0$

③ $B = \mu H$    ④ $div\ B = \mu H$

| 해설

자극은 항상 N, S극이 쌍으로 존재하여 자력선이 N극에서 나와서 S극으로 들어간다. 즉, 자계는 발산하지 않고 회전한다.

∴ $div\ B = 0\ (\nabla \cdot B = 0)$

### 02 ☐☐☐

**유전체 내의 전속밀도에 관한 설명 중 옳은 것은?**

① 진전하만이다.

② 분극전하만이다.

③ 겉보기 전하만이다.

④ 진전하와 분극전하이다.

| 해설

가우스 정리의 미분형 $div\ D = \rho$ 에서와 같이 유전체 내의 전속밀도의 발산은 진전하 밀도 $\rho$ 에 의해서만 발생된다.

### 03 ☐☐☐

**그림과 같이 직교 도체 평면상 $P$점에 $Q$있을 때 $P'$점의 영상전하는?**

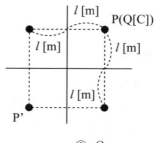

① $Q^2$    ② $Q$

③ $-Q$    ④ $0$

| 해설

$P$점과 밑으로 대칭점(영상점)에 $-Q$가, 이 $-Q$로부터 $+Q$가 $P'$에 나타난다.

## 04 □□□

그림과 같이 각 코일의 자기인덕턴스가 각각 $L_1 = 6$[H], $L_2 = 2$[H]이고, 두 코일 사이에는 상호 인덕턴스가 $M = 3$[H]라면 전 코일에 저축되는 자기에너지는 몇 [J]인가? (단, $I = 10$[A]이다)

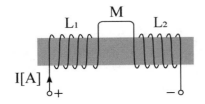

① 50
② 100
③ 150
④ 200

| 해설

㉠ 두 코일은 차동결합 상태이므로
$$L = L_1 + L_2 - 2M = 6 + 2 - 2 \times 3 = 2[H]$$
㉡ 코일에 축적되는 자기적인 에너지
$$W_L = \frac{1}{2} LI^2 = \frac{1}{2} \times 2 \times 10^2 = 100[J]$$

## 05 □□□

투자율이 다른 두 자성체가 평면으로 접하고 있는 경계면에서 전류밀도가 0일 때 성립하는 경계조건은?

① $\mu_2 \tan \theta_1 = \mu_1 \tan \theta_2$

② $H_1 \cos \theta_1 = H_2 \cos \theta_2$

③ $B_1 \sin \theta_1 = B_2 \cos \theta_2$

④ $\mu_1 \tan \theta_1 = \mu_2 \tan \theta_2$

| 해설

경계조건 $\dfrac{\tan \theta_1}{\tan \theta_2} = \dfrac{\mu_1}{\mu_2}$ 에서

$\therefore \mu_2 \tan \theta_1 = \mu_1 \tan \theta_2$

## 06 □□□

그림과 같이 전류가 흐르는 반원형 도선이 평면 $Z = 0$상에 놓여 있다. 이 도선이 자속밀도 $B = 0.8a_x - 0.7a_y + a_z$[Wb/m²]인 균일 자계 내에 놓여 있을 때 도선의 직선부분에 작용하는 힘은 몇 [N]인가?

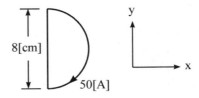

① $4a_x + 3.2a_z$
② $4a_x - 3.2a_z$
③ $5a_x - 3.5a_z$
④ $-5a_x + 3.5a_z$

| 해설

**플레밍의 왼손법칙**

㉠ 자기장 속에 있는 도선에 전류가 흐르면 도선에는 전자력이 발생된다.

㉡ 전자력: $F = IBl \sin \theta = (\vec{I} \times \vec{B})l$

㉢ 도선의 직선 부분에서의 전류는 $y$ 축 방향으로 흐르므로 전류 $I = 50\,a_y$가 된다.

$$\therefore F = (\vec{I} \times \vec{B})l$$
$$= [50a_y \times (0.8a_x - 0.7a_y + a_z)]\,0.08$$
$$= (-40\,a_z + 50\,a_x)\,0.08$$
$$= 4\,a_x - 3.2\,a_z\,[N]$$

## 07 □□□

변위전류밀도를 나타내는 식은?

① $\dfrac{\partial \phi}{\partial t}$
② $\dfrac{\partial D}{\partial t}$
③ $\dfrac{\partial B}{\partial t}$
④ $\dfrac{\partial N\phi}{\partial t}$

| 해설

㉠ 변위전류밀도:
$$i_d = \frac{\partial D}{\partial t} = \epsilon \frac{\partial E}{\partial t} = j\omega \epsilon E\,[\text{A/m}^2]$$

㉡ 변위전류는 전계, 자계, 전자계 및 회로에 인가되는 교류전압보다 위상이 $90°$ 앞선다.

## 08 □□□

자속 $\phi$ [Wb]가 $\phi = \phi_m \cos 2\pi ft$ [Wb]로 변화할 때 이 자속과 쇄교하는 권수 $N$[회]인 코일에 발생하는 기전력은 몇 [V]인가?

① $2\pi fN\phi_m \cos 2\pi ft$

② $-2\pi fN\phi_m \cos 2\pi ft$

③ $2\pi fN\phi_m \sin 2\pi ft$

④ $-2\pi fN\phi_m \sin 2\pi ft$

| 해설

$$e = -N\frac{d\phi}{dt} = -N\frac{d}{dt}\phi_m \cos 2\pi ft$$

$$= -N\phi_m \frac{d}{dt}\cos 2\pi ft$$

$$= 2\pi fN\phi_m \sin 2\pi ft$$

## 09 □□□

콘덴서의 성질에 관한 설명 중 적절하지 못한 것은?

① 용량이 같은 콘덴서를 $n$개 직렬연결하면 내압은 $n$배, 용량은 $\frac{1}{n}$배가 된다.

② 용량이 같은 콘덴서를 $n$개 병렬연결하면 내압은 같고, 용량은 $n$배로 된다.

③ 정전용량이란 도체의 전위를 1[V]로 하는데 필요한 전하량을 말한다.

④ 콘덴서를 직렬 연결할 때 각 콘덴서에 분포되는 전하량은 콘덴서의 크기에 비례한다.

| 해설

콘덴서 직렬 접속시 각 콘덴서에 분포되는 전하량은 모두 일정하다.

## 10 □□□

반경이 $a = 10$[cm]인 구의 표면 전하밀도를 $\delta = 10^{-10}$ [C/m²]이 되도록 하는 구의 전위[V]는 얼마인가?

① 21.3[V]　　　　② 11.3[V]

③ 2.13[V]　　　　④ 1.13[V]

| 해설

㉠ 표면 전하밀도

$$\delta = \frac{Q}{4\pi a^2} = 10^{-10} \, [C/m^2]$$

㉡ 구도체의 전위

$$V = \frac{Q}{4\pi\epsilon_0 a} = \frac{Q}{4\pi a^2} \times \frac{a}{\epsilon_0} = \delta \times \frac{a}{\epsilon_0}$$

$$= 10^{-10} \times \frac{0.1}{8.855 \times 10^{-12}} = 1.13 \, [V]$$

## 11 □□□

자유공간 중에서 점 $P(2, -4, 5)$ 가 도체면상에 있으며, 이 점에서 전계 $E = 3a_x - 6a_y + 2a_z$[V/m]이다. 도체면에 법선성분 $E_n$ 및 접선성분 $E_t$ 의 크기는 몇 [V/m]인가?

① $E_n = 3, \ E_t = -6$

② $E_n = 7, \ E_t = 0$

③ $E_n = 2, \ E_t = 3$

④ $E_n = -6, \ E_t = 0$

| 해설

㉠ 전계의 법선성분의 크기

$$|E| = E_n = \sqrt{3^2 + (-6)^2 + 2^2} = 7 \, [V/m]$$

㉡ 전계는 도체표면에 대해서 수직으로만 진출하기 때문에 $E_t = 0$ 이 된다.

## 12 ☐☐☐

진공 중에서 유전율 $\epsilon$ [F/m]의 유전체가 평등자계 $B$ [Wb/m²] 내에 속도 $v$ [m/s]로 운동할 때, 유전체에 발생하는 분극의 세기 $P$는 몇 [C/m²]인가?

① $(\epsilon - \epsilon_0)v \cdot B$　　② $(\epsilon - \epsilon_0)v \times B$

③ $\epsilon v \times B$　　④ $\epsilon_0 v \times B$

| 해설

㉠ 플레밍의 오른손 법칙
　자계 내에 도체가 운동하면 도체에는 기전력이 발생되며, 유도되는 기전력의 크기는 다음과 같다. (유도기전력)
　$e = V = vB\ell \sin\theta = (v \times B)\ell\,[\text{V}]$

㉡ 기전력과 전계의 세기의 관계
　$V = \ell E$에서 $E = \dfrac{V}{\ell} = v \times B$

∴ 분극의 세기
　$P = \epsilon_0(\epsilon_s - 1)E = \epsilon_0(\epsilon_s - 1)v \times B$
　　$= (\epsilon - \epsilon_0)v \times B[\text{C/m}^2]$

## 13 ☐☐☐

정전 흡인력에 대한 설명 중 옳은 것은?

① 정전 흡인력은 전압의 제곱에 비례한다.
② 정전 흡인력은 극판 간격에 비례한다.
③ 정전 흡인력은 극판 면적에 제곱에 비례한다.
④ 정전 흡인력 쿨롱의 법칙으로 직접 계산된다.

| 해설

㉠ 정전응력(흡인력)
　$f = \dfrac{1}{2}\varepsilon E^2 = \dfrac{1}{2}ED = \dfrac{D^2}{2\varepsilon}\,[\text{N/m}^2]$

㉡ 전위차: $V = \ell E[\text{V}]$

∴ 정전응력(흡인력)은 전압의 제곱에 비례한다.

## 14 ☐☐☐

다음 (　) 안에 들어갈 내용으로 옳은 것은?

전기쌍극자에 의해 발생하는 전위의 크기는 전기쌍극자 중심으로부터 거리의 (　㉮　)에 반비례하고, 자기쌍극자에 의해 발생하는 자계의 크기는 자기쌍극자 중심으로부터 거리의 (　㉯　)에 반비례한다.

① ㉮ 제곱　㉯ 제곱
② ㉮ 제곱　㉯ 세제곱
③ ㉮ 세제곱　㉯ 제곱
④ ㉮ 세제곱　㉯ 세제곱

| 해설

㉠ 전기쌍극자에 의한 전위
　$V = \dfrac{M\cos\theta}{4\pi\epsilon_0 r^2} \propto \dfrac{1}{r^2}$

㉡ 자기쌍극자에 의한 자계의 세기
　$|\vec{H}| = \dfrac{M}{4\pi\mu_0 r^3}\sqrt{1 + 3\cos^2\theta} \propto \dfrac{1}{r^3}$

정답　12 ②　13 ①　14 ②

## 15 ☐☐☐

어떤 종류의 결정(結晶)을 가열하면 한면에 정(正), 반대면에 부(負)의 전기가 나타나 분극을 일으키며 반대로 냉각하면 역(逆)의 분극이 일어나는 것은?

① 파이로(Pyro)전기
② 볼타(Volta)효과
③ 바아크 하우센(Barkhausen)법칙
④ 압전기(Piezo-electric)의 역효과

| 해설
② **볼타 효과**: 각각 다른 도체간의 전위차에 대한 법칙이다. 두 도체를 접촉시키면 도체 사이에 전위차가 발생하는데, 3개의 도체를 나란히 접촉시켰을 경우, 양 끝에 있는 도체 사이의 전위차는 가운데 있는 도체와 양 옆에 위치한 도체 사이의 전위차의 합과 같다.
③ **바아크 하우센 법칙**: 강자성체에 자계를 가하면 자화가 일어나는데 자화는 자구(磁區)를 형성하고 있는 경계면, 즉 자벽(磁壁)이 단속적으로 이동함으로써 발생한다. 이때 자계의 변화에 대한 자속의 변화는 미시적으로는 불연속으로 이루는 현상
④ **압전현상(피에조 효과)**: 유전체에 압력이나 인장력을 가하면 전기분극이 발생하는 현상

## 16 ☐☐☐

균일하게 원형 단면을 흐르는 전류 $I$[A]에 의한 반지름 $a$[m], 길이 $l$[m], 비투자율 $\mu_s$인 원통 도체의 내부 인덕턴스[H]는?

① $\dfrac{1}{2} \times 10^{-7} \mu_s l$

② $\dfrac{1}{2a} \times 10^{-7} \mu_s l$

③ $2 \times 10^{-7} \mu_s l$

④ $10^{-7} \mu_s l$

| 해설
도체 내부의 인덕턴스 $L_i = \dfrac{\mu l}{8\pi}$ [H]에서

$$\therefore L_i = \frac{\mu l}{8\pi} = \frac{\mu_0 \mu_s l}{8\pi} = \frac{4\pi \times 10^{-7} \times \mu_s \times l}{8\pi}$$

$$= \frac{1}{2} \times 10^{-7} \times \mu_s l \text{ [H]}$$

## 17 ☐☐☐

콘크리트($\epsilon_r = 4$, $\mu_r = 1$) 중에서 전자파의 고유 임피던스는 약 몇 [Ω]인가?

① 35.4[Ω]
② 70.8[Ω]
③ 124.3[Ω]
④ 188.5[Ω]

| 해설
**자유공간에서의 고유 임피던스(특성 임피던스)**

$$Z = \sqrt{\frac{\mu}{\epsilon}} = \sqrt{\frac{\mu_0 \mu_r}{\epsilon_0 \epsilon_r}} = 120\pi \sqrt{\frac{\mu_r}{\epsilon_r}}$$

$$= 120\pi \sqrt{\frac{1}{4}} = 377 \times \frac{1}{2} = 188.5 \text{ [Ω]}$$

## 18 ☐☐☐

두 개의 도체에서 전위 및 전하가 각각 $V_1$, $Q_1$ 및 $V_2$, $Q_2$ 일 때, 이 도체계가 갖는 에너지는 얼마인가?

① $\dfrac{1}{2}(V_1 Q_1 + V_2 Q_2)$

② $\dfrac{1}{2}(Q_1 + Q_2)(V_1 + V_2)$

③ $V_1 Q_1 + V_2 Q_2$

④ $(V_1 + V_2)(Q_1 + Q_2)$

| 해설
㉠ 도체가 갖는 에너지
$$W = \frac{1}{2}CV^2 = \frac{1}{2}QV = \frac{Q^2}{2C} \text{ [J]}$$
㉡ 에너지는 스칼라이므로 도체계의 에너지는 모두 더하면 된다.
$$\therefore W = W_1 + W_2 = \frac{1}{2}(V_1 Q_1 + V_2 Q_2) \text{ [J]}$$

정답   15 ①   16 ①   17 ④   18 ①

## 19 ☐☐☐

반지름이 5[mm]인 구리선에 10[A]의 전류가 단위 시간에 흐르고 있을 때 구리선의 단면을 통과하는 전자의 개수는 단위 시간 당 얼마인가? (단, 전자의 전하량은 $e = 1.602 \times 10^{-19}$[C]이다)

① $6.24 \times 10^{18}$  ② $6.24 \times 10^{19}$

③ $1.28 \times 10^{22}$  ④ $1.28 \times 10^{23}$

| 해설

전자의 개수

$$N = \frac{Q}{e} = \frac{It}{e} = \frac{10 \times 1}{1.602 \times 10^{-19}}$$
$$= 6.242 \times 10^{19} \text{ [개]}$$

## 20 ☐☐☐

평행하게 왕복되는 두 선간에 흐르는 전류 간의 전자력은? (단, 두 도선 간의 거리를 $r$[m]라 한다)

① $\frac{1}{r}$ 에 비례하며, 반발력이다.

② $r$ 에 비례하며, 흡인력이다.

③ $\frac{1}{r^2}$ 에 비례하며, 반발력이다.

④ $r^2$ 에 비례하며, 흡인력이다.

| 해설

㉠ 평행도선 사이에 작용하는 힘 (전자력):

$$f = \frac{2 I_1 I_2}{r} \times 10^{-7} \text{ [N/m]}$$

㉡ 전류가 동일방향으로 흐를 경우: 흡인력
㉢ 전류가 반대방향으로 흐를 경우: 반발력
∴ 왕복되는 두 선간에 흐르는 전류는 서로 반대방향으로 흐르므로 반발력이 작용한다.

---

## 제2과목 전력공학

## 21 ☐☐☐

설비용량이 360[kW], 수용률이 0.8, 부등률이 1.2일 때 최대 수용전력은 몇 [kW]인가?

① 120  ② 240

③ 360  ④ 480

| 해설

합성 최대 수용전력

$$P_T = \frac{\text{설비용량} \times \text{수용률}}{\text{부등률}} = \frac{360 \times 0.8}{1.2} = 240 \text{[kW]}$$

## 22 ☐☐☐

송전선에서 재폐로방식을 사용하는 목적은 무엇인가?

① 역률개선
② 안정도 증진
③ 유도장해의 경감
④ 코로나 발생방지

| 해설

재폐로방식
㉠ 고장전류를 차단하고 차단기를 일정 시간 후 자동적으로 재투입하는 방식이다.
㉡ 송전계통의 안정도를 향상시키고 송전용량을 증가시킨다.
㉢ 계통사고의 자동복구가 된다.

## 23 ☐☐☐

부하전류의 차단에 사용되지 않는 것은?

① DS　　　　　　② ACB
③ OCB　　　　　　④ VCB

## 24 ☐☐☐

송전선의 특성임피던스는 저항과 누설컨덕턴스를 무시하면 어떻게 표현되는가? (단, $L$은 선로의 인덕턴스, $C$는 선로의 정전용량이다.)

① $\sqrt{\dfrac{L}{C}}$　　　　　　② $\sqrt{\dfrac{C}{L}}$

③ $\dfrac{L}{C}$　　　　　　④ $\dfrac{C}{L}$

| 해설
**특성임피던스**
$$Z_0 = \sqrt{\frac{Z}{Y}}$$
$$= \sqrt{\frac{R+j\omega L}{g+j\omega C}} \Rightarrow \sqrt{\frac{L}{C}} \, [\Omega] \quad (R=g=0)$$

## 25 ☐☐☐

플리커 경감을 위한 전력 공급측의 방안이 아닌 것은?

① 공급전압을 낮춘다.
② 전용 변압기로 공급한다.
③ 단독 공급계통을 구성한다.
④ 단락용량이 큰 계통에서 공급한다.

| 해설
**플리커 경감을 위한 전력 공급측에서 실시하는 방법**
㉠ 전용 공급계통을 구성한다.
㉡ 단락용량이 큰 계통을 이용해서 전력을 공급한다.
㉢ 부하설비에 전용 변압기를 이용하여 전력을 공급한다.
㉣ 전력 공급 시 공급전압을 승압시켜 전압강하를 감소시킨다.

## 26 ☐☐☐

직류송전방식에 대한 설명으로 틀린 것은?

① 선로의 절연이 교류방식보다 용이하다.
② 리액턴스 또는 위상각에 대해서 고려 할 필요가 없다.
③ 케이블 송전일 경우 유전손이 없기 때문에 교류방식보다 유리하다.
④ 비동기연계가 불가능하므로 주파수가 다른 계통 간의 연계가 불가능하다.

| 해설
**직류송전방식(HVDC)의 장점**
㉠ 비동기연계가 가능하다.
㉡ 리액턴스 강하가 없으므로 안정도가 높다.
㉢ 절연비가 저감되고, 코로나에 유리하다.
㉣ 유전체손이나 연피손이 없다.
㉤ 고장전류가 적어 계통 확충이 가능하다.

## 27 ☐☐☐

소호리액터를 송전계통에 사용하면 리액터의 인덕턴스와 선로의 정전용량이 어떤 상태로 되어 지락전류를 소멸시키는가?

① 병렬공진
② 직렬공진
③ 고임피던스
④ 저임피던스

**| 해설**

소호리액터 접지방식은 리액터 용량과 대지정전용량의 병렬 공진을 이용하여 지락전류를 소멸시킨다.

## 28 ☐☐☐

발전용량 $9800[\text{kW}]$의 수력발전소 최대 사용수량이 $10[\text{m}^3/\text{s}]$일 때, 유효낙차는 몇 $[\text{m}]$인가?

① 100
② 125
③ 150
④ 175

**| 해설**

수력발전소 출력 $P = 9.8 H Q \eta [\text{kW}]$

(여기서, $H$: 유효낙차$[\text{m}]$, $Q$: 유량$[\text{m}^3/\text{s}]$, $\eta$: 효율)

유효낙차 $H = \dfrac{P}{9.8 Q \eta} = \dfrac{9800}{9.8 \times 10 \times 1.0} = 100[\text{m}]$

(여기서, $\eta = 1.0$)

## 29 ☐☐☐

한 대의 주상변압기에 역률(뒤짐) $\cos\theta_1$, 유효전력 $P_1$ $[\text{kW}]$의 부하와 역률(뒤짐) $\cos\theta_2$, 유효전력 $P_2[\text{kW}]$의 부하가 병렬로 접속되어 있을 때 주상변압기 2차측에서 본 부하의 종합역률은 어떻게 되는가?

① $\dfrac{P_1 + P_2}{\dfrac{P_1}{\cos\theta_1} + \dfrac{P_2}{\cos\theta_2}}$

② $\dfrac{P_1 + P_2}{\dfrac{P_1}{\sin\theta_1} + \dfrac{P_2}{\sin\theta_2}}$

③ $\dfrac{P_1 + P_2}{\sqrt{(P_1 + P_2)^2 + (P_1\tan\theta_1 + P_2\tan\theta_2)^2}}$

④ $\dfrac{P_1 + P_2}{\sqrt{(P_1 + P_2)^2 + (P_1\sin\theta_1 + P_2\sin\theta_2)^2}}$

**| 해설**

유효전력 $P = P_1 + P_2 [\text{kW}]$

무효전력 $Q = Q_1 + Q_2 = P_1 \tan\theta_1 + P_2 \tan\theta_2 [\text{kVA}]$

종합역률 $= \dfrac{\text{유효전력}}{\text{피상전력}}$

$\phantom{종합역률} = \dfrac{\text{유효전력}}{\sqrt{\text{유효전력}^2 + \text{무효전력}^2}}$

$\phantom{종합역률} = \dfrac{P_1 + P_2}{\sqrt{(P_1 + P_2)^2 + (P_1\tan\theta_1 + P_2\tan\theta_2)^2}}$

## 30 ☐☐☐

기준 선간전압 23[kV], 기준 3상 용량 5000[kVA], 1선의 유도리액턴스가 15[Ω]일 때 %리액턴스는?

① 28.36[%]  ② 14.18[%]
③ 7.09[%]  ④ 3.55[%]

| 해설

퍼센트리액턴스 $\%X = \dfrac{P_n X}{10 V_n^{\,2}}$

(여기서, $V_n$: 정격전압[kV], $P_n$: 정격용량[kVA])

$\%X = \dfrac{P_n X}{10 V_n^{\,2}} = \dfrac{5000 \times 15}{10 \times 23^2} = 14.18[\%]$

## 31 ☐☐☐

최소 동작전류 이상의 전류가 흐르면 한도를 넘는 양(量)과는 상관없이 즉시 동작하는 계전기는?

① 순한시계전기
② 반한시계전기
③ 정한시계전기
④ 반한시정한시계전기

| 해설

**계전기의 한시특성에 의한 분류**
㉠ 순한시계전기: 최소 동작전류 이상의 전류가 흐르면 즉시 동작하는 것
㉡ 반한시계전기: 동작전류가 커질수록 동작시간이 짧게 되는 특성을 가진 것
㉢ 정한시계전기: 동작전류의 크기에 관계없이 일정한 시간에서 동작하는 것
㉣ 반한시성 정한시계전기: 동작전류가 적은 동안에는 반한시 특성으로 되고 그 이상에서는 정한시 특성이 되는 것

## 32 ☐☐☐

33[kV] 이하의 단거리 송배전선로에 적용되는 비접지방식에서 지락전류는 다음 중 어느 것을 말하는가?

① 누설전류  ② 충전전류
③ 뒤진전류  ④ 단락전류

| 해설

비접지방식에서 1선 지락고장 시 지락점에 흐르는 전류는 대지정전용량으로 흐르는 충전전류로서 90° 진상전류가 된다.

## 33 ☐☐☐

화력발전소에서 재열기의 사용목적은?

① 증기를 가열한다.
② 공기를 가열한다.
③ 급수를 가열한다.
④ 석탄을 건조한다.

| 해설

고압터빈 내에서 팽창되어 과열증기가 습증기로 되었을 때 추기하여 재가열하는 설비를 재열기라 한다.
㉠ 절탄기: 배기가스의 여열을 이용하여 보일러 급수를 예열하기 위한 설비
㉡ 공기예열기: 연도가스의 여열을 이용하여

## 34 ☐☐☐

송전선의 특성임피던스와 전파정수는 어떤 시험으로 구할 수 있는가?

① 뇌파시험
② 정격부하시험
③ 절연강도 측정시험
④ 무부하시험과 단락시험

| 해설

송전선의 특성임피던스 및 전파정수를 구하기 위해 무부하시험과 단락시험을 한다.

정답  30 ②  31 ①  32 ②  33 ①  34 ④

## 35 ☐☐☐

3상 송전선로에서 선간단락이 발생하였을 때 다음 중 옳은 것은?

① 역상전류만 흐른다.
② 정상전류와 역상전류가 흐른다.
③ 역상전류와 영상전류가 흐른다.
④ 정상전류와 영상전류가 흐른다.

| 해설

선간단락 고장 시 $I_0 = 0$, $I_1 = -I_2$, $V_1 = V_2$이므로 영상전류는 흐르지 않는다.
여기서, $I_0$: 영상전류, $I_1$: 정상전류
$I_2$: 역상전류, $V_1$: 정상전압, $V_2$: 역상전압

## 36 ☐☐☐

중성점 저항접지방식에서 1선 지락시의 영상전류를 $I_o$라고 할 때 저항을 통하는 전류는 어떻게 표현되는가?

① $\frac{1}{3}I_0$
② $\sqrt{3}\,I_0$
③ $3I_0$
④ $6I_0$

| 해설

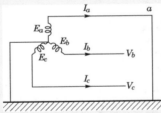

그림과 같이 a상에 지락 사고가 발생하고 b와 c상이 개방되었다면 $V_a = 0$, $I_b = I_c = 0$ 이므로
$$I_0 + a^2 I_1 + aI_2 = I_0 + aI_1 + a^2 I_2 = 0$$
따라서, $I_0 = I_1 = I_2$
따라서 a상의 지락전류 $I_g$ 는
$$I_g = I_a = I_0 + I_1 + I_2 = 3I_0 = \frac{3E_a}{Z_0 + Z_1 + Z_2}$$

## 37 ☐☐☐

서지파(진행파)가 서지임피던스 $Z_1$의 선로 측에서 서지임피던스 $Z_2$의 선로측으로 입사할 때 투과계수(투과파 전압 ÷ 입사파 전압) $b$를 나타내는 식은?

① $b = \frac{Z_2 - Z_1}{Z_1 + Z_2}$
② $b = \frac{2Z_2}{Z_1 + Z_2}$
③ $b = \frac{Z_1 - Z_2}{Z_1 + Z_2}$
④ $b = \frac{2Z_1}{Z_1 + Z_2}$

| 해설

반사계수 $\lambda = \frac{Z_2 - Z_1}{Z_1 + Z_2}$, 투과계수 $\nu = \frac{2Z_2}{Z_1 + Z_2}$

## 38 ☐☐☐

500[kVA] 변압기 3대를 △-△결선 운전하는 변전소에서 부하의 증가로 500[kVA] 변압기 1대를 증설하여 2뱅크로 하였다. 최대 몇[kVA]의 부하에 응할 수 있는가?

① $\frac{1000}{\sqrt{3}}$
② $1000\sqrt{3}$
③ $\frac{2000\sqrt{3}}{3}$
④ $\frac{3000\sqrt{3}}{3}$

| 해설

변압기 2대 V결선으로 3상 전력을 공급할 경우
$$P_V = \sqrt{3} \cdot P_1 [\text{kVA}]$$
V결선의 2뱅크 운전을 하면 $P = 2P_V$이므로
$$P = 2P_V = 2 \times \sqrt{3} \times 500 = 1000\sqrt{3} = 1732[\text{kVA}]$$

정답  35 ②  36 ③  37 ②  38 ②

## 39 ☐☐☐

배전선의 전압조정장치가 아닌 것은?

① 승압기
② 리클로저
③ 유도전압조정기
④ 주상변압기 탭절환장치

## 40 ☐☐☐

1년 365일 중 185일은 이 양 이하로 내려가지 않는 유량은?

① 평수량
② 풍수량
③ 갈수량
④ 저수량

# 제3과목 전기기기

## 41 ☐☐☐

3상 유도전동기의 기동법 중 $Y-\Delta$ 기동법으로 기동시 1차 권선의 각 상에 가해지는 전압은 기동시 및 운전시 각각 정격 전압의 몇 배가 가해지는가?

① $1$, $\dfrac{1}{\sqrt{3}}$
② $\dfrac{1}{\sqrt{3}}$, $1$
③ $\sqrt{3}$, $\dfrac{1}{\sqrt{3}}$
④ $\dfrac{1}{\sqrt{3}}$, $\sqrt{3}$

## 42 ☐☐☐

동기발전기의 병렬운전 중 여자전류를 증가시키면 그 발전기는?

① 전압이 높아진다.
② 출력이 커진다.
③ 역률이 좋아진다.
④ 역률이 나빠진다.

## 43 ☐☐☐

전기자반작용에 대한 설명으로 틀린 것은?

① 전기자 중성축이 이동하여 주자속이 증가하고 정류자 편 사이의 전압이 상승한다.
② 전기자권선에 전류가 흘러서 생긴 기자력은 계자기자 력에 영향을 주어서 자속의 분포가 기울어진다.
③ 직류발전기에 미치는 영향으로는 중성축이 이동되고 정류자편 간의 불꽃섬락이 일어난다.
④ 전기자전류에 의한 자속이 계자자속에 영향을 미치게 하여 자속분포를 변화시키는 것이다.

| 해설
**전기자반작용**
전기자권선에 흐르는 전류로 인해 발생하는 누설자속이 계자 극의 주자속에게 영향을 주어 자속의 분포를 변화시키는 현상 이다.
㉠ 전기자반작용으로 인한 문제점
- 주자속 감소(감자작용)
- 편자작용에 의한 중성축 이동
- 정류자와 브러시 부근에서 불꽃 발생(정류 불량의 원인)
㉡ 전기자반작용 대책
- 보극 설치(소극적 대책)
- 보상권선 설치(적극적 대책)

## 44 ☐☐☐

반도체소자 중 3단자 사이리스터가 아닌 것은?

① SCR
② GTO
③ TRIAC
④ SCS

| 해설
**SCS(Silicon Controlled Switch):** gate가 2개인 4단자 1방 향성 사이리스터
- SCR(사이리스터): 단방향 3단자
- GTO(Gate Turn Off 사이리스터): 단방향 3단자
- SCS: 단방향 4단자
- TRIAC(트라이액): 양방향 3단자

## 45 ☐☐☐

3상 유도전동기가 경부하에서 운전 중 1선의 퓨즈가 잘못 되어 용단되었을 때는?

① 속도가 증가하여 다른 선의 퓨즈도 용단된다.
② 속도가 늦어져서 다른 선의 퓨즈도 용단된다.
③ 전류가 감소하여 운전이 얼마 동안 계속된다.
④ 전류가 증가하여 운전이 얼마 동안 계속된다.

| 해설
3상 유도전동기가 경부하(75[%] 이하) 운전 중에 3선 중 1선 이 단선이 되어도 회전자계가 아닌 교번자계가 발생하여 다른 2선에 전류가 증가된 상태로 회전이 계속된다.

## 46 ☐☐☐

동기조상기의 회전수는 무엇에 의하여 결정되는가?

① 효율
② 역률
③ 토크속도
④ $N_s = \dfrac{120f}{P}$ 의 속도

| 해설
동기조상기는 무부하상태에서 동기속도$(N_s = \dfrac{120f}{P})$로 회전 하는 동기전동기이다.

## 47 ☐☐☐

전기자도체의 굵기, 권수가 모두 같을 때 단중중권에 비해 단중파권 권선의 이점은?

① 전류는 커지며 저전압이 이루어진다.
② 전류는 적으나 저전압이 이루어진다.
③ 전류는 적으나 고전압이 이루어진다.
④ 전류가 커지며 고전압이 이루어진다.

| 해설

**전기자 권선법의 중권과 파권 비교**

| 구분 | 중권 | 파권 |
|---|---|---|
| 병렬회로수(a) | $P_{극수}$ | 2 |
| 브러시 수(b) | $P_{극수}$ | 2 |
| 용도 | 저전압, 대전류 | 고전압, 소전류 |
| 균압환 | 사용함 | 사용안함 |

중권에 경우에 다중도(m)일 경우 $(a = mP_{극수})$

## 48 ☐☐☐

동기각속도 $\omega_0$ 회전자 각속도 $\omega$ 인 유도전동기의 2차효율은?

① $\dfrac{\omega_o - \omega}{\omega}$　　　② $\dfrac{\omega_o - \omega}{\omega_o}$

③ $\dfrac{\omega_o}{\omega}$　　　④ $\dfrac{\omega}{\omega_o}$

| 해설

2차 효율 $\eta = \dfrac{\text{회전자 각속도}}{\text{동기 각속도}} = \dfrac{\omega}{\omega_o}$

## 49 ☐☐☐

A, B 두대의 직류발전기를 병렬 운전하여 부하에 100[A]를 공급하고 있다. A발전기의 유기기전력과 내부저항은 110[V]와 0.04[Ω], B발전기의 유기기전력과 내부저항은 112[V]와 0.06[Ω]이다. 이때 A 발전기에 흐르는 전류[A]는?

① 4　　　② 6
③ 40　　　④ 60

| 해설

부하전류 $I = I_A + I_B = 100$ [A] ··············· ①
단자전압 $V_n = E - I_a r_a$ ···················· ②
병렬운전시 단자전압은 같으므로 ①식과 ②식에서
$110 - 0.04 I_A = 112 - 0.06 I_B$
$110 - 0.04(100 - I_B) = 112 - 0.06 I_B$
윗 식을 정리하면 $I_B = 60$[A]
$I_A = 100 - 60 = 40$[A]

## 50 ☐☐☐

5[kVA], 3000/200[V]의 변압기의 단락시험에서 임피던스전압 = 120[V], 동손 = 150[W]라 하면 %저항강하는 약 몇 [%]인가?

① 약 2[%]　　　② 약 3[%]
③ 약 4[%]　　　④ 약 5[%]

| 해설

%저항강하 $p = \dfrac{I_n \cdot r_2}{V_{2n}} \times 100$ [%]

$p = \dfrac{I_n \cdot r_2}{V_{2n}} \times 100 \times \dfrac{I_n}{I_n} = \dfrac{P_c[\text{W}]}{P[\text{VA}]} \times 100$ [%]에서

$p = \dfrac{P_c}{P} \times 100 = \dfrac{150}{5 \times 10^3} \times 100 = 3$ [%]

정답　47 ③　48 ④　49 ③　50 ②

## 51 ☐☐☐

단상 정류자전동기의 종류가 아닌 것은?

① 직권형　　　　　② 아트킨손형
③ 보상직권형　　　④ 유도보상직권형

| 해설

단상 직권전동기의 종류에는 직권형, 보상직권형, 유도보상직권형이 있다. 아트킨손형은 단상 반발전동기에 종류이다.

## 52 ☐☐☐

권선형 유도전동기의 토크 - 속도곡선이 비례추이한다는 것은 그 곡선이 무엇에 비례해서 이동하는 것을 말하는가?

① 2차 효율　　　　② 출력
③ 2차 회로의 저항　④ 2차 동손

| 해설

최대 토크를 발생하는 슬립 $s_t \propto \dfrac{r_2}{x_2}$

최대 토크 $T_m \propto \dfrac{r_2}{s_t}$ 에서 $\dfrac{r_2}{s_1} = \dfrac{r_2+R}{s_2}$ 이므로 2차 합성저항에 비례해서 토크 속도 곡선이 변화된다.

## 53 ☐☐☐

3상 유도기에서 출력의 변환식이 맞는 것은?

① $P_o = P_2 - P_{2c} = P_2 - sP_2 = \dfrac{N}{N_s}P_2 = (1-s)P_2$

② $P_o = P_2 + P_{2c} = P_2 + sP_2 = \dfrac{N_s}{N}P_2 = (1+s)P_2$

③ $P_o = P_2 + P_{2c} = \dfrac{N}{N_s}P_2 = (1-s)P_2$

④ $(1-s)P_2 = \dfrac{N}{N_s}P_2 = P_o - P_{2c} = P_o - sP_2$

| 해설

출력 = 2차입력 - 2차 동손 → $P_o = P_2 - P_{2c}$
$P_2 : P_{2c} = 1 : s$ 에서 $P_{2c} = sP_2$ → $P_o = P_2 - sP_2$
$P_2 : P_o = 1 : 1-s$ → $P_o = (1-s)P_2$
$N = (1-s)N_s$ 에서 $\dfrac{N}{N_s} = (1-s)$ → $P_o = \dfrac{N}{N_s}P_2$

## 54 ☐☐☐

유도전동기의 동기 와트를 설명한 것은?

① 동기속도하에서의 2차 입력을 말함
② 동기속도하에서의 1차 입력을 말함
③ 동기속도하에서의 2차 출력을 말함
④ 동기속도하에서의 2차 동손을 말함

| 해설

동기와트 $P_2 = 1.026 \times T \times N_S \times 10^{-3}$ [kW]

## 55 ☐☐☐

직류기의 양호한 정류를 얻는 조건이 아닌 것은?

① 정류 주기를 크게 할 것
② 정류 코일의 인덕턴스를 작게 할 것
③ 리액턴스 전압을 작게 할 것
④ 브러시 접촉 저항을 작게 할 것

| 해설

저항정류: 탄소브러시 이용
탄소브러시는 접촉저항이 커서 정류중 개방과 단락시 브러시의 마모 및 파손을 방지하기 위해 사용한다.

## 56 ☐☐☐

직류 직권전동기의 회전수를 반으로 줄이면 토크는 약 몇 배인가?

① 1/4
② 1/2
③ 4
④ 2

| 해설

**직권전동기의 토크와 회전수**

$$T \propto \frac{1}{N^2} = \frac{1}{\left(\frac{1}{2}\right)^2} = 4[\text{배}]$$

## 57 ☐☐☐

역률 80[%](뒤짐)로 전부하 운전중인 3상 100[kVA] 3000/200[V] 변압기의 저압측 선전류의 무효분은 약 몇 [A]인가?

① 100
② $80\sqrt{3}$
③ $100\sqrt{3}$
④ $500\sqrt{3}$

| 해설

**변압기 저압측 선전류**

$$I_2 = \frac{P}{\sqrt{3}\,E_2} = \frac{100}{\sqrt{3}\times 0.2} = 288.68[\text{A}]$$

$$I_2 = |I_2|(\cos\theta + \sin\theta)$$
$$= 288.68 \times (0.8 + j\,0.6)$$
$$= 230.94 + j\,173.2[\text{A}]$$

저압측 선전류의 무효분 전류는 173.2($=100\sqrt{3}$)[A]가 흐른다.

## 58 ☐☐☐

6극, 슬롯수 54의 동기기가 있다. 전기자코일은 제1슬롯과 제9슬롯에 연결된다고 한다. 기본파에 대한 단절권 계수는?

① 약 0.342
② 약 0.981
③ 약 0.985
④ 약 1.0

| 해설

$$\beta = \frac{\text{코일간격}}{\text{자극간격}} = \frac{9-1}{54/6} = \frac{8}{9}$$

$$\text{단절권 계수 } K_P = \sin\frac{\beta\pi}{2} = \sin\frac{\frac{8}{9}\pi}{2} = \sin 80° = 0.985$$

## 59 ☐☐☐

직류 분권발전기에 대하여 적은 것이다. 바른 것은?

① 단자전압이 강하하면 계자전류가 증가한다.
② 타여자발전기의 경우보다 외부특성곡선이 상향으로 된다
③ 분권권선의 접속방법에 관계없이 자기여자로 전압을 올릴 수가 있다.
④ 부하에 의한 전압의 변동이 타여자발전기에 비하여 크다.

| 해설

부하전력 $P = V_n I_n$ [kW], 계자권선 전압 $V_f = I_f \cdot r_f$ [V]

• 분권 발전기 전류 및 전압 $I_a = I_f + I_n$, $E_a = V_n + I_a \cdot r_a$ [V]
• 분권발전기의 경우 부하 변화시 계자권선의 전압 및 전류도 변화되므로 전기자 전류가 타여자 발전기에 비해 크게 변화되므로 전압변동도 크다.

## 60 ☐☐☐

여자전류 및 단자전압이 일정한 비철극형 동기발전기의 출력과 부하각 δ와의 관계를 나타낸 것은? (단, 전기자 저항은 무시한다)

① δ에 비례
② δ에 반비례
③ cosδ에 비례
④ sinδ에 비례

| 해설

**동기발전기의 출력**

• 비돌극기의 출력 $P = \dfrac{E_a V_n}{x_s} \sin\delta$ [W]

  (최대출력이 부하각 $\delta = 90°$에서 발생)

• 돌극기의 출력 $P = \dfrac{E_a V_n}{X_d} \sin\delta - \dfrac{V_n^2 (X_d - X_q)}{2 X_d X_q} \sin2\delta$ [W]

  (최대출력이 부하각 $\delta = 60°$에서 발생)

## 61 ☐☐☐

1[km]당의 인덕턴스 25[mH], 정전용량 0.005[μF]의 선로가 있을 때 무손실 선로라고 가정한 경우의 위상속도 [km/sec]는?

① 약 $5.24 \times 10^4$
② 약 $8.95 \times 10^4$
③ 약 $5.24 \times 10^8$
④ 약 $5.24 \times 10^3$

| 해설

위상속도

$$v = \frac{1}{\sqrt{LC}} = \frac{1}{\sqrt{25 \times 10^{-3} \times 0.005 \times 10^{-6}}}$$

$$= 8.95 \times 10^4 \, [\text{km/sec}]$$

## 62 ☐☐☐

$R - C$ 직렬회로에 $t = 0$에서 직류전압을 인가하였다. 시정수 5배에서 커패시터에 충전된 전하는 약 몇 [%]인가? (단, 초기에 충전된 전하는 없다고 가정한다.)

① 1
② 2
③ 93.7
④ 99.3

| 해설

㉠ 충전전하: $Q(t) = CE\left(1 - e^{-\frac{1}{RC}t}\right)$

㉡ 정상상태($t = \infty$)에서 충전전하:

  $Q(\infty) = CE(1 - e^{-\infty}) = CE$

㉢ 시정수 5배 시간($t = 5\tau = 5RC$)에서 충전전하:

  $Q(5\tau) = CE(1 - e^{-5})$

  $= CE \times 0.9932$

∴ 시정수 5배에서 커패시터에 충전된 전하는 정상상태의 99.32[%]가 된다.

## 63 □□□

그림과 같은 회로에서 미지의 저항 $R$의 값을 구하면 몇 [Ω]인가?

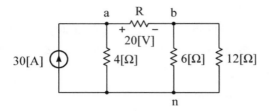

① 2.5[Ω]
② 2[Ω]
③ 1.6[Ω]
④ 1[Ω]

| 해설

㉠ 전류원을 전압원으로 등가변환

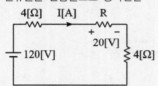

㉡ $V_R = IR = \dfrac{120}{4+4+R} \times R = 20\,[\mathrm{V}]$ 에서

$120R = 20(8+R)$

$120R = 160 + 20R$

$100R = 160$

∴ $R = \dfrac{160}{100} = 1.6\,[\Omega]$

## 64 □□□

그림과 같은 Y결선에서 기본파와 제3고조파 전압만이 존재한다고 할 때 전압계의 눈금이 $V_1 = 150[\mathrm{V}]$, $V_2 = 220$ [V]로 나타낼 때 제3고조파 전압을 구하면 몇 [V]인가?

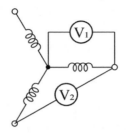

① 약 145.4[V]
② 약 150.4[V]
③ 약 127.2[V]
④ 약 79.9[V]

| 해설

Y결선에서 선간전압은 제3고조파 성분이 포함되지 않는다. 따라서 전압계 $V_2$에는 기본파 상전압의 $\sqrt{3}$ 배의 전압 ($V_2 = \sqrt{3}\,V_p$)이 측정된다.

㉠ 상전압: $V_p = \dfrac{V_2}{\sqrt{3}} = \dfrac{220}{\sqrt{3}}\,[\mathrm{V}]$

㉡ 전압계 $V_1$ 측정 전압 $V_1 = \sqrt{V_p^2 + V_3^2}\,[\mathrm{V}]$이므로 제3고조파 전압($V_3$)는

∴ $V_3 = \sqrt{V_1^2 - V_p^2}$

$= \sqrt{150^2 - \left(\dfrac{220}{\sqrt{3}}\right)^2} = 79.9\,[\mathrm{V}]$

## 65 □□□

회로를 테브난(Thevenin)의 등가회로로 변환하려고 한다. 이때 테브난의 등가저항 $R_T$와 등가전압 $V_T$[V]는?

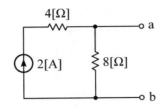

① $R_T = \dfrac{8}{3}$, $V_T = 8$

② $R_T = 6$, $V_T = 12$

③ $R_T = 8$, $V_T = 16$

④ $R_T = \dfrac{8}{3}$, $V_T = 16$

| 해설

**테브난의 등가변환**

㉠ 개방전압: a, b 양단의 단자전압

$V_T = 8I = 8 \times 2 = 16\,[\mathrm{V}]$

㉡ 등가저항: 전류원을 개방시킨 상태에서 a, b에서 바라본 합성저항

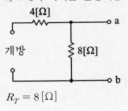

$R_T = 8\,[\Omega]$

## 66 □□□

$\omega t$가 0에서 $\pi$까지 $i = 10\,[\mathrm{A}]$, $\pi$에서 $2\pi$까지는 $i = 0\,[\mathrm{A}]$인 파형을 푸리에 급수로 전개하면 $a_0$는?

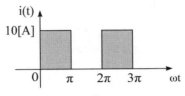

① 14.14  ② 10

③ 7.07  ④ 5

| 해설

직류분 (교류의 평균값으로 해석)

$$a_0 = \frac{1}{T} \int_0^T f(t)\ dt$$

$$= \frac{1}{2\pi} \int_0^\pi 10\ d\omega t = \left[ \frac{10}{2\pi} \omega t \right]_0^\pi = \frac{10}{2}$$

$$= 5\,[\mathrm{A}]$$

(별해) 구형반파의 평균값 $I_{av} = \dfrac{I_m}{2} = 5\,[\mathrm{A}]$

## 67 □□□

대칭 $n$상에서 선전류와 환상전류 사이의 위상차는 어떻게 되는가?

① $\dfrac{n}{2}\left(1 - \dfrac{\pi}{2}\right)$

② $\dfrac{\pi}{2}\left(1 - \dfrac{n}{2}\right)$

③ $2\left(1 - \dfrac{2}{n}\right)$

④ $\dfrac{\pi}{2}\left(1 - \dfrac{2}{n}\right)$

| 해설

**환상결선에서 선전류와 상전류의 관계**

㉠ 선전류: $I_l = 2\sin\dfrac{\pi}{n} I_p$

㉡ 위상차: $\theta = \dfrac{\pi}{2} - \dfrac{\pi}{n} = \dfrac{\pi}{2}\left(1 - \dfrac{2}{n}\right)$

㉢ 환상결선 시 선간전압과 상전압은 같다.

여기서, $n$: 상수

## 68 ☐☐☐

기전력 1.6[V]의 전지에 부하저항을 접속하였더니 0.5[A]의 전류가 흐르고 부하의 단자전압이 1.5[V]이었다. 전지의 내부저항 [Ω]은?

① 0.4       ② 0.2

③ 5.2       ④ 4.1

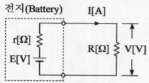
## 69 ☐☐☐

$f(t) = \mathcal{L}^{-1}\left[\dfrac{1}{s^2 + 6s + 10}\right]$ 의 값은 얼마인가?

① $e^{-3t}\sin t$       ② $e^{-3t}\cos t$

③ $e^{-t}\sin 5t$       ④ $e^{-t}\sin 5\omega t$

## 70 ☐☐☐

그림과 같은 회로의 구동점 임피던스는?

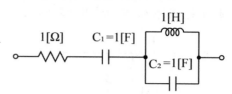

① $1 + \dfrac{1}{s} - \dfrac{1}{\dfrac{s+1}{s}}$

② $1 + \dfrac{1}{s} + \dfrac{1}{\dfrac{s+1}{s}}$

③ $1 + \dfrac{1}{s} + \dfrac{s}{\dfrac{s+1}{s}}$

④ $1 - \dfrac{1}{s} + \dfrac{s}{\dfrac{s+1}{s}}$

## 71 □□□

$G(s)H(s) = \dfrac{K(1+sT_2)}{s^2(1+sT_1)}$ 를 갖는 제어계의 안정조건

은? (단, $K$, $T_1$, $T_2 > 0$ )

① $T_2 = 0$

② $T_1 > T_2$

③ $T_2 = T_1$

④ $T_1 < T_2$

| 해설

㉠ $F(s) = 1 + G(s)H(s)$

$\qquad = 1 + \dfrac{K(1+sT_2)}{s^2(1+sT_1)} = 0$

㉡ 위 식을 정리하면 특성방정식은

$\quad F(s) = as^3 + bs^2 + cs + d$

$\qquad = s^2(1+sT_1) + K(1+sT_2)$

$\qquad = T_1 s^3 + s^2 + KT_2 s + K = 0$

㉢ $bc > ad$ 의 조건을 만족해야 하므로

$\quad KT_2 > KT_1$ 이 되므로

∴ 안정하기 위한 조건: $T_1 < T_2$

## 72 □□□

그림과 같은 논리회로에서 $A = 1$, $B = 1$인 입력에 대한
출력 X, Y는 각각 얼마인가?

① $X = 0$, $Y = 0$

② $X = 0$, $Y = 1$

③ $X = 1$, $Y = 0$

④ $X = 1$, $Y = 1$

| 해설

㉠ X는 AND회로, Y는 XOR 회로이고, 진리표는 아래와 같다.

| AND 회로 | | | XOR 회로 | | |
|---|---|---|---|---|---|
| 입력 | | 출력 | 입력 | | 출력 |
| A | B | C | A | B | C |
| 0 | 0 | 0 | 0 | 0 | 0 |
| 0 | 1 | 0 | 0 | 1 | 1 |
| 1 | 0 | 0 | 1 | 0 | 1 |
| 1 | 1 | 1 | 1 | 1 | 0 |

㉡ XOR의 간략화 회로의 논리식

$Y = A\overline{B} + \overline{A}B = A \oplus B$

## 73 ☐☐☐

$G(s) = \dfrac{1}{5s+1}$ 일 때, 보드선도에서 절점 주파수 $\omega_0$ 는?

① 0.2[rad/s]  　② 0.5[rad/s]

③ 2[rad/s]  　④ 5[rad/s]

| 해설

㉠ 1차 제어계 $G(j\omega) = \dfrac{K}{1+j\omega T}$ 에서 $\omega = \dfrac{1}{T}$ 인 주파수를 절점주파수(break frequency)라 한다. 즉, 실수부와 허수부의 크기가 같아지는 주파수를 말한다.

㉡ 주파수 전달함수: $G(j\omega) = \dfrac{1}{1+j5\omega}$

∴ 절점 주파수: $\omega_0 = \dfrac{1}{5} = 0.2\,[\text{rad/sec}]$

## 74 ☐☐☐

$\dfrac{d^3}{dt^3}x(t) + 8\dfrac{d^2}{dt^2}x(t) + 19\dfrac{d}{dt}x(t) + 12x(t) = 6u(t)$ 의

미분방정식을 상태방정식 $\dfrac{dx(t)}{dt} = Ax(t) + Bu(t)$ 로

표현할 때 옳은 것은?

① $A = \begin{bmatrix} 0 & 1 & 0 \\ 0 & 0 & 1 \\ -12 & -19 & -8 \end{bmatrix}$, $B = \begin{bmatrix} 0 \\ 0 \\ 6 \end{bmatrix}$

② $A = \begin{bmatrix} 0 & 1 & 0 \\ 0 & 0 & 1 \\ -8 & -19 & -12 \end{bmatrix}$, $B = \begin{bmatrix} 0 \\ 0 \\ 6 \end{bmatrix}$

③ $A = \begin{bmatrix} 0 & 1 & 0 \\ 0 & 0 & 1 \\ -12 & -19 & -8 \end{bmatrix}$, $B = \begin{bmatrix} 6 \\ 0 \\ 0 \end{bmatrix}$

④ $A = \begin{bmatrix} 0 & 1 & 0 \\ 0 & 0 & 1 \\ -12 & -19 & -8 \end{bmatrix}$, $B = \begin{bmatrix} 6 \\ 0 \\ 1 \end{bmatrix}$

| 해설

㉠ $x(t) = x_1(t)$

㉡ $\dfrac{d}{dt}x(t) = \dfrac{d}{dt}x_1(t) = \dot{x_1}(t) = x_2(t)$

㉢ $\dfrac{d^2}{dt^2}x(t) = \dfrac{d}{dt}x_2(t) = \dot{x_2}(t) = x_3(t)$

㉣ $\dfrac{d^3}{dt^3}x(t) = \dfrac{d}{dt}x_3(t) = \dot{x_3}(t)$

$\qquad = -12x_1(t) - 19x_2(t) - 8x_3(t) + 6u(t)$

∴ $\begin{bmatrix} \dot{x_1} \\ \dot{x_2} \\ \dot{x_3} \end{bmatrix} = \begin{bmatrix} 0 & 1 & 0 \\ 0 & 0 & 1 \\ -12 & -19 & -8 \end{bmatrix} \begin{bmatrix} x_1(t) \\ x_2(t) \\ x_3(t) \end{bmatrix} + \begin{bmatrix} 0 \\ 0 \\ 6 \end{bmatrix} u(t)$

(별해) $\dfrac{d^3}{dt^3}c(t) + K_1\dfrac{d^2}{dt^2}c(t) + K_2\dfrac{d}{dt}c(t) + K_3c(t)$

$\qquad = K_4u(t)$ 의 경우 아래와 같이 구성된다.

$\begin{bmatrix} \dot{x_1} \\ \dot{x_2} \\ \dot{x_3} \end{bmatrix} = \begin{bmatrix} 0 & 1 & 0 \\ 0 & 0 & 1 \\ -K_3 & -K_2 & -K_1 \end{bmatrix} \begin{bmatrix} x_1(t) \\ x_2(t) \\ x_3(t) \end{bmatrix} + \begin{bmatrix} 0 \\ 0 \\ K_4 \end{bmatrix} u(t)$

정답　73 ①　74 ①

## 75 ☐☐☐

엘리베이터의 자동제어는 다음 중 어느 제어에 속하는가?

① 추종제어  ② 프로그램 제어
③ 정치제어  ④ 비율제어

| 해설

무인 자판기, 엘리베이터, 열차의 무인 운전 등은 미리 정해진 입력에 따라 제어를 실시하는 프로그램 제어에 속한다.

## 76 ☐☐☐

단위 피드백 제어계에서 개루프 전달함수 $G(s)$ 가 다음과 같이 주어지는 계의 단위 계단 입력에 대한 정상편차는?

$$G(s) = \frac{6}{(s+1)(s+3)}$$

① $\frac{1}{2}$  ② $\frac{1}{3}$

③ $\frac{1}{4}$  ④ $\frac{1}{6}$

| 해설

㉠ 정상 위치 편차 상수:

$$K_p = \lim_{s \to 0} s^0 G = \lim_{s \to 0} G(s)H(s)$$

$$= \lim_{s \to 0} \frac{6}{(s+1)(s+3)} = \frac{6}{3} = 2$$

㉡ 정상 위치 편차:

$$e_{sp} = \frac{1}{1+K_p} = \frac{1}{3}$$

## 77 ☐☐☐

다음 연산 증폭기의 출력은?

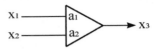

① $x_3 = -a_1 x_1 - a_2 x_2$

② $x_3 = a_1 x_1 + a_2 x_2$

③ $x_3 = (a_1 + a_2)(x_1 + x_2)$

④ $x_3 = -(a_1 - a_2)(x_1 + x_2)$

| 해설

반전 증폭기(OP-AMP)를 이용하여 2입력 가산 증폭기의 등가 블록선도는 아래와 같다.

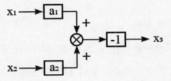

∴ 출력: $x_3 = -a_1 x_1 - a_2 x_2$

## 78 □□□

$G(j\omega) = \dfrac{K}{j\omega\,(j\omega + 1)}$ 의 나이퀴스트 선도는? (단, $K > 0$ 이다.)

①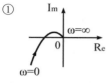

②

③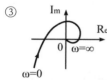

④

| 해설
**제어계의 벡터 궤적**

전달함수 $G(s) = \dfrac{K}{s(\quad)}$ 와 같이 분모가 $s$ 로 묶여 있는 벡터궤적 문제에서는 해설과 같이 분모의 괄호( ) 수에 따라 벡터 궤적 모양을 기억하면 된다.

① $G(s) = \dfrac{K}{s(T_1 s+1)(T_2 s+1)}$

② $G(s) = \dfrac{K}{s(T_1 s+1)(T_2 s+1)(T_3 s+1)}$

③ $\dfrac{K}{s(T_1 s+1)(T_2 s+1)(T_3 s+1)(T_4 s+1)}$

④ $G(s) = \dfrac{K}{s(T_1 s+1)}$

여기서, $s = j\omega$

## 79 □□□

다음 신호흐름 선도에서 $\dfrac{C(s)}{R(s)}$ 의 값은?

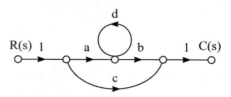

① $\dfrac{ab+c(1-d)}{1-d}$

② $\dfrac{ab+c}{1-d}$

③ $ab+c$

④ $\dfrac{ab+c(1+d)}{1+d}$

| 해설
㉠ $\Delta = 1 - \sum \ell_1 = 1 - d$

㉡ $G_1 = ab,\ \Delta_1 = 1$

㉢ $G_2 = c,\ \Delta_2 = \Delta = 1 - d$

∴ 메이슨 공식

$$M(s) = \frac{\sum G_K \Delta_K}{\Delta} = \frac{G_1 \Delta_1 + G_2 \Delta_2}{\Delta}$$

$$= \frac{ab + c(1-d)}{1-d}$$

## 80 ☐☐☐

특성방정식이 아래와 같을 때 이 계가 안정될 $K$의 범위는?

$$F(s) = s^2 + Ks + 2K - 1 = 0$$

① $K > 0$

② $K > \dfrac{1}{2}$

③ $K < \dfrac{1}{2}$

④ $0 < K < \dfrac{1}{2}$

| 해설

㉠ 특성방정식

$F(s) = a_0 s^2 + a_1 s + a_2$

$\quad = s^2 + Ks + 2K - 1 = 0$

㉡ 루스표

$$
\begin{array}{c|cc}
s^2 & a_0 & a_2 \\
s^1 & a_1 & a_3 \\
\hline
s^0 & b_1 & b_2
\end{array}
\;\rightarrow\;
\begin{array}{c|cc}
s^2 & 1 & 2K-1 \\
s^1 & K & 0 \\
\hline
s^0 & b_1 & 0
\end{array}
$$

㉢ $b_1 = \dfrac{a_0 a_3 - a_1 a_2}{-a_1} = \dfrac{a_0 \times 0 - a_1 a_2}{-a_1}$

$\quad = a_2 = 2K - 1$

㉣ 루스표에서 제1열($a_0$, $a_1$, $b_1$)의 부호가 모두 같으면(+) 안정이 된다.

∴ 안정되기 위한 $K$의 범위: $K > \dfrac{1}{2}$

---

## 81 ☐☐☐

풍력발전설비에서 접지설비에 고려해야 할 것은?

① 타워 기초를 이용한 통합접지공사를 할 것
② 공통접지를 할 것
③ IT접지계통을 적용하여 인체에 감전사고가 없도록 할 것
④ 단독접지를 적용하여 전위차가 없도록 할 것

| 해설

**풍력발전설비의 접지설비(KEC 532.3.4)**
접지설비는 풍력발전설비 타워 기초를 이용한 통합접지공사를 하여야 하며, 설비 사이의 전위차가 없도록 등전위본딩을 하여야 한다.

## 82 ☐☐☐

스러스트 베어링의 온도가 현저히 상승하는 경우 자동적으로 이를 전로로부터 차단하는 장치를 시설하여야 하는 수차발전기의 용량은 최소 몇 [kVA] 이상인 것인가?

① 500

② 1000

③ 1500

④ 2000

| 해설

**KEC 351.3 발전기 등의 보호장치**
발전기의 운전 중에 용량이 2000[kVA] 이상의 수차발전기는 스러스트 베어링의 온도가 현저하게 상승하는 경우 자동차단장치를 동작시켜 발전기를 보호하여야 한다.

## 83 ☐☐☐

사용전압이 35[kV] 이하인 특고압 가공전선과 가공약전류전선 등을 동일 지지물에 시설하는 경우, 특고압 가공전선로는 어떤 종류의 보안공사를 하여야 하는가?

① 제1종 특고압 보안공사
② 제2종 특고압 보안공사
③ 제3종 특고압 보안공사
④ 고압 보안공사

| 해설

**특고압 가공전선과 가공약전류전선 등의 공용설치(KEC 333.19)**

㉠ 특고압 가공전선로는 제2종 특고압 보안공사에 의할 것
㉡ 특고압 가공전선은 가공약전류전선 등의 위로 하고, 별개의 완금류에 시설할 것
㉢ 특고압 가공전선은 케이블인 경우 이외에는 인장강도 21.67[kN] 이상의 연선 또는 단면적이 50[mm²] 이상인 경동연선일 것
㉣ 특고압 가공전선과 가공약전류전선 등 사이의 이격거리는 2[m] 이상으로 할 것. 다만, 특고압 가공전선이 케이블인 경우에는 0.5[m]까지로 감할 수 있다.

## 84 ☐☐☐

154[kV] 특고압 가공전선로를 시가지에 경동연선으로 시설할 경우 단면적은 몇 [mm²] 이상을 사용하여야 하는가?

① 100
② 150
③ 200
④ 250

| 해설

**KEC 333.1 시가지 등에서 특고압 가공전선로의 시설**

특고압 가공전선 시가지 시설제한의 전선굵기는 다음과 같다.
• 100[kV] 미만은 55[mm²] 이상의 경동연선 또는 알루미늄이나 절연전선
• 100[kV] 이상은 150[mm²] 이상의 경동연선 또는 알루미늄이나 절연전선

## 85 ☐☐☐

다음 중 이상 시 상정하중에 속하는 것은 어느 것인가?

① 각도주에 있어서의 수평횡하중
② 전선배치가 비대칭으로 인한 수직편심하중
③ 전선 절단에 의하여 생기는 압력에 의한하중
④ 전선로에 현저한 수직각도가 있는 경우의 수직하중

| 해설

**이상 시 상정하중(KEC 333.14)**

철탑의 강도계산에 사용하는 이상 시 상정하중은 풍압이 전선로에 직각방향으로 가해지는 경우의 하중과 전선로의 방향으로 가해지는 경우의 하중을 전선 및 가섭선의 절단으로 인한 불평균하중을 계산하여 각 부재에 대한 이들의 하중 중 그 부재에 큰 응력이 생기는 쪽의 하중을 채택하는 것으로 한다.

## 86 ☐☐☐

버스덕트공사에 대한 설명 중 옳은 것은?

① 버스덕트 끝부분을 개방할 것
② 덕트를 수직으로 붙이는 경우 지지점간 거리는 12[m] 이하로 할 것
③ 덕트를 조영재에 붙이는 경우 덕트의 지지점 간 거리는 6[m] 이하로 할 것
④ 덕트는 접지공사를 할 것

| 해설

**버스덕트공사(KEC 232.61)**

㉠ 덕트 및 전선 상호 간은 견고하고 또한 전기적으로 완전하게 접속할 것
㉡ 덕트의 지지점 간의 거리를 3[m] 이하로 할 것(취급자 이외의 자가 출입할 수 없는 곳에서 수직으로 시설할 경우 6[m] 이하)
㉢ 덕트의 끝부분은 막을 것(환기형의 것을 제외)
㉣ 덕트의 내부에 먼지가 침입하지 아니하도록 할 것(환기형의 것은 제외)
㉤ 덕트는 접지공사를 할 것
㉥ 습기 또는 물기가 있는 장소에 시설하는 경우 옥외용 버스덕트를 사용하고 버스덕트 내부에 물이 침입하여 고이지 아니하도록 할 것

정답    83 ②   84 ②   85 ③   86 ④

## 87 □□□

호텔 또는 여관의 각 객실의 입구등은 몇 분 이내에 소등되는 타임스위치를 시설하여야 하는가?

① 1
② 2
③ 3
④ 5

| 해설

**점멸기의 시설(KEC 234.6)**
다음의 경우에는 센서등(타임스위치 포함)을 시설하여야 한다.
㉠ 「관광진흥법」과 「공중위생관리법」에 의한 관광숙박업 또는 숙박업(여인숙업을 제외한다)에 이용되는 객실의 입구등은 1분 이내에 소등되는 것
㉡ 일반주택 및 아파트 각 호실의 현관등은 3분 이내에 소등되는 것

## 88 □□□

전기온상 등의 시설에서 전기온상 등에 전기를 공급하는 전로의 대지전압은 몇 [V]인 이하인가?

① 500
② 300
③ 600
④ 700

| 해설

**KEC 241.5 전기온상 등**
㉠ 전기온상에 전기를 공급하는 전로의 대지전압은 300V 이하일 것
㉡ 발열선 및 발열선에 직접 접속하는 전선은 전기온상선 일 것
㉢ 발열선은 그 온도가 80℃를 넘지 아니하도록 시설할 것

## 89 □□□

건축물 및 구조물을 낙뢰로부터 보호하기 위해 피뢰시스템을 지상으로부터 몇 [m] 이상인 곳에 적용해야 하는가?

① 10[m] 이상
② 20[m] 이상
③ 30[m] 이상
④ 40[m] 이상

| 해설

**피뢰시스템의 적용범위 및 구성(KEC 151)**
피뢰시스템이 적용되는 시설
㉠ 전기전자설비가 설치된 건축물·구조물로서 낙뢰로부터 보호가 필요한 것 또는 지상으로부터 높이가 20[m] 이상인 것
㉡ 전기설비 및 전자설비 중 낙뢰로부터 보호가 필요한 설비

## 90 □□□

다음 중 옥내에 시설하는 고압용 이동전선의 종류는?

① 150[mm²] 연동선
② 비닐 캡타이어케이블
③ 고압용 캡타이어케이블
④ 강심 알루미늄 연선

| 해설

**KEC 342.2 옥내 고압용 이동전선의 시설**
옥내에 시설하는 고압의 이동전선은 다음에 따라 시설하여야 한다.
㉠ 전선은 고압용의 캡타이어케이블일 것
㉡ 이동전선과 전기사용기계기구와는 볼트 조임 기타의 방법에 의하여 견고하게 접속할 것
㉢ 이동전선에 전기를 공급하는 전로(유도 전동기의 2차측 전로를 제외)에는 전용 개폐기 및 과전류 차단기를 각극(과전류 차단기는 다선식 전로의 중성극을 제외)에 시설하고, 또한 전로에 지락이 생겼을 때에 자동적으로 전로를 차단하는 장치를 시설할 것

정답  87 ①  88 ②  89 ②  90 ③

## 91 ☐☐☐

저압전로의 절연성능에서 SELV, PELV에 전로에서 절연저항은 얼마 이상인가?

① 0.1MΩ        ② 0.3MΩ

③ 0.5MΩ        ④ 1.0MΩ

| 해설

**전기설비기술기준 제52조(저압전로의 절연성능)**

| 전로의 사용전압[V] | DC시험전압[V] | 절연저항[MΩ] |
|---|---|---|
| SELV 및 PELV | 250 | 0.5 |
| FELV, 500V 이하 | 500 | 1.0 |
| 500V 초과 | 1,000 | 1.0 |

## 92 ☐☐☐

사용전압이 400[V] 이하인 저압 가공전선은 케이블이나 절연전선인 경우를 제외하고 인장강도가 3.43[kN] 이상인 것 또는 지름 몇 [mm] 이상의 경동선이어야 하는가?

① 1.2        ② 2.6

③ 3.2        ④ 4.0

| 해설

**KEC 222.5 저압 가공전선의 굵기 및 종류**

㉠ 저압 가공전선은 나전선(중성선 또는 다중접지된 접지측 전선으로 사용하는 전선), 절연전선, 다심형 전선 또는 케이블을 사용할 것

㉡ 사용전압이 400V 이하인 저압 가공전선
   • 지름 3.2mm 이상(인장강도 3.43kN 이상)
   • 절연전선인 경우는 지름 2.6mm 이상(인장강도 2.3kN 이상)

㉢ 사용전압이 400V 초과인 저압 가공전선
   • 시가지: 지름 5mm 이상(인장강도 8.01kN 이상)
   • 시가지 외: 지름 4mm 이상(인장강도 5.26kN 이상)

㉣ 사용전압이 400V 초과인 저압 가공전선에는 인입용 비닐 절연전선을 사용하지 않을 것.

## 93 ☐☐☐

금속관공사를 콘크리트에 매설하여 시행하는 경우 관의 두께는 몇 [mm] 이상이어야 하는가?

① 1.0        ② 1.2

③ 1.4        ④ 1.6

| 해설

**KEC 232.12 금속관공사**

㉠ 전선은 절연전선을 사용(옥외용 비닐절연전선은 사용불가)

㉡ 전선은 연선일 것. 다만, 다음의 것은 적용하지 않음
   • 짧고 가는 금속관에 넣은 것
   • 단면적 10mm²(알루미늄선은 단면적 16mm²) 이하의 것

㉢ 전선은 금속관 안에서 접속점이 없도록 할 것

㉣ 관두께는 콘크리트에 매입하는 것은 1.2mm 이상, 기타 경우 1mm 이상으로 할 것

## 94 ☐☐☐

계통접지에 사용되는 문자 중 제1문자의 정의로 맞게 설명한 것은?

① 전원계통과 대지의 관계

② 전기설비의 노출도전부와 대지의 관계

③ 중성선과 보호도체의 배치

④ 노출도전부와 보호도체의 배치

| 해설

**KEC 203.1 계통접지 구성**

• 제1문자 - 전원계통과 대지의 관계

• 제2문자 - 전기설비의 노출도전부와 대지의 관계

• 제2문자 다음 문자(문자가 있을 경우) - 중성선과 보호도체의 배치

정답   91 ③  92 ③  93 ②  94 ①

## 95 □□□

저압 연접인입선은 인입선에서 분기하는 점으로부터 몇 [m]를 초과하는 지역에 미치지 않도록 시설하여야 하는가?

① 60 　　　　　　② 80
③ 100 　　　　　④ 120

| 해설

**KEC 221.1.2 연접 인입선의 시설**

저압 연접(이웃 연결) 인입선은 다음에 따라 시설하여야 한다.
- ㉠ 인입선에서 분기하는 점으로부터 100 m를 초과하는 지역에 미치지 아니할 것
- ㉡ 폭 5 m를 초과하는 도로를 횡단하지 아니할 것
- ㉢ 옥내를 통과하지 아니할 것

## 96 □□□

전차선로에서 귀선로를 구성하는 것이 아닌 것은?

① 보호도체 　　　　② 비절연보호도체
③ 매설접지도체 　　④ 레일

| 해설

**KEC 431.5 귀선로**

- ㉠ 귀선로는 비절연보호도체, 매설접지도체, 레일 등으로 구성하여 단권변압기 중성점과 공통접지에 접속한다.
- ㉡ 비절연보호도체의 위치는 통신유도장해 및 레일전위의 상승의 경감을 고려하여 결정하여야 한다.
- ㉢ 귀선로는 사고 및 지락 시에도 충분한 허용전류용량을 갖도록 하여야 한다.

## 97 □□□

중앙급전 전원과 구분되는 것으로서 전력소비지역 부근에 분산하여 배치 가능한 전원을 말하며 사용 전원의 정전 시에만 사용하는 비상용 예비전원은 제외하고 신·재생에너지 발전설비, 전기저장장치 등을 포함하는 설비를 무엇이라 하는가?

① 급전소 　　　　　② 발전소
③ 분산형전원 　　　④ 개폐소

| 해설

**KEC 112 용어 정의**

- ㉠ 급전소: 전력계통의 운용에 관한 지시 및 급전조작을 하는 곳을 말한다.
- ㉡ 발전소: 발전기·원동기·연료전지·태양전지·해양에너지발전설비·전기저장장치 그 밖의 기계기구를 시설하여 전기를 생산하는 곳을 말한다.
- ㉢ 개폐소: 개폐기 및 기타 장치에 의하여 전로를 개폐하는 곳으로서 발전소·변전소 및 수용장소 이외의 곳을 말한다.

## 98 □□□

가공전선로의 지지물에 시설하는 지선의 시방세목으로 옳은 것은?

① 안전율은 1.2일 것
② 소선은 3조 이상의 연선일 것
③ 소선은 지름 2.0[mm] 이상인 금속선을 사용한 것일 것
④ 허용인장하중의 최저는 3.2[kN]으로 할 것

| 해설

**KEC 331.11 지선의 시설**

가공전선로의 지지물에 시설하는 지선은 다음에 따라야 한다.
- 지선의 안전율: 2.5 이상(목주·A종 철주, A종 철근 콘크리트주 등 1.5 이상)
- 허용인장하중: 4.31[kN] 이상
- **소선(素線) 3가닥 이상의 연선일 것**
- 소선은 지름 2.6[mm] 이상의 금속선을 사용한 것일 것. 또는 소선의 지름이 2[mm] 이상인 아연도강연선으로서, 소선의 인장강도가 0.68[kN/mm²] 이상인 것
- 지중부분 및 지표상 0.3[m]까지의 부분에는 내식성이 있는 아연도금철봉 사용

## 99 □□□

154[kV] 가공전선로를 제1종 특고압 보안공사에 의하여 시설하는 경우 사용전선은 인장강도 58.84[kN] 이상의 연선 또는 단면적 몇 [mm²] 이상의 경동 연선이어야 하는가?

① 100
② 125
③ 150
④ 200

| 해설

**KEC 333.22 특고압 보안공사**
제1종 특고압 보안공사는 다음에 따라 시설함
• 100[kV] 미만: 인장강도 21.67[kN] 이상, 55[mm²] 이상의 경동연선
• 100[kV] 이상 300[kV] 미만: 인장강도 58.84[kN] 이상, 150[mm²] 이상의 경동연선
• 300[kV] 이상: 인장강도 77.47[kN] 이상, 200[mm²] 이상의 경동연선

## 100 □□□

감전에 대한 보호에서 전원의 자동차단에 의한 보호대책에 속하지 않는 것은?

① 기본보호는 충전부의 기본절연 또는 격벽이나 외함에 의한다.
② 고장보호는 보호등전위본딩 및 자동차단에 의한다.
③ 추가적인 보호로 배선용차단기를 시설할 수 있다.
④ 추가적인 보호로 누전차단기를 시설할 수 있다.

| 해설

**KEC 211.2 감전에 대한 보호에서 전원의 자동차단에 의한 보호대책**
전원의 자동차단에 의한 보호대책
• 기본보호는 충전부의 기본절연 또는 격벽이나 외함에 의한다.
• 고장보호는 보호등전위본딩 및 자동차단에 의한다.
• 추가적인 보호로 누전차단기를 시설할 수 있다.

# 2024년 제2회(CBT)

☐ 1회독  ☐ 2회독  ☐ 3회독

※ CBT 문제는 수험생의 기억에 따라 복원된 것이며, 실제 기출문제와 동일하지 않을 수 있습니다.

## 제1과목 전기자기학

### 01 ☐☐☐

그림과 같은 균일한 자계 $B$[Wb/m²]내에서 길이 $l$[m]인 도선 $AB$가 속도 $v$[m/s]로 움직일 때 $ABCD$ 내에 유도되는 기전력 $e$[V]는?

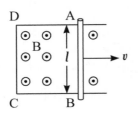

① 시계 방향으로 $Blv$ 이다.
② 반시계 방향으로 $Blv$ 이다.
③ 시계 방향으로 $Blv^2$ 이다.
④ 반시계 방향으로 $Blv^2$ 이다.

| 해설

㉠ 자계 내에 도체가 $v$[m/s] 로 운동하면 도체에는 기전력이 유도된다. 도체의 운동방향과 자속밀도는 수직으로 쇄교하므로 기전력은 $e = Blv$ 가 발생된다.
㉡ 방향은 아래 그림과 같이 플레밍 오른손 법칙에 의해 시계 방향으로 발생된다.

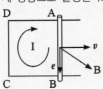

### 02 ☐☐☐

투자율이 다른 두 자성체가 평면으로 접하고 있는 경계면에서 전류밀도가 0일 때 성립하는 경계조건은?

① $\mu_2 \tan\theta_1 = \mu_1 \tan\theta_2$
② $H_1 \cos\theta_1 = H_2 \cos\theta_2$
③ $B_1 \sin\theta_1 = B_2 \cos\theta_2$
④ $\mu_1 \tan\theta_1 = \mu_2 \tan\theta_2$

| 해설

경계조건 $\dfrac{\tan\theta_1}{\tan\theta_2} = \dfrac{\mu_1}{\mu_2}$ 에서

∴ $\mu_2 \tan\theta_1 = \mu_1 \tan\theta_2$

### 03 ☐☐☐

$A = 2i - 5j + 3k$일 때, $k \times A$를 구하면?

① $-5i + 2j$
② $5iz - 2j$
③ $-5i - 2j$
④ $5i + 2j$

| 해설

$k$와 $A$의 두 벡터의 외적은 다음과 같다.
$k \times A = k \times (2i - 5j + 3k) = 2j + 5i$
여기서, $k \times i = j$, $k \times j = -i$, $k \times k = 0$

정답  01 ①  02 ①  03 ④

## 04 ☐☐☐

자화된 철의 온도를 높일 때 자화가 서서히 감소하다가 급격히 강자성이 상자성으로 변하면서 강자성을 잃어버리는 온도는?

① 켈빈(Kelvin)온도

② 연화온도(Transition)

③ 전이온도

④ 퀴리(Curie)온도

| 해설

자화된 철의 온도를 높일 때 자화가 서서히 감소하다가 급격히 강자성이 상자성으로 변하면서 강자성을 잃어버리는 온도는 퀴리(Curie)온도이다.

## 05 ☐☐☐

그림과 같은 1[m]당 권선수 $n$, 반지름 $a$[m]의 무한장 솔레노이드에서 자기 인덕턴스는 $n$ 과 $a$ 사이에 어떤 관계가 있는가?

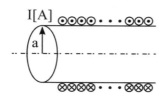

① $a$ 와는 상관없고 $n^2$ 에 비례한다.

② $a$ 와 $n$ 의 곱에 비례한다.

③ $a^2$ 과 $n^2$ 의 곱에 비례한다.

④ $a^2$ 에 반비례하고 $n^2$ 에 비례한다.

| 해설

㉠ 단위 길이당 권선수 $n = \dfrac{N}{l}$ 에서 권수 $N = nl$ 이므로

$N^2 = n^2 l^2$ 이 된다.

㉡ 자기 인덕턴스

$$L = \frac{\mu S N^2}{l} = \frac{\mu S n^2 l^2}{l}$$

$$= \mu S n^2 l = \mu \pi a^2 l [\text{H}] = \mu \pi a^2 n^2 [\text{H/m}]$$

∴ $a^2$ 과 $n^2$ 의 곱에 비례한다.

## 06 ☐☐☐

그림과 같이 같은 크기의 정방형 금속으로 된 평행판 콘덴서의 한쪽 전극을 30°만큼 회전시키면 콘덴서의 용량은 양 전극판이 완전히 겹쳤을 때의 대략 몇 [%]가 되는가?

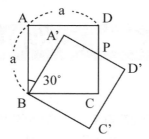

① 62[%]　　　　② 60[%]

③ 58[%]　　　　④ 56[%]

| 해설

㉠ $\overline{\text{CP}} = a \times \tan 30° = \dfrac{a}{\sqrt{3}}$ [m]

㉡ ☐BCPA' 의 면적 (△BCP 면적의 2배):

$$S' = \left( \frac{1}{2} \times a \times \frac{a}{\sqrt{3}} \right) \times 2 = \frac{a^2}{\sqrt{3}} [\text{m}^2]$$

㉢ 평행판 콘덴서의 정전용량: $C = \dfrac{\epsilon S}{d}$ [F]

→ 두 전극이 포개지는 면적 $S$에 비례한다.

㉣ 전극이 전부 겹쳤을 때 면적:

$$S = a^2 [\text{m}^2]$$

㉤ 그림과 같이 전극이 30° 회전했을 때 두 전극이 포개지는 부분의 면적:

$$S' = \frac{a^2}{\sqrt{3}} = \frac{S}{\sqrt{3}} = 0.577 S [\text{m}^2]$$

∴ 면적이 0.577 배로 감소하여 정전용량 또한 0.577 배로 감소한다.

## 07 ☐☐☐

200[V] 30[W]인 백열전구와 200[V] 60[W]인 백열전구를 직렬로 접속하고, 200[V]의 전압을 인가하였을 때 어느 전구가 더 어두운가? (단, 전구의 밝기는 소비전력에 비례한다)

① 둘 다 같다.
② 30[W]전구가 60[W]전구보다 더 어둡다.
③ 60[W]전구가 30[W]전구보다 더 어둡다.
④ 비교할 수 없다.

| 해설

㉠ 전력 $P = \dfrac{V^2}{R}$ [W]에서 $R = \dfrac{V^2}{P}$ [Ω]이므로 전력은 저항에 반비례한다. 따라서 전력이 작은 백열전구(30[W]용)의 저항이 더 크다.

㉡ 직렬회로에서 전류의 크기는 일정하고 $P = I^2 R$ [W]이므로 백열전구의 소비전력은 저항크기에 비례하므로 30[W]용 백열전구가 전력은 더 많이 소비한다.

∴ 전구의 밝기는 소비전력에 비례한다고 했으므로 30[W]인 백열전구가 더 밝다.

## 08 ☐☐☐

평행판 전극의 단위면적당 정전용량이 $C = 200 \,[\text{pF/m}^2]$일 때 두 극판 사이에 전위차 $2000\,[\text{V}]$를 가하면 이 전극판 사이의 전계의 세기는 약 몇 $[\text{V/m}]$ 인가?

① $22.6 \times 10^3$
② $45.2 \times 10^3$
③ $22.6 \times 10^6$
④ $45.2 \times 10^5$

| 해설

㉠ 단위 면적당 정전용량: $C = \dfrac{\epsilon_0}{d}$ $[\text{F/m}^2]$

㉡ 평행판 도체 간의 간격
$$d = \frac{\epsilon_0}{C} = \frac{8.855 \times 10^{-12}}{200 \times 10^{-12}} = 0.0442 \,[\text{m}]$$

∴ 전계의 세기
$$E = \frac{V}{d} = \frac{2000}{0.0442} = 45.2 \times 10^3 \,[\text{V/m}]$$

## 09 ☐☐☐

다음 중 자장의 세기에 대한 설명으로 잘못된 것은?

① 자속밀도에 투자율을 곱한 것과 같다.
② 단위 자극에 작용하는 힘과 같다.
③ 단위 길이당 기자력과 같다.
④ 수직 단면의 자력선 밀도와 같다.

| 해설

㉠ 자속밀도 $B = \mu H \,[\text{Wb/m}^2]$ 이므로 $H = \dfrac{B}{\mu}$ $[\text{AT/m}]$이다.

㉡ 자기력 $F = mH \,[\text{N}]$에서 $H = \dfrac{F}{m}$ $[\text{N/Wb}]$이다.

㉢ 기자력 $F = IN \,[\text{AT}]$에서 앙페르 법칙에 의한 자계 $H = \dfrac{NI}{\ell} = \dfrac{F}{\ell}$ $[\text{AT/m}]$이다.

정답  07 ③  08 ②  09 ①

## 10 ☐☐☐

접지된 무한히 넓은 평면도체로부터 $a$[m]떨어져 있는 공간에 $Q$[C]의 점전하가 놓여 있을 때 그림 $P$점의 전위는 몇 [V]인가?

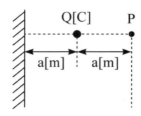

① $\dfrac{Q}{8\pi\epsilon_0 a}$

② $\dfrac{Q}{6\pi\epsilon_0 a}$

③ $\dfrac{3Q}{4\pi\epsilon_0 a}$

④ $\dfrac{Q}{2\pi\epsilon_0 a}$

**| 해설**

**영상전하 해석**

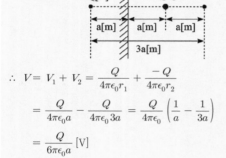

$\therefore\ V = V_1 + V_2 = \dfrac{Q}{4\pi\epsilon_0 r_1} + \dfrac{-Q}{4\pi\epsilon_0 r_2}$

$= \dfrac{Q}{4\pi\epsilon_0 a} - \dfrac{Q}{4\pi\epsilon_0 3a} = \dfrac{Q}{4\pi\epsilon_0}\left(\dfrac{1}{a} - \dfrac{1}{3a}\right)$

$= \dfrac{Q}{6\pi\epsilon_0 a}\ [\mathrm{V}]$

## 11 ☐☐☐

전계의 실효치가 377[V/m]인 평면 전자파가 진공 중에 진행하고 있다. 이때 이 전자파에 수직되는 방향으로 설치된 단면적 10 [m²]의 센서로 전자파의 전력을 측정하려고 한다. 센서가 1[W]의 전력을 측정했을 때 1[mA]의 전류를 외부로 흘려준다면 전자파의 전력을 측정했을 때 외부로 흘려주는 전류는 몇 [mA]인가?

① 3.77

② 37.7

③ 377

④ 3770

**| 해설**

방사전력 $P_s = \displaystyle\int_S P\,ds = PS = EHS$

$= \dfrac{E^2 S}{120\pi} = \dfrac{377^2 \times 10}{377}$

$= 3770\,[\mathrm{W}]$

∴ 센서가 1[W]의 전력을 측정했을 때
1[mA]의 전류가 발생하므로, 3770[W]의 전력을 측정하면
전류는 3770[mA]이 발생된다.

## 12 ☐☐☐

DC 전압을 가하면 전류는 도선 중심쪽으로 흐르려고 한다. 이러한 현상을 무슨 효과라 하는가?

① Skin 효과

② Pinch 효과

③ 압전기 효과

④ Peltier 효과

**| 해설**

① 표피효과(Skin 효과): 교류 전압을 가하면 전류가 도선 표면으로 흐르려고 하는 현상

③ 압전기 효과(피에조 효과): 유전체에 압력이나 인장력을 가하면 전기 분극이 발생하는 현상

④ 펠티어 효과(Peltier 효과): 두 종류의 금속으로 폐회로를 만들어 전류를 흘리면 양 접속점에서 한 쪽은 온도가 올라가고 다른 쪽은 온도가 내려가는 현상

## 13 □□□

진공 중에 한변의 길이가 $0.1\,[\text{m}]$인 정삼각형의 3정점 A, B, C에 각각 $2.0 \times 10^{-16}\,[\text{C}]$의 점전하가 있을 때, 점 A의 전하에 작용하는 힘은 몇 $[\text{N}]$인가?

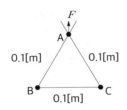

① $1.8\sqrt{2}$          ② $1.8\sqrt{3}$

③ $3.6\sqrt{2}$          ④ $3.6\sqrt{3}$

| 해설

정삼각형 A점에서 받아지는 힘은 A, B 사이에 작용하는 힘 $F_1$ 와 A, C 사이에 작용하는 힘 $F_2$ 를 더하여 구할 수 있다.

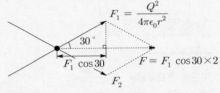

$$F = F_1 + F_2 = F_1 \times \cos 30° \times 2$$

$$= \frac{Q^2}{4\pi\epsilon_0 r^2} \times \cos 30° \times 2$$

$$= 9 \times 10^9 \times \frac{(2 \times 10^{-6})^2}{0.1^2} \times \frac{\sqrt{3}}{2} \times 2$$

$$= 3.6\sqrt{3}\,[\text{N}]$$

## 14 □□□

공기 중에서 $1[\text{V/m}]$의 전계의 세기에 의한 변위전류밀도의 크기를 $2[\text{A/m}^2]$으로 흐르게 하려면 전계의 주파수는 몇 $[\text{MHz}]$가 되어야 하는가?

① 18,000          ② 72,000

③ 9,000          ④ 36,000

| 해설

㉠ 변위전류밀도의 크기

$$i_d = \omega\epsilon_0 E = 2\pi f \epsilon_0 E\,[\text{A/m}^2]$$

㉡ 주파수

$$f = \frac{i_d}{2\pi\epsilon_0 E} = \frac{2}{2\pi \times 8.855 \times 10^{-12} \times 1}$$

$$= 36,000 \times 10^6\,[\text{Hz}] = 36,000\,[\text{MHz}]$$

## 15 □□□

자화율(magnetic susceptibility) $\chi$ 는 상자성체에서 일반적으로 어떤 값을 갖는가?

① $\chi = 0$          ② $\chi > 0$

③ $\chi < 0$          ④ $\chi = 1$

| 해설

㉠ 자화의 세기: $J = \mu_o(\mu_s - 1)H\,[\text{Wb/m}^2]$

㉡ 자화율: $\chi = \mu_0(\mu_s - 1)\,[\text{H/m}]$

㉢ 비자화율: $\chi_{er} = \mu_s - 1$

㉣ 자성체의 종류별 특징

| 종류 | 자화율 | 비자화율 | 비투자율 |
|------|--------|----------|----------|
| 비자성체 | $\chi = 0$ | $\chi_{er} = 0$ | $\mu_s = 1$ |
| 강자성체 | $\chi \gg 0$ | $\chi_{er} \gg 0$ | $\mu_s \gg 1$ |
| 상자성체 | $\chi > 0$ | $\chi_{er} > 0$ | $\mu_s > 1$ |
| 반자성체 | $\chi < 0$ | $\chi_{er} < 0$ | $\mu_s < 1$ |

## 16 ☐☐☐

철심이 들어있는 환상코일에서 1차 코일의 권수가 100회일 때 자기 인덕턴스는 0.01[H]이었다. 이 철심에 2차 코일을 200회 감았을 때 2차 코일의 자기 인덕턴스 $L_2$와 상호 인덕턴스 $M$은 각각 몇 [H]인가?

① $L_2 = 0.02\,[\text{H}]$, $M = 0.01\,[\text{H}]$

② $L_2 = 0.01\,[\text{H}]$, $M = 0.02\,[\text{H}]$

③ $L_2 = 0.04\,[\text{H}]$, $M = 0.02\,[\text{H}]$

④ $L_2 = 0.02\,[\text{H}]$, $M = 0.04\,[\text{H}]$

| 해설

㉠ 2차 코일의 자기 인덕턴스

$$L_2 = \left(\frac{N_2}{N_1}\right)^2 \times L_1$$

$$= \left(\frac{200}{100}\right)^2 \times 0.01 = 0.04\,[\text{H}]$$

㉡ 상호 인덕턴스

$$M = \frac{N_2}{N_1} \times L_1 = \frac{200}{100} \times 0.01 = 0.02\,[\text{H}]$$

## 17 ☐☐☐

평등자계내의 내부로 ㉠ 자계와 평행한 방향, ㉡ 자계와 수직인 방향으로 일정 속도의 전자를 입사시킬 때 전자의 운동 궤적을 바르게 나타낸 것은?

① ㉠ 원 　㉡ 타원

② ㉠ 직선 　㉡ 타원

③ ㉠ 직선 　㉡ 원

④ ㉠ 원 　㉡ 원

| 해설

**평등자계내의 전자 또는 전하의 운동**

㉠ 운동 전하가 평등자계에 대하여 수직으로 입사 시: 등속 원운동

㉡ 운동 전하가 평등자계에 대하여 수평으로 입사 시: 등속 직선운동

㉢ 운동 전하가 평등자계에 대하여 비스듬이 입사 시: 등속 나선 운동

## 18 ☐☐☐

정전용량이 $C_0$[F]인 평행판 공기콘덴서에 전극간격의 1/2 두께의 유리판을 전극에 평행하게 넣으면 이때의 정전용량 [F]는? (단, 유리판의 비유전율은 $\epsilon_s$ 라 한다)

① $\dfrac{(1+\epsilon_s)\,C_0}{2\epsilon_s}$

② $\dfrac{C_0 \epsilon_s}{1+\epsilon_s}$

③ $\dfrac{2\epsilon_s C_0}{1+\epsilon_s}$

④ $\dfrac{3C_0}{1+\dfrac{1}{\epsilon_s}}$

| 해설

㉠ 초기 공기콘덴서 용량 : $C_0 = \dfrac{\epsilon_0 S}{d}\,[\text{F}]$

㉡ 극판과 평행하게 유전체를 넣으면 아래 그림과 같이 공기층과 유전체층 콘덴서가 직렬로 접속된 것으로 해석된다.

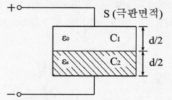

㉢ 공기 부분의 정전용량 : $C_1 = \dfrac{\epsilon_0 S}{d/2} = 2\dfrac{\epsilon_0 S}{d} = 2C_0$

㉣ 유전체 부분의 정전용량 :

$$C_2 = \frac{\epsilon_s \epsilon_0 S}{\dfrac{d}{2}} = 2\epsilon_s \frac{\epsilon_0 S}{d} = 2\epsilon_s C_0$$

∴ $C_1$과 $C_2$ 는 직렬로 접속되어 있으므로

$$C = \frac{C_1 \times C_2}{C_1 + C_2} = \frac{4\epsilon_s C_0^2}{(1+\epsilon_s)2C_0} = \frac{2\epsilon_s}{1+\epsilon_s}C_0$$

## 19 □□□

단위 길이당 권수가 $n$인 무한장 솔레노이드에 $I[\text{A}]$의 전류가 흐를 때 다음 설명 중 옳은 것은?

① 솔레노이드 내부는 평등자계이다.
② 외부와 내부의 자계의 세기는 같다.
③ 외부자계의 세기는 $I[\text{AT/m}]$이다.
④ 내부자계의 세기는 $nI^2[\text{AT/m}]$이다.

| 해설
무한장 솔레노이드의 내부자계는 평등자계이고, 외부자계는 0이다.

## 20 □□□

평행평판 공기콘덴서의 양 극판에 $+\sigma\,[\text{C/m}^2]$, $-\sigma\,[\text{C/m}^2]$의 전하가 분포되어 있다. 이 두 전극사이에 유전률 $\epsilon$ [F/m]인 유전체를 삽입한 경우의 전계는 몇 [V/m]인가? (단, 유전체의 분극전하밀도를 $+\sigma'\,[\text{C/m}^2]$, $-\sigma'\,[\text{C/m}^2]$이라 한다.)

① $\dfrac{\sigma-\sigma'}{\epsilon_0}$　　② $\dfrac{\sigma+\sigma'}{\epsilon_0}$

③ $\dfrac{\sigma}{\epsilon_0}-\dfrac{\sigma'}{\epsilon}$　　④ $\dfrac{\sigma'}{\epsilon_0}$

| 해설
평행판 공기 콘덴서 사이의 전계 $E_0=\dfrac{\sigma}{\epsilon_0}$에서 두 전극 사이에 유전체를 삽입하면 유전체에는 분극현상이 발생되어 유전체 내의 전하가 $\sigma-\sigma'$만큼 감소된다.

∴ 유전체 내의 전계의 세기: $E=\dfrac{\sigma-\sigma'}{\epsilon_0}$

# 제2과목 전력공학

## 21 □□□

3상 3선식 가공 송전선로의 선간 거리가 각각 $D_1$, $D_2$, $D_3$일 때 등가 선간거리는?

① $\sqrt{D_1D_2+D_2D_3+D_3D_1}$

② $\sqrt[3]{D_1\ D_2\ D_3}$

③ $\sqrt{D_1^2+D_2^2+D_3^2}$

④ $\sqrt[3]{D_1^3+D_2^3+D_3^3}$

| 해설
기하학적 등가 선간거리 $D=\sqrt[3]{D_1\times D_2\times D_3}$

## 22 □□□

고저차가 없는 가공송전선로에서 이도 및 전선 중량을 일정하게 하고 경간을 2배로 했을 때 전선의 수평장력은 몇 배가 되는가?

① 2배　　② 4배

③ $\dfrac{1}{2}$배　　④ $\dfrac{1}{4}$배

| 해설
이도 $D=\dfrac{WS^2}{8T}$

(여기서, $W$: 단위 길이당 전선의 중량[kg/m], $S$: 경간[m], $T$: 수평 장력[kg])

전선의 수평장력 $T=\dfrac{WS^2}{8D}$에서 $T\propto S^2$이므로 경간($S$)을 2배로 하면 수평장력($T$)는 4배가 된다.

정답　19 ①　20 ①　21 ②　22 ②

## 23 ☐☐☐

정전용량 C[F]의 콘덴서를 △결선해서 3상 전압 V[V]를 가했을 때의 충전용량과 같은 전원을 Y결선으로 했을 때의 충전용량비(△결선/Y결선)는?

① $\dfrac{1}{\sqrt{3}}$         ② $\dfrac{1}{3}$

③ $\sqrt{3}$         ④ 3

| 해설

- △결선시  $Q_\triangle = 6\pi fCV^2 \times 10^{-9}$ [kVA]
- Y결선시  $Q_Y = 2\pi fCV^2 \times 10^{-9}$ [kVA]

충전용량비(△결선/Y결선) $= \dfrac{Q_\triangle}{Q_Y} = 3$

## 24 ☐☐☐

같은 선로와 같은 부하에서 교류 단상 3선식은 단상 2선식에 비하여 전압강하와 배전효율이 어떻게 되는가?

① 전압강하는 적고, 배전효율은 높다.
② 전압강하는 크고, 배전효율은 낮다.
③ 전압강하는 적고, 배전효율은 낮다.
④ 전압강하는 크고, 배전효율은 높다.

| 해설

동일선로 및 동일부하에 전력공급 시 단상 3선식은 단상 2선식에 비해 전력손실 및 전압강하가 감소되고 1선당 공급전력이 크다.

## 25 ☐☐☐

동일한 조건하에서 3상 4선식 배전선로의 총 소요 전선량은 3상 3선식의 것에 비해 몇 배 정도로 되는가? (단, 중성선의 굵기는 전력선의 굵기와 같다고 한다)

① $\dfrac{1}{3}$         ② $\dfrac{3}{8}$

③ $\dfrac{3}{4}$         ④ $\dfrac{4}{9}$

| 해설

- 단상 2선식 기준에 비교한 배전방식의 전선 소요량 비

| 전기방식 | 단상 2선식 | 단상 3선식 | 3상 3선식 | 3상 4선식 |
|---|---|---|---|---|
| 소요되는 전선량 | 100% | 37.5% | 75% | 33.3% |

- 전선 소용량의 비 $\dfrac{3상4선식}{3상3선식} = \dfrac{33.3\%}{75\%} = \dfrac{4}{9}$

## 26 ☐☐☐

1선 지락 시에 지락전류가 가장 작은 송전계통은?

① 비접지식         ② 직접접지식
③ 저항접지식        ④ 소호리액터접지식

| 해설

**송전계통의 접지방식별 지락사고 시 지락전류의 크기 비교**

| 중성점 접지방식 | 지락전류의 크기 |
|---|---|
| 비접지 | 작다. |
| 직접접지 | 최대 |
| 저항접지 | 중간 정도 |
| 소호리액터접지 | 최소 |

정답  23 ④  24 ①  25 ④  26 ④

## 27 □□□

배전선에 부하가 균등하게 분포되었을 때 배전선 말단에서의 전압강하는 전 부하가 집중적으로 배전선 말단에 연결되어 있을 때의 몇 % 인가?

① 25
② 50
③ 75
④ 100

| 해설

**부하 위치에 따른 전압강하 및 전력손실 비교**

| 부하의 형태 | 전압강하 | 전력손실 |
|---|---|---|
| 말단에 집중된 경우 | 1.0 | 1.0 |
| 평등 부하분포 | $\frac{1}{2}$ | $\frac{1}{3}$ |
| 중앙일수록 큰 부하 분포 | $\frac{1}{2}$ | 0.38 |
| 말단일수록 큰 부하 분포 | $\frac{2}{3}$ | 0.58 |
| 송전단일수록 큰 부하 분포 | $\frac{1}{3}$ | $\frac{1}{5}$ |

## 28 □□□

화력발전소의 기본 사이클이다. 그 순서로 옳은 것은?

① 급수펌프 → 과열기 → 터빈 → 보일러 → 복수기 → 급수펌프

② 급수펌프 → 보일러 → 과열기 → 터빈 → 복수기 → 급수펌프

③ 보일러 → 급수펌프 → 과열기 → 복수기 → 급수펌프 → 보일러

④ 보일러 → 과열기 → 복수기 → 터빈 → 급수펌프 → 축열기 → 과열기

| 해설

**화력발전소에서 급수 및 증기의 순환과정(랭킨사이클)**
급수펌프 → 절탄기 → 보일러 → 과열기 → 터빈 → 복수기→ 급수펌프

## 29 □□□

켈빈(Kelvin)의 법칙이 적용되는 경우는?

① 전압강하를 감소시키고자 하는 경우
② 부하배분의 균형을 얻고자 하는 경우
③ 전력손실량을 축소시키고자 하는 경우
④ 경제적인 전선의 굵기를 선정하고자 하는 경우

| 해설

**켈빈의 법칙**
㉠ 전선의 굵기를 결정하는 방법이다.
㉡ 전선비용은 건설비와 유지비를 같게 설계하였을 때 가장 경제적이다.

## 30 □□□

3상 3선식 송전선을 연가 할 경우 일반적으로 전체 선로 길이를 몇 등분해서 연가하는가?

① 5
② 4
③ 3
④ 2

| 해설

연가는 송전선로에 근접한 통신선에 대한 유도장해를 방지하기 위해 선로구간을 3등분하여 전선의 배치를 상호 변경하여 선로정수를 평형시키는 방법이다.

정답  27 ②  28 ②  29 ④  30 ③

## 31 □□□

전력원선도에서 구할 수 없는 것은?

① 송·수전할 수 있는 최대 전력
② 필요한 전력을 보내기 위한 송·수전단 전압 간의 상차각
③ 선로손실과 송전효율
④ 과도극한전력

## 32 □□□

배전선로의 역률 개선에 따른 효과로 적합하지 않은 것은?

① 선로의 전력손실 경감
② 선로의 전압강하의 감소
③ 전원측 설비의 이용률 향상
④ 선로 절연의 비용 절감

## 33 □□□

다음 중 직격뢰에 대한 방호설비로 가장 적당한 것은?

① 복도체          ② 가공지선
③ 서지흡수기       ④ 정전방전기

## 34 □□□

수전용량에 비해 첨두부하가 커지면 부하율은 그에 따라 어떻게 되는가?

① 낮아진다.
② 높아진다.
③ 변하지 않고 일정하다.
④ 부하의 종류에 따라 달라진다.

## 35 ☐☐☐

그림과 같은 회로에서 A, B, C, D의 어느 곳에 전원을 접속하면 간선 A-D 간의 전력손실이 최소가 되는가?

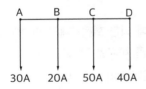

① A
② B
③ C
④ D

| 해설

각 구간당 저항이 동일하다고 하며 각구간당 저항을 $r$ 이라 하면

• A점에서 하는 급전의 경우:
$P_{CA} = 110^2 r + 90^2 r + 40^2 r = 21800 r$

• B점에서 하는 급전의 경우:
$P_{CB} = 30^2 r + 90^2 r + 40^2 r = 10600 r$

• C점에서 하는 급전의 경우:
$P_{CC} = 30^2 r + 50^2 r + 40^2 r = 5000 r$

• D점에서 하는 급전의 경우:
$P_{CD} = 30^2 r + 50^2 r + 100^2 r = 13400 r$

따라서 C점에서 급전하는 경우 전력손실은 최소가 된다.


## 36 ☐☐☐

부하역률이 0.8인 선로의 저항손실은 0.9인 선로의 저항손실에 비해서 약 몇 배 정도 되는가?

① 0.97
② 1.1
③ 1.27
④ 1.5

| 해설

**전력손실과 역률의 관계**

$$P_c \propto \frac{1}{\cos^2\theta}$$

$$P_{c0.8} : P_{c0.9} = \frac{1}{0.8^2} : \frac{1}{0.9^2} \text{이므로}$$

$$P_{c0.8} = \frac{1}{0.8^2} \times P_{c0.9} \times 0.9^2 = 1.27 P_{c0.9}$$

∴ 1.27배


## 37 ☐☐☐

피뢰기의 충격방전 개시전압은 무엇으로 표시하는가?

① 직류전압의 크기
② 충격파의 평균치
③ 충격파의 최대치
④ 충격파의 실효치

| 해설

충격방전 개시전압이란 파형과 극성의 충격파를 피뢰기의 선로단자와 접지단자 간에 인가했을 때 방전전류가 흐르기 이전에 도달할 수 있는 최고 전압(최대치)을 말한다.


## 38 ☐☐☐

$A$, $B$ 및 $C$ 상 전류를 각각 $I_a$, $I_b$ 및 $I_c$라 할 때 $I_x = \frac{1}{3}(I_a + a^2 I_b + a I_c)$, $a = -\frac{1}{2} + j\frac{\sqrt{3}}{2}$ 으로 표시되는 $I_x$는 어떤 전류인가?

① 정상전류
② 역상전류
③ 영상전류
④ 역상전류와 영상전류의 합

| 해설

**불평형에 의한 고조파전류**

㉠ 영상전류 $I_0 = \frac{1}{3}(I_a + I_b + I_c)$

㉡ 정상전류 $I_1 = \frac{1}{3}(I_a + a I_b + a^2 I_c)$

㉢ 역상전류 $I_2 = \frac{1}{3}(I_a + a^2 I_b + a I_c)$

## 39 ☐☐☐

4단자 정수가 $A$, $B$, $C$, $D$인 선로에 임피던스가 $\dfrac{1}{Z_T}$인 변압기가 수전단에 접속된 경우 계통의 4단자 정수 중 $D_0$는?

① $D_0 = \dfrac{C + DZ_T}{Z_T}$

② $D_0 = \dfrac{C + AZ_T}{Z_T}$

③ $D_0 = \dfrac{D + CZ_T}{Z_T}$

④ $D_0 = \dfrac{B + AZ_T}{Z_T}$

| 해설

선로에 임피던스가 $\dfrac{1}{Z_T}$인 변압기가 수전단에 직렬로 접속 시 선로정수는 다음과 같다.

$$\begin{bmatrix} A_0 & B_0 \\ C_0 & D_0 \end{bmatrix} = \begin{bmatrix} A & B \\ C & D \end{bmatrix}\begin{bmatrix} 1 & \dfrac{1}{Z_T} \\ 0 & 1 \end{bmatrix} = \begin{bmatrix} A & \dfrac{A}{Z_T} + B \\ C & \dfrac{C}{Z_T} + D \end{bmatrix} \text{이므로}$$

$D_0 = \dfrac{C}{Z_T} + D = \dfrac{C + DZ_T}{Z_T}$ 가 된다.

## 40 ☐☐☐

3상 결선변압기의 단상운전에 의한 소손 방지 목적으로 설치하는 계전기는?

① 차동계전기  ② 역상계전기
③ 단락계전기  ④ 과전류계전기

| 해설

**역상계전기**
㉠ 역상분전압 또는 전류의 크기에 따라 동작하는 계전기이다.
㉡ 전력설비의 불평형 운전 또는 결상운전 방지를 위해 설치한다.

---

## 41 ☐☐☐

제13차 고조파에 의한 회전자계의 회전방향과 속도를 기본파 회전자계와 비교할 때 옳은 것은?

① 기본파와 반대방향이고, 1/13의 속도
② 기본파와 동일방향이고, 1/13의 속도
③ 기본파와 동일방향이고, 13배의 속도
④ 기본파와 반대방향이고, 13배의 속도

| 해설

㉠ $3n$ 고조파:
　영상분으로 위상차가 없음(3, 6, 9, 12……)
㉡ $(3n+1)$ 고조파:
　정상분으로 기본파와 동상(4, 7, 10, 13……)
㉢ $(3n-1)$ 고조파:
　역상분으로 기본파와 역상(2, 5, 8, 11……)

## 42 ☐☐☐

동기발전기의 안정도를 증진시키기 위하여 설계상 고려할 점으로서 틀린 것은?

① 속응여자방식을 채용한다.
② 단락비를 작게 한다.
③ 회전부의 관성을 크게 한다.
④ 영상 및 역상 임피던스를 크게 한다.

| 해설

안정도를 증진시키려면 다음과 같다.
㉠ 정상 과도 리액턴스는 작게 하고 단락비를 크게 한다.
㉡ 자동 전압조정기의 속응도를 크게 한다.
㉢ 회전자의 관성력을 크게 한다.
㉣ 영상 및 역상 임피던스를 크게 한다.
㉤ 관성을 크게 하거나 플라이 휠 효과를 크게 한다.

정답　39 ①　40 ②　41 ②　42 ②

## 43 ☐☐☐

동기조상기를 부족여자로 사용하면?

① 리액터로 작용
② 저항손의 보상
③ 일반 부하의 뒤진 전류를 보상
④ 콘덴서로 작용

## 44 ☐☐☐

단락비가 큰 동기기는?

① 안정도가 높다.
② 전압변동률이 크다.
③ 기계가 소형이다.
④ 전기자 반작용이 크다.

## 45 ☐☐☐

직류 분권발전기의 무부하 포화곡선이 $V = \dfrac{950 I_f}{30 + I_f}$ 이고, $I_f$는 계자전류[A], $V$는 무부하전압으로 주어질 때 계자회로의 저항이 25[Ω]이면 몇 [V]의 전압이 유기되는가?

① 200
② 250
③ 280
④ 300

## 46 ☐☐☐

직류발전기에 있어서 계자철심에 잔류자기가 없어도 발전되는 직류기는?

① 분권발전기
② 직권발전기
③ 타여자발전기
④ 복권발전기

## 47 □□□

다음 10극인 직류발전기의 전기자 도체수가 600, 단중파권이고, 매극의 자속수가 0.01[Wb], 600[rpm]일 때의 유도기전력[V]은?

① 150
② 200
③ 250
④ 300

| 해설

**유기기전력**

$$E_a = \frac{PZ\phi}{a} \cdot \frac{N}{60} = \frac{10 \times 600 \times 0.01}{2} \times \frac{600}{60} = 300[V]$$

(단, 파권 $a = 2$)

## 48 □□□

변압기에 사용되는 절연유의 성질이 아닌 것은?

① 절연내력이 클 것
② 인화점이 낮을 것
③ 비열이 커서 냉각효과가 클 것
④ 절연재료와 접촉해도 화학작용을 미치지 않을 것

| 해설

**변압기유가 갖추어야 할 조건**

㉠ 절연내력이 높을 것
㉡ 점도가 낮을 것
㉢ 인화점이 높고 응고점이 낮을 것
㉣ 다른 재질에 화학작용을 일으키지 않을 것
㉤ 변질하지 말 것 등

## 49 □□□

변압기 결선방식에서 △ − △ 결선방식의 특성이 아닌 것은?

① 중성점 접지를 할 수 없다.
② 110[kV] 이상 되는 계통에서 많이 사용되고 있다.
③ 외부에 고조파전압이 나오지 않으므로 통신장해의 염려가 없다.
④ 단상변압기 3대 중 1대의 고장이 생겼을 때 2대로 V결선하여 송전할 수 있다.

| 해설

△ − △ 결선방식은 22[kV] 이하의 비접지계통에서 사용되고 있으며 다음과 같은 특징이 있다.

㉠ 장점
 • 1, 2차의 선간전압이 동위상이다.
 • 제3고조파의 환류통로를 갖고 있으므로 유도장해가 적다.
 • 각 변압기의 상전류가 선전류의 $1/\sqrt{3}$ 이 되어 대전류에 적합하다.
 • 1상이 고장 나면 나머지 2대를 V결선으로 사용할 수 있다.

㉡ 단점
 • 중성점을 접지할 수 없으므로 지락사고시 지락전류 검출이 곤란하다.
 • 변압비가 다른 것을 결선하면 순환전류가 흐른다.
 • 각 상의 권선 임피던스가 다르면 변압기의 부하전류는 불평형이 된다.
 • 지락에 의한 이상전압이 발생하기 쉽다.
 • 지락전류 검출이 어려워 접지변압기가 필요하다.

## 50 □□□

유도전동기의 슬립을 측정하려고 한다. 다음 중 슬립의 측정법이 아닌 것은?

① 동력계법
② 수화기법
③ 직류 밀리볼트계법
④ 스트로보스코프법

| 해설

3상 유도전동기의 슬립을 측정하는 방법은 회전계법, 직류 밀리볼트계법, 수화기법, 스트로보스코프법이 있다.

## 51 ☐☐☐

동기발전기에서 기전력의 파형이 좋아지고 권선의 누설 리액턴스를 감소시키기 위하여 채택한 권선법은?

① 집중권
② 형권
③ 쇄권
④ 분포권

| 해설

권선을 분포권으로 하면 기전력의 파형은 좋아지고 권선의 누설리액턴스가 감소하고 전기자동손에 의한 열이 골고루 분포되어 과열을 방지시키는 이점이 있다.

## 52 ☐☐☐

3상, 60[Hz] 전원에 의해 여자되는 6극 권선형 유도전동기가 있다. 이 전동기가 1,150[rpm]으로 회전할 때 회전자 전류의 주파수는 몇 [Hz]인가?

① 1
② 1.5
③ 2
④ 2.5

| 해설

동기속도 $N_s = \dfrac{120 \times 60}{6} = 1,200$[rpm]

슬립 $s = \dfrac{N_s - N}{N_s} = \dfrac{1,200 - 1,150}{1,200} = 0.04167$

회전시 2차 주파수 $f_2' = sf$
$= 0.04167 \times 60 = 2.5$[Hz]

## 53 ☐☐☐

60[Hz], 12극의 동기전동기 회전자계의 주변속도[m/s]는? (단, 회전자계의 극간격은 1[m]이다)

① 10
② 31.4
③ 120
④ 377

| 해설

극간격이 1[m]이기 때문에 1회전하면 $\pi D = 1 \times 12 = 12$[m] 이동하므로

$v = \pi D n = \pi D \times \dfrac{2f}{P} = 1 \times 12 \times \dfrac{2 \times 60}{12} = 120$[m/s]

## 54 ☐☐☐

3상 유도전동기의 속도제어법이 아닌 것은?

① 1차 주파수제어
② 2차 저항제어
③ 극수변환법
④ 1차 여자제어

| 해설

유도전동기는 $N = \dfrac{120f}{P} \cdot (1 - s)$[rpm]의 속도로 회전한다. 따라서 슬립, 주파수, 극수를 변환시킴으로 속도를 조절할 수 있다.

## 55 ☐☐☐

3상 유도전동기의 최대 토크를 $T_m$, 최대토크를 발생하는 슬립 $S_t$, 2차 저항 $R_2$와 관계?

① $T_m \propto R_2$, $s_t = $ 일정
② $T_m \propto R_2$, $s_t \propto R_2$
③ $T_m = $ 일정, $s_t \propto R_2$
④ $T_m \propto \dfrac{1}{R}$, $s_t \propto R_2$

| 해설

최대토크를 발생하는 슬립이 $s_t \propto \dfrac{r_2}{x_2}$이므로 $s_t$는 2차 합성

저항 $R_2$의 크기에 비례하므로 최대 토크는 $T_m \propto \dfrac{r_2}{s_t} = \dfrac{mr_2}{ms_t}$

으로 일정하다.
(여기서, $R_2 = r_2 + R$으로 $R_2$: 2차 합성저항, $r_2$: 2차 내부저항, $R$: 2차 외부저항)

## 56 ☐☐☐

220[V], 6극, 60[Hz], 10[kW]인 3상 유도전동기의 회전자 1상의 저항은 0.1[Ω], 리액턴스는 0.5[Ω]이다. 정격전압을 가했을 때 슬립이 4[%]일 때 회전자전류는 몇 [A]인가? (단, 고정자와 회전자는 △결선으로서 권수는 각각 300회와 150회이며, 각 권선계수는 같다)

① 27　　　　　　② 36
③ 43　　　　　　④ 52

## 57 ☐☐☐

변압기의 임피던스와트와 임피던스전압을 구하는 시험은?

① 충격전압시험　　② 부하시험
③ 무부하시험　　　④ 단락시험

## 58 ☐☐☐

3상 동기기의 제동권선을 사용하는 주목적은?

① 출력이 증가한다.
② 효율이 증가한다.
③ 역률을 개선한다.
④ 난조를 방지한다.

## 59 ☐☐☐

유도전동기의 2차 동손을 $P_c$, 2차 입력을 $P_2$, 슬립을 $s$라 할 때, 이들 사이의 관계는?

① $s = \dfrac{P_c}{P_2}$　　　　② $s = \dfrac{P_2}{P_c}$

③ $s = P_2 \cdot P_c$　　　　④ $s = P_2 + P_c$

## 60 ☐☐☐

브러시 홀더(brush holder)는 브러시를 정류자면의 적당한 위치에서 스프링에 의하여 항상 일정한 압력으로 정류자면에 접촉하여야 한다. 가장 적당한 압력[kg/cm²]은?

① 0.01 ~ 0.15　　　② 0.5 ~ 1
③ 0.15 ~ 0.25　　　④ 1 ~ 2

# 제4과목 회로이론 및 제어공학

## 61 □□□

불평형 3상 전류가 $I_a = 15 + j2$ [A], $I_b = -20 - j14$ [A], $I_c = -3 + j10$ [A] 일 때 역상분 전류 $I_2$ 는?

① $1.91 + j6.24$ [A]
② $15.74 - j3.57$ [A]
③ $-2.67 - j0.67$ [A]
④ $2.67 - j0.67$ [A]

| 해설

$$I_2 = \frac{1}{3}(I_a + a^2 I_b + a I_c)$$
$$= \frac{1}{3}\left[(15 + j2) \right.$$
$$+ (-\frac{1}{2} - j\frac{\sqrt{3}}{2})(-20 - j14)$$
$$\left. + (-\frac{1}{2} + j\frac{\sqrt{3}}{2})(-3 + j10)\right]$$
$$= 1.91 + j6.24 \text{ [A]}$$

## 62 □□□

단상 전파 파형을 만들기 위해 전원은 어떤 단자에 연결해야 하는가?

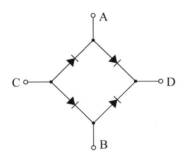

① A–B
② C–D
③ A–C
④ B–D

| 해설

㉠ 입력 단자: A-B
㉡ 출력 단자: C-D

## 63 □□□

4단자정수 $A$, $B$, $C$, $D$ 로 출력측을 개방시켰을 때 입력측에서 본 구동점 임피던스 $Z_{11} = \left. \dfrac{V_1}{I_1} \right|_{I_2 = 0}$ 를 표시한 것 중 옳은 것은?

① $Z_{11} = \dfrac{A}{C}$
② $Z_{11} = \dfrac{B}{D}$
③ $Z_{11} = \dfrac{A}{B}$
④ $Z_{11} = \dfrac{B}{C}$

| 해설

**4단자 방정식**
㉠ $V_1 = A V_2 + B I_2$
㉡ $I_1 = C V_2 + D I_2$
∴ $Z_{11} = \left. \dfrac{V_1}{I_1} \right|_{I_2 = 0} = \dfrac{A V_2}{C V_2} = \dfrac{A}{C}$

## 64 □□□

위상정수 $\beta = \dfrac{\pi}{8}$ [rad/km]인 선로에 1[MHz]에 대한 전파 속도는 몇 [m/s]인가?

① $1.6 \times 10^7$
② $3.2 \times 10^7$
③ $5.0 \times 10^7$
④ $8.0 \times 10^7$

| 해설

$$v = \frac{1}{\sqrt{LC}} = \frac{\omega}{\beta} = \frac{2\pi f}{\beta} = \frac{2\pi \times 10^6}{\frac{\pi}{8}}$$
$$= 16 \times 10^6 = 1.6 \times 10^7 \text{ [m/s]}$$
여기서, 위상정수: $\beta = \omega \sqrt{LC}$

정답   61 ①   62 ①   63 ①   64 ①

## 65 ☐☐☐

인덕턴스 0.5[H], 저항 2[Ω]의 직렬회로에 30[V]의 직류 전압을 급히 가했을 때 스위치를 닫은 후 0.1초 후의 전류의 순시값 $i$ [A]와 회로의 시정수 $\tau$[s]는?

① $i = 4.95$ [A], $\tau = 0.25$ [s]

② $i = 12.75$ [A], $\tau = 0.35$ [s]

③ $i = 5.95$ [A], $\tau = 0.45$ [s]

④ $i = 13.95$ [A], $\tau = 0.25$ [s]

**| 해설**

㉠ 전류의 순시값:

$$i(t)' = \frac{E}{R}\left(1 - e^{-\frac{R}{L}t}\right)$$

$$= \frac{30}{2}\left(1 - e^{-\frac{2}{0.5} \times 0.1}\right) = 4.95 \, [\text{A}]$$

㉡ 시정수: $\tau = \dfrac{L}{R} = \dfrac{0.5}{2} = 0.25$ [sec]

## 66 ☐☐☐

정현파 교류회로의 실효치를 계산하는 식은?

① $I = \dfrac{1}{T^2}\displaystyle\int_0^T i^2 \, dt$

② $I^2 = \dfrac{2}{T}\displaystyle\int_0^T i \, dt$

③ $I^2 = \dfrac{1}{T}\displaystyle\int_0^T i^2 \, dt$

④ $I = \sqrt{\dfrac{2}{T}\displaystyle\int_0^T i^2 \, dt}$

**| 해설**

실효값: $I = \sqrt{\dfrac{1}{T}\displaystyle\int_0^T i^2 \, dt}$

$$= \frac{I_m}{\sqrt{2}} = 0.707 I_m$$

## 67 ☐☐☐

어떤 회로에 비정현파 전압을 가하여 흐른 전류가 다음과 같을 때 이 회로의 역률은 약 몇 [%]인가?

$$v(t) = 20 + 220\sqrt{2}\sin 120\pi t$$
$$+ 40\sqrt{2}\sin 360\pi t \, [\text{V}]$$
$$i(t) = 2.2\sqrt{2}\sin(120\pi t + 36.87°)$$
$$+ 0.49\sqrt{2}\sin(360\pi t + 14.04°) \, [\text{A}]$$

① 75.8

② 80.4

③ 86.3

④ 89.7

**| 해설**

㉠ 전압의 실효값:

$$V = \sqrt{20^2 + 220^2 + 40^2} = 224.5 \, [\text{V}]$$

㉡ 전류의 실효값:

$$I = \sqrt{2.2^2 + 0.49^2} = 2.25 \, [\text{A}]$$

㉢ 피상전력:

$$P_a = VI = 224.5 \times 2.25 = 505.125 \, [\text{VA}]$$

㉣ 유효전력:

$$P = V_1 I_1 \cos\theta_1 + V_3 I_3 \cos\theta_3$$
$$= 220 \times 2.2 \times \cos 36.87° + 40 \times 0.49 \times \cos 14.04°$$
$$= 406.21 \, [\text{W}]$$

∴ 역률: $\cos\theta = \dfrac{P}{P_a} \times 100$

$$= \frac{406.21}{505.125} \times 100 = 80.42 [\%]$$

정답   65 ①   66 ③   67 ②

## 68 □□□

함수 $f(t) = \sin t \cos t$ 의 라플라스 변환 $F(s)$ 은?

① $\dfrac{1}{s^2+4}$  　　② $\dfrac{1}{s^2+2}$

③ $\dfrac{1}{(s+2)^2}$  　　④ $\dfrac{1}{(s+4)^2}$

| 해설

㉠ $\sin(t+t) = \sin t \cos t + \cos t \sin t$

㉡ $\sin(t-t) = \sin t \cos t - \cos t \sin t$

㉢ ㉠ + ㉡ = $\sin 2t = 2\sin t \cos t$

$\therefore \mathcal{L}\left[\dfrac{1}{2}\sin 2t\right] = \dfrac{1}{2} \times \dfrac{2}{s^2+2^2} = \dfrac{1}{s^2+4}$

## 69 □□□

두 개의 코일일 A, B가 있다. A코일의 저항과 유도리액턴스가 각각 3[Ω], 5[Ω], B코일은 각각 5[Ω], 1[Ω]이다. 두 코일을 직렬로 접속하여 100[V]의 전압을 인가할 때 흐르는 전류[A]는 어떻게 표현되는가?

① $10\angle 37°$  　　② $10\angle -37°$

③ $10\angle 57°$  　　④ $10\angle -57°$

| 해설

㉠ 합성 임피던스:

$Z = R_1 + jX_{L1} + R_2 + jX_{L2}$

$= R_1 + R_2 + j(X_{L1} + X_{L2})$

$= 3 + 5 + j(5+1) = 8 + j6\,[\Omega]$

㉡ 임피던스의 극형식 표현

$Z = 8 + j6$

$= \sqrt{8^2+6^2} \angle \tan^{-1}\dfrac{6}{8} = 10\angle 36.87°$

$\therefore$ 전류: $I = \dfrac{V}{Z} = \dfrac{100}{10\angle 37°} = 10\angle -37°$

## 70 □□□

3상회로의 선간전압이 각각 80, 50, 50[V] 일 때의 전압의 불평형률[%]은 대략 얼마인가?

① 22.7[%]  　　② 39.6[%]

③ 45.3[%]  　　④ 57.3[%]

| 해설

3상 회로의 각 상전압은 다음과 같다.

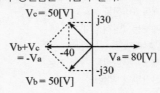

- $V_a = 80\,[\mathrm{V}]$
- $V_b = -40 - j30\,[\mathrm{V}]$
- $V_c = -40 + j30\,[\mathrm{V}]$

㉠ 정상분 전압

$V_1 = \dfrac{1}{3}(V_a + aV_b + a^2V_c)$

$= \dfrac{1}{3}\left[80 + \left(-\dfrac{1}{2}+j\dfrac{\sqrt{3}}{2}\right)(-40-j30)\right.$

$\left. + \left(-\dfrac{1}{2}-j\dfrac{\sqrt{3}}{2}\right)(-40+j30)\right]$

$= 57.3\,[\mathrm{V}]$

㉡ 역상분 전압

$V_2 = \dfrac{1}{3}(V_a + a^2V_b + aV_c)$

$= \dfrac{1}{3}\left[80 + \left(-\dfrac{1}{2}-j\dfrac{\sqrt{3}}{2}\right)(-40-j30)\right.$

$\left. + \left(-\dfrac{1}{2}+j\dfrac{\sqrt{3}}{2}\right)(-40+j30)\right]$

$= 22.7\,[\mathrm{V}]$

$\therefore$ 불평형률

$\%U = \dfrac{V_2}{V_1} \times 100 = \dfrac{22.7}{57.3} \times 100 = 39.6[\%]$

정답　68 ①　69 ②　70 ②

## 71 ☐☐☐

2차 시스템의 감쇠율 $\delta$ (damping ratio)가 $\delta < 0$ 이면 어떤 경우인가?

① 비감쇠　　　　　② 과감쇠
③ 부족감쇠　　　　④ 발산

## 72 ☐☐☐

인가직류 전압을 변화시켜서 전동기의 회전수를 800[rpm]으로 하고자 한다. 이 경우 회전수는 어느 용어에 해당하는가?

① 목표값　　　　　② 조작량
③ 제어량　　　　　④ 제어대상

## 73 ☐☐☐

특정방정식 $2s^3 + 5s^2 + 3s + 1 = 0$ 으로 주어진 계의 안정도를 판정하고 우반 평면상의 근을 구하면?

① 임계상태이며 허수측상에 근이 2개 존재한다.
② 안정하고 우반평면에 근이 없다.
③ 불안정하며 우반평면상에 근이 2개이다.
④ 불안정하며 우반평면상에 근이 1개이다.

## 74 ☐☐☐

그림의 신호흐름선도를 미분방정식으로 표현한 것으로 옳은 것은? (단, 모든 초기 값은 0이다)

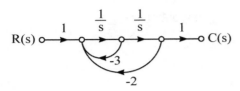

① $\dfrac{d^2 c(t)}{dt^2} + 3\dfrac{dc(t)}{dt} + 2c(t) = r(t)$

② $\dfrac{d^2 c(t)}{dt^2} + 2\dfrac{dc(t)}{dt} + 3c(t) = r(t)$

③ $\dfrac{d^2 c(t)}{dt^2} - 3\dfrac{dc(t)}{dt} - 2c(t) = r(t)$

④ $\dfrac{d^2 c(t)}{dt^2} - 2\dfrac{dc(t)}{dt} - 3c(t) = r(t)$

| 해설

㉠ 종합 전달함수:

$$M(s) = \frac{C(s)}{R(s)} = \frac{\sum 전향\ 경로\ 이득}{1 - \sum 폐루프\ 이득}$$

$$= \frac{\dfrac{1}{s^2}}{1 + \dfrac{3}{s} + \dfrac{2}{s^2}} = \frac{1}{s^2 + 3s + 2}$$

㉡ $C(s)\left[s^2 + 3s + 2\right] = R(s)$에서 라플라스 역변환하여 미분방정식으로 표현하면

∴ $\dfrac{d^2}{dt^2}c(t) + 3\dfrac{d}{dt}c(t) + 2c(t) = r(t)$

## 75 ☐☐☐

그림과 같은 논리회로와 등가인 것은?

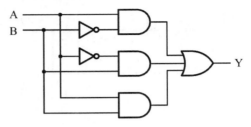

①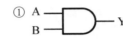

②

③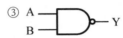

④

| 해설

$Y = A \cdot \overline{B} + \overline{A} \cdot B + A \cdot B$

$= A(\overline{B} + B) + B(\overline{A} + A) = A + B$

## 76 □□□

그림과 같은 제어계가 안정하기 위한 $K$의 범위는?

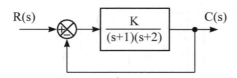

① $K > 0$　　　　② $K < -2$

③ $K > -2$　　　④ $K < 1$

| 해설

㉠ 종합 전달함수:

$$M(s) = \frac{전향\ 경로이득}{1 - 폐루프이득}$$

$$= \frac{\dfrac{K}{(s+1)(s+2)}}{1 + \dfrac{K}{(s+1)(s+2)}}$$

$$= \frac{K}{(s+1)(s+2)+K}$$

㉡ 특성방정식:

$$F(s) = (s+1)(s+2)+K$$
$$= s^2 + 3s + 2 + K = 0$$

㉢ $F(s) = as^2 + bs + c = 0$ (2차 방정식)에서

　$a,\ b,\ c > 0$ 을 만족하면 안정된 제어계가 된다.

∴ 안정되기 위한 $K$의 범위: $K > -2$

## 77 □□□

$Z$변환함수 $\dfrac{Z}{(Z - e^{-aT})}$ 에 대응되는 라플라스 변환과

이에 대응되는 시간 함수는?

① $\dfrac{1}{(s+a)^2}$ , 　$t\, e^{-aT}$

② $\dfrac{1}{1 - e^{-TS}}$ , 　$\displaystyle\sum_{n=0}^{\infty} \delta(T - nT)$

③ $\dfrac{a}{s(s+a)}$ , 　$1 - e^{-at}$

④ $\dfrac{1}{s+a}$ , 　　$e^{-at}$

| 해설

$$\frac{Z}{Z - e^{-at}} \xrightarrow{\ Z^{-1}\ } e^{-at} \xrightarrow{\ \mathcal{L}\ } \frac{1}{s+a}$$

## 78 □□□

제어시스템의 정상상태 오차에서 포물선 함수입력에 의한 정상상태 오차를 $K_a = \displaystyle\lim_{s \to 0} s^2 G(s) H(s)$ 로 표현된다. 이때 $K_a$ 를 무엇이라고 부르는가?

① 위치 오차 상수

② 속도 오차 상수

③ 가속도 오차 상수

④ 평균 오차 상수

| 해설

$K_a$는 가속도 오차 상수이다.

## 79 □□□

다음 $RC$ 저역 여파기 회로의 전달함수 $G(j\omega)$ 에서 $\omega = \dfrac{1}{RC}$ 인 경우 $|G(j\omega)|$ 의 값은?

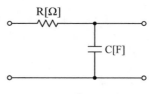

① 1　　　　　　② 0.5

③ 0.707　　　　④ 0

| 해설

㉠ 전압비 전달함수:

$$G(s) = \frac{\dfrac{1}{Cs}}{R + \dfrac{1}{Cs}} = \frac{1}{RCs+1}$$

㉡ 주파수 전달함수:

$$G(j\omega) = \left.\frac{1}{1 + j\omega RC}\right|_{\omega = \frac{1}{RC}}$$

$$= \frac{1}{1+j} = \frac{1}{\sqrt{2}\ \angle 45°}$$

$$= 0.707 \angle -45°$$

정답　76 ③　77 ④　78 ③　79 ③

## 80 ☐☐☐

$G(s)H(s) = \dfrac{2}{(s+1)(s+2)}$ 의 이득여유는?

① 20[dB]  
② −20[dB]  
③ 0[dB]  
④ ∞[dB]

| 해설

㉠ 이득여유는 개루프 전달함수 $G(j\omega)H(j\omega)$의 허수를 0으로 하여 구해야 한다.

㉡ 개루프 전달함수

$$G(j\omega)H(j\omega) = \left.\dfrac{2}{(j\omega+1)(j\omega+2)}\right|_{\omega=0}$$
$$= \dfrac{2}{2} = 1$$

∴ 이득여유

$$g_m = 20\log\dfrac{1}{|G(j\omega)H(j\omega)|}$$
$$= 20\log 1 = 0\,[\mathrm{dB}]$$

## 제5과목 전기설비기술기준

## 81 ☐☐☐

발전소나 변전소의 차단기에 사용하는 압축공기장치에 대한 설명 중 틀린 것은?

① 공기압축기를 통하는 관은 용접에 의한 잔류응력이 생기지 않도록 할 것
② 주공기 탱크에는 사용압력 1.5배 이상 3배 이하의 최고 눈금이 있는 압력계를 시설할 것
③ 공기압축기는 최고 사용압력의 1.5배 수압을 연속하여 10분간 가하여 시험하였을 때 이에 견디고 새지 아니할 것
④ 공기 탱크는 사용압력에서 공기의 보급이 없는 상태로 차단기의 투입 및 차단을 연속하여 3회 이상 할 수 있는 용량을 가질 것

| 해설

**KEC 341.15 압축공기계통**

㉠ 공기압축기는 최고 사용압력에 1.5배의 수압(1.25배 기압)을 10분간 견디어야 한다.
㉡ 사용압력에서 공기의 보급이 없는 상태로 개폐기 또는 차단기의 투입 및 차단을 계속하여 1회 이상 할 수 있는 용량을 가지는 것이어야 한다.
㉢ 주공기 탱크는 사용압력의 1.5배 이상 3배 이하의 최고 눈금이 있는 압력계를 시설해야 한다.

정답  80 ③  81 ④

## 82 ☐☐☐

접지극은 지표면에서 몇 [m] 이상의 깊이에 매설해야 하는가?

① 0.5
② 0.75
③ 1.0
④ 1.25

| 해설

**KEC 152.3 접지극시스템**
접지극은 지표면에서 0.75[m] 이상 깊이로 매설 하여야 한다.
다만, 필요시는 해당 지역의 동결심도를 고려한 깊이로 할 수
있다.

## 83 ☐☐☐

전압을 구분하는 경우 교류에서 저압은 몇 [kV] 이하인가?

① 0.5kV
② 1kV
③ 1.5kV
④ 7kV

| 해설

**KEC 111.1 적용범위**
전압의 구분은 다음과 같다.
㉠ 저압: 교류는 1kV 이하, 직류는 1.5kV 이하인 것
㉡ 고압: 교류는 1kV를, 직류는 1.5kV를 초과하고, 7kV 이하
인 것
㉢ 특고압: 7kV를 초과하는 것

## 84 ☐☐☐

전기철도에서 전차선과 식물과의 이격거리는 몇 [m] 이상
인가?

① 2
② 3
③ 4
④ 5

| 해설

**KEC 431.11 전차선 등과 식물사이의 이격거리**
교류 전차선 등 충전부와 식물사이의 이격거리는 5[m] 이상
이어야 한다. 다만, 5[m] 이상 확보하기 곤란한 경우에는 현
장여건을 고려하여 방호벽 등 안전조치를 하여야한다.

## 85 ☐☐☐

의료장소의 안전을 위한 보호 설비에서 누전차단기를 설
치할 경우 정격감도 전류 및 동작시간으로 맞는 것은?

① 정격 감도전류 30mA 이하, 동작시간 0.03초 이내
② 정격 감도전류 30mA 이하, 동작시간 0.3초 이내
③ 정격 감도전류 50mA 이하, 동작시간 0.03초 이내
④ 정격 감도전류 50mA 이하, 동작시간 0.3초 이내

| 해설

**KEC 242.10.3 의료장소의 안전을 위한 보호 설비**
의료장소의 전로에는 정격 감도전류 30mA 이하, 동작시간
0.03초 이내의 누전차단기를 설치할 것

## 86 ☐☐☐

합성수지 몰드공사에서 옳지 못한 것은?

① 전선을 절연전선일 것
② 합성수지몰드 안에는 전선에 접속점이 없도록 할것
③ 합성수지몰드는 홈의 폭 및 깊이가 3.5[cm] 이하
④ 사람이 쉽게 접촉할 우려가 없도록 시설하는 경우에는
폭이 6[cm] 이상

| 해설

**KEC 232.21 합성수지몰드공사**
㉠ 전선은 절연전선 사용(옥외용 비닐전연선 사용 불가)
㉡ 합성수지 몰드 안에는 전선에 접속점이 없을 것
㉢ 합성수지 몰드는 홈의 폭 및 깊이가 3.5[cm] 이하일 것.
단, 사람이 쉽게 접촉할 우려가 없도록 시설하는 경우에는
폭이 5[cm] 이하로 할 것
㉣ 합성수지 몰드 상호간 및 합성수지 몰드와 박스, 기타의
부속품과는 전선이 노출되지 않도록 접속할 것

정답   82 ②   83 ②   84 ④   85 ①   86 ④

## 87 □□□

전기저장장치의 시설장소는 도로, 건물, 가연물질 등으로부터 몇 [m] 이상 이격해야 하는가?

① 0.75      ② 1.0
③ 1.25      ④ 1.5

| 해설

**KEC 전기저장장치의 시설장소 요구사항**

전기저장장치 시설장소는 주변 시설(도로, 건물, 가연물질 등)로부터 1.5[m] 이상 이격하고 다른 건물의 출입구나 피난계단 등 이와 유사한 장소로부터는 3[m] 이상 이격하여야 한다.

## 88 □□□

시가지에 시설되는 69000[V] 가공송전선로의 경동연선의 최소 굵기는 몇[mm²]인가?

① 38[mm²]      ② 55[mm²]
③ 80[mm²]      ④ 100[mm²]

| 해설

**KEC 333.1 시가지 등에서 특고압 가공전선로의 시설**

㉠ 전선굵기
- 100[kV] 미만: 55[mm²] 이상
- 100[kV] 이상: 150[mm²] 이상

㉡ 경간
- A종: 75[m] 이하(목주 제외)
- B종: 150[m] 이하
- 철탑: 400[m] 이하(단, 전선이 수평배치이고 간격이 4[m] 미만이면 250[m] 이하)

## 89 □□□

전원의 한 점을 직접 접지하고 설비의 노출도전부는 전원의 접지전극과 전기적으로 독립적인 접지극에 접속시키고 배전계통에서 PE도체를 추가로 접지할 수 있는 계통은?

① TN      ② TT
③ IT      ④ TN-C

| 해설

**KEC 203.3 TT계통**

전원의 한 점을 직접 접지하고 설비의 노출도전부는 전원의 접지전극과 전기적으로 독립적인 접지극에 접속시킨다. 배전계통에서 PE 도체를 추가로 접지할 수 있다.

## 90 □□□

154[kV] 전선로를 제1종 특별고압 보안공사로 시설할 경우 경동선의 최소굵기는 몇[mm²] 이상인가?

① 100      ② 125
③ 150      ④ 200

| 해설

**KEC 333.22 특고압 보안공사**

제1종 특고압 보안공사는 다음에 따라 시설함
- 100[kV] 미만: 인장강도 21.67[kN] 이상, 55[mm²] 이상
- 100[kV] 이상 300[kV] 미만: 인장강도 58.84[kN] 이상, 150[mm²] 이상
- 300[kV] 이상: 인장강도 77.47[kN] 이상, 200[mm²] 이상

## 91 ☐☐☐

최대 사용전압이 1차 22000[V], 2차 6600 [V]의 권선으로써 중성점 비접지식 전로에 접속하는 변압기의 특고압 측 절연내력 시험전압은 몇 [V]인가?

① 44000
② 33000
③ 27500
④ 24000

## 92 ☐☐☐

절연성 바닥으로 된 비접지 장소에서 전기설비 상호간 국부등전위본딩을 해야 하는 경우는?

① 2.5[m] 이내
② 5.0[m] 이내
③ 7.5[m] 이내
④ 10[m] 이내

## 93 ☐☐☐

특고압 가공전선로의 지지물 양측의 경간의 차가 큰 곳에 사용되는 철탑은?

① 내장형 철탑
② 인류형 철탑
③ 각도형 철탑
④ 보강형 철탑

## 94 ☐☐☐

가공전선로의 지지물에 시설하는 지선의 안전율은 일반적으로 얼마 이상이어야 하는가?

① 2.0
② 2.1
③ 2.2
④ 2.5

## 95 □□□

전기철도차량이 전차선로와 접촉한 상태에서 견인력을 끄고 보조전력을 가동한 상태로 정지해 있는 경우, 가공 전차선로의 유효전력이 200kW이상일 경우 총 역률은 얼마 이상이어야 하는가?

① 0.6
② 0.7
③ 0.8
④ 1.0

| 해설

**KEC 441.4 전기철도차량의 역률**
가공 전차선로의 유효전력이 200kW 이상일 경우 총 역률은 0.8보다는 작아서는 안 된다.


## 96 □□□

태양광 발전설비의 대한 설명으로 틀린 것은?

① 배전반, 인버터, 접속장치 등을 옥외에 시설하는 경우 침수의 우려가 없도록 시설할 것
② 인버터 등을 수납하는 공간에는 과열을 방지하기 위한 환기시설을 할 것
③ 환기시설을 하여 적정한 온도와 습도를 유지할 것
④ 최대 개방전압이 직류 250 V 초과 750 V 이하인 경우 울타리 등의 안전장치를 할 것

| 해설

**KEC 521.1 태양광발전설비 설치장소의 요구사항**
태양전지 모듈의 직렬군 최대개방전압이 직류 750V 초과 1500V 이하인 시설장소는 울타리 등의 안전조치를 하여야 한다.


## 97 □□□

저압옥내배선의 간선 및 분기회로의 전선을 금속덕트공사로 하는 경우 덕트에 넣는 절연전선의 단면적의 합계는 덕트의 내부 단면적의 몇 [%] 이하로 하여야 하는가?

① 20[%]
② 30[%]
③ 40[%]
④ 50[%]

| 해설

**KEC 232.31 금속덕트공사**
㉠ 전선은 절연전선일 것(옥외용 비닐절연전선은 제외)
㉡ 금속덕트에 넣은 전선의 단면적(절연피복의 단면적을 포함)의 합계는 덕트의 내부 단면적의 20%(전광표시장치 기타 이와 유사한 장치 또는 제어회로 등의 배선만을 넣는 경우에는 50%) 이하일 것
㉢ 금속덕트 안에는 전선에 접속점이 없도록 할 것
㉣ 폭이 40[mm] 이상, 두께가 1.2[mm] 이상인 철판 또는 동등 이상의 기계적 강도를 가지는 금속제의 것으로 견고하게 제작한 것일 것
㉤ 안쪽 면은 전선의 피복을 손상시키는 돌기가 없는 것일 것
㉥ 덕트의 지지점 간의 거리는 3[m](취급자 이외의 자가 출입할 수 없도록 설비한 곳에서 수직으로 붙이는 경우에는 6[m]) 이하로 할 것


## 98 □□□

변압기 고압측 전로의 1선 지락전류가 5[A]이고, 저압측 전로와의 혼촉에 의한 사고 시 고압측 전로를 자동적으로 차단하는 장치가 되어 있지 않은, 즉 일반적인 경우에는 접지 저항 값은 몇 [Ω]인가?

① 10
② 20
③ 30
④ 40

| 해설

**KEC 142.5 변압기 중성점 접지**
변압기의 중성점 접지 저항은 일반적으로 변압기의 고압·특고압측 전로 1선 지락전류로 150을 나눈 값과 같은 저항 값 이하로 한다.
변압기의 중성점 접지 저항

$$R = \frac{150}{1선\ 지락전류} = \frac{150}{5} = 30[\Omega]$$

정답  95 ③  96 ④  97 ①  98 ③

## 99 ☐☐☐

345[kV]의 가공송전선로를 평지에 건설하는 경우 전선의 지표상 높이는 최소 몇[m] 이상이어야 하는가?

① 7.58　　　　　　② 7.95
③ 8.28　　　　　　④ 8.85

## 100 ☐☐☐

지상으로부터 높이 60[m]를 초과하는 건축물·구조물에 측뢰 보호가 필요한 경우 수뢰부시스템의 시설은 상부 몇 [%] 부분에 해야 하는가?

① 20　　　　　　② 40
③ 60　　　　　　④ 80

※ CBT 문제는 수험생의 기억에 따라 복원된 것이며, 실제 기출문제와 동일하지 않을 수 있습니다.

## 제1과목 전기자기학

**01** ☐☐☐

평등자계와 직각방향으로 일정한 속도로 발사된 전자의 원운동에 관한 설명 중 옳은 것은?

① 플레밍의 오른손법칙에 의한 로렌츠의 힘과 원심력의 평형 원운동이다.

② 원의 반지름은 전자의 발사속도와 전계의 세기의 곱에 반비례한다.

③ 전자의 원운동 주기는 전자의 발사 속도와 관계되지 않는다.

④ 전자의 원운동 주파수는 전자의 질량에 비례한다.

| 해설

전자의 원운동 주기 $T = \dfrac{2\pi m}{Bq}$ [sec]이므로 전자의 이동 속도와는 관계되지 않는다.

**02** ☐☐☐

그림과 같이 판의 면적 $\dfrac{1}{3} S$, 두께 $d$와 판면적 $\dfrac{1}{3} S$, 두께 $\dfrac{1}{2} d$ 되는 유전체($\epsilon_s = 3$)를 끼웠을 경우의 정전용량은 처음의 몇 배인가?

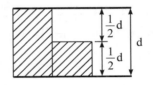

①  $\dfrac{1}{6}$              ②  $\dfrac{5}{6}$

③  $\dfrac{11}{6}$             ④  $\dfrac{13}{6}$

| 해설

㉠ 초기 공기 콘덴서의 정전용량: $C_0 = \dfrac{\epsilon_0 S}{d}$

㉡ 유전체 콘덴서 등가회로는 아래와 같다.

㉢ $C_1 = \dfrac{1}{3} \epsilon_s C_0 = C_0$

㉣ $C_2 = \dfrac{2}{3} C_0$

㉤ $C_3 = \dfrac{2}{3} \epsilon_s C_0 = 2 C_0$

㉥ $C_4 = \dfrac{1}{3} C_0$

∴ 합성 정전용량

$$C = C_1 + \dfrac{C_2 \times C_3}{C_2 + C_3} + C_4$$

$$= C_0 + \dfrac{1}{2} C_0 + \dfrac{1}{3} C_0 = \dfrac{11}{6} C_0$$

정답  01 ③  02 ③

## 03 □□□

누설이 없는 콘덴서의 소모 전력은 얼마인가?

① $\frac{1}{2}CV^2$         ② $\frac{Q}{\epsilon}$

③ $\infty$         ④ 0

| 해설

누전전류가 없으므로 소모전력도 0이 된다.

## 04 □□□

정전용량 $C$[F/m]와 컨덕턴스 $G$[S]와의 관계로 옳은 것은? (단, $k$: 도전율[℧/m], $\epsilon$: 유전율 [F/m])

① $\frac{C}{G}=\frac{\epsilon}{k}$         ② $Ck=\frac{G}{\epsilon}$

③ $GC=\epsilon k$         ④ $\frac{C}{G}=\frac{k}{\epsilon}$

| 해설

전기저항과 정전용량의 관계 $RC=\epsilon\rho$에서 $\frac{C}{G}=\frac{\epsilon}{k}$의 관계가 성립된다.

## 05 □□□

무한대 평면도체와 $d$[m]떨어진 평행한 무한장 직선도체에 $\rho$[C/m]의 전하분포가 주어졌을 때 직선도체의 단위길이당 받는 힘은 몇 [N/m]인가? (단, 공간의 유전율은 $\epsilon$ 임)

① 0         ② $\frac{\rho^2}{\pi\epsilon d}$

③ $\frac{\rho^2}{2\pi\epsilon d}$         ④ $\frac{\rho^2}{4\pi\epsilon d}$

| 해설

선전하가 지표면으로부터 받는 힘

$$F=QE=\lambda l\times\frac{\lambda}{2\pi\epsilon_0 r}=\frac{\lambda^2 l}{2\pi\epsilon_0(2h)}\text{ [N]}$$

$$=\frac{\lambda^2}{4\pi\epsilon_0 h}\text{ [N/m]}$$

∴ 선전하 밀도 $\lambda$가 $\rho$로 주어졌으므로

$$F=\frac{\rho^2}{4\pi\epsilon_0 h}\text{ [N/m]}$$

## 06 □□□

크기가 같고 부호가 반대인 두 점전하 $+Q$[C] 과 $-Q$[C] 이 극히 미소한 거리 $d$[m] 만큼 떨어졌을 때 전기쌍극자 모멘트는 몇 [C·m] 인가?

① $\frac{1}{2}dQ$         ② $dQ$

③ $2dQ$         ④ $4dQ$

| 해설

㉠ 전기쌍극자 모멘트: $M=dQ$ [C·m]

㉡ 쌍극자 전위: $V=\frac{M\cos\theta}{4\pi\epsilon_0 r^2}$ [V]

㉢ 쌍극자 전계 (벡터)

$$\vec{E}=\frac{M}{4\pi\epsilon_0 r^3}(a_r\,2\cos\theta+a_\theta\sin\theta)$$

㉣ 쌍극자 전계 (스칼라)

$$|\vec{E}|=\frac{M}{4\pi\epsilon_0 r^3}\sqrt{1+3\cos^2\theta}\text{ [V/m]}$$

㉤ 전계는 $\cos\theta$ 에 비례하므로 $\theta=0$ 일 때 최대가 되고, $\theta=90°$일 때 최소가 된다.

## 07 □□□

저항 24[Ω]의 코일을 지나는 자속이 $0.3\cos 800t$ [Wb]일 때 코일에 흐르는 전류의 최댓값은 몇 [A]인가?

① 10         ② 20

③ 30         ④ 40

정답    03 ④   04 ①   05 ④   06 ②   07 ①

| 해설

전류의 최댓값

$$I_m = \frac{e_m}{R} = \frac{\omega N \phi_m}{R} = \frac{800 \times 1 \times 0.3}{24}$$
$$= 10\,[\text{A}]$$

## 08 ☐☐☐

전계 $E = i\,3x^2 + j\,2xy^2 + k\,x^2yz$ 일 때 $div\,E$ 는 얼마인가?

① $-i6x + jxy + kx^2y$

② $i6x + j6xy + kx^2y$

③ $-6x - 6xy - x^2y$

④ $6x + 4xy + x^2y$

| 해설

$div\,E = \nabla \cdot E$

$\quad = (\frac{\partial}{\partial x}\,i + \frac{\partial}{\partial y}\,j + \frac{\partial}{\partial z}\,k) \cdot (3x^2\,i + 2xy^2\,j + x^2yz\,k)$

$\quad = \frac{\partial}{\partial x}\,3x^2 + \frac{\partial}{\partial y}\,2xy^2 + \frac{\partial}{\partial z}\,x^2yz$

$\quad = 6x + 4xy + x^2y$

## 09 ☐☐☐

자기 유도계수 20[mH]인 코일에 전류를 흘릴 때 코일과의 쇄교자속수가 0.2[Wb]이었다면 코일에 축적된 에너지는 몇 [J]인가?

① 1

② 2

③ 3

④ 4

| 해설

코일에 저장되는 자기에너지

$$W_L = \frac{\Phi^2}{2L} = \frac{0.2^2}{2 \times (20 \times 10^{-3})} = 1\,[\text{J}]$$

## 10 ☐☐☐

그림과 같은 회로에서 스위치를 최초 $A$에 연결하여 일정 전류 $I$[A]를 흘린 다음 스위치를 급히 $B$로 전환할 때 저항 $R$[Ω]에서 발생하는 열량은 몇 [cal]인가?

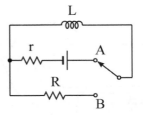

① $\frac{1}{8.4}\,LI^2$

② $\frac{1}{4.2}\,LI^2$

③ $\frac{1}{2}\,LI^2$

④ $LI^2$

| 해설

㉠ 스위치를 A로 이동하면 코일에는 에너지가 저장($W_L = \frac{1}{2}\,LI^2\,[\text{J}]$)된다.

㉡ 그 후 스위치를 B측으로 이동시키면 코일에 저장된 에너지만큼 저항 $R$에서 소비된다.

㉢ $1\,[\text{J}] = \frac{1}{4.2}\,[\text{cal}] \fallingdotseq 0.24\,[\text{cal}]$

∴ 발열량: $H = \frac{1}{4.2}\,W_L = \frac{1}{8.4}\,LI^2\,[\text{cal}]$

정답  08 ④  09 ①  10 ①

## 11 ☐☐☐

그림에서 축전기를 ± $Q$[C]로 대전한 후 스위치 $k$를 닫고 도선에 전류 $I$를 흘리는 순간의 축전기 두 판 사이의 변위전류는?

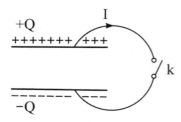

① + $Q$판에서 − $Q$판쪽으로 흐른다.
② − $Q$판에서 + $Q$판쪽으로 흐른다.
③ 왼쪽에서 오른쪽으로 흐른다.
④ 오른쪽에서 왼쪽으로 흐른다.

| 해설

전도전류와 변위전류의 방향은 같으며, 두 전류로 모두 자기장을 발생시킨다.

## 12 ☐☐☐

2[C]의 점전하가 전계 $E = 2a_x + a_y - 4a_z$[V/m] 및 자계 $B = -2a_x + 2a_y - a_z$[Wb/m²] 내에서 속도 $v = 4a_x - a_y - 2a_z$[m/s]로 운동하고 있을 때 점전하에 작용하는 힘 $F$는 몇 [N]인가?

① $10a_x + 18a_y + 4a_z$
② $14a_x - 18a_y - 4a_z$
③ $-14a_x + 18a_y + 4a_z$
④ $14a_x + 18a_y + 4a_z$

| 해설

**전계와 자계 내에서 운동전하가 받는 힘**

㉠ 전기력 $F_e = qE = 2(2a_x + a_y - 4a_z)$
$\quad = 4a_x + 2a_y - 8a_z$ [N]

㉡ 전자력 $F_m = q(v \times B) = q \begin{bmatrix} a_x & a_y & a_z \\ 4 & -1 & -2 \\ -2 & 2 & -1 \end{bmatrix}$

$\quad\quad = 2[(1+4)a_x + (4+4)a_y + (8-2)a_z]$
$\quad\quad = 10a_x + 16a_y + 12a_z$

∴ $F = F_e + F_m = 14a_x + 18a_y + 4a_z$

## 13 ☐☐☐

500[AT/m]의 자계 중에 어떤 자극을 놓았을 때 $3 \times 10^3$[N]의 힘이 작용했을 때의 자극의 세기는 몇 [Wb]이겠는가?

① 2
② 3
③ 5
④ 6

| 해설

자기력과 자계의 세기와의 관계 $F = mH$에서
∴ 자극의 세기(자하 = 자극)

$\quad m = \dfrac{F}{H} = \dfrac{3 \times 10^3}{500} = 6$ [Wb]

정답    11 ②  12 ④  13 ④

## 14 ☐☐☐

펠티에 효과에 관한 공식 또는 설명으로 틀린 것은? (단, $H$는 열량, $P$는 펠티에 계수, $I$는 전류, $t$는 시간이다)

① $H = P \int_0^t I \, dt \, [\text{cal}]$

② 펠티에효과는 지벡효과와 반대의 효과이다.

③ 반도체와 금속을 결합시켜 전자냉동 등에 응용된다.

④ 펠티에 효과란 동일한 금속이라도 그 도체 중의 2점간에 온도차가 있으면 전류를 흘림으로써 열의 발생 또는 흡수가 생긴다는 것이다.

| 해설

**펠티에효과**
동일 금속이라도 부분적으로 온도가 다른 금속선에 전류를 흘리면 온도 구배가 있는 부분에 주울열, 이외의 발열 또는 흡열이 일어나는 현상

## 15 ☐☐☐

$N$회 감긴 환상 코일의 단면적이 $S[\text{m}^2]$이고 평균 길이가 $l[\text{m}]$이다. 이 coil의 권수를 반으로 줄이고 인덕턴스를 일정하게 하려면?

① 단면적을 2배로 한다.

② 길이를 1/4배로 한다.

③ 전류의 세기를 4배로 한다.

④ 비투자율을 2배로 한다.

| 해설

인덕턴스 $L = \dfrac{\mu S N^2}{l} \, [\text{H}]$ 에서, $N$을 1/2하면 인덕턴스는 1/4배가 된다.

∴ 인덕턴스를 일정하게 유지하려면 길이를 1/4로 하거나 단면적을 4배로 하면 된다.

## 16 ☐☐☐

그림과 같이 한변의 길이가 $l[\text{m}]$인 정 6각형 회로에 전류 $I[\text{A}]$가 흐르고 있을 때 중심 자계의 세기는 몇 [A/m]인가?

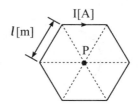

① $\dfrac{1}{2\sqrt{3}\,\pi l} \times I$      ② $\dfrac{2\sqrt{2}}{\pi l} \times I$

③ $\dfrac{\sqrt{3}}{\pi l} \times I$      ④ $\dfrac{\sqrt{3}}{2\pi l} \times I$

| 해설

정 육각형 도체 중심에서 자계의 세기

$$H = \frac{\sqrt{3}\,I}{\pi l} \, [\text{A/m}]$$

## 17 ☐☐☐

유전율이 $\epsilon_1$과 $\epsilon_2$인 두 유전체가 경계를 이루어 접하고 있는 경우 유전율이 $\epsilon_1$인 영역에 전하 $Q$가 존재할 때 이 전하에 작용하는 힘에 대한 설명으로 옳은 것은?

① $\epsilon_1 > \epsilon_2$인 경우 반발력이 작용한다.

② $\epsilon_1 > \epsilon_2$인 경우 흡인력이 작용한다.

③ $\epsilon_1$과 $\epsilon_2$ 값에 상관없이 반발력이 작용한다.

④ $\epsilon_1$과 $\epsilon_2$ 값에 상관없이 흡인력이 작용한다.

| 해설

**유전체 내의 영상전하**

$$Q' = -\frac{\epsilon_2 - \epsilon_1}{\epsilon_2 + \epsilon_1}\,Q = \frac{\epsilon_1 - \epsilon_2}{\epsilon_1 + \epsilon_2}\,Q$$

∴ $\epsilon_1 > \epsilon_2$ 인 경우 반발력이,

$\epsilon_1 < \epsilon_2$ 인 경우 흡인력이 작용한다.

## 18 □□□

그림과 같은 유전속의 분포에서 그림과 같을 때 $\epsilon_1$ 과 $\epsilon_2$ 의 관계는?

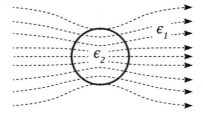

① $\epsilon_1 = \epsilon_2$

② $\epsilon_1 > \epsilon_2$

③ $\epsilon_1 < \epsilon_2$

④ $\epsilon_1 = \epsilon_2 = 0$

| 해설

유전속(전속선)은 유전율이 큰 곳으로 모이므로 $\epsilon_1 < \epsilon_2$ 이 된다.

## 19 □□□

고주파를 취급할 경우 큰 단면적을 갖는 한 개의 도선을 사용하지 않고 전체로서는 같은 단면적이라도 가는 선을 모은 도체를 사용하는 주된 이유는?

① 히스테리시스 손을 감소시키기 위하여

② 철손을 감소시키기 위하여

③ 과전류에 대한 영향을 감소시키기 위하여

④ 표피효과에 대한 영향을 감소시키기 위하여

| 해설

**표피효과 억제 대책**

연선, 복도체, 다도체 사용

## 20 □□□

자유공간 중에서 $x = -2$, $y = 4$를 통과하고 z축과 평행인 무한장 직선도체에 +z축 방향으로 직류전류 $I$가 흐를 때 점(2, 4, 0)에서의 자계 $H$[AT/m]는 어떻게 표현되는가?

① $\dfrac{I}{4\pi} a_y$

② $\dfrac{I}{4\pi} a_y$

③ $-\dfrac{I}{8_\pi} a_y$

④ $\dfrac{I}{8\pi} a_y$

| 해설

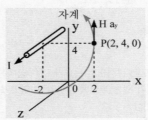

㉠ 도체에서 P점까지의 거리: 4[m]

㉡ 무한장 직선도체의 자계의세기:

$$H = \frac{I}{2\pi r} = \frac{I}{2\pi \times 4} = \frac{I}{8\pi} \text{[AT/m]}$$

㉢ P점에서 자계의 방향: +y축 ( $\vec{a_y}$ )

# 제2과목 전력공학

## 21 ☐☐☐

송전선로에서의 고장 또는 발전기 탈락과 같은 큰 외란에 대하여 계통에 연결된 각 동기기가 동기를 유지하면서 계속 안정적으로 운전할 수 있는지를 판별하는 안정도는?

① 동태안정도(dynamic stability)

② 정태안정도(steady-state stability)

③ 전압안정도(voltage stability)

④ 과도안정도(transient stability)

| 해설

계통에 갑자기 부하가 증가하여 급격한 교란상태가 발생하더라도 정전을 일으키지 않고 송전을 계속하기 위한 전력의 최대치를 과도안정도(transient stability)라 한다.

① 동태안정도(dynamic stability): 차단기 또는 조상설비 등을 설치하여 안정도를 높인 것을 동태안정도라 한다.

② 정태안정도(steady-state stability): 정태안정도란 부하가 서서히 증가한 경우 계속해서 송전할 수 있는 능력으로 이때의 전력을 정태안정 극한전력이라 한다.

## 22 ☐☐☐

반지름 14[mm]의 ACSR로 구성된 완전 연가된 3상 1회 송전선로가 있다. 각 상간의 등가선간거리가 2800[mm] 라고 할 때 이 선로의 [km]당 작용인덕턴스는 몇[mH/km] 인가?

① 1.11

② 1.012

③ 0.83

④ 0.33

| 해설

**작용인덕턴스**

$$L = 0.05 + 0.4605 \log_{10} \frac{280}{1.4} = 1.11 \,[\text{mH/km}]$$

등가선간거리와 전선의 반지름을 [cm]으로 환산한다.

(2800[mm] → 280[cm], 14[mm] → 1.4[cm])

## 23 ☐☐☐

단도체방식과 비교할 때 복도체방식의 특징이 아닌 것은?

① 안정도가 증가된다.

② 인덕턴스가 감소된다.

③ 송전용량이 증가된다.

④ 코로나 임계전압이 감소된다.

| 해설

**복도체나 다도체를 사용할 때 특성**

㉠ 인덕턴스는 감소하고 정전용량은 증가한다.

㉡ 같은 단면적의 단도체에 비해 전류용량이 증대된다.

㉢ 안정도가 증가하여 송전용량이 증가한다.

㉣ 등가반경이 커져 코로나 임계전압의 상승으로 코로나현상이 방지된다.

## 24 ☐☐☐

선택지락계전기의 용도를 옳게 설명한 것은?

① 단일 회선에서 지락고장회선의 선택 차단

② 단일 회선에서 지락전류의 방향 선택 차단

③ 병행 2회선에서 지락고장회선의 선택 차단

④ 병행 2회선에서 지락고장의 지속시간 선택 차단

| 해설

**선택지락계전기(SGR)**

병행 2회선 송전선로에서 지락사고 시 고장회선만을 선택·차단할 수 있게 하는 계전기이다.

## 25 □□□

아킹혼(arcing horn)의 설치목적은?

① 이상전압 소멸
② 전선의 진동방지
③ 코로나 손실방지
④ 섬락사고에 대한 애자보호

| 해설

**아킹혼, 아킹링의 사용목적**
㉠ 뇌격으로 인한 섬락사고 시 애자련을 보호한다.
㉡ 애자련의 전압분담을 균등화한다.
㉢ 코로나 발생의 억제 및 애자의 열적 파괴를 방지한다.

## 26 □□□

대용량 고전압의 안정권선(△권선)이 있다. 이 권선의 설치목적과 관계가 먼 것은?

① 고장전류 저감
② 제3고조파 제거
③ 조상설비 설치
④ 소내용 전원공급

| 해설

안정권선 △결선(권선)은 3권선변압기의 3차 권선으로 변전소 내 전원공급, 조상설비의 설치 및 제3고조파 제거용으로 사용한다.

## 27 □□□

망상(network)배전방식에 대한 설명으로 옳은 것은?

① 전압변동이 대체로 크다.
② 부하 증가에 대한 융통성이 적다.
③ 방사상 방식보다 무정전공급의 신뢰도가 더 높다.
④ 인축에 대한 감전사고가 적어서 농촌에 적합하다.

| 해설

**망상(network)식의 특징 → 방사상(수지식) 방식과 비교**
㉠ 공급 신뢰도가 높다.
㉡ 무정전 수전이 가능하다.
㉢ 가장 우수한 배전방식이다.
㉣ 인축 접지사고가 많다.

## 28 □□□

원자로에서 핵분열로 발생한 고속중성자를 열중성자로 바꾸는 작용을 하는 것은?

① 냉각재
② 제어재
③ 반사체
④ 감속재

| 해설

**감속재**
• 핵분열에 의해 생긴 고속중성자를 열중성자로 감속하기 위하여 사용하는 것
• 원자핵의 질량수가 적을 것
• 중성자의 산란이 크고 흡수가 적을 것

## 29 □□□

1상의 대지정전용량 $0.5[\mu F]$, 주파수 $60[Hz]$인 3상 송전선이 있다. 이 선로에 소호리액터를 설치하려 한다. 소호리액터의 공진리액턴스는 약 몇$[\Omega]$인가?

① 970
② 1370
③ 1770
④ 3570

| 해설

소호리액터 $\omega L = \dfrac{1}{3\omega C} - \dfrac{X_t}{3} [\Omega]$

(여기서, $X_t$: 변압기 1상당 리액턴스)1

$\omega L = \dfrac{1}{3\omega C} - \dfrac{Xt}{3} = \dfrac{1}{3 \times 2\pi \times 60 \times 0.5 \times 10^{-6}}$

$= 1768 \fallingdotseq 1770[\Omega]$

## 30 ☐☐☐

전력계통에서 내부 이상전압의 크기가 가장 큰 경우는?

① 유도성 소전류 차단 시
② 수차발전기의 부하 차단 시
③ 무부하선로 충전전류 차단 시
④ 송전선로의 부하차단기 투입 시

| 해설

**개폐서지**
송전선로의 개폐조작에 따른 과도현상 때문에 발생하는 이상
전압이다. 송전선로 개폐조작 시 이상전압이 가장 큰 경우는
무부하 송전선로의 충전전류를 차단할 때이다.

## 31 ☐☐☐

초고압용 차단기에서 개폐저항을 사용하는 이유는?

① 차단전류 감소
② 이상전압 감쇄
③ 차단속도 증진
④ 차단전류의 역률 개선

| 해설

초고압용 차단기는 개폐 시 전류절단현상이 나타나서 높은 이
상전압이 발생하므로 개폐 시 이상전압을 억제하기 위해 개폐
저항기를 사용한다.

## 32 ☐☐☐

변전소에서 비접지선로의 접지보호용으로 사용되는 계전
기에 영상전류를 공급하는 것은?

① CT
② GPT
③ ZCT
④ PT

| 해설

**ZCT(영상변류기)**
지락사고 시 영상전류를 검출하여 GR(지락계전기)에 공급
㉠ GPT(접지형 계기용 변압기): 지락사고 시 영상전압을 검
　출하여 OVGR(지락과전압계전기)에 공급
㉡ CT(변류기): 대전류를 소전류로 변성, PT는 고전압을 저
　전압으로 변성

## 33 ☐☐☐

파동임피던스 $Z_1 = 500$[인]인 선로에 파동임피던스
$Z_2 = 1500$[인]인 변압기가 접속되어 있다. 선로로부터
600[kV]의 전압파가 들어왔을 때, 접속점에서의 투과파
전압[kV]은?

① 300
② 600
③ 900
④ 1200

| 해설

반사계수: $\lambda = \dfrac{Z_2 - Z_1}{Z_1 + Z_2},$

투과계수: $\nu = \dfrac{2Z_2}{Z_1 + Z_2}$

투과파전압 $E = \dfrac{2Z_2}{Z_1 + Z_2}e_1 = \dfrac{2 \times 1500}{500 + 1500} \times 600 = 900$[kV]

## 34 ☐☐☐

횡축에 1년 365일을 역일순으로 취하고, 종축에 유량을
취하여 매일의 측정유량을 나타낸 곡선은?

① 유황곡선
② 적산유량곡선
③ 유량도
④ 수위유량곡선

| 해설

**하천의 유량 측정**
• 유황곡선: 횡축에 일수를 종축에 유량을 표시하고 유량이
많은 일수를 차례로 배열하여 이 점들을 연결한 곡선이다.
• 적산유량곡선: 횡축에 역일을 종축에 유량을 기입하고 이들
의 유량을 매일 적산하여 작성한 곡선으로 저수지 용량 등
을 결정하는데 이용할 수 있다.
• 유량도: 횡축에 역일을 종축에 유량을 기입하고 매일의 유
량을 표시한 것
• 수위유량곡선: 횡축의 하천의 유량을 종축에 하천의 수위사
이에는 일정한 관계가 있으므로 이들 관계를 곡선으로 표시
한 것을 수위유량곡선이라 한다.

정답　30 ③　31 ②　32 ③　33 ③　34 ③

## 35 ☐☐☐

3000[kW], 역률 80[%](늦음)의 부하에 전력을 공급하고 있는 변전소의 역율을 90[%]로 향상시키는데 필요한 전력용콘덴서의 용량은 약 몇[kVA]인가?

① 600  ② 700

③ 800  ④ 900

| 해설

콘덴서 용량  $Q_c = P(\tan\theta_1 - \tan\theta_2)$[kVA]

(여기서, $P$: 수전전력[kW], $\theta_1$: 개선전 역률, $\theta_2$: 개선후 역률)

유효전력 $P = 3000$[kW]이므로

콘덴서 용량  $Q_c = 3000\left(\dfrac{\sqrt{1-0.8^2}}{0.8} - \dfrac{\sqrt{1-0.9^2}}{0.9}\right) = 800$[kVA]

## 36 ☐☐☐

154[kV] 송전선로에 10개의 현수애자가 연결되어 있다. 다음중 전압 부담이 가장 적은 것은?

① 철탑에 가장 가까운 것

② 철탑에서 3번째

③ 전선에서 가장 가까운 것

④ 전선에서 3번째

| 해설

송전선로에서 현수애자의 전압부담은 전선에서 가까이 있는 것부터 1번째 애자 22[%], 2번째 애자 17[%], 3번째 애자 12[%], 4번째 애자 10[%], 그리고 8번째 애자가 약 6[%], 마지막 애자가 8[%] 정도의 전압을 부담하게 된다.

## 37 ☐☐☐

수력발전설비에서 흡출관을 사용하는 목적으로 옳은 것은?

① 물의 유선을 일정하게 하기 위하여

② 속도변동률을 적계 하기 위하여

③ 유효낙차를 늘리기 위하여

④ 압력을 줄이기 위하여

| 해설

흡출관은 러너출구로부터 방수면까지의 사이를 관으로 연결한 것으로 유효 낙차를 늘리기 위한 장치이다. 충동수차인 펠톤수차에는 사용되지 않는다.

## 38 ☐☐☐

유효접지는 1선 접지시에 전선상의 전압이 상규 대지전압의 몇 배를 넘지 않도록 하는 중성점 접지를 말하는가?

① 0.8  ② 1.3

③ 3  ④ 4

| 해설

1선 지락 고장시 건전상 전압이 상규 대지 전압의 1.3배를 넘지 않는 범위에 들어가도록 중성점 임피던스를 조절해서 접지하는 방식을 유효 접지라고 한다.

## 39 ☐☐☐

송전선로의 수전단을 단락한 경우 송전단에서 본 임피던스는 300[Ω]이고, 수전단을 개방한 경우에는 1200[Ω]일 때 이 선로의 특성임피던스는 몇[Ω]인가?

① 600  ② 50

③ 1000  ④ 1200

| 해설

특성임피던스 $Z_o = \sqrt{\dfrac{Z}{Y}} = \sqrt{\dfrac{Z_{SS}}{Y_{SO}}} = \sqrt{\dfrac{300}{1/1200}}$

$= \sqrt{300 \times 1200} = 600$[Ω]

여기서, $Z_{ss}$: 수전단 단락 시 송전단에서 본 임피던스, $Y_{so}$: 수전단 개방 시 송전단에서 본 어드민터스

## 40 □□□

동일한 조건하에서 3상 4선식 배전선로의 총 소요 전선량은 3상 3선식의 것에 비해 몇 배 정도로 되는가? (단, 중성선의 굵기는 전력선의 굵기와 같다고 한다)

① $\frac{1}{3}$

② $\frac{3}{8}$

③ $\frac{3}{4}$

④ $\frac{4}{9}$

| 해설

- 단상 2선식 기준에 비교한 배전방식의 전선 소요량 비

| 전기방식 | 단상 2선식 | 단상 3선식 | 3상 3선식 | 3상 4선식 |
|---|---|---|---|---|
| 소요되는 전선량 | 100% | 37.5% | 75% | 33.3% |

- 전선 소요량의 비 $\frac{3상\ 4선식}{3상\ 3선식} = \frac{33.3\%}{75\%} = \frac{4}{9}$

## 제3과목 전기기기

## 41 □□□

정류기에 있어서 출력측 전압의 리플(맥동)을 줄이기 위한 방법은?

① 적당한 저항을 직렬로 접속한다.

② 적당한 리액터를 직렬로 접속한다.

③ 커패시터를 직렬로 접속한다.

④ 커패시터를 병렬로 접속한다.

| 해설

정류된 파형은 맥동이 있어 양질의 직류전력이 되지 않아서 병렬로 커패시터를 접속하여 맥동분이 증가할 때는 커패시터에 충전하고 맥동이 감소하는 부분에서는 방전하여 양질의 직류전력을 만든다.

## 42 □□□

4극 3상 유도전동기가 있다. 전원전압 $200\ V$로 전부하를 걸었을 때 전류는 $21.5\ A$이다. 이 전동기의 출력은 약 몇 [W]인가?(단, 전부하 역률 86%, 효율 85%이다.)

① 5029

② 5444

③ 5820

④ 6103

| 해설

**유도 전동기의 출력**

$P_o = \sqrt{3}\ V_n I_n \cos\theta\,\eta [\text{W}]$

(여기서, $V_n$: 정격 전압 $I_n$: 정격 전류, $\eta$: 전동기 효율)

$P_o = \sqrt{3}\ V_n I_n \cos\theta\,\eta$

$= \sqrt{3} \times 200 \times 21.5 \times 0.86 \times 0.85 = 5444[\text{W}]$

## 43 □□□

동기발전기의 병렬운전중 계자를 변화시키면 어떻게 되는가?

① 무효순환 전류가 흐른다.
② 주파수 위상이 변한다.
③ 유효순환 전류가 흐른다.
④ 속도 조정률이 변한다.

| 해설

병렬운전 중 계자전류가 달라 기전력의 크기가 다를 경우 두 발전기 사이에 무효순환 전류가 흐른다.

## 44 □□□

자동제어장치에 쓰이는 서보 모터(servo motor)의 특성을 나타내는 것 중 틀린 것은?

① 빈번한 시동, 정지, 역전등의 가혹한 상태에 견디도록 견고하고 큰 돌입 전류에 견딜 것
② 시동 토크는 크나, 회전부의 관성 모멘트가 작고 전기적 시정수가 짧을 것
③ 발생 토크는 입력신호(入力信號)에 비례하고 그 비가 클 것
④ 직류 서보 모터에 비하여 교류 서보 모터의 시동 토크가 매우 클 것

| 해설
### 서보모터의 특성
• 시동 정지가 빈번한 상황에서도 견딜수 있을 것.
• 큰 회전력을 갖을 것
• 회전자(Rotor)의 관성 모멘트가 작을 것
• 급제동 및 급가속(시동토크가 크다)에 대응할수 있을 것(시정수가 짧을 것)
• 토크의 크기는 직류 서보모터가 교류 서보모터 보다 크다.

## 45 □□□

변압기에서 권수가 2배가 되면 유도기전력은 몇 배가 되는가?

① 0.5 　　　　　② 1
③ 2 　　　　　④ 4

| 해설

유도기전력 $E = 4.44 f N \phi_m$ [V]에서 $E \propto N$ 이므로 권수가 2배가 되면 유도기전력이 두배가 된다.

## 46 □□□

다음은 유도자형 동기발전기의 설명이다. 옳은 것은?

① 전기자만 고정되어 있다.
② 계자극만 고정되어 있다.
③ 계자극과 전기자가 고정되어 있다.
④ 회전자가 없는 특수 발전기이다.

| 해설

유도자형 발전기는 계자 및 전기자 모두 고정된 상태로 발전이 되는데 실험실 전원 등으로 사용된다.

## 47 □□□

임피던스 전압을 걸때의 입력은?

① 철손 　　　　　② 정격용량
③ 임피던스 와트 　　　　　④ 전부하시의 전손실

| 해설

변압기 2차측을 단락한 상태에서 1차측의 인가전압을 서서히 증가시켜 정격전류가 1차, 2차 권선에 흐르게 되는데 이때 전압계의 지시값이 임피던스 전압이고 전력계의 지시값이 임피던스 와트(동손)이다.

## 48 ☐☐☐

3상 유도전동기에 직결된 펌프가 있다. 펌프 출력은 100[HP], 효율 74.6[%] 전동기의 효율과 역률은 94[%]와 90[%]라고 하면 전동기의 입력[kVA]는 얼마인가?

① 95.74[kVA]
② 104.4[kVA]
③ 111.1[kVA]
④ 118.2[kVA]

| 해설

$1[HP] = 746[W]$이므로
3상 유도전동기의 입력

$$P = \frac{P_o}{\cos\theta \times \eta_M \times \eta_P} = \frac{100 \times 0.746}{0.94 \times 0.9 \times 0.746} = 118.2[kVA]$$

(여기서, $P$ : 입력, $P_o$ : 펌프 출력, $\eta_M$ : 전동기 효율, $\eta_P$ : 펌프 효율)

## 49 ☐☐☐

유도전동기에서 크로우링(crawling)현상으로 맞는 것은?

① 기동시 회전자의 슬롯수 및 권선법이 적당하지 않은 경우 정격속도보다 낮은 속도에서 안정운전이 되는 현상
② 기동시 회전자의 슬롯수 및 권선법이 적당하지 않은 경우 정격속도보다 높은 속도에서 안정운전이 되는 현상
③ 회전자 3상중 1상이 단선된 경우 정격속도의 50% 속도에서 안정운전이 되는 현상
④ 회전자 3상중 1상이 단락된 경우 정격속도보다 높은 속도에서 안정운전이 되는 현상

| 해설

**크로우링 현상**
• 유도전동기에서 회전자의 슬롯수, 권선법이 적당하지 않을 경우에 발생하는 현상으로서 유도전동기가 정격속도에 이르지 못하고 정격속도 이전의 낮은 속도에서 안정되어 버리는 현상(소음발생)
• 방지대책: 사구(Skewed Slot) 채용

## 50 ☐☐☐

유도전동기 원선도 작성에 필요한 시험과 원선도에서 구할 수 있는 것이 옳게 배열된 것은?

① 무부하시험, 1차 입력
② 부하시험, 기동전류
③ 슬립측정시험, 기동토크
④ 구속시험, 고정자 권선의 저항

| 해설

㉠ 원선도를 그리기 위해 필요한 시험: 무부하시험, 구속시험, 저항측정
㉡ 원선도를 통해 구할수 있는 성분: 1차 동손, 여자전류, 1차 입력(무부하손 철손), 2차 동손, 동기와트, 슬립, 2차 효율 등

## 51 ☐☐☐

3상 유도전동기의 기동법으로 사용되지 않는 것은?

① Y-△ 기동법
② 기동보상기법
③ 2차 저항에 의한 기동법
④ 극수변환기동법

| 해설

㉠ 농형 유도전동기 기동법: 전전압 기동, Y △ 기동, 기동보상기법( 단권변압기 기동), 리액터 기동, 콘드로퍼 기동
㉡ 권선형 유도전동기 기동법: 2차 저항기동( 기동저항기법), 게르게스 기동

정답  48 ④  49 ①  50 ①  51 ④

## 52 ☐☐☐

1상 전압 6600[V], 권수비 30인 단상 변압기로 전등부하에 30[A]를 공급할 때의 입력[kW]은? (단, 변압기의 손실은 무시한다.)

① 4.4

② 5.5

③ 6.6

④ 7.7

| 해설

1차 전류 $I_1 = \dfrac{I_2}{a} = \dfrac{30}{30} = 1$

입력 $P = V_1 I_1 \cos\theta = 6600 \times 1 \times 1.0 = 6600[W] = 6.6[kW]$

(여기서, $\cos\theta = 1.0$)

## 53 ☐☐☐

직류분권전동기의 기동 시에는 계자저항기의 저항값을 어떻게 해두어야 하는가?

① 0(영)으로 해둔다.

② 최대로 해둔다.

③ 중위(中位)로 해둔다.

④ 끊어 놔둔다.

| 해설

**토크** $T \propto k\phi I_a$

토크 T는 자속에 비례하고 기동시 토크가 크게 발생하여야 하므로 계자측 저항을 최소로 하여 계자전류를 크게 흘려주어 자속을 크게 해야 한다.

## 54 ☐☐☐

보통 농형에 비하여 2중 농형 전동기의 특징인 것은?

① 최대 토크가 크다.

② 손실이 적다.

③ 기동토크가 크다.

④ 슬립이 크다.

| 해설

2중 농형전동기는 보통 농형전동기의 기동특성을 개선하기 위해 회전자도체를 2중으로 하여 기동전류를 적게 하고 기동토크를 크게 한다.

## 55 ☐☐☐

유도전동기의 제동법 중 유도전동기를 전원에 접속한 상태에서 동기속도 이상의 속도로 운전하여 유도발전기로 동작시킴으로써 그 발생전력을 전원으로 반환하면서 제동하는 방법은?

① 발전제동

② 회생제동

③ 역상제동

④ 단상제동

| 해설

유도전동기는 외력에 의해 동기속도 이상의 속도로 회전시키면 유도발전기가 되어 제동력을 발생하는데 이때 발생한 전력을 전원에 반환하는 방법이다.

## 56 ☐☐☐

변압기의 기름 중 아크방전에 의하여 가장 많이 발생하는 가스는?

① 수소

② 일산화탄소

③ 아세틸렌

④ 산소

| 해설

유입변압기에서 아크방전 등이 발생할 경우 변압기유가 전기분해되어 수소, 메탄 등의 가연성 기체와 슬러지가 발생한다.

## 57 ☐☐☐

변압기의 %저항강하와 %누설리액턴스 강하가 3[%]와 4[%]이다. 부하의 역률이 지상 60[%]일 때 이 변압기의 전압변동률 [%]은?

① 4.8

② 4

③ 5

④ 1.4

| 해설

**전압변동률**

전압변동률 $\epsilon = p\cos\theta + q\sin\theta$

$\qquad\qquad = 3 \times 0.6 + 4 \times 0.8 = 5[\%]$

(여기서, $p$: 백분율 저항강하, $q$: 백분율 리액턴스강하)

## 58 ☐☐☐

직류발전기를 병렬운전할 때 균압모선이 필요한 직류기는?

① 직권발전기, 분권발전기

② 분권발전기, 복권발전기

③ 직권발전기, 복권발전기

④ 분권발전기, 단극발전기

| 해설

**직류발전기의 병렬운전조건**

㉠ 극성이 같을 것

㉡ 단자전압이 같을 것

㉢ 외부특성곡선이 일치할 것(수하특성 → 용접기, 누설변압기)

㉣ 직권발전기 및 복권발전기의 경우 균압(모)선 설치 → 안정운전

※ 달라도 되는 것: 용량, 출력, 부하전류

## 59 ☐☐☐

정격전압 225[V], 전부하 전기자전류 30[A], 전기자저항 0.2[Ω]라는 직류분권전동기가 있다. 이 전동기에 정격전압을 걸어서 기동시킬 때 전기자회로에 몇[Ω]의 저항을 넣어야 하는가? (단, 기동전류는 전부하전류의 1.5배로 제한하는 것으로 하고 계자전류는 무시한다)

① 4.8

② 5.7

③ 6.8

④ 7.7

| 해설

전동기의 기동전류 $I_s = \dfrac{V_n}{r_a + R_s}$ [A]

(여기서, $V_n$: 정격전압, $r_a$: 전기자저항, $R_s$: 기동저항)

기동전류를 정격전류의 1.5배로 제한해야 하므로 기동전류는

$I_s = \dfrac{225}{0.2 + R_s} = 1.5 \times 30$

기동저항 $R_s = \dfrac{225}{1.5 \times 30} - 0.2 = 4.8[\Omega]$

## 60 ☐☐☐

동기전동기의 위상특성곡선에서 공급전압 및 부하를 일정하게 유지하면서 여자(= 계자)전류(勵磁電流)를 변화시키면?

① 속도가 변한다.

② 토크(torque)가 변한다.

③ 전기자전류가 변하고 역률이 변한다.

④ 별다른 변화가 없다.

| 해설

**위상특성곡선**

㉠ 여자전류를 변환시키면 전기자전류와 역률이 변한다.

㉡ 무부하운전 중인 동기전동기를 과여자운전하면 콘덴서로 작용한다.

㉢ 무부하운전 중인 동기전동기를 부족여자운전하면 리액터로 작용한다.

해커스 전기기사 필기 한권완성 기본이론 + 기출문제

## 61 □□□

$I(s) = \dfrac{12}{2s(s+6)}$ 일 때 전류의 초기값 $i(0^+)$ 은?

① 6          ② 2

③ 1          ④ 0

| 해설

초기값: $i(0^+) = \lim_{t \to 0} i(t) = \lim_{s \to \infty} s\,I(s)$

$= \lim_{s \to \infty} \dfrac{6}{s+6} = \dfrac{6}{\infty} = 0$

## 62 □□□

그림과 같은 회로에서 전압계 3개로 단상전력을 측정하고자 할 때의 유효전력은?

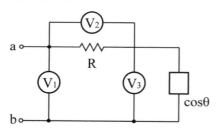

① $\dfrac{1}{2R}(V_1^2 - V_2^2 - V_3^2)$      ② $\dfrac{1}{2R}(V_1^2 - V_3^2)$

③ $\dfrac{R}{2}(V_1^2 - V_2^2 - V_3^2)$      ④ $\dfrac{R}{2}(V_2^2 - V_1^2 - V_3^2)$

| 해설

㉠ 역률: $\cos\theta = \dfrac{V_1^2 - V_2^2 - V_3^2}{2V_2 V_3}$

㉡ 유효전력(소비전력)

$P = VI\cos\theta$

$= V_3 \times \dfrac{V_2}{R} \times \dfrac{V_1^2 - V_2^2 - V_3^2}{2V_2 V_3}$

$= \dfrac{1}{2R}(V_1^2 - V_2^2 - V_3^2)\,[\text{W}]$

## 63 □□□

전압 대칭분을 각각 $V_0$, $V_1$, $V_2$ 전류의 대칭분을 각각 $I_0$, $I_1$, $I_2$ 라 할 때 대칭분으로 표시되는 전 전력은 얼마인가?

① $V_0 I_1 + V_1 I_2 + V_2 I_0$

② $V_0 I_0 + V_1 I_1 + V_2 I_2$

③ $3V_0 I_1 + 3V_1 I_2 + 3V_2 I_0$

④ $3V_0 I_0 + 3V_1 I_1 + 3V_2 I_2$

| 해설

**대칭좌표법에 의한 전력표시**

$P_a = P + jP_r = \overline{V_a} I_a + \overline{V_b} I_b + \overline{V_c} I_c$

$= \left(\overline{V_0} + \overline{V_1} + \overline{V_2}\right) I_a$

$\quad + \left(\overline{V_0} + a^2\overline{V_1} + \bar{a}\,\overline{V_2}\right) I_b$

$\quad + \left(\overline{V_0} + \bar{a}\,\overline{V_1} + a^2\overline{V_2}\right) I_c$

$= \left(\overline{V_0} + \overline{V_1} + \overline{V_2}\right) I_a$

$\quad + \left(\overline{V_0} + a\overline{V_1} + a^2\overline{V_2}\right) I_b$

$\quad + \left(\overline{V_0} + a^2\overline{V_1} + a\overline{V_2}\right) I_c$

$= \overline{V_0}\left(I_a + I_b + I_c\right)$

$\quad + \overline{V_1}\left(I_a + aI_b + a^2 I_c\right)$

$\quad + \overline{V_2}\left(I_a + a^2 I_b + a I_c\right)$

$= 3\overline{V_0} I_0 + 3\overline{V_1} I_1 + 3\overline{V_2} I_2$

정답    61 ④   62 ①   63 ④

## 64 ☐☐☐

분포정수회로에서 직렬 임피던스를 $Z$, 병렬 어드미턴스를 $Y$라 할 때, 선로의 특성임피던스 $Z_0$는?

① $ZY$

② $\sqrt{ZY}$

③ $\sqrt{\dfrac{Y}{Z}}$

④ $\sqrt{\dfrac{Z}{Y}}$

| 해설

특성임피던스란, 선로를 이동하는 진행파에 대한 전압과 전류의 비로서 그 선로의 고유한 값을 말한다.

∴ 특성임피던스 크기

$$Z_0 = \sqrt{\dfrac{Z}{Y}} = \sqrt{\dfrac{R+j\omega L}{G+j\omega C}}\,[\Omega]$$

## 65 ☐☐☐

그림과 같은 4단자 회로의 4단자 정수 A, B, C, D에서 A의 값은?

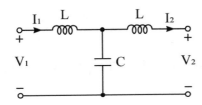

① $1-j\omega C$

② $1-\omega^2 LC$

③ $j\omega C$

④ $j\omega L(2-\omega^2 LC)$

| 해설

㉠ $A = 1 + \dfrac{j\omega L}{\dfrac{1}{j\omega C}} = 1 + j^2\omega^2 LC$

$\quad = 1 - \omega^2 LC$

㉡ $B = \dfrac{j\omega L \times \dfrac{1}{j\omega} + (j\omega L)^2 + j\omega L \times \dfrac{1}{j\omega}}{\dfrac{1}{j\omega C}}$

$\quad = j\omega LC(2 - \omega^2 LC)$

㉢ $C = \dfrac{1}{\dfrac{1}{j\omega C}} = j\omega C$

㉣ $D = 1 + \dfrac{j\omega L}{\dfrac{1}{j\omega C}} = 1 + j^2\omega^2 LC$

$\quad = 1 - \omega^2 LC$

## 66 ☐☐☐

비정현파에 있어서 정현 대칭의 조건은 어느 것인가?

① $f(t) = f(-t)$

② $f(t) = -f(t)$

③ $f(t) = -f(-t)$

④ $f(t) = -f\left(t + \dfrac{T}{2}\right)$

| 해설

**푸리에 계수 정리**

$$\left(f(t) = a_0 + \sum_{n=1}^{\infty} b_n \sin n\omega t + \sum_{n=1}^{\infty} a_n \cos n\omega t\right)$$

| 구분 | 대칭 조건 | 푸리에 계수 |
|---|---|---|
| 우함수<br>(여현대칭) | $f(t) = f(-t)$ | $b_n = 0$<br>$a_0,\ a_n$ 존재 |
| 기함수<br>(정현대칭) | $f(t) = -f(-t)$ | $a_0 = a_n = 0,$<br>$b_n$ 존재 |
| 반파대칭 | $f(t) = f(-t)$ | 홀수(기수)차<br>고조파만 남는다. |

정답   64 ④   65 ②   66 ③

## 67 ▢▢▢

그림에서 저항 R이 접속되고 여기에 3상 평형 전압 V[V]가 가해져 있다. 지금 ×표의 곳에서 1선이 단선 되었다고 하면 소비전력은 처음의 몇 배로 되는가?

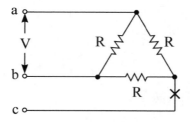

① 1          ② 0.5

③ 0.25       ④ 0.7

| 해설

㉠ 단선되기 전 소비전력: $P_\triangle = \dfrac{3V^2}{R}$ [W]

㉡ c선이 단선 후 소비전력

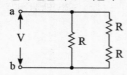

합성저항: $R_{ab} = \dfrac{R \times 2R}{R + 2R} = \dfrac{2}{3}R\,[\Omega]$

소비전력: $P_x = \dfrac{V^2}{R_{ab}} = \dfrac{3V^2}{2R}$ [W]

$\therefore \dfrac{P_x}{P_\triangle} = \dfrac{\dfrac{3V^2}{2R}}{\dfrac{3V^2}{R}} = \dfrac{1}{2} = 0.5$배

## 68 ▢▢▢

그림과 같은 회로에서 5[Ω]에 흐르는 전류는 몇 [A]인가?

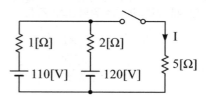

① 30[A]         ② 40[A]

③ 20[A]         ④ 33.3[A]

| 해설

밀만의 정리에 의해서 구할 수 있다.

㉠ 개방전압 (5[Ω]의 단자전압)

$$V_{ab} = \frac{\sum I}{\sum Y} = \frac{\dfrac{110}{1} + \dfrac{120}{2}}{\dfrac{1}{1} + \dfrac{1}{2} + \dfrac{1}{5}} = 100\,[\text{V}]$$

㉡ 5[Ω]에 흐르는 전류: $I = \dfrac{100}{5} = 20\,[\text{A}]$

## 69 ▢▢▢

그림과 같은 △회로를 등가인 Y회로로 환산하면 a의 임피던스는?

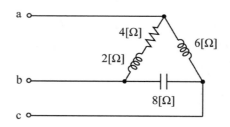

① $3 + j6\,[\Omega]$       ② $-3 + j6\,[\Omega]$

③ $6 + j6\,[\Omega]$       ④ $-6 + j6\,[\Omega]$

| 해설

$$Z_a = \frac{Z_{ab} \times Z_{ca}}{(Z_{ab} + Z_{bc} + Z_{ca})}$$

$$= \frac{(4 + j2) \times j6}{(4 + j2) + (-j8) + j6}$$

$$= \frac{-12 + j24}{4} = -3 + j6\,[\Omega]$$

정답   67 ②   68 ③   69 ②

## 70 □□□

그림과 같은 회로에서 S를 열었을 때 전류계의 지시는 10[A]이었다. S를 닫을 때 전류계의 지시는 몇 [A]인가?

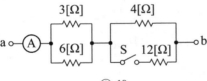

① 8

② 10

③ 12

④ 15

**| 해설**

(1) 스위치(S) 개방 상태 해석

  ㉠ 합성저항: $R_{ab} = \dfrac{3 \times 6}{3+6} + 4 = 6\,[\Omega]$

  ㉡ 전체 전류(전류계 지시값): $I_o = 10\,[\text{A}]$

  ㉢ a, b 양단의 기전력: $V_{ab} = I_o R_{ab} = 10 \times 6 = 60\,[\text{V}]$

(2) 스위치(S) 닫은 상태 해석

  ㉠ 합성저항:

$$R_c = \frac{3 \times 6}{3+6} + \frac{4 \times 12}{4+12} = 5\,[\Omega]$$

  ㉡ a, b 양단의 기전력: $V_{ab} = 60\,[\text{V}]$

  ㉢ 전류: $I_c = \dfrac{V_{ab}}{R_c} = \dfrac{60}{5} = 12\,[\text{A}]$

## 71 □□□

다음 회로의 임펄스 응답은? (단, $t = 0$에서 스위치 $K$를 닫으면 $v_o$를 출력으로 본다)

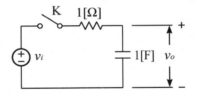

① $e^t$

② $e^{-t}$

③ $\dfrac{1}{2}\,e^{-t}$

④ $2\,e^{-t}$

**| 해설**

㉠ 종합 전달함수:

$$M(s) = \frac{V_o(s)}{V_i(s)} = \frac{\dfrac{1}{Cs}}{R + \dfrac{1}{Cs}}$$

$$= \frac{1}{RCs + 1} = \frac{\dfrac{1}{RC}}{s + \dfrac{1}{RC}}$$

㉡ 응답: $v_o(t) = \mathcal{L}^{-1}\left[V_o(s)\right]$

$$= \mathcal{L}^{-1}\left[V_i(s)\,M(s)\right]$$

∴ 임펄스 응답

$$v_o(t) = \mathcal{L}^{-1}[M(s)] = \mathcal{L}^{-1}\left[\frac{\dfrac{1}{RC}}{s + \dfrac{1}{RC}}\right]$$

$$= \frac{1}{RC}\,e^{-\frac{1}{RC}t} = e^{-t}$$

## 72 □□□

주파수 전달함수 $G(j\omega) = \dfrac{1}{j\,100\,\omega}$ 인 계에서 $\omega = 0.1$ [rad/sec]일 때의 이득 [dB]과 위상각 $\theta$ [deg]는 얼마인가?

① -20, -90°

② -40, -90°

③ 20, 90°

④ 40, 90°

| 해설

㉠ 주파수 전달함수:

$$G(j\omega) = \dfrac{1}{j\,100\,\omega}\bigg|_{\omega = 0.1} = \dfrac{1}{j\,10}$$

$$= \dfrac{1}{10 \angle 90°} = 10^{-1} \angle -90°$$

㉡ 이득: $g = 20 \log |G(j\omega)|$

$$= 20 \log 10^{-1} = -20 \log 10$$

$$= -20\,[\text{dB}]$$

## 73 □□□

$G(j\omega) = \dfrac{K}{1 + j\omega T}$ 일 때 $|G(j\omega)|$ 와 $\angle G(j\omega)$는?

① $|G(j\omega)| = \dfrac{K}{\sqrt{1 + (\omega T)^2}}$

$\angle G(j\omega) = -\tan^{-1}(\omega T)$

② $|G(j\omega)| = -\dfrac{K}{\sqrt{1 + (\omega T)}}$

$\angle G(j\omega) = -\tan(\omega T)$

③ $|G(j\omega)| = -\dfrac{K}{\sqrt{1 + (\omega T)}}$

$\angle G(j\omega) = -\tan^{-1}(\omega T)$

④ $|G(j\omega)| = \dfrac{K}{\sqrt{1 + (\omega T)^2}}$

$\angle G(j\omega) = \tan(\omega T)$

| 해설

㉠ 주파수 전달함수:

$$G(j\omega) = \dfrac{K}{1 + j\omega T}$$

$$= \dfrac{K \angle 0}{\sqrt{1^2 + (\omega T)^2} \angle \tan^{-1}(\omega T)}$$

$$= \dfrac{K}{\sqrt{1^2 + (\omega T)^2}} \angle -\tan^{-1}(\omega T)$$

㉡ 크기: $|G(j\omega)| = \dfrac{K}{\sqrt{1 + (\omega T)^2}}$

㉢ 위상각: $\angle G(j\omega) = -\tan^{-1}(\omega T)$

## 74 ☐☐☐

그림과 같은 회로는 어떤 논리회로인가?

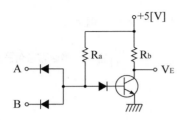

① AND 회로　　　　② NAND 회로
③ OR 회로　　　　　④ NOR 회로

| 해설

**NOR 회로**

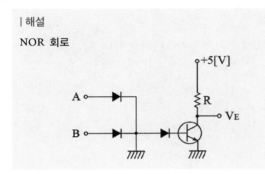

## 75 ☐☐☐

어떤 계의 계단응답이 지수 함수적으로 증가하고 일정값으로 된 경우 이 계는 어떤 요소인가?

① 미분요소　　　　② 1차 뒤진 요소
③ 부동작 요소　　　④ 지상요소

| 해설

**1차 지연(뒤진)요소**

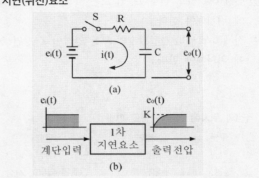

출력전압 $e_o(t)$ 는 콘덴서(C)에 충전되는 전압으로 초기에는 지수함수적으로 증가하다 충전이 완료되면 일정전압이 된다.

$$\therefore\ e_o(t) = K\left(1 - e^{-\frac{1}{T}t}\right) [V]$$

## 76 ☐☐☐

샘플치(sampled-date) 제어계통이 안정되기 위한 필요충분 조건은?

① 전체(over-all) 전달함수의 모든 극점이 Z-평면의 원점에 중심을 둔 단위원 내부에 위치해야 한다.

② 전체(over-all) 전달함수의 모든 영점이 Z-평면의 원점에 중심을 둔 단위원 내부에 위치해야 한다.

③ 전체(over-all) 전달함수의 모든 극점이 Z-평면 좌반면에 위치해야 한다.

④ 전체(over-all) 전달함수의 모든 영점이 Z-평면 우반면에 위치해야 한다.

| 해설

**극점의 위치에 따른 안정도 판별**

| 구분 | s평면 | z평면 |
|------|------|------|
| 안정 | 좌반부 | 단위원 내부에 사상 |
| 불안정 | 우반부 | 단위원 외부에 사상 |
| 임계안정<br>(안정한계) | 허수축 | 단위 원주상으로 사상 |

## 77 ☐☐☐

다음 식 중 De Morgan의 정리를 나타낸 식은?

① $A + B = B + A$

② $A \cdot (B \cdot C) = (A \cdot B) \cdot C$

③ $\overline{A \cdot B} = \overline{A} \cdot \overline{B}$

④ $\overline{A \cdot B} = \overline{A} + \overline{B}$

| 해설

드모르강의 정리는 다음과 같다.

㉠ $\overline{A \cdot B} = \overline{A} + \overline{B}$

㉡ $\overline{A + B} = \overline{A} \cdot \overline{B}$

## 78 ☐☐☐

선형 시불변 시스템의 상태방정식

$\dfrac{d}{dt} x(t) = A x(t) + B u(t)$ 에서

$A = \begin{bmatrix} 1 & 3 \\ 1 & -2 \end{bmatrix}$, $B = \begin{bmatrix} 0 \\ 1 \end{bmatrix}$일 때, **특성방정식은?**

① $s^2 + s - 5 = 0$

② $s^2 - s - 5 = 0$

③ $s^2 + 3s + 1 = 0$

④ $s^2 - 3s + 1 = 0$

| 해설

특성방정식 $F(s) = |sI - A| = 0$에서

$$F(s) = \begin{bmatrix} s & 0 \\ 0 & s \end{bmatrix} - \begin{bmatrix} 1 & 3 \\ 1 & -2 \end{bmatrix} = \begin{bmatrix} s-1 & -3 \\ -1 & s+2 \end{bmatrix}$$

$$= (s-1) \times (s+2) - (-3) \times (-1)$$

$$= s^2 + s - 2 - 3$$

$$= s^2 + s - 5 = 0$$

## 79 □□□

개루프 전달함수가 $G(s) = \dfrac{s+2}{s(s+1)}$ 일 때, 폐루프 전달

함수는?

① $\dfrac{s+2}{s^2+s}$

② $\dfrac{s+2}{s^2+2s+2}$

③ $\dfrac{s+2}{s^2+s+2}$

④ $\dfrac{s+2}{s^2+2s+4}$

| 해설

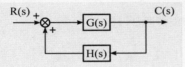

㉠ 종합 전달함수

$$M(s) = \frac{G(s)}{1+G(s)H(s)}$$

㉡ $G(s)H(s)$를 개루프 전달함수라 하고

$H(s) = 1$ 인 폐루프 시스템을 단위 (부)궤환 시스템이라

한다.

$$\therefore \ M(s) = \frac{G(s)}{1+G(s)} = \frac{\dfrac{s+2}{s(s+1)}}{1+\dfrac{s+2}{s(s+1)}}$$

$$= \frac{s+2}{s(s+1)+(s+2)}$$

$$= \frac{s+2}{s^2+2s+2}$$

## 80 □□□

$G(s)H(s) = \dfrac{K(s-1)}{s(s+1)(s-4)}$ 에서 점근선의 교차점을

구하면?

① −1

② 1

③ −2

④ 2

| 해설

㉠ 극점: $s_1 = 0$, $s_2 = -1$, $s_3 = 4$

• 극점의 수: $P = 3$개

• 극점의 총합: $\sum P = 3$

㉡ 영점: $s_1 = 1$

• 영점의 수: $Z = 1$개

• 영점의 총합: $\sum Z = 1$

∴ 점근선의 교차점:

$$\sigma = \frac{\sum P - \sum Z}{P - Z} = \frac{3-1}{3-1} = 1$$

2024

해커스 전기기사 필기 한권완성 기본이론 + 기출문제

정답 79 ② 80 ②

## 81 ☐☐☐

"제2차 접근상태"라 함은 가공전선이 다른 시설물과 접근하는 경우에 그 가공전선로의 다른 시설물의 위쪽 또는 옆쪽에서 수평거리로 몇[m] 미만인 곳에 시설되는 상태를 말하는가?

① 0.5
② 1
③ 2
④ 3

| 해설

**KEC 112 용어 정의**

㉠ 제1차 접근상태: 가공전선이 다른 시설물과 접근하는 경우에 가공전선이 다른 시설물의 위쪽 또는 옆쪽에서 수평거리로 가공전선로의 지지물의 지표상의 높이에 상당하는 거리 안에 시설(수평거리로 3[m] 미만인 곳에 시설되는 것을 제외한다)됨으로써 가공전선로의 전선의 절단, 지지물의 도괴 등의 경우에 그 전선이 다른 시설물에 접촉할 우려가 있는 상태를 말한다.

㉡ 제2차 접근상태: 가공 전선이 다른 시설물과 접근하는 경우에 그 가공 전선이 다른 시설물의 위쪽 또는 옆쪽에서 수평 거리로 3[m] 미만인 곳에 시설되는 상태를 말한다.

## 82 ☐☐☐

고압 가공전선로에 사용하는 가공지선으로 나경동선을 사용할 경우의 굵기는 지름 몇[mm] 이상이어야 하는가?

① 2
② 3.5
③ 4
④ 5

| 해설

**KEC 332.6 고압 가공전선로의 가공지선**

고압 가공전선로의 가공지선 → 4[mm](인장강도 5.26[kN]) 이상의 나경동선

## 83 ☐☐☐

건조한 장소로서 전개된 장소에 고압 옥내 배선을 할 수 있는 것은?

① 애자사용공사
② 합성수지관공사
③ 금속관공사
④ 가요전선관공사

| 해설

**KEC 342.1 고압 옥내배선 등의 시설**

고압 옥내 배선은 다음에 의하여 시설한다.

㉠ 애자사용배선(건조한 장소로서 전개된 장소에 한한다)
㉡ 케이블배선
㉢ 케이블트레이배선

## 84 ☐☐☐

분산형전원설비에서 사업장의 설비용량 합계가 몇 kVA 이상인 경우 송배전계통과의 연결 상태 감시 및 유효전력, 무효전력, 전압 등을 측정할 수 있는 장치를 시설하여야 하는가?

① 100
② 150
③ 200
④ 250

| 해설

**KEC 503 분산형전원 계통 연계설비의 시설**

분산형전원설비 사업자의 한 사업장의 설비 용량 합계가 250kVA 이상일 경우에는 송·배전계통과 연계지점의 연결 상태를 감시 또는 유효전력, 무효전력 및 전압을 측정할 수 있는 장치를 시설하여야 한다.

## 85 ☐☐☐

케이블트레이 공사에 사용되는 케이블트레이는 수용된 모든 전선을 지지할 수 있는 적합한 강도의 것으로서, 이 경우 케이블트레이의 안전율은 얼마 이상으로 하여야 하는가?

① 1.1　　　　　　② 1.2
③ 1.3　　　　　　④ 1.5

| 해설
**KEC 232.41 케이블트레이공사**
수용된 모든 전선을 지지할 수 있는 적합한 강도의 것이어야 한다. 이 경우 케이블 트레이의 안전율은 1.5 이상으로 하여야 한다.

## 86 ☐☐☐

특고압 가공전선로에서 사용전압이 60[kV]를 넘는 경우 전화선로의 길이 몇 [km]마다 유도전류가 3[$\mu$A]를 넘지 않도록 하여야 하는가?

① 12　　　　　　② 40
③ 80　　　　　　④ 100

| 해설
**KEC 333.2 유도장해의 방지**
㉠ 사용전압이 60000[V] 이하인 경우에는 전화선로의 길이 12[km]마다 유도전류가 2[$\mu$A]를 넘지 않도록 할 것
㉡ 사용전압이 60000[V]를 넘는 경우에는 전화선로의 길이 40[km]마다 유도전류가 3[$\mu$A]를 넘지 않도록 할 것

## 87 ☐☐☐

두 개 이상의 전선을 병렬로 사용하는 경우에 동선과 알루미늄선은 각각 얼마 이상의 전선으로 하여야 하는가?

① 동선: 20mm² 이상, 알루미늄선: 40mm² 이상
② 동선: 30mm² 이상, 알루미늄선: 50mm² 이상
③ 동선: 40mm² 이상, 알루미늄선: 60mm² 이상
④ 동선: 50mm² 이상, 알루미늄선: 70mm² 이상

| 해설
**KEC 123 전선의 접속**
두 개 이상의 전선을 병렬로 사용하는 경우 각 전선의 굵기는 동선 50mm² 이상 또는 알루미늄 70mm² 이상으로 하고, 전선은 같은 도체, 같은 재료, 같은 길이 및 같은 굵기의 것을 사용하여야 한다.

## 88 ☐☐☐

지선을 사용하여 그 강도의 일부를 분담시켜서는 안되는 것은?

① 목주　　　　　　② 철주
③ 철탑　　　　　　④ 철근콘크리트주

| 해설
**KEC 331.11 지선의 시설**
• 철탑은 지선을 사용하여 그 강도를 분담시켜서는 안 된다.
• 지지물로 사용하는 철주 또는 철근 콘크리트주는 지선을 사용하지 않는 상태에서 2분의 1 이상의 풍압하중에 견디는 강도를 가지는 경우 이외에는 지선을 사용하여 그 강도를 분담시켜서는 안 된다.

## 89 ☐☐☐

전기저장장치의 전용건물에 이차전지를 시설할 경우 벽면으로부터 몇 m 이상 이격하여야 하는가?

① 0.5m 이상　　　　　② 1.0m 이상
③ 1.5m 이상　　　　　④ 2.0m 이상

| 해설
**KEC 515.2.1 전용건물에 시설하는 경우**
이차전지는 벽면으로부터 1[m] 이상 이격하여 설치하여야 한다.

정답　85 ④　86 ②　87 ④　88 ③　89 ②

## 90 ☐☐☐

접지시스템에서 주접지단자에 접속하여서는 안 되는 것은?

① 등전위본딩보체
② 접지도체
③ 보호도체
④ 보조보호등전위본딩도체

| 해설

**KEC 142.3.7 주접지단자**

접지시스템에서 주접지단자에 다음의 도체들을 접속하여야 한다.

㉠ 등전위본딩도체
㉡ 접지도체
㉢ 보호도체
㉣ 기능성 접지도체

## 91 ☐☐☐

피뢰시스템에서 등전위화를 위해 접속하는 설비에 속하지 않는 것은?

① 금속제 설비
② 구조물에 접속된 외부 도전성 부분
③ 내부피뢰시스템
④ 내부에 있는 절연된 부분

| 해설

**KEC 153.2 피뢰등전위본딩**

피뢰시스템의 등전위화는 다음과 같은 설비들을 서로 접속함으로써 이루어진다.

㉠ 금속제 설비
㉡ 구조물에 접속된 외부 도전성 부분
㉢ 내부시스템

## 92 ☐☐☐

과전류차단기로 시설하는 퓨즈 중 고압전로에 사용하는 포장퓨즈는 정격전류의 몇 배의 전류에 견디어야 하는가?

① 1.1
② 1.3
③ 1.5
④ 2.0

| 해설

**KEC 341.10 고압 및 특고압 전로 중의 과전류차단기의 시설**

㉠ 포장퓨즈는 정격전류의 1.3배에 견디고, 또한 2배의 전로로 120분 안에 용단되어야 한다.
㉡ 비포장 퓨즈는 정격전류의 1.25배에 견디고, 또한 2배의 전류로 2분 안에 용단되어야 한다.

## 93 ☐☐☐

전기철도의 가공 선로측에서 발생한 지락 및 사고전류의 파급을 방지하기 위해 무엇을 설치하여야 하는가?

① 퓨즈
② 계전기
③ 개폐기
④ 피뢰기

| 해설

**KEC 451.1 전기철도의 설비를 위한 보호협조**

가공 선로측에서 발생한 지락 및 사고전류의 파급을 방지하기 위하여 피뢰기를 설치하여야 한다.

## 94 ☐☐☐

농촌지역에서 고압 가공전선로에 접속되는 배전용변압기를 시설하는 경우, 지표상의 높이는 몇[m] 이상이어야 하는가?

① 3.5
② 4
③ 4.5
④ 5

| 해설

**KEC 341.8 고압용 기계기구의 시설**

고압용 기계기구를 지표상 4.5[m]의 높이에 시설할 것(시가지 외에서는 4[m] 이상)

정답  90 ④  91 ④  92 ②  93 ④  94 ②

## 95 ☐☐☐

저압전로의 절연성능에서 SELV, PELV에 전로에서 절연저항은 얼마 이상인가?

① 0.1MΩ
② 0.3MΩ
③ 0.5MΩ
④ 1.0MΩ

| 해설

전기설비기술기준 제52조(저압전로의 절연성능)

| 전로의 사용전압[V] | DC시험전압[V] | 절연저항[MΩ] |
|---|---|---|
| SELV 및 PELV | 250 | 0.5 |
| FELV, 500V 이하 | 500 | 1.0 |
| 500V 초과 | 1,000 | 1.0 |

## 96 ☐☐☐

지중전선로의 시설에서 관로식에 의하여 시설하는 경우 매설깊이는 몇 [m] 이상으로 하여야 하는가?

① 0.6
② 1.0
③ 1.2
④ 1.5

| 해설

KEC 334.1 지중전선로의 시설

(1) 관로식의 경우 케이블 매설깊이
  • 차량, 기타 중량물에 의한 압력을 받을 우려가 있는 장소: 1.0[m] 이상
  • 기타 장소: 0.6[m] 이상
(2) 직접 매설식의 경우 케이블 매설깊이
  • 차량, 기타 중량물에 의한 압력을 받을 우려가 있는 장소: 1.0[m] 이상
  • 기타 장소: 0.6[m] 이상

## 97 ☐☐☐

애자사용공사에 의한 저압옥내배선시 전선상호간의 간격은 몇[cm] 이상이어야 하는가?

① 2
② 4
③ 6
④ 8

| 해설

KEC 232.56 애자공사

㉠ 전선은 절연전선 사용(옥외용 · 인입용 비닐절연전선 사용 불가)
㉡ 전선 상호간격: 0.06[m] 이상
㉢ 전선과 조영재와 이격거리
  • 400[V] 이하: 25[mm] 이상
  • 400[V] 초과: 45[mm] 이상(건조한 장소에 시설하는 경우에는 25[mm])
㉣ 전선의 지지점 간의 거리는 전선을 조영재의 윗면 또는 옆면에 따라 붙일 경우에는 2[m] 이하일 것
㉤ 사용전압이 400[V] 초과인 것의 지지점 간의 거리는 6[m] 이하일 것

## 98 ☐☐☐

피뢰레벨을 선정하는 과정에서 위험물의 제조소 · 저장소 및 처리장의 피뢰시스템은 몇 등급 이상으로 해야 하는가?

① Ⅰ 등급 이상
② Ⅱ 등급 이상
③ Ⅲ 등급 이상
④ Ⅳ 등급 이상

| 해설

KEC 151.3 피뢰시스템 등급선정
위험물의 제조소 등에 설치하는 피뢰시스템은 Ⅱ 등급 이상으로 하여야 한다.

## 99 ☐☐☐

전기울타리의 시설에 관한 다음 사항 중 틀린 것은?

① 전로의 사용전압은 600[V] 이하일 것
② 사람이 쉽게 출입하지 아니하는 곳에 시설할 것
③ 전선은 인장강도 1.38[kN] 이상의 것 또는 지름 2[mm] 이상의 경동선일 것
④ 전선과 수목사이의 이격거리는 30[cm] 이상일 것

| 해설

**KEC 241.1 전기울타리**
㉠ 전기울타리는 사람이 쉽게 출입하지 아니하는 곳에 시설할 것
㉡ 전선은 인장강도 1.38[kN] 이상의 것 또는 지름 2[mm] 이상의 경동선일 것
㉢ 전선과 이를 지지하는 기둥 사이의 이격거리는 25[mm] 이상일 것
㉣ 전선과 다른 시설물(가공 전선은 제외) 또는 수목과의 이격거리는 0.3[m] 이상일 것
㉤ 전기울타리를 시설한 곳에는 사람이 보기 쉽도록 적당한 간격으로 위험표시를 할 것
㉥ 전기울타리에 전기를 공급하는 전로에는 쉽게 개폐할 수 있는 곳에 전용 개폐기를 시설할 것
㉦ 전기울타리용 전원장치에 전기를 공급하는 전로의 사용전압의 250[V] 이하일 것

## 100 ☐☐☐

전기저장장치의 이차전지에서 자동으로 전로로부터 차단하는 장치를 시설해야 하는 경우가 아닌 것은?

① 과전압 또는 과전류가 발생한 경우
② 제어장치에 이상이 발생한 경우
③ 전압 및 전류가 낮아지는 경우
④ 이차전지 모듈의 내부 온도가 급격히 상승할 경우

| 해설

**KEC 512.2.2 제어 및 보호장치**
전기저장장치의 이차전지는 다음에 따라 자동으로 전로로부터 차단하는 장치를 시설하여야 한다.
㉠ 과전압 또는 과전류가 발생한 경우
㉡ 제어장치에 이상이 발생한 경우
㉢ 이차전지 모듈의 내부 온도가 급격히 상승할 경우

※ CBT 문제는 수험생의 기억에 따라 복원된 것이며, 실제 기출문제와 동일하지 않을 수 있습니다.

## 제1과목 전기자기학

## 01 ☐☐☐

다음 중 강자성체의 3가지 특성이 아닌 것은?

① 히스트레시스 특성
② 포화특성
③ 고투자율 특성
④ 와전류 특성

| 해설

강자성체의 특징
• 비투자율 $\mu_s \gg 1$
• 자구의 영역을 가진다.
• 강자성체는 한계점에 도달하면 자성이 일정하게 되는 자기 포화 현상이 일어난다.
• 히스테리시스 현상은 도체마다 다른 특성을 가진다.
• 히스테리시스, 포화, 고주투자율 특성

## 02 ☐☐☐

다음 중 변위전류와 가장 관계가 깊은 것은?

① 도체
② 유전체
③ 반도체
④ 자성체

| 해설

변위전류는 유전체에 흐르는 전류이다.

## 03 ☐☐☐

정전계에서 도체에 정(+)의 전하를 주었을 때의 설명으로 틀린 것은?

① 도체 표면에서 수직으로 전기력선이 출입한다.
② 도체 외측의 표면에만 전하가 분포한다.
③ 도체 내에 있는 공동면에도 전하가 골고루 분포한다.
④ 도체 표면의 곡률 반지름이 작은 곳에 전하가 많이 분포한다.

| 해설

• 도체의 표면에만 전도체의 전하가 분포되어 있다.
• 도체 표면과 수직으로 전계 및 전기력선이 발생한다.
• 곡률 반지름이 작을수록(곡률이 클수록) 전하가 많이 분포한다.
• 도체의 모서리나 꺾인 지점에 전하가 집중되어 많이 분포한다.
• 도체표면: 등전위면
• 전기력선은 등전위면에 수직이므로 도체표면에 수직(법선방향)으로 발산한다.

## 04 ☐☐☐

자기 모멘트 $9.8 \times 10^{-5}$Wb·m의 막대자석을 지구자계의 수평성분 10.5AT/m인 곳에서 지자기 자오면으로부터 90° 회전시키는데 필요한 일은 약 몇 J인가?

① $9.03 \times 10^{-3}$
② $9.03 \times 10^{-5}$
③ $1.03 \times 10^{-3}$
④ $1.03 \times 10^{-5}$

| 해설

막대자석 토크 에너지: $W = MH(1 - \cos\theta)$

∴ $W = (9.8 \times 10^{-5}) \times 10.5(1 - \cos 90°) = 1.03 \times 10^{-3}$[J]

정답    01④   02②   03③   04③

## 05 ☐☐☐

자기인덕턴스 $L_1$[H], $L_2$[H]와 상호인덕턴스 $M$[H]와의 결합계수는?

① $\dfrac{\sqrt{L_1 L_2}}{M}$

② $\dfrac{M}{\sqrt{L_1 L_2}}$

③ $\dfrac{L_1 L_2}{M}$

④ $\dfrac{M}{L_1 L_2}$

| 해설

• 상호인덕턴스: $M = k\sqrt{L_1 L_2}$

• 결합계수: $k = \dfrac{M}{\sqrt{L_1 L_2}}$

## 06 ☐☐☐

평행 극판 사이에 유전율이 각각 $\epsilon_1$, $\epsilon_2$인 유전체를 그림과 같이 채우고, 극판 사이에 일정한 전압을 걸었을 때 두 유전체 사이에 작용하는 힘은? (단, $\epsilon_1 > \epsilon_2$)

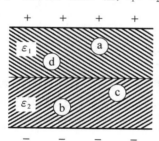

① ⓐ의 방향
② ⓑ의 방향
③ ⓒ의 방향
④ ⓓ의 방향

| 해설

유전체의 경계면에서 작용하는 힘은 유전율이 큰 쪽에서 작은 쪽으로 향한다(Maxwell 응력). 여기서 $\epsilon_1 > \epsilon_2$이므로 힘의 방향은 ⓑ의 방향이다.

## 07 ☐☐☐

질량 m이 $10^{-10}$kg이고, 전하량($Q$)이 $10^{-8}$C인 전하가 전기장에 의해 가속되어 운동하고 있다. 가속도가 $a = 10^2 i + 10^2 j$[m/s²]일 때 전기장의 세기 $E$[V/m]는?

① $E = i + j$

② $E = i + 10j$

③ $E = 10^4 i + 10^5 j$

④ $E = 10^{-6} i + 10^{-4} j$

| 해설

$F = qE = ma$에서 전계의 세기는

$$E = \frac{m}{q}a = \frac{10^{-10}}{10^{-8}} \times (10^2 i + 10^2 j) = i + j\text{[V/m]}$$

## 08 ☐☐☐

자기회로와 전기회로에 대한 설명으로 틀린 것은?

① 자기저항의 역수를 컨덕턴스라고 한다.
② 자기회로의 투자율은 전기회로의 도전율에 대응된다.
③ 전기회로의 전류는 자기회로의 자속에 대응된다.
④ 자기저항의 단위는 AT/Wb이다.

| 해설

자기저항의 역수는 퍼미언스이다.
전기회로와 자기회로의 비교

| 전기회로 | 자기회로 |
|---|---|
| 전류 $I = \dfrac{V}{R}$[A] | 자속 $\phi = \dfrac{F}{R_m}$[Wb] |
| 기전력 $V = IR$[V] | 기자력 $F_m = \phi R_m = NI$[AT] |
| 도전율 $k$[℧/m] | 투자율 $\mu$[H/m] |
| 전기저항 $R = \dfrac{l}{kS}$[Ω] | 자기저항 $R_m = \dfrac{F}{\phi} = \dfrac{l}{\mu S}$[AT/Wb] |
| 컨덕턴스 $G = \dfrac{1}{R}$ | 퍼미언스 $\dfrac{1}{R_m}$ |

정답   05 ②   06 ②   07 ①   08 ①

## 09 □□□

공기 중에서 반지름 0.03m의 구도체에 줄 수 있는 최대 전하는 약 몇 C인가? (단, 이 구도체의 주위 공기에 대한 절연내력은 $5 \times 10^{-6}$V/m이다)

① $2 \times 10^{-6}$

② $2 \times 10^{-4}$

③ $5 \times 10^{-7}$

④ $5 \times 10^{-5}$

| 해설

- 전계의 세기(절연내력): $E = \dfrac{Q}{4\pi\epsilon_0 r^2} = 5 \times 10^6$ [V/m]

- 최대전하: $Q = 4\pi\epsilon_0 r^2 E$
  $$= \frac{1}{9 \times 10^9} \times 0.03^2 \times (5 \times 10^6) = 5 \times 10^{-7} [C]$$

## 10 □□□

점전하와 접지된 유한한 도체 구가 존재할 때 점전하에 의한 접지 구도체의 영상 전하에 관한 설명으로 옳지 않은 것은?

① 영상 전하는 점전하와 도체 중심축을 이은 직선상에 존재한다.

② 영상 전하는 점전하와 크기는 같고 부호는 반대이다.

③ 영상 전하가 놓인 위치는 도체 중심과 점전하와의 거리와 도체 반지름에 결정된다.

④ 영상 전하는 구도체 내부에 존재한다.

| 해설

점전하와 구도체의 전기 영상법 적용 방법

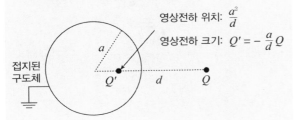

영상전하 위치: $\dfrac{a^2}{d}$

영상전하 크기: $Q' = -\dfrac{a}{d}Q$

접지된 구도체

## 11 □□□

자속밀도가 $10[\mathrm{Wb/m^2}]$인 자계 내에 길이 4cm의 도체를 자계와 직각으로 놓고 이 도체를 0.4초 동안 1m씩 균일하게 이동하였을 때 발생하는 기전력은 몇 V인가?

① 1

② 2

③ 3

④ 4

| 해설

운동 기전력:

$$e = vBl\sin\theta = \frac{s}{t}Bl\sin\theta = \left(\frac{1}{0.4}\right) \times 10 \times 0.04 \times \sin 90° = 1[V]$$

## 12 □□□

정전용량이 각각 $C_1 = 1[\mu\mathrm{F}]$, $C_2 = 2[\mu\mathrm{F}]$인 도체에 전하 $Q_1 = -5[\mu\mathrm{C}]$, $Q_2 = 2[\mu\mathrm{C}]$을 각각 주고 각 도체를 가는 철사로 연결하였을 때 $C_1$에서 $C_2$로 이동하는 전하 $Q[\mu\mathrm{C}]$는?

① $-1.5$

② $-2.5$

③ $-3$

④ $-4$

| 해설

각 도체를 가는 철사로 연결하면 두 개의 대전된 도체구가 접촉하므로 중화 현상으로 인해 총 전하량은 $-5 + 2 = 3[\mu\mathrm{C}]$이다. 각 콘덴서에 분배되어 저장되는 전하량은

$$Q_1 = \frac{C_1}{C_1 + C_2}Q = \frac{1}{1+2} \times (-3) = -1[\mu\mathrm{C}]$$

$$Q_2 = \frac{C_2}{C_1 + C_2}Q = \frac{2}{1+2} \times (-3) = -2[\mu\mathrm{C}]$$

따라서 $Q_1$에 남은 전하량이 $-1\mu\mathrm{C}$이므로 $C_1$에서 $C_2$로 $-4\mu\mathrm{C}$의 전하량이 이동하여야 한다. 또는 $Q_2$의 처음 전하량이 $2\mu\mathrm{C}$이었으므로 $-2\mu\mathrm{C}$가 되기 위해서는 $-4\mu\mathrm{C}$의 전하량이 이동하여야 한다.

정답    09 ③   10 ②   11 ①   12 ④

## 13 ☐☐☐

한 변의 길이가 10cm인 정사각형 회로에 직류 전류 10A가 흐를 때 정사각형의 중심에서의 자계 세기는 몇 A/m인가?

① $\dfrac{50\sqrt{2}}{\pi}$

② $\dfrac{100\sqrt{2}}{\pi}$

③ $\dfrac{150\sqrt{2}}{\pi}$

④ $\dfrac{200\sqrt{2}}{\pi}$

| 해설

한 변의 길이가 $l$일 때 도선 중심에서 자계의 세기

- 정삼각형: $H=\dfrac{9I}{2\pi l}[\mathrm{AT/m}]$

- 정사각형: $H=\dfrac{2\sqrt{2}\,I}{\pi l}[\mathrm{AT/m}]$

- 정육각형: $H=\dfrac{\sqrt{3}\,I}{\pi l}[\mathrm{AT/m}]$

∴ $H=\dfrac{2\sqrt{2}\times 10}{\pi\times 0.1}=\dfrac{200\sqrt{2}}{\pi}[\mathrm{AT/m}]$

## 14 ☐☐☐

단면적 4cm²의 철심에 $6\times 10^{-4}[\mathrm{Wb}]$의 자속을 통하게 하려면 2,800[AT/m]의 자계가 필요하다. 이 철심의 비투자율은 약 얼마인가?

① 376

② 426

③ 457

④ 512

| 해설

- 자속: $\phi=Bs=\mu HS=\mu_0\mu_s HS$

- 비투자율:

$\mu_s=\dfrac{\phi}{\mu_0 HS}=\dfrac{6\times 10^{-4}}{(4\pi\times 10^{-7})\times 2,800\times (4\times 10^{-4})}=426[\mathrm{H/m}]$

## 15 ☐☐☐

전계가 유리에서 공기로 입사할 때 (ㄱ) 입사각 $\theta_1$과 굴절각 $\theta_2$의 관계와 (ㄴ) 유리에서의 전계 $E_1$과 공기에서의 전계 $E_2$의 관계는?

|  | (ㄱ) | (ㄴ) |
|---|---|---|
| ① | $\theta_1<\theta_2$ | $E_1>E_2$ |
| ② | $\theta_1>\theta_2$ | $E_1>E_2$ |
| ③ | $\theta_1<\theta_2$ | $E_1<E_2$ |
| ④ | $\theta_1>\theta_2$ | $E_1<E_2$ |

| 해설

유전체의 경계면 조건

$\epsilon_1>\epsilon_2$일 때 $\theta_1>\theta_2$, $D_1>D_2$, $E_1<E_2$

## 16 ☐☐☐

내부 원통 도체의 반지름이 $a[\mathrm{m}]$, 외부 원통 도체의 반지름이 $b[\mathrm{m}]$인 동축 원통 도체에서 내외 도체 간 물질의 도전율이 $\sigma[\mho/\mathrm{m}]$일 때 내외 도체 간의 단위 길이당 컨덕턴스$[\mho/\mathrm{m}]$는?

① $\dfrac{2\pi\sigma}{\ln\dfrac{a}{b}}$

② $\dfrac{2\pi\sigma}{\ln\dfrac{b}{a}}$

③ $\dfrac{4\pi\sigma}{\ln\dfrac{a}{b}}$

④ $\dfrac{4\pi\sigma}{\ln\dfrac{b}{a}}$

| 해설

- 원통 도체의 정전용량: $C=\dfrac{2\pi\epsilon}{\ln\dfrac{b}{a}}$

- 컨덕턴스: $G=\dfrac{1}{R}=\dfrac{C}{\rho\epsilon}=\dfrac{\dfrac{2\pi\epsilon}{\ln\dfrac{b}{a}}}{\rho\epsilon}=\dfrac{2\pi}{\rho\ln\dfrac{b}{a}}=\dfrac{2\pi\sigma}{\ln\dfrac{b}{a}}\left(\rho=\dfrac{1}{\sigma}\right)$

## 17 □□□

다음 식 중에서 틀린 것은?

① $E = -\mathrm{grad}\ V$

② $\displaystyle\int_S E \cdot n\,ds = \frac{Q}{\epsilon_0}$

③ $\displaystyle V = \int_P^\infty E \cdot dl$

④ $\mathrm{grad}\ V = i\dfrac{\partial^2 V}{\partial x^2} + j\dfrac{\partial^2 V}{\partial y^2} + k\dfrac{\partial^2 V}{\partial z^2}$

| 해설

전위 경도: $\mathrm{grad}\ V = i\dfrac{\partial V}{\partial x} + j\dfrac{\partial V}{\partial y} + k\dfrac{\partial V}{\partial z}$

## 18 □□□

정전용량이 각각 $C_1$, $C_2$ 그 사이의 상호유도계수가 $M$인 절연된 두 도체가 있다. 두 도체를 가는 선으로 연결할 경우, 정전용량은 어떻게 표현되는가?

① $C_1 + C_2 + M$

② $C_1 + C_2 - M$

③ $2C_1 + 2C_2 + M$

④ $C_1 + C_2 + 2M$

| 해설

$Q_1 = C_{11}V_1 + C_{12}V_2$, $Q_2 = C_{21}V_1 + C_{22}V_2$

자체용량계수를 각각 $C_1 = C_{11}$, $C_2 = C_{22}$,

유도 계수를 각각 $C_{12} = C_{21} = M$이라 하면

$Q_1 = C_1 V + MV = (C_1 + M)V$

$Q_2 = MV + C_2 V = (C_2 + M)V$

따라서

$C = \dfrac{Q_1 + Q_2}{V} = \dfrac{(C_1 + M)V + (C_2 + M)V}{V} = C_1 + C_2 + 2M$

## 19 □□□

간격이 $d[\mathrm{m}]$이고 면적이 $S[\mathrm{m}^2]$인 평행판 커패시터의 전극 사이에 유전율이 $\epsilon$인 유전체를 넣고 전극 간에 $V[\mathrm{V}]$의 전압을 가했을 때 이 커패시터의 전극판을 떼어내는데 필요한 힘의 크기$[\mathrm{N}]$는?

① $\dfrac{1}{2}\epsilon\dfrac{V^2}{d^2}S$

② $\dfrac{1}{2}\epsilon\dfrac{V}{d}S$

③ $\dfrac{1}{2\epsilon}\dfrac{dV^2}{S}$

④ $\dfrac{1}{2\epsilon}\dfrac{V^2}{d^2 S}$

| 해설

• 축적 에너지: $W = \dfrac{1}{2}CV^2 = \dfrac{1}{2}\left(\dfrac{\epsilon S}{d}\right)V^2$

• 힘: $F = \dfrac{W}{d} = \dfrac{\dfrac{1}{2}\left(\dfrac{\epsilon S}{d}\right)V^2}{d} = \dfrac{1}{2}\epsilon\dfrac{V^2}{d^2}S$

## 20 □□□

두 개의 긴 직선 도체가 평행하게 그림과 같이 위치하고 있다. 각 도체에는 10A의 전류가 같은 방향으로 흐르고 있으며, 이격 거리가 0.2m일 때 오른쪽 도체의 단위 길이당 힘N/m은? (단, $a_x$, $a_z$는 단위 벡터이다)

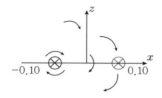

① $-10^{-2}a_z$

② $-10^{-4}a_z$

③ $-10^{-2}a_x$

④ $-10^{-4}a_x$

| 해설

- 평행도선의 단위 길이당 작용하는 힘: $F = \dfrac{\mu_0 I_1 I_2}{2\pi r}$

  $\therefore F = \dfrac{(4\pi \times 10^{-7}) \times 10 \times 10}{2 \times \pi \times 0.2} = 10^{-4}[\text{N/m}]$

- 흡인력: 같은 방향(평행 도선) ⊗→ ←⊗
- 반발력: 반대 방향(왕복 도선) ←⊗ ⊙→

두 도선에 흐르는 전류의 방향이 같으므로 흡인력이 작용하여 오른쪽 도체는 왼쪽($-a_x$)으로 힘을 받는다. 따라서 오른쪽 도체의 단위 길이당 힘은 $-10^{-4}a_x$[N/m]이다.

## 제2과목 전력공학

## 21 □□□

부하 전류의 차단에 사용되지 않는 것은?

① DS

② ACB

③ OCB

④ VCB

| 해설

단로기는 소호 장치가 없어서 고장 전류나 부하 전류의 개폐에는 사용할 수 없다.

## 22 □□□

변압기 결선에서 제3고조파 전압이 발생하는 결선은?

① △ - △

② Y - △

③ △ - Y

④ Y - Y

| 해설

△ 결선에서는 3고조파가 순환하기 때문에 부하에 영향을 주지 않으나, Y 결선은 3고조파가 2차측 외부로 빠져나가므로 부하에 영향을 준다.

## 23 ☐☐☐

송전 전력, 송전 거리, 전선로의 전력 손실이 일정하고, 같은 재료의 전선을 사용한 경우 단상 2선식에 대한 3상 4선식의 1선당 전력비는 약 얼마인가? (단, 중성선은 외선과 같은 굵기이다)

① 0.87
② 0.97
③ 1.24
④ 1.55

| 해설

| 배전 선로<br>방식 | 단상 2선 | 단상 3선 | 3상 3선 | 3상 4선 |
|---|---|---|---|---|
| 가닥 수 | 2 | 3 | 3 | 4 |
| 공급 전력 | $VI\cos\theta$ | $VI\cos\theta$ | $\sqrt{3}\,VI\cos\theta$ | $\sqrt{3}\,VI\cos\theta$ |
| 1선당<br>유효전력 | $\dfrac{VI\cos\theta}{2}$ | $\dfrac{VI\cos\theta}{3}$ | $\dfrac{\sqrt{3}\,VI\cos\theta}{3}$ | $\dfrac{\sqrt{3}\,VI\cos\theta}{4}$ |

1선당 유형전력의 비
=3상 4선식/단상 2선식

$= \dfrac{\sqrt{3}\,VI\cos\theta}{4} \div \dfrac{VI\cos\theta}{2} = \dfrac{\sqrt{3}}{2} = 0.87$

## 24 ☐☐☐

원자로에서 핵분열로 발생한 고속 중성자를 열중성자로 바꾸는 작용을 하는 것은?

① 반사재
② 냉각재
③ 제어제
④ 감속재

| 해설
감속재는 핵분열 시 발생한 고속 중성자의 속도를 떨어뜨려 열중성자로 바꾸는 작용을 한다. 냉각재는 핵연료의 과열을 방지하고 열을 2차 계통으로 전달하는 역할을 한다.

## 25 ☐☐☐

단락보호방식에 관한 설명으로 틀린 것은?

① 방사상 선로의 단락 보호방식에서 전원이 양단에 있을 경우 방향 단락 계전기와 과전류 계전기를 조합시켜서 사용한다.
② 전원이 1단에만 있는 방사상 송전선로에서의 고장 전류는 모두 발전소로부터 방사상으로 흘러 나간다.
③ 환상 선로의 단락 보호방식에서 전원이 1단에만 있을 경우 선택 단락 계전기를 사용한다.
④ 환상 선로의 단락 보호방식에서 전원이 두 군데 이상 있는 경우에는 방향 거리 계전기를 사용한다.

| 해설
환상 선로의 경우에는 전원이 한 곳뿐이라서 특정 선로를 선택할 필요는 없다.

## 26 ☐☐☐

전력 계통에서 내부 이상 전압의 크기가 가장 큰 경우는?

① 유도성 소전류 차단 시
② 수차 발전기의 부하 차단 시
③ 무부하 선로 충전 전류 차단 시
④ 송전 선로의 부하 차단기 투입 시

| 해설
선로의 정전용량에 의한 페란티 효과 때문에, 무부하 선로의 충전전류를 차단할 때 이상 전압이 가장 높다.

## 27 ☐☐☐

한 대의 주상 변압기에 역률(뒤짐) $\cos\theta_1$, 유효 전력 P1[kW]의 부하와 역률(뒤짐) $\cos\theta_2$, 유효전력 $P_2$[kW]의 부하가 병렬로 접속되어 있을 때 주상변압기 2차 측에서 본 부하의 종합 역률은 어떻게 되는가?

① $\dfrac{P_1+P_2}{\dfrac{P_1}{\sin\theta_1}+\dfrac{P_2}{\sin\theta_2}}$

② $\dfrac{P_1+P_2}{\dfrac{P_1}{\cos\theta_1}+\dfrac{P_2}{\cos\theta_2}}$

③ $\dfrac{P_1+P_2}{\sqrt{(P_1+P_2)^2+(P_1\sin\theta_1+P_2\sin\theta_2)^2}}$

④ $\dfrac{P_1+P_2}{\sqrt{(P_1+P_2)^2+(P_1\tan\theta_1+P_2\tan\theta_2)^2}}$

| 해설

역류$=\dfrac{\text{유효전력}}{\text{피상전력}}$이고, $\tan\theta_i=\dfrac{Q_i}{P_i}$이므로

종합 역률 $\cos\theta=\dfrac{P_1+P_2}{\sqrt{(P_1+P_2)^2+(P_1\tan_1+P_2\tan_2)^2}}$이다.

## 28 ☐☐☐

다음 중 송전 선로의 역섬락을 방지하기 위한 대책으로 가장 알맞은 방법은?

① 피뢰기 설치
② 매설지선 설치
③ 가공지선 설치
④ 소호각 설치

| 해설

송전탑 주변 땅 밑에 방사상으로 설치한 것이 매설지선이며, 철탑 전위를 낮춤으로써 역섬락이 방지된다.

## 29 ☐☐☐

다음 중 그 값이 항상 1 이상인 것은?

① 수용률
② 부하율
③ 부등률
④ 전압 강하율

| 해설

부등률[%] $=\dfrac{\text{최대전력의 합계}}{\text{합성 최대전력}}\times100$인데, 개개의 최대 수요전력을 합한 값이 합성 최대 전력보다 항상 크다.

## 30 ☐☐☐

송전 계통의 안정도를 향상시키기 위한 방법이 아닌 것은?

① 계통의 직렬 리액턴스를 감소시킨다.
② 속응 여자 방식을 채택한다.
③ 중간 조상 방식을 채택한다.
④ 여러 개의 계통으로 계통을 분리시킨다.

| 해설

계통을 연계시키고 단락비를 크게 하여 전압 변동을 작게 하면 안정도가 향상된다. 계통을 분리시키면 전압 변동이 커진다.

## 31 ☐☐☐

저압 뱅킹 방식에서 저전압의 고장에 의하여 건전한 변압기의 일부 또는 전부가 차단되는 현상은?

① 아킹(Arcing)
② 플리커(Flicker)
③ 밸런스(Balance)
④ 캐스케이딩(Cascading)

| 해설

수지식 저압 뱅킹 방식에서 나타나는 현상은 캐스케이딩이고, 고압 배전에서 나타나는 현상은 플리커이다.

## 32 ☐☐☐

다음 중 선택 접지 계전기의 용도에 대한 설명으로 옳은 것은?

① 단일회선에서 접지 전류의 방향 선택 차단
② 단일회선에서 접지 고장 회선의 선택 차단
③ 병행 2회선에서 접지 사고의 지속시간 선택 차단
④ 병행 2회선에서 접지 고장 회선의 선택 차단

| 해설

SGR계전기는 영상 전류와 영상 전압을 공급받아서 접지 고장의 회선을 선택적으로 차단한다.

## 33 ☐☐☐

전력선과 통신선 사이에 그림과 같이 차폐선을 설치하며, 각 선 사이의 상호 임피던스를 각각 $Z_{12}$, $Z_{1s}$, $Z_{2s}$라 하고 차폐선 자기 임피던스를 $Z_s$라 할 때 저감 계수를 나타낸 식은?

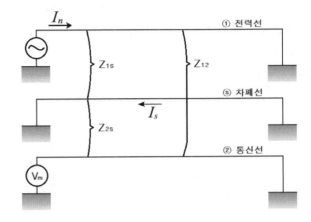

① $\left| 1 - \dfrac{Z_{1s}Z_{2s}}{Z_s Z_{12}} \right|$

② $\left| 1 - \dfrac{Z_{12}Z_{1s}}{Z_s Z_{2s}} \right|$

③ $\left| 1 - \dfrac{Z_s Z_{2s}}{Z_{12}Z_{1s}} \right|$

④ $\left| 1 - \dfrac{Z_s Z_{12}}{Z_{1s}Z_{2s}} \right|$

| 해설

저감 계수, 즉 차폐 계수 $= \left| 1 - \dfrac{분자}{분모} \right|$ 이다.

분모＝차폐선 자기임피던스×통신선 간 임피던스
분자＝차폐선과 좌통신선×차폐선과 우통신선

## 34 □□□

회선 송전선과 변압기의 조합에서 변압기의 여자 어드미턴스를 무시하였을 경우 송수전단의 관계를 나타내는 4단자 정수 $C_0$는?

(단, $A_0 = A + CZ_{ts}$, $B_0 = B + AZ_{tr} + DZ_{ts} + CZ_{tr}TZ_{ts}$, $D_0 = D + CZ_{tr}$, 여기서 $Z_{ts}$는 송전단변압기의 임피던스이며, $Z_{tr}$은 수전단변압기의 임피던스이다)

① $C$
② $C + DZ_{ts}$
③ $C + AZ_{ts}$
④ $CD + CA$

| 해설

송전단 변압기−송전선로−수전단 변압기가 직렬 연결된 상태이므로 세 행렬식의 곱으로 합성 4단자 정수를 구한다.

$$\begin{bmatrix} 1 & Z_{ts} \\ 0 & 1 \end{bmatrix} \begin{bmatrix} A & B \\ C & D \end{bmatrix} \begin{bmatrix} 1 & Z_{tr} \\ 0 & 1 \end{bmatrix} = \begin{bmatrix} A + CZ_{ts} & B + DZ_{ts} \\ C & D \end{bmatrix} \begin{bmatrix} 1 & Z_{tr} \\ 0 & 1 \end{bmatrix}$$

$$= \begin{bmatrix} A + CZ_{ts} & AZ_{tr} + CZ_{ts}Z_{tr} + (B + DZ_{ts}) \\ C & D + CZ_{tr} \end{bmatrix} \Leftrightarrow \begin{bmatrix} A_0 & B_0 \\ C_0 & D_0 \end{bmatrix}$$

## 35 □□□

10000kVA 기준으로 등가 임피던스가 0.4%인 발전소에 설치될 차단기의 차단 용량은 몇 MVA인가?

① 1000
② 1500
③ 2000
④ 2500

| 해설

차단 용량 $P_s = \dfrac{100}{\%Z} \times P_n = \dfrac{100}{0.4} = 2500 [\text{MVA}]$

## 36 □□□

가공 송전선로에서 총단면적이 같은 경우 단도체와 비교하여 복도체의 장점이 아닌 것은?

① 안정도를 증대시킬 수 있다.
② 전선 표면의 전위 경도를 감소시켜 코로나 임계 전압이 높아진다.
③ 공사비가 저렴하고 시공이 간편하다.
④ 선로의 인덕턴스가 감소되고, 정전용량이 증가해서 송전 용량이 증대된다.

| 해설

소도체들을 절연시켜서 합친 복도체를 사용하면 여러 가지 장점이 있지만 단도체를 사용할 때에 비해 공사비가 상승하고 시공이 복잡해진다.

## 37 □□□

다음 중 고압 배전 계통의 구성 순서로 옳은 것은?

① 배전 변전소 → 간선 → 분기선 → 급전선
② 배전 변전소 → 급전선 → 분기선 → 간선
③ 배전 변전소 → 간선 → 급전선 → 분기선
④ 배전 변전소 → 급전선 → 간선 → 분기선

| 해설

고압 배전 계통의 구성 순서는 배전 변전소 → 급전선 → 간선 → 분기선이다.

정답  34 ①  35 ④  36 ③  37 ④

## 38 ☐☐☐

송전선의 특성임피던스는 저항과 누설 컨덕턴스를 무시하면 어떻게 표현되는가? (단, L은 선로의 인덕턴스, C는 선로의 정전용량이다)

① $\dfrac{C}{L}$

② $\sqrt{\dfrac{C}{L}}$

③ $\dfrac{L}{C}$

④ $\sqrt{\dfrac{L}{C}}$

| 해설

특성 임피던스 식 $Z_0 = \sqrt{\dfrac{Z}{Y}} = \sqrt{\dfrac{R+j\omega L}{G+j\omega C}}$ 에서

$R = G = 0$이면 $Z_0 = \sqrt{\dfrac{L}{C}}$ 이다.

## 39 ☐☐☐

케이블의 전력 손실과 관계가 없는 것은?

① 도체의 저항손
② 철손
③ 시스손
④ 유전체손

| 해설

케이블은 도체의 열작용에 의한 저항손이 가장 크고, 절연체에 의한 유전체손과 외피에 의한 시스손도 전력 손실에 기여한다. 철손은 변압기의 철심에서 발생한다.

## 40 ☐☐☐

수차의 캐비테이션 방지책으로 틀린 것은?

① 흡출 수두를 증대시킨다.
② 침식에 강한 금속 재료로 러너를 제작한다.
③ 수차의 비속도를 너무 크게 잡지 않는다.
④ 과부하 운전을 가능한 한 피한다.

| 해설

수차에 유입된 물속에 기포가 발생하면 수압이 높아질 때 기포가 터지면서 배관이나 장비에 충격을 주게 되는데, 이와 같은 캐비테이션 현상을 방지하려면 수압을 낮추고 침식에 강한 러너(수차 터빈의 날개바퀴)를 사용해야 한다. 흡출 수두를 증대시키면 수압이 높아진다.

### 41 ☐☐☐

**동기 전동기에 대한 설명으로 틀린 것은?**

① 동기 전동기는 주로 회전계자형이다.
② 동기 전동기는 무효전력을 공급할 수 있다.
③ 동기 전동기는 제동권선을 이용한 기동법이 일반적으로 많이 사용된다.
④ 3상 동기 전동기의 회전 방향을 바꾸려면 계자 권선의 전류의 방향을 반대로 한다.

> **| 해설**
> 회전 계자 권선과 고정 전기자 권선이 똑같은 3상 교류 전원에 연결되어 있어서 계자 권선의 전류 방향을 바꾸면 전기자 전류도 바뀌므로 회전 방향은 그대로이다.

### 42 ☐☐☐

**다음 중 반도체 사이리스터로 속도 제어를 할 수 없는 것은?**

① 초퍼 제어
② 인버터 제어
③ 일그너 방식
④ 정지형 레너드 제어

> **| 해설**
> 일그너 방식을 제외한 나머지는 전부 scr을 이용한다. 일그너 방식은 플라이휠을 이용하며 대용량 압연기 및 승강기에 적용된다.

### 43 ☐☐☐

**다음 중 비례 추이를 하는 전동기는?**

① 동기 전동기
② 정류자 전동기
③ 단상 유도 전동기
④ 권선형 유도 전동기

> **| 해설**
> 권선형 유도 전동기의 경우, 2차 저항 $r_2$를 증가시키면 $s_m$도 정비례적으로 커지며 최대 토크는 불변인데 이것을 비례추이라고 한다.

### 44 ☐☐☐

**3상 변압기 2차측의 $E_w$ 상만을 반대로 하고, Y−Y 결선을 한 경우, 2차 상전압이 $E_u$=70[V], $E_v$=70[V], $E_w$=70[V]라면 2차 선간 전압은 약 몇 V인가?**

① $V_{u-v}$=121.2[V], $V_{v-w}$=210[V], $V_{w-u}$=70[V]
② $V_{u-v}$=121.2[V], $V_{v-w}$=70[V], $V_{w-u}$=70[V]
③ $V_{u-v}$=121.2[V], $V_{v-w}$=121.2[V], $V_{w-u}$=70[V]
④ $V_{u-v}$=121.2[V], $V_{v-w}$=121.2[V], $V_{w-u}$=121.2[V]

> **| 해설**
> u, v, w를 상전압 벡터라고 하면 Y결선에서 선간 전압은 두 상전압 벡터의 차이값이므로 크기는 $\sqrt{3}E$가 된다. 즉,
> $$V_{u-v} = \sqrt{3} \times 70 = 121.2[V]$$
> w의 극성이 바뀌면 두 상전압 사이의 위상차가 60°로 바뀌고 u와 w'의 차이값은 크기는 $E$이다. 즉 $V_{w'-u} = 70[V]$

**정답**    41 ④    42 ③    43 ④    44 ②

## 45 ☐☐☐

단상 유도 전동기를 2전동기설로 설명하는 경우 정방향 회전자계의 슬립이 0.2이면, 역방향 회전자계의 슬립은 얼마인가?

① 1.2
② 1.8
③ 3.5
④ 4.0

## 46 ☐☐☐

단상 유도 전동기의 특징을 설명한 것으로 옳은 것은?

① 기동 토크가 없으므로 기동 장치가 필요하다.
② 기계손이 있어도 무부하 속도는 동기속도보다 크다.
③ 권선형은 비례추이가 불가능하며, 최대 토크는 불변이다.
④ 슬립은 $0 > s > -1$이고, 2보다 작고 0이 되기 전에 토크가 0이 된다.

## 47 ☐☐☐

그림은 전원 전압 및 주파수가 일정할 때의 다상 유도 전동기의 특성을 표시하는 곡선이다. 이 중 1차 전류를 나타내는 곡선은?

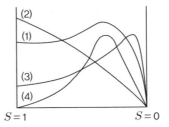

① (1)
② (2)
③ (3)
④ (4)

## 48 ☐☐☐

계자 권선이 전기자에 병렬로만 연결된 직류기는?

① 직권기
② 분권기
③ 복권기
④ 타여자기

정답  45 ②  46 ①  47 ②  48 ②

## 49 ☐☐☐

다음 중 동기 전동기에 일정한 부하를 걸고 계자 전류를 0A에서부터 계속 증가시킬 때에 대한 설명으로 옳은 것은? (단, $I_a$는 전기자 전류이다)

① $I_a$는 증가하다가 감소한다.
② $I_a$가 감소 상태일 때 앞선 역률이다.
③ $I_a$가 최소일 때 역률이 1이다.
④ $I_a$가 증가 상태일 때 뒤진 역률이다.

| 해설

V특성 곡선에서 가로축의 계자 전류를 증가시키면 전기자 전류는 점점 감소하다가 역률이 1일 때 최소, 다시 증가한다.

## 50 ☐☐☐

다음 중 직류기 발전기에서 양호한 정류(整流)를 얻는 조건으로 옳지 않은 것은?

① 정류 주기를 크게 할 것
② 브러시의 접촉 저항을 크게 할 것
③ 리액턴스 전압을 크게 할 것
④ 전기자 코일의 인덕턴스를 작게 할 것

| 해설

양호한 정류를 얻기 위해서는 보극을 설치하여 리액턴스 전압을 상쇄시켜야 한다.

## 51 ☐☐☐

용접용으로 사용되는 직류 발전기의 특성 중에서 가장 중요한 것은?

① 과부하에 견딜 것
② 전압 변동률이 적을 것
③ 경부하일 때 효율이 좋을 것
④ 전류에 대한 전압 특성이 수하 특성일 것

| 해설

용접에서는 안정적인 방전이 중요하므로 전류가 증가함에 따라 전압이 저하하는 수하 특성이 매우 중요하다. 따라서 용접기 전원용으로는 차동 복권 발전기가 주로 쓰인다.

## 52 ☐☐☐

3상 동기 발전기의 여자전류 10A에 대한 단자 전압이 $1000\sqrt{3}$, 3상 단락 전류가 50A인 경우 동기 임피던스는 몇 Ω인가?

① 5                     ② 11
③ 20                    ④ 34

| 해설

단락비=단락 전류/정격 전류, $I_s = \dfrac{E}{Z_s}$로부터 동기 임피던스를 구한다. 단자 전압과 기전력의 관계식 $V = \sqrt{3}E$로부터 기전력은 1000V이다.

따라서 $Z_s = \dfrac{E}{I_s} = \dfrac{1000}{50} = 20$

## 53 ☐☐☐

전압이 일정한 모선에 접속되어 역률 1로 운전하고 있는 동기 전동기를 동기 조상기로 사용하는 경우 여자 전류를 증가시키면 이 전동기는 어떻게 되는가?

① 역률은 앞서고, 전기자 전류는 감소한다.
② 역률은 앞서고, 전기자 전류는 증가한다.
③ 역률은 뒤지고, 전기자 전류는 감소한다.
④ 역률은 뒤지고, 전기자 전류는 증가한다.

| 해설

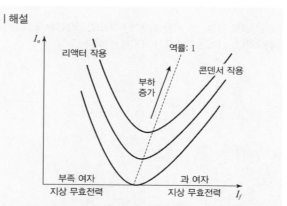

역률 1의 상태에서 여자 전류를 증가시키면 그림과 같이 전기자 전류가 증가하는데 이때의 전기자 전류는 진상 무효 전류이고 진상 역률을 초래한다.
(과여자 ↔ 진상 전류 ↔ 앞선 역률)

## 54 ☐☐☐

권수비가 a인 단상 변압기 3대가 있다. 이것을 1차에 △, 2차에 Y로 결선하여 3상 교류 평형 회로에 접속할 때 2차측의 단자 전압을 V[V], 전류를 I[A]라고 하면 1차측 단자 전압 및 선전류는 얼마인가? (단, 변압기의 저항, 누설 리액턴스, 여자 전류는 무시한다)

① $\sqrt{3}\,aV(V)$, $\dfrac{I}{\sqrt{3}\,a}(A)$

② $\dfrac{\sqrt{3}\,V}{a}(V)$, $\dfrac{aI}{\sqrt{3}}(A)$

③ $\dfrac{aV}{\sqrt{3}}(V)$, $\dfrac{\sqrt{3}\,I}{a}(A)$

④ $\dfrac{V}{\sqrt{3}\,a}(V)$, $\sqrt{3}\,aI(A)$

| 해설

권수비 관계식으로부터 상전압 $E_1 = aE_2$, 상전류 $I_1 = \dfrac{I_2}{a}$이고, 결선법에 따른 전압과 전류는 다음과 같다.

| 구분 | 상전압 | 선간전압 | 상전류 | 선전류 |
|------|--------|----------|--------|--------|
| 1차측(△) | $E_1 = aE_2$ | $E_1$ | $I_1 = I_2/a$ | $\sqrt{3}\,I_1$ |
| 2차측(Y) | $E_2$ | $\sqrt{3}\,E_2$ | $I_2$ | $I_2$ |

2차측 선전압과 선전류가 $V$, $I$로 주어졌으므로 2차측 상전압과 상전류는 $V/\sqrt{3}$, $I$이고, 권수비 관계식을 이용하면 1차측 상전압과 상전류는 $a \times V/\sqrt{3}$, $\dfrac{1}{a} \times I$이다.

따라서 1차측 선간전압과 선전류는 $\dfrac{aV}{\sqrt{3}}$, $\dfrac{\sqrt{3}\,I}{a}$이다.

## 55 ☐☐☐

변압기에서 생기는 철손 중 와류손(Eddy Current Loss)은 철심의 규소강판 두께와 어떤 관계가 있는가?

① 두께에 비례

② 두께의 $\dfrac{1}{2}$승에 비례

③ 두께의 2승에 비례

④ 두께의 3승에 비례

| 해설

와류손 $P_e = k_e \left( \dfrac{t k_f E}{4.44 NA} \right)^2$이므로 철손은 철심두께 $t$의 제곱에 비례하고, 기전력 $E$의 제곱에 비례한다.

## 56 ☐☐☐

회전형 전동기와 선형 전동기(Linear Motor)를 비교한 설명으로 틀린 것은?

① 선형의 경우 회전형에 비해 부하 관성의 영향이 크다.

② 선형의 경우 회전형에 비해 공극의 크기가 작다.

③ 선형의 경우 직접적으로 직선 운동을 얻을 수 있다.

④ 선형의 경우 전원의 상 순서를 바꾸어 이동 방향을 변경한다.

| 해설

리니어 모터는 동기 전동기의 전기자를 평판형으로 설치하여 마찰을 거치지 않고 바로 직선 형태의 추진력을 얻는다. 부하 관성의 영향이 커서 역률과 효율이 낮다. 공극의 크기는 철극형과 비철극형과 관련이 있다.

해커스 전기기사 필기 한권완성 기본이론 + 기출문제

## 57 ▢▢▢

회전자가 슬립 s로 회전하고 있을 때 고정자와 회전자의 실효 권수비를 α라고 하면 고정자 기전력 $E_1$과 회전자 기전력 $E_{2s}$의 비는?

① $(1-s)\alpha$

② $s\alpha$

③ $\dfrac{\alpha}{1-s}$

④ $\dfrac{\alpha}{s}$

| 해설

회전 시의 전압 $E_{2s}=sE_2$이고 권수비 $\alpha=\dfrac{E_1}{E_2}$이므로

$\dfrac{E_1}{E_{2s}}=\dfrac{\alpha}{s}$이다.

## 58 ▢▢▢

용량 1kVA, 3000/200[V]의 단상 변압기를 단권 변압기로 결선해서 3000/3200[V]의 승압기로 사용할 때 그 부하 용량[kVA]은?

① 1

② 6

③ 15

④ 16

| 해설

$\dfrac{\text{자기 용량}}{\text{부하 용량}}=\dfrac{V_h-V_l}{V_h}$

부하용량=자기용량$\times\dfrac{V_n}{V_n-V_l}$

$=1\times\dfrac{3200}{3200-3000}$

$=\dfrac{3200}{200}=16\text{kVA}$

따라서 부하 용량=16[kVA]이다.

## 59 ▢▢▢

다음 중 다이오드를 사용하는 정류회로에서 과대한 부하 전류로 인하여 다이오드가 소손될 우려가 있을 때 가장 적절한 조치로 옳은 것은?

① 다이오드 양단에 적당한 값의 저항을 추가한다.

② 다이오드 양단에 적당한 값의 커패시터를 추가한다.

③ 다이오드를 병렬로 추가한다.

④ 다이오드를 직렬로 추가한다.

| 해설

단상 전파(全波) 정류 회로의 역방향 첨두 전압은 직류 전압 $E_{av}$의 π배이고, 브리지 정류 회로의 역방향 첨두 전압은 직류 전압 $E_{av}$의 $\dfrac{\pi}{2}$배이다. 이와 같이 다이오드를 병렬로 추가하면 역전압에 의한 소손을 방지할 수 있다.

## 60 ▢▢▢

동기 리액턴스 $X_s$=10Ω, 전기자 권선 저항 $r_a$=0.1Ω, 3상 중 1상의 유도 기전력 E=6,400V, 단자 전압 V=4,000V, 부하각 δ=30°이다. 비철극기인 3상 동기 발전기의 출력은 약 몇 kW인가?

① 1,280

② 3,840

③ 5,560

④ 6,650

| 해설

비돌극형의 3상 출력

$P=\dfrac{3EV}{X_s}\sin\delta=\dfrac{3\times6400\times4000}{10}\sin30°\times10^{-3}=3,840[\text{kW}]$

# 제4과목 회로이론 및 제어공학

## 61 □□□

적분 시간 4sec, 비례 감도가 4인 비례적분 동작을 하는 제어 요소에 동작 신호 z(t)=2t를 주었을 때 이 제어 요소의 조작량은? (단, 조작량의 초기 값은 0이다)

① $t^2 - 2t$  
② $t^2 + 2t$  
③ $t^2 - 8t$  
④ $t^2 + 8t$

| 해설  
$k=4$, $T_i=4$, 비례적분 제어계의 조작량

$$y(t) = k \cdot \left[ z(t) + \frac{1}{T_i} \int_0^t z(t)dt \right] = 4 \cdot \left[ 2t + \frac{1}{4} \int_0^t 2t\,dt \right]$$
$$= 4\left( 2t + \frac{t^2}{4} \right)$$

## 62 □□□

다음 신호흐름 선도에서 전달함수 $\dfrac{C(s)}{R(s)}$ 는?

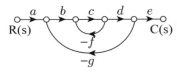

① $\dfrac{abcde}{1+cf-bcdg}$  
② $\dfrac{abcde}{1+cf+bcdg}$  
③ $\dfrac{abcde}{1-cg+bcdg}$  
④ $\dfrac{abcde}{1-cf+bcdg}$

| 해설  
하나뿐인 전향경로의 이득 $G_1 = abcde$ 이고 $G_1$과 만나지 않는 루프는 없으므로 $\Delta_1 = 1 - 0$이다. 루프는 2개이므로 $\Sigma l_1 = -cf - bcdg$이고 서로 만나므로 $\sum l_2 = 0$이다. 따라서 분모는 $1 + (cf + bcdg)$이다.

## 63 □□□

다음 회로망에서 입력 전압을 $V_1(t)$, 출력 전압을 $V_2(t)$라 할 때, $\dfrac{V_2(s)}{V_1(s)}$에 대한 고유 주파수 $\omega_n$과 제동비 $\zeta$의 값은? (단, R=100Ω, L=2H, C=200μF이고, 모든 초기 전하는 0이다)

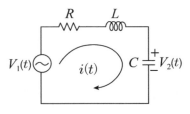

① $\omega_n = 250$, $\zeta = 0.7$  
② $\omega_n = 250$, $\zeta = 0.5$  
③ $\omega_n = 50$, $\zeta = 0.7$  
④ $\omega_n = 50$, $\zeta = 0.5$

| 해설  
출력측 임피던스 $Z_o = \dfrac{1}{Cs}$ 이고, 입력측 임피던스  
$Z_i = R + Ls$이므로 전달함수 $G(s) = \dfrac{1/Cs}{R + Ls}$ 이다.

폐루프 전달함수  
$$= \frac{G}{1+G} = \frac{1/Cs}{R+Ls+1/Cs} = \frac{1}{LCs^2 + RCs + 1}$$

주어진 L, C, R을 대입해서 정리하면 $\dfrac{2500}{s^2 + 50s + 2500}$

기본꼴 $\dfrac{\omega_n^2}{s^2 + 2\zeta\omega_n s + \omega_n^2}$ 과 비교하면 $\omega_n = 50$, $\zeta = 0.5$이다.

정답    61 ④  62 ②  63 ④

해커스 전기기사 필기 한권완성 기본이론 + 기출문제

## 64 ☐☐☐

최대 눈금이 100V이고, 내부저항 $r=30[\text{k}\Omega]$인 전압계가 있다. 600V를 측정하고자 한다면 배율기 저항 $R_s[\text{k}\Omega]$은 얼마이어야 하는가?

① 60
② 120
③ 150
④ 180

| 해설

$$V=100,\ r=30[\text{k}\Omega],\ V_0=600,\ m=\frac{V_0}{V}=\frac{600}{100}=6$$
$$R_s=(m-1)r=(6-1)\times30=150[\text{k}\Omega]$$

## 65 ☐☐☐

$Y=(A+B)(\overline{A}+B)$ 논리식과 등가인 것은?

① $Y=A$
② $Y=B$
③ $Y=\overline{A}$
④ $Y=\overline{B}$

| 해설

전개하면 $A\overline{A}+B\overline{A}+AB+B$이고 분배 법칙에 의해
$0+B(\overline{A}+A)+B=B\cdot1+B=B$가 된다.

## 66 ☐☐☐

전달함수가 $G_c(s)=\dfrac{2s+5}{7s}$인 제어기가 있다. 이 제어기는 어떤 제어기인가?

① 비례 미분 제어기
② 적분 제어기
③ 비례 적분 제어기
④ 비례 적분 미분 제어기

| 해설

$$G(s)=\frac{2s+5}{7s}=\frac{2}{7}+\frac{5}{7}\frac{1}{s}$$ 상수항은 비례 요소, $\frac{1}{s}$은 적분 요소이다.

## 67 ☐☐☐

그림의 신호흐름 선도를 미분 방정식으로 표현한 것으로 옳은 것은? (단, 모든 초기 값은 0이다)

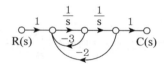

① $\dfrac{d^2c(t)}{dt^2}-3\dfrac{dc(t)}{dt}-2c(t)=r(t)$

② $\dfrac{d^2c(t)}{dt^2}-2\dfrac{dc(t)}{dt}-3c(t)=r(t)$

③ $\dfrac{d^2c(t)}{dt^2}+3\dfrac{dc(t)}{dt}+2c(t)=r(t)$

④ $\dfrac{d^2c(t)}{dt^2}+2\dfrac{dc(t)}{dt}+3c(t)=r(t)$

| 해설

전향 경로의 이득 $=1\times\dfrac{1}{s}\times\dfrac{1}{s}\times1=\dfrac{1}{s^2}$이고,

$\Sigma$루프의 이득 $=\dfrac{1}{s}\times(-3)+\dfrac{1}{s^2}\times(-2)=\dfrac{-3}{s}+\dfrac{-2}{s^2}$이므로

$$G(s)=\frac{C(s)}{R(s)}=\frac{1}{s^2+3s+2}\ \Rightarrow\ (s^2+3s+2)C(s)=R(s)$$

라플라스 역변환하면 $\dfrac{d^2c(t)}{dt^2}+3\dfrac{dc(t)}{dt}+2c(t)=r(t)$

## 68 □□□

특성방정식의 모든 근이 s평면(복소평면)의 jω축(허수축)에 있을 때 이 제어 시스템의 안정도는?

① 안정하다.
② 불안정하다.
③ 임계 안정이다.
④ 알 수 없다.

| 해설

특성근 s가 복소 평면의 좌반면에 위치하면 계는 안정, 복소 평면의 우반면에 위치하면 계는 불안정이고 j축은 안정과 불안정의 경계, 즉 임계 안정이다.

## 69 □□□

단위 궤환제어계의 개루프 전달함수가 $G(s) = \dfrac{k}{s(s+2)}$ 일 때, K가 $-\infty$로부터 $+\infty$까지 변하는 경우 특성방정식의 근에 대한 설명으로 틀린 것은?

① $-\infty < K < 0$에 대하여 근을 모두 실근이다.
② $0 < K < 1$에 대하여 2개의 근을 모두 음의 실근이다.
③ $1 < K < \infty$에 대하여 2개의 근은 음의 실수부 중근이다.
④ $K = 0$에 다하여 $s_1 = 0$, $s_2 = -2$의 근은 G(s)의 극점과 일치한다.

| 해설

$$G(s)H(s) = \frac{k}{s(s+2)}$$

$$\Rightarrow F(s) = 1 + G(s)H(s) = 1 + \frac{k}{s(s+2)}$$

$\Rightarrow$ 특성방정식: $s^2 + 2s + k = 0$이고 특성근은
$s = -1 \pm \sqrt{1-k}$ 이므로 $1 < k < \infty$ 범위에서 특성근은
$-1 \pm j\beta$꼴의 복소수이다.

## 70 □□□

블록선도의 제어시스템은 단위 램프 입력에 대한 정상상태 오차(정상편차)가 0.01이다. 이 제어시스템의 제어요소인 $GC_1(s)$의 k는?

$$G_{C1}(s) = k, \quad G_{C2}(s) = \frac{1+0.1s}{1+0.2s},$$

$$G_P(s) = \frac{200}{s(s+1)(s+2)}$$

① 1
② 10
③ 50
④ 100

| 해설

입력 선호가 램프 함수이므로 1형 제어계에 해당한다.

정상상태 오차 $e_{sv} = \dfrac{1}{\lim\limits_{s\to 0} s^1 G} = 0.01$이므로

$$\lim_{s\to 0} s^1 G_{C1} G_{C2} G_P = \lim_{s\to 0} k \frac{1+0.1s}{1+0.2s} \frac{200}{(s+1)(s+2)} = 100$$

따라서 $k = 1$이다.

68 ③  69 ③  70 ①

2023

해커스 전기기사 필기 한권완성 기본이론 + 기출문제

## 71 ☐☐☐

회로에서 6Ω에 흐르는 전류[A]는?

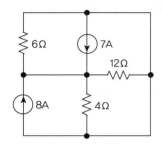

① 2.5
② 5
③ 8
④ 10

## 72 ☐☐☐

3상 불평형 전압 $V_a$, $V_b$, $V_c$가 주어진다면, 정상분 전압은? (단, $a = e^{j2\pi/3} = 1 \angle 120°$이다)

① $V_a + aV_b + a^2V_c$

② $\frac{1}{3}(V_a + aV_b + a^2V_c)$

③ $V_a + a^2V_b + aV_c$

④ $\frac{1}{3}(V_a + a^2V_b + aV_c)$

## 73 ☐☐☐

fe(t)가 우함수이고 fo(t)가 기함수일 때 주기함수 f(t)=fe(t)+fo(t)에 대한 다음 식 중 틀린 것은?

① $f_e(t) = f_e(-t)$

② $f_o(t) = -f_o(-t)$

③ $f_o(t) = \frac{1}{2}[f(t) - f(-t)]$

④ $f_e(t) = \frac{1}{2}[f(t) - f(-t)]$

## 74 ☐☐☐

논리식 $((AB + A\overline{B}) + AB) + \overline{A}B)$를 간단히 하면?

① $A + \overline{B}$
② $\overline{A} + B$
③ $A + B$
④ $A + A \cdot B$

## 75 ☐☐☐

다음 피드백 제어계에서 시스템이 안정하기 위한 k의 범위는?

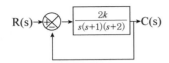

① 0 < k < 2
② 0 < k < 3
③ 0 < k < 5
④ 0 < k < 8

| 해설

폐루프 전달함수 $M(s) = \dfrac{G}{1-GH} = \dfrac{2k/s(s+1)(s+2)}{1-2k/s(s+1)(s+2)}$

분모를 0으로 놓으면 특성방정식이 되므로,

$1 - \dfrac{2k}{s(s+1)(s+2)} = 0$

$s^3 + 3s^2 + 2s + 2k = 0$

루스표를 만들어보면 $s^1$행의 1열이 $\dfrac{6-2k}{3}$이고 $s^0$행의 1열이 2k이므로 둘 다 양수이기 위한 k의 범위는 0 < k < 3이다.

## 76 ☐☐☐

선로의 단위 길이당 인덕턴스, 저항, 정전 용량, 누설 컨덕턴스를 각각 L, R, C, G라 하면 전파 정수는?

① $\dfrac{\sqrt{R+j\omega L}}{G+j\omega C}$

② $\sqrt{\dfrac{(G+j\omega C)}{(R+j\omega L)}}$

③ $\sqrt{\dfrac{(R+j\omega C)}{(G+j\omega L)}}$

④ $\sqrt{(R+j\omega L)(G+j\omega C)}$

| 해설

전파 정수 $\gamma = \sqrt{ZY} = \sqrt{(R+j\omega L)(G+j\omega C)}$

## 77 ☐☐☐

파형이 톱니파인 경우 파형률은 약 얼마인가?

① 0.577
② 1.732
③ 1.155
④ 1.414

| 해설

톱니파의 평균값은 $\dfrac{E_m}{2}$이고, 실횟값은 $\dfrac{E_m}{\sqrt{3}}$이므로

파형률은 $\dfrac{실횟값}{평균값} = \dfrac{2}{\sqrt{3}} \fallingdotseq 1.155$이다.

## 78 ☐☐☐

회로에서 t=0초일 때 닫혀 있는 스위치 S를 열었다. 이때 $\dfrac{dv(0^+)}{dt}$의 값은? (단, C의 초기 전압은 0V이다)

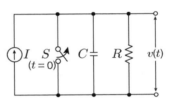

① $\dfrac{1}{RI}$

② $\dfrac{I}{C}$

③ $RI$

④ $\dfrac{C}{I}$

| 해설

스위치가 닫혀 있는 동안에는 C 또는 R 쪽으로 전류가 흐르지 않는다. 스위치를 열면 RC 병렬 회로가 되고 전류원에서 나온 전류가 C와 R로 나뉘어 흘러야 하지만 처음에 C는 단락 상태로 간주해도 되므로 전체 전류가 C 쪽으로만 흐른다.

C에 걸린 전압이 $v(t)$이고 충전 전류 $i = \dfrac{dq(t)}{dt} = C\dfrac{dv(t)}{dt}$

$\lim_{t \to 0} i = C\dfrac{dv(t)}{dt}\Big|_{t=0}$

$\dfrac{I}{C} = \dfrac{dv(t)}{dt}\Big|_{t=0}$

## 79 ⬜⬜⬜

정현파 교류 $v = V_m \sin \omega t$의 전압을 반파 정류하였을 때의 실횻값은 몇 V인가?

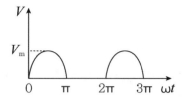

① $\dfrac{V_m}{2}$

② $\dfrac{V_m}{\sqrt{2}}$

③ $\dfrac{V_m}{2\sqrt{2}}$

④ $\sqrt{2} \, V_m$

| 해설

위상 $\pi \sim 2\pi$ 구간에서 출력 전압이 0이므로 실횻값은

$$\sqrt{\frac{1}{T} \int_0^T V^2 \; dt} = \sqrt{\frac{1}{2\pi} \overline{\int_0^\pi V^2 \; dt + \int_\pi^{2\pi} 0 \; dt}}$$

$$= \sqrt{\frac{V_m^2}{2\pi} \left[ \frac{\theta}{2} - \frac{1}{4}\sin 2\theta \right]_0^\pi}$$

$$= \sqrt{\frac{V_m^2}{2\pi} \frac{\pi}{2}} = \frac{V_m}{2} \text{이다.}$$

## 80 ⬜⬜⬜

단위 길이당 인덕턴스가 L[H/m]이고, 단위 길이당 정전용량이 C[F/m]인 무손실 선로에서의 진행파 속도[m/s]는?

① $\sqrt{\dfrac{C}{L}}$

② $\sqrt{\dfrac{L}{C}}$

③ $\sqrt{LC}$

④ $\dfrac{1}{\sqrt{LC}}$

| 해설

분포정수 선로에서 진행파 속도의 공식은 $v = \dfrac{\omega}{\beta}$ 인데, 무손실 선로에서 $\beta = \omega\sqrt{LC}$가 성립하므로 대입하면

$v = \dfrac{\omega}{\beta} = \dfrac{1}{\sqrt{LC}}$[m/s]이다.

## 81 ☐☐☐

전기 온상용 발열선은 그 온도가 몇 ℃를 넘지 않도록 시설하여야 하는가?

① 50
② 60
③ 80
④ 100

| 해설

전기 온상용 발열선은 온도가 80℃를 넘지 않도록 시설할 것

## 82 ☐☐☐

저압 옥내 전로의 인입구에 가까운 곳으로서 쉽게 개폐할 수 있는 곳에 개폐기를 시설하여야 한다. 그러나 사용전압이 400V 미만인 옥내 전로로서 다른 옥내 전로에 접속하는 길이가 몇 m 이하인 경우는 개폐기를 생략할 수 있는가?

① 10
② 15
③ 20
④ 30

| 해설

사용 전압이 400V 이하인 옥내 전로로서 다른 옥내 전로(정격전류가 16A 이하인 과전류 차단기 또는 정격 전류가 16A를 초과하고 20A 이하인 배선용 차단기로 보호되고 있는 것)에 접속하는 길이 15m 이하의 전로에서 전기의 공급을 받는 것은 규정에 의하지 않을 수 있다.

## 83 ☐☐☐

사용 전압 66kV의 가공 전선로를 시가지에 시설할 경우 전선의 지표상 최소 높이는 몇 m인가?

① 6.48
② 8.36
③ 10.48
④ 12.36

| 해설

사용 전압 35kV를 초과하는 경우 전선의 높이는 10m에 35kV를 초과하는 10kV 또는 그 단수마다 0.12m를 더한 값이다.
$6.6 - 3.5 = 3.1$로 4단이므로 $10 + (4 \times 0.12) = 10.48$

## 84 ☐☐☐

발·변전소의 주요 변압기에 반드시 시설하여야 하는 계측 장치를 모두 고른 것은?

① 전압계, 전류계, 주파수계
② 전압계, 전류계, 전력계
③ 전압계, 전류계, 역률계
④ 역률계, 전류계, 전력계

| 해설

발·변전소에 시설하는 계측 장치로는 발전기의 베어링 및 고정자의 온도계, 주요 변압기의 전압계 및 전류계 또는 전력계, 특고압용 변압기의 온도계가 있다.

## 85 ☐☐☐

사용 전압이 22.9kV인 가공 전선로를 시가지에 시설하는 경우 전선의 지표상 높이는 몇 m 이상인가? (단, 전선은 특고압 절연 전선을 사용한다)

① 6
② 8
③ 10
④ 11

| 해설

전선의 높이는 35kV 이하인 경우에는 10m(전선이 특고압 절연 전선인 경우 8m), 35kV 초과하는 경우에는 10m에 35kV를 초과하는 10kV 또는 그 단수마다 0.12m를 더한 값일 것

## 86 ☐☐☐

고압 가공 전선으로 사용한 경동선은 안전율이 얼마 이상인 이도로 시설하여야 하는가?

① 1.8
② 2.0
③ 2.2
④ 2.7

| 해설

고압 가공전선은 케이블인 경우 이외에는 그 안전율이 경동선 또는 내열 동합금선은 2.2 이상으로 시설하여야 한다.

## 87 ☐☐☐

옥내에 시설하는 저압 전선에 나전선을 사용할 수 있는 경우는?

① 금속 덕트 공사에 의하여 시설하는 경우
② 버스 덕트 공사에 의하여 시설하는 경우
③ 합성 수지관 공사에 의하여 시설하는 경우
④ 후강 전선관 공사에 의하여 시설하는 경우

| 해설

옥내에 시설하는 저압 전선에는 나전선을 사용하여서는 안 된다. 다만, 다음 중 어느 하나에 해당하는 경우에는 그렇지 않다.
㉠ 애자 공사에 의하여 전개된 곳에 다음의 전선을 시설하는 경우
  • 전기로용 전선
  • 전선의 피복 절연물이 부식하는 장소에 시설하는 전선
  • 취급자 이외의 자가 출입할 수 없도록 설비한 장소에 시설하는 전선
㉡ 버스 덕트 공사에 의하여 시설하는 경우
㉢ 라이팅 덕트 공사에 의하여 시설하는 경우
㉣ 접촉 전선을 시설하는 경우

## 88 ☐☐☐

일반 주택 및 아파트 각 호실의 현관등은 몇 분 이내에 소등되는 타임스위치를 시설하여야 하는가?

① 1분
② 3분
③ 5분
④ 10분

| 해설

관광 숙박업 또는 숙박업에 이용되는 객실의 입구등은 1분 이내, 일반 주택 및 아파트 각 호실의 현관등은 3분 이내에 소등되는 센서등(타임 스위치 포함)을 시설하여야 한다.

정답   85 ②   86 ③   87 ②   88 ②

## 89 ☐☐☐

사용 전압이 154kV인 가공 전선로를 제1종 특고압 보안 공사로 시설할 때 사용되는 경동 연선의 단면적은 몇 $mm^2$ 이상이어야 하는가?

① 55
② 100
③ 150
④ 200

| 해설

제1종 특고압 보안 공사에서의 전선은 케이블 이외에는 표에서 정한 값 이상일 것

| 사용전압 | 전선 |
|---|---|
| 100kV 미만 | 단면적 55$mm^2$ 이상의 경동 연선 |
| 100kV 이상 300kV 미만 | 단면적 150$mm^2$ 이상의 경동 연선 |
| 300kV 이상 | 단면적 200$mm^2$ 이상의 경동 연선 |

## 90 ☐☐☐

수소 냉각식 발전기 등의 시설 기준으로 틀린 것은?

① 발전기 축의 밀봉부로부터 수소가 누설될 때 누설된 수소를 외부로 방출하지 않을 것
② 발전기 또는 조상기는 수소가 대기압에서 폭발하는 경우에 생기는 압력에 견디는 강도를 가지는 것일 것
③ 발전기 안 또는 조상기 안의 수소의 순도가 85% 이하로 저하한 경우에 이를 경보하는 장치를 시설할 것
④ 발전기 안 또는 조상기 안의 수소의 온도를 계측하는 장치를 시설할 것

| 해설

발전기 축의 밀봉부에는 질소 가스를 봉입할 수 있는 장치 또는 누설된 수소 가스를 안전하게 외부에 방출할 수 있는 장치를 시설할 것

## 91 ☐☐☐

케이블 트레이 공사에 사용할 수 없는 케이블은?

① 연피 케이블
② 알루미늄피 케이블
③ 캡타이어 케이블
④ 난연성 케이블

| 해설

전선은 연피 케이블, 알루미늄피 케이블 등 난연성 케이블, 기타 케이블 또는 금속관 혹은 합성 수지관 등에 넣은 절연 전선을 사용하여야 한다.

## 92 ☐☐☐

태양 전지 발전소에 시설하는 태양 전지 모듈, 전선 및 개폐기 기타 기구의 시설 기준에 대한 내용으로 틀린 것은?

① 태양 전지 모듈의 프레임은 지지물과 전기적으로 완전하게 접속하여야 한다.
② 태양 전지 모듈을 병렬로 접속하는 전로에는 과전류 차단기를 시설하지 않아도 된다.
③ 충전부분은 노출되지 아니하도록 시설할 것
④ 옥내에 시설하는 경우에는 전선을 케이블 공사로 시설할 수 있다.

| 해설

태양 전지 모듈을 병렬로 접속하는 전로에는 그 주된 전로에 단락 전류가 발생할 경우에 전로를 보호하는 과전류 차단기 또는 기타 기구를 시설할 것

## 93 ☐☐☐

교통 신호등 회로의 사용 전압이 몇 V를 넘는 경우는 진로에 지락이 생겼을 경우 자동적으로 전로를 차단하는 누전 차단기를 시설하는가?

① 70
② 120
③ 150
④ 350

| 해설

교통 신호등 회로의 사용 전압이 150V를 넘는 경우는 전로에 지락이 생겼을 때 자동적으로 전로를 차단하는 누전 차단기를 시설할 것

## 94 ☐☐☐

과전류차단기로 시설하는 퓨즈 중 고압전로에 사용하는 비포장 퓨즈는 정격전류 2배 전류 시 몇 분 안에 용단되어야 하는가?

① 1분
② 2분
③ 5분
④ 8분

| 해설

비포장 퓨즈는 정격전류의 1.25배의 전류에 견디고 또한 2배의 전류로 2분 안에 용단되어야 한다.

## 95 ☐☐☐

중성점 직접 접지식 전로에 접속되는 최대 사용 전압 161kV인 3상 변압기 권선(성형 결선)의 절연 내력 시험을 할 때 접지시켜서는 안 되는 것은?

① 시험되지 않는 각 권선(다른 권선이 2개 이상 있는 경우에는 각 권선)의 임의의 1단자
② 철심 및 외함
③ 시험되는 권선의 중성점 단자
④ 시험되는 변압기의 부싱

| 해설

변압기의 전로는 시험 전압을 중성점 단자, 권선과 다른 권선, 철심 및 외함 간에 시험 전압을 연속하여 10분간 가하여 절연 내력을 시험하였을 때에 이에 견디는 것이어야 한다.

## 96 ☐☐☐

저압 옥측 전선로에서 목조의 조영물에 시설할 수 있는 공사 방법은?

① 금속관 공사
② 합성 수지관 공사
③ 버스 덕트 공사
④ 케이블 공사(무기물 절연(MI) 케이블을 사용하는 경우)

| 해설

저압 옥측 전선로에서 목조에 시설할 수 있는 공사는 합성 수지관 공사이다.

정답  93 ③  94 ②  95 ④  96 ②

## 97 ☐☐☐

변전소에서 오접속을 방지하기 위하여 특고압 전로의 보기 쉬운 곳에 반드시 표시해야 하는 것은?

① 위험 표시
② 상별 표시
③ 최대 전류
④ 정격 전압

| 해설
특고압 전로에는 보기 쉬운 곳에 상별(相別) 표시를 하여야 한다.

## 98 ☐☐☐

66000V 가공 전선과 6000V 가공 전선을 동일 지지물에 병가하는 경우, 특고압 가공 전선으로 사용하는 경동 연선의 굵기는 몇 mm² 이상이어야 하는가?

① 22
② 38
③ 50
④ 100

| 해설
특고압은 단면적 50mm² 이상인 경동 연선 또는 인장 강도 21.67kN 이상의 연선일 것

## 99 ☐☐☐

전기 저장 장치를 전용 건물에 시설하는 경우에 대한 설명이다. 다음 (     )에 들어갈 내용으로 옳은 것은?

> 전기 저장 장치 시설 장소는 주변시설(도로, 건물, 가연물질 등)로부터 (  ㉠  )m 이상 이격하고 다른 건물의 출입구나 피난계단 등 이와 유사한 장소로부터는 (  ㉡  )m 이상 이격하여야 한다.

① ㉠ 3, ㉡ 1
② ㉠ 1.5, ㉡ 3
③ ㉠ 1, ㉡ 2
④ ㉠ 2, ㉡ 1.5

| 해설
전기 저장 장치 시설 장소는 주변시설(도로, 건물, 가연물질 등)로부터 1.5m 이상 이격하고 다른 건물의 출입구나 피난계단 등 이와 유사한 장소로부터는 3m 이상 이격하여야 한다.

## 100 ☐☐☐

옥내에 시설하는 전동기가 소손되는 것을 방지하기 위한 과부하 보호 장치를 하지 않아도 되는 것은?

① 정격 출력이 0.2kW 이하인 경우
② 정격 출력이 7.5kW 이상인 경우
③ 정격 출력이 2.5kW이며, 과전류 차단기가 없는 경우
④ 전동기 출력이 4kW이며, 취급자가 감시할 수 없는 경우

| 해설
옥내에 시설하는 전동기에는 전동기가 손상될 우려가 있는 과전류가 생겼을 때에 자동적으로 이를 저지하거나 이를 경보하는 장치를 하여야 한다. 다만, 다음의 어느 하나에 해당하는 경우에는 그렇지 않다.
• 전동기를 운전 중 상시 취급자가 감시할 수 있는 위치에 시설하는 경우
• 전동기의 구조나 부하의 성질로 보아 전동기가 손상될 수 있는 과전류가 생길 우려가 없는 경우
• 단상 전동기로서 그 전원 측 전로에 시설하는 과전류 차단기의 정격전류가 16A(배선차단기는 20A) 이하인 경우
• 정격 출력이 0.2kW 이하인 것

정답   97 ②   98 ③   99 ②   100 ①

※ CBT 문제는 수험생의 기억에 따라 복원된 것이며, 실제 기출문제와 동일하지 않을 수 있습니다.

## 제1과목 전기자기학

### 01 ☐☐☐

진공 중에 선전하 밀도가 $\lambda[\mathrm{C/m}]$로 균일하게 대전된 무한히 긴 직선 도체가 있다. 이 직선 도체에서 수직 거리 $r[\mathrm{m}]$점의 전계의 세기는 몇 $\mathrm{V/m}$인가?

① $E = \dfrac{\lambda}{2\pi\epsilon_0 r}$

② $E = \dfrac{\lambda}{4\pi\epsilon_0 r}$

③ $E = \dfrac{\lambda}{\pi\epsilon_0} \log \dfrac{1}{r}$

④ $E = \dfrac{\lambda}{4\pi\epsilon_0 r^2}$

| 해설

무한장 직선 도체에서 전계의 세기: $E = \dfrac{\lambda}{2\pi\epsilon_0 r}$

### 02 ☐☐☐

대전된 도체의 특징으로 옳은 것은?

① 도체 표면과 내부 전위는 동일하다.
② 전계는 도체 표면과 수평인 방향으로 진행된다.
③ 도체에 인가된 전하는 도체 표면과 내부에 모두 분포한다.
④ 도체 표면에서의 전하밀도는 곡률이 클수록 낮다.

| 해설

**대전된 도체의 특징**
• 도체 내부에는 전하가 존재하지 않는다.
• 도체 표면과 내부 전위는 동일하다.
• 대전된 도체의 전하는 도체 표면에만 존재한다.
• 도체면에서 전계의 세기는 도체 표면에 항상 수직이다.
• 도체 표면에서의 전하 밀도는 곡률이 클수록(곡률반경이 작을수록) 높다.

### 03 ☐☐☐

유전체의 경계 조건에 대한 설명으로 옳지 않은 것은?

① 완전 유전체 내에서는 자유 전하는 존재하지 않는다.
② 표면 전하 밀도란 구속 전하의 표면 밀도를 말하는 것이다.
③ 특수한 경우를 제외하고 경계면에서 표면 전하 밀도는 0이다.
④ 경계면에 외부 전하가 있으면, 유전체의 내부와 외부의 전하는 평형되지 않는다.

| 해설

유전체에서 표면 전하 밀도란 유전체 내의 구속 전하의 변위 현상에 의한 것이다.

정답   01 ①   02 ①   03 ②

## 04 ☐☐☐

압전기 현상에서 전기 분극이 기계적 응력에 수직한 방향으로 발생하는 현상은?

① 역효과
② 횡효과
③ 종효과
④ 직접효과

| 해설

- 압전 현상: 압력을 가하면 분극이 발생하는 현상
- 횡효과: 힘을 가하는 방향과 전위차 발생 방향이 수직인 경우(응력과 분극이 수직 방향으로 발생)
- 종효과: 힘을 가하는 방향과 전위차 발생 방향이 같은 경우(응력과 분극이 동일 방향으로 발생)

## 05 ☐☐☐

다음 중 스토크스(stokes)의 정리는?

① $\oint_C H \cdot dl = \int_S (\nabla \times H) \cdot ds$

② $\oint_C H \cdot ds = \int (\nabla \cdot H) \cdot dl$

③ $\int B \cdot ds = \int_S (\nabla \times H) \cdot ds$

④ $\oint H \cdot ds = \iint_S (\nabla \cdot H) \cdot ds$

| 해설

스토크스 정리는 선적분을 면적분으로 치환하는 정리이다.

$$\oint_C H \cdot dl = \int_S (\nabla \times H) \cdot ds$$

## 06 ☐☐☐

다음 중 와전류가 이용되고 있는 것은?

① 레이더
② 수중 음파 탐지기
③ 사이클로트론 (cyclotron)
④ 자기 브레이크(magnetic brake)

| 해설

와전류: 도체에 자속이 흐를 때 이 자속에 수직되는 면을 회전, 와전류가 이용되는 것은 자기 브레이크(magnetic brake)이다.

## 07 ☐☐☐

반지름이 30cm인 원판 전극의 평행판 콘덴서가 있다. 전극의 간격이 0.1cm이며 전극 사이 유전체의 비유전율이 4.0이라 한다. 이 콘덴서의 정전용량은 약 몇 $\mu$F인가?

① 0.2
② 0.1
③ 0.05
④ 0.01

| 해설

평행판 정전용량: $C = \dfrac{\epsilon S}{d} = \dfrac{\epsilon_0 \epsilon_s S}{d}$

$$\therefore C = \frac{\epsilon_0 \epsilon_s S}{d} = \frac{(8.855 \times 10^{-12}) \times 4 \times (\pi \times 0.3^2)}{0.1 \times 10^{-2}} = 0.10[\mu F]$$

## 08 □□□

기자력(Magnetomotive Force)에 대한 설명으로 옳지 않은 것은?

① SI 단위는 암페어[A]이다.
② 전기회로의 기전력에 대응한다.
③ 자기회로의 자기저항과 자속의 곱과 동일하다.
④ 코일에 전류를 흘렸을 때 전류밀도와 코일의 권수의 곱의 크기와 같다.

| 해설

코일에 전류를 흘렸을 때 전류와 코일권수의 곱의 크기와 같다.

## 09 □□□

진공 중에서 전자파의 전파속도[m/s]는?

① $C_0 = \dfrac{1}{\sqrt{\epsilon_0 \mu_0}}$

② $C_0 = \sqrt{\epsilon_0 \mu_0}$

③ $C_0 = \dfrac{1}{\sqrt{\epsilon_0}}$

④ $C_0 = \dfrac{1}{\sqrt{\mu_0}}$

| 해설

• 전파속도: $v = \dfrac{1}{\sqrt{\mu \epsilon}} = \dfrac{1}{\sqrt{\mu_0 \epsilon_0}} \dfrac{1}{\sqrt{\mu_s \epsilon_s}}$

• 진공에서 전파속도: $C_0 = \dfrac{1}{\sqrt{\mu_0 \epsilon_0}}$

## 10 □□□

속도 $v$의 전자가 평등자계 내에 수직으로 들어갈 때, 이 전자에 대한 설명으로 옳은 것은?

① 원운동을 하고 원의 반지름은 자계의 세기에 비례한다.
② 원운동을 하고 원의 반지름은 자계의 세기에 반비례한다.
③ 구면위에서 회전하고 구의 반지름은 자계의 세기에 비례한다.
④ 원운동을 하고 원의 반지름은 전자의 처음 속도의 제곱에 비례한다.

| 해설

로렌츠힘: $F = eE + e(v \times B)$

전자가 자계로 진입하게 되면 원심력 $\dfrac{mv^2}{r}$과 구심력 $e(v \times B)$이 같아져 전자는 원운동을 하게 된다.

$\dfrac{mv^2}{r} = evB$에서 전자의 원운동 반경 $r = \dfrac{mv}{eB}$이다.

• 각주파수 $\omega = \dfrac{v}{r} = \dfrac{eB}{m}$

• 주파수 $f = \dfrac{\omega}{2\pi} = \dfrac{eB}{2\pi m}$

• 주기 $T = \dfrac{1}{f} = \dfrac{2\pi m}{eB}$

## 11 □□□

유전율 $\epsilon$, 전계의 세기 $E$인 유전체의 단위 체적당 축적되는 정전에너지는?

① $\dfrac{\epsilon E}{2}$

② $\dfrac{\epsilon E^2}{2}$

③ $\dfrac{E}{2\epsilon}$

④ $\dfrac{\epsilon^2 E^2}{2}$

| 해설

전계의 단위 체적당 에너지밀도:

$w = \dfrac{1}{2} ED = \dfrac{\epsilon E^2}{2} = \dfrac{D^2}{2\epsilon} [\text{J/m}^3]$

정답   08 ④   09 ①   10 ②   11 ②

## 12 ☐☐☐

평행한 두 도선간의 전자력은? (단, 두 도선간의 거리는 $r$[m]라 한다)

① $r$에 비례

② $r$에 반비례

③ $r^2$에 비례

④ $r^2$에 반비례

| 해설

평행한 두 도선 사이의 힘: $F = \dfrac{\mu I_1 I_2}{2\pi r}$ [N]

## 13 ☐☐☐

서로 같은 두 개의 구도체에 동일한 양의 전하를 대전 시킨 후 20cm 떨어뜨린 결과 구도체에는 서로 $6 \times 10^{-4}$N 의 반발력이 작용한다. 구도체에 주어진 전하[C]는?

① $3.2 \times 10^{-8}$

② $4.2 \times 10^{-8}$

③ $5.2 \times 10^{-8}$

④ $6.2 \times 10^{-8}$

| 해설

$F = \dfrac{Q_1 Q_2}{4\pi\epsilon_0 r^2}$ 에서 전하가 동일하므로 $Q^2 = 4\pi\epsilon_0 r^2 F$

$Q = \sqrt{4\pi\epsilon_0 r^2 F} = \sqrt{\dfrac{1}{9 \times 10^9} \times 0.2^2 \times (6 \times 10^{-4})}$

$= 5.2 \times 10^{-8}$[C]

## 14 ☐☐☐

임의의 방향으로 배열되었던 강자성체의 자구가 외부 자기장의 힘이 일정치 이상이 되는 순간에 급격히 회전하여 자기장의 방향으로 배열되고 자속밀도가 증가하는 현상을 무엇이라 하는가?

① 핀치 효과(Pinch effect)

② 자기여효(magnetic aftereffect)

③ 바크하우젠 효과(Barkhausen effect)

④ 자기왜현상(magneto - striction effect)

| 해설

• 핀치 효과: 액체 상태의 도체에 전류를 인가했을 때 액체 도체가 수축·이완하는 현상

• 자기여효: 강자성체에 자계를 인가했을 때 자화가 시간적으로 늦게 일어나는 현상

• 바크하우젠 효과: 강자성체에 자계를 인가했을 때 내부 자속이 불연속적(계단적)으로 증감하는 현상

• 자기왜현상: 강자성체를 자기장 안에 두었을 때 왜곡 등의 일그러짐이 발생하는 현상

## 15 ☐☐☐

진공 중에서 2m 떨어진 두 개의 무한 평행 도선에 단위 길이당 $10^{-7}$N의 반발력이 작용할 때 각 도선에 흐르는 전류의 크기와 방향은? (단, 각 도선에 흐르는 전류의 크기는 같다)

① 각 도선에 1A가 같은 방향으로 흐른다.

② 각 도선에 1A가 반대 방향으로 흐른다.

③ 각 도선에 2A가 같은 방향으로 흐른다.

④ 각 도선에 2A가 반대 방향으로 흐른다.

| 해설

평행도선의 단위 길이 당 작용하는 힘: $F = \dfrac{\mu_0 I_1 I_2}{2\pi r}$

• 흡인력: 같은 방향(평행 도선)

• 반발력: 반대 방향(왕복 도선)

같은 크기의 전류이므로 $I_1 = I_2 = I$이다.

$F = 10^{-7}$이므로 $10^{-7} = \dfrac{2I^2}{2} \times 10^{-7}$에서 $I^2 = 1$이다.

즉, 전류는 각각 1A가 흐른다.

정답   12 ②   13 ③   14 ③   15 ②

## 16 □□□

내구의 반지름이 $a = 5[\text{cm}]$, 외구의 반지름이 $b = 10[\text{cm}]$ 이고, 공기로 채워진 동심구형 커패시터의 정전용량은 약 몇 pF인가?

① 11.1
② 22.2
③ 33.3
④ 44.4

| 해설
동심구의 정전용량:

$$C = \frac{4\pi\epsilon_0 ab}{b-a}$$

$$= \frac{\frac{1}{9 \times 10^9} \times (5 \times 10^{-2}) \times (10 \times 10^{-2})}{(10-5) \times 10^{-2}} \times 10^{12} = 11.1[\text{pF}]$$

## 17 □□□

정전용량이 0.03μF인 평행판 공기 콘덴서의 두 극판 사이에 절반 두께의 비유전율 10인 유리판을 극판과 평행하게 넣었다면 이 콘덴서의 정전용량은 약 몇 μF이 되는가?

① 0.55
② 0.055
③ 1.83
④ 18.3

| 해설
극판 간격의 $\frac{1}{2}$ 간격에 물질을 직렬로 채운 경우의 정전용량

$$C = \frac{2\epsilon_s C_0}{1 + \epsilon_s} = \frac{2 \times 10 \times 0.03}{1 + 10} = 0.055[\mu\text{F}] \text{이다.}$$

## 18 □□□

평행 극판 사이의 간격이 $d[\text{m}]$이고 정전용량이 $0.3\mu\text{F}$인 공기 커패시터가 있다. 그림과 같이 두 극판 사이에 비유전율이 5인 유전체를 절반 두께 만큼 넣었을 때 이 커패시터의 정전용량은 몇 $\mu\text{F}$이 되는가?

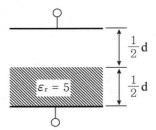

① 0.1
② 0.5
③ 0.7
④ 0.9

| 해설
극판 간격의 $\frac{1}{2}$ 간격에 물질을 직렬로 채운 경우의 정전용량은

$$C = \frac{2\epsilon_s C_0}{1 + \epsilon_s} = \frac{2 \times 5 \times 0.3}{1 + 5} = 0.5[\mu\text{F}] \text{이다.}$$

정답  16 ①  17 ②  18 ②

## 19 ☐☐☐

주파수가 100MHz일 때 구리의 표피 두께(skin depth)는 약 몇 m인가? (단, 구리의 도전율은 $5.9 \times 10^7 \mho$/m이고, 비투자율은 0.99이다)

① $3.3 \times 10^{-3}$

② $3.3 \times 10^{-2}$

③ $6.6 \times 10^{-3}$

④ $6.6 \times 10^{-2}$

| 해설

표피 두께:

$$\delta = \sqrt{\frac{2}{\omega\mu k}} = \frac{1}{\sqrt{\pi f \mu k}}$$

$$= \frac{1}{\sqrt{\pi \times (100 \times 10^6) \times (4\pi \times 10^{-7}) \times 0.99 \times (5.9 \times 10^7)}}$$

$$= 6.6 \times 10^{-3} \, [\text{mm}]$$

## 20 ☐☐☐

구좌표계에서 $\triangle^2 r \nabla^2 r$의 값은 얼마인가?

(단, $r = \sqrt{x^2 + y^2 + z^2}$)

① $r$

② $2r$

③ $\dfrac{1}{r}$

④ $\dfrac{2}{r}$

| 해설

구좌표계에서 $\nabla^2 r$에서 $r$의 좌표만 있고, $\theta$와 $\phi$는 없으므로

$\nabla^2 r = \dfrac{1}{r^2} \dfrac{\partial}{\partial r} \left( r^2 \dfrac{\partial r}{\partial r} \right) = \dfrac{1}{r^2} \times 2r = \dfrac{2}{r}$ 이다.

## 21 ☐☐☐

수력 발전소의 분류 중 낙차를 얻는 방법에 의한 분류 방법이 아닌 것은?

① 댐식 발전소

② 양수식 발전소

③ 수로식 발전소

④ 유역 변경식 발전소

| 해설

낙차를 얻는 방법에 따라 수로식, 댐식, 댐수로식, 유역 변경식으로 나뉜다. 운용방식에 따라 자주식, 저수지식, 조정지식, 양수식으로 나뉜다.

## 22 ☐☐☐

3상 유도 전동기에서 2차측 저항을 2배로 하면 그 최대 토크는 어떻게 변하는가?

① $\sqrt{2}$ 배로 커진다.

② 2배로 커진다.

③ 3배로 커진다.

④ 변하지 않는다.

| 해설

비례추이 공식 $\dfrac{r_2}{s_m} = \dfrac{r_2 + r}{s_m{'}}$, 2차 저항 $r_2$를 증가시키면 $s_m$도 정비례적으로 커지지만 최대 토크는 불변이다.

## 23 □□□

송배전 선로의 고장전류 계산에 영상 임피던스가 필요한 경우는?

① 선간 단락 계산　　② 1선 지락 계산

③ 3상 단락 계산　　④ 3선 단선 계산

| 해설

1선 지락 시 지락 전류의 크기는

$I_g = 3I_0 = \dfrac{3E_a}{Z_0 + Z_1 + Z_2}$ 이므로 영상, 정상, 역상 임피던스가 모두 필요하다.

## 24 □□□

개폐 서지의 이상 전압을 감쇄할 목적으로 설치하는 것은?

① 단로기　　② 차단기

③ 리액터　　④ 개폐 저항기

| 해설

개폐저항기는 초고압용 차단기에 병렬로 설치하여 계통의 이상 전압을 효과적으로 차단한다.

## 25 □□□

배전선로의 역률 개선에 따른 효과로 적합하지 않은 것은?

① 선로의 전력손실 경감

② 선로의 전압강하의 감소

③ 전원측 설비의 이용률 향상

④ 선로 절연의 비용 절감

| 해설

• 유효전력이 증가하면 설비 이용률이 향상된다.
• 역률 개선으로 무효전력이 줄면 전력손실이 경감하고, 역률 개선으로 수전단 위상각($\theta_r$)이 작아지면 $\tan\theta_r$도 작아진다. 따라서 선로의 전압강하는 감소한다.
• 역률을 개선하더라도 선간 전압은 변하지 않는다.

## 26 □□□

망상(network) 배전 방식의 장점이 아닌 것은?

① 전압 변동이 적다.

② 무정전 공급이 가능하다.

③ 인축의 접지 사고가 적어진다.

④ 부하의 증가에 대한 융통성이 크다.

| 해설

저압 네트워크 방식, 즉 저압 망상식은 건설비가 비싸고 인축의 접촉 사고가 증가한다.

## 27 □□□

배전전압을 $\sqrt{2}$ 배로 하였을 때 같은 손실률로 보낼 수 있는 전력은 몇 배가 되는가?

① 2

② 3

③ $\sqrt{2}$

④ $\sqrt{3}$

| 해설

$\dfrac{P_l}{P_s} = \dfrac{P_s^2 R}{V_s^2 \cos^2\theta_s} \dfrac{1}{P_s} = \dfrac{P_s R}{V_s^2 \cos^2\theta_s}$ 에서 전력손실률이 일정하다면 송전전력과 배전전압의 제곱이 비례한다(단, 저항은 상수, 역률도 불변). 따라서 전압이 $\sqrt{2}$ 배이면 송전전력은 2배가 된다.

정답　23 ②　24 ④　25 ④　26 ③　27 ①

## 28 □□□

다음 배전방식 중 밸런서의 설치가 가장 필요한 것은?

① 단상 2선식
② 단상 3선식
③ 3상 3선식
④ 3상 4선식

| 해설

배전선로방식 중에서 단상 3선식은 각 상별 부하의 불평형이 전압의 불평형을 초래하므로 이를 해결하기 위해 말단에 저압의 밸런서를 연결한다.

## 29 □□□

선로의 길이가 20km인 154kV 60Hz 3상 3선식, 2회선 송전선의 1선당 대지 정전 용량은 0.0043μF/km이다. 여기에 시설할 소호 리액터의 용량은 약 몇 kVA인가?

① 1238
② 1343
③ 1437
④ 1537

| 해설

3상(1회선)에서 콘덴서의 충전용량의 크기는 $6\pi f C_w E^2$이므로 2회선이면 $12\pi f C_w E^2$이다.

$12\pi \times 60 \times 0.0043 \times 10^{-6} \times 20\text{km}(154000\text{V}/\sqrt{3})^2$
$= 1537000\text{VA} = 1537\text{kVA}$

소호 리액터 용량이 송전 선로의 충전 용량과 같으면 병렬 공진한다.

## 30 □□□

배기가스의 여열을 이용해서 보일러에 공급되는 급수를 예열함으로써 연료 소비량을 줄이거나 증발량을 증가시키기 위해서 설치하는 여열 회수 장치는?

① 과열기
② 절탄기
③ 재열기
④ 공기 예열기

| 해설

절탄기, 재열기의 역할에 대해 암기해야 한다.
화석발전의 대표연료는 석탄이고, 석탄을 절약하는 기구가 바로 절탄기이다. 남은 열을 이용하여 급수를 미리 한번 가열하는 기구이다.

## 31 □□□

중거리 송전선로의 T형 회로에서 송전단 전류 $I_s$는? (단, Z, Y는 선로의 직렬 임피던스와 병렬 어드미턴스이고, $E_r$은 수전단 전압, $I_r$은 수전단 전류이다)

① $I_r(1+\dfrac{ZY}{2})+E_r Y$

② $E_r(1+\dfrac{ZY}{2})+ZI_r$

③ $E_r(1+\dfrac{ZY}{2})+ZI_r(1+\dfrac{ZY}{4})$

④ $I_r(1+\dfrac{ZY}{2})+E_r Y(1+\dfrac{ZY}{4})$

| 해설

T형 회로의 4단자 정수는 $\begin{bmatrix} 1+\dfrac{ZY}{2} & Z(1+\dfrac{ZY}{4}) \\ Y & 1+\dfrac{ZY}{2} \end{bmatrix}$ 이므로

$I_s = CE_r + DI_r = YE_r + (1+\dfrac{ZY}{2})I_r$ 이다.

28 ② 29 ④ 30 ② 31 ①

## 32 ☐☐☐

**불평형 부하에서 역률[%]은?**

① $\dfrac{\text{유효전력}}{\text{각 상의 피상전력의 산술합}} \times 100$

② $\dfrac{\text{유효전력}}{\text{각 상의 피상전력의 벡터합}} \times 100$

③ $\dfrac{\text{무효전력}}{\text{각 상의 피상전력의 산술합}} \times 100$

④ $\dfrac{\text{무효전력}}{\text{각 상의 피상전력의 벡터합}} \times 100$

| 해설

<피상전력×역률＝유효전력>에서 역률＝$\dfrac{\text{유효전력}}{\text{피상전력}}$인데,
불평형 부하에서는 각 상의 피상전력을 벡터적으로 합하여야
한다.

## 33 ☐☐☐

**다음 중 송전 선로의 코로나 임계 전압이 높아지는 경우
가 아닌 것은?**

① 날씨가 맑다.
② 기압이 높다.
③ 상대 공기 밀도가 낮다.
④ 전선의 반지름과 선간 거리가 크다.

| 해설

임계 전압은 $E_0[\text{kV}] = 24.3 m_0 m_1 \delta d \log_{10} D/r$인데, 날씨가 맑으
면 기상 계수 $m_1$이 크고, 기압이 높으면 상대 공기밀도 $\delta$가
크며, 전선 반지름의 2배가 지름 $d$이다. 선간 거리는 수식의
$D$이다.

## 34 ☐☐☐

**보호 계전기의 반한시 · 정한시 특성은?**

① 동작 전류가 커질수록 동작 시간이 짧게 되는 특성
② 최소 동작 전류 이상의 전류가 흐르면 즉시 동작하는
  특성
③ 동작 전류의 크기에 관계없이 일정한 시간에 동작하는
  특성
④ 동작 전류가 커질수록 동작 시간이 짧아지며, 어떤 전류
  이상이 되면 동작 전류의 크기에 관계없이 일정한 시간
  에서 동작하는 특성

| 해설

입력 크기가 커질수록 더 빨리 동작하는 반한시 기능과, 입력
이 어느 범위를 넘으면 미리 설정해둔 지연 시간 경과 후에
동작하는 정한시 기능을 함께 갖춘 계전기이다.

## 35 +□□□

임피던스 $Z_1$, $Z_2$ 및 $Z_3$을 그림과 같이 접속한 선로의 A쪽에서 전압파 E가 진행해 왔을 때 접속점 B에서 무반사로 되기 위한 조건은?

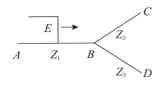

① $\dfrac{1}{Z_1} = \dfrac{1}{Z_2} + \dfrac{1}{Z_3}$

② $\dfrac{1}{Z_3} = \dfrac{1}{Z_2} + \dfrac{1}{Z_1}$

③ $\dfrac{1}{Z_2} = \dfrac{1}{Z_1} + \dfrac{1}{Z_3}$

④ $Z_1 = Z_2 + Z_3$

> | 해설
> 주어진 그림에서 입력 임피던스 $Z_0$는 $Z_1$로 주어졌고, 부하 임피던스 $Z_L$은 $Z_2$, $Z_3$의 병렬 연결이므로
> $\dfrac{1}{Z_L} = \dfrac{1}{Z_2} + \dfrac{1}{Z_3}$ 로부터 $Z_L = \dfrac{Z_2 Z_3}{Z_2 + Z_3}$ 이다.
> 반사계수 = 0, 즉 $Z_1 = \dfrac{Z_2 Z_3}{Z_2 + Z_3}$, 역수 취하면 $\dfrac{1}{Z_1} = \dfrac{1}{Z_2} + \dfrac{1}{Z_3}$
> 일 때 무반사이다.

## 36 □□□

수력 발전소에서 흡출관을 사용하는 목적은?

① 압력을 줄이기 위해서
② 낙차를 늘리기 위해서
③ 속도 변동률을 적게 하기 위해서
④ 물의 유선을 일정하게 하기 위해서

> | 해설
> 수차에는 출구부터 방수로까지 이어진 흡출관이 있어서 유효 낙차를 늘리는 효과를 준다. 속도 변동률을 적게 하는 것은 조속기의 역할이다.

## 37 □□□

다음 중 소호각(Arcing horn)의 역할로 옳은 것은?

① 풍압을 조절한다.
② 송전 효율을 높인다.
③ 고주파수의 섬락전압을 높인다.
④ 선로의 섬락 시 애자의 파손을 방지한다.

> | 해설
> 섬락현상과 1선 지락 사고를 방지하기 위해 가공지선, 아킹혼 (소호환), 아킹링(소호각)을 설치한다.

## 38 □□□

다음 중 전력 계통의 전압을 조정하는 가장 보편적인 방법인 것은?

① 부하의 유효전력 조정
② 계통의 무효전력 조정
③ 계통의 주파수 조정
④ 발전기의 유효전력 조정

> | 해설
> 전력 계통의 전압 조정 시 무효전력 조정 방법을 사용한다. 무효전력을 제어할 때는 전압 제어를 이용하고, 유효전력을 제어할 때는 주파수 제어를 이용한다.

정답    35 ①    36 ②    37 ④    38 ②

## 39 ☐☐☐

부하 전류 차단이 불가능한 전력 개폐 장치는?

① 단로기
② 유입 차단기
③ 진공 차단기
④ 가스 차단기

## 40 ☐☐☐

어느 수용가의 부하 설비는 전등 설비가 500W, 전열 설비가 600W, 전동기 설비가 300W, 기타 설비가 100W이다. 이 수용가의 최대 수용 전력이 1200W이면 수용률은 몇 %인가?

① 60
② 70
③ 80
④ 85

| 해설

설비 용량 합계가 $500+600+400+100=1500W$,
최대 수용 전력이 1200W이므로 수용률은
$\frac{1200}{1500}\times100=80[\%]$이다.

# 제3과목 전기기기

## 41 ☐☐☐

다음 변압기 결선 중 제3고조파 전압이 발생하는 결선은?

① △−Y
② △−△
③ Y−Y
④ Y−△

| 해설

△ 결선에서는 3고조파가 순환하기 때문에 부하에 영향을 주지 않으나, Y 결선은 3고조파가 2차측 외부로 빠져나가므로 부하에 영향을 준다.

## 42 ☐☐☐

단상 변압기의 무부하 상태에서
$V_1=200\sin(\omega t+30°)[V]$의 전압이 인가되었을 때
$I_0=3\sin(\omega t+60°)+0.7\sin(3\omega t+180°)[A]$의 전류가 흘렀다. 이때 무부하손은 약 몇 W인가?

① 173.2
② 259.8
③ 346.4
④ 519.6

| 해설

무부하손$=|\dot{V_1}\dot{I_0}|=V_1I_0\cos\theta_1$ 전압에는 기본파만 있고 3고조파 성분이 없으므로 $0.7\sin(\omega t+180°)$은 계산에 사용되지 않는다. 주어진 1차 전압과 여자 전류는 순시값이므로 최고값을 $\sqrt{2}$로 나눈 실횻값을 대입해야 한다. 즉
$\frac{200}{\sqrt{2}}\times\frac{3}{\sqrt{2}}\cos(60-30)=300\times\frac{\sqrt{3}}{2}\fallingdotseq259.8[W]$

## 43 □□□

동기 발전기에서 동기 속도와 극수와의 관계를 옳게 표시한 것은? (단, N: 동기 속도, P: 극수이다)

①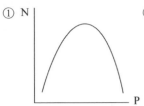
②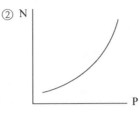
③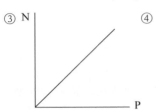
④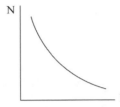

| 해설

회전 계자의 분당 회전수=동기 속도 $N=\dfrac{60f}{p/2}=\dfrac{120f}{p}$ 이므로 $N$과 p는 반비례 관계이다.

## 44 □□□

직류기의 전기자 반작용에 관한 설명으로 옳지 않은 것은?

① 보상권선은 계자 극면의 자속 분포를 수정할 수 있다.
② 보극은 바로 밑의 전기자 권선에 의한 기자력을 상쇄한다.
③ 전기자 반작용을 보상하는 효과는 보상권선보다 보극이 유리하다.
④ 고속기나 부하 변화가 큰 직류기에는 보상권선이 적당하다.

| 해설

전기자 권선에 유도된 자속(磁束)이 주자속을 방해하는 현상을 전기자 반작용이라고 하는데, 이 현상을 줄여주는 효과는 보상 권선이 가장 효과적이다.

## 45 □□□

8극, 1050rpm 동기 발전기와 병렬 운전하는 6극 동기 발전기의 회전수는 몇 rpm인가?

① 900
② 1000
③ 1200
④ 1400

| 해설

8극 동기 발전기의 회전수는 $N=\dfrac{120f}{p} \Leftrightarrow 1050=\dfrac{120f}{8}$ 로부터 주파수는 70Hz이다. 병렬 운전의 조건은 두 동기 발전기의 주파수가 같아야 하므로 6극 동기 발전기의 회전수는 $N'=\dfrac{120\times70}{6}=1400[\text{rpm}]$ 이어야 한다.

## 46 □□□

다음 중 유도 전동기의 안정 운전의 조건으로 옳은 것은? (단, $T_m$: 전동기 토크, $T_L$: 부하 토크, n: 회전수)

① $\dfrac{dT_m}{dn} > \dfrac{dT_L}{dn}$

② $\dfrac{dT_m}{dn} = \dfrac{dT_L^2}{dn}$

③ $\dfrac{dT_m}{dn} < \dfrac{dT_L}{dn}$

④ $\dfrac{dT_m}{dn} \neq \dfrac{dT_L^2}{dn}$

| 해설

전동기 토크가 부하 토크보다 크면 회전자는 가속되고 대소 관계가 그 반대이면 회전자는 감속되기 때문에 최대토크 기준으로 왼쪽 영역에서 $T_m$곡선과 $T_L$곡선이 만날 경우 불안정 운전 상태이고, 오른쪽 영역에서 $T_m$곡선과 $T_L$곡선이 만날 경우 안정 운전 상태이다. 즉, $\dfrac{dT_m}{dn} > \dfrac{dT_L}{dn}$ 인 영역은 불안정 운전, $\dfrac{dT_m}{dn} < \dfrac{dT_L}{dn}$ 인 영역은 안정 운전 상태이다.

정답 43 ④ 44 ③ 45 ④ 46 ③

## 47 ☐☐☐

변압기에 임피던스 전압을 인가할 때의 입력은?

① 임피던스 와트
② 와류손
③ 정격 용량
④ 철손

## 48 ☐☐☐

변압기에서 사용되는 변압기유의 구비 조건으로 틀린 것은?

① 인화점이 높을 것
② 응고점이 낮을 것
③ 점도가 높을 것
④ 절연 내력이 클 것

| 해설

• 절연 내력이 크고 냉각 효과가 클 것(비열, 열전도율)
• 인화점은 높고 응고점이 낮을 것
• 점도가 낮고 화학적으로 안정되어 있을 것

## 49 ☐☐☐

60Hz의 변압기에 50Hz의 동일 전압을 가했을 때의 자속 밀도는 60Hz 때와 비교하였을 경우 어떻게 되는가?

① $\frac{6}{5}$으로 증가

② $\frac{5}{6}$로 감소

③ $\left(\frac{5}{6}\right)^{16}$으로 증가

④ $\left(\frac{6}{5}\right)^{16}$로 감소

| 해설

$E = 4.44 f N \phi_m = 4.44 f N B_m A = 4.44 f N \cdot B_m A$에서 전압이 일정하면 주파수와 자속 밀도의 곱은 일정하다. 주파수가 $\frac{5}{6}$로 감소하면 자속 밀도는 $\frac{6}{5}$으로 증가한다.

## 50 ☐☐☐

다음 동기기의 권선법 중 기전력의 파형을 좋게 하는 권선법으로 옳은 것은?

① 전절권, 2층권
② 단절권, 분포권
③ 단절권, 집중권
④ 전절권, 집중권

| 해설

집중권과 분포권 중에는 분포권이, 전절권과 단절권 중에는 단절권이 기전력 파형 개선에 유리하다.

정답   47 ①   48 ③   49 ①   50 ②

## 51 ☐☐☐

동기 발전기에 설치된 제동 권선의 효과로 틀린 것은?

① 과부하 내량의 증대
② 송전선의 불평형 단락 시 이상 전압 방지
③ 난조 방지
④ 불평형 부하 시의 교류, 전압 파형의 개선

| 해설

제동권선의 효용 4가지는 기동 토크 발생, 난조 방지, 파형 개선, 이상 전압 방지이다. 과부하 내량은 단락비와 관련이 있다.

## 52 ☐☐☐

다음 조건 중 동기 발전기를 병렬 운전하는 데 필요하지 않은 것은?

① 기전력의 크기가 같을 것
② 기전력의 파형이 같을 것
③ 기전력의 용량이 같을 것
④ 기전력의 주파수가 같을 것

| 해설

병렬 운전의 조건은 기전력의 파형, 기전력의 주파수, 기전력의 크기, 기전력의 위상이 같아야 한다.

## 53 ☐☐☐

동기 발전기의 병렬 운전 중 유도 기전력의 위상차로 인하여 발생하는 현상으로 옳은 것은?

① 무효전력이 생긴다.
② 동기화 전류가 흐른다.
③ 고조파 무효 순환전류가 흐른다.
④ 출력이 요동하고 권선이 가열된다.

| 해설

위상이 다른 두 동기 발전기를 병렬로 연결하여 운전하면 회전수가 동기화될 때까지 동기화 전류가 흐른다.

## 54 ☐☐☐

변압기의 습기를 제거하여 절연을 향상시키는 건조법이 아닌 것은?

① 단락법
② 건식법
③ 진공법
④ 열풍법

| 해설

변압기 건조법에는 진공법, 단락법, 열풍법이 있다. 진공법이 가장 효과가 좋으며 변압기를 제조하는 현장 공장에서 활용하는 방식이다.

## 55 ☐☐☐

변압기의 누설 리액턴스를 나타낸 것은? (단, N은 권수이다)

① N에 반비례
② N에 비례
③ $N^2$에 반비례
④ $N^2$에 비례

| 해설

코일의 누설 리액턴스는 코일의 권수 제곱에 비례하여 커진다.

## 56 ☐☐☐

변압기의 주요 시험 항목 중 전압 변동률 계산에 필요한 수치를 얻기 위한 필수적인 시험은?

① 내전압 시험
② 단락 시험
③ 변압비 시험
④ 온도 상승 시험

| 해설

전압 변동률 $\epsilon = p\cos\theta \pm q\sin\theta$ 이고 p는 %저항 강하, q는 %리액턴스 강하이다. 단락시험을 통해 등가 임피던스 $Z_{eq}$, 등가저항 $r_{eq}$를 구할 수 있고, 등가 리액턴스 $x_{eq}$를 구할 수 있다.

정답    51 ①   52 ③   53 ②   54 ②   55 ④   56 ②

## 57 ☐☐☐

다음 단상 유도 전동기 중 기동 토크가 가장 큰 것은?

① 반발 기동형
② 셰이딩 코일형
③ 콘덴서 전동기
④ 콘덴서 기동형

| 해설

반발 기동형 단상 유도 전동기의 단락된 브러시 축이 직축과 45°이면 최대 토크가 생기므로 기동 시에는 브러시 위치를 이동시켜서 최대 토크를 발휘한다.

## 58 ☐☐☐

50Hz로 설계된 3상 유도 전동기를 60Hz에 사용하는 경우 단자 전압을 110%로 높일 때 일어나는 현상으로 틀린 것은?

① 철손 불변
② 온도 상승 증가
③ 여자 전류 감소
④ 출력이 일정하면 유효 전류 감소

| 해설

동기 속도는 주파수에 비례하므로 주파수가 1.2배로 증가하면 냉각fan의 성능이 좋아지므로 철손과 동손에 의한 온도 상승이 감소한다.

## 59 ☐☐☐

$E$를 전압, $r$을 1차로 환산한 저항, $x$를 1차로 환산한 리액턴스라고 할 때 유도 전동기의 원선도에서 원의 지름을 나타내는 것은?

① $\dfrac{E}{x}$

② $E \cdot x$

③ $\dfrac{E}{r}$

④ $E \cdot r$

| 해설

1차 등가 전류 $\overrightarrow{I_1'}$의 궤적은 $\dfrac{V_1}{x_1 + x_2}$을 지름으로 가지는 반원의 원주상에 있다. 즉, [원선도의 지름]은 [1차 전압] 나누기 [합성 리액턴스]이다.

## 60 ☐☐☐

단자 전압 110V, 전기자 전류 15A, 전기자 회로의 저항 2Ω, 정격 속도 1800rpm으로 전부하에서 운전하고 있는 직류 분권 전동기의 토크는 약 몇 N·m인가?

① 4.8
② 5.9
③ 6.4
④ 9.14

| 해설

$$T = Fr = \frac{P}{v}r = \frac{P}{r 2\pi f}r = \frac{P}{2\pi(N/60)}$$ 인데

단자 전압 $V = E_0 + I_a R_a$, 출력 $P = E_0 I_a$이므로 대입하면

$$T = \frac{(V - I_a R_a)I_a}{2\pi(N/60)} = \frac{(110 - 15 \times 2) \times 15}{2\pi(1800/60)} = 6.37 \fallingdotseq 6.4[\text{N} \cdot \text{m}]$$

## 61 ☐☐☐

$\overline{A} + \overline{B} \cdot \overline{C}$와 등가인 논리식은?

① $\overline{A \cdot B} + C$

② $\overline{A \cdot (B + C)}$

③ $\overline{A \cdot B + C}$

④ $\overline{A + B \cdot C}$

| 해설

드모르간 정리 $\overline{A + B} = \overline{A} \cdot \overline{B}$를 이용한다.

## 62 ☐☐☐

특성방정식이 $s^3 + 2s^2 + Ks + 10 = 0$로 주어지는 제어시스템이 안정하기 위한 K의 범위는?

① K > 0

② K > 5

③ K < 5

④ 0 < K < 5

| 해설

루스표를 구해서 안정도를 판정한다.

$s^1$행에 대한 1열 $= 2 - \dfrac{10}{k} > 0 \Rightarrow k > 5$이다. $s^0$행에 대한 1열은 10이므로 안정 조건에 위배되지 않는다.

## 63 ☐☐☐

Z변환된 함수 $F(z) = \dfrac{3z}{z - e^{-3t}}$에 대응되는 라플라스 변환 함수는?

① $\dfrac{1}{(s + 3)}$

② $\dfrac{3}{(s + 3)}$

③ $\dfrac{1}{(s - 3)}$

④ $\dfrac{3}{(s - 3)}$

| 해설

$f(t) = e^{-at}$이면 $f(kT) = e^{-akT}$이므로 $F(z) = \dfrac{z}{z - e^{-aT}}$이고, 라플라스 변환하면 $F(s) = \dfrac{1}{s + a}$이다. $F(z) = \dfrac{3z}{z - e^{-T}}$의 3은 상수이고 지수의 $a = 3$이므로 라플라스 변환식은 $F(s) = \dfrac{3}{s + 3}$이다.

## 64 ☐☐☐

제어 시스템의 전달함수가 $T(s) = \dfrac{1}{4s^2 + s + 1}$과 같이 표현될 때 이 시스템의 고유 주파수($\omega$n[rad/s])와 감쇠율($\zeta$)은?

① $\omega$n = 0.25, $\zeta$ = 1.0

② $\omega$n = 0.5, $\zeta$ = 0.5

③ $\omega$n = 0.5, $\zeta$ = 0.25

④ $\omega$n = 1.0, $\zeta$ = 0.5

| 해설

주어진 폐루프 전달함수와 $M(s)$공식을 비교하면

$T(s) = \dfrac{1/4}{s^2 + 1/4s + 1/4} \Leftrightarrow \dfrac{\omega_n^2}{s^2 + 2\zeta\omega_n s + \omega_n^2}$으로부터

$\omega_n = \dfrac{1}{2}$, $\zeta = \dfrac{1}{4}$이다.

## 65 ☐☐☐

그림과 같은 블록선도의 전달함수 $\dfrac{C(s)}{R(s)}$ 는?

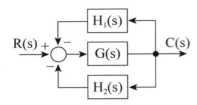

① $\dfrac{G(s)H_1(s)H_2(s)}{1+G(s)H_1(s)H_2(s)}$

② $\dfrac{G(s)}{1+G(s)H_1(s)H_2(s)}$

③ $\dfrac{G(s)}{1-G(s)(H_1(s)+H_2(s))}$

④ $\dfrac{G(s)}{1+G(s)(H_1(s)+H_2(s))}$

| 해설

$$G(s) = \frac{\sum \text{전향경로의 이득}}{1-\sum \text{루프의 이득}} = \frac{G}{1+GH_1+GH_2}$$

## 66 ☐☐☐

제어 요소가 제어 대상에 주는 양은?

① 궤환량

② 조작량

③ 제어량

④ 동작 신호

| 해설

제어 요소가 제어 대상에게 주는 양은 조작량이다. 따라서 조작량은 제어 장치의 출력이면서 제어 대상의 입력이다.

## 67 ☐☐☐

그림과 같은 논리회로의 출력 Y는?

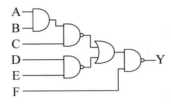

① $A+B+C+D+E+\overline{F}$

② $\overline{A}\,\overline{B}\,\overline{C}\,\overline{D}\,\overline{E}+F$

③ $\overline{A}+\overline{B}+\overline{C}+\overline{D}+\overline{E}+F$

④ $ABCDE+\overline{F}$

| 해설

아래 그림에 나타낸 것처럼 $G=\overline{ABC}+\overline{DE}$ 이고 $Y=\overline{GF}=\overline{G}+\overline{F}$ 이므로 드모르간 정리로부터 $\overline{G}$ 자리에 ABCDE를 대입한다.

따라서 $Y=ABCDE+\overline{F}$ 이다.

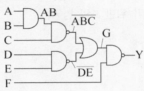

## 68 ☐☐☐

Routh - Hurwitz 표에서 제1열의 부호가 변하는 횟수로부터 알 수 있는 것은?

① s - 평면의 원점에 존재하는 근의 수

② s - 평면의 우반면에 존재하는 근의 수

③ s - 평면의 허수축에 존재하는 근의 수

④ s - 평면의 좌반면에 존재하는 근의 수

| 해설

루스표 제1열에서 부호가 바뀐 횟수는 불안정 근의 개수와 동일하다. 불안정 특성근, 즉 양의 실수부를 갖는 근은 s평면의 우반부에 존재한다.

## 69 ☐☐☐

**보드 선도에서 이득 여유에 대한 정보를 얻을 수 있는 것은?**

① 위상곡선 0°에서의 이득과 0dB과의 차이

② 위상곡선 -90°에서의 이득과 0dB과의 차이

③ 위상곡선 -180°에서의 이득과 0dB과의 차이

④ 위상곡선 180°에서의 이득과 0dB과의 차이

| 해설

이득 여유 $g_m$은 위상 곡선이 -180° 축과 교차되는 점에 대응되는 이득의 크기이다.


## 70 ☐☐☐

**다음과 같은 상태방정식으로 표현되는 제어 시스템의 특성방정식의 근($s_1$, $s_2$)은?**

$$\begin{bmatrix} \dot{x_1} \\ \dot{x_2} \end{bmatrix} = \begin{bmatrix} 0 & 1 \\ -2 & -3 \end{bmatrix} \begin{bmatrix} x_1 \\ x_2 \end{bmatrix} + \begin{bmatrix} 1 \\ 0 \end{bmatrix} u$$

① -1, -2

② -1, -3

③ -2, -3

④ -1, 2

| 해설

시스템 행렬 $A = \begin{bmatrix} 0 & 1 \\ -2 & -3 \end{bmatrix}$이 주어졌으므로 특성방정식

$|sI-A| = 0$에 대입하면 $\begin{bmatrix} s & 0 \\ 0 & s \end{bmatrix} - \begin{bmatrix} 0 & 1 \\ -2 & -3 \end{bmatrix} = \begin{bmatrix} s & -1 \\ 2 & s+3 \end{bmatrix}$

$\Rightarrow s^2 + 3s + 2 = 0 \Rightarrow (s+1)(s+2) = 0$

따라서 두 근은 -1과 -2이다.


## 71 ☐☐☐

**대칭 6상 성형(star)결선에서 선간 전압 크기와 상전압 크기의 관계로 옳은 것은? (단, $V_l$: 선간 전압 크기, $V_p$: 상전압 크기)**

① $V_l = \dfrac{1}{\sqrt{3}} V_p$

② $V_l = \dfrac{2}{\sqrt{3}} V_p$

③ $V_l = V_p$

④ $V_l = \sqrt{3} V_p$

| 해설

대칭 n상 교류를 성형 결선하면, 선간전압의 크기는 상전압의

$2\sin\dfrac{\pi}{n}$배가 되므로 6상 성형 결선의 경우

$V_l = V_p \times 2\sin\dfrac{\pi}{6} = V_p$이다.


## 72 ☐☐☐

**다음과 같은 비정현파 교류 전압 $V(t)$와 전류 $I(t)$에 의한 평균 전력은 약 몇 W인가?**

$$V(t) = 200\sin 100\pi t + 80\sin\left(300\pi t - \dfrac{\pi}{2}\right) [\text{V}]$$

$$I(t) = \dfrac{1}{5}\sin\left(100\pi t - \dfrac{\pi}{3}\right) + \dfrac{1}{10}\sin\left(300\pi t - \dfrac{\pi}{4}\right)[\text{A}]$$

① 8.414

② 12.828

③ 18.764

④ 24.212

| 해설

$P = E_0 I_0 + \sum_{n=1}^{m} V_n I_n \cos\theta_n$ 이며 직류 성분은 없으며,

$f = 50\text{Hz}$라면 1고조파와 3고조파의 합으로 볼 수 있다.

$\dfrac{200}{\sqrt{2}} \dfrac{0.2}{\sqrt{2}} \cos 60° + \dfrac{80}{\sqrt{2}} \dfrac{0.1}{\sqrt{2}} \cos(-45°)$

$= 20 \times \dfrac{1}{2} + 4 \times \dfrac{\sqrt{2}}{2} = 10 + 2\sqrt{2} = 12.828[\text{W}]$

## 73 ☐☐☐

회로에서 전압 $V_{ab}$[V]는?

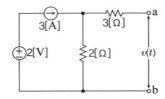

① 2
② 3
③ 6
④ 8

| 해설

a−b 두 단자간의 개방 전압을 구하는 문제이므로 3Ω으로는
전류가 흐르지 않아서 $V_{ab}$는 2Ω에 걸리는 전압과 같다. 전압
원만 남기고 전류원을 개방하면 폐회로가 형성되지 않으므로
$I'=0$이다. 전류원만 남기고 전압원을 단락하면 3A의 전류
가 2Ω쪽으로만 흐르므로 $I''=3$이다.
따라서 합성 전류=0+3A이고 2Ω에 걸리는 전압은
3A×2Ω=6V이다.

## 74 ☐☐☐

특성 임피던스가 400Ω인 회로 말단에 1,200Ω의 부하가
연결되어 있다. 전원측에 20kV의 전압을 인가할 때 반사
파의 크기[kV]는? (단, 선로에서의 전압 감쇠는 없는 것
으로 간주한다)

① 3.3
② 5
③ 10
④ 33

| 해설

직렬 임피던스가 400Ω인 선로와 직렬 임피던스가 1200Ω인
선로가 만나는 경계점에서 입사파의 일부가 반사한다. 전파
속도 $Z_1=400$, $Z_2=1200$을 대입하면
반사 계수 $\dfrac{Z_2-Z_1}{Z_1+Z_2}=\dfrac{800}{1600}=0.5$이고
반사파 크기=$0.5×20$[kV]이다.

## 75 ☐☐☐

그림 (a)의 Y결선 회로를 그림 (b)의 △결선 회로로 등가
변환했을 때 Rab, Rbc, Rca는 각각 몇 Ω인가?
(단, Ra=2Ω, Rb=3Ω, Rc=4Ω)

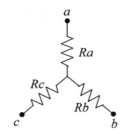

① $R_{ab}=\dfrac{1}{3}$, $R_{bc}=1$, $R_{ca}=\dfrac{1}{2}$

② $R_{ab}=\dfrac{11}{3}$, $R_{bc}=11$, $R_{ca}=\dfrac{11}{2}$

③ $R_{ab}=\dfrac{6}{9}$, $R_{bc}=\dfrac{12}{9}$, $R_{ca}=\dfrac{8}{9}$

④ $R_{ab}=\dfrac{13}{2}$, $R_{bc}=13$, $R_{ca}=\dfrac{26}{3}$

| 해설

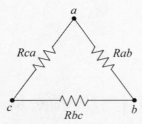

Y결선의 $R_aR_b+R_bR_c+R_cR_a=2×3+3×4+4×2=26$이므로
△결선으로 바꾸면

$$R_{ab}=\frac{R_aR_b+R_bR_c+R_cR_a}{R_c}=\frac{26}{4}$$

$$R_{bc}=\frac{R_aR_b+R_bR_c+R_cR_a}{R_a}=\frac{26}{2}$$

$$R_{ca}=\frac{R_aR_b+R_bR_c+R_cR_a}{R_b}=\frac{26}{3} \text{이다.}$$

## 76 □□□

다음 그림에 대한 게이트는?

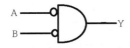

① OR
② NOT
③ NOR
④ NAND

**| 해설**

$Y = \overline{A} \cdot \overline{B} = \overline{A+B}$ 이므로 not or 게이트에 대한 논리 기호이다.


## 77 □□□

2전력계법으로 평형 3상 전력을 측정하였더니 한 쪽의 지시가 500W, 다른 한쪽의 지시가 1500W이었다. 피상전력은 약 몇 VA인가?

① 2000
② 2310
③ 2646
④ 2771

**| 해설**

피상전력

$$P_a = 2\sqrt{W_1^2 + W_2^2 - W_1 W_2}$$
$$= 2\sqrt{500^2 + 1500^2 - 500 \times 1500} = 2645.75 [\text{W}]$$


## 78 □□□

분포 정수 회로에 있어서 선로의 단위 길이당 저항이 100 Ω/m, 인덕턴스가 200mH/m, 누설컨덕턴스가 0.5℧/m일 때 일그러짐이 없는 조건(무왜형 조건)을 만족하기 위한 단위 길이당 커패시턴스는 몇 µF/m인가?

① 0.001
② 0.1
③ 10
④ 1000

**| 해설**

무왜형 조건: $RC = LG$ 로부터 $C = \dfrac{LG}{R}$

$$\frac{(200 \times 10^{-3})(0.5)}{100} = 10^{-3}\text{F/m} = 1000\mu\text{F/m}$$


## 79 □□□

$$f(t) = \mathcal{L}^{-1}\left[\frac{s^2 + 3s + 2}{s^2 + 2s + 5}\right] 는?$$

① $\delta(t) + e^{-t}(\cos 2t - \sin 2t)$
② $\delta(t) + e^{-t}(\cos 2t + \sin 2t)$
③ $\delta(t) + e^{-t}(\cos 2t - 2\sin 2t)$
④ $\delta(t) + e^{-t}(\cos 2t + 2\sin 2t)$

**| 해설**

분수식의 분모가 인수분해되지 않으므로 $(s+a)^2 + \omega^2$ 꼴로 고친다.

$$\frac{(s^2+2s+5)+(s-3)}{s^2+2s+5} = 1 + \frac{s-3}{s^2+2s+5} = 1 + \frac{(s+1)-4}{2^2+(s+1)^2}$$
$$= 1 + \frac{(s+1)}{2^2+(s+1)^2} - 2\frac{2}{2^2+(s+1)^2}$$

역변환하면 $\delta(t) + e^{-t}(\cos 2t - 2\sin 2t)$

## 80 ☐☐☐

RLC 직렬 회로의 파라미터가 $R^2 = \dfrac{4L}{C}$ 의 관계를 가진다면, 이 회로에 직류 전압을 인가하는 경우 과도 응답 특성으로 옳은 것은?

① 과제동
② 무제동
③ 부족 제동
④ 임계 제동

## 제5과목 전기설비기술기준

## 81 ☐☐☐

무선용 안테나 등을 지지하는 철탑의 기초 안전율은 얼마 이상이어야 하는가?

① 1.0
② 1.5
③ 2.0
④ 2.5

## 82 ☐☐☐

급전선에 대한 설명으로 틀린 것은?

① 선상 승강장, 인도교, 과선교 또는 교량 하부 등에 설치할 때에는 최소 절연 이격 거리 이상을 확보하여야 한다.
② 가공식은 전차선의 높이 이상으로 전차선로 지지물에 병가하며, 나전선의 접속은 직선 접속을 원칙으로 한다.
③ 급전선은 비절연 보호 도체, 매설 접지 도체, 레일 등으로 구성하여 단권 변압기 중성점과 공통 접지에 접속한다.
④ 신설 터널 내 급전선을 가공으로 설계할 경우 지지물의 취부는 C찬넬 또는 매입전을 이용하여 고정하여야 한다.

## 83 ☐☐☐

전격 살충기의 전격 격자는 지표 또는 바닥에서 몇 m 이상의 높은 곳에 시설하여야 하는가?

① 2.5
② 3
③ 3.5
④ 4.3

| 해설

전격 격자는 지표 또는 바닥에서 3.5m 이상의 높은 곳에 시설할 것

## 84 ☐☐☐

저압 또는 고압의 가공 전선로와 기설 가공 약전류 전선로가 병행할 때 유도 작용에 의한 통신상의 장해가 생기지 않도록 전선과 기설 약전류 전선간의 이격 거리는 몇 m 이상이어야 하는가? (단, 전기철도용 급전 선로는 제외한다)

① 2
② 3
③ 4
④ 6

| 해설

저압 가공 전선로 또는 고압 가공 전선로와 기설 가공 약전류 전선로가 병행하는 경우에는 유도 작용에 의하여 통신상의 장해가 생기지 않도록 전선과 기설 약전류 전선 간의 이격 거리는 2m 이상이어야 한다.

## 85 ☐☐☐

345kV 송전선을 사람이 쉽게 들어가지 않는 산지에 시설할 때 전선의 지표상 높이는 몇 m 이상으로 하여야 하는가?

① 6.28
② 6.96
③ 7.28
④ 7.56

| 해설

사용전압 160kV를 초과하는 경우 전선의 높이는 5m에 160kV를 초과하는 10kV 또는 그 단수마다 0.12m를 더한 값이다.
$(345-160)/10 = 18.5$로 19단이므로 $5+(19\times0.12) = 7.28$

## 86 ☐☐☐

전기 저장 장치의 이차 전지에 자동으로 전로로부터 차단하는 장치를 시설하여야 하는 경우로 옳지 않은 것은?

① 과전압이 발생한 경우
② 과저항이 발생한 경우
③ 제어 장치에 이상이 발생한 경우
④ 이차 전지 모듈의 내부 온도가 급격히 상승할 경우

| 해설

전기 저장 장치의 이차 전지에 자동으로 전로로부터 차단하는 장치를 시설하는 경우는 과전압 또는 과전류가 발생한 경우, 제어 장치에 이상이 발생한 경우, 이차 전지 모듈의 내부 온도가 급격히 상승할 경우이다.

정답  83 ③  84 ①  85 ③  86 ②

## 87 ☐☐☐

저압 수상 전선로에 사용되는 전선은?

① 클로로프렌 캡타이어 케이블
② 600V 비닐 절연 전선
③ 600V 고무 절연 전선
④ 옥외 비닐케이블

| 해설

수상 전선로의 사용 전압이 저압인 경우에는 클로로프렌 캡타이어 케이블, 고압인 경우에는 캡타이어 케이블을 사용하여야 한다.

## 88 ☐☐☐

통신상의 유도 장해 방지 시설에 대한 설명 중 ㉠에 들어갈 내용으로 옳은 것은?

> 교류식 전기 철도용 전차 선로는 기설 가공 약전류 전선로에 대하여 ( ㉠ )에 의한 통신상의 장해가 생기지 않도록 시설하여야 한다.

① 가열 작용
② 산화 작용
③ 정전 작용
④ 유도 작용

| 해설

통신상의 유도 장해 방지 시설: 교류식 전기 철도용 전차 선로는 기설 가공 약전류 전선로에 대하여 유도 작용에 의한 통신상의 장해가 생기지 않도록 시설하여야 한다.

## 89 ☐☐☐

특고압 가공 전선로의 지지물로 사용하는 B종 철주에서 각도형은 전선로 중 몇 도를 넘는 수평 각도를 이루는 곳에 사용되는가?

① 1
② 2
③ 3
④ 5

| 해설

각도형은 전선로 중 3도를 초과하는 수평 각도를 이루는 곳에 사용한다.

## 90 ☐☐☐

특고압용 변압기로서 그 내부에 고장이 생긴 경우에 반드시 자동 차단되어야 하는 변압기의 뱅크 용량은 몇 kVA 이상인가?

① 5000
② 10000
③ 50000
④ 100000

| 해설

| 뱅크 용량의 구분 | 동작조건 | 장치의 종류 |
|---|---|---|
| 5,000kVA 이상 10,000kVA 미만 | 변압기 내부 고장 | 자동 차단 장치 또는 경보장치 |
| 10,000kVA 이상 | 변압기 내부 고장 | 자동 차단 장치 |
| 타냉식 변압기 (수냉식, 송유 풍냉식, 송유 자냉식) | 냉각 장치에 고장이 생긴 경우 또는 변압기의 온도가 현저히 상승한 경우 | 경보 장치 |

## 91 ☐☐☐

전기 철도에서 사용하는 용어 중 전기 철도 차량의 집전장치와 접촉하여 전력을 공급하기 위한 전선을 무엇이라 하는가?

① 조가선
② 급전선
③ 전차선
④ 귀선

| 해설

전차선이란 전기 철도 차량의 집전장치와 접촉하여 전력을 공급하기 위한 전선을 말한다.

## 92 ☐☐☐

큰 고장 전류가 구리 소재의 접지 도체를 통하여 흐르지 않을 경우 접지 도체의 최소 단면적은 몇 mm² 이상이어야 하는가? (단, 접지 도체에 피뢰 시스템이 접속되지 않는 경우이다)

① 1.7
② 4.5
③ 6
④ 10

| 해설

접지 도체의 최소 단면적은 구리는 6mm² 이상, 철제는 50mm² 이상으로 한다.

## 93 ☐☐☐

변압기의 고압측 전로와의 혼촉에 의하여 저압측 전로의 대지 전압이 150V를 넘는 경우에 2초 이내에 고압 전로를 자동 차단하는 장치가 되어 있는 6600/200V 배전선로에 있어서 1선 지락 전류가 2A이면 접지 저항 값의 최대는 몇 Ω인가?

① 55
② 120
③ 150
④ 300

| 해설

변압기 중성점 접지저항 값은 1초 초과 2초 이내에 고압·특고압 전로를 자동으로 차단하는 장치를 설치할 때는 300을 나눈 값 이하

$$R = \frac{300}{\text{변압기의 고압측 또는 특고압측의 1선 지락 전류}}[\Omega]$$

따라서 $R = \frac{300}{2} = 150[\Omega]$

## 94 ☐☐☐

특고압 가공 전선로의 지지물 양측의 경간의 차가 큰 곳에 사용하는 철탑의 종류는?

① 인류형
② 내장형
③ 보강형
④ 직선형

| 해설

내장형은 전선로의 지지물 양쪽의 경간의 차가 큰 곳에 사용한다.

## 95 ☐☐☐

차량 기타 중량물의 압력을 받을 우려가 있는 장소에 지중 전선로를 직접 매설식으로 시설하는 경우 매설깊이는 몇 m 이상이어야 하는가?

① 0.1
② 0.5
③ 1.0
④ 1.5

| 해설
지중 전선로를 직접 매설식에 의하여 시설하는 경우에는 매설 깊이를 차량 기타 중량물의 압력을 받을 우려가 있는 장소에는 1.0m 이상으로 한다.

## 96 ☐☐☐

가반형의 용접 전극을 사용하는 아크 용접 장치의 용접 변압기의 1차측 전로의 대지 전압은 몇 V 이하이어야 하는가?

① 100
② 150
③ 300
④ 400

| 해설
용접 변압기의 1차측 전로의 대지 전압은 300V 이하일 것

## 97 ☐☐☐

금속제 가요 전선관 공사에 의한 저압 옥내 배선의 시설 기준으로 틀린 것은?

① 점검할 수 없는 은폐된 장소에는 1종 가요 전선관을 사용할 수 있다.
② 옥외용 비닐 절연 전선을 제외한 절연 전선을 사용한다.
③ 가요 전선관 안에는 전선에 접속점이 없도록 한다.
④ 2종 금속제 가요 전선관을 사용하는 경우에 습기 많은 장소에 시설하는 때에는 비닐 피복 2종 가요 전선관으로 한다.

| 해설
가요 전선관은 2종 금속제 가요 전선관 일 것(1종 금속제 가요 전선관은 전개된 장소 또는 점검할 수 있는 은폐된 장소에 한함)

## 98 ☐☐☐

고압용 기계 기구를 시가지에 시설할 때 지표상 몇 m 이상의 높이에 시설하고, 또한 사람이 쉽게 접촉할 우려가 없도록 하여야 하는가?

① 3.0
② 3.5
③ 4.0
④ 4.5

| 해설
기계 기구를 지표상 4.5m(시가지 외에는 4m) 이상의 높이에 시설할 것

정답  95 ③  96 ③  97 ①  98 ④

## 99 ☐☐☐

사무실 건물의 조명 설비에 사용되는 백열 전등 또는 방전등에 전기를 공급하는 옥내 전로의 대지 전압은 몇 V 이하인가?

① 250
② 300
③ 350
④ 400

| 해설

백열 전등 또는 방전등에 전기를 공급하는 옥내의 전로의 대지 전압은 300V 이하여야 한다.

## 100 ☐☐☐

다음의 ⓐ, ⓑ에 들어갈 내용으로 옳은 것은?

> 과전류 차단기로 시설하는 퓨즈 중 고압 전로에 사용하는 비포장 퓨즈는 정격 전류의 ( ⓐ )배의 전류에 견디고 또한 2배의 전류로 ( ⓑ )분 안에 용단되는 것이어야 한다.

① ⓐ: 1.15, ⓑ: 1
② ⓐ: 1.2, ⓑ: 1
③ ⓐ: 1.25, ⓑ: 2
④ ⓐ: 1.3, ⓑ: 2

| 해설

과전류 차단기로 시설하는 퓨즈 중 고압 전로에 사용하는 비포장 퓨즈는 정격 전류의 1.25배의 전류에 견디고 또한 2배의 전류로 2분 안에 용단되는 것이어야 한다.

※ CBT 문제는 수험생의 기억에 따라 복원된 것이며, 실제 기출문제와 동일하지 않을 수 있습니다.

## 제1과목 전기자기학

### 01 ☐☐☐

**강자성체의 히스테리시스 루프의 면적은?**

① 강자성체의 단위 체적당 필요한 에너지이다.
② 강자성체의 단위 면적당 필요한 에너지이다.
③ 강자성체의 단위 길이당 필요한 에너지이다.
④ 강자성체의 전체체적에 필요한 에너지이다.

**| 해설**

강자성체의 히스테리시스 루프의 면적은 강자성체의 단위 체적당 필요한 에너지이다.

### 02 ☐☐☐

**정전계 내 도체 표면에서 전계의 세기가**

$E = \dfrac{a_x - 2a_y + 2a_z}{\epsilon_0}$[V/m]**일 때 도체 표면상의 전하 밀도**

$\rho_s$[C/m²]**를 구하면? (단, 자유공간이다)**

① 1
② 2
③ 3
④ 4

**| 해설**

전속밀도: $D = \dfrac{Q}{S} = \epsilon E$ (자유공간: $\epsilon = \epsilon_0$)

$\therefore \rho_s = \epsilon \mid E \mid = \epsilon_0 \times \left| \dfrac{a_x - 2a_y + 2a_z}{\epsilon_0} \right| = |a_x - 2a_y + 2a_z|$

$= \sqrt{1^2 + (-2)^2 + 2^2} = 3$[C/m²]

### 03 ☐☐☐

**영구자석 재료로 사용하기에 적합한 특성은?**

① 잔류자기와 보자력이 모두 큰 것이 적합하다.
② 잔류자기와 보자력이 모두 작은 것이 적합하다.
③ 잔류자기는 작고 보자력은 큰 것이 적합하다.
④ 잔류자기는 크고 보자력은 작은 것이 적합하다.

**| 해설**

영구자석의 재료는 잔류 자기 및 보자력이 모두 커서 히스테리시스 면적이 크게 생기는 물질인 강자성체이다.

### 04 ☐☐☐

**평행판 콘덴서에 어떤 유전체를 넣었을 때 전속밀도가**

$2.4 \times 10^{-7}$C/m²**이고, 단위 체적 중의 에너지가**

$5.3 \times 10^{-3}$J/m³**이었다. 이 유전체의 유전율은 약 몇 F/m 인가?**

① $2.17 \times 10^{-12}$
② $2.17 \times 10^{-11}$
③ $5.43 \times 10^{-12}$
④ $5.43 \times 10^{-11}$

**| 해설**

- 체적당 에너지: $w = \dfrac{1}{2}\epsilon E^2 = \dfrac{D^2}{2\epsilon} = \dfrac{1}{2}ED$[J/m³]

- 유전율: $\epsilon = \dfrac{D^2}{2w} = \dfrac{(2.4 \times 10^{-7})^2}{2 \times (5.3 \times 10^{-3})} = 5.43 \times 10^{-12}$[F/m]

**정답**  01 ① 02 ③ 03 ① 04 ③

## 05 ☐☐☐

내부 장치 또는 공간을 물질로 포위시켜 외부 자계의 영향을 차폐시키는 방식을 자기차폐라 한다. 다음 중 자기차폐에 가장 적합한 것은?

① 비투자율이 1보다 작은 역자성체
② 강자성체 중에서 비투자율이 큰 물질
③ 강자성체 중에서 비투자율이 작은 물질
④ 비투자율에 관계없이 물질의 두께에만 관계되므로 되도록이면 두꺼운 물질

| 해설
- 자기차폐: 외부 자계의 영향을 받지 않도록 높은 투자율을 갖는 물질로 둘러싸는 차폐법이다.
- 전기차폐: 외부 자계의 영향을 받지 않도록 높은 도전율을 갖는 물질로 둘러싸는 차폐법이다(완전차폐 가능).

## 06 ☐☐☐

$R = 20[\Omega]$, $L = 0.1[\text{H}]$의 **직렬회로**에 60Hz, 115V의 교류 전압이 인가되어 있다. 인덕턴스에 축적되는 자기 에너지의 평균값은 약 몇 J인가?

① 0.13
② 0.36
③ 0.72
④ 1.12

| 해설
- 각주파수: $\omega = 2\pi f = 2\pi \times 60 = 377$
- 유도 리액턴스: $X_L = \omega L = 377 \times 0.1 = 37.7[\Omega]$
- 전류: $I = \dfrac{V}{Z} = \dfrac{V}{\sqrt{R^2 + X_L^2}} = \dfrac{115}{\sqrt{20^2 + 37.7^2}} = 2.7[\text{A}]$
- ∴ 자기 에너지: $W = \dfrac{1}{2}LI^2 = \dfrac{1}{2} \times 0.1 \times 2.7^2 = 0.36[\text{J}]$

## 07 ☐☐☐

$q[\text{C}]$의 전하가 진공 중에서 $v[\text{m/s}]$의 속도로 운동하고 있을 때, 이 운동방향과 $\theta$의 각으로 $r[\text{m}]$떨어진 점의 자계의 세기$[\text{AT/m}]$는?

① $\dfrac{qv\sin\theta}{4\pi r^2}$
② $\dfrac{v\sin\theta}{4\pi r^2 q}$
③ $\dfrac{q\sin\theta}{4\pi r^2 v}$
④ $\dfrac{v\sin\theta}{4\pi r^2 q^2}$

| 해설
비오-사바르 법칙(전하로부터 길이 [m]인 곳에서의 자계)

$$H = \dfrac{Il\sin\theta}{4\pi r^2} = \dfrac{\left(\dfrac{q}{t}\right)(vt)\sin\theta}{4\pi r^2} = \dfrac{qv\sin\theta}{4\pi r^2}[\text{AT/m}]$$

## 08 ☐☐☐

$\mu_r = 1$, $\epsilon_r = 81$인 매질의 고유 임피던스는 약 몇 Ω인가? (단, $\mu_r$은 비투자율이고, $\epsilon_r$은 비유전율이다)

① 21.9
② 34.9
③ 41.9
④ 52.9

| 해설
고유 임피던스

$$Z_0 = \dfrac{E}{H} = \sqrt{\dfrac{\mu}{\epsilon}} = 377\sqrt{\dfrac{\mu_s}{\epsilon_s}} = 377\sqrt{\dfrac{1}{81}} \simeq 41.9[\Omega]$$

## 09 ☐☐☐

전율이 $\epsilon_1$과 $\epsilon_2$인 두 유전체가 경계를 이루어 평행하게 접하고 있는 경우 유전율이 $\epsilon_1$인 영역에 전하 Q가 존재할 때 이 전하와 $\epsilon_2$인 유전체 사이에 작용하는 힘에 대한 설명으로 옳은 것은?

① $\epsilon_1 > \epsilon_2$인 경우 흡인력이 작용한다.
② $\epsilon_1 > \epsilon_2$인 경우 반발력이 작용한다.
③ $\epsilon_1$과 $\epsilon_2$에 상관없이 흡인력이 작용한다.
④ $\epsilon_1$과 $\epsilon_2$에 상관없이 반발력이 작용한다.

| 해설

$\epsilon_1$인 영역에 전하가 존재할 때 경계면에서 작용하는 힘은 $\epsilon_1 > \epsilon_2$인 경우 반발력이, $\epsilon_1 < \epsilon_2$인 경우 흡인력이 작용한다.

## 10 ☐☐☐

맥스웰의 전자방정식에 대한 의미를 설명한 것으로 잘못된 것은?

① 자계의 회전은 전류밀도와 같다.
② 자계는 발산하며, 자극은 단독으로 존재한다.
③ 전계의 회전은 자속밀도의 시간적 감소비율과 같다.
④ 단위 체적당 발산 전속수는 단위 체적당 공간전하 밀도와 같다.

| 해설

• 맥스웰 방정식

| 구분 | 미분형 | 적분형 |
|---|---|---|
| 패러데이 법칙 | $\mathrm{rot}\, E = -\dfrac{\partial B}{\partial t}$ | $\displaystyle\int_l E \cdot dl = \int \dfrac{\partial B}{\partial t} \cdot dS$ |
| 암페어 주회 법칙 | $\mathrm{rot}\, H = J + \dfrac{\partial D}{\partial t}$ | $\displaystyle\int_l H \cdot dl = I + \int \dfrac{\partial D}{\partial t} \cdot dS$ |
| 자계 가우스 법칙 | $\mathrm{div}\, B = 0$ | $\displaystyle\int B \cdot dS = 0$ |
| 전계 가우스 법칙 | $\mathrm{div}\, D = \rho$ | $\displaystyle\int D \cdot dS = Q = Q\int_v \rho dv$ |

회전: rot, 발산: div

• 자극은 단독으로 존재하지 않고, 항상 N극과 S극이 같이 존재한다. → $\mathrm{div}\, B = 0$

## 11 ☐☐☐

전기력선의 성질에 대한 설명으로 옳은 것은?

① 전기력선은 도체 표면과 직교한다.
② 전기력선은 등전위면과 평행하다.
③ 전기력선은 도체 내부에 존재할 수 있다.
④ 전기력선은 전위가 낮은 점에서 높은 점으로 향한다.

| 해설

**전기력선의 성질**
• 전기력선은 반드시 정(+)전하에서 나와 부(-)전하로 들어간다.
• 전기력선은 반드시 도체 표면에 수직으로 출입한다.
• 전기력선은 서로 반발력이 작용하여 교차할 수 없다.
• 전기력선의 도체에 주어진 전하는 도체 표면에만 분포한다.
• 전기력선의 도체 내부에는 전하가 존재할 수 없다.
• 전기력선은 폐곡선을 이룰 수 없다.
• 전기력선의 방향은 그 점의 전계의 방향과 같다.
• 전기력선의 밀도는 전계의 세기와 같다.
• 전기력선은 등전위면과 수직이다.
• 전기력선은 전위가 높은 곳에서 낮은 곳으로 향한다.
• $Q[\mathrm{C}]$의 전하에서 나오는 전기력선의 수는 $\dfrac{Q}{\epsilon_0}$개다.

## 12 ☐☐☐

자기회로의 자기저항에 대한 설명으로 옳은 것은?

① 투자율에 반비례한다.
② 자기회로의 단면적에 비례한다.
③ 자기회로의 길이에 반비례한다.
④ 단면적에 반비례하고, 길이의 제곱에 비례한다.

| 해설

자기 저항: $R_m = \dfrac{l}{\mu S} = \dfrac{NI}{\phi} = \dfrac{F}{\phi}$

## 13 ☐☐☐

길이 $l$[m]인 동축 원통 도체의 내외원통에 각각 $+\lambda$, $-\lambda$[C/m]의 전하가 분포되어 있다. 내외원통 사이에 유전율 $\epsilon$인 유전체가 채워져 있을 때, 전계의 세기[V/m]는? (단, $V$는 내외원통 간의 전위차, $D$는 전속밀도이고, $a$, $b$는 내외원통의 반지름이며, 원통 중심에서의 거리 $r$은 $a < r < b$인 경우이다)

① $\dfrac{D}{r \cdot \ln \dfrac{b}{a}}$

② $\dfrac{D}{\epsilon \cdot \ln \dfrac{b}{a}}$

③ $\dfrac{V}{r \cdot \ln \dfrac{b}{a}}$

④ $\dfrac{V}{\epsilon \cdot \ln \dfrac{b}{a}}$

| 해설

• 동축 원통 도체의 전계: $E = \dfrac{\lambda}{2\pi\epsilon r}$

• 전위: $V = -\displaystyle\int_b^a E dl$

$V = -\displaystyle\int_b^a E dl = -\int_b^a \dfrac{\lambda}{2\pi\epsilon r} dl = \dfrac{\lambda}{2\pi\epsilon}[\ln r]_a^b = \dfrac{\lambda}{2\pi\epsilon} \ln \dfrac{b}{a}$

이므로 $\dfrac{\lambda}{2\pi\epsilon} = \dfrac{V}{\ln \dfrac{b}{a}}$ 이다.

따라서 $E = \dfrac{V}{r \ln \dfrac{b}{a}}$[V/m]이다.

## 14 ☐☐☐

비투자율 $\mu_s = 800$, 원형 단면적 $S = 10$[cm²], 평균 자로 길이 $l = 8\pi \times 10^{-2}$[m]의 환상 철심에 600회의 코일을 감고 이것에 1A의 전류를 흘리면 내부 자속은 몇 Wb인가?

① $1.2 \times 10^{-3}$

② $1.2 \times 10^{-5}$

③ $2.4 \times 10^{-3}$

④ $2.4 \times 10^{-5}$

| 해설

$F_m = NI = R_m \phi$에서 $\phi = \dfrac{NI}{R_m} = \dfrac{NI}{\dfrac{l}{\mu S}} = \dfrac{\mu SNI}{l}$[Wb]

$\phi = \dfrac{\mu_0 \mu_s SNI}{l}$

$= \dfrac{(4\pi \times 10^{-7}) \times 800 \times (10 \times 10^{-4}) \times 600 \times 1}{8\pi \times 10^{-2}}$

$= 2.4 \times 10^{-3}$[Wb]

## 15 ☐☐☐

다음 중 액체 상태의 도체에 전류를 인가했을 때 액체 도체가 수축·이완하는 현상을 무엇이라 하는가?

① 자기여효(magnetic aftereffect)

② 바크하우젠 효과(Barkhausen effect)

③ 자기왜현상(magneto - striction effect)

④ 핀치 효과(Pinch effect)

| 해설

• 자기여효: 강자성체에 자계를 인가했을 때 자화가 시간적으로 늦게 일어나는 현상

• 바크하우젠 효과: 강자성체에 자계를 인가했을 때 내부 자속이 불연속적(계단적)으로 증감하는 현상

• 자기왜현상: 강자성체를 자기장 안에 두었을 때 왜곡 등의 일그러짐이 발생하는 현상

• 핀치 효과: 액체 상태의 도체에 전류를 인가했을 때 액체 도체가 수축·이완하는 현상

정답 　13 ③　14 ③　15 ④

## 16 ▢▢▢

저항의 크기가 1Ω인 전선이 있다. 이 전선의 체적을 동일하게 유지하면서 길이를 2배로 늘렸을 때 전선의 저항[Ω]은?

① 0.5

② 1

③ 2

④ 4

## 17 ▢▢▢

내압이 2.0kV이고 정전용량이 각각 0.01μF, 0.02μF, 0.04μF인 3개의 커패시터를 직렬로 연결했을 때 전체 내압은 몇 V인가?

① 1,750

② 2,000

③ 3,500

④ 4,000

## 18 ▢▢▢

어떤 환상 솔레노이드의 단면적이 $S$이고, 자로의 길이가 $l$, 투자율이 $\mu$라고 한다. 이 철심에 균등하게 코일을 $N$회 감고 전류를 흘렸을 때 자기 인덕턴스에 대한 설명으로 옳은 것은?

① 투자율 $\mu$에 반비례한다.

② 단면적 $S$에 반비례한다.

③ 자로의 길이 $l$에 비례한다.

④ 권선수 $N^2$에 비례한다.

## 19 ▢▢▢

상이한 매질의 경계면에서 전자파가 만족해야 할 조건이 아닌 것은? (단, 경계면은 두 개의 무손실 매질 사이이다)

① 경계면의 양측에서 자계의 접선성분은 서로 같다.

② 경계면의 양측에서 전계의 접선성분은 서로 같다.

③ 경계면의 양측에서 전속밀도의 법선성분은 서로 같다.

④ 경계면의 양측에서 자속밀도의 접선성분은 서로 같다.

## 20 □□□

자성체의 종류에 대한 설명으로 옳은 것은? (단, $\chi_m$는 자화율이고, $\mu_r$은 비투자율이다)

① $\mu_r < 1$이면, 역자성체이다.
② $\mu_r > 1$이면, 비자성체이다.
③ $\chi_m < 0$이면, 상자성체이다.
④ $\chi_m > 0$이면, 역자성체이다.

| 해설

**자성체의 종류**

| 구분 | 강자성체 | 상자성체 | 역(반)자성체 |
|---|---|---|---|
| 종류 | 철, 니켈, 코발트 | 백금, 산소, 알루미늄 | 금, 은, 구리, 비스무트 |
| 자화율 | $\chi > 0$ | $\chi > 0$ | $\chi < 0$ |
| 비투자율 | $\mu_r \gg 1$ | $\mu_r \geq 1$ | $\mu_r < 1$ |

# 제2과목 전력공학

## 21 □□□

플리커 경감을 위한 전력 공급 측의 방안이 아닌 것은?

① 공급 전압을 높인다.
② 전용 변압기로 공급한다.
③ 단독 공급계통을 구성한다.
④ 단락 용량이 작은 계통에서 공급한다.

| 해설

플리커 경감을 위한 공급측 대책으로는, 전용(專用) 계통으로 전력을 공급하고, 전용 변압기로 전력을 공급하고, 단락 용량이 큰 계통에서 공급하고, 공급 전압을 승압하는 것이 있다.

## 22 □□□

정전용량 0.01μF/km, 길이 173.2km, 선간전압 60kV, 주파수 60Hz인 3상 송전선로의 충전전류는 약 몇 A인가?

① 6.3
② 12.5
③ 22.6
④ 37.2

| 해설

충전전류=충전전류 $\dfrac{E}{X_c} = \dfrac{E}{1/\omega C} = \omega CE$, 인데, 충전전압은

선간전압의 $\dfrac{1}{\sqrt{3}}$ 이므로 $I_c = \dfrac{\omega CV}{\sqrt{3}}$

정전용량의 단위는 F(패럿), 선간전압의 단위는 V(볼트)로 환산해서 대입해야 결과값의 단위가 A(암페어)로 된다.

$2\pi \times 60 \times (0.01 \times 10^{-6} \times 173.2) \times \dfrac{60000}{\sqrt{3}} = 22.6[\text{A}]$

## 23 ☐☐☐

동기 발전기의 병렬 운전 중 위상차가 생기면 어떤 현상이 발생하는가?

① 무효전력이 생긴다.
② 무효횡류가 흐른다.
③ 유효횡류가 흐른다.
④ 출력이 요동하고 권선이 가열된다.

| 해설

병렬 운전 중인 두 발전기의 위상이 다를 경우에는
$\dfrac{E}{X_s}\sin(\delta/2)$의 유효횡류가 흐른다.

## 24 ☐☐☐

고장 즉시 동작하는 특성을 갖는 계전기는?

① 정한시 계전기
② 한시성 정한시 계전기
③ 순시 계전기
④ 반한시 계전기반

| 해설

순(한)시 계전기는 입력 전류의 크기에 관계 없이 동작 전류가 감지되면 순식간에 동작한다.

## 25 ☐☐☐

3상용 차단기의 정격차단용량은?

① 3×정격 전압×정격전류
② 3×정격 전압×정격차단전류
③ $\sqrt{3}$ ×정격 전압×정격전류
④ $\sqrt{3}$ ×정격 전압×정격차단전류

| 해설

3상용 차단기의 차단 용량= $\sqrt{3}\, V_n I_s$

## 26 ☐☐☐

총 낙차 300m, 사용 수량 20m³/s인 수력 발전소의 발전기 출력은 약 몇 kW인가? (단, 수차 및 발전기 효율은 각각 90%, 98%라하고, 손실 낙차는 총 낙차의 6%라고 한다)

① 48750
② 51860
③ 54170
④ 54970

| 해설

기본적으로 물의 시간당 위치에너지 변화량이 발전기 출력이 된다.

$$\frac{mgh}{t}=\frac{(20\times10^3)\times9.8\times300}{1초}=58800000[\text{W}]$$

발전기 실제 출력

$$=\frac{mgh}{t}\times0.94\times0.9\times0.98$$

$$=\frac{(20\times10^3)\times9.8\times300}{1초}\times0.94\times0.9\times0.98$$

$$=58800000\times0.82908=48749904[\text{W}]=48750[\text{kW}]$$

## 27 ☐☐☐

일반 회로 정수가 A, B, C, D이고 송전단 전압이 $E_s$인 경우 무부하시 수전단 전압은?

① $\dfrac{A}{C}E_s$

② $\dfrac{E_s}{A}$

③ $\dfrac{C}{A}E_s$

④ $\dfrac{E_s}{B}$

| 해설

무부하 조건이면 $I_r=0 \begin{bmatrix} E_S \\ I_S \end{bmatrix}=\begin{bmatrix} A\ B \\ C\ D \end{bmatrix}\begin{bmatrix} E_R \\ 0 \end{bmatrix}$

$E_S=AE_R$이므로 수전단 전압 $E_R=\dfrac{E_s}{A}$ 이다.

## 28 ☐☐☐

송전전력, 선간전압, 부하역률, 전력손실 및 송전거리를 동일하게 하였을 경우 단상 2선식에 대한 3상 3선식의 총 전선량(중량)비는 얼마인가? (단, 전선은 동일한 전선이다)

① 0.75
② 0.94
③ 1.15
④ 1.33

## 29 ☐☐☐

송전 선로에서 현수 애자련의 연면 섬락과 가장 관계가 먼 것은?

① 현수 애자련의 개수
② 철탑 접지 저항
③ 댐퍼
④ 현수 애자련의 소손

## 30 ☐☐☐

공통 중성선 다중 접지 방식의 배전선로에서 Recloser(R), Sectionalizer(S), Line fuse(F)의 보호 협조가 가장 적합한 배열은? (단, 보호 협조는 변전소를 기준으로 한다)

① F − S − R
② R − S − F
③ S − F − R
④ S − R − F

## 31 ☐☐☐

다음 중 변전소에서 접지를 하는 목적이 아닌 것은?

① 기기의 보호
② 근무자의 안전
③ 차단 시 아크의 소호
④ 송전 시스템의 중성점 접지

## 32 ☐☐☐

이상 전압의 파고값을 저감시켜 전력 사용 설비를 보호하기 위하여 설치하는 것은?

① 접지봉
② 피뢰기
③ 초호환
④ 계전기

## 33 ▢▢▢

가공선 계통의 인덕턴스 및 정전용량은 은 지중선 계통에 비해 어떠한 성질을 가지는가?

① 인덕턴스, 정전용량이 모두 크다.
② 인덕턴스, 정전용량이 모두 작다.
③ 인덕턴스는 작고, 정전용량은 크다.
④ 인덕턴스는 크고, 정전용량은 작다.

## 34 ▢▢▢

66/22[kV], 2000kVA 단상 변압기 3대를 1뱅크로 운전하는 변전소로부터 전력을 공급받는 어떤 수전점에서의 3상 단락 전류는 약 몇 A인가? (단, 변압기의 %리액턴스는 7이고 선로의 임피던스는 0이다)

① 750
② 1570
③ 1900
④ 2250

## 35 ▢▢▢

인터록(interlock)의 기능에 대한 설명으로 옳은 것은?

① 조작자의 의중에 따라 개폐되어야 한다.
② 차단기가 닫혀 있어야 단로기를 닫을 수 있다.
③ 차단기가 열려 있어야 단로기를 닫을 수 있다.
④ 차단기와 단로기를 별도로 닫고, 열 수 있어야 한다.

## 36 ▢▢▢

3상 3선식 전선 소요량에 대한 3상 4선식의 전선 소요량의 비는 얼마인가? (단, 배전 거리, 배전 전력 및 전력손실은 같고, 4선식의 중성선의 굵기는 외선의 굵기와 같으며, 외선과 중성선 간의 전압은 3선식의 선간 전압과 같다)

① $\dfrac{1}{3}$

② $\dfrac{2}{3}$

③ $\dfrac{3}{4}$

④ $\dfrac{4}{9}$

## 37 ☐☐☐

복도체 (또는 다도체)를 사용할 경우 송전 용량이 증가하는 주된 이유는?

① 코로나가 발생하지 않는다.
② 무효전력이 적어진다.
③ 전압 강하가 적어진다.
④ 선로의 작용 인덕턴스는 감소하고 작용 정전 용량은 증가한다.

## 38 ☐☐☐

선로, 기기 등의 절연 수준 저감 및 전력용 변압기의 단절연을 모두 행할 수 있는 중성점 접지 방식은?

① 소호 리액터 접지 방식
② 고저항 접지 방식
③ 직접 접지 방식
④ 비접지 방식

## 39 ☐☐☐

송전선의 특성 임피던스의 특징으로 옳은 것은?

① 부하 용량에 따라 값이 변한다.
② 선로의 길이에 따라 값이 변하지 않는다.
③ 선로의 길이가 길어질수록 값이 작아진다.
④ 선로의 길이가 길어질수록 값이 커진다.

## 40 ☐☐☐

단상 2선식 배전 선로의 말단에 지상 역률 $\cos\theta$인 부하 P[kW]가 접속되어 있고 선로 말단의 전압은 V[V]이다. 선로 한 가닥의 저항을 R[Ω]이라 할 때 송전단의 공급 전력[kW]은?

① $P + \dfrac{2P^2 R}{V\cos\theta} \times 10^3$

② $P + \dfrac{P^2 R}{V\cos\theta} \times 10^3$

③ $P + \dfrac{2P^2 R}{V^2\cos^2\theta} \times 10^3$

④ $P + \dfrac{P^2 R}{V^2\cos^2\theta} \times 10^3$

## 제3과목 전기기기

### 41 ☐☐☐

다음 중 DC 서보모터의 제어 기능에 속하지 않는 것은?

① 위치 제어 기능
② 역률 제어 기능
③ 속도 제어 기능
④ 전류 제어 기능

| 해설

L, C 성분에 의해 나타나는 역률은 교류에만 해당한다. 따라서 역률 제어 기능은 DC와 관계가 없다.

### 42 ☐☐☐

동기 발전기의 돌발 단락 시 발생되는 현상으로 틀린 것은?

① 큰 과도 전류가 흘러 권선 소손
② 큰 단락 전류 후 점차 감소하여 지속 단락 전류 유지
③ 코일 상호 간 큰 전자력에 의한 코일 파손
④ 단락 전류는 전기자 저항으로 제한

| 해설

돌발 단락 전류 $=\dfrac{E}{X_l}$ 이며, 누설 리액턴스로 제한된다. 돌발 단락 전류에 의해 코일이 파손될 수 있으며, 수초 지나면 전기자 반작용이 나타나면서 단락 전류가 점차 감소하여 일정 크기의 지속 단락 전류에 도달한다.

### 43 ☐☐☐

정류기의 직류측 평균전압이 2000V이고 리플률이 5%일 경우 리플전압의 실횻값[V]은?

① 80
② 100
③ 120
④ 140

| 해설

맥동률의 정의식을 이용한다.

리플률 $=\dfrac{\text{리플 접압의 실효치}}{\text{직류 전압의 평균치}}$

$\Rightarrow 0.05 = \dfrac{\text{리플 전압의 실효치}}{2000}$

$\Rightarrow$ 리플 전압의 실횻값 $=100[V]$

### 44 ☐☐☐

어떤 직류 전동기가 역기전력 200V, 매분 1200회전으로 토크 158.76N·m를 발생하고 있을 때의 전기자 전류는 약 몇 A인가? (단, 기계손 및 철손은 무시한다)

① 90
② 95
③ 100
④ 105

| 해설

출력 $P=\dfrac{2\pi NT}{60}=E_0 I_a$ 이므로 전기자 전류는

$I_a = \dfrac{2\pi NT}{60 E_0} = \dfrac{2\pi \times 1200 \times 158.76}{60 \times 200} = 99.75[A]$

## 45 ☐☐☐

단상 변압기를 병렬 운전하는 경우 각 변압기의 부하 분담이 변압기의 용량에 비례하려면 각각의 변압기의 %임피던스는 어느 것에 해당되는가?

① 변압기 용량에 관계없이 같아야 한다.
② 변압기 용량에 반비례하여야 한다.
③ 변압기 용량에 비례하여야 한다.
④ 어떠한 값이라도 좋다.

| 해설

$$\frac{I_a}{I_b} = \frac{(\%I_B Z_b) V}{I_B} \times \frac{I_A}{(\%I_A Z_a) V} = \frac{(\%I_B Z_b) V I_A}{(\%I_A Z_a) V I_B}$$

부하 분담은 %Z에 반비례하고 변압기 용량에 비례한다.

## 46 ☐☐☐

극수가 4극이고 전기자 권선이 단중 중권인 직류 발전기의 전기자 전류가 40A이면 전기자 권선의 각 병렬 회로에 흐르는 전류[A]는?

① 6
② 8
③ 10
④ 12

| 해설

단중 중권이면 병렬 회로수는 극수와 같다. 따라서 각 병렬 회로에 흐르는 전류는 전기자 전류 = $\frac{40}{4}$ = 10[A]이다.

## 47 ☐☐☐

3kVA, 3000/200[V]의 변압기의 단락 시험에서 임피던스 전압 120V, 동손 150W라 하면 %저항 강하는 몇 %인가?

① 3
② 5
③ 7
④ 9

| 해설

$$I_{1n} = \frac{P}{E_1} = \frac{3000}{3000} = 1, \; r_{eq} = \frac{P_c}{I_{1n}^2} = \frac{150}{1^2} = 150$$

$$\%R = \frac{I_{1n} r_{eq}}{E_1} \times 100 = \frac{1 \times 150}{3000} \times 100 = 5[\%]$$

## 48 ☐☐☐

3상 유도 전동기에서 고조파 회전자계가 기본파 회전 방향과 역방향인 고조파는?

① 제3고조파
② 제5고조파
③ 제7고조파
④ 제10고조파

| 해설

고조파 차수가 $h = 6n+1$이면 기본파와 같은 방향의, $h = 6n-1$이면 기본파와 반대 방향의 회전 자계를 발생한다. 즉, 제5고조파, 제11고조파 등은 반대 방향이다.

정답    45 ②   46 ③   47 ②   48 ②

## 49 ☐☐☐

직류 발전기에 직결한 3상 유도 전동기가 있다. 발전기의 부하 100kW, 효율 90%이며 전동기 단자 전압 3300V, 효율 90%, 역률 90%이다. 전동기에 흘러들어가는 전류는 약 몇 A인가?

① 2.4

② 4.8

③ 19

④ 24

## 50 ☐☐☐

IGBT(Insulated Gate Bipolar Transistor)에 대한 설명으로 틀린 것은?

① MOSFET와 같이 전압 제어 소자이다.

② GTO 사이리스터와 같이 역방향 전압 저지 특성을 갖는다.

③ BJT처럼 on – drop이 전류에 관계없이 낮고 거의 일정하며, MOSFET보다 훨씬 큰 전류를 흘릴 수 있다.

④ 게이트와 에미터 사이의 입력 임피던스가 매우 낮아 BJT보다 구동하기 쉽다.

## 51 ☐☐☐

유도 전동기 1극의 자속을 Φ, 2차 유효 전류 $I_2\cos\theta_2$, 토크 τ의 관계로 옳은 것은?

① $\tau \propto \dfrac{1}{\Phi \times I_2 \cos\theta_2}$

② $\tau \propto \dfrac{1}{(\Phi \times I_2 \cos\theta_2)^2}$

③ $\tau \propto \Phi \times I_2 \cos\theta_2$

④ $\tau \propto \Phi \times (I_2 \cos\theta_2)^2$

## 52 ☐☐☐

정격 전압 220V, 무부하 단자 전압 230V, 정격 출력이 40kW인 직류 분권 발전기의 계자 저항이 22Ω, 전기자 반작용에 의한 전압 강하가 5V라면 전기자 회로의 저항[Ω]은 약 얼마인가?

① 0.026

② 0.028

③ 0.035

④ 0.042

## 53 ☐☐☐

농형 유도 전동기에 주로 사용되는 속도 제어법은?

① 극수 변환
② 종속 접속법
③ 2차 저항 제어법
④ 2차 여자 제어법

| 해설

농형 유도 전동기의 속도 제어에는 극수 변환법, 주파수 변환법, 1차 전압 제어법이 있다.

## 54 ☐☐☐

도통(on)상태에 있는 SCR을 차단(off)상태로 만들기 위해서는 어떻게 하여야 하는가?

① 게이트 펄스 전압을 가한다.
② 게이트 전류를 증가시킨다.
③ 전원 전압의 극성이 반대가 되도록 한다.
④ 게이트 전압이 부(-)가 되도록 한다.

| 해설

SCR을 차단 상태로 만들려면 애노드 전압을 0 또는 (-)로 하여 전원 전압의 극성이 반대가 되게 한다.

## 55 ☐☐☐

와전류 손실을 패러데이 법칙으로 설명한 과정 중 틀린 것은?

① 와전류가 철심 내에 흘러 발열 발생
② 와전류 에너지 손실량은 전류 밀도에 반비례
③ 유도 기전력 발생으로 철심에 와전류가 흐름
④ 시변 자속으로 강자성체 철심에 유도 기전력 발생

| 해설

패러데이 법칙 $E=-d\phi/dt$에 따라, 철심을 관통하는 시변(時變) 자속이 와전류를 유도하며, 와류손은 코일 단면적 제곱에 반비례하고 와전류의 밀도에 비례한다.

## 56 ☐☐☐

2전동기설에 의하여 단상 유도 전동기의 가상적 2개의 회전자 중 정방향에 회전하는 회전자 슬립이 $s$인 경우 역방향에 회전하는 가상적 회전자의 슬립의 표시로 옳은 것은?

① $1+s$
② $2+s$
③ $1-s$
④ $2-s$

| 해설

역방향 슬립 $s_b = \dfrac{-N_s-N}{-N_s} = 2-\dfrac{N_s-N}{N_s} = 2-s$ 이다.

정답  53 ①  54 ③  55 ②  56 ④

## 57 ☐☐☐

동기기의 전기자 저항을 r, 전기자 반작용 리액턴스를 $X_a$, 누설 리액턴스를 $X_\ell$라고 하면 동기 임피던스를 표시하는 식은?

① $\sqrt{r^2 + X_a^2}$

② $\sqrt{r^2 + X_\ell^2}$

③ $\sqrt{r^2 + (X_a + X_\ell)^2}$

④ $\sqrt{r^2 + (\dfrac{X_a}{X_\ell})^2}$

| 해설

누설 리액턴스 $X_l$과 전기자 반작용 리액턴스 $X_a$의 합을 동기 리액턴스라고 하고, 전기자 저항과 동기 리액턴스의 벡터합을 동기 임피던스라고 한다. 따라서 $Z_s = \sqrt{r^2 + (X_a + X_l)^2}$ 이다.

## 58 ☐☐☐

다음 중 2방향성 3단자 사이리스터인 것은?

① SCR

② SSS

③ SCS

④ TRIAC

| 해설

SCR, GTO는 단방향 3단자이고, TRIAC은 2방향 3단자이며, SCS는 단방향 4단자, SSS는 2방향 2단자이다.

## 59 ☐☐☐

단상 유도 전동기에 대한 설명으로 틀린 것은?

① 반발 기동형: 직류전동기와 같이 정류자와 브러시를 이용하여 기동한다.

② 분상 기동형: 별도의 보조권선을 사용하여 회전자계를 발생시켜 기동한다.

③ 커패시터 기동형: 기동 전류에 비해 기동 토크가 크지만, 커패시터를 설치해야 한다.

④ 반발 유도형: 기동 시 농형 권선과 반발 전동기의 회전자 권선을 함께 이용하나 운전 중에는 농형 권선만을 이용한다.

| 해설

반발 유도형은 반발 기동형의 회전자 권선에 농형의 보조 권선이 병렬로 접속되어 있으며, 두 권선에서 발생하는 합성 토크로 기동하기 때문에 기동 토크가 크다. 기동 후 운전 중에도 두 권선을 그대로 이용한다.

## 60 ☐☐☐

다이오드를 사용하는 정류회로에서 과대한 부하전류로 인하여 다이오드가 소손될 우려가 있을 때 가장 적절한 조치인 것은?

① 다이오드를 직렬로 추가한다.

② 다이오드를 병렬로 추가한다.

③ 다이오드 양단에 적당한 값의 저항을 추가한다.

④ 다이오드 양단에 적당한 값의 커패시터를 추가한다.

| 해설

단상 전파(全波) 정류 회로의 역방향 첨두 전압은 직류 전압 $E_{av}$의 π배이고, 브리지 정류 회로의 역방향 첨두 전압은 직류 전압 $E_{av}$의 $\dfrac{\pi}{2}$ 배이다. 이와 같이 다이오드를 병렬로 추가하면 역전압에 의한 소손을 방지할 수 있다.

## 61 ☐☐☐

다음 불 대수식 중 옳지 않은 것은?

① $A + 1 = 1$

② $A \cdot \overline{A} = 1$

③ $A + A = A$

④ $A \cdot A = A$

| 해설

스위치 On과 Off를 직렬 연결하면 도통되지 않는다. 즉, $A \cdot \overline{A}$는 1이 아니라 0이다.

## 62 ☐☐☐

$F(z) = \dfrac{(1 - e^{-aT})z}{(z-1)(z - e^{-aT})}$의 역 z변환은?

① $te^{-at}$

② $te^{at}$

③ $1 - e^{-at}$

④ $1 + e^{-at}$

| 해설

$\dfrac{(1 - e^{-aT})z}{(z-1)(z - e^{-aT})} = \dfrac{z}{(z-1)} - \dfrac{z}{(z - e^{-aT})} - \dfrac{z}{(z - e^{-aT})}$ 이

므로 z역변환하면 $f(t) = 1 - e^{-at}$이다.

## 63 ☐☐☐

2차 제어시스템의 감쇠율(Damping Ratio, ζ)이 ζ < 0 인 경우 제어시스템의 과도응답 특성은?

① 과제동

② 무제동

③ 임계제동

④ 발산

| 해설

특성근 $s = -\zeta\omega_n \pm \omega_n \sqrt{\zeta^2 - 1}$ 에서 $\zeta < 0$이면 불안정(발산)이다.

## 64 ☐☐☐

개루프 전달함수 $G(s)H(s)$로부터 근궤적을 작성할 때 실수축에서의 점근선의 교차점은?

$$G(s)H(s) = \frac{K(s-2)(s-3)}{s(s+1)(s+2)(s+4)}$$

① 2

② 5

③ -4

④ -6

| 해설

영점 $Z = 2, 3$, $m = 2$ 극점 $p = 0, -1, -2, -4$, $n = 4$이다.

$n - m = 2$, $\sum p = -7$, $\sum Z = 5$을 대입하면

$\delta = \dfrac{\sum p - \sum Z}{n - m} = \dfrac{-7 - 5}{2} = -6$이다.

## 65 ☐☐☐

다음 블록 선도의 전달함수 $\left(\dfrac{C(s)}{R(s)}\right)$는?

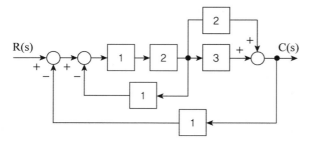

① $\dfrac{10}{9}$

② $\dfrac{12}{9}$

③ $\dfrac{10}{13}$

④ $\dfrac{12}{13}$

| 해설

$\sum$전향경로의 이득 $= 1 \times 2 \times 3 + 1 \times 2 \times 2 = 10$

$\sum$루프의 이득 $- 1 \times 2 \times 1 - 1 \times 2 \times 2 \times 1 - 1 \times 2 \times 3 \times 1 = -12$

$G(s) = \dfrac{\sum \text{전향경로의 이득}}{1 - \sum \text{루프의 이득}} = \dfrac{10}{1 - (-12)}$

## 66 ☐☐☐

전달함수가 $G(s) = \dfrac{1}{0.1s(0.01s+1)}$과 같은 제어시스템에서 $\omega = 0.1\text{rad/s}$일 때의 이득[dB]과 위상각[°]은 약 얼마인가?

① 40dB, −90°

② 40dB, −180°

③ −40dB, 90°

④ −40dB, −180°

| 해설

$\omega = 0.1$을 대입하면 $G(j0.1) = \dfrac{1}{j0.01(j0.001+1)}$

$|G(j\omega)| = \dfrac{1}{|j0.01|\cdot|j0.001+1|} = \dfrac{1}{0.01\sqrt{1^2 + 0.001^2}} \fallingdotseq 100$

이득 $g = 20\log|G(j\omega)| \fallingdotseq 20\log 100 = 40[\text{dB}]$

$\theta = \angle G(j\omega) \fallingdotseq \angle G(-1 - j1000) = -90°$

## 67 ☐☐☐

다음 중 근궤적의 성질로 옳지 않은 것은?

① 근궤적은 실수축을 기준으로 대칭이다.

② 점근선은 허수축상에서 교차한다.

③ 근궤적의 가지 수는 특성방정식의 차수와 같다.

④ 근궤적은 개루프 전달함수의 극점으로부터 출발한다.

| 해설

두 점근선이 만나는 교점은 실수축상에 있으며 이 점이 $\delta$이다. 각각의 점근선은 허수축을 통과하는데 이 점을 허수축 교차점이라고 부르지는 않는다. 즉, 두 점근선은 허수축상에서 교차하지 않는다.

## 68 ☐☐☐

블록선도에서 ⓐ에 해당하는 신호는?

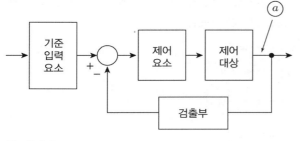

① 제어량
② 조작량
③ 동작신호
④ 기준입력

| 해설

제어대상의 입력은 조작량, 출력은 제어량이다.

## 69 ☐☐☐

비정현파 전류가 $i(t) = 56\sin\omega t + 25\sin 2\omega t + 30\sin$
$(3\omega t + 30°) + 40\sin(4\omega t + 60°)$[A]로 주어질 때 왜형률은?

① 0.4
② 1.0
③ 1.5
④ 2.1

| 해설

n고조파 왜형률을 각각 구한다.

왜형률 $= \dfrac{\text{고조파 성분의 실횻값}}{\text{기본파 성분의 실횻값}}$

$= \dfrac{\sqrt{\sum\limits_{n=2}^{\infty}(a_n/\sqrt{2})^2}}{\sqrt{(a_1/\sqrt{2})^2}} = \dfrac{\sqrt{\sum\limits_{n=2}^{\infty}a_n^2}}{a_1}$

$= \dfrac{25^2 + 30^2 + 40^2}{56} = 1$이다.

## 70 ☐☐☐

e(t)의 z변환을 E(z)라고 했을 때 e(t)의 초기값 e(0)는?

① $\lim\limits_{z \to \infty} \mathrm{E}(z)$
② $\lim\limits_{z \to 1} \mathrm{E}(z)$
③ $\lim\limits_{z \to \infty}(1 - Z^{-1})\mathrm{E}(z)$
④ $\lim\limits_{z \to 1}(1 - Z^{-1})\mathrm{E}(z)$

| 해설

초기값 정리

$\lim\limits_{t \to 0^+} f(t)$를 라플라스 변환하면 $\lim\limits_{s \to \infty} sF(s)$이고 z변환하면
$\lim\limits_{z \to \infty} F(z)$이다.

## 71 ☐☐☐

R - L 직렬 회로에서 R=20Ω, L=40mH일 때, 이 회로의
시정수[sec]는?

① $2 \times 10^3$
② $2 \times 10^{-3}$
③ $\dfrac{1}{2 \times 10^3}$
④ $\dfrac{1}{2 \times 10^{-3}}$

| 해설

R - L 직렬 회로의 미분 방정식 $Ri(t) = E - L\dfrac{di(t)}{dt}$, 해는
$i(t) = \dfrac{E}{R}\left(1 - e^{-\frac{R}{L}t}\right)$인데, 시정수는 $e^{-\frac{R}{L}t}$를 $e^{-1}$로 만드는
$t$값이므로 $\dfrac{L}{R} = \dfrac{0.04}{20}$이다.

## 72 ☐☐☐

4단자 정수 A, B, C, D 중에서 전압이득의 차원을 가진 정수는?

① A
② B
③ C
④ D

## 73 ☐☐☐

분포 정수로 표현된 선로의 단위 길이당 저항이 0.5Ω/km, 인덕턴스가 1μH/km, 커패시턴스가 6μF/km일 때 일그러짐이 없는 조건(무왜형 조건)을 만족하기 위한 단위 길이당 컨덕턴스[℧/km]는?

① 2
② 3
③ 4
④ 5

## 74 ☐☐☐

정전 용량이 C[F]인 커패시터에 단위 임펄스의 전류원이 연결되어 있다. 이 커패시터의 전압 $v_c(t)$는? (단, $u(t)$는 단위 계단 함수이다)

① $v_c(t) = C$
② $v_c(t) = Cu(t)$
③ $v_c(t) = \frac{1}{C}u(t)$
④ $v_c(t) = \frac{1}{C}$

## 75 ☐☐☐

$v(t) = 3 + 5\sqrt{2}\sin\omega t + 10\sqrt{2}\sin(3\omega t - \frac{\pi}{3})$[V]의 실횻값 크기는 약 몇 V인가?

① 5.6
② 7.6
③ 10.6
④ 11.6

## 76 ☐☐☐

그림과 같은 T형 4단자 회로의 임피던스 파라미터 $Z_{22}$는?

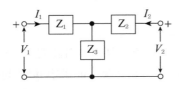

① $Z_1 + Z_2$

② $Z_1 + Z_3$

③ $Z_2 + Z_3$

④ $Z_3$

## 77 ☐☐☐

8+j6[Ω]인 임피던스에 13+j20[V]의 전압을 인가할 때 복소전력은 약 몇 VA인가?

① 127+j34.1

② 45.5+j34.1

③ 12.7+j55.5

④ 45.5+j55.5

## 78 ☐☐☐

전압 및 전류가 다음과 같을 때 유효전력[W] 및 역률[%]은 각각 약 얼마인가?

$$v(t) = 100\sin\omega t - 50\sin(3\omega t + 30°)$$
$$\qquad + 20\sin(5\omega t + 45°)\,[\text{V}]$$
$$i(t) = 20\sin(\omega t + 30°) + 10\sin(3\omega t - 30°)$$
$$\qquad + 5\sin(5\omega t + 90°)\,[\text{A}]$$

① 825W, 48.6%

② 776.4W, 59.7%

③ 1,120W, 77.4%

④ 1,850W, 89.6%

정답  76 ③  77 ②  78 ②

**79** ☐☐☐

순시치 전류 $i(t) = I_m \sin(\omega t + \theta_i)$[A]의 파고율은 약 얼마인가?

① 0.577

② 0.707

③ 1.414

④ 1.732

| 해설

실횻값과 비교한 최댓값의 상대적 크기를 파고율이라고 한다. 따라서 정현파의 파고율은 $\sqrt{2}$ 이다.

**80** ☐☐☐

$f(t) = e^{j\omega t}$의 라플라스 변환은?

① $\dfrac{1}{s^2 + \omega^2}$

② $\dfrac{\omega}{s^2 + \omega^2}$

③ $\dfrac{1}{s + j\omega}$

④ $\dfrac{1}{s - j\omega}$

| 해설

$u(t)$에 지수발산함수를 곱한 $u(t)e^{at}$의 라플라스 변환은 $U(s-a) = \dfrac{1}{s-a}$ 이다. 이것이 복소 추이정리이다. $f(t)$는 $u(t)$에 $e^{j\omega t}$를 곱한 함수이므로 라플라스 변환을 하면 $\dfrac{1}{s - j\omega}$ 이 된다.

## 제5과목 전기설비기술기준

**81** ☐☐☐

사용 전압이 400V 미만인 저압 가공 전선은 케이블인 경우를 제외하고는 지름이 몇 mm 이상이어야 하는가? (단, 절연 전선은 제외한다)

① 3.2

② 3.6

③ 4.0

④ 5.0

| 해설

| 사용전압 | 조건 | 전선의 굵기 및 인장 강도 |
|---|---|---|
| 400V 이하 | 절연전선 | 인장 강도 2.3kN 이상의 것 또는 지름 2.6mm 이상의 경동선 |
| | 케이블 이외 | 인장 강도 3.43kN 이상의 것 또는 지름 3.2mm 이상의 경동선 |
| 400V 초과인 저압 | 시가지에 시설 | 인장 강도 8.01kN 이상의 것 또는 지름 5mm 이상의 경동선 |
| | 시가지 외에 시설 | 인장 강도 5.26kN 이상의 것 또는 지름 4mm 이상의 경동선 |

**82** ☐☐☐

저압 옥상 전선로에 시설하는 전선은 인장 강도 2.30kN 이상의 것 또는 지름이 몇 mm 이상의 경동선이어야 하는가?

① 1.6

② 2.2

③ 2.6

④ 3.2

| 해설

전선은 인장 강도 2.30kN 이상의 것 또는 지름 2.6mm 이상의 경동선을 사용하여야 한다.

정답   79 ③   80 ④   81 ①   82 ③

## 83 ☐☐☐

특고압 가공 전선로 중 지지물로서 직선형의 철탑을 연속하여 10기 이상 사용하는 부분에는 몇 기 이하마다 내장 애자 장치가 되어 있는 철탑 또는 이와 동등 이상의 강도를 가지는 철탑 1기를 시설하여야 하는가?

① 3
② 5
③ 7
④ 10

| 해설
직선형의 철탑을 연속하여 10기 이상 사용하는 부분에는 10기 이하마다 장력에 견디는 애자 장치가 되어 있는 철탑 또는 이와 동등 이상의 강도를 가지는 철탑 1기를 시설하여야 한다.

## 84 ☐☐☐

고압 옥내 배선의 공사 방법으로 옳지 않은 것은?

① 케이블 공사
② 케이블 트레이 공사
③ 합성수지관 공사
④ 애자 사용 공사(건조한 장소로서 전개된 장소에 한한다)

| 해설
고압 옥내배선은 애자공사, 케이블공사, 케이블트레이공사 중 하나에 의하여 시설할 것

## 85 ☐☐☐

다음 중 저압 옥상전선로의 시설에 대한 설명으로 옳지 않은 것은?

① 전선은 절연 전선을 사용한다.
② 전선과 옥상 전선로를 시설하는 조영재와의 이격 거리를 0.5m로 한다.
③ 전선은 상시 부는 바람 등에 의하여 식물에 접촉하지 않도록 시설한다.
④ 전선은 지름 2.6mm 이상의 경동선을 사용한다.

| 해설
전선과 그 저압 옥상 전선로를 시설하는 조영재와의 이격 거리는 2m(전선이 고압 절연 전선, 특고압 절연 전선 또는 케이블인 경우에는 1m) 이상일 것

## 86 ☐☐☐

저압 전로의 보호 도체 및 중성선의 접속 방식에 따른 접지 계통의 분류가 아닌 것은?

① IT 계통
② TN 계통
③ TC 계통
④ TT 계통

| 해설
접지 계통은 TN 계통, TT 계통, IT 계통으로 분류한다.

## 87 ☐☐☐

폭발성 또는 연소성의 가스가 침입할 우려가 있는 것에 시설하는 지중함으로서 그 크기가 몇 m³ 이상의 것은 통풍 장치 기타 가스를 방산시키기 위한 적당한 장치를 시설하여야 하는가?

① 0.5
② 0.8
③ 1.0
④ 1.8

| 해설

지중함의 시설: 크기가 1m³ 이상인 것에는 통풍 장치 기타 가스를 방산시키기 위한 적당한 장치를 시설할 것

## 88 ☐☐☐

하나 또는 복합하여 시설하여야 하는 접지극의 방법으로 옳지 않은 것은?

① 케이블의 금속 외장 및 그 밖에 금속 피복
② 지중 금속구조물
③ 토양에 매설된 기초 접지극
④ 대지에 매설된 강화 콘크리트의 용접된 금속 보강재

| 해설

**접지극의 시설**
• 콘크리트에 매입된 기초 접지극
• 토양에 매설된 기초 접지극
• 토양에 수직 또는 수평으로 직접 매설된 금속 전극(봉, 전선, 테이프, 배관, 판 등)
• 케이블의 금속 외장 및 그 밖에 금속 피복
• 지중 금속 구조물(배관 등)
• 대지에 매설된 철근콘크리트의 용접된 금속 보강재(다만, 강화 콘크리트는 제외)

## 89 ☐☐☐

폭연성 분진 또는 화약류의 분말이 존재하는 곳의 저압 옥내 배선은 어느 공사에 의하는가?

① 합성 수지관 공사
② 애자 사용 공사
③ 금속관 공사
④ 캡타이어 케이블 공사

| 해설

폭연성 분진이나 화약류의 분말이 존재하는 곳의 배선은 금속관 공사나 케이블 공사(캡타이어 케이블은 제외)에 의할 것

## 90 ☐☐☐

지중 전선로에 사용하는 지중함의 시설 기준으로 옳지 않은 것은?

① 지중함은 견고하고 차량 기타 중량물의 압력에 견디는 구조일 것
② 지중함은 그 안의 고인 물을 제거할 수 있는 구조로 되어있을 것
③ 지중함의 뚜껑은 시설자 이외의 자가 쉽게 열 수 없도록 시설할 것
④ 폭발성의 가스가 침입할 우려가 있는 것에 시설하는 지중함으로서 그 크기가 0.5m³ 이상인 것에는 통풍장치 기타 가스를 방산시키기 위한 적당한 장치를 시설할 것

| 해설

폭발성의 가스가 침입할 우려가 있는 것에 시설하는 지중함으로서 그 크기가 1m³ 이상인 것에는 통풍장치 기타 가스를 방산시키기 위한 적당한 장치를 시설할 것

## 91 □□□

고압 가공 전선로에 사용하는 가공지선으로 나경동선을 사용할 때의 최소 굵기[mm]는?

① 1.2
② 2.5
③ 3.0
④ 4.0

| 해설

고압 가공 전선로의 가공 지선은 인장 강도 5.26kN 이상의 것 또는 지름 4mm 이상의 나경동선을 사용하여야 한다.

## 92 □□□

터널 안의 전선로의 저압 전선이 그 터널 안의 다른 저압 전선(관등회로의 배선은 제외한다.) · 약전류 전선 등 또는 수관 · 가스관이나 이와 유사한 것과 접근하거나 교차하는 경우, 저압 전선을 애자 공사에 의하여 시설하는 때에는 이격 거리가 몇 cm 이상이어야 하는가? (단, 전선이 나전선이 아닌 경우이다)

① 10
② 15
③ 20
④ 25

| 해설

터널 안의 전선로의 저압 전선이 그 터널 안의 다른 저압 전선 · 약전류 전선 등 또는 수관 · 가스관이나 이와 유사한 것과 접근하거나 교차하는 경우에는 0.1m(애자공사에 의하여 시설하는 저압 옥내 배선이 나전선인 경우 0.3m) 이상이어야 한다.

## 93 □□□

농사용 저압 가공 전선로의 시설 기준으로 틀린 것은?

① 사용 전압이 저압일 것
② 전선로의 경간은 30m 이하일 것
③ 저압 가공 전선의 인장 강도는 1.48kN 이상일 것
④ 저압 가공 전선의 지표상 높이는 3.5m 이상일 것

| 해설

저압 가공 전선의 인장 강도는 1.38kN 이상일 것

## 94 □□□

귀선로에 대한 설명으로 틀린 것은?

① 비절연 보호 도체의 위치는 통신 유도 장해 및 레일 전위의 상승의 경감을 고려하여 결정하여야 한다.
② 사고 및 지락 시에도 충분한 허용 전류 용량을 갖도록 하여야 한다.
③ 비절연 보호 도체, 매설 접지 도체, 레일 등으로 구성하여 단권 변압기 중성점과 공통 접지에 접속한다.
④ 나전선을 적용하여 가공식으로 가설을 원칙으로 한다.

| 해설
**귀선로**
• 귀선로는 비절연 보호 도체, 매설 접지 도체, 레일 등으로 구성하여 단권 변압기 중성점과 공통 접지에 접속한다.
• 비절연 보호 도체의 위치는 통신 유도 장해 및 레일 전위의 상승의 경감을 고려하여 결정하여야 한다.
• 귀선로는 사고 및 지락 시에도 충분한 허용 전류 용량을 갖도록 하여야 한다.

해커스 전기기사 필기 한권완성 기본이론 + 기출문제

## 95 ☐☐☐

가공 전선로의 지지물의 강도 계산에 적용하는 풍압 하중은 빙설이 많은 지방 이외의 지방에서 저온 계절에는 어떤 풍압 하중을 적용하는가? (단, 인가가 연접되어 있지 않다고 한다)

① 갑종 풍압 하중
② 을종 풍압 하중
③ 병종 풍압 하중
④ 을종과 병종 풍압 하중을 혼용

### | 해설

| 지역 | | 고온 계절 | 저온 계절 |
|---|---|---|---|
| 빙설이 많은 지방 이외의 지방 | | 갑종 | 병종 |
| 빙설이 많은 지방 | 일반지역 | 갑종 | 을종 |
| | 해안지방, 기타 저온 계절에 최대 풍압이 생기는 지역 | 갑종 | 갑종과 을종 중 큰 값 |
| 인가가 많이 연접되어 있는 장소 | | 병종 | 병종 |

## 96 ☐☐☐

가공 전선로의 지지물에 시설하는 지선의 시설기준으로 틀린 것은?

① 지선의 안전율을 2.5 이상으로 할 것
② 소선은 최소 5가닥 이상의 강심 알루미늄 연선을 사용할 것
③ 도로를 횡단하여 시설하는 지선의 높이는 지표상 5m 이상으로 할 것
④ 지중부분 및 지표상 30cm까지의 부분에는 내식성이 있는 것을 사용할 것

### | 해설

소선은 3가닥 이상의 금속선을 사용할 것

## 97 ☐☐☐

중성점 직접 접지식 전로에 접속되는 최대 사용 전압 161kV인 3상 변압기 권선(성형 결선)의 절연 내력 시험을 할 때 접지시켜서는 안 되는 것은?

① 철심 및 외함
② 시험되는 변압기의 부싱
③ 시험되는 권선의 중성점 단자
④ 시험되지 않는 각 권선(다른 권선이 2개 이상 있는 경우에는 각 권선)의 임의의 1단자

### | 해설

변압기의 전로는 시험 전압을 중성점 단자, 권선과 다른 권선, 철심 및 외함 간에 시험 전압을 연속하여 10분간 가하여 절연 내력을 시험하였을 때에 이에 견디는 것이어야 한다.

## 98 ☐☐☐

고압 가공 전선로의 지지물로 철탑을 사용한 경우 최대 경간은 몇 m 이하이어야 하는가?

① 150
② 250
③ 600
④ 800

### | 해설

**고압 가공전선로 경간의 제한**

| 지지물의 종류 | 경간 |
|---|---|
| 목주 · A종 철주 또는 A종 철근 콘크리트주 | 150m |
| B종 철주 또는 B종 철근 콘크리트주 | 250m |
| 철탑 | 600m |

정답    95 ③    96 ②    97 ②    98 ③

## 99 □□□

발전소에서 계측하는 장치를 시설하여야 하는 사항에 해당하지 않는 것은?

① 발전기의 회전수 및 주파수
② 특고압용 변압기의 온도
③ 발전기의 전압 및 전류 또는 전력
④ 발전기의 베어링(수중 메탈을 제외한다) 및 고정자의 온도

| 해설

발전소에 시설하는 계측 장치: 발전기의 베어링 및 고정자의 온도, 주요 변압기의 전압 및 전류 또는 전력, 특고압용 변압기의 온도

## 100 □□□

사용 전압이 154kV인 가공 송전선의 시설에서 전선과 식물과의 이격 거리는 일반적인 경우에 몇 m 이상으로 하여야 하는가?

① 2.0
② 2.6
③ 3.2
④ 3.6

| 해설

$$단수 = \frac{154-60}{10} = 9.4 \Rightarrow 10단$$

이격 거리 $= 2 + 0.12 \times 10 = 3.2[m]$

## 제1과목 전기자기학

**01** ☐☐☐

면적이 $0.02m^2$, 간격이 $0.03m$이고, 공기로 채워진 평행 평판의 커패시터에 $1.0 \times 10^{-6}[C]$의 전하를 충전시킬 때, 두 판 사이에 작용하는 힘의 크기는 약 몇 N인가?

① 1.13

② 1.41

③ 1.89

④ 2.83

| 해설

$W = \dfrac{1}{2}QV = \dfrac{1}{2}CV^2[J]$: 충전 중(전위 일정)

$\quad = \dfrac{Q^2}{2C}[J]$: 충전 후(전하 일정)

충전된 정전 에너지는 전하가 일정하므로

$W = \dfrac{Q^2}{2C} = \dfrac{Q^2}{2 \times \dfrac{\epsilon_0 S}{d}} = \dfrac{dQ^2}{2\epsilon_0 S}[J]$

두 판 사이에 작용하는 힘의 크기 정전력

$F = \dfrac{\partial W}{\partial d} = \dfrac{\partial}{\partial d}\left(\dfrac{dQ^2}{\epsilon_0 S}\right) = \dfrac{Q^2}{\epsilon_0 S}$

$\quad = \dfrac{(1 \times 10^{-6})^2}{2 \times 8.855 \times 10^{-12} \times 0.02} \simeq 2.83[N]$

**02** ☐☐☐

자극의 세기가 $7.4 \times 10^{-5}[Wb]$, 길이가 10cm인 막대자석이 100AT/m의 평등자계 내에 자계의 방향과 30°로 놓여 있을 때 이 자석에 작용하는 회전력[N · m]은?

① $2.5 \times 10^{-3}$

② $3.7 \times 10^{-4}$

③ $5.3 \times 10^{-5}$

④ $6.2 \times 10^{-6}$

| 해설

• 자기모멘트: $M = ml$

• 자성체에 의한 토크(회전력):
  $T = M \times H = MH\sin\theta = mlH\sin\theta$

• 자석에 작용하는 회전력:
  $T = (7.4 \times 10^{-5}) \times (10 \times 10^{-2}) \times 100 \times \sin30°$
  $\quad = 3.7 \times 10^{-4}[N \cdot m]$

정답  01 ④  02 ②

## 03 ☐☐☐

유전율이 $\epsilon = 2\epsilon_0$이고 투자율이 $\mu_0$인 비도선성 유전체에서 전자파의 전계의 세기가

$E(z, t) = 120\pi \cos(10^9 t - \beta z)\hat{y}$[V/m]일 때, 자계의 세기 $H$[A/m]는? (단, $\hat{x}$, $\hat{y}$는 단위벡터이다)

① $-\sqrt{2}\cos(10^9 t - \beta z)\hat{x}$

② $\sqrt{2}\cos(10^9 t - \beta z)\hat{x}$

③ $-2\cos(10^9 t - \beta z)\hat{x}$

④ $2\cos(10^9 t - \beta z)\hat{x}$

**| 해설**

$E(z, t) = 120\pi\cos(10^9 t - \beta z)\hat{y}$[V/m]은 $y$방향의 전계와 $z$의 전자파이다. 전자파 $P = E \times H$이므로 자계는 $-x$방향이 되어야 한다. 유전율과 투자율은 $\epsilon = \epsilon_0 \epsilon_s$, $\mu = \mu_0 \mu_s$에서 $\epsilon = \epsilon_0 \epsilon_s = 2\epsilon_0$이고 $\epsilon_s = 2$, $\mu = \mu_0$이므로 $\mu_s = 1$이다.

투자율 $\mu_0 = 4\pi \times 10^{-7}$[H/m],

유전율 $\epsilon_0 = 8.855 \times 10^{-12}$[F/m]이므로 $\sqrt{\dfrac{\mu_0}{\epsilon_0}} = 377$이다.

• 고유 임피던스:

$Z_0 = \dfrac{E}{H} = \sqrt{\dfrac{\mu}{\epsilon}} = 377\sqrt{\dfrac{\mu_s}{\epsilon_s}} = 377\sqrt{\dfrac{1}{2}} \simeq 266.6$

• 자계의 세기: $H = \dfrac{E}{266.6} = \dfrac{377}{26.6} = 1.414 = \sqrt{2}$

• 자계의 세기 $H = -\sqrt{2}\cos(10^9 t - \beta Z)\hat{x}$[V/m]

## 04 ☐☐☐

자기회로에서 전기회로의 도전율 $\sigma$[℧/m]에 대응되는 것은?

① 자속

② 기자력

③ 투자율

④ 자기저항

**| 해설**

**전기회로와 자기회로의 비교**

| 전기회로 | 자기회로 |
|---|---|
| 전류 $I$ | 자속 $\phi$ |
| 전기저항 $R$ | 자기저항 $R_m$ |
| 기전력 $E$ | 기자력 $F_m$ |
| 도전율 $\sigma$ | 투자율 $\mu$ |
| $R = \dfrac{l}{\sigma S}$ | $R_m = \dfrac{l}{\mu S}$ |
| $E = IR$ | $F_m = NI = R_m\phi$ |

## 05 ☐☐☐

단면적이 균일한 환상철심에 권수 1,000회인 A코일과 권수 $N_B$회인 B코일이 감겨져 있다. A코일의 자기인덕턴스가 100mH이고, 두 코일 사이의 상호 인덕턴스가 20mH이고, 결합계수가 1일 때, B코일의 권수($N_B$)는 몇 회인가?

① 100

② 200

③ 300

④ 400

**| 해설**

• 자기 인덕턴스: $L_1 = \dfrac{N_1^2}{R_m}$, $L_2 = \dfrac{N_2^2}{R_m}$

• 상호 인덕턴스: $M = \dfrac{N_1 N_2}{R_m} = \dfrac{N_2}{N_1}L_1$

• B코일의 권수 $N_B = N_2 = \dfrac{N_1}{L_1} \times M = \dfrac{1,000}{100} \times 20 = 200$[회]

## 06 ☐☐☐

공기 중에서 1V/m의 전계의 세기에 의한 변위전류밀도의 크기를 2A/m²으로 흐르게 하려면 전계의 주파수는 몇 MHz가 되어야 하는가?

① 9,000

② 18,000

③ 36,000

④ 72,000

**| 해설**

- 변위 전류밀도: $i_d = \dfrac{I_d}{S} = \dfrac{\partial D}{\partial t} = \epsilon \dfrac{\partial E}{\partial t} = j\omega\epsilon E = j(2\pi f)E$

- 전계의 주파수:

$$f = \frac{i_d}{2\pi\epsilon E} = \frac{2}{2\pi \times (8.855 \times 10^{-12}) \times 1} \approx 36,000 [\mathrm{MHz}]$$

여기서, $j$는 복소수 신호를 뜻한다.

## 07 ☐☐☐

내부 원통 도체의 반지름이 $a[\mathrm{m}]$, 외부 원통 도체의 반지름이 $b[\mathrm{m}]$인 동축 원통 도체에서 내외 도체 간 물질의 도전율이 $\sigma[\mho/\mathrm{m}]$일 때 내외 도체 간의 단위 길이당 컨덕턴스$[\mho/\mathrm{m}]$는?

① $\dfrac{2\pi\sigma}{\ln\dfrac{b}{a}}$

② $\dfrac{2\pi\sigma}{\ln\dfrac{a}{b}}$

③ $\dfrac{4\pi\sigma}{\ln\dfrac{b}{a}}$

④ $\dfrac{4\pi\sigma}{\ln\dfrac{a}{b}}$

**| 해설**

- 원통 도체의 정전용량: $C = \dfrac{2\pi\epsilon}{\ln\dfrac{b}{a}}$

- 컨덕턴스: $G = \dfrac{1}{R} = \dfrac{C}{\rho\epsilon} = \dfrac{\dfrac{2\pi\epsilon}{\ln\dfrac{b}{a}}}{\rho\epsilon} = \dfrac{2\pi}{\rho\ln\dfrac{b}{a}} = \dfrac{2\pi\sigma}{\ln\dfrac{b}{a}}\left(\rho = \dfrac{1}{\sigma}\right)$

## 08 ☐☐☐

$z$축 상에 놓인 길이가 긴 직선 도체에 10A의 전류가 $+z$ 방향으로 흐르고 있다. 이 도체의 주위의 자속밀도가 $3\hat{x} - 4\hat{y}[\mathrm{Wb/m^2}]$일 때 도체가 받는 단위 길이당 힘$[\mathrm{N/m}]$은? (단, $\hat{x}$, $\hat{y}$는 단위벡터이다)

① $-40\hat{x} + 30\hat{y}$

② $-30\hat{x} + 40\hat{y}$

③ $30\hat{x} + 40\hat{y}$

④ $40\hat{x} + 30\hat{y}$

**| 해설**

$$F = I \times B = \begin{vmatrix} \hat{x} & \hat{y} & \hat{z} \\ 0 & 0 & 10 \\ 3 & -4 & 0 \end{vmatrix} = 40\hat{x} + 30\hat{y}[\mathrm{N/m}]$$

## 09 ☐☐☐

진공 중 한 변의 길이가 0.1m인 정삼각형의 3정점 A, B, C에 각각 $2.0 \times 10^{-6}$C의 점전하가 있을 때, 점 A의 전하에 작용하는 힘은 몇 N인가?

① $1.8\sqrt{2}$

② $1.8\sqrt{3}$

③ $3.6\sqrt{2}$

④ $3.6\sqrt{3}$

**| 해설**

정삼각형의 한 변의 길이를 $a$라 하면 $F_{BA} = F_{CA}$이므로 A에 작용하는 힘은 $2F_{BA}\cos 30°$이다.

$F_{BA} = \dfrac{Q^2}{4\pi\epsilon_0 a^2}$이므로

$$2F_{BA}\cos 30° = \frac{\sqrt{3}}{2}\frac{Q^2}{4\pi\epsilon_0 a^2} = (9 \times 10^9) \times \frac{\sqrt{3} \times (2 \times 10^{-6})^2}{0.1^2}$$

$$= 3.6\sqrt{3}[\mathrm{N}]$$

정답    06 ③    07 ①    08 ④    09 ④

## 10 □□□

투자율이 $\mu$[H/m], 자계의 세기가 $H$[AT/m], 자속밀도가 $B$[Wb/m²]인 곳에서의 자계 에너지 밀도[J/m³]는?

① $\dfrac{B^2}{2\mu}$  ② $\dfrac{H^2}{2\mu}$

③ $\dfrac{1}{2}\mu H$  ④ $BH$

| 해설

자계 에너지 밀도: $w=\dfrac{1}{2}\mu H^2=\dfrac{B^2}{2\mu}$[J/m³] $(B=\mu H)$

## 11 □□□

진공 내 전위함수가 $V=x^2+y^2$[V]로 주어졌을 때, $0\le x\le 1,\ 0\le y\le 1,\ 0\le z\le 1$인 공간에 저장되는 정전에너지[J]는?

① $\dfrac{4}{3}\epsilon_0$  ② $\dfrac{2}{3}\epsilon_0$

③ $4\epsilon_0$  ④ $2\epsilon_0$

| 해설

진공에서 정전에너지 밀도: $w=\dfrac{1}{2}\epsilon_0 E^2(\epsilon=\epsilon_0)$

정전에너지:

$$W=\int wdv=\int_v \frac{1}{2}\epsilon_0 E^2 dv=\frac{1}{2}\epsilon_0\int_v |-\nabla V|^2 dv$$
$$=\frac{1}{2}\epsilon_0\int_0^1\int_0^1\int_0^1 |-(2x\hat{i}+2y\hat{j})|^2 dxdydz$$
$$=\frac{1}{2}\epsilon_0\int_0^1\int_0^1\int_0^1 (4x^2+4y^2)dxdydz$$
$$=\frac{1}{2}\epsilon_0\int_0^1\int_0^1\left[\frac{4}{3}x^3+x4y^2\right]_0^1 dydz$$
$$=\frac{1}{2}\epsilon_0\int_0^1\int_0^1\left(\frac{4}{3}+4y^2\right)dydz$$
$$=\frac{1}{2}\epsilon_0\int_0^1\left[\frac{4}{3}y+\frac{4}{3}y^3\right]_0^1 dz$$
$$=\frac{1}{2}\epsilon_0\int_0^1\frac{8}{3}dz=\frac{1}{2}\epsilon_0\times\left[\frac{8}{3}z\right]_0^1=\frac{4}{3}\epsilon_0[\text{J}]$$

## 12 □□□

전계가 유리에서 공기로 입사할 때 입사각 $\theta_1$과 굴절각 $\theta_2$의 관계와 유리에서의 전계 $E_1$과 공기에서의 전계 $E_2$의 관계는?

① $\theta_1>\theta_2,\ E_1>E_2$

② $\theta_1<\theta_2,\ E_1>E_2$

③ $\theta_1>\theta_2,\ E_1<E_2$

④ $\theta_1<\theta_2,\ E_1<E_2$

| 해설
유전체의 경계면 조건
$\epsilon_1>\epsilon_2$일 때 $\theta_1>\theta_2,\ D_1>D_2,\ E_1<E_2$

## 13 □□□

진공 중에 4m 간격으로 평행한 두 개의 무한 평판 도체에 각각 $+4\text{C/m}^2$, $-4\text{C/m}^2$의 전하를 주었을 때, 두 도체 간의 전위차는 약 몇 V인가?

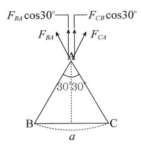

① $1.36\times 10^{11}$

② $1.36\times 10^{12}$

③ $1.8\times 10^{11}$

④ $1.8\times 10^{12}$

| 해설

• 평행한 두 개의 도체 간 전계: $E=\dfrac{\sigma}{\epsilon_0}$

• 전위차: $V=Ed=\dfrac{\sigma}{\epsilon_0}d=\dfrac{4}{8.855\times 10^{-12}}\times 4=1.8\times 10^{12}$[V]

정답  10 ①  11 ①  12 ③  13 ④

## 14 ☐☐☐

인덕턴스[H]의 단위를 나타낸 것으로 틀린 것은?

① $\Omega \cdot s$

② $Wb/A$

③ $J/A^2$

④ $N/[A \cdot m]$

| 해설

인덕턴스: $L = \dfrac{N\phi}{I}$ [Wb/A]

권수를 1이라 하면 $H = \left[\dfrac{T}{A}\right]$

인덕턴스의 전압식: $V_L = L\dfrac{di}{dt}$

$L = V_L \dfrac{dt}{di}$ [H]이므로 $H = \left[\dfrac{s \cdot V}{A}\right] = [\Omega \cdot s]$

$W = I\phi$ [J]에서 $\phi = \left[\dfrac{J}{A}\right]$이므로 $L = \dfrac{\phi}{I}$에서 $H = \left[\dfrac{J}{A^2}\right]$

## 15 ☐☐☐

진공 중 반지름이 $a$[m]인 무한길이의 원통 도체 2개가 간격 $d$[m]로 평행하게 배치되어 있다. 두 도체 사이의 정전용량[C]을 나타낸 것으로 옳은 것은?

① $\pi\epsilon_0 \ln\dfrac{d-a}{a}$

② $\dfrac{\pi\epsilon_0}{\ln\dfrac{d-a}{a}}$

③ $\pi\epsilon_0 \ln\dfrac{a}{d-a}$

④ $\dfrac{\pi\epsilon_0}{\ln\dfrac{a}{d-a}}$

| 해설

평행한 원형 도선의 정전용량: $C = \dfrac{\pi\epsilon_0}{\ln\dfrac{d-a}{a}} = \dfrac{\pi\epsilon_0}{\ln\dfrac{d}{a}}$ [F/m]

여기서 무한길이이므로 $d \gg a$에서 $d - a \simeq d$이다.

## 16 ☐☐☐

진공 중에 4m의 간격으로 놓인 평행 도선에 같은 크기의 왕복 전류가 흐를 때 단위 길이당 $2.0 \times 10^{-7}$A의 힘이 작용하였다. 이때 평행 도선에 흐르는 전류는 몇 A인가?

① 1　　　　　　② 2

③ 4　　　　　　④ 8

| 해설

평행한 도선 사이의 힘: $F = \dfrac{\mu_0 I_1 I_2}{2\pi r}$

두 도선에 흐르는 전류의 세기가 같고 $\dfrac{\mu_0}{2\pi} = 2 \times 10^{-7}$이므로

$2 \times 10^{-7} = \dfrac{2 \times I^2}{4} \times 10^{-7}$에서 $I = 2$[A]이다.

## 17 ☐☐☐

평행 극판 사이의 간격이 $d$[m]이고 정전용량이 $0.3[\mu F]$인 공기 커패시터가 있다. 그림과 같이 두 극판 사이에 비유전율이 5인 유전체를 절반 두께 만큼 넣었을 때 이 커패시터의 정전용량은 몇 $\mu F$이 되는가?

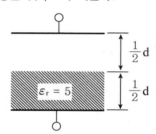

① 0.01　　　　　② 0.05

③ 0.1　　　　　④ 0.5

| 해설

극판 간격의 $\dfrac{1}{2}$ 간격에 물질을 직렬로 채운 경우의 정전용량은 $C = \dfrac{2\epsilon_s C_0}{1 + \epsilon_s} = \dfrac{2 \times 5 \times 0.3}{1 + 5} = 0.5[\mu F]$이다.

## 18 ☐☐☐

반지름이 $a$[m]인 접지된 구도체와 구도체의 중심에서 거리 $d$[m] 떨어진 곳에 점전하가 존재할 때, 점전하에 의한 접지된 구도체에서의 영상전하에 대한 설명으로 틀린 것은?

① 영상전하는 구도체 내부에 존재한다.
② 영상전하는 점전하와 구도체 중심을 이은 직선상에 존재한다.
③ 영상전하의 전하량과 점전하의 전하량은 크기는 같고 부호는 반대이다.
④ 영상전하의 위치는 구도체의 중심과 점전하 사이 거리 ($d$[m])와 구도체의 반지름($a$[m])에 의해 결정된다.

| 해설

점전하와 구도체의 전기 영상법 적용 방법

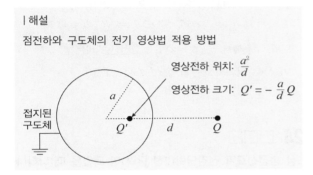

영상전하 위치: $\dfrac{a^2}{d}$

영상전하 크기: $Q' = -\dfrac{a}{d}Q$

## 19 ☐☐☐

평등 전계 중에 유전체 구에 의한 전계 분포가 그림과 같이 되었을 때 $\epsilon_1$과 $\epsilon_2$의 크기 관계는?

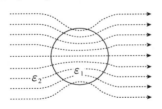

① $\epsilon_1 > \epsilon_2$          ② $\epsilon_1 < \epsilon_2$
③ $\epsilon_1 = \epsilon_2$          ④ 무관하다.

| 해설

전속은 유전율이 큰 쪽으로 모인다.

## 20 ☐☐☐

어떤 도체에 교류 전류가 흐를 때 도체에서 나타나는 표피 효과에 대한 설명으로 틀린 것은?

① 도체 중심부보다 도체 표면부에 더 많은 전류가 흐르는 것을 표피효과라 한다.
② 전류의 주파수가 높을수록 표피 효과는 작아진다.
③ 도체의 도전율이 클수록 표피 효과는 커진다.
④ 도체의 투자율이 클수록 표피 효과는 커진다.

| 해설

주파수, 투자율, 도전율이 클수록 표피 효과가 커진다(침투 깊이가 작아진다).

## 제2과목 전력공학

### 21 ☐☐☐

소호리액터를 송전계통에 사용하면 리액터의 인덕턴스와 선로의 정전용량이 어떤 상태로 되어 지락전류를 소멸시키는가?

① 병렬공진
② 직렬공진
③ 고임피던스
④ 저임피던스

| 해설

선로의 대지 정전용량과 소호리액터의 용량이 같으면 1선 지락 시 선로 콘덴서와 리액터가 병렬 공진하여 지락 전류와 지락 아크가 소멸된다.

### 22 ☐☐☐

어느 발전소에서 40000kWh를 발전하는 데 발열량 5000kcal/kg의 석탄을 20톤 사용하였다. 이 화력발전소의 열효율[%]은 약 얼마인가?

① 27.5
② 30.4
③ 34.4
④ 38.5

| 해설

출력=발전량
$\quad = 4 \times 10^4 \text{kWh} \times 860 \text{kcal/kWh} = 344 \times 10^5 \text{kcal}$
입력=연료소비량×kg당 발열량
$\quad = 20000 \text{kg} \times 5000 \text{kcal/kg} = 10^8 \text{kcal}$
따라서 열효율은 34.4%이다.

### 23 ☐☐☐

송전전력, 선간전압, 부하역률, 전력손실 및 송전거리를 동일하게 하였을 경우 단상 2선식에 대한 3상 3선식의 총 전선량(중량)비는 얼마인가? (단, 전선은 동일한 전선이다)

① 0.75
② 0.94
③ 1.15
④ 1.33

| 해설

$V_a I_a \cos\theta = \sqrt{3} \, V_d I_c \cos\theta$이고 $V_a = V_d$라는 조건에 의해
$I_a : I_c = \sqrt{3} : 1$이다. 전력손실이 같다고 했으므로
$2I_a^2 R_a = 3I_c^2 R_c \Rightarrow 2 \times 3R_a = 3 \times 1 R_c \Rightarrow R_a : R_c = 1 : 2$
또 $R = \rho \dfrac{l}{S}$에서 $S_a : S_c = 2 : 1$, 소요전선량 비는
2가닥 $\times S_a$ : 3가닥 $\times S_c \Rightarrow 2 \times 2 : 3 \times 1 = 4 : 3$

### 24 ☐☐☐

3상 송전선로가 선간단락(2선 단락)이 되었을 때 나타나는 현상으로 옳은 것은?

① 역상전류만 흐른다.
② 정상전류와 역상전류가 흐른다.
③ 역상전류와 영상전류가 흐른다.
④ 정상전류와 영상전류가 흐른다.

| 해설

$I_0 = 0$이고 $I_1 = \dfrac{E_a}{Z_1 + Z_2} = -I_2$이므로 영상전류를 제외하고 정상전류와 역상전류가 흐른다.

## 25 ☐☐☐

중거리 송전선로의 4단자 정수가 A = 1.0, B = j190, D = 1.0일 때 C의 값은 얼마인가?

① 0
② −j120
③ j
④ j190

| 해설

4단자망에는 T회로 및 $\Pi$회로가 있으며 항상 $AD - BC = 1$이 항상 성립한다.
$1 \times 1 - j190 \times C = 1$이므로 C = 0

## 26 ☐☐☐

배전전압을 $\sqrt{2}$배로 하였을 때 같은 손실률로 보낼 수 있는 전력은 몇 배가 되는가?

① $\sqrt{2}$
② $\sqrt{3}$
③ 2
④ 3

| 해설

$\dfrac{P_l}{P_s} = \dfrac{P_s^2 R}{V_s^2 \cos^2 \theta_s} \dfrac{1}{P_s} = \dfrac{P_s R}{V_s^2 \cos^2 \theta_s}$ 에서 전력손실률이 일정하다면 송전전력과 배전전압의 제곱이 비례한다(단, 저항은 상수, 역률도 불변). 따라서 전압이 $\sqrt{2}$배이면 송전전력은 2배가 된다.

## 27 ☐☐☐

다음 중 재점호가 가장 일어나기 쉬운 차단전류는?

① 동상 전류
② 지상 전류
③ 진상 전류
④ 단락 전류

| 해설

차단기에 의해 일단 소멸된 아크가 극간의 재기 전압 때문에 다시 생성되기도 하는데 이러한 재점호 현상은 진상전류에서 가장 일어나기 쉽다. 콘덴서 회로의 경우, 전압은 시차를 두고 전류보다 뒤늦게 최고점에 도달하기 때문이다.

## 28 ☐☐☐

현수애자에 대한 설명이 아닌 것은?

① 애자를 연결하는 방법에 따라 클레비스(Clevis)형과 볼 소켓형이 있다.
② 애자를 표시하는 기호는 P이며 구조는 2 ~ 5층의 갓 모양의 자기편을 시멘트로 접착하고 그 자기를 주철재 base로 지지한다.
③ 애자의 연결개수를 가감함으로써 임의의 송전전압에 사용할 수 있다.
④ 큰 하중에 대하여는 2련 또는 3련으로 하여 사용할 수 있다.

| 해설

②는 핀애자에 관한 설명이고, 나머지는 현수애자에 관한 설명이다.

## 29 ☐☐☐

교류발전기의 전압조정 장치로 속응여자방식을 채택하는 이유로 틀린 것은?

① 전력계통에 고장이 발생할 때 발전기의 동기화력을 증가시킨다.
② 송전계통의 안정도를 높인다.
③ 여자기의 전압 상승률을 크게 한다.
④ 전압조정용 탭의 수동변환을 원활히 하기 위함이다.

| 해설

속응여자방식은 발전기 동기화력을 증가시키고 여자기 전압 상승률을 크게 해서 송전계통의 안정도를 높여 준다.


## 30 ☐☐☐

차단기의 정격차단시간에 대한 설명으로 옳은 것은?

① 고장 발생부터 소호까지의 시간
② 트립코일 여자로부터 소호까지의 시간
③ 가동 접촉자의 개극부터 소호까지의 시간
④ 가동 접촉자의 동작 시간부터 소호까지의 시간

| 해설

차단기가 트립지령을 받고부터 트립장치가 동작하여 전류차단이 완료할 때까지의 시간이 정격차단시간이다.


## 31 ☐☐☐

3상 1회선 송전선을 정삼각형으로 배치한 3상 선로의 자기인덕턴스를 구하는 식은? (단, D는 전선의 선간거리[m], r은 전선의 반지름[m]이다)

① $L = 0.5 + 0.4605 \log_{10} \dfrac{D}{r}$

② $L = 0.5 + 0.4605 \log_{10} \dfrac{D}{r^2}$

③ $L = 0.05 + 0.4605 \log_{10} \dfrac{D}{r}$

④ $L = 0.05 + 0.4605 \log_{10} \dfrac{D}{r^2}$

| 해설

기하학적 평균 선간거리=등가 선간거리
$D = \sqrt[3]{D_1, \ D_2, \ D_3}$ 이므로
$L(\text{mH/km}) = 0.05 + 0.4605 \log_{10} D/r$


## 32 ☐☐☐

불평형 부하에서 역률[%]은?

① $\dfrac{\text{유효전력}}{\text{각 상의 피상전력의 산술합}} \times 100$

② $\dfrac{\text{무효전력}}{\text{각 상의 피상전력의 산술합}} \times 100$

③ $\dfrac{\text{무효전력}}{\text{각 상의 피상전력의 벡터합}} \times 100$

④ $\dfrac{\text{유효전력}}{\text{각 상의 피상전력의 벡터합}} \times 100$

| 해설

<피상전력×역률=유효전력>에서 역률=$\dfrac{\text{유효전력}}{\text{피상전력}}$인데, 불평형 부하에서는 각 상의 피상전력을 벡터적으로 합하여야 한다.

정답  29 ④  30 ②  31 ③  32 ④

## 33 ☐☐☐

다음 중 동작 속도가 가장 느린 계전 방식은?

① 전류 차동 보호 계전 방식

② 거리 보호 계전 방식

③ 전류 위상 비교 보호 계전 방식

④ 방향 비교 보호 계전 방식

| 해설

거리 계전기는 고장점까지의 거리가 멀수록 동작 및 차단기 오픈 시간이 늦어지기 때문에 동작 속도가 가장 느리다.

## 34 ☐☐☐

부하회로에서 공진 현상으로 발생하는 고조파 장해가 있을 경우 공진 현상을 회피하기 위하여 설치하는 것은?

① 진상용 콘덴서

② 직렬 리액터

③ 방전코일

④ 진공 차단기

| 해설

조상설비 중에 직렬 리액터는 5고조파 제거 장치이다. 전력 계통의 역률을 개선하기 위해 진상용 콘덴서를 주로 설치하는데 이로 인해 발생하는 5고조파는 직렬 리액터로 상쇄시킨다.

## 35 ☐☐☐

경간이 200m인 가공 전선로가 있다. 사용전선의 길이는 경간보다 몇 m 더 길게 하면 되는가? (단, 사용전선의 1m당 무게는 2kg, 인장하중은 4000kg, 전선의 안전율은 2로 하고 풍압하중은 무시한다)

① $\dfrac{1}{2}$

② $\sqrt{2}$

③ $\dfrac{1}{3}$

④ $\sqrt{3}$

| 해설

실제 길이 $L[\mathrm{m}] = S + \dfrac{8D^2}{3S}$ 이고 이도 $D[\mathrm{m}] = \dfrac{wS^2}{8T} \times$ 안전율

이므로 이도를 먼저 구하면 $\dfrac{2 \times 200^2}{8 \times 4000} \times 2 = 5$ 이다.

따라서 경간보다 $\dfrac{8D^2}{3S} = \dfrac{8 \times 5^2}{3 \times 200} = \dfrac{1}{3}[\mathrm{m}]$ 더 길게 하면 된다.

## 36 ☐☐☐

송전단 전압이 100V, 수전단 전압이 90V인 단거리 배전선로의 전압 강하율[%]은 약 얼마인가?

① 5

② 11

③ 15

④ 20

| 해설

전압 강하율이란 수전단 전압의 크기에 대해 전압 강하분이 차지하는 비율을 의미한다.

즉, $\epsilon = \dfrac{E_s - E_r}{E_r} = \dfrac{100 - 90}{90} \times 100 = \dfrac{100}{9}$

## 37 ☐☐☐

다음 중 환상(루프) 방식과 비교할 때 방사상 배전선로 구성 방식에 해당되는 사항은?

① 전력 수요 증가 시 간선이나 분기선을 연장하여 쉽게 공급이 가능하다.
② 전압 변동 및 전력손실이 작다.
③ 사고 발생 시 다른 간선으로의 전환이 쉽다.
④ 환상방식보다 신뢰도가 높은 방식이다.

| 해설
방사상은 수지식이라고도 부르며, 수요 증가에 따른 부하 증설이 용이하다는 장점 이외에는 단점이 많다.

## 38 ☐☐☐

소호각(Arcing horn)의 역할은?

① 풍압을 조절한다.
② 송전 효율을 높인다.
③ 선로의 섬락 시 애자의 파손을 방지한다.
④ 고주파수의 섬락전압을 높인다.

| 해설
섬락현상과 1선 지락 사고를 방지하기 위해 가공지선, 아킹혼(소호환), 아킹링(소호각)을 설치한다.

## 39 ☐☐☐

유효낙차 90m, 출력 104500kW, 비속도(특유속도) 210m · kW인 수차의 회전속도는 약 몇 rpm인가?

① 150
② 180
③ 210
④ 240

| 해설
수차의 특유 속도 $N_s = N \dfrac{\sqrt{P}}{H^{5/4}}$ 에서

회전속도 $N = N_s \times \dfrac{\sqrt{P}}{H^{5/4}} = 210 \times \dfrac{\sqrt{104500}}{90^{5/4}}$

## 40 ☐☐☐

발전기 또는 주변압기의 내부고장 보호용으로 가장 널리 쓰이는 것은?

① 거리 계전기
② 과전류 계전기
③ 비율차동 계전기
④ 방향단락 계전기

| 해설
비율차동 계전기(RDfR)는 변류기에 유입하는 전류와 유출하는 전류의 차가 일정비율 이상이 되면 동작하기 때문에 전력 설비의 내부고장 보호용으로 가장 널리 쓰인다.

정답    37 ①   38 ③   39 ④   40 ③

## 41 ☐☐☐

SCR을 이용한 단상 전파 위상제어 정류 회로에서 전원 전압은 실횻값이 220V, 60Hz인 정현파이며, 부하는 순저항으로 10Ω이다. SCR의 점호각 a를 60°라 할 때 출력 전류의 평균값[A]은?

① 7.54
② 9.73
③ 11.43
④ 14.86

| 해설

단상 전파 위상제어 정류 회로에서 저항 부하

$E_d = \dfrac{\sqrt{2}E}{\pi}(1+\cos\alpha) = \dfrac{\sqrt{2}\times220}{\pi}(1+\cos60) = 148.6$

$I_d = \dfrac{E_d}{R} = \dfrac{148.6}{10} = 14.86$

## 42 ☐☐☐

직류 발전기가 90% 부하에서 최대효율이 된다면 이 발전기의 전부하에 있어서 고정손과 부하손의 비는?

① 0.81
② 0.9
③ 1.0
④ 1.1

| 해설

변압기, 전동기, 발전기의 전부하 효율은 $\dfrac{출력}{출력+철손+동손}$이고, 부하율이 $m$일 때의 부분부하 효율은

$\dfrac{m출력}{m출력+철손+m^2동손}$이다.

부하율이 0.9이면 효율은 $\dfrac{0.9\times출력}{0.9\times출력+철손+0.9^2동손}$

철손$=0.9^2$동손일 때 최대 효율이 되므로 철손/동손$=0.81$이다.

## 43 ☐☐☐

정류기의 직류측 평균전압이 2000V이고 리플률이 3%일 경우 리플전압의 실횻값[V]은?

① 20
② 30
③ 50
④ 60

| 해설

맥동률의 정의식을 이용한다.

$리플률 = \dfrac{리플\ 전압의\ 실효치}{직류\ 전압의\ 평균치}$

$\Rightarrow 0.03 = \dfrac{리플\ 전압의\ 실효치}{2000}$

$\Rightarrow 리플\ 전압의\ 실횻값 = 60[V]$

## 44 ☐☐☐

단상 직권 정류자 전동기에서 보상권선과 저항 도선의 작용에 대한 설명으로 틀린 것은?

① 보상권선은 역률을 좋게 한다.
② 보상권선은 변압기의 기전력을 크게 한다.
③ 보상권선은 전기자 반작용을 제거해 준다.
④ 저항 도선은 변압기 기전력에 의한 단락 전류를 작게 한다.

| 해설

전기자와 계자 권선 사이에 보상권선이 설치되어 있어서 전기자 반작용을 제거하여 전동기 역률이 개선된다. 저항 도선은 단락 사고 시 단락 전류를 줄이기 위한 목적으로 설치한다.

2022

해커스 전기기사 필기 한권완성 기본이론 + 기출문제

정답   41 ④   42 ①   43 ④   44 ②

## 45 ☐☐☐

3상 동기 발전기에서 그림과 같이 1상의 권선을 서로 똑같은 2조로 나누어 그 1조의 권선 전압을 E(V), 각 권선의 전류를 I(A)라 하고 지그재그 Y형(Zigzag Star)으로 결선하는 경우 선간전압(V), 선전류(A) 및 피상전력(VA)은?

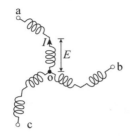

① $3E, I, \sqrt{3} \times 3E \times I = 5.2EI$

② $\sqrt{3}\,E, 2I, \sqrt{3} \times \sqrt{3}\,E \times 2I = 6EI$

③ $E, 2\sqrt{3}\,I, \sqrt{3} \times E \times 2\sqrt{3}\,I = 6EI$

④ $\sqrt{3}\,E, \sqrt{3}\,I, \sqrt{3} \times \sqrt{3}\,E \times \sqrt{3}\,I = 5.2EI$

| 해설

a상은 위상차 120°인 두 단자 전압의 합성이므로 $\sqrt{3}\,E$, b상의 단자 전압도 $\sqrt{3}\,E$이므로 a−b 선간전압은 $\sqrt{3} \times \sqrt{3}\,E = 3E$가 된다. 선전류는 $I$로 주어졌고, 3상 피상전력 = $\sqrt{3} \times$ 선간전압 $\times$ 선전류 = $\sqrt{3} \times 3E \times I = 3\sqrt{3}\,EI \fallingdotseq 5.2\,EI$이다.

## 46 ☐☐☐

비돌극형 동기 발전기 한 상의 단자 전압을 V, 유도 기전력을 E, 동기 리액턴스를 $X_s$, 부하각이 δ이고, 전기자 저항을 무시할 때 한 상의 최대 출력[W]은?

① $\dfrac{EV}{X_s}$

② $\dfrac{3EV}{X_s}$

③ $\dfrac{E^2\,V}{X_s}$

④ $\dfrac{EV^2}{X_s}$

| 해설

매상 출력 $P = \dfrac{EV}{X_s}\sin\delta$, 부하각이 90°일 때 최대 출력이 나오므로 1상 최대 출력 $= \dfrac{EV}{x_s}$이다.

## 47 ☐☐☐

다음 중 비례 추이를 하는 전동기는?

① 동기 전동기

② 정류자 전동기

③ 단상 유도 전동기

④ 권선형 유도 전동기

| 해설

권선형 유도 전동기의 경우, 2차 저항 $r_2$를 증가시키면 $s_m$도 정비례적으로 커지며 최대 토크는 불변인데 이것을 비례추이라고 한다.

정답   45 ①   46 ①   47 ④

## 48 ☐☐☐

단자 전압 200V, 계자 저항 50Ω, 부하 전류 50A, 전기자 저항 0.15Ω, 전기자 반작용에 의한 전압 강하 3V인 직류 분권 발전기가 정격 속도로 회전하고 있다. 이때 발전기의 유도 기전력은 약 몇 V인가?

① 211.1
② 215.1
③ 225.1
④ 230.1

| 해설

$e_a = 3$으로 주어졌으므로 직류 분권 발전기의 유기 기전력

$E = I_a R_a + e_a + V = I_a \times 0.15 + 3 + 200$인데,

전기자 전류 $I_a = I_f + I = \dfrac{V}{R_f} + I = \dfrac{200}{50} + 50 = 54$이므로

대입하면 $E = 54 \times 0.15 + 203 = 211.1[\text{V}]$

## 49 ☐☐☐

동기기의 권선법 중 기전력의 파형을 좋게 하는 권선법은?

① 전절권, 2층권
② 단절권, 집중권
③ 단절권, 분포권
④ 전절권, 집중권

| 해설

집중권과 분포권 중에는 분포권이, 전절권과 단절권 중에는 단절권이 기전력 파형 개선에 유리하다.

## 50 ☐☐☐

변압기에 임피던스 전압을 인가할 때의 입력은?

① 철손
② 와류손
③ 정격 용량
④ 임피던스 와트

| 해설

저항 성분에 의한 전력 손실, 즉 동손을 임피던스 와트라고 한다. $x_{eq}$는 $r_{eq}$에 비해 매우 작은 값이므로 무시하면 $P = I_n^2 r_{eq}$이고, 전력계가 가리키는 수치는 동손 $P_c$에 해당한다.

## 51 ☐☐☐

불꽃 없는 정류를 하기 위해 평균 리액턴스 전압(A)과 브러시 접촉면 전압 강하(B) 사이에 필요한 조건은?

① A > B
② A < B
③ A = B
④ A, B에 관계없다.

| 해설

불꽃 없는 양호한 정류를 얻기 위해서는 접촉 저항이 큰 탄소 브러시를 사용하여 접촉면 전압 강하가 리액턴스 전압보다 크게 해야 한다.

## 52 ☐☐☐

유도 전동기 1극의 자속을 $\Phi$, 2차 유효 전류 $I_2\cos\theta_2$, 토크 $\tau$의 관계로 옳은 것은?

① $\tau \propto \Phi \times I_2\cos\theta_2$

② $\tau \propto \Phi \times (I_2\cos\theta_2)^2$

③ $\tau \propto \dfrac{1}{\Phi \times I_2\cos\theta_2}$

④ $\tau \propto \dfrac{1}{(\Phi \times I_2\cos\theta_2)^2}$

| 해설

$\tau = \dfrac{1}{\sqrt{2}}I_2 m_2 n_2 \cos\theta_2 \times p\phi$이므로 토크는 1극당 자속 $\phi$에 비례하고, 2차 도체에 흐르는 전류의 유효값인 $I_2\cos\theta_2$에 비례한다.

## 53 ☐☐☐

회전자가 슬립 s로 회전하고 있을 때 고정자와 회전자의 실효 권수비를 α라고 하면 고정자 기전력 $E_1$과 회전자 기전력 $E_{2s}$의 비는?

① $s\alpha$

② $(1-s)\alpha$

③ $\dfrac{\alpha}{s}$

④ $\dfrac{\alpha}{1-s}$

| 해설

회전 시의 전압 $E_{2s} = sE_2$이고 권수비 $\alpha = \dfrac{E_1}{E_2}$이므로

$\dfrac{E_1}{E_{2s}} = \dfrac{\alpha}{s}$ 이다.

## 54 ☐☐☐

직류 직권 전동기의 발생 토크는 전기자 전류를 변화시킬 때 어떻게 변하는가? (단, 자기 포화는 무시한다)

① 전류에 비례한다.

② 전류에 반비례한다.

③ 전류의 제곱에 비례한다.

④ 전류의 제곱에 반비례한다.

| 해설

$T = \dfrac{pZ\phi I_a}{2\pi a}$인데, $\dfrac{pZ}{2\pi a}$는 기계적 상수이므로 토크는 (극당 자속×전기자 전류)에 의해 결정된다. 그런데 직권 전동기의 경우 $I_f = I_a = I$이므로 전기자 전류가 2배로 커지면 여자 전류도 2배가 되어 극당 자속도 2배가 된다. 즉, 직권 전동기의 토크는 전기자 전류의 제곱에 비례한다.

## 55 ☐☐☐

동기 발전기의 병렬 운전 중 유도 기전력의 위상차로 인하여 발생하는 현상으로 옳은 것은?

① 무효전력이 생긴다.

② 동기화 전류가 흐른다.

③ 고조파 무효 순환전류가 흐른다.

④ 출력이 요동하고 권선이 가열된다.

| 해설

위상이 다른 두 동기 발전기를 병렬로 연결하여 운전하면 회전수가 동기화될 때까지 동기화 전류가 흐른다.

## 56 ☐☐☐

3상 유도기의 기계적 출력($P_0$)에 대한 변환식으로 옳은 것은? (단, 2차 입력은 $P_2$, 2차 동손은 $P_{c2}$, 동기속도는 $N_s$, 회전자속도는 $N$, 슬립은 $s$이다)

① $P_o = P_2 + P_{c2} = \dfrac{N}{Ns} P_2 = (2-s)P_2$

② $(1-s)P_2 = \dfrac{N}{N_s} P_2 = P_o - P_{c2} = P_o - sP_2$

③ $P_o = P_2 - P_{c2} = P_2 - sP_2 = \dfrac{N}{N_s} P_2 = (1-s)P_2$

④ $P_o = P_2 + P_{c2} = P_2 + sP_2 = \dfrac{N}{N_s} P_2 = (1+s)P_2$

| 해설

비례 관계 $P_2 : P_{c2} : P_0 = 1 : s : 1-s$로부터

$$P_0 = P_2 - P_{c2} = P_2 - sP_2 = \frac{N}{N_s} P_2 = (1-s)P_2$$

## 57 ☐☐☐

변압기의 등가 회로 구성에 필요한 시험이 아닌 것은?

① 단락 시험
② 부하 시험
③ 무부하 시험
④ 권선 저항 측정

| 해설

대표적인 변압기 시험에는 무부하 시험, 단락시험, 권선 저항 측정, 절연내력 시험, 온도상승시험이 있으며 (실)부하 시험은 온도상승시험의 3가지 방법 중 하나이다.

## 58 ☐☐☐

단권 변압기 두 대를 V결선하여 전압을 2000V에서 2200V로 승압한 후 200kVA의 3상 부하에 전력을 공급하려고 한다. 이때 단권 변압기 1대의 용량은 약 몇 kVA인가?

① 4.2
② 10.5
③ 18.2
④ 21

| 해설

V결선 시의 자기 용량은 한 대의 자기 용량보다 $\dfrac{2}{\sqrt{3}}$배로 커진다.

$$P = \frac{2}{\sqrt{3}} P_L \frac{V_h - V_l}{V_h} = \frac{2}{\sqrt{3}} \times 200 \times \frac{200}{2200} = 20.99\text{kVA}$$

단권 변압기 1대의 용량을 물었으므로 2로 나누면 10.5이다.

## 59 ☐☐☐

권수비 $a = \dfrac{6600}{220}$, 주파수 60Hz, 변압기의 철심 단면적 0.02m², 최대 자속 밀도 1.2Wb/m²일 때 변압기의 1차측 유도 기전력은 약 몇 V인가?

① 1407
② 3521
③ 42198
④ 49814

| 해설

1차측 유도 기전력
$$\begin{aligned} E_1 &= 4.44 f N_1 \phi_m = 4.44 f N_1 (B_m A) \\ &= 4.44 \times 60 \times 6600 \times 1.2 \times 0.02 = 42198[\text{V}] \end{aligned}$$

## 60 ☐☐☐

회전형 전동기와 선형 전동기(Linear Motor)를 비교한 설명으로 틀린 것은?

① 선형의 경우 회전형에 비해 공극의 크기가 작다.
② 선형의 경우 직접적으로 직선 운동을 얻을 수 있다.
③ 선형의 경우 회전형에 비해 부하 관성의 영향이 크다.
④ 선형의 경우 전원의 상 순서를 바꾸어 이동 방향을 변경한다.

## 61 ☐☐☐

$F(z) = \dfrac{(1-e^{-aT})z}{(z-1)(z-e^{-aT})}$ 의 역 z변환은?

① $1 - e^{-at}$

② $1 + e^{-at}$

③ $te^{-at}$

④ $te^{at}$

## 62 ☐☐☐

다음의 특성 방정식 중 안정한 제어 시스템은?

① $s^3 + 3s^2 + 4s + 5 = 0$

② $s^4 + 3s^3 - s^2 + s + 10 = 0$

③ $s^5 + s^3 + 2s^2 + 4s + 3 = 0$

④ $s^4 - 2s^3 - 3s^2 + 4s + 5 = 0$

## 63 ☐☐☐

그림의 신호흐름 선도에서 전달함수 $\dfrac{C(s)}{R(s)}$ 는?

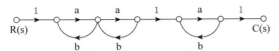

① $\dfrac{a^3}{(1-ab)^3}$

② $\dfrac{a^3}{1-3ab+a^2b^2}$

③ $\dfrac{a^3}{1-3ab}$

④ $\dfrac{a^3}{1-3ab+2a^2b^2}$

**| 해설**

하나뿐인 전향경로의 이득 $G_1=a^3$ 이고 $G_1$과 만나지 않는 루프는 없으므로 $\Delta_1=1-0$이다. 루프는 3개이므로 $\sum l_1=ab+ab+ab=3ab$이고 1, 3번 루프와 2, 3번 루프가 서로 만나지 않으므로 $\sum l_2=ab\times ab+ab\times ab=2a^2b^2$이다. 서로 만나지 않는 루프는 최대 2개이므로 $\sum l_3=0$이다.

메이슨 공식에 대입하면 $\dfrac{a^3}{1-3ab+2a^2b^2}$ 이다.

## 64 ☐☐☐

그림과 같은 블록 선도의 제어 시스템에 단위계단 함수가 입력되었을 때 정상상태 오차가 0.01이 되는 a의 값은?

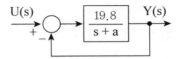

① 0.2

② 0.6

③ 0.8

④ 1.0

**| 해설**

$G(s)$, $H(s)$, $R(s)$가 주어지면 $e_s=\lim\limits_{s\to 0}\dfrac{sR}{1+GH}$에 대입하여 정상상태 오차를 구할 수 있다.

블록 선도에서 $G(s)=\dfrac{19.8}{s+a}$, $H(s)=1$임을 알 수 있고, 발문에서 $R(s)=\dfrac{1}{s}$이므로 정상상태 오차 공식에 대입하면

$$0.01=\dfrac{s\cdot\dfrac{1}{s}}{1+\lim\limits_{s\to 0}\dfrac{19.8}{s+a}}\ \Rightarrow\ \dfrac{19.8}{a}=99$$

## 65 ⬜⬜⬜

그림과 같은 보드선도의 이득선도를 갖는 제어 시스템의 전달함수는?

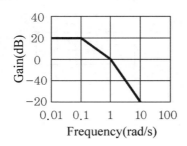

① $G(s) = \dfrac{10}{(s+1)(s+10)}$

② $G(s) = \dfrac{10}{(s+1)(10s+1)}$

③ $G(s) = \dfrac{20}{(s+1)(s+10)}$

④ $G(s) = \dfrac{20}{(s+1)(10s+1)}$

| 해설

그래프의 기울기가 달라지는 경계점, 즉 절점 주파수는 0.1 또는 1이다. 절점 주파수에서는 전달함수의 실수부+허수부=0이 성립한다. 즉, 전달함수의 분모에서는 실수부=허수부이다. ②, ④의 분모 $(s+1)(10s+1)$은 $(j\omega+1)(j10\omega+1)$인데 실수부와 허수부가 같으므로 $\omega=1$, $10\omega=1$로부터 그래프의 질점 주파수 조건을 만족한다.

$G(s) = \dfrac{k}{(s+1)(10s+1)}$로 놓고 $\omega \to 0$, 즉 $s \to 0$일 때 이득 $20\log_{10}|G(s)|=20$이 되어야 하므로

$|G(s)| = \dfrac{k}{|0+1| \cdot |0+1|} = 10$

따라서 $k=10$인 ②가 정답이다.

## 66 ⬜⬜⬜

그림과 같은 블록선도의 전달함수 $\dfrac{C(s)}{R(s)}$는?

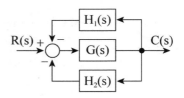

① $\dfrac{G(s)H_1(s)H_2(s)}{1+G(s)H_1(s)H_2(s)}$

② $\dfrac{G(s)}{1+G(s)H_1(s)H_2(s)}$

③ $\dfrac{G(s)}{1-G(s)(H_1(s)+H_2(s))}$

④ $\dfrac{G(s)}{1+G(s)(H_1(s)+H_2(s))}$

| 해설

$G(s) = \dfrac{\sum 전향경로의\ 이득}{1-\sum 루프의\ 이득} = \dfrac{G}{1+GH_1+GH_2}$

## 67 □□□

그림과 같은 논리회로와 등가인 것은?

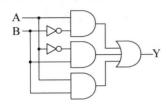

① A, B → Y (AND)

② A, B → Y (OR)

③ A, B → Y (NAND)

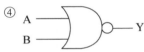

④ A, B → Y (NOR)

| 해설

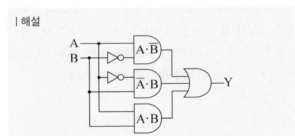

논리회로를 기호로 쓰면 $Y = A \cdot \overline{B} + \overline{A} \cdot B + A \cdot B$이고, 결합 법칙에 의해 $Y = A \cdot \overline{B} + B$, 흡수 법칙에 의해 $Y = A + B$이다.

## 68 □□□

다음의 개루프 전달함수에 대한 근궤적의 점근선이 실수 축과 만나는 교차점은?

$$G(s)H(s) = \frac{K(s+3)}{s^2(s+1)(s+3)(s+4)}$$

① $\dfrac{5}{3}$

② $-\dfrac{5}{3}$

③ $\dfrac{5}{4}$

④ $-\dfrac{5}{4}$

| 해설

영점 $Z = -3$, $m = 1$ 극점 $p = 0$, $0$, $-1$, $-3$, $-4$, $n = 5$이다. $n - m = 4$, $\sum p = -8$, $\sum Z = -3$을 대입하면

$\delta = \dfrac{\sum p - \sum Z}{n-m} = \dfrac{-8 - (-3)}{4} = -\dfrac{5}{4}$이다.

## 69 □□□

블록선도에서 ⓐ에 해당하는 신호는?

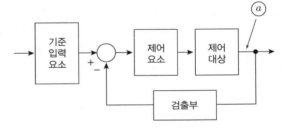

① 조작량
② 제어량
③ 기준입력
④ 동작신호

| 해설

제어대상의 입력은 조작량, 출력은 제어량이다.

정답  67 ②  68 ④  69 ②

## 70 ☐☐☐

다음의 미분방정식과 같이 표현되는 제어 시스템이 있다. 이 제어 시스템을 상태방정식으로 나타내었을 때 시스템 행렬 A는?

$$\frac{d^3 C(t)}{dt^3} + 5\frac{d^2 C(t)}{dt^2} + \frac{dc(t)}{dt} + 2C(t) = r(t)$$

① $\begin{bmatrix} 0 & 1 & 0 \\ 0 & 0 & 1 \\ -2 & -1 & -5 \end{bmatrix}$

② $\begin{bmatrix} 1 & 0 & 0 \\ 0 & 1 & 0 \\ -2 & -1 & -5 \end{bmatrix}$

③ $\begin{bmatrix} 0 & 1 & 0 \\ 0 & 0 & 1 \\ 2 & 1 & 5 \end{bmatrix}$

④ $\begin{bmatrix} 1 & 0 & 0 \\ 0 & 1 & 0 \\ 2 & 1 & 5 \end{bmatrix}$

| 해설

$\dot{x_1}(t)$와 $\dot{x_2}(t)$의 정의식(definition)에 의해

$\dot{x_1}(t) = 0 \cdot x_1(t) + 1 \cdot x_2(t) + 0 \cdot x_3(t)$이고

$\dot{x_2}(t) = 0 \cdot x_1(t) + 0 \cdot x_2(t) + 1 \cdot x_3(t)$이다.

주어진 미분방정식을 고쳐 쓰면

$\dot{x_3}(t) + 5x_3(t) + 1x_2(t) + 2x_1(t) = r(t)$

이항하면 $\dot{x_3}(t) = -2x_1(t) - 1x_2(t) - 5x_3(t) + r(t)$

$\begin{bmatrix} \dot{x_1} \\ \dot{x_2} \\ \dot{x_3} \end{bmatrix} = \begin{bmatrix} 0 & 1 & 0 \\ 0 & 0 & 1 \\ -2 & -1 & -5 \end{bmatrix} \begin{bmatrix} x_1 \\ x_2 \\ x_3 \end{bmatrix} + \begin{bmatrix} 0 \\ 0 \\ 1 \end{bmatrix} r(t)$이다.

## 71 ☐☐☐

$f_e(t)$가 우함수이고 $f_o(t)$가 기함수일 때 주기함수 $f(t) = f_e(t) + f_o(t)$에 대한 다음 식 중 틀린 것은?

① $f_e(t) = f_e(-t)$

② $f_o(t) = -f_o(-t)$

③ $f_o(t) = \frac{1}{2}[f(t) - f(-t)]$

④ $f_e(t) = \frac{1}{2}[f(t) - f(-t)]$

| 해설

우함수(even function)는 y축 대칭이므로 ①을 만족하고 기함수(odd function)는 원점 대칭이므로 ②와 ③을 만족한다.

④식은 $f_e(t) = \frac{1}{2}[f(t) + f(-t)]$으로 바뀌어야 한다.

## 72 ☐☐☐

3상 평형회로에서 Y결선의 부하가 연결되어 있고, 부하에서의 선간전압이 $V_{ab} = 100\sqrt{3} \angle 0°$[V]일 때 선전류가 $I_a = 20 \angle (-60°)$[A]이었다. 이 부하의 한 상의 임피던스(Ω)는? (단, 3상 전압의 상순은 a−b−c이다)

① $5 \angle 30°$

② $5\sqrt{3} \angle 30°$

③ $5 \angle 60°$

④ $5\sqrt{3} \angle 60°$

| 해설

Y결선 3상 부하의 선전류 $I_l = \frac{V_l \angle(-30°)}{\sqrt{3} Z}$이므로 한 상의

임피던스 $Z = \frac{V_l \angle -30°}{\sqrt{3} I_l} = \frac{200\sqrt{3} \angle 0° \angle -30°}{20\sqrt{3} \angle -60°} = 5 \angle 30°$

정답  70 ① 71 ④ 72 ①

## 73 ☐☐☐

그림의 회로에서 120V와 30V의 전압원(능동소자)에서의 전력은 각각 몇 W인가? (단, 전압원(능동소자)에서 공급 또는 발생하는 전력은 양수(+)이고, 소비 또는 흡수하는 전력은 음수(−)이다)

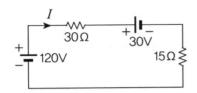

① 240W, 60W

② 240W, −60W

③ −240W, 60W

④ −240W, −60W

| 해설

두 전지의 극성이 반대이므로 $I = \dfrac{(120-30)\text{V}}{45\Omega} = 2\text{A}$인데, 전지의 극성과 전류가 일치하는 120V 전압원에서는 전력이 $+120\text{V} \times 2\text{A}$이고, 전지의 극성과 전류가 반대인 30V 전압원에서는 전력이 $-30\text{V} \times 2\text{A}$이다. 전지의 극성이 순방향이면 전력은 (+), 전지의 극성이 역방향이면 전력은 (−)이다.

## 74 ☐☐☐

각 상의 전압이 다음과 같을 때 영상분 전압[V]의 순시치는? (단, 3상 전압의 상순은 a-b-c이다)

$$v_a(t) = 40\sin\omega t\,(V)$$

$$v_b(t) = 40\sin\left(\omega t - \frac{\pi}{2}\right)(V)$$

$$v_c(t) = 40\sin\left(\omega t + \frac{\pi}{2}\right)(V)$$

① $40\sin\omega t$

② $\dfrac{40}{3}\sin\omega t$

③ $\dfrac{40}{3}\sin\left(\omega t - \dfrac{\pi}{2}\right)$

④ $\dfrac{40}{3}\sin\left(\omega t + \dfrac{\pi}{2}\right)$

| 해설

$$V_b = 40\sin\left(\omega t - \frac{\pi}{2}\right) = -40\cos\omega t$$

$$V_c = 40\sin\left(\omega t + \frac{\pi}{2}\right) = 40\cos\omega t \text{ 이므로}$$

$$V_0 = \frac{1}{3}(V_a + V_b + V_c) = \frac{1}{3}V_a$$

정답  73 ②  74 ②

## 75 ☐☐☐

그림과 같이 3상 평형의 순저항 부하에 단상 전력계를 연결하였을 때 전력계가 W[W]를 지시하였다. 이 3상 부하에서 소모하는 전체 전력[W]는?

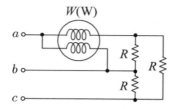

① 2W

② 3W

③ $\sqrt{2}$ W

④ $\sqrt{3}$ W

| 해설

순저항 부하의 경우에는 $W_1 = W_2$이므로 전력계 하나만 회로에 연결해도 3상 전력, 3상 피상전력, 역률을 구할 수 있다.
$P = W_1 + W_2 = 2W$

## 76 ☐☐☐

정전 용량이 C[F]인 커패시터에 단위 임펄스의 전류원이 연결되어 있다. 이 커패시터의 전압 vc(t)는? (단, u(t)는 단위 계단 함수이다)

① $v_c(t) = C$

② $v_c(t) = Cu(t)$

③ $v_c(t) = \dfrac{1}{C}$

④ $v_c(t) = \dfrac{1}{C}u(t)$

| 해설

$v(t) = \dfrac{1}{C} \int i(t)dt \Rightarrow v_C(t) = \dfrac{1}{C} \int \delta(t)dt$

미분방정식 양변을 라플라스 변환하고 $\mathcal{L}[\delta(t)] = 1$을 이용하면
$V(s) = \dfrac{1}{Cs}$이다. 라플라스 역변환하면 $v_C(t) = \dfrac{1}{C}u(t)$이다.

## 77 ☐☐☐

그림의 회로에서 t = 0s에 스위치(S)를 닫은 후 t = 1s일 때 이 회로에 흐르는 전류는 약 몇 A인가?

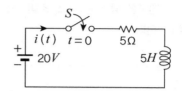

① 2.52

② 3.16

③ 4.21

④ 6.32

| 해설

R-L 직렬 회로에서 과도 전류 $i_t = \dfrac{E}{R}\left(1 - e^{-\frac{R}{L}t}\right)$ 식에

$E = 20$, $L = 5$, $R = 5$, $t = 1$을 대입하면

$i_t = \dfrac{20}{5}\left(1 - e^{-\frac{1}{1} \times 1}\right) = 4\left(1 - \dfrac{1}{e}\right) = 2.52$

## 78 ☐☐☐

순시치 전류 $i(t) = I_m \sin(\omega t + \theta_i)$[A]의 파고율은 약 얼마인가?

① 0.577

② 0.707

③ 1.414

④ 1.732

| 해설

실횻값과 비교한 최댓값의 상대적 크기를 파고율이라고 한다. 따라서 정현파의 파고율은 $\sqrt{2}$이다.

## 79 ☐☐☐

그림의 회로가 정저항 회로가 되기 위한 $L$[mH]은?
단, $R = 10\Omega$, $C = 1000\mu$F이다)

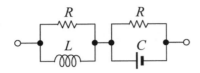

① 1
② 10
③ 100
④ 1000

## 80 ☐☐☐

분포 정수 회로에 있어서 선로의 단위 길이당 저항이 100 Ω/m, 인덕턴스가 200mH/m, 누설컨덕턴스가 0.5℧/m일 때 일그러짐이 없는 조건(무왜형 조건)을 만족하기 위한 단위 길이당 커패시턴스는 몇 μF/m인가?

① 0.001
② 0.1
③ 10
④ 1000

## 81 ☐☐☐

저압 가공 전선이 안테나와 접근 상태로 시설될 때 상호 간의 이격 거리는 몇 cm 이상이어야 하는가? (단, 전선이 고압 절연 전선, 특고압 절연 전선 또는 케이블이 아닌 경우이다)

① 60
② 80
③ 100
④ 120

## 82 ☐☐☐

고압 가공 전선으로 사용한 경동선은 안전율이 얼마 이상인 이도로 시설하여야 하는가?

① 2.0
② 2.2
③ 12.5
④ 3.0

## 83 ☐☐☐

사용 전압이 22.9kV인 특고압 가공 전선과 그 지지물·완금류·지주 또는 지선 사이의 이격 거리는 몇 cm 이상이어야 하는가?

① 15
② 20
③ 25
④ 30

| 해설
사용 전압 15kV 이상 25kV 미만의 특고압 가공 전선과 지지물 등의 이격 거리는 20cm이다.

## 84 ☐☐☐

급전선에 대한 설명으로 틀린 것은?

① 급전선은 비절연 보호 도체, 매설 접지 도체, 레일 등으로 구성하여 단권 변압기 중성점과 공통 접지에 접속한다.
② 가공식은 전차선의 높이 이상으로 전차선로 지지물에 병가하며, 나전선의 접속은 직선 접속을 원칙으로 한다.
③ 선상 승강장, 인도교, 과선교 또는 교량 하부 등에 설치할 때에는 최소 절연 이격 거리 이상을 확보하여야 한다.
④ 신설 터널 내 급전선을 가공으로 설계할 경우 지지물의 취부는 C찬넬 또는 매입전을 이용하여 고정하여야 한다.

| 해설
①은 급전선이 아닌 귀선로에 대한 설명이다.

## 85 ☐☐☐

진열장 내의 배선으로 사용 전압 400V 이하에 사용하는 코드 또는 캡타이어 케이블의 최소 단면적은 몇 mm²인가?

① 1.25
② 1.0
③ 0.75
④ 0.5

| 해설
진열장 또는 이와 유사한 것의 내부 배선은 단면적 0.75mm² 이상인 코드 또는 캡타이어 케이블을 사용한다.

## 86 ☐☐☐

최대 사용 전압이 23000V인 중성점 비접지식 전로의 절연 내력 시험 전압은 몇 V인가?

① 16560
② 21160
③ 25300
④ 28750

| 해설
7kV 초과 60kV 이하의 전로에서의 시험 전압은 1.25배이다. 따라서 $23,000 \times 1.25 = 28,750$[V]이다.

## 87 ☐☐☐

지중 전선로를 직접 매설식에 의하여 시설할 때, 차량 기타 중량물의 압력을 받을 우려가 있는 장소인 경우 매설 깊이는 몇 m 이상으로 시설하여야 하는가?

① 0.6
② 1.0
③ 1.2
④ 1.5

| 해설
직접 매설식에 의해 시설하는 경우 매설 깊이 1.0m 이상(기타 장소에는 0.6m)으로 시설하여야 한다.

## 88 □□□

플로어덕트 공사에 의한 저압 옥내 배선 공사 시 시설 기준으로 틀린 것은?

① 덕트의 끝부분은 막을 것
② 옥외용 비닐 절연 전선을 사용할 것
③ 덕트 안에는 전선에 접속점이 없도록 할 것
④ 덕트 및 박스 기타의 부속품은 물이 고이는 부분이 없도록 시설하여야 한다.

| 해설
플로어덕트 공사에 사용되는 전선은 절연 전선(옥외용 비닐 절연 전선을 제외)일 것

## 89 □□□

중앙 급전 전원과 구분되는 것으로서 전력 소비 지역 부근에 분산하여 배치 가능한 신·재생 에너지 발전 설비 등의 전원으로 정의되는 용어는?

① 임시 전력원
② 분산형 전원
③ 분전 반전원
④ 계통 연계 전원

| 해설
**분산형 전원**
중앙 급전 전원과 구분되는 것으로 전력 소비 지역 부근에 분산하여 배치 가능한 전원, 상용 전원의 정전 시에만 사용하는 비상용 예비 전원은 제외하며, 신·재생 에너지 발전 설비, 전기 저장 장치 등을 포함한다.

## 90 □□□

애자 공사에 의한 저압 옥측 전선로는 사람이 쉽게 접촉될 우려가 없도록 시설하고, 전선의 지지점 간의 거리는 몇 m 이하이어야 하는가?

① 1
② 1.5
③ 2
④ 3

| 해설
애자 공사에 의한 저압 옥측 전선로에서 전선의 지지점 간의 거리는 2m 이하일 것

## 91 □□□

저압 가공 전선로의 지지물이 목주인 경우 풍압 하중의 몇 배의 하중에 견디는 강도를 가지는 것이어야 하는가?

① 1.2
② 1.5
③ 2
④ 3

| 해설
저압 가공 전선로의 지지물이 목주인 경우에는 풍압 하중의 1.2배의 하중, 기타의 경우에는 풍압 하중에 견디는 강도를 가지는 것이어야 한다.

## 92 □□□

교류 전차선 등 충전부와 식물 사이의 이격 거리는 몇 m 이상이어야 하는가? (단, 현장 여건을 고려한 방호벽 등의 안전 조치를 하지 않은 경우이다.)

① 1
② 3
③ 5
④ 10

| 해설
교류 전차선 등 충전부와 식물 사이의 이격 거리는 5m 이상이어야 한다.

## 93 ☐☐☐

조상기에 내부 고장이 생긴 경우, 조상기의 뱅크 용량이 몇 kVA 이상일 때 전로로부터 자동 차단하는 장치를 시설하여야 하는가?

① 5000
② 10000
③ 15000
④ 20000

| 해설

| 설비종별 | 뱅크 용량의 구분 | 자동적으로 전로로부터 차단하는 장치 |
|---|---|---|
| 전력용 커패시터 및 분로리액터 | 500kVA 초과 15,000kVA 미만 | 내부에 고장이 생긴 경우 과전류가 생긴 경우 |
| | 15,000kVA 이상 | 내부에 고장이 생긴 경우 과전류가 생긴 경우 과전압이 생긴 경우 |
| 조상기 | 15,000kVA 이상 | 내부에 고장이 생긴 경우 |

## 94 ☐☐☐

고장 보호에 대한 설명으로 틀린 것은?

① 고장 보호는 일반적으로 직접 접촉을 방지하는 것이다.
② 고장 보호는 인축의 몸을 통해 고장 전류가 흐르는 것을 방지하여야 한다.
③ 고장 보호는 인축의 몸에 흐르는 고장 전류를 위험하지 않은 값 이하로 제한하여야 한다.
④ 고장 보호는 인축의 몸에 흐르는 고장 전류의 지속 시간을 위험하지 않은 시간까지로 제한하여야 한다.

| 해설
고장 보호는 일반적으로 간접 접촉을 방지하는 것이다.

## 95 ☐☐☐

네온 방전등의 관등 회로의 전선을 애자 공사에 의해 자기 또는 유리제 등의 애자로 견고하게 지지하여 조영재의 아랫면 또는 옆면에 부착한 경우 전선 상호 간의 이격거리는 몇 mm 이상이어야 하는가?

① 30
② 60
③ 80
④ 100

| 해설
네온 방전등 관등 회로의 배선에서 전선 상호 간의 이격거리는 60mm 이상일 것

## 96 ☐☐☐

수소 냉각식 발전기에서 사용하는 수소 냉각 장치에 대한 시설 기준으로 틀린 것은?

① 수소를 통하는 관으로 동관을 사용할 수 있다.
② 수소를 통하는 관은 이음매가 있는 강판이어야 한다.
③ 발전기 내부의 수소의 온도를 계측하는 장치를 시설하여야 한다.
④ 발전기 내부의 수소의 순도가 85% 이하로 저하한 경우에 이를 경보하는 장치를 시설하여야 한다.

| 해설
수소를 통하는 관은 동관 또는 이음매가 없는 강판이어야 하며 또한 수소가 대기압에서 폭발하는 경우에 생기는 압력에 견디는 강도의 것이어야 한다.

정답   93 ③   94 ①   95 ②   96 ②

## 97 ☐☐☐

전력 보안 통신 설비인 무선 통신용 안테나 등을 지지하는 철주의 기초 안전율은 얼마 이상이어야 하는가? (단, 무선용 안테나 등이 전선로의 주위 상태를 감시할 목적으로 시설되는 것이 아닌 경우이다)

① 1.3
② 1.5
③ 1.8
④ 2.0

**| 해설**

무선 통신용 안테나 또는 반사판을 지지하는 목주 · 철주 · 철근 콘크리트주 또는 철탑의 안전율은 1.5 이상이어야 한다.

## 98 ☐☐☐

특고압 가공 전선로의 지지물 양측의 경간의 차가 큰 곳에 사용하는 철탑의 종류는?

① 내장형
② 보강형
③ 직선형
④ 인류형

**| 해설**

내장형은 전선로의 지지물 양쪽의 경간의 차가 큰 곳에 사용한다.

## 99 ☐☐☐

사무실 건물의 조명 설비에 사용되는 백열 전등 또는 방전등에 전기를 공급하는 옥내 전로의 대지 전압은 몇 V 이하인가?

① 250
② 300
③ 350
④ 400

**| 해설**

백열 전등 또는 방전등에 전기를 공급하는 옥내의 전로의 대지 전압은 300V 이하여야 한다.

## 100 ☐☐☐

전기 저장 장치를 전용 건물에 시설하는 경우에 대한 설명이다. 다음 (    )에 들어갈 내용으로 옳은 것은?

전기 저장 장치 시설 장소는 주변시설(도로, 건물, 가연물질 등)로부터 ( ㉠ )m 이상 이격하고 다른 건물의 출입구나 피난계단 등 이와 유사한 장소로부터는 ( ㉡ )m 이상 이격하여야 한다.

① ㉠ 3, ㉡ 1
② ㉠ 2, ㉡ 1.5
③ ㉠ 1, ㉡ 2
④ ㉠ 1.5, ㉡ 3

**| 해설**

전기 저장 장치 시설 장소는 주변시설(도로, 건물, 가연물질 등)로부터 1.5m 이상 이격하고 다른 건물의 출입구나 피난계단 등 이와 유사한 장소로부터는 3m 이상 이격하여야 한다.

## 제1과목 전기자기학

## 01 ☐☐☐

$\epsilon_r = 81$, $\mu_r = 1$인 매질의 고유 임피던스는 약 몇 요인가?

(단, $\epsilon_r$은 비유전율이고, $\mu_r$은 비투자율이다)

① 13.9

② 21.9

③ 33.9

④ 41.9

| 해설

고유 임피던스

$$Z_0 = \frac{E}{H} = \sqrt{\frac{\mu}{\epsilon}} = 377\sqrt{\frac{\mu_s}{\epsilon_s}} = 377\sqrt{\frac{1}{81}} \simeq 41.9[\Omega]$$

## 02 ☐☐☐

강자성체의 $B-H$ 곡선을 자세히 관찰하면 매끈한 곡선이 아니라 자속밀도가 어느 순간 급격히 계단적으로 증가 또는 감소하는 것을 알 수 있다. 이러한 현상을 무엇이라 하는가?

① 퀴리점(Curie point)

② 자왜현상(Magneto - striction)

③ 바크하우젠 효과(Barkhausen effect)

④ 자기여자 효과(Magnetic after effect)

| 해설

$B-H$ 곡선에서 자속밀도 $B$가 계단적으로 증감하는 것은 바크하우젠 효과(Barkhausen effect)이다.

## 03 ☐☐☐

진공 중에 무한 평면도체와 $d[\mathrm{m}]$ 만큼 떨어진 곳에 선전하밀도 $\lambda[\mathrm{C/m}]$의 무한 직선 도체가 평행하게 놓여 있는 경우 직선 도체의 단위 길이당 받는 힘은 몇 $\mathrm{N/m}$인가?

① $\dfrac{\lambda^2}{\pi\epsilon_0 d}$

② $\dfrac{\lambda^2}{2\pi\epsilon_0 d}$

③ $\dfrac{\lambda^2}{4\pi\epsilon_0 d}$

④ $\dfrac{\lambda^2}{16\pi\epsilon_0 d}$

| 해설

• 평면 도체에서 전기의 세기: $E = \dfrac{\lambda}{2\pi\epsilon_0(2d)}$

• 도체가 받는 힘: $F = -\lambda E = -\dfrac{\lambda^2}{4\pi\epsilon_0 d}[\mathrm{N/m}]$

여기서 부(−)의 부호는 흡인력을 의미한다.

## 04 ☐☐☐

평행 극판 사이에 유전율이 각각 $\epsilon_1$, $\epsilon_2$인 유전체를 그림과 같이 채우고, 극판 사이에 일정한 전압을 걸었을 때 두 유전체 사이에 작용하는 힘은? (단, $\epsilon_1 > \epsilon_2$)

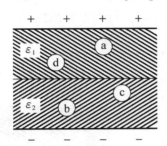

① ⓐ의 방향      ② ⓑ의 방향
③ ⓒ의 방향      ④ ⓓ의 방향

| 해설

유전체의 경계면에서 작용하는 힘은 유전율이 큰 쪽에서 작은 쪽으로 향한다(Maxwell 응력). 여기서 $\epsilon_1 > \epsilon_2$이므로 힘의 방향은 ⓑ의 방향이다.

## 05 ☐☐☐

정전용량이 $20\mu F$인 공기의 평행판 커패시터에 0.1C의 전하량을 충전하였다. 두 평행판 사이에 비유전율이 10인 유전체를 채웠을 때 유전체 표면에 나타나는 분극 전하량[C]은?

① 0.009      ② 0.01
③ 0.09      ④ 0.1

| 해설

• 분극의 세기: $P = \chi E$
  유전체 표면에 나타나는 분극 전하량은 분극의 세기에 극판의 면적을 곱한 것이다.

• 평행판 커패시터의 정전용량: $C = \dfrac{\epsilon S}{d} = \dfrac{\epsilon_0 \epsilon_s S}{d}$

$$PS = \chi ES = \epsilon_0 (\epsilon_s - 1) \frac{V}{d} S = \epsilon_0 (\epsilon_s - 1) \frac{S}{d} \times \frac{Q}{C}$$

$$= \left(1 - \frac{1}{\epsilon_s}\right) Q = \left(1 - \frac{1}{10}\right) \times 0.1 = 0.09[C]$$

## 06 ☐☐☐

유전율이 $\epsilon_1$과 $\epsilon_2$인 두 유전체가 경계를 이루어 평행하게 접하고 있는 경우 유전율이 $\epsilon_1$인 영역에 전하 Q가 존재할 때 이 전하와 $\epsilon_2$인 유전체 사이에 작용하는 힘에 대한 설명으로 옳은 것은?

① $\epsilon_1 > \epsilon_2$인 경우 반발력이 작용한다.
② $\epsilon_1 > \epsilon_2$인 경우 흡인력이 작용한다.
③ $\epsilon_1$과 $\epsilon_2$에 상관없이 반발력이 작용한다.
④ $\epsilon_1$과 $\epsilon_2$에 상관없이 흡인력이 작용한다.

| 해설

$\epsilon_1$인 영역에 전하가 존재할 때 경계면에서 작용하는 힘은 $\epsilon_1 > \epsilon_2$인 경우 반발력, $\epsilon_1 < \epsilon_2$인 경우 흡인력이 작용한다.

## 07 ☐☐☐

단면적이 균일한 환상철심에 권수 100회인 A 코일과 권수 400회인 B 코일이 있을 때 A 코일의 자기 인덕턴스가 4H라면 두 코일의 상호 인덕턴스는 몇 H인가? (단, 누설 자속은 0이다)

① 4
② 8
③ 12
④ 16

| 해설

• 자기 인덕턴스: $L_1 = \dfrac{N_1^2}{R_m}$, $L_2 = \dfrac{N_2^2}{R_m}$

• 상호 인덕턴스: $M = \dfrac{N_1 N_2}{R_m} = \dfrac{N_2}{N_1} L_1 = \dfrac{400}{100} \times 4 = 16[H]$

## 08 ☐☐☐

평균 자로의 길이가 10cm, 평균 단면적이 2cm²인 환상 솔레노이드의 자기 인덕턴스를 5.4mH 정도로 하고자 한다. 이때 필요한 코일의 권선수는 약 몇 회인가? (단, 철심의 비투자율은 15,000이다)

① 6
② 12
③ 24
④ 29

| 해설

- 환상 솔레노이드의 인덕턴스: $L = \dfrac{\mu S N^2}{l}$ [H]
- 권선수:

$$N = \sqrt{\dfrac{Li}{\mu S}}$$

$$= \sqrt{\dfrac{(5.4 \times 10^{-3}) \times 0.1}{(4\pi \times 10^{-7}) \times (15,000) \times (2 \times 10^{-4})}} \simeq 12[회]$$

## 09 ☐☐☐

투자율이 $\mu$[H/m], 단면적이 $S$[m²], 길이가 $l$[m]인 자성체에 권선을 $N$회 감아서 $I$[A]의 전류를 흘렸을 때 이 자성체의 단면적 $S$[m²]를 통과하는 자속[Wb]은?

① $\mu \dfrac{I}{Nl} S$

② $\mu \dfrac{NI}{Sl}$

③ $\dfrac{NI}{\mu S} l$

④ $\mu \dfrac{NI}{l} S$

| 해설

$F_m = NI = R_m \phi$에서 $\phi = \dfrac{NI}{R_m} = \dfrac{NI}{\dfrac{l}{\mu S}} = \dfrac{\mu S NI}{l}$ [Wb]

## 10 ☐☐☐

그림은 커패시터의 유전체 내에 흐르는 변위전류를 보여준다. 커패시터의 전극 면적을 $S$[m²], 전극에 축적된 전하를 $q$[C], 전극의 표면전하 밀도를 $\sigma$[C/m²], 전극 사이의 전속 밀도를 $D$[C/m²]라 하면 변위전류밀도 $i_d$[A/m²]는?

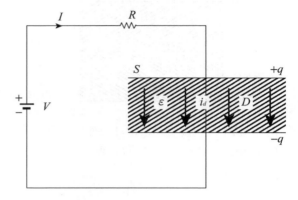

① $\dfrac{\partial D}{\partial t}$

② $\dfrac{\partial q}{\partial t}$

③ $S\dfrac{\partial D}{\partial t}$

④ $\dfrac{1}{S} \dfrac{\partial D}{\partial t}$

| 해설

변위전류밀도: $i_d = \dfrac{\partial D}{\partial t}$

## 11 ☐☐☐

진공 중에서 점(1, 3)[m]의 위치에 $-2 \times 10^{-9}$C의 점전하가 있을 때 점 (2, 1)[m]에 있는 1C의 점전하에 작용하는 힘은 몇 N인가? (단, $\hat{x}$, $\hat{y}$는 단위벡터이다)

① $-\dfrac{18}{5\sqrt{5}}\hat{x} + \dfrac{36}{5\sqrt{5}}\hat{y}$

② $-\dfrac{36}{5\sqrt{5}}\hat{x} + \dfrac{18}{5\sqrt{5}}\hat{y}$

③ $-\dfrac{36}{5\sqrt{5}}\hat{x} - \dfrac{18}{5\sqrt{5}}\hat{y}$

④ $\dfrac{18}{5\sqrt{5}}\hat{x} + \dfrac{36}{5\sqrt{5}}\hat{y}$

| 해설

- 거리 벡터: $\hat{r} = (2-1)\hat{x} + (1-3)\hat{y} = \hat{x} - 2\hat{y}$
- 크기: $|r| = \sqrt{1^2 + (-2)^2} = \sqrt{5}$
- 방향 벡터: $r_0 = \dfrac{\hat{r}}{|r|} = \dfrac{1}{\sqrt{5}}(\hat{x} - 2\hat{y})$
- 상수: $\dfrac{1}{4\pi\epsilon_0} = 9 \times 10^9$ [F/m]
- $F = |F| r_0$

$= 9 \times 10^9 \times \dfrac{(-2 \times 10^{-9}) \times 1}{(\sqrt{5})^2} \times \dfrac{1}{\sqrt{5}}(\hat{x} - 2\hat{y})$

$= -\dfrac{18}{5\sqrt{5}}\hat{x} + \dfrac{36}{5\sqrt{5}}\hat{y}$ [N]

## 12 ☐☐☐

정전용량이 $C_0[\mu F]$인 평행판의 공기 커패시터가 있다. 두 극판 사이에 극판과 평행하게 절반을 비유전율이 $\epsilon_r$인 유전체로 채우면 커패시터의 정전용량 $[\mu F]$은?

① $\dfrac{C_0}{2\left(1 + \dfrac{1}{\epsilon_r}\right)}$

② $\dfrac{C_0}{1 + \dfrac{1}{\epsilon_r}}$

③ $\dfrac{2C_0}{1 + \dfrac{1}{\epsilon_r}}$

④ $\dfrac{4C_0}{1 + \dfrac{1}{\epsilon_r}}$

| 해설

극판 간격의 $\dfrac{1}{2}$ 간격에 물질을 직렬로 채운 경우의 정전 용량은 $C = \dfrac{2\epsilon_s C_0}{1 + \epsilon_s} = \dfrac{2C_0}{1 + \dfrac{1}{\epsilon_s}}$ [$\mu F$]이다.

## 13 □□□

그림과 같이 점 $O$를 중심으로 반지름이 $a$[m]인 구도체 1과 안쪽 반지름이 $b$[m]이고 바깥쪽 반지름이 $c$[m]인 구도체 2가 있다. 이 도체계에서 전위계수 $P_{11}$[1/F]에 해당되는 것은?

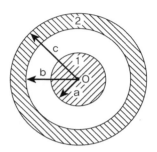

① $\dfrac{1}{4\pi\epsilon}\dfrac{1}{a}$

② $\dfrac{1}{4\pi\epsilon}\left(\dfrac{1}{a}-\dfrac{1}{b}\right)$

③ $\dfrac{1}{4\pi\epsilon}\left(\dfrac{1}{b}-\dfrac{1}{c}\right)$

④ $\dfrac{1}{4\pi\epsilon}\left(\dfrac{1}{a}-\dfrac{1}{b}+\dfrac{1}{c}\right)$

| 해설

동심구의 내외 전위:

$$V=-\int_{\infty}^{a}Edr=-\int_{\infty}^{c}Edr-\int_{b}^{a}Edr$$

$$=-\frac{Q}{4\pi\epsilon}\int_{\infty}^{c}\frac{1}{r^2}dr-\frac{Q}{4\pi\epsilon}\int_{b}^{a}\frac{1}{r^2}dr$$

$\int\dfrac{1}{r^2}dr=\dfrac{1}{r}$ 이므로 $V=\dfrac{Q}{4\pi\epsilon}\left(\dfrac{1}{a}-\dfrac{1}{b}+\dfrac{1}{c}\right)$[V]이다.

여기서 $Q=1$이므로

$$P_{11}=V_1=\frac{1}{4\pi\epsilon}\left(\frac{1}{a}-\frac{1}{b}+\frac{1}{c}\right)[1/F]$$

## 14 □□□

자계의 세기를 나타내는 단위가 아닌 것은?

① A/m

② N/Wb

③ [H·A]/m²

④ Wb/[H·m]

| 해설

$F=mH$에서 $H=\dfrac{F}{m}$[N/Wb]이므로 자계의 세기의 단위는

$\left[\dfrac{N}{Wb}\right]=\left[\dfrac{N\cdot m}{Wb\cdot m}\right]=\left[\dfrac{J}{Wb\cdot m}\right]=\left[\dfrac{A}{m}\right]=\left[\dfrac{Wb}{H\cdot m}\right]$이다.

## 15 □□□

그림과 같이 평행한 무한장 직선의 두 도선에 $I$[A], $4I$[A]인 전류가 각각 흐른다. 두 도선 사이 점 P에서의 자계의 세기가 0이라면 $\dfrac{a}{b}$는?

$$I(A)\uparrow \quad \overset{a}{\longleftrightarrow}\overset{}{\underset{p}{|}}\overset{b}{\longleftrightarrow} \quad \uparrow 4I(A)$$

① 2

② 4

③ $\dfrac{1}{2}$

④ $\dfrac{1}{4}$

| 해설

두 도선 사이의 점 P에서의 자계의 세기가 0이므로 $H_1=H_2$이다. 따라서 $\dfrac{I}{2\pi a}=\dfrac{4I}{2\pi b}$이므로 $\dfrac{a}{b}=\dfrac{1}{4}$이다.

정답  13 ④  14 ③  15 ④

## 16 ☐☐☐

내압 및 정전용량이 각각 $1,000[\text{V}] - 2[\mu\text{F}]$, $700[\text{V}] - 3[\mu\text{F}]$, $600[\text{V}] - 4[\mu\text{F}]$, $300[\text{V}] - 8[\mu\text{F}]$인 4개의 커패시터가 있다. 이 커패시터들을 직렬로 연결하여 양단에 전압을 인가한 후 전압을 상승시키면 가장 먼저 절연이 파괴되는 커패시터는? (단, 커패시터의 재질이나 형태는 동일하다)

① $1,000[\text{V}] - 2[\mu\text{F}]$
② $700[\text{V}] - 3[\mu\text{F}]$
③ $600[\text{V}] - 4[\mu\text{F}]$
④ $300[\text{V}] - 8[\mu\text{F}]$

| 해설

커패시터(콘덴서)의 직렬연결 시 파괴되는 커패시터는 $Q = CV$에서 $Q$값이 작은 커패시터가 먼저 파괴된다.
- $1,000[\text{V}] - 2[\mu\text{F}]$: $Q_1 = 2 \times 1,000 = 2,000[\text{C}]$
- $700[\text{V}] - 3[\mu\text{F}]$: $Q_2 = 3 \times 700 = 2,100[\text{C}]$
- $600[\text{V}] - 4[\mu\text{F}]$: $Q_3 = 4 \times 600 = 2,400[\text{C}]$
- $800[\text{V}] - 3[\mu\text{F}]$: $Q_4 = 8 \times 300 = 2,400[\text{C}]$

따라서 전하량이 가장 작은 $1,000[\text{V}] - 2[\mu\text{F}]$의 커패시터가 가장 먼저 절연이 파괴된다.

## 17 ☐☐☐

반지름이 2m이고 권수가 120회인 원형코일 중심에서의 자계의 세기를 30[AT/m]로 하려면 원형코일에 몇 A의 전류를 흘려야 하는가?

① 1
② 2
③ 3
④ 4

| 해설

원형코일 중심에서의 자계의 세기: $H = \dfrac{NI}{2a}[\text{AT/m}]$

$I = \dfrac{2aH}{N} = \dfrac{2 \times 2 \times 30}{120} = 1[\text{A}]$

## 18 ☐☐☐

내구의 반지름이 $a = 5\text{cm}$, 외구의 반지름이 $b = 10\text{cm}$이고, 공기로 채워진 동심구형 커패시터의 정전용량은 약 몇 pF인가?

① 11.1
② 22.2
③ 33.3
④ 44.4

| 해설

동심구의 정전용량:

$$C = \frac{4\pi\epsilon_0 ab}{b - a}$$

$$= \frac{\dfrac{1}{9 \times 10^9} \times (5 \times 10^{-2}) \times (10 \times 10^{-2})}{(10 - 5) \times 10^{-2}} \times 10^{12}$$

$$= 11.1[\text{pF}]$$

## 19 ☐☐☐

자성체의 종류에 대한 설명으로 옳은 것은? (단, $\chi_m$는 자화율이고, $\mu_r$은 비투자율이다)

① $\chi_m > 0$이면, 역자성체이다.
② $\chi_m < 0$이면, 상자성체이다.
③ $\mu_r > 1$이면, 비자성체이다.
④ $\mu_r < 1$이면, 역자성체이다.

| 해설

**자성체의 종류**

| 구분 | 강자성체 | 상자성체 | 역(반)자성체 |
|---|---|---|---|
| 종류 | 철, 니켈, 코발트 | 백금, 산소, 알루미늄 | 금, 은, 구리, 비스무트 |
| 자화율 | $\chi > 0$ | $\chi > 0$ | $\chi < 0$ |
| 비투자율 | $\mu_r \gg 1$ | $\mu_r \geq 1$ | $\mu_r < 1$ |

## 20 □□□

구좌표계에서 $\triangle^2 r \nabla^2 r$의 값은 얼마인가?

(단, $r = \sqrt{x^2 + y^2 + z^2}$)

① $\dfrac{1}{r}$

② $\dfrac{2}{r}$

③ $r$

④ $2r$

| 해설

구좌표계에서 $\nabla^2 r$에서 $r$의 좌표만 있고, $\theta$와 $\phi$는 없으므로

$\nabla^2 r = \dfrac{1}{r^2} \dfrac{\partial}{\partial r}\left(r^2 \dfrac{\partial r}{\partial r}\right) = \dfrac{1}{r^2} \times 2r = \dfrac{2}{r}$ 이다.

---

# 제2과목 전력공학

## 21 □□□

피뢰기의 충격방전 개시전압은 무엇으로 표시하는가?

① 직류전압의 크기
② 충격파의 평균치
③ 충격파의 최대치
④ 충격파의 실효치

| 해설

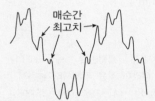

매순간
최고치→

직격뢰로 인한 충격파는 그림처럼 복잡한 형태를 띠는데, 충격파의 매순간 최고치를 기준으로 그 값이 충격방전 개시전압에 도달하는 순간, 피뢰기의 방전이 시작된다.

## 22 □□□

전력용 콘덴서에 비해 동기조상기의 이점으로 옳은 것은?

① 소음이 적다.
② 진상전류 이외에 지상전류를 취할 수 있다.
③ 전력손실이 적다.
④ 유지보수가 쉽다.

| 해설

대규모 전력설비에 이용되는 동기 조상기는 무부하 모터를 회전시키므로 전력손실이 많고 소음이 크지만, 진상 전류와 지상 전류를 함께 발생시켜서 연속적인 역률 개선을 가능하게 한다. 전력용 콘덴서는 계단식으로 무효전력을 생산하므로 역률 개선이 불연속적이다.

## 23 ☐☐☐

단락보호방식에 관한 설명으로 틀린 것은?

① 방사상 선로의 단락 보호방식에서 전원이 양단에 있을 경우 방향 단락 계전기와 과전류 계전기를 조합시켜서 사용한다.

② 전원이 1단에만 있는 방사상 송전선로에서의 고장 전류는 모두 발전소로부터 방사상으로 흘러 나간다.

③ 환상 선로의 단락 보호방식에서 전원이 두 군데 이상 있는 경우에는 방향 거리 계전기를 사용한다.

④ 환상 선로의 단락 보호방식에서 전원이 1단에만 있을 경우 선택 단락 계전기를 사용한다.

| 해설

환상 선로의 경우에는 전원이 한 곳뿐이라서 특정 선로를 선택할 필요는 없다.

## 24 ☐☐☐

밸런서의 설치가 가장 필요한 배전방식은?

① 단상 2선식
② 단상 3선식
③ 3상 3선식
④ 3상 4선식

| 해설

배전선로방식 중에서 단상3선식은 각 상별 부하의 불평형이 전압의 불평형을 초래하므로 이를 해결하기 위해 말단에 저압의 밸런서를 연결한다.

## 25 ☐☐☐

부하전류가 흐르는 전로는 개폐할 수 없으나 기기의 점검이나 수리를 위하여 회로를 분리하거나, 계통의 접속을 바꾸는데 사용하는 것은?

① 차단기
② 단로기
③ 전력용 퓨즈
④ 부하 개폐기

| 해설

단로기는 무부하 상태의 전로를 개방할 때 사용되는 개폐기이다.

## 26 ☐☐☐

정전용량 0.01μF/km, 길이 173.2km, 선간전압 60kV, 주파수 60Hz인 3상 송전선로의 충전전류는 약 몇 A인가?

① 6.3
② 12.5
③ 22.6
④ 37.2

| 해설

충전전류 $\dfrac{E}{X_c} = \dfrac{E}{1/\omega C} = \omega CE$, 인데,

충전전압은 선간전압의 $\dfrac{1}{\sqrt{3}}$ 이므로 $I_c = \dfrac{\omega CV}{\sqrt{3}}$

정전용량의 단위는 F(패럿), 선간전압의 단위는 V(볼트)로 환산해서 대입해야 결과값의 단위가 A(암페어)로 된다.

$2\pi \times 60 \times (0.01 \times 10^{-6} \times 173.2) \times \dfrac{60000}{\sqrt{3}} = 22.6[\text{A}]$

## 27 ☐☐☐

보호계전기의 반한시·정한시 특성은?

① 동작전류가 커질수록 동작시간이 짧게 되는 특성
② 최소 동작전류 이상의 전류가 흐르면 즉시 동작하는 특성
③ 동작전류의 크기에 관계없이 일정한 시간에 동작하는 특성
④ 동작전류가 커질수록 동작시간이 짧아지며, 어떤 전류 이상이 되면 동작전류의 크기에 관계없이 일정한 시간에서 동작하는 특성

| 해설

① 반한시 특성에 관한 설명
② 순한시 특성에 관한 설명
③ 정한시 특성에 관한 설명

## 28 ☐☐☐

전력계통의 안정도에서 안정도의 종류에 해당하지 않는 것은?

① 정태 안정도
② 상태 안정도
③ 과도 안정도
④ 동태 안정도

| 해설

부하가 서서히 증가할 때에는 정태 안정도, 부하가 급격히 변동될 때에는 과도 안정도, 부하가 완만히 증가하면서 AVR을 사용할 때에는 동태 안정도를 지표로 사용한다.

## 29 ☐☐☐

배전선로의 역률 개선에 따른 효과로 적합하지 않은 것은?

① 선로의 전력손실 경감
② 선로의 전압강하의 감소
③ 전원측 설비의 이용률 향상
④ 선로 절연의 비용 절감

| 해설

선로의 역률을 개선하여 무효전력을 줄이면 전력손실, 전압강하가 줄어들고 유효전력의 증가로 설비 이용률이 향상된다. 절연 비용은 선간 전압에 의해 결정된다.

## 30 ☐☐☐

저압뱅킹 배전방식에서 캐스케이딩 현상을 방지하기 위하여 인접 변압기를 연락하는 저압선의 중간에 설치하는 것으로 알맞은 것은?

① 구분퓨즈
② 리클로저
③ 섹셔널라이저
④ 구분개폐기

| 해설

선로의 사고가 연쇄적으로 파급되는 현상이 캐스케이딩인데, 배전선 중간에 구분 퓨즈나 차단기를 설치하면 캐스케이딩 현상을 방지할 수 있다.

## 31 □□□

승압기에 의하여 전압 $V_e$에서 $V_h$로 승압할 때, 2차 정격 전압 e, 자기용량 W인 단상 승압기가 공급할 수 있는 부하용량은?

① $\dfrac{V_h}{e} \times W$

② $\dfrac{V_e}{e} \times W$

③ $\dfrac{V_e}{V_h - V_e} \times W$

④ $\dfrac{V_h - V_e}{V_e} \times W$

| 해설

부하에 걸리는 전압이 $V_h$이고 공동권선에 걸리는 전압이 $V_e$이므로 직렬권선에 걸리는 전압은 $V_h - V_e$이다. 따라서 부하용량(부하의 전력)은 $V_h I_2$이고, 자기용량(직렬권선의 전력)은 $(V_h - V_e)I_2$이다. 그런데 2차 정격전압 $V_h - V_e$가 e로 주어졌으므로 자기용량은 $eI_2$이고 이것은 W와 같다. 부하 및 직렬권선에 흐르는 전류 $I_2 = \dfrac{W}{e}$이므로 부하용량을 고쳐 쓰면

$V_h I_2 = V_h \dfrac{W}{e}$이다.

## 32 □□□

배기가스의 여열을 이용해서 보일러에 공급되는 급수를 예열함으로써 연료 소비량을 줄이거나 증발량을 증가시키기 위해서 설치하는 여열 회수 장치는?

① 과열기
② 공기 예열기
③ 절탄기
④ 재열기

| 해설

절탄기, 재열기의 역할에 대해 암기해야 한다.
화석발전의 대표연료는 석탄이고, 석탄을 절약하는 기구가 바로 절탄기이다. 남은 열을 이용하여 급수를 미리 한 번 가열하는 기구이다.

## 33 □□□

직렬 콘덴서를 선로에 삽입할 때의 이점이 아닌 것은?

① 선로의 인덕턴스를 보상한다.
② 수전단의 전압강하를 줄인다.
③ 정태안정도를 증가한다.
④ 송전단의 역률을 개선한다.

| 해설

전력용 콘덴서를 부하와 병렬로 접속하면 리액턴스와 무효전력을 감소시켜서 계통의 역률을 개선해 주지만 부하와 직렬로 접속하면 선로의 리액턴스를 감소시키고 수전단의 전압강하분을 줄여서 정태안정도가 증대된다. 직렬 콘덴서는 우리나라에서는 채택하지 않고 있지만, 송전선로가 매우 긴 미국, 뉴질랜드에서는 초고압선로에 적용하고 있다.

## 34 □□□

전선의 굵기가 균일하고 부하가 균등하게 분산되어 있는 배전선로의 전력손실은 전체 부하가 선로 말단에 집중되어 있는 경우에 비하여 어느 정도가 되는가?

① $\dfrac{1}{2}$

② $\dfrac{1}{3}$

③ $\dfrac{2}{3}$

④ $\dfrac{3}{4}$

| 해설

말단집중부하와 평등분산부하의 전압강하의 비는 2 : 1이고 전력손실의 비는 3 : 1이다.

정답   31 ①   32 ③   33 ④   34 ②

## 35 □□□

송전단 전압 161kV, 수전단 전압 154kV, 상차각 35°, 리액턴스 60Ω일 때 선로 손실을 무시하면 전송전력(MW)은 약 얼마인가?

① 356
② 307
③ 237
④ 161

| 해설

전력계통의 안정도 단원에서 배운 송전용량 공식을 이용한다.
송전용량=전송전력

$$= \frac{V_s V_r}{X} \sin\delta = \frac{161000 \times 154000}{60} \times \sin35$$
$$= 237 \times 10^6 \text{W}$$

## 36 □□□

**직접접지방식에 대한 설명으로 옳지 않은 것은?**

① 1선 지락 사고 시 건전상의 대지 전압이 거의 상승하지 않는다.
② 계통의 절연수준이 낮아지므로 경제적이다.
③ 변압기의 단절연이 가능하다.
④ 보호계전기가 신속히 동작하므로 과도안정도가 좋다.

| 해설

대지전압이 거의 상승하지 않아 절연수준을 낮춰도 되며 변압기의 단절연이 가능하다. 지락 사고 시 전압 상승이 없는 대신에 대전류가 흐르므로 3고조파가 발생하고 과도 안정도가 나빠진다.

## 37 □□□

그림과 같이 지지점 A, B, C에는 고저차가 없으며, 경간 AB와 BC 사이에 전선이 가설되어 그 이도가 각각 12cm이다. 지지점 B에서 전선이 떨어져 전선의 이도가 D로 되었다면 D의 길이[cm]는? (단, 지지점 B는 A와 C의 중점이며 지지점 B에서 전선이 떨어지기 전, 후의 길이는 같다)

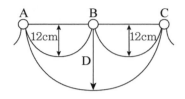

① 17
② 24
③ 30
④ 36

| 해설

지지점 B에서 탈락된 이후에도 전선의 실제 길이가 달라지지 않았으므로 $L[\text{m}] = S + \frac{8D^2}{3S}$ 공식을 이용하면 된다. 경간은 처음의 2배로 증가했으므로

$$2(S_0 + \frac{8 \times 0.12^2}{3S_0}) = 2S_0 + \frac{8 \times D^2}{3 \cdot 2S_0}$$
$$D^2 = 4 \times 0.12^2$$
$$\therefore D = 0.24[\text{m}]$$

## 38 □□□

**수차의 캐비테이션 방지책으로 틀린 것은?**

① 흡출수두를 증대시킨다.
② 과부하 운전을 가능한 한 피한다.
③ 수차의 비속도를 너무 크게 잡지 않는다.
④ 침식에 강한 금속재료로 러너를 제작한다.

| 해설

압력이 낮아진 물속에서는 기포가 잘 생기고 이 기포가 터지면서 러너를 파손시키므로 비속도를 낮추거나 흡출관 높이를 낮추어야 캐비테이션이 방지된다.

## 39 ☐☐☐

송전선로에 매설지선을 설치하는 목적은?

① 철탑 기초의 강도를 보강하기 위하여
② 직격뇌로부터 송전선을 차폐보호하기 위하여
③ 현수애자 1연의 전압 분담을 균일화하기 위하여
④ 철탑으로부터 송전선로로의 역섬락을 방지하기 위하여

| 해설

역섬락 현상을 방지하기 위채 매설지선을 설치하여 탑각 접지 저항을 줄이고 철탑 전위를 낮춘다.

## 40 ☐☐☐

1회선 송전선과 변압기의 조합에서 변압기의 여자 어드미턴스를 무시하였을 경우 송수전단의 관계를 나타내는 4단자 정수 $C_0$는?

(단, $A_0 = A + CZ_{ts}$, $B_0 = B + AZ_{tr} + DZ_{ts} + CZ_{tr}TZ_{ts}$, $D_0 = D + CZ_{tr}$, 여기서 $Z_{ts}$는 송전단변압기의 임피던스이며, $Z_{tr}$은 수전단변압기의 임피던스이다)

① C
② $C + DZ_{ts}$
③ $C + AZ_{ts}$
④ $CD + CA$

| 해설

송전단 변압기 - 송전선로 - 수전단 변압기가 직렬 연결된 상태이므로 세 행렬식의 곱으로 합성 4단자 정수를 구한다.

$$\begin{bmatrix} 1 & Z_{ts} \\ 0 & 1 \end{bmatrix} \begin{bmatrix} A & B \\ C & D \end{bmatrix} \begin{bmatrix} 1 & Z_{tr} \\ 0 & 1 \end{bmatrix}$$

$$= \begin{bmatrix} A + CZ_{ts} & B + DZ_{ts} \\ C & D \end{bmatrix} \begin{bmatrix} 1 & Z_{tr} \\ 0 & 1 \end{bmatrix}$$

$$= \begin{bmatrix} A + CZ_{ts} & AZ_{tr} + CZ_{ts}Z_{tr} + (B + DZ_{ts}) \\ C & D + CZ_{tr} \end{bmatrix}$$

$$\Leftrightarrow \begin{bmatrix} A_0 & B_0 \\ C_0 & D_0 \end{bmatrix}$$

## 제3과목 전기기기

## 41 ☐☐☐

단상 변압기의 무부하 상태에서
$V_1 = 200\sin(\omega t + 30°)$[V]의 전압이 인가되었을 때
$I_0 = 3\sin(\omega t + 60°) + 0.7\sin(\omega t + 180°)$[A]의 전류가 흘렀다. 이때 무부하손은 약 몇 W인가?

① 150
② 259.8
③ 415.2
④ 512

| 해설

무부하손 $= |\dot{V_1}\dot{I_0}| = V_1 I_0 \cos\theta_1$ 전압에는 기본파만 있고 3고조파 성분이 없으므로 $0.7\sin(\omega t + 180°)$은 계산에 사용되지 않는다. 주어진 1차 전압과 여자 전류는 순시값이므로 최고값을 $\sqrt{2}$로 나눈 실횻값을 대입해야 한다. 즉

$$\frac{200}{\sqrt{2}} \times \frac{3}{\sqrt{2}} \cos(60 - 30) = 300 \times \frac{\sqrt{3}}{2}$$

## 42 ☐☐☐

단상 직권 정류자 전동기의 전기자 권선과 계자 권선에 대한 설명으로 틀린 것은?

① 계자 권선의 권수를 적게 한다.
② 전기자 권선의 권수를 크게 한다.
③ 변압기 기전력을 적게 하여 역률 저하를 방지한다.
④ 브러시로 단락되는 코일 중 단락 전류를 크게 한다.

| 해설

단상 직권 정류자 전동기는 계자의 권선수를 적게, 전기자의 권선수를 크게 하여 제작하며, 고저항 설치로 단락 전류를 작게 한다.

## 43 □□□

전부하 시의 단자 전압이 무부하 시의 단자 전압보다 높은 직류 발전기는?

① 분권 발전기
② 평복권 발전기
③ 과복권 발전기
④ 차동복권 발전기

| 해설

과복권 발전기는 직권 계자의 기자력이 분권 계자의 기자력보다 더 큰데, 부하가 커짐에 따라 직권 계자의 기자력 효과로 유기 기전력도 같이 커져서 전압 강하를 보상하기 때문에 전부하 단자 전압이 무부하 단자 전압보다 높다.

## 44 □□□

직류기의 다중 중권 권선법에서 전기자 병렬 회로 수 $a$와 극수 $P$ 사이의 관계로 옳은 것은? (단, $m$은 다중도이다)

① $a = 2$
② $a = 2m$
③ $a = P$
④ $a = mP$

| 해설

중권이면 $a = p$이고, 다중도 $m$의 다중 중권이면 $a = mp$가 성립한다.

## 45 □□□

슬립 $s_t$에서 최대 토크를 발생하는 3상 유도 전동기에 2차측 한 상의 저항을 $r_2$라 하면 최대 토크로 기동하기 위한 2차측 한 상에 외부로부터 가해 주어야 할 저항[Ω]은?

① $\dfrac{1 - s_t}{s_t} r_2$

② $\dfrac{1 + s_t}{s_t} r_2$

③ $\dfrac{r_2}{1 - s_t}$

④ $\dfrac{r_2}{s_t}$

| 해설

비례 추이에 의해 $\dfrac{r_2}{s_t} = \dfrac{r_2 + r}{s_t'}$ 이 성립하는데 $r$을 추가하여 기동 시 최대 토크가 되려면 $s_t' = 1$이어야 한다. 따라서

$\dfrac{r_2}{s_t} = \dfrac{r_2 + r}{1} \Rightarrow r = \dfrac{r_2}{s_t} - r_2 = \dfrac{1 - s_t}{s_t} r_2$

## 46 □□□

단상 변압기를 병렬 운전할 경우 부하 전류의 분담은?

① 용량에 비례하고 누설 임피던스에 비례
② 용량에 비례하고 누설 임피던스에 반비례
③ 용량에 반비례하고 누설 리액턴스에 비례
④ 용량에 반비례하고 누설 리액턴스의 제곱에 비례

| 해설

전류 분담(=부하 분담)식 $\dfrac{I_a}{I_b} = \dfrac{(\%I_B Z_b) V I_A}{(\%I_A Z_a) V I_B}$

즉, 변압기 용량에 비례하고 누설 임피던스의 %Z강하에 반비례한다.

## 47 ☐☐☐

스텝 모터(step motor)의 장점으로 틀린 것은?

① 회전각과 속도는 펄스 수에 비례한다.

② 위치 제어를 할 때 각도 오차가 적고 누적된다.

③ 가속, 감속이 용이하며 정·역전 및 변속이 쉽다.

④ 피드백 없이 오픈 루프로 손쉽게 속도 및 위치 제어를 할 수 있다.

> **| 해설**
>
> 초당 입력 펄스 수, 즉 스테핑 주파수에 정비례하여 정회전 또는 역회전하기 때문에 위치 제어할 때 각도 오차가 적고 누적되지 않는다.

## 48 ☐☐☐

380V, 60Hz, 4극, 10kW인 3상 유도 전동기 $E_1$의 전부하 슬립이 4%이다. 전원 전압을 10% 낮추는 경우 전부하 슬립은 약 몇 %인가?

① 3.3        ② 3.6

③ 4.4        ④ 4.9

> **| 해설**
>
> 전동기 토크의 최댓값은 입력 전압의 제곱에 비례하므로 입력 전압 $E_1$이 $0.9E_1$으로 작아지면 토크의 최댓값은 처음의 $0.9^2$배로 작아지고 '전동기 토크와 부하 토크의 교점'인 전부하 슬립은 1에 점점 가까워지면서 $\dfrac{1}{0.9^2}$배로 커진다.
>
> 따라서 $s' = \dfrac{s}{0.9^2} = \dfrac{0.04}{0.81}$
>
>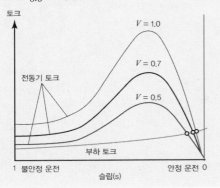

## 49 ☐☐☐

3상 권선형 유도전동기의 기동 시 2차측 저항을 2배로 하면 최대 토크 값은 어떻게 되는가?

① 3배로 된다.

② 2배로 된다.

③ 1/2로 된다.

④ 변하지 않는다.

> **| 해설**
>
> $r_2$가 달라지면 $s_m$이 바뀌면서 토크 - 슬립 특성 곡선의 개형은 바뀌지만 $T_{max}$는 변하지 않고 그대로이다.

## 50 ☐☐☐

직류 분권 전동기에서 정출력 가변 속도의 용도에 적합한 속도 제어법은?

① 계자 제어

② 저항 제어

③ 전압 제어

④ 극수 제어

> **| 해설**
>
> 계자 권선에 병렬 접속시킨 가변저항기에 의한 자속 변화를 통해 속도를 조정하는 계자 제어법은 속도를 변화시켜서 출력을 일정하게 유지할 수 있다.

## 51 □□□

권수비가 $a$인 단상 변압기 3대가 있다. 이것을 1차에 △, 2차에 Y로 결선하여 3상 교류 평형 회로에 접속할 때 2차측의 단자 전압을 V[V], 전류를 I[A]라고 하면 1차측 단자 전압 및 선전류는 얼마인가? (단, 변압기의 저항, 누설 리액턴스, 여자 전류는 무시한다)

① $\dfrac{aV}{\sqrt{3}}(V)$, $\dfrac{\sqrt{3}I}{a}(A)$

② $\sqrt{3}\,aV(V)$, $\dfrac{I}{\sqrt{3}\,a}(A)$

③ $\dfrac{\sqrt{3}\,V}{a}(V)$, $\dfrac{aI}{\sqrt{3}}(A)$

④ $\dfrac{V}{\sqrt{3}\,a}(V)$, $\sqrt{3}\,aI(A)$

| 해설

권수비 관계식으로부터 상전압 $E_1 = aE_2$, 상전류 $I_1 = \dfrac{I_2}{a}$이고, 결선법에 따른 전압과 전류는 다음과 같다.

| 구분 | 상전압 | 선간전압 | 상전류 | 선전류 |
|---|---|---|---|---|
| 1차측(△) | $E_1 = aE_2$ | $E_1$ | $I_1 = I_2/a$ | $\sqrt{3}\,I_1$ |
| 2차측(Y) | $E_2$ | $\sqrt{3}\,E_2$ | $I_2$ | $I_2$ |

2차측 선전압과 선전류가 $V$, $I$로 주어졌으므로 2차측 상전압과 상전류는 $V/\sqrt{3}$, $I$이고, 권수비 관계식을 이용하면 1차측 상전압과 상전류는 $a \times V/\sqrt{3}$, $\dfrac{1}{a} \times I$이다.

따라서 1차측 선간전압과 선전류는 $\dfrac{aV}{\sqrt{3}}$, $\dfrac{\sqrt{3}I}{a}$이다.

## 52 □□□

직류 분권 전동기의 전기자 전류가 10A일 때 5N · m의 토크가 발생하였다. 이 전동기의 계자의 자속이 80%로 감소되고, 전기자 전류가 12A로 되면 토크는 약 몇 N · m인가?

① 3.9

② 4.3

③ 4.8

④ 5.2

| 해설

$T = \dfrac{pZ\phi I_a}{2\pi a}$에서 토크는 자속에 비례하고 전기자 전류에 비례한다. 자속이 0.8배, 전기자 전류가 1.2배로 변했으므로 토크는 $0.8 \times 1.2 = 0.96$배가 된다.
$5\text{N·m} \times 0.96 = 4.8\text{N·m}$

## 53 ☐☐☐

3상 전원 전압 220V를 3상 반파 정류 회로의 각 상에 SCR을 사용하여 정류 제어 할 때 위상각을 60°로 하면 순 저항 부하에서 얻을 수 있는 출력 전압 평균값은 약 몇 V인가?

① 128.65
② 148.55
③ 257.3
④ 297.1

| 해설

3상 반파 직류분 전압 $E_d = \dfrac{3\sqrt{6}\,E}{2\pi}\cos\alpha = 1.17E\cos\alpha$

전원 전압=교류 전압=220을 E에 대입하고, 60°를 $\alpha$에 대입하면 $1.17E\cos\alpha = 1.17 \times 220 \times \dfrac{1}{2} = 128.7[\mathrm{V}]$

## 54 ☐☐☐

유도자형 동기 발전기의 설명으로 옳은 것은?

① 전기자만 고정되어 있다.
② 계자극만 고정되어 있다.
③ 회전자가 없는 특수 발전기이다.
④ 계자극과 전기자가 고정되어 있다.

| 해설

계자와 전기자가 둘 다 고정되어 있고 권선 없는 유도자가 회전하면서 계자에 자속을 유도한다.

## 55 ☐☐☐

3상 동기 발전기의 여자전류 10A에 대한 단자 전압이 $1000\sqrt{3}$, 3상 단락 전류가 50A인 경우 동기 임피던스는 몇 Ω인가?

① 5
② 11
③ 20
④ 34

| 해설

단락비=단락 전류/정격 전류, $I_s = \dfrac{E}{Z_s}$ 로부터 동기 임피던스를 구한다. 단자 전압과 기전력의 관계식 $V = \sqrt{3}\,E$로부터 기전력은 100V이다.

따라서 $Z_s = \dfrac{E}{I_s} = \dfrac{1000}{50} = 20$

## 56 ☐☐☐

동기 발전기에서 무부하 정격 전압일 때의 여자 전류를 $I_{f0}$, 정격 부하 정격 전압일 때의 여자 전류를 $I_{f1}$, 3상 단락 정격 전류일 때의 여자 전류를 $I_{fs}$라 하면 정격 속도에서의 단락비 $K$는?

① $K = \dfrac{I_{fs}}{I_{f0}}$

② $K = \dfrac{I_{f0}}{I_{fs}}$

③ $K = \dfrac{I_{fs}}{I_{f1}}$

④ $K = \dfrac{I_{f1}}{I_{fs}}$

| 해설

단락비 $= \dfrac{I_{f1}}{I_{f2}} = \dfrac{\text{개방시 정격 전압에 대응하는 여자 전류}}{\text{단락시 정격 전류에 대응하는 여자 전류}}$

$\qquad = \dfrac{I_{f0}}{I_{fs}}$

## 57 ☐☐☐

극수 20, 주파수 60Hz인 3상 동기 발전기의 전기자 권선이 2층 중권, 전기자 전 슬롯 수 180, 각 슬롯 내의 도체 수 10, 코일피치 7슬롯인 2중 성형 결선으로 되어 있다. 선간 전압 3300V를 유도하는 데 필요한 기본파 유효 자속은 약 몇 Wb인가? (단, 코일 피치와 자극 피치의 비 $\beta = \dfrac{7}{9}$이다)

① 0.004
② 0.062
③ 0.053
④ 0.07

| 해설

(1) Y결선이므로 기전력 $E = \dfrac{V}{\sqrt{3}} = \dfrac{3300}{\sqrt{3}}$

(2) 주파수는 60으로 주어져 있다.

(3) 권선수=코일수=$\dfrac{도체수}{2} = \dfrac{180 \times 10}{2} = 900$

상당 권선수=$\dfrac{900}{3상} = 300$

그런데 2중 Y결선의 코일 개수가 300이므로 하나의 Y결선에 대해서는 상당 권선수=150

(4) 극당 상당 도체수 $q = \dfrac{180}{20 \times 3} = 3$이므로

분포권 계수 $K_d = \dfrac{\sin\dfrac{\pi}{2m}}{q\sin\dfrac{\pi}{2mq}} = \dfrac{\sin\dfrac{\pi}{6}}{3\sin\dfrac{\pi}{18}} = 0.9598$

(5) 코일 간격과 극 간격의 비 $\beta = \dfrac{7}{9}$로 주어졌으므로

단절권 계수 $K_p = \sin\dfrac{\beta\pi}{2} = \sin\dfrac{7\pi}{18} = 0.9397$

$E_{rms} = 4.44 f N \phi_m (K_d \times K_p)$

$\Rightarrow \dfrac{3300}{\sqrt{3}} = 4.44 \times 60 \times \phi \times 150 \times (0.9598 \times 0.9397)$

$\Rightarrow \phi = \dfrac{3300}{4.44 \times 60 \times 150 \times (0.9598 \times 0.9397)\sqrt{3}} = 0.053$

## 58 ☐☐☐

변압기의 습기를 제거하여 절연을 향상시키는 건조법이 아닌 것은?

① 열풍법
② 단락법
③ 진공법
④ 건식법

| 해설

변압기 건조법에는 진공법, 단락법, 열풍법이 있다. 진공법이 가장 효과가 좋으며 변압기를 제조하는 현장 공장에서 활용하는 방식이다.

## 59 ☐☐☐

2방향성 3단자 사이리스터는 어느 것인가?

① SCR
② SSS
③ SCS
④ TRIAC

| 해설

SCR, GTO는 단방향 3단자이고, TRIAC은 2방향 3단자이며, SCS는 단방향 4단자, SSS는 2방향 2단자이다.

## 60 ☐☐☐

**일반적인 3상 유도전동기에 대한 설명으로 틀린 것은?**

① 불평형 전압으로 운전하는 경우 전류는 증가하나 토크
   는 감소한다.
② 원선도 작성을 위해서는 무부하 시험, 구속 시험, 1차 권
   선 저항 측정을 하여야 한다.
③ 농형은 권선형에 비해 구조가 견고하며 권선형에 비해
   대형 전동기로 널리 사용된다.
④ 권선형 회전자의 3선 중 1선이 단선되면 동기속도의
   50%에서 더 이상 가속되지 못하는 현상을 게르게스 현
   상이라 한다.

> **| 해설**
> 농형 회전자는 구조가 견고하지만 기동 전류가 크고 토크가
> 작아서 소용량으로 적합하다.

---

## 제4과목 회로이론 및 제어공학

## 61 ☐☐☐

**다음 블록 선도의 전달함수 $\left(\dfrac{C(s)}{R(s)}\right)$는?**

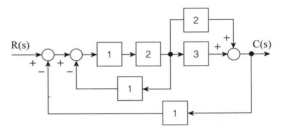

① $\dfrac{10}{9}$

② $\dfrac{10}{13}$

③ $\dfrac{12}{9}$

④ $\dfrac{12}{13}$

> **| 해설**
> $\sum$전향경로의 이득 $= 1 \times 2 \times 3 + 1 \times 2 \times 2 = 10$
> $\sum$루프의 이득 $- 1 \times 2 \times 1 - 1 \times 2 \times 2 \times 1 - 1 \times 2 \times 3 \times 1$
> $= -12$
> $G(s) = \dfrac{\sum \text{전향경로의 이득}}{1 - \sum \text{루프의 이득}} = \dfrac{10}{1 - (-12)} = \dfrac{10}{13}$

## 62 □□□

전달함수가 $G(s) = \dfrac{1}{0.1s\,(0.01s+1)}$ 과 같은 제어시스템

에서 $\omega = 0.1\,\text{rad/s}$일 때의 이득[dB]과 위상각[°]은 약 얼마인가?

① $40\text{dB},\ -90°$

② $-40\text{dB},\ 90°$

③ $40\text{dB},\ -180°$

④ $-40\text{dB},\ -180°$

| 해설

$\omega = 0.1$을 대입하면 $G(j0.1) = \dfrac{1}{j0.01(j0.001+1)}$

$|G(j\omega)| = \dfrac{1}{|\,j0.01\,|\cdot|\,j0.001+1\,|}$

$= \dfrac{1}{0.01\sqrt{1^2+0.001^2}} \fallingdotseq 100$

이득 $g = 20\log|G(j\omega)| \fallingdotseq 20\log100 = 40\,[\text{dB}]$

$\theta = \angle\,G(j\omega) \fallingdotseq \angle\,G(-1-j1000) = -90°$

## 63 □□□

다음의 논리식과 등가인 것은?

$$Y = (A+B)(\overline{A}+B)$$

① $Y = A$

② $Y = B$

③ $Y = \overline{A}$

④ $Y = \overline{B}$

| 해설

전개하면 $A\overline{A}+B\overline{A}+AB+B$이고, 분배 법칙에 의해
$0+B(\overline{A}+A)+B = B\cdot1+B = B$가 된다.

## 64 □□□

다음의 개루프 전달함수에 대한 근궤적이 실수축에서 이
탈하게 되는 분리점은 약 얼마인가?

$$G(s)H(s) = \dfrac{k}{s\,(s+3)(s+8)},\ k \geq 0$$

① $-0.93$

② $-5.74$

③ $-6.0$

④ $-1.33$

| 해설

특성방정식 $s(s+3)(s+8)+k=0$이고,

$k = -s^3 - 11s^2 - 24s$를 $s$에 대해 미분하면

$(s+6)(3s+4) = 0 \Rightarrow s = -6,\ -\dfrac{4}{3}$ 중에서

3번째 구간$(-3<s<0)$에 해당하는 $-\dfrac{4}{3}$가 바로 분지점이다.

## 65 □□□

$F(z) = \dfrac{(1-e^{-aT})z}{(z-1)(z-e^{-aT})}$ 의 역 z변환은?

① $te^{-at}$

② $a^t e^{-at}$

③ $1+e^{-at}$

④ $1-e^{-at}$

| 해설

$\dfrac{(1-e^{-aT})z}{(z-1)(z-e^{-aT})}$ 를 부분분수로 바꾼다.

$\dfrac{k_1}{(z-1)}z + \dfrac{k_2}{(z-e^{-aT})}z = \dfrac{k_1Z-k_1e^{-aT}+k_2z-k_2}{(z-1)(z-e^{-aT})}z$

$\Rightarrow k_1+k_2 = 0,\ k_2 = -1$을 대입해서 정리하면

$\dfrac{z}{(z-1)} - \dfrac{z}{(z-e^{-aT})}$ 이므로

z역변환하면 $f(t) = 1-e^{-at}$이다.

정답   62 ①   63 ②   64 ④   65 ④

## 66 ☐☐☐

기본 제어요소인 비례요소의 전달함수는? (단, $K$는 상수이다)

① $G(s) = K$

② $G(s) = Ks$

③ $G(s) = \dfrac{K}{s}$

④ $G(s) = \dfrac{K}{s+K}$

| 해설

입력과 출력이 비례하므로 $y(t) = k \cdot x(t)$

$\Rightarrow$ 라플라스 변환하면 $Y(s) = k \cdot X(s)$이므로 $G(s) = k$이다.

## 67 ☐☐☐

다음의 상태방정식으로 표현되는 시스템의 상태천이행렬은?

$$\begin{bmatrix} \dfrac{d}{dt}x_1 \\ \dfrac{d}{dt}x_2 \end{bmatrix} = \begin{bmatrix} 0 & 1 \\ -3 & -4 \end{bmatrix} \begin{bmatrix} x_1 \\ x_2 \end{bmatrix}$$

① $\begin{bmatrix} 1.5e^{-t} - 0.5e^{-3t} & -1.5e^{-t} + 1.5e^{-3t} \\ 0.5e^{-t} - 0.5e^{-3t} & -0.5e^{-t} + 1.5e^{-3t} \end{bmatrix}$

② $\begin{bmatrix} 1.5e^{-t} - 0.5e^{-3t} & 0.5e^{-t} - 0.5e^{-3t} \\ -1.5e^{-t} + 1.5e^{-3t} & -0.5e^{-t} + 1.5e^{-3t} \end{bmatrix}$

③ $\begin{bmatrix} 1.5e^{-t} - 0.5e^{-4t} & 0.5e^{-t} - 0.5e^{-4t} \\ -1.5e^{-t} + 1.5e^{-4t} & -0.5e^{-t} + 1.5e^{-4t} \end{bmatrix}$

④ $\begin{bmatrix} 1.5e^{-t} - 0.5e^{-4t} & -1.5e^{-t} + 1.5e^{-4t} \\ 0.5e^{-t} - 0.5e^{-4t} & -0.5e^{-t} + 1.5e^{-4t} \end{bmatrix}$

| 해설

$sI - A$의 역행렬을 구한 뒤 라플라스 역변환시키면 상태천이행렬이다.

$sI - A = \begin{bmatrix} s & -1 \\ 3 & s+4 \end{bmatrix}$

$\det(sI - A) = s(s+4) + 3$

$\text{adj}(sI - A) = \begin{bmatrix} s+4 & 1 \\ -3 & s \end{bmatrix}$

따라서 $(sI - A)^{-1} = \begin{bmatrix} \dfrac{s+4}{(s+1)(s+3)} & \dfrac{1}{(s+1)(s+3)} \\ \dfrac{-3}{(s+1)(s+3)} & \dfrac{s}{(s+1)(s+3)} \end{bmatrix}$

$= \begin{bmatrix} \dfrac{1.5}{(s+1)} - \dfrac{0.5}{(s+3)} & \dfrac{0.5}{(s+1)} - \dfrac{0.5}{(s+3)} \\ \dfrac{-1.5}{(s+1)} + \dfrac{1.5}{(s+3)} & \dfrac{-0.5}{(s+1)} + \dfrac{1.5}{(s+3)} \end{bmatrix}$

시간함수로 역변환하면

$\therefore \begin{bmatrix} 1.5e^{-t} - 0.5e^{-3t} & 0.5e^{-t} - 0.5e^{-3t} \\ -1.5e^{-t} + 1.5e^{-3t} & -0.5e^{-t} + 1.5e^{-3t} \end{bmatrix}$

## 68 □□□

제어 시스템의 전달함수가 $T(s) = \dfrac{1}{4s^2+s+1}$ 과 같이

표현될 때 이 시스템의 고유 주파수($\omega n$[rad/s])와 감쇠율($\zeta$)은?

① $\omega n = 0.25,\ \zeta = 1.0$

② $\omega n = 0.5,\ \zeta = 0.25$

③ $\omega n = 0.5,\ \zeta = 0.5$

④ $\omega n = 1.0,\ \zeta = 0.5$

| 해설

주어진 폐루프 전달함수와 $M(s)$공식을 비교하면

$T(s) = \dfrac{1/4}{s^2+1/4s+1/4} \Leftrightarrow \dfrac{\omega_n^2}{s^2+2\zeta\omega_n s+\omega_n^2}$ 으로부터

$\omega_n = \dfrac{1}{2},\ \zeta = \dfrac{1}{4}$ 이다.

## 69 □□□

그림의 신호흐름선도를 미분 방정식으로 표현한 것으로
옳은 것은? (단, 모든 초기 값은 0이다)

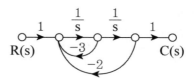

① $\dfrac{d^2c(t)}{dt^2} + 3\dfrac{dc(t)}{dt} + 2c(t) = r(t)$

② $\dfrac{d^2c(t)}{dt^2} + 2\dfrac{dc(t)}{dt} + 3c(t) = r(t)$

③ $\dfrac{d^2c(t)}{dt^2} - 3\dfrac{dc(t)}{dt} - 2c(t) = r(t)$

④ $\dfrac{d^2c(t)}{dt^2} - 2\dfrac{dc(t)}{dt} - 3c(t) = r(t)$

| 해설

전향 경로의 이득 $= 1 \times \dfrac{1}{s} \times \dfrac{1}{s} \times 1 = \dfrac{1}{s^2}$ 이고, $\sum$루프의 이득

$= \dfrac{1}{s} \times (-3) + \dfrac{1}{s^2} \times (-2) = \dfrac{-3}{s} + \dfrac{-2}{s^2}$ 이므로

$G(s) = \dfrac{C(s)}{R(s)} = \dfrac{1}{s^2+3s+2}$

$\Rightarrow (s^2+3s+2)C(s) = R(s)$

라플라스 역변환하면 $\dfrac{d^2c(t)}{dt^2} + 3\dfrac{dc(t)}{dt} + 2c(t) = r(t)$

## 70 □□□

제어시스템의 특성방정식이 $s^4 + s^3 - 3s^2 - s + 2 = 0$와 같을 때 이 특성방정식에서 $s$ 평면의 오른쪽에 위치하는 근은 몇 개인가?

① 0

② 1

③ 2

④ 3

| 해설

특성방정식을 인수분해하면 $(s+1)(s-1)^2(s+2) = 0$이므로 $s = -1, -2, +1$(중근)이므로 s평면의 우반부에 위치하는 근은 2개이다(重根인 경우에 근의 개수는 2개로 간주함).

다른 풀이

루스표를 만들어서 제1열의 부호가 바뀌는 횟수를 구해도 된다. 단, $s^1$행의 요소가 전부 0이므로 바로 위 $s^2$의 1열과 2열 숫자를 이용하여 보조방정식을 만들면

$A(s) = -2s^2 + 2 = 0$이고 $\dfrac{dA(s)}{ds} = -4s$이므로 $s^1$행의 1열은 $-4$이다.

## 71 □□□

회로에서 6Ω에 흐르는 전류[A]는?

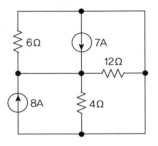

① 2.5

② 5

③ 7.5

④ 10

| 해설

8A의 전류원만 남기고 7A의 전류원을 개방하면 3개의 저항이 병렬 접속된 회로이므로 6Ω에 흐르는 전류 $I' = \dfrac{8}{3}$A이다.

7A의 전류원만 남기고 8A의 전류원을 개방하면 3개의 저항이 병렬 접속된 회로이므로 6Ω에 흐르는 전류 $I'' = \dfrac{7}{3}$A이다. 따라서 $I' + I'' = \dfrac{15}{3} = 5$A이다.

## 72 □□□

RL 직렬 회로에서 시정수가 0.03s, 저항이 14.7Ω일 때 이 회로의 인덕턴스[mH]는?

① 441

② 362

③ 17.6

④ 2.53

| 해설

RL 직렬 회로에서 시정수 $\tau = \dfrac{L}{R}$

$\Rightarrow L = \tau \times R = 0.03 \times 14.7 = 0.441$[H]

## 73 □□□

상의 순서가 $a-b-c$인 불평형 3상 교류 회로에서 각 상의 전류가 $I_a = 7.28 \angle 15.95°[A]$,

$I_b = 12.81 \angle -128.66°[A]$, $I_c = 7.21 \angle 123.69°[A]$일 때 역상분 전류는 약 몇 A인가?

① $8.95 \angle -1.14°$

② $8.95 \angle 1.14°$

③ $2.51 \angle -96.55°$

④ $2.51 \angle 96.55°$

| 해설

$a = 1 \angle +120°$이므로 역상분 전류

$\dot{I}_2 = \frac{1}{3}(\dot{I}_a + a^2 \dot{I}_b + a \dot{I}_c)$

$= \frac{1}{3}[7.28 \angle 15.95° + 1 \angle 240° \times 12.81 \angle (-128.66°)$

$+ 1 \angle 120° \times 7.21 \angle 123.69°]$

페이저 식의 덧셈과 뺄셈은 공학용 계산기를 이용해야 한다. 계산기가 없으면 복소수로 바꿔서 계산해도 된다.

## 74 □□□

그림과 같은 T형 4단자 회로의 임피던스 파라미터 $Z_{22}$는?

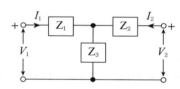

① $Z_3$

② $Z_1 + Z_2$

③ $Z_1 + Z_3$

④ $Z_2 + Z_3$

| 해설

1차측을 개방시켜서 $I_1 = 0$이 되게 하면 $Z_2$와 $Z_3$에 똑같이 $I_2$가 흐르므로 $V_2 = I_2(Z_2 + Z_3)$이다.

$Z_{22} = \frac{V_2}{I_2}\bigg|_{I_1 = 0}$ 의 분자에 대입하면 $Z_{22} = Z_2 + Z_3$이다.

## 75 □□□

그림과 같은 부하에 선간전압이 $V_{ab} = 100 \angle 30°[V]$인 평형 3상 전압을 가했을 때 선전류 $I_a[A]$는?

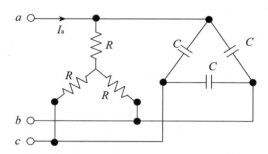

① $\frac{100}{\sqrt{3}}\left(\frac{1}{R} + j\,3\,\omega\,C\right)$

② $100\left(\frac{1}{R} + j\,\sqrt{3}\,\omega\,C\right)$

③ $\frac{100}{\sqrt{3}}\left(\frac{1}{R} + j\,\omega\,C\right)$

④ $100\left(\frac{1}{R} + j\,\omega\,C\right)$

| 해설

계산을 간편하게 하기 위해 우측 콘덴서를 Y결선으로 변환하면 임피던스가 1/3로 감소한다. 이제 2개의 Y결선이 나란히 배치된 모습이므로 한 상 임피던스는 $R$과 $-j\frac{1}{3\omega C}$의 병렬 접속이고 합성 어드미턴스는 $Y = \frac{1}{R} + \frac{3\omega C}{-j}$이다.

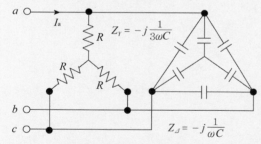

Y결선 3상 부하의 선전류 공식에 대입하면

$I_l = \frac{V_l \angle -30°}{\sqrt{3}\,Z} = \frac{100 \angle +30° \angle -30°}{\sqrt{3}}\left(\frac{1}{R} + j3\omega C\right)$

## 76 □□□

분포 정수로 표현된 선로의 단위 길이당 저항이 $0.5\Omega$ /km, 인덕턴스가 $1\mu H/km$, 커패시턴스가 $6\mu F/km$일 때 일 그러짐이 없는 조건(무왜형 조건)을 만족하기 위한 단위 길이당 컨덕턴스$[\mho/km]$는?

① 1

② 2

③ 3

④ 4

| 해설

무왜형 조건 $RC = LG$로부터 $G = \dfrac{RC}{L}$

$\dfrac{(0.5)(6 \times 10^{-6})}{1 \times 10^{-6}} = 3[\mho/km]$

## 77 □□□

그림 (a)의 Y결선 회로를 그림 (b)의 △결선 회로로 등가 변환했을 때 $R_{ab}$, $R_{bc}$, $R_{ca}$는 각각 몇 Ω인가? (단, $R_a = 2\Omega$, $R_b = 3\Omega$, $R_c = 4\Omega$)

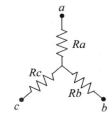

① $R_{ab} = \dfrac{6}{9}$, $R_{bc} = \dfrac{12}{9}$, $R_{ca} = \dfrac{8}{9}$

② $R_{ab} = \dfrac{1}{3}$, $R_{bc} = 1$, $R_{ca} = \dfrac{1}{2}$

③ $R_{ab} = \dfrac{13}{2}$, $R_{bc} = 13$, $R_{ca} = \dfrac{26}{3}$

④ $R_{ab} = \dfrac{11}{3}$, $R_{bc} = 11$, $R_{ca} = \dfrac{11}{2}$

| 해설

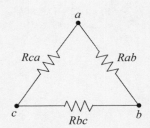

Y결선의 $R_a R_b + R_b R_c + R_c R_a$

$= 2 \times 3 + 3 \times 4 + 4 \times 2 = 26$이므로 △결선으로 바꾸면

$R_{ab} = \dfrac{R_a R_b + R_b R_c + R_c R_a}{R_c} = \dfrac{26}{4}$

$R_{bc} = \dfrac{R_a R_b + R_b R_c + R_c R_a}{R_a} = \dfrac{26}{2}$

$R_{ca} = \dfrac{R_a R_b + R_b R_c + R_c R_a}{R_b} = \dfrac{26}{3}$이다.

정답   76 ③   77 ③

## 78 ☐☐☐

다음과 같은 비정현파 교류 전압 $V(t)$와 전류 $I(t)$에 의한 평균 전력은 약 몇 W인가?

$$V(t) = 200\sin 100\pi t + 80\sin\left(300\pi t - \frac{\pi}{2}\right)[\text{V}]$$

$$I(t) = \frac{1}{5}\sin\left(100\pi t - \frac{\pi}{3}\right)$$
$$+ \frac{1}{10}\sin\left(300\pi t - \frac{\pi}{4}\right)[\text{A}]$$

① 6.414

② 8.586

③ 12.828

④ 24.212

| 해설

$P = E_0 I_0 + \sum\limits_{n=1}^{m} V_n I_n \cos\theta_n$ 이며 직류 성분은 없으며,

$f = 50\text{Hz}$라면 1고조파와 3고조파의 합으로 볼 수 있다.

$\dfrac{200}{\sqrt{2}}\dfrac{0.2}{\sqrt{2}}\cos 60° + \dfrac{80}{\sqrt{2}}\dfrac{0.1}{\sqrt{2}}\cos(-45°)$

$= 20 \times \dfrac{1}{2} + 4 \times \dfrac{\sqrt{2}}{2} = 10 + 2\sqrt{2} = 12.828[\text{W}]$

## 79 ☐☐☐

다음 회로에서 $I_1 = 2e^{-j\frac{\pi}{6}}\text{A}$, $I_2 = 5e^{j\frac{\pi}{6}}\text{A}$, $I_3 = 5.0\text{A}$, $Z_3 = 1.0\Omega$일 때 부하($Z_1$, $Z_2$, $Z_3$) 전체에 대한 복소전력은 약 몇 VA인가?

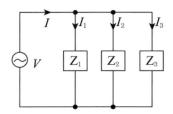

① $55.3 - j7.5$

② $55.3 + j7.5$

③ $45 - j26$

④ $45 + j26$

| 해설

전압의 실횻값 $V = I_3 Z_3 = 5 \times 1 = 5[\text{V}]$

전류 $\dot{I} = (\sqrt{3} - j) + (\frac{5}{2}\sqrt{3} + j\frac{5}{2}) + 5 = (\frac{7}{2}\sqrt{3} + 5) + j\frac{3}{2}$

복소전력 $P_a = \dot{V}\dot{I}^* = (\frac{35}{2}\sqrt{3} + 25) - j\frac{15}{2} = 55.3 - j7.5$

## 80 ☐☐☐

$f(t) = \mathcal{L}^{-1}\left[\dfrac{s^2+3s+2}{s^2+2s+5}\right]$는?

① $\delta(t)+e^{-t}(\cos 2t - \sin 2t)$

② $\delta(t)+e^{-t}(\cos 2t + 2\sin 2t)$

③ $\delta(t)+e^{-t}(\cos 2t - 2\sin 2t)$

④ $\delta(t)+e^{-t}(\cos 2t + \sin 2t)$

# 제5과목 전기설비기술기준

## 81 ☐☐☐

**풍력 터빈의 피뢰설비 시설 기준에 대한 설명으로 틀린 것은?**

① 풍력 터빈에 설치한 피뢰 설비(리셉터, 인하도선 등)의 기능 저하로 인해 다른 기능에 영향을 미치지 않을 것

② 풍력 터빈 내부의 계측 센서용 케이블은 금속관 또는 차폐 케이블 등을 사용하여 뇌유도 과전압으로부터 보호할 것

③ 풍력 터빈에 설치하는 인하 도선은 쉽게 부식되지 않는 금속선으로서 뇌격 전류를 안전하게 흘릴 수 있는 충분한 굵기여야 하며, 가능한 직선으로 시설할 것

④ 수뢰부를 풍력 터빈 중앙 부분에 배치하되 뇌격 전류에 의한 발열에 용손(溶損)되지 않도록 재질, 크기, 두께 및 형상 등을 고려할 것

## 82 ☐☐☐

샤워 시설이 있는 욕실 등 인체가 물에 젖어 있는 상태에서 전기를 사용하는 장소에 콘센트를 시설할 경우 인체 감전 보호용 누전 차단기의 정격 감도 전류는 몇 mA 이하인가?

① 5
② 10
③ 15
④ 30

| 해설

욕조나 샤워 시설이 있는 욕실 또는 화장실 등 인체가 물에 젖어 있는 상태에서 전기를 사용하는 장소에 콘센트를 시설하는 경우, 인체 감전 보호용 누전 차단기(정격 감도 전류 15mA 이하, 동작 시간 0.03초 이하의 전류 동작형의 것에 한한다) 또는 절연 변압기(정격 용량 3kVA 이하인 것에 한한다)로 보호된 전로에 접속하거나, 인체 감전 보호용 누전 차단기가 부착된 콘센트를 시설하여야 한다.

## 83 ☐☐☐

강관으로 구성된 철탑의 갑종 풍압 하중은 수직 투영 면적 1m²에 대한 풍압을 기초로 하여 계산한 값이 몇 Pa인가? (단, 단주는 제외한다)

① 1255
② 1412
③ 1627
④ 2157

| 해설

강관으로 구성되는 것(단주는 제외함): 1,255Pa

## 84 ☐☐☐

한국전기 설비규정에 따른 용어의 정의에서 감전에 대한 보호 등 안전을 위해 제공되는 도체를 말하는 것은?

① 접지 도체
② 보호 도체
③ 수평 도체
④ 접지극 도체

| 해설

'보호 도체(PE, Protective Conductor)'란 감전에 대한 보호 등 안전을 위해 제공되는 도체를 말한다.

## 85 ☐☐☐

통신상의 유도 장해 방지 시설에 대한 설명이다. 다음 (    )에 들어갈 내용으로 옳은 것은?

교류식 전기 철도용 전차 선로는 기설 가공 약전류 전선로에 대하여 (    )에 의한 통신상의 장해가 생기지 않도록 시설하여야 한다.

① 정전 작용
② 가열 작용
③ 유도 작용
④ 산화 작용

| 해설

통신상의 유도 장해 방지 시설: 교류식 전기 철도용 전차 선로는 기설 가공 약전류 전선로에 대하여 유도 작용에 의한 통신상의 장해가 생기지 않도록 시설하여야 한다.

## 86 ☐☐☐

주택의 전기 저장 장치의 축전지에 접속하는 부하 측 옥내 배선을 사람이 접촉할 우려가 없도록 케이블 배선에 의하여 시설하고 전선에 적당한 방호 장치를 시설한 경우 주택의 옥내 진로의 대지 전압은 직류 몇 V까지 적용할 수 있는가? (단, 전로에 지락이 생겼을 때 자동적으로 전로를 차단하는 장치를 시설한 경우이다)

① 150
② 300
③ 400
④ 600

| 해설
전로에 지락이 생겼을 때 자동으로 전로를 차단하는 장치를 시설하였을 경우 주택의 옥내 전로의 대지 전압은 직류 600V까지 적용할 수 있다.

## 87 ☐☐☐

전압의 구분에 대한 설명으로 옳은 것은?

① 직류에서의 저압은 1000V 이하의 전압을 말한다.
② 교류에서의 저압은 1500V 이하의 전압을 말한다.
③ 직류에서의 고압은 3500V를 초과하고 7000V 이하인 전압을 말한다.
④ 특고압은 7000V를 초과하는 전압을 말한다.

| 해설

| 분류 | 전압의 범위 |
|---|---|
| 저압 | • 직류: 1.5kV 이하<br>• 교류: 1kV 이하 |
| 고압 | • 직류: 1.5kV 초과 7kV 이하<br>• 교류: 1kV 초과 7kV 이하 |
| 특고압 | • 7kV 초과 |

## 88 ☐☐☐

고압 가공 전선로의 가공 지선으로 나경동선을 사용할 때의 최소 굵기는 지름 몇 mm 이상인가?

① 3.2
② 3.5
③ 4.0
④ 5.0

| 해설
고압 가공 전선로에 사용하는 가공 지선은 인장 강도 5.26kN 이상의 것 또는 지름 4mm 이상의 나경동선을 사용하여야 한다.

## 89 ☐☐☐

특고압용 변압기의 내부에 고장이 생겼을 경우에 자동 차단 장치 또는 경보 장치를 하여야 하는 최소 뱅크 용량은 몇 kVA인가?

① 1000
② 3000
③ 5000
④ 10000

| 해설

| 뱅크 용량의 구분 | 동작 조건 | 장치의 종류 |
|---|---|---|
| 5,000kVA 이상<br>10,000kVA 미만 | 변압기 내부 고장 | 자동 차단 장치<br>또는 경보 장치 |
| 10,000kVA 이상 | 변압기 내부 고장 | 자동 차단 장치 |
| 타냉식 변압기 | 냉각 장치에 고장이 생긴 경우 또는 변압기의 온도가 현저히 상승한 경우 | 경보 장치 |

## 90 □□□

합성 수지관 및 부속품의 시설에 대한 설명으로 틀린 것은?

① 관의 지지점 간의 거리는 1.5m 이하로 할 것
② 합성수지제 가요 전선관 상호 간은 직접 접속할 것
③ 접착제를 사용하여 관 상호 간을 삽입하는 깊이는 관의 바깥지름의 0.8배 이상으로 할 것
④ 접착제를 사용하지 않고 관 상호 간을 삽입하는 깊이는 관의 바깥지름의 1.2배 이상으로 할 것

| 해설
합성 수지관 안에서 접속점은 없도록 할 것

## 91 □□□

사용 전압이 22.9kV인 가공 전선이 철도를 횡단하는 경우, 전선의 레일면상의 높이는 몇 m 이상인가?

① 5
② 5.5
③ 6
④ 6.5

| 해설
35kV 이하 특고압 가공 전선이 철도 또는 궤도를 횡단할 경우 지표상 높이는 6.5m 이상으로 한다.

## 92 □□□

가공 전선로의 지지물에 시설하는 통신선 또는 이에 직접 접속하는 가공 통신선이 철도 또는 궤도를 횡단하는 경우 그 높이는 레일면상 몇 m 이상으로 하여야 하는가?

① 3
② 3.5
③ 5
④ 6.5

| 해설
전력 보안 통신선이 철도 또는 궤도를 횡단할 경우 레일면상 높이는 6.5m 이상으로 한다.

## 93 □□□

전력 보안 통신 설비의 조가선은 단면적 몇 mm² 이상의 아연도강 연선을 사용하여야 하는가?

① 16
② 38
③ 50
④ 55

| 해설
조가선은 단면적 38mm² 이상의 아연도강 연선을 사용할 것

## 94 □□□

가요 전선관 및 부속품의 시설에 대한 내용이다. 다음 ( )에 들어갈 내용으로 옳은 것은?

1종 금속제 가요 전선관에는 단면적 ( )mm² 이상의 나연동선을 전체 길이에 걸쳐 삽입 또는 첨가하여 그 나연동선과 1종 금속제 가요 전선관을 양쪽 끝에서 전기적으로 완전하게 접속할 것. 다만, 관의 길이가 4m 이하인 것을 시설하는 경우에는 그러하지 아니하다.

① 0.75
② 1.5
③ 2.5
④ 4

| 해설
1종 금속제 가요 전선관은 단면적 2.5mm² 이상의 나연동선을 전체 길이에 걸쳐 삽입 또는 첨가하여 그 나연동선과 1종 금속제 가요 전선관을 양쪽 끝에서 전기적으로 완전하게 접속할 것

## 95 □□□

사용 전압이 154kV인 전선로를 제1종 특고압 보안공사로 시설할 경우, 여기에 사용되는 경동 연선의 단면적은 몇 mm² 이상이어야 하는가?

① 100
② 125
③ 150
④ 200

**| 해설**
사용 전압 100kV 이상 300kV 미만은 단면적 150mm² 이상의 경동 연선을 사용한다.

## 96 □□□

사용 전압이 400V 이하인 저압 옥측 전선로를 애자 공사에 의해 시설하는 경우 전선 상호 간의 간격은 몇 m 이상이어야 하는가? (단, 비나 이슬에 젖지 않는 장소에 사람이 쉽게 접촉될 우려가 없도록 시설한 경우이다)

① 0.025
② 0.045
③ 0.06
④ 0.12

**| 해설**
사용 전압이 400V 이하인 경우 전선 상호 간 간격은 6cm 이상이다.

## 97 □□□

지중 전선로는 기설 지중 약전류 전선로에 대하여 통신상의 장해를 주지 않도록 기설 약전류 전선로로부터 충분히 이격시키거나 기타 적당한 방법으로 시설하여야 한다. 이때 통신상의 장해가 발생하는 원인으로 옳은 것은?

① 충전 전류 또는 표피 작용
② 충전 전류 또는 유도 작용
③ 누설 전류 또는 표피 작용
④ 누설 전류 또는 유도 작용

**| 해설**
지중 전선로를 기설 지중 약전류 전선로에 대하여 누설 전류 또는 유도 작용에 의하여 통신상의 장해를 주지 않도록 충분히 이격시키거나 기타 적당한 방법으로 시설하여야 한다.

## 98 □□□

최대 사용 전압이 10.5kV를 초과 하는 교류의 회전기 절연 내력을 시험하고자 한다. 이때 시험 전압은 최대 사용 전압의 몇 배의 전압으로 하여야 하는가? (단, 회전 변류기는 제외한다)

① 1
② 1.1
③ 1.25
④ 1.5

**| 해설**
최대 사용 전압 7kV 초과하는 경우 최대 사용 전압의 1.25배의 전압으로 시험한다.

## 99 ☐☐☐

폭연성 분진 또는 화약류의 분말에 전기 설비가 발화원이 되어 폭발할 우려가 있는 곳에 시설하는 저압 옥내 배선의 공사 방법으로 옳은 것은? (단, 사용 전압이 400V 초과인 방전등을 제외한 경우이다)

① 금속관 공사
② 애자 사용 공사
③ 합성 수지관공사
④ 캡타이어 케이블 공사

| 해설

폭연성 분진 위험 장소에 대한 저압 옥내 배선, 저압 관등 회로 배선, 소세력 회로의 전선은 금속관 공사 또는 케이블 공사 (캡타이어 케이블을 사용하는 것을 제외한다)에 의할 것

## 100 ☐☐☐

과전류 차단기로 저압 전로에 사용하는 범용의 퓨즈 (「전기용품 및 생활용품 안전관리법」에서 규정하는 것을 제외한다.)의 정격 전류가 16A인 경우 용단 전류는 정격 전류의 몇 배인가? (단, 퓨즈(gG)인 경우이다.)

① 1.25
② 1.5
③ 1.6
④ 1.9

| 해설

정격 전류 16A 이상 63A 이하 퓨즈의 용단 전류는 정격 전류의 1.6배이다.

정답  99 ①  100 ③

## 제1과목 전기자기학

### 01 ☐☐☐

강자성체의 특성 3가지에 해당하지 않는 것은?

① 포화 특성
② 히스트레시스 특성
③ 와전류 특성
④ 고투자율 특성

| 해설
**강자성체의 특징**
• 비투자율 $\mu_s \gg 1$
• 자구의 영역을 가진다.
• 강자성체는 한계점에 도달하면 자성이 일정하게 되는 자기 포화 현상이 일어난다.
• 히스테리시스 현상은 도체마다 다른 특성을 가진다.
• 히스테리시스, 포화, 고투자율 특성

### 02 ☐☐☐

강자성체의 $B-H$ 곡선을 자세히 관찰하면 매끈한 곡선이 아니라 자속밀도가 어느 순간 급격히 계단적으로 증가 또는 감소하는 것을 알 수 있다. 이러한 현상을 무엇이라 하는가?

① 퀴리점(Curie point)
② 자왜현상(Magneto – striction)
③ 바크하우젠 효과(Barkhausen effect)
④ 자기여자 효과(Magnetic after effect)

| 해설
$B-H$ 곡선에서 자속밀도 $B$가 계단적으로 증감하는 것은 바크하우젠 효과(Barkhausen effect)이다.

### 03 ☐☐☐

진공 중에 선전하 밀도가 $\lambda[\text{C/m}]$로 균일하게 대전된 무한히 긴 직선 도체가 있다. 이 직선 도체에서 수직 거리 $r[\text{m}]$점의 전계의 세기는 몇 $\text{V/m}$인가?

① $E = \dfrac{\lambda}{\pi\epsilon_0} \log \dfrac{1}{r}$

② $E = \dfrac{\lambda}{4\pi\epsilon_0 r}$

③ $E = \dfrac{\lambda}{2\pi\epsilon_0 r}$

④ $E = \dfrac{\lambda}{4\pi\epsilon_0 r^2}$

| 해설
무한장 직선 도체에서 전계의 세기: $E = \dfrac{\lambda}{2\pi\epsilon_0 r}$

정답    01 ③    02 ③    03 ③

## 04 ☐☐☐

자극의 세기가 $7.4 \times 10^{-5}$[Wb], 길이가 10cm인 막대자석이 100AT/m의 평등자계 내에 자계의 방향과 30°로 놓여 있을 때 이 자석에 작용하는 회전력[N·m]은?

① $2.5 \times 10^{-3}$

② $3.7 \times 10^{-4}$

③ $5.3 \times 10^{-5}$

④ $6.2 \times 10^{-6}$

| 해설

- 자기모멘트: $M = ml$
- 자성체에 의한 토크(회전력):
  $T = M \times H = MH\sin\theta = mlH\sin\theta$
- 자석에 작용하는 회전력:
  $T = (7.4 \times 10^{-5}) \times (10 \times 10^{-2}) \times 100 \times \sin 30°$
  $= 3.7 \times 10^{-4}$[N·m]

## 05 ☐☐☐

진공 중에서 무한장 직선도체에 선전하밀도 $\rho_L = 2\pi \times 10^{-3}$[C/m]가 균일하게 분포된 경우 직선도체에서 2m와 4m떨어진 두 점사이의 전위차는 몇 V인가?

① $\dfrac{1}{\epsilon_0}\ln 2$

② $\dfrac{1}{\pi\epsilon_0}\ln 2$

③ $\dfrac{10^{-3}}{\epsilon_0}\ln 2$

④ $\dfrac{10^{-3}}{\pi\epsilon_0}\ln 2$

| 해설

- 무한장 직선 도체의 전계: $E = \dfrac{\rho_L}{2\pi\epsilon_0 r}$

- 전위차: $V = -\displaystyle\int_{r_2}^{r_1} E \cdot dr$

$V = -\displaystyle\int_{4}^{2} \dfrac{\rho_L}{2\pi\epsilon_0 r} \cdot dr = -\dfrac{\rho_L}{2\pi\epsilon_0}\int_{4}^{2} \dfrac{1}{r}dr$

$= -\dfrac{\rho_L}{2\pi\epsilon_0}[\ln r]_{4}^{2} = -\dfrac{\rho_L}{2\pi\epsilon_0}(\ln 2 - \ln 4)$

$= \dfrac{\rho_L}{2\pi\epsilon_0}(\ln 4 - \ln 2) = \dfrac{\rho_L}{2\pi\epsilon_0}\ln\dfrac{4}{2} = \dfrac{\rho_L}{2\pi\epsilon_0}\ln 2$

$= \dfrac{2\pi \times 10^{-3}}{2\pi\epsilon_0}\ln 2 = \dfrac{10^{-3}}{\epsilon_0}\ln 2$[V]

정답   04 ②   05 ③

## 06 ☐☐☐

다음 식 중에서 틀린 것은?

① $E = -\operatorname{grad} V$

② $V = \int_P^\infty E \cdot dl$

③ $\int_S E \cdot n\,ds = \dfrac{Q}{\epsilon_0}$

④ $\operatorname{grad} V = i\dfrac{\partial^2 V}{\partial x^2} + j\dfrac{\partial^2 V}{\partial y^2} + k\dfrac{\partial^2 V}{\partial z^2}$

| 해설

전위 경도: $\operatorname{grad} V = i\dfrac{\partial V}{\partial x} + j\dfrac{\partial V}{\partial y} + k\dfrac{\partial V}{\partial z}$

## 07 ☐☐☐

변위 전류와 관계가 가장 깊은 것은?

① 도체
② 유전체
③ 자성체
④ 반도체

| 해설

변위 전류는 절연체인 유전체 내에서 에너지 흐름을 나타내는 전류 밀도이다.

## 08 ☐☐☐

유전율 $\epsilon$, 전계의 세기 $E$인 유전체의 단위 체적당 축적되는 정전에너지는?

① $\dfrac{E}{2\epsilon}$

② $\dfrac{\epsilon E^2}{2}$

③ $\dfrac{\epsilon E}{2}$

④ $\dfrac{\epsilon^2 E^2}{2}$

| 해설

전계의 단위 체적당 에너지밀도:

$$w = \frac{1}{2}ED = \frac{\epsilon E^2}{2} = \frac{D^2}{2\epsilon}\,[\text{J/m}^3]$$

## 09 ☐☐☐

평행 극판 사이의 간격이 $d[\text{m}]$이고 정전용량이 $0.3\mu\text{F}$인 공기 커패시터가 있다. 그림과 같이 두 극판 사이에 비유전율이 5인 유전체를 절반 두께 만큼 넣었을 때 이 커패시터의 정전용량은 몇 $\mu\text{F}$이 되는가?

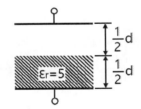

① 0.1
② 0.5
③ 1.0
④ 2.0

| 해설

극판 간격의 $\dfrac{1}{2}$ 간격에 물질을 직렬로 채운 경우의 정전용량은

$$C = \frac{2\epsilon_s C_0}{1 + \epsilon_s} = \frac{2 \times 5 \times 0.3}{1 + 5} = 0.5[\mu\text{F}] \text{이다.}$$

정답    06 ④   07 ②   08 ②   09 ②

## 10 ☐☐☐

맥스웰의 전자방정식에 대한 설명으로 옳지 않은 것은?

① 자계는 발산하며, 자극은 단독으로 존재한다.
② 전계의 회전은 자속밀도의 시간적 감소비율과 같다.
③ 자계의 회전은 전류밀도와 같다.
④ 단위 체적당 발산 전속수는 단위 체적당 공간전하 밀도
   와 같다.

| 해설

자극은 단독으로 존재하지 않고, 항상 N극과 S극이 같이 존재
한다.

## 11 ☐☐☐

유전체의 경계 조건에 대한 설명으로 옳지 않은 것은?

① 특수한 경우를 제외하고 경계면에서 표면 전하 밀도는
   0이다.
② 완전 유전체 내에서는 자유 전하는 존재하지 않는다.
③ 표면 전하 밀도란 구속 전하의 표면 밀도를 말하는 것
   이다.
④ 경계면에 외부 전하가 있으면, 유전체의 내부와 외부의
   전하는 평형되지 않는다.

| 해설

유전체에서 표면 전하 밀도란 유전체 내의 구속 전하의 변위
현상에 의한 것이다.

## 12 ☐☐☐

한 변의 길이가 20cm인 정사각형 회로에 직류 전류 10A
가 흐를 때 정사각형의 중심에서의 자계 세기는 몇 A/m
인가?

① $\dfrac{100\sqrt{2}}{\pi}$

② $\dfrac{200\sqrt{2}}{\pi}$

③ $\dfrac{300\sqrt{2}}{\pi}$

④ $\dfrac{400\sqrt{2}}{\pi}$

| 해설

정사각형의 한 변 길이가 $l$일 때 도선 중심에서 자계의 세기:

$$H = \frac{2\sqrt{2}I}{\pi l}[\text{AT/m}]$$

$$\therefore \ H = \frac{2\sqrt{2}\times 20}{\pi \times 0.1} = \frac{400\sqrt{2}}{\pi}[\text{AT/m}]$$

## 13 ☐☐☐

자기인덕턴스의 성질을 옳게 표현한 것은?

① 항상 0이다.
② 항상 정(正)이다.
③ 항상 부(負)이다.
④ 유도되는 기전력에 따라 정(IE)도 되고 부(負)도 된다.

| 해설

자기인덕턴스: $L = \dfrac{N\phi}{I} = \dfrac{N}{I} \times \dfrac{F}{R_m} = \dfrac{N^2}{R_m}$

자기인덕턴스는 항상 정(正)이다.

## 14 ☐☐☐

반지름 $a$[m]의 구 도체에 전하 $q$[C]가 주어질 때 구 도체 표면에 작용하는 정전응력은 몇 N/m²인가?

① $\dfrac{Q^2}{16\pi^2 \epsilon_o a^4}$

② $\dfrac{9Q^2}{16\pi^2 \epsilon_o a^6}$

③ $\dfrac{Q^2}{32\pi^2 \epsilon_o a^4}$

④ $\dfrac{9Q^2}{32\pi^2 \epsilon_o a^6}$

| 해설

정전응력: $f = \dfrac{\sigma^2}{2\epsilon_0} = \dfrac{1}{2}\epsilon_0 E^2 = \dfrac{D^2}{2\epsilon_0} = \dfrac{1}{2}ED$ [N/m²]

$f = \dfrac{1}{2}\epsilon_0 E^2 = \dfrac{1}{2}\epsilon_0 \left(\dfrac{Q}{4\pi\epsilon_0 a^2}\right)^2 = \dfrac{Q^2}{32\pi^2\epsilon_0 a^4}$ [N/m²]

## 15 ☐☐☐

10℃에서 저항의 온도계수가 0.002인 니크롬선의 저항이 100Ω이다. 온도가 60℃로 상승되면 저항은 몇 Ω이 되겠는가?

① 100

② 110

③ 115

④ 120

| 해설

온도에 따른 저항의 크기: $R_t = R_0\{1 + \alpha(T_2 - T_1)\}$

$R_{60℃} = 100 \times \{1 + 0.002 \times (60 - 10)\} = 110$ [Ω]

## 16 ☐☐☐

비투자율 $\mu_r = 800$, 원형 단면적이 $S = 10$[cm²], 평균 자로 길이 $l = 16\pi \times 10^{-2}$[m]의 환상 철심에 600회의 코일을 감고 이 코일에 1A의 전류를 흘리면 환상 철심 내부의 자속은 몇 Wb인가?

① $2.4 \times 10^{-3}$

② $2.4 \times 10^{-5}$

③ $1.2 \times 10^{-3}$

④ $1.2 \times 10^{-5}$

| 해설

• 기자력: $F_m = NI = R_m \phi$

• 자속: $\phi = \dfrac{NI}{R_m} = \dfrac{NI}{\dfrac{l}{\mu S}} = \dfrac{\mu SNI}{l}$

$= \dfrac{(4\pi \times 10^{-7}) \times 800 \times (10 \times 10^{-4}) \times 600 \times 1}{16\pi \times 10^{-2}}$

$= 1.2 \times 10^{-3}$ [Wb]

## 17 ☐☐☐

저항의 크기가 1Ω인 전선이 있다. 전선의 체적을 동일하게 유지하면서 길이를 2배로 늘였을 때 전선의 저항[Ω]은?

① 0.5

② 1

③ 2

④ 4

| 해설

저항: $R = \rho\dfrac{l}{S} = \dfrac{l}{\sigma S}$

길이를 2배로 할 때 체적이 유지되어야 하므로 면적은 $\dfrac{1}{2}$배가 된다. 따라서 저항 $R' = \dfrac{2l}{\dfrac{S}{2}} = 4 \times \dfrac{l}{\sigma S} = 4$ [Ω]이다.

## 18 □□□

그림은 커패시터의 유전체 내에 흐르는 변위전류를 보여준다. 커패시터의 전극 면적을 $S[\text{m}^2]$, 전극에 축적된 전하를 $q[\text{C}]$, 전극의 표면전하 밀도를 $\sigma[\text{C/m}^2]$, 전극 사이의 전속 밀도를 $D[\text{C/m}^2]$라 하면 변위전류밀도 $i_d[\text{A/m}^2]$는?

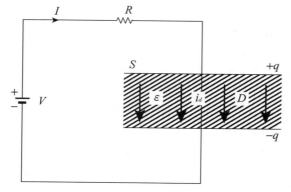

① $\dfrac{\partial D}{\partial t}$

② $\dfrac{\partial q}{\partial t}$

③ $S\dfrac{\partial D}{\partial t}$

④ $\dfrac{1}{S}\dfrac{\partial D}{\partial t}$

| 해설

변위전류밀도: $i_d = \dfrac{\partial D}{\partial t}$

## 19 □□□

구좌표계에서 $\triangle^2 r \nabla^2 r$의 값은 얼마인가?

(단, $r = \sqrt{x^2+y^2+z^2}$)

① $\dfrac{1}{r}$

② $\dfrac{2}{r}$

③ $r$

④ $2r$

| 해설

구좌표계에서 $\nabla^2 r$에서 $r$의 좌표만 있고, $\theta$와 $\phi$는 없으므로

$\nabla^2 r = \dfrac{1}{r^2}\dfrac{\partial}{\partial r}\left(r^2\dfrac{\partial r}{\partial r}\right) = \dfrac{1}{r^2}\times 2r = \dfrac{2}{r}$이다.

## 20 □□□

어떤 도체에 교류 전류가 흐를 때 도체에서 나타나는 표피 효과에 대한 설명으로 틀린 것은?

① 도체의 도전율이 클수록 표피 효과는 커진다.

② 도체의 투자율이 클수록 표피 효과는 커진다.

③ 도체 중심부보다 도체 표면부에 더 많은 전류가 흐르는 것을 표피효과라 한다.

④ 전류의 주파수가 높을수록 표피효과는 작아진다.

| 해설

주파수, 투자율, 도전율이 클수록 표피효과가 커진다(침투깊이가 작아진다).

정답    18 ①    19 ②    20 ④

## 제2과목 전력공학

### 21 ☐☐☐

배전선의 전력 손실 경감 대책이 아닌 것은?

① 역률을 개선한다.
② 배전 전압을 높인다.
③ 다중 접지방식을 채용한다.
④ 부하의 불평형을 방지한다.

| 해설

배전선의 전력 손실을 줄이기 위해 역률을 개선하고, 배전 전압을 높이고, 부하의 불평형을 개선한다.

### 22 ☐☐☐

부하 전류의 차단에 사용되지 않는 것은?

① ACB              ② DS
③ OCB              ④ VCB

| 해설

단로기는 소호 장치가 없어서 고장 전류나 부하 전류의 개폐에는 사용할 수 없다.

### 23 ☐☐☐

3상 송전선로가 선간단락(2선 단락)이 되었을 때 나타나는 현상으로 옳은 것은?

① 역상전류만 흐른다.
② 정상전류와 영상전류가 흐른다.
③ 역상전류와 영상전류가 흐른다.
④ 정상전류와 역상전류가 흐른다.

| 해설

$I_0 = 0$이고 $I_1 = \dfrac{E_a}{Z_1 + Z_2} = -I_2$ 이므로 영상전류를 제외하고 정상전류와 역상전류가 흐른다.

### 24 ☐☐☐

고장 전류의 크기가 커질수록 동작시간이 짧게 되는 특성을 가진 계전기는?

① 순한시 계전기
② 반한시 계전기
③ 정한시 계전기
④ 반한시 정한시 계전기

| 해설

반한시 특성 계전기는 동작 지연 시간이 유동적인 계전기로서, 입력 전류의 크기가 클수록 더 빨리 동작한다.

### 25 ☐☐☐

유효 낙차 100m, 최대 유량 20m³/s의 수차가 있다. 낙차가 81m로 감소하면 유량[m³/s]은? (단, 수차에서 발생되는 손실 등은 무시하며 수차 효율은 일정하다)

① 10
② 14
③ 18
④ 20

| 해설

$Q = Av$에서 수차의 관 단면적 $A$가 일정하므로 유량은 유속에 비례한다.

그런데 $mgh = \dfrac{1}{2}mv^2$에서 낙차의 제곱근과 유속이 비례하므로 결국 $Q \propto \sqrt{h}$ 이다.

$20 : Q' = \sqrt{100} : \sqrt{81}$

$Q' = \dfrac{9}{10} \times 20 = 18[\text{m}^3/\text{s}]$

정답   21 ③   22 ②   23 ④   24 ②   25 ③

## 26 ☐☐☐

공칭 단면적 200mm², 전선 무게 1.835kg/m, 전선의 바깥지름 18.5mm인 경동연선을 경간 200m로 가설하는 경우 이도[m]는? (단 경동 연선의 인장하중은 7910kg/m, 빙설하중은 0.416kg/m, 풍압하중은 1.525kg/m이고, 안전율은 2.2라 한다)

① 3.28
② 3.78
③ 4.28
④ 4.78

| 해설

인장하중과 빙설하중은 연직 아래, 풍압하중은 수평 방향이므로 하중은 $\sqrt{(1.838+0.416)^2+1.525^2}=2.72$

$D[m]=\dfrac{wS^2}{8T}\times$안전율(장력 $T$, 단위길이당 무게 $w$, 경간 S)

$\therefore$ 이도 $=\dfrac{2.72\times200^2}{8\times7910}\times2.2=3.78$

## 27 ☐☐☐

배전 선로의 전압을 3kV에서 6kV로 승압하면 전압 강하율($\delta$)은 어떻게 되는가? (단, $\delta_3$kV는 전압이 3kV일 때 전압 강하율이고, $\delta_6$kV는 전압이 6kV일 때 전압 강하율이고, 부하는 일정하다고 한다)

① $\delta_6\text{kV}=\dfrac{1}{2}\delta_3\text{kV}$

② $\delta_6\text{kV}=\dfrac{1}{4}\delta_3\text{kV}$

③ $\delta_6\text{kV}=2\delta_3\text{kV}$

④ $\delta_6\text{kV}=4\delta_3\text{kV}$

| 해설

전압 강하율 $\epsilon=\dfrac{P(R+X\tan\theta_r)}{V_r^2}$ 이므로 수전단 전압의 제곱에 반비례하는데 송전단 전압과 수전단 전압은 거의 비례하므로 송전 전압을 2배 승압하면 수전 전압도 2배 커지고 전압 강하율은 $\dfrac{1}{4}$로 감소한다.

## 28 ☐☐☐

중성점 접지 방식 중 직접 접지 송전 방식에 대한 설명으로 옳지 않은 것은?

① 기기의 절연 레벨을 상승시킬 수 있다.
② 통신선에서의 유도 장해는 비접지 방식에 비하여 크다.
③ 1선 지락 사고 시 지락 전류는 타접지 방식에 비하여 최대로 된다.
④ 1선 지락 사고 시 지락 계전기의 동작이 확실하고 선택 차단이 가능하다.

| 해설

직접 접지 방식은 1선지락 시 건전상의 대지 전압이 거의 상승하지 않아서 기기의 절연 레벨을 낮추어도 된다.

## 29 ☐☐☐

피뢰기의 충격방전 개시전압은 무엇으로 표시하는가?

① 직류전압의 크기
② 충격파의 평균치
③ 충격파의 실효치
④ 충격파의 최대치

| 해설

직격뢰로 인한 충격파는 그림처럼 복잡한 형태를 띠는데, 충격파의 매순간 최고치를 기준으로 그 값이 충격방전 개시전압에 도달하는 순간, 피뢰기의 방전이 시작된다.

## 30 ☐☐☐

계통의 안정도 증진 대책이 아닌 것은?

① 중간 조상 방식을 채용한다.
② 고속도 재폐로 방식을 채용한다.
③ 선로의 회선수를 감소시킨다.
④ 발전기나 변압기의 리액턴스를 작게 한다.

**| 해설**

선로의 병행 회선수를 늘리거나 복도체를 사용하면 선로 인덕턴스가 감소하여 안정도가 증진된다. 회선수를 감소시키면 안정도가 오히려 나빠진다.

## 31 ☐☐☐

변전소, 발전소 등에 설치하는 피뢰기에 대한 설명으로 옳지 않은 것은?

① 방전 전류는 뇌충격 전류의 파고값으로 표시한다.
② 피뢰기의 직렬갭은 속류를 차단 및 소호하는 역할을 한다.
③ 정격 전압은 상용 주파수 정현파 전압의 최고 한도를 규정한 순시값이다.
④ 속류란 방전 현상이 실질적으로 끝난 후에도 전력 계통에서 피뢰기에 공급되어 흐르는 전류를 말한다.

**| 해설**

피뢰기의 정격 전압: 피뢰기가 속류를 차단할 수 있는 교류 최고전압이며, 순시값이 아니라 실횻값이다.

## 32 ☐☐☐

용량 20kVA인 단상 주상 변압기에 걸리는 하루 동안의 부하가 처음 14시간 동안은 20kW, 다음 10시간 동안은 10kW일 때, 이 변압기에 의한 하루 동안의 손실량[Wh]은? (단, 부하의 역률은 1로 가정하고, 변압기의 전 부하 동손은 300W, 철손은 100W이다)

① 6,350
② 6,850
③ 7,150
④ 7,350

**| 해설**

철손은 항상 일정하고 동손은 부하율의 제곱에 비례한다. 변압기 용량이 20이므로 14시간 동안의 부하율은 1, 10시간 동안의 부하율은 0.5이다.
따라서 철손 = 2400[Wh]이고
동손은 $1^2 \times 300 \times 14 + 0.5^2 \times 300 \times 10 = 4950$[Wh]이다.

## 33 ☐☐☐

10000kVA 기준으로 등가 임피던스가 0.5%인 발전소에 설치될 차단기의 차단 용량은 몇 MVA인가?

① 1000
② 1500
③ 2000
④ 2500

**| 해설**

차단 용량 $P_s = \dfrac{100}{\%Z} \times P_n = \dfrac{100}{0.5} \times 10\text{MVA} = 2000$

2022

해커스 전기기사 필기 한권완성 기본이론 + 기출문제

정답    30 ③   31 ③   32 ④   33 ③

## 34 ▢▢▢

송전 선로에서의 고장 또는 발전기 탈락과 같은 큰 외란에 대하여 계통에 연결된 각 동기기가 동기를 유지하면서 계속 안정적으로 운전할 수 있는지를 판별하는 안정도는?

① 동태 안정도(Dynamic Stability)

② 정태 안정도(Steady - state Stability)

③ 전압 안정도(Voltage Stability)

④ 과도 안정도(Transient Stability)

| 해설

안정도의 종류에는 정태 안정도, 과도 안정도, 동태 안정도가 있으며, 계통에 갑자기 고장 사고와 같은 급격한 외란이 발생하였을 때에도 탈조하지 않고 새로운 평형 상태를 회복하여 송전을 계속할 수 있는지 여부를 판별하는 안정도는 과도 안정도이다.

## 35 ▢▢▢

다음 중 고압 배전 계통의 구성 순서로 옳은 것은?

① 배전 변전소 → 간선 → 분기선 → 급전선

② 배전 변전소 → 간선 → 급전선 → 분기선

③ 배전 변전소 → 급전선 → 간선 → 분기선

④ 배전 변전소 → 급전선 → 분기선 → 간선

| 해설

고압 배전 계통의 구성 순서는 배전 변전소 → 급전선 → 간선 → 분기선이다.

## 36 ▢▢▢

경간이 200m인 가공 전선로가 있다. 사용전선의 길이는 경간보다 몇 m 더 길게 하면 되는가? (단, 사용전선의 1m당 무게는 2kg, 인장하중은 4000kg, 전선의 안전율은 2로 하고 풍압하중은 무시한다)

① $\sqrt{2}$

② $\dfrac{1}{2}$

③ $\sqrt{3}$

④ $\dfrac{1}{3}$

| 해설

실제 길이 $L[\mathrm{m}] = S + \dfrac{8D^2}{3S}$ 이고 이도 $D[\mathrm{m}] = \dfrac{wS^2}{8T} \times$ 안전율

이므로 이도를 먼저 구하면 $\dfrac{2 \times 200^2}{8 \times 4000} \times 2 = 5$

따라서 경간보다 $\dfrac{8D^2}{3S} = \dfrac{8 \times 5^2}{3 \times 200} = \dfrac{1}{3}[\mathrm{m}]$ 더 길게 하면 된다.

## 37 ▢▢▢

인터록(interlock)의 기능에 대한 설명으로 옳은 것은?

① 조작자의 의중에 따라 개폐되어야 한다.

② 차단기가 닫혀 있어야 단로기를 닫을 수 있다.

③ 차단기가 열려 있어야 단로기를 닫을 수 있다.

④ 차단기와 단로기를 별도로 닫고, 열 수 있어야 한다.

| 해설

차단기가 닫혀 있을 때는 단로기를 열거나 닫아서는 안 된다. 두 설비에는 전기적 기계적으로 인터록의 기능이 탑재되어 있어서 차단기가 열려 있어야만 단로기를 닫을 수 있다.

## 38 ☐☐☐

수차의 캐비테이션 방지책으로 틀린 것은?

① 흡출 수두를 증대시킨다.

② 과부하 운전을 가능한 한 피한다.

③ 수차의 비속도를 너무 크게 잡지 않는다.

④ 침식에 강한 금속 재료로 러너를 제작한다.

| 해설

수차에 유입된 물속에 기포가 발생하면 수압이 높아질 때 기포가 터지면서 배관이나 장비에 충격을 주게 되는데, 이와 같은 캐비테이션 현상을 방지하려면 수압을 낮추고 침식에 강한 러너(수차 터빈의 날개바퀴)를 사용해야 한다. 흡출 수두를 증대시키면 수압이 높아진다.

## 39 ☐☐☐

선로 고장 발생 시 고장 전류를 차단할 수 없어 리클로저와 같이 차단 기능이 있는 후비 보호 장치와 함께 설치되어야 하는 장치는?

① 배선용 차단기

② 유입 개폐기

③ 섹셔널라이저

④ 컷아웃 스위치

| 해설

섹셔널라이저는 리클로저와 같이 차단 기능이 있는 후비 보호 장치와 함께 설치한다.

## 40 ☐☐☐

어느 화력 발전소에서 40000kWh를 발전하는 데 발열량 860kcal/kg의 석탄이 50톤 사용된다. 이 발전소의 열효율(%)은 약 얼마인가?

① 50

② 60

③ 70

④ 80

| 해설

출력=발전량=$4 \times 10^4$kWh $\times$ 860kcal/kWh=$344 \times 10^5$kcal

입력=연료소비량 $\times$ kg당 발열량

　　=50000kg$\times$860kcal/kg=$430 \times 10^5$kcal

따라서 열효율은 $\dfrac{344}{430} \times 100 = 80\%$이다.

정답　　38 ①　39 ③　40 ④

## 41 ☐☐☐

직류 직권 전동기의 회전수를 반으로 줄이면 토크는 약 몇 배인가?

① $\frac{1}{4}$

② $\frac{1}{2}$

③ 4

④ 2

| 해설

직권 전동기의 토크는 부하 전류의 제곱에 비례하고 회전수의 제곱에 반비례한다. 회전수를 $\frac{1}{2}$로 줄이면 토크는 4배가 된다.

## 42 ☐☐☐

변압기 결선에서 제3고조파 전압이 발생하는 결선은?

① Y – Y

② △ – △

③ △ – Y

④ Y – △

| 해설

△ 결선에서는 3고조파가 순환하기 때문에 부하에 영향을 주지 않으나, Y 결선은 3고조파가 2차측 외부로 빠져나가므로 부하에 영향을 준다.

## 43 ☐☐☐

동기 발전기의 병렬 운전 중 위상차가 생기면 어떤 현상이 발생하는가?

① 무효횡류가 흐른다.

② 유효횡류가 흐른다.

③ 무효전력이 생긴다.

④ 출력이 요동하고 권선이 가열된다.

| 해설

병렬 운전 중인 두 발전기의 위상이 다를 경우에는 $\frac{E}{X_s}\sin(\delta/2)$의 유효횡류가 흐른다.

## 44 ☐☐☐

직류기의 다중 중권 권선법에서 전기자 병렬 회로 수 $a$와 극수 $P$ 사이에 관계로 옳은 것은? (단, $m$은 다중도이다.)

① $a = 2$

② $a = 2m$

③ $a = P$

④ $a = mP$

| 해설

중권이면 $a = P$이고, 다중도 $m$의 다중 중권이면 $a = mP$가 성립한다.

## 45 □□□

유도 전동기의 회전 속도를 $N$[rpm], 동기 속도를 $N_s$[rpm]이라하고 순방향 회전자계의 슬립을 $s$라고 하면, 역방향 회전자계에 대한 회전자 슬립은?

① $1-s$

② $s-1$

③ $2-s$

④ $s-2$

| 해설

역방향 회전자계 측면에서 본 슬립은 고정자 자계의 회전 방향이 반대이므로 $-N_s$로 표현해야 한다.

따라서 $s_b = \dfrac{-N_s-N}{-N_s} = \dfrac{(2N_s-N_s)+N}{N_s}$

$= 2 - \dfrac{N_s-N}{N_s} = 2-s$이다.

## 46 □□□

직류 발전기의 특성 곡선에서 각 축에 해당하는 항목으로 틀린 것은?

① 내부 특성 곡선: 무부하 전류와 단자 전압

② 무부하 특성 곡선: 계자 전류와 유도 기전력

③ 외부 특성 곡선: 부하 전류와 단자 전압

④ 부하 특성 곡선: 계자 전류와 단자 전압

| 해설

여러 가지 특성 곡선의 가로축과 세로축은 아래 표와 같다.

| 구분 | 가로축 | 세로축 |
|---|---|---|
| 무부하 포화 곡선 | 계자 전류 | 단자 전압 (=유기 기전력) |
| 부하 특성 곡선 | 계자 전류 | 단자 전압 |
| 외부 특성 곡선 | 부하 전류 | 단자 전압 |
| 내부 특성 곡선 | 부하 전류 | 유기 기전력 |

즉, 부하/무부하 곡선의 가로축은 계자 전류이고 내부/외부 곡선의 가로축은 부하 전류이다.

## 47 □□□

직류 발전기의 정류 초기에 전류 변화가 크며 이때 발생되는 불꽃 정류로 옳은 것은?

① 과정류

② 직선 정류

③ 부족 정류

④ 정현파 정류

| 해설

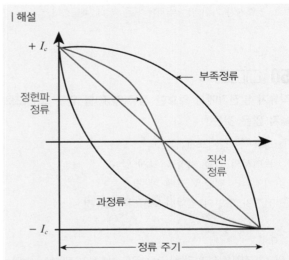

직류 발전기는 정류 초기에 브러시 전단부에서 불꽃이 발생하여 과정류 곡선을 그린다.

## 48 □□□

2상 교류 서브 모터를 구동하는 데 필요한 2상 전압을 얻는 방법으로 널리 쓰이는 방법은?

① 2상 전원을 직접 이용하는 방법

② 환상 결선 변압기를 이용하는 방법

③ 증폭기 내에서 위상을 조정하는 방법

④ 여자권선에 리액터를 삽입하는 방법

| 해설

2상 교류 서보 모터의 구동에 필요한 2상 전압은 증폭기 내에서 위상을 조정하여 얻는다.

## 49 ☐☐☐

변압기에 임피던스 전압을 인가할 때의 입력은?

① 철손
② 임피던스 와트
③ 정격 용량
④ 와류손

| 해설

저항 성분에 의한 전력 손실, 즉 동손을 임피던스 와트라고 한다. $x_{eq}$는 $r_{eq}$에 비해 매우 작은 값이므로 무시하면 $P = I_n^2 r_{eq}$ 이고, 전력계가 가리키는 수치는 동손 $P_c$에 해당한다.

## 50 ☐☐☐

직류기 발전기에서 양호한 정류(整流)를 얻는 조건으로 옳지 않은 것은?

① 정류 주기를 크게 할 것
② 브러시의 접촉 저항을 크게 할 것
③ 리액턴스 전압을 크게 할 것
④ 전기자 코일의 인덕턴스를 작게 할 것

| 해설

양호한 정류를 얻기 위해서는 보극을 설치하여 리액턴스 전압을 상쇄시켜야 한다.

## 51 ☐☐☐

50Hz로 설계된 3상 유도 전동기를 60Hz에 사용하는 경우 단자 전압을 110%로 높일 때 일어나는 현상으로 틀린 것은?

① 온도 상승 증가
② 출력이 일정하면 유효 전류 감소
③ 철손 불변
④ 여자 전류 감소

| 해설

동기 속도는 주파수에 비례하므로 주파수가 1.2배로 증가하면 냉각fan의 성능이 좋아지므로 철손과 동손에 의한 온도 상승이 감소한다.

## 52 ☐☐☐

3상 유도 전동기에서 고조파 회전자계가 기본파 회전 방향과 역방향인 고조파는?

① 제3고조파
② 제6고조파
③ 제7고조파
④ 제11고조파

| 해설

고조파 차수가 $h = 6n + 1$이면 기본파와 같은 방향의, $h = 6n - 1$이면 기본파와 반대 방향의 회전 자계를 발생한다. 즉, 제5고조파, 제11고조파 등은 반대 방향이다.

## 53 ☐☐☐

3상 변압기의 병렬 운전 조건으로 틀린 것은?

① 각 군의 임피던스가 용량에 비례할 것
② 각 변압기의 백분율 임피던스 강하가 같을 것
③ 각 변압기의 권수비가 같고 1차와 2차의 정격 전압이 같을 것
④ 각 변압기의 상회전 방향 및 1차와 2차 선간 전압의 위상 변위가 같을 것

| 해설

단상 변압기의 병렬 운전 조건에 더하여, 상회전 방향과 위상 변위가 같아야 한다. 임피던스가 용량에 비례할 필요는 없고 %임피던스 강하가 서로 같아야 한다.

## 54 ☐☐☐

직류 분권 전동기가 전기자 전류 100A일 때 $50\text{kg}\cdot\text{m}$의 토크를 발생하고 있다. 부하가 증가하여 전기자 전류가 120A로 되었다면 발생 토크$\text{kg}\cdot\text{m}$는 얼마인가?

① 43
② 60
③ 88
④ 115

## 55 ☐☐☐

단상 유도 전동기 중 기동 토크가 가장 큰 것은?

① 반발 기동형
② 콘덴서 기동형
③ 콘덴서 전동기
④ 셰이딩 코일형

## 56 ☐☐☐

회전형 전동기와 선형 전동기(Linear Motor)를 비교한 설명으로 틀린 것은?

① 선형의 경우 회전형에 비해 부하 관성의 영향이 크다.
② 선형의 경우 직접적으로 직선 운동을 얻을 수 있다.
③ 선형의 경우 회전형에 비해 공극의 크기가 작다.
④ 선형의 경우 전원의 상 순서를 바꾸어 이동 방향을 변경한다.

## 57 ☐☐☐

도통(on)상태에 있는 SCR을 차단(off)상태로 만들기 위해서는 어떻게 하여야 하는가?

① 게이트 펄스 전압을 가한다.
② 전원 전압의 극성이 반대가 되도록 한다.
③ 게이트 전압이 부(−)가 되도록 한다.
④ 게이트 전류를 증가시킨다.

## 58 ☐☐☐

변압기의 백분율 저항 강하가 3%, 백분율 리액턴스 강하가 4%일 때 뒤진 역률 80%인 경우의 전압 변동률[%]은?

① 2.5

② 3.4

③ 4.8

④ −3.6

## 59 ☐☐☐

용량 1kVA, 3000/200[V]의 단상 변압기를 단권 변압기로 결선해서 3000/3200[V]의 승압기로 사용할 때 그 부하 용량[kVA]은?

① $\frac{1}{16}$

② 1

③ 12

④ 16

## 60 ☐☐☐

유도 전동기로 동기 전동기를 기동하는 경우, 유도 전동기의 극수는 동기 전동기의 극수보다 2극 적은 것을 사용하는 이유로 옳은 것은? (단, s는 슬립이며 $N_s$는 동기 속도이다)

① 같은 극수의 유도 전동기는 동기 속도보다 $sN_s$만큼 빠르므로

② 같은 극수의 유도 전동기는 동기 속도보다 $sN_s$만큼 늦으므로

③ 같은 극수의 유도 전동기는 동기 속도보다 $(1-s)N_s$만큼 빠르므로

④ 같은 극수의 유도 전동기는 동기 속도보다 $(1-s)N_s$만큼 늦으므로

# 제4과목 회로이론 및 제어공학

## 61 □□□

최대 눈금이 100V이고, 내부저항 $r = 30[k\Omega]$인 전압계가 있다. 600V를 측정하고자 한다면 배율기 저항 $R_s[k\Omega]$은 얼마이어야 하는가?

① 60
② 180
③ 150
④ 120

| 해설

$$V = 100, \ r = 30[k\Omega], V_0 = 600, \ m = \frac{V_0}{V} = \frac{600}{100} = 6$$

$$R_s = (m-1)r = (6-1) \times 30 = 150[k\Omega]$$

## 62 □□□

특성방정식이 $s^3 + 2s^2 + Ks + 10 = 0$dm로 주어지는 제어 시스템이 안정하기 위한 K의 범위는?

① K > 0
② K > 5
③ K > 0
④ 0 < K < 5

| 해설

루스표를 구해서 안정도를 판정한다.

$s^1$행에 대한 1열 $= 2 - \frac{10}{k} > 0 \Rightarrow k > 5$이다. $s^0$행에 대한 1열은 10이므로 안정 조건에 위배되지 않는다.

## 63 □□□

시간함수 $f(t) = \sin \omega t$의 z변환은? (단, $T$는 샘플링 주기이다)

① $\dfrac{z \cos \omega T}{z^2 - 2z \sin \omega T + 1}$

② $\dfrac{z \cos \omega T}{z^2 + 2z \sin \omega T + 1}$

③ $\dfrac{z \sin \omega T}{z^2 + 2z \cos \omega T + 1}$

④ $\dfrac{z \sin \omega T}{z^2 - 2z \cos \omega T + 1}$

| 해설

오일러 공식을 이용하여 삼각함수를 지수함수의 합 꼴로 고친다.

$\sin \omega t = \dfrac{e^{j\omega t} - e^{-j\omega t}}{j2}$ 이므로 이 식을 z변환하면

$\dfrac{1}{j2}(z[e^{j\omega t}] - z[e^{-j\omega t}]) = \dfrac{1}{j2}\left( \dfrac{z}{z - e^{j\omega T}} - \dfrac{z}{z - e^{-j\omega T}} \right)$이

된다.

통분하면

$\dfrac{z}{j2} \dfrac{e^{j\omega T} - e^{-j\omega T}}{z^2 - z(e^{j\omega T} + e^{-j\omega T}) + 1} = \dfrac{z(\sin \omega T)}{z^2 - z(2\cos \omega T) + 1}$ 이다.

## 64 □□□

타이머에서 입력신호가 주어지면 바로 동작하고, 입력 신호가 차단된 후에는 일정 시간이 지난 후에 출력이 소멸되는 동작 형태는?

① 순시동작 순시복귀
② 순시동작 한시복귀
③ 한시동작 한시복귀
④ 한시동작 순시복귀

| 해설

순시는 prompt time을 의미하므로 타이머를 거치지 않는 동작이고, 한시는 delayed time을 의미하므로 타이머에 의한 시간 지연 동작이다.

정답  61 ③  62 ②  63 ④  64 ②

## 65 ☐☐☐

근궤적에 관한 설명으로 틀린 것은?

① 근궤적은 실수축에 대하여 상하 대칭으로 나타난다.
② 근궤적이 s평면의 우반면에 위치하는 K의 범위는 시스템이 안정하기 위한 조건이다.
③ 근궤적의 가지 수는 극점의 수와 영점의 수 중에서 큰 수와 같다.
④ 근궤적의 출발점은 극점이고 근궤적의 도착점은 영점이다.

### | 해설

근궤적은 실수축에 대해 상하 대칭이며, 극점에서 출발하여 영점에서 끝난다. 근궤적의 수는 특성방정식의 차수와 같으며 s평면의 좌반면을 지나야 안정하다.

## 66 ☐☐☐

$f(t) = e^{-2t}\cos 3t$의 라플라스 변환은?

① $\dfrac{s}{(s+2)^2+3^2}$

② $\dfrac{s-1}{(s-2)^2+3^2}$

③ $\dfrac{s+2}{(s+2)^2+3^2}$

④ $\dfrac{s}{(s-2)^2+3^2}$

### | 해설

$\mathcal{L}[e^{-at}\cos\omega t] = \dfrac{s+a}{(s+a)^2+\omega^2}$ 이므로

$\mathcal{L}[e^{-2t}\cos 3t] = \dfrac{s+2}{(s+2)^2+3^2}$

## 67 ☐☐☐

그림의 시퀀스 회로에서 전자 접촉기 X에 의한 A접점 (Normal open contact)의 사용 목적은?

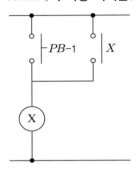

① 자기 유지 회로
② 지연 회로
③ 우선 선택 회로
④ 인터록(interlock) 회로

### | 해설

회로에서 ⊗는 전자 접촉기를 의미하고 X는 a접점을 의미하는데, PB-1을 눌러서 ⊗를 여자시키면 X가 닫히며, 한번 닫힌 X는 a접점이 개폐에 상관 없이 계속 닫힌 상태를 유지하면서 ⊗를 여자시키는 역할을 한다.

## 68 ☐☐☐

그림과 같은 블록선도의 전달함수 $\dfrac{C(s)}{R(s)}$ 는?

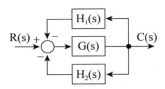

① $\dfrac{G(s)}{1+G(s)(H_1(s)+H_2(s))}$

② $\dfrac{G(s)}{1+G(s)H_1(s)H_2(s)}$

③ $\dfrac{G(s)H_1(s)H_2(s)}{1+G(s)H_1(s)H_2(s)}$

④ $\dfrac{G(s)}{1-G(s)(H_1(s)+H_2(s))}$

| 해설

$$G(s)=\frac{\sum 전향경로의 \ 이득}{1-\sum 루프의 \ 이득}=\frac{G}{1+GH_1+GH_2}$$

## 69 ☐☐☐

전달함수가 $\dfrac{C(s)}{R(s)}=\dfrac{1}{3s^2+4s+1}$ 인 제어 시스템의 과도 응답 특성은?

① 무제동
② 부족제동
③ 과제동
④ 임계제동

| 해설

$M(s)=\dfrac{G(s)}{1+G(s)H(s)}=\dfrac{\omega_n^2}{s^2+2\zeta\omega_n s+\omega_n^2}$ 과 비교하기 위해

주어진 전달함수를 변형하면 $\dfrac{1/3}{s^2+4/3s+1/3}$ 이므로

$\omega_n=1/\sqrt{3}$, $2\zeta\omega_n=4/3 \Rightarrow \zeta=\dfrac{2\sqrt{3}}{3}>1$

$\zeta>1$ 이면 과제동(비진동)이다.

## 70 ☐☐☐

다음과 같은 상태방정식으로 표현되는 제어 시스템에 대한 특성방정식의 근($s_1, s_2$)은?

$$\begin{bmatrix} \dot{x_1} \\ \dot{x_2} \end{bmatrix}=\begin{bmatrix} 0 & -3 \\ 2 & -5 \end{bmatrix}\begin{bmatrix} x_1 \\ x_2 \end{bmatrix}+\begin{bmatrix} 1 \\ 0 \end{bmatrix}u$$

① 1, −3
② −1, −2
③ −1, −3
④ −2, −3

| 해설

$sI-A=\begin{bmatrix} s & 0 \\ 0 & s \end{bmatrix}-\begin{bmatrix} 0 & -3 \\ 2 & -5 \end{bmatrix}=\begin{bmatrix} s & 3 \\ -2 & s+5 \end{bmatrix}$ 이고

행렬식은 $s(s+5)-(-6)=0$ 이므로

$(s+2)(s+3)=0$ 이다.

따라서 두 근은 −2, −3이다.

## 71 ☐☐☐

안정한 제어시스템의 보드 선도에서 이득 여유는?

① 위상이 0°가 되는 주파수에서 이득의 크기[dB]이다.
② 위상이 −180°가 되는 주파수에서 이득의 크기[dB]이다.
③ −20 ~ 20dB 사이에 있는 크기[dB] 값이다.
④ 0 ~ 20dB 사이에 있는 크기 선도의 길이이다.

| 해설

이득 여유 $g_m$ 은 위상 곡선이 −180° 축과 교차되는 점에 대응되는 이득의 크기[dB]이다.

## 72 □□□

다음의 논리식과 등가인 것은?

$$Y = (A+B)(\overline{A}+B)$$

① $Y = \overline{A}$

② $Y = \overline{B}$

③ $Y = A$

④ $Y = B$

## 73 □□□

그림과 같은 블록선도에 대한 등가 전달함수를 구하면?

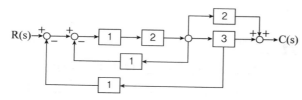

① $\dfrac{10}{9}$

② $\dfrac{15}{10}$

③ $\dfrac{10}{13}$

④ $\dfrac{10}{23}$

## 74 □□□

3상 불평형 전압 $V_a$, $V_b$, $V_c$가 주어진다면, 정상분 전압은? (단, $a = e^{\frac{j2\pi}{3}} = 1 \angle 120\,^\circ$ 이다)

① $V_a + a^2 V_b + a V_c$

② $\dfrac{1}{3}(V_a + a V_b + a^2 V_c)$

③ $V_a + a V_b + a^2 V_c$

④ $\dfrac{1}{3}(V_a + a^2 V_b + a V_c)$

## 75 □□□

순시치 전류 $i(t) = I_m \sin(\omega t + \theta_i)$[A]의 파고율은 약 얼마인가?

① 0.577

② 0.707

③ 1.414

④ 1.732

## 76 ☐☐☐

$e(t)$의 초기값을 z변환한 것을 $E(z)$라 했을 때 다음 중 어느 방법으로 얻어지는가?

① $\lim_{z \to \infty} zE(z)$

② $\lim_{z \to \infty} E(z)$

③ $\lim_{z \to 0} zE(z)$

④ $\lim_{z \to 0} E(z)$

## 77 ☐☐☐

대칭 6상 성형(star)결선에서 선간 전압 크기와 상전압 크기의 관계로 옳은 것은? (단, $V_l$: 선간 전압 크기, $V_p$: 상전압 크기)

① $V_l = V_p$

② $V_1 = \sqrt{3}\, V_p$

③ $V_l = \dfrac{1}{\sqrt{3}} V_p$

④ $V_1 = \dfrac{2}{\sqrt{3}} V_p$

## 78 ☐☐☐

다음 그림에 대한 게이트로 옳은 것은?

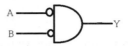

① NOT

② NOR

③ OR

④ NAND

## 79 ☐☐☐

2전력계법으로 평형 3상 전력을 측정하였더니 한 쪽의 지시가 500W, 다른 한쪽의 지시가 1500W이었다. 피상전력은 약 몇 VA인가?

① 2000

② 2310

③ 2646

④ 2771

## 80 ☐☐☐

어떤 계를 표시하는 미분방정식이

$\dfrac{d^2 y(t)}{dt^2} + 3\dfrac{dy(t)}{dt} + 2y(t) = \dfrac{dx(t)}{dt} + x(t)$ 에서 $x(t)$는 입

력, $y(t)$는 출력이라 하면 이 계의 전달함수는 어떻게 표

시되는가?

① $\dfrac{s+1}{s^2+3s+1}$

② $\dfrac{2s+1}{s^2+s+1}$

③ $\dfrac{s^2+3s+2}{s+1}$

④ $\dfrac{s^2+s+1}{2s+1}$

| 해설

$(s^2+3s+2)Y(s) = (s+1)X(s)$이 되므로

$G(s) = \dfrac{Y(s)}{X(s)} = \dfrac{s+1}{s^2+3s+1}$

## 81 ☐☐☐

이동형의 용접 전극을 사용하는 아크 용접 장치의 시설

기준으로 틀린 것은?

① 용접 변압기는 절연 변압기일 것

② 용접 변압기의 2차측 전로에는 용접 변압기에 가까운

곳에 쉽게 개폐할 수 있는 개폐기를 시설할 것

③ 용접 변압기의 2차측 전로 중 용접 변압기로부터 용접

전극에 이르는 부분의 전로는 용접 시 흐르는 전류를

안전하게 통할 수 있는 것일 것

④ 용접 변압기의 1차측 전로의 대지 전압은 300V 이하

일 것

| 해설

용접 변압기의 1차측 전로에는 용접 변압기에 가까운 곳에 쉽

게 개폐할 수 있는 개폐기를 시설하여야 한다.

## 82 ☐☐☐

전력 보안 가공 통신선(광섬유 케이블은 제외)을 조가할

경우 조가용 선은?

① 금속으로 된 단선

② 금속선으로 된 연선

③ 강심 알루미늄 연선

④ 알루미늄으로 된 단선

| 해설

조가선은 단면적 38mm² 이상의 아연도강 연선을 사용할 것

정답   80 ①   81 ②   82 ③

## 83 □□□

무선용 안테나 등을 지지하는 철탑의 기초 안전율은 얼마 이상이어야 하는가?

① 1.0  ② 1.5
③ 2.0  ④ 2.5

| 해설
무선 통신용 안테나 또는 반사판을 지지하는 목주 · 철주 · 철근 콘크리트주 또는 철탑의 안전율은 1.5 이상이어야 한다.

## 84 □□□

저압 옥상 전선로에 시설하는 전선은 인장 강도 2.30kN 이상의 것 또는 지름이 몇 mm 이상의 경동선이어야 하는가?

① 1.6  ② 2.0
③ 2.6  ④ 3.2

| 해설
전선은 인장 강도 2.30kN 이상의 것 또는 지름 2.6mm 이상의 경동선을 사용하여야 한다.

## 85 □□□

저압 옥상전선로의 시설에 대한 설명으로 옳지 않은 것은?

① 전선은 절연 전선을 사용한다.
② 전선과 옥상 전선로를 시설하는 조영재와의 이격 거리를 0.5m로 한다.
③ 전선은 지름 2.6mm 이상의 경동선을 사용한다.
④ 전선은 상시 부는 바람 등에 의하여 식물에 접촉하지 않도록 시설한다.

| 해설
전선과 그 저압 옥상 전선로를 시설하는 조영재와의 이격 거리는 2m(전선이 고압 절연 전선, 특고압 절연 전선 또는 케이블인 경우에는 1m) 이상일 것

## 86 □□□

다음에서 설명하는 용어로 옳은 것은?

> 중앙 급전 전원과 구분되는 것으로 전력 소비 지역 부근에 분산하여 배치 가능한 전원으로서 상용 전원의 정전 시에만 사용하는 비상용 예비 전원은 제외하며, 신 · 재생 에너지 발전 설비, 전기 저장 장치 등을 포함한다.

① 임시 전력원
② 분산형 전원
③ 분전 반전원
④ 계통 연계 전원

| 해설
분산형 전원에 대한 설명이다.

## 87 □□□

다음 (    )에 들어 갈 내용으로 옳은 것은?

> 동일 지지물에 저압 가공 전선(다중 접지된 중성선은 제외한다.)과 고압 가공 전선을 시설하는 경우 고압 가공 전선을 저압 가공 전선의 ( ㉠ )로 하고, 별개의 완금류에 시설해야 하며, 고압 가공전선과 저압 가공 전선 사이의 이격 거리는 ( ㉡ )m 이상으로 한다.

① ㉠ 위, ㉡ 0.5
② ㉠ 위, ㉡ 1
③ ㉠ 아래, ㉡ 0.5
④ ㉠ 아래, ㉡ 1

| 해설
동일 지지물에 저압 가공 전선(다중 접지된 중성선은 제외한다.)과 고압 가공 전선을 시설하는 경우 고압 가공 전선을 저압 가공 전선의 (아래)로 하고, 별개의 완금류에 시설해야 하며, 고압 가공전선과 저압 가공 전선 사이의 이격 거리는 (0.5m) 이상으로 한다.

## 88 ☐☐☐

발·변전소의 주요 변압기에 반드시 시설하여야 하는 계측 장치를 모두 고른 것은?

① 전압계, 전류계, 전력계
② 전압계, 전류계, 역률계
③ 전압계, 전류계, 주파수계
④ 역률계, 전류계, 전력계

| 해설
발·변전소에 시설하는 계측 장치로는 발전기의 베어링 및 고정자의 온도계, 주요 변압기의 전압계 및 전류계 또는 전력계, 특고압용 변압기의 온도계가 있다.

## 89 ☐☐☐

고압 옥내 배선의 공사 방법으로 옳지 않은 것은?

① 케이블 공사
② 애자 사용 공사(건조한 장소로서 전개된 장소에 한한다)
③ 케이블 트레이 공사
④ 합성수 지관 공사

| 해설
고압 옥내 배선은 애자공사, 케이블 공사, 케이블 트레이 공사 중 하나에 의하여 시설할 것

## 90 ☐☐☐

저압 전로의 보호 도체 및 중성선의 접속 방식에 따른 접지 계통의 분류가 아닌 것은?

① IT 계통
② TC 계통
③ TT 계통
④ TN 계통

| 해설
접지 계통은 IT 계통, TT 계통, TN 계통으로 분류한다.

## 91 ☐☐☐

다음은 누전 차단기의 시설에 대한 내용이다. (  ) 안에 들어갈 내용으로 옳은 것은?

> 금속제 외함을 가지는 사용 전압이 (    )V를 초과하는 저압의 기계 기구로서 사람이 쉽게 접촉할 우려가 있는 곳에 시설하는 것에 전기를 공급하는 전로에는 전로에 지락이 생겼을 때 자동적으로 전로를 차단하는 장치를 설치하여야 한다.

① 20
② 30
③ 50
④ 100

| 해설
금속제 외함을 가지는 사용 전압이 50V를 초과하는 저압의 기계 기구로서 사람이 쉽게 접촉할 우려가 있는 곳에 시설하는 것에 전기를 공급하는 전로에는 전로에 지락이 생겼을 때 자동적으로 전로를 차단하는 장치를 설치하여야 한다.

## 92 ☐☐☐

전기 저장 장치를 전용 건물에 시설하는 경우에 대한 설명이다. 다음 (    )에 들어갈 내용으로 옳은 것은?

> 전기 저장 장치 시설 장소는 주변시설(도로, 건물, 가연물질 등)로부터 ( ㉠ )m 이상 이격하고 다른 건물의 출입구나 피난계단 등 이와 유사한 장소로부터는 ( ㉡ )m 이상 이격하여야 한다.

① ㉠: 3,  ㉡: 1
② ㉠: 2,  ㉡: 1.5
③ ㉠: 1,  ㉡: 2
④ ㉠: 1.5,  ㉡: 3

| 해설
전기 저장 장치 시설 장소는 주변시설(도로, 건물, 가연물질 등)로부터 1.5m 이상 이격하고 다른 건물의 출입구나 피난계단 등 이와 유사한 장소로부터는 3m 이상 이격하여야 한다.

정답  88 ①  89 ④  90 ②  91 ③  92 ④

## 93 ☐☐☐

금속제 가요전선관 공사에 의한 저압 옥내 배선의 시설 기준으로 틀린 것은?

① 가요 전선관 안에는 전선에 접속점이 없도록 한다.
② 2종 금속제 가요 전선관을 사용하는 경우에 습기 많은 장소에 시설할 때에는 비닐 피복 2종 가요 전선관으로 한다.
③ 점검할 수 있는 은폐된 장소에는 1종 가요 전선관을 사용할 수 있다.
④ 전선은 옥외용 비닐 절연 전선을 사용한다.

| 해설
전선은 절연전선(옥외용 비닐 절연전선 제외)이어야 한다.

## 94 ☐☐☐

차량 기타 중량물의 압력을 받을 우려가 있는 장소에 지중 전선로를 직접 매설식으로 시설하는 경우 매설깊이는 몇 m 이상이어야 하는가?

① 0.8
② 1.0
③ 1.2
④ 1.5

| 해설
지중 전선로를 직접 매설식에 의하여 시설하는 경우에는 매설 깊이를 차량 기타 중량물의 압력을 받을 우려가 있는 장소에는 1.0m 이상으로 한다.

## 95 ☐☐☐

전기 철도 차량에 전력을 공급하는 전차선의 가선 방식에 포함되지 않는 것은?

① 지중 조가선 방식
② 가공 방식
③ 제3레일 방식
④ 강체 방식

| 해설
전차선의 가선 방식은 열차의 속도 및 노반의 형태, 부하 전류 특성에 따라 적합한 방식을 채택하여야 하며, 가공 방식, 강체 방식, 제3레일 방식을 표준으로 한다.

## 96 ☐☐☐

과전류 차단기로 저압 전로에 사용하는 범용의 퓨즈 (「전기용품 및 생활용품 안전관리법」에서 규정하는 것을 제외한다.)의 정격 전류가 16A인 경우 용단 전류는 정격 전류의 몇 배인가? (단, 퓨즈(gG)인 경우이다.)

① 1.1
② 1.25
③ 1.4
④ 1.6

| 해설
정격 전류 16A 이상 63A 이하 퓨즈의 용단 전류는 정격 전류의 1.6배이다.

정답  93 ④  94 ②  95 ①  96 ④

해가스 전기기사 필기 한권완성 기본이론 + 기출문제

## 97 □□□

다음의 ⓐ, ⓑ에 들어갈 내용으로 옳은 것은?

> 과전류 차단기로 시설하는 퓨즈 중 고압 전로에 사용하는 비포장 퓨즈는 정격 전류의 ( ⓐ )배의 전류에 견디고 또한 2배의 전류로 ( ⓑ )분 안에 용단되는 것이어야 한다.

① ⓐ 1.1, ⓑ 1
② ⓐ 1.1, ⓑ 2
③ ⓐ 1.25, ⓑ 1
④ ⓐ 1.25, ⓑ 2

**| 해설**

과전류 차단기로 시설하는 퓨즈 중 고압 전로에 사용하는 비포장 퓨즈는 정격 전류의 1.25배의 전류에 견디고 또한 2배의 전류로 2분 안에 용단되는 것이어야 한다.

## 98 □□□

66000V 가공 전선과 6000V 가공 전선을 동일 지지물에 병가하는 경우, 특고압 가공 전선으로 사용하는 경동 연선의 굵기는 몇 mm² 이상이어야 하는가?

① 20
② 40
③ 50
④ 100

**| 해설**

특고압은 단면적 50mm² 이상인 경동 연선 또는 인장 강도 21.67kN 이상의 연선이어야 한다.

## 99 □□□

저압 전로에서 정전이 어려운 경우 등 절연 저항 측정이 곤란한 경우 저항 성분의 누설 전류가 몇 mA 이하이면 그 전로의 절연 성능은 적합한 것으로 보는가?

① 1
② 2
③ 3
④ 4

**| 해설**

사용 전압이 저압인 전로에서 정전이 어려운 경우 등 절연 저항 측정이 곤란한 경우에는 누설 전류를 1mA 이하로 유지하여야 한다.

## 100 □□□

사용 전압이 154kV인 가공 송전선의 시설에서 전선과 식물과의 이격 거리는 일반적인 경우에 몇 m 이상으로 하여야 하는가?

① 2.8
② 3.2
③ 3.6
④ 4.2

**| 해설**

$$단수 = \frac{154 - 60}{10} = 9.4 \Rightarrow 10단$$

이격 거리 $= 2 + 0.12 \times 10 = 3.2[m]$

정답   97 ④   98 ③   99 ①   100 ②

## 제1과목 전기자기학

### 01 ☐☐☐

평등 전계 중에 유전체 구에 의한 전속 분포가 그림과 같이 되었을 때 $\epsilon_1$과 $\epsilon_2$의 크기 관계는?

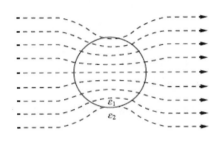

① $\epsilon_1 > \epsilon_2$

② $\epsilon_1 < \epsilon_2$

③ $\epsilon_1 = \epsilon_2$

④ $\epsilon_1 \leq \epsilon_2$

| 해설

전속은 유전율이 큰 쪽으로 모인다.

### 02 ☐☐☐

커패시터를 제조하는 데 4가지(A, B, C, D)의 유전재료가 있다. 커패시터 내의 전계를 일정하게 하였을 때, 단위체적당 가장 큰 에너지 밀도를 나타내는 재료부터 순서대로 나열한 것은? (단, 유전재료 A, B, C, D의 비유전율은 각각 $\epsilon_{rA} = 8$, $\epsilon_{rB} = 10$, $\epsilon_{rC} = 2$, $\epsilon_{rD} = 4$이다)

① C > D > A > B

② B > A > D > C

③ D > A > C > B

④ A > B > C > D

| 해설

동일한 전계에서 에너지 밀도는 $w = \dfrac{1}{2}\epsilon E^2 \, [\mathrm{J/m^3}]$이므로 에너지 밀도는 비유전율에 비례한다.

따라서 B > A > D > C이다.

### 03 ☐☐☐

정상전류계에서 $\nabla \cdot i = 0$에 대한 설명으로 틀린 것은?

① 도체 내에 흐르는 전류는 연속이다.

② 도체 내에 흐르는 전류는 일정하다.

③ 단위 시간당 전하의 변화가 없다.

④ 도체 내에 전류가 흐르지 않는다.

| 해설

$\nabla \cdot i = 0$은 도체 내에 흐르는 일정한 전류가 연속이라는 뜻이다. 전류는 단위 시간당 전하이므로 일정한 전류에서 단위 시간당 전하의 변화가 없다.

## 04 □□□

진공 내의 점 (2, 2, 2)에 $10^{-9}$의 전하가 놓여 있다. 점 (2, 5, 6)에서의 전계 E는 약 몇 V/m인가? (단, $a_y$, $a_z$는 단위벡터이다)

① $0.278a_y + 2.888a_z$

② $0.216a_y + 0.288a_z$

③ $0.288a_y + 0.216a_z$

④ $0.291a_y + 0.288a_z$

| 해설

- 거리 벡터: $\hat{r} = (2-2)\hat{x} + (5-2)\hat{y} + (6-2)\hat{z} = 3\hat{y} + 4\hat{z}$
- 크기: $|r| = \sqrt{3^2 + 4^2} = 5$
- 방향 벡터: $r_0 = \dfrac{\hat{r}}{|r|} = \dfrac{1}{5}(3\hat{y} + 4\hat{z})$
- 상수: $\dfrac{1}{4\pi\epsilon_0} = 9 \times 10^9 \, [\text{F/m}]$
- 전계의 세기:

$$E = \frac{Q}{4\pi\epsilon_0 r^2} r_0 = (9 \times 10^9) \times \frac{10^{-9}}{5^2} \times \frac{1}{5}(3\hat{y} + 4\hat{z})$$
$$= 0.216a_y + 0.288a_z \, [\text{V/m}]$$

## 05 □□□

방송국 안테나 출력이 $W[\text{W}]$이고 이로부터 진공 중에 $r[\text{m}]$ 떨어진 점에서 자계의 세기의 실효치는 약 몇 A/m 인가?

① $\dfrac{1}{r}\sqrt{\dfrac{W}{377\pi}}$

② $\dfrac{1}{2r}\sqrt{\dfrac{W}{377\pi}}$

③ $\dfrac{1}{2r}\sqrt{\dfrac{W}{188\pi}}$

④ $\dfrac{1}{r}\sqrt{\dfrac{2W}{377\pi}}$

| 해설

- 진공에서 고유 임피던스: $Z_0 = \dfrac{E}{H} = \sqrt{\dfrac{\mu_0}{\epsilon_0}} = 377$
- 포인팅 벡터: $S = E \times H$

$H = \dfrac{1}{377} E$에서 $S = E \times H = 377H^2 = \dfrac{W}{4\pi r^2}$ 이므로

$H = \dfrac{1}{2r}\sqrt{\dfrac{W}{377\pi}}$ 이다.

## 06 ☐☐☐

반지름이 $a$[m]인 원형 도선 2개의 루프가 $z$축 상에 그림과 같이 놓인 경우 $I$[A]의 전류가 흐를 때 원형전류 중심 축상의 자계 $H$[A/m]는? (단, $a_z$, $a_\phi$는 단위벡터이다)

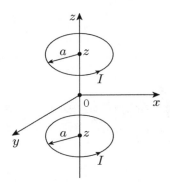

① $H = \dfrac{a^2 I}{(a^2 + z^2)^{3/2}} a_\phi$

② $H = \dfrac{a^2 I}{(a^2 + z^2)^{3/2}} a_z$

③ $H = \dfrac{a^2 I}{2(a^2 + z^2)^{3/2}} a_\phi$

④ $H = \dfrac{a^2 I}{2(a^2 + z^2)^{3/2}} a_z$

| 해설

원형 도선 중심에서 직각으로 $z$[m]만큼 떨어진 지점에서 자계:

$$H = \frac{a^2 NI}{2(a^2 + z^2)^{\frac{3}{2}}} a_z \, [\text{AT/m}]$$

$N$값의 언급이 없으므로 $N = 1$이다. 또한, 원형 도선이 2개이고, 중심축에서 두 코일에 의한 전류의 방향이 같으므로 자계의 세기 $H = \dfrac{a^2 I}{(a^2 + z^2)^{\frac{3}{2}}} a_z \, [\text{AT/m}]$이다.

## 07 ☐☐☐

직교하는 무한 평판도체와 점전하에 의한 영상전하는 몇 개 존재하는가?

① 2

② 3

③ 4

④ 5

| 해설

영상 전하 개수: $n = \dfrac{360\,^\circ}{\theta} - 1$[개]

직교의 경우 $\theta = 90\,^\circ$ 이므로 $n = 4 - 1 = 3$[개]이다.

## 08 ☐☐☐

전하 $e$[C], 질량 $m$[kg]인 전자가 전계 $E$[V/m] 내에 놓여 있을 때 최초에 정지하고 있었다면 $t$초 후에 전자의 속도[m/s]는?

① $\dfrac{meE}{t}$

② $\dfrac{me}{E} t$

③ $\dfrac{mE}{e} t$

④ $\dfrac{Ee}{m} t$

| 해설

$F = qE = eE = ma = m\dfrac{v}{t}$[N]이므로 $v = \dfrac{eE}{m} t$이다.

여기서 $a = \dfrac{v}{t}$는 가속도이다.

해커스 전기산업기사 필기 한권완성 기본이론 + 기출문제

정답 06 ② 07 ② 08 ④

## 09 ☐☐☐

그림과 같은 환상 솔레노이드 내의 철심 중심에서의 자계의 세기 $H[\text{AT/m}]$는? (단, 환상 철심의 평균 반지름은 $r[\text{m}]$, 코일의 권수는 $N$회, 코일에 흐르는 전류는 $I[\text{A}]$이다)

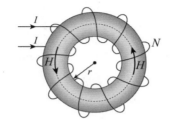

① $\dfrac{NI}{\pi r}$

② $\dfrac{NI}{2\pi r}$

③ $\dfrac{NI}{4\pi r}$

④ $\dfrac{NI}{2r}$

| 해설

환상 솔레노이드의 자계의 세기: $H = \dfrac{NI}{2\pi r}[\text{AT/m}]$

## 10 ☐☐☐

환상 솔레노이드 단면적이 $S$, 평균 반지름이 $r$, 권선수가 $N$이고 누설자속이 없는 경우 자기 인덕턴스의 크기는?

① 권선수 및 단면적에 비례한다.
② 권선수의 제곱 및 단면적에 비례한다.
③ 권선수의 제곱 및 평균 반지름에 비례한다.
④ 권선수의 제곱에 비례하고 단면적에 반비례한다.

| 해설

환상 솔레노이드의 인덕턴스: $L = \dfrac{\mu S N^2}{l}$
인덕턴스는 투자율, 단면적, 권수의 제곱에 비례하고, 길이에 반비례한다.

## 11 ☐☐☐

다음 중 비투자율($\mu_r$)이 가장 큰 것은?

① 금
② 은
③ 구리
④ 니켈

| 해설

**자성체의 종류**

| 구분 | 강자성체 | 상자성체 | 역(반)자성체 |
|---|---|---|---|
| 종류 | 철, 니켈, 코발트 | 백금, 산소, 알루미늄 | 금, 은, 구리, 비스무트 |
| 비투자율 | $\mu_s \gg 1$ | $\mu_s \geq 1$ | $\mu_s < 1$ |
| 자화율 | $\chi > 0$ | $\chi > 0$ | $\chi < 0$ |

따라서 비투자율이 가장 큰 것은 강자성체인 니켈이다.

## 12 ☐☐☐

한 변의 길이가 $l$[m]인 정사각형 도체에 전류 $I$[A]가 흐르고 있을 때 중심점 $P$에서의 자계의 세기는 몇 [A/m]인가?

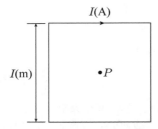

① $16\pi l I$

② $4\pi l I$

③ $\dfrac{\sqrt{3}\,\pi}{2l}I$

④ $\dfrac{2\sqrt{2}}{\pi l}I$

| 해설

한 변의 길이가 $l$일 때 도선 중심에서 자계의 세기

- 정삼각형: $H=\dfrac{9I}{2\pi l}$[AT/m]

- 정사각형: $H=\dfrac{2\sqrt{2}\,I}{\pi l}$[AT/m]

- 정육각형: $H=\dfrac{\sqrt{3}\,I}{\pi l}$[AT/m]

## 13 ☐☐☐

간격이 3cm이고 면적이 30cm²인 평판의 공기 콘덴서에 220V의 전압을 가하면 두 판 사이에 작용하는 힘은 약 몇 N인가?

① $6.3\times10^{-6}$

② $7.14\times10^{-7}$

③ $8\times10^{-5}$

④ $5.75\times10^{-4}$

| 해설

$$F=fS=\left(\frac{1}{2}\epsilon E^2\right)S=\left\{\frac{1}{2}\epsilon\left(\frac{V}{d}\right)^2\right\}\times S$$

$$=\frac{1}{2}\times(8.855\times10^{-12})\times\left(\frac{220}{3\times10^{-2}}\right)^2\times(30\times10^{-4})$$

$$\fallingdotseq 7.14\times10^{-7}\,[\mathrm{N}]$$

여기서 $f=\dfrac{1}{2}\epsilon_0 E^2=\dfrac{D^2}{2\epsilon_0}=\dfrac{1}{2}ED$는 맥스웰 응력이다.

## 14 ☐☐☐

비유전율이 2이고, 비투자율이 2인 매질 내에서의 전자파의 전파속도 $v$[m/s]와 진공 중의 빛의 속도 $v_0$[m/s]사이 관계는?

① $v=\dfrac{1}{2}v_0$

② $v=\dfrac{1}{4}v_0$

③ $v=\dfrac{1}{6}v_0$

④ $v=\dfrac{1}{8}v_0$

| 해설

$$v=\frac{1}{\sqrt{\mu\epsilon}}=\frac{1}{\sqrt{\mu_0\epsilon_0}}\ \frac{1}{\sqrt{\mu_s\epsilon_s}}=\frac{3\times10^8}{\sqrt{\mu_s\epsilon_s}}=\frac{3\times10^8}{\sqrt{2\times2}}=\frac{1}{2}v_0$$

여기서 $v_0=\dfrac{1}{\sqrt{\mu_0\epsilon_0}}=3\times10^8$[m/s]은 진공에서의 전자파의 속도이다.

정답    12 ④   13 ②   14 ①

## 15 ☐☐☐

**영구자석의 재료로 적합한 것은?**

① 잔류 자속밀도($B_r$)는 크고, 보자력($H_c$)은 작아야 한다.
② 잔류 자속밀도($B_r$)는 작고, 보자력($H_c$)은 커야 한다.
③ 잔류 자속밀도($B_r$)와 보자력($H_c$) 모두 작아야 한다.
④ 잔류 자속밀도($B_r$)와 보자력($H_c$) 모두 커야 한다.

| 해설
영구자석의 재료는 잔류 자기 및 보자력이 모두 커서 히스테리시스 면적이 크게 생기는 물질인 강자성체이다.

## 16 ☐☐☐

**전계 $E[V/m]$, 전속밀도 $D[C/m^2]$, 유전율 $\epsilon = \epsilon_0 \epsilon_r [F/m]$, 분극의 세기 $P[C/m^2]$ 사이의 관계를 나타낸 것으로 옳은 것은?**

① $P = D + \epsilon_0 E$
② $P = D - \epsilon_0 E$
③ $P = \dfrac{D+E}{\epsilon_0}$
④ $P = \dfrac{D-E}{\epsilon_0}$

| 해설
분극의 세기:
$P = \chi E = \epsilon_0(\epsilon_s - 1)E = \epsilon E - \epsilon_0 E = D - \epsilon_0 E$

## 17 ☐☐☐

**동일한 금속 도선의 두 점 사이에 온도차를 주고 전류를 흘렸을 때 열의 발생 또는 흡수가 일어나는 현상은?**

① 펠티에(Peltier) 효과
② 볼타(Volta) 효과
③ 제백(Seebeck) 효과
④ 톰슨(Thomson) 효과

| 해설
• 펠티에(Peltier) 효과: 제백 효과의 역효과 현상으로 서로 다른 금속을 접합하여 폐회로를 만들고 이 폐회로에 전류를 흘려주었을 때 그 폐회로의 접합점에서 열의 흡수 및 발생이 일어나는 현상이다.
• 볼타(Volta) 효과: 서로 다른 금속을 접촉시킨 다음 얼마 후 떼었을 때 각각 정(+) 또는 부(−)로 대전되는 현상이다.
• 제벡(Seebeck) 효과: 열전 효과의 가장 기본적인 현상으로 서로 다른 금속을 접합하여 폐회로를 만들고 두 접합점 사이에 온도차를 두었을 때 그 폐회로에서 열기전력이 발생하는 현상이다.
• 톰슨(Thomson) 효과: 제벡 효과를 응용한 열전 효과로 동일한 금속을 접합하여 폐회로를 만들고 두 접합점 사이에 온도차를 두어도 그 폐회로에서 열기전력이 발생하는 현상이다.

## 18 ☐☐☐

**강자성체가 아닌 것은?**

① 코발트
② 니켈
③ 철
④ 구리

| 해설
**자성체의 종류**

| 구분 | 강자성체 | 상자성체 | 역(반)자성체 |
| --- | --- | --- | --- |
| 종류 | 철, 니켈, 코발트 | 백금, 산소, 알루미늄 | 금, 은, 구리, 비스무트 |
| 자화율 | $\chi > 0$ | $\chi > 0$ | $\chi < 0$ |
| 비투자율 | $\mu_r \gg 1$ | $\mu_r \geq 1$ | $\mu_r < 1$ |

## 19 ☐☐☐

내구의 반지름이 2cm, 외구의 반지름이 3cm인 동심 구 도체 간의 고유저항이 $1.884 \times 10^2 \Omega \cdot m$인 저항 물질로 채어져 있을 때, 내 외구 간의 합성 저항은 약 몇 요인가?

① 2.5
② 5.0
③ 250
④ 500

| 해설

동심구의 정전용량: $C = \dfrac{4\pi\epsilon_0 ab}{b-a}$

$C = \dfrac{\dfrac{1}{9 \times 10^9} \times (2 \times 10^{-2}) \times (3 \times 10^{-2})}{(3-2) \times 10^{-2}} = 6.677 \times 10^{-12}[F]$

$RC = \rho\epsilon$에서 $R = \dfrac{\rho\epsilon}{C}$이므로

$R = \dfrac{(1.884 \times 10^2) \times (8.855 \times 10^{-12})}{6.677 \times 10^{-12}} = 250[\Omega]$

## 20 ☐☐☐

비투자율 $\mu_r = 800$, 원형 단면적이 $S = 10[cm^2]$, 평균 자로 길이 $l = 16\pi \times 10^{-2}[m]$의 환상 철심에 600회의 코일을 감고 이 코일에 1A의 전류를 흘리면 환상 철심 내부의 자속은 몇 Wb인가?

① $1.2 \times 10^{-3}$
② $1.2 \times 10^{-5}$
③ $2.4 \times 10^{-3}$
④ $2.4 \times 10^{-5}$

| 해설

• 기자력: $F_m = NI = R_m\phi$
• 자속: $\phi = \dfrac{NI}{R_m} = \dfrac{NI}{\dfrac{l}{\mu S}} = \dfrac{\mu SNI}{l}$

$= \dfrac{(4\pi \times 10^{-7}) \times 800 \times (10 \times 10^{-4}) \times 600 \times 1}{16\pi \times 10^{-2}}$

$= 1.2 \times 10^{-3}[Wb]$

## 21 ☐☐☐

그림과 같은 유황 곡선을 가진 수력 지점에서 최대 사용 수량 0C로 1년간 계속 발전하는 데 필요한 저수지의 용량은?

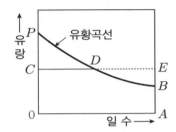

① 면적 0CPBA
② 면적 0CDBA
③ 면적 DEB
④ 면적 PCD

| 해설

발전에 필요한 유량은 직사각형 CEA0의 면적에 해당하는데 유황 곡선이 이에 미치지 못하므로 부족분 DEB만큼에 해당하는 유량은 저수지를 통해 확보해야 한다.

## 22 ☐☐☐

통신선과 평행인 주파수 60Hz의 3상 1회선 송전선이 있다. 1선 지락 때문에 영상전류가 100A 흐르고 있다면 통신선에 유도되는 전자 유도 전압[V]은 약 얼마인가? (단, 영상전류는 전 전선에 걸쳐서 같으며, 송전선과 통신선과의 상호 인덕턴스는 0.06mH/km, 그 평행 길이는 40km이다)

① 156.6

② 162.8

③ 230.2

④ 271.4

| 해설

3상 1회선의 전자유도전압 $= \omega L_m (I_a + I_b + I_c)$

1선 지락시 $I_a + I_b + I_c = 3I_0$ 이므로

$E_m = 3\omega L_m I_0 = 6\pi \times 60 \times (0.06 \times 10^{-3} \times 40) \times 100 = 271.4[A]$

## 23 ☐☐☐

고장 전류의 크기가 커질수록 동작시간이 짧게 되는 특성을 가진 계전기는?

① 순한시 계전기

② 정한시 계전기

③ 반한시 계전기

④ 반한시 정한시 계전기

| 해설

반한시 특성 계전기는 동작 지연 시간이 유동적인 계전기로서, 입력 전류의 크기가 클수록 더 빨리 동작한다.

## 24 ☐☐☐

3상 3선식 송전선에서 한 선의 저항이 10Ω, 리액턴스가 20Ω이며, 수전단의 선간 전압이 60kV, 부하 역률이 0.8인 경우에 전압 강하율이 10%라 하면 이송 전선로로는 약 몇 kW까지 수전할 수 있는가?

① 10,000

② 12,000

③ 14,400

④ 18,000

| 해설

전압 강하율 공식을 이용한다. $\dfrac{P(R + X\tan\theta_r)}{V_r^2}$

$0.01 = \dfrac{P\left(10 + 20 \times \dfrac{0.6}{0.8}\right)}{60000^2}$

$\therefore P = 14400[kW]$

## 25 ☐☐☐

기준 선간 전압 23kV, 기준 3상 용량 5,000kVA, 1선의 유도 리액턴스가 15Ω일 때 % 리액턴스는?

① 28.36%

② 14.18%

③ 7.09%

④ 3.55%

| 해설

3상 정격용량의 단위를 [kVA]로, 기준 선간전압의 단위를 [kV]로 대입할 때는 다음 공식을 적용한다.

$\%Z = \dfrac{P_n Z}{10 V^2}[\%] = \dfrac{5000 \times 15}{10 \times 23^2} = 14.18[\%]$

## 26 ☐☐☐

전력 원선도의 가로축과 세로축을 나타내는 것은?

① 전압과 전류
② 전압과 전력
③ 전류와 전력
④ 유효전력과 무효전력

## 27 ☐☐☐

화력 발전소에서 증기 및 급수가 흐르는 순서는?

① 절탄기 → 보일러 → 과열기 → 터빈 → 복수기
② 보일러 → 절탄기 → 과열기 → 터빈 → 복수기
③ 보일러 → 과열기 → 절탄기 → 터빈 → 복수기
④ 절탄기 → 과열기 → 보일러 → 터빈 → 복수기

## 28 ☐☐☐

연료의 발열량이 430kcal/kg일 때, 화력발전소의 열효율 (%)은? (단, 발전기 출력은 $P_G$[kW], 시간당 연료의 소비량은 B[kg/h]이다.)

① $\frac{P_G}{B} \times 100$

② $\sqrt{2} \times \frac{P_G}{B} \times 100$

③ $\sqrt{3} \times \frac{P_G}{B} \times 100$

④ $2 \times \frac{P_G}{B} \times 100$

## 29 ☐☐☐

송전선로에서 1선 지락 시에 건전상의 전압 상승이 가장 적은 접지방식은?

① 비접지 방식
② 직접 접지 방식
③ 저항 접지 방식
④ 소호 리액터 접지 방식

## 30 ☐☐☐

접지봉으로 탑각의 접지 저항값을 희망하는 접지 저항값까지 줄일 수 없을 때 사용하는 것은?

① 가공지선
② 매설지선
③ 크로스본드선
④ 차폐선

## 31 ☐☐☐

전력 퓨즈(Power Fuse)는 고압, 특고압 기기의 주로 어떤 전류의 차단을 목적으로 설치하는가?

① 충전 전류
② 부하 전류
③ 단락 전류
④ 영상 전류

## 32 ☐☐☐

정전용량이 $C_1$이고, $V_1$의 전압에서 $Q_r$의 무효전력을 발생하는 콘덴서가 있다. 정전용량을 변화시켜 2배로 승압된 전압($2V_1$)에서도 동일한 무효전력 $Q_r$을 발생시키고자 할 때, 필요한 콘덴서의 정전용량 $C_2$는?

① $C_2 = 4C_1$
② $C_2 = 2C_1$
③ $C_2 = \dfrac{1}{2}C_1$
④ $C_2 = \dfrac{1}{4}C_1$

## 33 ☐☐☐

송전 선로에서의 고장 또는 발전기 탈락과 같은 큰 외란에 대하여 계통에 연결된 각 동기기가 동기를 유지하면서 계속 안정적으로 운전할 수 있는지를 판별하는 안정도는?

① 동태 안정도(Dynamic Stability)
② 정태 안정도(Steady - state Stability)
③ 전압 안정도(Voltage Stability)
④ 과도 안정도(Transient Stability)

## 34 ☐☐☐

송전선로의 고장전류 계산에 영상 임피던스가 필요한 경우는?

① 1선 지락
② 3상 단락
③ 3선 단선
④ 선간 단락

| 해설

1선 지락 시 지락 전류의 크기는

$I_g = 3I_0 = \dfrac{3E_a}{Z_0 + Z_1 + Z_2}$ 이므로 영상, 정상, 역상 임피던스가 모두 필요하다.

## 35 ☐☐☐

배전선로의 주상 변압기에서 고압측 - 저압측에 주로 사용되는 보호 장치의 조합으로 적합한 것은?

① 고압측: 컷아웃스위치, 저압측: 캐치홀더
② 고압측: 캐치홀더, 저압측: 컷아웃스위치
③ 고압측: 리클로저, 저압측: 라인퓨즈
④ 고압측: 라인퓨즈, 저압측: 리클로저

| 해설

고장 전류에 대비하기 위해 주상변압기 1차측에는 컷아웃 스위치(COS)가 설치되어 있고, 주상변압기 2차측에는 캐치홀더가 설치되어 있다.

## 36 ☐☐☐

용량 20kVA인 단상 주상 변압기에 걸리는 하루 동안의 부하가 처음 14시간 동안은 20kW, 다음 10시간 동안은 10kW일 때, 이 변압기에 의한 하루 동안의 손실량[Wh]은? (단, 부하의 역률은 1로 가정하고, 변압기의 전 부하 동손은 300W, 철손은 100W이다)

① 6,850
② 7,200
③ 7,350
④ 7,800

| 해설

철손은 항상 일정하고 동손은 부하율의 제곱에 비례한다. 변압기 용량이 20이므로 14시간 동안의 부하율은 1, 10시간 동안의 부하율은 0.5이다. 따라서

철손 = 2400[Wh]이고

동손은 $1^2 \times 300 \times 14 + 0.5^2 \times 300 \times 10 = 4950$[Wh]이다.

해커스 전기기사 필기 한권완성 기초이론 + 기출문제

## 37 ☐☐☐

케이블 단선 사고에 의한 고장점까지의 거리를 정전용량 측정법으로 구하는 경우, 건전상의 정전용량이 $C$, 고장점까지의 정전용량이 $C_x$, 케이블의 길이가 $l$일 때 고장점까지의 거리를 나타내는 식으로 알맞은 것은?

① $\dfrac{C}{C_x}l$

② $\dfrac{2C_x}{C}l$

③ $\dfrac{C_x}{C}l$

④ $\dfrac{C_x}{2C}l$

| 해설

선로 정전용량은 선로 길이에 비례하기 때문에 단선 사고가 나면 정전용량이 줄어든다.

$l : x = C : C_x$로부터 고장점까지의 거리 $x = \dfrac{C_x}{C}l$이다.

## 38 ☐☐☐

수용가의 수용률을 나타낸 식은?

① $\dfrac{\text{합성최대 수용전력[kW]}}{\text{평균 전력[kW]}} \times 100\%$

② $\dfrac{\text{평균 전력[kW]}}{\text{합성최대 수용전력[kW]}} \times 100\%$

③ $\dfrac{\text{부하설비 합계[kW]}}{\text{최대 수용전력[kW]}} \times 100\%$

④ $\dfrac{\text{최대 수용전력[kW]}}{\text{부하설비 합계[kW]}} \times 100\%$

| 해설

수용률이란 총 설비에 대한 최대 수요전력을 비율을 의미한다.

$\dfrac{\text{최대 수용전력}}{\text{설비 용량합계}} \times 100$

## 39 ☐☐☐

% 임피던스에 대한 설명으로 틀린 것은?

① 단위를 갖지 않는다.

② 절대량이 아닌 기준량에 대한 비를 나타낸 것이다.

③ 기기 용량의 크기와 관계없이 일정한 범위의 값을 갖는다.

④ 변압기나 동기기의 내부 임피던스에만 사용할 수 있다.

| 해설

변압기나 동기기의 내부 임피던스뿐만 아니라 송전 선로의 임피던스도 %Z법으로 나타낼 수 있다.

## 40 ☐☐☐

역률 0.8, 출력 320kW인 부하에 전력을 공급하는 변전소에 역률 개선을 위해 전력용 콘덴서 140kVA를 설치했을 때 합성 역률은?

① 0.93

② 0.95

③ 0.97

④ 0.99

| 해설

무효전력＝유효전력×$\tan\theta$이므로 수치를 대입하면 240kVar이다. 따라서 합성 역률

$\cos\theta = \dfrac{P}{\sqrt{P^2 + (Q - Q_c)^2}} = \dfrac{320}{\sqrt{320^2 + 100^2}} = 0.95$

# 제3과목 전기기기

## 41 ☐☐☐

3,300/220[V]의 단상 변압기 3대를 △−Y 결선하고 2차 측 선간에 15kW의 단상 전열기를 접속하여 사용하고 있다. 결선을 △−△로 변경하는 경우 이 전열기의 소비 전력은 몇 kW로 되는가?

① 5
② 12
③ 15
④ 21

| 해설

전열기의 소비 전력은 $P = \dfrac{V^2}{R}$인데 Y결선을 △결선으로 바꾸면 2차측 기전력은 그대로이지만 부하에 걸리는 선간 전압은 처음의 $\dfrac{1}{\sqrt{3}}$배가 된다. 따라서 소비 전력은 전압의 제곱에 비례하므로 전열기의 소비 전력은 $15 \times \dfrac{1}{3} = 5[\text{kW}]$로 바뀐다.

## 42 ☐☐☐

히스테리시스 전동기에 대한 설명으로 틀린 것은?

① 유도전동기와 거의 같은 고정자이다.
② 회전자 극은 고정자 극에 비하여 항상 각도 δh만큼 앞선다.
③ 회전자가 부드러운 외면을 가지므로 소음이 적으며, 순조롭게 회전시킬 수 있다.
④ 구속 시부터 동기속도만을 제외한 모든 속도 범위에서 일정한 히스테리시스 토크를 발생한다.

| 해설

히스테리시스 모터의 고정자는 유도 전동기의 그것과 동일하며, 회전자는 자성체 고리와 비자성체 고리가 접합된 원통 형태이다. 유도 전동기의 회전자 속도가 동기 속도에 뒤지는 것처럼, 회전자 극은 고정자 극에 비하여 항상 각도 $\delta_h$만큼 뒤진다.

## 43 ☐☐☐

직류기에서 계자 자속을 만들기 위하여 전자석의 권선에 전류를 흘리는 것을 무엇이라 하는가?

① 보극
② 여자
③ 보상권선
④ 자화 작용

| 해설

계자, 전기자, 정류자는 직류기의 3대 요소이며 자계를 만들기 위해 계자 권선에 흘려주는 전류를 여자 전류라고 한다.

## 44 ☐☐☐

사이클로 컨버터(Cyclo Converter)에 대한 설명으로 틀린 것은?

① DC−DC Buck 컨버터와 동일한 구조이다.
② 출력 주파수가 낮은 영역에서 많은 장점이 있다.
③ 시멘트 공장의 분쇄기 등과 같이 대용량 저속 교류 전동기 구동에 주로 사용된다.
④ 교류를 교류로 직접 변환하면서 전압과 주파수를 동시에 가변하는 전력 변환기이다.

| 해설

사이클로 컨버터는 AC−AC 변환기이며, 교류의 크기와 주파수를 변환한다.

정답 41 ① 42 ② 43 ② 44 ①

## 45 ☐☐☐

1차 전압은 3,300V이고 1차측 무부하 전류는 0.15A, 철손은 330W인 단상 변압기의 자화 전류는 약 몇 A인가?

① 0.112
② 0.145
③ 0.181
④ 0.231

| 해설

$I_0 = \sqrt{I_i^2 + I_m^2}$ 인데 $I_0 = 0.15$로 주어졌고 $I_i = \dfrac{P_i}{V_1}$으로부터 0.1A이므로 대입하면 $0.15^2 = 0.1^2 + I_m^2$ 이다.

## 46 ☐☐☐

유도 전동기의 안정 운전의 조건은? (단, $T_m$: 전동기 토크, $T_L$: 부하 토크, n: 회전수)

① $\dfrac{dT_m}{dn} < \dfrac{dT_L}{dn}$

② $\dfrac{dT_m}{dn} = \dfrac{dT_L^2}{dn}$

③ $\dfrac{dT_m}{dn} > \dfrac{dT_L}{dn}$

④ $\dfrac{dT_m}{dn} \neq \dfrac{dT_L^2}{dn}$

| 해설

전동기 토크가 부하 토크보다 크면 회전자는 가속되고 대소 관계가 그 반대이면 회전자는 감속되기 때문에 최대토크 기준으로 왼쪽 영역에서 $T_m$곡선과 $T_L$곡선이 만날 경우 불안정 운전 상태이고, 오른쪽 영역에서 $T_m$곡선과 $T_L$곡선이 만날 경우 안정 운전 상태이다. 즉, $\dfrac{dT_m}{dn} > \dfrac{dT_L}{dn}$인 영역은 불안정 운전, $\dfrac{dT_m}{dn} < \dfrac{dT_L}{dn}$인 영역은 안정 운전 상태이다.

## 47 ☐☐☐

3상 권선형 유도 전동기 기동 시 2차측에 외부 가변 저항을 넣는 이유는?

① 회전수 감소
② 기동 전류 증가
③ 기동토크 증가
④ 기동 전류 감소와 기동 토크 증가

| 해설

외부 저항 $r_2$를 변화시켜서 $s_m$이 점점 커져서 1이 된다면 기동 전류가 억제되면서 기동 토크값이 최대 토크가 된다.

## 48 ☐☐☐

극수 4이며 전기자 권선은 파권, 전기자 도체수가 250인 직류발전기가 있다. 이 발전기가 1,200rpm으로 회전할 때 600V의 기전력을 유기하려면 1극당 자속은 몇 Wb인가?

① 0.04
② 0.05
③ 0.06
④ 0.07

| 해설

$E_{파권} = \dfrac{Z}{a}\dfrac{PN\phi}{60}$ (단, $a = 2$)

$\Rightarrow 600 = \dfrac{250}{2}\dfrac{4 \times 1200\phi}{60}$

$\Rightarrow$ 1극당 자속 $\phi = 0.06[\text{Wb}]$

정답    45 ①    46 ①    47 ④    48 ③

## 49 ☐☐☐

발전기 회전자에 유도자를 주로 사용하는 발전기는?

① 수차 발전기
② 엔진 발전기
③ 터빈 발전기
④ 고주파 발전기

| 해설

동기 발전기를 회전자에 의해 분류하면 회전 계자형, 회전 전기자형, 유도자형이 있는데 고주파 발전기는 유도자형의 대표적 예이다.

## 50 ☐☐☐

BJT에 대한 설명으로 틀린 것은?

① Bipolar Junction Thyristor의 약자이다.
② 베이스 전류로 컬렉터 전류를 제어하는 전류제어 스위치이다.
③ MOSFET, IGBT 등의 전압 제어 스위치보다 훨씬 큰 구동 전력이 필요하다.
④ 회로기호 B, E, C는 각각 베이스(Base), 에미터(Emitter), 컬렉터(Collerctor)이다.

| 해설

BJT(Bipolar Junction Transistor)는 일반적인 트랜지스터이며 전류 구동형이라서 큰 구동 전력을 필요로 한다.

## 51 ☐☐☐

3상 유도 전동기에서 회전자가 슬립 $s$로 회전하고 있을 때 2차 유기전압 $E_{2s}$ 및 2차 주파수 $f_{2s}$와 $s$와의 관계는? (단, $E_2$는 회전자가 정지하고 있을 때 2차 유기 기전력이며 $f_1$은 1차 주파수이다)

① $E_{2s} = sE_2,\ f_{2s} = sf_1$

② $E_{2s} = sE_2,\ f_{2s} = \dfrac{f_1}{s}$

③ $E_{2s} = \dfrac{E_2}{s},\ f_{2s} = \dfrac{f_1}{s}$

④ $E_{2s} = (1-s)E_2,\ f_{2s} = (1-s)f_1$

| 해설

회전자에 대한 회전 자계의 상대 속도는 $N_s - N = sN_s$이고, 2차 유기 기전력 크기와 2차 유기 기전력의 주파수도 1차의 $s$배이다.

## 52 ☐☐☐

전류계를 교체하기 위해 우선 변류기 2차측을 단락시켜야 하는 이유는?

① 측정 오차 방지
② 2차측 절연 보호
③ 2차측 과전류 보호
④ 1차측 과전류 방지

| 해설

CT의 2차 개로 시 1차 전류가 모두 여자 전류로 바뀌면서 2차 권선의 절연이 파괴될 수 있기 때문에 2차측을 단락시킨 상태에서 전류계를 교체해야 한다.

정답    49 ④   50 ①   51 ①   52 ②

해커스 전기기사 필기 한권완성 기본이론 + 기출문제

## 53 □□□

단자 전압 220V, 부하 전류 50A인 분권 발전기의 유도 기전력은 몇 V인가? (단, 여기서 전기자 저항은 0.2Ω이며, 계자 전류 및 전기자 반작용은 무시한다)

① 200
② 210
③ 220
④ 230

| 해설

유기 기전력은 $E = I_a R_a + V$이므로 대입하면
$E = 50 \times 0.2 + 220 = 230[\text{V}]$

## 54 □□□

기전력(1상)이 $E_0$이고 동기 임피던스(1상)가 $Z_s$인 2대의 3상 동기 발전기를 무부하로 병렬 운전시킬 때 각 발전기의 기전력 사이에 $\delta_s$의 위상차가 있으면 한쪽 발전기에서 다른 쪽 발전기로 공급되는 1상당의 전력[W]은?

① $\dfrac{E_0}{Z_s} \sin \delta_s$

② $\dfrac{E_0}{Z_s} \cos \delta_s$

③ $\dfrac{E_0^2}{2Z_s} \sin \delta_s$

④ $\dfrac{E_0^2}{2Z_s} \cos \delta_s$

| 해설

유효횡류의 크기가 $\dfrac{E_0}{Z_s} \sin(\delta_s/2)$이고 위상차이가 $\delta_s/2$이므로

유효전력 = 전압 × 전류 × $\cos\theta$

$= E_0 \cdot \dfrac{E_0}{Z_s} \sin(\delta_s/2) \times \cos(\delta_s/2) = \dfrac{E_0^2}{2Z_s} \sin \delta_s$

이다.

## 55 □□□

전압이 일정한 모선에 접속되어 역률 1로 운전하고 있는 동기 전동기를 동기 조상기로 사용하는 경우 여자 전류를 증가시키면 이 전동기는 어떻게 되는가?

① 역률은 앞서고, 전기자 전류는 증가한다.
② 역률은 앞서고, 전기자 전류는 감소한다.
③ 역률은 뒤지고, 전기자 전류는 증가한다.
④ 역률은 뒤지고, 전기자 전류는 감소한다.

| 해설

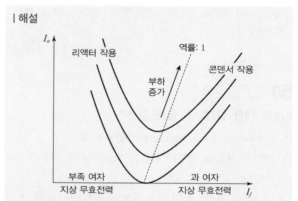

역률 1의 상태에서 여자 전류를 증가시키면 그림과 같이 전기자 전류가 증가하는데 이때의 전기자 전류는 진상 무효 전류이고 진상 역률을 초래한다.
(과여자 ↔ 진상 전류 ↔ 앞선 역률)

## 56 □□□

**직류 발전기의 전기자 반작용에 대한 설명으로 틀린 것은?**

① 전기자 반작용으로 인하여 전기적 중성축을 이동시킨다.
② 정류자 편간 전압이 불균일하게 되어 섬락의 원인이 된다.
③ 전기자 반작용이 생기면 주자속이 왜곡되고 증가하게 된다.
④ 전기자 반작용이란, 전기자 전류에 의하여 생긴 자속이 계자에 의해 발생되는 주자속에 영향을 주는 현상을 말한다.

| 해설

전기자 반작용에 의해 주자속이 방해를 받으므로 주자속은 감소하게 된다.

**정답**　53 ④　54 ③　55 ①　56 ③

## 57 ▢▢▢

단상 변압기 2대를 병렬 운전할 경우, 각 변압기의 부하 전류를 $I_a$, $I_b$, 1차측으로 환산한 임피던스를 $Z_a$, $Z_b$, 백분율 임피던스 강하를 $Z_a$, $Z_b$, 정격 용량을 $P_{an}$, $P_{bn}$ 이라 한다. 이때 부하 분담에 대한 관계로 옳은 것은?

① $\dfrac{I_a}{I_b} = \dfrac{Z_a}{Z_b}$

② $\dfrac{I_a}{I_b} = \dfrac{P_{bn}}{P_{an}}$

③ $\dfrac{I_a}{I_b} = \dfrac{Z_b \times P_{an}}{Z_a \times P_{bn}}$

④ $\dfrac{I_a}{I_b} = \dfrac{Z_a \times P_{an}}{Z_b \times P_{bn}}$

| 해설

부하 분담은 %Z에 반비례하고 변압기 용량에 비례한다.

$$\frac{I_a}{I_b} = \frac{(\%Z_b)\,V}{I_B} \times \frac{I_A}{(\%Z_a)\,V} = \frac{(\%Z_b)\,V I_a}{(\%Z_a)\,V I_b} = \frac{(\%Z_b)\,P_{an}}{(\%Z_a)\,P_{bn}}$$

## 58 ▢▢▢

단상 유도 전압 조정기에서 단락 권선의 역할은?

① 철손 경감
② 절연 보호
③ 전압 강하 경감
④ 전압 조정 용이

| 해설

분로 권선과 직각으로 배치한 단락 권선은 축방향 기자력을 상쇄하도록 작용하며, 따라서 직렬 권선의 누설 리액턴스를 감소시켜 전압 강하를 줄이는 데 효과적이다.

## 59 ▢▢▢

동기 리액턴스 $X_s = 10\,\Omega$, 전기자 권선 저항 $r_a = 0.1\,\Omega$, 3상 중 1상의 유도 기전력 $E = 6,400\,\text{V}$, 단자 전압 $V = 4,000\,\text{V}$, 부하각 $\delta = 30°$이다. 비철극기인 3상 동기 발전기의 출력은 약 몇 kW인가?

① 1,280
② 3,840
③ 5,560
④ 6,650

| 해설

비돌극형의 3상 출력

$$P = \frac{3EV}{X_s}\sin\delta = \frac{3 \times 6400 \times 4000}{10}\sin 30° = 3,840,000\,[\text{W}]$$

## 60 ▢▢▢

60Hz, 6극의 3상 권선형 유도 전동기가 있다. 이 전동기의 정격 부하 시 회전수는 1,140rpm이다. 이 전동기를 같은 공급 전압에서 전부하 토크로 기동하기 위한 외부 저항은 몇 Ω인가? (단, 회전자 권선은 Y결선이며 슬립링 간의 저항은 0.1Ω이다)

① 0.5
② 0.85
③ 0.95
④ 1

| 해설

슬립을 구하면 $s_m = \dfrac{N_s - N}{N_s} = 0.05$

회전자 1상의 저항 $r_2 = \dfrac{0.1}{2} = 0.05$

비례추이 공식

$$\frac{r_2}{s_m} = \frac{r_2 + r}{s_m{}'} \Rightarrow \frac{0.05}{0.05} = \frac{0.05 + r}{1} \Rightarrow r = 0.95\,[\Omega]$$

## 61 ☐☐☐

개루프 전달함수 $G(s)H(s)$로부터 근궤적을 작성할 때 실수축에서의 점근선의 교차점은?

$$G(s)H(s) = \frac{K(s-2)(s-3)}{s(s+1)(s+2)(s+4)}$$

① 2

② 5

③ $-4$

④ $-6$

| 해설

영점 $Z = 2, 3$, $m = 2$ 극점 $p = 0, -1, -2, -4$, $n = 4$이다.

$n - m = 2$, $\sum p = -7$, $\sum Z = 5$을 대입하면

$\delta = \dfrac{\sum p - \sum Z}{n - m} = \dfrac{-7 - 5}{2} = -6$이다.

## 62 ☐☐☐

특성방정식이 $2s_4 + 10s^3 + 11s^2 + 5s + k = 0$으로 주어진 제어 시스템이 안정하기 위한 조건은?

① $0 < K < 2$

② $0 < K < 5$

③ $0 < K < 6$

④ $0 < K < 10$

| 해설

루스표 제1열의 숫자들이 모두 같은 부호라야 한다.

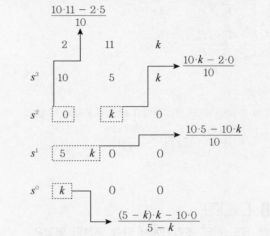

$$\frac{10 \cdot 11 - 2 \cdot 5}{10}$$

|       |   |    |   |
|-------|---|----|---|
|       | 2 | 11 | k |
| $s^3$ | 10 | 5 | k |
| $s^2$ | $0$ | $k$ | 0 |
| $s^1$ | $5$ | $k$ | 0 | 0 |
| $s^0$ | $k$ | 0 | 0 |

$$\frac{10 \cdot k - 2 \cdot 0}{10}$$

$$\frac{10 \cdot 5 - 10 \cdot k}{10}$$

$$\frac{(5 - k) \cdot k - 10 \cdot 0}{5 - k}$$

$5 - k > 0$, $k > 0$ 따라서 $0 < k < 5$이다.

## 63 ☐☐☐

신호흐름 선도에서 전달함수 $\dfrac{C(s)}{R(s)}$는?

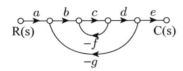

① $\dfrac{abcde}{1-cg+bcdg}$

② $\dfrac{abcde}{1-cf+bcdg}$

③ $\dfrac{abcde}{1+cf-bcdg}$

④ $\dfrac{abcde}{1+cf+bcdg}$

| 해설

하나뿐인 전향경로의 이득 $G_1=abcde$이고 $G_1$과 만나지 않는 루프는 없으므로 $\Delta_1=1-0$이다. 루프는 2개이므로 $\Sigma l_1=-cf-bcdg$이고 서로 만나므로 $\sum l_2=0$이다. 따라서 분모는 $1+(cf+bcdg)$이다.

## 64 ☐☐☐

적분 시간 3sec, 비례 감도가 3인 비례적분동작을 하는 제어 요소가 있다. 이 제어 요소에 동작 신호 $x(t)=2t$를 주었을 때 조작량은 얼마인가? (단, 초기 조작량 $y(t)$는 0으로 한다)

① $t^2+2t$  ② $t^2+4t$

③ $t^2+6t$  ④ $t^2+8t$

| 해설

$k=3$, $T_i=3$

비례적분 제어계의 조작량

$$y(t)=k\cdot\left[x(t)+\dfrac{1}{T_i}\int_0^t x(t)dt\right]=3\cdot\left[2t+\dfrac{1}{3}\int_0^t 2tdt\right]$$
$$=6t+t^2$$

## 65 ☐☐☐

$\overline{A}+\overline{B}\cdot\overline{C}$와 등가인 논리식은?

① $\overline{\mathrm{A}\cdot(\mathrm{B}+\mathrm{C})}$

② $\overline{\mathrm{A}+\mathrm{B}\cdot\mathrm{C}}$

③ $\overline{\mathrm{A}\cdot\mathrm{B}+\mathrm{C}}$

④ $\overline{\mathrm{A}\cdot\mathrm{B}}+\mathrm{C}$

| 해설

드모르간 정리 $\overline{\mathrm{A}+\mathrm{B}}=\overline{\mathrm{A}}\cdot\overline{\mathrm{B}}$를 이용한다.

## 66 ☐☐☐

블록선도와 같은 단위 피드백 제어 시스템의 상태방정식은?

(단, 상태 변수는 $x_1(t) = c(t)$, $x_2(t) = \frac{d}{dt}c(t)$로 한다)

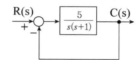

① $\dot{x}_1(t) = x_2(t)$

   $\dot{x}_2(t) = -5 \cdot x_1(t) - 1 \cdot x_2(t) + 5r(t)$

② $\dot{x}_1(t) = x_2(t)$

   $\dot{x}_2(t) = -5 \cdot x_1(t) - 1 \cdot x_2(t) - 5r(t)$

③ $\dot{x}_1(t) = -x_2(t)$

   $\dot{x}_2(t) = 5 \cdot x_1(t) + 1 \cdot x_2(t) - 5r(t)$

④ $\dot{x}_1(t) = -x_2(t)$

   $\dot{x}_2(t) = -5 \cdot x_1(t) - 1 \cdot x_2(t) + 5r(t)$

| 해설

상태방정식으로부터 전달함수를 구할 때는 $sI - A$의 역행렬을 구한 뒤 왼쪽 C행렬을, 오른쪽 B행렬을 곱하면 된다. 이 문제와 같이 전달함수가 주어지면 미분방정식을 세워야 상태방정식을 구할 수 있다.

제어계의 전달함수 $= \dfrac{G(s)}{1 + G(s)} = \dfrac{5}{s^2 + s + 5}$

$s^2 C(s) + s C(s) + 5 C(s) = 5R(s)$

역라플라스 취하면 $\dfrac{d^2}{dt^2}c(t) + \dfrac{d}{dt}c(t) + 5c(t) = 5r(t)$

$c(t)$를 $x_1(t)$로, $\dfrac{d}{dt}c(t)$는 $x_2(t)$로, $\dfrac{d^2}{dt^2}c(t)$는 $\dot{x}_2(t)$로 치환

하면, $\dot{x}_1(t) = 0 \cdot x_1(t) + 1 \cdot x_2(t)$ ······ (i)식이고

$\dot{x}_2(t) + x_2(t) + 5x_1(t) = 5r(t)$이므로 이항하면

$\dot{x}_2(t) = -5 \cdot x_1(t) - 1 \cdot x_2(t) + 5r(t)$ ······ (ii)식이다.

## 67 ☐☐☐

2차 제어시스템의 감쇠율(Damping Ratio, ζ)이 ζ < 0인 경우 제어시스템의 과도응답 특성은?

① 발산
② 무제동
③ 임계제동
④ 과제동

| 해설

특성근 $s = -\zeta \omega_n \pm \omega_n \sqrt{\zeta^2 - 1}$에서 $\zeta < 0$이면 불안정(발산)이다.

## 68 ☐☐☐

$e(t)$의 z변환을 $E(z)$라고 했을 때 $e(t)$의 **최종값** $e(\infty)$은?

① $\displaystyle\lim_{z \to 1} E(z)$

② $\displaystyle\lim_{z \to \infty} E(z)$

③ $\displaystyle\lim_{z \to 1} (1 - z^{-1}) E(z)$

④ $\displaystyle\lim_{z \to \infty} (1 - z^{-1}) E(z)$

| 해설

최종값 정리

$\displaystyle\lim_{t \to \infty} f(t)$를 라플라스 변환하면 $\displaystyle\lim_{s \to 0} sF(s)$이고 z변환하면

$\displaystyle\lim_{z \to 1} (1 - \frac{1}{z}) F(z)$이다.

## 69 ☐☐☐

블록선도의 제어시스템은 단위 램프 입력에 대한 정상상태 오차(정상편차)가 0.01이다. 이 제어시스템의 제어요소인 $GC_1(s)$의 k는?

$$G_{C1}(s) = k, \ G_{C2}(s) = \frac{1+0.1s}{1+0.2s},$$
$$G_P(s) = \frac{200}{s(s+1)(s+2)}$$

① 0.1

② 1

③ 10

④ 100

| 해설

입력 선호가 램프 함수이므로 1형 제어계에 해당한다. 정상상태 오차 $e_{sv} = \dfrac{1}{\lim\limits_{s \to 0} s^1 G} = 0.01$ 이므로

$$\lim_{s \to 0} s^1 G_{C1} G_{C2} G_P = \lim_{s \to 0} k \frac{1+0.1s}{1+0.2s} \frac{200}{(s+1)(s+2)} = 100$$

따라서 $k = 1$이다.

## 70 ☐☐☐

블록선도의 전달함수 $\dfrac{C(s)}{R(s)}$ 는?

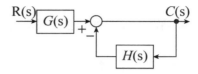

① $\dfrac{G(s)}{1+H(s)}$

② $\dfrac{G(s)}{1+G(s)H(s)}$

③ $\dfrac{1}{1+H(s)}$

④ $\dfrac{1}{1+G(s)H(s)}$

| 해설

메이슨 공식을 적용한다.

$$\frac{C(s)}{R(s)} = \frac{G(s)}{1-(-H(s))} = \frac{G(s)}{1+H(s)}$$

## 71 ☐☐☐

특성 임피던스가 400Ω인 회로 말단에 1,200Ω의 부하가 연결되어 있다. 전원측에 20kV의 전압을 인가할 때 반사파의 크기[kV]는? (단, 선로에서의 전압 감쇠는 없는 것으로 간주한다)

① 3.3

② 5

③ 10

④ 33

| 해설

직렬 임피던스가 400Ω인 선로와 직렬 임피던스가 1200Ω인 선로가 만나는 경계점에서 입사파의 일부가 반사한다.

전파 속도 $Z_1 = 400$, $Z_2 = 1200$을 대입하면

반사 계수 $\dfrac{Z_2 - Z_1}{Z_1 + Z_2} = \dfrac{800}{1600} = 0.5$이고

반사파 크기 $= 0.5 \times 20[\text{kV}]$이다.

## 72 ☐☐☐

그림과 같은 H형 4단자 회로망에서 4단자 정수(전송파라미터) A는? (단, $V_1$은 입력 전압이고, $V_2$는 출력 전압이고, A는 출력 개방 시 회로망의 전압 이득 $\dfrac{V_2}{V_1}$ 이다)

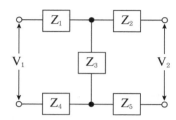

① $\dfrac{Z_1 + Z_2 + Z_3}{Z_3}$

② $\dfrac{Z_1 + Z_3 + Z_4}{Z_3}$

③ $\dfrac{Z_2 + Z_3 + Z_5}{Z_3}$

④ $\dfrac{Z_3 + Z_4 + Z_5}{Z_3}$

| 해설

2차측을 개방시켜서 $I_2 = 0$으로 만들면 $Z_2$와 $Z_3$에는 전류가 흐르지 않고 $Z_3$에 걸리는 전압은 $V_2$이다.

전압 분배 법칙을 적용하면 $V_2 = \dfrac{Z_3}{Z_1 + Z_3 + Z_4} \times V_1$인데,

$A = \left. \dfrac{V_1}{V_2} \right|_{I_2 = 0}$ 의 분모에 대입하면

$A = \dfrac{Z_1 + Z_3 + Z_4}{Z_3}$ 이다.

## 73 ☐☐☐

$F(s) = \dfrac{2s^2 + s - 3}{s(s+1)(s+3)}$의 라플라스 역변환은?

① $1 - e^{-t} + 2e^{-3t}$

② $1 - e^{-t} - 2e^{-3t}$

③ $-1 - e^{-t} - 2e^{-3t}$

④ $-1 + e^{-t} + 2e^{-3t}$

| 해설

$F(s) = \dfrac{2s^2 + s - 3}{s(s+1)(s+3)}$를 3개의 분수식으로 분리하면

$\dfrac{k_1}{s} + \dfrac{k_2}{s+1} + \dfrac{k_3}{s+3}$이며, 통분하여 분자의 계수끼리 비교하면

$2 = k_1 + k_2 + k_3$, $1 = 4k_1 + 3k_2 + k_3$, $-3 = 3k_1$

연립하면 $k_1 = -1$, $k_2 = 1$, $k_3 = 2$

따라서 $F(s) = -\dfrac{1}{s} + \dfrac{1}{s+1} + \dfrac{2}{s+3}$

라플라스 역변환시키면 $f(t) = -1 + e^{-t} + 2e^{-3t}$

## 74 ☐☐☐

△결선된 평형 3상 부하로 흐르는 선전류가 $I_a$, $I_b$, $I_c$일 때, 이 부하로 흐르는 영상분 전류 $I_0$[A]는?

① $3I_a$

② $I_a$

③ $\dfrac{1}{3} I_a$

④ $0$

| 해설

3상 평형 전류에서 $\dot{I_a} + \dot{I_b} + \dot{I_c} = 0$이므로 영상 전류

$I_0 = \dfrac{1}{3}(I_a + I_b + I_c)$도 0이다.

# 75 ☐☐☐

저항 $R = 15\Omega$과 인덕턴스 $L = 3\text{mH}$를 병렬로 접속한 회로의 서셉턴스의 크기는 약 몇 ℧인가?

(단, $\omega = 2\pi \times 10^5$)

① $3.2 \times 10^{-2}$

② $8.6 \times 10^{-3}$

③ $5.3 \times 10^{-4}$

④ $4.9 \times 10^{-5}$

| 해설

$\omega L = (2\pi \times 10^5)(3 \times 10^{-3}) = 600\pi$

병렬접속이므로 어드미턴스 $Y = G + jB = \dfrac{1}{R} + \dfrac{1}{j\omega L}$이고, 어

드미턴스의 허수부 $-\dfrac{1}{\omega L} = -\dfrac{1}{600\pi}$이 서셉턴스이고, 서셉턴

스의 크기는 $\dfrac{1}{600\pi} = 5.31 \times 10^{-4}$이다.

# 76 ☐☐☐

그림과 같이 △회로를 Y회로로 등가 변환하였을 때 임피던스 $Z_a[\Omega]$는?

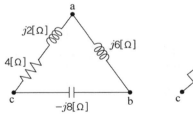 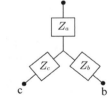

① $12$

② $-3 + j6$

③ $4 - j8$

④ $6 + j8$

| 해설

△결선을 Y결선으로 바꿀 때의 등가저항 식을 이용하면 등가

저항 $= \dfrac{\text{둘의 곱}}{\text{전체 합}}$이므로

$Z_a = \dfrac{(4+j2)j6}{4+j(2+6-8)} = \dfrac{-12+j24}{4} = -3+j6$

$Z_b = \dfrac{j6(-j8)}{4} = 12$

$Z_c = \dfrac{-j8(4+j2)}{4} = 4-j8$이다.

## 77 ⬜⬜⬜

회로에서 $t=0$초일 때 닫혀 있는 스위치 $S$를 열었다. 이

때 $\dfrac{dv(0^+)}{dt}$의 값은? (단, C의 초기 전압은 0V이다)

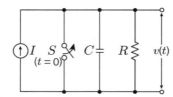

① $\dfrac{1}{RI}$

② $\dfrac{C}{I}$

③ $RI$

④ $\dfrac{I}{C}$

| 해설

스위치가 닫혀 있는 동안에는 $C$ 또는 $R$ 쪽으로 전류가 흐르지 않는다. 스위치를 열면 $RC$ 병렬 회로가 되고 전류원에서 나온 전류가 $C$와 $R$로 나뉘어 흘러야 하지만 처음에 $C$는 단락 상태로 간주해도 되므로 전체 전류가 $C$쪽으로만 흐른다. $C$에 걸린

전압이 $v(t)$이고 충전 전류 $i=\dfrac{dq(t)}{dt}=C\dfrac{dv(t)}{dt}$

$\lim\limits_{t\to 0}i=\left. C\dfrac{dv(t)}{dt}\right|_{t=0}$

$\dfrac{I}{C}=\left.\dfrac{dv(t)}{dt}\right|_{t=0}$

## 78 ⬜⬜⬜

회로에서 전압 $V_{ab}$[V]는?

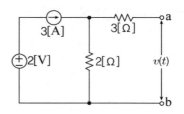

① 2

② 3

③ 6

④ 9

| 해설

$a-b$ 두 단자 간의 개방 전압을 구하는 문제이므로 3Ω으로는 전류가 흐르지 않아서 $V_{ab}$는 2Ω에 걸리는 전압과 같다. 전압원만 남기고 전류원을 개방하면 폐회로가 형성되지 않으므로 $I'=0$이다. 전류원만 남기고 전압원을 단락하면 3A의 전류가 2Ω쪽으로만 흐르므로 $I''=3$이다. 따라서 합성 전류$=0+3A$이고 2Ω에 걸리는 전압은 $3A\times 2\Omega=6V$이다.

## 79 ☐☐☐

전압 및 전류가 다음과 같을 때 유효전력[W] 및 역률[%]은 각각 약 얼마인가?

$$v(t) = 100\sin\omega t - 50\sin(3\omega t + 30°)$$
$$\qquad + 20\sin(5\omega t + 45°) \, [\text{V}]$$
$$i(t) = 20\sin(\omega t + 30°) + 10\sin(3\omega t - 30°)$$
$$\qquad + 5\sin(5\omega t + 90°) \, [\text{A}]$$

① 825W, 48.6%

② 776.4W, 59.7%

③ 1,120W, 77.4%

④ 1,850W, 89.6%

| 해설

$P = E_0 I_0 + \sum_{n=1}^{m} V_n I_n \cos\theta_n$ 인데, 주어진 전압과 전류는 직류 성분은 없고 기본파, 3고조파, 5고조파 성분만 있다.

$v(t) = 100\sin\omega t - 50\sin(3\omega t + 30°) + 20\sin(5\omega t + 45°)$

$i(t)$
$= 20\sin(\omega t + 30°) + 10\sin(3\omega t - 30°) + 5\sin(5\omega t + 90°)$

$= \dfrac{100}{\sqrt{2}}\dfrac{20}{\sqrt{2}}\cos(-30°) + \dfrac{-50}{\sqrt{2}}\dfrac{10}{\sqrt{2}}\cos(60°)$

$\quad + \dfrac{20}{\sqrt{2}}\dfrac{5}{\sqrt{2}}\cos(-45°) = 776.38 \,[\text{W}]$

전압의 실횻값 $= \sqrt{(\dfrac{100}{\sqrt{2}})^2 + (\dfrac{50}{\sqrt{2}})^2 + (\dfrac{20}{\sqrt{2}})^2} = 80.3$

전류의 실횻값 $= \sqrt{(\dfrac{20}{\sqrt{2}})^2 + (\dfrac{10}{\sqrt{2}})^2 + (\dfrac{5}{\sqrt{2}})^2} = 16.2$

역률 $= \dfrac{\text{유효전력}}{\text{피상전력}} = \dfrac{776.38}{80.3 \times 16.2} = 59.68$

## 80 ☐☐☐

△결선된 대칭 3상 부하가 0.5Ω인 저항만의 선로를 통해 평형 3상 전압원에 연결되어 있다. 이 부하의 소비전력이 1,800W이고 역률이 0.8(지상)일 때, 선로에서 발생하는 손실이 50W이면 부하의 단자 전압V의 크기는?

① 627

② 525

③ 326

④ 225

| 해설

$P = \sqrt{3}\,VI\cos\theta$ 인데, 전류가 주어져 있지 않으므로 선로 손실의 크기로부터 전류를 구한다.

$P_l = 3I^2 R$ 로부터 전류 $= \sqrt{\dfrac{100}{3}}\,[\text{A}]$,

단자 전압 $V = \dfrac{P}{\sqrt{3}\,I\cos\theta} = \dfrac{1800}{\sqrt{3} \times \sqrt{100/3} \times 0.8} = 225\,[\text{V}]$

## 81 ☐☐☐

사용 전압이 22.9kV인 가공 전선로의 다중 접지한 중성선과 첨가 통신선의 이격 거리는 몇 cm 이상이어야 하는가? (단, 특고압 가공 전선로는 중성선 다중 접지식의 것으로 전로에 지락이 생긴 경우 2초 이내에 자동적으로 이를 전로로부터 차단하는 장치가 되어 있는 것으로 한다)

① 60
② 75
③ 100
④ 120

| 해설

**가공 전선과 첨가 통신선과의 이격 거리**

| 가공전선 | | 통신선 | |
|---|---|---|---|
| | | 그 외 | 첨가 통신용 제2종 케이블 또는 광섬유 케이블 |
| 저압 | 일반 | 0.6m 이상 | |
| | 절연 전선 또는 케이블 | 0.3m 이상 | |
| | 인입선 | | 0.15m 이상 |
| 고압 | 일반 | 0.6m 이상 | |
| | 케이블 | 0.3m 이상 | |
| 특고압 | 다중 접지 중성선 | 0.6m 이상 | |
| | 케이블 | 0.3m 이상 | |
| | 25[kV] 이하 | 0.75m 이상 | |
| | 그 외 | 1.2m 이상 | |

## 82 ☐☐☐

다음 (    )에 들어갈 내용으로 옳은 것은?

지중 전선로는 기설 지중 약전류 전선로에 대하여 ( ⓐ ) 또는 ( ⓑ )에 의하여 통신상의 장해를 주지 않도록 기설 약전류 전선로로부터 충분히 이격시키거나 기타 적당한 방법으로 시설하여야 한다.

① ⓐ 누설 전류, ⓑ 유도 작용
② ⓐ 단락 전류, ⓑ 유도 작용
③ ⓐ 단락 전류, ⓑ 정전 작용
④ ⓐ 누설 전류, ⓑ 정전 작용

| 해설

지중 전선로는 기설 지중 약전류 전선로에 대하여 누설 전류 또는 유도 작용에 의하여 통신상의 장해를 주지 않도록 기설 약전류 전선로로부터 충분히 이격시키거나 기타 적당한 방법으로 시설하여야 한다.

## 83 ☐☐☐

전격 살충기의 전격 격자는 지표 또는 바닥에서 몇 m 이상의 높은 곳에 시설하여야 하는가?

① 1.5
② 2
③ 2.8
④ 3.5

| 해설

전격 격자는 지표 또는 바닥에서 3.5m 이상의 높은 곳에 시설할 것

## 84 ▢▢▢

사용 전압이 154kV인 모선에 접속되는 전력용 커패시터에 울타리를 시설하는 경우 울타리의 높이와 울타리로부터 충전 부분까지 거리의 합계는 몇 m 이상 되어야 하는가?

① 2

② 3

③ 5

④ 6

| 해설

| 사용전압 | 울타리·담 등의 높이와 울타리·담 등으로부터 충전 부분까지의 거리의 합계 |
|---|---|
| 35kV 이하 | 5m |
| 35kV 초과 160kV 이하 | 6m |
| 160kV 초과 | 거리의 합계 $= 6 + $ 단수 $\times 0.12$[m] <br> 단수 $= \dfrac{\text{사용전압[kV]} - 160}{10}$ |

## 85 ▢▢▢

사용 전압이 22.9kV인 가공 전선이 삭도와 제1차 접근 상태로 시설되는 경우, 가공 전선과 삭도 또는 삭도용 지주 사이의 이격 거리는 몇 m 이상으로 하여야 하는가? (단, 전선으로는 특고압 절연 전선을 사용한다)

① 0.5       ② 1

③ 2       ④ 2.12

| 해설

**특고압 가공 전선과 삭도의 접근 또는 교차**

| 사용 전압 | 전선 | 이격 거리 |
|---|---|---|
| 35kV 이하 | 일반 | 2m |
| | 특고압 절연 전선 사용 | 1m |
| | 케이블 | 0.5m |
| 35kV 초과 60kV 이하 | | 2m |
| 60kV 초과 | | $2 + $ 단수 $\times 0.12$ <br> 단수 $= \dfrac{\text{전압[kV]} - 60}{10}$ |

## 86 ▢▢▢

사용 전압이 22.9kV인 가공 전선로를 시가지에 시설하는 경우 전선의 지표상 높이는 몇 m 이상인가? (단, 전선은 특고압 절연 전선을 사용한다)

① 6

② 7

③ 8

④ 10

| 해설

전선의 높이는 35kV 이하인 경우에는 10m(전선이 특고압 절연 전선인 경우 8m), 35kV 초과하는 경우에는 10m에 35kV를 초과하는 10kV 또는 그 단수마다 0.12m를 더한 값일 것

## 87 ▢▢▢

저압 옥내 배선에 사용하는 연동선의 최소 굵기는 몇 mm² 인가?

① 1.5

② 2.5

③ 4.0

④ 6.0

| 해설

저압 옥내 배선의 전선은 단면적 2.5mm² 이상의 연동선 또는 이와 동등 이상의 강도 및 굵기일 것

정답   84 ④  85 ②  86 ③  87 ②

## 88 ☐☐☐

"리플프리(Ripple - ree)직류"란 교류를 직류로 변환할 때 리플 성분의 실횻값이 몇 [%] 이하로 포함된 직류를 말하는가?

① 3

② 5

③ 10

④ 15

| 해설

리플 프리(Ripple - free) 직류: 교류를 직류로 변환할 때 리플 성분의 실횻값이 10% 이하로 포함된 직류

## 89 ☐☐☐

저압 전로의 보호 도체 및 중성선의 접속 방식에 따른 접지 계통의 분류가 아닌 것은?

① IT 계통

② TN 계통

③ TT 계통

④ TC 계통

| 해설

접지 계통은 TN 계통, TT 계통, IT 계통으로 분류한다.

## 90 ☐☐☐

수소 냉각식 발전기 및 이에 부속하는 수소 냉각 장치에 대한 시설 기준으로 틀린 것은?

① 발전기 내부의 수소의 온도를 계측하는 장치를 시설할 것

② 발전기 내부의 수소의 순도가 70[%] 이하로 저하한 경우에 경보를 하는 장치를 시설할 것

③ 발전기는 기밀 구조의 것이고 또한 수소가 대기압에서 폭발하는 경우에 생기는 압력에 견디는 강도를 가지는 것일 것

④ 발전기 내부의 수소의 압력을 계측하는 장치 및 그 압력이 현저히 변동한 경우에 이를 경보하는 장치를 시설할 것

| 해설

발전기 내부의 수소의 순도가 85[%] 이하로 저하되는 경우에 경보하는 장치를 시설할 것

## 91 ☐☐☐

저압 절연 전선으로 「전기용품 및 생활용품 안전관리법」의 적용을 받는 것 이외에 KS에 적합한 것으로서 사용할 수 없는 것은?

① 450/750[V] 고무 절연 전선
② 450/750[V] 비닐 절연전선
③ 450/750[V] 알루미늄 절연 전선
④ 450/750[V] 저독성 난연 폴리올레핀 절연 전선

| 해설
절연전선
• 450/750[V] 비닐 절연 전선
• 450/750[V] 저독성 난연 폴리올레핀 절연 전선
• 450/750[V] 저독성 난연 가교 폴리올레핀 절연 전선
• 450/750[V] 고무 절연 전선

## 92 ☐☐☐

전기 철도 차량에 전력을 공급하는 전차선의 가선 방식에 포함되지 않는 것은?

① 가공 방식
② 강체 방식
③ 제3레일 방식
④ 지중 조가선 방식

| 해설
전차선의 가선 방식은 열차의 속도 및 노반의 형태, 부하 전류 특성에 따라 적합한 방식을 채택하여야 하며, 가공 방식, 강체 방식, 제3레일 방식을 표준으로 한다.

## 93 ☐☐☐

금속제 가요 전선관 공사에 의한 저압 옥내 배선의 시설 기준으로 틀린 것은?

① 가요 전선관 안에는 전선에 접속점이 없도록 한다.
② 옥외용 비닐 절연 전선을 제외한 절연 전선을 사용한다.
③ 점검할 수 없는 은폐된 장소에는 1종 가요 전선관을 사용할 수 있다.
④ 2종 금속제 가요 전선관을 사용하는 경우에 습기 많은 장소에 시설하는 때에는 비닐 피복 2종 가요 전선관으로 한다.

| 해설
가요 전선관은 2종 금속제 가요 전선관 일 것(1종 금속제 가요 전선관은 전개된 장소 또는 점검할 수 있는 은폐된 장소에 한함)

## 94 ☐☐☐

터널 안의 전선로의 저압 전선이 그 터널 안의 다른 저압 전선(관등회로의 배선은 제외한다.)·약전류 전선 등 또는 수관·가스관이나 이와 유사한 것과 접근하거나 교차하는 경우, 저압 전선을 애자 공사에 의하여 시설하는 때에는 이격 거리가 몇 cm 이상이어야 하는가? (단, 전선이 나전선이 아닌 경우이다)

① 10
② 15
③ 20
④ 25

| 해설
터널 안의 전선로의 저압 전선이 그 터널 안의 다른 저압 전선·약전류 전선 등 또는 수관·가스관이나 이와 유사한 것과 접근하거나 교차하는 경우에는 0.1m(애자공사에 의하여 시설하는 저압 옥내 배선이 나전선인 경우 0.3m) 이상이어야 한다.

정답  91 ③  92 ④  93 ③  94 ①

## 95 ☐☐☐

전기 철도의 설비를 보호하기 위해 시설하는 피뢰기의 시설 기준으로 틀린 것은?

① 피뢰기는 변전소 인입측 및 급전선 인출측에 설치하여야 한다.

② 피뢰기는 가능한 한 보호하는 기기와 가깝게 시설하되 누설 전류 측정이 용이하도록 지지대와 절연하여 설치한다.

③ 피뢰기는 개방형을 사용하고 유효 보호 거리를 증가시키기 위하여 방전 개시 전압 및 제한 전압이 낮은 것을 사용한다.

④ 피뢰기는 가공 전선과 직접 접속하는 지중 케이블에서 낙뢰에 의해 절연 파괴의 우려가 있는 케이블 단말에 설치하여야 한다.

| 해설
피뢰기는 밀봉형을 사용하고 유효 보호 거리를 증가시키기 위하여 방전 개시 전압 및 제한 전압이 낮은 것을 사용한다.

## 96 ☐☐☐

전선의 단면적이 38mm²인 경동 연선을 사용하고 지지물로는 B종 철주 또는 B종 철근 콘크리트주를 사용하는 특고압 가공 전선로를 제3종 특고압 보안 공사에 의하여 시설하는 경우 경간은 몇 m 이하이어야 하는가?

① 100
② 150
③ 200
④ 250

| 해설

| 지지물의 종류 | 제3종 특고압 보안공사 | 전선의 굵기에 따른 경간 | |
|---|---|---|---|
| 목주 · A종 철주 또는 A종 철근 콘크리트주 | 100m | 38mm² 이상인 경동 연선 | 150m |
| B종 철주 또는 B종 철근 콘크리트주 | 200m | 55mm² 이상인 경동 연선 | 250m |
| 철탑 | 400m (단주인 경우 300m) | | 600m 이하 (단주인 경우 400m) |

## 97 ☐☐☐

태양광 설비에 시설하여야 하는 계측기의 계측 대상에 해당하는 것은?

① 전압과 전류
② 전력과 역률
③ 전류와 역률
④ 역률과 주파수

| 해설
전압과 전류 또는 전압과 전력을 계측하는 장치를 시설하여야 한다.

## 98 □□□

교통 신호등 회로의 사용 전압이 몇 V를 넘는 경우는 진로에 지락이 생겼을 경우 자동적으로 전로를 차단하는 누전 차단기를 시설하는가?

① 60
② 150
③ 300
④ 450

| 해설

교통 신호등 회로의 사용 전압이 150V를 넘는 경우는 전로에 지락이 생겼을 때 자동적으로 전로를 차단하는 누전 차단기를 시설할 것

## 99 □□□

가공 전선로의 지지물에 시설하는 지선으로 연선을 사용할 경우, 소선(素線)은 몇 가닥 이상이어야 하는가?

① 2
② 3
③ 5
④ 9

| 해설

지선에 연선을 사용할 경우, 소선 3가닥 이상의 연선을 사용하여야 한다.

## 100 □□□

저압 전로에서 정전이 어려운 경우 등 절연 저항 측정이 곤란한 경우 저항 성분의 누설 전류가 몇 mA 이하이면 그 전로의 절연 성능은 적합한 것으로 보는가?

① 1
② 2
③ 3
④ 4

| 해설

사용 전압이 저압인 전로에서 정전이 어려운 경우 등 절연 저항 측정이 곤란한 경우에는 누설 전류를 1mA 이하로 유지하여야 한다.

## 제1과목 전기자기학

### 01 ☐☐☐

두 종류의 유전율($\epsilon_1$, $\epsilon_2$)을 가진 유전체 경계면에 진전하가 존재하지 않을 때 성립하는 경계조건을 옳게 나타낸 것은? (단, $\theta_1$, $\theta_2$는 각각 유전체 경계면의 법선벡터와 $E_1$, $E_2$가 이루는 각이다)

① $E_1\cos\theta_1 = E_2\cos\theta_2$, $D_1\sin\theta_1 = D_2\sin\theta_2$,

$\dfrac{\tan\theta_1}{\tan\theta_2} = \dfrac{\epsilon_2}{\epsilon_1}$

② $E_1\cos\theta_1 = E_2\cos\theta_2$, $D_1\sin\theta_1 = D_2\sin\theta_2$,

$\dfrac{\tan\theta_1}{\tan\theta_2} = \dfrac{\epsilon_1}{\epsilon_2}$

③ $E_1\sin\theta_1 = E_2\sin\theta_2$, $D_1\cos\theta_1 = D_2\cos\theta_2$,

$\dfrac{\tan\theta_1}{\tan\theta_2} = \dfrac{\epsilon_2}{\epsilon_1}$

④ $E_1\sin\theta_1 = E_2\sin\theta_2$, $D_1\cos\theta_1 = D_2\cos\theta_2$,

$\dfrac{\tan\theta_1}{\tan\theta_2} = \dfrac{\epsilon_1}{\epsilon_2}$

| 해설

• 전계의 접선성분의 연속: $E_1\sin\theta_1 = E_2\sin\theta_2$
• 전속밀도의 법선성분의 연속: $D_1\cos\theta_1 = D_2\cos\theta_2$
• 경계조건: $\dfrac{\tan\theta_1}{\tan\theta_2} = \dfrac{\epsilon_1}{\epsilon_2}$

### 02 ☐☐☐

공기 중에서 반지름 $0.03$m의 구도체에 줄 수 있는 최대 전하는 약 몇 C인가? (단, 이 구도체의 주위 공기에 대한 절연내력은 $5 \times 10^6$V/m이다)

① $5 \times 10^{-7}$

② $2 \times 10^{-6}$

③ $5 \times 10^{-5}$

④ $2 \times 10^{-4}$

| 해설

• 전계의 세기(절연내력): $E = \dfrac{Q}{4\pi\epsilon_0 r^2} = 5 \times 10^6 \, [\text{V/m}]$

• 최대전하: $Q = 4\pi\epsilon_0 r^2 E$

$= \dfrac{1}{9 \times 10^9} \times 0.03^2 \times (5 \times 10^6) = 5 \times 10^{-7} \, [\text{C}]$

## 03 ☐☐☐

진공 중의 평등자계 $H_0$ 중에 반지름이 $a[\text{m}]$이고, 투자율이 $\mu$인 구 자성체가 있다. 이 구 자성체의 감자율은? (단, 구 자성체 내부의 자계는 $H = \dfrac{3\mu_0}{2\mu_0 + \mu} H_0$이다)

① 1

② $\dfrac{1}{2}$

③ $\dfrac{1}{3}$

④ $\dfrac{1}{4}$

| 해설

- 자기감자력: $H' = \dfrac{N}{\mu_0} J$

- 구자성체의 감자율: $N = \dfrac{1}{3}$

- 환상솔레노이드의 감자율: $N = 0$

## 04 ☐☐☐

유전율 $\epsilon$, 전계의 세기 $E$인 유전체의 단위 체적당 축적되는 정전에너지는?

① $\dfrac{E}{2\epsilon}$

② $\dfrac{\epsilon E}{2}$

③ $\dfrac{\epsilon E^2}{2}$

④ $\dfrac{\epsilon^2 E^2}{2}$

| 해설

전계의 단위 체적당 에너지밀도:

$$w = \dfrac{1}{2} ED = \dfrac{\epsilon E^2}{2} = \dfrac{D^2}{2\epsilon} [\text{J/m}^3]$$

## 05 ☐☐☐

단면적이 균일한 환상철심에 권수 $N_A$인 A코일과 권수 $N_B$인 B코일이 있을 때, B코일의 자기 인덕턴스가 $L_A[\text{H}]$라면 두 코일의 상호 인덕턴스[H]는? (단, 누설자속은 0이다)

① $\dfrac{L_A N_A}{N_B}$

② $\dfrac{L_A N_B}{N_A}$

③ $\dfrac{N_A}{L_A N_B}$

④ $\dfrac{N_B}{L_A N_A}$

| 해설

- 자기 인덕턴스: $L_1 = \dfrac{N_1^2}{R_m}$, $L_2 = \dfrac{N_2^2}{R_m}$

- 상호 인덕턴스: $M = \dfrac{N_1 N_2}{R_m} = \dfrac{N_2}{N_1} L_1 = \dfrac{N_A}{N_B} L_A$

## 06 ☐☐☐

비투자율이 350인 환상철심 내부의 평균 자계의 세기가 342AT/m일 때 자화의 세기는 약 몇 Wb/m²인가?

① 0.12

② 0.15

③ 0.18

④ 0.21

| 해설

자화의 세기:

$$J = \mu_0 (\mu_s - 1) H = \left(1 - \dfrac{1}{\mu_s}\right) B$$

$$= (4\pi \times 10^{-7}) \times (350 - 1) \times 342 = 0.15 [\text{Wb/m}^2]$$

## 07 ☐☐☐

진공 중에 놓인 $Q$[C]의 전하에서 발산되는 전기력선의 수는?

① $Q$

② $\epsilon_0$

③ $\dfrac{Q}{\epsilon_0}$

④ $\dfrac{\epsilon_0}{Q}$

| 해설

전기력선의 수: $N = \displaystyle\int E ds = \dfrac{Q}{\epsilon_0}$

## 08 ☐☐☐

비투자율이 50인 환상 철심을 이용하여 100cm 길이의 자기 회로를 구성할 때 자기저항을 $2.0 \times 10^7$AT/Wb 이하로 하기 위해서는 철심의 단면적을 약 몇 m² 이상으로 하여야 하는가?

① $3.6 \times 10^{-4}$

② $6.4 \times 10^{-4}$

③ $8.0 \times 10^{-4}$

④ $9.2 \times 10^{-4}$

| 해설

- 자기저항: $R_m = \dfrac{l}{\mu S}$[AT/Wb]
- 철심의 단면적:

$$S = \dfrac{l}{\mu R_m} = \dfrac{l}{\mu_0 \mu_s R_m}$$
$$= \dfrac{1}{(4\pi \times 10^{-7}) \times 50 \times (2 \times 10^7)} = 8 \times 10^{-4}\,[\text{m}^2]$$

## 09 ☐☐☐

자속밀도가 10Wb/m²인 자계 중에 10cm 도체를 자계와 60°의 각도로 30m/s로 움직일 때, 이 도체에 유기되는 기전력은 몇 V인가?

① 15

② $15\sqrt{3}$

③ 1,500

④ $1,500\sqrt{3}$

| 해설

유기 기전력: $e = Bvl\sin\theta$[V]
$$= 30 \times 10 \times 0.1 \times \sin 60° = 15\sqrt{3}\,[\text{V}]$$

## 10 ☐☐☐

전기력선의 성질에 대한 설명으로 옳은 것은?

① 전기력선은 등전위면과 평행하다.

② 전기력선은 도체 표면과 직교한다.

③ 전기력선은 도체 내부에 존재할 수 있다.

④ 전기력선은 전위가 낮은 점에서 높은 점으로 향한다.

| 해설

**전기력선의 성질**

- 전기력선은 반드시 정(+)전하에서 나와 부(−)전하로 들어간다.
- 전기력선은 반드시 도체 표면에 수직으로 출입한다.
- 전기력선은 서로 반발력이 작용하여 교차할 수 없다.
- 전기력선의 도체에 주어진 전하는 도체 표면에만 분포한다.
- 전기력선의 도체 내부에는 전하가 존재할 수 없다.
- 전기력선은 폐곡선을 이룰 수 없다.
- 전기력선의 방향은 그 점의 전계의 방향과 같다.
- 전기력선의 밀도는 전계의 세기와 같다.
- 전기력선은 등전위면과 수직이다.
- 전기력선은 전위가 높은 곳에서 낮은 곳으로 향한다.
- $Q$[C]의 전하에서 나오는 전기력선의 수는 $\dfrac{Q}{\epsilon_0}$개다.

## 11 □□□

평등자계와 직각방향으로 일정한 속도로 발사된 전자의 원운동에 관한 설명으로 옳은 것은?

① 플레밍의 오른손법칙에 의한 로렌츠의 힘과 원심력의 평형 원운동이다.

② 원의 반지름은 전자의 발사속도와 전계의 세기의 곱에 반비례한다.

③ 전자의 원운동 주기는 전자의 발사 속도와 무관하다.

④ 전자의 원운동 주파수는 전자의 질량에 비례한다.

| 해설

로렌츠힘: $F = eE + e(v \times B)$

전자가 자계로 진입하게 되면 원심력 $\dfrac{mv^2}{r}$ 과

구심력 $e(v \times B)$ 이 같아져 전자는 원운동을 하게 된다.

$\dfrac{mv^2}{r} = evB$ 에서 전자의 원운동 반경 $r = \dfrac{mv}{eB}$ 이다.

• 각주파수 $\omega = \dfrac{v}{r} = \dfrac{eB}{m}$

• 주파수 $f = \dfrac{\omega}{2\pi} = \dfrac{eB}{2\pi m}$

• 주기 $T = \dfrac{1}{f} = \dfrac{2\pi m}{eB}$

## 12 □□□

전계 $E[\mathrm{V/m}]$ 가 두 유전체의 경계면에 평행으로 작용하는 경우 경계면에 단위면적당 작용하는 힘의 크기는 몇 $\mathrm{N/m^2}$ 인가? (단, $\epsilon_1$, $\epsilon_2$ 는 각 유전체의 유전율이다)

① $f = E^2(\epsilon_1 - \epsilon_2)$

② $f = \dfrac{1}{E^2}(\epsilon_1 - \epsilon_2)$

③ $f = \dfrac{1}{2}E^2(\epsilon_1 - \epsilon_2)$

④ $f = \dfrac{1}{2E^2}(\epsilon_1 - \epsilon_2)$

| 해설

전계가 경계면에 평행할 때 $f = \dfrac{1}{2}ED$, $E_1 = E_2 = E$ 이므로

$f = f_1 - f_2 = \dfrac{1}{2}E_1 D_1 - \dfrac{1}{2}E_2 D_2 = \dfrac{1}{2}E^2(\epsilon_1 - \epsilon_2)$

## 13 □□□

공기 중에 있는 반지름 $a[\mathrm{m}]$ 의 독립 금속구의 정전용량은 몇 F인가?

① $2\pi\epsilon_0 a$

② $4\pi\epsilon_0 a$

③ $\dfrac{1}{2\pi\epsilon_0 a}$

④ $\dfrac{1}{4\pi\epsilon_0 a}$

| 해설

구도체의 정전용량: $C = 4\pi\epsilon_0 a$

해커스 전기기사 필기 한권완성 기본이론 + 기출문제

정답  11 ③  12 ③  13 ②

## 14 ☐☐☐

와전류가 이용되고 있는 것은?

① 수중 음파 탐지기
② 레이더
③ 자기 브레이크(magnetic brake)
④ 사이클로트론 (cyclotron)

## 15 ☐☐☐

전계 $E = \dfrac{2}{x}\hat{x} + \dfrac{2}{y}\hat{y}[\text{V/m}]$에서 점 $(3, 5)[\text{m}]$를 통과하는 전

기력선의 방정식은? (단, $\hat{x}$, $\hat{y}$는 단위벡터이다)

① $x^2 + y^2 = 12$
② $y^2 - x^2 = 12$
③ $x^2 + y^2 = 16$
④ $y^2 - x^2 = 16$

## 16 ☐☐☐

전계 $E = \sqrt{2}\,E_e \sin \omega\left(t - \dfrac{x}{c}\right)[\text{V/m}]$의 평면 전자파가 있

다. 진공 중에서 자계의 실횻값은 몇 $\text{A/m}$인가?

① $\dfrac{1}{4\pi}E_e$

② $\dfrac{1}{36\pi}E_e$

③ $\dfrac{1}{120\pi}E_e$

④ $\dfrac{1}{360\pi}E_e$

## 17 ☐☐☐

진공 중에 서로 떨어져 있는 두 도체 A, B가 있다. 도체
A에만 1C의 전하를 줄 때, 도체 A, B의 전위가 각각 3V,
2V이었다. 지금 도체 A, B에 각각 1C과 2C의 전하를 주
면 도체 A의 전위는 몇 V인가?

① 6
② 7
③ 8
④ 9

## 18 □□□

한 변의 길이가 4m인 정사각형의 루프에 1A의 전류가 흐를 때, 중심점에서의 자속밀도 $B$는 약 몇 $Wb/m^2$인가?

① $2.83 \times 10^{-7}$

② $5.65 \times 10^{-7}$

③ $11.31 \times 10^{-7}$

④ $14.14 \times 10^{-7}$

| 해설

한 변의 길이가 $l$일 때 도선 중심에서 자계의 세기

• 정삼각형: $H = \dfrac{9I}{2\pi l}[AT/m]$

• 정사각형: $H = \dfrac{2\sqrt{2}I}{\pi l}[AT/m]$

• 정육각형: $H = \dfrac{\sqrt{3}I}{\pi l}[AT/m]$

• 자속밀도: $B = \mu H = (4\pi \times 10^{-7}) \times \dfrac{2\sqrt{2} \times 1}{\pi \times 4}$

$\qquad\qquad = 2.83 \times 10^{-7}[Wb/m^2]$

## 19 □□□

원점에 1μC의 점전하가 있을 때 점 $P(2, -2, 4)[m]$에서의 전계의 세기에 대한 단위벡터는 약 얼마인가?

① $0.41a_x - 0.41a_y + 0.82a_z$

② $-0.33a_x + 0.33a_y - 0.6a_z$

③ $-0.41a_x + 0.41a_y - 0.8a_z$

④ $0.33a_x - 0.33a_y + 0.6a_z$

| 해설

• 거리 벡터:

$\hat{r} = (2-0)\hat{x} + (-2-0)\hat{y} + (4-0)\hat{z} = 2\hat{x} - 2\hat{y} + 4\hat{z}$

• 크기: $|r| = \sqrt{2^2 + (-2)^2 + 4^2} = \sqrt{24}$

• 방향 벡터: $r_0 = \dfrac{\hat{r}}{|r|} = \dfrac{1}{\sqrt{24}}(2\hat{x} - 2\hat{y} + 4\hat{z})$

$\qquad\qquad = 0.41a_x - 0.41a_y + 0.82a_z$

## 20 □□□

공기 중에서 전자기파의 파장이 3m라면 그 주파수는 몇 MHz인가?

① 100

② 300

③ 1,000

④ 3,000

| 해설

• 전파속도: $v = f\lambda$

• 주파수: $f = \dfrac{v}{\lambda} = \dfrac{3 \times 10^8}{3} = 10^8 = 100[MHz]$

정답   18 ①   19 ①   20 ①

## 21 ☐☐☐

비등수형 원자로의 특징에 대한 설명으로 틀린 것은?

① 증기 발생기가 필요하다.
② 저농축 우라늄을 연료로 사용한다.
③ 노심에서 비등을 일으킨 증기가 직접 터빈에 공급되는 방식이다.
④ 가압수형 원자로에 비해 출력 밀도가 낮다.

| 해설

비등수형 원자로는 열교환기와 증기 발생기가 불필요하다.

## 22 ☐☐☐

전력 계통에서 내부 이상 전압의 크기가 가장 큰 경우는?

① 유도성 소전류 차단 시
② 수차 발전기의 부하 차단 시
③ 무부하 선로 충전 전류 차단 시
④ 송전 선로의 부하 차단기 투입 시

| 해설

선로의 정전용량에 의한 페란티 효과 때문에, 무부하 선로의 충전전류를 차단할 때 이상 전압이 가장 높다.

## 23 ☐☐☐

송전단 전압을 $V_s$, 수전단 전압을 $V_r$, 선로의 리액턴스 $X$라 할 때 정상 시의 최대 송전 전력의 개략적인 값은?

① $\dfrac{V_s - V_r}{X}$

② $\dfrac{V_s^2 - V_r^2}{X}$

③ $\dfrac{V_s(V_s - V_r)}{X}$

④ $\dfrac{V_s V_r}{X}$

| 해설

상차각, 리액턴스를 알면 $P(\mathrm{MW}) = \dfrac{V_s V_r}{X}\sin\delta$에 의해 송전 용량을 구할 수 있는데, $\sin\delta = 1$일 때 최대 송전 전력이 된다.

## 24 ☐☐☐

망상(network) 배전 방식의 장점이 아닌 것은?

① 전압 변동이 적다.
② 인축의 접지 사고가 적어진다.
③ 부하의 증가에 대한 융통성이 크다.
④ 무정전 공급이 가능하다.

| 해설

저압 네트워크 방식, 즉 저압 망상식은 건설비가 비싸고 인축의 접촉 사고가 증가한다.

정답   21 ①   22 ③   23 ④   24 ②

## 25 ☐☐☐

500kVA의 단상 변압기 상용 3대(결선 Δ–Δ), 예비 1대를 갖는 변전소가 있다. 부하의 증가로 인하여 예비 변압기까지 동원해서 사용한다면 응할 수 있는 최대 부하[kVA]는 약 얼마인가?

① 2000
② 1730
③ 1500
④ 830

| 해설

변압기 2대가 있으면 V결선 1뱅크, 변압기 4대가 있으면 V결선 2뱅크가 가능하므로 최대 부하는 $\sqrt{3}P_1$의 2배이다.

$2\sqrt{3} \times 500 = 1732[\text{kVA}]$

## 26 ☐☐☐

배전용 변전소의 주변압기로 주로 사용되는 것은?

① 강압 변압기
② 체승 변압기
③ 단권 변압기
④ 3권선 변압기

| 해설

단권 변압기에는 승압용과 강압용이 있으며, 전압을 낮춰주는 강압 변압기는 배전용 변전소에서 주로 사용된다.

## 27 ☐☐☐

3상용 차단기의 정격차단용량은?

① $\sqrt{3}$ ×정격전압×정격차단전류
② $3\sqrt{3}$ ×정격전압×정격전류
③ $3$×정격전압×정격차단전류
④ $\sqrt{3}$ ×정격전압×정격전류

| 해설

정격전압과 단락전류에 의해 결정되는 교류 3상 피상전력을 차단기의 차단용량이라고 한다.
따라서 차단 용량= $\sqrt{3} V_n I_s$이다.

## 28 ☐☐☐

3상 3선식 송전 선로에서 각 선의 대지 정전용량이 0.5096μF이고, 선간 정전용량이 0.1295μF일 때, 1선의 작용 정전용량은 약 몇 μF인가?

① 0.6
② 0.9
③ 1.2
④ 1.8

| 해설

3상 3선식 송전선로의 등가회로를 그려보면 1선당 작용 정전용량은 $C_s + 3C_m$이므로 대입하면
$0.5096 + 3 \times 0.1295 = 0.8981 [\mu\text{F}]$이다.

## 29 ☐☐☐

그림과 같은 송전 계통에서 S점에 3상 단락 고가 발생했을 때 단락 전류[A]는 약 얼마인가? (단, 선로의 길이와 리액턴스는 각각 50km, 0.6Ω/km이다)

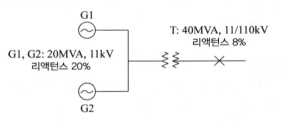

① 224
② 324
③ 454
④ 554

| 해설

단락점까지 발전기 2대, 변압기, 송전선이 있으므로 셋의 %Z를 각각 구해서 더해 주면
합성 %Z= 20% + 8% + 9.92% = 37.92%이다.

단락전류 $I_s = \dfrac{100P_n}{\sqrt{3} V \times \%Z}$이므로

$I_s = \dfrac{100 \times (40 \times 10^6)}{\sqrt{3} \times (110 \times 10^3) \times 37.92} = 554[\text{A}]$

## 30 ☐☐☐

전력 계통의 전압을 조정하는 가장 보편적인 방법은?

① 발전기의 유효전력 조정
② 부하의 유효전력 조정
③ 계통의 주파수 조정
④ 계통의 무효전력 조정

| 해설

전력 계통의 전압 조정 시 무효전력 조정 방법을 사용한다. 무효전력을 제어할 때는 전압 제어를 이용하고, 유효전력을 제어할 때는 주파수 제어를 이용한다.

## 31 ☐☐☐

역률 0.8(지상)의 2800kW 부하에 전력용 콘덴서를 병렬로 접속하여 합성 역률을 0.9로 개선하고자 할 경우, 필요한 전력용 콘덴서의 용량[kVA]은 약 얼마인가?

① 372
② 558
③ 744
④ 1116

| 해설

역률각을 $\theta_1 \rightarrow \theta_2$로 바꾸면 역률이 $\cos\theta_1 \rightarrow \cos\theta_2$로 증가하며 이때 필요한 콘덴서의 용량은

$$Q_c = P\left[\frac{\sqrt{1-\cos^2\theta_1}}{\cos\theta_1} - \frac{\sqrt{1-\cos^2\theta_2}}{\cos\theta_2}\right] 이다.$$

이를 공식에 대입하면 744kVA이다.

## 32 ☐☐☐

컴퓨터에 의한 전력 조류 계산에서 슬랙(slack)모선의 초기치로 지정하는 값은? (단, 슬랙 모선을 기준 모선으로 한다.)

① 유효전력과 무효전력
② 전압 크기와 유효전력
③ 전압 크기와 위상각
④ 전압 크기와 무효전력

| 해설

컴퓨터로 전력 조류를 계산할 때는 슬랙 모선의 지정값이 모선 전압의 크기와 모선 전압의 위상각이다.

## 33 ☐☐☐

직격뢰에 대한 방호 설비로 가장 적당한 것은?

① 복도체
② 가공지선
③ 서지 흡수기
④ 정전 방전기

| 해설

가공지선은 ACSR로 만들며, 직격뢰 및 유도뢰에 대한 송전선로의 차폐 효과가 있다.

## 34 ☐☐☐

저압 배전선로에 대한 설명으로 틀린 것은?

① 저압 뱅킹 방식은 전압 변동을 경감할 수 있다.
② 밸런서(balancer)는 단상 2선식에 필요하다.
③ 부하율(F)과 손실 계수(H) 사이에는 $1 \geq F \geq H \geq F^2 \geq 0$의 관계가 있다.
④ 수용률이란 최대 수용 전력을 설비 용량으로 나눈 값을 퍼센트로 나타낸 것이다.

| 해설

단상 3선식에서 평형부하일 경우 중성선에는 전류가 흐르지 않지만 부하 불평형일 때는 중성선에 약전류가 흘러 열손실이 생기므로 '밸런서'를 설치하여 부하 불평형을 개선한다.

## 35 □□□

증기 터빈 내에서 팽창 도중에 있는 증기를 일부 추기하여 그것이 갖는 열을 급수 가열에 이용하는 열사이클은?

① 랭킨 사이클
② 카르노 사이클
③ 재생 사이클
④ 재열 사이클

| 해설

재생 사이클은 터빈에서 팽창 도중의 증기를 추기하여 보일러에 공급되는 급수를 예열하는 방식이다.


## 36 □□□

단상 2선식 배전 선로의 말단에 지상 역률 cosθ인 부하 P[kW]가 접속되어 있고 선로 말단의 전압은 V[V]이다. 선로 한 가닥의 저항을 R[Ω]이라 할 때 송전단의 공급 전력[kW]은?

① $P + \dfrac{P^2 R}{V\cos\theta} \times 10^3$

② $P + \dfrac{2P^2 R}{V\cos\theta} \times 10^3$

③ $P + \dfrac{P^2 R}{V^2\cos^2\theta} \times 10^3$

④ $P + \dfrac{2P^2 R}{V^2\cos^2\theta} \times 10^3$

| 해설

부하의 용량과 송전선로의 열손실을 합한 양을 공급해 주어야 한다. 단상 2선식의 전류는 $\dfrac{10^3 P}{V\cos\theta}$ 이고, 선로 손실은

$2I^2 R = 2\dfrac{10^6 P^2 R}{V^2\cos^2\theta}$ [W] $= \dfrac{2 \times 10^3 P^2 R}{V^2\cos^2\theta}$ [kW]이다.


## 37 □□□

선로, 기기 등의 절연 수준 저감 및 전력용 변압기의 단절연을 모두 행할 수 있는 중성점 접지 방식은?

① 직접 접지 방식
② 소호 리액터 접지 방식
③ 고저항 접지 방식
④ 비접지 방식

| 해설

직접 접지 방식은 단절연(graded insulation)이 가능해서 절연비용이 적게 들고, 정격 피뢰기 사용이 가능하다.


## 38 □□□

최대 수용 전력이 3kW인 수용가가 3세대, 5kW인 수용가가 6세대라고 할 때, 이 수용가군에 전력을 공급할 수 있는 주상 변압기의 최소 용량[kVA]은? (단, 역률은 1, 수용가 간의 부등률은 1.3이다)

① 25
② 30
③ 35
④ 40

| 해설

합성 최대전력을 기준으로 변압기 용량을 선정하며, 역률이 주어지면

변압기의 용량[kVA] $\times \cos\theta = \dfrac{\text{최대수요전력[kW]}}{\text{부등률}}$ 이다.

따라서 변압기 용량 $= \dfrac{3 \times 3 + 5 \times 6}{1.3} = 30$[kVA]이다.

## 39 ☐☐☐

부하 전류 차단이 불가능한 전력 개폐 장치는?

① 진공 차단기
② 유입 차단기
③ 단로기
④ 가스 차단기

**| 해설**

단로기는 소호 장치가 없어서 고장 전류나 부하 전류의 개폐에는 사용할 수 없고 무부하 시 선로의 충전전류 또는 변압기의 여자전류를 개폐할 때만 사용한다.

## 40 ☐☐☐

가공 송전선로에서 총단면적이 같은 경우 단도체와 비교하여 복도체의 장점이 아닌 것은?

① 안정도를 증대시킬 수 있다.
② 공사비가 저렴하고 시공이 간편하다.
③ 전선 표면의 전위 경도를 감소시켜 코로나 임계 전압이 높아진다.
④ 선로의 인덕턴스가 감소되고, 정전용량이 증가해서 송전 용량이 증대된다.

**| 해설**

소도체들을 절연시켜서 합친 복도체를 사용하면 여러 가지 장점이 있지만 단도체를 사용할 때에 비해 공사비가 상승하고 시공이 복잡해진다.

## 제3과목 전기기기

## 41 ☐☐☐

부하 전류가 크지 않을 때 직류 직권 전동기 발생 토크는? (단, 자기 회로가 불포화인 경우이다)

① 전류에 비례한다.
② 전류에 반비례한다.
③ 전류의 제곱에 비례한다.
④ 전류의 제곱에 반비례한다.

**| 해설**

직류 직권 전동기의 토크 $T = k\phi I_a \propto I_a^2$ 이므로 $I_a$의 제곱에 비례한다.

## 42 ☐☐☐

동기 전동기에 대한 설명으로 틀린 것은?

① 동기 전동기는 주로 회전계자형이다.
② 동기 전동기는 무효전력을 공급할 수 있다.
③ 동기 전동기는 제동권선을 이용한 기동법이 일반적으로 많이 사용된다.
④ 3상 동기 전동기의 회전 방향을 바꾸려면 계자 권선의 전류의 방향을 반대로 한다.

**| 해설**

회전 계자 권선과 고정 전기자 권선이 똑같은 3상 교류 전원에 연결되어 있어서 계자 권선의 전류 방향을 바꾸면 전기자 전류도 바뀌므로 회전 방향은 그대로이다.

## 43 ☐☐☐

동기 발전기에서 동기 속도와 극수와의 관계를 옳게 표시한 것은? (단, N: 동기 속도, P: 극수이다)

①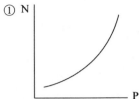

②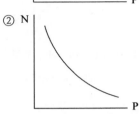

③

④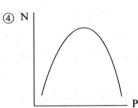

| 해설

회전 계자의 분당 회전수

=동기 속도 $N = \dfrac{60f}{p/2} = \dfrac{120f}{p}$ 이므로 $N$과 $p$는 반비례 관계이다.

## 44 ☐☐☐

어떤 직류 전동기가 역기전력 200V, 매분 1200회전으로 토크 158.76N · m를 발생하고 있을 때의 전기자 전류는 약 몇 A인가? (단, 기계손 및 철손은 무시한다)

① 90
② 95
③ 100
④ 105

| 해설

출력 $P = \dfrac{2\pi NT}{60} = E_0 I_a$ 이므로 전기자 전류는

$I_a = \dfrac{2\pi NT}{60 E_0} = \dfrac{2\pi \times 1200 \times 158.76}{60 \times 200} = 99.75[\text{A}]$

## 45 ☐☐☐

일반적인 DC 서보 모터의 제어에 속하지 않는 것은?

① 역률 제어
② 토크 제어
③ 속도 제어
④ 위치 제어

| 해설

DC 서보 모터는 전류와 속도와 위치를 제어할 수 있어서 자동 제어장치에 이용된다.

## 46 ☐☐☐

극수가 4극이고 전기자 권선이 단중 중권인 직류 발전기의 전기자 전류가 40A이면 전기자 권선의 각 병렬 회로에 흐르는 전류[A]는?

① 4
② 6
③ 8
④ 10

| 해설

단중 중권이면 병렬 회로수는 극수와 같다. 따라서 각 병렬 회로에 흐르는 전류는

전기자 전류 $\dfrac{60f}{극수} = \dfrac{40}{4} = 10$[A]이다.

## 47 ☐☐☐

부스트(Boost) 컨버터의 입력 전압이 45V로 일정하고, 스위칭 주기가 20kHz, 듀티비(Duty ratio)가 0.6, 부하 저항이 10Ω일 때 출력 전압은 몇 V인가? (단, 인덕터에는 일정한 전류가 흐르고 커패시터 출력 전압의 리플 성분은 무시한다)

① 27
② 67.5
③ 75
④ 112.5

| 해설

코일에는 $0 \sim 0.6T$ 동안 45V의 전압이 걸리고, $0.6T \sim T$ 동안 $45V - V_{out}$의 전압이 걸리는데 주기 $T$ 동안 인덕터의 평균 전압은 0이어야 하므로

$45 \times 0.6T + (45 - V_{out}) \times 0.4T = 0$

$\Rightarrow 45 = 0.4 V_{out}$

따라서 출력 전압 = 112.5V이다.

## 48 ☐☐☐

8극, 900rpm 동기 발전기와 병렬 운전하는 6극 동기 발전기의 회전수는 몇 rpm인가?

① 900
② 1000
③ 1200
④ 1400

| 해설

8극 동기 발전기의 회전수는

$N = \dfrac{120f}{p} \Leftrightarrow 900 = \dfrac{120f}{8}$ 로부터 주파수는 60Hz이다. 병렬 운전의 조건은 두 동기 발전기의 주파수가 같아야 하므로 6극 동기 발전기의 회전수는

$N' = \dfrac{120 \times 60}{6} = 1200$[rpm]이어야 한다.

## 49 ☐☐☐

변압기 단락 시험에서 변압기의 임피던스 전압이란?

① 1차 전류가 여자 전류에 도달했을 때의 2차측 단자 전압
② 1차 전류가 정격 전류에 도달했을 때의 2차측 단자 전압
③ 1차 전류가 정격 전류에 도달했을 때의 변압기 내의 전압 강하
④ 1차 전류가 2차 단락 전류에 도달했을 때의 변압기 내의 전압 강하

| 해설

변압기의 2차측을 단락시키고 1차측의 전압을 서서히 증가시켰더니 1차측에 정격 전류 $I_{1n}$이 흘렀다면 그때의 전압은 변압기 내부 임피던스에 의한 전압 강하이므로 임피던스 전압이라고 부른다.

## 50 ☐☐☐

단상 정류자 전동기의 일종인 단상 반발 전동기에 해당되는 것은?

① 시라게 전동기
② 반발 유도 전동기
③ 아트킨손형 전동기
④ 단상 직권 정류자 전동기

| 해설

단상 교류 정류자기 중에 직권 전동기, 반발 전동기, 반발 유도 전동기 등이 있다. 시라게 전동기는 3상 교류 정류자기에 속한다. 단상 반발 전동기의 종류로는 아트킨손형, 데리형, 톰슨형이 있다.

## 51 ☐☐☐

와전류 손실을 패러데이 법칙으로 설명한 과정 중 틀린 것은?

① 와전류가 철심 내에 흘러 발열 발생
② 유도 기전력 발생으로 철심에 와전류가 흐름
③ 와전류 에너지 손실량은 전류 밀도에 반비례
④ 시변 자속으로 강자성체 철심에 유도 기전력 발생

| 해설

패러데이 법칙 $E = -d\phi/dt$에 따라, 철심을 관통하는 시변(時變) 자속이 와전류를 유도하며, 와류손은 코일 단면적 제곱에 반비례하고 와전류의 밀도에 비례한다.

## 52 ☐☐☐

10kW, 3상 380V 유도 전동기의 전부하 전류는 약 몇 A인가? (단, 전동기의 효율은 85%, 역률은 85%이다)

① 15
② 21
③ 26
④ 36

| 해설

$$효율 = \frac{2차\ 출력}{1차\ 입력} = \frac{P_0}{P_1} = \frac{10000}{\sqrt{3} \times 380 \times 0.85 \times 0.85} = 21.03[A]$$

이다.

## 53 ☐☐☐

변압기의 주요 시험 항목 중 전압 변동률 계산에 필요한 수치를 얻기 위한 필수적인 시험은?

① 단락 시험
② 내전압 시험
③ 변압비 시험
④ 온도 상승 시험

| 해설

전압 변동률 $\epsilon = p\cos\theta \pm q\sin\theta$이고 $p$는 %저항 강하, $q$는 %리액턴스 강하이다. 단락시험을 통해 등가 임피던스 $Z_{eq}$, 등가 저항 $r_{eq}$를 구할 수 있고, 등가 리액턴스 $x_{eq}$를 구할 수 있다.

## 54 ☐☐☐

2전동기설에 의하여 단상 유도 전동기의 가상적 2개의 회전자 중 정방향에 회전하는 회전자 슬립이 $s$이면 역방향에 회전하는 가상적 회전자의 슬립은 어떻게 표시되는가?

① $1+s$

② $1-s$

③ $2-s$

④ $3-s$

## 55 ☐☐☐

3상 농형 유도 전동기의 전전압 기동 토크는 전부하 토크의 1.8배이다. 이 전동기에 기동 보상기를 사용하여 기동 전압을 전전압의 2/3로 낮추어 기동하면, 기동 토크는 전부하 토크 T와 어떤 관계인가?

① 3.0T

② 0.8T

③ 0.6T

④ 0.3T

## 56 ☐☐☐

변압기에서 생기는 철손 중 와류손(Eddy Current Loss)은 철심의 규소강판 두께와 어떤 관계가 있는가?

① 두께에 비례

② 두께의 2승에 비례

③ 두께의 3승에 비례

④ 두께의 $\dfrac{1}{2}$승에 비례

## 57 ☐☐☐

50Hz, 12극의 3상 유도 전동기가 10HP의 정격 출력을 내고 있을 때, 회전수는 약 몇 rpm인가? (단, 회전자 동손은 350W이고, 회전자 입력은 회전자 동손과 정격출력의 합이다)

① 468

② 478

③ 488

④ 500

# 58 ☐☐☐

변압기의 권수를 N이라고 할 때 누설 리액턴스는?

① N에 비례한다.
② $N^2$에 비례한다.
③ N에 반비례한다.
④ $N^2$에 반비례한다.

# 59 ☐☐☐

동기 발전기의 병렬 운전 조건에서 같지 않아도 되는 것은?

① 기전력의 용량
② 기전력의 위상
③ 기전력의 크기
④ 기전력의 주파수

# 60 ☐☐☐

다이오드를 사용하는 정류회로에서 과대한 부하전류로 인하여 다이오드가 소손될 우려가 있을 때 가장 적절한 조치는 어느 것인가?

① 다이오드를 병렬로 추가한다.
② 다이오드를 직렬로 추가한다.
③ 다이오드 양단에 적당한 값의 저항을 추가한다.
④ 다이오드 양단에 적당한 값의 커패시터를 추가한다.

정답  58 ②  59 ①  60 ①

## 제4과목 회로이론 및 제어공학

## 61 ☐☐☐

전달함수가 $G_C(s) = \dfrac{s^2 + 3s + 5}{2s}$ 인 제어기가 있다. 이 제어기는 어떤 제어기인가?

① 비례 미분 제어기
② 적분 제어기
③ 비례 미분 제어기
④ 비례 미분 적분 제어기

| 해설

$G(s) = \dfrac{s}{2} + \dfrac{3}{2} + \dfrac{5}{2s}$ 이므로 「미분 요소+비례 요소+적분 요소」의 꼴이다. 따라서 이 제어기는 비례 미분 적분 제어기이다.

## 62 ☐☐☐

다음 논리회로의 출력 Y는?

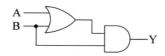

① A
② B
③ A+B
④ A · B

| 해설

A와 B를 논리합 취하고 그것과 B를 다시 논리합 취한 회로도이므로 Y = (A+B)·B이다. 흡수 법칙을 적용하면,
AB+B = B이다.

## 63 ☐☐☐

그림과 같은 제어시스템이 안정하기 위한 $k$의 범위는?

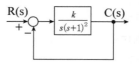

① $k > 0$
② $k > 1$
③ $0 < k < 1$
④ $0 < k < 2$

| 해설

특성방정식: $\dfrac{k}{s(s+1)^2} + 1 = 0 \Rightarrow s^3 + 2s^2 + s + k = 0$
루스표를 구해서 안정도를 판정한다.
$F(s) = s^3 + 3s^2 + 2s + 2k = 0$
$s^1$행에 대한 1열 $= 1 - \dfrac{k}{2} > 0 \Rightarrow k < 2$
$s^0$행에 대한 1열 $= k > 0$
$k$의 범위가 두 조건을 동시에 만족할 때 제어계는 안정하다.

## 64 ☐☐☐

다음과 같은 상태방정식으로 표현되는 제어 시스템의 특성방정식의 근$(s_1, \ s_2)$은?

$$\begin{bmatrix} \dot{x_1} \\ \dot{x_2} \end{bmatrix} = \begin{bmatrix} 0 & 1 \\ -2 & -3 \end{bmatrix} \begin{bmatrix} x_1 \\ x_2 \end{bmatrix} + \begin{bmatrix} 1 \\ 0 \end{bmatrix} u$$

① $1, \ -3$
② $-1, \ -2$
③ $-2, \ -3$
④ $-1, \ -3$

| 해설

시스템 행렬 $A = \begin{bmatrix} 0 & 1 \\ -2 & -3 \end{bmatrix}$ 이 주어졌으므로 특성방정식
$|sI - A| = 0$에 대입하면
$\begin{bmatrix} s & 0 \\ 0 & s \end{bmatrix} - \begin{bmatrix} 0 & 1 \\ -2 & -3 \end{bmatrix} = \begin{bmatrix} s & -1 \\ 2 & s+3 \end{bmatrix} \Rightarrow s^2 + 3s + 2 = 0$
$\Rightarrow (s+1)(s+2) = 0$

## 65 ☐☐☐

그림의 블록 선도와 같이 표현되는 제어 시스템에서 $A=1$, $B=1$일 때, 블록 선도의 출력 $C$는 약 얼마인가?

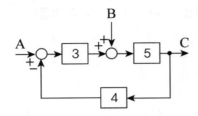

① 0.22
② 0.33
③ 1.22
④ 3.1

| 해설

표준 피드백 제어계가 아니므로 동작신호를 k로 놓고 방정식을 세운다. $k=A-4C$가 전달함수 3을 지나서 B와 합쳐지므로 $3(A-4C)+B$가 되고, 다시 전달함수 5를 지난 값이 C이므로 $5[3(A-4C)+B]=C$이다.

$A=1$, $B=1$을 대입하면 $C=20/61=0.33$

## 66 ☐☐☐

제어 요소가 제어 대상에 주는 양은?

① 동작 신호
② 조작량
③ 제어량
④ 궤환량

| 해설

제어 요소가 제어 대상에게 주는 양은 조작량이다. 따라서 조작량은 제어 장치의 출력이면서 제어 대상의 입력이다.

## 67 ☐☐☐

전달함수가 $\dfrac{C(s)}{R(s)}=\dfrac{1}{3s^2+4s+1}$인 제어 시스템의 과도 응답 특성은?

① 무제동
② 부족제동
③ 임계제동
④ 과제동

| 해설

$M(s)=\dfrac{G(s)}{1+G(s)H(s)}=\dfrac{\omega_n^2}{s^2+2\zeta\omega_n s+\omega_n^2}$과 비교하기 위해

주어진 전달함수를 변형하면 $\dfrac{1/3}{s^2+4/3s+1/3}$이므로

$\omega_n=1/\sqrt{3}$, $2\zeta\omega_n=4/3 \Rightarrow \zeta=\dfrac{2\sqrt{3}}{3}>1$

$\zeta>1$이면 過제동(非진동)이다.

## 68 ☐☐☐

함수 $f(t)=e^{-at}$의 $z$변환 함수 $f(z)$는?

① $\dfrac{2z}{z-e^{aT}}$

② $\dfrac{1}{z+e^{aT}}$

③ $\dfrac{z}{z+e^{-aT}}$

④ $\dfrac{z}{z-e^{-aT}}$

| 해설

$t$는 연속적인 시간이고, Z변환식에서 $kt$는 샘플링 주기의 정수배를 의미한다.

입력이 $e^{-at}$이면 $f(kT)=e^{-akT}$이고

$F(z)=1+e^{-aT}z^{-1}+e^{-2T}z^{-2}+e^{-3T}z^{-3}+\cdots$

$\quad=\dfrac{z}{z-e^{-aT}}$이다.

## 69 □□□

제어시스템의 주파수 전달함수가 $G(j\omega) = j5\omega$이고, 주파수가 $\omega = 0.02[\text{rad/sec}]$일 때 이 제어시스템의 이득[dB]은?

① 20

② 10

③ −10

④ −20

## 70 □□□

그림과 같은 제어 시스템의 폐루프 전달함수

$T(s) = \dfrac{C(s)}{R(s)}$에 대한 감도 $S_K^T$는?

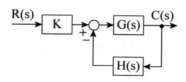

① 0.5

② 1

③ $\dfrac{G}{1+GH}$

④ $\dfrac{-GH}{1+GH}$

## 71 □□□

그림 (a)와 같은 회로에 대한 구동점 임피던스의 극점과 영점이 각각 그림 (b)에 나타낸 것과 같고 $Z(0) = 1$일 때, 이 회로에서 $R(\Omega)$, $L(\text{H})$, $C(\text{F})$의 값은?

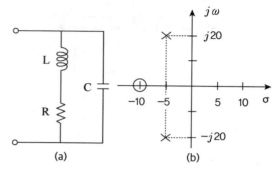

(a)  (b)

① $R = 1.0\Omega$, $L = 0.1\text{H}$, $C = 0.0235\text{F}$

② $R = 1.0\Omega$, $L = 0.2\text{H}$, $C = 1.0\text{F}$

③ $R = 2.0\Omega$, $L = 0.1\text{H}$, $C = 0.023\text{F}$

④ $R = 2.0\Omega$, $L = 0.2\text{H}$, $C = 1.0\text{F}$

## 72 ☐☐☐

회로에서 저항 $1\Omega$에 흐르는 전류 $I[\mathrm{A}]$는?

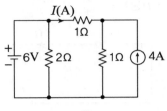

① 3
② 2
③ 1
④ -1

| 해설

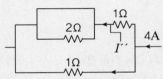

6V 전압원만 남기고 4A 전류원을 개방하면 $2\Omega$과 $(1+1)\Omega$의 병렬 연결이 되므로 합성 저항은 $1\Omega$, 총전류는 6A,

$i' = \dfrac{1}{2} \times 6\mathrm{A} = 3\mathrm{A}$이고 방향은 오른쪽이다.

4A 전류원만 남기고 6V 전압원을 단락하면, $2\Omega$쪽으르는 전류가 흐르지 않는다. 즉, $1\Omega$과 $1\Omega$의 병렬 연결이므로

$i'' = \dfrac{1}{2} \times 4\mathrm{A} = 2\mathrm{A}$이고 방향은 왼쪽이다. 따라서

$1\Omega$에 흐르는 전류는 $3\mathrm{A} - 2\mathrm{A} = 1\mathrm{A}$이다.

## 73 ☐☐☐

파형이 톱니파인 경우 파형률은 약 얼마인가?

① 1.155
② 1.732
③ 1.414
④ 0.577

| 해설

톱니파의 평균값은 $\dfrac{E_m}{2}$이고, 실훗값은 $\dfrac{E_m}{\sqrt{3}}$이므로 파형률은

$\dfrac{\text{실훗값}}{\text{평균값}} = \dfrac{2}{\sqrt{3}} \fallingdotseq 1.155$이다.

## 74 ☐☐☐

무한장 무손실 전송선로의 임의의 위치에서 전압이 100V이었다. 이 선로의 인덕턴스가 $7.5\mu\mathrm{H/m}$이고, 커패시턴스가 $0.012\mu\mathrm{F/m}$일 때 이 위치에서 전류$[\mathrm{A}]$는?

① 2
② 4
③ 6
④ 8

| 해설

무손실 선로이므로 특성 임피던스 공식에 $R = G = 0$을 대입

하면 $Z_0 = \sqrt{\dfrac{0 + j\omega L}{0 + j\omega C}} = \sqrt{\dfrac{L}{C}} = \sqrt{\dfrac{7.5}{0.012}} = 25[\Omega]$

$Z_0 = \dfrac{V}{I}$인데 전압이 100, 특성 임피던스가 25이므로 전류는 $4[\mathrm{A}]$이다.

## 75 ☐☐☐

전압 $v(t) = 14.14\sin\omega t + 7.07\sin\left(3\omega t + \dfrac{\pi}{6}\right)[\mathrm{V}]$의 실훗값

은 약 몇 V인가?

① 3.87
② 11.2
③ 15.8
④ 21.2

| 해설

직류분이 없고 기본파와 3고조파만 존재하므로 전류의 실훗값은

$\sqrt{\sum I_n^2} = \sqrt{\left(\dfrac{1}{\sqrt{2}}I_{m1}\right)^2 + \left(\dfrac{1}{\sqrt{2}}I_{m3}\right)^2}$

$= \sqrt{\left(\dfrac{14.14}{\sqrt{2}}\right)^2 + \left(\dfrac{7.07}{\sqrt{2}}\right)^2} = \sqrt{10^2 + 5^2}$

$= 11.18[\mathrm{V}]$

## 76 ☐☐☐

그림과 같은 평형 3상회로에서 전원 전압이 $V_{ab} = 200$V 이고 부하 한상의 임피던스가 $Z = 4 + j3$[Ω]인 경우 전원 과 부하사이 선전류 $I_a$는 약 몇 A인가?

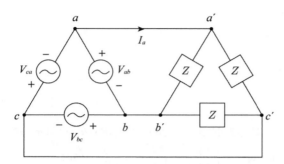

① $40\sqrt{3} \angle 36.87°$

② $40\sqrt{3} \angle -36.87°$

③ $40\sqrt{3} \angle 66.87°$

④ $40\sqrt{3} \angle -66.87°$

| 해설

$Z = 4 + j3$을 극형식으로 고치면 $5\angle 36.87°$이다. △결선의 선전류

$$I_l = \sqrt{3}\,\frac{V_p}{Z} \angle -30° = \frac{\sqrt{3}\times 200 \angle -30°}{4+j3}$$

$$= \frac{200\sqrt{3}\angle -30°}{5\angle 36.87°} = 40\sqrt{3} \angle -66.87°$$

이다.

## 77 ☐☐☐

정상상태에서 $t = 0$초인 순간에 스위치 S를 열었다. 이때 흐르는 전류 $i(t)$는?

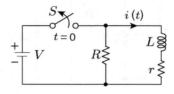

① $\dfrac{V}{R}e^{-\frac{R+r}{L}t}$

② $\dfrac{V}{r}e^{-\frac{R+r}{L}t}$

③ $\dfrac{V}{R}e^{-\frac{L}{R+r}t}$

④ $\dfrac{V}{r}e^{-\frac{L}{R+r}t}$

| 해설

RL 직렬 회로의 경우 직류 전원 차단 시 회로에 흐르는 과도 전류는 $i(t) = \dfrac{E}{R}e^{-\frac{R}{L}t}$이다. 그런데 문제 조건을 적용하면 스위치를 개방하기 직전에 R에 걸린 전압 $= L+r$에 걸린 전압이 V로 같았고, 스위치를 개방하는 순간에는 L을 '단락'으로 간주해도 되므로

$i(t)|_{t=0} = \dfrac{V}{r}$이다. 따라서 $i(t) = \dfrac{V}{r}e^{-\frac{R+r}{L}t}$이다.

## 78 ☐☐☐

선간 전압이 150V, 선 전류가 $10\sqrt{3}$ A, 역률이 80%인 평형 3상 유도성 부하로 공급되는 무효전력[var]은?

① 3600

② 3000

③ 2700

④ 1800

| 해설

3상 교류에서 무효전력 $P_r = \sqrt{3}\,VI\sin\theta$이고

$V = 150$, $I = 10\sqrt{3}$ $\cos\theta = 0.8$로 주어졌으므로

무효전력 $= \sqrt{3}\times 150\times 10\sqrt{3}\times \sqrt{1 - 0.8^2} = 2700$

## 79 □□□

그림과 같은 함수의 라플라스 변환은?

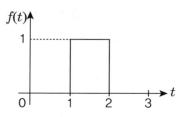

① $\dfrac{1}{s}(e^s - e^{2s})$

② $\dfrac{1}{s}(e^{-s} - e^{-2s})$

③ $\dfrac{1}{s}(e^{-2s} - e^{-s})$

④ $\dfrac{1}{s}(e^{-s} + e^{-2s})$

**| 해설**

시작점이 $t=1$인 계단함수에서 시작점이 $t=2$인 계단함수를 빼면 주어진 구형파 함수만 남는다.

$f(t) = u(t-1) - u(t-2)$이므로 라플라스 변환하면

$F(s) = \dfrac{1}{s}(e^{-s} - e^{-2s})$이다.

## 80 □□□

상의 순서가 $a-b-c$인 불평형 3상 전류가

$I_a = 15 + j2[\text{A}]$, $I_b = -20 - j14[\text{A}]$, $I_c = -3 + j10[\text{A}]$일 때

영상분 전류 $I_0$는 약 몇 A인가?

① $2.67 + j0.38$

② $2.02 + j6.98$

③ $15.5 - j3.56$

④ $-2.67 - j0.67$

**| 해설**

영상 전류

$\dot{I_0} = \dfrac{1}{3}(\dot{I_a} + \dot{I_b} + \dot{I_c}) = \dfrac{1}{3}(15 + j2 - 20 - j14 - 3 + j10)$

$= \dfrac{1}{3}(-8 - j2) = -2.67 - j0.67$

## 81 □□□

지중 전선로를 직접 매설식에 의하여 차량 기타 중량물의 압력을 받을 우려가 있는 장소에 시설하는 경우 매설 깊이는 몇 m 이상으로 하여야 하는가?

① 0.6

② 1

③ 1.5

④ 2

**| 해설**

지중 전선로를 직접 매설식에 의하여 시설하는 경우에는 매설 깊이를 차량 기타 중량물의 압력을 받을 우려가 있는 장소에는 1.0m 이상으로 한다.

## 82 □□□

돌침, 수평 도체, 메시 도체의 요소 중에 한 가지 또는 이를 조합한 형식으로 시설하는 것은?

① 접지극 시스템

② 수뢰부 시스템

③ 내부 피뢰 시스템

④ 인하 도선 시스템

**| 해설**

수뢰부 시스템의 선정은 돌침, 수평 도체, 메시 도체의 요소 중에 한 가지 또는 이를 조합 형식으로 시설하여야 한다.

## 83 ☐☐☐

지중 전선로에 사용하는 지중함의 시설 기준으로 틀린 것은?

① 조명 및 세척이 가능한 장치를 하도록 할 것
② 견고하고 차량 기타 중량물의 압력에 견디는 구조일 것
③ 그 안의 고인 물을 제거할 수 있는 구조로 되어 있을 것
④ 뚜껑은 시설자 이외의 자가 쉽게 열 수 없도록 시설할 것

| 해설
**지중함의 시설**
• 차량 기타 중량물의 압력에 견디는 구조일 것
• 고인 물을 제거할 수 있는 구조일 것
• 크기가 1m³ 이상인 것에는 통풍 장치 기타 가스를 방산시키기 위한 적당한 장치를 시설할 것
• 뚜껑은 시설자 이외의 자가 쉽게 열 수 없도록 할 것

## 84 ☐☐☐

전식 방지 대책에서 매설 금속체측의 누설 전류에 의한 전식의 피해가 예상되는 곳에 고려하여야 하는 방법으로 틀린 것은?

① 절연 코팅
② 배류 장치 설치
③ 변전소 간 간격 축소
④ 저준위 금속체를 접속

| 해설
**매설 금속체 측의 누설 전류에 의한 전식 예방을 위한 방법**
• 배류 장치 설치
• 절연 코팅
• 매설 금속체 접속부 절연
• 저준위 금속체 접속
• 궤도와의 이격 거리 증대
• 금속판 등의 도체로 차폐

## 85 ☐☐☐

일반 주택의 저압 옥내 배선을 점검하였더니 다음과 같이 시설되어 있었을 경우 시설 기준에 적합하지 않은 것은?

① 합성 수지관의 지지점 간의 거리를 2m로 하였다.
② 합성 수지관 안에서 전선의 접속점이 없도록 하였다.
③ 금속관 공사에 옥외용 비닐 절연 전선을 제외한 절연전선을 사용하였다.
④ 인입구에 가까운 곳으로서 쉽게 개폐할 수 있는 곳에 개폐기를 각 극에 시설하였다.

| 해설
합성 수지관의 지지점 간 거리는 1.5m 이하이어야 한다.

## 86 ☐☐☐

하나 또는 복합하여 시설하여야 하는 접지극의 방법으로 틀린 것은?

① 지중 금속구조물
② 토양에 매설된 기초 접지극
③ 케이블의 금속 외장 및 그 밖에 금속 피복
④ 대지에 매설된 강화 콘크리트의 용접된 금속 보강재

| 해설
**접지극의 시설**
• 콘크리트에 매입된 기초 접지극
• 토양에 매설된 기초 접지극
• 토양에 수직 또는 수평으로 직접 매설된 금속 전극(봉, 전선, 테이프, 배관, 판 등)
• 케이블의 금속 외장 및 그 밖에 금속 피복
• 지중 금속 구조물(배관 등)
• 대지에 매설된 철근콘크리트의 용접된 금속 보강재(다만, 강화 콘크리트는 제외)

## 87 ☐☐☐

사용 전압이 154kV인 전선로를 제1종 특고압 보안공사로 시설할 때 경동 연선의 굵기는 몇 mm² 이상이어야 하는가?

① 55
② 100
③ 150
④ 200

| 해설

150mm² 이상이어야 한다.

| 사용전압 | 전선 |
|---|---|
| 100kV 미만 | 단면적 55mm² 이상의 경동 연선 |
| 100kV 이상 300kV 미만 | 단면적 150mm² 이상의 경동 연선 |
| 300kV 이상 | 단면적 200mm² 이상의 경동 연선 |

## 88 ☐☐☐

다음 (　　)에 들어갈 내용으로 옳은 것은?

동일 지지물에 저압 가공 전선(다중 접지된 중성선은 제외한다.)과 고압 가공 전선을 시설하는 경우 고압 가공 전선을 저압 가공 전선의 ( ㉠ )로 하고, 별개의 완금류에 시설해야 하며, 고압 가공전선과 저압 가공 전선 사이의 이격 거리는 ( ㉡ )m 이상으로 한다.

① ㉠ 아래 ㉡ 0.5
② ㉠ 아래 ㉡ 1
③ ㉠ 위 ㉡ 0.5
④ ㉠ 위 ㉡ 1

| 해설

**저고압 가공 전선 등의 병행 설치**
• 고압 가공 전선을 저압 가공전선의 아래로 하고 별개의 완금류에 시설할 것
• 고압 가공 전선과 저압 가공 전선 사이의 이격 거리는 0.5m 이상일 것

## 89 ☐☐☐

전기 설비 기술 기준에서 정하는 안전 원칙에 대한 내용으로 틀린 것은?

① 전기 설비는 감전, 화재 그 밖에 사람에게 위해를 주거나 물건에 손상을 줄 우려가 없도록 시설하여야 한다.
② 전기 설비는 다른 전기 설비, 그 밖의 물건의 기능에 전기적 또는 자기적인 장해를 주지 않도록 시설하여야 한다.
③ 전기 설비는 경쟁과 새로운 기술 및 사업의 도입을 촉진함으로써 전기 사업의 건전한 발전을 도모하도록 시설하여야 한다.
④ 전기 설비는 사용 목적에 적절하고 안전하게 작동하여야 하며, 그 손상으로 인하여 전기 공급에 지장을 주지 않도록 시설하여야 한다.

| 해설

**안전원칙**
• 전기설비는 감전, 화재 그 밖에 사람에게 위해(危害)를 주거나 물건에 손상을 줄 우려가 없도록 시설하여야 한다.
• 전기 설비는 사용 목적에 적절하고 안전하게 작동하여야하며, 그 손상으로 인하여 전기 공급에 지장을 주지 않도록 시설하여야 한다.
• 전기 설비는 다른 전기설비, 그 밖의 물건의 기능에 전기적 또는 자기적인 장해를 주지 않도록 시설하여야 한다.

## 90 □□□

플로어덕트 공사에 의한 저압 옥내 배선에서 연선을 사용하지 않아도 되는 전선(동선)의 단면적은 최대 몇 mm²인가?

① 2
② 4
③ 6
④ 10

| 해설
플로어덕트 공사에 사용되는 전선은 연선일 것. 다만, 단면적 10mm²(알루미늄선은 단면적 16mm²) 이하이면 하지 않아도 된다.

## 91 □□□

풍력 터빈에 설비의 손상을 방지하기 위하여 시설하는 운전 상태를 계측하는 계측 장치로 틀린 것은?

① 조도계
② 압력계
③ 온도계
④ 풍속계

| 해설
풍력 설비의 계측 장치로는 회전 속도계, 나셀(nacelle) 내의 진동을 감시하기 위한 진동계, 풍속계, 압력계, 온도계가 있다.

## 92 □□□

전압의 종별에서 교류 600V는 무엇으로 분류하는가?

① 저압
② 고압
③ 특고압
④ 초고압

| 해설

| 분류 | 전압의 범위 |
|------|------------|
| 저압 | • 직류: 1.5kV 이하<br>• 교류: 1kV 이하 |
| 고압 | • 직류: 1.5kV 초과 7kV 이하<br>• 교류: 1kV 초과 7kV 이하 |
| 특고압 | • 7kV를 초과 |

## 93 □□□

옥내 배선 공사 중 반드시 절연 전선을 사용하지 않아도 되는 공사 방법은? (단, 옥외용 비닐 절연 전선은 제외한다)

① 금속관 공사
② 버스 덕트 공사
③ 합성 수지관 공사
④ 플로어덕트 공사

| 해설
옥내에 시설하는 저압 전선에는 나전선을 사용하여서는 안 된다. 다만, 다음 중 어느 하나에 해당하는 경우에는 그렇지 않다.
㉠ 애자공사에 의하여 전개된 곳에 다음의 전선을 시설하는 경우
  • 전기로용 전선
  • 전선의 피복 절연물이 부식하는 장소에 시설하는 전선
  • 취급자 이외의 자가 출입할 수 없도록 설비한 장소에 시설하는 전선
㉡ 버스 덕트 공사에 의하여 시설하는 경우
㉢ 라이팅 덕트 공사에 의하여 시설하는 경우
㉣ 접촉 전선을 시설하는 경우

## 94 □□□

시가지에 시설하는 사용 전압 170kV 이하인 특고압 가공 전선로의 지지물이 철탑이고 전선이 수평으로 2 이상 있는 경우에 전선 상호 간의 간격이 4m 미만인 때에는 특고압 가공 전선로의 경간은 몇 m 이하이어야 하는가?

① 100
② 150
③ 200
④ 250

| 해설
### 시가지 등에서 사용전압 170kV 이하 특고압 가공 전선로의 경간

| 지지물의 종류 | 경간 |
|---|---|
| A종 철주 또는 A종 철근 콘크리트주 | 75m |
| B종 철주 또는 B종 철근 콘크리트주 | 150m |
| 철탑 | 400m* |

\* 다만, 전선이 수평으로 2 이상 있는 경우에 전선 상호 간의 간격이 4m 미만인 때에는 250m

## 95 □□□

특고압용 타냉식 변압기의 냉각 장치에 고장이 생긴 경우를 대비하여 어떤 보호 장치를 하여야 하는가?

① 경보 장치
② 온도 시험 장치
③ 속도 조정 장치
④ 냉매 흐름 장치

| 해설
경보 장치를 해야 한다.

| 뱅크 용량 | 동작 조건 | 장치의 종류 |
|---|---|---|
| 5,000kVA 이상 10,000kVA 미만 | 변압기 내부 고장 | 자동 차단 장치 또는 경보 장치 |
| 10,000kVA 이상 | 변압기 내부 고장 | 자동 차단 장치 |
| 타냉식 변압기 | 냉각 장치에 고장이 생긴 경우 또는 변압기의 온도가 현저히 상승한 경우 | 경보 장치 |

## 96 □□□

사용 전압이 170kV 이하의 변압기를 시설하는 변전소로서 기술원이 상주하여 감시지는 않으나 수시로 순회하는 경우, 기술원이 상주하는 장소에 경보 장치를 시설하지 않아도 되는 경우는?

① 옥내 변전소에 화재가 발생한 경우
② 제어 회로의 전압이 현저히 저하한 경우
③ 운전 조작에 필요한 차단가가 자동적으로 차단한 후 재폐로한 경우
④ 수소 냉각식 조상기는 그 조상기 안의 수소의 순도가 90[%] 이하로 저하한 경우

| 해설
### 상주 감시를 하지 않는 변전소의 시설
사용 전압이 170kV 이하의 변압기를 시설하는 변전소로서 기술원이 수시로 순회하거나 그 변전소를 원격 감시 제어하는 제어소에서 상시 감시하는 경우 다음의 경우에는 변전 제어소 또는 기술원이 상주하는 장소에 경보 장치를 시설할 것
• 운전 조작에 필요한 차단기가 자동적으로 차단한 경우
• 제어 회로의 전압이 현저히 저하한 경우
• 옥내 변전소에 화재가 발생한 경우
• 수소 냉각식 조상기는 그 조상기 안의 수소의 순도가 90% 이하로 저하한 경우, 수소의 압력이 현저히 변동한 경우 또는 수소의 온도가 현저히 상승한 경우

## 97 ☐☐☐

특고압 가공 전선로의 지지물로 사용하는 B종 철주, B종 철근 콘크리트주 또는 철탑의 종류에서 전선로의 지지물 양쪽의 경간의 차가 큰 곳에 사용하는 것은?

① 각도형
② 인류형
③ 내장형
④ 보강형

| 해설
내장형은 전선로의 지지물 양쪽의 경간의 차가 큰 곳에 사용한다.

## 98 ☐☐☐

아파트 세대 욕실에 "비데용 콘센트"를 시설하고자 한다. 다음의 시설 방법 중 적합하지 않은 것은?

① 콘센트는 접지극이 없는 것을 사용한다.
② 습기가 많은 장소에 시설하는 콘센트는 방습 장치를 하여야 한다.
③ 콘센트를 시설하는 경우에는 절연 변압기(정격 용량 3kVA 이하인 것에 한한다)로 보호된 전로에 접속하여야 한다.
④ 콘센트를 시설하는 경우에는 인체 감전 보호용 누전 차단기(정격 감도 전류 15mA 이하, 동작 시간 0.03초 이하의 전류 동작형의 것에 한한다.)로 보호된 전로에 접속하여야 한다.

| 해설
콘센트는 접지극이 있는 방적형 콘센트를 사용하여 규정에 준하여 접지하여야 한다.

## 99 ☐☐☐

고압 가공 전선로의 가공 지선에 나경동선을 사용하려면 지름 몇 mm 이상의 것을 사용하여야하는가?

① 2.0
② 3.0
③ 4.0
④ 5.0

| 해설
고압 가공 전선로의 가공 지선은 인장 강도 5.26kN 이상의 것 또는 지름 4mm 이상의 나경동선을 사용한다.

## 100 ☐☐☐

변전소의 주요 변압기에 계측 장치를 시설하여 측정하여야 하는 것이 아닌 것은?

① 역률
② 전압
③ 전력
④ 전류

| 해설
**발전소 또는 변전소에 시설하는 계측 장치**
발전기의 베어링 및 고정자의 온도, 주요 변압기의 전압 및 전류 또는 전력, 특고압용 변압기의 온도

정답   97 ③   98 ①   99 ③   100 ①

## 제1과목 전기자기학

### 01 ☐☐☐

그림과 같이 단면적 $S[\text{m}^2]$가 균일한 환상철심에 권수 $N_1$인 A코일과 권수 $N_2$인 B코일이 있을 때, 코일 A의 자기 인덕턴스가 $L_1[\text{H}]$이라면 두 코일의 상호 인덕턴스 $M[\text{H}]$는? (단, 누설자속은 0이다)

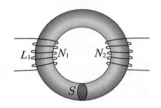

① $\dfrac{L_1 N_2}{N_1}$

② $\dfrac{N_2}{L_1 N_1}$

③ $\dfrac{L_1 N_1}{N_2}$

④ $\dfrac{N_1}{L_1 N_2}$

| 해설

• 자기 인덕턴스: $L_1 = \dfrac{N_1^2}{R_m}$, $L_2 = \dfrac{N_2^2}{R_m}$

• 상호 인덕턴스: $M = \dfrac{N_1 N_2}{R_m} = \dfrac{N_2}{N_1} L_1$

### 02 ☐☐☐

평행판 커패시터에 어떤 유전체를 넣었을 때 전속밀도가 $4.8 \times 10^{-7}$ C/m²이고, 단위 체적당 정전에너지가 $5.3 \times 10^{-3}$ J/m³이었다. 이 유전체의 유전율은 약 몇 F/m인가?

① $1.15 \times 10^{-11}$

② $2.17 \times 10^{-11}$

③ $3.19 \times 10^{-11}$

④ $4.21 \times 10^{-11}$

| 해설

• 단위 체적당 에너지: $w = \dfrac{1}{2} \epsilon E^2 = \dfrac{D^2}{2\epsilon} = \dfrac{1}{2} ED [\text{J/m}^3]$

• 유전율: $\epsilon = \dfrac{D^2}{2w} = \dfrac{(4.8 \times 10^{-7})^2}{2 \times (5.3 \times 10^{-3})} = 2.17 \times 10^{-11} [\text{F/m}]$

## 03 ☐☐☐

진공 중에서 점 $(0, 1)$[m] 되는 곳에 $-2 \times 10^{-9}$C 점전하가 있을 때 점 $(2, 0)$[m]에 있는 1C의 점전하에 작용하는 힘은 몇 N인가?

① $-\dfrac{18}{3\sqrt{5}}a_x + \dfrac{36}{3\sqrt{5}}a_y$

② $-\dfrac{36}{5\sqrt{5}}a_x + \dfrac{18}{5\sqrt{5}}a_y$

③ $-\dfrac{36}{3\sqrt{5}}a_x + \dfrac{18}{3\sqrt{5}}a_y$

④ $\dfrac{36}{5\sqrt{5}}a_x + \dfrac{18}{5\sqrt{5}}a_y$

| 해설

- 거리 벡터: $\hat{r} = (2-0)\hat{x} + (0-1)\hat{y} = 2\hat{x} - \hat{y}$
- 크기: $|r| = \sqrt{2^2 + (-1)^2} = \sqrt{5}$
- 방향 벡터: $r_0 = \dfrac{\hat{r}}{|r|} = \dfrac{1}{\sqrt{5}}(2\hat{x} - \hat{y})$
- 상수: $\dfrac{1}{4\pi\epsilon_0} = 9 \times 10^9$ [F/m]

$\therefore\ F = |F| r_0$

$= 9 \times 10^9 \times \dfrac{(-2 \times 10^{-9}) \times 1}{(\sqrt{5})^2} \times \dfrac{1}{\sqrt{5}}(2\hat{x} - \hat{y})$

$= -\dfrac{36}{5\sqrt{5}}a_x + \dfrac{18}{5\sqrt{5}}a_y$ [N]

## 04 ☐☐☐

다음 중 기자력(Magnetomotive Force)에 대한 설명으로 옳지 않은 것은?

① SI 단위는 암페어[A]이다.
② 전기회로의 기전력에 대응한다.
③ 자기회로의 자기저항과 자속의 곱과 동일하다.
④ 코일에 전류를 흘렀을 때 전류밀도와 코일의 권수의 곱의 크기와 같다.

| 해설
코일에 전류를 흘렀을 때 전류와 코일권수의 곱의 크기와 같다.

## 05 ☐☐☐

쌍극자 모멘트가 $M$[C·m]인 전기쌍극자에 의한 임의의 점 P에서의 전계의 크기는 전기쌍극자의 중심에서 축방향과 점 P를 잇는 선분의 사이의 각이 얼마일 때 최대가 되는가?

① 0

② $\dfrac{\pi}{2}$

③ $\dfrac{\pi}{3}$

④ $\dfrac{\pi}{4}$

| 해설

- 전기쌍극자 전위: $V = \dfrac{M\cos\theta}{4\pi\epsilon_0 r^2}$[V]

- 전기쌍극자 전계의 세기: $E = \dfrac{M\sqrt{1+3\cos^2\theta}}{4\pi\epsilon_0 r^3}$[V/m]

- 전기쌍극자의 전계의 세기와 전위는 $\theta = 0°$일 때 최대가 되고, $\theta = 90°$일 때 최소가 된다.

## 06 ☐☐☐

정상 전류계에서 $J$는 전류밀도, $\sigma$는 도전율, $\rho$는 고유저항, $E$는 전계의 세기일 때, 옴의 법칙에 대한 미분형은?

① $J = \sigma E$

② $J = \dfrac{E}{\sigma}$

③ $J = \rho E$

④ $J = \rho\sigma E$

| 해설

전류밀도: $i_d = \dfrac{I}{S} = \dfrac{V}{RS} = \dfrac{El}{\rho\dfrac{l}{S} \times S} = \dfrac{1}{\rho}E = \sigma E$[A/m$^2$]

$i_d = J$에서 옴의 미분형 $J = \dfrac{1}{\rho}E = \sigma E$

## 07 □□□

그림과 같이 극판의 면적이 $S[\text{m}^2]$인 평행판 커패시터에 유전율이 각각 $\epsilon_1 = 4$, $\epsilon_2 = 2$인 유전체를 채우고 $a$, $b$ 양 단에 $V[\text{V}]$의 전압을 인가했을 때 $\epsilon_1$, $\epsilon_2$인 유전체 내부의 전계의 세기 $E_1$과 $E_2$의 관계식은? (단, $\sigma[\text{C/m}^2]$는 면전 하밀도이다)

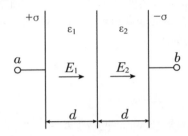

① $E_1 = 2E_2$

② $E_1 = 4E_2$

③ $2E_1 = E_2$

④ $E_1 = E_2$

| 해설

$E = \dfrac{1}{\epsilon_s} E_0$에서 $\dfrac{E_1}{E_2} = \dfrac{\epsilon_2}{\epsilon_1} = \dfrac{2}{4} = \dfrac{1}{2}$ 이므로

$2E_1 = E_2$이다.

## 08 □□□

반지름이 $r[\text{m}]$인 반원형 전류 $I[\text{A}]$에 의한 반원의 중심에서의 자계의 세기$[\text{AT/m}]$는?

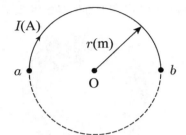

① $\dfrac{2I}{r}$

② $\dfrac{I}{r}$

③ $\dfrac{I}{2r}$

④ $\dfrac{I}{4r}$

| 해설

• 원형코일의 중심에서 자계의 세기: $H = \dfrac{I}{2r}$

• 반원형 전류에 의한 자계 $H = \dfrac{I}{2r} \times \dfrac{1}{2} = \dfrac{I}{4r}[\text{AT/m}]$

## 09 □□□

평균 반지름 $r$이 20cm, 단면적 $S$가 6cm²인 환상 철심에서 권선수 $N$이 500회인 코일에 흐르는 전류 $I$가 4A일 때 철심 내부에서의 자계의 세기 $H$는 약 몇 AT/m인가?

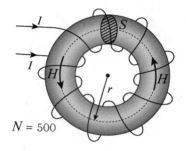

$N = 500$

① 1,590
② 1,700
③ 1,870
④ 2,120

| 해설

환상 솔레노이드 내부에서 자계의 세기:

$$H = \frac{NI}{2\pi r} = \frac{500 \times 4}{2 \times \pi \times 0.2} = 1,590[\text{AT/m}]$$

## 10 □□□

속도 $v$의 전자가 평등자계 내에 수직으로 들어갈 때, 이 전자에 대한 설명으로 옳은 것은?

① 구면위에서 회전하고 구의 반지름은 자계의 세기에 비례한다.
② 원운동을 하고 원의 반지름은 자계의 세기에 비례한다.
③ 원운동을 하고 원의 반지름은 자계의 세기에 반비례한다.
④ 원운동을 하고 원의 반지름은 전자의 처음 속도의 제곱에 비례한다.

| 해설

로렌츠힘: $F = eE + e(v \times B)$

전자가 자계로 진입하게 되면 원심력 $\dfrac{mv^2}{r}$과 구심력 $e(v \times B)$이 같아져 전자는 원운동을 하게 된다.

$\dfrac{mv^2}{r} = evB$에서 전자의 원운동 반경 $r = \dfrac{mv}{eB}$ 이다.

• 각주파수 $\omega = \dfrac{v}{r} = \dfrac{eB}{m}$
• 주파수 $f = \dfrac{\omega}{2\pi} = \dfrac{eB}{2\pi m}$
• 주기 $T = \dfrac{1}{f} = \dfrac{2\pi m}{eB}$

## 11 □□□

길이가 10cm이고 단면의 반지름이 1cm인 원통형 자성체가 길이 방향으로 균일하게 자화되어 있을 때 자화의 세기가 $0.5\text{Wb/m}^2$이라면 이 자성체의 자기모멘트 $\text{Wb} \cdot \text{m}$는?

① $1.57 \times 10^{-5}$

② $1.57 \times 10^{-4}$

③ $1.57 \times 10^{-3}$

④ $1.57 \times 10^{-2}$

| 해설

- 자화의 세기: $J = \dfrac{M}{V}[\text{Wb/m}^3]$

- 자기모멘트:
$$M = JV = J \times \pi a^2 \times l = 0.5 \times \pi \times 0.01^2 \times 0.1$$
$$= 1.57 \times 10^{-5}[\text{Wb·m}]$$

## 12 □□□

자기 인덕턴스가 각각 $L_1$, $L_2$인 두 코일의 상호 인덕턴스가 $M$일 때 결합 계수는?

① $\dfrac{M}{L_1 L_2}$

② $\dfrac{L_1 L_2}{M}$

③ $\dfrac{M}{\sqrt{L_1 L_2}}$

④ $\dfrac{\sqrt{L_1 L_2}}{M}$

| 해설

- 상호 인덕턴스: $M = k\sqrt{L_1 L_2}$

- 결합계수: $k = \dfrac{M}{\sqrt{L_1 L_2}}$

## 13 □□□

간격 $d[\text{m}]$, 면적 $S[\text{m}^2]$의 평행판 전극 사이에 유전율이 $\epsilon$인 유전체가 있다. 전극 간에 $v(t) = v_m \sin\omega t[\text{V}]$의 전압을 가했을 때, 유전체 속의 변위전류밀도$[\text{A/m}^2]$는?

① $\dfrac{\epsilon \omega V_m}{d} \cos\omega t$

② $\dfrac{\epsilon \omega V_m}{d} \sin\omega t$

③ $\dfrac{\epsilon V_m}{\omega d} \cos\omega t$

④ $\dfrac{\epsilon V_m}{\omega d} \sin\omega t$

| 해설

변위전류밀도:
$$i_d = \frac{\partial D}{\partial t} = \epsilon \frac{\partial E}{\partial t} = \epsilon \frac{\partial}{\partial t}\left(\frac{V}{d}\right) = \frac{\epsilon}{d} \frac{\partial}{\partial t}(V_m \sin\omega t)$$
$$= \frac{\omega \epsilon}{d} V_m \cos\omega t [\text{A/m}^2]$$

정답  11 ①  12 ③  13 ①

## 14 ☐☐☐

그림과 같이 공기 중 2개의 동심 구도체에서 내구 A에만 전하 $Q$[C]를 주고 외구 B를 접지하였을 때 내구 A의 전위는?

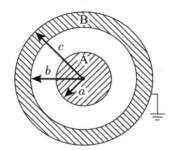

① $\dfrac{Q}{4\pi\epsilon_0}\left(\dfrac{1}{a}-\dfrac{1}{b}+\dfrac{1}{c}\right)$

② $\dfrac{Q}{4\pi\epsilon_0}\left(\dfrac{1}{a}-\dfrac{1}{b}\right)$

③ $\dfrac{Q}{4\pi\epsilon_0}\dfrac{1}{c}$

④ 0

| 해설

동심구의 내외 전위:

$$V=-\int_{\infty}^{a}Edr=-\int_{\infty}^{c}Edr-\int_{b}^{a}Edr$$

B가 접지되어 있으므로

$$V=-\int_{b}^{a}Edr=-\frac{Q}{4\pi\epsilon_0}\int_{b}^{a}\frac{1}{r^2}dr$$

따라서 $\displaystyle\int\frac{1}{r^2}dr=\frac{1}{r}$ 이므로 $V=\dfrac{Q}{4\pi\epsilon_0}\left(\dfrac{1}{a}-\dfrac{1}{b}\right)$[V]

## 15 ☐☐☐

간격이 $d$[m]이고 면적이 $S$[m$^2$]인 평행판 커패시터의 전극 사이에 유전율 $\epsilon$를 갖는 유전체를 넣고 전극 간에 $V$[V]의 전압을 가했을 때, 이 커패시터의 전극판을 떼어 내는 데 필요한 힘의 크기 [N]는?

① $\dfrac{1}{2\epsilon}\dfrac{V^2}{d^2}S$

② $\dfrac{1}{2\epsilon}\dfrac{dV^2}{S}$

③ $\dfrac{1}{2}\epsilon\dfrac{V}{d}S$

④ $\dfrac{1}{2}\epsilon\dfrac{V^2}{d^2}S$

| 해설

• 정전응력: $f=\dfrac{1}{2}\epsilon E^2=\dfrac{D^2}{2\epsilon}=\dfrac{1}{2}ED$[N/m$^2$]

• 힘: $F=fS=\dfrac{1}{2}\epsilon E^2S=\dfrac{1}{2}\epsilon\left(\dfrac{V}{d}\right)^2S$[N]

## 16 ☐☐☐

패러데이관(Faraday tube)의 성질에 대한 설명으로 틀린 것은?

① 패러데이관 중에 있는 전속수는 그 관속에 진전하가 없으면 일정하며 연속적이다.

② 패러데이관의 양단에는 양 또는 음의 단위 진전하가 존재하고 있다.

③ 패러데이관 한 개의 단위 전위차 당 보유에너지는 1/2J 이다.

④ 패러데이관의 밀도는 전속밀도와 같지 않다.

| 해설

패러데이관의 양단에는 양 또는 음의 단위 진전하가 존재한다.

• 패러데이관의 밀도는 전속밀도와 같다.

• $W=\dfrac{1}{2}QV=\dfrac{1}{2}\times1\times1=\dfrac{1}{2}$[J]

## 17 □□□

유전율 $\epsilon$, 투자율 $\mu$인 매질 내에서 전자파의 전파속도 [m/s]는?

① $\sqrt{\dfrac{\mu}{\epsilon}}$

② $\sqrt{\mu\epsilon}$

③ $\sqrt{\dfrac{\epsilon}{\mu}}$

④ $\dfrac{1}{\sqrt{\mu\epsilon}}$

| 해설

전파속도: $v = \dfrac{1}{\sqrt{\mu\epsilon}} = \dfrac{1}{\sqrt{\mu_0\epsilon_0}}\dfrac{1}{\sqrt{\mu_s\epsilon_s}} = \dfrac{3\times10^8}{\sqrt{\mu_s\epsilon_s}}$

## 18 □□□

히스테리시스 곡선에서 히스테리시스 손실에 해당하는 것은?

① 보자력의 크기
② 잔류자기의 크기
③ 보자력과 잔류자기의 곱
④ 히스테리시스 곡선의 면적

| 해설

히스테리시스 곡선의 면적에 해당하는 에너지는 열로 소비된다. 이를 히스테리시스 손실이라고 한다.

## 19 □□□

공기 중 무한 평면도체의 표면으로부터 2m 떨어진 곳에 4C의 점전하가 있다. 이 점전하가 받는 힘은 몇 N인가?

① $\dfrac{1}{\pi\epsilon_0}$

② $\dfrac{1}{4\pi\epsilon_0}$

③ $\dfrac{1}{8\pi\epsilon_0}$

④ $\dfrac{1}{16\pi\epsilon_0}$

| 해설

$F = \dfrac{Q_1 Q_2}{4\pi\epsilon_0 r^2} = \dfrac{1}{4\pi\epsilon_0} \times \dfrac{4\times(-4)}{4^2} = -\dfrac{1}{4\pi\epsilon_0}[\text{N}]$

여기서 부(−)의 부호는 흡인력을 의미한다.

## 20 □□□

내압이 2.0kV이고 정전용량이 각각 0.01μF, 0.02μF, 0.04μF 인 3개의 커패시터를 직렬로 연결했을 때 전체 내압은 몇 V인가?

① 1,750
② 2,000
③ 3,500
④ 4,000

| 해설

커패시터의 직렬연결: $Q = Q_1 = Q_2 = Q_3 =$ 일정

$V = \dfrac{Q}{C}$에서 $Q$가 일정하므로 $V \propto \dfrac{1}{C}$이다. 따라서 정전용량이 제일 적은 0.01μF에 가장 큰 2,000V가 걸리고, 0.02μF, 0.04μF에 1,000V, 500V가 걸리므로 전체 내압은 3,500V이다.

정답    17 ④   18 ④   19 ②   20 ③

# 제2과목 전력공학

## 21 ☐☐☐

동작 시간에 따른 보호 계전기의 분류와 이에 대한 설명으로 틀린 것은?

① 순한시 계전기는 설정된 최소 동작 전류 이상의 전류가 흐르면 즉시 동작한다.

② 반한시 계전기는 동작 시간이 전류값의 크기에 따라 변하는 것으로 전류값이 클수록 느리게 동작하고 반대로 전류값이 작아질수록 빠르게 동작하는 계전기이다.

③ 정한시 계전기는 설정된 값 이상의 전류가 흘렀을 때 동작 전류의 크기와는 관계없이 항상 일정한 시간 후에 동작하는 계전기이다.

④ 반한시 · 정한시 계전기는 어느 전류값까지는 반한시성이지만 그 이상이 되면 정한시로 동작하는 계전기이다.

| 해설
반한시 특성 계전기는 동작 지연 시간이 유동적인 계전기로서, 입력 전류의 크기가 클수록 더 빨리 동작한다.

## 22 ☐☐☐

환상 선로의 단락 보호에 주로 사용하는 계전 방식은?

① 비율 차동 계전 방식
② 방향 거리 계전 방식
③ 과전류 계전 방식
④ 선택 접지 계전 방식

| 해설
방향 거리 계전 방식이 모선 보호에 가장 유리한 방식이며, 방향 거리 계전기는 전원이 양단에 있는 환상 선로의 단락 보호에 사용된다.

## 23 ☐☐☐

옥내 배선을 단상 2선식에서 단상 3선식으로 변경하였을 때, 전선 1선당 공급 전력은 약 몇 배 증가하는가? (단, 선간 전압(단상 3선식의 경우는 중성선과 타선간의 전압), 선로 전류(중성선의 전류 제외) 및 역률은 같다)

① 0.71
② 1.33
③ 1.41
④ 1.73

| 해설
1선당 공급 전력은 단상2선식일 때가 $VI\cos\theta/2$이고, 단상3선식일 때가 $2VI\cos\theta/3$이므로

$\frac{1}{2} \Rightarrow \frac{2}{3}$ 로 1.33배 증가한다.

## 24 ☐☐☐

3상용 차단기의 정격 차단 용량은 그 차단기의 정격 전압과 정격 차단 전류와의 곱을 몇 배한 것인가?

① $\frac{1}{\sqrt{2}}$
② $\frac{1}{\sqrt{3}}$
③ $\sqrt{2}$
④ $\sqrt{3}$

| 해설
3상용 차단기의 정격 차단 용량$= \sqrt{3}\, V_n I_s$ ( $V_n$: 정격 전압, $V_s$: 정격 차단 전류)이다.

## 25 ☐☐☐

유효 낙차 100m. 최대 유량 20m³/s의 수차가 있다. 낙차가 81m로 감소하면 유량[m³/s]은? (단, 수차에서 발생되는 손실 등은 무시하며 수차 효율은 일정하다)

① 15
② 18
③ 24
④ 30

## 26 ☐☐☐

단락 용량 3000MVA인 모선의 전압이 154kV라면 등가 모선 임피던스[Ω]는 약 얼마인가?

① 5.81
② 6.21
③ 7.91
④ 8.71

## 27 ☐☐☐

중성점 접지 방식 중 직접 접지 송전 방식에 대한 설명으로 틀린 것은?

① 1선 지락 사고 시 지락 전류는 타접지 방식에 비하여 최대로 된다.
② 1선 지락 사고 시 지락 계전기의 동작이 확실하고 선택 차단이 가능하다.
③ 통신선에서의 유도 장해는 비접지 방식에 비하여 크다.
④ 기기의 절연 레벨을 상승시킬 수 있다.

## 28 ☐☐☐

송전선에 직렬 콘덴서를 설치하였을 때의 특징으로 틀린 것은?

① 선로 중에서 일어나는 전압 강하를 감소시킨다.
② 송전전력의 증가를 꾀할 수 있다.
③ 부하 역률이 좋을수록 설치 효과가 크다.
④ 단락 사고가 발생하는 경우 사고 전류에 의하여 과전압이 발생한다.

## 29 ☐☐☐

수압 철관의 안지름이 4m인 곳에서의 유속이 4m/s이다. 안지름이 3.5m인 곳에서의 유속[m/s]은 약 얼마인가?

① 4.2

② 5.2

③ 6.2

④ 7.2

| 해설

시간당 이동하는 물의 양은 어디서나 같아야 하므로 $A_1 v_1 = A_2 v_2$가 성립한다.

따라서 $4^2 \times 4 = 3.5^2 \times v_2$로부터 $v_2 = 5.2[\text{m/s}]$

## 30 ☐☐☐

경간이 200m인 가공 전선로가 있다. 사용 전선의 길이는 경간보다 약 몇 m 더 길어야 하는가? (단, 전선의 1m당 하중은 2kg, 인장 하중은 4000kg이고, 풍압 하중은 무시하며, 전선의 안전율은 2이다)

① 0.33

② 0.61

③ 1.41

④ 1.73

| 해설

먼저 이도를 구하면 $D[\text{m}] = \dfrac{wS^2}{8T} \times$안전율$= 5$

전선 실제 길이

$L[\text{m}] = S + \dfrac{8D^2}{3S} = 200 + \dfrac{8 \times 5^2}{3 \times 200} = 200.33$

이므로 경간보다 0.33m 더 길어야 한다.

## 31 ☐☐☐

송전 선로에서 현수 애자련의 연면 섬락과 가장 관계가 먼 것은?

① 댐퍼

② 철탑 접지 저항

③ 현수 애자련의 개수

④ 현수 애자련의 소손

| 해설

현수 애자련이 소손되는 것이 연면 섬락이고 애자련 개수를 증가시키면 연면 섬락이 방지된다. 철탑 접지 저항을 낮추면 역섬락이 방지되며 댐퍼는 단선 방지 설비이다.

## 32 ☐☐☐

전력 계통의 중성점 다중 접지 방식의 특징으로 옳은 것은?

① 통신선의 유도 장해가 적다.

② 합성 접지 저항이 매우 높다.

③ 건전상의 전위 상승이 매우 높다.

④ 지락 보호 계전기의 동작이 확실하다.

| 해설

다중 접지 방식을 채택하게 되면 1선 지락 시 직접 접지 방식에 버금가는 대전류가 흘러서 유도 장해 크지만 계전기 동작이 확실해진다.

## 33 ☐☐☐

전력 계통의 전압조정설비에 대한 특징으로 틀린 것은?

① 병렬 콘덴서는 진상 능력만을 가지며 병렬 리액터는 진 상능력이 없다.
② 동기 조상기는 조정의 단계가 불연속적이나 직렬 콘덴 서 및 병렬 리액터는 연속적이다.
③ 동기 조상기는 무효전력의 공급과 흡수가 모두 가능하 여 진상 및 지상 용량을 갖는다.
④ 병렬 리액터는 경부하 시에 계통 전압이 상승하는 것을 억제하기 위하여 초고압 송전선 등에 설치된다.

| 해설

동기 조상기는 조정의 단계가 연속적이고 무효 전력이 공급과 흡수가 모두 가능한 반면에 전력 손실이 많고 제작 및 설치비 용이 비싸다.

## 34 ☐☐☐

변압기 보호용 비율 차동 계전기를 사용하여 △−Y 결선 의 변압기를 보호하려고 한다. 이때 변압기 1, 2차측에 설 치하는 변류기의 결선 방식은? (단, 위상 보정 기능이 없 는 경우이다)

① △−△
② △−Y
③ Y−△
④ Y−Y

| 해설

변압기가 △−Y 결선이면 변류기는 Y−△ 결선으로 연결하 고, 변압기가 Y−△ 결선이면 변류기는 △−Y 결선으로 연결 해야 1차측 전류와 2차측 전류 사이의 위상 차이가 없어진다.

## 35 ☐☐☐

송전 선로에 단도체 대신 복도체를 사용하는 경우에 나타 나는 현상으로 틀린 것은?

① 전선의 작용 인덕턴스를 감소시킨다.
② 선로의 작용 정전용량을 증가시킨다.
③ 전선 표면의 전위 경도를 저감시킨다.
④ 전선의 코로나 임계 전압을 저감시킨다.

| 해설

복도체를 쓰면 등가 반경이 커져서 작용 정전용량이 증가하고 작용 인덕턴스는 감소한다. 복도체를 사용하면 코로나 임계 전압이 20% 가량 높아진다.

## 36 ☐☐☐

어느 화력 발전소에서 40000kWh를 발전하는 데 발열량 860kcal/kg의 석탄이 60톤 사용된다. 이 발전소의 열효 율%은 약 얼마인가?

① 56.7
② 66.7
③ 76.7
④ 86.7

| 해설

출력＝발전량＝$4 \times 10^4 \, kWh \times 860 kcal/kWh$
　　　　＝$344 \times 10^5 \, kcal$
입력＝연료소비량×kg당 발열량
　　　＝$60000 kg \times 860 kcal/kg = 516 \times 10^5 \, kcal$
따라서 열효율은 $\frac{344}{526} \times 100 = 66.7\%$이다.

정답　33 ②　34 ③　35 ④　36 ②

## 37 ☐☐☐

가공 송전선의 코로나 임계 전압에 영향을 미치는 여러 가지 인자에 대한 설명 중 틀린 것은?

① 전선 표면이 매끈할수록 임계 전압이 낮아진다.
② 날씨가 흐릴수록 임계 전압은 낮아진다.
③ 기압이 낮을수록, 온도가 높을수록 임계 전압은 낮아진다.
④ 전선의 반지름이 클수록 임계 전압은 높아진다.

| 해설
전선 표면이 완벽하게 매끈하면 표면계수=1, 거칠면 표면 계수는 0.9, 연선의 표면 계수는 0.8로 알려져 있다. 즉, 표면이 매끈할수록, 연선보다는 단선을 쓸수록 임계 전압이 높아져서 코로나가 방지된다.

## 38 ☐☐☐

송전선의 특성 임피던스의 특징으로 옳은 것은?

① 선로의 길이가 길어질수록 값이 커진다.
② 선로의 길이가 길어질수록 값이 작아진다.
③ 선로의 길이에 따라 값이 변하지 않는다.
④ 부하 용량에 따라 값이 변한다.

| 해설
선로의 특성 임피던스는 어디에서나 같은 값을 가지며, 송전선의 길이에 상관없다.

## 39 ☐☐☐

송전 선로의 보호 계전 방식이 아닌 것은?

① 전류 위상 비교 방식
② 전류 차동 보호 계전 방식
③ 방향 비교 방식
④ 전압 균형 방식

| 해설
송전선로 보호 계전방식으로는 전류차동 계전방식, 전압차동 계전방식, 위상비교 계전방식, 방향거리 계전방식이 있다.

## 40 ☐☐☐

선로 고장 발생 시 고장 전류를 차단할 수 없어 리클로저와 같이 차단 기능이 있는 후비 보호 장치와 함께 설치되어야 하는 장치는?

① 배선용 차단기
② 유입 개폐기
③ 컷아웃 스위치
④ 섹셔널라이저

| 해설
섹셔널라이저는 리클로저와 같이 차단 기능이 있는 후비 보호 장치와 함께 설치한다.

정답　37 ①　38 ③　39 ④　40 ④

## 제3과목 전기기기

### 41 ☐☐☐

3상 변압기를 병렬 운전하는 조건으로 틀린 것은?

① 각 변압기의 극성이 같을 것
② 각 변압기의 %임피던스 강하가 같을 것
③ 각 변압기의 1차와 2차 정격 전압과 변압비가 같을 것
④ 각 변압기의 1차와 2차 선간 전압의 위상 변위가 다를 것

> | 해설
>
> 단상 변압기는 극성, 권수비(=변압비), %임피던스 강하, 누설 리액턴스와 내부 저항의 비가 같아야 하며 3상 변압기는 4가지 조건이 같으면서 상회전 방향과 위상각이 같아야 한다.

### 42 ☐☐☐

직류 직권 전동기에서 분류 저항기를 직권 권선에 병렬로 접속해 여자 전류를 가감시켜 속도를 제어하는 방법은?

① 저항 제어
② 전압 제어
③ 계자 제어
④ 직·병렬 제어

> | 해설
>
> 계자 권선에 병렬로 접속한 가변 저항기를 가감시킴으로써 여자 전류를 가감시키는 속도 제어 방법은 계자 제어법이다.

### 43 ☐☐☐

직류 발전기의 특성 곡선에서 각 축에 해당하는 항목으로 틀린 것은?

① 외부 특성 곡선: 부하 전류와 단자 전압
② 부하 특성 곡선: 계자 전류와 단자 전압
③ 내부 특성 곡선: 무부하 전류와 단자 전압
④ 무부하 특성 곡선: 계자 전류와 유도 기전력

> | 해설
>
> 여러 가지 특성 곡선의 가로축과 세로축은 아래 표와 같다.
>
> | 구분 | 가로축 | 세로축 |
> | --- | --- | --- |
> | 무부하 포화 곡선 | 계자 전류 | 단자 전압 (=유기 기전력) |
> | 부하 특성 곡선 | 계자 전류 | 단자 전압 |
> | 외부 특성 곡선 | 부하 전류 | 단자 전압 |
> | 내부 특성 곡선 | 부하 전류 | 유기 기전력 |
>
> 즉, 부하/무부하 곡선의 가로축은 계자 전류이고 내부/외부 곡선의 가로축은 부하 전류이다.

### 44 ☐☐☐

60Hz, 600rpm의 동기 전동기에 직결된 기동용 유도 전동기의 극수는?

① 6
② 8
③ 10
④ 12

> | 해설
>
> 회전자와 기계적으로 결합된 유도 전동기를 이용하여 기동시키는 방법이며 이때는 동기 전동기 전기자의 극수보다 2극이 적은 유도 전동기를 사용해야 한다.
>
> $p = \dfrac{120f}{N_s} = 12$극이므로 기동용은 10극이어야 한다.

## 45 ☐☐☐

다이오드를 사용한 정류 회로에서 다이오드를 여러 개 직렬로 연결하면 어떻게 되는가?

① 전력 공급의 증대
② 출력 전압의 맥동률을 감소
③ 다이오드를 과전류로부터 보호
④ 다이오드를 과전압으로부터 보호

| 해설

다이오드를 병렬로 추가 연결하면 전류가 나뉘어 흐르므로 과전류로부터 다이오드를 보호할 수 있고, 다이오드를 직렬로 추가 연결하면 전압이 분산 인가되므로 과전압으로부터 다이오드를 보호할 수 있다.

## 46 ☐☐☐

4극, 60Hz인 3상 유도 전동기가 있다. 1725rpm으로 회전하고 있을 때, 2차 기전력의 주파수[Hz]는?

① 2.5
② 5
③ 7.5
④ 10

| 해설

$N_s = \dfrac{120f}{p}$ 로부터 동기 속도는 1800rpm이고,

$s = \dfrac{N_s - N}{N_s}$ 로부터 슬립은 0.0417이므로 2차 기전력의 주파

수 $= f_2 = sf_1 = 0.0417 \times 60$ 이다.

## 47 ☐☐☐

직류 분권 전동기의 전압이 일정할 때 부하 토크가 2배로 증가하면 부하 전류는 약 몇 배가 되는가?

① 1
② 2
③ 3
④ 4

| 해설

**직류 분권 전동기의 토크 특성**

$T = k\phi I_a \propto I_f I_a$ 인데 단자 전압 $V = I_f R_f$ 가 일정하다고 했으므로 토크는 전기자 전류에 정비례한다. 따라서 토크가 2배이면 전기자 전류도 2배로 증가한다. 부하전류 $I = I_a + I_f$ 에서 계자 전류는 전기자 전류에 비해 무시할 정도로 작은 크기이다.

## 48 ☐☐☐

유도 전동기의 슬립을 측정하려고 한다. 다음 중 슬립의 측정법이 아닌 것은?

① 수화 기법
② 직류 밀리볼트계법
③ 스트로보스코프법
④ 프로니 브레이크법

| 해설

슬립 측정법으로는 수화기법, 직류 밀리볼트계법, 회전계법, 스트로보스코프법이 있다. 프로니 브레이크법은 소형 전동기의 토크를 측정하는 방법이다.

## 49 ☐☐☐

정격 출력 10000kVA, 정격 전압 6600V, 정격 역률 0.8인 3상 비돌극 동기 발전기가 있다. 여자를 정격 상태로 유지할 때 이 발전기의 최대 출력은 약 몇 kW인가? (단, 1상의 동기 리액턴스를 0.9pu라 하고 저항은 무시한다)

① 17089
② 18889
③ 21259
④ 23619

| 해설

역률 $\cos\theta = 0.8$이므로 $\sin\theta = 0.6$이다.

$E[\text{pu}] = \sqrt{1 + 2x_s\sin\theta + x_s^2} = \sqrt{1 + 2\cdot0.9\cdot0.6 + 0.9^2} = 1.7$

$\dfrac{P}{P_n} = \dfrac{E[\text{pu}]}{x_s[\text{pu}]}\sin\delta$

$\Rightarrow \dfrac{P_{max}}{10000[\text{kVA}]} = \dfrac{1.7}{0.9}$

$\Rightarrow P_{max} = 18889[\text{kVA}]$

## 50 ☐☐☐

단상 반파 정류 회로에서 직류 전압의 평균값 210V를 얻는 데 필요한 변압기 2차 전압의 실횻값은 약 몇 V인가? (단, 부하는 순 저항이고, 정류기의 전압 강하 평균값은 15V로 한다)

① 400
② 433
③ 500
④ 566

| 해설

단상 반파 정류 회로에서 전압 강하분을 고려한 직류 평균치는 $E_d = \dfrac{\sqrt{2}E}{\pi} - e$이므로 실횻값을 구하면

$E = \dfrac{\pi}{\sqrt{2}}(E_d + e) = \dfrac{\pi}{\sqrt{2}}(210 + 15)$

## 51 ☐☐☐

변압기유에 요구되는 특성으로 틀린 것은?

① 점도가 클 것
② 응고점이 낮을 것
③ 인화점이 높을 것
④ 절연 내력이 클 것

| 해설

변압기의 점도가 높으면 유동성이 나빠서 골고루 흐르지 않거나 굳어버릴 염려가 있다. 변압기유는 절연 내력이 크고 인화점이 높고 응고점이 낮아야 한다.

## 52 ☐☐☐

100kVA, 2300/115[V], 철손 1kW, 전부하동손 1.25kW의 변압기가 있다. 이 변압기는 매일 무부하로 10시간, 1/2정격 부하 역률 1에서 8시간, 전부하 역률 0.8(지상)에서 6시간 운전하고 있다면 전일 효율은 약 몇 %인가?

① 93.3
② 94.3
③ 95.3
④ 96.3

| 해설

$\eta_{전일} = \dfrac{\sum hmVI\cos\theta}{\sum hmVI\cos\theta + 24P_i + \sum h(m^2 P_c)} \times 100$

공식의 $VI$ 자리에 변압기 용량값 100kVA를 대입한다.

$\sum hmVI\cos\theta$

$= 10\text{h} \times 0\text{kW} + 8\text{h}\dfrac{1}{2} \times 100 \times 1\text{kW} + 6\text{h} \times 100 \times 0.8\text{kW}$

$= 880\text{kWh}$

전일 철손 $24P_i = 24\text{h} \times 1\text{kW}$

$\sum h(m^2 P_c)$

$= 0 + 8\text{h} \times \left(\dfrac{1}{2}\right)^2 \times 1.25\text{kW} + 6\text{h} \times 1^2 \times 1.25\text{kW}$

$= 10\text{kWh}$

$\eta_{전일} = \dfrac{880}{880 + 24 + 10} \times 100 = 96.28[\%]$

## 53 ☐☐☐

3상 유도 전동기에서 고조파 회전자계가 기본파 회전 방향과 역방향인 고조파는?

① 제3고조파
② 제5고조파
③ 제7고조파
④ 제13고조파

> **| 해설**
>
> 고조파 차수가 $h = 6n + 1$이면 기본파와 같은 방향의, $h = 6n - 1$이면 기본파와 반대 방향의 회전 자계를 발생한다. 즉, 제5고조파, 제11고조파 등은 반대 방향이다.

## 54 ☐☐☐

직류 분권 전동기의 기동 시에 정격 전압을 공급하면 전기자 전류가 많이 흐르다가 회전속도가 점점 증가함에 따라 전기자 전류가 감소하는 원인은?

① 전기자 반작용의 증가
② 전기자 권선의 저항 증가
③ 브러시의 접촉 저항 증가
④ 전동기의 역기전력 상승

> **| 해설**
>
> 역기전력 $E_0 = \dfrac{pZ\phi}{60a}N \propto \phi N$인데, 전전압 기동법을 사용하게 되면 회전 속도가 빨라지면서 역기전력이 증가하여 전기자 전류 $I_a = \dfrac{V - E_0}{R_a}$가 감소하게 된다.

## 55 ☐☐☐

변압기의 전압 변동률에 대한 설명으로 틀린 것은?

① 일반적으로 부하 변동에 대하여 2차 단자 전압의 변동이 작을수록 좋다.
② 전부하시와 무부하시의 2차 단자 전압이 서로 다른 정도를 표시하는 것이다.
③ 인가 전압이 일정한 상태에서 무부하 2차 단자 전압에 반비례한다.
④ 전압 변동률은 전등의 광도, 수명, 전동기의 출력 등에 영향을 미친다.

> **| 해설**
>
> 전압 변동률 $\epsilon = \dfrac{V_{20} - V_{2n}}{V_{2n}} \times 100$이므로 인가전압 $V_{2n}$이 일정한 상태에서 무부하 2차 단자 전압 $V_{20}$이 클수록 전압 변동률도 커진다.

## 56 ☐☐☐

1상의 유도 기전력이 6000V인 동기 발전기에서 1분간 회전수를 900rpm에서 1800rpm으로 하면 유도 기전력은 약 몇 V인가?

① 6000
② 12000
③ 24000
④ 36000

> **| 해설**
>
> 동기 발전기의 유도 기전력 $E = 4.44fN\phi_m K_w$에서 기전력의 크기는 자계의 주파수 f에 비례하고 이 값은 계자의 회전수 [rpm]에 비례한다. 따라서 회전수가 2배로 커지면 기전력도 2배가 된다.

## 57 ☐☐☐

변압기 내부 고장 검출을 위해 사용하는 계전기가 아닌 것은?

① 과전압 계전기
② 비율 차동 계전기
③ 부흐홀츠 계전기
④ 충격 압력 계전기

| 해설

변압기 보호용 계전기로는 비율 차동 계전기, 부흐홀츠 계전기, 과전류 계전기, 온도 계전기, 압력 계전기가 있다. 과전압 계전기는 발전기 보효용으로 쓰인다.

## 58 ☐☐☐

권선형 유도 전동기의 2차 여자법 중 2차 단자에서 나오는 전력을 동력으로 바꿔서 직류 전동기에 가하는 방식은?

① 회생 방식
② 크레머 방식
③ 플러깅 방식
④ 세르비우스 방식

| 해설

크레머 방식은 유도기 2차측 출력이 직류 전동기의 입력으로 기능하도록 두 전동기를 직결하고, 세르비우스 방식은 2차 동손에 해당하는 전력을 전원에 반환할 때 사이리스터를 사용한다.

## 59 ☐☐☐

동기 조상기의 구조상 특징으로 틀린 것은?

① 고정자는 수차 발전기와 같다.
② 안전 운전용 제동권선이 설치된다.
③ 계자 코일이나 자극이 대단히 크다.
④ 전동기 축은 동력을 전달하는 관계로 비교적 굵다.

| 해설

동기 조상기는 무부하 상태에서 회전하므로 축의 굵기는 중요하지 않다.

## 60 ☐☐☐

75W 이하의 소출력 단상 직권 정류자 전동기의 용도로 적합하지 않은 것은?

① 믹서
② 소형 공구
③ 공작기계
④ 치과의료용

| 해설

단상 직권 정류자 전동기는 믹서기, 재봉틀, 치과 드릴 등의 소형 공구에 적합하다.

## 61 ☐☐☐

그림의 제어시스템이 안정하기 위한 K의 범위는?

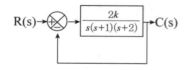

① $0 < K < 3$

② $0 < K < 4$

③ $0 < K < 5$

④ $0 < K < 6$

| 해설

루스표를 구해서 안정도를 판정한다.

$F(s) = s^3 + 3s^2 + 2s + 2k = 0$

$s^1$행에 대한 1열 $= 2 - \dfrac{2}{3}k > 0 \Rightarrow k < 3$

$s^0$행에 대한 1열 $= 2k > 0 \Rightarrow k > 0$

$k$의 범위가 두 조건을 동시에 만족할 때 제어계는 안정하다.

## 62 ☐☐☐

블록선도의 전달함수가 C(s)/R(s)=10과 같이 되기 위한 조건은?

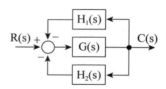

① $G(s) = \dfrac{1}{1 - H_1(s) - H_2(s)}$

② $G(s) = \dfrac{10}{1 - H_1(s) - H_2(s)}$

③ $G(s) = \dfrac{1}{1 - 10H_1(s) - 10H_2(s)}$

④ $G(s) = \dfrac{10}{1 - 10H_1(s) - 10H_2(s)}$

| 해설

$G(s) = \dfrac{\Sigma \text{전향경로의 이득}}{1 - \Sigma \text{루프의 이득}} = \dfrac{G}{1 + GH_1 + GH_2} = 10$

$G = 10 + 10G(H_1 + H_2)$

$\Rightarrow G(1 - 10H_1 - 10H_2) = 10$

## 63 ☐☐☐

주파수 전달함수가 $G(j\omega) = \dfrac{1}{j100\omega}$ 인 제어 시스템에서 $\omega = 1.0$[rad/s]일 때의 이득[dB]과 위상각[°]은 각각 얼마인가?

① 20dB, 90°

② 40dB, 90°

③ −20dB, −90°

④ −40dB, −90°

## 64 ☐☐☐

개루프 전달함수가 다음과 같은 제어 시스템의 근궤적이 $j\omega$(허수)축과 교차할 때 K는 얼마인가?

$$G(s)H(s) = \dfrac{K}{s(s+3)(s+4)}$$

① 30

② 48

③ 84

④ 180

## 65 ☐☐☐

그림과 같은 신호흐름 선도에서 C(s)/R(s)는?

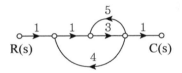

① −6/38

② 6/38

③ −6/41

④ 6/41

## 66 ☐☐☐

단위계단 함수 $u(t)$를 $z$ 변환하면?

① $1/(z-1)$

② $z/(z-1)$

③ $1/(Tz-1)$

④ $Tz/(Tz-1)$

## 67 □□□

제어 요소의 표준 형식인 적분 요소에 대한 전달함수는?
(단, $K$는 상수이다)

① $Ks$

② $K/s$

③ $K$

④ $K/(1+Ts)$

| 해설

적분 요소의 제어 시스템이면 출력은 $Y(s) = \dfrac{k}{s} \cdot X(s)$ 이므로

전달함수는 $\dfrac{k}{s}$ 이다.

## 68 □□□

그림의 논리회로와 등가인 논리식은?

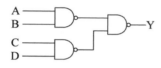

① Y=A · B · C · D

② Y=A · B+C · D

③ $Y = \overline{AB} + \overline{CD}$

④ $Y = (\overline{A} + \overline{B})(\overline{C} + \overline{D})$

| 해설

$\overline{AB}$와 $\overline{CD}$를 논리곱 한 뒤 부정을 취했으므로드모르간 정리에 의해 AB+CD이다.

## 69 □□□

다음과 같은 상태방정식으로 표현되는 제어 시스템에 대한 특성방정식의 근($s_1$, $s_2$)은?

$$\begin{bmatrix} \dot{x_1} \\ \dot{x_2} \end{bmatrix} = \begin{bmatrix} 0 & -3 \\ 2 & -5 \end{bmatrix} \begin{bmatrix} x_1 \\ x_2 \end{bmatrix} + \begin{bmatrix} 1 \\ 0 \end{bmatrix} u$$

① 1, $-3$

② $-1$, $-2$

③ $-2$, $-3$

④ $-1$, $-3$

| 해설

$sI - A = \begin{bmatrix} s & 0 \\ 0 & s \end{bmatrix} - \begin{bmatrix} 0 & -3 \\ 2 & -5 \end{bmatrix} = \begin{bmatrix} s & 3 \\ -2 & s+5 \end{bmatrix}$ 이고 행렬식은

$s(s+5) - (-6) = 0$ 이므로 $(s+2)(s+3) = 0$ 이다.
따라서 두 근은 $-2$, $-3$ 이다.

## 70 ☐☐☐

블록선도의 제어 시스템은 단위 램프 입력에 대한 정상상태 오차(정상편차)가 0.01이다. 이 제어 시스템의 제어 요소인 $G_{c1}(s)$의 $k$는?

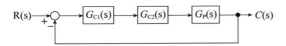

$$G_{c1}(s) = k, \quad G_{c1}(s) = \frac{1+0.1s}{1+0.2s},$$
$$G_P(s) = \frac{20}{s(s+1)(s+2)}$$

① 0.1

② 1

③ 10

④ 100

| 해설

입력 선호가 램프 함수이므로 1형 제어계에 해당한다. 정상상태 오차 $e_{sv} = \dfrac{1}{\lim\limits_{s\to 0} s^1 G} = 0.01$이므로

$\lim\limits_{s\to 0} s^1 G_{C1}G_{C2}G_P = \lim\limits_{s\to 0} k\dfrac{1+0.1s}{1+0.2s}\dfrac{20}{(s+1)(s+2)} = 100$

따라서 $k = 10$이다.

## 71 ☐☐☐

평형 3상 부하에 선간전압의 크기가 200V인 평형 3상 전압을 인가했을 때 흐르는 선전류의 크기가 8.6A이고 무효전력이 1298Var이었다. 이때 이 부하의 역률은 약 얼마인가?

① 0.6

② 0.7

③ 0.8

④ 0.9

| 해설

• 유효전력을 피상전력으로 나눈 값이 역률이므로 피상전력을 먼저 구하면 $\sqrt{3}\,VI = \sqrt{3}\times 200\times 8.6 = 2979.13$이다.

• 유효전력은
$$\sqrt{\text{피상전력}^2 - \text{무효전력}^2} = \sqrt{2979^2 - 1298^2} = 2681$$
이다.

• 역률은 $\dfrac{2681}{2979} = 0.9$이다.

## 72 ☐☐☐

단위 길이당 인덕턴스 및 커패시턴스가 각각 L 및 C일 때 전송 선로의 특성 임피던스는? (단, 전송 선로는 무손실 선로이다)

① $\sqrt{\dfrac{L}{C}}$

② $\sqrt{\dfrac{C}{L}}$

③ $\dfrac{L}{C}$

④ $\dfrac{C}{L}$

| 해설

무손실 선로이므로 특성 임피던스 공식에 $R = G = 0$을 대입하면, $Z_0 = \sqrt{\dfrac{0+j\omega L}{0+j\omega C}} = \sqrt{\dfrac{L}{C}}$ 이다.

해커스 전기기사 필기 한권완성 기본이론 + 기출문제

정답  70 ③  71 ④  72 ①

## 73 ☐☐☐

각 상의 전류가 $I_a(t)=90\sin\omega t[A]$,

$I_b(t)=90\sin(\omega-90°)[A]$, $I_c=90\sin(\omega t+90°)[A]$일 때

영상분 전류[A]의 순시치는?

① 30cosωt

② 30sinωt

③ 90sinωt

④ 90cosωt

## 74 ☐☐☐

내부 임피던스가 $0.3+j2[\Omega]$인 발전기에 임피던스가

$1.1+j3[\Omega]$인 선로를 연결하여 어떤 부하에 전력을 공급

하고 있다. 이 부하의 임피던스가 며칠 때 발전기로부터

부하로 전달되는 전력이 최대가 되는가?

① $1.4-j5$

② $1.4+j5$

③ $1.4$

④ $j5$

## 75 ☐☐☐

그림과 같은 파형의 라플라스 변환은?

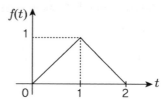

① $\dfrac{1}{s^2}(1-2e^s)$

② $\dfrac{1}{s^2}(1-2e^{-s})$

③ $\dfrac{1}{s^2}(1-2e^{-s}+e^{2s})$

④ $\dfrac{1}{s^2}(1-2e^{-s}+e^{-2s})$

## 76 ☐☐☐

어떤 회로에서 $t=0$초에 스위치를 닫은 후 $i=2t+3t^2[A]$

의 전류가 흘렀다. 30초까지 스위치를 통과한 총 전기량

[Ah]은?

① 4.25          ② 6.75

③ 7.75          ④ 8.25

## 77 ☐☐☐

전압 $v(t)$를 RL 직렬 회로에 인가했을 때 제3고조파 전류의 실횻값[A]의 크기는? (단, $R=8\Omega$, $L=2\Omega$, $v(t)=100\sqrt{2}\sin\omega t+200\sqrt{2}\sin 3\omega t+50\sqrt{2}\sin 5\omega t[V]$ 이다)

① 10
② 14
③ 20
④ 28

| 해설

RL 직렬 회로에서 기본 주파수에 대한 임피던스는 $Z_1=R+j\omega L=8+j2$이고, 3고조파 임피던스는 $X_3=3\omega L=6$이므로 3고자파에 대한 임피던스는 $Z_3=8+j6$이다.

따라서 제3고조파 전류의 실횻값은 $\dfrac{200}{8+j6}=20[A]$이다.

## 78 ☐☐☐

회로에서 $t=0$초에 전압 $v_1(t)=e^{-4t}$V를 인가하였을 때 $v_2(t)$는 몇 V인가? (단, $R=2\Omega$, $L=1H$이다)

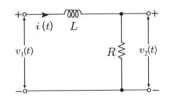

① $e^{-2t}-e^{-4t}$
② $2e^{-2t}-2e^{-4t}$
③ $2e^{-2t}+2e^{-4t}$
④ $-2e^{-2t}-2e^{-4t}$

| 해설

$V_1(s)=\mathcal{L}[e^{-4t}]=\dfrac{1}{s+4}$이고, 전압 분배 원리에 의해

$V_2(s)=\dfrac{R}{R+Ls}\times V_1(s)=\dfrac{2}{2+s}V_1(s)$이므로

$V_2(s)=\dfrac{2}{(s+2)(s+4)}=\dfrac{1}{s+2}-\dfrac{1}{s+4}$

라플라스 역변환 시키면 $v_2(t)=e^{-2t}-e^{-4t}$

## 79 ☐☐☐

동일한 저항 R[Ω] 6개를 그림과 같이 결선하고 대칭 3상 전압 V[V]를 가하였을 때 전류 I[A]의 크기는?

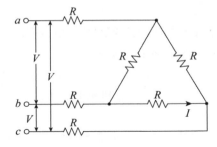

① V/R
② V/2R
③ V/4R
④ V/5R

| 해설

삼각형 부분을 Y결선으로 등가변환하면 $\dfrac{R}{3}$로 바뀌므로 $(R+\dfrac{R}{3})$인 저항 3개가 Y결선된 셈이다. 이것을 다시 델타 결선으로 등가변환하면 $3\times\dfrac{4R}{3}=4R$짜리 저항 3개만 남게 된다. 상전압이 $V$로 주어졌으므로 상전류는 $\dfrac{V}{4R}$이다.

## 80 ☐☐☐

어떤 선형 회로망의 4단자 정수가 $A=8$, $B=j2$, $D=1.625+j$일 때, 이 회로망의 4단자 정수 $C$는?

① $24-j14$
② $8-j11.5$
③ $4-j6$
④ $3-j4$

| 해설

임의의 선형 회로망에 대해 $AD-BC=1$이 성립한다.

$C=\dfrac{AD-1}{B}=\dfrac{8(1.625+j)-1}{j2}$

$=\dfrac{12+j8}{j2}=-j(6+j4)=-j6+4$

## 81 ☐☐☐

저압 옥상 전선로의 시설기준으로 틀린 것은?

① 전개된 장소에 위험의 우려가 없도록 시설할 것
② 전선은 지름 2.6mm 이상의 경동선을 사용할 것
③ 전선은 절연 전선(옥외용 비닐 절연 전선은 제외)을 사용할 것
④ 전선은 상시 부는 바람 등에 의하여 식물에 접촉하지 아니하도록 시설하여야 한다.

| 해설

저압 옥상 전선로의 시설에 사용되는 전선은 절연 전선(OW 전선을 포함한다.) 또는 이와 동등 이상의 절연 효력이 있는 것을 사용할 것

## 82 ☐☐☐

이동형의 용접 전극을 사용하는 아크 용접 장치의 시설기준으로 틀린 것은?

① 용접 변압기는 절연 변압기일 것
② 용접 변압기의 1차측 전로의 대지 전압은 300V 이하일 것
③ 용접 변압기의 2차측 전로에는 용접 변압기에 가까운 곳에 쉽게 개폐할 수 있는 개폐기를 시설할 것
④ 용접 변압기의 2차측 전로 중 용접 변압기로부터 용접 전극에 이르는 부분의 전로는 용접 시 흐르는 전류를 안전하게 통할 수 있는 것일 것

| 해설

용접 변압기의 1차측 전로에는 용접 변압기에 가까운 곳에 쉽게 개폐할 수 있는 개폐기를 시설하여야 한다.

## 83 ☐☐☐

사용 전압이 15kV 초과 25kV 이하인 특고압 가공 전선로가 상호 간 접근 또는 교차하는 경우 사용 전선이 양쪽 모두 나전선이라면 이격 거리는 몇 m 이상이어야 하는가? (단, 중성선 다중 접지 방식의 것으로서 전로에 지락이 생겼을 때에 2초 이내에 자동적으로 이를 전로로부터 차단하는 장치가 되어 있다)

① 1.0
② 1.2
③ 1.5
④ 1.75

| 해설

| 사용 전선의 종류 | 이격 거리 |
|---|---|
| 나전선 | 1.5m |
| 절연 전선 | 1.0m |
| 케이블 | 0.5m |

## 84 ☐☐☐

최대 사용 전압이 1차 22,000V, 2차 6,600V의 권선으로서 중성점 비접지식 전로에 접속하는 변압기의 특고압측 절연 내력 시험 전압은?

① 24,000V
② 27,500V
③ 33,000V
④ 44,000V

| 해설

최대 사용 전압 7kV 초과하는 비접지 전로의 시험전압 1.25배이다.
따라서 $22,000 \times 1.25 = 27,500[V]$

## 85 ☐☐☐

가공 전선로의 지지물로 볼 수 없는 것은?

① 철주
② 지선
③ 철탑
④ 철근 콘크리트주

| 해설

지지물의 종류에는 목주, 철주, 철근 콘크리트주, 철탑이 있다.

## 86 ☐☐☐

점멸기의 시설에서 센서등(타임스위치 포함)을 시설하여야 하는 곳은?

① 공장
② 상점
③ 사무실
④ 아파트 현관

| 해설

관광 숙박업 또는 숙박업에 이용되는 객실의 입구등은 1분 이내, 일반 주택 및 아파트 각 호실의 현관등은 3분 이내에 소등되는 센서등(타임스위치 포함)을 시설하여야 한다.

## 87 ☐☐☐

순시 조건 ($t \leq 0.5$초)에서 교류 전기 철도 급전 시스템에서의 레일 전위의 최대 허용 접촉 전압(실횻값)으로 옳은 것은?

① 60V
② 65V
③ 440V
④ 670V

| 해설

레일 전위의 위험에 대한 보호로서 교류 전기 철도 급전 시스템에서의 레일 전위의 최대 허용 접촉 전압(실횻값)은 순시 조건 ($t \leq 0.5$초)에서 670V이다.

## 88 ☐☐☐

전기 저장 장치의 이차 전지에 자동으로 전로로부터 차단하는 장치를 시설하여야 하는 경우로 틀린 것은?

① 과저항이 발생한 경우
② 과전압이 발생한 경우
③ 제어 장치에 이상이 발생한 경우
④ 이차 전지 모듈의 내부 온도가 급격히 상승할 경우

| 해설

전기 저장 장치의 이차 전지에 자동으로 전로로부터 차단하는 장치를 시설하는 경우는 과전압 또는 과전류가 발생한 경우, 제어 장치에 이상이 발생한 경우, 이차 전지 모듈의 내부 온도가 급격히 상승할 경우이다.

## 89 ☐☐☐

뱅크 용량이 몇 kVA 이상인 조상기에는 그 내부에 고장이 생긴 경우에 자동적으로 이를 전로로부터 차단하는 보호 장치를 하여야 하는가?

① 10000
② 15000
③ 20000
④ 25000

| 해설

| 설비종별 | 뱅크 용량의 구분 | 자동적으로 전로로부터 차단하는 장치 |
|---|---|---|
| 전력용 커패시터 및 분로리액터 | 500kVA 초과 15,000kVA 미만 | 내부에 고장, 과전류가 생긴 경우 |
| | 15,000kVA 이상 | 내부에 고장, 과전류, 과전압이 생긴 경우 |
| 조상기 | 15,000kVA 이상 | 내부에 고장이 생긴 경우 |

해커스 전기기사 필기 한권완성 기본이론 + 기출문제

## 90 □□□

전주 외등의 시설 시 사용하는 공사 방법으로 틀린 것은?

① 애자 공사
② 케이블 공사
③ 금속관 공사
④ 합성 수지관 공사

| 해설

전주 외등의 시설시 금속관 공사, 합성 수지관 공사, 케이블 공사로 시설하여야 한다.

## 91 □□□

농사용 저압 가공 전선로의 지지점 간 거리는 몇 m 이하이어야 하는가?

① 30
② 50
③ 60
④ 100

| 해설

농사용 저압 가공 전선로의 지지점 간 거리는 30[m] 이하일 것

## 92 □□□

특고압 가공 전선로에서 발생하는 극저주파 전계는 지표상 1[m] 에서 몇 [kV/m] 이하이어야 하는가?

① 2.0
② 2.5
③ 3.0
④ 3.5

| 해설

특고압 가공 전선로에서 발생하는 극저주파 전자계는 지표상 1m에서 전계가 3.5kV/m 이하, 자계가 83.3μT 이하가 되도록 시설하여야 한다.

## 93 □□□

단면적 55mm²인 경동 연선을 사용하는 특고압 가공 전선로의 지지물로 장력에 견디는 형태의 B종 철근 콘크리트주를 사용하는 경우, 허용 최대 경간은 몇 m인가?

① 150
② 250
③ 300
④ 500

| 해설

허용 최대 경간은 500m이다.

| 지지물의 종류 | 표준 경간<br>22mm² 이상의<br>경동 연선 | 인장 강도 21.67kN<br>이상 또는 단면적<br>50mm² 이상의 경동<br>연선 |
|---|---|---|
| 목주 · A종 철주 또는<br>A종 철근 콘크리트주 | 150m 이하 | 300m 이하 |
| B종 철주 또는<br>B종 철근 콘크리트주 | 250m 이하 | 500m 이하 |
| 철탑 | 600m 이하<br>(단주인 경우<br>400m) | 600m 이하 |

## 94 □□□

저압 옥측 전선로에서 목조의 조영물에 시설할 수 있는 공사 방법은?

① 금속관 공사
② 버스 덕트 공사
③ 합성 수지관 공사
④ 케이블 공사(무기물 절연(MI) 케이블을 사용하는 경우)

| 해설

저압 옥측 전선로에서 목조에 시설할 수 있는 공사는 합성 수지관 공사이다.

## 95 ☐☐☐

시가지에 시설하는 154kV 가공 전선로를 도로와 제1차 접근 상태로 시설하는 경우 전선과 도로와의 이격 거리는 몇 m 이상이어야 하는가?

① 4.4
② 4.8
③ 5.2
④ 5.6

| 해설

사용전압 35kV를 초과하는 경우 이격 거리는 3m에 35kV를 초과하는 10kV 또는 그 단수마다 0.15m를 더한 값이다.
$(154-35)/10 = 11.9$로 12단이므로
$3+(12 \times 0.15) = 4.8[m]$

## 96 ☐☐☐

귀선로에 대한 설명으로 틀린 것은?

① 나전선을 적용하여 가공식으로 가설을 원칙으로 한다.
② 사고 및 지락 시에도 충분한 허용 전류 용량을 갖도록 하여야 한다.
③ 비절연 보호 도체, 매설 접지 도체, 레일 등으로 구성하여 단권 변압기 중성점과 공통 접지에 접속한다.
④ 비절연 보호 도체의 위치는 통신 유도 장해 및 레일 전위의 상승의 경감을 고려하여 결정하여야 한다.

| 해설
**귀선로**
• 귀선로는 비절연 보호 도체, 매설 접지 도체, 레일 등으로 구성하여 단권 변압기 중성점과 공통 접지에 접속한다.
• 비절연 보호 도체의 위치는 통신 유도 장해 및 레일 전위의 상승의 경감을 고려하여 결정하여야 한다.
• 귀선로는 사고 및 지락 시에도 충분한 허용 전류 용량을 갖도록 하여야 한다.

## 97 ☐☐☐

변전소에 울타리·담 등을 시설할 때, 사용전압이 345kV이면 울타리·담 등의 높이와 울타리·담 등으로부터 충전 부분까지의 거리의 합계는 몇 m 이상으로 하여야 하는가?

① 8.16
② 8.28
③ 8.40
④ 9.72

| 해설
사용전압 160kV를 초과하는 경우, 거리의 합계는 6m에 160kV를 초과하는 10kV 또는 그 단수마다 0.12m를 더한 값이다.
$(345-160)/10 = 18.5$로 19단이므로
$6+(19 \times 0.12) = 8.28[m]$

## 98 ☐☐☐

큰 고장 전류가 구리 소재의 접지 도체를 통하여 흐르지 않을 경우 접지 도체의 최소 단면적은 몇 $mm^2$ 이상이어야 하는가? (단, 접지 도체에 피뢰 시스템이 접속되지 않는 경우이다)

① 0.7
② 2.5
③ 6
④ 16

| 해설
접지 도체의 최소 단면적은 구리는 $6mm^2$ 이상, 철제는 $50mm^2$ 이상으로 한다.

## 99 ☐☐☐

전력 보안 가공 통신선을 횡단 보도교 위에 시설하는 경우 그 노면상 높이는 몇 m 이상인가? (단, 가공 전선로의 지지물에 시설하는 통신선 또는 이에 직접 접속하는 가공 통신선은 제외한다)

① 3
② 4
③ 5
④ 6

| 해설

3m 이상이다.

| 구분 | | 가공 통신선 |
|---|---|---|
| 철도 횡단 | | 6.5m 이상 |
| 도로나 차도 위 또는 횡단 | 일반적인 경우 | 5m 이상 |
| | 교통에 지장을 주지않는 경우 | 4.5m 이상 |
| 횡단 보도교의 위 | | 3m 이상 |
| 그 외 | | 3.5m 이상 |

## 100 ☐☐☐

케이블 트레이 공사에 사용할 수 없는 케이블은?

① 연피 케이블
② 난연성 케이블
③ 캡타이어 케이블
④ 알루미늄피 케이블

| 해설

전선은 연피 케이블, 알루미늄피 케이블 등 난연성 케이블, 기타 케이블 또는 금속관 혹은 합성 수지관 등에 넣은 절연 전선을 사용하여야 한다.

정답  99 ①  100 ③

## 제1과목 전기자기학

### 01 □□□

면적이 매우 넓은 두 개의 도체판을 $d$[m] 간격으로 수평하게 평행 배치하고, 이 평행 도체 판 사이에 놓인 전자가 정지하고 있기 위해서 그 도체 판 사이에 가하여야할 전위차[V]는? (단, $g$는 중력 가속도이고, $m$은 전자의 질량이고, $e$는 전자의 전하량이다)

① $mged$

② $\dfrac{ed}{mg}$

③ $\dfrac{mgd}{e}$

④ $\dfrac{mge}{d}$

| 해설

전자가 도체 판 사이에 정지해 있으려면
$F_{중력} = F_{전기력}$ 이다.
$F_{중력} = mg$[N]이고, 간격이 $d$인 무한평판 사이의 전계
$E = \dfrac{V}{d}$ 이므로 $F_{전기력} = QE = eE = \dfrac{eV}{d}$[N]이다. 따라서
$mg = \dfrac{eV}{d}$ 이므로 $V = \dfrac{mgd}{e}$[V]이다.

### 02 □□□

자기회로에서 자기저항의 크기에 대한 설명으로 옳은 것은?

① 자기회로의 길이에 비례
② 자기회로의 단면적에 비례
③ 자성체의 비투자율에 비례
④ 자성체의 비투자율의 제곱에 비례

| 해설

자기저항: $R_m = \dfrac{l}{\mu S} = \dfrac{l}{\mu_0 \mu_s S}$[AT/Wb]

자기저항은 자기회로의 길이에 비례하고, 투자율, 면적에 반비례한다.

## 03 ☐☐☐

전위함수 $V = x^2 + y^2$[V]일 때 점 (3, 4)[m]에서의 등전위선의 반지름은 몇 m이며, 전기력선 방정식은 어떻게 되는가?

① 등전위선의 반지름: 3, 전기력선 방정식: $y = \dfrac{3}{4}x$

② 등전위선의 반지름: 4, 전기력선 방정식: $y = \dfrac{4}{3}x$

③ 등전위선의 반지름: 5, 전기력선 방정식: $x = \dfrac{4}{3}y$

④ 등전위선의 반지름: 5, 전기력선 방정식: $x = \dfrac{3}{4}y$

| 해설

등전위선 반지름: $r^2 = x^2 + y^2$

점 (3, 4)를 지나므로 $r = \sqrt{3^2 + 4^2} = 5$[m]

전기력선의 방정식: $\dfrac{dx}{E_x} = \dfrac{dy}{E_y}$

$E = -\nabla V = -2x\hat{x} - 2y\hat{y}$

$\dfrac{dx}{2x} = \dfrac{dy}{2y}$에서 $\dfrac{1}{x}dx = \dfrac{1}{y}dy$이므로 $\displaystyle\int \dfrac{1}{x}dx = \int \dfrac{1}{y}dy$이다.

따라서 $\ln x = \ln y + C$이다. 이 식에 $x = 3$, $y = 4$를 대입하면

$\ln 3 = \ln 4 + C$에서 $C = \ln \dfrac{3}{4}$이므로

$\ln y = \ln x - \ln \dfrac{3}{4}$ 이다. 따라서 $\ln y = \ln \dfrac{4x}{3}$에서 $y = \dfrac{4}{3}x$이다.

## 04 ☐☐☐

10mm의 지름을 가진 동선에 50A의 전류가 흐르고 있을 때 단위시간 동안 동선의 단면을 통과하는 전자의 수는 약 몇 개인가?

① $7.85 \times 10^{16}$

② $20.45 \times 10^{15}$

③ $31.21 \times 10^{19}$

④ $50 \times 10^{19}$

| 해설

- 전류: $I = \dfrac{dQ}{dt}$
- 단면을 통과하는 전자의 수:

  $n = \dfrac{q}{e}$ $(e = 1.602 \times 10^{-19}$[C])

- 전류는 $I = \dfrac{dQ}{dt} = 50$[A]에서 단위 시간 동안 통과하는 전하량은 50C이므로 단면을 통과하는 전자의 수는

  $n = \dfrac{50}{1.602 \times 10^{-19}} \simeq 31.21 \times 10^{19}$[개]이다.

## 05 ☐☐☐

자기 인덕턴스와 상호 인덕턴스와의 관계에서 결합계수 $k$의 범위는?

① $0 \le k \le \dfrac{1}{2}$

② $0 \le k \le 1$

③ $1 \le k \le 2$

④ $1 \le k \le 10$

| 해설

결합계수: $k = \dfrac{M}{\sqrt{L_1 L_2}} (0 \le k \le 1)$

- $k = 0$: 무결합(쇄교 자속이 없다)
- $k = 1$: 완전결합(누설 자속 발생 없이 전부 쇄교 자속으로 된다)

정답   03 ④   04 ③   05 ②

## 06 ☐☐☐

면적이 $S[\mathrm{m}^2]$이고 극간의 거리가 $d[\mathrm{m}]$인 평행판 콘덴서에 비유전율이 $\epsilon_r$인 유전체를 채울 때 정전용량[F]은? (단, $\epsilon_0$는 진공의 유전율이다)

① $\dfrac{2\epsilon_0\epsilon_r S}{d}$

② $\dfrac{\epsilon_0\epsilon_r S}{\pi d}$

③ $\dfrac{\epsilon_0\epsilon_r S}{d}$

④ $\dfrac{2\pi\epsilon_0\epsilon_r S}{d}$

| 해설

평행판 콘덴서의 정전용량: $C = \dfrac{\epsilon S}{d} = \dfrac{\epsilon_0\epsilon_r S}{d}[\mathrm{F}]$

## 07 ☐☐☐

반자성체의 비투자율($\mu_r$) 값의 범위는?

① $\mu_r = 1$

② $\mu_r < 1$

③ $\mu_r > 1$

④ $\mu_r = 0$

| 해설

**자성체의 종류**

| 구분 | 강자성체 | 상자성체 | 역(반)자성체 |
|---|---|---|---|
| 종류 | 철, 니켈, 코발트 | 백금, 산소, 알루미늄 | 금, 은, 구리, 비스무트 |
| 자화율 | $\chi > 0$ | $\chi > 0$ | $\chi < 0$ |
| 비투자율 | $\mu_r \gg 1$ | $\mu_r \geq 1$ | $\mu_r < 1$ |

## 08 ☐☐☐

반지름 $a[\mathrm{m}]$인 무한장(원통형) 도체에 전류가 균일하게 흐를 때 도체 내부에서 자계의 세기[AT/m]는?

① 원통 중심축으로부터 거리에 비례한다.

② 원통 중심축으로부터 거리에 반비례한다.

③ 원통 중심축으로부터 거리의 제곱에 비례한다.

④ 원통 중심축으로부터 거리의 제곱에 반비례한다.

| 해설

원통형 도체에 균일한 전류(직류)가 흐를 때 도체 내 외부에서 자계의 세기

• 외부($r > a$): $H = \dfrac{I}{2\pi r}[\mathrm{AT/m}]$

• 내부($r < a$): $H = \dfrac{Ir}{2\pi a^2}[\mathrm{AT/m}]$

원통형 도체 내부에서 자계의 세기는 전류와 원통 중심축으로부터 거리에 비례하고, 원통 반지름의 제곱에 반비례한다.

**2020**

해커스 전기기사 필기 한권완성 기본이론 + 기출문제

## 09 □□□

정전계 해석에 관한 설명으로 틀린 것은?

① 포아송 방정식은 가우스 정리의 미분형으로 구할 수 있다.
② 도체 표면에서의 전계의 세기는 표면에 대해 법선 방향을 갖는다.
③ 라플라스 방정식은 전극이나 도체의 형태에 관계없이 체적 전하밀도가 0인 모든 점에서 $\nabla^2 V = 0$을 만족한다.
④ 라플라스 방정식은 비선형 방정식이다.

| 해설

㉠ 가우스 법칙: $\nabla \cdot E$

가우스 법칙으로부터 $\nabla \cdot E = \nabla \cdot (-\nabla V) = -\nabla^2 V$이다. 여기서 전하 밀도 $\rho_v$에 따라 포아송 방정식과 라플라스 방정식을 구할 수 있다.

- 포아송 방정식: $\nabla^2 V = -\dfrac{\rho_v}{\epsilon}$ (선형 유전체의 전위)
- 라플라스 방정식: $\nabla^2 V = 0$ ($\rho_v = 0$인 모든 공간에서의 전위)

㉡ 도체 표면에서의 전계의 세기
- 수직(법선) 성분: $E_n = \dfrac{\sigma}{\epsilon}$[V/m]
- 접선(평행) 성분: $E_t = 0$

## 10 □□□

비유전율 $\epsilon_r$이 4인 유전체의 분극률은 진공의 유전율 $\epsilon_0$의 몇 배인가?

① 1
② 3
③ 9
④ 12

| 해설

분극률: $\chi = \epsilon_0(\epsilon_s - 1)$
$\epsilon_s = 4$이므로 $\chi = 3\epsilon_0$이다. 따라서 분극률은 진공의 유전율 $\epsilon_0$의 3배이다.

## 11 □□□

공기 중에 있는 무한히 긴 직선 도선에 10A의 전류가 흐르고 있을 때 도선으로부터 2m 떨어진 점에서의 자속밀도는 몇 Wb/m²인가?

① $10^{-5}$
② $0.5 \times 10^{-6}$
③ $10^{-6}$
④ $2 \times 10^{-6}$

| 해설

전류가 흐르는 무한 직선 도선으로부터 $r$[m] 떨어진 자계의 세기: $H = \dfrac{I}{2\pi r}$[AT/m]

자속밀도:
$B = \mu H = \dfrac{\mu I}{2\pi r} = \dfrac{(4\pi \times 10^{-7}) \times 10}{2\pi \times 2} = 10^{-6}$[Wb/m²]

## 12 □□□

그림에서 $N = 1,000$[회], $l = 100$[cm], $S = 10$[cm²]인 환상 철심의 자기 회로에 전류 $I = 10$[A]를 흘렸을 때 축적되는 자계 에너지는 몇 J인가? (단, 비투자율 $\mu_r = 100$이다)

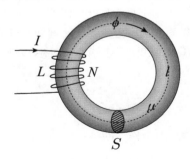

① $2\pi \times 10^{-3}$

② $2\pi \times 10^{-2}$

③ $2\pi \times 10^{-1}$

④ $2\pi$

| 해설
환상 솔레노이드의 인덕턴스 및 평균 저장 에너지

• 인덕턴스 $L = \dfrac{\mu S N^2}{l} = \dfrac{\mu_0 \mu_s S N^2}{l}$[H]

• 자계 에너지

$$W = \frac{1}{2} LI^2 = \frac{\mu_0 \mu_s S N^2 I^2}{2l}$$
$$= \frac{(4\pi \times 10^{-7}) \times 100 \times (10 \times 10^{-4}) \times 1,000^2 \times 10^2}{2 \times (100 \times 10^{-2})}$$
$$= 2\pi [\text{J}]$$

## 13 □□□

자기유도계수 $L$의 계산 방법이 아닌 것은? (단, $N$: 권수, $\phi$: 자속[Wb], $I$: 전류[A], $A$: 벡터퍼텐셜[Wb/m], $i$: 전류밀도[A/m²], $B$: 자속밀도[Wb/m²], $H$: 자계의 세기[AT/m]이다)

① $L = \dfrac{N\phi}{I}$

② $L = \dfrac{\displaystyle\int_v A \cdot i \, dv}{I^2}$

③ $L = \dfrac{\displaystyle\int_v B \cdot H \, dv}{I^2}$

④ $L = \dfrac{\displaystyle\int_v A \cdot i \, dv}{I}$

| 해설

㉠ 자기유도계수: $L = \dfrac{N\phi}{I}$

㉡ 자기 에너지: $W = \dfrac{1}{2} LI^2$

㉢ 체적당 에너지: $w = \dfrac{1}{2} \mu H^2 = \dfrac{B^2}{2\mu} = \dfrac{1}{2} HB$[J/m³]

• $W = \displaystyle\int w \, dv = \int \frac{1}{2} HB \, dv$에서

$\dfrac{1}{2} LI^2 = \dfrac{1}{2} \displaystyle\int HB \, dv$이므로 $L = \dfrac{\displaystyle\int_v B \cdot H \, dv}{I^2}$이다.

• $\phi = \displaystyle\int B \, ds = \int \nabla \times A \, ds = \int A \, dl$에서 $L = \dfrac{N\phi}{I}$이므로 $N = 1$일 때

$L = \dfrac{\displaystyle\int A \, dl}{I} = \dfrac{\displaystyle\int A I \, dl}{I^2} \dfrac{\displaystyle\int_v A \cdot i \, dv}{I^2}$이다.

## 14 ▢▢▢

20℃에서 저항의 온도계수가 0.002인 니크롬선의 저항이 100Ω이다. 온도가 60℃로 상승되면 저항은 몇 Ω이 되겠는가?

① 108
② 112
③ 115
④ 120

| 해설

온도에 따른 저항의 크기: $R_t = R_0\{1 + \alpha(T_2 - T_1)\}$

$R_{60℃} = 100 \times \{1 + 0.002 \times (60 - 20)\} = 108[\Omega]$

## 15 ▢▢▢

전계 및 자계의 세기가 각각 $E[\text{V/m}]$, $H[\text{AT/m}]$일 때, 포인팅 벡터 $P[\text{W/m}^2]$의 표현으로 옳은 것은?

① $P = \dfrac{1}{2} E \times H$

② $P = E \text{rot} H$

③ $P = E \times H$

④ $P = H \text{rot} E$

| 해설

포인팅 벡터: $P = E \times H [\text{W/m}^2]$

## 16 ▢▢▢

평등자계 내에 전자가 수직으로 입사하였을 때 전자의 운동에 대한 설명으로 옳은 것은?

① 원심력은 전자속도에 반비례한다.
② 구심력은 자계의 세기에 반비례한다.
③ 원운동을 하고, 반지름은 자계의 세기에 비례한다.
④ 원운동을 하고, 반지름은 전자의 회전속도에 비례한다.

| 해설

로렌츠힘: $F = eE + e(v \times B)$

전자가 자계로 진입하게 되면 원심력 $\dfrac{mv^2}{r}$ 과

구심력 $e(v \times B)$이 같아져 전자는 원운동을 하게 된다.

$\dfrac{mv^2}{r} = evB$에서 전자의 원운동 반경 $r = \dfrac{mv}{eB}$이다.

- 각주파수 $\omega = \dfrac{v}{r} = \dfrac{eB}{m}$

- 주파수 $f = \dfrac{\omega}{2\pi} = \dfrac{eB}{2\pi m}$

- 주기 $T = \dfrac{1}{f} = \dfrac{2\pi m}{eB}$

## 17 ▢▢▢

진공 중 3m 간격으로 두 개의 평행판 무한평판 도체에 각각 $+4\text{C/m}^2$, $-4\text{C/m}^2$의 전하를 주었을 때, 두 도체 간의 전위차는 약 몇 V인가?

① $1.5 \times 10^{11}$
② $1.5 \times 10^{12}$
③ $1.36 \times 10^{11}$
④ $1.36 \times 10^{12}$

| 해설

- 평행한 두 개의 도체 간 전계: $E = \dfrac{\sigma}{\epsilon_0}$

- 전위차:

$$V = Ed = \dfrac{\sigma}{\epsilon_0} d = \dfrac{4}{8.855 \times 10^{-12}} \times 3 = 1.36 \times 10^{12} [\text{V}]$$

## 18 □□□

자속밀도 $B[\text{Wb/m}^2]$의 평등 자계 내에서 길이 $l[\text{m}]$인 도체 ab가 속도 $v[\text{m/s}]$로 그림과 같이 도선을 따라서 자계와 수직으로 이동할 때, 도체 ㎃에 의해 유기된 기전력의 크기 $e[\text{V}]$와 폐회로 abcd 내 저항 $R$에 흐르는 전류의 방향은? (단, 폐회로 abcd 내 도선 및 도체의 저항은 무시한다)

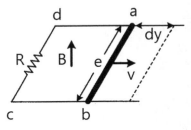

① $e = Blv$, 전류방향: c → d
② $e = Blv$, 전류방향: d → c
③ $e = Blv^2$, 전류방향: c → d
④ $e = Blv^2$, 전류방향: d → c

| 해설

유기기전력: $e = (v \times B)l = (vB\sin\theta)l$
자속과 운동방향이 수직이므로 $\theta = 90°$에서 $e = Blv$이다. 플레밍의 오른손 법칙에 따라 이동하는 도체의 a → b 방향으로 기전력이 유기된다. 따라서 기전력은 a → b → c → d → a 방향 (시계 방향)으로 유기된다.

## 19 □□□

그림과 같이 내부 도체구 A에 $+Q[\text{C}]$, 외부 도체구 B에 $-Q[\text{C}]$를 부여한 동심 도체구 사이의 정전용량 $C[\text{F}]$는?

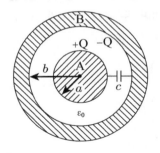

① $4\pi\epsilon_0(b-a)$

② $\dfrac{4\pi\epsilon_0 ab}{b-a}$

③ $\dfrac{ab}{4\pi\epsilon_0(b-a)}$

④ $4\pi\epsilon_0\left(\dfrac{1}{a}-\dfrac{1}{b}\right)$

| 해설

동심구의 내외 전위:
$$V = -\int_{\infty}^{a} Edr = -\int_{\infty}^{c} Edr - \int_{b}^{a} Edr$$

동심 도체구 사이의 전위는
$$V = -\int_{b}^{a} Edr = -\frac{Q}{4\pi\epsilon_0}\int_{b}^{a}\frac{1}{r^2}dr \text{에서} \int\frac{1}{r^2}dr = \frac{1}{r}\text{이므로}$$

$$V = \frac{Q}{4\pi\epsilon_0}\left(\frac{1}{a}-\frac{1}{b}\right)[\text{V}]\text{이다. 따라서 정전용량}$$

$$C = \frac{Q}{V} = \frac{4\pi\epsilon_0 ab}{b-a}\text{이다.}$$

해커스 전기기사 필기 한권완성 기본이론 + 기출문제

## 20 ☐☐☐

유전율이 $\epsilon_1$, $\epsilon_2[F/m]$인 유전체 경계면에 단위 면적당 작용하는 힘의 크기는 몇 $N/m^2$인가? (단, 전계가 경계면에 수직인 경우이며, 두 유전체에서의 전속밀도는 $D_1 = D_2 = D[C/m^2]$이다)

① $2\left(\dfrac{1}{\epsilon_1} - \dfrac{1}{\epsilon_2}\right)D^2$

② $2\left(\dfrac{1}{\epsilon_1} + \dfrac{1}{\epsilon_2}\right)D^2$

③ $\dfrac{1}{2}\left(\dfrac{1}{\epsilon_1} + \dfrac{1}{\epsilon_2}\right)D^2$

④ $\dfrac{1}{2}\left(\dfrac{1}{\epsilon_2} - \dfrac{1}{\epsilon_1}\right)D^2$

| 해설
- 경계면에 수평으로 입사: $D=0$, $E=$같다, 경계면에 생기는 각각의 힘 $f_1$, $f_2$가 압축력으로 작용하고, 맥스웰 응력은 $f = f_1 - f_2 = \dfrac{1}{2}(\epsilon_1 - \epsilon_2)E^2[N/m^2]\,(\epsilon_1 > \epsilon_2)$이다.
- 경계면에 수직으로 입사: $E=0$, $D=$같다, 경계면에 생기는 각각의 힘 $f_1$, $f_2$가 인장력으로 작용하고, 맥스웰 응력은 $f = f_2 - f_1 = \dfrac{1}{2}\left(\dfrac{1}{\epsilon_2} - \dfrac{1}{\epsilon_1}\right)D^2[N/m^2]\,(\epsilon_1 > \epsilon_2)$이다.

## 제2과목 전력공학

## 21 ☐☐☐

중성점 직접 접지 방식의 발전기가 있다. 1선 지락 사고 시 지락 전류는? (단, $Z_1$, $Z_2$, $Z_3$는 각각 정상, 역상, 영상 임피던스이며, $E_a$는 지락된 상의 무부하 기전력이다)

① $\dfrac{E_a}{Z_0 + Z_1 + Z_2}$

② $\dfrac{Z_1 E_a}{Z_0 + Z_1 + Z_2}$

③ $\dfrac{3E_a}{Z_0 + Z_1 + Z_2}$

④ $\dfrac{Z_0 E_a}{Z_0 + Z_1 + Z_2}$

| 해설
역행렬 변환식과 발전기 기본식을 이용하면
$E_a = I_0(Z_0 + Z_1 + Z_2)$이고, 지락 전류는 지락이 발생한 선을 따라 지면으로 흐르므로
$I_a = I_0 + I_1 + I_2 = 3I_0 = \dfrac{3E_a}{Z_0 + Z_1 + Z_2}$이다.

## 22 ☐☐☐

다음 중 송전 계통의 절연 협조에 있어서 절연 레벨이 가장 낮은 기기는?

① 피뢰기
② 단로기
③ 변압기
④ 차단기

| 해설
보호 우선순위가 선로애자 > 결합콘덴서 > 변압기 > 피뢰기 순서이므로 선로애자의 절연 레벨이 가장 높고 피뢰기의 절연 레벨이 가장 낮다.

정답   20 ④   21 ③   22 ①

## 23 ☐☐☐

화력 발전소에서 절탄기의 용도는?

① 보일러에 공급되는 급수를 예열한다.
② 포화 증기를 과열한다.
③ 연소용 공기를 예열한다.
④ 석탄을 건조한다.

| 해설

절탄기는 배가 가스의 남은 열을 급수에 전달시키는 장치로, 급수 예열로 연료의 낭비를 줄인다.

## 24 ☐☐☐

3상 배전 선로의 말단에 역률 60%(늦음), 60kW의 평형 3상 부하가 있다. 부하점에 부하와 병렬로 전력용 콘덴서를 접속하여 선로 손실을 최소로 하고자 할 때 콘덴서 용량[kVA]은? (단, 부하단의 전압은 일정하다)

① 40                ② 60
③ 80                ④ 100

| 해설

현재 늦음 역률 60%이므로 무효전력이
$60 \times \tan\theta = 80$[kW]이다. 따라서 진상 무효전력 80kW인 콘덴서를 설치하면 역률이 1로 바뀐다.

## 25 ☐☐☐

송배전 선로에서 선택 지락 계전기(SGR)의 용도는?

① 다회선에서 접지 고장 회선의 선택
② 단일 회선에서 접지 전류의 대소 선택
③ 단일 회선에서 접지 전류의 방향 선택
④ 단일 회선에서 접지 사고의 지속 시간 선택

| 해설

SGR은 2개 이상의 급전선을 가진 비접지 배전계통에 지락 사고가 발생하면 특정 회선만 선택하여 차단하도록 신호를 보낸다.

## 26 ☐☐☐

정격전압 7.2kV, 정격차단용량 100MVA인 3상 차단기의 정격차단전류는 약 몇 kA인가?

① 4                 ② 6
③ 7                 ④ 8

| 해설

차단용량= $\sqrt{3} \, V_n I_s$ 이므로 정격차단전류는

$$\frac{P_s}{\sqrt{3} \, V_n} = \frac{100 \times 10^6}{\sqrt{3} \times 7.2 \times 10^3} = 8018[\text{A}]$$

## 27 ☐☐☐

고장 즉시 동작하는 특성을 갖는 계전기는?

① 순시 계전기
② 정한시 계전기
③ 반한시 계전기
④ 반한시성 정한시 계전기

| 해설

순(한)시 계전기는 입력 전류의 크기에 관계 없이 동작 전류가 감지되면 순식간에 동작한다.

## 28 ☐☐☐

30,000kW의 전력을 51km 떨어진 지점에 송전하는데 필요한 전압은 약 몇 kV인가? (단, Still의 식에 의하여 산정한다)

① 22
② 33
③ 66
④ 100

| 해설

스틸 식 $V_s[\text{kV}] = 5.5\sqrt{0.6L + \dfrac{P}{100}}$ 에 대입하면

$$V_s[\text{kV}] = 5.5\sqrt{0.6 \times 51 + \frac{30000}{100}} = 5.5\sqrt{330.6} = 100$$

정답   23 ①   24 ③   25 ①   26 ④   27 ①   28 ④

## 29 ☐☐☐

댐의 부속 설비가 아닌 것은?

① 수로
② 수조
③ 취수구
④ 흡출관

## 30 ☐☐☐

3상 3선식에서 전선 한 가닥에 흐르는 전류는 단상 2선식의 경우의 몇 배가 되는가? (단, 송전 전력, 부하 역률, 송전 거리, 전력 손실 및 선간 전압이 같다)

① $\dfrac{1}{\sqrt{3}}$

② $\dfrac{2}{3}$

③ $\dfrac{3}{4}$

④ $\dfrac{4}{9}$

| 해설

단상 2선식(a)와 3상 3선(c)의 선간 전압이 같다고 했으므로 $V_a = V_c$인데, 송전 전력이 같다는 조건으로부터 $V_a I_a \cos\theta = \sqrt{3}\, V_d I_c \cos\theta$이다. 따라서 $I_a : I_c = \sqrt{3} : 1$이 성립한다.

## 31 ☐☐☐

사고, 정전 등의 중대한 영향을 받는 지역에서 정전과 동시에 자동적으로 예비 전원용 배전 선로로 전환하는 장치는?

① 차단기
② 리클로저(Recloser)
③ 섹셔널라이저(Sectionalizer)
④ 자동 부하 전환 개폐기(Auto Load Transfer Switch)

| 해설

정전 사고 시 부하 연결점을 주전원에서 예비 전원 쪽으로 자동 이동시켜서 무정전 전원 공급을 수행하는 장치는 ALTS이다.

## 32 ☐☐☐

전선의 표피 효과에 대한 설명으로 알맞은 것은?

① 전선이 굵을수록, 주파수가 높을수록 커진다.
② 전선이 굵을수록, 주파수가 낮을수록 커진다.
③ 전선이 가늘수록, 주파수가 높을수록 커진다.
④ 전선이 가늘수록, 주파수가 낮을수록 커진다.

| 해설

전류가 도체의 표피 쪽으로 몰리는 현상은 전선이 굵을수록 심화되며, 교류 전류의 주파수가 클수록 침투 깊이가 작아지면서 표피 효과가 심화된다.

## 33 □□□

일반 회로 정수가 같은 평형 2회선에서 A, B, C, D는 각각 1회선의 경우의 몇 배로 되는가?

① A: 2배, B: 2배, C: $\frac{1}{2}$배, D: 1배

② A: 1배, B: 2배, C: $\frac{1}{2}$배, D: 1배

③ A: 1배, B: $\frac{1}{2}$배, C: 2배, D: 1배

④ A: 1배, B: $\frac{1}{2}$배, C: 2배, D: 2배

| 해설

1회선이면 $\begin{bmatrix} E_s \\ I_s \end{bmatrix} = \begin{bmatrix} A & B \\ C & D \end{bmatrix}\begin{bmatrix} E_r \\ I_r \end{bmatrix}$ 이고,

2회선이면 $\begin{bmatrix} E_s \\ I_s/2 \end{bmatrix} = \begin{bmatrix} A' & B' \\ C' & D' \end{bmatrix}\begin{bmatrix} E_r \\ I_r/2 \end{bmatrix}$ 으로 바뀐다.

$E_s = A'E_r + B'\frac{1}{2}I_r$ 이고,

$\frac{1}{2}I_s = C'E_r + D'\frac{1}{2}I_r \Rightarrow I_s = 2C'E_r + D'I_r$ 이므로

$\begin{bmatrix} E_s \\ I_s \end{bmatrix} = \begin{bmatrix} A' & B'/2 \\ 2C' & D' \end{bmatrix}\begin{bmatrix} E_r \\ I_r \end{bmatrix}$ 이다.

## 34 □□□

변전소에서 비접지 선로의 접지 보호용으로 사용되는 계전기에 영상 전류를 공급하는 것은?

① CT
② GPT
③ ZCT
④ PT

| 해설

CT는 각종 계기에 저전류를 공급하는 계전기 총칭이고 PT는 각종 계기에 저전압을 공급하는 계기용 변압기이다. GPT는 영상 전압을 공급하고 ZCT는 영상 전류를 공급한다.

## 35 □□□

단로기에 대한 설명으로 틀린 것은?

① 소호 장치가 있어 아크를 소멸시킨다.
② 무부하 및 여자 전류의 개폐에 사용된다.
③ 사용 회로수에 의해 분류하면 단투형과 쌍투형이 있다.
④ 회로의 분리 또는 계통의 접속 변경 시 사용한다.

| 해설

단로기는 소호 장치가 없어서 무부하 선로의 충전전류 또는 변압기의 여자 전류와 같은 소전류를 개폐할 때만 사용한다.

## 36 □□□

4단자 정수 $A = 0.9918 + j0.0042$, $B = 34.17 + 50.38$, $C = (-0.006 + j3247) \times 10^{-4}$인 송전 선로의 송전단에 66kV를 인가하고 수전단을 개방하였을 때 수전단 선간 전압은 약 몇 kV인가?

① $\dfrac{66.55}{\sqrt{3}}$

② 62.5

③ $\dfrac{62.5}{\sqrt{3}}$

④ 66.55

| 해설

$E_s = AE_r + BI_r$인데 수전단을 개방하면 $I_r = 0$이 되므로 수전단 대지 전압 $E_r = \dfrac{E_s}{A} = \dfrac{66.55}{\sqrt{3}}$이다.

따라서 수전단 선간 전압$= \sqrt{3}\,E_r = 66.55$

## 37 □□□

증기 터빈 출력을 P[kW], 증기량을 $w$[t/h], 초압 및 배기의 증기 엔탈피를 각각 $i_i$, $i_o$[kcal/kg]이라 하면 터빈의 효율 ηT[%]는?

① $\dfrac{860P \times 10^3}{w(i_0 - i_1)} \times 100$

② $\dfrac{860P \times 10^3}{w(i_1 - i_0)} \times 100$

③ $\dfrac{860P}{w(i_0 - i_1) \times 10^3} \times 100$

④ $\dfrac{860P}{w(i_1 - i_0) \times 10^3} \times 100$

| 해설

터빈 효율 = $\dfrac{출력열량}{입력열량} \times 100$인데, 출력 열량은 860P이고 입력 열량은 $1000w(i_o - i_i)$이다.

kW를 kcal로 바꾸기 위해 860을 곱했고, 증기량의 단위인 ton을 kg으로 바꾸기 위해 1000을 곱했다.

## 38 □□□

송전 선로에서 가공지선을 설치하는 목적이 아닌 것은?

① 뇌(雷)의 직격을 받을 경우 송전선 보호
② 유도뢰에 의한 송전선의 고전위 방지
③ 통신선에 대한 전자 유도 장해 경감
④ 철탑의 접지 저항 경감

| 해설

철탑의 접지 저항을 경감시키는 것은 가공지선이 아니라 매설 지선이다.

## 39 □□□

수전단의 전력원 방정식이 $P_r^2 + (Q_r + 400)^2 = 250000$으로 표현되는 전력 계통에서 조상 설비 없이 전압을 일정하게 유지하면서 공급할 수 있는 부하 전력은? (단, 부하는 무유도성이다)

① 200
② 250
③ 300
④ 350

| 해설

조상 설비가 없으므로 $Q_r = 0$을 전력원 방정식에 대입하면

$P_r^2 + 400^2 = 250000$

⇒ 유효전력 = 부하 전력 $P_r = 300$이다.

## 40 □□□

전력 설비의 수용률을 나타낸 것은?

① 수용률 = $\dfrac{평균 \ 전력[kW]}{부하 \ 설비용량[kW]} \times 100\%$

② 수용률 = $\dfrac{부하 \ 설비용량[kW]}{평균 \ 전력[kW]} \times 100\%$

③ 수용률 = $\dfrac{최대 \ 수용전력[kW]}{부하 \ 설비용량[kW]} \times 100\%$

④ 수용률 = $\dfrac{부하 \ 설비용량[kW]}{최대 \ 수용전력[kW]} \times 100\%$

| 해설

수용률이란 총 설비에 대한 최대 수용전력의 비율을 의미한다.

즉, 수용률[%] = $\dfrac{최대 \ 수용전력}{설비 \ 용량합계} \times 100$이다.

정답    37 ③  38 ④  39 ③  40 ③

## 41 ☐☐☐

전원 전압이 100V인 단상 전파 정류 제어에서 점호각이 30°일 때 직류 평균 전압은 약 몇 V인가?

① 54

② 64

③ 84

④ 94

| 해설

주어진 전압 100V는 입력 전압의 실효치이므로 단상 전파 위상제어 정류 회로에서 출력 전압 평균치

$$E_d = \frac{\sqrt{2}E}{\pi}(1+\cos\alpha) = \frac{\sqrt{2}\times100}{\pi}(1+\frac{\sqrt{3}}{2})$$

## 42 ☐☐☐

단상 유도 전동기의 분상 기동형에 대한 설명으로 틀린 것은?

① 보조권선은 높은 저항과 낮은 리액턴스를 갖는다.

② 주권선은 비교적 낮은 저항과 높은 리액턴스를 갖는다.

③ 높은 토크를 발생시키려면 보조권선에 병렬로 저항을 삽입한다.

④ 전동기가 기동하여 속도가 어느 정도 상승하면 보조권선을 전원에서 분리해야 한다.

| 해설

보조 권선에 저항을 직렬로 삽입하면 위상차이 $\theta$가 더 커져서 기동 토크가 기존보다 개선된다.

## 43 ☐☐☐

3선 중 2선의 전원 단자를 서로 바꾸어서 결선하면 회전 방향이 바뀌는 기기가 아닌 것은?

① 회전 변류기

② 유도 전동기

③ 동기 전동기

④ 정류자형 주파수 변환기

| 해설

정류자형 주파수 변환기 회전자의 회전 방향과 속도는 사용자가 임의 조정하여 전원의 주파수를 변환할 수 있으며, 자계의 회전 방향에 따라 회전자의 회전 방향도 연동되어 변하는 것은 아니다.

## 44 ☐☐☐

단상 유도 전동기의 기동 시 브러시를 필요로 하는 것은?

① 분상 기동형

② 반발 기동형

③ 콘덴서 분상 기동형

④ 셰이딩 코일 기동형

| 해설

반발 기동형 단상 유도 전동기는 기동 시에 브러시 위치를 조정하여 최대 토크가 되도록 한다.

## 45 ☐☐☐

변압기의 %Z가 커지면 단락 전류는 어떻게 변화하는가?

① 커진다.

② 변동 없다.

③ 작아진다.

④ 무한대로 커진다.

| 해설

$\%Z = \frac{I_n}{I_s}\times100$에서 %Z와 $I_s$는 반비례 관계이다. 따라서 퍼센트 임피던스가 커지면 단락 전류는 작아진다.

정답  41 ③  42 ③  43 ④  44 ②  45 ③

## 46 ☐☐☐

정격 전압 6600V인 3상 동기 발전기가 정격 출력 (역률=1)으로 운전할 때 전압 변동률이 12%이었다. 여자 전류와 회전수를 조정하지 않은 상태로 무부하 운전하는 경우 단자 전압[V]은?

① 6433

② 6943

③ 7392

④ 7842

| 해설

전압 변동률 $\epsilon = \dfrac{V_0 - V_n}{V_n} \times 100$ 으로부터

$V_0 = V_n(1 + \dfrac{\epsilon}{100}) = 6600\left(1 + \dfrac{12}{100}\right) = 7392[V]$

## 47 ☐☐☐

계자 권선이 전기자에 병렬로만 연결된 직류기는?

① 분권기

② 직권기

③ 복권기

④ 타여자기

| 해설

계자 권선과 전기자가 직렬접속이면 직권, 병렬접속이면 분권, 직권과 분권을 합쳐 놓은 형태이면 복권이다.

## 48 ☐☐☐

3상 20,000kVA인 동기 발전기가 있다. 이 발전기는 60Hz일 때는 200rpm, 50Hz일 때는 약 167rpm으로 회전한다. 이 동기 발전기의 극수는?

① 18극

② 36극

③ 54극

④ 72극

| 해설

60Hz일 때는 200rpm으로 회전하므로

$p = \dfrac{120f}{N_s} = \dfrac{120 \times 60}{200} = 36$ 이다.

## 49 ☐☐☐

1차 전압 6600V, 권수비 30인 단상 변압기로 전등부하에 30A를 공급할 때의 입력[kW]은? (단, 변압기의 손실은 무시한다)

① 4.4

② 5.5

③ 6.6

④ 7.7

| 해설

권수비가 30, 2차 전류가 30A이므로 1차 전류는 1A이다.
입력 $P_1 = V_1 I_1 \cos\theta = 6600 \times 1 \times 1 = 6600[W]$

## 50 ☐☐☐

스텝 모터에 대한 설명으로 틀린 것은?

① 가속과 감속이 용이하다.

② 정·역 및 변속이 용이하다.

③ 위치 제어 시 각도 오차가 작다.

④ 브러시 등 부품 수가 많아 유지 보수 필요성이 크다.

| 해설

초당 입력 펄스 수, 즉 스테핑 주파수에 정비례하여 정회전 또는 역회전하기 때문에 위치 제어할 때 각도 오차가 적고, 디지털 기기와 인터페이스가 쉽다. 브러시나 슬립링이 없어서 유지 보수가 쉽다.

정답   46 ③   47 ①   48 ②   49 ③   50 ④

## 51 ☐☐☐

출력이 20kW인 직류 발전기의 효율이 80%이면 전손실은 약 몇 kW인가?

① 0.8

② 1.25

③ 5

④ 45

| 해설

$$효율 = \frac{출력}{출력+철손+동손} = \frac{20}{20+총손실} = 0.8$$

⇒ 전손실 = 5[kW]

## 52 ☐☐☐

동기 전동기의 공급 전압과 부하를 일정하게 유지하면서 역률을 1로 운전하고 있는 상태에서 여자 전류를 증가시키면 전기자 전류는?

① 앞선 무효전류가 증가

② 앞선 무효전류가 감소

③ 뒤진 무효전류가 증가

④ 뒤진 무효전류가 감소

| 해설

동기 전동기의 위상 특성 곡선은 V자 모양이고, 역률이 1인 상태에서 여자 전류를 증가시키면 진상의 무효전류가 증가한다.

## 53 ☐☐☐

전압 변동률이 작은 동기 발전기의 특성으로 옳은 것은?

① 단락비가 크다.

② 속도 변동률이 크다.

③ 동기 리액턴스가 크다.

④ 전기자 반작용이 크다.

| 해설

단락비가 큰 기계는 동기 임피던스가 작고 전압 변동률이 작아서 안정도가 높다.

## 54 ☐☐☐

직류 발전기에 $P$[N·m/s]의 기계적 동력을 주면 전력은 몇 W로 변환되는가? (단, 손실은 없으며, $I_a$는 전기자 도체의 전류, $e$는 전기자 도체의 유기 기전력, $Z$는 총도체 수이다)

① $P = I_a e Z$

② $P = \dfrac{i_a e}{Z}$

③ $P = \dfrac{i_a Z}{e}$

④ $P = \dfrac{e Z}{i_a}$

| 해설

전기자를 회전시켜 주는 기계적 동력이 전기자에서 생산하는 전력(=전압×전류)으로 전환된다.

전압=도체당 유기 기전력×총도체수=$eZ$, 전류=$I_a$

따라서 $P = eZ \times I_a$이다.

## 55 ☐☐☐

도통(on)상태에 있는 SCR을 차단(off)상태로 만들기 위해서는 어떻게 하여야 하는가?

① 게이트 펄스 전압을 가한다.
② 게이트 전류를 증가시킨다.
③ 게이트 전압이 부(−)가 되도록 한다.
④ 전원 전압의 극성이 반대가 되도록 한다.

| 해설

SCR을 차단 상태로 만들려면 애노드 전압을 0 또는 (−)로 하여 전원 전압의 극성이 반대가 되게 한다.

## 56 ☐☐☐

직류 전동기의 워드레오나드 속도 제어 방식으로 옳은 것은?

① 전압 제어
② 저항 제어
③ 계자 제어
④ 직병렬 제어

| 해설

직류 전동기의 전압을 조정해서 속도를 제어하는 방식에는 3종류가 있는데 워드 레오나드 방식, 일그너 방식, 초퍼 제어법이 그것이다.

## 57 ☐☐☐

단권변압기의 설명으로 틀린 것은?

① 분로 권선과 직렬 권선으로 구분된다.
② 1차 권선과 2차 권선의 일부가 공동으로 사용된다.
③ 3상에는 사용할 수 없고 단상으로만 사용한다.
④ 분로 권선에서 누설 자속이 없기 때문에 전압 변동률이 작다.

| 해설

단권변압기는 단상, 3상에 모두 사용이 가능하다.
단권변압기의 단점은 권선의 누설 임피던스가 작아서 단락 사고 시 단락 전류가 크다는 점, 1, 2차 권선의 절연이 불가능해서 1차측 이상 전압이 2차측으로 파급된다는 점이다.

## 58 ☐☐☐

유도 전동기를 정격 상태로 사용 중, 전압이 10% 상승할 때 특성 변화로 틀린 것은? (단, 부하는 일정 토크라고 가정한다)

① 슬립이 작아진다.
② 역률이 떨어진다.
③ 속도가 감소한다.
④ 히스테리시스손과 와류손이 증가한다.

| 해설

$\tau \propto sE_2^2$이므로 토크가 일정하다는 조건하에서는 $s$와 $E_2^2$이 반비례 관계이다. 기전력이 1.1배로 증가하면 슬립은 1/1.21배로 감소한다. 슬립이 0에 가까워질수록 속도는 증가한다.

## 59 ☐☐☐

단자 전압 110V, 전기자 전류 15A, 전기자 회로의 저항 2Ω, 정격 속도 1800rpm으로 전부하에서 운전하고 있는 직류 분권 전동기의 토크는 약 몇 N·m인가?

① 6.0
② 6.4
③ 10.08
④ 11.14

| 해설

$T = Fr = \dfrac{P}{v}r = \dfrac{P}{r2\pi f}r = \dfrac{P}{2\pi(N/60)}$ 인데 단자 전압

$V = E_0 + I_a R_a$, 출력 $P = E_0 I_a$ 이므로 대입하면

$T = \dfrac{(V - I_a R_a)I_a}{2\pi(N/60)} = \dfrac{(110 - 15 \times 2) \times 15}{2\pi(1800/60)}$

$\quad = 6.37[\text{N·m}]$

## 60 ☐☐☐

용량 1kVA, 3000/200[V]의 단상 변압기를 단권 변압기로 결선해서 3000/3200[V]의 승압기로 사용할 때 그 부하 용량[kVA]은?

① $\dfrac{1}{16}$

② 1

③ 15

④ 16

| 해설

$\dfrac{\text{자기 용량}}{\text{부하 용량}} = \dfrac{V_h - V_l}{V_h} \Leftrightarrow \dfrac{1[\text{kVA}]}{\text{부하 용량}} = \dfrac{3200}{3200 - 3000}$

따라서 부하 용량 = 16[kVA]이다.

## 61 ☐☐☐

특성방정식이 $s^3 + 2s^2 + Ks + 10 = 0$으로 주어지는 제어시스템이 안정하기 위한 K의 범위는?

① $K > 0$
② $K > 5$
③ $K > 0$
④ $0 < K < 5$

| 해설

루스표를 구해서 안정도를 판정한다.

$s^1$행에 대한 1열 $= 2 - \dfrac{10}{k} > 0 \Rightarrow k > 5$이다. $s^0$행에 대한 1열은 10이므로 안정 조건에 위배되지 않는다.

## 62 ☐☐☐

제어 시스템의 개루프 전달함수가

$G(s)H(s) = \dfrac{K(s+30)}{s^4 + s^3 + 2s^2 + s + 7}$로 주어질 때, 다음 중

$K > 0$인 경우 근궤적의 점근선이 실수축과 이루는 각[°]은?

① 20°
② 60°
③ 90°
④ 120°

| 해설

점근선의 각도 $\alpha = \dfrac{2K+1}{\text{극점 수}(P) - \text{영점 수}(Z)} \times 180°$

(* 여기서, $P = 4$, $Z = 1$)

• $K$가 1일 때 $\alpha 1 = \dfrac{2 \times 1 + 1}{4 - 1} \times 180 = 180°$

• $K$가 2일 때 $\alpha 2 = \dfrac{2 \times 2 + 1}{4 - 1} \times 180 = 300° = -60°$

• $K$가 3일 때 $\alpha 3 = \dfrac{2 \times 3 + 1}{4 - 1} \times 180 = 420° = 60°$

정답  59 ②  60 ④  61 ②  62 ②

## 63 ☐☐☐

Z변환된 함수 $F(z) = \dfrac{3z}{z - e^{-3t}}$에 대응되는 라플라스 변환 함수는?

① $\dfrac{1}{(s+3)}$

② $\dfrac{3}{(s-3)}$

③ $\dfrac{1}{(s-3)}$

④ $\dfrac{3}{(s+3)}$

| 해설

$f(t) = e^{-at}$이면 $f(kT) = e^{-akT}$이므로

$F(z) = \dfrac{z}{z - e^{-aT}}$이고, 라플라스 변환하면

$F(s) = \dfrac{1}{s+a}$이다. $F(z) = \dfrac{3z}{z - e^{-T}}$의 3은 상수이고 지수의

$a = 3$이므로 라플라스 변환식은

$F(s) = \dfrac{3}{s+3}$이다.

## 64 ☐☐☐

그림과 같은 제어 시스템의 전달함수 $\dfrac{C(s)}{R(s)}$는?

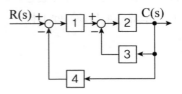

① $\dfrac{1}{15}$   ② $\dfrac{2}{15}$

③ $\dfrac{3}{15}$   ④ $\dfrac{4}{15}$

| 해설

$\sum$루프의 이득 $= 2 \cdot (-3) + (1 \cdot 2 \cdot (-4)) = -14$

$G(s) = \dfrac{\sum 전향경로의\ 이득}{1 - \sum 루프의\ 이득} = \dfrac{1 \cdot 2}{1 + 14}$

## 65 ☐☐☐

전달함수가 $G_c(s) = \dfrac{2s+5}{7s}$인 제어기가 있다. 이 제어기는 어떤 제어기인가?

① 비례 미분 제어기

② 적분 제어기

③ 비례 적분 제어기

④ 비례 적분 미분 제어기

| 해설

$G(s) = \dfrac{2s+5}{7s} = \dfrac{2}{7} + \dfrac{5}{7}\dfrac{1}{s}$ 상수항은 비례 요소, $\dfrac{1}{s}$은 적분 요소이다.

정답   63 ④   64 ②   65 ③

## 66 ☐☐☐

단위 피드백 제어계에서 개루프 전달함수 G(s)가 다음과 같이 주어졌을 때 단위 계단 입력에 대한 정상상태 편차는?

$$G(s) = \frac{5}{s(s+1)(s+2)}$$

① 0
② 1
③ 2
④ 3

| 해설

$E(s) = \dfrac{R}{1+GH}$,

$e_s = \lim\limits_{t\to\infty} e_o(t) = \lim\limits_{s\to 0} sE(s) = \lim\limits_{s\to 0} \dfrac{sR}{1+GH}$ 인데,

단위 계단 함수가 입력으로 주어졌으므로

$r(t) = u(t),\ R(s) = \dfrac{1}{s}$ 이다. $sR=1$ 을 대입하면

$e_s = \lim\limits_{s\to 0} \dfrac{1}{1+GH} = \dfrac{1}{1+\lim\limits_{s\to 0}G} = \dfrac{1}{1+\infty} = 0$ 이다.

## 67 ☐☐☐

그림과 같은 논리회로의 출력 Y는?

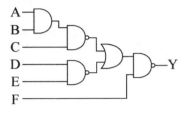

① $ABCDE + \overline{F}$
② $\overline{A}\,\overline{B}\,\overline{C}\,\overline{D}\,\overline{E} + F$
③ $\overline{A} + \overline{B} + \overline{C} + \overline{D} + \overline{E} + F$
④ $A + B + C + D + E + \overline{F}$

| 해설

아래 그림에 나타낸 것처럼 $G = \overline{ABC} + \overline{DE}$ 이고
$Y = \overline{GF} = \overline{G} + \overline{F}$ 이므로 드모르간 정리로부터 $\overline{G}$ 자리에 ABCDE를 대입한다.
따라서 $Y = ABCDE + \overline{F}$ 이다.

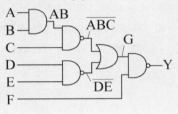

## 68 ☐☐☐

그림의 신호흐름 선도에서 전달함수 $\dfrac{C(s)}{R(s)}$ 는?

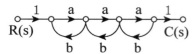

① $\dfrac{a^3}{(1-ab)^3}$

② $\dfrac{a^3}{(1-3ab+a^2b^2)}$

③ $\dfrac{a^3}{(1-3ab)}$

④ $\dfrac{a^3}{(1-3ab+2a^2b^2)}$

#### | 해설

하나뿐인 전향경로의 이득 $G_1 = aaa$이고 $G_1$과 만나지 않는 루프는 없으므로 $\Delta_1 = 1-0$이다. 루프는 3개이므로 $\sum l_1 = ab+ab+ab = 3ab$이고 양쪽 루프가 서로 만나지 않으므로 $\sum l_2 = ab \times ab$이다. 서로 만나지 않는 루프는 최대 2개이므로 $\sum l_3 = 0$이다. 메이슨 공식에 대입하면 $\dfrac{a^3}{1-3ab+a^2b^2}$이다.

## 69 ☐☐☐

다음과 같은 미분방정식으로 표현되는 제어 시스템의 시스템 행렬 A는?

$$\frac{d^2c(t)}{dt^2} + 5\frac{dc(t)}{dt} + 3c(t) = r(t)$$

① $\begin{bmatrix} -5 & -3 \\ 0 & 1 \end{bmatrix}$

② $\begin{bmatrix} -3 & -5 \\ 0 & 1 \end{bmatrix}$

③ $\begin{bmatrix} 0 & 1 \\ -3 & -5 \end{bmatrix}$

④ $\begin{bmatrix} 0 & 1 \\ -5 & -3 \end{bmatrix}$

#### | 해설

$\dfrac{d}{dt}c(t)$는 $\dot{x_1}(t)$인데 $x_2(t)$로 정의하면

$\dot{x_1}(t) = 0 \cdot x_1(t) + 1 \cdot x_2(t)$

미분방정식을 고쳐 쓰면 $\dot{x_2}(t) + 5x_2(t) + 3x_1(t) = r(t)$

이항하면 $\dot{x_2}(t) = -3x_1(t) - 5x_2(t) + r(t)$

$\begin{bmatrix} \dot{x_1} \\ \dot{x_2} \end{bmatrix} = \begin{bmatrix} 0 & 1 \\ -3 & -5 \end{bmatrix}\begin{bmatrix} x_1 \\ x_2 \end{bmatrix} + \begin{bmatrix} 0 \\ 1 \end{bmatrix}r(t)$

따라서 $A = \begin{bmatrix} 0 & 1 \\ -3 & -5 \end{bmatrix}$

## 70 ☐☐☐

안정한 제어시스템의 보드 선도에서 이득 여유는?

① $-20 \sim 20$dB 사이에 있는 크기[dB] 값이다.

② $0 \sim 20$dB 사이에 있는 크기 선도의 길이이다.

③ 위상이 $0°$가 되는 주파수에서 이득의 크기[dB]이다.

④ 위상이 $-180°$가 되는 주파수에서 이득의 크기[dB]이다.

#### | 해설

이득 여유 $g_m$은 위상 곡선이 $-180°$ 축과 교차되는 점에 대응되는 이득의 크기[dB]이다.

정답  68 ②  69 ③  70 ④

## 71 □□□

3상 전류가 $I_a = 10 + j3$[A], $I_b = -5 - j2$[A], $I_c = -3 + j4$[A]일 때 정상분 전류의 크기는 약 몇 A인가?

① 5
② 6.4
③ 10.5
④ 13.34

| 해설

$$\dot{I}_1 = \frac{1}{3}(\dot{I}_a + a\dot{I}_b + a^2\dot{I}_c)$$

$$= \frac{1}{3}\left[(10+j3) + \left(-\frac{1}{2}\right) + j\frac{\sqrt{3}}{2}(-5-j2)\right.$$

$$\left. + \left(-\frac{1}{2} - j\frac{\sqrt{3}}{2}\right)(-3+j4)\right]$$

$$= \frac{1}{3}[(14 + 3\sqrt{3}) + j(2 - \sqrt{3})] \fallingdotseq 6.4[A]$$

## 72 □□□

그림과 같은 회로에서 영상 임피던스 Z01이 6Ω일 때, 저항 R의 값은 몇 Ω인가?

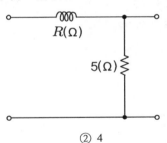

① 2
② 4
③ 6
④ 9

| 해설

$$\begin{bmatrix} 1 & R \\ 0 & 1 \end{bmatrix} \begin{bmatrix} 1 & 0 \\ \frac{1}{5} & 1 \end{bmatrix} = \begin{bmatrix} 1 + R/5 & R \\ \frac{1}{5} & 1 \end{bmatrix}$$

$\Rightarrow Z_{01} = \sqrt{\dfrac{AB}{CD}} = \sqrt{5R + R^2}$ 이 값이 6으로 주어졌으므로 $R = 4$이다.

## 73 □□□

Y결선의 평형 3상 회로에서 선간전압 $V_{ab}$와 상전압 $V_{an}$의 관계로 옳은 것은?

(단, $V_{bn} = V_{an}e^{-j(2\pi/3)}$, $V_{cn} = V_{bn}e^{-j(2\pi/3)}$)

① $V_{ab} = \dfrac{1}{\sqrt{3}} e^{j(\pi/6)} V_{an}$

② $V_{ab} = \sqrt{3} e^{j(\pi/6)} V_{an}$

③ $V_{ab} = \dfrac{1}{\sqrt{3}} e^{-j(\pi/6)} V_{an}$

④ $V_{ab} = \sqrt{3} e^{-j(\pi/6)} V_{an}$

| 해설

전압 공식 ㉠ $V_l = \sqrt{3} V_p \angle + 30°$

페이저 표현을 오일러 공식에 의한 지수 형식으로 표현하면,
$V_{ab} = \sqrt{3} e^{j(\pi/6)} V_{an}$ 이다.

## 74 □□□

$f(t) = t^2 e^{-at}$를 라플라스 변환하면?

① $\dfrac{2}{(s+a)^2}$

② $\dfrac{3}{(s+a)^2}$

③ $\dfrac{2}{(s+a)^3}$

④ $\dfrac{3}{(s+a)^3}$

| 해설

복소 추이 정리에 의하면 $\mathcal{L}[e^{-at}f(t)] = F(s+a)$가 된다. $t^2$의 라플라스 변환은 $\dfrac{2!}{s^3}$인데, $e^{-at}$를 곱했으므로 a만큼 평행 이동한 $\dfrac{2}{(s+a)^3}$가 답이다.

## 75 ☐☐☐

선로의 단위 길이당 인덕턴스, 저항, 정전 용량, 누설 컨덕턴스를 각각 L, R, C, G라 하면 전파 정수는?

① $\dfrac{\sqrt{R+j\omega L}}{G+j\omega C}$

② $\sqrt{(R+j\omega L)(G+j\omega C)}$

③ $\sqrt{\dfrac{(R+j\omega C)}{(G+j\omega L)}}$

④ $\sqrt{\dfrac{(G+j\omega C)}{(R+j\omega L)}}$

| 해설

전파 정수 $\gamma=\sqrt{ZY}=\sqrt{(R+j\omega L)(G+j\omega C)}$

## 76 ☐☐☐

회로에서 0.5Ω 양단 전압[V]은 약 몇 V인가?

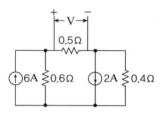

① 0.6
② 0.93
③ 1.47
④ 1.5

| 해설

6A 전류원만 남기고 2A 전류원을 개방하면, 0.6Ω과 (0.5+0.4)Ω의 병렬연결이 되므로

$i'=\dfrac{0.6}{0.6+0.9}\times 6\text{A}=\dfrac{36}{15}\text{A}$이고 방향은 오른쪽이다. 2A 전류원만 남기고 6A 전류원을 개방하면, (0.6+0.5)Ω과 0.4Ω의 병렬연결이므로 $i''=\dfrac{0.4}{1.1+0.4}\times 2\text{A}=\dfrac{8}{15}\text{A}$이고 방향은 오른쪽이다. 따라서 0.5Ω에 흐르는 전류는 $\dfrac{36+8}{15}\text{A}=\dfrac{44}{15}\text{A}$이고, 양단 전압은

$\dfrac{44}{15}\times 0.5=\dfrac{22}{15}[\text{V}]$이다.

## 77 ☐☐☐

RLC 직렬 회로의 파라미터가 $R^2=\dfrac{4L}{C}$의 관계를 가진다면, 이 회로에 직류 전압을 인가하는 경우 과도 응답 특성은?

① 무제동
② 과제동
③ 부족 제동
④ 임계 제동

| 해설

RLC 직렬 회로의 전류는 $i(t)=A_1 e^{s_1 t}+A_2 e^{s_2 t}$인데,

$R^2=\dfrac{4L}{C}$은 특성 방정식 $s^2+\dfrac{R}{L}s+\dfrac{1}{LC}=0$이 중근을 가질 조건에 해당하므로 임계 진동한다.

## 78 ☐☐☐

$v(t)=3+5\sqrt{2}\sin\omega t+10\sqrt{2}\sin\left(3\omega t-\dfrac{\pi}{3}\right)[\text{V}]$의 실횻값 크기는 약 몇 V인가?

① 9.6
② 10.6
③ 11.6
④ 12.6

| 해설

비정현파 전압의 실횻값은 각 파의 실횻값을 제곱하여 더한 것의 제곱근이다.

즉, $E=\sqrt{E_0^2+\sum_{n=1}^{\infty}E_n^2}=\sqrt{3^2+5^2+10^2}=11.58[\text{V}]$

## 79 ☐☐☐

그림과 같이 결선된 회로의 단자 (a, b, c)에 선간전압 V[V]인 평형 3상 전압을 인가할 때 상전류 I[A]의 크기는?

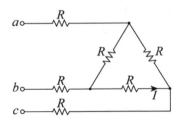

① $\dfrac{V}{4R}$

② $\dfrac{3V}{4R}$

③ $\dfrac{\sqrt{3}\,V}{4R}$

④ $\dfrac{V}{4\sqrt{3}\,R}$

| 해설

등가 변환을 두 번 하면 상전류를 구할 수 있다.

| 먼저 Y결선으로 등가변환하면 $\dfrac{R}{3}$로 바뀌므로 $\left(R+\dfrac{R}{3}\right)$인 저항이 3개 | 이것을 다시 델타 결선으로 등가변환하면 $3\times\dfrac{4R}{3}=4R$인 저항 3개 |
|---|---|
| —R<br>R/3<br>R/3 R/3<br>—R<br>R | 4R 4R<br>4R<br>상전압이 V로 주어졌으므로 상전류는 $\dfrac{V}{4R}$이다. |

## 80 ☐☐☐

$8+j6[\Omega]$인 임피던스에 $13+j20[V]$의 전압을 인가할 때 복소전력은 약 몇 VA인가?

① $127+j34.1$

② $12.7+j55.5$

③ $45.5+j34.1$

④ $45.5+j55.5$

| 해설

복소 전력 $P_a=\dfrac{V^2}{Z}=\dfrac{\dot{V}\dot{V}^*}{Z}=\dfrac{(13+j20)(13-j20)}{8+j6}$로 구해도 되고, $P_a=VI^*$이므로

$\dot{I}=\dfrac{\dot{V}}{Z}=\dfrac{13+j20}{8+j6}=\dfrac{(13+j20)(8-j6)}{100}$

$=\dfrac{224+j82}{100}=2.24+j0.82$이고

$P_a=V\dot{I}^*=(13+j20)(2.24-j0.82)=45.5+j34.1$

## 81 ☐☐☐

지중 전선로를 직접 매설식에 의하여 시설할 때, 중량물의 압력을 받을 우려가 있는 장소에 저압 또는 고압의 지중 전선을 견고한 트라프 기타 방호물에 넣지 않고도 부설할 수 있는 케이블은?

① PVC 외장 케이블
② 콤바인 덕트 케이블
③ 염화비닐 절연 케이블
④ 폴리에틸렌 외장 케이블

| 해설

지중 전선로를 직접 매설식에 의해 시설할 때, 콤바인 덕트 케이블을 사용할 경우, 트라프(trough) 기타 방호물에 넣지 않아도 된다.

## 82 ☐☐☐

수소 냉각식 발전기 등의 시설 기준으로 틀린 것은?

① 발전기 안 또는 조상기 안의 수소의 온도를 계측하는 장치를 시설할 것
② 발전기 축의 밀봉부로부터 수소가 누설될 때 누설된 수소를 외부로 방출하지 않을 것
③ 발전기 안 또는 조상기 안의 수소의 순도가 85% 이하로 저하한 경우에 이를 경보하는 장치를 시설할 것
④ 발전기 또는 조상기는 수소가 대기압에서 폭발하는 경우에 생기는 압력에 견디는 강도를 가지는 것일 것

| 해설

발전기 축의 밀봉부에는 질소 가스를 봉입할 수 있는 장치 또는 누설된 수소 가스를 안전하게 외부에 방출할 수 있는 장치를 시설할 것

## 83 ☐☐☐

저압 전로에서 그 전로에 지락이 생긴 경우 0.5초 이내에 자동적으로 전로를 차단하는 장치를 시설하는 경우에는 특별 제3종 접지 공사의 접지 저항 값은 자동 차단기의 정격 감도 전류가 30mA이하일 때 몇 Ω 이하로 하여야 하는가?

① 75
② 150
③ 300
④ 500

| 해설

※ 참고
해당 문제는 KEC 적용에 따른 기준 변경으로 인해 정답이 없습니다.

## 84 ☐☐☐

어느 유원지의 어린이 놀이기구인 유희용 전차에 전기를 공급하는 전로의 사용 전압은 교류인 경우 몇 V 이하이어야 하는가?

① 20
② 40
③ 60
④ 100

| 해설

유희용 전차에 전기를 공급하는 전로의 전원 장치의 2차측 단자의 최대 사용 전압은 직류일 경우 60V 이하, 교류일 경우 40V 이하일 것

정답   81 ②   82 ②   83 정답 없음   84 ②

## 85 ☐☐☐

연료 전지 및 태양 전지 모듈의 절연 내력 시험을 하는 경우 충전 부분과 대지 사이에 인가하는 시험 전압은 얼마인가? (단, 연속하여 10분간 가하여 견디는 것이어야 한다)

① 최대 사용 전압의 1.25배의 직류 전압 또는 1배의 교류 전압(500V 미만으로 되는 경우에는 500V)
② 최대 사용 전압의 1.25배의 직류 전압 또는 1.26배의 교류 전압(500V 미만으로 되는 경우에는 500V)
③ 최대 사용 전압의 1.5배의 직류 전압 또는 1배의 교류 전압(500V 미만으로 되는 경우에는 500V)
④ 최대 사용 전압의 1.5배의 직류 전압 또는 1.25배의 교류 전압(500V 미만으로 되는 경우는 500V)

| 해설

연료 전지 및 태양 전지 모듈은 최대 사용 전압의 1.5배의 직류 전압 또는 1배의 교류 전압(500V 미만으로 되는 경우에는 500V)을 충전 부분과 대지 사이에 연속하여 10분간 가하여 절연 내력을 시험하였을 때에 이에 견디는 것이어야 한다.

## 86 ☐☐☐

전개된 장소에서 저압 옥상 전선로의 시설 기준으로 적합하지 않은 것은?

① 전선은 절연 전선을 사용하였다.
② 전선 지지점 간의 거리를 20m로 하였다.
③ 전선은 지름 2.6mm의 경동선을 사용하였다.
④ 저압 절연 전선과 그 저압 옥상 전선로를 사설하는 조영재와의 이격 거리를 2m로 하였다.

| 해설

옥상 전선로에 사용되는 전선은 절연성·난연성 및 내수성이 있는 애자를 사용하여 지지하고 또한 그 지지점 간의 거리는 15m 이하일 것

## 87 ☐☐☐

교류 전차선 등과 삭도 또는 그 지주 사이의 이격 거리를 몇 m 이상 이격하여야 하는가?

① 1
② 2
③ 3
④ 4

| 해설

※ 참고
　해당 문제는 KEC 적용에 따른 기준 변경으로 인해 정답이 없습니다.

## 88 ☐☐☐

고압 가공 전선을 시가지 외에 시설할 때 사용되는 경동선의 굵기는 지름 몇 mm 이상인가?

① 2.6
② 3.2
③ 4.0
④ 5.0

| 해설

| 사용전압 | 조건 | 전선의 굵기 및 인장강도 |
|---|---|---|
| 400V 이하 | 절연 전선 | 인장강도 2.3kN 이상의 것 또는 지름 2.6mm 이상의 경동선 |
| | 케이블 이외 | 인장강도 3.43kN 이상의 것 또는 지름 3.2mm 이상의 경동선 |
| 400V 초과인 저압 | 시가지에 시설 | 인장강도 8.01kN 이상의 것 또는 지름 5mm 이상의 경동선 |
| | 시가지 외에 시설 | 인장강도 5.26kN 이상의 것 또는 지름 4mm 이상의 경동선 |

## 89 □□□

저압 수상 전선로에 사용되는 전선은?

① 옥외 비닐케이블

② 600V 비닐 절연 전선

③ 600V 고무 절연 전선

④ 클로로프렌 캡타이어 케이블

| 해설

수상 전선로의 사용 전압이 저압인 경우에는 클로로프렌 캡타이어 케이블, 고압인 경우에는 캡타이어 케이블을 사용하여야 한다.

## 90 □□□

440V 옥내 배선에 연결된 전동기 회로의 절연 저항 최솟값은 몇 MΩ인가?

① 0.1

② 0.2

③ 0.4

④ 1

| 해설

※ 참고

해당 문제는 KEC 적용에 따른 기준 변경으로 인해 정답이 없습니다.

## 91 □□□

케이블 트레이 공사에 사용하는 케이블 트레이에 적합하지 않은 것은?

① 비금속제 케이블 트레이는 난연성 재료가 아니어도 된다.

② 금속재의 것은 적절한 방식 처리를 한 것이거나 내식성 재료의 것이어야 한다.

③ 금속제 케이블 트레이 계통은 기계적 및 전기적으로 완전하게 접속하여야 한다.

④ 케이블 트레이가 방화 구획의 벽 등을 관통하는 경우에 관통부는 불연성의 물질로 충전하여야 한다.

| 해설

비금속제 케이블 트레이는 난연성 재료의 것이어야 한다.

## 92 □□□

전개된 건조한 장소에서 400V 이상의 저압 옥내 배선을 할 때 특별히 정해진 경우를 제외하고는 시공할 수 없는 공사는?

① 애자 사용 공사

② 금속 덕트 공사

③ 버스 덕트 공사

④ 합성수지 몰드 공사

| 해설

※ 참고

해당 문제는 KEC 적용에 따른 기준 변경으로 인해 정답이 없습니다.

## 93 ☐☐☐

가공 전선로의 지지물의 강도 계산에 적용하는 풍압 하중은 빙설이 많은 지방 이외의 지방에서 저온 계절에는 어떤 풍압 하중을 적용하는가? (단, 인가가 연접되어 있지 않다고 한다)

① 갑종 풍압 하중
② 을종 풍압 하중
③ 병종 풍압 하중
④ 을종과 병종 풍압 하중을 혼용

| 해설

| 지역 | | 고온 계절 | 저온 계절 |
|---|---|---|---|
| 빙설이 많은 지방 이외의 지방 | | 갑종 | 병종 |
| 빙설이 많은 지방 | 일반지역 | 갑종 | 을종 |
| | 해안지방, 기타 저온 계절에 최대 풍압이 생기는 지역 | 갑종 | 갑종과 을종 중 큰 값 |
| 인가가 많이 연접되어 있는 장소 | | 병종 | 병종 |

## 94 ☐☐☐

백열전등 또는 방전등에 전기를 공급하는 옥내 전로의 대지 전압을 몇 V 이하이어야 하는가? (단, 백열전등 또는 방전등 및 이에 부속하는 전선을 사람이 접촉할 우려가 없도록 시설한 경우이다)

① 60
② 110
③ 220
④ 300

| 해설
백열전등 또는 방전등에 전기를 공급하는 옥내의 전로의 대지 전압은 300V 이하여야 한다.

## 95 ☐☐☐

특고압 가공 선로의 지지물에 첨가하는 통신선 보안장치에 사용되는 피뢰기의 동작 전압은 교류 몇 V 이하인가?

① 300
② 600
③ 1000
④ 1500

| 해설
특고압 가공 전선로 첨가설치 통신선의 시가지 인입 제한
→ 피뢰기의 동작 전압은 교류 1kV 이하이다.

## 96 ☐☐☐

태양 전지 발전소에 시설하는 태양 전지 모듈, 전선 및 개폐기 기타 기구의 시설 기준에 대한 내용으로 틀린 것은?

① 충전부분은 노출되지 아니하도록 시설할 것
② 옥내에 시설하는 경우에는 전선을 케이블 공사로 시설할 수 있다.
③ 태양 전지 모듈의 프레임은 지지물과 전기적으로 완전하게 접속하여야 한다.
④ 태양 전지 모듈을 병렬로 접속하는 전로에는 과전류 차단기를 시설하지 않아도 된다.

| 해설
태양 전지 모듈을 병렬로 접속하는 전로에는 그 주된 전로에 단락 전류가 발생할 경우에 전로를 보호하는 과전류 차단기 또는 기타 기구를 시설할 것

해커스 전기기사 필기 한권완성 기본이론 + 기출문제

정답   93 ③   94 ④   95 ③   96 ④

## 97 □□□

가공 전선로의 지지물에 시설하는 지선으로 연선을 사용할 경우 소선은 최소 몇 가닥 이상이어야 하는가?

① 3
② 5
③ 7
④ 9

| 해설

지선은 소선 3가닥 이상의 연선을 꼬아서 사용한다.

## 98 □□□

저압 가공 전선로 또는 고압 가공 전선로와 기설 가공 약전류 전선로가 병행하는 경우에는 유도 작용에 의한 통신상의 장해가 생기지 아니하도록 전선과 기설 약전류 전선 간의 이격 거리는 몇 m 이상이어야 하는가? (단, 전기 철도용 급전선로는 제외한다)

① 2
② 4
③ 6
④ 8

| 해설

저압 가공 전선로 또는 고압 가공 전선로와 기설 가공 약전류 전선로가 병행하는 경우에는 유도 작용에 의하여 통신상의 장해가 생기지 않도록 전선과 기설 약전류 전선 간의 이격 거리는 2m 이상이어야 한다.

## 99 □□□

출퇴 표시등 회로에 전기를 공급하기 위한 변압기는 1차측 전로의 대지 전압이 300V 이하, 2차측 전로의 사용 전압은 몇 V 이하인 절연 변압기이어야 하는가?

① 60
② 80
③ 100
④ 150

| 해설

※ 참고
해당 문제는 KEC 적용에 따른 기준 변경으로 인해 정답이 없습니다.

## 100 □□□

중성점 직접 접지식 전로에 접속되는 최대 사용 전압 161kV 인 3상 변압기 권선(성형 결선)의 절연 내력 시험을 할 때 접지시켜서는 안 되는 것은?

① 철심 및 외함
② 시험되는 변압기의 부싱
③ 시험되는 권선의 중성점 단자
④ 시험되지 않는 각 권선(다른 권선이 2개 이상 있는 경우에는 각 권선)의 임의의 1단자

| 해설

변압기의 전로는 시험 전압을 중성점 단자, 권선과 다른 권선, 철심 및 외함 간에 시험 전압을 연속하여 10분간 가하여 절연 내력을 시험하였을 때에 이에 견디는 것이어야 한다.

## 제1과목 전기자기학

### 01 ☐☐☐

분극의 세기 $P$, 전계 $E$, 전속밀도 $D$의 관계를 나타낸 것으로 옳은 것은? (단, $\epsilon_0$는 진공의 유전율이고, $\epsilon_r$은 유전체의 비유전율이고, $\epsilon$은 유전체의 유전율이다)

① $P = \epsilon_0(\epsilon+1)E$

② $E = \dfrac{D+P}{\epsilon_0}$

③ $P = D - \epsilon_0 E$

④ $\epsilon_0 = D - E$

**│해설**
분극의 세기: $P = D - \epsilon_0 E = \epsilon_0 \epsilon_s E - \epsilon_0 E = \epsilon_0(\epsilon_s - 1)E$

### 02 ☐☐☐

그림과 같은 직사각형의 평면 코일이 $B = \dfrac{0.05}{\sqrt{2}}(a_x + a_y)$[Wb/m²]인 자계에 위치하고 있다. 이 코일에 흐르는 전류가 5A일 때 $z$축에 있는 코일에서의 토크는 약 몇 N·m인가?

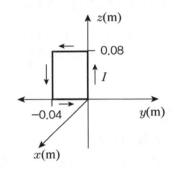

① $2.66 \times 10^{-4} a_x$

② $5.66 \times 10^{-4} a_x$

③ $2.66 \times 10^{-4} a_z$

④ $5.66 \times 10^{-4} a_z$

**│해설**
토크: $T = I(S \times B) = ISB\cos\theta$
방향은 $a_x + a_y$이므로 $\theta = 45°$

자속밀도의 크기는 $\dfrac{0.05}{\sqrt{2}} \times \sqrt{1^2 + 1^2} = 0.05$

$T = ISB\cos\theta = 5 \times (0.04 \times 0.08) \times 0.05 \times \cos 45°$

$= 5.66 \times 10^{-4}$ [N·m]

여기서 도체는 $x$, $y$축에 있으므로 토크는 $z$축으로 발생한다.
따라서 $T = 5.66 \times 10^{-4} a_z$ [N·m]이다.

## 03 ☐☐☐

내부 장치 또는 공간을 물질로 포위시켜 외부 자계의 영향을 차폐시키는 방식을 자기차폐라 한다. 다음 중 자기차폐에 가장 적합한 것은?

① 비투자율이 1보다 작은 역자성체
② 강자성체 중에서 비투자율이 큰 물질
③ 강자성체 중에서 비투자율이 작은 물질
④ 비투자율에 관계없이 물질의 두께에만 관계되므로 되도록이면 두꺼운 물질

| 해설
• 자기차폐: 외부 자계의 영향을 받지 않도록 높은 투자율을 갖는 물질로 둘러싸는 차폐법이다.
• 전기차폐: 외부 자계의 영향을 받지 않도록 높은 도전율을 갖는 물질로 둘러싸는 차폐법이다(완전차폐 가능).

## 04 ☐☐☐

주파수가 100MHz일 때 구리의 표피두께(skin depth)는 약 몇 mm인가? (단, 구리의 도전율은 $5.9 \times 10^7 [\mho/m]$이고, 비투자율은 0.99이다)

① $3.3 \times 10^{-2}$
② $6.6 \times 10^{-2}$
③ $3.3 \times 10^{-3}$
④ $6.6 \times 10^{-3}$

| 해설
표피 두께:
$$\delta = \sqrt{\frac{2}{\omega\mu k}} = \frac{1}{\sqrt{\pi f \mu k}}$$
$$= \frac{1}{\sqrt{\pi \times (100 \times 10^6) \times (4\pi \times 10^{-7}) \times 0.99 \times (5.9 \times 10^7)}}$$
$$= 6.6 \times 10^{-3} [mm]$$

## 05 ☐☐☐

압전기 현상에서 전기 분극이 기계적 응력에 수직한 방향으로 발생하는 현상은?

① 종효과
② 횡효과
③ 역효과
④ 직접효과

| 해설
압전 현상: 압력을 가하면 분극이 발생하는 현상
• 종효과: 힘을 가하는 방향과 전위차 발생 방향이 같은 경우 (응력과 분극이 동일 방향으로 발생)
• 횡효과: 힘을 가하는 방향과 전위차 발생 방향이 수직인 경우(응력과 분극이 수직 방향으로 발생)

## 06 ☐☐☐

구리의 고유저항은 20℃에서 $1.69 \times 10^{-8} \Omega \cdot m$이고 온도계수는 0.00393이다. 단면적이 2mm²이고 100m인 구리선의 저항 값은 40℃에서 약 몇 Ω인가?

① $0.91 \times 10^{-3}$
② $1.89 \times 10^{-2}$
③ 0.91
④ 1.89

| 해설
온도에 따른 저항의 크기: $R_t = R_0\{1 + \alpha(T_2 - T_1)\}$
$$R_0 = R_{20[℃]} = \rho \frac{l}{S} = (1.69 \times 10^{-8}) \times \frac{100}{2 \times 10^{-6}}$$
$$= 0.845[\Omega]$$
$$R_{40[℃]} = 0.845 \times \{1 + 0.00393 \times (40-20)\} = 0.91[\Omega]$$

## 07 ☐☐☐

전위경도 $V$와 전계 $E$의 관계식은?

① $E = \text{grad } V$

② $E = \text{div } V$

③ $E = -\text{grad } V$

④ $E = -\text{div } V$

## 08 ☐☐☐

정전계에서 도체에 정(+)의 전하를 주었을 때의 설명으로 틀린 것은?

① 도체 표면의 곡률 반지름이 작은 곳에 전하가 많이 분포한다.

② 도체 외측의 표면에만 전하가 분포한다.

③ 도체 표면에서 수직으로 전기력선이 출입한다.

④ 도체 내에 있는 공동면에도 전하가 골고루 분포한다.

## 09 ☐☐☐

평행 도선에 같은 크기의 왕복 전류가 흐를 때 두 도선 사이에 작용하는 힘에 대한 설명으로 옳은 것은?

① 흡인력이다.

② 전류의 제곱에 비례한다.

③ 주위 매질의 투자율에 반비례한다.

④ 두 도선 사이 간격의 제곱에 반비례한다.

## 10 ☐☐☐

비유전율 3, 비투자율 3인 매질에서 전자기파의 진행속도 $v[\text{m/s}]$와 진공에서의 속도 $v_0[\text{m/s}]$의 관계는?

① $v = \dfrac{1}{9}v_0$

② $v = \dfrac{1}{3}v_0$

③ $v = 3v_0$

④ $v = 9v_0$

정답   07 ③   08 ④   09 ②   10 ②

## 11 ☐☐☐

대지의 고유저항이 $\rho[\Omega\cdot m]$일 때 반지름이 $a[m]$인 그림과 같은 반구 접지극의 접지저항$[\Omega]$은?

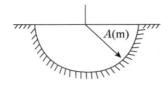

① $\dfrac{\rho}{4\pi a}$

② $\dfrac{\rho}{2\pi a}$

③ $\dfrac{2\pi\rho}{a}$

④ $2\pi\rho a$

| 해설

반지름이 $a[m]$인 구도체의 정전용량: $C=4\pi\epsilon a[F]$

반구는 구도체의 $\dfrac{1}{2}$배이므로 정전용량 $C=2\pi\epsilon a$이다. 따라서

$RC=\rho\epsilon$에서 $R=\dfrac{\rho\epsilon}{C}=\dfrac{\rho\epsilon}{2\pi\epsilon a}=\dfrac{\rho}{2\epsilon a}[\Omega]$이다.

## 12 ☐☐☐

공기 중에서 2V/m의 전계의 세기에 의한 변위전류밀도의 크기를 2A/m²으로 흐르게 하려면 전계의 주파수는 약 몇 MHz가 되어야 하는가?

① 9,000

② 18,000

③ 36,000

④ 72,000

| 해설

• 변위전류:

$$I_d=\frac{V}{X_C}=\frac{V}{\dfrac{1}{j\omega C}}=j\omega CV=j\omega\left(\frac{\epsilon S}{d}\right)(Ed)=j\omega\epsilon SE$$

• 변위전류밀도: $i_d=\dfrac{I_d}{S}=j\omega\epsilon E=j(2\pi f)\epsilon E[A/m^2]$

• 주파수(공기중 $\epsilon=\epsilon_0$):

$$f=\frac{i_d}{2\pi\epsilon_0 E}=\frac{2}{2\pi\times(8.855\times10^{-12})\times2}=18,000[MHz]$$

## 13 ☐☐☐

2장의 무한 평판 도체를 4cm의 간격으로 놓은 후 평판 도체 간에 일정한 전계를 인가하였더니 평판 도체 표면에 2μC/m²의 전하밀도가 생겼다. 이때 평행 도체 표면에 작용하는 정전응력은 약 몇 N/m²인가?

① 0.057

② 0.226

③ 0.57

④ 2.26

| 해설

정전 응력(단위 면적당 힘):

$$f=\frac{1}{2}\epsilon E^2=\frac{D^2}{2\epsilon}=\frac{1}{2}ED[N/m^2]$$

$\epsilon=\epsilon_0$이므로

$$f=\frac{D^2}{2\epsilon_0}=\frac{(2\times10^{-6})^2}{2\times(8.855\times10^{-12})}=0.226[N/m^2]$$

## 14 ☐☐☐

자성체 내의 자계의 세기가 $H[AT/m]$이고 자속밀도가 $B[Wb/m^2]$일 때, 자계 에너지 밀도$[J/m^3]$는?

① $HB$

② $\dfrac{1}{2\mu}H^2$

③ $\dfrac{\mu}{2}B^2$

④ $\dfrac{1}{2\mu}B^2$

| 해설

에너지 밀도: $w=\dfrac{1}{2}\mu H^2=\dfrac{B^2}{2\mu}=\dfrac{1}{2}BH[J/m^3]$

## 15 ☐☐☐

임의의 방향으로 배열되었던 강자성체의 자구가 외부 자기장의 힘이 일정치 이상이 되는 순간에 급격히 회전하여 자기장의 방향으로 배열되고 자속밀도가 증가하는 현상을 무엇이라 하는가?

① 자기여효(magnetic aftereffect)
② 바크하우젠 효과(Barkhausen effect)
③ 자기왜현상(magneto - striction effect)
④ 핀치 효과(Pinch effect)

| 해설

- 자기여효: 강자성체에 자계를 인가했을 때 자화가 시간적으로 늦게 일어나는 현상
- 바크하우젠 효과: 강자성체에 자계를 인가했을 때 내부 자속이 불연속적(계단적)으로 증감하는 현상
- 자기왜현상: 강자성체를 자기장 안에 두었을 때 왜곡 등의 일그러짐이 발생하는 현상
- 핀치 효과: 액체 상태의 도체에 전류를 인가했을 때 액체 도체가 수축·이완하는 현상

## 16 ☐☐☐

반지름이 5mm, 길이가 15mm, 비투자율이 50인 자성체 막대에 코일을 감고 전류를 흘려서 자성체 내의 자속밀도를 50Wb/m²로 하였을 때 자성체 내에서의 자계의 세기는 몇 A/m인가?

① $\dfrac{10^7}{\pi}$

② $\dfrac{10^7}{2\pi}$

③ $\dfrac{10^7}{4\pi}$

④ $\dfrac{10^7}{8\pi}$

| 해설

- 자속밀도: $B = \mu H = \mu_0 \mu_s H [\text{Wb/m}^2]$
- 자계의 세기: $H = \dfrac{B}{\mu_0 \mu_s} = \dfrac{50}{(4\pi \times 10^{-7}) \times 50} = \dfrac{10^7}{4\pi} [\text{AT/m}]$

## 17 ☐☐☐

반지름이 30cm인 원판 전극의 평행판 콘덴서가 있다. 전극의 간격이 0.1cm이며 전극 사이 유전체의 비유전율이 4.0이라 한다. 이 콘덴서의 정전용량은 약 몇 μF인가?

① 0.01
② 0.02
③ 0.03
④ 0.04

| 해설

평행판 콘덴서의 정전용량:

$$C = \frac{\epsilon S}{d} = \frac{\epsilon_0 \epsilon_s S}{d} = \frac{(8.855 \times 10^{-12}) \times (4\pi \times 0.3^2)}{0.1 \times 10^{-2}} = 0.01 [\mu F]$$

## 18 ☐☐☐

한 변의 길이가 $l$[m]인 정사각형 도체 회로에 전류 $I$[A]를 흘릴 때 회로의 중심점에서의 자계의 세기는 몇 AT/m인가?

① $\dfrac{2I}{\pi l}$

② $\dfrac{I}{\sqrt{2}\,\pi l}$

③ $\dfrac{\sqrt{2}\,I}{\pi l}$

④ $\dfrac{2\sqrt{2}\,I}{\pi l}$

| 해설

한 변의 길이가 $l$일 때 도선 중심에서 자계의 세기

- 정삼각형: $H = \dfrac{9I}{2\pi l} [\text{AT/m}]$
- 정사각형: $H = \dfrac{2\sqrt{2}\,I}{\pi l} [\text{AT/m}]$
- 정육각형: $H = \dfrac{\sqrt{3}\,I}{\pi l} [\text{AT/m}]$

해커스 전기기사 필기 한권완성 기본이론 + 기출문제

정답    15 ②    16 ③    17 ①    18 ④

## 19 ☐☐☐

정전용량이 각각 $C_1 = 1[\mu F]$, $C_2 = 2[\mu F]$인 도체에 전하 $Q_1 = -5[\mu C]$, $Q_2 = 2[\mu C]$을 각각 주고 각 도체를 가는 철사로 연결하였을 때 $C_1$에서 $C_2$로 이동하는 전하 $Q[\mu C]$는?

① $-4$

② $-3.5$

③ $-3$

④ $-1.5$

| 해설

각 도체를 가는 철사로 연결하면 두 개의 대전된 도체구가 접촉하므로 중화 현상으로 인해 총 전하량은 $-5+2=3[\mu C]$이다. 각 콘덴서에 분배되어 저장되는 전하량은

$$Q_1 = \frac{C_1}{C_1 + C_2} Q = \frac{1}{1+2} \times (-3) = -1[\mu C]$$

$$Q_2 = \frac{C_2}{C_1 + C_2} Q = \frac{2}{1+2} \times (-3) = -2[\mu C]$$

따라서 $Q_1$에 남은 전하량이 $-1\mu C$이므로 $C_1$에서 $C_2$로 $-4\mu C$의 전하량이 이동하여야 한다. 또는 $Q_2$의 처음 전하량이 $2\mu C$이었으므로 $-2\mu C$가 되기 위해서는 $-4\mu C$의 전하량이 이동하여야 한다.

## 20 ☐☐☐

정전용량이 0.03μF인 평행판 공기 콘덴서의 두 극판 사이에 절반 두께의 비유전율 10인 유리판을 극판과 평행하게 넣었다면 이 콘덴서의 정전용량은 약 몇 μF이 되는가?

① 1.83

② 18.3

③ 0.055

④ 0.55

| 해설

극판 간격의 $\frac{1}{2}$간격에 물질을 직렬로 채운 경우의 정전용량

$$C = \frac{2\epsilon_s C_0}{1 + \epsilon_s} = \frac{2 \times 10 \times 0.03}{1 + 10} = 0.055[\mu F] \text{이다.}$$

## 21 ☐☐☐

3상 전원에 접속된 △결선의 커패시터를 Y결선으로 바꾸면 진상 용량 $Q_Y$[kVA]는? (단, $Q_\triangle$는 △결선된 커패시터의 진상 용량이고, $Q_Y$는 Y결선된 커패시터의 진상 용량이다)

① $Q_Y = \sqrt{3} Q_\triangle$

② $Q_Y = \frac{1}{3} Q_\triangle$

③ $Q_Y = 3 Q_\triangle$

④ $Q_Y = \frac{1}{\sqrt{3}} Q_\triangle$

| 해설

3개의 콘덴서를 △결선 하면 진상 용량은 $3 \times 2\pi f C V^2$이지만, Y결선 하면 $V/\sqrt{3}$의 전압이 인가되므로 진상 용량은 $3 \times 2\pi f C (V/\sqrt{3})^2 = 2\pi f C V^2$이 된다.

## 22 ☐☐☐

교류 배전 선로에서 전압 강하 계산식은 $V_d = k(R\cos\theta + Z\sin\theta)I$로 표현된다. 3상 3선식 배전 선로인 경우에 k는?

① $\sqrt{3}$

② $\sqrt{2}$

③ 3

④ 2

| 해설

전압 강하 $|e| = V_s - V_r = k(IR\cos\theta_r + IX\sin\theta_r)$에서 단상 2선식이면 $k=2$, 3상 3선식이면 $k=\sqrt{3}$이다.

## 23 ☐☐☐

송전선에서 뇌격에 대한 차폐 등을 위해 가선하는 가공지선에 대한 설명으로 옳은 것은?

① 차폐각은 보통 15 ~ 30° 정도로 하고 있다.
② 차폐각이 클수록 벼락에 대한 차폐 효과가 크다.
③ 가공지선을 2선으로 하면 차폐각이 적어진다.
④ 가공지선으로는 연동선을 주로 사용한다.

| 해설

차폐각은 보통 35 ~ 40°이며, 각이 작을수록 벼락에 대한 차폐 효과가 크다. 2선으로 시공하면 차폐각이 작아져서 차폐 효과 커지지만 건설비가 비싸다. 가공지선은 강심 알루미늄 연선으로 만든다.

## 24 ☐☐☐

배전선의 전력 손실 경감 대책이 아닌 것은?

① 다중 접지방식을 채용한다.
② 역률을 개선한다.
③ 배전 전압을 높인다.
④ 부하의 불평형을 방지한다.

| 해설

배전선의 전력 손실을 줄이기 위해 역률을 개선하고, 배전 전압을 높이고, 부하의 불평형을 개선한다.

## 25 ☐☐☐

그림과 같은 이상 변압기에서 2차 측에 5Ω의 저항 부하를 연결하였을 때 1차 측에 흐르는 전류 $I$는 약 몇 A인가?

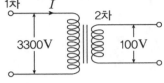

① 0.6       ② 1.8
③ 20       ④ 660

| 해설

2차측 전류를 먼저 구하면 $I_2 = \dfrac{V_2}{R} = \dfrac{100}{5} = 20[\text{A}]$

권수비는 33 : 1이고 전류비는 권수비의 역수와 같으므로 $I_1 : I_2 = 1 : 33$이다.

따라서 $I_1 = \dfrac{20}{33} ≒ 0.6[\text{A}]$

## 26 ☐☐☐

전압과 유효전력이 일정할 경우 부하 역률이 70%인 선로에서의 저항 손실($P_{70\%}$)은 역률이 90%인 선로에서의 저항 손실($P_{90\%}$)과 비교하면 약 얼마인가?

① $P_{70\%} = 0.6 P_{90\%}$
② $P_{70\%} = 1.7 P_{90\%}$
③ $P_{70\%} = 0.3 P_{90\%}$
④ $P_{70\%} = 2.7 P_{90\%}$

| 해설

전력 손실$= 2I^2R$ 식에 $P_r = E_r I \cos\theta_r$을 대입하면

$$P_{loss} = \frac{2P_r^2 R}{E_r^2 \cos^2\theta_r}$$ 이다. 전력 손실은 부하 역률의 제곱에 반

비례하므로 $P_{70\%} : P_{90\%} = \dfrac{1}{0.7^2} : \dfrac{1}{0.9^2} = 81 : 49$

## 27 ☐☐☐

3상 3선식 송전선에서 L을 작용 인덕턴스라 하고, $L_e$ 및 $L_m$은 대지를 귀로로 하는 1선의 자기 인덕턴스 및 상호 인덕턴스라고 할 때 이들 사이의 관계식은?

① $L = L_m - L_e$

② $L = L_e - L_m$

③ $L = L_m + L_e$

④ $L = L_m / L_e$

| 해설

상호 인덕턴스 $L_m$은 방향이 $L_e$의 반대쪽이므로 전체 작용 인덕턴스 $L$의 크기는 $L_e - L_m$ 이다.

## 28 ☐☐☐

표피 효과에 대한 설명으로 옳은 것은?

① 표피 효과는 주파수에 비례한다.

② 표피 효과는 전선의 단면적에 반비례한다.

③ 표피 효과는 전선의 비투자율에 반비례한다.

④ 표피 효과는 전선의 도전율에 반비례한다.

| 해설

교류의 주파수가 클수록 침투 깊이가 작아지면서 표피 효과는 심화된다.

## 29 ☐☐☐

배전 선로의 전압을 3kV에서 6kV로 승압하면 전압 강하율(δ)은 어떻게 되는가? (단, $\delta_{3k}V$는 전압이 3kV일 때 전압 강하율이고, $\delta_{6k}V$는 전압이 6kV일 때 전압 강하율이고, 부하는 일정하다고 한다)

① $\delta_{6k}V = \frac{1}{2}\delta_{3k}V$

② $\delta_{6k}V = \frac{1}{4}\delta_{3k}V$

③ $\delta_{6k}V = 2\delta_{3k}V$

④ $\delta_{6k}V = 4\delta_{3k}V$

| 해설

전압 강하율 $\epsilon = \dfrac{P(R + X\tan\theta_r)}{V_r^2}$ 이므로 수전단 전압의 제곱에 반비례하는데 송전단 전압과 수전단 전압은 거의 비례하므로 송전 전압을 2배 승압하면 수전 전압도 2배 커지고 전압 강하율은 $\frac{1}{4}$로 감소한다.

## 30 ☐☐☐

계통의 안정도 증진 대책이 아닌 것은?

① 발전기나 변압기의 리액턴스를 작게 한다.

② 선로의 회선수를 감소시킨다.

③ 중간 조상 방식을 채용한다.

④ 고속도 재폐로 방식을 채용한다.

| 해설

선로의 병행 회선수를 늘리거나 복도체를 사용하면 선로 인덕턴스가 감소하여 안정도가 증진된다. 회선수를 감소시키면 안정도가 오히려 나빠진다.

정답　 27 ② 　28 ① 　29 ② 　30 ②

## 31 ▢▢▢

1상의 대지 정전용량이 0.5μF, 주파수가 60Hz인 3상 송전선이 있다. 이 선로에 소호 리액터를 설치한다면, 소호 리액터의 공진 리액턴스는 약 몇 Ω이면 되는가?

① 970

② 1370

③ 1770

④ 3570

| 해설

공진 리액턴스

$$X_L = \frac{1}{2\pi f \times 3C} = \frac{1}{2\pi \times 60 \times 1.5 \times 10^{-6}} = 1769[\Omega]$$

## 32 ▢▢▢

배전 선로의 고장 또는 보수 점검 시 정전 구간을 축소하기 위하여 사용되는 것은?

① 단로기

② 컷아웃 스위치

③ 계자 저항기

④ 구분 개폐기

| 해설

구분 개폐기는 전선로의 고장 또는 보수 점검 시 정전구간을 축소하기 위하여 계통을 분리하는 장치이다.

## 33 ▢▢▢

수전단 전력 원선도의 전력 방정식이

$P_r^2 + (Q_r + 400)^2 = 250000$으로 표현되는 전력 계통에서 가능한 최대로 공급할 수 있는 부하 전력($P_r$)과 이때 전압을 일정하게 유지하는데 필요한 무효전력($Q_r$)은 각각 얼마인가?

① $P_r = 500$, $Q_r = -400$

② $P_r = 400$, $Q_r = 500$

③ $P_r = 300$, $Q_r = 100$

④ $P_r = 200$, $Q_r = -300$

| 해설

$P_r^2 + (Q_r + 400)^2 = 500^2$에서 유효 전력 최대 조건을 만족하는 점을 찾으면 된다.

즉, $P_r = 500$인 D점의 y좌표가 바로 부하전력 최대를 유지하는 데 필요한 무효전력이다.

$Q_r = -400$

## 34 ▢▢▢

수전용 변전설비의 1차측 차단기의 차단 용량은 주로 어느 것에 의하여 정해지는가?

① 수전 계약 용량

② 부하 설비의 단락 용량

③ 공급측 전원의 단락 용량

④ 수전 전력의 역률과 부하율

| 해설

단락 사고가 발생하여 차단기에 대전압이 인가되고 대전류가 흘러도 차단기가 파손됨 없이 전류를 차단하는 능력을 발휘하여야 하므로 차단기는 단락 용량을 견디낼 수 있어야 한다.

## 35 ☐☐☐

프란시스 수차의 특유 속도[m · kW]의 한계를 나타내는 식은? (단, H[m]는 유효 낙차이다)

① $\dfrac{13000}{H+50}+10$

② $\dfrac{13000}{H+50}+30$

③ $\dfrac{20000}{H+20}+10$

④ $\dfrac{20000}{H+20}+30$

| 해설

수차의 종류에 따른 특유 속도 한계값이 정해져 있는데 프란시스 수차는 $\dfrac{20000}{H+20}+30$, 사류 수차는 $\dfrac{20000}{H+20}+40$, 카플란 수차는 $\dfrac{20000}{H+20}+50$이다.

## 36 ☐☐☐

정격 전압 6600V, Y결선, 3상 발전기의 중성점을 1선 지락 시 지락 전류를 100A로 제한하는 저항기로 접지하려고 한다. 저항기의 저항 값은 약 몇 Ω인가?

① 44

② 41

③ 38

④ 35

| 해설

중심점을 저항값 $R_g$의 저항기로 접지하게 되면 지락 전류 $I_g$의 크기는 $I_g = \dfrac{V/\sqrt{3}}{R_g}$가 된다. $100 = \dfrac{6600/\sqrt{3}}{R_g}$ 이므로 $R_g ≒ 38[\Omega]$이다.

## 37 ☐☐☐

송전 철탑에서 역섬락을 방지하기 위한 대책은?

① 가공지선의 설치

② 탑각 접지저항의 감소

③ 전력선의 연가

④ 아크혼의 설치

| 해설

철탑의 탑각 접지저항을 줄이고 철탑 전위를 낮추면 역섬락이 방지된다.

## 38 ☐☐☐

조속기의 폐쇄 시간이 짧을수록 나타나는 현상으로 옳은 것은?

① 수격 작용은 작아진다.

② 발전기의 전압 상승률은 커진다.

③ 수차의 속도 변동률은 작아진다.

④ 수압관 내의 수압 상승률은 작아진다.

| 해설

조속기의 폐쇄 시간(조절 주기)이 짧을수록 수차의 속도 변동률이 작아진다.

## 39 □□□

주변압기 등에서 발생하는 제5 고조파를 줄이는 방법으로 옳은 것은?

① 전력용 콘덴서에 직렬 리액터를 연결한다.
② 변압기 2차측에 분로리액터를 연결한다.
③ 모선에 방전 코일을 연결한다.
④ 모선에 공심 리액터를 연결한다.

| 해설
직렬 리액터는 5고조파로부터 전력용 콘덴서를 보호하고 파형을 개선해 준다.

## 40 □□□

복도체에서 2본의 전선이 서로 충돌하는 것을 방지하기 위하여 2본의 전선 사이에 적당한 간격을 두어 설치하는 것은?

① 아모로드
② 댐퍼
③ 아킹혼
④ 스페이서

| 해설
복도체 전선에는 스페이서를 설치하면 전선 상호 간의 접근 및 충돌을 방지할 수 있다.

## 41 □□□

정격 전압 120V, 60Hz인 변압기의 무부하 입력 80W, 무부하 전류 1.4A이다. 이 변압기의 여자 리액턴스는 약 몇 Ω인가?

① 97.6
② 103.7
③ 124.7
④ 180

| 해설
철손 전류를 먼저 구하면 $\dfrac{P_i}{V_1} = \dfrac{80}{120} = 0.67[A]$

여자 전류 $I_0 = \sqrt{I_i^2 + I_\phi^2}$ 로부터

$I_\phi = \sqrt{1.4^2 - 0.67^2} = 1.23[A]$이다.

따라서 여자 리액턴스 $x_m = \dfrac{V_1}{I_\phi} = 97.6$

## 42 □□□

서보 모터의 특징에 대한 설명으로 틀린 것은?

① 발생 토크는 입력 신호에 비례하고, 그 비가 클 것
② 직류 서보 모터에 비하여 교류 서보 모터의 시동 토크가 매우 클 것
③ 시동 토크는 크나 회전부의 관성 모멘트가 작고, 전기력 시정수가 짧을 것
④ 빈번한 시동, 정지, 역전 등의 가혹한 상태에 견디도록 견고하고, 큰 돌입 전류에 견딜 것

| 해설
DC 서보 모터와 AC 서보 모터를 비교하면 전자가 짧은 기계적 시정수를 갖고 있어서 응답이 빠르며 기동 토크도 DC쪽이 더 크다.

정답  39 ①  40 ④  41 ①  42 ②

## 43 □□□

3상 변압기 2차측의 $E_w$ 상만을 반대로 하고, Y−Y 결선을 한 경우, 2차 상전압이 $E_u = 70[V]$, $E_v = 70[V]$, $E_W = 70[V]$ 라면 2차 선간 전압은 약 몇 V인가?

① $V_{u-v} = 121.2[V]$, $V_{v-w} = 70[V]$, $V_{w-u} = 70[V]$

② $V_{u-v} = 121.2[V]$, $V_{v-w} = 210[V]$, $V_{w-u} = 70[V]$

③ $V_{u-v} = 121.2[V]$, $V_{v-w} = 121.2[V]$, $V_{w-u} = 70[V]$

④ $V_{u-v} = 121.2[V]$, $V_{v-w} = 121.2[V]$, $V_{w-u} = 121.2[V]$

| 해설

$u$, $v$, $w$를 상전압 벡터라고 하면 Y결선에서 선간 전압은 두 상전압 벡터의 차이값이므로 크기는 $\sqrt{3}E$가 된다. 즉,
$V_{u-v} = \sqrt{3} \times 70 = 121.2[V]$
w의 극성이 바뀌면 두 상전압 사이의 위상차가 60°로 바뀌고 u와 w'의 차이값은 크기는 $E$이다. 즉
$V_{w'-u} = 70[V]$

## 44 □□□

극수 8, 중권 직류기의 전기자 총 도체 수 960, 매극 자속 0.04Wb, 회전수 400rpm이라면 유기 기전력은 몇 V인가?

① 256

② 327

③ 425

④ 625

| 해설

$E_{중권} = \dfrac{Z}{a} \times \dfrac{p\phi N}{60}$ 중권이면 $a = p$이므로

$\dfrac{Z\phi N}{60} = \dfrac{960 \times 0.04 \times 400}{60} = 256[rpm]$

## 45 □□□

3상 유도 전동기에서 2차측 저항을 2배로 하면 그 최대 토크는 어떻게 변하는가?

① 2배로 커진다.

② 3배로 커진다.

③ 변하지 않는다.

④ $\sqrt{2}$ 배로 커진다.

| 해설

비례추이 공식 $\dfrac{r_2}{s_m} = \dfrac{r_2 + r}{s_m'}$, 2차 저항 $r_2$를 증가시키면 $s_m$도 정비례적으로 커지지만 최대 토크는 불변이다.

## 46 □□□

동기 전동기에 일정한 부하를 걸고 계자 전류를 0A에서 부터 계속 증가시킬 때 관련 설명으로 옳은 것은? (단, $I_a$는 전기자 전류이다)

① $I_a$는 증가하다가 감소한다.

② $I_a$가 최소일 때 역률이 1이다.

③ $I_a$가 감소 상태일 때 앞선 역률이다.

④ $I_a$가 증가 상태일 때 뒤진 역률이다.

| 해설

V특성 곡선에서 가로축의 계자 전류를 증가시키면 전기자 전류는 점점 감소하다가 역률이 1일 때 최소, 다시 증가한다.

## 47 ☐☐☐

3kVA, 3000/200[V]의 변압기의 단락 시험에서 임피던스 전압 120V, 동손 150W라 하면 %저항 강하는 몇 %인가?

① 1
② 3
③ 5
④ 7

| 해설

$$I_{1n} = \frac{P}{E_1} = \frac{3000}{3000} = 1, \quad r_{eq} = \frac{P_c}{I_{1n}^2} = \frac{150}{1^2} = 150$$

$$\%R = \frac{I_{1n}r_{eq}}{E_1} \times 100 = \frac{1 \times 150}{3000} \times 100 = 5[\%]$$

## 48 ☐☐☐

정격 출력 50kW, 4극 220V, 60Hz인 3상 유도 전동기가 전부하 슬립 0.04, 효율 90%로 운전되고 있을 때 다음 중 틀린 것은?

① 2차 효율=92%
② 1차 입력=55.56kW
③ 회전자 동손=2.08kW
④ 회전자 입력=52.08kW

| 해설

2차 효율 $= 1 - s = 1 - 0.04 = 0.96$이다.

## 49 ☐☐☐

단상 유도 전동기를 2전동기설로 설명하는 경우 정방향 회전자계의 슬립이 0.2이면, 역방향 회전자계의 슬립은 얼마인가?

① 0.2
② 0.8
③ 1.8
④ 2.0

| 해설

역방향(backward) 회전자계 측면에서 본 슬립은, 고정자 자계의 회전 방향이 반대이므로 $-N_s$로 표현해야 한다.

$$s_b = \frac{-N_s - N}{-N_s} = 2 - s$$

## 50 ☐☐☐

직류 가동 복권 발전기를 전동기로 사용하면 어느 전동기가 되는가?

① 직류 직권 전동기
② 직류 분권 전동기
③ 직류 가동 복권 전동기
④ 직류 차동 복권 전동기

| 해설

가동 복권 발전기를 전동기로 사용하게 되면 분권 계자 전류의 방향은 그대로이나 직권 계자 전류의 방향이 반대로 바뀌므로 차동 복권이 된다.

## 51 ☐☐☐

동기 발전기를 병렬 운전하는 데 필요하지 않은 조건은?

① 기전력의 용량이 같을 것
② 기전력의 파형이 같을 것
③ 기전력의 크기가 같을 것
④ 기전력의 주파수가 같을 것

| 해설

병렬 운전의 조건은 기전력의 파형, 기전력의 주파수, 기전력의 크기, 기전력의 위상이 같아야 한다.

정답   47 ③   48 ①   49 ③   50 ④   51 ①

해커스 전기기사 필기 한권완성 기본이론 + 기출문제

## 52 ☐☐☐

IGBT(Insulated Gate Bipolar Transistor)에 대한 설명으로 틀린 것은?

① MOSFET와 같이 전압 제어 소자이다.
② GTO 사이리스터와 같이 역방향 전압 저지 특성을 갖는다.
③ 게이트와 에미터 사이의 입력 임피던스가 매우 낮아 BJT보다 구동하기 쉽다.
④ BJT처럼 on - drop이 전류에 관계없이 낮고 거의 일정하며, MOSFET보다 훨씬 큰 전류를 흘릴 수 있다.

| 해설

IGBT는 입력 임피던스가 매우 높고 구동 전력이 낮아서 BJT보다 구동하기가 쉽다.

## 53 ☐☐☐

유도 전동기에서 공급 전압의 크기가 일정하고 전원 주파수만 낮아질 때 일어나는 현상으로 옳은 것은?

① 철손이 감소한다.
② 온도 상승이 커진다.
③ 여자 전류가 감소한다.
④ 회전 속도가 증가한다.

| 해설

동기 속도는 주파수에 비례하고 회전 속도 $N = (1-s)N_s$ 인데, 주파수가 감소하면 냉각fan의 성능이 나빠지므로 철손과 동손에 의한 온도 상승이 더 심화된다.

## 54 ☐☐☐

용접용으로 사용되는 직류 발전기의 특성 중에서 가장 중요한 것은?

① 과부하에 견딜 것
② 전압 변동률이 적을 것
③ 경부하일 때 효율이 좋을 것
④ 전류에 대한 전압 특성이 수하 특성일 것

| 해설

용접에서는 안정적인 방전이 중요하므로 전류가 증가함에 따라 전압이 저하하는 수하 특성이 매우 중요하다. 따라서 용접기 전원용으로는 차동 복권 발전기가 주로 쓰인다.

## 55 ☐☐☐

동기 발전기에 설치된 제동 권선의 효과로 틀린 것은?

① 난조 방지
② 과부하 내량의 증대
③ 송전선의 불평형 단락 시 이상 전압 방지
④ 불평형 부하 시의 교류, 전압 파형의 개선

| 해설

제동권선의 효용 4가지는 기동 토크 발생, 난조 방지, 파형 개선, 이상 전압 방지이다. 과부하 내량은 단락비와 관련이 있다.

## 56 ☐☐☐

3300/220[V] 변압기 A, B의 정격용량이 각각 400kVA, 300kVA이고, %임피던스 강하가 각각 2.4%, 3.6%일 때 그 2대의 변압기에 걸 수 있는 합성 부하 용량은 몇 kVA인가?

① 550
② 600
③ 650
④ 700

| 해설

부하 분담의 비 $I_a : I_b = \dfrac{P_{an}}{\%z_b} : \dfrac{P_{bn}}{\%z_a} = \dfrac{400}{2.4\%} : \dfrac{300}{3.6\%} = 2:1$

분담비가 큰 변압기 A가 400kVA를 분담하면 최대 부하를 걸 수 있다.

## 57 □□□

동작 모드가 그림과 같이 나타나는 혼합 브리지는?

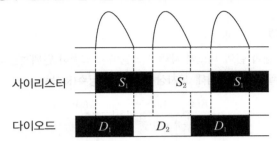

사이리스터

다이오드

①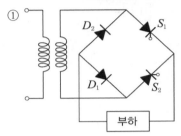

②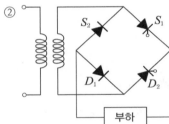

③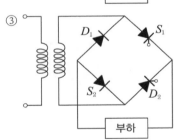

④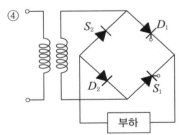

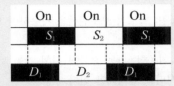
## 58 □□□

동기기의 전기자 저항을 $r$, 전기자 반작용 리액턴스를 $X_a$, 누설 리액턴스를 $X_l$이라고 하면 동기 임피던스를 표시하는 식은?

① $\sqrt{r^2 + (\dfrac{X_a}{X_\ell})^2}$

② $\sqrt{r^2 + X_\ell^2}$

③ $\sqrt{r^2 + X_a^2}$

④ $\sqrt{r^2 + (X_a + X_\ell)^2}$

정답  57 ①  58 ④

## 59 □□□

**단상 유도 전동기에 대한 설명으로 틀린 것은?**

① 반발 기동형: 직류전동기와 같이 정류자와 브러시를 이용하여 기동한다.

② 분상 기동형: 별도의 보조권선을 사용하여 회전자계를 발생시켜 기동한다.

③ 커패시터 기동형: 기동 전류에 비해 기동 토크가 크지만, 커패시터를 설치해야 한다.

④ 반발 유도형: 기동 시 농형 권선과 반발 전동기의 회전자 권선을 함께 이용하나 운전 중에는 농형 권선만을 이용한다.

| 해설

반발 유도형은 반발 기동형의 회전자 권선에 농형의 보조 권선이 병렬로 접속되어 있으며, 두 권선에서 발생하는 합성 토크로 기동하기 때문에 기동 토크가 크다. 기동 후 운전 중에도 두 권선을 그대로 이용한다.

## 60 □□□

**직류 전동기의 속도 제어법이 아닌 것은?**

① 계자 제어법

② 전력 제어법

③ 전압 제어법

④ 저항 제어법

| 해설

직류 전동기의 속도 제어법에는 계자 제어법, 전압 베어법, 저항 제어법이 있다.

## 61 □□□

**그림과 같이 피드백 제어 시스템에서 입력이 단위계단함수일 때 정상상태 오차상수인 위치 상수($K_p$)는?**

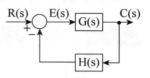

① $K_p = \lim_{s \to 0} G(s)H(s)$

② $K_p = \lim_{s \to 0} \dfrac{G(s)}{H(s)}$

③ $K_p = \lim_{s \to \infty} G(s)H(s)$

④ $K_p = \lim_{s \to \infty} \dfrac{G(s)}{H(s)}$

| 해설

$E(s)$는 $\dfrac{R}{1+GH}$이므로 정상 편차는

$\lim_{s \to 0} sE(s) = \lim_{s \to 0} \dfrac{sR}{1+GH}$이고, $R(s) = \dfrac{1}{s}$를 대입하면

$\lim_{s \to 0} \dfrac{1}{1+G(s)H(s)} = \dfrac{1}{1+K_p}$

## 62 □□□

적분 시간 4sec, 비례 감도가 4인 비례적분 동작을 하는 제어 요소에 동작 신호 $z(t)=2t$를 주었을 때 이 제어 요소의 조작량은? (단, 조작량의 초기 값은 0이다)

① $t^2+8t$

② $t^2+2t$

③ $t^2-8t$

④ $t^2-2t$

| 해설

$k=4$, $T_i=4$, 비례적분 제어계의 조작량

$$y(t)=k\cdot\left[z(t)+\frac{1}{T_i}\int_0^t z(t)dt\right]=4\cdot\left[2t+\frac{1}{4}\int_0^t 2tdt\right]$$

$$=4\left(2t+\frac{t^2}{4}\right)$$

## 63 □□□

시간함수 $f(t)=\sin\omega t$의 $z$변환은? (단, $T$는 샘플링 주기이다)

① $\dfrac{z\sin\omega T}{z^2+2z\cos\omega T+1}$

② $\dfrac{z\sin\omega T}{z^2-2z\cos\omega T+1}$

③ $\dfrac{z\cos\omega T}{z^2-2z\sin\omega T+1}$

④ $\dfrac{z\cos\omega T}{z^2+2z\sin\omega T+1}$

| 해설

오일러 공식을 이용하여 삼각함수를 지수함수의 합 꼴로 고친다.

$\sin\omega t=\dfrac{e^{j\omega t}-e^{-j\omega t}}{j2}$ 이므로 이 식을 z변환하면

$\dfrac{1}{j2}(z[e^{j\omega t}]-z[e^{-j\omega t}])=\dfrac{1}{j2}\left(\dfrac{z}{z-e^{j\omega T}}-\dfrac{z}{z-e^{-j\omega T}}\right)$이 된다.

통분하면

$\dfrac{z}{j2}\dfrac{e^{j\omega T}-e^{-j\omega T}}{z^2-z(e^{j\omega T}+e^{-j\omega T})+1}=\dfrac{z(\sin\omega T)}{z^2-z(2\cos\omega T)+1}$ 이다.

## 64 □□□

다음과 같은 신호흐름선도에서 $\dfrac{C(s)}{R(s)}$의 값은?

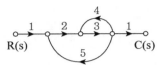

① $-\dfrac{1}{41}$

② $-\dfrac{3}{41}$

③ $-\dfrac{6}{41}$

④ $-\dfrac{8}{41}$

| 해설

하나뿐인 전향경로의 이득 $G_1=1\times 2\times 3\times 1=6$이고, $G_1$과 만나지 않는 루프는 없으므로 $\Delta_1=1-0$이다. 루프는 2개이 므로 $\sum l_1=3\times 4+2\times 3\times 5=42$이고 두 루프가 서로 접하 므로 $\sum l_2=\sum l_3=0$이다. 메이슨 공식에 대입하면 $\dfrac{6(1-0)}{1-42}$이다.

해커스 전기기사 필기 한권완성 기본이론 + 기출문제

## 65 □□□

Routh - Hurwitz **방법으로 특성방정식이**

$s^4 + 2s^3 + s^2 + 4s + 2 = 0$**인 시스템의 안정도를 판별하면?**

① 안정

② 불안정

③ 임계 안정

④ 조건부 안정

| 해설

루스표를 작성한다.

| 차수 | 제1열 | 제2열 | 제3열 |
|------|-------|-------|-------|
| $s^4$ | 1 | 1 | 2 |
| $s^3$ | 2 | 4 | 0 |
| $s^2$ | $\dfrac{(2\times1)-(1\times4)}{2}=-1$ | $\dfrac{(2\times2)-(1\times0)}{2}=2$ | 0 |
| $s^1$ | $\dfrac{(-1\times4)-(2\times2)}{-1}=8$ | $\dfrac{(-1\times0)-(2\times0)}{-1}=0$ | 0 |
| $s^0$ | $\dfrac{(8\times2)-(-1\times0)}{8}=2$ | 0 | 0 |

루스표의 제1열에 부호 변화가 있으므로 불안정으로 판별된다.

## 66 □□□

**제어시스템의 상태방정식이** $\dfrac{dx(t)}{dt} = Ax(t) + Bu(t)$,

A $= \begin{bmatrix} 0 & 1 \\ -3 & 4 \end{bmatrix}$, B $= \begin{bmatrix} 1 \\ 1 \end{bmatrix}$**일 때, 특성방정식을 구하면?**

① $s^2 - 4s - 3 = 0$

② $s^2 - 4s + 3 = 0$

③ $s^2 + 4s + 3 = 0$

④ $s^2 + 4s - 3 = 0$

| 해설

특성방정식은 $|sI - A| = 0$이므로 행렬 $sI - A$을 구하면

$\begin{bmatrix} s & 0 \\ 0 & s \end{bmatrix} - \begin{bmatrix} 0 & 1 \\ -3 & 4 \end{bmatrix} = \begin{bmatrix} s & -1 \\ 3 & s-4 \end{bmatrix}$

행렬식은 $s(s-4) + 3 = 0$

## 67 □□□

**어떤 제어시스템의 개루프 이득이**

$G(s)H(s) = \dfrac{K(s+2)}{s(s+1)(s+3)(s+4)}$**일 때 이 시스템이**

**가지는 근궤적의 가지(branch) 수는?**

① 1

② 3

③ 4

④ 5

| 해설

근궤적 수는 특성방정식 차수와 같다.

$1 + G(s)H(s) = 0$으로 놓고 특성방정식을 구하면 차수가 4 차이므로 근궤적의 가지 수는 4이다.

## 68 □□□

**다음 회로에서 입력 전압** v₁(t)**에 대한 출력 전압** v₂(t)**의 전달함수** G(s)**는?**

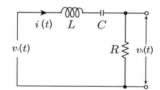

① $\dfrac{RCs}{LCs^2 + RCs + 1}$

② $\dfrac{RCs}{LCs^2 - RCs - 1}$

③ $\dfrac{Cs}{LCs^2 + RCs + 1}$

④ $\dfrac{Cs}{LCs^2 - RCs - 1}$

| 해설

출력측 임피던스와 입력측 임피던스의 비를 이용하면 전달함 수를 알아낼 수 있다. 출력측 임피던스 $Z_o = R$, 입력측 임피 던스 $Z_i = Ls + 1/Cs + R$

따라서 $G(s) = \dfrac{R}{Ls + 1/Cs + R} = \dfrac{RCs}{LCs^2 + 1 + RCs}$

## 69 □□□

특성방정식의 모든 근이 s평면(복소평면)의 jω축(허수축)에 있을 때 이 제어 시스템의 안정도는?

① 알 수 없다.
② 안정하다.
③ 불안정하다.
④ 임계 안정이다.

| 해설

특성근 s가 복소 평면의 좌반면에 위치하면 계는 안정, 복소 평면의 우반면에 위치하면 계는 불안정이고 j축은 안정과 불안정의 경계, 즉 임계 안정이다.

## 70 □□□

논리식 $((AB + A\overline{B}) + AB) + \overline{A}B)$를 간단히 하면?

① $A + B$
② $\overline{A} + B$
③ $A + \overline{B}$
④ $A + A \cdot B$

| 해설

부울 대수를 이용한다. 분배법칙에 의해
$(AB + A\overline{B}) = A(B + \overline{B}) = A \cdot 1 = A$이고,
흡수법칙에 의해 $A + AB = A$이므로
주어진 식 $= A + \overline{A}B$인데 흡수법칙을 또 적용하면
$A + B$이다.

## 71 □□□

선간 전압이 $V_{ab}$[V]인 3상 평형 전원에 대칭 부하 R[Ω]이 그림과 같이 접속되어 있을 때, a, b 두 상간에 접속된 전력계의 지시 값이 W[W]라면 C상 전류의 크기[A]는?

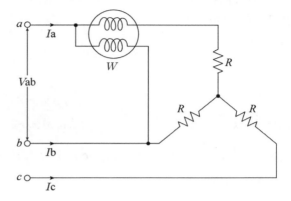

① $\dfrac{W}{3V_{ab}}$

② $\dfrac{2W}{3V_{ab}}$

③ $\dfrac{2W}{\sqrt{3}V_{ab}}$

④ $\dfrac{\sqrt{3}W}{V_{ab}}$

| 해설

2전력계법에서 유효전력 $P = W_1 + W_2$,
무효전력 $P_r = \sqrt{3}(W_2 - W_1)$인데 대칭 부하이므로
$W_1 = W_2 = W$을 대입, $P = 2W$, $P_r = 0$이다. 역률이 1이므로 유효전력 $= \sqrt{3}VI$, $2W = \sqrt{3}V_{ab}I$이다.

## 72 ☐☐☐

불평형 3상 전류가 $I_a = 15 + j2$[A], $I_b = -20 - j14$[A], $I_c = -3 + j10$[A]일 때, 역상분 전류 $I_2$[A]는?

① $1.91 + j6.24$

② $15.74 - j3.57$

③ $-2.67 - j0.67$

④ $-8 - j2$

## 73 ☐☐☐

회로에서 20Ω의 저항이 소비하는 전력은 몇 W인가?

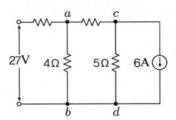

① 14

② 27

③ 40

④ 80

## 74 □□□

RC 직렬 회로에서 직류 전압 V[V]가 인가되었을 때, 전류 $i(t)$에 대한 전압 방정식(KVL)이

$V = R \cdot i(t) + \dfrac{1}{C} \displaystyle\int i(t)dt$ [V]이다. 전류 $i(t)$의 라플라스

변환인 $i(s)$는? (단, C에는 초기 전하가 없다)

① $I(s) = \dfrac{V}{R} \dfrac{1}{s - \dfrac{1}{RC}}$

② $I(s) = \dfrac{C}{R} \dfrac{1}{s + \dfrac{1}{RC}}$

③ $I(s) = \dfrac{V}{R} \dfrac{1}{s + \dfrac{1}{RC}}$

④ $I(s) = \dfrac{R}{C} \dfrac{1}{s - \dfrac{1}{RC}}$

| 해설

$V = R \cdot i(t) + \dfrac{1}{C} \displaystyle\int i(t)dt \ (V)$에 라플라스 변환을 취하면

$\dfrac{V}{s} = R \cdot I(s) + \dfrac{1}{C} \dfrac{1}{s} I(s)$

$\Rightarrow \left(R + \dfrac{1}{Cs}\right) \cdot I(s) = \dfrac{V}{s}$

$\Rightarrow I(s) = \dfrac{V}{Rs + 1/C} = \dfrac{V}{R} \cdot \dfrac{1}{s + 1/RC}$

## 75 □□□

선간 전압이 100V이고, 역률이 0.6인 평형 3상 부하에서 무효전력이 $Q = 10$kvar일 때, 선전류의 크기는 약 몇 A 인가?

① 57.7　　　　② 72.2

③ 96.2　　　　④ 125

| 해설

무효전력 $P_r = \sqrt{3}\, VI\sin\theta$인데, $\cos\theta = 0.6$으로부터 $\sin\theta$를 구하면 0.8이다. 따라서 선전류는 다음과 같다.

$I = \dfrac{P_r}{\sqrt{3}\, V\sin\theta} = \dfrac{10^4}{\sqrt{3} \times 100 \times 0.8} = 72.2$[A]

## 76 □□□

그림과 같은 T형 4단자 회로망에서 4단자 정수 A와 C는?

(단, $Z_1 = \dfrac{1}{Y_1}$, $Z_2 = \dfrac{1}{Y_2}$, $Z_3 = \dfrac{1}{Y_3}$)

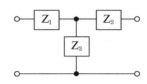

① $A = 1 + \dfrac{Y_3}{Y_1}$, $C = Y_2$

② $A = 1 + \dfrac{Y_3}{Y_1}$, $C = \dfrac{1}{Y_3}$

③ $A = 1 + \dfrac{Y_3}{Y_1}$, $C = Y_3$

④ $A = 1 + \dfrac{Y_1}{Y_3}$, $C = \left(1 + \dfrac{Y_1}{Y_3}\right)\dfrac{1}{Y_3} + \dfrac{1}{Y_2}$

| 해설

2차측을 개방시켜서 $I_2 = 0$으로 만들면 $Z_3$에 걸리는 전압

$= V_2 = \dfrac{Z_3}{Z_1 + Z_3} \times V_1$인데, $A = \dfrac{V_1}{V_2} \Big|_{I_2 = 0}$ 의 분모에 대입하면

$A = 1 + \dfrac{Z_1}{Z_3} = 1 + \dfrac{Y_3}{Y_1}$이다.

$Z_3$에 걸리는 전압$= V_2 = Z_3 I_1$을 $C = \dfrac{I_1}{V_2} \Big|_{I_2 = 0}$ 의 분모에 대

입하면 $C = \dfrac{1}{Z_3} = Y_3$이다.

해커스 전기기사 필기 한권완성 기본이론 + 기출문제

## 77 ⬜⬜⬜

어떤 회로의 유효전력이 300W, 무효전력이 400var이다. 이 회로의 복소전력의 크기[VA]는?

① 350
② 500
③ 600
④ 700

| 해설

복소전력 $P_a = P + jP_r$,

복소전력의 크기는 $\sqrt{300^2 + 400^2} = 500$

## 78 ⬜⬜⬜

$R = 4\Omega$, $\omega L = 3\Omega$의 직렬 회로의

$e = 100\sqrt{2}\sin\omega t + 50\sqrt{2}\sin 3\omega t$를 인가할 때 이 회로의 소비 전력은 약 몇 W인가?

① 1000
② 1414
③ 1560
④ 1703

| 해설

비정현파 전압은 기본파와 3고조파 성분을 가지므로

기본파 전력 + 3고조파 전력 = $\dfrac{V_1^2 R}{Z_1^2} + \dfrac{V_3^2 R}{Z_3^2}$인데

$Z_1 = \sqrt{4^2 + 3^2} = 5[\Omega]$이고,

$Z_3 = \sqrt{4^2 + 3\cdot 3^2} = \sqrt{97}[\Omega]$이므로

유효 전력 $= \dfrac{100^2 \times 4}{25} + \dfrac{50^2 \times 4}{97} = 1703[W]$

## 79 ⬜⬜⬜

단위 길이당 인덕턴스가 L[H/m]이고, 단위 길이당 정전용량이 C[F/m]인 무손실 선로에서의 진행파 속도[m/s]는?

① $\sqrt{LC}$
② $\dfrac{1}{\sqrt{LC}}$
③ $\sqrt{\dfrac{C}{L}}$
④ $\sqrt{\dfrac{L}{C}}$

| 해설

분포정수 선로에서 진행파 속도의 공식은 $v = \dfrac{\omega}{\beta}$인데, 무손실 선로에서 $\beta = \omega\sqrt{LC}$가 성립하므로 대입하면

$v = \dfrac{\omega}{\beta} = \dfrac{1}{\sqrt{LC}}$[m/s]이다.

## 80 ⬜⬜⬜

$t = 0$에서 스위치(S)를 닫았을 때 $t = 0^+$에서의 $i(t)$는 몇 A인가? (단, 커패시터에 초기 전하는 없다)

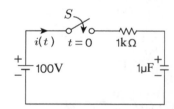

① 0.1
② 0.2
③ 0.4
④ 1.0

| 해설

R-C 직렬 회로에서 스위치 닫았을 때 성립하는 미분방정식

$Ri(t) + \dfrac{1}{C}\displaystyle\int i(t)dt = E$의 해를 구하면 $i(t) = \dfrac{E}{R}e^{-\frac{1}{RC}t}$이므로 $t = 0$초 때 전류는 $\dfrac{E}{R} = \dfrac{100}{1000} = 0.1$[A]이다.

정답    77 ②    78 ④    79 ②    80 ①

## 81 ☐☐☐

345kV 송전선을 사람이 쉽게 들어가지 않는 산지에 시설할 때 전선의 지표상 높이는 몇 m 이상으로 하여야 하는가?

① 7.28
② 7.56
③ 8.28
④ 8.56

| 해설

사용전압 160kV를 초과하는 경우 전선의 높이는 5m에 160kV를 초과하는 10kV 또는 그 단수마다 0.12m를 더한 값이다.
$(345 - 160)/10 = 18.5$로 19단이므로
$5 + (19 \times 0.12) = 7.28$

## 82 ☐☐☐

사용 전압이 400V 미만인 저압 가공 전선은 케이블인 경우를 제외하고는 지름이 몇 mm 이상이어야 하는가? (단, 절연 전선은 제외한다)

① 3.2
② 3.6
③ 4.0
④ 5.0

| 해설

| 사용전압 | 조건 | 전선의 굵기 및 인장 강도 |
|---|---|---|
| 400V 이하 | 절연전선 | 인장 강도 2.3kN 이상의 것 또는 지름 2.6mm 이상의 경동선 |
| | 케이블 이외 | 인장 강도 3.43kN 이상의 것 또는 지름 3.2mm 이상의 경동선 |
| 400V 초과인 저압 | 시가지에 시설 | 인장 강도 8.01kN 이상의 것 또는 지름 5mm 이상의 경동선 |
| | 시가지 외에 시설 | 인장 강도 5.26kN 이상의 것 또는 지름 4mm 이상의 경동선 |

## 83 ☐☐☐

발전기, 전동기, 조상기, 기타 회전기(회전 변류기 제외)의 절연 내력 시험 전압은 어느 곳에 가하는가?

① 권선과 대지 사이
② 외함과 권선 사이
③ 외함과 대지 사이
④ 회전자와 고정자 사이

| 해설

| 종류 | | | 시험 전압 (최대사용 전압의 배수) | 최저 시험 전압 | 시험 방법 |
|---|---|---|---|---|---|
| 회전기 | 발전기 · 전동기 · 조상기 · 기타 회전기 | 최대사용 전압 7kV 이하 | 1.5배 | 500V | 권선과 대지 사이에 연속하여 10분간 가한다. |
| | | 최대사용 전압 7kV 초과 | 1.25배 | 10.5kV | |
| | 회전 변류기 | | 직류측의 최대 사용 전압의 1배의 교류 전압 | 500V | |
| 정류기 | 최대 사용 전압 60kV 이하 | | 직류측의 최대사용 전압의 1배의 교류전압 | 500V | 충전 부분과 외함 간에 연속하여 10분간 가한다. |
| | 최대사용전압 60kV 초과 | | 1.1배 | | 교류측 및 직류 고전압측 단자와 대지 사이에 연속하여 10분간 가한다. |

정답   81 ①   82 ①   83 ①

## 84 □□□

전기 온상용 발열선은 그 온도가 몇 ℃를 넘지 않도록 시설하여야 하는가?

① 50　　　　　　② 60
③ 80　　　　　　④ 100

| 해설
전기 온상용 발열선은 온도가 80℃를 넘지 않도록 시설할 것

## 85 □□□

수용 장소의 인입구 부근에 대지 사이의 전기 저항 값이 3Ω 이하인 값을 유지하는 건물의 철골을 접지극으로 사용하여 제2종 접지공사를 한 저압 전로의 접지측 전선에 추가 접지 시 사용하는 접지선을 사람이 접촉할 우려가 있는 곳에 시설할 때는 어떤 공사 방법으로 시설하는가?

① 금속관 공사　　　　② 케이블 공사
③ 금속 몰드 공사　　　④ 합성 수지관 공사

| 해설
※ 참고
　해당 문제는 KEC 적용에 따른 기준 변경으로 인해 정답이 없습니다.

## 86 □□□

고압 옥내 배선의 공사 방법으로 틀린 것은?

① 케이블 공사
② 합성수 지관 공사
③ 케이블 트레이 공사
④ 애자 사용 공사(건조한 장소로서 전개된 장소에 한한다)

| 해설
고압 옥내배선은 애자공사, 케이블공사, 케이블트레이공사 중 하나에 의하여 시설할 것

## 87 □□□

특고압 가공 전선로 중 지지물로서 직선형의 철탑을 연속하여 10기 이상 사용하는 부분에는 몇 기 이하마다 내장 애자 장치가 되어 있는 철탑 또는 이와 동등 이상의 강도를 가지는 철탑 1기를 시설하여야 하는가?

① 3
② 5
③ 7
④ 10

| 해설
직선형의 철탑을 연속하여 10기 이상 사용하는 부분에는 10기 이하마다 장력에 견디는 애자 장치가 되어 있는 철탑 또는 이와 동등 이상의 강도를 가지는 철탑 1기를 시설하여야 한다.

## 88 □□□

사용 전압이 440V인 이동 기중기용 접촉 전선을 애자 사용 공사에 의하여 옥내의 전개된 장소에 시설하는 경우 사용하는 전선으로 옳은 것은?

① 인장 강도가 3.44kN 이상인 것 또는 지름 2.6mm의 경동선으로 단면적이 8mm² 이상인 것
② 인장 강도가 3.44kN 이상인 것 또는 지름 3.2mm의 경동선으로 단면적이 18mm² 이상인 것
③ 인장 강도가 11.2kN 이상인 것 또는 지름 6mm의 경동선으로 단면적이 28mm² 이상인 것
④ 인장 강도가 11.2kN 이상인 것 또는 지름 8mm의 경동선으로 단면적이 18mm² 이상인 것

| 해설
인장 강도가 11.2kN 이상인 것 또는 지름 6mm의 경동선으로 단면적이 28mm² 이상인 것

정답　84 ③　85 정답 없음　86 ②　87 ④　88 ③

## 89 ☐☐☐

옥내에 시설하는 사용 전압이 400V 이상 1000V 이하인 전개된 장소로서 건조한 장소가 아닌 기타의 장소의 관등 회로 배선 공사로서 적합한 것은?

① 애자 사용 공사
② 금속 몰드 공사
③ 금속 덕트 공사
④ 합성수지 몰드 공사

| 해설

**관등회로 배선 방식**

| 시설 장소의 구분 | | 배선 방법 |
|---|---|---|
| 전개된 장소 | 건조한 장소 | 애자 공사, 합성수지 몰드 공사, 금속 몰드 공사 |
| | 기타의 장소 | 애자 공사 |
| 점검할 수 있는 은폐된 장소 | | 건조한 장소 |

## 90 ☐☐☐

사용 전압이 154kV인 가공 전선로를 제1종 특고압 보안 공사로 시설할 때 사용되는 경동 연선의 단면적은 몇 mm² 이상이어야 하는가?

① 55
② 100
③ 150
④ 200

| 해설

제1종 특고압 보안 공사에서의 전선은 케이블 이외에는 표에서 정한 값 이상일 것

| 사용전압 | 전선 |
|---|---|
| 100kV 미만 | 단면적 55mm² 이상의 경동 연선 |
| 100kV 이상 300kV 미만 | 단면적 150mm² 이상의 경동 연선 |
| 300kV 이상 | 단면적 200mm² 이상의 경동 연선 |

## 91 ☐☐☐

조상설비에 내부 고장, 과전류 또는 과전압이 생긴 경우 자동적으로 차단되는 장치를 해야 하는 전력용 커패시터의 최소 뱅크 용량은 몇 kVA인가?

① 10000
② 12000
③ 13000
④ 15000

| 해설

| 설비종별 | 뱅크 용량의 구분 | 자동적으로 전로로부터 차단하는 장치 |
|---|---|---|
| 전력용 커패시터 및 분로리액터 | 500kVA 초과 15,000kVA 미만 | • 내부에 고장이 생긴 경우<br>• 과전류가 생긴 경우 |
| | 15,000kVA 이상 | • 내부에 고장이 생긴 경우<br>• 과전류가 생긴 경우<br>• 과전압이 생긴 경우 |
| 조상기 | 15,000kVA 이상 | 내부에 고장이 생긴 경우 |

## 92 ☐☐☐

제1종 또는 제2종 접지 공사에 사용하는 접지선을 사람이 접촉할 우려가 있는 곳에 시설하는 경우, 「전기용품 및 생활용품 안전 관리법」을 적용받는 합성수지관(두께 2mm 미만의 합성 수지제 전선관 및 난연성이 없는 콤바인 덕트관을 제외한다)으로 덮어야 하는 범위로 옳은 것은?

① 접지선의 지하 30cm로부터 지표상 1m까지의 부분
② 접지선의 지하 50cm로부터 지표상 1.2m까지의 부분
③ 접지선의 지하 60cm로부터 지표상 1.8m까지의 부분
④ 접지선의 지하 75cm로부터 지표상 2m까지의 부분

| 해설

접지 도체는 지하 0.75m 부터 지표 상 2m 까지 부분은 합성 수지관(두께 2mm 미만의 합성 수지제 전선관 및 가연성 콤바인 덕트관은 제외한다) 또는 이와 동등 이상의 절연 효과와 강도를 가지는 몰드로 덮어야 한다.

해커스 전기기사 필기 한권완성 기본이론 + 기출문제

**정답** 89 ① 90 ③ 91 ④ 92 ④

## 93 ☐☐☐

가공 직류 절연 귀선은 특별한 경우를 제외하고 어느 전선에 준하여 시설하여야 하는가?

① 저압 가공 전선
② 고압 가공 전선
③ 특고압 가공 전선
④ 가공 약전류 전선

| 해설

※ 참고
 해당 문제는 KEC 적용에 따른 기준 변경으로 인해 정답이 없습니다.

## 94 ☐☐☐

전력 보안 가공 통신선의 시설 높이에 대한 기준으로 옳은 것은?

① 철도의 궤도를 횡단하는 경우에는 레일면상 5m 이상
② 횡단 보도교 위에 시설하는 경우에는 그 노면상 3m 이상
③ 도로(차도와 도로의 구별이 있는 도로는 차도) 위에 시설하는 경우에는 지표상 2m 이상
④ 교통에 지장을 줄 우려가 없도록 도로(차도와 도로의 구별이 있는 도로는 차도) 위에 시설하는 경우에는 지표상 2m까지로 감할 수 있다.

| 해설
**전력 보안 통신선의 시설 높이와 이격 거리**

| 구분 | | 가공 통신선 | 첨가 통신선 | |
|---|---|---|---|---|
| | | | 고·저압 | 특고압 |
| 철도 횡단 | | 6.5m 이상 | 6.5m 이상 | |
| 도로나 차도 위 또는 횡단 | 일반적인 경우 | 5m 이상 | 6m 이상 | 6m 이상 |
| 교통에 지장을 주지 않는 경우 | 4.5m 이상 | | | |
| 횡단 보도교의 위 | | 3m 이상 | 3.5m 이상 절연 효력: 3m 이상 | 5m 이상 광섬유 케이블: 4m 이상 |
| 그 외 | | 3.5m 이상 | 4m 이상 | 5m 이상 |

## 95 ☐☐☐

특고압 지중 전선이 지중 약전류 전선 등과 접근하거나 교차하는 경우에 상호 간의 이격 거리가 몇 cm 이하인 때에는 두 전선이 직접 접촉하지 아니하도록 하여야 하는가?

① 15
② 20
③ 30
④ 60

| 해설

| 조건 | 전압 | 이격 거리 |
|---|---|---|
| 지중 약전류 전선과 접근 또는 교차 | 저압, 고압 | 0.3m |
| | 특고압 | 0.6m |
| 가연성, 유독성의 유체를 내포하는 관과 접근 또는 교차 | 특고압 | 1m |
| | 25kV 이하, 다중접지방식 | 0.5m |
| 기타의 관과 접근 또는 교차 | 특고압 | 0.3m |

## 96 ☐☐☐

변전소에서 오접속을 방지하기 위하여 특고압 전로의 보기 쉬운 곳에 반드시 표시해야 하는 것은?

① 상별 표시
② 위험 표시
③ 최대 전류
④ 정격 전압

| 해설
특고압 전로에는 보기 쉬운 곳에 상별(相別) 표시를 하여야 한다.

## 97 ☐☐☐

가공 전선로의 지지물에 시설하는 지선의 시설기준으로 틀린 것은?

① 지선의 안전율을 2.5 이상으로 할 것
② 소선은 최소 5가닥 이상의 강심 알루미늄 연선을 사용할 것
③ 도로를 횡단하여 시설하는 지선의 높이는 지표상 5m 이상으로 할 것
④ 지중부분 및 지표상 30cm까지의 부분에는 내식성이 있는 것을 사용할 것

| 해설
소선은 3가닥 이상의 금속선을 사용할 것

## 98 ☐☐☐

고압용 기계 기구를 시가지에 시설할 때 지표상 몇 m 이상의 높이에 시설하고, 또한 사람이 쉽게 접촉할 우려가 없도록 하여야 하는가?

① 4.0
② 4.5
③ 5.0
④ 5.5

| 해설
기계 기구를 지표상 4.5m(시가지 외에는 4m) 이상의 높이에 시설할 것

## 99 ☐☐☐

가반형의 용접 전극을 사용하는 아크 용접 장치의 용접 변압기의 1차측 전로의 대지 전압은 몇 V 이하이어야 하는가?

① 60
② 150
③ 300
④ 400

| 해설
용접 변압기의 1차측 전로의 대지 전압은 300V 이하일 것

## 100 ☐☐☐

저압 가공 전선으로 사용할 수 없는 것은?

① 케이블
② 절연 전선
③ 다심형 전선
④ 나동복 강선

| 해설
저압 가공 전선은 나전선, 절연 전선, 다심형 전선 또는 케이블을 사용하여야 한다.

### 제1과목 전기자기학

## 01 ☐☐☐

환상 솔레노이드 철심 내부에서 자계의 세기[AT/m]는?
(단, $N$은 코일 권선수, $r$은 환상 철심의 평균 반지름, $I$는
코일에 흐르는 전류이다)

① $NI$

② $\dfrac{NI}{2\pi r}$

③ $\dfrac{NI}{2r}$

④ $\dfrac{NI}{4\pi r}$

| 해설
환상 솔레노이드 철심 내부에서 자계의 세기:
$$H = \dfrac{NI}{2\pi r}[\text{AT/m}]$$

## 02 ☐☐☐

전류 $I$가 흐르는 무한 직선 도체가 있다. 이 도체로부터
수직으로 0.1m 떨어진 점에서 자계의 세기가 180AT/m이
다. 도체로부터 수직으로 0.3m 떨어진 점에서 자계의 세
기[AT/m]는?

① 20

② 60

③ 180

④ 540

| 해설
무한 직선에서 자계의 세기: $H = \dfrac{I}{2\pi r}$

$H \propto \dfrac{1}{r}$에서 도체로부터 떨어진 거리가 3배가 되면 자계의 세

기는 $\dfrac{1}{3}$배가 되므로 자계의 세기는 $\dfrac{180}{3} = 60[\text{AT/m}]$이다.

## 03 ☐☐☐

길이가 $l[\text{m}]$, 단면적의 반지름이 $a[\text{m}]$인 원통이 길이 방
향으로 균일하게 자화되어 자화의 세기가 $J[\text{Wb/m}^2]$인
경우, 원통 양단에서의 자극의 세기 $m[\text{Wb}]$은?

① $alJ$

② $2\pi alJ$

③ $\pi a^2 J$

④ $\dfrac{J}{\pi a^2}$

| 해설
• 자화의 세기; $J = \dfrac{M}{V} = \dfrac{ml}{Sl} = \dfrac{m}{S}[\text{Wb/m}^2]$

• 자극의 세기: $m = JS = \pi a^2 J$

정답    01②  02②  03③

## 04 □□□

임의의 형상의 도선에 전류 $I$[A]가 흐를 때, 거리 $r$[m]만큼 떨어진 점에서의 자계의 세기 $H$[AT/m]를 구하는 비오 – 사바르의 법칙에서, 자계의 세기 $H$[AT/m]와 거리 $r$[m]의 관계로 옳은 것은?

① $r$에 반비례
② $r$에 비례
③ $r^2$에 반비례
④ $r^2$에 비례

| 해설

비오 – 사바르의 법칙: $H = \dfrac{Il}{2\pi r^2}\sin\theta$[AT/m]

자계의 세기 $H$는 거리의 제곱 $r^2$에 반비례한다.

## 05 □□□

진공 중에서 전자파의 전파속도[m/s]는?

① $C_0 = \dfrac{1}{\sqrt{\epsilon_0\mu_0}}$
② $C_0 = \sqrt{\epsilon_0\mu_0}$
③ $C_0 = \dfrac{1}{\sqrt{\epsilon_0}}$
④ $C_0 = \dfrac{1}{\sqrt{\mu_0}}$

| 해설

• 전파속도: $v = \dfrac{1}{\sqrt{\mu\epsilon}} = \dfrac{1}{\sqrt{\mu_0\epsilon_0}}\dfrac{1}{\sqrt{\mu_s\epsilon_s}} = \dfrac{3\times10^8}{\sqrt{\mu_s\epsilon_s}}$

• 진공에서 전파속도: $v_0 = \dfrac{1}{\sqrt{\mu_0\epsilon_0}} = 3\times10^8$[m/s]

## 06 □□□

영구자석 재료로 사용하기에 적합한 특성은?

① 잔류자기와 보자력이 모두 큰 것이 적합하다.
② 잔류자기는 크고 보자력은 작은 것이 적합하다.
③ 잔류자기는 작고 보자력은 큰 것이 적합하다.
④ 잔류자기와 보자력이 모두 작은 것이 적합하다.

| 해설

영구자석의 재료는 잔류 자기 및 보자력이 모두 커서 히스테리시스 면적이 크게 생기는 물질인 강자성체이다.

## 07 □□□

변위 전류와 관계가 가장 깊은 것은?

① 도체
② 반도체
③ 자성체
④ 유전체

| 해설

변위 전류는 절연체인 유전체 내에서 에너지 흐름을 나타내는 전류 밀도이다.

## 08 □□□

자속밀도가 $10$[Wb/m$^2$]인 자계 내에 길이 4cm의 도체를 자계와 직각으로 놓고 이 도체를 0.4초 동안 1m씩 균일하게 이동하였을 때 발생하는 기전력은 몇 V인가?

① 1
② 2
③ 3
④ 4

| 해설

운동 기전력:

$$e = vBl\sin\theta = \dfrac{s}{t}Bl\sin\theta = \left(\dfrac{1}{0.4}\right)\times10\times0.04\times\sin90° = 1[\text{V}]$$

## 09 ⬜⬜⬜

내부 원통의 반지름이 $a$, 외부 원통의 반지름이 $b$인 동축 원통 콘덴서의 내외 원통 사이에 공기를 넣었을 때 정전 용량이 $C_1$이었다. 내외 반지름을 모두 3배로 증가시키고 공기 대신 비유전율이 3인 유전체를 넣었을 경우의 정전 용량 $C_2$는?

① $C_2 = \dfrac{C_1}{9}$

② $C_2 = \dfrac{C_1}{3}$

③ $C_2 = 3C_1$

④ $C_2 = 9C_1$

| 해설

동축 원통의 정전 용량: $C = \dfrac{2\pi\epsilon}{\ln\dfrac{b}{a}}[\text{F}]$

$C_1 = \dfrac{2\pi\epsilon_0}{\ln\dfrac{b}{a}}$

$C_2 = \dfrac{2\pi(3\epsilon_0)}{\ln\dfrac{3b}{3a}} = 3 \times \dfrac{2\pi\epsilon_0}{\ln\dfrac{b}{a}} = 3C_1$

## 10 ⬜⬜⬜

다음 정전계에 관한 식 중에서 틀린 것은? (단, $D$는 전속밀도, $V$는 전위, $\rho$는 공간(체적)전하밀도, $\epsilon$은 유전율이다)

① 가우스의 정리: $\operatorname{div} D = \rho$

② 포아송의 방정식: $\nabla^2 V = \dfrac{\rho}{\epsilon}$

③ 라플라스의 방정식: $\nabla^2 V = 0$

④ 발산의 정리: $\oint_s A \cdot ds = \int_v \operatorname{div} A \, dv$

| 해설

포아송 방정식: $\nabla^2 V = -\dfrac{\rho_v}{\epsilon}$ (선형 유전체의 전위)

## 11 ⬜⬜⬜

질량 m이 $10^{-10}\text{kg}$이고, 전하량($Q$)이 $10^{-8}\text{C}$인 전하가 전기장에 의해 가속되어 운동하고 있다. 가속도가 $a = 10^2 i + 10^2 j [\text{m/s}^2]$일 때 전기장의 세기 $E[\text{V/m}]$는?

① $E = 10^4 i + 10^5 j$

② $E = i + 10j$

③ $E = i + j$

④ $E = 10^{-6} i + 10^{-4} j$

| 해설

$F = qE = ma$에서 전계의 세기는

$E = \dfrac{m}{q} a = \dfrac{10^{-10}}{10^{-8}} \times (10^2 i + 10^2 j) = i + j [\text{V/m}]$

## 12 ⬜⬜⬜

유전율이 $\epsilon_1$, $\epsilon_2$인 유전체 경계면에 수직으로 전계가 작용할 때 단위 면적당 수직으로 작용하는 힘 $[\text{N/m}^2]$은? (단, $E$는 전계 $[\text{V/m}]$이고, $D$는 전속밀도$[\text{C/m}^2]$이다)

① $2\left(\dfrac{1}{\epsilon_2} - \dfrac{1}{\epsilon_1}\right)E^2$

② $2\left(\dfrac{1}{\epsilon_2} - \dfrac{1}{\epsilon_1}\right)D^2$

③ $\dfrac{1}{2}\left(\dfrac{1}{\epsilon_2} - \dfrac{1}{\epsilon_1}\right)E^2$

④ $\dfrac{1}{2}\left(\dfrac{1}{\epsilon_2} - \dfrac{1}{\epsilon_1}\right)D^2$

| 해설

- 경계면에 수평으로 입사: $D = 0$, $E =$같다, 경계면에 생기는 각각의 힘 $f_1$, $f_2$가 압축력으로 작용하고, 맥스웰 응력은 $f = f_1 - f_2 = \dfrac{1}{2}(\epsilon_1 - \epsilon_2)E^2[\text{N/m}^2]\ (\epsilon_1 > \epsilon_2)$이다.

- 경계면에 수직으로 입사: $E = 0$, $D =$같다, 경계면에 생기는 각각의 힘 $f_1$, $f_2$가 인장력으로 작용하고, 맥스웰 응력은 $f = f_2 - f_1 = \dfrac{1}{2}\left(\dfrac{1}{\epsilon_2} - \dfrac{1}{\epsilon_1}\right)D^2[\text{N/m}^2]\ (\epsilon_1 > \epsilon_2)$이다.

## 13 □□□

진공 중에서 2m 떨어진 두 개의 무한 평행 도선에 단위 길이당 $10^{-7}$N의 반발력이 작용할 때 각 도선에 흐르는 전류의 크기와 방향은? (단, 각 도선에 흐르는 전류의 크기는 같다)

① 각 도선에 2A가 반대 방향으로 흐른다.
② 각 도선에 2A가 같은 방향으로 흐른다.
③ 각 도선에 1A가 반대 방향으로 흐른다.
④ 각 도선에 1A가 같은 방향으로 흐른다.

| 해설

평행도선의 단위 길이 당 작용하는 힘: $F = \dfrac{\mu_0 I_1 I_2}{2\pi r}$

• 흡인력: 같은 방향(평행 도선)
• 반발력: 반대 방향(왕복 도선)

같은 크기의 전류이므로 $I_1 = I_2 = I$이다. $F = 10^{-7}$이므로 $10^{-7} = \dfrac{2I^2}{2} \times 10^{-7}$에서 $I^2 = 1$이다. 즉 전류는 각각 1A가 흐른다.

## 14 □□□

자기 인덕턴스(self Inductance) $L$[H]을 나타낸 식은? (단, $N$은 권선수, $I$는 전류[A], $\phi$는 자속[Wb], $B$는 자속밀도 [Wb/m²], $H$는 자계의 세기[AT/m], $A$는 벡터 퍼텐셜 [Wb/m], $J$는 전류밀도[A/m²]이다)

① $L = \dfrac{N\phi}{I^2}$

② $L = \dfrac{1}{2I^2} \displaystyle\int B \cdot H dv$

③ $L = \dfrac{1}{I^2} \displaystyle\int A \cdot J dv$

④ $L = \dfrac{1}{I} \displaystyle\int B \cdot H dv$

| 해설

㉠ 자기유도계수: $L = \dfrac{N\phi}{I}$

㉡ 자기 에너지: $W = \dfrac{1}{2} L I^2$

㉢ 체적당 에너지: $w = \dfrac{1}{2}\mu H^2 = \dfrac{B^2}{2\mu} = \dfrac{1}{2} HB$[J/m³]

• $W = \displaystyle\int w dv = \int \dfrac{1}{2} HB dv$에서

$\dfrac{1}{2} L I^2 = \dfrac{1}{2} \displaystyle\int HB dv$이므로 $L = \dfrac{\displaystyle\int_v B \cdot H dv}{I^2}$이다.

• $\phi = \displaystyle\int B ds = \int \nabla \times A ds = \int A dl$에서 $L = \dfrac{N\phi}{I}$이므로

$N = 1$일 때

$L = \dfrac{\displaystyle\int A dl}{I} = \dfrac{\displaystyle\int A I dl}{I^2} \dfrac{\displaystyle\int_v A \cdot J dv}{I^2}$이다.

## 15 ▢▢▢

반지름이 $a$[m], $b$[m]인 두 개의 구 형상 도체 전극이 도전율 $k$인 매질 속에 거리[m]만큼 떨어져 있다. 양 전극 간의 저항[Ω]은? (단, $r \gg a$, $r \gg b$이다)

① $4\pi k\left(\dfrac{1}{a}+\dfrac{1}{b}\right)$

② $4\pi k\left(\dfrac{1}{a}-\dfrac{1}{b}\right)$

③ $\dfrac{1}{4\pi k}\left(\dfrac{1}{a}+\dfrac{1}{b}\right)$

④ $\dfrac{1}{4\pi k}\left(\dfrac{1}{a}-\dfrac{1}{b}\right)$

| 해설

동심 구 도체의 정전 용량: $C=4\pi\epsilon a$[F]

$RC=\rho\epsilon$에서 $R=\dfrac{\rho\epsilon}{C}=\dfrac{\rho\epsilon}{4\pi\epsilon a}=\dfrac{1}{4\pi ka}$[Ω]

$R_1=\dfrac{1}{4\pi ka}$[Ω], $R_2=\dfrac{1}{4\pi kb}$[Ω]에서

$R=R_1+R_2=\dfrac{1}{4\pi k}\left(\dfrac{1}{a}+\dfrac{1}{b}\right)$[Ω]


## 16 ▢▢▢

정전계 내 도체 표면에서 전계의 세기가

$E=\dfrac{a_x-2a_y+2a_x}{\epsilon_0}$[V/m]일 때 도체 표면상의 전하 밀도

$\rho_s$[C/m$^2$]를 구하면? (단, 자유공간이다)

① 1

② 2

③ 3

④ 5

| 해설

도체 표면에서 전계의 세기: $E=\dfrac{\rho_s}{\epsilon_0}$

표면전하밀도: $\rho_s=E\epsilon_0=\epsilon_0\times\dfrac{\sqrt{1^2+(-2)^2+2^2}}{\epsilon_0}=3$[C/m$^2$]


## 17 ▢▢▢

저항의 크기가 1Ω인 전선이 있다. 전선의 체적을 동일하게 유지하면서 길이를 2배로 늘였을 때 전선의 저항[Ω]은?

① 0.5

② 1

③ 2

④ 4

| 해설

저항: $R=\rho\dfrac{l}{S}=\dfrac{l}{\sigma S}$

길이를 2배로 할 때 체적이 유지되어야 하므로 면적은 $\dfrac{1}{2}$배

가 된다. 따라서 저항 $R'=\dfrac{2l}{\sigma\dfrac{S}{2}}=4\times\dfrac{l}{\sigma S}=4$[Ω]이다.


## 18 ▢▢▢

반지름이 3cm인 원형 단면을 가지고 있는 환상 연철심에 코일을 감고 여기에 전류를 흘려서 철심 중의 자계 세기가 400[AT/m]가 되도록 여자할 때, 철심 중의 자속 밀도는 약 몇 Wb/m²인가? (단, 철심의 비투자율은 400이라고 한다)

① 0.2

② 0.8

③ 1.6

④ 2.0

| 해설

자속 밀도: $B=\mu H=\mu_0\mu_s H$

$B=400\times(4\pi\times10^{-7})\times400=0.2$[Wb/m$^2$]


정답   15 ③   16 ③   17 ④   18 ①

## 19 □□□

**자기회로와 전기회로에 대한 설명으로 틀린 것은?**

① 자기저항의 역수를 컨덕턴스라고 한다.
② 자기회로의 투자율은 전기회로의 도전율에 대응된다.
③ 전기회로의 전류는 자기회로의 자속에 대응된다.
④ 자기저항의 단위는 AT/Wb이다.

| 해설

**전기회로와 자기회로의 비교**

| 전기회로 | 자기회로 |
|---|---|
| 전류 $I = \dfrac{V}{R}$[A] | 자속 $\phi = \dfrac{F}{R_m}$[Wb] |
| 기전력 $V = IR$[V] | 기자력 $F_m = \phi R_m = NI$[AT] |
| 도전율 $k$[℧/m] | 투자율 $\mu$[H/m] |
| 전기 저항 $R = \dfrac{l}{kS}$[Ω] | 자기 저항 $R_m = \dfrac{F}{\phi} = \dfrac{l}{\mu S}$[AT/Wb] |
| 컨덕턴스 $G = \dfrac{1}{R}$ | 퍼미언스 $\dfrac{1}{R_m}$ |

## 20 □□□

**서로 같은 2개의 구 도체에 동일양의 전하로 대전시킨 후 20cm 떨어뜨린 결과 구 도체에 서로 $8.6 \times 10^{-4}$N의 반발력이 작용하였다. 구 도체에 주어진 전하는 약 몇 C인가?**

① $5.2 \times 10^{-8}$
② $6.2 \times 10^{-8}$
③ $7.2 \times 10^{-8}$
④ $8.2 \times 10^{-8}$

| 해설

두 전하 사이에 작용하는 힘: $F = (9 \times 10^9) \times \dfrac{Q_1 Q_2}{r^2}$

$8.6 \times 10^{-4} = (9 \times 10^9) \times \dfrac{Q^2}{0.2^2}$ 에서

$Q = 6.2 \times 10^{-8}$[C]이다.

---

## 제2과목 전력공학

## 21 □□□

**전력 원선도에서 구할 수 없는 것은?**

① 송 · 수전할 수 있는 최대 전력
② 필요한 전력을 보내기 위한 송 · 수전단 전압간의 상차각
③ 선로 손실과 송전 효율
④ 과도 극한 전력

| 해설

원선도로부터 알 수 있는 사항은 송전 가능 최대전력, 선로 손실과 송전 효율, 수전단의 역률, 송 · 수전단 전압 간의 상차각이다.

## 22 □□□

**송전 전력, 송전 거리, 전선로의 전력 손실이 일정하고, 같은 재료의 전선을 사용한 경우 단상 2선식에 대한 3상 4선식의 1선당 전력비는 약 얼마인가? (단, 중성선은 외선과 같은 굵기이다)**

① 0.7
② 0.87
③ 0.94
④ 1.15

| 해설

| 배전 선로 방식 | 단상 2선 | 단상 3선 | 3상 3선 | 3상 4선 |
|---|---|---|---|---|
| 가닥 수 | 2 | 3 | 3 | 4 |
| 공급 전력 | $VI\cos\theta$ | $VI\cos\theta$ | $\sqrt{3}\,VI\cos\theta$ | $\sqrt{3}\,VI\cos\theta$ |
| 1선당 유효전력 | $\dfrac{VI\cos\theta}{2}$ | $\dfrac{VI\cos\theta}{3}$ | $\dfrac{\sqrt{3}\,VI\cos\theta}{3}$ | $\dfrac{\sqrt{3}\,VI\cos\theta}{4}$ |

1선당 유형전력의 비 = 3상 4선식/단상 2선식

$= \dfrac{\sqrt{3}\,VI\cos\theta}{4} \div \dfrac{VI\cos\theta}{2} = \dfrac{\sqrt{3}}{2} = 0.87$

---

**정답** 19 ① 20 ② 21 ④ 22 ②

## 23 ▢▢▢

송배전 선로의 고장 전류 계산에서 영상 임피던스가 필요한 경우는?

① 3상 단락 계산
② 선간 단락 계산
③ 1선 지락 계산
④ 3선 단선 계산

| 해설
1선 지락 시 지락 전류의 크기는

$I_g = 3I_0 = \dfrac{3E_a}{Z_0 + Z_1 + Z_2}$ 이므로 영상, 정상, 역상 임피던스가 모두 필요하다.

## 24 ▢▢▢

3상용 차단기의 정격차단용량은?

① $\sqrt{3}$ ×정격 전압×정격차단전류
② $\sqrt{3}$ ×정격 전압×정격전류
③ 3×정격 전압×정격차단전류
④ 3×정격 전압×정격전류

| 해설
3상용 차단기의 차단 용량= $\sqrt{3}\, V_n I_s$

## 25 ▢▢▢

다음 중 송전 선로의 역섬락을 방지하기 위한 대책으로 가장 알맞은 방법은?

① 가공지선 설치
② 피뢰기 설치
③ 매설지선 설치
④ 소호각 설치

| 해설
아연도금의 절연전선을 송전탑 주변 땅 밑에 방사상으로 설치한 것이 매설지선이며, 철탑 전위를 낮춤으로써 역섬락이 방지된다.

## 26 ▢▢▢

반지름 0.6cm인 경동선을 사용하는 3상 1회선 송전선에서 선간 거리를 2m로 정삼각형 배치할 경우, 각 선의 인덕턴스[mH/km]는 약 얼마인가?

① 0.81  ② 1.21
③ 1.51  ④ 1.81

| 해설
등가선간 거리는 $D = \sqrt[3]{D_1,\ D_2,\ D_3} = \sqrt[3]{2^3} = 2$ 이고,
인덕턴스는
$$L[\text{mH/km}] = 0.05 + 0.4605\log_{10} D/r$$
$$= 0.05 + 0.4605\log_{10} 2/0.006 = 1.21 \text{이다.}$$

## 27 ▢▢▢

다음 중 그 값이 항상 1 이상인 것은?

① 부등률
② 부하율
③ 수용률
④ 전압 강하율

| 해설
부등률[%] $= \dfrac{\text{최대전력의 합계}}{\text{합성 최대전력}} \times 100$ 인데, 개개의 최대 수요전력을 합한 값이 합성 최대 전력보다 항상 크다.

## 28 ▢▢▢

개폐 서지의 이상 전압을 감쇄할 목적으로 설치하는 것은?

① 단로기
② 차단기
③ 리액터
④ 개폐 저항기

| 해설
개폐저항기는 초고압용 차단기에 병렬로 설치하여 계통의 이상 전압을 효과적으로 차단한다.

## 29 ☐☐☐

전원이 양단에 있는 환상 선로의 단락 보호에 사용되는 계전기는?

① 방향 거리 계전기
② 부족 전압 계전기
③ 선택 접지 계전기
④ 부족 전류 계전기

## 30 ☐☐☐

파동 임피던스 $Z_1 = 500[\Omega]$인 선로에 파동 임피던스 $Z_2 = 1500[\Omega]$인 변압기가 접속되어 있다. 선로로부터 600kV의 전압파가 들어왔을 때, 접속점에서의 투과파 전압[kV]은?

① 300
② 600
③ 900
④ 1200

## 31 ☐☐☐

전력용 콘덴서를 변전소에 설치할 때 직렬 리액터를 설치하고자 한다. 직렬 리액터의 용량을 결정하는 계산식은? (단, $f_0$는 전원의 기본 주파수, $C$는 역률 개선용 콘덴서의 용량, $L$은 직렬 리액터의 용량이다)

① $L = \dfrac{1}{(2\pi f_0)^2 C}$

② $L = \dfrac{1}{(5\pi f_0)^2 C}$

③ $L = \dfrac{1}{(6\pi f_0)^2 C}$

④ $L = \dfrac{1}{(10\pi f_0)^2 C}$

## 32 ☐☐☐

66/22[kV], 2000kVA 단상 변압기 3대를 1뱅크로 운전하는 변전소로부터 전력을 공급받는 어떤 수전점에서의 3상 단락 전류는 약 몇 A인가? (단, 변압기의 %리액턴스는 7이고 선로의 임피던스는 0이다)

① 750
② 1570
③ 1900
④ 2250

## 33 ☐☐☐

부하의 역률을 개선할 경우 배전 선로에 대한 설명으로 틀린 것은? (단, 다른 조건은 동일하다)

① 설비 용량의 여유 증가
② 전압 강하의 감소
③ 선로 전류의 증가
④ 전력 손실의 감소

> | 해설
> 역률을 개선하면 선로 전류가 감소함에 따라 전력 손실이 경감되고 설비 용량의 여유가 증가하고 전압 강하도 경감된다.

## 34 ☐☐☐

한류 리액터를 사용하는 가장 큰 목적은?

① 충전 전류의 제한
② 접지 전류의 제한
③ 누설 전류의 제한
④ 단락 전류의 제한

> | 해설
> 차단기 1차측에 한류 리액터를 직렬로 설치하여 선로 임피던스를 높이면 단락 전류가 줄어든다.

## 35 ☐☐☐

수력 발전소의 형식을 취수 방법, 운용 방법에 따라 분류할 수 있다. 다음 중 취수 방법에 따른 분류가 아닌 것은?

① 댐식
② 수로식
③ 조정지식
④ 유역 변경식

> | 해설
> 취수하여 낙차를 얻는 방법에 따라 수로식, 댐식, 댐수로식, 유역 변경식으로 나뉜다. 조정지식은 운용 방식에 따른 분류 중의 하나이다.

## 36 ☐☐☐

배전 선로에 3상 3선식 비접지 방식을 채용할 경우 나타나는 현상은?

① 1선 지락 고장 시 고장 전류가 크다.
② 1선 지락 고장 시 인접 통신선의 유도 장해가 크다.
③ 고저압 혼촉 고장 시 전압선의 전위 상승이 크다.
④ 1선 지락 고장 시 건전상의 대지 전위 상승이 크다.

> | 해설
> 비접지 방식의 경우, 1선 지락시 대지 전압이 $\sqrt{3}$ 배까지 상승한다.

## 37 ☐☐☐

전력 계통을 연계시켜서 얻는 이득이 아닌 것은?

① 배후 전력이 커져서 단락 용량이 작아진다.
② 부하 증가 시 종합 첨두 부하가 저감된다.
③ 공급 예비력이 절감된다.
④ 공급 신뢰도가 향상된다.

> | 해설
> 전력 계통을 연계하게 되면 전력의 융통으로 설비 용량이 절감되고, 공급 신뢰도가 증가한다. 반면에 선로 임피던스의 감소로 단락 전류가 증대되고 전자 유도 장해가 커진다.

## 38 ☐☐☐

원자력 발전소에서 비등수형 원자로에 대한 설명으로 틀린 것은?

① 연료로 농축 우라늄을 사용한다.
② 냉각재로 경수를 사용한다.
③ 물을 원자로 내에서 직접 비등시킨다.
④ 가압수형 원자로에 비해 노심의 출력 밀도가 높다.

> | 해설
> 냉각재인 물을 직접 비등시키는 비등수형 원자로는 저농축 우라늄을 연료로 사용하고 열교환기와 증기 발생기가 불필요하며, 노심의 출력 밀도가 낮은 편이다.

정답   33 ③   34 ④   35 ③   36 ④   37 ①   38 ④

## 39 □□□

선간 전압이 V[kV]이고 3상 정격 용량이 P[kVA]인 전력 계통에서 리액턴스가 X[Ω]라고 할 때, 이 리액턴스를 % 리액턴스로 나타내면?

① $\dfrac{XP}{10V}$

② $\dfrac{XP}{10V^2}$

③ $\dfrac{XP}{V^2}$

④ $\dfrac{10V^2}{XP}$

| 해설

3상 정격 용량 $P_n$의 단위를 kVA로 기준 선간전압 $V$의 단위를 kV로 대입할 때는 $\%X = \dfrac{XP_n}{10V^2}$[%] 공식을 이용해야 한다.

## 40 □□□

증기 사이클에 대한 설명 중 틀린 것은?

① 랭킨 사이클의 열효율은 초기 온도 및 초기 압력이 높을수록 효율이 크다.

② 재열 사이클은 저압 터빈에서 증기가 포화 상태에 가까워졌을 때 증기를 다시 가열하여 고압 터빈으로 보낸다.

③ 재생 사이클은 증기 원동기 내에서 증기의 팽창 도중에서 증기를 추출하여 급수를 예열한다.

④ 재열 재생 사이클은 재생 사이클과 재열 사이클을 조합하여 병용하는 방식이다.

| 해설

재열 사이클의 경우, 고압 터빈의 증기를 보일러 재열기로 보내서 재가열한 다음 저압 터빈으로 보낸다.

## 41 □□□

동기 발전기 단절권의 특징이 아닌 것은?

① 코일 간격이 극 간격보다 작다.

② 전절권에 비해 합성 유기 기전력이 증가한다.

③ 전절권에 비해 코일 단이 짧게 되므로 재료가 절약된다.

④ 고조파를 제거해서 전절권에 비해 기전력의 파형이 좋아진다.

| 해설

단절권은 권선 인입점과 인출점 사이의 간격이 극 간격보다 약간 짧아서 동량(銅量)이 절약되며 기전력 파형이 좋아진다. 기전력이 전절권에 비해 낮다는 단점이 있다.

## 42 □□□

전부하로 운전하고 있는 50Hz, 4극의 권선형 유도 전동기가 있다. 전부하에서 속도를 1440rpm에서 1000rpm으로 변화시키자면 2차에 약 몇 Ω의 저항을 넣어야 하는가? (단, 2차 저항은 0.02Ω이다)

① 0.147

② 0.18

③ 0.02

④ 0.024

| 해설

50Hz, 4극이므로 동기 속도 $N_s = \dfrac{120f}{p} = \dfrac{120 \cdot 50}{4} = 1500$

처음의 전부하 슬립 $s_m = \dfrac{N_s - N}{N_s} = \dfrac{1500 - 1440}{1500} = \dfrac{1}{25}$

나중의 전부하 슬립 $s_m' = \dfrac{N_s - N'}{N_s} = \dfrac{1500 - 1000}{1500} = \dfrac{1}{3}$

2차 저항과 전부하 슬립은 비례하므로 $\dfrac{r_2}{s_m} = \dfrac{r_2 + r}{s_m'}$

$\Rightarrow \dfrac{0.02}{1/25} = \dfrac{0.02 + r}{1/3} \Rightarrow r = 0.147$

## 43 ☐☐☐

단면적 10cm²인 철심에 200회의 권선을 감고, 이 권선에 60Hz, 60V인 교류 전압을 인가하였을 때 철심의 최대 자속 밀도는 약 몇 Wb/m²인가?

① $1.126 \times 10^{-3}$

② $1.126$

③ $2.252 \times 10^{-3}$

④ $2.252$

| 해설

10cm²=0.001m²이므로 $E = 4.44fN \cdot B_m A$에 대입

$60 = 4.44 \times 60 \times 200 \times 0.001 B_m$

$\Rightarrow B_m = 1.126[\text{Wb/m}^2]$


## 44 ☐☐☐

동기기의 안정도를 증진시키는 방법이 아닌 것은?

① 단락비를 크게 할 것

② 속응여자방식을 채용할 것

③ 정상 리액턴스를 크게 할 것

④ 영상 및 역상 임피던스를 크게 할 것

| 해설

정상 리액턴스를 작게 해야 1선 지락, 2선 단락 시 고장 전류를 줄여서 과도 안정도가 향상된다.


## 45 ☐☐☐

직류 발전기를 병렬운전할 때 균압 모선이 필요한 직류기는?

① 직권 발전기, 분권 발전기

② 복권 발전기, 직권 발전기

③ 복권 발전기, 분권 발전기

④ 분권 발전기, 단극 발전기

| 해설

병렬운전할 때 균압 모선이 필요한 직류기는 직류 직권 발전기와 복권 발전기이다.


## 46 ☐☐☐

4극, 중권, 총 도체 수 500, 극당 자속이 0.01Wb인 직류 발전기가 100V의 기전력을 발생시키는 데 필요한 회전수는 몇 rpm인가?

① 800

② 1000

③ 1200

④ 1600

| 해설

중권의 기전력 $E_{중권} = \dfrac{Z\phi N}{60} \Leftrightarrow 100 = \dfrac{500 \times 0.01 \times N}{60}$

회전수 $N = 1200[\text{rpm}]$이다.


## 47 ☐☐☐

포화되지 않은 직류 발전기의 회전수가 4배로 증가되었을 때 기전력을 전과 같은 값으로 하려면 자속을 속도 변화 전에 비해 얼마로 하여야 하는가?

① $\dfrac{1}{2}$

② $\dfrac{1}{3}$

③ $\dfrac{1}{4}$

④ $\dfrac{1}{8}$

| 해설

$E = \dfrac{k\phi N}{60}$인데 기전력이 일정하려면 자속과 회전수의 곱이 같아야 한다. 따라서 회전수가 4배로 증가하면 자속은 $\dfrac{1}{4}$배가 되어야 한다.

## 48 □□□

2상 교류 서브 모터를 구동하는 데 필요한 2상 전압을 얻는 방법으로 널리 쓰이는 방법은?

① 2상 전원을 직접 이용하는 방법
② 환상 결선 변압기를 이용하는 방법
③ 여자권선에 리액터를 삽입하는 방법
④ 증폭기 내에서 위상을 조정하는 방법

| 해설
2상 교류 서보 모터의 구동에 필요한 2상 전압은 증폭기 내에서 위상을 조정하여 얻는다.

## 49 □□□

취급이 간단하고 기동 시간이 짧아서 섬과 같이 전력 계통에서 고립된 지역, 선박 등에 사용되는 소용량 전원용 발전기는?

① 터빈 발전기
② 엔진 발전기
③ 수차 발전기
④ 초전도 발전기

| 해설
엔진 발전기는 엔진의 회전력이 회전자를 돌리며, 고립된 지역이나 선박 등에 비상용으로 사용된다.

## 50 □□□

권선형 유도 전동기 2대를 직렬 종속으로 운전하는 경우 그 동기 속도는 어떤 전동기의 속도와 같은가?

① 두 전동기 중 적은 극수를 갖는 전동기
② 두 전동기 중 많은 극수를 갖는 전동기
③ 두 전동기의 극수의 합과 같은 극수를 갖는 전동기
④ 두 전동기의 극수의 합의 평균과 같은 극수를 갖는 전동기

| 해설
극수가 $p_1$, $p_2$인 유도 전동기 2대를 직렬로 종속하면 전체 속도가 $N = \dfrac{120f}{p_1 + p_2}$ 로 되어 극수가 $p_1 + p_2$인 전동기의 속도와 같다.

## 51 □□□

GTO 사이리스터의 특징으로 틀린 것은?

① 각 단자의 명칭은 SCR 사이리스터와 같다.
② 온(On) 상태에서는 양방향 전류 특성을 보인다.
③ 온(On) 드롭(Drop)은 약 2 ~ 4V가 되어 SCR 사이리스터보다 약간 크다.
④ 오프(Off) 상태에서는 SCR 사이리스터처럼 양방향 전압 저지 능력을 갖고 있다.

| 해설
GTO 사이리스터는 On 상태에서는 SCR과 같이 단방향 전류 특성을 보이고, Off 상태에서는 SCR과 같이 양방향 전압 저지 능력을 지닌다.

## 52 □□□

3상 변압기의 병렬 운전 조건으로 틀린 것은?

① 각 군의 임피던스가 용량에 비례할 것
② 각 변압기의 백분율 임피던스 강하가 같을 것
③ 각 변압기의 권수비가 같고 1차와 2차의 정격 전압이 같을 것
④ 각 변압기의 상회전 방향 및 1차와 2차 선간 전압의 위상 변위가 같을 것

| 해설
단상 변압기의 병렬 운전 조건에 더하여, 상회전 방향과 위상 변위가 같아야 한다. 임피던스가 용량에 비례할 필요는 없고 %임피던스 강하가 서로 같아야 한다.

## 53 ☐☐☐

직류기의 권선을 단중 파권으로 감으면 어떻게 되는가?

① 저압 대전류용 권선이다.

② 균압환을 연결해야 한다.

③ 내부 병렬 회로수가 극수만큼 생긴다.

④ 전기자 병렬 회로수가 극수에 관계없이 언제나 2이다.

| 해설

단중 중권은 전기자 권선을 병렬 형태로 중첩되게 감기 때문에 횡류 방지를 위한 균압환 연결이 필요하다. 단중 파권은 전기자 권선을 지그재그 직렬 형태로 감기 때문에 병렬 회로수는 항상 2가 되며 유도 기전력이 커서 고압 소전류용으로 사용된다.

## 54 ☐☐☐

동기 발전기의 단자 부근에서 단락 시 단락 전류는?

① 서서히 증가하여 큰 전류가 흐른다.

② 처음부터 일정한 큰 전류가 흐른다.

③ 무시할 정도의 작은 전류가 흐른다.

④ 단락된 순간은 크나, 점차 감소한다.

| 해설

단락 사고 후 수초 지나면 전기자 반작용이 나타나면서 단락 전류가 점차 감소하여 일정 크기의 지속 단락 전류에 도달한다.

## 55 ☐☐☐

전력의 일부를 전원측에 반환할 수 있는 유도 전동기의 속도 제어법은?

① 극수 변환법

② 크레머 방식

③ 2차 저항 가감법

④ 세르비우스 방식

| 해설

2차 동손에 해당하는 전력을 전원에 반환하는 방식이 세르비우스 방식이며 사이리스터를 사용한다.

## 56 ☐☐☐

단권 변압기에서 1차 전압 100V, 2차 전압 110V인 단권 변압기의 자기 용량과 부하 용량의 비는?

① $\dfrac{1}{10}$

② $\dfrac{1}{11}$

③ 10

④ 11

| 해설

부하 용량은 $V_2 I_2$이고, 전력 보존 법칙에 의해 $V_2 I_2 = V_1 I_1$이다.
자기 용량=$(V_2 - V_1)I_2 = V_1(I_1 - I_2)$을 부하 용량으로 나누면

$$\frac{자기 용량}{부하 용량} = \frac{V_h - V_l}{V_h} = \frac{110 - 100}{110} = \frac{1}{11}$$

## 57 □□□

3상 유도 전동기의 기계적 출력 P[kW], 회전수 N[rpm]인 전동기의 토크[N · m]는?

① $0.46\dfrac{P}{N}$

② $0.855\dfrac{P}{N}$

③ $975\dfrac{P}{N}$

④ $9549.3\dfrac{P}{N}$

| 해설

$\tau[\text{N}\cdot\text{m}]=\dfrac{60P}{2\pi N}=9.549\dfrac{P}{N}$ 인데, 출력의 단위를 [W]로 변환하면 $1000P[\text{W}]$이므로 대입하면 토크는

$\dfrac{9.549\times1000P}{N}$ 이다.

## 58 □□□

210/105[V]의 변압기를 그림과 같이 결선하고 고압측에 200V의 전압을 가하면 전압계의 지시는 몇 V인가? (단, 변압기는 가극성이다)

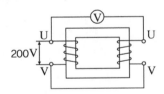

① 100

② 200

③ 300

④ 400

| 해설

권수비 이용하여 2차 코일의 기전력을 구하면

$E_2=E_1\times\dfrac{1}{a}=200\times\dfrac{105}{210}=100$

가극성 변압기이므로
전압계의 지시 = 1차측 기전력 + 2차측 기전력
$=200+100=300\text{V}$이다.

## 59 □□□

평형 6상 반파 정류 회로에서 297V의 직류 전압을 얻기 위한 입력측 각 상전압은 약 몇 V인가? (단, 부하는 순수 저항 부하이다)

① 110

② 220

③ 380

④ 440

| 해설

6상 반파 정류 회로에서는 $\dfrac{E_d}{E}=\dfrac{\sqrt{2}\times0.5}{\pi/6}=1.35$

$\Rightarrow E=\dfrac{E_d}{1.35}=\dfrac{297}{1.35}=220[\text{V}]$이다.

## 60 □□□

3상 분권 정류자 전동기에 속하는 것은?

① 톰슨 전동기

② 데리 전동기

③ 시라게 전동기

④ 애트킨슨 전동기

| 해설

시라게 전동기는 1차 권선을 회전자에 둔 3상 분권 정류자 전동기이다.
톰슨, 데리, 애트킨손은 단상 반발형 전동기의 종류이다.

## 61 ☐☐☐

시스템 행렬 A가 다음과 같을 때 상태 천이행렬을 구하면?

$$A = \begin{bmatrix} 0 & 1 \\ -2 & -3 \end{bmatrix}$$

① $\begin{bmatrix} 2e^t - e^{2t} & -e^t + e^{2t} \\ 2e^t - 2e^{2t} & -e^t + 2e^{2t} \end{bmatrix}$

② $\begin{bmatrix} 2e^{-t} - e^{-2t} & e^{-t} - e^{-2t} \\ 2e^{-t} + 2e^{-2t} & -e^{-t} + 2e^{-2t} \end{bmatrix}$

③ $\begin{bmatrix} 2e^{-t} - e^{-2t} & e^{-t} + e^{-2t} \\ 2e^{-t} - 2e^{-2t} & -e^{-t} - 2e^{-2t} \end{bmatrix}$

④ $\begin{bmatrix} 2e^{-t} - e^{-2t} & e^{-t} - e^{-2t} \\ -2e^{-t} + 2e^{-2t} & -e^{-t} + 2e^{-2t} \end{bmatrix}$

| 해설

$F = \begin{bmatrix} a & b \\ c & d \end{bmatrix}$ 이면 $F^{-1} = \dfrac{1}{ad - bc} \begin{bmatrix} d & -b \\ -c & a \end{bmatrix}$ 이므로

$sI - A = \begin{bmatrix} s & -1 \\ 2 & s+3 \end{bmatrix}$ 의 역행렬은

$\dfrac{1}{s(s+3)+2} \begin{bmatrix} s+3 & 1 \\ -2 & s \end{bmatrix}$ 이다.

고쳐 쓰면 $\begin{bmatrix} \dfrac{s+3}{(s+1)(s+2)} & \dfrac{1}{(s+1)(s+2)} \\ \dfrac{-2}{(s+1)(s+2)} & \dfrac{s}{(s+1)(s+2)} \end{bmatrix}$,

$(sI - A)^{-1} = \begin{bmatrix} \dfrac{2}{(s+1)} + \dfrac{-1}{s+2} & \dfrac{1}{(s+1)} + \dfrac{-1}{s+2} \\ \dfrac{-2}{(s+1)} + \dfrac{2}{s+2} & \dfrac{-1}{(s+1)} + \dfrac{2}{s+2} \end{bmatrix}$

상태 천이행렬

$\phi(t) = \mathcal{L}^{-1}[(sI - A)^{-1}]$

$= \begin{bmatrix} 2e^{-t} - e^{-2t} & e^{-t} - e^{-2t} \\ -2e^{-t} + 2e^{-2t} & -e^{-t} + 2e^{-2t} \end{bmatrix}$

## 62 ☐☐☐

전달함수가 $G(s) = \dfrac{10}{s^2 + 3s + 2}$ 으로 표현되는 제어 시스템에서 직류 이득은 얼마인가?

① 1

② 2

③ 3

④ 5

| 해설

직류는 주파수 $\omega = 0$이므로 $G(s) = 10/(s^2 + 3s + 2)$의 직류 이득은 $s$에 0을 대입

$|G(j\omega)| = |10/2| = 5$이다.

## 63 ☐☐☐

Routh - Hurwitz 안정도 판별법을 이용하여 특성방정식이 $s^3 + 3s^2 + 3s + 1 + K = 0$으로 주어진 제어시스템이 안정하기 위한 $K$의 범위를 구하면?

① $-1 \leq K < 8$

② $-1 < K \leq 8$

③ $-1 < K < 8$

④ $K < -1$ 또는 $K > 8$

| 해설

루스표를 만들어서 제1열의 숫자를 구한다.

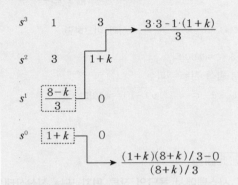

$$s^3 \quad 1 \qquad 3 \qquad \frac{3 \cdot 3 - 1 \cdot (1+k)}{3}$$

$$s^2 \quad 3 \qquad 1+k$$

$$s^1 \quad \boxed{\frac{8-k}{3}} \qquad 0$$

$$s^0 \quad \boxed{1+k} \qquad 0 \qquad \frac{(1+k)(8+k)/3 - 0}{(8+k)/3}$$

1열의 숫자들은 전부 양수이어야 하므로 $\frac{8-k}{3} > 0$, $1+k > 0$

따라서 $-1 < k < 8$이다.

## 64 ☐☐☐

근궤적의 성질 중 틀린 것은?

① 근궤적은 실수축을 기준으로 대칭이다.

② 점근선은 허수축상에서 교차한다.

③ 근궤적의 가지 수는 특성방정식의 차수와 같다.

④ 근궤적은 개루프 전달함수의 극점으로부터 출발한다.

| 해설

두 점근선이 만나는 교점은 실수축상에 있으며 이 점이 $\delta$이다. 각각의 점근선은 허수축을 통과하는데 이 점을 허수축 교차점이라고 부르지는 않는다. 즉, 두 점근선은 허수축상에서 교차하지 않는다.

## 65 ☐☐☐

그림과 같은 블록선도의 제어시스템에서 속도 편차 상수 $K_v$는 얼마인가?

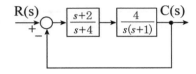

① 0

② 0.5

③ 2

④ ∞

| 해설

속도 편차이므로 입력신호가 램프 함수인 1형 제어계에 해당한다.

$$e_{sv} = \frac{1}{\lim\limits_{s \to 0} s^1 G}, \quad K_v = \lim\limits_{s \to 0} s^1 G \text{이다.}$$

$$\lim\limits_{s \to 0} s \frac{s+2}{s+4} \frac{4}{s(s+1)} = \lim\limits_{s \to 0} \frac{4(s+2)}{(s+4)(s+1)} = 2$$

## 66 ☐☐☐

그림의 신호 흐름 선도에서 $\dfrac{C(s)}{R(s)}$는?

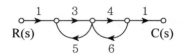

① $-\dfrac{2}{5}$

② $-\dfrac{6}{19}$

③ $-\dfrac{12}{29}$

④ $-\dfrac{12}{37}$

| 해설

하나뿐인 전향경로의 이득 $G_1 = 1 \times 3 \times 4 \times 1 = 12$이고 $G_1$과 만나지 않는 루프는 없으므로 $\Delta_1 = 1 - 0$이다. 루프는 2개이므로 $\sum l_1 = 3 \times 5 + 4 \times 6 = 39$이고 서로 만나므로 $\sum l_2 = 0$이다.

메이슨 공식 $= \dfrac{\sum G_k \Delta_k}{1 - \sum l_1 + \sum l_2 \cdots + (-1)^n \sum l_k}$

$= \dfrac{12}{1 - 39}$

## 67 ☐☐☐

다음 논리식을 간단히 한 것은?

$$Y = \overline{A}BC\overline{D} + \overline{A}BCD + \overline{A}\,\overline{B}C\overline{D} + \overline{A}\,\overline{B}CD$$

① $Y = \overline{A}C$

② $Y = A\overline{C}$

③ $Y = AB$

④ $Y = BC$

| 해설

배분법칙에 의해
$Y = \overline{A}BC(\overline{D}+D) + \overline{A}\,\overline{B}C(\overline{D}+D) = \overline{A}BC + \overline{A}\,\overline{B}C$인데
교환법칙에 의해 $\overline{A}CB + \overline{A}C\overline{B}$이고
배분법칙에 의해 $\overline{A}C(B+\overline{B}) = \overline{A}C$이다.

## 68 ☐☐☐

전달함수가 $\dfrac{C(s)}{R(s)} = \dfrac{25}{s^2 + 6s + 25}$인 2차 제어시스템의 감쇠 진동 주파수($\omega_d$)는 몇 rad/sec인가?

① 3

② 4

③ 5

④ 6

| 해설

2차 제어계의 폐루프 전달함수가 $\dfrac{25}{s^2 + 6s + 25}$로 주어졌으므로 $M(s) = \dfrac{\omega_n^2}{s^2 + 2\zeta\omega_n s + \omega_n^2}$ 식과 비교하면
$\omega_n = 5$, $\zeta = 0.60$이다.
따라서 감쇠 진동 주파수
$\omega_d = \omega_n \sqrt{1-\zeta^2} = 5 \times \sqrt{1-0.6^2} = 4$이다.

## 69 ☐☐☐

폐루프 시스템에서 응답의 잔류 편차 또는 정상상태오차를 제거하기 위한 제어 기법은?

① 비례 제어

② 적분 제어

③ 미분 제어

④ on - off 제어

| 해설

적분 제어 기법은 편차의 누적량에 연동하여 조작량을 가하는 방식이며, 계속성을 중시하고 정상 상태의 오차를 줄인다.

## 70 ☐☐☐

e(t)의 z변환을 E(z)라고 했을 때 e(t)의 초기값 e(0)는?

① $\lim_{z \to 1} E(z)$

② $\lim_{z \to \infty} E(z)$

③ $\lim_{z \to 1} (1 - Z^{-1}) E(z)$

④ $\lim_{z \to \infty} (1 - Z^{-1}) E(z)$

| 해설

초기값 정리

$\lim_{t \to 0^+} f(t)$를 라플라스 변환하면 $\lim_{s \to \infty} sF(s)$이고 $z$변환하면 $\lim_{z \to \infty} F(z)$이다.

## 71 ☐☐☐

RL 직렬 회로에 순시치 전압

$v(t) = 20 + 100 \sin \omega t + 40 \sin (3w + 60°) + 40 \sin 5\omega t \,[\text{V}]$

를 가할 때 제5고조파 전류의 실횻값 크기는 약 몇 A인가?
(단, $R = 4\Omega$, $\omega L = 1\Omega$이다)

① 4.4

② 5.66

③ 6.25

④ 8.0

| 해설

RL 직렬 회로에 비정현파 전압이 인가될 때 5고조파 전류의

실횻값은 $\dfrac{V_5}{\sqrt{R^2 + (5\omega L)^2}}$ 이므로 계산하면

$\dfrac{40/\sqrt{2}}{\sqrt{4^2 + (5 \times 1)^2}} = 4.4[\text{A}]$이다.

## 72 ☐☐☐

대칭 3상 전압이 공급되는 3상 유도 전동기에서 각 계기의 지시는 다음과 같다. 유도 전동기의 역률은 약 얼마인가?

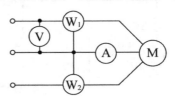

| 전력계(W₁): 2.84kW, 전력계(W₂): 6.00kW, |
| 전압계(V): 200V, 전류계(A): 30A |

① 0.70
② 0.75
③ 0.80
④ 0.85

| 해설

피상전력과 유효전력을 이용하여 역률을 구한다.

$\cos\theta = \dfrac{P}{P_a} = \dfrac{W_1 + W_2}{2\sqrt{W_1^2 + W_2^2 - W_1 W_2}}$

$= \dfrac{2840 + 6000}{2\sqrt{2840^2 + 6000^2 - 2840 \times 6000}} = 0.85$

## 73 ☐☐☐

불평형 3상 전류 $I_a = 25 + j4[\text{A}]$, $I_b = -18 - j16[\text{A}]$,

$I_c = 7 + j15[\text{A}]$일 때 영상전류 $I_0[\,]$는?

① $2.67 + j$
② $2.67 + j2$
③ $4.67 + j$
④ $4.67 + j2$

| 해설

영상 전류

$\dot{I_0} = \dfrac{1}{3} (\dot{I_a} + \dot{I_b} + \dot{I_c})$

$= \dfrac{1}{3} (25 + j4 - 18 - j16 + 7 + j15) = \dfrac{1}{3} (14 + j3)$

## 74 ☐☐☐

회로의 단자 a와 b사이에 나타나는 전압 $V_{ab}$는 몇 V인가?

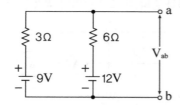

① 3
② 9
③ 10
④ 12

| 해설

밀만 정리를 적용하면

$$V_{ab} = \frac{\sum Y_i E_i}{\sum Y_i} = \frac{9/3 + 12/6}{1/3 + 1/6} = 10[V]$$

## 75 ☐☐☐

4단자 정수 A, B, C, D 중에서 전압이득의 차원을 가진 정수는?

① A
② B
③ C
④ D

| 해설

기본방정식 $V_1 = AV_2 + BI_2$, $I_1 = CV_2 + DI_2$에서

$I_2 = 0$이면 (i) 식은 $V_1 = AV_2$가 되므로 $A = \left. \frac{V_1}{V_2} \right|_{I_2 = 0}$ 이다.

따라서 A가 전압이득의 차원을 가졌다.

## 76 ☐☐☐

분포정수회로에서 직렬 임피던스를 Z, 병렬 어드미턴스를 Y라 할 때, 선로의 특성임피던스 $Z_0$는?

① ZY
② $\sqrt{ZY}$
③ $\sqrt{\dfrac{Y}{Z}}$
④ $\sqrt{\dfrac{Z}{Y}}$

| 해설

분포 정수 회로에 해당하는 장거리 송전 선로상의 임의의 위치에서

전류와 전압의 비=특성 임피던스

$= Z_) = Z_{01} = Z_{02} = \sqrt{\dfrac{B}{C}} = \sqrt{\dfrac{Z}{Y}}$ 이다.

## 77 □□□

그림과 같은 회로의 구동점 임피던스[Ω]는?

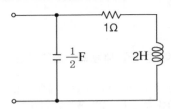

$1Ω$ $\frac{1}{2}F$ $2H$

① $\dfrac{2(2s+1)}{2s^2+s+2}$　　② $\dfrac{2s^2+s-2}{-2(2s+1)}$

③ $\dfrac{-2(2s+1)}{2s^2+s-2}$　　④ $\dfrac{2s^2+s+2}{2(2s+1)}$

| 해설

합성 임피던스$= \dfrac{(R+j\omega L)\dfrac{1}{j\omega C}}{(R+j\omega L)+\dfrac{1}{j\omega C}}$ 인데, $jw$를 $s$로 치환하여

구동점 임피던스를 구하면

$$Z(s)=\frac{(1+2s)\dfrac{1}{0.5s}}{(1+2s)+\dfrac{1}{0.5s}}=\frac{4s+2}{2s^2+s+2}$$

## 78 □□□

Δ결선으로 운전 중인 3상 변압기에서 하나의 변압기 고장에 의해 V결선으로 운전하는 경우 V결선으로 공급할 수 있는 전력은 고장 전 Δ결선으로 공급할 수 있는 전력에 비해 약 몇 %인가?

① 86.6　　② 75.0

③ 66.7　　④ 57.7

| 해설

V결선으로 바꾸어 운전하게 되면 변압기로 낼 수 있는 용량이 $P_V = \sqrt{3}\,VI$로 감소한다. 즉, 고장 이전과 비교한 출력비는 $\dfrac{\sqrt{3}\,VI}{3\,VI}=57.7\%$에 불과하다.

## 79 □□□

그림의 교류 브리지 회로가 평형이 되는 조건은?

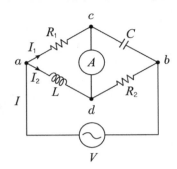

① $L=\dfrac{R_1 R_2}{C}$

② $L=\dfrac{C}{R_1 R_2}$

③ $L=R_1 R_2 C$

④ $L=\dfrac{R_2}{R_1}C$

| 해설

전원이 직류에서 교류로 바뀌어도 평형 조건은 동일하며, 마주보는 임피던스의 곱이 서로 같아야 한다.

즉, $R_1 \times R_2 = \omega L \times \dfrac{1}{\omega C} \Rightarrow R_1 R_2 = \dfrac{L}{C}$

해커스 전기기사 필기 한권완성 기본이론 + 기출문제

## 80 ☐☐☐

$f(t) = t^n$의 라플라스 변환 식은?

① $\dfrac{n}{s^n}$

② $\dfrac{n+1}{s^{n+1}}$

③ $\dfrac{n!}{s^{n+1}}$

④ $\dfrac{n+1}{s^{n!}}$

## 제5과목 전기설비기술기준

## 81 ☐☐☐

다음 (    )에 들어갈 내용으로 옳은 것은?

> 전차 선로는 무선 설비의 기능에 계속적이고 또한 중대한 장해를 주는 (    )가 생길 우려가 있는 경우에는 이를 방지하도록 시설하여야 한다.

① 전파
② 혼촉
③ 단락
④ 정전기

## 82 ☐☐☐

옥내에 시설하는 저압 전선에 나전선을 사용할 수 있는 경우는?

① 버스 덕트 공사에 의하여 시설하는 경우
② 금속 덕트 공사에 의하여 시설하는 경우
③ 합성 수지관 공사에 의하여 시설하는 경우
④ 후강 전선관 공사에 의하여 시설하는 경우

| 해설
옥내에 시설하는 저압 전선에는 나전선을 사용하여서는 안 된다. 다만, 다음 중 어느 하나에 해당하는 경우에는 그렇지 않다.
㉠ 애자 공사에 의하여 전개된 곳에 다음의 전선을 시설하는 경우
  • 전기로용 전선
  • 전선의 피복 절연물이 부식하는 장소에 시설하는 전선
  • 취급자 이외의 자가 출입할 수 없도록 설비한 장소에 시설하는 전선
㉡ 버스 덕트 공사에 의하여 시설하는 경우
㉢ 라이팅 덕트 공사에 의하여 시설하는 경우
㉣ 접촉 전선을 시설하는 경우

## 83 ☐☐☐

사람이 상시 통행하는 터널 안의 배선(전기 기계 기구 안의 배선, 관등회로의 배선, 소세력 회로의 전선 및 출퇴 표시등 회로의 전선은 제외)의 시설 기준에 적합하지 않은 것은? (단, 사용 전압이 저압의 것에 한한다)

① 합성 수지관 공사로 시설하였다.
② 공칭 단면적 2.5mm²의 연동선을 사용하였다.
③ 애자 사용 공사 시 전선의 높이는 노면상 2m로 시설하였다.
④ 전로에는 터널의 입구 가까운 곳에 전용 개폐기를 시설하였다.

| 해설
사람이 상시 통행하는 터널 안의 배선은 저압이며 공칭 단면적 2.5mm²의 연동선과 동등 이상의 세기 및 굵기의 절연 전선을 사용하며 높이는 노면상 2.5m 이상의 높이로 애자 공사로 시설하여야 한다.

## 84 ☐☐☐

그림은 전력선 반송 통신용 결합 장치의 보안 장치이다. 여기에서 CC는 어떤 커패시터인가?

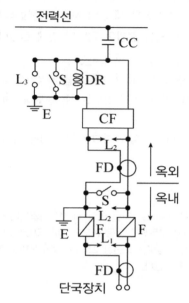

① 결합 커패시터
② 전력용 커패시터
③ 정류용 커패시터
④ 축전용 커패시터

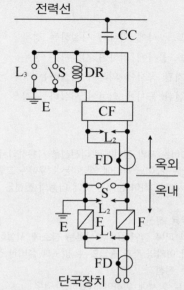

## 85 ☐☐☐

케이블 트레이 공사에 사용하는 케이블 트레이에 대한 기준으로 틀린 것은?

① 안전율은 1.5 이상으로 하여야 한다.
② 비금속제 케이블 트레이는 수밀성 재료의 것이어야 한다.
③ 금속제 케이블 트레이 계통은 기계적 및 전기적으로 완전하게 접속하여야 한다.
④ 저압 옥내 배선의 사용전압이 400V 이상인 경우에는 금속제 트레이에 특별 제3종 접지 공사를 하여야 한다.

| 해설
비금속제 케이블 트레이는 난연성 재료의 것이어야 한다.

## 86 ☐☐☐

지중 전선로에 사용하는 지중함의 시설 기준으로 틀린 것은?

① 지중함은 견고하고 차량 기타 중량물의 압력에 견디는 구조일 것
② 지중함은 그 안의 고인 물을 제거할 수 있는 구조로 되어있을 것
③ 지중함의 뚜껑은 시설자 이외의 자가 쉽게 열 수 없도록 시설할 것
④ 폭발성의 가스가 침입할 우려가 있는 것에 시설하는 지중함으로서 그 크기가 0.5m³ 이상인 것에는 통풍장치 기타 가스를 방산시키기 위한 적당한 장치를 시설할 것

| 해설
폭발성의 가스가 침입할 우려가 있는 것에 시설하는 지중함으로서 그 크기가 1m³ 이상인 것에는 통풍장치 기타 가스를 방산시키기 위한 적당한 장치를 시설할 것

## 87 ☐☐☐

교량의 윗면에 시설하는 고압 전선로는 전선의 높이를 교량의 노면상 몇 m 이상으로 하여야 하는가?

① 3
② 4
③ 5
④ 6

| 해설
교량의 윗면에 시설하는 것은 전선의 높이를 교량의 노면상 5m 이상으로 하여 시설할 것

## 88 ☐☐☐

목장에서 가축의 탈출을 방지하기 위하여 전기 울타리를 시설하는 경우 전선은 인장 강도가 몇 kN 이상의 것이어야 하는가?

① 1.38
② 2.78
③ 4.43
④ 5.93

| 해설
전기 울타리 시설에 사용하는 전선은 인장 강도 1.38kN 이상의 것 또는 지름 2mm 이상의 경동선일 것

## 89 □□□

저압의 전선로 중 절연 부분의 전선과 대지 간의 절연 저항은 사용 전압에 대한 누설 전류가 최대 공급 전류의 얼마를 넘지 않도록 유지하여야 하는가?

① $\frac{1}{1000}$

② $\frac{1}{2000}$

③ $\frac{1}{3000}$

④ $\frac{1}{4000}$

| 해설

저압 전선로 중 절연 부분의 전선과 대지 사이 및 전선의 심선 상호 간의 절연 저항은 사용 전압에 대한 누설전류가 최대 공급전류의 1/2,000을 넘지 않도록 하여야 한다.

## 90 □□□

가공 전선로의 지지물에 하중이 가하여지는 경우에 그 하중을 받는 지지물의 기초 안전율은 얼마 이상이어야 하는가? (단, 이상 시 상정 하중은 무관)

① 1.5

② 2.0

③ 2.5

④ 3.0

| 해설

가공 전선로 지지물의 기초의 안전율은 2 이상으로 하여야 한다 (단, 이상 시 상정 하중에 대한 철탑의 기초에 대하여는 1.33).

## 91 □□□

제2종 특고압 보안 공사 시 지지물로 사용하는 철탑의 경간을 400m 초과로 하려면 몇 mm² 이상의 경동 연선을 사용하여야 하는가?

① 38

② 55

③ 82

④ 100

| 해설

| 지지물의 종류 | 표준 경간 | 제2종 특고압 보안 공사 | 95mm² 이상인 경동 연선 |
|---|---|---|---|
| 목주 · A종 철주 또는 A종 철근 콘크리트주 | 150[m] | 100m | 100m |
| B종 철주 또는 B종 철근 콘크리트주 | 250[m] | 200m | 250m |
| 철탑 | 600m (단주인 경우 400m) | 400m (단주인 경우 300m) | 600m |

## 92 □□□

금속제 외함을 가진 저압의 기계 기구로서 사람이 쉽게 접촉될 우려가 있는 곳에 시설하는 경우 전기를 공급받는 전로에 지락이 생겼을 때 자동적으로 전로를 차단하는 장치를 설치하여야 하는 기계 기구의 사용 전압이 몇 V를 초과하는 경우인가?

① 30

② 50

③ 100

④ 150

| 해설

**누전 차단기의 시설**

금속제 외함을 가지는 사용 전압이 50V를 초과하는 저압의 기계 기구로서 사람이 쉽게 접촉할 우려가 있는 곳에 시설하는 것에 전기를 공급하는 전로에는 전로에 지락이 생겼을 때 자동적으로 전로를 차단하는 장치를 설치하여야 한다.

## 93 ☐☐☐

사용 전압이 35000V 이하인 특고압 가공 전선과 가공 약
전류 전선을 동일 지지물에 시설하는 경우, 특고압 가공
전선로의 보안 공사로 적합한 것은?

① 고압 보안 공사
② 제1종 특고압 보안 공사
③ 제2종 특고압 보안 공사
④ 제3종 특고압 보안 공사

| 해설
특고압 가공 전선과 가공 약전류 전선 등의 공용 설치: 사용
전압이 35kV 이하인 경우 제2종 특고압 보안 공사에 의할 것

## 94 ☐☐☐

과전류차단기로 시설하는 퓨즈 중 고압전로에 사용하는
비포장 퓨즈는 정격전류 2배 전류 시 몇 분 안에 용단되
어야 하는가?

① 1분
② 2분
③ 5분
④ 10분

| 해설
비포장 퓨즈는 정격전류의 1.25배의 전류에 견디고 또한 2배
의 전류로 2분 안에 용단되어야 한다.

## 95 ☐☐☐

버스 덕트 공사에 의한 저압 옥내 배선 시설 공사에 대한
설명으로 틀린 것은?

① 덕트(환기형의 것을 제외)의 끝부분은 막지 말 것
② 사용 전압이 400V 미만인 경우에는 덕트에 제3종 접지
공사를 할 것
③ 덕트(환기형의 것을 제외)의 내부에 먼지가 침입하지
아니하도록 할 것
④ 사람이 접촉할 우려가 있고, 사용 전압이 400V 이상인
경우에는 덕트에 특별 제3종 접지 공사를 할 것

| 해설
※ 참고
해당 문제는 KEC 적용에 따른 기준 변경으로 인해 정답이
없습니다.

## 96 ☐☐☐

발전소에서 계측하는 장치를 시설하여야 하는 사항에 해
당하지 않는 것은?

① 특고압용 변압기의 온도
② 발전기의 회전수 및 주파수
③ 발전기의 전압 및 전류 또는 전력
④ 발전기의 베어링(수중 메탈을 제외한다) 및 고정자의
온도

| 해설
발전소에 시설하는 계측 장치: 발전기의 베어링 및 고정자의
온도, 주요 변압기의 전압 및 전류 또는 전력, 특고압용 변압
기의 온도

## 97 □□□

사용 전압이 특고압인 전기 집진 장치에 전원을 공급하기 위해 케이블을 사람이 접촉할 우려가 없도록 시설하는 경우 방식 케이블 이외의 케이블의 피복에 사용하는 금속체에는 몇 종 접지 공사로 할 수 있는가?

① 제1종 접지 공사
② 제2종 접지 공사
③ 제3종 접지 공사
④ 특별 제3종 접지 공사

|해설

※ 참고
해당 문제는 KEC 적용에 따른 기준 변경으로 인해 정답이 없습니다.

## 98 □□□

최대 사용 전압이 7kV를 초과하는 회전기의 절연내력 시험은 최대 사용 전압의 몇 배의 전압 (10500V 미만으로 되는 경우에는 10500V)에서 10분간 견디어야 하는가?

① 0.92
② 1
③ 1.1
④ 1.25

|해설

| 종류 | | 시험 전압<br>(최대사용 전압의 배수) | 최저<br>시험<br>전압 | 시험<br>방법 |
|---|---|---|---|---|
| 회전기 | 발전기·<br>전동기·<br>조상기·<br>기타회전기 | 최대 사용 전압<br>7kV 이하 | 1.5배 | 500V |
| | | 최대사용전압<br>7kV 초과 | 1.25배 | |
| | 회전변류기 | 직류측의 최대 사용<br>전압의 1배의 교류 전압 | 500V | |

## 99 □□□

수소 냉각식 발전기 및 이에 부속하는 수소 냉각 장치의 시설에 대한 설명으로 틀린 것은?

① 발전기 안의 수소의 밀도를 계측하는 장치를 시설할 것
② 발전기 안의 수소의 순도가 85% 이하로 저하한 경우에 이를 경보하는 장치를 시설할 것
③ 발전기 안의 수소의 압력을 계측하는 장치 및 그 압력이 현저히 변동한 경우에 이를 경보하는 장치를 시설할 것
④ 발전기는 기밀 구조의 것이고 또한 수소가 대기압에서 폭발하는 경우에 생기는 압력에 견디는 강도를 가지는 것일 것

|해설
발전기안의 수소의 압력, 온도를 계측하는 장치를 시설할 것

## 100 □□□

고압 가공 전선로에 사용하는 가공 지선은 지름 몇 mm 이상의 나경동선을 사용하여야 하는가?

① 2.6
② 3.0
③ 4.0
④ 5.0

|해설
고압 가공 전선로의 가공 지선은 인장 강도 5.26kN 이상의 것 또는 지름 4mm 이상의 나경동선을 사용한다.

정답 　97 정답 없음　98 ④　99 ①　100 ③

## 제1과목 전기자기학

### 01 ☐☐☐

평행판 콘덴서에 어떤 유전체를 넣었을 때 전속밀도가 $2.4 \times 10^{-7}$C/m²이고, 단위 체적 중의 에너지가 $5.3 \times 10^{-3}$J/m³이었다. 이 유전체의 유전율은 약 몇 F/m 인가?

① $2.17 \times 10^{-11}$

② $5.43 \times 10^{-11}$

③ $5.17 \times 10^{-12}$

④ $5.43 \times 10^{-12}$

| 해설

• 체적당 에너지: $w = \dfrac{1}{2}\epsilon E^2 = \dfrac{D^2}{2\epsilon} = \dfrac{1}{2}ED\,[\text{J/m}^3]$

• 유전율: $\epsilon = \dfrac{D^2}{2w} = \dfrac{(2.4 \times 10^{-7})^2}{2 \times (5.3 \times 10^{-3})} = 5.43 \times 10^{-12}\,[\text{F/m}]$

### 02 ☐☐☐

서로 다른 두 유전체 사이의 경계면에 전하분포가 없다면 경계면 양쪽에서의 전계 및 전속밀도는?

① 전계 및 전속밀도의 접선성분은 서로 같다.

② 전계 및 전속밀도의 법선성분은 서로 같다.

③ 전계의 법선성분이 서로 같고, 전속밀도의 접선성분이 서로 같다.

④ 전계의 접선성분이 서로 같고, 전속밀도의 법선성분이 서로 같다.

| 해설

**유전체의 경계 조건**

• 전계의 접선 성분의 연속: $E_1 \sin\theta_1 = E_2 \sin\theta_2$

• 전속 밀도의 법선 성분의 연속: $D_1 \cos\theta_1 = D_2 \cos\theta_2$

• 경계 조건: $\dfrac{\tan\theta_1}{\tan\theta_2} = \dfrac{\epsilon_1}{\epsilon_2}$

• 유전체의 경계면 조건($\epsilon_1 > \epsilon_2$):
$\theta_1 > \theta_2,\ D_1 > D_2,\ E_1 < E_2$

### 03 ☐☐☐

와류손에 대한 설명으로 틀린 것은? (단, $f$: 주파수, $B_m$: 최대자속밀도, $t$: 두께, $\rho$: 저항률이다)

① $t^2$에 비례한다.

② $f^2$에 비례한다.

③ $\rho^2$에 비례한다.

④ $B_m^2$에 비례한다.

| 해설

와류손: $P_e = k_e f^2 t^2 B_m^2 = \dfrac{1}{\rho} f^2 t^2 B_m^2$

정답  01 ④  02 ④  03 ③

## 04 ⬜⬜⬜

$x > 0$인 영역에 비유전율 $\epsilon_{r1} = 3$인 유전체, $x < 0$인 영역에 비유전율 $\epsilon_{r2} = 5$인 유전체가 있다. $x < 0$인 영역에서 전계 $E_2 = 20a_x + 30a_y - 40a_z$[V/m]일 때 $x > 0$인 영역에서의 전속밀도는 몇 C/m²인가?

① $10(10a_x + 9a_y - 12a_z)\epsilon_0$

② $20(5a_x - 10a_y + 6a_z)\epsilon_0$

③ $50(2a_x + 3a_y - 4a_z)\epsilon_0$

④ $50(2a_x - 3a_y + 4a_z)\epsilon_0$

| 해설

$x < 0$, $x > 0$에서 경계면이 $x$축이므로 $x$축이 법선 성분이다. 경계조건에 따라

$E_{1y} = E_{2y} = 30$, $E_{1z} = E_{2z} = -40$

$D_{1x} = D_{2x}$에서 $E_{1x} = \dfrac{\epsilon_2}{\epsilon_1} E_{2x} = \dfrac{5}{3} \times 20 = \dfrac{100}{3}$

따라서 $E_1 = \dfrac{100}{3}a_x + 30a_y - 40a_z$[V/m]이므로

$D_1 = \epsilon_0 \epsilon_s E_1 = 100a_x + 90a_y - 120a_z$

$\quad = 10(10a_x + 9a_y - 12a_z)\epsilon_0$[C/m²]

## 05 ⬜⬜⬜

$q$[C]의 전하가 진공 중에서 $v$[m/s]의 속도로 운동하고 있을 때, 이 운동방향과 $\theta$의 각으로 $r$[m]떨어진 점의 자계의 세기[AT/m]는?

① $\dfrac{q\sin\theta}{4\pi r^2 v}$

② $\dfrac{v\sin\theta}{4\pi r^2 q}$

③ $\dfrac{qv\sin\theta}{4\pi r^2}$

④ $\dfrac{v\sin\theta}{4\pi r^2 q^2}$

| 해설

비오 - 사바르 법칙(전하로부터 길이 [m]인 곳에서의 자계):

$H = \dfrac{Il\sin\theta}{4\pi r^2} = \dfrac{\left(\dfrac{q}{t}\right)(vt)\sin\theta}{4\pi r^2} = \dfrac{qv\sin\theta}{4\pi r^2}$[AT/m]

## 06 ⬜⬜⬜

원형 선전류 $I$[A]의 중심축상 점 $P$의 자위[A]를 나타내는 식은? (단, $\theta$는 점 P에서 원형전류를 바라보는 평면각이다)

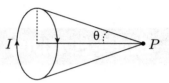

① $\dfrac{I}{2}(1 - \cos\theta)$

② $\dfrac{I}{4}(1 - \cos\theta)$

③ $\dfrac{I}{2}(1 - \sin\theta)$

④ $\dfrac{I}{4}(1 - \sin\theta)$

| 해설

• 입체각: $\omega = 2\pi(1 - \cos\theta)$

• 자위: $U = \dfrac{I\omega}{4\pi} = \dfrac{I}{4\pi} \times 2\pi(1 - \cos\theta) = \dfrac{I}{2}(1 - \cos\theta)$

정답  04 ①  05 ③  06 ①

## 07 ☐☐☐

진공 중에서 무한장 직선도체에 선전하밀도

$\rho_L = 2\pi \times 10^{-3}[\text{C/m}]$가 균일하게 분포된 경우 직선도체에서 2m와 4m떨어진 두 점사이의 전위차는 몇 V인가?

① $\dfrac{10^{-3}}{\pi\epsilon_0}\ln 2$

② $\dfrac{10^{-3}}{\epsilon_0}\ln 2$

③ $\dfrac{1}{\pi\epsilon_0}\ln 2$

④ $\dfrac{1}{\epsilon_0}\ln 2$

| 해설

• 무한장 직선 도체의 전계: $E = \dfrac{\rho_L}{2\pi\epsilon_0 r}$

• 전위차: $V = -\displaystyle\int_{r_2}^{r_1} E \cdot dr$

$V = -\displaystyle\int_4^2 \dfrac{\rho_L}{2\pi\epsilon_0 r} \cdot dr = -\dfrac{\rho_L}{2\pi\epsilon_0}\displaystyle\int_4^2 \dfrac{1}{r}dr$

$\quad = -\dfrac{\rho_L}{2\pi\epsilon_0}[\ln r]_4^2 = -\dfrac{\rho_L}{2\pi\epsilon_0}(\ln 2 - \ln 4)$

$\quad = \dfrac{\rho_L}{2\pi\epsilon_0}(\ln 4 - \ln 2) = \dfrac{\rho_L}{2\pi\epsilon_0}\ln\dfrac{4}{2} = \dfrac{\rho_L}{2\pi\epsilon_0}\ln 2$

$\quad = \dfrac{2\pi\times 10^{-3}}{2\pi\epsilon_0}\ln 2 = \dfrac{10^{-3}}{\epsilon_0}\ln 2[\text{V}]$

## 08 ☐☐☐

균일한 자장 내에 놓여 있는 직선도선에 전류 및 길이를 각각 2배로 하면 이 도선에 작용하는 힘은 몇 배가 되는가?

① 1                      ② 2

③ 4                      ④ 8

| 해설

도체가 받는 힘: $F = (I \times B)l = IBl\sin\theta$

전류와 도선의 길이를 각각 2배로하면 도체가 받는 힘은 $2\times 2 = 4$배가 된다.

## 09 ☐☐☐

환상철심에 권수 3,000회 A코일과 권수 200회 B코일이 감겨져 있다. A코일의 자기인덕턴스가 360mH일 때 A, B 두 코일의 상호 인덕턴스는 몇 mH인가? (단, 결합계수는 1이다)

① 16                     ② 24

③ 36                     ④ 72

| 해설

• 자기 인덕턴스: $L_1 = \dfrac{N_1^2}{R_m}$, $L_2 = \dfrac{N_2^2}{R_m}$

• 상호 인덕턴스: $M = \dfrac{N_1 N_2}{R_m} = \dfrac{N_2}{N_1}L_1$

$M = \dfrac{200}{3,000} \times 360 = 24[\text{mH}]$

## 10 ☐☐☐

맥스웰 방정식 중 틀린 것은?

① $\displaystyle\oint_s B \cdot dS = \rho_s$

② $\displaystyle\oint_s D \cdot dS = \int_v \rho dv$

③ $\displaystyle\oint_c E \cdot dl = -\int_s \dfrac{\partial B}{\partial t} \cdot dS$

④ $\displaystyle\oint_c H \cdot dl = I + \int_s \dfrac{\partial D}{\partial t} \cdot dS$

| 해설

**맥스웰 방정식**

| 구분 | 미분형 | 적분형 |
|---|---|---|
| 패러데이 법칙 | $\text{rot}\,E = -\dfrac{\partial B}{\partial t}$ | $\displaystyle\int_l E \cdot dl = \int \dfrac{\partial B}{\partial t} \cdot dS$ |
| 암페어 주회 법칙 | $\text{rot}\,H = J + \dfrac{\partial D}{\partial t}$ | $\displaystyle\int_l H \cdot dl = I + \int \dfrac{\partial D}{\partial t} \cdot dS$ |
| 자계 가우스 법칙 | $\text{div}\,B = 0$ | $\displaystyle\int B \cdot dS = 0$ |
| 전계가우스 법칙 | $\text{div}\,D = \rho$ | $\displaystyle\int D \cdot dS = Q = Q\int_v \rho dv$ |

해커스 전기기사 필기 한권완성 기본이론 + 기출문제

정답   07 ②   08 ③   09 ②   10 ①

## 11 □□□

자기회로의 자기저항에 대한 설명으로 옳은 것은?

① 투자율에 반비례한다.
② 자기회로의 단면적에 비례한다.
③ 자기회로의 길이에 반비례한다.
④ 단면적에 반비례하고, 길이의 제곱에 비례한다.

| 해설

자기 저항: $R_m = \dfrac{l}{\mu S} = \dfrac{NI}{\phi} = \dfrac{F}{\phi}$

## 12 □□□

접지된 구도체와 점전하 간에 작용하는 힘은?

① 항상 흡인력이다.
② 항상 반발력이다.
③ 조건적 흡인력이다.
④ 조건적 반발력이다.

| 해설

접지된 구도체와 점전하 간에는 항상 흡인력이 작용한다.

## 13 □□□

그림과 같이 전류가 흐르는 반원형 도선이 평면 $Z = 0$ 상에 놓여 있다. 이 도선이 자속밀도 $B = 0.6\,a_x - 0.5a_y + a_z\,[\mathrm{Wb/m^2}]$인 균일 자계 내에 놓여 있을 때 도선의 직선 부분에 작용하는 힘[N]은?

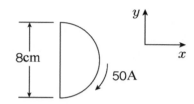

① $4a_x + 2.4a_z$
② $4a_x - 2.4a_z$
③ $5a_x - 3.5a_z$
④ $-5a_x + 3.5a_z$

| 해설

전류가 $y$축 방향으로 흐르므로 $I = 50\hat{y}$이다. 플레밍의 왼손 법칙에 따라

$F = (I \times B)l = 50\hat{y} \times (0.6\hat{x} - 0.5\hat{y} + \hat{z}) \times l$
$\quad = (50\hat{x} - 30\hat{z}) \times 0.08 = 4a_x - 2.4a_z$

## 14 □□□

평행한 두 도선간의 전자력은? (단, 두 도선간의 거리는 $r[\mathrm{m}]$라 한다)

① $r$에 비례
② $r^2$에 비례
③ $r$에 반비례
④ $r^2$에 반비례

| 해설

평행한 두 도선 사이의 힘: $F = \dfrac{\mu I_1 I_2}{2\pi r}[\mathrm{N}]$

정답   11 ①   12 ①   13 ②   14 ③

## 15 +□□□

다음의 관계식 중 성립할 수 없는 것은? (단, $\mu$는 투자율, $\chi$는 자화율, $\mu_0$는 진공의 투자율, $J$는 자화의 세기이다)

① $J = \chi B$

② $B = \mu H$

③ $\mu = \mu_0 + \chi$

④ $\mu_s = 1 + \dfrac{\chi}{\mu_0}$

| 해설

자화의 세기: $J = \chi H = \mu_0(\mu_s - 1)H = \left(1 - \dfrac{1}{\mu_s}\right)B$

$\chi = \mu_0 \mu_s - \mu_0 = \mu - \mu_0,\ \ \mu_0 \mu_s = \mu = \chi + \mu_0,$

$\mu_s = 1 + \dfrac{\chi}{\mu_0}$


## 16 □□□

평행판 콘덴서의 극판 사이에 유전율 $\epsilon$, 저항률 $\rho$인 유전체를 삽입하였을 때, 두 전극간의 저항 $R$과 정전용량 $C$의 관계는?

① $R = \rho \epsilon C$

② $RC = \dfrac{\epsilon}{\rho}$

③ $RC = \rho \epsilon$

④ $RC \rho \epsilon = 1$

| 해설

저항과 정전 용량: $R = \rho \dfrac{l}{S},\ \ C = \dfrac{\epsilon S}{l},\ \ RC = \rho \epsilon$


## 17 □□□

비투자율 $\mu_s = 1$, 비유전율 $\epsilon_s = 90$인 매질 내의 고유임피던스는 약 몇 요인가?

① 32.5

② 39.7

③ 42.3

④ 45.6

| 해설

고유 임피던스:

$$Z_0 = \dfrac{E}{H} = \sqrt{\dfrac{\mu}{\epsilon}} = 377 \sqrt{\dfrac{\mu_s}{\epsilon_s}} = 377 \sqrt{\dfrac{1}{90}} = 39.7[\Omega]$$


## 18 □□□

사이클로트론에서 양자가 매초 $3 \times 10^5$개의 비율로 가속되어 나오고 있다. 양자가 15MeV의 에너지를 가지고 있다고 할 때, 이 사이클로트론은 가속용 고주파 전계를 만들기 위해서 150kW의 전력을 필요로 한다면 에너지 효율[%]은?

① 2.8

② 3.8

③ 4.8

④ 5.8

| 해설

- 전하량:
  $Q = ne = (3 \times 10^{15}) \times (1.6 \times 10^{-19}) = 4.806 \times 10^{-4}[C]$
- 에너지:
  $W = QV = (4.806 \times 10^{-4}) \times (15 \times 10^6) = 7,209[J]$
- 효율: $\eta = \dfrac{7,209}{150 \times 10^3} \times 100 = 4.8[\%]$

## 19 ☐☐☐

단면적 $4cm^2$의 철심에 $6 \times 10^{-4}$[Wb]의 자속을 통하게 하려면 2,800AT/m]의 자계가 필요하다. 이 철심의 비투자율은 약 얼마인가?

① 346
② 375
③ 407
④ 426

| 해설

• 자속: $\phi = Bs = \mu HS = \mu_0 \mu_s HS$

• 비투자율:

$$\mu_s = \frac{\phi}{\mu_0 HS} = \frac{6 \times 10^{-4}}{(4\pi \times 10^{-7}) \times 2,800 \times (4 \times 10^{-4})}$$

$$= 426[H/m]$$

## 20 ☐☐☐

대전된 도체의 특징으로 틀린 것은?

① 가우스정리에 의해 내부에는 전하가 존재한다.
② 전계는 도체 표면에 수직인 방향으로 진행된다.
③ 도체에 인가된 전하는 도체 표면에만 분포한다.
④ 도체 표면에서의 전하밀도는 곡률이 클수록 높다.

| 해설

**대전된 도체의 특징**

• 대전된 도체의 전하는 도체 표면에만 존재한다.
• 도체 내부에는 전하가 존재하지 않는다.
• 도체 표면과 내부 전위는 동일하다.
• 도체면에서 전계의 세기는 도체 표면에 항상 수직이다.
• 도체 표면에서의 전하 밀도는 곡률이 클수록(곡률반경이 작을수록) 높다.

## 제2과목 전력공학

## 21 ☐☐☐

송배전 선로에서 도체의 굵기는 같게 하고 도체간의 간격을 크게 하면 도체의 인덕턴스는?

① 커진다.
② 작아진다.
③ 변함이 없다.
④ 도체의 굵기 및 도체간의 간격과는 무관하다.

| 해설

전선 내부의 자기 인덕턴스와 전선 외부의 상호 인덕턴스를 합쳐서 작용 인덕턴스라고 부르며, 반지름 $r$, 등가선간 거리 $D$인 송전선로의 단위 길이당 작용 인덕턴스는 다음과 같다.

$$L = 0.05 + 0.4605 \log_{10} \frac{D}{r} [H/km]$$

따라서 $r$은 일정하게 하고 $D$를 증가시키면 $L$은 커진다.

## 22 ☐☐☐

동일 전력을 동일 선간 전압, 동일 역률로 동일 거리에 보낼 때 사용하는 전선의 총중량이 같으면 3상 3선식인 때와 단상 2선식일 때는 전력 손실비는?

① 1

② $\dfrac{3}{4}$

③ $\dfrac{2}{3}$

④ $\dfrac{1}{\sqrt{3}}$

| 해설

손실 전력은 전선 가닥수$\times I^2 R$이므로 3상 3선식의 전류, 저항이 단상 2선식의 전류, 저항에 비교할 때 몇 배인지 알아야 한다.
선간전력과 전력이 동일하다는 조건으로부터
$\sqrt{3}\,VI_3 = VI_2 \Rightarrow I_3 : I_2 = 1 : \sqrt{3}$ 이다.
총중량과 거리가 같다는 조건으로부터
$3\rho_v S_3 l = 2\rho_v S_2 l \Rightarrow S_3 : S_2 = 2 : 3$

그런데 도선 한 가닥의 저항은 $\rho\dfrac{l}{S}$인데 비저항은 상수, 길이가 동일하다고 했으므로 저항의 비는

$R_3 : R_2 = \dfrac{1}{S_3} : \dfrac{1}{S_2} = 3 : 2$이다.

따라서 손실전력의 비는
$3 \times I_3^2 R_3 : 2 \times I_2^2 R_2 = 3 \times 1^2 \times 3 : 2 \times \sqrt{3^2} \times 2 = 9 : 12$

## 23 ☐☐☐

배전반에 접속되어 운전 중인 계기용 변압기(PT) 및 변류기(CT)의 2차측 회로를 점검할 때 조치 사항으로 옳은 것은?

① CT만 단락시킨다.
② PT만 단락시킨다.
③ CT와 PT 모두를 단락시킨다.
④ CT와 PT 모두를 개방시킨다.

| 해설

CT 2차측을 단락시키지 않으면 CT 2차측 코일 양단에 무한대 전압이 유기되어 2차 권선의 절연이 파괴될 수 있다.

## 24 ☐☐☐

배전선로의 역률 개선에 따른 효과로 적합하지 않은 것은?

① 선로의 전력손실 경감
② 선로의 전압강하의 감소
③ 전원측 설비의 이용률 향상
④ 선로 절연의 비용 절감

| 해설

역률 개선으로 무효전력이 줄면
① 전력손실이 경감한다. 역률 개선으로 수전단 위상각($\theta_r$)이 작아지면 $\tan\theta_r$도 작아진다.
② 따라서 선로의 전압강하는 감소한다.
유효전력이 증가하면 ③ 설비 이용률이 향상된다.
역률을 개선하더라도 ④ 선간 전압은 변하지 않는다.

## 25 ☐☐☐

총 낙차 300m, 사용 수량 20m³/s인 수력 발전소의 발전기 출력은 약 몇 kW인가? (단, 수차 및 발전기 효율은 각각 90%, 98%라하고, 손실 낙차는 총 낙차의 6%라고 한다)

① 48750
② 51860
③ 54170
④ 54970

| 해설

기본적으로 물의 시간당 위치에너지 변화량이 발전기 출력이 된다.

$\dfrac{mgh}{t} = \dfrac{(20\times 10^3)\times 9.8 \times 300}{1\text{초}} = 58800000[\text{W}]$

발전기 실제 출력

$= \dfrac{mgh}{t} \times 0.94 \times 0.9 \times 0.98$

$= \dfrac{(20\times 10^3)\times 9.8 \times 300}{1\text{초}} \times 0.94 \times 0.9 \times 0.98$

$= 58800000 \times 0.82908$

$= 48749904[\text{W}] = 48750[\text{kW}]$

## 26 ☐☐☐

수전단을 단락한 경우 송전단에서 본 임피던스가 $330\Omega$이고, 수전단을 개방한 경우 송전단에서 본 어드미턴스가 $1.875 \times 10^{-3}\mho$일 때 송전단의 특성 임피던스는 약 몇 $\Omega$인가?

① 120
② 220
③ 320
④ 420

| 해설

특성 임피던스 공식을 이용하면

$$Z_0 = \sqrt{\frac{R + \omega L}{G + \omega C}} = \sqrt{\frac{Z}{Y}}$$

$Z = 330\Omega$, $Y = 1.875 \times 10^{-3}\mho$를 대입하면

$$Z_0 = \sqrt{176000\Omega^2} \fallingdotseq 420\Omega$$

## 27 ☐☐☐

다중 접지 계통에 사용되는 재폐로 기능을 갖는 일종의 차단기로서 과부하 또는 고장 전류가 흐르면 순시동작하고, 일정시간 후에는 자동적으로 재폐로 하는 보호기기는?

① 라인퓨즈
② 리클로저
③ 섹셔널라이저
④ 고장구간 자동개폐기

| 해설

① 라인퓨즈는 배전선로 도중에 삽입되는 배전용 COS이다.
② 리클로저는 자동 재폐로 기능을 가진 보호기기이다.
③ 섹셔널라이저는 부하 전류를 차단하는 능력은 없지만 리클로저와 협조하여 사고 발생 선로를 국부적으로 분리시키는 보호 기기이다.
④ 자동 개폐기는 수용가의 구내 고장이 배전선로에 파급되지 않도록 고장 전류를 개폐하는 보호기기이다.

## 28 ☐☐☐

송전선 중간에 전원이 없을 경우에 송전단의 전압 $E_s = AE_r + BI_r$이 된다. 수전단의 전압 $E_R$의 식으로 옳은 것은? (단, $I_s$, $I_r$는 송전단 및 수전단의 전류이다)

① $E_R = AE_s + CI_s$
② $E_R = BE_s + AI_s$
③ $E_R = DE_s - BI_s$
④ $E_R = CE_s - DI_s$

| 해설

$V_s = AE_r + BI_r$ ...... (1)식
$I_s = CE_r + DI_r$ ...... (2)식

$I_r$을 소거하기 위해 (1)식에 D를, (2)식에 B를 곱한 뒤 변끼리 빼주면

$DE_s - BI_s = DAE_r - BCE_r$이고

$AD - BC = 1$이므로 $DE_s - BI_s = E_r$이다.

## 29 ☐☐☐

비접지식 3상 송배전 계통에서 1선 지락 고장 시 고장 전류를 계산하는 데 사용되는 정전용량은?

① 작용 정전용량
② 대지 정전용량
③ 합성 전용량
④ 선간 정전용량

| 해설

• 지락 전류 $I_g = j3\omega C_s E$
  ($C_s$: 대지 정전용량, $E$: 상전압)

• 충전전류 $I_c = 2\pi f C_w \dfrac{V}{\sqrt{3}}$
  ($C_w$: 작용 정전용량, $V$: 선간 전압)

## 30 ☐☐☐

비접지 계통의 지락사고 시 계전기에 영상전류를 공급하기 위하여 설치하는 기기는?

① PT
② CT
③ ZCT
④ GPT

| 해설

영상전류 $I_0 = \frac{1}{3}(I_a + I_b + I_c)$

ZCT는 비접지 계통의 배전선 지락사고 보호용 계기이며, 방향 지락 계전기와 조합하여 사용한다.

## 31 ☐☐☐

이상 전압의 파고값을 저감시켜 전력 사용 설비를 보호하기 위하여 설치하는 것은?

① 초호환
② 피뢰기
③ 계전기
④ 접지봉

| 해설

피뢰기는 뇌 서지, 개폐 서지와 같은 이상 전압을 대지로 방전시키고 속류를 차단한다.

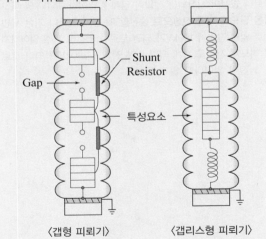

〈갭형 피뢰기〉　　〈갭리스형 피뢰기〉

## 32 ☐☐☐

임피던스 $Z_1$, $Z_2$ 및 $Z_3$을 그림과 같이 접속한 선로의 A쪽에서 전압파 E가 진행해 왔을 때 접속점 B에서 무반사로 되기 위한 조건은?

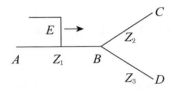

① $Z_1 = Z_2 + Z_3$
② $\frac{1}{Z_3} = \frac{1}{Z_2} + \frac{1}{Z_1}$
③ $\frac{1}{Z_1} = \frac{1}{Z_2} + \frac{1}{Z_3}$
④ $\frac{1}{Z_2} = \frac{1}{Z_1} + \frac{1}{Z_3}$

| 해설

주어진 그림에서 입력 임피던스 $Z_0$는 $Z_1$로 주어졌고, 부하 임피던스 $Z_L$은 $Z_2$, $Z_3$의 병렬 연결이므로

$\frac{1}{Z_L} = \frac{1}{Z_2} + \frac{1}{Z_3}$ 로부터 $Z_L = \frac{Z_2 Z_3}{Z_2 + Z_3}$ 이다.

반사계수 $= 0$, 즉 $Z_1 = \frac{Z_2 Z_3}{Z_2 + Z_3}$,

역수 취하면 $\frac{1}{Z_1} = \frac{1}{Z_2} + \frac{1}{Z_3}$ 일 때 무반사이다.

## 33 ☐☐☐

저압 뱅킹 방식에서 저전압의 고장에 의하여 건전한 변압기의 일부 또는 전부가 차단되는 현상은?

① 아킹(Arcing)
② 플리커(Flicker)
③ 밸런스(Balance)
④ 캐스케이딩(Cascading)

| 해설

플리커는 수지식 고압 배전에서 나타나는 현상이고 캐스케이딩은 저압 뱅킹 방식에서 나타나는 현상이다.

## 34 ☐☐☐

**변전소의 가스 차단기에 대한 설명으로 틀린 것은?**

① 근거리 차단에 유리하지 못하다.
② 불연성이므로 화재의 위험성이 적다.
③ 특고압 계통의 차단기로 많이 사용된다.
④ 이상 전압의 발생이 적고, 절연 회복이 우수하다.

## 35 ☐☐☐

**켈빈(Kelvin)의 법칙이 적용되는 경우는?**

① 전압 강하를 감소시키고자 하는 경우
② 부하 배분의 균형을 얻고자 하는 경우
③ 전력 손실량을 축소시키고자 하는 경우
④ 경제적인 전선의 굵기를 선정하고자 하는 경우

## 36 ☐☐☐

**보호 계전기의 반한시 · 정한시 특성은?**

① 동작 전류가 커질수록 동작 시간이 짧게 되는 특성
② 최소 동작 전류 이상의 전류가 흐르면 즉시 동작하는 특성
③ 동작 전류의 크기에 관계없이 일정한 시간에 동작하는 특성
④ 동작 전류가 커질수록 동작 시간이 짧아지며, 어떤 전류 이상이 되면 동작 전류의 크기에 관계없이 일정한 시간에서 동작하는 특성

## 37 ☐☐☐

**단도체 방식과 비교할 때 복도체 방식의 특징이 아닌 것은?**

① 안정도가 증가된다.
② 인덕턴스가 감소된다.
③ 송전 용량이 증가된다.
④ 코로나 임계 전압이 감소된다.

## 38 ☐☐☐

1선 지락 시에 지락 전류가 가장 작은 송전계통은?

① 비접지식  ② 직접 접지식
③ 저항 접지식  ④ 소호리액터 접지식

## 39 ☐☐☐

수차의 캐비테이션 방지책으로 틀린 것은?

① 흡출 수두를 증대시킨다.
② 과부화 운전을 가능한 한 피한다.
③ 수차의 비속도를 너무 크게 잡지 않는다.
④ 침식에 강한 금속 재료로 러너를 제작한다.

## 40 ☐☐☐

선간 전압이 154kV이고, 1상당의 임피던스가 j8Ω인 기기가 있을 때, 기준 용량을 100MVA로 하면 %임피던스는 약 몇 %인가?

① 2.75  ② 3.15
③ 3.37  ④ 4.25

# 제3과목 전기기기

## 41 ☐☐☐

3상 비돌극형 동기 발전기가 있다. 정격출력 5000kVA, 정격 전압 6000V, 정격 역률 0.8이다. 여자를 정격 상태로 유지할 때 이 발전기의 최대 출력은 약 몇 kW인가? (단, 1상의 동기 리액턴스는 0.8pu이며 저항은 무시한다)

① 7500
② 10000
③ 11500
④ 12500

## 42 ☐☐☐

직류기의 손실 중에서 기계손으로 옳은 것은?

① 풍손
② 와류손
③ 표류 부하손
④ 브러시의 전기손

## 43 □□□

다음 (   )에 알맞은 것은?

> 직류 발전기에서 계자 권선이 전기자에 병렬로 연결된 직
> 류기는 (  ⓐ  ) 발전기라 하며, 전기자 권선과 계자 권선
> 이 직렬로 접속된 직류기는 (  ⓑ  ) 발전기라 한다.

① ⓐ 분권, ⓑ 직권

② ⓐ 직권, ⓑ 분권

③ ⓐ 복권, ⓑ 분권

④ ⓐ 자여자, ⓑ 타여자

| 해설

병렬 접속된 것을 분권, 직렬 접속된 것을 직권이라고 부른다.


## 44 □□□

1차 전압 6600V, 2차 전압 220V, 주파수 60Hz, 1차 권수 1200회인 경우 변압기의 최대 자속[Wb]은?

① 0.36

② 0.63

③ 0.012

④ 0.021

| 해설

$E = \dfrac{2\pi}{\sqrt{2}} f N \phi_m = 4.44 f N \phi_m$ 이므로

$\phi_m = \dfrac{E_1}{4.44 f N_1} = \dfrac{6600}{4.44 \times 60 \times 1200} = 0.021 \, [\text{Wb}]$


## 45 □□□

직류 발전기의 정류 초기에 전류 변화가 크며 이때 발생되는 불꽃 정류로 옳은 것은?

① 과정류

② 직선 정류

③ 부족 정류

④ 정현파 정류

| 해설

직류 발전기는 정류 초기에 브러시 전단부에서 불꽃이 발생하여 과정류 곡선을 그린다.


## 46 □□□

3상 유도 전동기의 속도 제어법으로 틀린 것은?

① 1차 저항법

② 극수 제어법

③ 전압 제어법

④ 주파수 제어법

| 해설

농형 유도 전동기의 속도 제어법으로는 극수 제어법, 주파수 제어법, 1차 전압 제어법이 있다.

## 47 □□□

60Hz의 변압기에 50Hz의 동일 전압을 가했을 때의 자속 밀도는 60Hz 때와 비교하였을 경우 어떻게 되는가?

① $\frac{5}{6}$로 감소

② $\frac{6}{5}$으로 증가

③ $\left(\frac{6}{5}\right)^{16}$로 감소

④ $\left(\frac{5}{6}\right)^{16}$으로 증가

| 해설

$E = 4.44fN\phi_m = 4.44fNB_mA = 4.44fN \cdot B_mA$에서 전압이 일정하면 주파수와 자속 밀도의 곱은 일정하다. 주파수가 $\frac{5}{6}$로 감소하면 자속 밀도는 $\frac{6}{5}$으로 증가한다.

## 48 □□□

2대의 변압기로 V결선하여 3상 변압하는 경우 변압기 이용률은 약 몇 %인가?

① 57.8
② 66.6
③ 86.6
④ 100

| 해설

V결선 시의 출력 $P_V$를 단상 변압기 2대 사용 시의 출력과 비교한 것을 이용률이라고 한다.

이용률 $= \frac{\sqrt{3}\,VI}{2\,VI} = 86.6\%$이다.

## 49 □□□

3상 유도 전동기의 기동법 중 전전압 기동에 대한 설명으로 틀린 것은?

① 기동 시에 역률이 좋지 않다.
② 소용량으로 기동 시간이 길다.
③ 소용량 농형 전동기의 기동법이다.
④ 전동기 단자에 직접 정격 전압을 가한다.

| 해설

전전압 기동법은 기동 시간이 짧고 용량이 작은 5kW 이하의 소용량 농형 유도 전동기에는 적용이 가능하다.

## 50 □□□

동기 발전기의 전기자 권선법 중 집중권인 경우 매극 매상의 홈(slot) 수는?

① 1개            ② 2개
③ 3개            ④ 4개

| 해설

매극매상당 슬롯수 $q = \frac{\text{총 슬롯수}}{\text{상수} \times \text{극수}}$인데, 집중권은 $q = 1$이 되게 감은 권선법을 말한다.

## 51 □□□

유도 전동기의 속도 제어를 인버터 방식으로 사용하는 경우 1차 주파수에 비례하여 1차 전압을 공급하는 이유는?

① 역률을 제어하기 위해
② 슬립을 증가시키기 위해
③ 자속을 일정하게 하기 위해
④ 발생 토크를 증가시키기 위해

| 해설

농형 유도 전동기의 자속 $\phi \propto \frac{V_1}{f}$이므로 1차 전압과 주파수를 동시에 한 방향으로 바꿔야 자속이 일정하게 유지된다.

## 52 ☐☐☐

3상 유도 전압 조정기의 원리를 응용한 것은?

① 3상 변압기

② 3상 유도 전동기

③ 3상 동기 발전기

④ 3상 교류자 전동기

| 해설

단권 변압기를 응용한 것이 3상 유도 전압 조정기이고, 3상 유도 전압 조정기의 원리를 응용한 것이 3상 유도 전동기라고 말할 수 있다.

## 53 ☐☐☐

정류 회로에서 상의 수를 크게 했을 경우 옳은 것은?

① 맥동 주파수와 맥동률이 증가한다.

② 맥동률과 맥동 주파수가 감소한다.

③ 맥동 주파수는 증가하고 맥동률은 감소한다.

④ 맥동률과 주파수는 감소하나 출력이 증가한다.

| 해설

상의 수를 크게 하면 맥동 주파수는 높아지고 맥동률은 감소한다. 즉, 상의 수가 많을수록 정류된 출력 신호는 직류에 더 가깝다.

## 54 ☐☐☐

동기 전동기의 위상 특성 곡선(V곡선)에 대한 설명으로 옳은 것은?

① 출력을 일정하게 유지할 때 부하 전류와 전기자 전류의 관계를 나타낸 곡선

② 역률을 일정하게 유지할 때 계자 전류와 전기자 전류의 관계를 나타낸 곡선

③ 계자 전류를 일정하게 유지할 때 전기자 전류와 출력 사이의 관계를 나타낸 곡선

④ 공급 전압 V와 부하가 일정할 때 계자 전류의 변화에 대한 전기자 전류의 변화를 나타낸 곡선

| 해설

동기 전동기의 공급 전압과 출력(또는 부하)이 일정하다는 조건하에서 계자 전류 $I_f$와 전기자 전류 $I_a$ 사이의 관계를 나타낸 곡선으로, V자 모양이라서 V곡선이라고도 부른다.

## 55 ☐☐☐

유도 전동기의 기동 시 공급하는 전압을 단권 변압기에 의해서 일시 강하시켜서 기동 전류를 제한하는 기동 방법은?

① Y−Δ 기동

② 저항 기동

③ 직접 기동

④ 기동 보상기에 의한 기동

| 해설

유도 전동기의 1차측에 기동 보상기를 연결하여 낮은 전압으로 유도 전동기를 기동시키고 기동이 끝나면 탭을 옮겨서 전 전압 운전으로 전환시키는 기동법이 기동 보상기법이다.

## 56 □□□

그림과 같은 회로에서 V(전원 전압의 실효치)= 100V, 점호각 $a = 30°$인 때의 부하 시의 직류 전압 $E_{da}$[V]는 약 얼마인가? (단, 전류가 연속하는 경우이다)

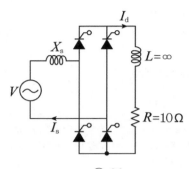

① 90
② 86
③ 77.9
④ 100

| 해설

단상 전파 위상제어 정류 회로(혼합 브리지)
유도성 부하

$$E_d = \frac{2\sqrt{2}E}{\pi}\cos\alpha = \frac{2\sqrt{2}\times 100}{\pi}\cos 30° = \frac{200\sqrt{6}}{2\pi}$$

## 57 □□□

직류 분권 전동기가 전기자 전류 100A일 때 $50 \mathrm{kg \cdot m}$의 토크를 발생하고 있다. 부하가 증가하여 전기자 전류가 120A로 되었다면 발생 토크$\mathrm{kg \cdot m}$는 얼마인가?

① 60
② 67
③ 88
④ 160

| 해설

직류 분권 전동기의 토크 $T \propto I_f I_a$에서 $I_f$는 일정하므로 토크는 전기자 전류 $I_a$에 비례한다. 전기자 전류가 1.2배로 커졌으므로 토크도 1.2배가 된다.

## 58 □□□

비례 추이와 관계 있는 전동기로 옳은 것은?

① 동기 전동기
② 농형 유도 전동기
③ 단상 정류자 전동기
④ 권선형 유도 전동기

| 해설

비례 추이는 2차 저항의 크기를 변화시킬 수 있는 권선형 유도 전동기의 특성이다.

## 59 □□□

동기 발전기의 단락비가 적을 때의 설명으로 옳은 것은?

① 동기 임피던스가 크고 전기자 반작용이 작다.
② 동기 임피던스가 크고 전기자 반작용이 크다.
③ 동기 임피던스가 작고 전기자 반작용이 작다.
④ 동기 임피던스가 작고 전기자 반작용이 크다.

| 해설

단락비가 작으면 동기 임피던스가 크고 전기자 반작용이 크다.

## 60 □□□

3/4 부하에서 효율이 최대인 주상 변압기의 전부하 시 철손과 동손의 비는?

① 8:4
② 4:4
③ 9:16
④ 16:9

| 해설

$P_i = m^2 P_c$(부하율 $m = \frac{3}{4}$)일 때 효율이 최대이므로 철손과 동손의 비는 $P_i : P_c = m^2 P_c : P_c = m^2 : 1$이다.

정답   56 ③   57 ①   58 ④   59 ②   60 ③

## 61 □□□

다음의 신호흐름 선도를 메이슨의 공식을 이용하여 전달 함수를 구하고자 한다. 이 신호흐름 선도에서 루프(Loop) 는 몇 개인가?

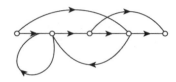

① 0
② 1
③ 2
④ 3

| 해설
루프란 특정 마디에서 시작하여 그 마디로 되돌아오는 경로를 의미한다. 직선 위 2개는 되돌아오지 않는 경로라서 루프가 될 수 없고 직선 아래 2개가 조건에 충족되는 루프이다.

## 62 □□□

특성 방정식 중에서 안정된 시스템인 것은?

① $2s^3 + 3s^2 + 4s + 5 = 0$
② $s^4 + 3s^3 - s^2 + s + 10 = 0$
③ $s^5 + s^3 + 2s^2 + 4s + 3 = 0$
④ $s^4 - 2s^3 - 3s^2 + 4s + 5 = 0$

| 해설
③은 특성방정식의 모든 차수가 존재해야 한다는 조건에 위배 되고, ②와 ④은 특성방정식의 계수 부호가 전부 동일해야 한 다는 조건에 위배된다.

## 63 □□□

타이머에서 입력신호가 주어지면 바로 동작하고, 입력 신 호가 차단된 후에는 일정 시간이 지난 후에 출력이 소멸 되는 동작 형태는?

① 한시동작 순시복귀
② 순시동작 순시복귀
③ 한시동작 한시복귀
④ 순시동작 한시복귀

| 해설
순시는 prompt time을 의미하므로 타이머를 거치지 않는 동 작이고, 한시는 delayed time을 의미하므로 타이머에 의한 시간 지연 동작이다.

## 64 □□□

단위 궤환 제어 시스템의 전향 경로 전달함수가

$G(s) = \dfrac{k}{s(s^2 + 5s + 4)}$ 일 때, 이 시스템이 안정하기 위

한 $K$의 범위는?

① $K < -20$
② $-20 < K < 0$
③ $0 < K < 20$
④ $20 < K$

| 해설
루스표를 구해서 안정도를 판정한다.
$F(s) = s^3 + 5s^2 + 4s + k = 0$
$s^1$행에 대한 1열 $= 5 - \dfrac{k}{4} > 0 \ \Rightarrow \ k < 20$
$s^0$행에 대한 1열 $= k > 0$
두 조건을 동시에 만족하는 k의 범위는 $0 < k < 20$이다.

## 65 ☐☐☐

$R(z) = \dfrac{(1-e^{-aT})z}{(z-1)(z-e^{-aT})}$ 의 역변환은?

① $te^{at}$

② $te^{-at}$

③ $1-e^{-at}$

④ $1+e^{-at}$

## 66 ☐☐☐

시간 영역에서 자동 제어계를 해석할 때 기본 시험입력에 보통 사용되지 않는 입력은?

① 정속도 입력

② 정현파 입력

③ 단위계단 입력

④ 정가속도 입력

## 67 ☐☐☐

$G(s)H(s) = \dfrac{K(s-1)}{s(s+1)(s-4)}$ 에서 점근선의 교차점을 구하면?

① $-1$

② $0$

③ $1$

④ $2$

## 68 ☐☐☐

n차 선형 시불변 시스템의 상태방정식을

$\dfrac{d}{dt}X(t) = AX(t) + Br(t)$ 로 표시할 때 상태천이

$\phi(t)$(n×n행렬)에 관하여 틀린 것은?

① $\phi(t) = e^{At}$

② $\dfrac{d\phi(t)}{dt} = A \cdot \phi(t)$

③ $\phi(t) = \mathcal{L}^{-1}[(sI-A)^{-1}]$

④ $\phi(t)$는 시스템의 정상상태 응답을 나타낸다.

## 69 □□□

다음의 신호 흐름 선도에서 C/R는?

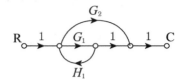

① $\dfrac{G_1 + G_2}{1 - G_1 H_1}$

② $\dfrac{G_1 G_2}{1 - G_1 H_1}$

③ $\dfrac{G_1 + G_2}{1 + G_1 H_1}$

④ $\dfrac{G_1 G_2}{1 + G_1 H_1}$

| 해설

전향 경로 2개에 대해 전향이득
$= 1 \times G_1 \times 1 \times 1 + 1 \times G_2 \times 1$이고, 루프이득은 $G_1 H_1$이다. 따라서

메이슨 공식 $= G(s) = \dfrac{\text{전향이득}}{1 - \text{루프이득}} = \dfrac{G_1 + G_2}{1 - G_1 H_1}$ 이다.

## 70 □□□

PD 조절기와 전달함수 $G(s) = 1.2 + 0.02s$의 영점은?

① $-60$

② $-50$

③ $50$

④ $60$

| 해설

비례 미분 제어기의 전달함수가 제시되었으므로
$1.2 + 0.02s = 0$으로부터 $s = -60$이다.

## 71 □□□

$e = 100\sqrt{2}\sin\omega t + 75\sqrt{2}\sin 3\omega t + 20\sqrt{2}\sin 5\omega t \,[V]$

인 전압을 RL 직렬 회로에 가할 때 제3고조파 전류의 실횻값은 몇 A인가? (단, $R = 4\Omega$, $\omega L = 1\Omega$이다)

① 15

② $15\sqrt{2}$

③ 20

④ $20\sqrt{2}$

| 해설

RL 직렬 회로에 비정현파 전압이 인가될 때 3고조파 전류의 실횻값은 $\dfrac{V_3}{\sqrt{R^2 + (3\omega L)^2}}$ 인데, $V_3$는 3고조파 성분에 해당하는 전압의 실횻값이다.

따라서 $\dfrac{75}{\sqrt{4^2 + (3 \times 1)^2}} = 15[A]$이다.

## 72 □□□

전원과 부하가 Δ결선된 3상 평형회로가 있다. 전원전압이 200V, 부하 1상의 임피던스가 $6 + j8[\Omega]$일 때 선전류 [A]는?

① 20

② $20\sqrt{3}$

③ $\dfrac{20}{\sqrt{3}}$

④ $\dfrac{\sqrt{3}}{20}$

| 해설

Δ결선 3상 부하이므로 $I_l = \dfrac{\sqrt{3}\,V_l}{Z}$

그런데 $\dot{Z} = 6 + j8$이므로 $Z = 10$이다.

$\dfrac{\sqrt{3} \times 200}{10} = 20\sqrt{3}$

정답  69 ①  70 ①  71 ①  72 ②

## 73 ☐☐☐

분포 정수 선로에서 무왜형 조건이 성립하면 어떻게 되는가?

① 감쇠량이 최소로 된다.

② 전파속도가 최대로 된다.

③ 감쇠량은 주파수에 비례한다.

④ 위상정수가 주파수에 관계없이 일정하다.

| 해설

무왜형 조건에서는 감쇠량이 최소로 된다.

## 74 ☐☐☐

회로에서 $V = 10\text{V}$, $R = 10\Omega$, $L = 1\text{H}$, $C = 10\mu\text{F}$ 그리고 $V_C(0) = 0$일 때 스위치 $K$를 닫은 직후 전류의 변화율 $\dfrac{di}{dt}(0^+)$의 값[A/sec]은?

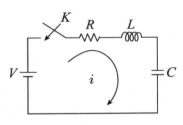

① 0        ② 1

③ 5        ④ 10

| 해설

스위치를 닫은 직후에는 전류 크기가 0이므로 $Ri(t) = 0$이고, 콘덴서 양단 전압은 $v_c = 0$으로 주어졌다. KVL에 의한 다음 식에 대입하면

$$Ri(t) + L\frac{di(t)}{dt} + \frac{1}{C}\int i(t)dt = E$$

$$\Rightarrow 0 + L\frac{di(t)}{dt}\bigg|_{t=0} + 0 = V$$

$$\Rightarrow \frac{di(t)}{dt}\bigg|_{t=0} = \frac{V}{L} = \frac{10}{1}\,[\text{A/sec}]$$

## 75 ☐☐☐

$F(s) = \dfrac{2s+15}{s^3 + s^2 + 3s}$ 일 때 $f(t)$의 최종값은?

① 2

② 3

③ 5

④ 15

| 해설

최종값 정리를 이용한다.

$$\lim_{t\to 0^+} f(t) = f(0^+) = \lim_{s\to\infty} sF(s) = \lim_{\to\infty}\frac{2s+15}{s^2+s+3} = 5$$

## 76 ☐☐☐

대칭 5상 교류 성형 결선에서 선간 전압과 상전압 간의 위상차는 몇 도인가?

① 27°

② 36°

③ 54°

④ 72°

| 해설

대칭 $n$상 교류를 성형 결선하면 선간전압의 크기는 상전압의 $2\sin\dfrac{\pi}{n}$배, 위상은 상전압보다 $\dfrac{\pi}{2}\left(1-\dfrac{2}{n}\right)$만큼 앞선다. 따라서

위상차 $= \dfrac{\pi}{2}\left(1-\dfrac{2}{5}\right) = \dfrac{3\pi}{10} = 54°$

해커스 전기기사 필기 한권완성 기본이론 + 기출문제

## 77 □□□

정현파 교류 $v = V_m \sin \omega t$의 전압을 반파 정류하였을 때의 실횻값은 몇 V인가?

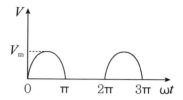

① $\dfrac{V_m}{\sqrt{2}}$

② $\dfrac{V_m}{2}$

③ $\dfrac{V_m}{2\sqrt{2}}$

④ $\sqrt{2}\, V_m$

| 해설

위상 $\pi \sim 2\pi$ 구간에서 출력 전압이 0이므로 실횻값은

$$\sqrt{\frac{1}{T}\int_0^T V^2\, dt} = \sqrt{\frac{1}{2\pi}\int_0^\pi V^2\, dt + \int_\pi^{2\pi} 0\, dt}$$

$$= \sqrt{\frac{V_m^2}{2\pi}\left[\frac{\theta}{2} - \frac{1}{4}\sin 2\theta\right]_0^\pi} = \sqrt{\frac{V_m^2}{2\pi}\frac{\pi}{2}} = \frac{V_m}{2} \text{이다.}$$

## 78 □□□

회로망 출력 단자 $a-b$에서 바라본 등가 임피던스는? (단, $V_1 = 6\,\mathrm{V}$, $V_2 = 3\,\mathrm{V}$, $I_1 = 10\,\mathrm{A}$, $R_1 = 15\,\Omega$, $R_2 = 10\,\Omega$, $L = 2\,\mathrm{H}$, $j\omega = s$이다)

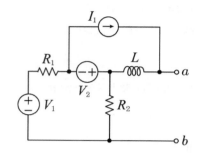

① $s + 15$

② $2s + 6$

③ $\dfrac{3}{s+2}$

④ $\dfrac{1}{s+3}$

| 해설

등가저항 $R_{eq}$는 회로내 전압원을 단락, 전류원을 개방시킨 상태에서 회로쪽을 바라본 전체 저항이다. $R_1$과 $R_2$를 병렬 접속한 뒤 다시 $j\omega L$을 직렬 접속한 회로의 합성 저항을 구하면 된다.

$$R_{eq} = \frac{15 \times 10}{15 + 10} + 2s$$

## 79 □□□

대칭 3상 전압이 a상 $V_a$, b상 $V_b = a^2 V_a$, c상 $V_c = a V_a$ 일 때 a상을 기준으로 한 대칭분 전압 중 정상분 $V_1$[V]은 어떻게 표시되는가?

① $\dfrac{1}{3}V_a$

② $V_a$

③ $aV_a$

④ $a^2 V_a$

| 해설

정상 전압 $V_1 = \dfrac{1}{3}(V_a + a V_b + a^2 V_c)$에 주어진 조건을 대입

하면 $V_1 = \dfrac{1}{3}(V_a + a^3 V_a + a^3 V_a) = \dfrac{1}{3}3V_a = V_a$

## 80 □□□

다음과 같은 비정현파 기전력 및 전류에 의한 평균전력을 구하면 몇 W인가?

$$e = 100\sin\omega t - 50\sin(3\omega t + 30°)$$
$$\quad + 20\sin(5\omega t + 45°)(V)$$
$$I = 20\sin\omega t + 10\sin(3\omega t - 30°)$$
$$\quad + 5\sin(5\omega t - 45°)(A)$$

① 825

② 875

③ 925

④ 1175

| 해설

비정현파의 유효전력은

$$P = E_0 I_0 + \sum_{n=1}^{m} V_n I_n \cos\theta_n$$
$$= \frac{100}{\sqrt{2}}\frac{20}{\sqrt{2}}\cos 0° + \frac{-50}{\sqrt{2}}\frac{10}{\sqrt{2}}\cos 60°$$
$$+ \frac{20}{\sqrt{2}}\frac{20}{\sqrt{2}}\cos 90°$$
$$= \frac{2000}{2} - \frac{500}{2} \times \frac{1}{2} = 875$$

## 제5과목 전기설비기술기준

## 81 □□□

지중 전선로의 매설 방법이 아닌 것은?

① 관로식

② 인입식

③ 암거식

④ 직접 매설식

| 해설

지중 전선로는 전선에 케이블을 사용하고 관로식 · 암거식(暗渠式) 또는 직접 매설식에 의해 시설한다.

## 82 □□□

특고압용 변압기로서 그 내부에 고장이 생긴 경우에 반드시 자동 차단되어야 하는 변압기의 뱅크 용량은 몇 kVA 이상인가?

① 5000

② 10000

③ 50000

④ 100000

| 해설

| 뱅크 용량의 구분 | 동작조건 | 장치의 종류 |
|---|---|---|
| 5,000kVA 이상 10,000kVA 미만 | 변압기 내부 고장 | 자동 차단 장치 또는 경보장치 |
| 10,000kVA 이상 | 변압기 내부 고장 | 자동 차단 장치 |
| 타냉식 변압기 (수냉식, 송유 풍냉식, 송유 자냉식) | 냉각 장치에 고장이 생긴 경우 또는 변압기의 온도가 현저히 상승한 경우 | 경보 장치 |

정답  79 ②  80 ②  81 ②  82 ②

## 83 ☐☐☐

옥내에 시설하는 관등 회로의 사용 전압이 12000V인 방전등 공사 시의 네온 변압기 외함에는 몇 종 접지 공사를 해야 하는가?

① 제1종 접지 공사  ② 제2종 접지 공사
③ 제3종 접지 공사  ④ 특별 제3종 접지 공사

| 해설

※ 참고
  해당 문제는 KEC 적용에 따른 기준 변경으로 인해 정답이 없습니다.

## 84 ☐☐☐

전력 보안 가공 통신선(광섬유 케이블은 제외)을 조가할 경우 조가용 선은?

① 금속으로 된 단선  ② 강심 알루미늄 연선
③ 금속선으로 된 연선  ④ 알루미늄으로 된 단선

| 해설
조가선은 단면적 38mm² 이상의 아연도강 연선을 사용할 것

## 85 ☐☐☐

특고압 전선로의 철탑의 가장 높은 곳에 220V용 항공 장애등을 설치하였다. 이 등기구의 금속제 외함은 몇 종 접지 공사를 하여야 하는가?

① 제1종 접지 공사  ② 제2종 접지 공사
③ 제3종 접지 공사  ④ 특별 제3종 접지 공사

| 해설

※ 참고
  해당 문제는 KEC 적용에 따른 기준 변경으로 인해 정답이 없습니다.

## 86 ☐☐☐

저고압 가공 전선과 가공 약전류 전선 등을 동일 지지물에 시설하는 기준으로 틀린 것은?

① 가공 전선을 가공 약전류 전선 등의 위로 하고 별개의 완금류에 시설할 것
② 전선로의 지지물로서 사용하는 목주의 풍압 하중에 대한 안전율은 1.5 이상일 것
③ 가공 전선과 가공 약전류 전선 등 사이의 이격 거리는 저압과 고압 모두 75cm 이상일 것
④ 가공 전선이 가공 약전류 전선에 대하여 유도 작용에 의한 통신상의 장해를 줄 우려가 있는 경우에는 가공 전선을 적당한 거리에서 연가 할 것

| 해설
가공 전선과 가공 약전류 전선 등 사이의 이격 거리는 저압은 0.75m 이상, 고압은 1.5m 이상일 것

## 87 ☐☐☐

풀용 수중 조명등에 사용되는 절연 변압기의 2차측 전로의 사용 전압이 몇 V를 초과하는 경우에는 그 전로에 지락이 생겼을 때에 자동적으로 전로를 차단하는 장치를 하여야 하는가?

① 30
② 60
③ 150
④ 300

| 해설
절연 변압기의 2차측 전로의 사용 전압이 30V를 초과하는 경우에는 정격 감도 전류 30mA 이하의 누전 차단기를 시설하여야 한다.

정답   83 정답 없음   84 ③   85 정답 없음   86 ③   87 ①

## 88 ☐☐☐

석유류를 저장하는 장소의 전등 배선에 사용하지 않는 공사 방법은?

① 케이블 공사
② 금속관 공사
③ 애자 사용 공사
④ 합성 수지관 공사

| 해설

위험물(셀룰로이드·성냥·석유류 기타 타기 쉬운 위험한 물질) 등이 존재하는 장소에는 합성 수지관 공사·금속관 공사 또는 케이블 공사에 의하여야 한다.

## 89 ☐☐☐

사용 전압이 154kV인 가공 송전선의 시설에서 전선과 식물과의 이격 거리는 일반적인 경우에 몇 m 이상으로 하여야 하는가?

① 2.8
② 3.2
③ 3.6
④ 4.2

| 해설

특고압 가공 전선과 저고압 가공 전선 등의 접근 또는 교차

| 사용 전압 | 이격 거리 |
|---|---|
| 60kV 이하 | 2m |
| 60kV 초과 | $2 + 단수 \times 0.12m$<br>$단수 = \dfrac{전압[kV] - 60}{10}$ |

$(154 - 60)/10 = 9.4$로 10단이므로
$2 + (10 \times 0.12) = 3.2$

## 90 ☐☐☐

과전류 차단기로 저압 전로에 사용하는 퓨즈를 수평으로 붙인 경우 이 퓨즈는 정격 전류의 몇 배의 전류에 견딜 수 있어야 하는가?

① 1.1
② 1.25
③ 1.6
④ 2

| 해설

※ 참고

해당 문제는 KEC 적용에 따른 기준 변경으로 인해 정답이 없습니다.

## 91 ☐☐☐

농사용 저압 가공 전선로의 시설 기준으로 틀린 것은?

① 사용 전압이 저압일 것
② 전선로의 경간은 40m 이하일 것
③ 저압 가공 전선의 인장 강도는 1.38kN 이상일 것
④ 저압 가공 전선의 지표상 높이는 3.5m 이상일 것

| 해설

전선로의 경간은 30m 이하일 것

## 92 ☐☐☐

고압 가공 전선로에 시설하는 피뢰기의 제1종 접지 공사의 접지선이 그 제1종 접지 공사 전용의 것인 경우에 접지 저항 값은 몇 Ω까지 허용되는가?

① 20
② 30
③ 50
④ 75

| 해설

※ 참고

해당 문제는 KEC 적용에 따른 기준 변경으로 인해 정답이 없습니다.

해커스 전기기사 필기 한권완성 기본이론 + 기출문제

정답  88 ③  89 ②  90 정답 없음  91 ②  92 정답 없음

## 93 ☐☐☐

고압 옥측 전선로에 사용할 수 있는 전선은?

① 케이블
② 나경동선
③ 절연 전선
④ 다심형 전선

## 94 ☐☐☐

발전기를 전로로부터 자동적으로 차단하는 장치를 시설하여야 하는 경우에 해당 되지 않는 것은?

① 발전기에 과전류가 생긴 경우
② 용량이 5000kVA 이상인 발전기의 내부에 고장이 생긴 경우
③ 용량이 500kVA 이상의 발전기를 구동하는 수차의 압유 장치의 유압이 현저히 저하한 경우
④ 용량이 100kVA 이상의 발전기를 구동하는 풍차의 압유 장치의 유압, 압축 공기 장치의 공기압이 현저히 저하한 경우

## 95 ☐☐☐

고압 옥내 배선이 수관과 접근하여 시설되는 경우에는 몇 cm 이상 이격시켜야 하는가?

① 15
② 30
③ 45
④ 60

## 96 ☐☐☐

최대 사용 전압이 22900V인 3상 4선식 중성선 다중 접지식 전로와 대지 사이의 절연 내력 시험 전압은 몇 V인가?

① 32510
② 28752
③ 25229
④ 21068

## 97 ☐☐☐

라이팅 덕트 공사에 의한 저압 옥내 배선 공사 시설 기준으로 틀린 것은?

① 덕트의 끝부분은 막을 것
② 덕트는 조영재에 견고하게 붙일 것
③ 덕트는 조영재를 관통하여 시설할 것
④ 덕트의 지지점 간의 거리는 2[m] 이하로 할 것

| 해설
덕트는 조영재를 관통하여 시설하지 않도록 할 것

## 98 ☐☐☐

금속 덕트 공사에 의한 저압 옥내 배선에서 금속 덕트에 넣은 전선의 단면적의 합계는 일반적으로 덕트 내부 단면적의 몇 % 이하이어야 하는가? (단, 전광 표시 장치 · 출퇴 표시등 기타 이와 유사한 장치 또는 제어 회로 등의 배선만을 넣는 경우에는 50%)

① 20
② 30
③ 40
④ 50

| 해설
금속 덕트에 넣은 전선의 단면적의 합계는 일반적인 경우에는 20% 이하, 전광 표시 장치 기타 이와 유사한 장치 또는 제어 회로만의 배선만을 넣는 경우에는 50% 이하이다.

## 99 ☐☐☐

지중 전선로에 사용하는 지중함의 시설 기준으로 틀린 것은?

① 조명 및 세척이 가능한 적당한 장치를 시설할 것
② 견고하고 차량 기타 중량물의 압력에 견디는 구조일 것
③ 그 안의 고인 물을 제거할 수 있는 구조로 되어 있는 것
④ 뚜껑은 시설자 이외의 자가 쉽게 열 수 없도록 시설할 것

| 해설
**지중함의 시설**
• 차량 기타 중량물의 압력에 견디는 구조일 것
• 고인 물을 제거할 수 있는 구조일 것
• 크기가 1m³ 이상인 것에는 통풍 장치 기타 가스를 방산시키기 위한 적당한 장치를 시설할 것
• 뚜껑은 시설자 이외의 자가 쉽게 열 수 없도록 할 것

## 100 ☐☐☐

철탑의 강도 계산에 사용하는 이상 시 상정 하중을 계산하는 데 사용되는 것은?

① 미진에 의한 요동과 철구조물의 인장 하중
② 뇌가 철탑에 가하여졌을 경우의 충격 하중
③ 이상 전압이 전선로에 내습하였을 때 생기는 충격 하중
④ 풍압이 전선로에 직각 방향으로 가하여지는 경우의 하중

| 해설
풍압이 전선로에 직각 방향으로 가하여지는 경우의 하중과 전선로의 방향으로 가하여지는 경우의 수직 하중, 수평 횡하중, 수평 종하중을 계산하여 큰 응력이 생기는 쪽의 하중을 채택한다.

97 ③  98 ①  99 ①  100 ④

해커스 전기기사 필기 한권완성 기본이론 + 기출문제

## 제1과목 전기자기학

### 01 ☐☐☐

진공 중에서 한 변이 $a[\mathrm{m}]$인 정사각형 단일 코일이 있다. 코일에 $I[\mathrm{A}]$의 전류를 흘릴 때 정사각형 중심에서 자계의 세기는 몇 $\mathrm{AT/m}$인가?

① $\dfrac{2\sqrt{2}\,I}{\pi a}$

② $\dfrac{I}{\sqrt{2}\,a}$

③ $\dfrac{I}{2a}$

④ $\dfrac{4I}{a}$

| 해설

한 변의 길이가 $l$일 때 도선 중심에서 자계의 세기

- 정삼각형: $H = \dfrac{9I}{2\pi l}[\mathrm{AT/m}]$

- 정사각형: $H = \dfrac{2\sqrt{2}\,I}{\pi l}[\mathrm{AT/m}]$

- 정육각형: $H = \dfrac{\sqrt{3}\,I}{\pi l}[\mathrm{AT/m}]$

### 02 ☐☐☐

단면적 $S$, 길이 $l$, 투자율 $\mu$인 자성체의 자기회로에 권선을 $N$회 감아서 $I$의 전류를 흐르게 할 때 자속은?

① $\dfrac{\mu SI}{Nl}$

② $\dfrac{\mu NI}{Sl}$

③ $\dfrac{NIl}{\mu S}$

④ $\dfrac{\mu SNI}{l}$

| 해설

- 기자력: $F_m = NI = R_m \phi$

- 자속: $\phi = \dfrac{F_m}{R_m} = \dfrac{NI}{\dfrac{l}{\mu S}} = \dfrac{\mu SNI}{l}[\mathrm{Wb}]$

### 03 ☐☐☐

자속밀도가 $0.3\mathrm{Wb/m^2}$인 평등자계 내에 5A의 전류가 흐르는 길이 2m인 직선도체가 있다 이 도체를 자계 방향에 대하여 60°의 각도로 놓았을 때 이 도체가 받는 힘은 약 몇 N인가?

① 1.3

② 2.6

③ 4.7

④ 5.7

| 해설

도체가 받는 힘; $F = (I \times B)l = IBl\sin\theta$
$F = 5 \times 0.3 \times 2 \times \sin 60° = 2.6[\mathrm{N}]$

정답 | 01 ① 02 ④ 03 ②

## 04 ☐☐☐

어떤 대전체가 진공 중에서 전속이 $Q$[C]이었다. 이 대전체를 비유전율 10인 유전체 속으로 가져갈 경우에 전속[C]은?

① $Q$

② $10Q$

③ $\dfrac{Q}{10}$

④ $10\epsilon_0 Q$

| 해설

전속: $\psi = \displaystyle\int_S DdS = Q$

전속은 유전체와 관계없이 일정하므로 전속은 $Q$[C]이다.

## 05 ☐☐☐

30V/m의 전계내의 80V 되는 점에서 1C의 전하를 전계 방향으로 80cm이동한 경우, 그 점의 전위[V]는?

① 9

② 24

③ 30

④ 56

| 해설

80V를 기준으로 0.8m 이동한 점까지 전압 강하

$V = Ed = 30 \times 0.7 = 8 = 24$[V]이므로 이동한 점에서 전위는 $80 - 24 = 56$[V]이다.

## 06 ☐☐☐

다음 중 스토크스(stokes)의 정리는?

① $\displaystyle\oint H \cdot ds = \iint_S (\nabla \cdot H) \cdot ds$

② $\displaystyle\int B \cdot ds = \int_S (\nabla \times H) \cdot ds$

③ $\displaystyle\oint_C H \cdot ds = \int (\nabla \cdot H) \cdot dl$

④ $\displaystyle\oint_C H \cdot dl = \int_S (\nabla \times H) \cdot ds$

| 해설

스토크스 정리는 선적분을 면적분으로 치환하는 정리이다.

$\displaystyle\oint_C H \cdot dl = \int_S (\nabla \times H) \cdot ds$

## 07 ☐☐☐

그림과 같이 평행한 무한장 직선도선에 $I$[A], $4I$[A]인 전류가 흐른다. 두 선 사이의 점 P에서 자계의 세기가 0이라고 하면 $\dfrac{a}{b}$ 는?

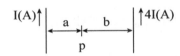

① 2

② 4

③ $\dfrac{1}{2}$

④ $\dfrac{1}{4}$

| 해설

두 도선 사이의 점 P에서의 자계의 세기가 0이므로 $H_1 = H_2$이다. 따라서 $\dfrac{I}{2\pi a} = \dfrac{4I}{2\pi b}$이므로 $\dfrac{a}{b} = \dfrac{1}{4}$이다.

## 08 ☐☐☐

정상전류계에서 옴의 법칙에 대한 미분형은? (단, $i$는 전류밀도, $k$는 도전율, $\rho$는 고유저항, $E$는 전계의 세기이다)

① $i = kE$

② $i = \dfrac{E}{k}$

③ $i = \rho E$

④ $i = -kE$

| 해설

전류 밀도: $i = \dfrac{I}{S} = \dfrac{V}{RS} = \dfrac{El}{\rho \dfrac{l}{S} \times S} = \dfrac{1}{\rho} E = kE$

## 09 ☐☐☐

진공내의 점 $(3, 0, 0)[\mathrm{m}]$에 $4 \times 10^{-9}[\mathrm{C}]$의 전하가 있다. 이 때 점 $(6, 4, 0)[\mathrm{m}]$의 전계의 크기는 약 몇 V/m이며, 전계의 방향을 표시하는 단위벡터는 어떻게 표시되는가?

① 전계의 크기: $\dfrac{36}{25}$, 단위벡터: $\dfrac{1}{5}(3a_x + 4a_y)$

② 전계의 크기: $\dfrac{36}{125}$, 단위벡터: $3a_x + 4a_y$

③ 전계의 크기: $\dfrac{36}{25}$, 단위벡터: $a_x + a_y$

④ 전계의 크기: $\dfrac{36}{125}$, 단위벡터: $\dfrac{1}{5}(3a_x + a_y)$

| 해설

- 거리 벡터: $\hat{r} = (6-3)\hat{x} + (4-0)\hat{y} = 3\hat{x} + 4\hat{y}$
- 크기: $|r| = \sqrt{3^2 + 4^2} = 5$
- 방향 벡터: $r_0 = \dfrac{\hat{r}}{|r|} = \dfrac{1}{5}(3\hat{x} + 4\hat{y})$
- 상수: $\dfrac{1}{4\pi\epsilon_0} = 9 \times 10^9 [\mathrm{F/m}]$
- 전계: $E = \dfrac{Q}{4\pi\epsilon_0 r^2} = (9 \times 10^9) \times \dfrac{4 \times 10^{-9}}{5^2} = \dfrac{36}{25}[\mathrm{V/m}]$

## 10 ☐☐☐

전속밀도 $D = x^2\hat{x} + y^2\hat{y} + z^2\hat{z}[\mathrm{C/m^2}]$를 발생시키는 점 $(1, 2, 3)$에서의 체적 전하밀도는 몇 $\mathrm{C/m^2}$인가?

① 12

② 13

③ 14

④ 15

| 해설

가우스 정리: $\operatorname{div} D = \rho[\mathrm{C/m^2}]$

$\operatorname{div} D = \nabla \cdot D = \dfrac{\partial D_x}{\partial x} + \dfrac{\partial D_y}{\partial y} + \dfrac{\partial D_z}{\partial z}$

$= \dfrac{\partial}{\partial x}(x^2) + \dfrac{\partial}{\partial y}(y^2) + \dfrac{\partial}{\partial z}(z^2) = 2x + 2y + 2z$

여기에 점$(1, 2, 3)$을 대입하면 체적 전하밀도

$\rho = 2 \times 1 + 2 \times 2 + 2 \times 3 = 12[\mathrm{C/m^2}]$

## 11 ☐☐☐

다음 식 중에서 틀린 것은?

① $E = -\operatorname{grad} V$

② $\displaystyle\int_S E \cdot n\, ds = \dfrac{Q}{\epsilon_0}$

③ $\operatorname{grad} V = i\dfrac{\partial^2 V}{\partial x^2} + j\dfrac{\partial^2 V}{\partial y^2} + k\dfrac{\partial^2 V}{\partial z^2}$

④ $V = \displaystyle\int_P^\infty E \cdot dl$

| 해설

전위 경도: $\operatorname{grad} V = i\dfrac{\partial V}{\partial x} + j\dfrac{\partial V}{\partial y} + k\dfrac{\partial V}{\partial z}$

## 12 ☐☐☐

도전율 $\sigma$인 도체에서 전장 $E$에 의해 전류밀도 $J$가 흘렀을 때 이 도체에서 소비되는 전력을 표시한 식은?

① $\int_v E \cdot J dv$

② $\int_v E \times J dv$

③ $\dfrac{1}{\sigma}\int_v E \cdot J dv$

④ $\dfrac{1}{\sigma}\int_v E \times J dv$

| 해설

- 전계의 세기: $E = \dfrac{V}{l}$

- 전류 밀도: $J = \dfrac{I}{S}$

- 소비 전력: $P = \int_v E \cdot J dv = \int \dfrac{V}{l} \cdot \dfrac{I}{S} dv = VI$

## 13 ☐☐☐

자극의 세기가 $8 \times 10^{-6}$Wb, 길이가 3cm인 막대자석을 120AT/m의 평등자계 내에 자력선과 30°의 각도로 놓으면 이 막대자석이 받는 회전력은 몇 N·m인가?

① $1.44 \times 10^{-4}$

② $1.44 \times 10^{-5}$

③ $3.02 \times 10^{-4}$

④ $3.02 \times 10^{-5}$

| 해설

- 자기모멘트: $M = ml$
- 자성체에 의한 토크(회전력):
  $T = M \times H = MH\sin\theta = mlH\sin\theta$
- 자석에 작용하는 회전력:
  $T = (8 \times 10^{-6}) \times (3 \times 10^{-2}) \times 120 \times \sin 30°$
  $= 1.44 \times 10^{-5}$[N·m]

## 14 ☐☐☐

자기회로와 전기회로의 대응으로 틀린 것은?

① 자속 ↔ 전류

② 기자력 ↔ 기전력

③ 투자율 ↔ 유전율

④ 자계의 세기 ↔ 전계의 세기

| 해설

**전기회로와 자기회로의 비교**

| 전기회로 | 자기회로 |
|---|---|
| 전류 $I = \dfrac{V}{R}$[A] | 자속 $\phi = \dfrac{F}{R_m}$[Wb] |
| 기전력 $V = IR$[V] | 기자력 $F_m = \phi R_m = NI$[AT] |
| 도전율 $k$[℧/m] | 투자율 $\mu$[H/m] |
| 전기 저항 $R = \dfrac{l}{kS}$[Ω] | 자기 저항 $R_m = \dfrac{F}{\phi} = \dfrac{l}{\mu S}$[AT/Wb] |
| 전계의 세기 $E$ | 자계의 세기 $H$ |

## 15 ☐☐☐

자기인덕턴스의 성질을 옳게 표현한 것은?

① 항상 0이다.

② 항상 정(正)이다.

③ 항상 부(負)이다.

④ 유도되는 기전력에 따라 정(正)도 되고 부(負)도 된다.

| 해설

자기인덕턴스: $L = \dfrac{N\phi}{I} = \dfrac{N}{I} \times \dfrac{F}{R_m} = \dfrac{N^2}{R_m}$

자기인덕턴스는 항상 정(正)이다.

## 16 □□□

진공 중에서 빛의 속도와 일치하는 전자파의 전파속도를 얻기 위한 조건으로 옳은 것은?

① $\epsilon_r = 0$, $\mu_r = 0$

② $\epsilon_r = 1$, $\mu_r = 1$

③ $\epsilon_r = 0$, $\mu_r = 1$

④ $\epsilon_r = 1$, $\mu_r = 0$

| 해설

전자파의 전파 속도:

$$v = \frac{1}{\sqrt{\mu\epsilon}} = \frac{1}{\sqrt{\mu_0\epsilon_0}} \frac{1}{\sqrt{\mu_s\epsilon_s}} = \frac{3 \times 10^8}{\sqrt{\mu_s\epsilon_s}}$$

$\epsilon_r = 1$, $\mu_r = 1$이면 $\epsilon = \epsilon_0$, $\mu = \mu_0$이므로 $v = \frac{1}{\sqrt{\mu_0\epsilon_0}}$이다. 즉

$v = 3 \times 10^8 [\text{m/s}]$이므로 진공 중에서 빛의 속도와 일치한다.

## 17 □□□

4A 전류가 흐르는 코일과 쇄교하는 자속수가 4Wb이다. 이 전류 회로에 축적되어 있는 자기 에너지[J]는?

① 4

② 2

③ 8

④ 16

| 해설

• 인덕턴스: $L = \frac{N\phi}{I} = \frac{1 \times 4}{4} = 1[\text{H}]$

• 자기 에너지: $W = \frac{1}{2}LI^2 = \frac{1}{2} \times 1 \times 4^2 = 8[\text{J}]$

## 18 □□□

유전율이 $\epsilon$, 도전율이 $\sigma$, 반경이 $r_1$, $r_2(r_1 < r_2)$, 길이가 $l$인 동축 케이블에서 저항 $R$은 얼마인가?

① $\dfrac{2\pi rl}{\ln\dfrac{r_2}{r_1}}$

② $\dfrac{2\pi\epsilon l}{\dfrac{1}{r_1} - \dfrac{1}{r_2}}$

③ $\dfrac{1}{2\pi\sigma l}\ln\dfrac{r_2}{r_1}$

④ $\dfrac{1}{2\pi rl}\ln\dfrac{r_2}{r_1}$

| 해설

• 동축 케이블의 정전 용량: $C = \dfrac{2\pi\epsilon l}{\ln\dfrac{b}{a}}[\text{F/m}]$

• 저항과 정전 용량: $R = \rho\dfrac{l}{S}$, $C = \dfrac{\epsilon S}{l}$, $RC = \rho\epsilon$

$$R = \frac{\rho\epsilon}{C} = \frac{\rho\epsilon}{\dfrac{2\pi\epsilon l}{\ln\dfrac{r_2}{r_1}}} = \frac{1}{2\pi\sigma l}\ln\frac{r_2}{r_1}$$

정답    16 ②  17 ③  18 ③

## 19 □□□

어떤 환상 솔레노이드의 단면적이 $S$이고, 자로의 길이가 $l$, 투자율이 $\mu$라고 한다. 이 철심에 균등하게 코일을 $N$회 감고 전류를 흘렸을 때 자기 인덕턴스에 대한 설명으로 옳은 것은?

① 투자율 $\mu$에 반비례한다.

② 권선수 $N^2$에 비례한다.

③ 자로의 길이 $l$에 비례한다.

④ 단면적 $S$에 반비례한다.

| 해설

자기 인덕턴스: $L = \dfrac{\mu S N^2}{l}$[H]

## 20 □□□

상이한 매질의 경계면에서 전자파가 만족해야 할 조건이 아닌 것은? (단, 경계면은 두 개의 무손실 매질 사이이다)

① 경계면의 양측에서 전계의 접선성분은 서로 같다.

② 경계면의 양측에서 자계의 접선성분은 서로 같다.

③ 경계변의 양측에서 자속밀도의 접선성분은 서로 같다.

④ 경계면의 양측에서 전속밀도의 법선성분은 서로 같다.

| 해설

**유전체의 경계 조건**

• 전계의 접선 성분의 연속: $E_1 \sin\theta_1 = E_2 \sin\theta_2$

• 전속 밀도의 법선 성분의 연속: $D_1 \cos\theta_1 = D_2 \cos\theta_2$

• 경계 조건: $\dfrac{\tan\theta_1}{\tan\theta_2} = \dfrac{\epsilon_1}{\epsilon_2}$

• 유전체의 경계면 조건($\epsilon_1 > \epsilon_2$): $\theta_1 > \theta_2$, $D_1 > D_2$, $E_1 < E_2$

## 21 □□□

직류 송전 방식에 관한 설명으로 틀린 것은?

① 교류 송전 방식보다 안정도가 낮다.

② 직류계통과 연계 운전 시 교류 계통의 차단 용량은 작아진다.

③ 교류 송전 방식에 비해 절연 계급을 낮출 수 있다.

④ 비동기 연계가 가능하다.

| 해설

직류 송전을 하게 되면 리액턴스나 위상각을 고려할 필요가 없어서 안정도가 좋다.

## 22 □□□

유효낙차 100m, 최대 사용수량 20m³/s, 수차 효율 70%인 수력 발전소의 연간 발전 전력량은 약 몇 kWh인가? (단, 발전기의 효율은 85%라고 한다)

① $2.5 \times 10^7$

② $5 \times 10^7$

③ $10 \times 10^7$

④ $20 \times 10^7$

| 해설

발전기의 출력[kW]은 (초당 물의 위치에너지 변화량)×(수차의 효율)×(발전기의 효율)이다. 물 20m³은 20000kg이므로 대입하면
$20000 \times 9.8 \times 100 \times 0.7 \times 0.85 = 11662000$W이고 연간 발전량은 $11662$kW$\times 365 \times 24$[h] $= 10 \times 10^7$kWh이다.

정답  19② 20③ 21① 22③

## 23 □□□

일반 회로 정수가 A, B, C, D이고 송전단 전압이 $E_s$인 경우 무부하시 수전단 전압은?

① $\dfrac{E_s}{A}$

② $\dfrac{E_s}{B}$

③ $\dfrac{A}{C}E_s$

④ $\dfrac{C}{A}E_s$

| 해설

무부하 조건이면 $I_r = 0 \begin{bmatrix} E_S \\ I_S \end{bmatrix} = \begin{bmatrix} A\ B \\ C\ D \end{bmatrix} \begin{bmatrix} E_R \\ 0 \end{bmatrix}$

$E_S = AE_R$이므로 수전단 전압 $E_R = \dfrac{E_s}{A}$ 이다.

## 24 □□□

한 대의 주상 변압기에 역률(뒤짐) $\cos\theta_1$, 유효 전력 $P_1$[kW]의 부하와 역률(뒤짐) $\cos\theta_2$, 유효전력 $P_2$[kW]의 부하가 병렬로 접속되어 있을 때 주상변압기 2차 측에서 본 부하의 종합 역률은 어떻게 되는가?

① $\dfrac{P_1 + P_2}{\dfrac{P_1}{\cos\theta_1} + \dfrac{P_2}{\cos\theta_2}}$

② $\dfrac{P_1 + P_2}{\dfrac{P_1}{\sin\theta_1} + \dfrac{P_2}{\sin\theta_2}}$

③ $\dfrac{P_1 + P_2}{\sqrt{(P_1 + P_2)^2 + (P_1\tan\theta_1 + P_2\tan\theta_2)^2}}$

④ $\dfrac{P_1 + P_2}{\sqrt{(P_1 + P_2)^2 + (P_1\sin\theta_1 + P_2\sin\theta_2)^2}}$

| 해설

역률$= \dfrac{\text{유효전력}}{\text{피상전력}}$이고, $\tan\theta_i = \dfrac{Q_i}{P_i}$이므로

종합 역률 $\cos\theta = \dfrac{P_1 + P_2}{\sqrt{(P_1 + P_2)^2 + (P_1\tan_1 + P_2\tan_2)^2}}$ 이다.

## 25 □□□

옥내 배선의 전선 굵기를 결정할 때 고려해야 할 사항으로 틀린 것은?

① 허용 전류

② 전압 강하

③ 배선 방식

④ 기계적 강도

| 해설

옥내 배선, 가공 전선로, 송배전 선로의 전선 굵기를 결정할 때 고려 사항 3가지는 허용 전류, 기계적 강도, 전압 강하이다. 이중에서 허용 전류가 가장 중요한 고려 사항이다.

## 26 □□□

선택 지락 계전기의 용도를 옳게 설명한 것은?

① 단일 회선에서 지락 고장 회선의 선택 차단

② 단일 회선에서 지락 전류의 방향 선택 차단

③ 병행 2회선에서 지락 고장 회선의 선택 차단

④ 병행 2회선에서 지락 고장의 지속 시간 선택 차단

| 해설

선택 지락 계전기는 개 이상의 급전선을 가진 비접지 배전계통에 설치하여 영상전압+영상전류를 검출하고, 지락 사고가 발생한 회선만 선택하여 차단하도록 신호를 보낸다.

## 27 □□□

33kV 이하의 단거리 송배전 선로에 적용되는 비접지 방식에서 지락 전류는 다음 중 어느 것을 말하는가?

① 누설 전류

② 충전 전류

③ 뒤진 전류

④ 단락 전류

| 해설

비접지 방식에서는 송전선로의 대지 정전용량 때문에 잔류 전위가 형성되고, 지락 사고가 발생하면 정전용량에 의한 충전 전류가 송전선로와 대지 사이에 흐르게 된다.

정답   23 ①   24 ③   25 ③   26 ③   27 ②

## 28 □□□

터빈(turbine)의 임계 속도란?

① 비상 조속기를 동작시키는 회전수
② 회전자의 고유 진동수와 일치하는 위험 회전수
③ 부하를 급히 차단하였을 때의 순간 최대 회전수
④ 부하 차단 후 자동적으로 정정된 회전수

| 해설

증기 터빈의 임계 속도란 발전기 회전자(rotor)의 고유 진동수와 일치하는 회전 날개의 위험 회전수이다.

## 29 □□□

공통 중성선 다중 접지 방식의 배전선로에서 Recloser(R), Sectionalizer(S), Line fuse(F)의 보호 협조가 가장 적합한 배열은? (단, 보호 협조는 변전소를 기준으로 한다)

① S−F−R      ② S−R−F
③ F−S−R      ④ R−S−F

| 해설

보호 협조 시 섹셔널라이저는 항상 리클로저 후단에 설치하여야 한다.

## 30 □□□

송전선의 특성 임피던스와 전파 정수는 어떤 시험으로 구할 수 있는가?

① 뇌파 시험
② 정격 부하 시험
③ 절연 강도 측정 시험
④ 무부하시험과 단락 시험

| 해설

특성 임피던스 $Z_0 = \sqrt{\dfrac{Z}{Y}}$, 전파 정수 $\gamma = \sqrt{LC}$

수전단을 개방시키는 무부하시험으로 Y를 실측하고, 수전단을 단락시키는 단락 시험으로 Z를 실측하여 전파 정수를 구한다.

## 31 □□□

단도체 방식과 비교하여 복도체 방식의 송전선로를 설명한 것으로 틀린 것은?

① 선로의 송전 용량이 증가된다.
② 계통의 안정도를 증진시킨다.
③ 전선의 인덕턴스가 감소하고, 정전 용량이 증가된다.
④ 전선 표면의 전위 경도가 저감되어 코로나 임계전압을 낮출 수 있다.

| 해설

3상 송전선으로 단선 대신 복도체를 사용하면 코로나 임계 전압이 20% 가량 높아진다.

## 32 □□□

10000kVA 기준으로 등가 임피던스가 0.4%인 발전소에 설치될 차단기의 차단 용량은 몇 MVA인가?

① 1000      ② 1500
③ 2000      ④ 2500

| 해설

차단 용량 $P_s = \dfrac{100}{\%Z} \times P_n = \dfrac{100}{0.4} \times 10\text{MVA} = 2500$

## 33 □□□

고압 배전선로 구성 방식 중, 고장 시 자동적으로 고장 개소의 분리 및 건전 선로에 폐로하여 전력을 공급하는 개폐기를 가지며, 수요 분포에 따라 임의의 분기선으로부터 전력을 공급하는 방식은?

① 환상식
② 망상식
③ 뱅킹식
④ 가지식(수지식)

| 해설

환상식에서는 고장이 발생하면 구분 개폐기가 열려서 사고범위의 확대를 방지한다.

## 34 ☐☐☐

중거리 송전선로의 T형 회로에서 송전단 전류 $I_s$는? (단, Z, Y는 선로의 직렬 임피던스와 병렬 어드미턴스이고, $E_r$은 수전단 전압, $I_r$은 수전단 전류이다)

① $E_r(1+\dfrac{ZY}{2})+ZI_r$

② $I_r(1+\dfrac{ZY}{2})+E_rY$

③ $E_r(1+\dfrac{ZY}{2})+ZI_r(1+\dfrac{ZY}{4})$

④ $I_r(1+\dfrac{ZY}{2})+E_rY(1+\dfrac{ZY}{4})$

| 해설

T형 회로의 4단자 정수는

$\begin{bmatrix} 1+\dfrac{ZY}{2} & Z\left(1+\dfrac{ZY}{4}\right) \\ Y & 1+\dfrac{ZY}{2} \end{bmatrix}$ 이므로

$I_S = CE_R + DI_R = YE_R + \left(1+\dfrac{ZY}{2}\right)I_R$이다.

## 35 ☐☐☐

전력 계통 연계 시의 특징으로 틀린 것은?

① 단락 전류가 감소한다.
② 경제 급전이 용이하다.
③ 공급 신뢰도가 향상된다.
④ 사고 시 다른 계통으로의 영향이 파급될 수 있다.

| 해설

계통을 연계하게 되면 병렬 선로가 많아져서 선로 임피던스의 감소로 단락 전류가 증대된다.

## 36 ☐☐☐

아킹혼(Arcing Horn)의 설치 목적은?

① 이상 전압 소멸
② 전선의 진동 방지
③ 코로나 손실 방지
④ 섬락 사고에 대한 애자 보호

| 해설

애자련의 상하부에 소호각 또는 소호환을 부착하여 섬락에 의해 애자련이 파손되는 것을 방지한다.

## 37 ☐☐☐

변전소에서 접지를 하는 목적으로 적절하지 않은 것은?

① 기기의 보호
② 근무자의 안전
③ 차단 시 아크의 소호
④ 송전 시스템의 중성점 접지

| 해설

송전시스템의 중성점을 접지하는 목적은 이상전압 발생 방지, 고장 전류로부터 기기 보호, 근무자의 감전사고 방지, 보호계전기의 확실한 동작 확보 등이다.

정답   34 ②   35 ①   36 ④   37 ③

## 38 ☐☐☐

그림과 같은 2기 계통에 있어서 발전기에서 전동기로 전달되는 전력 $P$는? (단, $X = X_G + X_L + X_M$이고 $E_G$, $E_M$은 각각 발전기 및 전동기의 유기 기전력, $\delta$는 $E_G$와 $E_M$ 간의 상차각이다)

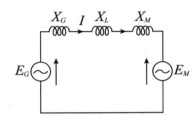

① $P = \dfrac{E_G}{XE_M}\sin\delta$

② $P = \dfrac{E_G E_M}{X}\sin\delta$

③ $P = \dfrac{E_G E_M}{X}\cos\delta$

④ $P = XE_G E_M\cos\delta$

| 해설

송전 전압이 $E_G$, 수전 전압이 $E_M$, 리액턴스가 $X_G + X_L + X_M$으로 주어졌으므로

$P(\mathrm{MW}) = \dfrac{V_s V_s}{X}\sin\delta$에 대입하면 된다.

## 39 ☐☐☐

변전소, 발전소 등에 설치하는 피뢰기에 대한 설명 중 틀린 것은?

① 방전 전류는 뇌충격 전류의 파고값으로 표시한다.

② 피뢰기의 직렬갭은 속류를 차단 및 소호하는 역할을 한다.

③ 정격 전압은 상용 주파수 정현파 전압의 최고 한도를 규정한 순시값이다.

④ 속류란 방전 현상이 실질적으로 끝난 후에도 전력 계통에서 피뢰기에 공급되어 흐르는 전류를 말한다.

| 해설

피뢰기의 정격 전압: 피뢰기가 속류를 차단할 수 있는 교류 최고전압이며, 순시값이 아니라 실횻값이다.

## 40 ☐☐☐

부하 역률이 $\cos\theta$인 경우 배전선로의 전력 손실은 같은 크기의 부하 전력으로 역률이 1인 경우의 전력 손실에 비하여 어떻게 되는가?

① $\dfrac{1}{\cos\theta}$

② $\dfrac{1}{\cos^2\theta}$

③ $\cos\theta$

④ $\cos^2\theta$

| 해설

전력 손실 $P_l = \dfrac{RP^2}{V^2\cos^2\theta}$에서 $P_l$은 $\cos^2\theta$에 반비례한다.

## 41 ☐☐☐

100V, 10A, 1500rpm인 직류 분권 발전기의 정격 시의 계자 전류는 2A이다. 이 때 계자 회로에는 10Ω의 외부 저항이 삽입되어 있다. 계자 권선의 저항[Ω]은?

① 20
② 40
③ 80
④ 100

| 해설
직류 분권 발전기에서 단자 전압은 계자 권선에 걸리는 전압과 외부 저항에 걸리는 전압의 합이므로
$V = I_f(R_f + R) \Leftrightarrow 100 = 2(R_f + 10) \Rightarrow R_f = 40[\Omega]$

## 42 ☐☐☐

직류 발전기의 외부 특성 곡선에서 나타내는 관계로 옳은 것은?

① 계자 전류와 단자 전압
② 계자 전류와 부하 전류
③ 부하 전류와 단자 전압
④ 부하 전류와 유기 기전력

| 해설
부하 특성 곡선은 $V-I_f$ 그래프이고, 무부하 특성 곡선은 $E-I_f$ 그래프이며, 외부 특성 곡선은 $V-I_L$ 그래프이다.

## 43 ☐☐☐

가정용 재봉틀, 소형 공구, 영사기, 치과 의료용, 엔진 등에 사용하고 있으며, 교류, 직류 양쪽 모두에 사용되는 만능 전동기는?

① 전기 동력
② 3상 유도 전동기
③ 차동 복권 전동기
④ 단상 직권 정류자 전동기

| 해설
단상 직권 정류자 전동기는 믹서기, 재봉틀, 진공 청소기, 치과용 드릴 등과 같은 소형 공구에 적합하다.

## 44 ☐☐☐

동기 발전기에 회전 계자형을 사용하는 경우에 대한 이유로 틀린 것은?

① 기전력의 파형을 개선한다.
② 전기자가 고정자이므로 고압 대전류용에 좋고, 절연하기 쉽다.
③ 계자가 회전자이지만 저압 소용량의 직류이므로 구조가 간단하다.
④ 전기자보다 계자극을 회전자로 하는 것이 기계적으로 튼튼하다.

| 해설
파형 개선은 전기자 권선을 단절권 및 분포권으로 채택하는 것과 관련이 있다.

정답    41 ②    42 ③    43 ④    44 ①

## 45 ☐☐☐

전력용 변압기에서 1차에 정현파 전압을 인가하였을 때, 2차에 정현파 전압이 유기되기 위해서는 1차에 흘러 들어가는 여자 전류는 기본파 전류 외에 주로 몇 고조파 전류가 포함되는가?

① 제2고조파

② 제3고조파

③ 제4고조파

④ 제5고조파

**| 해설**

자속이 $\phi(t) = \phi_m \sin\omega t$와 같이 정현파로 주어지면 시간 $t$에 따른 $I_\phi(t)$의 그래프가 3고조파 성분이 포함된 '왜형파'임을 푸리에 변환으로 밝혀냈다.

## 46 ☐☐☐

동기 발전기의 병렬 운전 중 위상차가 생기면 어떤 현상이 발생하는가?

① 무효횡류가 흐른다.

② 무효전력이 생긴다.

③ 유효횡류가 흐른다.

④ 출력이 요동하고 권선이 가열된다.

**| 해설**

병렬 운전 중인 두 발전기의 위상이 다를 경우에는 $\dfrac{E}{X_s}\sin(\delta/2)$의 유효횡류가 흐른다.

## 47 ☐☐☐

변압기에서 사용되는 변압기유의 구비 조건으로 틀린 것은?

① 점도가 높을 것

② 응고점이 낮을 것

③ 인화점이 높을 것

④ 절연 내력이 클 것

**| 해설**

- 절연 내력이 크고 냉각 효과가 클 것(비열, 열전도율)
- 인화점은 높고 응고점이 낮을 것
- 점도가 낮고 화학적으로 안정되어 있을 것

## 48 ☐☐☐

상전압 200V의 3상 반파 정류 회로의 각 상에 SCR을 사용하여 정류 제어 할 때 위상각을 π/6 로 하면 순 저항 부하에서 얻을 수 있는 직류 전압[V]은?

① 90

② 180

③ 203

④ 234

**| 해설**

3상 반파 위상제어 정류 회로에서 위상각이 $0 \leq \alpha \leq \dfrac{\pi}{6}$ 일 때. $E_{dc} = \dfrac{3\sqrt{6}}{2\pi}E\cos\alpha$이다.

$E_{dc} = \dfrac{3\sqrt{6}}{2\pi}200 \times \dfrac{\sqrt{3}}{2} = 202.6[V]$

## 49 ☐☐☐

그림은 전원 전압 및 주파수가 일정할 때의 다상 유도 전동기의 특성을 표시하는 곡선이다. 1차 전류를 나타내는 곡선은 몇 번 곡선인가?

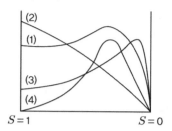

① (1)
② (2)
③ (3)
④ (4)

| 해설
1차 전류, 토크, 역률, 출력, 효율은 모두 슬립 s의 함수로 표시되며 이들의 개형을 나타낸 그래프가 '속도 특성 곡선'이다. 1차 전류는 슬립 s가 0에 가까워짐에 따라 점점 감소한다.

## 50 ☐☐☐

동기 전동기가 무부하 운전 중에 부하가 걸리면 동기 전동기의 속도는?

① 정지한다.
② 동기 속도와 같다.
③ 동기 속도보다 빨라진다.
④ 동기 속도 이하로 떨어진다.

| 해설
무부하 운전 시에는 부하각이 0인 상태로 회전하고 부하가 걸리면 부하각 ≠ 0인 상태로 회전하는데 회전 속도는 부하에 상관 없이 회전 자계의 속도인 동기 속도로 회전한다.

## 51 ☐☐☐

직류기 발전기에서 양호한 정류(整流)를 얻는 조건으로 틀린 것은?

① 정류 주기를 크게 할 것
② 리액턴스 전압을 크게 할 것
③ 브러시의 접촉 저항을 크게 할 것
④ 전기자 코일의 인덕턴스를 작게 할 것

| 해설
양호한 정류를 얻기 위해서는 보극을 설치하여 리액턴스 전압을 상쇄시켜야 한다.

## 52 ☐☐☐

스텝각이 2°, 스테핑 주파수(pulse rate)가 1800pps인 스테핑 모터의 축속도[rps]는?

① 8
② 10
③ 12
④ 14

| 해설
$$축속도[rps] = \frac{스텝각}{360°} \times 스테핑\ 주파수 = \frac{2}{360} \times 1800$$

## 53 ☐☐☐

직류기에 관련된 사항으로 잘못 짝지어진 것은?

① 보극 – 리액턴스 전압 감소
② 보상권선 – 전기자 반작용 감소
③ 전기자 반작용 – 직류 전동기 속도 감소
④ 정류 기간 – 전기자 코일이 단락되는 기간

| 해설
전기자 반작용으로 인해 전기적 중성축이 이동하며 주자속이 감소한다. 분권 발전기의 초당 회전수는 $n = K\dfrac{V - R_a I_a}{\phi}$ 이므로 자속 $\phi$가 감소하면 회전 속도는 빨라진다.

## 54 ☐☐☐

**단상 변압기의 병렬 운전 시 요구 사항으로 틀린 것은?**

① 극성이 같을 것
② 정격 출력이 같을 것
③ 정격 전압과 권수비가 같을 것
④ 저항과 리액턴스의 비가 같을 것

## 55 ☐☐☐

**변압기의 누설 리액턴스를 나타낸 것은? (단, N은 권수이다)**

① N에 비례
② N²에 반비례
③ N²에 비례
④ N에 반비례

## 56 ☐☐☐

**3상 동기 발전기의 매극 매상의 슬롯수를 3이라 할 때 분포권 계수는?**

① $6\sin\dfrac{\pi}{18}$

② $3\sin\dfrac{\pi}{36}$

③ $\dfrac{1}{6\sin\dfrac{\pi}{18}}$

④ $\dfrac{1}{12\sin\dfrac{\pi}{18}}$

## 57 ☐☐☐

**정격 전압 220V, 무부하 단자 전압 230V, 정격 출력이 40kW인 직류 분권 발전기의 계자 저항이 22Ω, 전기자 반작용에 의한 전압 강하가 5V라면 전기자 회로의 저항[Ω]은 약 얼마인가?**

① 0.026
② 0.028
③ 0.035
④ 0.042

## 58 ☐☐☐

유도 전동기로 동기 전동기를 기동하는 경우, 유도 전동기의 극수는 동기 전동기의 극수보다 2극 적은 것은 사용하는 이유로 옳은 것은? (단, s는 슬립이며 $N_s$는 동기 속도이다)

① 같은 극수의 유도 전동기는 동기 속도보다 $sN_s$만큼 늦으므로

② 같은 극수의 유도 전동기는 동기 속도보다 $sN_s$만큼 빠르므로

③ 같은 극수의 유도 전동기는 동기 속도보다 $(1-s)N_s$만큼 늦으므로

④ 같은 극수의 유도 전동기는 동기 속도보다 $(1-s)N_s$만큼 빠르므로

| 해설

유도 전동기가 동기 전동기의 기동 장치로 사용되므로 동기 전동기의 회전수=유도 전동기 2차측 회전자의 회전수이고 슬립 s로 운전 중인 유도 전동기의 1차측 동기 속도 $N_s$는 동기 전동기의 속도보다 $sN_s$만큼 더 커야 한다.

동기 전동기의 극수를 $p'$이라 하면 주파수는 60Hz로 동일하므로 $\frac{120f}{p'} < \frac{120f}{p} \Rightarrow p' > p$인데 극수를 줄일 때는 짝수 단위로 줄여야 하고 짝수의 최소값인 2만큼만 줄이는 것이 경제적이다.

## 59 ☐☐☐

50Hz로 설계된 3상 유도 전동기를 60Hz에 사용하는 경우 단자 전압을 110%로 높일 때 일어나는 현상으로 틀린 것은?

① 철손 불변
② 여자 전류 감소
③ 온도 상승 증가
④ 출력이 일정하면 유효 전류 감소

| 해설

동기 속도는 주파수에 비례하므로 주파수가 1.2배로 증가하면 냉각fan의 성능이 좋아지므로 철손과 동손에 의한 온도 상승이 감소한다.

## 60 ☐☐☐

단상 유도 전동기의 토크에 대한 2차 저항을 어느 정도 이상으로 증가시킬 때 나타나는 현상으로 옳은 것은?

① 역회전 가능
② 최대토크 일정
③ 기동토크 증가
④ 토크는 항상 (+)

| 해설

권선형 유도 전동기의 경우 2차 저항을 증가시키면 토크를 최대로 만드는 슬립이 증가하지만 최대 토크는 불변이다. 단상 유도 전동기는 2차 저항과 관련된 토크 특성이 없다.

정답    58 ① 59 ③ 60 모두 정답

## 제4과목 회로이론 및 제어공학

## 61 ☐☐☐

다음 회로망에서 입력 전압을 $V_1(t)$, 출력 전압을 $V_2(t)$라 할 때, $\dfrac{V_2(s)}{V_1(s)}$에 대한 고유 주파수 $\omega_n$과 제동비 $\zeta$의 값은? (단, $R = 100\Omega$, $L = 2\text{H}$, $C = 200\mu\text{F}$이고, 모든 초기 전하는 0이다)

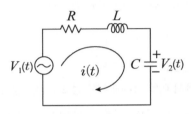

① $\omega_n = 50$, $\zeta = 0.5$

② $\omega_n = 50$, $\zeta = 0.7$

③ $\omega_n = 250$, $\zeta = 0.5$

④ $\omega_n = 250$, $\zeta = 0.7$

| 해설

출력측 임피던스 $Z_o = \dfrac{1}{Cs}$이고, 입력측 임피던스

$Z_i = R + Ls$이므로 전달함수 $G(s) = \dfrac{1/Cs}{R + Ls}$이다.

폐루프 전달함수

$= \dfrac{G}{1+G} = \dfrac{1/Cs}{R + Ls + 1/Cs} = \dfrac{1}{LCs^2 + RCs + 1}$

주어진 L, C, R을 대입해서 정리하면 $\dfrac{2500}{s^2 + 50s + 2500}$

기본꼴 $\dfrac{\omega_n^2}{s^2 + 2\zeta\omega_n s + \omega_n^2}$과 비교하면 $\omega_n = 50$, $\zeta = 0.5$이다.

## 62 ☐☐☐

다음 신호 흐름선도의 일반식은?

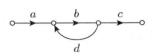

① $G = \dfrac{1 - bd}{abc}$

② $G = \dfrac{1 + bd}{abc}$

③ $G = \dfrac{abc}{1 + bd}$

④ $G = \dfrac{abc}{1 - bd}$

| 해설

메이슨 공식 $= G(s) = \dfrac{\text{전향이득}}{1 - \text{루프이득}} = \dfrac{abc}{1 - bd}$

## 63 ☐☐☐

폐루프 전달함수 $\dfrac{G(s)}{1 + G(s)H(s)}$의 극의 위치를 개루프 전달함수 $G(s)H(s)$의 이득 상수 K의 함수로 나타내는 기법은?

① 근궤적법

② 보드 선도법

③ 이득 선도법

④ Nyguist 판정법

| 해설

근궤적법이란 개루프 전달함수 $G(s)H(s)$의 분자 $k$를 0부터 ∞까지 변화시켜가면서 특성근의 궤적을 그려서 제어계의 특성과 안정도를 연구하는 기법이다.

## 64 ☐☐☐

2차계 과도응답에 대한 특성 방정식의 근은 $s_1,\ s_2 = \pm j\omega_n + j\omega_n\sqrt{1-\zeta^2}$ 이다. 감쇠비 $\zeta$가 $0 < \zeta < 1$ 사이에 존재할 때 나타나는 현상은?

① 과제동
② 무제동
③ 부족제동
④ 임계제동

| 해설

감쇠 진동 주파수 $\omega_d$와 제동비 $\zeta$값에 따라 과도 응답의 특성이 달라진다.
- $\zeta < 0$이면 불안정(발산)
- $\zeta = 0$이면 임계 안정(무한 진동)
- $0 < \zeta < 1$이면 부족 제동(감쇠 진동)
- $\zeta = 1$이면 임계 제동
- $\zeta > 1$이면 過제동(非진동)

## 65 ☐☐☐

다음의 블록선도에서 특성방정식의 근은?

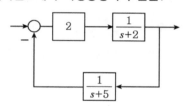

① $-2,\ -5$
② $2,\ 5$
③ $-3,\ -4$
④ $3,\ 4$

| 해설

$$M(s) = \frac{2 \times \dfrac{1}{s+2}}{1 + 2 \cdot \dfrac{1}{s+2} \cdot \dfrac{1}{s+5}} = \frac{2(s+5)}{(s+2)(s+5)+2}$$

특성방정식: $s^2 + 7s + 12 = 0$ 따라서 $s = -3,\ -4$

## 66 ☐☐☐

다음 중 이진 값 신호가 아닌 것은?

① 디지털 신호
② 아날로그 신호
③ 스위치의 On - Off 신호
④ 반도체 소자의 동작, 부동작 상태

| 해설

불연속 동작 제어계를 On−Off 제어계라고 하며, 이진값 신호, 즉 디지털 신호를 사용하여 제어한다.

## 67 ☐☐☐

보드 선도에서 이득 여유에 대한 정보를 얻을 수 있는 것은?

① 위상곡선 $0°$에서의 이득과 0dB과의 차이
② 위상곡선 $180°$에서의 이득과 0dB과의 차이
③ 위상곡선 $-90°$에서의 이득과 0dB과의 차이
④ 위상곡선 $-180°$에서의 이득과 0dB과의 차이

| 해설

이득 여유 $g_m$은 위상 곡선이 $-180°$ 축과 교차되는 점에 대응되는 이득의 크기이다.

정답    64 ③   65 ③   66 ②   67 ④

## 68 □□□

블록선도 변환이 틀린 것은?

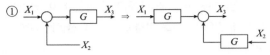

① $X_1$ ○ $G$ $X_3$ ⇒ $X_1$ $G$ ○ $X_3$
   $X_2$

② $X_1$ $G$ $X_2$ ⇒ ...
   $X_2$

③ $X_1$ $G$ $X_2$ ⇒ ...
   $X_1$

④ $X_1$ $G$ ○ $X_3$ ⇒ ...
   $X_2$

| 해설

합산점을 전달요소 $G_1(s)$의 앞쪽 또는 뒤쪽으로 이동시킬 때는 등가변환이 만족되도록 신호값에 이득 $G_1$을 곱하거나 나눠주어야 한다.
④의 왼쪽 블록선도는 $X_3 = GX_1 + X_2$이고, 오른쪽 블록선도는 $X_3 = G(X_1 + GX_2)$이므로 등가 변환이 아니다.

## 69 □□□

그림의 시퀀스 회로에서 전자 접촉기 X에 의한 A접점 (Normal open contact)의 사용 목적은?

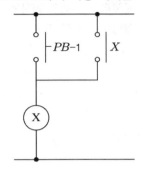

① 자기 유지 회로
② 지연 회로
③ 우선 선택 회로
④ 인터록(interlock) 회로

| 해설

회로에서 ⊗는 전자 접촉기를 의미하고 X는 a접점을 의미하는데, PB-1을 눌러서 ⊗를 여자시키면 X가 닫히며, 한번 닫힌 X는 a접점이 개폐에 상관 없이 계속 닫힌 상태를 유지하면서 ⊗를 여자시키는 역할을 한다.

## 70 ☐☐☐

단위 궤환제어계의 개루프 전달함수가 $G(s) = \dfrac{k}{s(s+2)}$

일 때, K가 $-\infty$로부터 $+\infty$까지 변하는 경우 특성방정식의 근에 대한 설명으로 틀린 것은?

① $-\infty < K < 0$에 대하여 근을 모두 실근이다.

② $0 < K < 1$에 대하여 2개의 근을 모두 음의 실근이다.

③ $K = 0$에 다하여 $s_1 = 0$, $s_2 = -2$의 근은 $G(s)$의 극점과 일치한다.

④ $1 < K < \infty$에 대하여 2개의 근은 음의 실수부 중근이다.

> **| 해설**
>
> $G(s)H(s) = \dfrac{k}{s(s+2)}$
>
> $\Rightarrow F(s) = 1 + G(s)H(s) = 1 + \dfrac{k}{s(s+2)}$
>
> $\Rightarrow$ 특성방정식: $s^2 + 2s + k = 0$이고 특성근은
> $s = -1 \pm \sqrt{1-k}$이므로 $1 < k < \infty$ 범위에서 특성근은
> $-1 \pm j\beta$꼴의 복소수이다.

## 71 ☐☐☐

길이에 따라 비례하는 저항값을 가진 어떤 전열선에 $E_0$[V]의 전압을 인가하면 $P_0$[W]의 전력이 소비된다. 이 전열선을 잘라 원래 길이의 2/3로 만들고, E[V]의 전압을 가한다면 소비 전력 P[W]는?

① $P = \dfrac{P_0}{2}\left(\dfrac{E}{E_0}\right)^2$

② $P = \dfrac{3P_0}{2}\left(\dfrac{E}{E_0}\right)^2$

③ $P = \dfrac{2P_0}{2}\left(\dfrac{E}{E_0}\right)^2$

④ $P = \dfrac{\sqrt{2}\,P_0}{2}\left(\dfrac{E}{E_0}\right)^2$

> **| 해설**
>
> $P = \dfrac{V^2}{R}$으로부터 전열선의 전기 저항은 $\dfrac{E_0^2}{P_0}$인데, 전열선의
>
> 길이가 $\dfrac{2}{3}$배이면 전기 저항은 $\dfrac{2}{3}\dfrac{E_0^2}{P_0}$배가 된다. 따라서 소비
>
> 전력 공식 $P = \dfrac{V^2}{R}$에 대입하면
>
> $\dfrac{E^2}{2E_0^2/3P_0} = \dfrac{3P_0 E^2}{2E_0^2}$이다.

## 72 ☐☐☐

회로에서 4단자 정수 A, B, C, D의 값은?

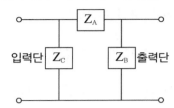

① $A = 1 + \dfrac{Z_A}{Z_B}, \; B = Z_A, \; C = \dfrac{1}{Z_B}, \; D = 1 + \dfrac{Z_B}{Z_A}$

② $A = 1 + \dfrac{Z_A}{Z_B}, \; B = Z_A, \; C = \dfrac{1}{Z_A}, \; D = 1 + \dfrac{Z_A}{Z_B}$

③ $A = 1 + \dfrac{Z_A}{Z_B}, \; B = Z_A, \; C = \dfrac{Z_A + Z_B + Z_C}{Z_B Z_C},$

$\quad D = \dfrac{1}{Z_B Z_C}$

④ $A = 1 + \dfrac{Z_A}{Z_B}, \; B = Z_A, \; C = \dfrac{Z_A + Z_B + Z_C}{Z_B Z_C},$

$\quad D = 1 + \dfrac{Z_A}{Z_C}$

| 해설

Π형 회로는 3개의 작은 회로로 분리하여 3개의 $2 \times 2$행렬을 곱해준 뒤 A, B, C, D를 구하면 된다.

$$\begin{bmatrix} 1 & 0 \\ \dfrac{1}{Z_C} & 1 \end{bmatrix} \times \begin{bmatrix} 1 & Z_A \\ 0 & 1 \end{bmatrix} \times \begin{bmatrix} 1 & 0 \\ \dfrac{1}{Z_B} & 1 \end{bmatrix}$$

$$= \begin{bmatrix} 1 + \dfrac{Z_A}{Z_B} & Z_A \\ \dfrac{Z_C + Z_A + Z_B}{Z_C Z_B} & 1 + \dfrac{Z_A}{Z_C} \end{bmatrix}$$

## 73 ☐☐☐

어떤 콘덴서를 300V로 충전하는 데 9J의 에너지가 필요하였다. 이 콘덴서의 정전 용량은 몇 μF인가?

① 100

② 200

③ 300

④ 400

| 해설

콘덴서에 저장되는 평균 에너지는 $\dfrac{1}{2}CV^2$이므로 대입하면

$9 = \dfrac{C}{2}300^2 \Rightarrow C = \dfrac{18}{300^2} = 2 \times 10^{-4}[\text{F}]$

## 74 □□□

그림과 같은 순 저항회로에서 대칭 3상 전압을 가할 때 각 선에 흐르는 전류가 같으려면 R의 값은 몇 요인가?

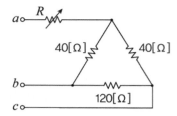

① 8
② 12
③ 16
④ 20

**| 해설**

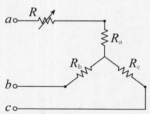

가변저항 $R$의 크기를 결정하기 위해 Y결선으로 바꾸고 등가 저항을 계산해 보면 세 저항의 합= $\sum$ =200이다.

$$R_a = \frac{R_{ab}R_{ac}}{200} = \frac{40 \cdot 40}{200} = 8\Omega$$

$$R_b = \frac{R_{ba}R_{bc}}{200} = \frac{40 \cdot 120}{200} = 24\Omega,$$

$$R_c = \frac{R_{ca}R_{cb}}{200} = \frac{120 \cdot 40}{200} = 24\Omega \text{이다.}$$

따라서 $R + 8 = 24$

## 75 □□□

그림과 같은 RC 저역통과 필터회로에 단위 임펄스를 입력으로 가했을 때 응답 $h(t)$는?

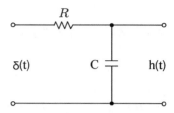

① $h(t) = RCe^{-\frac{t}{RC}}$

② $h(t) = \frac{1}{RC}e^{-\frac{t}{RC}}$

③ $h(t) = \frac{R}{1+j\omega RC}$

④ $h(t) = \frac{1}{RC}e^{-\frac{C}{R}t}$

**| 해설**

입력이 $\delta(t)$이면 $V_i(s) = 1$이고 $V_o(s) = G(s)V_i(s)$에 대입하면 $V_o(s)$는 $\frac{1}{RCs+1}$ 이다. 라플라스 역변환하면 임펄스 응답은 $v_o(t) = \frac{1}{RC}e^{-t/RC}$이다.

## 76 □□□

전류 $I = 30\sin\omega t + 40\sin(3\omega t + 45°)$[A]의 **실횻값**[A]은?

① 25
② $25\sqrt{2}$
③ 50
④ $50\sqrt{2}$

**| 해설**

전류의 실횻값은 $I = \sqrt{I_0^2 + \sum_{n=1}^{\infty} I_n^2}$ 인데 직류분이 없으므로

$$\sqrt{(\text{기본파 실효값})^2 + (\text{3고조파 실효값})^2}$$
$$= \sqrt{(30/\sqrt{2})^2 + (40/\sqrt{2})^2} = 25\sqrt{2}$$

정답   74 ③  75 ②  76 ②

## 77 ☐☐☐

평형 3상 3선식 회로에서 부하는 Y결선이고, 선간전압이 173.2∠0°[V]일 때 선전류는 20∠−120°[A] 이었다면, Y결선된 부하 한상의 임피던스는 약 몇 Ω인가?

① $5∠60°$

② $5∠90°$

③ $5\sqrt{3}∠60°$

④ $5\sqrt{3}∠90°$

| 해설

전압 · 전류 공식 $I_l = \dfrac{V_l∠−30°}{\sqrt{3}\,Z}$ 이므로

$$Z = \frac{V_l∠−30°}{\sqrt{3}\,I_l} = \frac{173.2∠0°∠−30°}{20\sqrt{3}∠−120°}$$

$$= \frac{173.2}{20\sqrt{3}}∠[0−30−(−120)] = 5∠90°$$

## 78 ☐☐☐

2전력계법으로 평형 3상 전력을 측정하였더니 한 쪽의 지시가 500W, 다른 한쪽의 지시가 1500W이었다. 피상전력은 약 몇 VA인가?

① 2000

② 2310

③ 2646

④ 2771

| 해설

피상전력

$$P_a = 2\sqrt{W_1^2 + W_2^2 - W_1 W_2}$$

$$= 2\sqrt{500^2 + 1500^2 - 500 \times 1500} = 2645.75[W]$$

## 79 ☐☐☐

1km당 인덕턴스 25mH, 정전용량 0.005µF의 선로가 있다. 무손실 선로라고 가정한 경우 진행파의 위상(전파) 속도는 약 몇 km/s인가?

① $8.95 \times 10^4$

② $9.95 \times 10^4$

③ $89.5 \times 10^4$

④ $99.5 \times 10^4$

| 해설

전파 속도

$$v = \frac{1}{\sqrt{LC}} = \frac{1}{\sqrt{(25 \times 10^{-3})(0.005 \times 10^{-6})}}$$

$$= \frac{1}{\sqrt{1.25 \times 10^{-10}}} = 89443[m/s]$$

## 80 ☐☐☐

$f(t) = e^{j\omega t}$의 라플라스 변환은?

① $\dfrac{1}{s - j\omega}$

② $\dfrac{1}{s + j\omega}$

③ $\dfrac{1}{s^2 + \omega^2}$

④ $\dfrac{\omega}{s^2 + \omega^2}$

| 해설

$u(t)$에 지수발산함수를 곱한 $u(t)e^{at}$의 라플라스 변환은 $U(s-a) = \dfrac{1}{s-a}$이다. 이것이 복소 추이정리이다. $f(t)$는 $u(t)$에 $e^{j\omega t}$를 곱한 함수이므로 라플라스 변환을 하면 $\dfrac{1}{s - j\omega}$이 된다.

## 81 □□□

**저압 옥상전선로의 시설에 대한 설명으로 틀린 것은?**

① 전선은 절연 전선을 사용한다.
② 전선은 지름 2.6mm 이상의 경동선을 사용한다.
③ 전선은 상시 부는 바람 등에 의하여 식물에 접촉하지 않도록 시설한다.
④ 전선과 옥상 전선로를 시설하는 조영재와의 이격 거리를 0.5m로 한다.

| 해설
전선과 그 저압 옥상 전선로를 시설하는 조영재와의 이격 거리는 2m(전선이 고압 절연 전선, 특고압 절연 전선 또는 케이블인 경우에는 1m) 이상일 것

## 82 □□□

**사용 전압 66kV의 가공 전선로를 시가지에 시설할 경우 전선의 지표상 최소 높이는 몇 m인가?**

① 6.48
② 8.36
③ 10.48
④ 12.36

| 해설
사용 전압 35kV를 초과하는 경우 전선의 높이는 10m에 35kV를 초과하는 10kV 또는 그 단수마다 0.12m를 더한 값이다.
$6.6 - 3.5 = 3.1$로 4단이므로 $10 + (4 \times 0.12) = 10.48$

## 83 □□□

**가공 전선로의 지지물에 시설하는 지선의 시설 기준으로 옳은 것은?**

① 지선의 안전율은 2.2 이상이어야 한다.
② 연선을 사용할 경우에는 소선(素線) 3가닥 이상이어야 한다.
③ 도로를 횡단하여 시설하는 지선의 높이는 지표상 4m 이상으로 하여야 한다.
④ 지중 부분 및 지표상 20cm까지의 부분에는 내식성이 있는 것 또는 아연 도금을 한다.

| 해설
**지선의 시설**
• 지선의 안전율은 2.5 이상이어야 한다.
• 연선을 사용할 경우에는 소선(素膳) 3가닥 이상이어야 한다.
• 도로를 횡단하여 시설하는 지선의 높이는 지표상 5m 이상으로 하여야 한다.
• 지중 부분 및 지표상 30cm까지의 부분에는 내식성이 있는 것 또는 아연 도금을 한다.

## 84 □□□

**무선용 안테나 등을 지지하는 철탑의 기초 안전율은 얼마 이상이어야 하는가?**

① 1.0
② 1.5
③ 2.0
④ 2.5

| 해설
무선 통신용 안테나 또는 반사판을 지지하는 목주 · 철주 · 철근 콘크리트주 또는 철탑의 안전율은 1.5 이상이어야 한다.

정답　81 ④　82 ③　83 ②　84 ②

## 85 ☐☐☐

전기 집진 장치에 특고압을 공급하기 위한 전기 설비로서 변압기로부터 정류기에 이르는 케이블을 넣는 방호 장치의 금속제 부분에 사람이 접촉할 우려가 없도록 시설하는 경우 제 몇 종 접지공사로 할 수 있는가?

① 제1종 접지 공사
② 제2종 접지 공사
③ 제3종 접지 공사
④ 특별 제3종 접지 공사

| 해설
※ 참고
해당 문제는 KEC 적용에 따른 기준 변경으로 인해 정답이 없습니다.

## 86 ☐☐☐

가공 전선로의 지지물에 취급자가 오르고 내리는데 사용하는 발판 볼트 등은 지표상 몇 m 미만에 시설하여서는 아니 되는가?

① 1.2
② 1.8
③ 2.2
④ 2.5

| 해설
가공 전선로의 지지물에 취급자가 오르고 내리는 데 사용하는 발판 볼트 등을 지표상 1.8m 미만에 시설하면 안 된다.

## 87 ☐☐☐

특고압 가공 전선로의 지지물로 사용하는 B종 철주에서 각도형은 전선로 중 몇 도를 넘는 수평 각도를 이루는 곳에 사용되는가?

① 1
② 2
③ 3
④ 5

| 해설
각도형은 전선로 중 3도를 초과하는 수평 각도를 이루는 곳에 사용한다.

## 88 ☐☐☐

빙설의 정도에 따라 풍압 하중을 적용하도록 규정하고 있는 내용 중 옳은 것은? (단, 빙설이 많은 지방 중 해안 지방 기타 저온 계절에 최대 풍압이 생기는 지방은 제외한다)

① 빙설이 많은 지방에서는 고온 계절에는 갑종 풍압하중, 저온 계절에는 을종 풍압 하중을 적용한다.
② 빙설이 많은 지방에서는 고온 계절에는 을종 풍압하중, 저온 계절에는 갑종 풍압 하중을 적용한다.
③ 빙설이 적은 지방에서는 고온 계절에는 갑종 풍압하중, 저온 계절에는 을종 풍압 하중을 적용한다.
④ 빙설이 적은 지방에서는 고온 계절에는 을종 풍압하중, 저온 계절에는 갑종 풍압 하중을 적용한다.

| 해설
**제1종 풍압 하중**

| 지역 | | 고온계절 | 저온 계절 |
|---|---|---|---|
| 빙설이 많은 지방 이외의 지방 | | 갑종 | 병종 |
| 빙설이 많은 지방 | 일반 지역 | 갑종 | 을종 |
| | 해안 지방, 기타 저온 계절에 최대 풍압이 생기는 지역 | 갑종 | 갑종과 을종 중 큰 값 |
| 인가가 많이 연접되어 있는 장소 | | 병종 | 병종 |

해커스 전기기사 필기 한권완성 기본이론 + 기출문제

정답  85 정답 없음  86 ②  87 ③  88 ①

## 89 □□□

조상 설비의 조상기(調相機) 내부에 고장이 생긴 경우에 자동적으로 전로로부터 차단하는 장치를 시설해야 하는 뱅크 용량[kVA]으로 옳은 것은?

① 1000

② 1500

③ 10000

④ 15000

**| 해설**

| 설비 종별 | 뱅크 용량의 구분 | 자동적으로 전로로부터 차단하는 장치 |
|---|---|---|
| 전력용 커패시터 및 분로리액터 | 500kVA 초과 15,000kVA 미만 | 내부에 고장이 생긴 경우 과전류가 생긴 경우 |
| | 15,000kVA 이상 | 내부에 고장이 생긴 경우 과전류가 생긴 경우 과전압이 생긴 경우 |
| 조상기 | 15,000kVA 이상 | 내부에 고장이 생긴 경우 |

## 90 □□□

고압 가공 전선로에 사용하는 가공지선으로 나경동선을 사용할 때의 최소 굵기[mm]는?

① 3.2

② 3.5

③ 4.0

④ 5.0

**| 해설**

고압 가공 전선로의 가공 지선은 인장 강도 5.26kN 이상의 것 또는 지름 4mm 이상의 나경동선을 사용하여야 한다.

## 91 □□□

440V용 전동기의 외함을 접지할 때 접지 저항 값은 몇 Ω 이하로 유지하여야 하는가?

① 10

② 20

③ 30

④ 100

**| 해설**

※ 참고
해당 문제는 KEC 적용에 따른 기준 변경으로 인해 정답이 없습니다.

## 92 □□□

전로에 시설하는 고압용 기계 기구의 절대 및 금속제 외함에는 제 몇 종 접지 공사를 하여야 하는가?

① 제1종 접지 공사

② 제2종 접지 공사

③ 제3종 접지공사

④ 특별 제3종 접지 공사

**| 해설**

※ 참고
해당 문제는 KEC 적용에 따른 기준 변경으로 인해 정답이 없습니다.

## 93 □□□

차량 기타 중량물의 압력을 받을 우려가 있는 장소에 지중 전선로를 직접 매설식으로 시설하는 경우 매설깊이는 몇 m 이상이어야 하는가?

① 0.8

② 1.0

③ 1.2

④ 1.5

**| 해설**

지중 전선로를 직접 매설식에 의하여 시설하는 경우에는 매설 깊이를 차량 기타 중량물의 압력을 받을 우려가 있는 장소에는 1.0m 이상으로 한다.

**정답** 89 ④   90 ③   91 정답 없음   92 정답 없음   93 ②

## 94 ☐☐☐

저압 옥내 배선의 사용 전압이 400V 미만인 경우 버스 덕트 공사는 몇 종 접지 공사를 하여야 하는가?

① 제1종 접지 공사
② 제2종 접지 공사
③ 제3종 접지 공사
④ 특별 제3종 접지 공사

| 해설

※ 참고
   해당 문제는 KEC 적용에 따른 기준 변경으로 인해 정답이 없습니다.

## 95 ☐☐☐

고압용 기계 기구를 시설하여서는 안 되는 경우는?

① 시가지 외로서 지표상 3m인 경우
② 발전소, 변전소, 개폐소 또는 이에 준하는 곳에 시설하는 경우
③ 옥내에 설치한 기계 기구를 취급자 이외의 사람이 출입할 수 없도록 설치한 곳에 시설하는 경우
④ 공장 등의 구내에서 기계 기구의 주위에 사람이 쉽게 접촉할 우려가 없도록 적당한 울타리를 설치하는 경우

| 해설

고압용 기계 기구를 지표상 4.5m(시가지 외에는 4m) 이상의 높이에 시설하고 또한 사람이 쉽게 접촉할 우려가 없도록 시설하여야 한다.

## 96 ☐☐☐

특고압용 변압기의 보호 장치인 냉각 장치에 고장이 생긴 경우 변압기의 온도가 현저하게 상승한 경우에 이를 경보하는 장치를 반드시 하지 않아도 되는 경우는?

① 유입 풍냉식
② 유입 자냉식
③ 송유 풍냉식
④ 송유 수냉식

| 해설

| 뱅크 용량의 구분 | 동작조건 | 장치의 종류 |
|---|---|---|
| 5,000kVA 이상 10,000kVA 미만 | 변압기 내부 고장 | 자동 차단 장치 또는 경보 장치 |
| 10,000kVA 이상 | 변압기 내부 고장 | 자동 차단 장치 |
| 타냉식 변압기 (수냉식, 송유풍냉식, 송유 자냉식) | 냉각 장치에 고장이 생긴 경우 또는 변압기의 온도가 현저히 상승한 경우 | 경보 장치 |

## 97 ☐☐☐

옥내에 시설하는 전동기가 소손되는 것을 방지하기 위한 과부하 보호 장치를 하지 않아도 되는 것은?

① 정격 출력이 7.5kW 이상인 경우
② 정격 출력이 0.2kW 이하인 경우
③ 정격 출력이 2.5kW이며, 과전류 차단기가 없는 경우
④ 전동기 출력이 4kW이며, 취급자가 감시할 수 없는 경우

| 해설

옥내에 시설하는 전동기에는 전동기가 손상될 우려가 있는 과전류가 생겼을 때에 자동적으로 이를 저지하거나 이를 경보하는 장치를 하여야 한다. 다만, 다음의 어느 하나에 해당하는 경우에는 그렇지 않다.
• 전동기를 운전 중 상시 취급자가 감시할 수 있는 위치에 시설하는 경우
• 전동기의 구조나 부하의 성질로 보아 전동기가 손상될 수 있는 과전류가 생길 우려가 없는 경우
• 단상 전동기로서 그 전원 측 전로에 시설하는 과전류 차단기의 정격전류가 16A(배선차단기는 20A) 이하인 경우
• 정격 출력이 0.2kW 이하인 것

정답   94 정답 없음   95 ①   96 ②   97 ②

## 98 ☐☐☐

가공 직류 전차선의 레일면상의 높이는 일반적인 경우 몇 m 이상이어야 하는가?

① 4.3
② 4.8
③ 5.2
④ 5.8

| 해설
※ 참고
　해당 문제는 KEC 적용에 따른 기준 변경으로 인해 정답이 없습니다.

## 99 ☐☐☐

저압전로에서 그 전로에 지락이 생겼을 경우에 0.5초 이내에 자동적으로 전로를 차단하는 장치를 시설 시 자동차단기의 정격 감도 전류가 100mA 이면 제3종 접지 공사의 접지 저항 값은 몇 Ω 이하로 하여야 하는가? (단, 전기적 위험도가 높은 장소인 경우이다)

① 50
② 100
③ 150
④ 200

| 해설
※ 참고
　해당 문제는 KEC 적용에 따른 기준 변경으로 인해 정답이 없습니다.

## 100 ☐☐☐

어떤 공장에서 케이블을 사용하는 사용 전압이 22kV인 가공 전선을 건물 옆쪽에서 1차 접근 상태로 시설하는 경우, 케이블과 건물의 조영재 이격 거리는 몇 cm 이상이어야 하는가?

① 50
② 80
③ 100
④ 120

| 해설
**특고압 가공전선과 다른 시설물의 접근 또는 교차**

| 다른 시설물의 구분 | 접근 형태 | 이격 거리 |
|---|---|---|
| 조영물의 상부 조영재 | 위쪽 | 2m (케이블인 경우 1.2m) |
| | 옆쪽 또는 아래쪽 | 1m (케이블인 경우 0.5m) |
| 조영물의 상부 조영재 이외의 부분 또는 조영물 이외의 시설물 | | 1m (케이블인 경우 0.5m) |

정답　98 정답 없음　99 정답 없음　100 ①

## 제1과목 전기자기학

## 01 ☐☐☐

원통 좌표계에서 일반적으로 벡터가 $A = 5r\sin\phi a_z$로 표현될 때 점 $\left(2, \dfrac{\pi}{2}, 0\right)$에서 $\text{curl}\,A$를 구하면?

① $5a_r$

② $5\pi a_\phi$

③ $-5a_\phi$

④ $-5\pi a_\phi$

| 해설

$$\text{curl}\,A = \nabla \times A = \frac{1}{r}\begin{vmatrix} a_r & ra_\phi & a_z \\ \dfrac{\partial}{\partial r} & \dfrac{\partial}{\partial \phi} & \dfrac{\partial}{\partial z} \\ A_r & rA_\phi & A_z \end{vmatrix}$$

$$= \left(\frac{1}{r}\frac{\partial A_z}{\partial \phi} - \frac{\partial A_\phi}{\partial z}\right)a_r + \left(\frac{\partial A_r}{\partial z} - \frac{\partial A_z}{\partial r}\right)a_\phi$$

$$\quad + \frac{1}{r}\left(\frac{\partial (rA_\phi)}{\partial r} - \frac{\partial A_r}{\partial \phi}\right)a_z$$

$$= \frac{1}{r}\frac{\partial}{\partial \phi}(5r\sin\phi a_r) - \frac{\partial}{\partial r}(5r\sin\phi a_\phi)$$

$$= 5\cos\phi a_r - 5\sin\phi a_\phi$$

여기서 $\phi = 90° = \dfrac{\pi}{2}$ 이므로

$$\text{curl}\,A = 5\cos\phi a_r - 5\sin\phi a_\phi = -5a_\phi$$

## 02 ☐☐☐

전하 $q[\text{C}]$가 진공 중의 자계 $H[\text{AT/m}]$에 수직방향으로 $v[\text{m/s}]$속도로 움직일 때 받는 힘은 몇 N인가? (단, 진공 중의 투자율은 $\mu_0$이다)

① $qvH$

② $\mu_0 qH$

③ $\pi qvH$

④ $\mu_0 qvH$

| 해설

• 자속 밀도: $B = \mu_0 H$

• 전자가 받는 힘: $F = q(v \times B) = qvB = qv\mu_0 H[\text{H}]$

## 03 ☐☐☐

환상철심의 평균 자계의 세기가 $3,000\text{AT/m}$이고, 비투자율이 600인 철심 중의 자화의 세기는 약 몇 $\text{Wb/m}^2$인가?

① 0.75

② 2.26

③ 4.52

④ 9.04

| 해설

자화의 세기:

$$J = \chi H = \mu_0(\mu_s - 1)H = \left(1 - \frac{1}{\mu_s}\right)B$$

$$= (4\pi \times 10^{-7}) \times (600 - 1) \times 3,000 = [\text{Wb/m}^2]$$

## 04 ☐☐☐

**강자성체의 세 가지 특성에 포함되지 않는 것은?**

① 자기포화 특성
② 와전류 특성
③ 고투자율 특성
④ 히스테리시스 특성

| 해설
**강자성체의 특징**

- 비투자율 $\mu_s \gg 1$
- 강자성체는 한계점에 도달하면 자성이 일정하게 되는 자기 포화 현상이 일어난다.
- 히스테리시스 현상은 도체마다 다른 특성을 가진다.
- 히스테리시스, 포화, 고투자율 특성

## 05 ☐☐☐

**전기 저항에 대한 설명으로 틀린 것은?**

① 저항의 단위는 옴[$\Omega$]을 사용한다.
② 저항률[$\rho$]의 역수를 도전율이라고 한다.
③ 금속선의 저항 $R$은 길이 $l$에 반비례한다.
④ 전류가 흐르고 있는 금속선에 있어서 임의 두 점간의 전위차는 전류에 비례한다.

| 해설
전기저항: $R = \dfrac{l}{\sigma S} = \rho \dfrac{l}{S} [\Omega]$

## 06 ☐☐☐

**변위전류와 가장 관계가 깊은 것은?**

① 도체
② 반도체
③ 유전체
④ 자성체

| 해설
변위 전류: 유전체에 흐르는 전류

## 07 ☐☐☐

**전자파의 특성에 대한 설명으로 틀린 것은?**

① 전자파의 속도는 주파수와 무관하다.
② 전파 $E_x$를 고유임피던스로 나누면 자파 $H_y$가 된다.
③ 전파 $E_x$와 자파 $H_y$의 진동방향은 진행 방향에 수평인 종파이다.
④ 매질이 도전성을 갖지 않으면 전파 $E_x$와 자파 $H_y$는 동위상이 된다.

| 해설
- 전파의 속도: $v = \dfrac{1}{\sqrt{\mu\epsilon}}$ (주파수와 무관)
- 고유 임피던스: $Z = \dfrac{E}{H} = \sqrt{\dfrac{\mu}{\epsilon}}$ 에서 $H = \dfrac{E}{Z}$
- $E_x$와 $H_y$의 진동 방향은 진뱅 방향에 수직인 횡파이다.
- 특성 임피더스가 상수이므로 전파와 자파는 동위상이다.

## 08 ☐☐☐

**도전도** $k = 6 \times 10^{17} [\mho/m]$, **투자율** $\mu = \dfrac{6}{\pi} \times 10^{-7} [H/m]$

**인 평면도체 표면에** $10kHz$**의 전류가 흐를 때, 침투깊이** $\delta[m]$**는?**

① $\dfrac{1}{6} \times 10^{-7}$

② $\dfrac{1}{8.5} \times 10^{-7}$

③ $\dfrac{36}{\pi} \times 10^{-6}$

④ $\dfrac{36}{\pi} \times 10^{-10}$

| 해설
침투 깊이: $\delta = \sqrt{\dfrac{2}{\omega\mu k}} = \sqrt{\dfrac{1}{\pi f \mu k}}$

$\delta = \sqrt{\dfrac{1}{\pi \times (10 \times 10^3) \times \left(\dfrac{6}{\pi} \times 10^{-7}\right) \times (6 \times 10^{17})}}$

$= \dfrac{1}{6} \times 10^{-7} [m]$

정답   04 ②   05 ③   06 ③   07 ③   08 ①

## 09 ☐☐☐

평행판 콘덴서의 극간 전압이 일정한 상태에서 극간에 공기가 있을 때의 흡인력을 $F_1$ 극판 사이에 극판 간격의 $\frac{2}{3}$ 두께의 유리판$(\epsilon_r = 10)$을 삽입할 때의 흡인력을 $F_2$ 라 하면 $\frac{F_2}{F_1}$는?

① 0.6

② 0.8

③ 1.5

④ 2.5

| 해설

공기층 콘덴서 정전용량: $C_1 = \dfrac{\epsilon_1 S}{d_1}$ $(\epsilon_1 = 1(\text{공기}))$

유전체 삽입 후 정전용량: $C_2 = \dfrac{\epsilon_2 S}{d_2}$ $(\epsilon_2 = 10)$

전체 정전 용량(직렬연결):

$C = \dfrac{C_1 C_2}{C_1 + C_2} = \dfrac{\dfrac{\epsilon_1 S}{d_1} \dfrac{\epsilon_2 S}{d_2}}{\dfrac{\epsilon_1 S}{d_1} + \dfrac{\epsilon_2 S}{d_2}} = \dfrac{\epsilon_1 \epsilon_2 S}{\epsilon_1 d_2 + \epsilon_2 d_1}$

극판 간격의 $\frac{2}{3}$ 두께에 $\epsilon_2 = \epsilon_r = 10$의 유리판을 삽입하였으므로 공기층의 두께 $d_1 = 1 - \dfrac{2}{3} = \dfrac{1}{3}$이다.

$C = \dfrac{1 \times 10 \times S}{1 \times \dfrac{2}{3} + 10 \times \dfrac{1}{3}} = \dfrac{5}{2} S = 2.5 C_0$

여기서 $C_0 = \dfrac{\epsilon_0 S}{d_0} = \dfrac{1 \times S}{1} = S$이다.

흡인력은 $W = \dfrac{1}{2} C V^2$에서 $\dfrac{W}{W_0} = \dfrac{F}{F_0} = \dfrac{C}{C_0} = 2.5$이다.

## 10 ☐☐☐

자계의 벡터 포텐셜을 $A$라 할 때 자계의 시간적 변화에 의하여 생기는 전계의 세기 $E$는?

① $E = \text{rot } A$

② $\text{rot } E = A$

③ $E = -\dfrac{\partial A}{\partial t}$

④ $\text{rot } E = -\dfrac{\partial A}{\partial t}$

| 해설

벡터 포텐셜: $B = \nabla \times A$

$\nabla \times E = -\dfrac{\partial B}{\partial t} = -\dfrac{\partial}{\partial t}(\nabla \times A)$,

$\displaystyle\int (\nabla \times E)\, ds = -\int \dfrac{\partial}{\partial t}(\nabla \times A)\, ds$에 스토크스 정리를 적용하면 $E = -\dfrac{\partial A}{\partial t}$이다.

## 11 ☐☐☐

무한장 직선형 도선에 $I[\text{A}]$의 전류가 흐를 경우 도선으로부터 $R[\text{m}]$떨어진 점의 자속밀도 $B[\text{Wb/m}^2]$는?

① $B = \dfrac{\mu I}{2\pi R}$

② $B = \dfrac{I}{2\pi \mu R}$

③ $B = \dfrac{\mu I}{4\pi R}$

④ $B = \dfrac{I}{4\pi \mu R}$

| 해설

• 자계의 세기: $H = \dfrac{I}{2\pi R}[\text{AT/m}]$

• 자속 밀도: $B = \mu H = \dfrac{\mu I}{2\pi R}[\text{Wb/m}^2]$

## 12 □□□

송전선의 전류가 0.01초 사이에 10kA 변화될 때 이 송전선에 나란한 통신선에 유도되는 유도 전압은 몇 V인가? (단, 송전선과 통신선 간의 상호유도계수는 0.3mH이다)

① 30
② 300
③ 3,000
④ 30,000

| 해설

$$e = -M\frac{di}{dt} = -(0.3 \times 10^{-3}) \times \frac{10 \times 10^3}{0.01} = 300[\text{V}]$$

## 13 □□□

단면적 15cm²의 자석 근처에 같은 단면적을 가진 철편을 놓을 때 그 곳을 통하는 자속이 $3 \times 10^{-4}$Wb이면 철편에 작용하는 흡인력은 약 몇 N인가?

① 12.2
② 23.9
③ 36.6
④ 48.8

| 해설

• 면적당 힘: $f = \frac{1}{2}\mu H^2 = \frac{B^2}{2\mu} = \frac{1}{2}BH[\text{N/m}^2]$

• 흡인력: $F = fS = \frac{B^2}{2\mu} \times S = \frac{\left(\frac{\phi}{S}\right)^2}{2\mu} \times S = \frac{\phi^2}{2\mu S}$

$$F = \frac{(3 \times 10^{-4})^2}{2 \times (4\pi \times 10^{-7}) \times (5 \times 10^{-4})} = 23.9[\text{N}]$$

## 14 □□□

길이 $l$[m]인 동축 원통 도체의 내외원통에 각각 $+\lambda$, $-\lambda$[C/m]의 전하가 분포되어 있다. 내외원통 사이에 유전율 $\epsilon$인 유전체가 채워져 있을 때, 전계의 세기[V/m]는? (단, $V$는 내외원통 간의 전위차, $D$는 전속밀도이고, $a$, $b$는 내외원통의 반지름이며, 원통 중심에서의 거리 $r$은 $a < r < b$인 경우이다)

① $\dfrac{V}{r \cdot \ln\dfrac{b}{a}}$

② $\dfrac{V}{\epsilon \cdot \ln\dfrac{b}{a}}$

③ $\dfrac{D}{r \cdot \ln\dfrac{b}{a}}$

④ $\dfrac{D}{\epsilon \cdot \ln\dfrac{b}{a}}$

| 해설

• 동축 원통 도체의 전계: $E = \dfrac{\lambda}{2\pi\epsilon r}$

• 전위: $V = -\displaystyle\int_b^a E dl$

$V = -\displaystyle\int_b^a E dl = -\int_b^a \frac{\lambda}{2\pi\epsilon r} dl = \frac{\lambda}{2\pi\epsilon}[\ln r]_a^b = \frac{\lambda}{2\pi\epsilon}\ln\frac{b}{a}$ 이므로

$\dfrac{\lambda}{2\pi\epsilon} = \dfrac{V}{\ln\dfrac{b}{a}}$ 이다.

따라서 $E = \dfrac{V}{r\ln\dfrac{b}{a}}$[V/m]이다.

정답    12 ②    13 ②    14 ①

## 15 □□□

정전 용량이 $1\mu F$이고 판의 간격이 $d$인 공기콘덴서가 있다. 두께 $\frac{1}{2}d$, 비유전율 $\epsilon_r = 2$인 유전체를 그 콘덴서의 한 전극면에 접촉하여 넣었을 때 전체의 정전용량$[\mu F]$은?

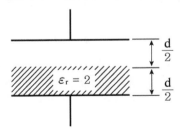

① 2

② $\frac{1}{2}$

③ $\frac{4}{3}$

④ $\frac{5}{3}$

| 해설

극판 간격의 $\frac{1}{2}$간격에 물질을 직렬로 채운 경우의 정전용량

은 $C = \frac{2\epsilon_s C_0}{1+\epsilon_s} = \frac{2 \times 2 \times 1}{1+2} = \frac{4}{3}[\mu F]$이다.

## 16 □□□

정전용량이 각각 $C_1$, $C_2$ 그 사이의 상호유도계수가 $M$인 절연된 두 도체가 있다. 두 도체를 가는 선으로 연결할 경우, 정전용량은 어떻게 표현되는가?

① $C_1 + C_2 - M$

② $C_1 + C_2 + M$

③ $C_1 + C_2 + 2M$

④ $2C_1 + 2C_2 + M$

| 해설

$Q_1 = C_{11}V_1 + C_{12}V_2$, $Q_2 = C_{21}V_1 + C_{22}V_2$

자체용량계수를 각각 $C_1 = C_{11}$, $C_2 = C_{22}$, 유도 계수를 각각

$C_{12} = C_{21} = M$이라 하면

$Q_1 = C_1 V + MV = (C_1 + M)V$

$Q_2 = MV + C_2 V = (C_2 + M)V$

따라서

$C = \frac{Q_1 + Q_2}{V} = \frac{(C_1 + M)V + (C_2 + M)V}{V}$

$\quad = C_1 + C_2 + 2M$

## 17 □□□

진공 중에서 점 $P(1, 2, 3)$ 및 점 $Q(2, 0, 5)$에 각각 $300\mu C$, $-100\mu C$인 점전하가 놓여 있을 때 점전하 $-100\mu C$에 작용하는 힘은 몇 N인가?

① $10i - 20j + 20k$

② $10i + 20j - 20k$

③ $-10i + 20j + 20k$

④ $-10i + 20j - 20k$

| 해설

- 거리벡터:
  $$\hat{r} = (2-1)\hat{x} + (0-2)\hat{y} = (5-3)\hat{z} = \hat{x} - 2\hat{y} + 2\hat{z}$$
- 크기: $|r| = \sqrt{1^2 + (-2)^2 + 2^2} = 3$
- 방향벡터: $r_0 = \dfrac{\hat{r}}{|r|} = \dfrac{1}{3}(\hat{x} - 2\hat{y} + 2\hat{z})$
- 상수: $\dfrac{1}{4\pi\epsilon_0} = 9 \times 10^9 \,[\text{F/m}]$
- $F = |F| r_0$

  $$= 9 \times 10^9 \times \frac{(300 \times 10^{-6}) \times (-100) \times 10^{-6}}{3^2}$$

  $$\times \frac{1}{3}(\hat{x} - 2\hat{y} + 2\hat{z})$$

  $$= -10(i - 2j + 2k) = -10i + 20j - 20k \,[\text{N}]$$

## 18 □□□

단면적이 $S[\text{m}^2]$, 단위 길이에 대한 권수가 $n[\text{회}/\text{m}]$인 무한히 긴 솔레노이드의 단위 길이당 자기인덕턴스$[\text{H/m}]$는?

① $\mu \cdot S \cdot n$

② $\mu \cdot S \cdot n^2$

③ $\mu \cdot S^2 \cdot n$

④ $\mu \cdot S^2 \cdot n^2$

| 해설

- 인덕턴스: $L = \dfrac{N\phi}{I} = \dfrac{N}{I}\dfrac{F}{R_m} = \dfrac{N}{I}\dfrac{NI}{\dfrac{l}{\mu S}} = \dfrac{\mu S N^2}{l}\,[\text{H}]$

- 단위 길이당 자기인덕턴스: $\dfrac{L}{l} = \mu S N^2 \,[\text{H/m}]$

## 19 □□□

반지름 $a[\text{m}]$의 구 도체에 전하 $q[\text{C}]$가 주어질 때 구 도체 표면에 작용하는 정전응력은 몇 $\text{N/m}^2$인가?

① $\dfrac{9Q^2}{16\pi^2 \epsilon_o a^6}$

② $\dfrac{9Q^2}{32\pi^2 \epsilon_o a^6}$

③ $\dfrac{Q^2}{16\pi^2 \epsilon_o a^4}$

④ $\dfrac{Q^2}{32\pi^2 \epsilon_o a^4}$

| 해설

정전응력: $f = \dfrac{\sigma^2}{2\epsilon_0} = \dfrac{1}{2}\epsilon_0 E^2 = \dfrac{D^2}{2\epsilon_0} = \dfrac{1}{2}ED\,[\text{N/m}^2]$

$f = \dfrac{1}{2}\epsilon_0 E^2 = \dfrac{1}{2}\epsilon_0 \left(\dfrac{Q}{4\pi\epsilon_0 a^2}\right)^2 = \dfrac{Q^2}{32\pi^2 \epsilon_0 a^4}\,[\text{N/m}^2]$

## 20 □□□

다음 금속 중 저항률이 가장 작은 것은?

① 은

② 철

③ 백금

④ 알루미늄

| 해설

- 저항률: 금 > 알루미늄 > 철 > 백금 > 구리 > 은
- 도전율: 금 < 알루미늄 < 철 < 백금 < 구리 < 은

## 21 ☐☐☐

역률 80%, 500kVA의 부하 설비에 100kVA의 진상용 콘덴서를 설치하여 역률을 개선하면 수전점에서의 부하는 약 몇 kVA가 되는가?

① 400
② 425
③ 450
④ 475

| 해설
피상전력과 역률을 이용하여 부하의 무효전력과 유효전력을 구하면 각각 300kVA, 400kVA이다. 진상용 콘덴서를 설치하면 무효전력이 200kVA로 바뀌고 유효전력은 그대로이므로 수전점에서 부하의 피상 전력은
$\sqrt{200^2 + 400^2} = 447[kVA]$로 바뀐다.

## 22 ☐☐☐

가공지선에 대한 설명 중 틀린 것은?

① 유도뢰 서지에 대하여도 그 가설구간 전체에 사고방지의 효과가 있다.
② 직격뢰에 대하여 특히 유효하며 탑 상부에 시설하므로 뇌는 주로 가공지선에 내습한다.
③ 송전선의 1선 지락 시 지락 전류의 일부가 가공지선에 흘러 차폐 작용을 하므로 전자 유도 장해를 적게 할 수 있다.
④ 가공지선 때문에 송전 선로의 대지 정전용량이 감소하므로 대지 사이에 방전할 때 유도 전압이 특히 커서 차폐 효과가 좋다.

| 해설
가공지선은 진행파의 감쇄를 도모하여 통신선에 대한 전자 유도 장해 경감 효과가 있다.

## 23 ☐☐☐

부하 전류의 차단에 사용되지 않는 것은?

① DS
② ACB
③ OCB
④ VCB

| 해설
단로기는 소호 장치가 없어서 고장 전류나 부하 전류의 개폐에는 사용할 수 없다.

## 24 ☐☐☐

플리커 경감을 위한 전력 공급 측의 방안이 아닌 것은?

① 공급 전압을 낮춘다.
② 전용 변압기로 공급한다.
③ 단독 공급계통을 구성한다.
④ 단락 용량이 큰 계통에서 공급한다.

| 해설
플리커 경감을 위한 공급측 대책으로는, 전용(專用) 계통으로 전력을 공급하고, 전용 변압기로 전력을 공급하고, 단락 용량이 큰 계통에서 공급하고, 공급 전압을 승압하는 것이 있다.

## 25 ☐☐☐

3상 무부하 발전기의 1선 지락 고장 시에 흐르는 지락 전류는? (단, $E$는 접지된 상의 무부하 기전력이고, $Z_0$, $Z_1$, $Z_2$는 발전기의 영상, 정상, 역상 임피던스이다)

① $\dfrac{E}{Z_0 + Z_1 + Z_2}$

② $\dfrac{\sqrt{3}\,E}{Z_0 + Z_1 + Z_2}$

③ $\dfrac{3E}{Z_0 + Z_1 + Z_2}$

④ $\dfrac{E^2}{Z_0 + Z_1 + Z_2}$

| 해설

1선 지락 사고 시 전압이 0이 되므로 발전기 기본식을 이용하면 지락 전류의 크기는 영상전류의 3배라서

$\dfrac{3E}{Z_0 + Z_1 + Z_2}$ 가 된다.

## 26 ☐☐☐

수력 발전소의 분류 중 낙차를 얻는 방법에 의한 분류 방법이 아닌 것은?

① 댐식 발전소

② 수로식 발전소

③ 양수식 발전소

④ 유역 변경식 발전소

| 해설

낙차를 얻는 방법에 따라 수로식, 댐식, 댐수로식, 유역 변경식으로 나뉜다. 운용방식에 따라 자주식, 저수지식, 조정지식, 양수식으로 나뉜다.

## 27 ☐☐☐

변성기의 정격 부담을 표시하는 단위는?

① W

② S

③ dyne

④ VA

| 해설

계기용 변성기 2차 회로에 접속되는 부하를 부담이라고 하며, 변성기 성능을 보증할 수 있는 부하의 최대 피상전력을 정격 부담이라고 한다. 따라서 정격부담을 표시하는 단위는 VA이다.

## 28 ☐☐☐

원자로에서 중성자가 원자로 외부로 유출되어 인체에 위험을 주는 것을 방지하고 방열의 효과를 주기 위한 것은?

① 제어재

② 차폐재

③ 반사체

④ 구조재

| 해설

차폐재는 원자로 내부의 방사능이 유출되는 것을 막고 방열의 효과도 준다.

## 29 ☐☐☐

연가에 의한 효과가 아닌 것은?

① 직렬 공진의 방지

② 대지 정전용량의 감소

③ 통신선의 유도 장해 감소

④ 선로 정수의 평형

| 해설

연가의 효과로는 선로정수 평형 외에도 통신선 유도장해 경감, 소호 리액터 접지 시 직렬 공진에 의한 이상 전압 방지가 있다.

정답    25 ③    26 ③    27 ④    28 ②    29 ②

## 30 ☐☐☐

각 전력계통을 연계선으로 상호 연결하였을 때 장점으로 틀린 것은?

① 건설비 및 운전 경비를 절감하므로 경제 급전이 용이하다.
② 주파수의 변화가 작아진다.
③ 각 전력계통의 신뢰도가 증가된다.
④ 선로 임피던스가 증가되어 단락 전류가 감소된다.

| 해설

계통 연계를 하게 되면 병렬 선로가 많아져서 선로 임피던스의 감소로 단락 전류가 증대되고 전자 유도 장해가 커진다.

## 31 ☐☐☐

전압 요소가 필요한 계전기가 아닌 것은?

① 주파수 계전기
② 동기탈조 계전기
③ 지락 과전류 계전기
④ 방향성 지락 과전류 계전기

| 해설

지락 과전류 계전기는 영상전류만으로 지락 사고를 검출하므로 전압의 대칭성분을 구하지 않아도 된다.

## 32 ☐☐☐

수력 발전 설비에서 흡출관을 사용하는 목적으로 옳은 것은?

① 압력을 줄이기 위하여
② 유효 낙차를 늘리기 위하여
③ 속도 변동률을 적게 하기 위하여
④ 물의 유선을 일정하게 하기 위하여

| 해설

수차에는 출구부터 방수로까지 이어진 흡출관이 있어서 유효 낙차를 늘리는 효과를 준다. 속도 변동률을 적게 하는 것은 조속기의 역할이다.

## 33 ☐☐☐

인터록(interlock)의 기능에 대한 설명으로 옳은 것은?

① 조작자의 의중에 따라 개폐되어야 한다.
② 차단기가 열려 있어야 단로기를 닫을 수 있다.
③ 차단기가 닫혀 있어야 단로기를 닫을 수 있다.
④ 차단기와 단로기를 별도로 닫고, 열 수 있어야 한다.

| 해설

차단기가 닫혀 있을 때는 단로기를 열거나 닫아서는 안 된다. 두 설비에는 전기적 기계적으로 인터록의 기능이 탑재되어 있어서 차단기가 열려 있어야만 단로기를 닫을 수 있다.

## 34 ☐☐☐

같은 선로와 같은 부하에서 교류 단상 3선식은 단상 2선식에 비하여 전압 강하와 배전 효율이 어떻게 되는가?

① 전압 강하는 적고, 배전 효율은 높다.
② 전압 강하는 크고, 배전 효율은 낮다.
③ 전압 강하는 적고, 배전 효율은 낮다.
④ 전압 강하는 크고, 배전 효율은 높다.

| 해설

전압 강하 $k(IR\cos\theta_r + IX\sin\theta_r)$인데 단상 2선식은 2가닥 전선에서 전압 강하가 발생하므로 $k = 2$이고, 단상 3선식은 중성선에서 전압 강하가 발생하지 않으므로 $k = 1$이다. 따라서 전압 강하는 단상 3선식이 적다. 전력 손실은 전압의 제곱에 반비례하며 단상 3선식은 110V, 단상2선식은 220V의 전압이 인가되므로 전압이 낮으면 손실이 적고 배전 효율이 높다.

## 35 □□□

전력 원선도에서는 알 수 없는 것은?

① 송수전 할 수 있는 최대 전력
② 선로 손실
③ 수전단 역률
④ 코로나손

| 해설

과도 안정 극한 전력과 코로나 손실은 전력 원선도에서 구할 수 없는 물리량이다.


## 36 □□□

가공선 계통은 지중선 계통보다 인덕턴스 및 정전용량이 어떠한가?

① 인덕턴스, 정전용량이 모두 작다.
② 인덕턴스, 정전용량이 모두 크다.
③ 인덕턴스는 크고, 정전용량은 작다.
④ 인덕턴스는 작고, 정전용량은 크다.

| 해설

송전선의 인덕턴스 $L[\text{mH/km}] = 0.05 + 0.4605\log_{10}D/r$ 이므로 선간 거리에 비례하고 송전선의 정전용량 $C_m[\mu\text{F/km}] = \dfrac{0.02413}{\log_{10}D/r}$ 이므로 선간 거리에 반비례한다. 즉, 등가 선간 거리가 큰 가공선이 인덕턴스가 크고 정전용량은 작다.


## 37 □□□

송전선의 특성임피던스는 저항과 누설 컨덕턴스를 무시하면 어떻게 표현되는가? (단, $L$은 선로의 인덕턴스, $C$는 선로의 정전용량이다)

① $\sqrt{\dfrac{L}{C}}$

② $\sqrt{\dfrac{C}{L}}$

③ $\dfrac{L}{C}$

④ $\dfrac{C}{L}$

| 해설

특성 임피던스 식 $Z_0 = \sqrt{\dfrac{Z}{Y}} = \sqrt{\dfrac{R+j\omega L}{G+j\omega C}}$ 에서 $R = G = 0$ 이면 $Z_0 = \sqrt{\dfrac{L}{C}}$ 이다.


## 38 □□□

다음 중 송전 선로의 코로나 임계 전압이 높아지는 경우가 아닌 것은?

① 날씨가 맑다.
② 기압이 높다.
③ 상대 공기 밀도가 낮다.
④ 전선의 반지름과 선간 거리가 크다.

| 해설

임계 전압은 $E_0[\text{kV}] = 24.3m_0m_1\delta d\log_{10}D/r$ 인데, 날씨가 맑으면 기상 계수 $m_1$이 크고, 기압이 높으면 상대 공기밀도 $\delta$가 크며, 전선 반지름의 2배가 지름 $d$이다. 선간 거리는 수식의 $D$이다.

## 39 □□□

어느 수용가의 부하 설비는 전등 설비가 500W, 전열 설비가 600W, 전동기 설비가 400W, 기타 설비가 100W이다. 이 수용가의 최대 수용 전력이 1200W이면 수용률은 몇 %인가?

① 55
② 65
③ 75
④ 85

| 해설

설비 용량 합계가 $500+600+400+100=1600$W, 최대 수용 전력이 1200W이므로 수용률은

$\frac{1200}{1600} \times 100 = 75$[%]이다.

## 40 □□□

케이블의 전력 손실과 관계가 없는 것은?

① 철손
② 유전체손
③ 시스손
④ 도체의 저항손

| 해설

케이블은 도체의 열작용에 의한 저항손이 가장 크고, 절연체에 의한 유전체손과 외피에 의한 시스손도 전력 손실에 기여한다. 철손은 변압기의 철심에서 발생한다.

---

## 제3과목 전기기기

## 41 □□□

동기 발전기의 돌발 단락 시 발생되는 현상으로 옳지 않은 것은?

① 큰 과도 전류가 흘러 권선 소손
② 단락 전류는 전기자 저항으로 제한
③ 코일 상호 간 큰 전자력에 의한 코일 파손
④ 큰 단락 전류 후 점차 감소하여 지속 단락 전류 유지

| 해설

돌발 단락 전류 $= \frac{E}{X_l}$ 이며, 누설 리액턴스로 제한된다. 돌발 단락 전류에 의해 코일이 파손될 수 있으며, 수초 지나면 전기자 반작용이 나타나면서 단락 전류가 점차 감소하여 일정 크기의 지속 단락 전류에 도달한다.

## 42 □□□

SCR의 특징으로 틀린 것은?

① 과전압에 약하다.
② 열용량이 적어 고온에 약하다.
③ 전류가 흐르고 있을 때의 양극 전압 강하가 크다.
④ 게이트에 신호를 인가할 때부터 도통할 때까지의 시간이 짧다.

| 해설

과전압 및 고온에 약하지만, 도통 상태의 양극 전압 강하가 작고 턴온 시간이 짧다.

## 43 ☐☐☐

터빈 발전기의 냉각을 수소 냉각 방식으로 하는 이유로 틀린 것은?

① 풍손이 공기 냉각 시의 약 1/10로 줄어든다.
② 열전도율이 좋고 가스 냉각기의 크기가 작아진다.
③ 절연물의 산화 작용이 없으므로 절연 열화가 작아서 수명이 길다.
④ 반폐형으로 하기 때문에 이물질의 침입이 없고 소음이 감소한다.

| 해설

수소 냉각 방식은 전밀폐형으로 하여 공기 대신 수소를 냉각 매체로 사용하는 방식이다. 풍손이 1/10로 줄어들고 열전도율이 좋고 절연물의 수명이 길어지는 장점 때문에 대용량의 터빈 발전기가 채택한다. 반폐형은 공기 냉각 방식에 해당한다.

## 44 ☐☐☐

단상 유도 전동기의 특징을 설명한 것으로 옳은 것은?

① 기동 토크가 없으므로 기동 장치가 필요하다.
② 기계손이 있어도 무부하 속도는 동기속도보다 크다.
③ 권선형은 비례추이가 불가능하며, 최대 토크는 불변이다.
④ 슬립은 $0 > s > -1$이고, 2보다 작고 0이 되기 전에 토크가 0이 된다.

| 해설

단상 유도 전동기는 기동 토크가 0이므로 기동장치가 반드시 필요하다. 전기는 슬립이 $0 > s > -1$이다.

## 45 ☐☐☐

몰드 변압기의 특징으로 틀린 것은?

① 자기 소화성이 우수하다.
② 소형 경량화가 가능하다.
③ 건식 변압기에 비해 소음이 적다.
④ 유입 변압기에 비해 절연 레벨이 낮다.

| 해설

①~④가 몰드 변압기의 특징에 해당되므로 모두 정답 처리되었음

## 46 ☐☐☐

유도 전동기의 회전 속도를 $N$[rpm], 동기 속도를 $N_s$[rpm]이라하고 순방향 회전자계의 슬립을 $s$라고 하면, 역방향 회전자계에 대한 회전자 슬립은?

① $s-1$    ② $1-s$
③ $s-2$    ④ $2-s$

| 해설

역방향 회전자계 측면에서 본 슬립은 고정자 자계의 회전 방향이 반대이므로 $-N_s$로 표현해야 한다. 따라서

$$s_b = \frac{-N_s - N}{-N_s} = \frac{(2N_s - N_s) + N}{N_s} = 2 - \frac{N_s - N}{N_s}$$
$$= 2 - s\text{이다.}$$

## 47 ☐☐☐

직류 발전기에 직결한 3상 유도 전동기가 있다. 발전기의 부하 100kW, 효율 90%이며 전동기 단자 전압 3300V, 효율 90%, 역률 90%이다. 전동기에 흘러들어가는 전류는 약 몇 A인가?

① 2.4    ② 4.8
③ 19    ④ 24

| 해설

직류 발전기의 입력 = 3상 유도 전동기의 출력

$$= \frac{100[\text{kW}]}{\text{효율} \times \text{역률}} = 123.46\text{kW}$$

$$I = \frac{P_i}{\sqrt{3} \, V \cos\theta} = \frac{123.46}{3300\sqrt{3} \times 0.9}$$

## 48 □□□

유도 발전기의 동작 특성에 관한 설명 중 틀린 것은?

① 병렬로 접속된 동기 발전기에서 여자를 취해야 한다.

② 효율과 역률이 낮으며 소출력의 자동 수력 발전기와 같은 용도에 사용된다.

③ 유도 발전기의 주파수를 증가하려면 회전 속도를 동기 속도 이상으로 회전시켜야 한다.

④ 선로에 단락이 생긴 경우에는 여자가 상실되므로 단락 전류는 동기 발전기에 비해 적고 지속 시간도 짧다.

| 해설

유도 발전기는 병렬 접속된 동기 발전기가 여자 장치로 이용되므로 선로에 단락이 생기면 여자의 상실로 단락 전류 지속 시간이 짧다. 유도 발전기는 구조가 간단해서 동기 발전기에 비해 고장이 적고 가격이 싸다. 유도 발전기는 효율과 역률이 낮으며, 교류 주파수를 증가시키려면 별도의 주파수 조정장치가 필요하다. 전기자의 회전 속도를 증가시키면 출력과 토크가 증가한다.

## 49 □□□

단상 변압기를 병렬 운전하는 경우 각 변압기의 부하 분담이 변압기의 용량에 비례하려면 각각의 변압기의 %임피던스는 어느 것에 해당되는가?

① 어떠한 값이라도 좋다.

② 변압기 용량에 비례하여야 한다.

③ 변압기 용량에 반비례하여야 한다.

④ 변압기 용량에 관계없이 같아야 한다.

| 해설

$$\frac{I_a}{I_b} = \frac{(\%I_B Z_b)V}{I_B} \times \frac{I_A}{(\%I_A Z_a)V} = \frac{(\%I_B Z_b)VI_A}{(\%I_A Z_a)VI_B}$$

부하 분담은 %Z에 반비례하고 변압기 용량에 비례한다.

## 50 □□□

그림은 여러 직류 전동기의 속도 특성 곡선을 나타낸 것이다. 1부터 4까지 차례로 옳은 것은?

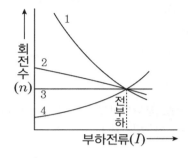

① 차동 복권, 분권, 가동 복권, 직권

② 직권, 가동 복권, 분권, 차동 복권

③ 가동 복권, 차동 복권, 직권, 분권

④ 분권, 직권, 가동 복권, 차동 복권

| 해설

직권 전동기의 속도 변동률이 가장 크고, 분권 전동기는 속도 변동이 거의 없다. 가동 복권 전동기는 직권과 분권의 조합이므로 중간적 특성을 가지며 기동 토크의 크기는 분권과 직권 사이이다.

## 51 □□□

전력 변환기기로 틀린 것은?

① 컨버터

② 정류기

③ 인버터

④ 유도 전동기

| 해설

컨버터와 정류기는 교류를 직류로, 인버터는 직류를 교류로 변환한다. 유도 전동기는 전기 에너지를 운동 에너지로 변환한다.

## 52 ☐☐☐

농형 유도 전동기에 주로 사용되는 속도 제어법은?

① 극수 변환

② 종속 접속법

③ 2차 저항 제어법

④ 2차 여자 제어법

## 53 ☐☐☐

정격 전압 100V, 정격 전류 50A인 분권 발전기의 유기 기전력은 몇 V인가? (단, 전기자 저항 0.2Ω, 계자 전류 및 전기자 반작용은 무시한다)

① 110

② 120

③ 125

④ 127.5

## 54 ☐☐☐

그림과 같은 변압기 회로에서 부하 $R_2$에 공급되는 전력이 최대로 되는 변압기의 권수비 a는?

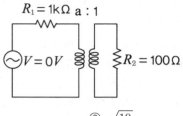

① $\sqrt{5}$

② $\sqrt{10}$

③ 5

④ 10

## 55 ☐☐☐

변압기의 백분율 저항 강하가 3%, 백분율 리액턴스 강하가 4%일 때 뒤진 역률 80%인 경우의 전압 변동률[%]은?

① 2.5

② 3.4

③ 4.8

④ −3.6

## 56 □□□

정류자형 주파수 변환기의 회전자에 주파수 $f_1$의 교류를 가할 때 시계 방향으로 회전자계가 발생하였다. 정류자 위의 브러시 사이에 나타나는 주파수 $f_c$를 설명한 것 중 틀린 것은? (단, $n$: 회전자의 속도, $n_s$: 회전자계의 속도, $s$: 슬립이다)

① 회전자를 정지시키면 $f_c = f_1$인 주파수가 된다.
② 회전자를 반시계 방향으로 $n = n_s$의 속도로 회전시키면, $f_c = 0$Hz가 된다.
③ 회전자를 반시계 방향으로 $n < n_s$의 속도로 회전시키면, $f_c = sf_1$[Hz]가 된다.
④ 회전자를 시계 방향으로 $n < n_s$의 속도로 회전시키면, $f_c < f_1$인 주파수가 된다.

| 해설

외력으로 회전자를 시계 방향으로 $n$으로 회전시키면 브러시에 대한 자속의 상대속도는 $n_s + n$이 되므로
$f_c = (n_s + n)\dfrac{p}{2} = f_1 + f$가 된다. 즉, 전원 주파수 $f_1$을 임의의 주파수 $f_1 + f$로 변환할 수 있다.

## 57 □□□

동기 발전기의 3상 단락 곡선에서 단락 전류가 계자 전류에 비례하여 거의 직선이 되는 이유로 가장 옳은 것은?

① 무부하 상태이므로
② 전기자 반작용으로
③ 자기 포화가 있으므로
④ 누설 리액턴스가 크므로

| 해설

동기 발전기의 3상 단락 곡선 기울기$\left(\dfrac{I}{I_f}\right)$가 일정한 이유는
전기자 반작용 전류가 만들어내는 감자 자속이 주자속을 상쇄하여 철심이 포화되지 않기 때문이다.

## 58 □□□

1차 전압 $V_1$, 2차 전압 $V_2$인 단권변압기를 Y결선했을 때, 등가용량과 부하 용량의 비는? (단, $V_1 > V_2$이다)

① $\dfrac{V_1 - V_2}{\sqrt{3}\,V_1}$

② $\dfrac{V_1 - V_2}{V_1}$

③ $\dfrac{V_1^2 - V_2^2}{\sqrt{3}\,V_1 V_2}$

④ $\dfrac{\sqrt{3}\,(V_1 - V_2)}{2\,V_1}$

| 해설

결선 방식에 따른 등가용량과 부하 용량의 비는 다음 표와 같다.

| Y결선 | △결선 | V결선 |
|---|---|---|
| $\dfrac{V_h - V_l}{V_h}$ | $\dfrac{V_h^2 - V_l^2}{\sqrt{3}\,V_h V_l}$ | $\dfrac{2}{\sqrt{3}}\dfrac{V_h - V_l}{V_h}$ |

## 59 □□□

변압기의 보호에 사용되지 않는 것은?

① 온도 계전기
② 과전류 계전기
③ 임피던스 계전기
④ 비율 차동 계전기

| 해설

변압기 보호용 계전기로는 비율 차동 계전기, 부흐홀츠 계전기, 과전류 계전기, 온도 계전기가 있다. 임피던스 계전기는 모선 보호용이다.

## 60 ☐☐☐

$E$를 전압, $r$을 1차로 환산한 저항, $x$를 1차로 환산한 리액턴스라고 할 때 유도 전동기의 원선도에서 원의 지름을 나타내는 것은?

① $E \cdot r$

② $E \cdot x$

③ $\dfrac{E}{x}$

④ $\dfrac{E}{r}$

| 해설

1차 등가 전류 $\overrightarrow{I_1'}$의 궤적은 $\dfrac{V_1}{x_1+x_2}$을 지름으로 가지는 반원의 원주상에 있다. 즉, [원선도의 지름]은 [1차 전압] 나누기 [합성 리액턴스]이다.

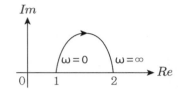

# 제4과목 회로이론 및 제어공학

## 61 ☐☐☐

그림의 벡터 궤적을 갖는 계의 주파수 전달함수는?

① $\dfrac{1}{j\omega+1}$

② $\dfrac{1}{j2\omega+1}$

③ $\dfrac{j\omega+1}{j2\omega+1}$

④ $\dfrac{j2\omega+1}{j\omega+1}$

| 해설

$\omega$에 $0 \rightarrow \dfrac{1}{T} \rightarrow \infty$를 각각 대입했을 때 $G(j\omega)$가 $1 \rightarrow \dfrac{3+j1}{2} \rightarrow$ 2로 변해야 하므로 $G(j\omega) = \dfrac{j2\omega+1}{j\omega+1}$ 이다.

## 62 ☐☐☐

근궤적에 관한 설명으로 틀린 것은?

① 근궤적은 실수축에 대하여 상하 대칭으로 나타난다.

② 근궤적의 출발점은 극점이고 근궤적의 도착점은 영점이다.

③ 근궤적의 가지 수는 극점의 수와 영점의 수 중에서 큰 수와 같다.

④ 근궤적이 s평면의 우반면에 위치하는 K의 범위는 시스템이 안정하기 위한 조건이다.

| 해설

근궤적은 실수축에 대해 상하 대칭이며, 극점에서 출발하여 영점에서 끝난다. 근궤적의 수는 특성방정식의 차수와 같으며 s평면의 좌반면을 지나야 한정하다.

## 63 ☐☐☐

제어 시스템에서 출력이 얼마나 목표값을 잘 추종하는지를 알아볼 때, 시험용으로 많이 사용되는 신호로 다음 식의 조건을 만족하는 것은?

$$u(t-a) = \begin{cases} 0, & t < a \\ 1, & t \geq a \end{cases}$$

① 사인 함수
② 임펄스 함수
③ 램프 함수
④ 단위계단 함수

| 해설

$u(t)$는 단위 계단 함수이다. 단위계단 함수일 때 나타나는 출력을 인디셜 응답이라고 부른다.

## 64 ☐☐☐

특성방정식 $s^2 + ks + 2k - 1 = 0$인 계가 안정하기 위한 K의 범위는?

① $K > 0$
② $K > \dfrac{1}{2}$
③ $K < \dfrac{1}{2}$
④ $0 < K < \dfrac{1}{2}$

| 해설

루스표 제1열의 숫자들이 모두 같은 부호라야 한다.

$$\begin{array}{ccc} s^2 & 1 & 2k-1 \\ s^1 & k & 0 \\ s^0 & 2k-1 & 0 \end{array}$$

제1열의 숫자 $k$와 $2k-1$이 둘 다 양수이기 위한 조건을 구하면 $k > \dfrac{1}{2}$이다.

## 65 ☐☐☐

상태공간 표현식 $\begin{cases} \dot{x} = Ax + Bu \\ Y = Cx \end{cases}$로 표현되는 선형 시스템

에서 $A = \begin{bmatrix} 0 & 1 & 0 \\ 0 & 0 & 1 \\ -2 & -9 & -8 \end{bmatrix}$, $B = \begin{bmatrix} 0 \\ 0 \\ 5 \end{bmatrix}$, $C = [1, 0, 0]$,

$x = \begin{bmatrix} x_1 \\ x_2 \\ x_3 \end{bmatrix}$ 이면 시스템 전달함수 $\dfrac{Y(s)}{U(s)}$는?

① $\dfrac{1}{s^3 + 8s^2 + 9s + 2}$

② $\dfrac{1}{s^3 + 2s^2 + 9s + 8}$

③ $\dfrac{5}{s^3 + 8s^2 + 9s + 2}$

④ $\dfrac{5}{s^3 + 2s^2 + 9s + 8}$

| 해설

$F = sI - A = \begin{bmatrix} s & -1 & 0 \\ 0 & s & -1 \\ 2 & 9 & s+8 \end{bmatrix}$이므로

$C \cdot \mathrm{adj}(sI - A)B$

$= [1, 0, 0] \begin{bmatrix} s^2+8s+9 & s+8 & 1 \\ -2 & s^2+8s & s \\ 2s & -9s-2 & s^2 \end{bmatrix} \begin{bmatrix} 0 \\ 0 \\ 5 \end{bmatrix} = 5$이고

$|sI - A| = s^3 + 8s^2 + 9s + 2$이므로

$G(s) = \dfrac{C\,\mathrm{adj}(sI - A)B}{|sI - A|} = \dfrac{5}{s^3 + 8s^2 + 9s + 2}$

해커스 전기기사 필기 한권완성 기본이론 + 기출문제

정답   63 ④   64 ②   65 ③

## 66 ☐☐☐

Routh - Hurwitz 표에서 제1열의 부호가 변하는 횟수로부터 알 수 있는 것은?

① s – 평면의 좌반면에 존재하는 근의 수
② s – 평면의 우반면에 존재하는 근의 수
③ s – 평면의 허수축에 존재하는 근의 수
④ s – 평면의 원점에 존재하는 근의 수

| 해설

루스표 제1열에서 부호가 바뀐 횟수는 불안정 근의 개수와 동일하다. 불안정 특성근, 즉 양의 실수부를 갖는 근은 s평면의 우반부에 존재한다.

## 67 ☐☐☐

그림의 블록선도에 대한 전달함수 $\dfrac{C}{R}$ 는?

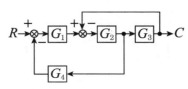

① $\dfrac{G_1 G_2 G_3}{1 + G_1 G_2 + G_1 G_2 G_4}$

② $\dfrac{G_1 G_2 G_4}{1 + G_1 G_2 + G_1 G_2 G_3}$

③ $\dfrac{G_1 G_2 G_3}{1 + G_2 G_3 + G_1 G_2 G_4}$

④ $\dfrac{G_1 G_2 G_4}{1 + G_2 G_3 + G_1 G_2 G_3}$

| 해설

전향 경로는 1개이고 이득은 $G_1 G_2 G_3$이다. 루프는 2개이고 이득의 합은 $-G_2 G_3 - G_1 G_2 G_4$이다. 따라서

$$G(s) = \frac{\varSigma \text{전향경로의 이득}}{1 - \varSigma \text{루프의 이득}} = \frac{G_1 G_2 G_3}{1 + G_2 G_3 + G_1 G_2 G_4}$$

## 68 ☐☐☐

신호흐름선도의 전달함수 $T(s) = \dfrac{C(s)}{R(s)}$ 로 옳은 것은?

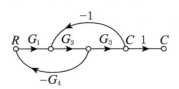

① $\dfrac{G_1 G_2 G_3}{1 - G_2 G_3 + G_1 G_2 G_3}$

② $\dfrac{G_1 G_2 G_3}{1 + G_1 G_2 G_4 + G_2 G_3}$

③ $\dfrac{G_1 G_2 G_3}{1 + G_1 G_3 - G_1 G_2 G_4}$

④ $\dfrac{G_1 G_2 G_3}{1 - G_1 G_3 - G_1 G_2 G_4}$

| 해설

전향 경로의 이득$= G_1 G_2 G_3$이고,
$\sum$루프의 이득$= -G_1 G_2 G_4 - G_2 G_3$이므로 전달함수는
$\dfrac{G_1 G_2 G_3}{1 + G_1 G_2 G_4 + G_2 G_3}$이다.

## 69 ☐☐☐

불 대수식 중 틀린 것은?

① $A \cdot \overline{A} = 1$
② $A + 1 = 1$
③ $A + A = A$
④ $A \cdot A = A$

| 해설

스위치 On과 Off를 직렬 연결하면 도통되지 않는다. 즉, $A \cdot \overline{A}$ 는 1이 아니라 0이다.

정답    66 ②  67 ③  68 ②  69 ①

## 70 ☐☐☐

함수 $e^{-at}$의 $z$변환으로 옳은 것은?

① $\dfrac{z}{z - e^{-aT}}$

② $\dfrac{z}{z - a}$

③ $\dfrac{1}{z - e^{-aT}}$

④ $\dfrac{1}{z - a}$

| 해설

$f(t) = e^{-at} \Rightarrow f(kT) = e^{-akT}$이므로

$F(z) = 1 + e^{-aT}z^{-1} + e^{-2T}z^{-2} + e^{-3T}z^{-3} + \cdots$

무한등비급수 공식을 적용하면

$F(z) = \dfrac{1}{1 - e^{-aT} \cdot z^{-1}} = \dfrac{z}{z - e^{-aT}}$이다.

## 71 ☐☐☐

4단자 회로망에서 4단자 정수가 $A$, $B$, $C$, $D$일 때, 영상

임피던스 $\dfrac{Z_{01}}{Z_{02}}$은?

① $\dfrac{D}{A}$

② $\dfrac{B}{C}$

③ $\dfrac{C}{B}$

④ $\dfrac{A}{D}$

| 해설

행렬 방정식 $\begin{bmatrix} V_1 \\ I_1 \end{bmatrix} = \begin{bmatrix} A & B \\ C & D \end{bmatrix} \begin{bmatrix} V_2 \\ I_2 \end{bmatrix}$과 영상 임피던스 정의식

$Z_{01} = \dfrac{V_1}{I_1}$, $Z_{02} = \dfrac{V_2}{I_2}$으로부터

$Z_{01} = \sqrt{\dfrac{AB}{CD}}$, $Z_{02} = \sqrt{\dfrac{DB}{CA}}$ 이 되므로

$\dfrac{Z_{01}}{Z_{02}} = \dfrac{A}{D}$이다.

## 72 ☐☐☐

R–L 직렬 회로에서 $R = 20\,\Omega$, $L = 40\text{mH}$일 때, 이 회로
의 시정수[sec]는?

① $2 \times 10^3$

② $2 \times 10^{-3}$

③ $\dfrac{1}{2 \times 10^3}$

④ $\dfrac{1}{2 \times 10^{-3}}$

| 해설

R–L 직렬 회로의 미분 방정식 $Ri(t) = E - L\dfrac{di(t)}{dt}$, 해는

$i(t) = \dfrac{E}{R}\left(1 - e^{-\frac{R}{L}t}\right)$인데, 시정수는 $e^{-\frac{R}{L}t}$를 $e^{-1}$로 만드는

$t$값이므로 $\dfrac{L}{R} = \dfrac{0.04}{20}$이다.

## 73 ☐☐☐

비정현파 전류가 $i(t) = 56\sin \omega t + 20\sin 2\omega t +$

$30\sin(3\omega t + 30°) + 40\sin(4\omega t + 60°)$로 표현될 때, 왜형
률은 약 얼마인가?

① 1.0

② 0.96

③ 0.55

④ 0.11

| 해설

전류의 왜형률은

$\dfrac{\sqrt{\sum(\text{고조파실효값})^2}}{\text{기본파 실효값}} = \dfrac{\sqrt{20^2 + 30^2 + 40^2}}{56} = 0.9616$

정답  70 ①  71 ④  72 ②  73 ②

## 74 □□□

대칭 6상 성형(star)결선에서 선간 전압 크기와 상전압 크기의 관계로 옳은 것은? (단, $V_l$: 선간 전압 크기, $V_p$: 상전압 크기)

① $V_l = V_p$

② $V_l = \sqrt{3}\, V_p$

③ $V_l = \dfrac{1}{\sqrt{3}} V_p$

④ $V_l = \dfrac{2}{\sqrt{3}} V_p$

| 해설

대칭 n상 교류를 성형 결선 하면, 선간전압의 크기는 상전압의 $2\sin\dfrac{\pi}{n}$배가 되므로 6상 성형 결선의 경우

$V_l = V_p \times 2\sin\dfrac{\pi}{6} = V_p$이다.

## 75 □□□

3상 불평형 전압 $V_a$, $V_b$, $V_c$가 주어진다면, 정상분 전압은? (단, $a = e^{j2\pi/3} = 1\angle 120°$이다)

① $V_a + a^2 V_b + a V_c$

② $V_a + a V_b + a^2 V_c$

③ $\dfrac{1}{3}(V_a + a^2 V_b + a V_c)$

④ $\dfrac{1}{3}(V_a + a V_b + a^2 V_c)$

| 해설

$V_1$은 $V_a$와 $+120°$ 회전한 $V_b$와 $-120°$ 회전한 $V_c$를 벡터 합하고 대수 평균을 취한 것이다.

즉, $\dot{V_1} = \dfrac{1}{3}(\dot{V_a} + a\dot{V_b} + a^2\dot{V_c})$이다.

## 76 □□□

송전선로가 무손실 선로일 때, $L = 96\,\text{mH}$이고 $C = 0.6\,\mu\text{F}$이면 특성임피던스[Ω]는?

① 100

② 200

③ 400

④ 600

| 해설

무손실 조건 $R = G = 0$을 이용하면 특성 임피던스

$Z_0 = \sqrt{\dfrac{L}{C}}$ 이므로 대입해서 계산하면,

$\sqrt{\dfrac{96 \times 10^{-3}}{0.6 \times 10^{-6}}} = \sqrt{160000} = 400[\Omega]$이다.

## 77 □□□

커패시터와 인덕터에서 물리적으로 급격히 변화할 수 없는 것은?

① 커패시터와 인덕터에서 모두 전압

② 커패시터와 인덕터에서 모두 전류

③ 커패시터에서 전류, 인덕터에서 전압

④ 커패시터에서 전압, 인덕터에서 전류

| 해설

콘덴서 회로에서 $i_C = C\dfrac{dv}{dt}$ 이므로 전압을 급격히 변화시키면 전류가 무한대가 된다. 인덕터 회로에서 $v_L = L\dfrac{di}{dt}$ 이므로 전류를 급격히 변화시키면 전압이 무한대가 된다. 따라서 커패시터에서 전압과 인덕터에서 전류는 물리적으로 급격히 변화할 수 없다.

## 78 ☐☐☐

2전력계법을 이용한 평형 3상 회로의 전력이 각각 500W 및 300W로 측정되었을 때, 부하의 역률은 약 몇 %인가?

① 70.7
② 87.7
③ 89.2
④ 91.8

| 해설

$$\cos\theta = \frac{P}{P_a} = \frac{W_1 + W_2}{2\sqrt{W_1^2 + W_2^2 - W_1 W_2}}$$

$$= \frac{500 + 300}{2\sqrt{500^2 + 300^2 - 500 \times 300}} = 0.918$$

## 79 ☐☐☐

인덕턴스가 0.1H인 코일에 실횻값 100V, 60Hz, 위상 30도인 전압을 가했을 때 흐르는 전류의 실횻값 크기는 약 몇 A인가?

① 43.7
② 37.7
③ 5.46
④ 2.65

| 해설

전압의 실횻값이 100V이므로 옴의 법칙 $I = \dfrac{E}{\omega L}$를 이용하여

전류의 실횻값을 구하면

$$I = \frac{100}{2\pi \times 60 \times 0.1} = 2.65\text{A}이다.$$

## 80 ☐☐☐

$f(t) = \delta(t - T)$의 라플라스 변환 F(s)는?

① $e^{Ts}$
② $e^{-Ts}$
③ $\dfrac{1}{s}e^{Ts}$
④ $\dfrac{1}{s}e^{-Ts}$

| 해설

$\mathcal{L}[\delta(t-a)]$는 시간 추이 정리에 의해 $\mathcal{L}[\delta(t)]e^{-as}$이고,
$\mathcal{L}[\delta(t)] = 1$이므로 $\mathcal{L}[\delta(t-T)]$는 $1 \times e^{-Ts}$이다.

## 81 ☐☐☐

저압 옥내 전로의 인입구에 가까운 곳으로서 쉽게 개폐할 수 있는 곳에 개폐기를 시설하여야 한다. 그러나 사용전압이 400V 미만인 옥내 전로로서 다른 옥내 전로에 접속하는 길이가 몇 m 이하인 경우는 개폐기를 생략할 수 있는가?

① 15
② 20
③ 25
④ 30

| 해설

사용 전압이 400V 이하인 옥내 전로로서 다른 옥내 전로(정격전류가 16A 이하인 과전류 차단기 또는 정격 전류가 16A를 초과하고 20A 이하인 배선용 차단기로 보호되고 있는 것)에 접속하는 길이 15m 이하의 전로에서 전기의 공급을 받는 것은 규정에 의하지 않을 수 있다.

## 82 ☐☐☐

저압 또는 고압의 가공 전선로와 기설 가공 약전류 전선로가 병행할 때 유도 작용에 의한 통신상의 장해가 생기지 않도록 전선과 기설 약전류 전선간의 이격 거리는 몇 m 이상이어야 하는가? (단, 전기철도용 급전 선로는 제외한다)

① 2
② 3
③ 4
④ 6

| 해설

저압 가공 전선로 또는 고압 가공 전선로와 기설 가공 약전류 전선로가 병행하는 경우에는 유도 작용에 의하여 통신상의 장해가 생기지 않도록 전선과 기설 약전류 전선 간의 이격 거리는 2m 이상이어야 한다.

## 83 ☐☐☐

백열전등 또는 방전등에 전기를 공급하는 옥내 전로의 대지 전압은 몇 V 이하이어야 하는가?

① 440
② 380
③ 300
④ 100

| 해설

백열전등 또는 방전등에 전기를 공급하는 옥내의 전로의 대지 전압은 300V 이하여야 한다.

## 84 ☐☐☐

폭연성 분진 또는 화약류의 분말이 존재하는 곳의 저압 옥내 배선은 어느 공사에 의하는가?

① 금속관 공사
② 애자 사용 공사
③ 합성 수지관 공사
④ 캡타이어 케이블 공사

| 해설

폭연성 분진이나 화약류의 분말이 존재하는 곳의 배선은 금속관 공사나 케이블 공사(캡타이어 케이블은 제외)에 의할 것

정답    81 ①    82 ①    83 ③    84 ①

## 85 ☐☐☐

사용 전압 35000V인 기계 기구를 옥외에 시설하는 개폐소의 구내에 취급자 이외의 자가 들어가지 않도록 울타리를 설치할 때 울타리와 특고압의 충전 부분이 접근하는 경우에는 울타리의 높이와 울타리로부터 충전 부분까지의 거리의 합은 최소 몇 m 이상이어야 하는가?

① 4
② 5
③ 6
④ 7

| 해설

### 발전소 등의 울타리 · 담 등의 시설

| 사용전압 | 울타리 · 담 등의 높이와 울타리 · 담 등으로부터 충전 부분까지의 거리의 합계 |
|---|---|
| 35kV 이하 | 5m |
| 35kV 초과 160kV 이하 | 6m |
| 160kV 초과 | 6m에 160kV를 초과하는 10kV 또는 그 단수마다 0.12m를 더한 값 |

## 86 ☐☐☐

특고압 전로에 사용하는 수밀형 케이블에 대한 설명으로 틀린 것은?

① 사용 전압이 25kV 이하일 것
② 도체는 경알루미늄선을 소선으로 구성한 원형 압축 연선일 것
③ 내부 반도전층은 절연층과 완전 밀착되는 압출 반도전층으로 두께의 최솟값은 0.5mm 이상일 것
④ 외부 반도전층은 절연층과 밀착되어야 하고, 또한 절연층과 쉽게 분리되어야 하며, 두께의 최솟값은 1mm 이상일 것

| 해설

※ 참고
해당 문제는 KEC 적용에 따른 기준 변경으로 인해 정답이 없습니다.

## 87 ☐☐☐

일반 주택 및 아파트 각 호실의 현관등은 몇 분 이내에 소등되는 타임스위치를 시설하여야 하는가?

① 1분
② 3분
③ 5분
④ 10분

| 해설

관광 숙박업 또는 숙박업에 이용되는 객실의 입구등은 1분 이내, 일반 주택 및 아파트 각 호실의 현관등은 3분 이내에 소등되는 센서등(타임 스위치 포함)을 시설하여야 한다.

## 88 ☐☐☐

폭발성 또는 연소성의 가스가 침입할 우려가 있는 것에 시설하는 지중함으로서 그 크기가 몇 m 이상의 것은 통풍 장치 기타 가스를 방산시키기 위한 적당한 장치를 시설하여야 하는가?

① 0.9
② 1.0
③ 1.5
④ 2.0

| 해설

지중함의 시설: 크기가 1m³ 이상인 것에는 통풍 장치 기타 가스를 방산시키기 위한 적당한 장치를 시설할 것

해가스 전기기사 필기 한권완성 기본이론 + 기출문제

정답  85 ②  86 정답 없음  87 ②  88 ②

## 89 □□□

지중 전선로는 기설 지중 약전류 전선로에 대하여 다음의 어느 것에 의하여 통신상의 장해를 주지 아니하도록 기설 약전류 전선로로부터 충분히 이격시키는가?

① 충전 전류 또는 표피 작용
② 충전 전류 또는 유도 작용
③ 누설 전류 또는 표피 작용
④ 누설 전류 또는 유도 작용

**| 해설**
지중 전선로를 기설 지중 약전류 전선로에 대하여 누설 전류 또는 유도 작용에 의하여 통신상의 장해를 주지 않도록 충분히 이격시키거나 기타 적당한 방법으로 시설하여야 한다.

## 90 □□□

발전소에서 장치를 시설하여 계측하지 않아도 되는 것은?

① 발전기의 회전자 온도
② 특고압용 변압기의 온도
③ 발전기의 전압 및 전류 또는 전력
④ 주요 변압기의 전압 및 전류 또는 전력

**| 해설**
발전소에 시설하는 계측 장치: 발전기의 베어링 및 고정자의 온도, 주요 변압기의 전압 및 전류 또는 전력, 특고압용 변압기의 온도

## 91 □□□

저압 가공 전선이 건조물의 상부 조영재 옆쪽으로 접근하는 경우 저압 가공 전선과 건조물의 조영재 사이의 이격 거리는 몇 m 이상이어야 하는가? (단, 전선에 사람이 쉽게 접촉할 우려가 없도록 시설한 경우와 전선이 고압 절연 전선, 특고압 절연 전선 또는 케이블인 경우는 제외한다)

① 0.6
② 0.8
③ 1.2
④ 2.0

**| 해설**
**저·고압 가공 전선과 건조물의 접근**

| 사용 전압 부분 공작물의 종류 | | | 저압[m] | 고압[m] |
|---|---|---|---|---|
| 건조물 | 상부 조영재 위쪽 | 일반 | 2 | 2 |
| | | 고압 절연전선 | 1 | 2 |
| | | 케이블 | 1 | 1 |
| | 기타 조영재 또는 상부 조영재의 옆쪽 또는 아래쪽 | 일반 | 1.2 | 1.2 |
| | | 고압 절연전선 | 0.4 | 1.2 |
| | | 케이블 | 0.4 | 0.4 |
| | | 사람 접촉 X | 0.8 | 0.8 |

## 92 ☐☐☐

변압기의 고압측 전로와의 혼촉에 의하여 저압측 전로의 대지 전압이 150V를 넘는 경우에 2초 이내에 고압 전로를 자동 차단하는 장치가 되어 있는 6600/200V 배전선로에 있어서 1선 지락 전류가 2A이면 제2종 접지 저항 값의 최대는 몇 Ω인가?

① 50
② 75
③ 150
④ 300

| 해설
변압기 중성점 접지저항 값은 1초 초과 2초 이내에 고압·특고압 전로를 자동으로 차단하는 장치를 설치할 때는 300을 나눈 값 이하

$$R = \frac{300}{\text{변압기의 고압측 또는 특고압측의 1선지락 전류}}[\Omega]$$

따라서 $R = \frac{300}{2} = 150[\Omega]$

## 93 ☐☐☐

저압 옥내 간선은 특별한 경우를 제외하고 다음 중 어느 것에 의하여 그 굵기가 결정되는가?

① 전기 방식
② 허용 전류
③ 수전 방식
④ 계약 전력

| 해설
※ 참고
　해당 문제는 KEC 적용에 따른 기준 변경으로 인해 정답이 없습니다.

## 94 ☐☐☐

지중 전선로를 직접 매설식에 의하여 시설하는 경우에는 매설 깊이를 차량 기타 중량물의 압력을 받을 우려가 있는 장소에서는 몇 cm 이상으로 하면 되는가?

① 40
② 60
③ 80
④ 100

| 해설
지중 전선로를 직접 매설식에 의하여 시설하는 경우에는 매설 깊이를 차량 기타 중량물의 압력을 받을 우려가 있는 장소에는 1.0m 이상으로 한다.

## 95 ☐☐☐

66000V 가공 전선과 6000V 가공 전선을 동일 지지물에 병가하는 경우, 특고압 가공 전선으로 사용하는 경동 연선의 굵기는 몇 mm 이상이어야 하는가?

① 22
② 38
③ 50
④ 100

| 해설
특고압은 단면적 50mm² 이상인 경동 연선 또는 인장 강도 21.67kN 이상의 연선일 것

정답　92 ③　93 정답 없음　94 ④　95 ③

## 96 ☐☐☐

가공 전선로의 지지물에 하중이 가하여지는 경우에 그 하중을 받는 지지물의 기초 안전율은 특별한 경우를 제외하고 최소 얼마 이상인가?

① 1.5  　　② 2
③ 2.5  　　④ 3

| 해설

가공 전선로 지지물의 기초의 안전율은 2이상으로 하여야 한다 (단, 이상 시 상정 하중에 대한 철탑의 기초에 대하여는 1.33).

## 97 ☐☐☐

강체 방식에 의하여 시설하는 직류식 전기 철도용 전차 선로는 전차선의 높이가 지표상 몇 m 이상인가?

① 3  　　② 4
③ 5  　　④ 7

| 해설

※ 참고
　해당 문제는 KEC 적용에 따른 기준 변경으로 인해 정답이 없습니다.

## 98 ☐☐☐

고압 가공 전선로의 지지물로 철탑을 사용한 경우 최대 경간은 몇 m 이하이어야 하는가?

① 300  　　② 400
③ 500  　　④ 600

| 해설

고압 가공전선로 경간의 제한

| 지지물의 종류 | 경간 |
|---|---|
| 목주 · A종 철주 또는 A종 철근 콘크리트주 | 150m |
| B종 철주 또는 B종 철근 콘크리트주 | 250m |
| 철탑 | 600m |

## 99 ☐☐☐

휴대용 또는 이동용의 전력 보안 통신용 전화 설비를 시설하는 곳은 특고압 가공 전선로 및 선로 길이가 몇 km 이상의 고압 가공 전선로인가?

① 2
② 5
③ 10
④ 15

| 해설

※ 참고
　해당 문제는 KEC 적용에 따른 기준 변경으로 인해 정답이 없습니다.

## 100 ☐☐☐

다음의 ⓐ, ⓑ에 들어갈 내용으로 옳은 것은?

과전류 차단기로 시설하는 퓨즈 중 고압 전로에 사용하는 비포장 퓨즈는 정격 전류의 ( ⓐ )배의 전류에 견디고 또한 2배의 전류로 ( ⓑ )분 안에 용단되는 것이어야 한다.

① ⓐ 1.1, ⓑ 1
② ⓐ 1.2, ⓑ 1
③ ⓐ 1.25, ⓑ 2
④ ⓐ 1.3, ⓑ 2

| 해설

과전류 차단기로 시설하는 퓨즈 중 고압 전로에 사용하는 비포장 퓨즈는 정격 전류의 1.25배의 전류에 견디고 또한 2배의 전류로 2분 안에 용단되는 것이어야 한다.

**2025 최신개정판**

# 해커스
# 전기기사
## 필기
## 한권완성  기출문제

**개정 2판 1쇄 발행  2025년 01월 10일**

| | |
|---|---|
| **지은이** | 오우진, 문영철, 해커스 자격증시험연구소 |
| **펴낸곳** | ㈜챔프스터디 |
| **펴낸이** | 챔프스터디 출판팀 |

| | |
|---|---|
| **주소** | 서울특별시 서초구 강남대로61길 23 ㈜챔프스터디 |
| **고객센터** | 02-537-5000 |
| **교재 관련 문의** | publishing@hackers.com |
| **동영상강의** | pass.Hackers.com |

| | |
|---|---|
| **ISBN** | 기출문제: 978-89-6965-598-1 (14560) |
| | 세트: 978-89-6965-596-7 (14560) |
| **Serial Number** | 02-01-01 |

# 해커스자격증

# 쉽고 빠른 합격의 비결,
# 해커스자격증 전 교재
# 베스트셀러 시리즈

## 해커스 산업안전기사 · 산업기사 시리즈

## 해커스 전기기사

## 해커스 전기기능사

## 해커스 소방설비기사 · 산업기사 시리즈

## 해커스 일반기계기사 시리즈

## 해커스 식품안전기사 · 산업기사 시리즈

## 해커스 스포츠지도사 시리즈

## 해커스 사회조사분석사

## 해커스 KBS한국어능력시험/실용글쓰기

## 해커스 한국사능력검정

# 해커스
# 전기기사
## 필기
### 한권완성 기출문제